Mathematik

Wolfgang Scholl · Rainer Drews

Handbuch

Mathematik

- Zahlenbereiche
- Algebraische Grundlagen
- Relationen und Funktionen
- Ebene Geometrie
- Trigonometrie
- Stereometrie
- Differential- und Integralrechnung
- Differentialgleichungen
- Numerische Verfahren
- Lineare Algebra und analytische Geometrie
- Kombinatorik und Statistik
- Wahrscheinlichkeitsrechnung

ISBN 3-572-01298-8

Gestaltung: Horst Bachmann
Redaktion: Dr. Dietrich Voorgang, Heidenrod
Koordination: Dr. Werner Brand
Fachliche Durchsicht: Andreas Egert, Esslingen
Fotos: AKG, Berlin: 13, 68, 92, 119, 229, 356, 411, 444, 445, 480, 509, 585, 688, 788 / Werner Forman 94 r. / Vincent Kluwe 97 o. / Erik Bohr 97 u. / Erich Lessing 748; **dpa,** Frankfurt am Main: Karbaum 166 / Gerten 661; **Archiv Gerstenberg,** Wietze: 333, 634; **Canon Deutschland,** Krefeld: 457; **Gisela Kelbert,** Idstein: 94 l., 428; **Lotterie-Treuhandgesellschaft mbH Hessen, Wiesbaden:** 781; **Ulrich Niehoff,** Bienenbüttel: 191, 413 M., 416, 492; **Peter Udo Pinzer,** Brehmtal: 188, 757, 762; **RCR Terry,** Berlin: 767 l. o.; **FALKEN Archiv** / Gerd Aumann, Wiesbaden: 334; Danilo Lex, Wiesbaden: 412 l.; Pool, Griesheim: 190; Tessmann + Endress: 412 r.
Zeichnungen: Ilse Stockmann-Sauer, Offenbach: 423, 439, 446, 459, 461, 484; Georg Stelzner, Frankfurt am Main: 432 o., 738; **FALKEN Archiv** / Antje Siebel-Stelzner und Georg Stelzner, Frankfurt am Main; 413 r., 417

Satz und Lithographie: WVG, Werbe- u. Verlagsgesellschaft mbH, Grevenbroich

817 2635 4453 62

Inhalt

Im gesamten Buch gilt neben farblichen Hervorhebungen folgende Zuordnung:

D für Definition
R für Regel
S für Satz

Vorwort

Das Selbstverständnis der Mathematik und insbesondere der Schulmathematik hat sich in den letzten Jahren erheblich gewandelt. Dem versuchen wir Rechnung zu tragen, indem wir

- das bewährte Konzept Einführungsbeispiel - Regel - vertiefendes oder kontrastierendes Beispiel - Übungen anwenden;
- den „interdisziplinären Aspekt“, also das Aufzeigen von Verbindungen zu anderen Wissensgebieten, in etlichen Aufgaben, insbesondere aber den farblich markierten Sonderseiten gebührend herausstellen;
- auch auf das „Handwerkszeug“ wie Taschenrechner und Geodreieck eingehen, dessen Handhabung noch immer vielfach als selbstverständlich vorausgesetzt wird;
- die Lösungen direkt an die auf jedes Kapitel folgenden Aufgaben anschließen, um den Lesern mühseliges Blättern in einem dicken Lösungsteil zu ersparen.

Um den Umfang des Buches in Grenzen zu halten, soll ein extrem ausführliches Inhaltsverzeichnis direkt auf Begriffsbildungen und inhaltliche Zusammenhänge hinweisen und ein nur Seitenzahlen, aber keine Inhalte bietendes Schlagwortverzeichnis weitgehend überflüssig machen. Besonders wesentliche Begriffe sind selbstverständlich separat aufgelistet. Der Tabellenteil beschränkt sich auf die heute noch notwendigen Tafeln. An den Schluß haben wir eine kurze Formelsammlung gestellt, um noch einmal zu demonstrieren: Mathematik kann so einfach sein - wenn man sich wenigstens an einige grundlegende Dinge noch erinnert!

Aufgrund seines Inhalts und der abgestuft ausführlichen Darstellung ist das Buch für alle Schulformen und Schulstufen und neben jedem eingeführten Lehrwerk der einschlägigen Schulbuchverlage, aber auch für jeden sonst mathematisch Interessierten zu verwenden. Wir hoffen, daß es dem genannten Personenkreis ein wichtiger Begleiter und Wegweiser durch die mathematischen Probleme wird!

Bedanken möchten wir uns an dieser Stelle bei allen guten Geistern, die zum Gelingen beigetragen haben, insbesondere aber bei Herrn Egert, dessen fachkundiger Durchsicht keine Nachlässigkeit unsererseits entging, bei Herrn Dr. Voorgang, der nicht nur als Lektor das Werden des Buches betreute, sondern auch durch einfühlsame Fragen und Anregungen mancher zunächst mathematisch-steifen Formulierung zur notwendigen Eleganz und Durchschaubarkeit verhalf, und nicht zuletzt bei Herrn Dr. Brand vom FALKEN Verlag, der stets ein offenes Ohr für unsere Probleme hatte und die gesamte Erstellung des Werkes koordinierte.

Wolfgang Scholl und Rainer Drews

Mengen

Begriff *Zeichen*	*Definition*	*Beispiel*	*Mengendiagramm*
Menge M, N, O . . .	Zusammenfassung von Dingen	Farben, Zahlen, Autos	
Elemente a, b, c . . . a ∈ M b ∉ M	Elemente sind die Dinge in einer Menge a ist Element von M b ist nicht Element von M	{grün, rot, blau . . .} {1, 2, 4, 8 . . .} 2 ∈ {1, 2, 4, 8 . . .} 3 ∉ {1, 2, 4, 8 . . .}	
aufzählende Form:		M = {2, 4, 6, 8, 10}	
beschreibende Form:		M = Menge aller geraden Zahlen bis 10	
Leere Menge	Leere Menge enthält keine Elemente	{ }	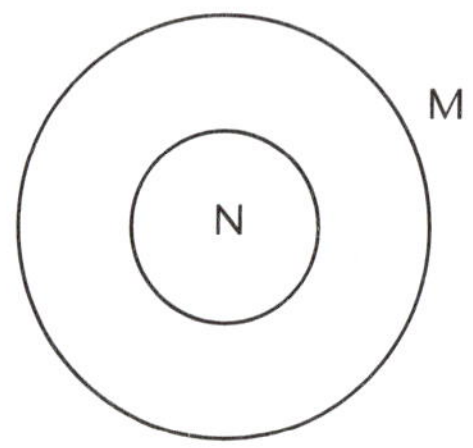
Teilmenge N ⊂ M	N heißt Teilmenge von M, wenn jedes Element von N auch Element von M ist	M = {1, 2, 3, 4, 5, 6, 7} N = {2, 3, 6} N ⊂ M	
Obermenge M ⊃ N	M heißt Obermenge von N	M ⊃ N	

Mengenverknüpfungen

Schnittmenge S = A ∩ B	[A geschnitten mit B] enthält alle Elemente, die sowohl in A als auch in B enthalten sind	A = {2, 3, 5, 7} B = {1, 2, 3, 4, 5} A ∩ B = {2, 3, 5}	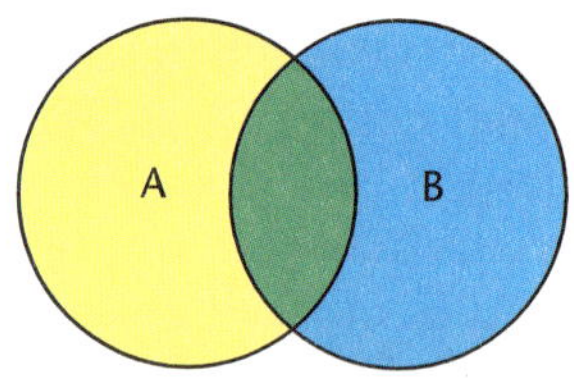
Elementfremd	Elementfremd heißen 2 Mengen, wenn ihre Schnittmenge leer ist	C = {8, 9, 10} A ∩ C = { }	
Vereinigungsmenge V = A ∪ B	[A vereinigt mit B] enthält alle Elemente von A und alle Elemente von B	A ∪ B = {1, 2, 3, 4, 5, 7}	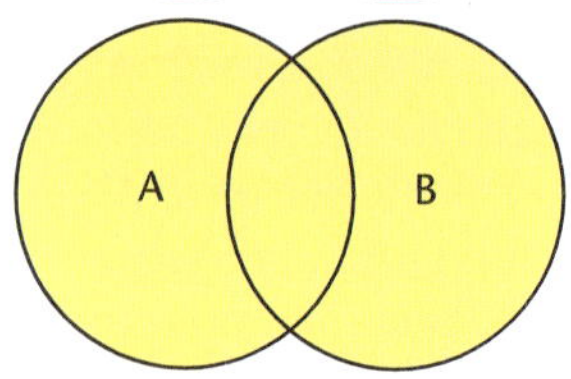
Restmenge R = A \ B	[A ohne B] enthält alle Elemente von A außer den von B	A \ B = {7} B \ A = {1, 4}	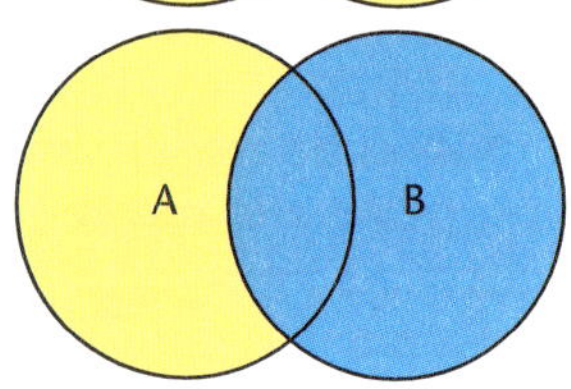
Komplementärmenge $\overline{A}$	Komplementärmenge ist M \ A, wenn A ⊂ M ist	$\overline{A}$ = M \ A = {1, 4, 6} $\overline{B}$ = M \ B = {6, 7}	
Produktmenge	[A kreuz B] ist die Menge aller Paare $(a \mid b)$ mit a ∈ A und b ∈ B	A x B = {$(2\mid 1)$, $(2\mid 2)$, $(2\mid 3)$, $(2\mid 4)$, $(2\mid 5)$, $(3\mid 1)$, $(3\mid 2)$, $(3\mid 3)$, $(3\mid 4)$, $(3\mid 5)$, $(5\mid 1)$ . . . $(5\mid 5)$, $(7\mid 1)$ . . . $(7\mid 5)$}	

1. Zahlenbereiche

ÜBERSICHT

Adam Riese (oder Ries), 1492–1559, ein Rechenmeister, der eins der ersten deutschen Rechenbücher für die Schule schrieb und dadurch allgemein bekannt wurde. Aufgrund seines Bekanntheitsgrades bürgerte sich die Redewendung „nach Adam Riese" ein, zum Beispiel: „3 mal 3 ist nach Adam Riese (also richtig gerechnet) 9".

1.1 Die natürlichen Zahlen ($\mathbb{N}$)

1.1.1 Grundlagen

Das Abzählen gehört wohl zu den Grundbedürfnissen des Menschen. Kleine Kinder können häufig schon zählen, lange bevor sie lesen und schreiben lernen. Es ist ja auch ungemein wichtig zu wissen, wie viele Spielzeugautos man hat oder wieviel Taschengeld man bekommt.

Zahlen waren schon lange vor der Schrift erfunden. Bereits unsere Urahnen, die noch als Sammler und Jäger lebten, konnten zählen. Das war wichtig, um etwa die Jagdbeute zu teilen oder die Angehörigen einer Sippe zu überschauen.

Die ersten Zahlzeichen waren Striche, wie man sie heute noch beim Auszählen einer Wahl macht. Doch irgendwann bekamen die Zahlen, die man zum Abzählen benötigte, Namen. Wir nennen sie heute ***natürliche Zahlen***.

D

Die Zahlen 1, 2, 3, 4, 5, 6 . . . heißen *natürliche Zahlen.* Die Menge der natürlichen Zahlen wird immer mit $\mathbb{N}$ bezeichnet.

Die Zahl Null gehört also nicht zu den natürlichen Zahlen. Da sie aber gelegentlich von Nutzen ist, kann man sie hinzufügen.

D

$\mathbb{N}_0 = \mathbb{N} \cup \{0\}$.

Neuerdings wird $\mathbb{N}$ für $\{0, 1, 2, 3 \ldots\}$ und $\mathbb{N}^*$ für $\{1, 2, 3 \ldots\}$ verwendet.

1.1.2 Rechnen mit natürlichen Zahlen, Rechengesetze

Wir kennen vier Grundrechenarten, die man zunächst in der Grundschule lernt.

Addition nennen wir das Zusammenzählen zweier Zahlen. Die beiden Zahlen heißen ***Summanden***, das Ergebnis ***Summe***, die Tätigkeit ***addieren.***

Summand	plus	Summand	=	Summe
138	+	47	=	185

Subtraktion ist die Bezeichnung für das Abziehen einer Zahl von einer anderen. Dabei wird vom ***Minuenden*** (der zu vermindernden Zahl) der ***Subtrahend*** (die zu subtrahierende Zahl) ***subtrahiert;*** das Ergebnis nennen wir ***Differenz.***

Minuend	minus	Subtrahend	=	Differenz
185	-	47	=	138

Die beiden genannten Rechenarten bilden die ***Strichrechenarten,*** da die Rechenzeichen (Operatoren) aus Strichen, also Linien zusammengesetzt sind.

Die Darstellung der Strichrechnungen kann entweder in der oben gezeigten Schreibweise erfolgen oder in einer der folgenden Arten.

Die Darstellung am Zahlenstrahl

Der Zahlenstrahl ist ein Strahl mit dem Anfangspunkt Null und einer gleichmäßig eingeteilten Skala 1, 2, 3 usw. Zur Addition zweier Zahlen, z. B. 5 und 3, trägt man einen Pfeil von 0 bis 5 auf. Dieser symbolisiert die Zahl 5. Die Zahl 3 wird durch einen Pfeil der Länge 3 dargestellt. Da die Zahl 3 zur Zahl 5 addiert werden soll, trägt man den Pfeil der Länge 3 nicht von 0 bis 3 am Zahlenstrahl auf, sondern beginnt am Ende des Pfeiles der Zahl 5. Dann reicht der zweite Pfeil von 5 bis 8. Die Gesamtlänge beider Pfeile gibt das Ergebnis der Addition an (Bild 1.1).

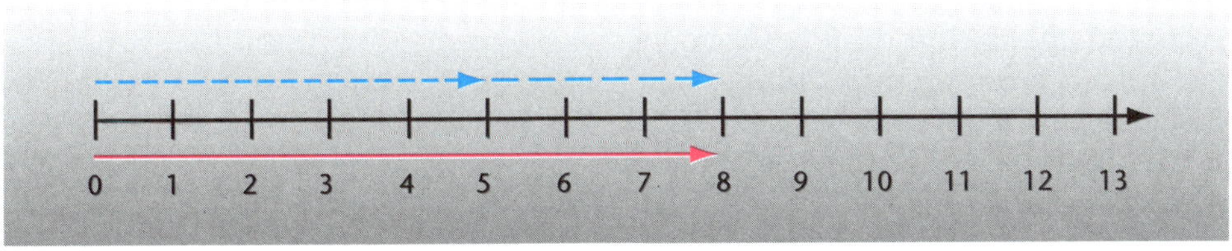

Bild 1.1 Addition am Zahlenstrahl: 5 + 3 = 8

Die Subtraktion wird ähnlich dargestellt. Jedoch wird die erste Zahl von links nach rechts, bei 0 beginnend, die zweite Zahl hingegen von rechts nach links, beginnend bei der Spitze des ersten Pfeiles, aufgetragen. Auch dann markiert die Spitze des zweiten Pfeiles das Ergebnis (Bild 1.2)

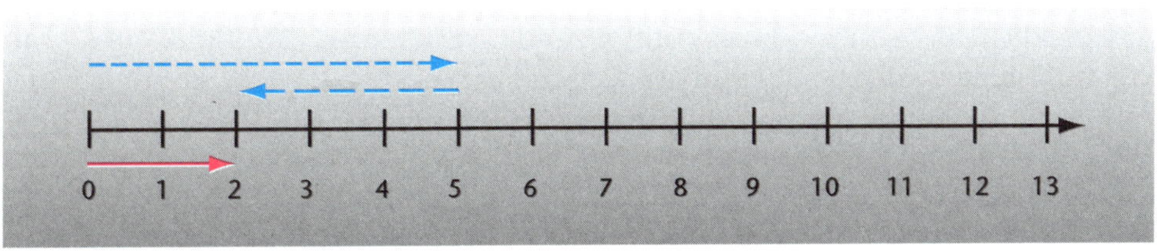

Bild 1.2 Subtraktion am Zahlenstrahl: 5 - 3 = 2

Darstellung durch Rechenbäume

Ein Baum besitzt bekanntlich eine Wurzel, einen Stamm, Äste, Zweige, Knoten und Blätter. Bei einem Rechenbaum ist das nicht wesentlich anders.

Die zu addierenden Zahlen stellen die Blätter dar. Da sie gleichwertig sind, befinden sie sich auf gleicher Höhe. Bei Ihnen enden Zweige, die in einem Knoten entspringen. Im Knoten steht zu lesen, was mit den Zahlen geschehen soll, also das Rechenzeichen. Ist nur eine Rechnung durchzuführen, befinden wir uns bereits im Stamm, der in der Wurzel mit dem Ergebnis endet (Bild 1.3). (Wie Sie sicher bemerken, haben die Mathematiker einen kleinen Eingriff in die Natur des Baumes vorgenommen. Er „beginnt“ an den Blättern und „endet“ in der Wurzel, dabei wächst er von oben nach unten!)

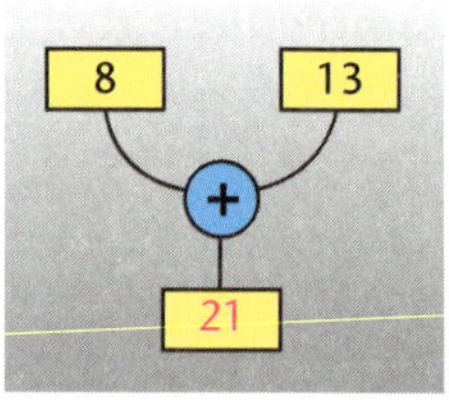

Bild 1.3
Addition 8 + 13 = 21 am Rechenbaum

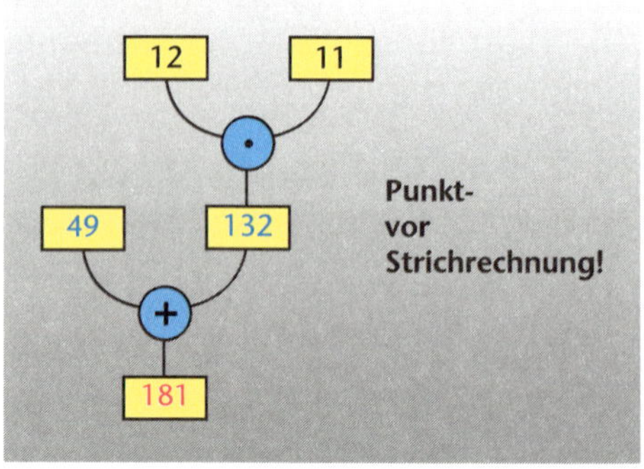

Bild 1.4 49 + 12 × 11 = 49 + 132 = 181 am Rechenbaum

Darstellung als Operator

Dies ist eine Darstellung, die bei komplexen Aufgaben und bei Gleichungen die Verständlichkeit erhöht. Man denkt sich die Rechnung 5 + 3 folgendermaßen: 5 ist Ausgangszahl. Auf diese wird ein Operator angewandt. Ein Operator gibt an, was mit der Zahl gemacht werden soll. In unserem Fall soll 3 addiert werden. Also heißt unser Operator + 3. Ihn schreiben wir über einen von der Ausgangszahl abgehenden Pfeil. Hinter die Pfeilspitze schreiben wir das Ergebnis (Bild 1.5). Durch Umkehren der Pfeilrichtung erhält man die ***Umkehroperation*** (Bild 1.6).

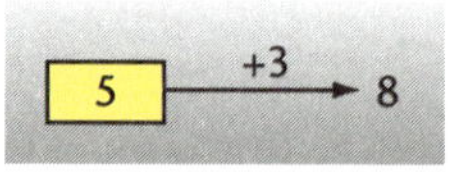

Bild 1.5
Addition als Operator

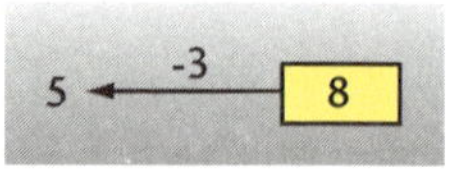

Bild 1.6
Subtraktion als Operator

Wenden wir uns nun den ***Punktrechenarten*** zu. Die ***Multiplikation*** hat als Ergebnis das ***Produkt*** zweier ***Faktoren,*** die miteinander ***multipliziert*** werden. Die früher gebräuchliche Bezeichnung von Multiplikand (1. Faktor) und Multiplikator (2. Faktor) wird heute kaum noch benutzt.

1. Faktor	mal	2. Faktor	=	Produkt
12	·	9	=	108

Die Umkehroperation hierzu ist die ***Division. Dividend*** (die zu dividierende Zahl) ***dividiert*** durch den ***Divisor*** (Teiler) ergibt den ***Quotienten.***

Dividend	geteilt durch	Divisor	=	Quotient
108	:	9	=	12

Schriftliches Rechnen

Bei der schriftlichen Addition mehrerer Zahlen müssen die Zahlen rechtsbündig untereinander geschrieben werden. Es ist grundsätzlich darauf zu achten, daß Ziffern mit demselben Stellenwert (Einer, Zehner, Hunderter ...) untereinander stehen. Man addiert zunächst die letzten Ziffern aller Zahlen. Ist das Ergebnis kleiner als 10, so schreibt man es darunter. Ist es größer als 9, so schreibt man nur die letzte Ziffer des Ergebnisses darunter, die vorangehende Ziffer stellt ja einen höheren Stellenwert dar und wird als Übertrag in die Addition der nächsten, also vorletzten Ziffern mit einbezogen. Das Verfahren wird entsprechend fortgesetzt.

BEISPIEL

2085		Letzte Ziffern:	5 + 2 + 2 + 3 = 12
+ 912		Aufschreiben:	2
+ 62		Übertrag:	1
+ 9003			
1111	Überträge		
12062	Ergebnis		

Subtraktion ist die Umkehrung der Addition. Tatsächlich subtrahieren wir bei der schriftlichen Rechnung gar nicht im Kopf, sondern wir suchen die Zahl, die wir zum Subtrahenden addieren müssen, um den Minuenden zu erhalten.

BEISPIEL

304	Letzte Ziffer: 4 - 2 = 2 oder 2 + **2** = 4
- 172	Vorletzte Ziffer: 0 – 7 geht nicht. Die nächsthöhere Zahl mit der Endziffer 0, von der wir 7 subtrahieren können, ist 10. Wir „borgen" uns also einen Zehner aus der ersten Spalte. Dies merken wir uns, indem wir eine 1 als Übertrag unter der ersten Spalte notieren. (Der Zehner ist vom tatsächlichen Stellenwert her natürlich ein Hunderter.)
1	
132	

Die Subtraktion mehrerer Zahlen von einem Minuenden erfordert zunächst die Addition aller Subtrahenden. Diese Summe wird dann vom Minuenden abgezogen.

BEISPIEL

	59028	Letzte Ziffern:	1 + 4 + 6 = 11
-	391		18 - 11 = 7
-	4444	Übertrag:	1
-	56	Ergebnis:	7
	121 Überträge		
	54137 Ergebnis		

Die Multiplikation zweier Zahlen wird durchgeführt als Multiplikation des 1. Faktors mit je einer Ziffer des 2. Faktors und anschließender Addition der nach Stellenwert korrigierten Produkte. Dabei sollte man sich angewöhnen, die jeweils letzte Ziffer des Produktes unter diejenige Ziffer des 2. Faktors zu schreiben, mit der gerade multipliziert wird.

BEISPIEL

7302 · 459	
29208	7302 · 4
36510	7302 · 5
65718	7302 · 9
1111	
3351618	Ergebnis

Die unterschiedliche Stellung der drei Produkte drückt den Stellenwert der Zahlen aus. So ist 7302 im ersten Fall nicht wirklich mit 4, sondern mit 400 zu multiplizieren. Die beiden Nullen am Ende läßt man aus Gründen der Übersichtlichkeit weg. Nur den Platz, den sie einnehmen würden, läßt man frei.

Komplizierter ist die Division.

BEISPIELE

1. 144 : 6
Man beginnt vorne mit dem Dividenden und dividiert 1 : 6. Geht nicht. Dann nimmt man die zweite Ziffer hinzu, 14 : 6. Dies geht zweimal. 2 · 6 ist aber 12, also 2 weniger als 14. Diese 2 ist bei der Division noch nicht berücksichtigt worden. Sie bleibt als Rest zunächst stehen.[1)]

144 : 6 = 2	14 : 2 geht zweimal
- 12	2 · 6 = 12
2	Rest 2[1)]

[1)] Bleibt beim Endergebnis ein Rest (Beispiel: 36 : 7), muß es heißen: 36 : 7 = 5 Rest 1.

Nun bleibt noch die letzte Ziffer 4 übrig. Wir schreiben sie an unseren Rest 2. Man sagt, wir holen die 4 herunter. Unser neuer Dividend heißt jetzt also 24. 24 : 6 = 4. Probe: 4 · 6 = 24. Rest 0. Ergebnis: 24.

144 : 6 = 24	
− 12	
24	Rest 2[1]. 4 von oben holen. 24 : 6 = 4
− 24	4 · 6 = 24
0	Rest 0

2.

12122 : 58 = 209	
− 116↓	121 : 58 = 2 Rest 5, denn 2 · 58 + 5 = 116 + 5 = 121
52	52 : 58 = 0 Rest 52, denn 0 · 58 + 52 = 52
− 0↓	
522	522 : 58 = 9 Rest 0, denn 9 · 58 = 522
− 522	
0	

Rechengesetze

Da die folgenden Gesetze noch einmal im Kapitel „Gruppen" (siehe Seite 689) behandelt werden, seien sie hier nur kurz erwähnt.

Bei der Addition zweier Zahlen spielt die Reihenfolge keine Rolle. So ist 23 + 298 dasselbe wie 298 + 23. Dies gilt entsprechend auch für die Multiplikation.

G

Kommutativgesetz (Vertauschungsgesetz)

Für alle a, b ∈ ℕ gilt: $a + b = b + a$

$a \cdot b = b \cdot a$

BEISPIELE

1. 28 + 17 + 12 = 28 + 12 + 17 = 40 + 17 = 57

2. 12 · 13 · 5 = 12 · 5 · 13 = 60 · 13 = 780

In beiden Fällen wird die Umstellung zur Nutzung von Rechenvorteilen vorgenommen.

Addiert man drei Zahlen, etwa 15 + 67 + 34, so kann man erst 15 und 67 addieren und zur Summe 34 addieren. Man kann aber auch 67 und 34 addieren und diese Summe zu 15 hinzuzählen. Für die Multiplikation gilt Entsprechendes.

[1] Bleibt beim Endergebnis ein Rest (Beispiel: 36 : 7), muß es heißen: 36 : 7 = 5 Rest 1.

G

Assoziativgesetz (Verbindungsgesetz)

Für alle $a, b, c \in \mathbb{N}$ gilt: $(a + b) + c = a + (b + c)$

$(a \cdot b) \cdot c = a \cdot (b \cdot c)$

Man kann dieses Gesetz auch anders interpretieren: Wenn es keine Rolle spielt, wo man bei einer Addition (Multiplikation) mehrerer Zahlen eine Klammer setzt, dann kann man sie auch ganz weglassen.

BEISPIELE

1. $(177 + 46) + 34 = 177 + (46 + 34) = 177 + 80 = 257$

2. $3 \cdot 7 \cdot 9 \cdot 11 = (3 \cdot 7) \cdot (9 \cdot 11) = 21 \cdot 99 = 2079$

Sagt jedes der beiden Gesetze nur etwas über eine Rechenart aus, so stellt das folgende Gesetz einen Zusammenhang zwischen Addition und Multiplikation her.

G

Distributivgesetz (Verteilungsgesetz)

Für alle $a, b, c \in \mathbb{N}$ gilt: $(a + b) \cdot c = a \cdot c + b \cdot c$

$a \cdot (b + c) = a \cdot b + a \cdot c$

BEISPIELE

1. *a)* $(29 + 37) \cdot 4 = 66 \cdot 4 = 264$

b) $(29 + 37) \cdot 4 = 29 \cdot 4 + 37 \cdot 4 = 116 + 148 = 264$

2. *a)* $6 \cdot (13 + 24) = 6 \cdot 37 = 222$

b) $6 \cdot (13 + 24) = 6 \cdot 13 + 6 \cdot 24 = 78 + 144 = 222$

Schließlich gibt es noch einige Besonderheiten für die Zahlen 0 und 1.

G

Neutrale Elemente

Für alle $a \in \mathbb{N}$ gilt: $a + 0 = 0 + a = a$

$a \cdot 1 = 1 \cdot a = a$

Nullmultiplikation

Für alle $a \in \mathbb{N}$ gilt: $a \cdot 0 = 0 \cdot a = 0$

1.1.3 Potenzen

Die Addition zweier natürlicher Zahlen ist jedem geläufig. Auf die Multiplikation könnte man im Prinzip verzichten. Sie stellt nur eine abkürzende, vereinfachende Schreibweise für eine sich wiederholende Addition dar. So schreiben wir statt $4 + 4 + 4 + 4 + 4$ kürzer $4 \cdot 5$, statt $2 + 2 + 2 + 2 + 2 + 2 + 2 + 2$ lieber $8 \cdot 2$.

Aber auch für die Multiplikation gleicher Faktoren läßt sich eine verkürzte Schreibweise angeben. Wir nennen sie ***Potenz***. Statt $2 \cdot 2 \cdot 2 \cdot 2$ schreiben wir 2^4 (lies: „zwei hoch vier"). Die Zahl, die mit sich selbst multipliziert wird, heißt ***Basis,*** die Anzahl der Faktoren heißt ***Hochzahl*** oder ***Exponent,*** der ganze Term ***Potenz,*** das Ergebnis ***Wert der Potenz.***

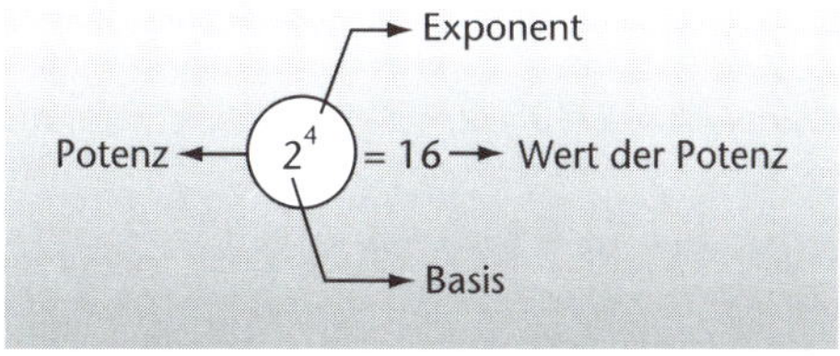

Bild 1.7 Potenz

D

Ist $a \in \mathbb{N}$ und $n \in \mathbb{N}$, so ist $a^n = a \cdot a \cdot a \cdot \ldots \cdot a$.
› n Faktoren a ‹

BEISPIELE

Betrachten wir einmal die Zweierpotenzen:

$2^1 = 2$	$2^6 = 64$
$2^2 = 2 \cdot 2 = 4$	$2^7 = 128$
$2^3 = 2 \cdot 2 \cdot 2 = 8$	$2^8 = 256$
$2^4 = 2 \cdot 2 \cdot 2 \cdot 2 = 16$	$2^9 = 512$
$2^5 = 32$	$2^{10} = 1024$

Wir erhalten aus einer Zweierpotenz die nächstfolgende, indem wir die Zahl mit 2 multiplizieren. Umgekehrt erhalten wir aus einer Zweierpotenz die vorangegangene, indem wir durch 2 dividieren. Wenn wir diesen Gedanken fortsetzen, so können wir die Definition der Potenz auch für den Exponenten Null sinnvoll festlegen. Es ist ja

$2^3 : 2 = 2^3 : 2^1 = 2^{(3-1)} = 2^2$ sowie $2^3 : 2 = 8 : 2 = 4$, also $2^2 = 4$,
$2^2 : 2 = 2^2 : 2^1 = 2^{(2-1)} = 2^1$ sowie $2^2 : 2 = 4 : 2 = 2$, also $2^1 = 2$,
$2^1 : 2 = 2^1 : 2^1 = 2^{(1-1)} = 2^0$ sowie $2^1 : 2 = 2 : 2 = 1$, also $2^0 = 1$.

Natürlich ergibt der Ausdruck 2^0 nach der oben angegebenen Definition keinen Sinn, da unklar ist, wie man eine Zahl nullmal mit sich selbst multiplizieren soll. Andererseits scheint die Festlegung $2^0 = 1$ nach der eben angeführten Überlegung sinnvoll, da offenbar einige Rechengesetze weiterhin gelten. Wir legen neu fest:

D

Für alle natürlichen Zahlen a gilt: $a^0 = 1$.

Gesetze zum Rechnen mit Potenzen

BEISPIELE

1. $2^3 \cdot 2^4 = 2 \cdot 2 \cdot 2 \cdot 2 \cdot 2 \cdot 2 \cdot 2 = 2^7 = 2^{3+4}$

2. $3^5 : 3^3 = (3 \cdot 3 \cdot 3 \cdot 3 \cdot 3) : (3 \cdot 3 \cdot 3) = 243 : 27 = 9 = 3^2 = 3^{5-3}$

Hieraus läßt sich das ***erste Potenzgesetz*** erkennen:

G

(P1) $a^m \cdot a^n = a^{m+n}$ für alle $a, m, n \in \mathbb{N}$
(P1′) $a^m : a^n = a^{m-n}$ für alle $a, m, n \in \mathbb{N}$

BEISPIELE

1. $2^4 \cdot 3^4 = 2{\cdot}2{\cdot}2{\cdot}2 \cdot 3{\cdot}3{\cdot}3{\cdot}3 = 2{\cdot}3 \cdot 2{\cdot}3 \cdot 2{\cdot}3 \cdot 2{\cdot}3 = (2 \cdot 3)^4$

2. $6^3 : 3^3 = (6{\cdot}6{\cdot}6) : (3{\cdot}3{\cdot}3) = 6{:}3 \cdot 6{:}3 \cdot 6{:}3 = (6{:}3)^3$

Man erkennt das ***zweite Potenzgesetz:***

G

(P2) $a^m \cdot b^m = (a \cdot b)^m$ für alle $a, b, m \in \mathbb{N}$
(P2′) $a^m : b^m = (a : b)^m$ für alle $a, b, m \in \mathbb{N}$

BEISPIEL

$(2^3)^2 = 2^3 \cdot 2^3 = 2{\cdot}2{\cdot}2 \cdot 2{\cdot}2{\cdot}2 = 2^6 = 2^{3 \cdot 2}$

G

(P3) $(a^m)^n = a^{m \cdot n}$ für alle $a, m, n \in \mathbb{N}$

Wir werden später im Zusammenhang mit anderen Zahlmengen die Potenzgesetze erweitern und auch beweisen (siehe Seite 142 ff.).

Quadratzahlen

Eine besondere Art von Potenzen stellen die Quadratzahlen dar. Dies sind alle Zahlen, die man erhält, wenn man eine natürliche Zahl mit sich selbst multipliziert. Der Name „Quadratzahl" erinnert an ein Quadrat. Dessen Flächeninhalt A wird nach der Formel $A = a^2$ berechnet, wenn a die Seitenlänge ist. Man erhält für Flächeninhalte eben die Quadratzahlen. Es ist $1^2 = 1$, $2^2 = 4$, $3^2 = 9$, $4^2 = 16$, $5^2 = 25$, $6^2 = 36$, $7^2 = 49$, $8^2 = 64$, $9^2 = 81$, $10^2 = 100$.

Eine umfassende Tabelle mit den Quadratzahlen findet sich im Anhang. Quadratzahlen spielen in der Geometrie (z. B. ***Satz des Pythagoras***, siehe Seite 364) oder bei Funktionen und quadratischen Gleichungen eine Rolle. Da der Satz des Pythagoras die Seiten a, b und c eines rechtwinkligen Dreiecks in den Zusammenhang $a^2 + b^2 = c^2$ stellt, wenn c die Hypotenuse ist, besteht seit alters her ein Interesse an der Kenntnis aller rechtwinkligen Dreiecke mit natürlichen Seitenlängen.

Für welche natürlichen Zahlen a, b, c gilt: $a^2 + b^2 = c^2$? Solche Drillinge nennt man ***pythagoräische Tripel.*** Das Tripel (3, 4, 5) erfüllt die Bedingung: $3^2 + 4^2 = 5^2$. Auch alle Vielfachen dieses Tripels erfüllen die Bedingung, also 6/8/10 und 9/12/15 usw. Aber auch 5/12/13 ist ein pythagoräisches Tripel.

1.1.4 Teilbarkeit

Addition und Multiplikation von natürlichen Zahlen ergeben stets eine natürliche Zahl. Die Differenz zweier natürlicher Zahlen ist genau dann eine natürliche Zahl, wenn der Minuend größer ist als der Subtrahend. Die Frage, wann der Quotient zweier natürlicher Zahlen wieder eine natürliche Zahl ist, ist nicht so leicht zu beantworten. Wir benötigen zunächst eine Festlegung:

D

Eine natürliche Zahl n heißt *Teiler* einer natürlichen Zahl b, wenn es eine natürliche Zahl a gibt, so daß gilt: $a \cdot n = b$.
Ist n Teiler von a, so schreiben wir: $n \mid a$.
Ist n nicht Teiler von a, so schreiben wir: $n \nmid a$.
Ist n Teiler zweier Zahlen a und b, so heißt n *gemeinsamer Teiler* von a und b. Haben a und b keinen gemeinsamen Teiler außer 1, so heißen a und b *teilerfremd.*

Beispielsweise ist 7 Teiler von 84, denn es ist $12 \cdot 7 = 84$. Hingegen ist 7 nicht Teiler von 85, da es keine natürliche Zahl a mit der Eigenschaft $a \cdot 7 = 85$ gibt.

Wann eine bestimmte Zahl n Teiler einer anderen ist, wann also eine Zahl durch n teilbar ist, kann man durch Untersuchungen herausfinden. Durch Beweisen der gefundenen Zusammenhänge für alle natürlichen Zahlen erhält man die sogenannten ***Teilbarkeitsregeln.*** Hierzu benötigen wir noch zwei sinnvolle Begriffe:

Unter der ***Gruppe*** oder ***Zifferngruppe*** verstehen wir eine Aufteilung einer Zahl in Ziffernblöcke gleicher Länge. Gruppen werden stets von hinten beginnend gebildet. Die vorderste, also zuletzt gebildete Gruppe darf auch weniger Ziffern umfassen als die anderen Gruppen.

BEISPIEL

Zerlegen wir die Zahl 56209874015 in Dreiergruppen, so erhalten wir die Gruppen 015, also 15, 874, 209 und 56. Zerlegen wir sie in Vierergruppen, bekommen wir 4015, 0987 und 562.

Diese Gruppen werden immer als Zahlen interpretiert, nicht als einzelne Ziffern. Unter der ***Gruppensumme*** versteht man die Summe aller Gruppen. Im Fall der Dreiergruppenbildung erhalten wir als Gruppensumme
$15 + 874 + 209 + 56 = 1154$.

Ein Sonderfall der Gruppensumme für die Bildung von Gruppen zu je einer Ziffer ist die ***Quersumme***. Sie ist die Summe aller Ziffern einer Zahl. Die Quersumme von 27 ist also $2 + 7 = 9$, die Quersumme von 56209874015 ist 47.

Addieren wir jede zweite Gruppe und subtrahieren von der Summe die anderen Gruppen, so erhalten wir die ***alternierende Gruppensumme*** oder auch ***Gruppendifferenz***. Auch hier wird hinten begonnen. Für unser Beispiel ergibt sich als alternierende Dreiergruppensumme: $15 - 874 + 209 - 56 = -706$.

Damit lassen sich die ***Teilbarkeitsregeln*** formulieren. So ist eine Zahl durch 2 teilbar, wenn sie gerade ist, wenn also ihre letzte Ziffer eine 0, 2, 4, 6 oder 8 ist. Wir können auch sagen, sie ist durch 2 teilbar, wenn ihre letzte Einergruppe durch 2 teilbar ist.

Wir formulieren die Teilbarkeitsregeln übersichtlich in Tabellenform. Dabei verwenden wir gelegentlich verschiedene, durch den Spiegelstrich unterschiedene Formulierungen.

Teiler	Eine Zahl ist teilbar durch . . . , wenn . . .
2	- sie gerade ist.
	- die letzte Ziffer eine 0, 2, 4, 6 oder 8 ist.
	- die letzte Einergruppe durch 2 teilbar ist.
3	- ihre Quersumme durch 3 teilbar ist.
4	- die letzte Zweiergruppe durch 4 teilbar ist.
	- die aus den beiden letzten Ziffern gebildete Zahl durch 4 teilbar ist.
5	- die letzte Ziffer eine 0 oder 5 ist.
6	- sie durch 2 und durch 3 teilbar ist.
7	- die alternierende Dreiergruppensumme durch 7 teilbar ist.
8	- die letzte Dreiergruppe durch 8 teilbar ist.
9	- die Quersumme durch 9 teilbar ist.
10	- dle letzte Ziffer eine 0 ist.
11	- die alternierende Dreiergruppensumme durch 11 teilbar ist.
12	- sie durch 3 und durch 4 teilbar ist.

13 – die alternierende Dreiergruppensumme durch 13 teilbar ist.
14 – sie durch 2 und durch 7 teilbar ist.
15 – sie durch 3 und durch 5 teilbar ist.
16 – die letzte Vierergruppe durch 16 teilbar ist.
25 – die letzte Zweiergruppe durch 25 teilbar ist.
2^n – die letzte Gruppe von n Ziffern durch 2^n teilbar ist.
5^n – die letzte Gruppe von n Ziffern durch 5^n teilbar ist.

BEISPIELE

1. 23781 ist durch 3 teilbar, denn die Quersumme 2 + 3 + 7 + 8 + 1 = 21 ist durch 3 teilbar.

2. 6742 ist nicht durch 4 teilbar, denn die letzte Zweiergruppe 42 ist nicht durch 4 teilbar.

3. 540876 ist durch 6 teilbar, denn sie ist durch 2 teilbar, da die letzte Ziffer eine 6 ist, und sie ist durch 3 teilbar, da die Quersumme 30 durch 3 teilbar ist.

4. 24196312 ist durch 7 teilbar, denn die alternierende Dreiergruppensumme 312 – 196 + 24 = 140 ist durch 7 teilbar.

Die Zahlen 0 und 1 haben besondere Eigenschaften: Die Zahl 0 ist durch jede natürliche Zahl teilbar (Ergebnis: 0). Keine Zahl ist durch 0 teilbar. Jede natürliche Zahl ist durch 1 und durch sich selbst teilbar.

Außer diesen speziellen Teilbarkeitsregeln gibt es noch zwei nützliche allgemeingültige Regeln:

G

Seien a, b und c natürliche Zahlen. Dann gilt:
Ist a durch b teilbar und ist b durch c teilbar, dann ist auch a durch c teilbar.
Ist a durch b und c teilbar und sind b und c teilerfremd, dann ist a auch durch $b \cdot c$ teilbar.

BEISPIELE

1. 350 ist durch 35 teilbar. 35 ist durch 7 teilbar. Also ist 350 auch durch 7 teilbar.

2. 168 ist durch 3 und durch 4 teilbar. Also ist 168 auch durch $3 \cdot 4 = 12$ teilbar.

3. Aber: 24 ist durch 6 und durch 8, aber nicht durch $6 \cdot 8 = 48$ teilbar, denn 6 und 8 sind nicht teilerfremd.

1.1.5 Primzahlen

D

Eine natürliche Zahl größer 1 heißt *Primzahl*, wenn sie nur durch 1 und durch sich selbst teilbar ist.

Die Zahl 1 ist von vornherein ausgeschlossen, da sie trivialerweise nur durch 1, also durch sich selbst teilbar ist. Die kleinste Primzahl ist demnach 2. Sie besitzt die Teiler 1 und 2. Die nächsten Primzahlen sind 3, 5, 7, 11, 13, 17, 19, 23, 29, 31, 37, 41, 43, 47 . . . Es ist seit jeher eine interessante Aufgabe der Mathematiker, insbesondere der Zahlentheoretiker, Eigenschaften von Primzahlen herauszufinden. Denn man weiß zwar, daß auf bestimmte Art konstruierte Zahlen Primzahlen sind, aber dazwischen findet man immer wieder Primzahlen, die sich offensichtlich nicht nach einer Formel bestimmen lassen. Ein sehr altes Verfahren zur Bestimmung von Primzahlen zeigt das „Sieb des Eratosthenes“ (siehe Seite 28).

1.1.6 Teiler und Vielfache

Den Begriff des Teilers einer natürlichen Zahl haben wir bereits festgelegt. Der Begriff des Vielfachen ergibt sich aus der Umkehrrelation:

D

Ist n Teiler von a, so ist a *Vielfaches* von n.

Die Menge aller Teiler einer natürlichen Zahl ergibt die ***Teilermenge*** (nicht mit „Teilmenge“ verwechseln!). Die Menge aller Vielfachen einer natürlichen Zahl nennt man ***Vielfachmenge.***

Die Teilermenge von 6 ist die Menge $T_6 = \{1, 2, 3, 6\}$, die Vielfachmenge von 6 hingegen die Menge $V_6 = \{6, 12, 18, 24, 30 \ldots\}$.

Bereits hier ist zu erkennen, daß es sich bei Teilermengen stets um endliche, bei Vielfachmengen um unendliche Mengen handelt.

Man kann sie zunächst nach einem sehr einfachen Schema bestimmen: Die Vielfachmenge einer Zahl n findet man, indem man n nacheinander mit 1, 2, 3, 4, 5 . . ., also mit allen natürlichen Zahlen multipliziert. Es sei hier angemerkt, daß die Mathematiker auch das 1fache einer Zahl als Sonderfall zu ihren Vielfachen zählen. In unserer Umgangssprache verstehen wir dies nicht so.

Die Teilermenge von n kann man herausfinden, indem man n nacheinander durch alle natürlichen Zahlen von 1 bis n teilt. Allerdings wird man hier meistens erfolglos bleiben, denn nur die Division durch einen Teiler geht auf. Man kann dieses Verfahren ein bißchen vereinfachen.

Ist a Teiler von n, so ist auch b = n : a Teiler von n. Man sucht also immer Paare von Teilern, deren Produkt n ist. Man beginnt mit einer Division durch 1. 1 ist immer Teiler. n : 1 = n. Als zugehörigen Partner zur 1 erhält man n. Dann versucht man es mit dem nächsten Teiler, z. B. 2. Ist 2 Teiler, so muß auch n : 2 einer sein. Auf diese Art arbeitet man weiter, bis zwischen den kleinen und den großen Teilern kein weiterer Teiler mehr liegen kann.

BEISPIEL

$T_{120} = \{1, 2, 3, 4, 5, 6, 8, 10, 12, 15, 20, 24, 30, 40, 60, 120\}$

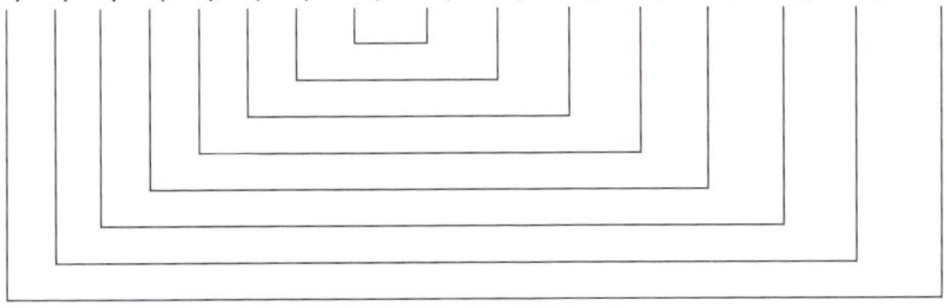

Man erhält auf diese Weise in der Regel eine gerade Anzahl von Teilern. Eine Ausnahme bilden nur die Quadratzahlen n^2. Die Zahlen, deren Quadrate sie sind (man nennt sie die „Wurzel“), sind Teiler von n^2. Da aber $n \cdot n = n^2$ ist, ist die Wurzel ihr eigener Partner bei den oben gezeigten Produkten. Somit haben alle Quadratzahlen eine ungerade Anzahl von Teilern.

BEISPIEL

$T_{16} = \{1, 2, 4, 8, 16\}$

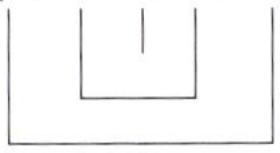

Da die Bestimmung von Teilern und Vielfachen bei der Bruchrechnung eine sehr wichtige Rolle spielt, werden wir uns mit einem speziellen Verfahren zur Bestimmung dieser Mengen beschäftigen.

BEISPIEL

Auf einer Modellautorennbahn fahren ein Ferrari und ein Lotus um die Wette. Der Ferrari benötigt 8 Sekunden für eine Runde, der Lotus 9 Sekunden. Wann treffen sie gemeinsam am Startpunkt ein, wenn sie gleichzeitig starten?

Die Lösung lautet: Der Ferrari trifft wieder am Startpunkt ein, nach 8 Sekunden, nach 16 Sekunden, nach 24 Sekunden usw. Dies sind exakt die Vielfachen von 8! Also gibt die Vielfachmenge von 8 alle Zeitpunkte für das Passieren des Startpunktes für den Ferrari an: $V_8 = \{8, 16, 24, 32, 40, 48, 56, 64, 72, 80, 88, 96 \ldots\}$.

Das Sieb des Eratosthenes

Eratosthenes von Kyrene lebte von etwa 276 bis 194. Wie alle bedeutsamen Wissenschaftler der hellenistischen Epoche arbeitete er in Alexandria, der von Alexander dem Großen 332 gegründeten Hauptstadt Ägyptens. Alexandria war zu jener Zeit das geistige und wissenschaftliche Zentrum des Abendlandes. Nach kurzer Ausbildung in Athen wurde er in den Vorstand an die berühmte Bibliothek nach Alexandria berufen. Die Bibliothek enthielt nahezu das gesamte Wissen der damaligen Welt in schriftlicher Form.

Von Eratosthenes sind drei Arbeiten erhalten: die Bestimmung des Umfangs der Erde, eine Abhandlung über die Verdoppelung des Würfelvolumens - ein seit Euklid ungelöstes Problem - und ein Verfahren zur Bestimmung der Primzahlen.

Primzahlen waren schon lange bekannt. Man unterschied sie von „zusammengesetzten Zahlen", also Zahlen, die das Produkt von Teilern waren. Euklid fand heraus, daß ihre Anzahl unendlich ist und man demzufolge auch nicht alle untersuchen könne. Wenn Eratosthenes erst danach herausfand, wie man alle Primzahlen, soweit man gehen wollte, herausfinden konnte, so geschah dies in der Erwartung, wenigstens möglichst viele Primzahlen untersuchen zu können.

Die Vorgehensweise, Sieb genannt, ist folgende: Man schreibt alle natürlichen Zahlen auf, die man untersuchen möchte (oder kann). Dann streicht man die Zahl 1, da sie keine Primzahl ist. Nun streicht man zunächst alle Vielfachen von 2, dann alle Vielfachen von 3, dann alle Vielfachen von 5 (die 4 wurde ja schon gestrichen) usw. Es bleiben nur Zahlen übrig, die keine Teiler außer 1 und sich selbst haben.

Eratosthenes hatte übrigens die Zahl 1 und alle geraden Zahlen gar nicht erst aufgeschrieben. Es fehlte also die Zahl 2 als Primzahl, obwohl sie bereits Euklid zu den Primzahlen gerechnet hatte.

	2	3	~~4~~	5	~~6~~	7	~~8~~	~~9~~	~~10~~
11	~~12~~	13	~~14~~	~~15~~	~~16~~	17	~~18~~	19	~~20~~
~~21~~	~~22~~	23	~~24~~	25	~~26~~	~~27~~	~~28~~	29	~~30~~
31	~~32~~	~~33~~	~~34~~	35	~~36~~	37	~~38~~	~~39~~	~~40~~
41	~~42~~	43	~~44~~	~~45~~	~~46~~	47	~~48~~	49	~~50~~
~~51~~	~~52~~	53	~~54~~	55	~~56~~	~~57~~	~~58~~	59	~~60~~
61	~~62~~	~~63~~	~~64~~	65	~~66~~	67	~~68~~	~~69~~	~~70~~
71	~~72~~	73	~~74~~	~~75~~	~~76~~	77	~~78~~	79	~~80~~
~~81~~	~~82~~	83	~~84~~	85	~~86~~	~~87~~	~~88~~	89	~~90~~
91	~~92~~	~~93~~	~~94~~	95	~~96~~	97	~~98~~	~~99~~	~~100~~

Sieb des Eratosthenes nach Streichung aller Vielfachen von 2 und 3

	2	3	~~4~~	5	~~6~~	7	~~8~~	~~9~~	~~10~~
11	~~12~~	13	~~14~~	~~15~~	~~16~~	17	~~18~~	19	~~20~~
~~21~~	~~22~~	23	~~24~~	~~25~~	~~26~~	~~27~~	~~28~~	29	~~30~~
31	~~32~~	~~33~~	~~34~~	~~35~~	~~36~~	37	~~38~~	~~39~~	~~40~~
41	~~42~~	43	~~44~~	~~45~~	~~46~~	47	~~48~~	~~49~~	~~50~~
~~51~~	~~52~~	53	~~54~~	~~55~~	~~56~~	~~57~~	~~58~~	59	~~60~~
61	~~62~~	~~63~~	~~64~~	~~65~~	~~66~~	67	~~68~~	~~69~~	~~70~~
71	~~72~~	73	~~74~~	~~75~~	~~76~~	~~77~~	~~78~~	79	~~80~~
~~81~~	~~82~~	83	~~84~~	~~85~~	~~86~~	~~87~~	~~88~~	89	~~90~~
~~91~~	~~92~~	~~93~~	~~94~~	~~95~~	~~96~~	97	~~98~~	~~99~~	~~100~~

Streicht man die Vielfachen der Zahlen 2, 3, 5 und 7 weg, so erhält man bereits alle Primzahlen in diesem Zahlenbereich.

Dieses Verfahren ist einfach in einem Computer zu programmieren. Für sehr große Zahlen wird es allerdings recht langsam. Mit einem abgewandelten, schnelleren Verfahren hat man bis heute Primzahlen bis zu einer Größe von einigen Hunderttausend Ziffern bestimmen können.

Algorithmus zur Berechnung der Primzahlen von A bis B

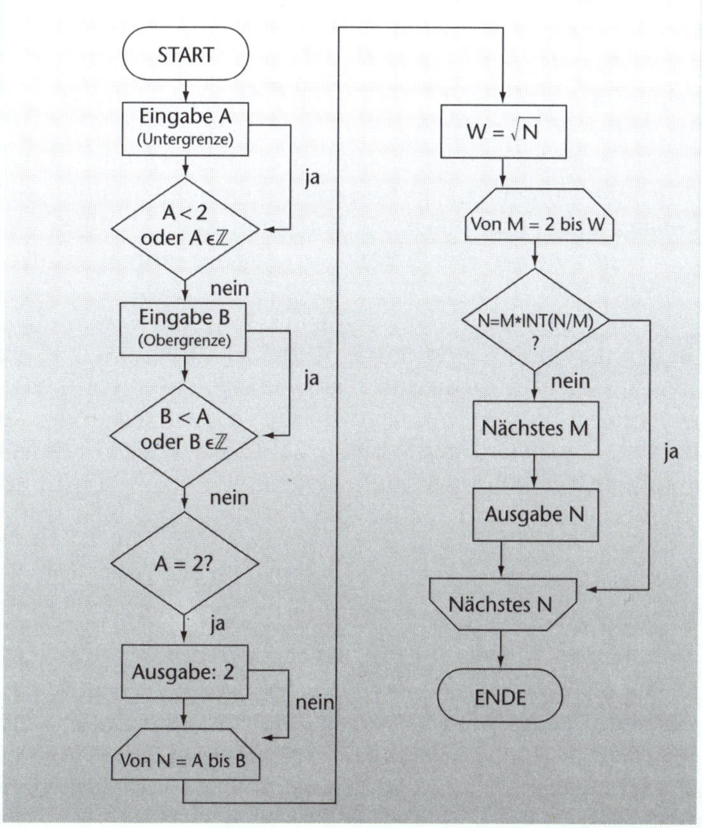

Für den Lotus führen entsprechende Überlegungen zur Vielfachmenge $V_9 = \{9, 18, 27, 36, 45, 54, 63, 72, 81, 90, 99, 108 \ldots\}$.

Nun müssen wir nur noch schauen, welche Zahlen in beiden Mengen enthalten sind. Wir suchen die Schnittmenge. Sie gibt die Zeiten an, zu denen beide Fahrzeuge gleichzeitig die Startmarke erreichen. Wir erhalten: $V_8 \cap V_9 = \{72, 144, 216, 288, 360, 432 \ldots\}$. Diese Menge besteht aus den ***gemeinsamen Vielfachen*** von 8 und 9. Es ist die Menge V_{72}.

72 ist das ***kleinste gemeinsame Vielfache*** von 8 und 9.

D

Eine natürliche Zahl n heißt *kleinstes gemeinsames Vielfaches zweier natürlicher Zahlen a und b,* wenn n die kleinste Zahl mit den Teilern a und b ist. Wir schreiben $n = kgV\ (a, b)$.

Wir haben die Lösung gefunden. Die Modellautos treffen sich wieder nach 72, 144 Sekunden usw. Ist das aber nicht etwas umständlich? 72 ist ja das Produkt aus 8 und 9. Also könnte es doch sein, daß wir einfach das Produkt berechnen müssen. Alle Vielfachen davon gehören zur Lösungsmenge. Probieren wir ein anderes Beispiel aus.

Jetzt benötige der Ferrari 8 und der Lotus 12 Sekunden $8 \cdot 12 = 96$, also müßten sie sich nach 96, nach 192 Sekunden usw. wieder treffen. Stimmt das? Schauen wir uns die Vielfachmengen an. V_8 haben wir bereits aufgeschrieben. $V_{12} = \{12, 24, 36, 48, 60, 72, 84, 96, 108, 120 \ldots\}$. Die Schnittmenge ist $\{24, 48, 72, 96, 120 \ldots\}$, also V_{24}!

Wieso nicht V_{96}? Nun, 8 und 9 haben keine gemeinsamen Teiler außer 1. Deshalb ist das kleinste gemeinsame Vielfache von 8 und 9 tatsächlich ihr Produkt 72. 8 und 12 hingegen haben außer 1 die Teiler 2 und 4 gemeinsam. Multiplizieren wir beide Zahlen, $8 \cdot 12 = 96$, so enthält das Produkt den Teiler 4 einmal aus der Zahl 8 und noch einmal aus der Zahl 12; $8 = 2 \cdot 4$, $12 = 3 \cdot 4 \rightarrow 8 \cdot 12 = 2 \cdot 4 \cdot 3 \cdot 4$. Es reicht zur Bestimmung des kgV aber aus, wenn der Teiler 4 einmal vorkommt, denn auch $2 \cdot 3 \cdot 4$ ist ja bereits durch 8 und durch 12 teilbar. Wir dürfen also Teiler nicht „doppelt zählen“. Um nun herauszufinden, welche Teiler vorhanden sind und welche gezählt werden müssen, müssen wir eine Möglichkeit finden, „versteckte“ Teiler zu entlarven. Hierzu zerlegen wir jede Zahl sozusagen in Kernzellen, in elementare Bestandteile, die sich nicht mehr zerlegen lassen. Dies trifft genau auf die Primzahlen zu, die ja nur durch 1 und durch sich selbst teilbar sind, aber keine anderen Teiler mehr enthalten. Wir zerlegen hierzu die Zahl erst in ein Produkt beliebiger Teiler und zerlegen diese Teiler anschließend so lange weiter, bis wir nur noch Primzahlen als Faktoren, also ***Primfaktoren*** vorfinden.

BEISPIELE

1. $12 = 3 \cdot 4 = 3 \cdot 2 \cdot 2$

2. $8 = 2 \cdot 4 = 2 \cdot 2 \cdot 2$

3. $9 = 3 \cdot 3$

4. $144 = 2 \cdot 72 = 2 \cdot 8 \cdot 9 = 2 \cdot 2 \cdot 2 \cdot 2 \cdot 3 \cdot 3$

Ordnen wir die Faktoren der Größe nach und fassen wir gleiche Faktoren zu Potenzen zusammen, erhalten wir die Standardform der ***Primfaktorzerlegung.***

BEISPIELE

1. $12 = 2^2 \cdot 3$ Primfaktorpotenzen: 2^2, 3

2. $8 = 2^3$ Primfaktorpotenzen: 2^3

3. $9 = 3^2$ Primfaktorpotenzen: 3^2

4. $144 = 2^4 \cdot 3^2$ Primfaktorpotenzen: 2^4, 3^2

Das kleinste gemeinsame Vielfache zweier Zahlen finden wir heraus, indem wir alle Primfaktoren beider Zahlen, und zwar in der jeweils höchsten vorkommenden Potenz, multiplizieren. So finden wir:

1. kgV $(8, 9) = 2^3 \cdot 3^2 = 8 \cdot 9 = 72$

2. kgV $(8, 12) = 2^3 \cdot 3 = 8 \cdot 3 = 24$

BEISPIEL

Gesucht ist das kgV (5544, 588).
Primfaktorzerlegung:

$$\begin{aligned} 5544 &= 2 \cdot 2772 = 2 \cdot 2 \cdot 1386 = 2 \cdot 2 \cdot 2 \cdot 693 = 2 \cdot 2 \cdot 2 \cdot 3 \cdot 231 \\ &= 2 \cdot 2 \cdot 2 \cdot 3 \cdot 3 \cdot 77 = 2 \cdot 2 \cdot 2 \cdot 3 \cdot 3 \cdot 7 \cdot 11 \\ &= 2^3 \cdot 3^2 \cdot 7 \cdot 11 \\ 588 &= 2 \cdot 294 = 2 \cdot 2 \cdot 147 = 2 \cdot 2 \cdot 3 \cdot 49 = 2 \cdot 2 \cdot 3 \cdot 7 \cdot 7 \\ &= 2^2 \cdot 3 \cdot 7^2 \end{aligned}$$

$\Rightarrow$ kgV $(5544, 588) = 2^3 \cdot 3^2 \cdot 7^2 \cdot 11 = 8 \cdot 9 \cdot 49 \cdot 11 = 38808$

Manchmal ist es von Interesse, nicht die gemeinsamen Vielfachen, sondern die gemeinsamen Teiler zweier Zahlen zu kennen.

BEISPIEL

Ein rechteckiger Raum von 8,80 m Länge und 5,20 m Breite soll mit quadratischen Fliesen ausgelegt werden. Welche Fliesengrößen kommen in Frage? Es soll möglichst kein Abfall entstehen.

Lösung: Da die Fliesen quadratisch sein sollen, ist ihre Länge gleich ihrer Breite. Es muß eine natürliche Anzahl von Fliesen in der Länge wie in der Breite in den Raum passen. Also ist die Raumlänge ein Vielfaches der Fliesenlänge und die Raumbreite ein Vielfaches der Fliesenlänge. Folglich ist die Fliesenlänge ein Teiler der Raumlänge 880 cm und ein Teiler der Raumbreite 520 cm. Wir müssen demzufolge die gemeinsamen Teiler von Raumlänge und -breite bestimmen.

$T_{880} = \{1, 2, 4, 5, 8, 10, 11, 16, 20, 22, 40, 44, 55, 80, 88, 110, 176, 220, 440, 880\}$

$T_{520} = \{1, 2, 4, 5, 8, 10, 13, 20, 26, 40, 52, 65, 104, 130, 260, 520\}$

Die Schnittmenge enthält die gemeinsamen Teiler:

$T_{880} \cap T_{520} = \{1, 2, 4, 5, 8, 10, 20, 40\}$

Die größtmögliche Platte, die ohne Verschnitt verlegt werden kann, hat die Kantenlänge 40 cm. 40 ist der *größte gemeinsame Teiler* der Zahlen 880 und 520.

D

Die natürliche Zahl n heißt *größter gemeinsamer Teiler* der natürlichen Zahlen a und b, wenn n die größte Zahl mit den Vielfachen a und b ist. Wir schreiben $n = ggT\ (a, b)$.

Zur Bestimmung des ggT finden wir wieder ein einfacheres Verfahren als das im Beispiel benutzte. Wir zerlegen die Zahlen in Primfaktoren und erhalten:

$880 = 2^4 \cdot 5 \cdot 11$

$520 = 2^3 \cdot 5 \cdot 13$

Da ein gemeinsamer Teiler ja Teiler von beiden Zahlen sein muß, kommen nur die übereinstimmenden Primfaktoren in Frage. Hierbei müssen wir sie in der kleinsten vorkommenden Potenz auswählen. Dann erhalten wir:

$\text{ggT}\ (880, 520) = 2^3 \cdot 5 = 8 \cdot 5 = 40$

BEISPIELE

1. $24 = 2^3 \cdot 3$ $\qquad$ $\text{ggT}\ (24, 36) = 2^2 \cdot 3 = 12$

$36 = 2^2 \cdot 3^3$ $\qquad$ $\text{kgV}\ (24, 36) = 2^3 \cdot 3^3 = 72$

2. $15 = \phantom{2 \cdot{}} 3 \cdot 5$ $\qquad$ $\text{ggT}\ (15, 70) = 5$

$70 = 2 \cdot \phantom{3 \cdot{}} 5 \cdot 7$ $\qquad$ $\text{kgV}\ (15, 70) = 2 \cdot 3 \cdot 5 \cdot 7 = 210$

Nun können wir noch eine interessante Entdeckung machen, wenn wir die beiden Zahlen einerseits und ggT und kgV andererseits miteinander multiplizieren.

Es ist $24 \cdot 36 = 864$ und $12 \cdot 72 = 864$!

Es ist $15 \cdot 70 = 1050$ und $5 \cdot 210 = 1050$!

S

Für zwei natürliche Zahlen a und b gilt: $a \cdot b = ggT(a, b) \cdot kgV(a, b)$.

1.1.7 Rechnen mit Klammern

Wir haben bereits im Zusammenhang mit den Rechengesetzen mit Klammern gerechnet, doch ist es sinnvoll, sich einen Überblick über die Rechenfolge zu verschaffen.

BEISPIELE

1. $517 + 32 + 45 + 9 = 549 + 45 + 9 = 594 + 9 = 603$

2. $517 - 32 - 45 - 9 = 485 - 45 - 9 = 440 - 9 = 431$

3. $67 + 3 - 38 + 2 - 8 = 70 - 38 + 2 - 8 = 32 + 2 - 8 = 34 - 8 = 26$

4. $3 \cdot 4 \cdot 8 \cdot 2 = 12 \cdot 8 \cdot 2 = 96 \cdot 2 = 192$

5. $144 : 6 : 3 : 2 = 24 : 3 : 2 = 8 : 2 = 4$

6. $5 \cdot 9 : 3 \cdot 2 : 10 = 45 : 3 \cdot 2 : 10 = 15 \cdot 2 : 10 = 30 : 10 = 3$

Hieraus leiten wir die erste Regel ab:

R

Besteht ein Rechenterm nur aus Punktrechnung oder nur aus Strichrechnung, so rechnen wir *links nach rechts.*

Ausnahmen dürfen wir machen, wenn wir nur Additionen oder nur Multiplikationen auszuführen haben. In diesen Fällen dürfen wir Vertauschungen nach dem Kommutativgesetz und nach dem Assoziativgesetz vornehmen.

Kommen nun Punkt- und Strichrechnung gemeinsam in einem Rechenterm vor, so müssen wir entscheiden, welche Rechnung Vorrang hat, sonst erhalten wir verschiedene Ergebnisse für dieselbe Aufgabe. Ist $6 + 8 \cdot 3$ nun $14 \cdot 3 = 42$, oder ist es $6 + 24 = 30$? Dies läßt sich leicht entscheiden, wenn man sich noch einmal verdeutlicht, was denn die Multiplikation darstellt. $8 \cdot 3$ bedeutet nichts anderes als $8 + 8 + 8$. Die Bindung der Multiplikation ist demnach enger als die der Addition. Für Division und Subtraktion gilt dies analog.

R

Kommen in einem Rechenterm Punkt- und Strichrechnung vor, so hat die *Punktrechnung Vorrang vor der Strichrechnung.*

Auch die Potenzschreibweise stellt vereinfacht eine Rechnung dar, nämlich die fortgesetzte Multiplikation. Daraus folgt, daß Potenzen Vorrang vor jeder anderen Rechnung haben (Beispiel: $3 \cdot 4^2 = 3 \cdot 16 = 48$).

R

Potenzen haben Vorrang vor Punkt- und Strichrechnung.

Wollen wir die natürliche Reihenfolge der Berechnung ändern, so müssen wir Klammern setzen.

BEISPIELE

1. $101 - 5 + 12 = 96 + 12 = 108$
$101 - (5 + 12) = 101 - 17 = 84$

2. $7 + 4 \cdot 2 = 7 + 8 = 15$
$(7 + 4) \cdot 2 = 11 \cdot 2 = 22$

3. $(3 \cdot 4)^2 = 12^2 = 144$

R

Rechnungen in Klammern haben stets Vorrang vor allen anderen Rechnungen.

Nun kann es vorkommen, daß der Rechenterm derart kompliziert ist, daß man mit einem Klammerpaar nicht auskommt. Dann gibt es zwei verschiedene Möglichkeiten der Klammerebene.

BEISPIELE

1. $1\,000 - (298 + 65) - (42 + 8) \cdot 3 = 1\,000 - 363 - 50 \cdot 3 = 1\,000 - 363 - 150$
$= 637 - 150 = 487$

2. $1\,000 - [(298 + 65) - (42 + 8) \cdot 3] = 1\,000 - [363 - 50 \cdot 3] = 1\,000 - [363 - 150]$
$= 1\,000 - 213 = 787$

Im Beispiel 1 befinden sich beide Klammern auf derselben Ebene. Sie sind gleichberechtigt, es spielt keine Rolle, welche Klammer wir zuerst berechnen. Im Beispiel 2 hingegen liegt die eckige Klammer auf einer höheren Ebene als die beiden runden Klammern. Wie müssen zuerst die runden, die ***inneren Klammern*** berechnen. Erst anschließend können wir die eckige, die ***äußere Klammer*** berechnen. Man sagt, die Klammern sind ***ineinandergeschachtelt.***

R

Sind Klammern ineinandergeschachtelt, so hat die *innere Klammer Vorrang vor der äußeren Klammer.*

Dies gilt auch entsprechend für mehrere Klammerebenen.

BEISPIELE

50 – (40 – (30 – (20 – 10))) = 50 – (40 – (30 – 10)) = 50 – (40 – 20) = 50 – 20 = 30

ÜBUNGEN

1. Füllen Sie die Lücken:
a) Das Ergebnis einer Subtraktion heißt ....
b) Beim Subtrahieren wird der .... vom .... abgezogen.
c) Man multipliziert zwei .... miteinander.
d) Die erste Zahl der Division heißt ....
e) Das Zusammenzählen nennt man ....
f) Man dividiert eine Zahl .... eine andere.
g) Man multipliziert eine Zahl .... einer anderen.
h) Man addiert eine Zahl .... einer anderen.
i) Man subtrahiert eine Zahl .... einer anderen.

2. Stellen Sie die Operationen auf dem Zahlenstrahl dar:
a) 2 + 5 *b)* 7 – 3 *c)* 40 + 5 *d)* 853 – 14

3. Stellen Sie als Rechenbaum dar:
a) 34 + 19 – 4 *b)* 2 · 5 – 2 *c)* 9 · 3 – 24 : 6
d) 2 · 3 · 4 · 5 · 6 *e)* 82 – 9 · 6 + 144 : 36

4. Vervollständigen Sie die Rechenbäume der Bilder 1.8, 1.9, 1.10 und 1.11, und schreiben Sie die zugehörigen Rechnungen auf.

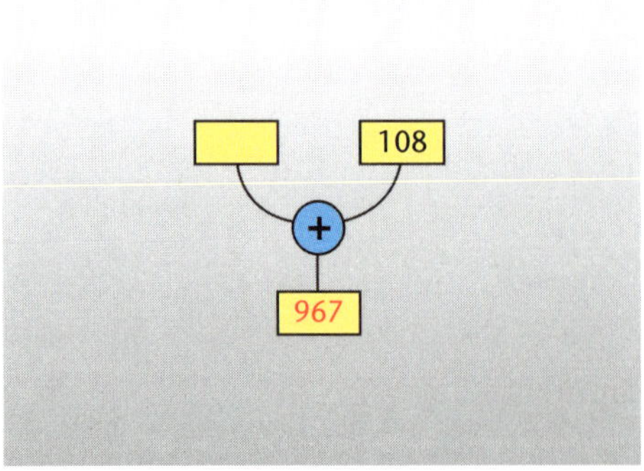

Bild 1.8

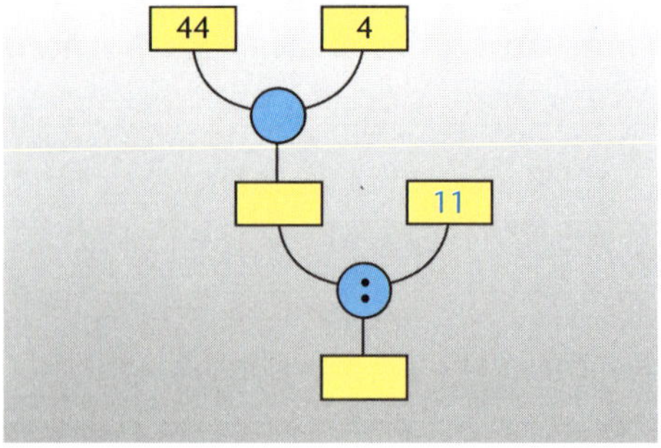

Bild 1.9

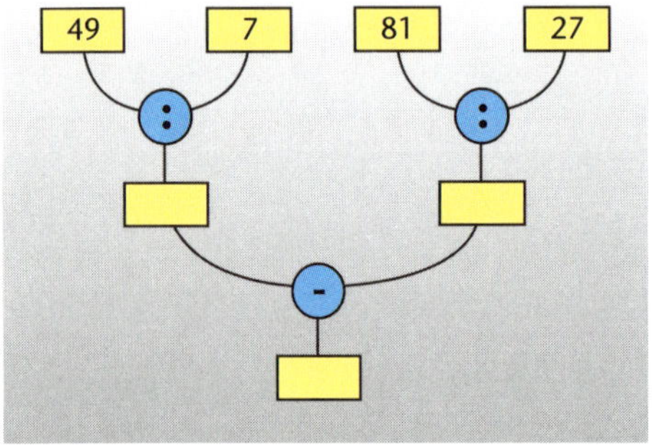

Bild 1.10

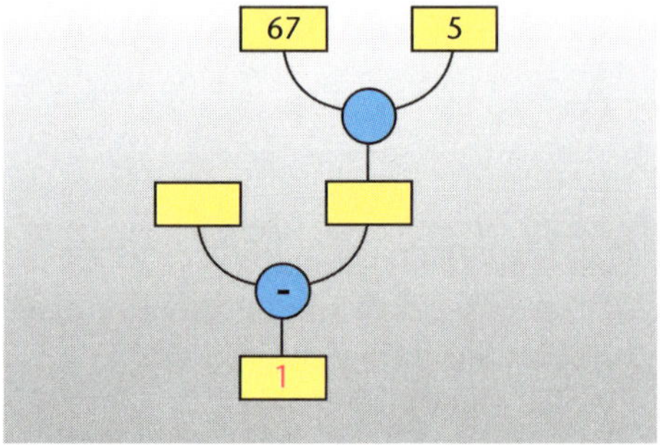

Bild 1.11

5. Rechnen Sie schriftlich:

a)
25603
\+ 9071
\+ 366

b)
102376587
\+ 309
\+ 5271982
\+ 639471
\+ 4023

c)
800000
\+ 2099184
\+ 23999
\+ 5188
\+ 701
\+ 279000
\+ 6644

6. Rechnen Sie schriftlich:

a)
200000
\- 99999
\- 9999
\- 999
\- 99
\- 9

b)
63072
\- 483
\- 8

c)
891075
\- 10276
\- 222
\- 520030
\- 6666
\- 19

7. Rechnen Sie schriftlich:
a) $45 \cdot 27$ *b)* $29 \cdot 139$ *c)* $2068 \cdot 38$ *d)* $1078934 \cdot 2786$
e) $12345 \cdot 54321$ *f)* $3003 \cdot 55$ *g)* $56032 \cdot 3087$

8. Rechnen Sie schriftlich:
a) 4984 : 56 *b)* 78589 : 103 *c)* 86415 : 7
d) 3267 : 33 *e)* 2243136 : 448 *f)* 1002001 : 13

9. Berechnen Sie die Potenzen:
2^{11}, 2^8, 3^4, 4^2, 4^3, 5^3, 7^3, 8^3

10. Bestimmen Sie alle Potenzen zur Basis 10 vom Exponenten 0 bis zum Exponenten 12.

11. Bestimmen Sie Quadrate der Zahlen von 1 bis 25.

12. Bestimmen Sie die Differenz je zweier aufeinanderfolgender Quadratzahlen.

13. Bestimmen Sie die Teilermengen von
a) 18 *b)* 21 *c)* 38 *d)* 54 *e)* 64 *f)* 81 *g)* 111 *h)* 150,
i) 512 *j)* 4804 *k)* 5923 *l)* 24068 *m)* 35672802

14. Bestimmen Sie kgV und ggT der folgenden Paare:
a) (68, 22) *b)* (6, 13) *c)* (15, 45) *d)* (2, 3) *e)* (88, 36) *f)* (625, 250)

15. Zwei Zahnräder haben 27 bzw. 15 gleich große Zähne und drehen sich gegeneinander. Nach wie vielen Umdrehungen stoßen sie wieder mit denselben Zähnen aneinander?

16. Am Hauptbahnhof fahren die Buslinien 4, 11 und 12 vorbei. Um 8.53 Uhr fahren sie alle am Bahnhof ab. Linie 4 fährt alle 10, Linie 11 alle 12 und Linie 12 alle 15 Minuten. Wann fahren sie wieder zur selben Zeit ab?

17. Klaus möchte ein 20 cm × 28 cm großes Blatt in quadratische Raster einteilen. Welche ist die größte Rastergröße, die er wählen kann?

18. Der ggT zweier Zahlen ist 24, das kgV 360. Eine der beiden Zahlen heißt 72. Wie heißt die andere?

19. Der ggT zweier Zahlen ist 5, das kgV 75. Wie heißen die beiden Zahlen? (2 Lösungen)

20. Berechnen Sie die Kuben (dritten Potenzen) der Zahlen 1 bis 10.

21. Multiplizieren Sie die Differenz aus 97 und 34 mit 3.

22. Addieren Sie zur Summe aus 108 und 399 die Differenz aus 2897 und 1772.

23. Multiplizieren Sie die Differenz aus 78 und der Summe von 26 und 14 mit dem Quotienten aus dem Quadrat von 12 und der Differenz aus 200 und 164.

24. Frau Schneider kauft 6 Weingläser und 4 Sektkelche für 44 DM. Ein Weinglas kostet 4 DM. Wieviel kostet ein Sektkelch?

25. In Deutschland sind ca. 40 Millionen Pkw zugelassen. Wie lang würde die Autoschlange werden, wenn man alle Pkw hintereinander aufstellen würde? Rechnen Sie mit einer durchschnittlichen Länge von nur 4 m (zum Vergleich: Entfernung Erde – Mond $\approx$ 384 000 km).

26. Familie Werner will ihre Terrasse mit Waschbetonplatten auslegen. Ein Quadratmeter kostet 34 DM. Die Terrasse ist 43 m^2 groß. Was kostet die Aktion?

27. Für eine Klassenfahrt wird ein Bus für 32 Schüler gemietet. Der Bus kostet 960 DM. Wieviel muß jeder bezahlen?

28. Auf einer Landkarte ist der Maßstab 1 : 50 000 angegeben. Wie lang ist eine auf der Karte gemessene Strecke von 9 cm in Wirklichkeit? (Maßstab 1 : 50 000 bedeutet: 1 cm auf der Karte entspricht 50 000 cm = 500 m = 0,5 km in der Wirklichkeit.)

29. Wie lang ist auf einer Karte mit Maßstab 1 : 200 000 eine Strecke von 840 km?

30. Herr Knobel bastelt Schiffe aus Streichhölzern im Maßstab 1 : 500. Seine „Titanic" ist 54 cm lang. Wie lang müßte die Titanic demnach in Wirklichkeit gewesen sein?

31. Ein Verein bucht für eine Wochenendreise einen Bus für 2 500 DM. Jede der zwei Übernachtungen kostet pro Person 72 DM. Für Verpflegung werden pro Person 80 DM gerechnet. Weiterhin sind 140 DM Eintrittsgelder für die gesamte Gruppe geplant. Es wollen 16 Mitglieder mitfahren. Wieviel muß jeder Teilnehmer bezahlen?

32. Tobias möchte den Radumfang seines Fahrrades bestimmen, um seinen Tachometer zu eichen. Er markiert die Abfahrtstelle mit Kreide, fährt so weit geradeaus, bis sein Rad genau 7 Umdrehungen gemacht hat, markiert die Ankunftsstelle ebenfalls und mißt die gefahrene Strecke aus. Es sind 13,44 m. Welchen Umfang hat das Rad?

33. Rechnen Sie mit Vorteil:
a) 23 + 34 + 17 + 56 *b)* 198 + 235 + 57
c) 398 + 21 + 34 + 94 + 76 + 22 + 217 + 43

34. In der Quizsendung „Dalli Dalli" werden die Punkte der ersten, zweiten und dritten Runde miteinander multipliziert. Ist es besser, möglichst viele Punkte in der ersten Runde zu machen oder in der zweiten oder in der dritten?

35. Schreiben Sie eine dreistellige Zahl auf, deren erste Ziffer nicht kleiner sein darf als die letzte. Schreiben Sie die Zahl mit umgekehrter Ziffernfolge darunter, und subtrahieren Sie diese von der ersten Zahl. Durch welche Zahlen ist das Ergebnis immer teilbar?

36. Berechnen Sie die folgenden Ausdrücke:
a) $27 + 6 \cdot 7$ *b)* $903 - 34 : 2$ *c)* $8 \cdot 7 + 2 \cdot 9$
d) $144 : 36 + 24 \cdot 3 - 19 + 48 : 6 - 225 : 15$
e) $63 : 7 \cdot 4 \cdot 12 : 9$ *f)* $1 \cdot 2 \cdot 3 \cdot 4 \cdot 5 \cdot 6$

37. Berechnen Sie:
a) $2 \cdot (3 + 9) \cdot 4$ *b)* $(24 + 56) \cdot 3$ *c)* $3 - 5 \cdot (18 + 23)$
d) $3 \cdot (25 - 13) + 96 : 8 - (88 - 44) : 4$

38. Berechnen Sie:
a) $3098 - [(72 - 65) \cdot (432 - 387) + 15]$
b) $(27 + 87 + 96) : 3 + [(37 - 19) \cdot 22]$
c) $14 \cdot [3 \cdot (24 + 67 - 13 \cdot 7)]$
d) $(789 - 654) \cdot (507 - 499) - 25 \cdot (217 - 188)$
e) $(9 + 8 \cdot (7 + 6 \cdot (5 + 4 \cdot (3 + 2 \cdot 1)))) \cdot 10$

39. Berechnen Sie:
a) $5 \cdot 3^2$ *b)* $2 \cdot 3 + 2^4$ *c)* $2^5 \cdot 3 + 1$ *d)* $2 \cdot (3 + 5 \cdot 2)^2 - 4$
e) $(2^3 + 3^2)^2$

40. Berechnen Sie:
a) $2^4 \cdot 2^3 + (2 \cdot 2)^3$ *b)* $(2^2)^3$ *c)* $2^{(2^3)}$

41. Berechnen Sie:
$(5 + 7)^3 - 5^3 - 7^3$

1.2 Ganze Zahlen

1.2.1 Darstellung

In der Menge der natürlichen Zahlen $\mathbb{N}$ sind alle Additions- und Multiplikationsaufgaben lösbar, das heißt, die Summe zweier natürlicher Zahlen ist wieder eine natürliche Zahl. Auch das Produkt zweier natürlicher Zahlen führt stets auf eine natürliche Zahl. Für die Subtraktion gilt dies nicht immer. So ist zwar die Differenz 256 - 178 die natürliche Zahl 78, doch was erhält man, wenn man Subtrahend und Minuend vertauscht? 178 - 256 ergibt keine natürliche Zahl, sondern eine Zahl „unter Null", eine ***negative Zahl***. Wir berechnen das Ergebnis der Aufgabe 178 - 256 ebenso wie bei Aufgabe 256 - 178, setzen aber vor das Ergebnis ein ***Minuszeichen***: 178 - 256 = - 78.

Alle Zahlen, die man auf diese Art durch Subtraktion von natürlichen Zahlen erhält, heißen ***negative ganze Zahlen***. Es sind alle mit einem Minuszeichen versehenen natürlichen Zahlen.

D

Die natürlichen Zahlen, Null und die negativen ganzen Zahlen bilden die Menge der *ganzen Zahlen*, Abkürzung $\mathbb{Z}$.

Mit $\mathbb{Z}^-$ bezeichnen wir die negativen ganzen Zahlen,
mit $\mathbb{Z}_0^-$ bezeichnen wir die negativen ganzen Zahlen mit der Null,
mit $\mathbb{Z}^+$ bezeichnen wir die positiven ganzen Zahlen (= $\mathbb{N}$),
mit $\mathbb{Z}_0^+$ bezeichnen wir die positiven ganzen Zahlen mit der Null (= $\mathbb{N}_0$).

Die ganzen Zahlen kennen wir aus unserer Umwelt. So wissen wir, daß an kühlen Wintertagen die Temperatur –16 °C betragen kann, daß der Meeresboden eine Höhe von –2850 m haben kann und daß unser Konto ein Haben von –285,46 DM, also ein Soll, aufweisen kann.

Die natürlichen Zahlen können wir an einem Zahlenstrahl darstellen, der bei 0 beginnt und nach rechts hin wächst. Für die ganzen Zahlen benötigen wir eine Verlängerung nach links, sozusagen hinter die Null. Da die Zahlen nach links ebensowenig beschränkt sind wie nach rechts, sprechen wir nicht mehr von einem Zahlenstrahl, sondern von einer ***Zahlengeraden.***

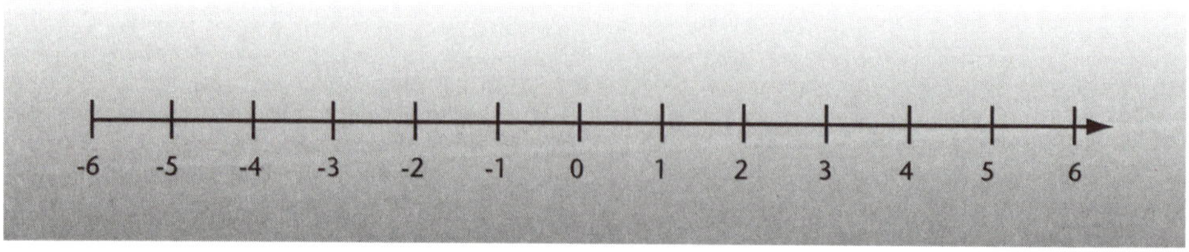

Bild 1.12 Zahlengerade

1.2.2 Addition und Subtraktion

Auf dieser Zahlengeraden können wir uns die Addition und Subtraktion der ganzen Zahlen veranschaulichen. Wir vereinbaren:

Positive Zahlen kennzeichnen wir durch ***nach rechts gerichtete Pfeile, negative Zahlen*** kennzeichnen wir durch ***nach links gerichtete Pfeile***. Wir ***addieren*** zwei Zahlen, indem wir den ***Pfeilanfang*** des zweiten Summanden an die Pfeilspitze des ersten Summanden anfügen. Die ***Summe*** wird durch den Pfeil vom Ursprung (Nullpunkt) bis zur ***Spitze*** des zweiten Pfeiles angezeigt (Addition: Anfang an Spitze).

Wir ***subtrahieren*** zwei Zahlen, indem wir an die ***Pfeilspitze*** des ersten Pfeiles (Minuend) die ***Pfeilspitze*** des zweiten Pfeiles (Subtrahend) ansetzen. Die ***Differenz*** wird durch den Pfeil vom Ursprung bis zum ***Anfang*** des zweiten Pfeiles angegeben (Subtraktion: Spitze an Spitze). Damit keine Mißverständnisse auftreten, kennzeichnen wir die positiven Zahlen zunächst mit dem ***Vorzeichen*** +, schreiben also statt 5 jetzt +5. Wir unterscheiden zunächst bei der Addition vier Fälle.

1. Fall: Addition zweier positiver Zahlen, z. B. (+3) + (+4) = (+7)
Dies ist kein Unterschied zur Addition von natürlichen Zahlen.

2. Fall: Addition einer positiven und einer negativen Zahl
(+6) + (–4) = (+2) (Bild 1.13) (+6) + (–9) = (–3) (Bild 1.14)
Wir erkennen, daß auch 6 – 4 = 2 und 6 – 9 = –3 ergeben.

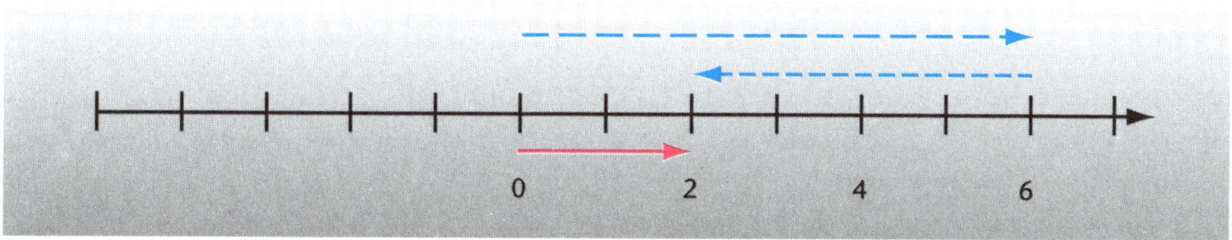

Bild 1.13

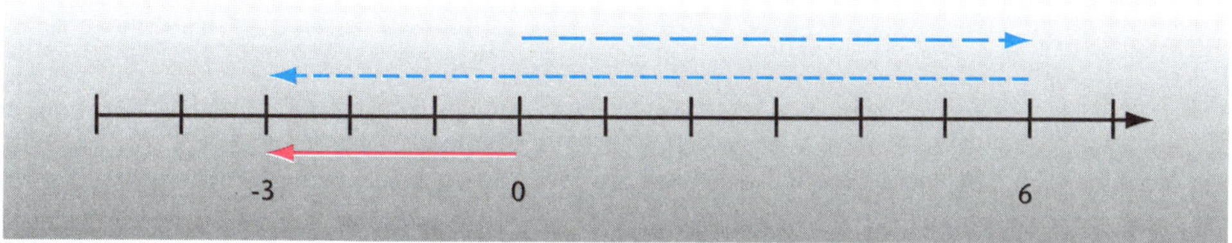

Bild 1.14

3. Fall: Addition einer negativen und einer positiven Zahl
(–4) + (+6) = (+2) (Bild 1.15)
Es ist auch – 4 + 6 = 2.

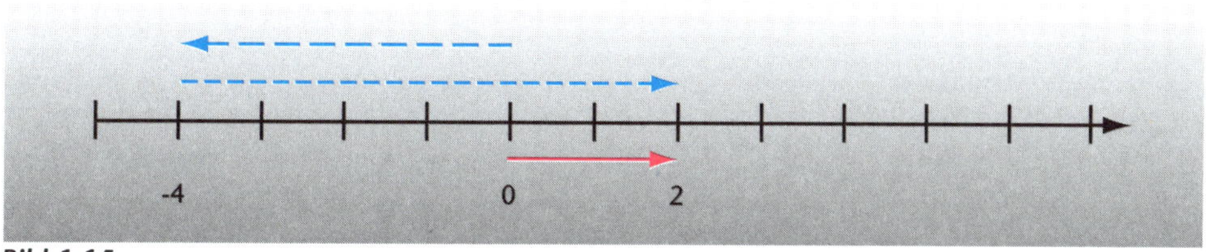

Bild 1.15

4. Fall: Addition zweier negativer Zahlen
(-3) + (-6) = (-9) (Bild 1.16)
Nach unseren Vorbemerkungen muß auch - 3 - 6 = - 9 ergeben.

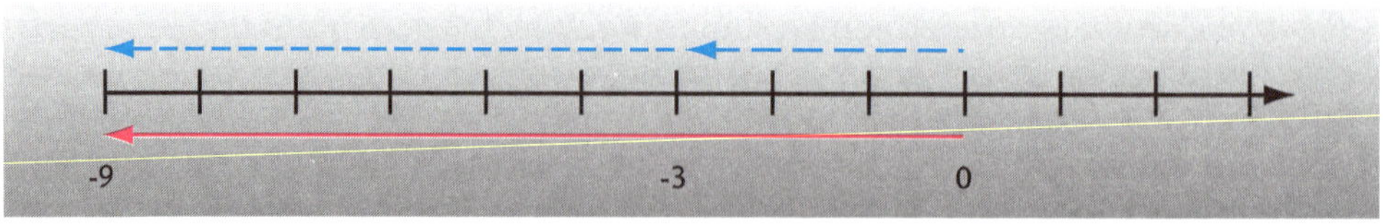

Bild 1.16

Wir können bereits jetzt folgende Regeln erkennen, die uns eine einfachere Schreibweise der Rechenterme erlauben. Dabei machen wir aus zwei Zeichen, nämlich dem ***Rechenzeichen*** und dem ***Vorzeichen*** der zweiten Zahl, ein einziges Zeichen, ein ***Rechenzeichen***.

R

Für alle ganzen Zahlen a, b ∈ ℤ gilt:
a + (+b) = a + b
a + (-b) = a - b

Nun betrachten wir die Subtraktion:

1. Fall: Subtraktion einer positiven Zahl von einer positiven Zahl
(+1) - (+8) = (-7) (Bild 1.17)
Hierfür können wir 1 - 8 = -7 schreiben.

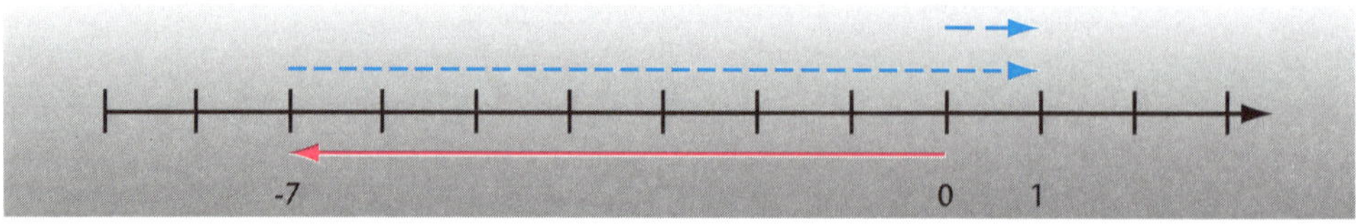

Bild 1.17

2. Fall: Subtraktion einer negativen Zahl von einer positiven Zahl
(+2) - (-6) = (+8) (Bild 1.18)
Hierfür schreiben wir kürzer: 2 - (-6) = 8.
Es ist aber auch 2 + 6 = 8.

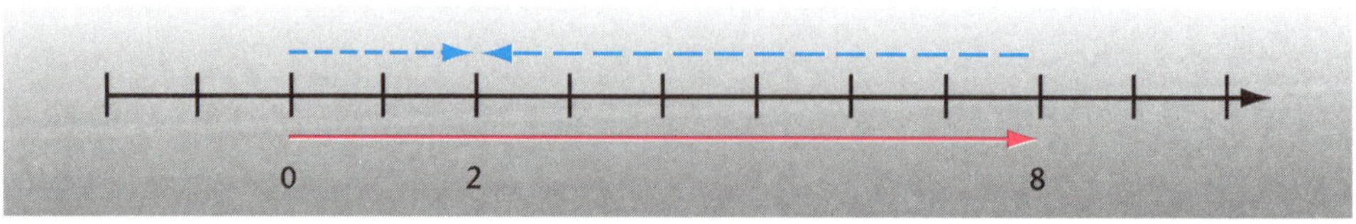

Bild 1.18

3. Fall: Subtraktion einer positiven von einer negativen Zahl
(-4) - (+5) = (-9) (Bild 1.19)
Kürzer: - 4 - 5 = - 9.

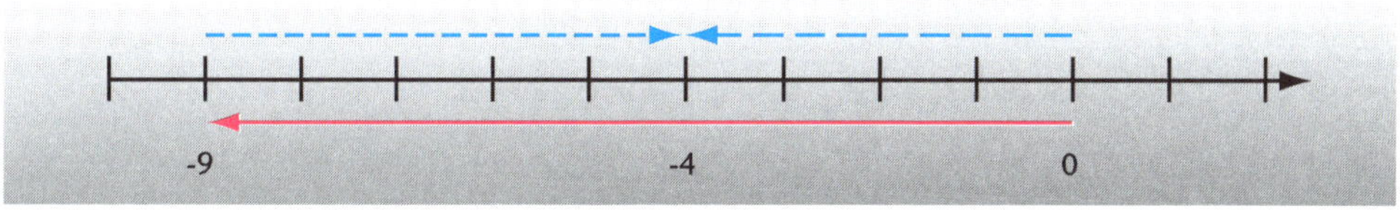

Bild 1.19

4. Fall: Subtraktion einer negativen von einer negativen Zahl
(-4) - (-5) = (+1) (Bild 1.20)
Es ist auch - 4 + 5 = 1.

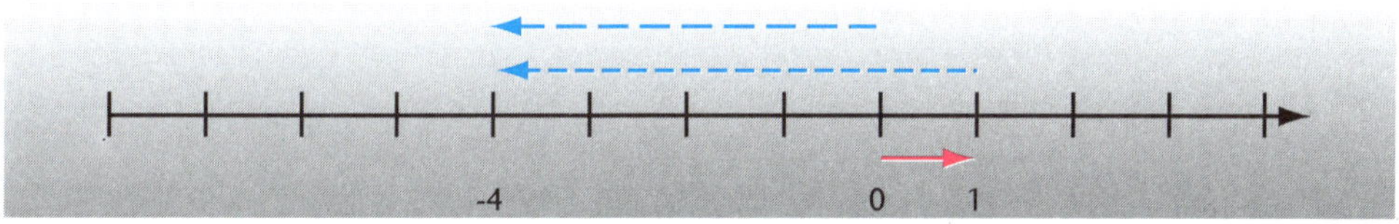

Bild 1.20

Auch hier erkennen wir wieder Regeln:

R

Für alle a, b $\in \mathbb{Z}$ gilt:
a - (+b) = a - b
a - (-b) = a + b

Man faßt die Regeln häufig in der folgenden, leicht zu merkenden Kurzform zusammen, die - zugegeben - vom mathematischen Standpunkt aus betrachtet formal nicht ganz korrekt ist:

R

+(+a) = +a	+(+) = +
+(-a) = -a	+(-) = -
-(+a) = -a	-(+) = -
-(-a) = +a	-(-) = +

Einige Beispiele sollen erläutern, wie man mit ganzen Zahlen rechnet.

BEISPIELE

1. $(7 - 8) + (3 + (-7) - 2) = (-1) + ((-4) - 2) = -1 + (-6) = -7$

2. $(-15) - [((-4) - (-29)) + (28 - (-8))] = (-15) - [((-4) + 29) + (28 + 8)]$
$= (-15) - [25 + 36] = (-15) - 61 = -76$

3. $1 - (2 - (3 - (4 - (5 - (6 - (7 - (8 - (9 - (-10)))))))))$
$= 1 - (2 - (3 - (4 - (5 - (6 - (7 - (8 - (9 + 10))))))))$
$= 1 - (2 - (3 - (4 - (5 - (6 - (7 - (8 - 19)))))))$
$= 1 - (2 - (3 - (4 - (5 - (6 - (7 - (-11)))))))$
$= 1 - (2 - (3 - (4 - (5 - (6 - (7 + 11))))))$
$= 1 - (2 - (3 - (4 - (5 - (6 - 18)))))$
$= 1 - (2 - (3 - (4 - (5 - (-12)))))$
$= 1 - (2 - (3 - (4 - (5 + 12))))$
$= 1 - (2 - (3 - (4 - 17)))$
$= 1 - (2 - (3 - (-13)))$
$= 1 - (2 - (3 + 13))$
$= 1 - (2 - 16)$
$= 1 - (-14)$
$= 1 + 14$
$= 15$

1.2.3 Multiplikation und Division

Wenn unser Konto 300 DM Soll aufweist und unser Nachbar sagt, sein Konto weise viermal soviel Schulden auf, so meint er einen Kontostand von $4 \cdot (-300) = -1200$ DM. Hieran sehen wir, daß die Multiplikation einer positiven und einer negativen Zahl eine negative Zahl ergibt.

Doch welches Ergebnis erhalten wir bei Multiplikation zweier negativer Zahlen? Hierzu benötigen wir das Distributivgesetz.

Es ist $(+3) + (-3) = 0$. Weiterhin ist $0 \cdot (-6) = 0$. Also ist
$0 \cdot (-6) = [(+3) + (-3)] \cdot (-6) = (+3) \cdot (-6) + (-3) \cdot (-6) = -18 + (-3) \cdot (-6) = 0.$

Es ist $(-18) + (+18) = 0$. Demnach muß $(-3) \cdot (-6) = 18$ sein!

Wir haben die Vorzeichenregeln für die Multiplikation erarbeitet.

R

$(+1) \cdot (+1) = +1$	plus mal plus = plus
$(+1) \cdot (-1) = -1$	plus mal minus = minus
$(-1) \cdot (+1) = -1$	minus mal plus = minus
$(-1) \cdot (-1) = +1$	minus mal minus = plus

Haben zwei Zahlen dasselbe Vorzeichen, so ist ihr Produkt positiv.
Haben zwei Zahlen verschiedene Vorzeichen, so ist ihr Produkt negativ.

Da die Division als Umkehrung der Multiplikation verstanden werden kann und sich jede Division als Multiplikation des Kehrwertes (siehe Seite 59) darstellen läßt, gelten für die Division die gleichen Vorzeichenregeln wie für die Multiplikation.

BEISPIELE

1. $(-3 + 5) \cdot (89 - 129) = 2 \cdot (-40) = -80$

2. $(-25 - 36) \cdot (12 - 45) = (-61) \cdot (-33) = 2013$

3. $(-144) : (-36) = 4$

1.2.4 Die Ordnung der ganzen Zahlen

Eine Ordnung der ganzen Zahlen ergibt sich durch die Vergleichsrelationen ***kleiner*** ($<$), ***gleich*** (=) und ***größer*** ($>$).

D

Wir legen fest: Eine Zahl a ist kleiner als eine andere Zahl b, wenn a auf der Zahlengeraden links von b liegt.

So ist $5 < 12$, $0 < 1$, $-6 < 9$, $-3 < -2$. Für die Ordnungsrelation gelten zahlreiche Eigenschaften.

S

Transitivitätseigenschaft:	Ist $a < b$ und $b < c$, so ist auch $a < c$.
	$a < b \wedge b < c \Rightarrow a < c$
Symmetrieeigenschaft:	$a < b \Leftrightarrow b > a$
Monotoniegesetz der Addition:	$a < b \Leftrightarrow a + c < b + c$
Monotoniegesetz der Multiplikation:	$c > 0 \wedge a < b \Leftrightarrow a \cdot c < b \cdot c$
Inversionsgesetz (der Multiplikation):	$c < 0 \wedge a < b \Leftrightarrow a \cdot c > b \cdot c$

BEISPIELE

1. $-2 < 0 \wedge 0 < 8 \Rightarrow -2 < 8$

2. $-5 < -3 \Leftrightarrow -3 > -5$

3. $5 < 8 \Leftrightarrow 5 + 11 < 8 + 11 \Leftrightarrow 16 < 19$

4. $-4 < -1 \Leftrightarrow (-4) \cdot 5 < (-1) \cdot 5 \Leftrightarrow -20 < -5$

5. $-4 < -1 \Leftrightarrow (-4) \cdot (-5) > (-1) \cdot (-5) \Leftrightarrow 20 > 5$

(Zur Erläuterung der Zeichen $\wedge$, $\Leftrightarrow$ und $\Rightarrow$ siehe Seite 120 ff.)

ÜBUNGEN

42. *a)* $-14 + (18 - 6) =$ *b)* $15 - (-8) + (-5) =$
c) $(-79) - (-45) - (+34) =$ *d)* $(+26) + (+3) - (+2) =$
e) $367 - (-278) + (-298) - (+1091) - (-109) =$

43. *a)* $367 - 208 - 109 + 289 - 23 - 2 =$
b) $1 + 2 - 3 + 4 - 5 + 6 - 7 + 8 - 9 + 10 =$
c) $1 - 2 - 3 - 4 - 5 - 7 - 8 - 9 - 10 =$
d) $22 - 45 - 2 + 35 + 679 - 2850 - 3 + 5 - 67 =$

44. *a)* $24 - (6 - 12) =$ *b)* $19 - (-5 + 4) =$
c) $(18 - 19) - (19 - 18) =$ *d)* $(-20 - 22 + 78) - (65 - 11) =$
e) $987 - (5 - 2076) - (89 + 23 - 177) + (30 - 1) =$

45. *a)* $-(-4) =$ *b)* $-(4 - 7) =$
c) $-(-8 - 19) - (11 - 12) =$ *d)* $-(-17 - 19 - 12) - (-329 - 12) =$

46. *a)* $110 - [(25 - 35) - (12 + 93)] =$ *b)* $1 - [2 - (3 - 4)] =$
c) $(14 - (-234)) - [19 - (412 - 98)] =$
d) $1 - (2 - (3 - (4 - (-5)))) =$
e) $2 - [7938 - (30002 + 29654) - (-8019)] =$

47. *a)* $(-5) \cdot 6 =$ *b)* $26 \cdot (-2) =$ *c)* $(-12) \cdot (-6) =$
d) $(+4) \cdot (-7) \cdot (-9) =$ *e)* $(-2) \cdot (-2) \cdot (-2) \cdot (-2) \cdot (-2) =$

48. *a)* $(-3) \cdot (-18) : (-9) =$ *b)* $(-12) \cdot (-12) \cdot (+3) =$
c) $(-1024) : (-16) : (+8) : (-4) =$ *d)* $3 \cdot (-8) \cdot (-1) \cdot (-11) \cdot (+2) =$

49. *a)* $(209 - 322) \cdot (-3)$ *b)* $-(111 - 3065 + 530) \cdot (23 - 32)$
c) $(19 - 23) \cdot (-5) \cdot (39 - 41) \cdot (-3)$

50. *a)* $[15 - (22 - 38) \cdot (2 - 7)] \cdot (-9)$
b) $(-4) \cdot [(-3) \cdot (-5) + 210 - (-33) \cdot (-7)] - (43 - 24)$

51. $(-1) \cdot [(2 - 3) + (-4) \cdot (-5 + (-6))] - [(-7) \cdot (-8 + 9)] \cdot (-10)$

52. *a)* $48 + 3 \cdot 6 - 5$ *b)* $291 \cdot 8 + 7 \cdot 6 - 88 : 11$
c) $67 - 81 : 9 - 19 \cdot 12$ *d)* $(-34) - (-28) \cdot 4$
e) $367 - (-15) \cdot 71 + 1024 : (-8) - 55$
f) $(-63) : 7 : (-3) - (-45) - (-36) : (-4)$

53. *a)* $(-25) \cdot [19 \cdot (-3) - ((-6) \cdot (-8) + 22) + 1]$ *b)* $(-2)^5 - 2^5$
c) $(-2) \cdot (-3)^2 + 3^4 \cdot (-2)$
d) $(-1)^9 \cdot 24 + 3 \cdot (-2)^6 - (-5)^4 \cdot (33 - 34)^7$

54. *a)* $14 \cdot 12 - 8 \cdot (-4)$ *b)* $14 \cdot (12 - 8) \cdot (-4)$
c) $14 \cdot (12 - 8 \cdot (-4))$ *d)* $(14 \cdot (12 - 8)) \cdot (-4)$

55. Was ist die Differenz aus −872 und −936?

56. Was ist das Produkt aus der Summe von −202 und 498 und dem Quotienten aus −256 und 16?

57. Herr Becker startet bei 25° C in Frankfurt eine Reise um die Welt. Zunächst landet er in Dubai, wo es 14° C wärmer ist. Dann steigt er in Neu-Delhi aus, es ist 4° C kälter. In Tokio ist es gleich 5° C kühler, in Anchorage noch einmal 12° C kälter. Doch in Los Angeles trifft er auf eine 15° C höhere Temperatur, 2° C mehr als in New York, wo es allerdings noch 7° C wärmer ist als in Shannon. Welche Temperatur herrscht bei seiner Ankunft in dieser irischen Stadt?

58. Eine Wandergruppe startet eine mehrtägige Tour am Großglockner in einer Höhe von 3 797 m. Am ersten Tag müssen die Wanderer 482 m ab- und 24 m aufsteigen, am zweiten Tag müssen sie 1 093 m absteigen. Am dritten Tag steigen sie zunächst weitere 251 m ab, dann aber 463 m auf, wieder 133 m ab und 285 m auf. Am vierten Tag steigen Sie 952 m ab. Am fünften Tag müssen sie 1 118 m aufsteigen, um einen Gipfel zu erreichen. In welcher Höhe befinden sie sich?

59. Ich denke mir eine Zahl und addiere 25. Das Ergebnis multipliziere ich mit 3, davon subtrahiere ich 19. Das Ergebnis ist 23. Welche Zahl habe ich mir ausgedacht?

60. Ist a eine ganze Zahl, so heißt − a auch die Gegenzahl von a. Was erhält man, wenn man
a) eine Zahl zu ihrer Gegenzahl addiert?
b) eine Zahl von ihrer Gegenzahl subtrahiert?
c) eine Zahl mit ihrer Gegenzahl multipliziert?
d) eine Zahl durch ihre Gegenzahl dividiert?

61. In welchen Jahren jährten sich folgende Ereignisse zum 100., zum 1000. Mal?
a) Geburtstag von Aristoteles 384 v. Chr. *b)* Gründung Roms 753 v. Chr.
c) Tod von Pythagoras 570 v. Chr.
d) Entdeckung Grönlands durch den Wikinger Erik der Rote 982 n. Chr.

1.3 Rationale Zahlen: Bruchzahlen

1.3.1 Bruchteile, Bruchzahlen

Frau Scholl hat eine Torte gebacken und möchte sie nun schneiden. Hierzu teilt sie die Torte zunächst einmal in der Mitte durch. Sie hat die Torte in zwei gleiche Teile geteilt, jeder Teil ist ***halb*** so groß wie die ganze Torte, die aus zwei ***Hälften*** besteht (Bild 1.21). Nun teilt sie senkrecht zu ihrem ersten Schnitt die Torte ein weiteres Mal durch die Mitte. Sie erhält jetzt vier gleich große Teile. Jeder Teil beträgt ein ***Viertel*** der Torte (Bild 1.22). Schließlich schneidet sie jedes Viertel mit zwei weiteren Schnitten in drei gleich große Teile, so daß jedes Stück nun ein ***Drittel*** von einem Viertel Tortenstück beträgt (Bild 1.23). Sie hat damit die ganze Torte in zwölf gleiche Teile geschnitten, jedes Stück ist ein ***Zwölftel*** so groß wie die ganze Torte (Bild 1.24).

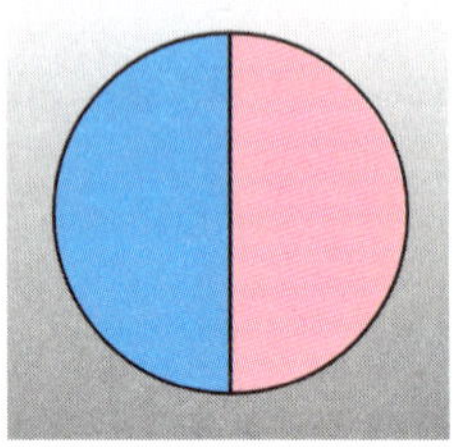
Bild 1.21

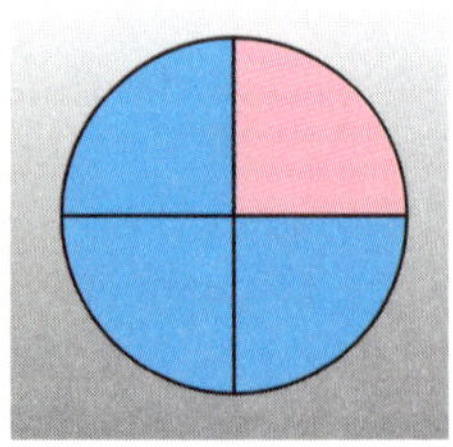
Bild 1.22

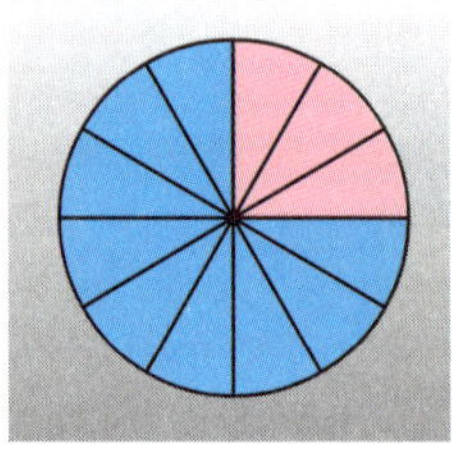
Bild 1.23

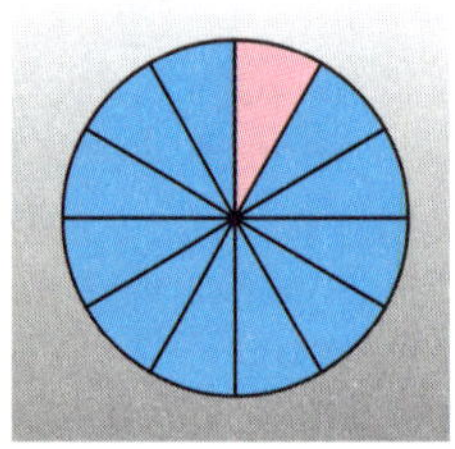
Bild 1.24

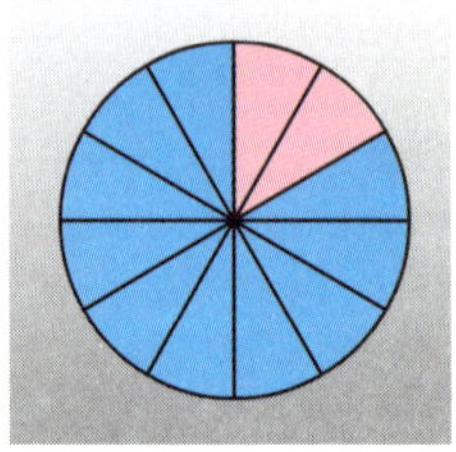
Bild 1.25

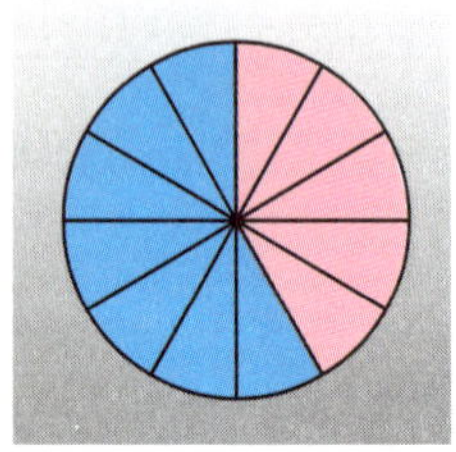
Bild 1.26

Ihr Sohn Daniel ißt leidenschaftlich gerne Schokoladentorte. Mühelos verspeist er erst einmal zwei Stücke von der Torte. Er hat ***zwei Zwölftel*** der Torte gegessen (Bild 1.25). Nach einer kleinen Pause läßt er sich weitere drei Stücke der Torte schmecken, womit er es auf ***fünf Zwölftel*** der Torte gebracht hat (Bild 1.26).

Zahlen, die Anteile oder Bruchteile von einem Gegenstand angeben, nennen wir ***Bruchzahlen*** oder einfacher ***Brüche.*** Zur Darstellung genügt allerdings nicht eine Zahl, wir benötigen zwei Zahlen. Dabei gibt die eine Zahl an, in wie viele gleiche Teile wir den Gegenstand zerlegt haben – im Falle der Torte sind dies 12 –, die andere Zahl gibt an, wie viele dieser gleichen Teile wir herausnehmen, z. B. 5. Die letzte Zahl schreiben wir ***über*** die erste Zahl und trennen beide durch einen kleinen Strich, den ***Bruchstrich.*** Die obere Zahl heißt ***Zähler,*** die untere ***Nenner*** des Bruches. Die Menge aller Brüche zusammen mit der Menge der ganzen Zahlen bildet die Menge der ***rationalen Zahlen*** $\mathbb{Q}$.

Daniel hat fünf Zwölftel der Torte gegessen, wir schreiben dafür $\frac{5}{12}$ (lies: „fünf Zwölftel").

BEISPIELE

Bild 1.27

1. 1 l hat 1000 ml. Benötigen wir für ein Backrezept 250 ml Milch, so ist das der vierte Teil eines Liters, also $\frac{1}{4}$ l (Bild 1.27). Benötigen wir 1250 ml, so sind das $\frac{5}{4}$ l (Bild 1.28). $\frac{3}{8}$ l entsprechen 375 ml (Bild 1.29).

Bild 1.28

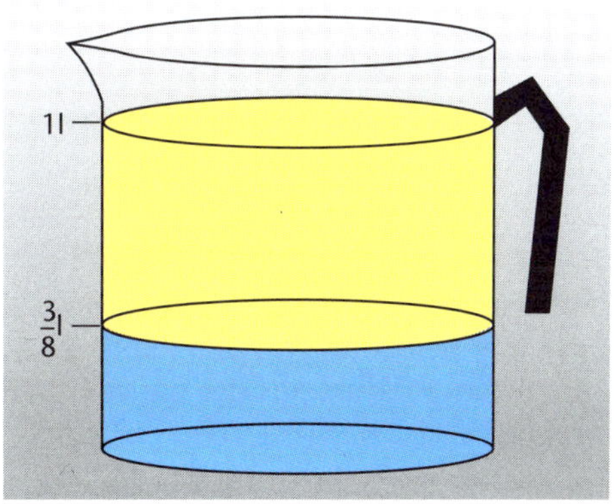

Bild 1.29

2. Eine Tafel Schokolade besteht aus 24 Würfeln. Dann entsprechen 8 Würfel Schokolade $\frac{8}{24}$ der Tafel (Bild 1.30).

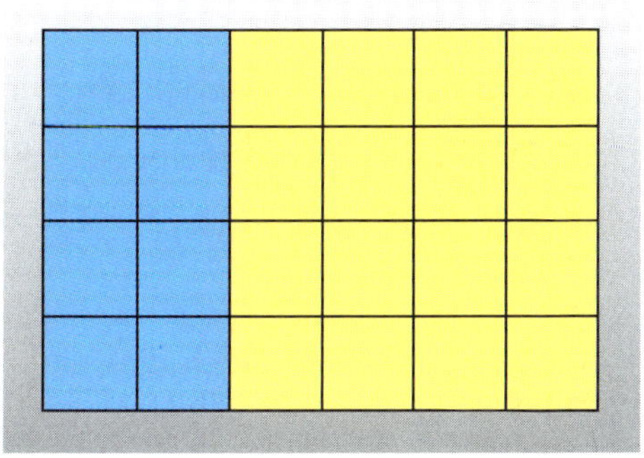

Bild 1.30

3. Eine Stunde hat 60 Minuten. Demnach stellt eine Minute $\frac{1}{60}$ einer Stunde dar. 13 Minuten sind dann $\frac{13}{60}$ einer Stunde (Bild 1.31), 47 Minuten $\frac{47}{60}$ einer Stunde, 140 Minuten $\frac{140}{60}$, 392 Minuten $\frac{392}{60}$ der Stunde.

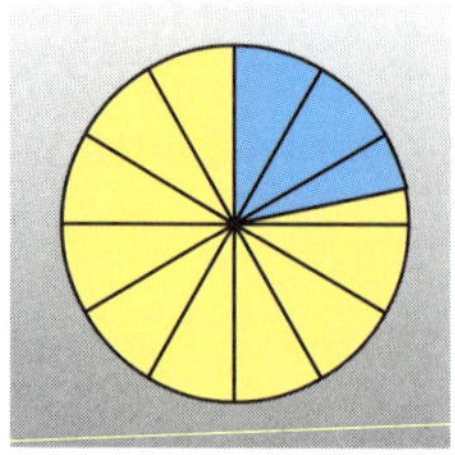

Bild 1.31

Da $\frac{60}{60}$ Stunden exakt 1 Stunde sind, sind $\frac{120}{60}$ Stunden 2 Stunden, $\frac{140}{60}$ Stunden sind dann 2 Stunden und 20 Minuten oder 2 Stunden und $\frac{20}{60}$ Stunden. Wir schreiben dann für $\frac{140}{60}$ auch $2\frac{20}{60}$. Die erste Darstellung nennen wir einen ***reinen Bruch,*** die zweite Darstellung aus einer ganzen Zahl und einem Bruch nennen wir ***gemischten Bruch.*** Gemischte Brüche geben uns eine bessere Vorstellung von der Größenordnung, sind jedoch zum Rechnen meistens ungeeignet und müssen dann erst in einen reinen Bruch umgewandelt werden. Die folgenden Beispiele zeigen, wie man diese Umwandlung vornehmen kann.

Richtung 1: Vom gemischten zum reinen Bruch

$7\frac{2}{5}$ bedeutet 7 ganze Teile und zwei Fünftel. Sieben Ganze sind nun aber $7 \cdot 5$ Fünftel = 35 Fünftel. Hierzu addieren wir noch die zwei Fünftel und erhalten $\frac{37}{5}$.

R

Man wandelt einen gemischten Bruch in einen reinen Bruch um, indem man den Nenner beibehält und den Zähler ersetzt durch die Summe aus dem alten Zähler und dem Produkt aus der ganzen Zahl und dem Nenner.

Richtung 2: Vom reinen zum gemischten Bruch

$\frac{42}{9}$ bedeutet zweiundvierzig Neuntel eines Ganzen. Nun sind aber neun Neuntel bereits ein Ganzes, $\frac{18}{9}$ sind 2, $\frac{27}{9}$ sind 3. Um nun zu bestimmen, wieviel Ganze in $\frac{42}{9}$ enthalten sind, müssen wir 42 durch 9 teilen. Weil $4 \cdot 9 = 36$ ist, bleibt ein Rest von $42 - 36 = 6$. Somit lassen sich $\frac{42}{9}$ in 4 Ganze und $\frac{6}{9}$ zerlegen, es ist $\frac{42}{9} = 4\frac{6}{9}$.

R

Bei der Umwandlung eines reinen Bruches in einen gemischten Bruch gibt die ganze Zahl an, wie oft der Nenner im Zähler enthalten ist, der neue Zähler ist der Rest bei dieser Division, der Nenner wird beibehalten.

BEISPIELE

1. $8\frac{3}{4} = \frac{8 \cdot 4 + 3}{4} = \frac{35}{4}$

2. $-5\frac{41}{85} = -\frac{5 \cdot 85 + 41}{85} = -\frac{466}{85}$

3. $\frac{805}{11} = 73\frac{2}{11}$, denn 805 : 11 = 73 Rest 2 : 11

4. $\frac{144}{18} = 8$, denn 144 : 18 = 8 Rest 0

Erweitern und Kürzen

Kehren wir noch einmal zu unserem Eingangsbeispiel zurück, zur allseits beliebten Schokoladentorte. Daniel hat gerade das dritte der zwölf Tortenstücke verzehrt, also $\frac{3}{12}$ der Torte. Dies entspricht auch genau einem Viertel der ganzen Torte, wie sich aus dem anfangs beschriebenen Teilungsverfahren ergibt. Demnach ist $\frac{3}{12} = \frac{1}{4}$ (Bild 1.32). Offenbar gibt es verschiedene Brüche, die denselben Wert haben. Wir wollen wissen, welche Darstellungen für dieselbe Zahl stehen. Angenommen, Frau Scholl teilt die Torte zunächst in vier gleiche Teile wie bereits beschrieben, schneidet dann aber jedes Viertel in der Mitte durch. Auf diese Art erhält sie acht gleich große Teile, jedes stellt ein Achtel der Torte dar. Zwei Stücke ergeben dann $\frac{2}{8}$ (Bild 1.33).

Dies ist aber ebenso viel wie $\frac{1}{4}$ der Torte, also ist $\frac{2}{8} = \frac{1}{4}$.

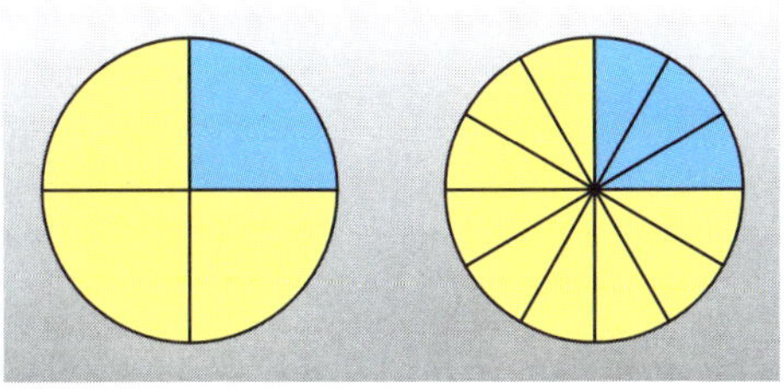

Bild 1.32

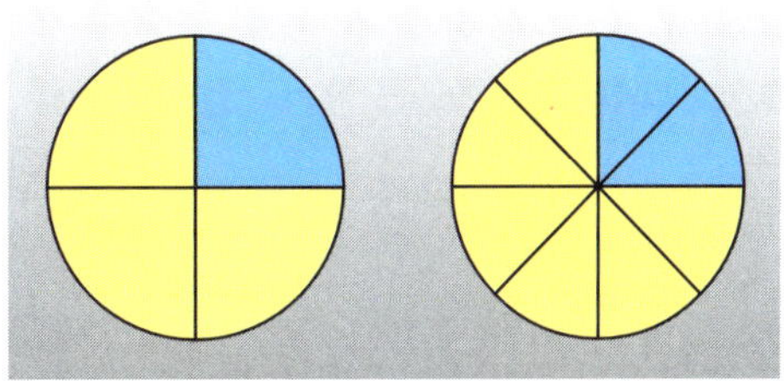

Bild 1.33

Wir sehen: $\frac{1}{4} = \frac{2}{8} = \frac{3}{12}$. Wir erhalten diese und weitere Brüche aus dem ersten Bruch $\frac{1}{4}$, indem wir seinen Zähler und seinen Nenner jeweils mit derselben natürlichen Zahl multiplizieren: $\frac{1 \cdot 2}{4 \cdot 2} = \frac{2}{8}$, $\frac{1 \cdot 3}{4 \cdot 3} = \frac{3}{12}$, $\frac{1 \cdot 4}{4 \cdot 4} = \frac{4}{16}$ usw.

Dieses Verfahren nennen wir ***Erweitern*** eines Bruches. Durch Erweitern werden Zähler und Nenner jeweils durch ein Vielfaches ersetzt. Da es unendlich viele Vielfache einer Zahl gibt, gibt es auch unendlich viele Bruchzahlen, die denselben Wert haben.

Wenn wir einen Bruch erweitern, kennzeichnen wir dies, indem wir die Erweiterungszahl über das Gleichheitszeichen schreiben: $\frac{3}{5} \overset{6}{=} \frac{18}{30}$, $\frac{1}{20} \overset{4}{=} \frac{4}{80}$.

Das Verfahren läßt sich auch umkehren. Dividieren wir bei $\frac{4}{16}$ den Zähler und den Nenner durch 2, so erhalten wir $\frac{2}{8}$. Dividieren wir durch 4, erhalten wir $\frac{1}{4}$. Man nennt das ***Kürzen.***

Wir kennzeichnen das Kürzen, indem wir die Kürzungszahl unter das Gleichheitszeichen schreiben: $\frac{21}{56} \underset{7}{=} \frac{3}{8}$.

D

Man erweitert einen Bruch, indem man Zähler und Nenner mit derselben natürlichen Zahl multipliziert.
Man kürzt einen Bruch, indem man Zähler und Nenner durch dieselbe natürliche Zahl dividiert.

Abschließend sei noch ein Sonderfall aufgezeigt. In unserem alltäglichen Sprachgebrauch verwenden wir den Bruchteil „Eintel" nicht, da es sich dabei ja offensichtlich um das Ganze handelt. In der Mathematik benutzen wir formal durchaus auch die Zahl 1 als Nenner eines Bruches, können ihn aber in Übereinstimmung mit unserer Umgangssprache weglassen. So bedeutet $\frac{5}{1}$ dasselbe wie 5, statt $\frac{13}{1}$ schreiben wir kürzer 13, $-\frac{154}{1} = -154$.

Darstellung von Brüchen auf der Zahlengeraden

Da ein Ganzes aus zwei Hälften besteht, ist $\frac{1}{2}$ sicher kleiner als 1, aber größer als 0. Es ist nicht schwer einzusehen, daß $\frac{1}{2}$ genau in der Mitte zwischen 0 und 1 liegen muß, wenn man die Zahl auf der Zahlengeraden darstellt. $\frac{1}{3}$ und $\frac{2}{3}$ teilen die Strecke zwischen 0 und 1 in drei gleiche Teile (Bild 1.34), $\frac{4}{3}$ und $\frac{5}{3}$ die zwischen $1 = \frac{3}{3}$ und $2 = \frac{6}{3}$ ebenfalls. $\frac{1}{4}$, $\frac{2}{4}$ und $\frac{3}{4}$ teilen die Strecke zwischen 0 und 1 in vier gleiche Teile (Bild 1.35). Dies läßt sich mit anderen Brüchen beliebig fortsetzen. Auf diese Weise findet jeder Bruch seinen Platz auf der Zahlengeraden. Dies gilt auch für die negativen Brüche (Bild 1.36).

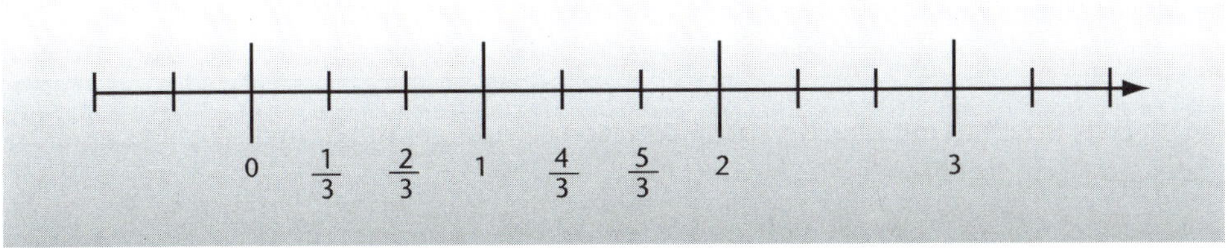

Bild 1.34

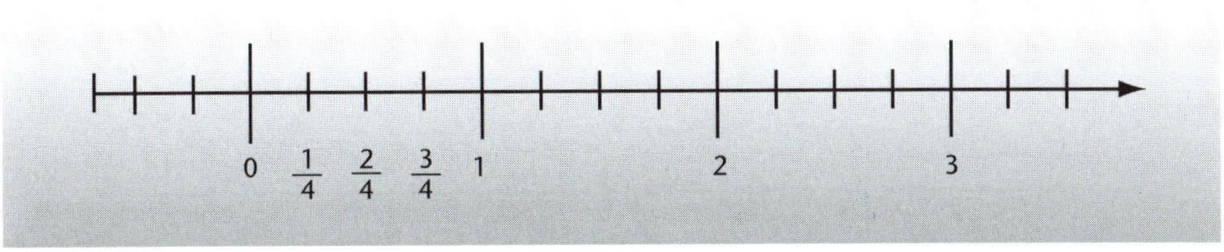

Bild 1.35

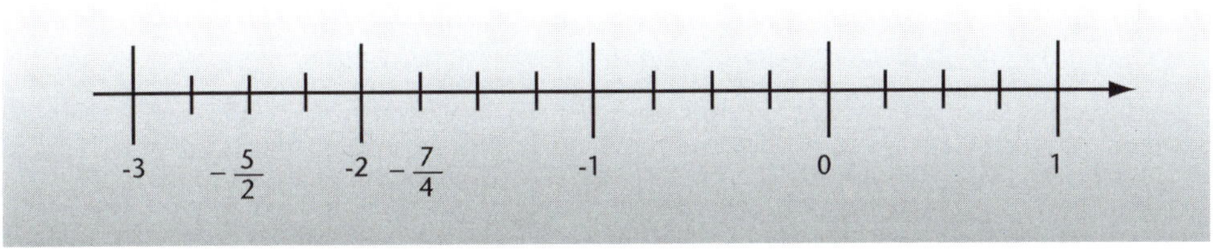

Bild 1.36

Schauen wir uns noch einmal zwei Beispiele an. $\frac{1}{2}$ liegt rechts von $\frac{1}{3}$, ist also größer. Beide Brüche haben denselben Zähler, aber verschiedene Nenner (Bild 1.37).

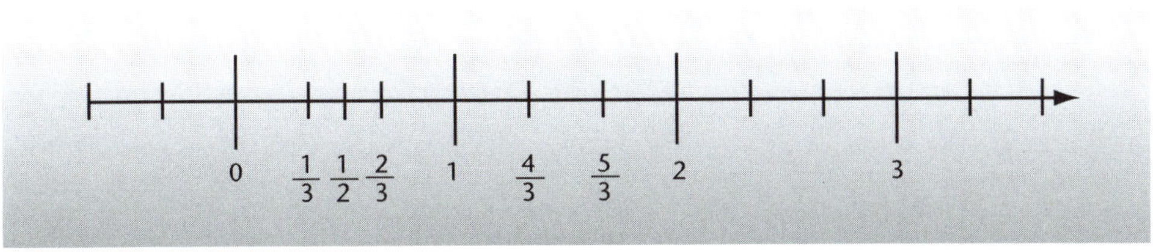

Bild 1.37

S

Von zwei positiven Brüchen mit gleichen Zählern ist der mit dem kleineren Nenner der größere. In Formeln: $b < c \Leftrightarrow \frac{a}{b} > \frac{a}{c}$ für $a, b, c \in \mathbb{N}$. Haben beide Brüche ein negatives Vorzeichen, muß die zweite Relation umgekehrt werden.

Folgender Satz ist unmittelbar einleuchtend:

S

Von zwei Brüchen mit gleichen positiven Nennern ist der mit dem größeren Zähler der größere. In Formeln:

$a > b \Leftrightarrow \frac{a}{c} > \frac{b}{c}$ für alle $a, b \in \mathbb{Z}, c \in \mathbb{N}$

Die Bilder 1.38 und 1.39 verdeutlichen diesen Sachverhalt noch einmal.

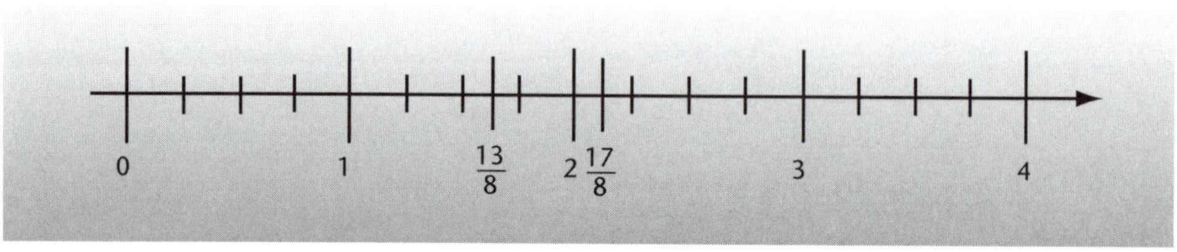

Bild 1.38

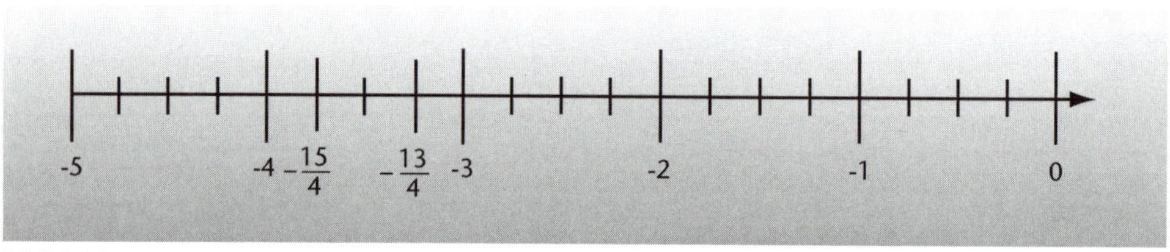

Bild 1.39

BEISPIELE

1. $\frac{3}{5} < \frac{3}{4}$ *2.* $\frac{7}{2} > \frac{7}{5}$ *3.* $\frac{9}{5} > \frac{4}{5}$

4. $-\frac{8}{7} < -\frac{8}{9}$ *5.* $-\frac{7}{12} > -\frac{8}{12}$

1.3.2 Addition und Subtraktion von Brüchen

Die Addition zweier Brüche mit gleichen Nennern ist einfach. Man addiert die Zähler und behält den Nenner bei. So ist $\frac{2}{7} + \frac{3}{7} = \frac{5}{7}$, $\frac{1}{14} + \frac{12}{14} = \frac{13}{14}$. Ein Beispiel belegt, daß dies unserer Anschauung entspricht und deshalb keiner besonderen Begründung bedarf. Ein Buch habe 420 Seiten. Nach zwei Tagen hat Herr Münz 103 Seiten gelesen, also $\frac{103}{420}$ des Buches. Nach sieben Tagen hat er weitere 245 Seiten gelesen, dies entspricht $\frac{245}{420}$ des Buches. Insgesamt hat er bereits $\frac{348}{420}$ des Buches gelesen, nämlich 348 von 420 Seiten. Für die Subtraktion gilt die oben angegebene Regel entsprechend.

R

Man addiert (subtrahiert) zwei Brüche mit gleichen Nennern, indem man die Zähler addiert (subtrahiert) und den Nenner beibehält.

Brüche mit gleichen Nennern heißen ***gleichnamig.***

Handelt es sich bei der Addition oder Subtraktion von gleichnamigen Brüchen um gemischte Brüche, so kann man die ganzen Zahlen getrennt von den Bruchzahlen addieren oder subtrahieren.

BEISPIELE

1. $\frac{5}{23} + \frac{7}{23} = \frac{12}{23}$

2. $\frac{2}{3} + \frac{2}{3} = \frac{4}{3} = 1\frac{1}{3}$

3. $\frac{23}{30} - \frac{4}{30} = \frac{19}{30}$

4. $5\frac{1}{4} + 6\frac{1}{4} = 11\frac{2}{4} = 11\frac{1}{2}$

5. $132\frac{56}{57} - 89\frac{32}{57} = 43\frac{24}{57}$

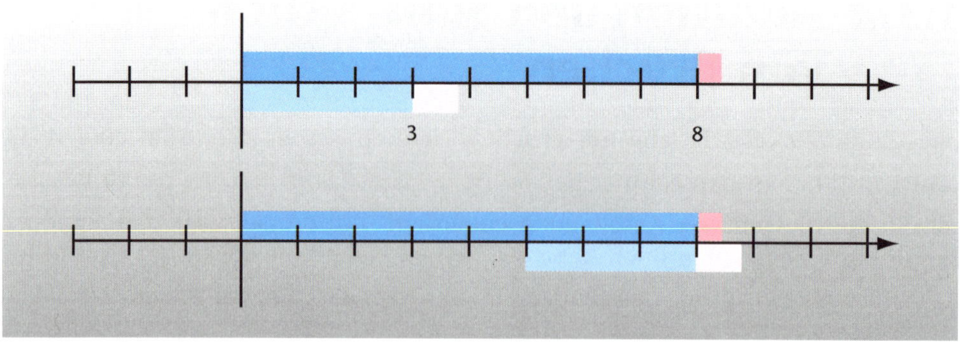

Bild 1.40

Hingegen läßt sich $8\frac{2}{5} - 3\frac{4}{5}$ nicht ganz so leicht berechnen, da hier scheinbar ein größerer von einem kleineren reinen Bruch abzuziehen ist, obwohl der Minuend deutlich größer ist als der Subtrahend (Bild 1.40). Man bedient sich der Eigenschaft, daß $\frac{5}{5} = 1$ ist und „borgt" sich ein Ganzes vom Minuenden. Statt 8 kann man auch 7 + 1 schreiben oder auch $7\frac{5}{5}$. Dann ist $8\frac{2}{5}$ dasselbe wie $7\frac{7}{5}$, und die Rechnung wird wieder einfach: $8\frac{2}{5} - 3\frac{4}{5} = 7\frac{7}{5} - 3\frac{4}{5} = 4\frac{3}{5}$ (Bild 1.41). Mit diesem Verfahren kann man auch die folgenden beiden Aufgaben berechnen.

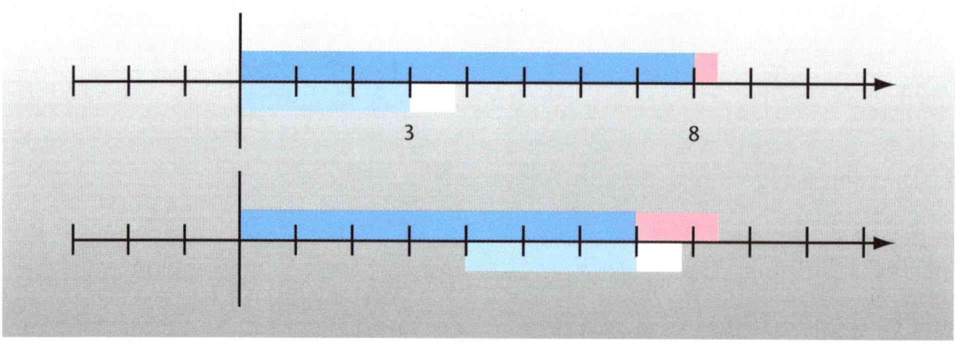

Bild 1.41

BEISPIELE

1. $13\frac{2}{25} - \frac{18}{25} = 12\frac{27}{25} - \frac{18}{25} = 12\frac{9}{25}$

2. $2\frac{4}{15} - 9\frac{2}{15} = -9\frac{2}{15} + 2\frac{4}{15} = -\left(9\frac{2}{15} - 2\frac{4}{15}\right) = -\left(8\frac{17}{15} - 2\frac{4}{15}\right) = -6\frac{13}{15}$

Sind zwei Brüche zu addieren oder zu subtrahieren, die nicht gleichnamig sind, so werden sie erst gleichnamig gemacht. Wie geht man dabei vor? Die Idee des Gleichnamigmachens bedeutet nichts anderes, als einen der Brüche oder auch beide so umzuwandeln, daß ihre Nenner gleich werden. Wir haben oben gesehen, daß ein Bruch unendlich viele Darstellungen mit verschiedenen Nennern besitzt, die alle Vielfache eines kleineren Nenners sind. Wir müssen also für beide Brüche solange Vielfache ihrer Nenner bestimmen, bis sie übereinstimmen. Im Abschnitt über Teiler und Vielfache (siehe Seite 26) haben wir gezeigt, daß zu zwei natürlichen Zahlen immer gemeinsame Vielfache existieren. Der einfachste Bruch, den wir erhalten können, ist der mit einem möglichst kleinen Nenner. Dieser Nenner muß also das kleinste gemeinsame Vielfache beider Nenner sein. Wollen wir beispielsweise $\frac{7}{8}$ und $\frac{5}{6}$ addieren, suchen wir zunächst das kgV(8, 6). Es ist 24. Wir erweitern nun beide Brüche so, daß ihre Nenner den Wert 24 annehmen. Für den ersten Bruch heißt die Erweiterungszahl 3, da 24 : 8 = 3 ist. Für den zweiten Bruch heißt sie 4, da 24 : 6 = 4 ist. Wir erhalten: $\frac{7}{8} \overset{3}{=} \frac{21}{24}$ und $\frac{5}{6} \overset{4}{=} \frac{20}{24}$. Jetzt können wir die beiden Brüche addieren und erhalten $\frac{7}{8} + \frac{5}{6} = \frac{21}{24} + \frac{20}{24} = \frac{41}{24} = 1\frac{17}{24}$.

R

Man addiert zwei Brüche mit verschiedenen Nennern, indem man sie zunächst gleichnamig macht und dann addiert. Man macht sie gleichnamig, indem man sie so erweitert, daß der gemeinsame Nenner (Hauptnenner) das kgV der beiden Nenner ist.

Sind die beiden Nenner teilerfremd, so ist der Hauptnenner das Produkt der beiden Nenner. Beispiel: $\frac{2}{7} + \frac{3}{6} = \frac{12}{42} + \frac{21}{42} = \frac{33}{42} = \frac{11}{14}$. In diesem Fall bildet man ein Produkt über Kreuz, $2 \cdot 6 = 12$ und $3 \cdot 7 = 21$, da die Erweiterungszahl jeweils der Nenner des anderen Bruches ist.

BEISPIELE

1. $\frac{5}{8} + \frac{3}{5} = \frac{25}{40} + \frac{24}{40} = \frac{49}{40} = 1\frac{9}{40}$

2. $\frac{12}{8} - \frac{4}{9} = \frac{108}{72} - \frac{32}{72} = \frac{76}{72} = 1\frac{4}{72} = 1\frac{1}{18}$

3. $12\frac{7}{25} - 6\frac{9}{10} = 12\frac{14}{50} - 6\frac{45}{50} = 11\frac{64}{50} - 6\frac{45}{50} = 5\frac{19}{50}$

4. Um die Brüche $\frac{2}{12}, \frac{5}{16}, \frac{1}{5}$ und $\frac{13}{6}$ zu addieren, suchen wir zunächst das kgV (12, 16, 5, 6). Mit Hilfe der Primfaktorzerlegung finden wir $12 = 2^2 \cdot 3$, $16 = 2^4$, $5 = 5$, $6 = 2 \cdot 3 \Rightarrow$ kgV $(12, 16, 5, 6) = 2^4 \cdot 3 \cdot 5 = 240$.

Wir erweitern den ersten Bruch mit 240 : 12 = 20, den zweiten mit 240 : 16 = 15, den dritten mit 48 und den letzten mit 40. Dann erhalten wir:
$\frac{40}{240} + \frac{75}{240} + \frac{48}{240} + \frac{520}{240} = \frac{683}{240} = 2\frac{203}{240}$.

1.3.3 Multiplikation, Division, Doppelbrüche

Im Vergleich zur Addition ist die Multiplikation von Brüchen sehr einfach. Das Produkt $\frac{2}{5} \cdot \frac{3}{4}$ kann z. B. bedeuten, daß Daniel von $\frac{3}{4}$ der Torte jetzt $\frac{2}{5}$ essen möchte. Nun ist ein Fünftel von $\frac{3}{4}$ der fünfte Teil davon. Teilen wir jedes Viertel der Torte in fünf gleiche Teile, so haben wir die ganze Torte in 20 gleiche Stücke zerlegt. Ein Fünftel von einem Viertel ist demnach ein Zwanzigstel. Ein Fünftel von drei Vierteln muß dann aber drei Zwanzigstel ergeben. Und zwei Fünftel von drei Vierteln sind dann sechs Zwanzigstel. Somit erhalten wir: $\frac{2}{5} \cdot \frac{3}{4} = \frac{6}{20}$.
Nun ist aber $2 \cdot 3 = 6$ und $5 \cdot 4 = 20$. Damit erhalten wir eine einfache Regel.

R

Man multipliziert zwei Brüche miteinander, indem man *Zähler mit Zähler* und *Nenner mit Nenner* multipliziert.

So erhält man $\frac{3}{7} \cdot \frac{5}{9} = \frac{3 \cdot 5}{7 \cdot 9} = \frac{15}{63}$, wobei man sinnvollerweise vorher 3 und 9 miteinander hätte kürzen sollen: $\frac{3}{7} \cdot \frac{5}{9} \underset{3}{=} \frac{1}{7} \cdot \frac{5}{3} = \frac{1 \cdot 5}{7 \cdot 3} = \frac{5}{21}$. Daß man nicht nur Zähler und Nenner desselben Bruches kürzen darf, sondern auch den Zähler des einen mit dem Nenner des anderen Bruches, also ***über Kreuz kürzen*** darf, hat seinen Grund genau in der Multiplikationsregel. Man kann nämlich den Zähler des einen Bruches auch zum Zähler des anderen Bruches machen. Und das geht so:

$\frac{3}{7} \cdot \frac{5}{9} = \frac{3 \cdot 5}{7 \cdot 9}$ nach der Multiplikationsregel,

$= \frac{5 \cdot 3}{7 \cdot 9}$ nach dem Kommutativgesetz,

$= \frac{5}{7} \cdot \frac{3}{9}$ nach der Multiplikationsregel.

Nun darf man die 3 natürlich mit der 9 kürzen. Also ist dies auch bereits vorher, das bedeutet ohne die Umformungen, erlaubt.

Betrachten wir noch zwei Sonderfälle. Wie multipliziert man einen Bruch mit einer ganzen Zahl? Man kann jede ganze Zahl als Bruch mit dem Nenner 1 darstellen. So erhält man wieder zwei Brüche und kann nach der angegebenen Regel multiplizieren, z. B. $\frac{4}{9} \cdot 8 = \frac{4}{9} \cdot \frac{8}{1} = \frac{4 \cdot 8}{9 \cdot 1} = \frac{32}{9}$.

Wie multipliziert man einen reinen oder gemischten Bruch mit einem gemischten Bruch? Am besten wandelt man den gemischten Bruch erst in einen reinen Bruch um, z. B. $2\frac{2}{7} \cdot \frac{3}{5} = \frac{16}{7} \cdot \frac{3}{5} = \frac{48}{35} = 1\frac{13}{35}$. Diese Multiplikation läßt sich auch ohne Umwandlung in einen reinen Bruch vornehmen, doch sei davon wegen der Komplexität abgeraten:

$$2\frac{2}{7} \cdot \frac{3}{5} = (2 + \frac{2}{7}) \cdot \frac{3}{5} = 2 \cdot \frac{3}{5} + \frac{2}{7} \cdot \frac{3}{5} = \frac{6}{5} + \frac{6}{35} = \frac{42}{35} + \frac{6}{35} = \frac{48}{35}.$$

Um eine Erklärung für die Division zweier Brüche zu finden, betrachten wir den Quotienten $1 : \frac{2}{3}$. Die Lösung ist uns noch unbekannt. Nennen wir sie einmal x. Dann muß, da die Division die Umkehrung der Multiplikation ist, gelten:
$1 : \frac{2}{3} = x \Leftrightarrow x \cdot \frac{2}{3} = 1$. Die Lösung dieser Gleichung ist $x = \frac{3}{2}$, da $\frac{3}{2} \cdot \frac{2}{3} = \frac{6}{6} = 1$ ist. ist. Wir haben den Bruch umgekehrt. Der Bruch $\frac{b}{a}$ heißt ***Kehrwert*** des Bruches $\frac{a}{b}$.

Verändern wir das Beispiel, indem wir den Dividenden 1 durch den Bruch $\frac{4}{7}$ ersetzen, so erhalten wir:

$$\frac{4}{7} : \frac{2}{3} = x \Leftrightarrow x \cdot \frac{2}{3} = \frac{4}{7}$$

$$\frac{3}{2} \cdot \frac{2}{3} = 1$$

$$\frac{4}{7} \cdot \frac{3}{2} \cdot \frac{2}{3} = \frac{4}{7}$$

$\Rightarrow x = \frac{4}{7} \cdot \frac{3}{2}$. Also ist $\frac{4}{7} : \frac{2}{3} = \frac{4}{7} \cdot \frac{3}{2}$!

Wir haben die Division durch eine Multiplikation ersetzt, indem wir den Dividenden unverändert gelassen und den Divisor durch seinen Kehrwert ersetzt haben.

R

Man dividiert durch einen Bruch, indem man mit seinem Kehrwert multipliziert.

Damit haben wir die Division auf die Multiplikation zurückgeführt.

BEISPIELE

1. $32 : \frac{6}{7} = 32 \cdot \frac{7}{6} = \frac{32}{1} \cdot \frac{7}{6} = \frac{16}{1} \cdot \frac{7}{3} = \frac{112}{3}$

2. $\frac{8}{5} : 11 = \frac{8}{5} : \frac{11}{1} = \frac{8}{5} \cdot \frac{1}{11} = \frac{8}{55}$

3. $-\frac{2}{9} : \frac{13}{8} = -\frac{2}{9} \cdot \frac{8}{13} = -\frac{16}{117}$

Da der Bruchstrich eine andere Schreibweise für die Division darstellt, können wir umgekehrt die Division zweier Brüche auch als Bruch schreiben. Allerdings bestehen Zähler und Nenner möglicherweise wieder aus Brüchen. Einen solchen Bruch nennt man ***Doppelbruch.***

BEISPIELE

1. $\dfrac{\frac{2}{3}}{\frac{4}{5}} = \frac{2}{3} : \frac{4}{5} = \frac{2}{3} \cdot \frac{5}{4} = \frac{10}{12} = \frac{5}{6}$

2. $\dfrac{\frac{7}{4}}{3} = \frac{7}{4} : 3 = \frac{7}{4} : \frac{3}{1} = \frac{7}{4} \cdot \frac{1}{3} = \frac{7}{12}$

3. $\dfrac{7}{\frac{4}{3}} = 7 : \frac{4}{3} = \frac{7}{1} : \frac{4}{3} = \frac{7}{1} \cdot \frac{3}{4} = \frac{21}{4}$

Die beiden letzten Beispiele zeigen, daß man bei Doppelbrüchen aus einer ganzen Zahl und einem Bruch den ***Hauptbruchstrich*** deutlich schreiben muß, da die Division nicht assoziativ ist. Wir machen ihn jeweils etwas länger als die anderen Bruchstriche.

ÜBUNGEN

62. Berechnen Sie die Bruchteile:

a) 13 von 24 Stücken Schokolade
b) 125 ml von 1 l
c) 375 g von 1 kg
d) 1 mm von einem km
e) 8 DM von 12 DM
f) 3 Tage von einer Woche

63. Wieviel sind

a) $\frac{3}{7}$ von 21 DM ?
b) $\frac{5}{2}$ von 200 ml ?
c) $\frac{1}{5}$ von 1 km ?

d) $\frac{2}{6}$ von 2400 m^2 ? *e)* $\frac{9}{20}$ von 1 kg ? *f)* $\frac{20}{4}$ von 8 l ?

64. Ordnen Sie der Größe nach:

a) $\frac{5}{6}, \frac{6}{7}$ *b)* $\frac{3}{5}, \frac{5}{8}, \frac{8}{9}$ *c)* $\frac{4}{5}, \frac{11}{9}, \frac{15}{11}, \frac{16}{13}$

d) $\frac{8}{3}, 2\frac{1}{2}, \frac{26}{11}, \frac{47}{19}$ *e)* $\frac{123}{45}, \frac{201}{60}$

65. Ordnen Sie der Größe nach:

a) $-\frac{6}{9}, -\frac{5}{8}, -\frac{2}{3}$ *b)* $-\frac{7}{2}, -\frac{4}{3}, -\frac{9}{4}$

c) $-6\frac{2}{5}, -\frac{14}{3}, -\frac{68}{11}, -5\frac{24}{20}$

66. Kürzen Sie durch die angegebenen Zahlen:

a) $\frac{6}{8} \underset{2}{=}$ *b)* $\frac{9}{6} \underset{3}{=}$ *c)* $\frac{35}{21} \underset{7}{=}$ *d)* $\frac{36}{42} \underset{6}{=}$ *e)* $\frac{78}{39} \underset{13}{=}$ *f)* $\frac{45}{85} \underset{5}{=}$

g) $\frac{90}{99} \underset{9}{=}$ *h)* $\frac{32}{144} \underset{16}{=}$ *i)* $\frac{55}{231} \underset{11}{=}$ *j)* $\frac{504}{693} \underset{63}{=}$ *k)* $\frac{64}{1024} \underset{8}{=}$ *l)* $\frac{320}{3200} \underset{320}{=}$

67. Erweitern Sie mit den angegebenen Erweiterungszahlen:

a) $\frac{1}{2} \overset{3}{=}$ *b)* $\frac{2}{3} \overset{4}{=}$ *c)* $\frac{2}{7} \overset{2}{=}$ *d)* $\frac{3}{8} \overset{3}{=}$ *e)* $-\frac{6}{13} \overset{5}{=}$ *f)* $\frac{2}{11} \overset{9}{=}$ *g)* $\frac{25}{14} \overset{5}{=}$

h) $\frac{19}{81} \overset{6}{=}$ *i)* $\frac{52}{15} \overset{7}{=}$ *j)* $-\frac{7}{8} \overset{12}{=}$ *k)* $\frac{66}{83} \overset{8}{=}$ *l)* $-\frac{47}{2} \overset{3}{=}$

68. Kürzen Sie soweit wie möglich:

a) $\frac{28}{36}$ *b)* $\frac{48}{80}$ *c)* $\frac{63}{35}$ *d)* $\frac{96}{90}$ *e)* $\frac{125}{75}$ *f)* $\frac{144}{300}$ *g)* $\frac{256}{640}$ *h)* $\frac{585}{870}$

69. Wandeln Sie in einen gemischten Bruch um:

a) $\frac{5}{2}$ *b)* $\frac{7}{4}$ *c)* $-\frac{9}{3}$ *d)* $\frac{16}{5}$ *e)* $-\frac{91}{16}$

f) $\frac{34}{7}$ *g)* $-\frac{28}{4}$ *h)* $\frac{59}{12}$ *i)* $\frac{379}{10}$ *j)* $-\frac{925}{44}$

70. Wandeln Sie in einen reinen Bruch um:

a) $5\frac{3}{4}$ *b)* $-2\frac{1}{8}$ *c)* $18\frac{6}{11}$ *d)* $1\frac{1}{25}$ *e)* $-3\frac{3}{13}$ *f)* $-1\frac{5}{24}$ *g)* $365\frac{1}{100}$

71. Addieren Sie:

a) $\frac{1}{2}+\frac{1}{3}$ *b)* $\frac{1}{2}+\frac{2}{5}$ *c)* $\frac{4}{10}+\frac{3}{4}$ *d)* $\frac{2}{3}+\frac{23}{6}$ *e)* $\frac{5}{28}+\frac{9}{28}$

f) $\frac{1}{20}+\frac{15}{50}$ *g)* $\frac{26}{3}+\frac{2}{11}$ *h)* $\frac{7}{128}+\frac{7}{8}$ *i)* $\frac{1}{422}+\frac{85}{6}$

72. Addieren Sie:

a) $2\frac{1}{2}+\frac{4}{2}$ *b)* $8\frac{6}{13}+\frac{1}{5}$ *c)* $\frac{4}{3}+3\frac{2}{5}$ *d)* $4\frac{8}{9}+6\frac{7}{8}$

e) $9\frac{1}{18}+2\frac{3}{12}$ *f)* $\frac{24}{7}+5\frac{5}{7}$ *g)* $12\frac{58}{72}+11\frac{5}{8}$ *h)* $\frac{2}{9}+8\frac{4}{15}$

73. Berechnen Sie:

a) $\frac{1}{4}-\frac{1}{5}$ *b)* $\frac{1}{7}-\frac{1}{5}$ *c)* $\frac{3}{8}-\frac{4}{26}$ *d)* $\frac{5}{2}-\frac{7}{66}$ *e)* $\frac{19}{20}-\frac{1}{3}$

f) $\frac{11}{12}-\frac{12}{11}$ *g)* $\frac{80}{91}-\frac{17}{91}$ *h)* $\frac{37}{46}-\frac{5}{92}$ *i)* $\frac{1}{199}-\frac{1}{200}$

74. Berechnen Sie:

a) $\frac{1}{4}+\frac{5}{9}-\frac{3}{2}$ *b)* $\frac{2}{15}-\frac{1}{12}-\frac{6}{9}$ *c)* $\frac{9}{2}-\frac{9}{5}+\frac{9}{14}$ *d)* $\frac{4}{9}-\frac{5}{9}$

e) $8\frac{5}{7}-\frac{59}{21}-\frac{4}{28}+2\frac{7}{8}$ *f)* $\frac{3}{5}-6\frac{2}{25}+\frac{13}{75}$ *g)* $\frac{4}{9}-9\frac{2}{24}$

75. Berechnen Sie:

a) $\frac{2}{3}-\left(\frac{4}{9}-\frac{3}{5}\right)$ *b)* $-\frac{24}{35}-\left(\frac{6}{14}-\frac{4}{15}\right)-\left(\frac{2}{7}+\frac{11}{30}\right)$

76. Berechnen Sie:

a) $\frac{1}{9}\cdot\frac{1}{7}$ *b)* $\frac{4}{5}\cdot\frac{3}{8}$ *c)* $\frac{12}{11}\cdot\frac{5}{7}$ *d)* $\frac{36}{35}\cdot\frac{21}{17}$ *e)* $\frac{45}{202}\cdot\frac{16}{3}$

77. Berechnen Sie:

a) $\frac{3}{8}\cdot\frac{26}{15}\cdot\frac{5}{4}$ *b)* $\frac{18}{77}\cdot\left(-\frac{4}{3}\right)\cdot\frac{7}{2}\cdot\frac{9}{8}$ *c)* $\frac{2}{13}\cdot\frac{1}{18}\cdot\frac{24}{5}\cdot 4$

d) $\frac{5}{6}\cdot\frac{2}{3}\cdot\frac{4}{5}\cdot\frac{17}{10}\cdot\frac{25}{289}$ *e)* $\frac{144}{243}\cdot\frac{333}{240}\cdot(-7)\cdot\frac{8}{22}\cdot\frac{4}{33}\cdot\frac{6}{5}$

78. Berechnen Sie:

a) $6\frac{2}{5}\cdot\frac{3}{17}$ *b)* $\left(-9\frac{5}{7}\right)\cdot 5\frac{12}{49}\cdot\frac{42}{34}$ *c)* $-2\frac{7}{15}\cdot 3\frac{2}{51}$

79. Dividieren Sie:

a) $\frac{4}{5} : \frac{5}{4}$ *b)* $\frac{3}{7} : \frac{2}{7}$ *c)* $\frac{1}{20} : \frac{1}{30}$ *d)* $\frac{1}{2} : \frac{13}{14}$ *e)* $\frac{68}{101} : \left(-\frac{21}{40}\right)$

f) $4 : \frac{27}{2841}$ *g)* $\frac{9}{4} : \frac{138}{277}$ *h)* $\frac{24}{165} : 6$ *i)* $-\frac{38}{93} : \frac{209}{390}$

80. Berechnen Sie:

a) $8\frac{2}{7} : 3\frac{1}{2}$ *b)* $(-5) : \frac{1}{19}$ *c)* $\frac{12}{45} : 9\frac{1}{15}$ *d)* $2\frac{6}{7} : \left(-3\frac{2}{5}\right)$

81. Berechnen Sie:

a) $\frac{5}{2} : \frac{3}{4} \cdot \frac{2}{14}$ *b)* $\frac{1}{8} \cdot \frac{54}{87} : \frac{26}{75}$ *c)* $\frac{3}{7} \cdot \frac{1}{11} : \frac{12}{25} : \frac{72}{121} \cdot \frac{36}{55}$

82. Berechnen Sie:

a) $\frac{3}{5} : \left(\frac{24}{123} : \frac{2}{33}\right)$ *b)* $\frac{3}{5} : \frac{24}{123} : \frac{2}{33}$ *c)* $\frac{9}{4} \cdot \left(\frac{2}{13} : \frac{5}{17}\right)$

83. Bestimmen Sie die Kehrwerte von:

a) $\frac{3}{5}$ *b)* $\frac{8}{5}$ *c)* $-\frac{2}{3}$ *d)* 7 *e)* $-2\frac{1}{4}$ *f)* $\frac{189}{287}$ *g)* $-\frac{278}{10650928}$

84. Berechnen Sie die Doppelbrüche:

a) $\frac{\frac{4}{3}}{\frac{7}{8}}$ *b)* $\frac{\frac{1}{3}}{\frac{1}{6}}$ *c)* $-\frac{\frac{5}{9}}{\frac{4}{3}}$ *d)* $\frac{\frac{14}{23}}{6}$ *e)* $-\frac{-\frac{3}{8}}{\frac{7}{28}}$ *f)* $\frac{4\frac{6}{7}}{\frac{42}{17}}$ *g)* $\frac{19}{\frac{2}{13}}$

85. Berechnen Sie:

a) $1 + \cfrac{1}{1 + \cfrac{1}{1 + \cfrac{1}{1 + \cfrac{1}{2}}}}$ *b)* $10 - \cfrac{2}{10 - \cfrac{2}{10 - \cfrac{2}{10 - \cfrac{2}{10 - 2}}}}$

86. Berechnen Sie folgende gemischte Terme:

a) $\frac{2}{7} - \frac{7}{8} \cdot \frac{1}{5}$ *b)* $\frac{24}{5} + \frac{25}{3} : \frac{5}{12}$

c) $\frac{6}{16} \cdot \frac{8}{15} + \frac{3}{15} \cdot \frac{4}{7}$ *d)* $5\frac{3}{5} - 8\frac{1}{20} : 2\frac{12}{5} - 4\frac{16}{50}$

87. Berechnen Sie:

a) $\frac{4}{13} \cdot \left(\frac{7}{12} : (-7) + \frac{1}{48}\right)$

b) $\left(\frac{29}{30} + \frac{3}{8} : 2\frac{5}{9}\right) - \frac{2}{11} \cdot \frac{8}{7}$

c) $\left(\frac{32}{1000} - \frac{9}{10} \cdot 4\frac{2}{25}\right) \cdot \left(12 - \frac{1}{20} : \left(-\frac{18}{25}\right)\right)$

d) $\frac{2}{5} - \left(\frac{3}{10} : \frac{6}{5} + \frac{1}{2}\right) : 8 - \frac{1}{12} \cdot \left(\frac{7}{8} - \left(\frac{5}{2} \cdot 2\frac{5}{12}\right)\right)$

e) $\frac{4}{5} - \left(\frac{3}{4} + \frac{1}{2} : \left(\frac{1}{2} + \frac{2}{15} \cdot \left(\frac{4}{5} - \frac{1}{15} - \left(5 + \frac{3}{20}\right)\right)\right)\right)$

88. Berechnen Sie:

a) $\frac{1}{2} + \frac{1}{4}$

b) $\frac{1}{2} + \frac{1}{4} + \frac{1}{8}$

c) $\frac{1}{2} + \frac{1}{4} + \frac{1}{8} + \frac{1}{16}$

d) $\frac{1}{2} + \frac{1}{4} + \frac{1}{8} + \frac{1}{16} + \frac{1}{32}$

e) $\frac{1}{2} + \frac{1}{4} + \frac{1}{8} + \frac{1}{16} + \frac{1}{32} + \frac{1}{64}$

f) $\frac{1}{2} + \frac{1}{4} + \frac{1}{8} + \frac{1}{16} + \frac{1}{32} + \frac{1}{64} + \frac{1}{128}$

g) $\frac{1}{2} + \frac{1}{4} + \frac{1}{8} + \frac{1}{16} + \frac{1}{32} + \frac{1}{64} + \frac{1}{128} + \frac{1}{256}$

h) $\frac{1}{2} + \frac{1}{4} + \frac{1}{8} + \frac{1}{16} + \frac{1}{32} + \frac{1}{64} + \frac{1}{128} + \frac{1}{256} + \frac{1}{512}$

89. Berechnen Sie:

a) $\frac{1}{2} - \frac{1}{4}$

b) $\frac{1}{2} - \frac{1}{4} + \frac{1}{8}$

c) $\frac{1}{2} - \frac{1}{4} + \frac{1}{8} - \frac{1}{16}$

d) $\frac{1}{2} - \frac{1}{4} + \frac{1}{8} - \frac{1}{16} + \frac{1}{32}$

e) $\frac{1}{2} - \frac{1}{4} + \frac{1}{8} - \frac{1}{16} + \frac{1}{32} - \frac{1}{64}$

f) $\frac{1}{2} - \frac{1}{4} + \frac{1}{8} - \frac{1}{16} + \frac{1}{32} - \frac{1}{64} + \frac{1}{128}$

g) $\frac{1}{2} - \frac{1}{4} + \frac{1}{8} - \frac{1}{16} + \frac{1}{32} - \frac{1}{64} + \frac{1}{128} - \frac{1}{256}$

h) $\frac{1}{2} - \frac{1}{4} + \frac{1}{8} - \frac{1}{16} + \frac{1}{32} - \frac{1}{64} + \frac{1}{128} - \frac{1}{256} + \frac{1}{512}$

90. Berechnen Sie:

a) $\dfrac{\frac{6}{7} \cdot \frac{10}{7} : (-5)}{12 + \frac{2}{11} \cdot \frac{44}{5}}$

b) $\dfrac{\left(\frac{2}{3} - \frac{3}{65}\right) \cdot \frac{13}{4}}{\frac{2}{3} : \frac{7}{6} - \frac{7}{3} \cdot \frac{2}{5}}$

c) $\frac{5}{6} : \dfrac{\left(-\frac{3}{16} + \frac{2}{3}\right) : \left(-8\frac{5}{24}\right)}{\frac{9}{16} \cdot \left(-\frac{3}{20} + 2\frac{1}{2} \cdot \frac{5}{4}\right)}$

d) $\dfrac{\frac{6}{7} - \frac{1}{14}}{\frac{3}{14} + \frac{2}{7}}$

e) $\dfrac{\left(-3\frac{2}{3}\right) \cdot \frac{4}{3} + \frac{1}{4} \cdot \frac{2}{3}}{\frac{1}{10} + \frac{2}{5} \cdot \frac{6}{25} - 2\frac{2}{3}}$

91. Zum Backen eines Törtchens werden $\frac{3}{8}$ l Milch benötigt. Wie viele Törtchen lassen sich mit 6 l Milch backen?

92. Wieviel ist das $\frac{3}{7}$fache von $\frac{4}{5}$?

93. Das $\frac{8}{5}$fache einer Zahl ist $\frac{28}{3}$. Wie heißt die Zahl?

94. Tünnes und Schäl kaufen sich Lotterielose für 12 DM. Tünnes hat 7 DM, Schäl 5 DM dafür eingesetzt. Sie gewinnen tatsächlich 300 DM. Wieviel erhält jeder, wenn der Gewinn im Verhältnis zum Einsatz aufgeteilt wird?

95. Heinz kauft 24 Flaschen Wein mit je $\frac{75}{100}$ l Inhalt, 12 Flaschen mit $\frac{7}{10}$ l und 6 Flaschen mit $\frac{375}{1000}$ l Inhalt. Welche Menge hat er insgesamt?

96. Ein Güterzug legt pro Stunde 80 km zurück. Ein Regional-Expreß (RE) fährt mit $\frac{5}{4}$facher Geschwindigkeit. Ein ICE fährt dagegen $\frac{9}{4}$mal so schnell wie der RE. Wie schnell sind die Züge? Wieviel mal so schnell wie der Güterzug fährt der ICE?

97. Frau Stürmer bedruckt T-Shirts in einer Firma. Am Montag bedruckt sie 72 Stück. Am Dienstag schafft sie $\frac{1}{4}$ mehr. Am Mittwoch steigert sie sich noch weiter und bedruckt $\frac{1}{9}$ mehr als am Dienstag. Am Donnerstag geht sie früher nach Hause und bearbeitet nur $\frac{2}{3}$ von dem, was sie am Dienstag geschafft hat. Am Freitag bedruckt sie noch 12 T-Shirts mehr als am Donnerstag. Wie viele T-Shirts hat sie in der Woche bedruckt?

1.4 Rationale Zahlen: Dezimalzahlen

1.4.1 Endliche Dezimalzahlen

Zwar wird im Abschnitt über Stellenwertsysteme (siehe Seite 89) auf die Bedeutung der Dezimalzahlschreibweise genauer eingegangen, doch sei hier bereits erwähnt, wie eine Dezimalzahl aufgebaut ist. Die folgende Übersicht erläutert es:

	19056,4328		
Zehntausender	1	8	Zehntausendstel
Tausender	9	2	Tausendstel
Hunderter	0	3	Hundertstel
Zehner	5	4	Zehntel
Einer	6		

Während der Stellenwert der Ziffern von Stelle zu Stelle mit 10 multipliziert wird, wenn man nach links geht, wird er nach rechts durch 10 dividiert. Die Zahl 1,25 bedeutet also 1 Einer, 2 Zehntel und 5 Hundertstel, oder als Brüche geschrieben $1 + \frac{2}{10} + \frac{5}{100}$. Addieren wir die Brüche, indem wir die Nenner gleichnamig machen, erhalten wir $\frac{100}{100} + \frac{20}{100} + \frac{5}{100} = \frac{125}{100} = 1\frac{25}{100} = 1\frac{1}{4} = \frac{5}{4}$. Die ***Umwandlung einer endlichen Dezimalzahl in einen Bruch*** erfolgt also in zwei einfachen Schritten.

1. Schritt: Man schreibt die Dezimalzahl als Summe der Brüche, die dem Stellenwert der Ziffern entsprechen.
2. Schritt: Man addiert die Brüche und kürzt, falls möglich.

BEISPIELE

1. $0{,}738 = \frac{7}{10} + \frac{3}{100} + \frac{8}{1000} = \frac{700}{1000} + \frac{30}{1000} + \frac{8}{1000} = \frac{738}{1000} = \frac{369}{500}$

2. $-2{,}0015 = -\left(2 + \frac{1}{1000} + \frac{5}{10000}\right) = -\left(\frac{20000}{10000} + \frac{10}{10000} + \frac{5}{10000}\right)$

$= -\frac{20015}{10000} = -\frac{4003}{2000}$

Die Anordnung der rationalen Zahlen

Es gibt unendlich viele natürliche Zahlen oder, um genauer zu sein, abzählbar unendlich viele. Es gibt auch abzählbar unendlich viele ganze Zahlen, denn man kann jeder natürlichen Zahl genau eine ganze Zahl zuordnen und umgekehrt, so daß alle Zahlen erreicht werden. Eine mögliche Zuordnung von $\mathbb{N}$ nach $\mathbb{Z}$ ist die folgende: Der 1 ordnet man die 0 zu. Jeder geraden Zahl 2, 4, 6, 8 usw. ordnet man ihre Hälfte zu, also 1, 2, 3, 4 usw. So werden alle positiven Zahlen erreicht. Jeder ungeraden Zahl n ab 3 ordnet man die negative Zahl $-(n-1):2$ zu, also wird der 3 die -1, der 5 die -2, der 7 die -3 usw. zugeordnet. Somit erreicht man auch alle negativen ganzen Zahlen. Da die Zuordnung eineindeutig ist, gibt es gleich viele natürliche wie ganze Zahlen (Bild 1.42 b).

Auch die Anzahl der rationalen Zahlen ist abzählbar unendlich. Man ordnet die Zahlen nach folgendem Schema:

Bild 1.42 a Georg Cantor (1845–1918)

In die erste Zeile schreibt man alle Stammbrüche, in die zweite Zeile alle Brüche mit dem Zähler 2, in die dritte Zeile die mit dem Zähler 3 usw. Man beginnt nun das Abzählen mit der Null und setzt es nach dem in Bild 1.43 gegebenen Schema mit den positiven Brüchen fort. Anschließend streicht man alle Brüche, die man kürzen kann, denn sie müssen ja bereits in einer der darüber stehenden Zeilen gekürzt stehen. Die Aufzählung ist vollständig und ohne Wiederholungen. Die negativen Brüche bindet man ein, indem man immer abwechselnd einen positiven und einen betragsgleichen negativen Bruch durchläuft. Das Schema stammt von Georg Cantor (Bild 1.42 a), einem deutschen Mathematiker, der als Entwickler der Mengenlehre gilt. Er lebte von 1845 bis 1918.

$\mathbb{N}$:	1	2	3	4	5	6	7	8	9	10	11	12	…
0:	0												
$\mathbb{Z}^+$:		1		2		3		4		5		6	…
$\mathbb{Z}^-$:			-1		-2		-3		-4		-5		…

Bild 1.42 b Abzählen der ganzen Zahlen

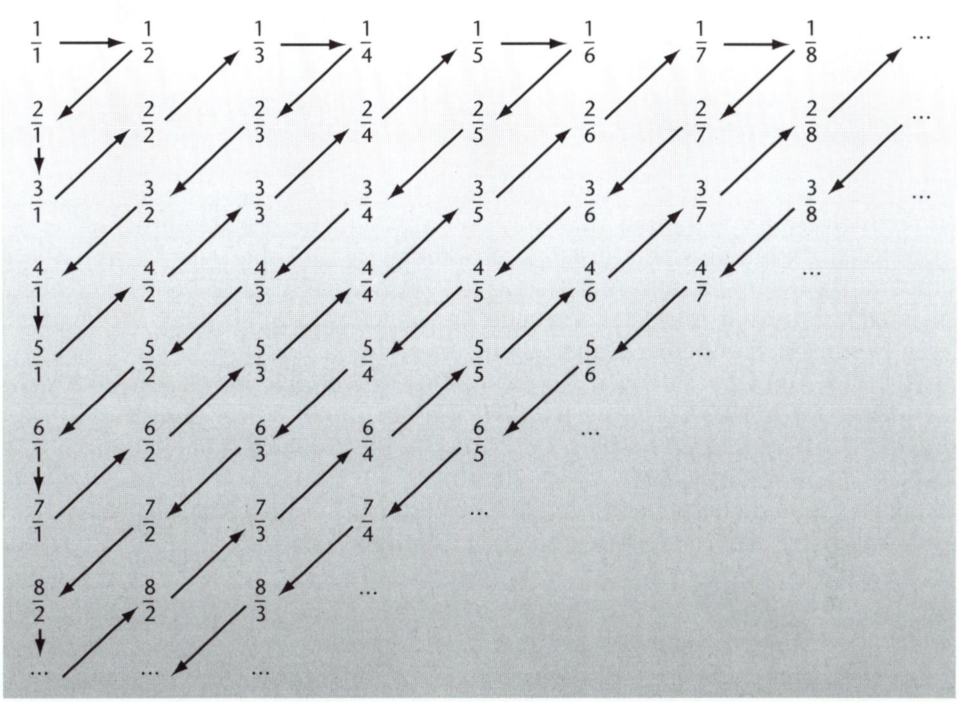

Bild 1.43 a Abzählen der rationalen Zahlen

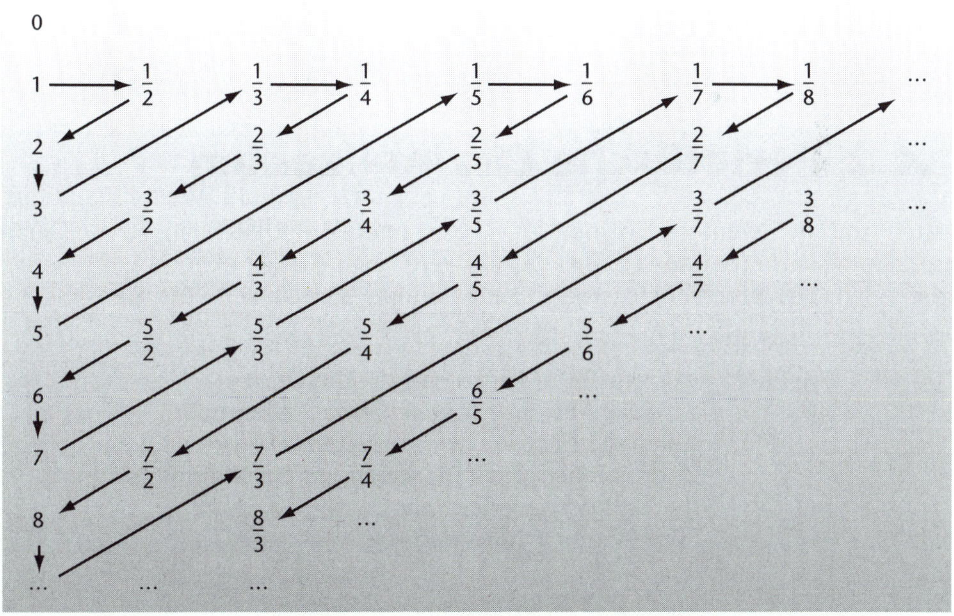

Bild 1.43 b Abzählen der rationalen Zahlen nach Streichung aller Wiederholungen

Wir erkennen bereits eine Vereinfachungsmöglichkeit: Statt für jede einzelne Ziffer einen Bruch zu schreiben, können wir auch alle Ziffern in den Zähler schreiben. Der Nenner wird durch den kleinsten Stellenwert bestimmt. So ist $0{,}2058 = \frac{2058}{10000}$, da die Ziffer 8 den Stellenwert Zehntausendstel hat. Außerdem können wir die Ziffern vor dem Dezimalkomma vor den Bruch schreiben. Wir erhalten dann einen gemischten Bruch, z. B. $32{,}0044 = 32\frac{44}{10000} = 32\frac{11}{2500}$. Dies ist ein recht einfaches Verfahren zur Umwandlung endlicher Dezimalbrüche.

Umgekehrt können wir natürlich auch Brüche in endliche Dezimalzahlen umwandeln. Da Dezimalzahlen nur Brüche mit Zehnerpotenzen als Nenner ergeben, lassen sich demnach nur solche Brüche in endliche Dezimalzahlen verwandeln, deren Nenner sich auf eine Zehnerpotenz erweitern lassen.
Da $10 = 2 \cdot 5$, $100 = 2^2 \cdot 5^2$, allgemein $10^n = 2^n \cdot 5^n$ ist, ***können nur diejenigen Brüche in endliche Dezimalzahlen umgewandelt werden, deren Nenner nur aus Zweier- und/oder Fünferpotenzen besteht.*** Das sind z. B. die Brüche mit den Nennern 2, 4, 8, 16, 32 . . ., 5, 25, 125, 625 . . ., 10, 20, 40, 50, 80, 100 . . .

Man wandelt einen solchen Bruch in eine endliche Dezimalzahl um, indem man ihn so erweitert, daß sein Nenner zu einer Zehnerpotenz wird.

BEISPIELE

1. $\frac{3}{4} \overset{25}{=} \frac{75}{100} = 0{,}75$ *2.* $\frac{5}{8} \overset{125}{=} \frac{625}{1000} = 0{,}625$ *3.* $\frac{801}{625} \overset{16}{=} \frac{12816}{10000} = 1{,}2816$

1.4.2 Periodische Dezimalzahlen

Besteht nun der Nenner nicht nur aus Zweier- oder Fünferpotenzen, so muß man ein anderes Verfahren anwenden, das übrigens auch für die oben beschriebenen Brüche gilt. Der Bruchstrich ist ja nur eine andere Schreibweise für die Division. Statt $\frac{3}{4}$ kann man auch schreiben 3 : 4. Die Zahl 3 kann man auch durch 3,0 oder 3,00 oder 3,000 usw. ersetzen. Dann kann man dividieren:

3,00 : 4 = 0	3 : 4 = 0 Rest 3. Wir gehen eine Stelle weiter, holen die nächste Ziffer herunter. Da wir dabei das Komma überschreiten, setzen wir ein Komma hinter die Null des Quotienten.
3,00 : 4 = 0,7 . . .	30 : 4 ergibt 7 (plus ein Rest).
– 2 8	$4 \cdot 7 = 28$
20	30 – 28 = 2, der Rest bei der Division. Wir holen die nächste Ziffer herunter, die 0.

Nun dividieren wir weiter

3,00 : 4 = 0,75	20 : 4 = 5
– 2 8	
20	
– 20	4 · 5 = 20
0	20 – 20 = 0. Es bleibt kein Rest bei der Division. Sie geht auf.

Genauso wird die Division durchgeführt, wenn der Nenner außer 2 und 5 auch andere Primfaktoren enthält. Doch im Unterschied zu dem eben gezeigten Beispiel geht die Division dann nicht auf.

$\frac{1}{3}$ = 1 : 3 = 1,0000 . . . : 3 = 0,333 . . .	1 : 3 = 0
– 9	10 : 3 = 3 Rest 1
10	10 : 3 = 3 Rest 1
– 9	
10	10 : 3 = 3 Rest 1
– 9	
10 usw.	

Da wir beliebig viele, also unendlich viele Nullen zum Herunterholen zur Verfügung haben, läßt sich diese Division immer weiterführen. Sie endet niemals. Aber man erhält immer wieder denselben Rest, nämlich 1. Noch ein Beispiel:

$\frac{1}{7}$ = 1 : 7 = 1,00000000 . . . : 7	= 0,142857142857142857142857 . . .
– 7	10 : 7 = 1 Rest 3
30	30 : 7 = 4 Rest 2
– 28	
20	20 : 7 = 2 Rest 6
– 14	
60	60 : 7 = 8 Rest 4
– 56	
40	40 : 7 = 5 Rest 5
– 35	
50	50 : 7 = 7 Rest 1
– 49	
10	10 : 7 = 1 Rest 3
– 7	
30	30 : 7 = 4 Rest 2
– 28	
2	

Spätestens an dieser Stelle bemerken wir, daß sich die Divisionen zu wiederholen beginnen. Das liegt an dem verbleibenden Rest. Die Division durch 7 kann ja nur die Reste 0, 1, 2, 3, 4, 5, 6 lassen. Da die Division mit Sicherheit nicht aufgeht, fällt der Rest 0 weg. Taucht ein Rest auf, der schon einmal geblieben ist, so müssen sich die folgenden Divisionen wiederholen. Wir erhalten demnach eine Dezimalzahl, die zwar unendlich viele Dezimalstellen besitzt, von denen sich aber endlich viele ständig wiederholen. Wir nennen eine solche Zahl eine ***periodische Dezimalzahl***.

Die sich nach dem Dezimalkomma wiederholende Ziffergruppe nennen wir ***Periode***, die Anzahl dieser Ziffern die ***Länge der Periode***. Wir kennzeichnen die Periode, indem wir über alle sich wiederholenden Ziffern einen Querstrich ziehen. Statt 0,3333... schreiben wir $0{,}\overline{3}$, statt 0,142857142857... kürzer $0{,}\overline{142857}$, und wir lesen es als „Null Komma Periode 1 - 4 - 2 - 8 - 5 - 7“.

BEISPIELE

1. $\frac{3}{11} = 3{,}0000000 : 11 = 0{,}\overline{27}$

$-\ 22$

80   30 : 11 = 2 Rest 8

$-\ 77$

3   80 : 11 = 7 Rest 3

Nun käme wieder 30 : 11 = 2 Rest 8.

2. $\frac{28}{15} = 28{,}00000 : 15 = 1{,}8\overline{6}$

$-\ 15$

130

$-\ 120$

100

$-\ 90$

100

Das Beispiel 2. zeigt, daß die Periode keineswegs mit der ersten Ziffer hinter dem Komma beginnen muß. Sie kann auch an einer der folgenden Stellen beginnen. Aus den während der Berechnung aufgetretenen Resten kann man folgern, daß die Periode ***höchstens aus n - 1 Ziffern bestehen kann, wenn der Nenner n heißt.*** Genau n - 1 Ziffern sind dabei wiederum nur für Primzahlennenner möglich. Doch ergibt nicht jeder Bruch mit einer Primzahl im Nenner eine periodische Dezimalzahl mit der Periodenlänge n - 1, wie man am Beispiel der Zahl 3 sieht, deren Periodenlänge eins und nicht zwei ist.

Wie wandelt man nun umgekehrt periodische Dezimalzahlen in Brüche um? Da der mathematische Hintergrund für diese Umwandlung sehr komplex ist, sei hier nur das Verfahren erwähnt. Dabei betrachten wir nur die Nachkommastellen.

1. Fall: Die Periode umfaßt alle Ziffern nach dem Komma

Man schreibt alle Ziffern nach dem Komma in den Zähler. In den Nenner schreibt man so viele Neunen wie die Periode Ziffern umfaßt.

BEISPIEL

1. $0{,}\overline{56}$ ist also $\frac{56}{99}$. Da die Periodenlänge 2 ist, schreiben wir 2 Neunen in den Nenner.

2. $0{,}\overline{142857} = \frac{142857}{999999} \underset{3}{=} \frac{47619}{333333} \underset{3}{=} \frac{15873}{111111} \underset{3}{=} \frac{5291}{37037} \underset{13}{=} \frac{407}{2849} \underset{407}{=} \frac{1}{7}$

3. $0{,}\overline{18} = \frac{18}{99} \underset{9}{=} \frac{2}{11}$

2. Fall: Zwischen Komma und Periode stehen n Nullen

Dann geht man ebenso vor wie im Fall 1 mit folgender Ergänzung: Im Nenner schreibt man hinter die Neunen n Nullen.

BEISPIEL

$0{,}000\overline{56} = \frac{56}{99000}$. Drei Nullen stehen vor der Periode. Wir schreiben drei Nullen hinter die Neunen im Nenner. Natürlich dürfen wir kürzen. Wir erhalten $\frac{7}{12375}$.

3. Fall: Zwischen Komma und Periode stehen Ziffern, die nicht alle Null sind

In diesem Fall zerlegen wir die Dezimalzahl in eine Summe aus einer endlichen Dezimalzahl und einer dem 2. Fall entsprechenden periodischen Dezimalzahl und addieren die beiden sich hieraus ergebenden Brüche.

BEISPIEL

$0{,}123\overline{56} = 0{,}123 + 0{,}000\overline{56} = \frac{123}{1000} + \frac{56}{99000} = \frac{12177}{99000} + \frac{56}{99000} = \frac{12233}{99000}$

1.4.3 Rechnen mit Dezimalzahlen

Da sich jede endliche und jede periodische Dezimalzahl in einen Bruch umwandeln läßt, kann man zwei Dezimalzahlen immer durch Brüche ersetzen und mit diesen rechnen. Doch ist das nicht immer der einfachste Weg. Grundsätzlich muß jede periodische Dezimalzahl in einen Bruch umgewandelt werden, will man mit ihr rechnen. Für endliche Dezimalzahlen gibt es einfache Rechenregeln.

Addition und Subtraktion

Sie erfolgen wie bei der schriftlichen Addition oder Subtraktion von natürlichen Zahlen. Man schreibt die Zahlen so untereinander, daß ihre Kommata in derselben Spalte stehen. Fehlende Ziffern am Ende kann man durch Nullen ersetzen.

BEISPIELE

1. 34,70845 + 2,95:

```
  34,70845
+  2,95000
----------
  37,65845
```

2. 782,1407 - 99,982908:

```
  782,140700
-  99,982908
------------
  682,157792
```

Multiplikation

Man multipliziert schriftlich wie bei natürlichen Zahlen. Dann addiert man die Anzahl der Nachkommastellen beider Faktoren und setzt das Komma ebenso viele Stellen vor das Ende des Ergebnisses. Dabei sind Nullen am Ende des Ergebnisses mitzuzählen.

BEISPIEL

```
2,342 · 51,0871
---------------
 11710
   23420
    18736
     16394
       2342
---------------
 119,6459882
```

2,342 hat 3 Ziffern nach dem Komma.
51,0871 hat 4 Ziffern nach dem Komma.
Das sind zusammen 7 Nachkommastellen.
Wir setzen das Komma beim Ergebnis so, daß sieben Nachkommastellen entstehen.

Eine besondere Multiplikation ist die mit einer Zehnerpotenz. Da der Stellenwert einer Ziffer um jeweils eine Zehnerpotenz vom Stellenwert ihrer Nachbarziffer abweicht, verschiebt sich bei der Multiplikation mit 10^n das Dezimalkomma um n Stellen nach rechts, z. B. 23,98065 · 100 = 2398,065.

Division

Die Division stellt einen Bruch dar mit dem Dividenden als Zähler und dem Divisor als Nenner. Einen Bruch dürfen wir erweitern. Wir erweitern ihn derart mit einer Zehnerpotenz, daß der Divisor keine Nachkommastellen mehr besitzt. Dann dividieren wir wie vorher beschrieben.

BEISPIEL

Wir multiplizieren Dividend und Divisor mit 100.

```
 8,08275 : 3,25 =
 808,275 : 325  = 2,487
-650
 1582
-1300
  2827
 -2600
   2275
  -2275
      0
```

Da die Division durch 10 das gleiche ist wie die Multiplikation mit $\frac{1}{10}$, verschiebt sich bei der Division durch 10^n das Komma um n Stellen nach links, z. B. 456,912 : 100 = 4,56912.

1.4.4 Runden, Näherungsrechnung

Häufig ist es nötig, eine Vorstellung von der ungefähren Größe eines Rechenergebnisses zu bekommen, ohne daß man das Ergebnis exakt wissen muß. Hierzu vereinfacht man die beteiligten Zahlen, man ***rundet*** sie, und führt Rechnungen mit den vereinfachten Zahlen durch. Man führt eine ***Näherungsrechnung*** durch. Für das Runden gibt es folgende Regeln:

Ersetzt man die letzte Ziffer durch Null, so bleibt die vorletzte Ziffer erhalten, wenn die letzte Ziffer eine 0, 1, 2, 3 oder 4 war. Hingegen erhöht sich die vorletzte Ziffer um 1, wenn die letzte Ziffer eine 5, 6, 7, 8 oder 9 war. Man sagt im ersten Fall, die Zahl wird ***abgerundet***, im zweiten Fall ***aufgerundet***.

So rundet man z. B. 289 auf 290 auf, 1094 auf 1090 ab, 2,38 auf 2,4 (= 2,40) auf, 89,6782 auf 89,678 ab.

Rundet man zwei Ziffern, gilt das Beschriebene entsprechend für die Endziffern 00 bis 49 und 50 bis 99. Bei drei Ziffern wird von 000 bis 499 abgerundet, von 500 bis 999 aufgerundet. So ist z. B. 76348 auf Hunderter gerundet 76300, auf Tausender gerundet 76000, auf Zehner gerundet 76350. 4,50384 wird zu 4,5, wenn man auf Zehntel rundet, 4,504, wenn man auf Tausendstel rundet.

Mit gerundeten Zahlen führt man nun Überschlagsrechnungen durch. Dabei benutzt man das Zeichen „≈“, was „ungefähr gleich“ bedeutet. Um eine gute Näherung zu erhalten, rundet man nicht immer nach den oben angeführten Vorschriften. Vielmehr ergeben sich folgende Abweichungen:

Werden beide Zahlen aufgerundet (abgerundet), so wird das Ergebnis der Addition und das der Multiplikation der beiden gerundeten Zahlen größer (kleiner) als das korrekte Ergebnis. Es ist also sinnvoll, bei der Addition und bei der Multiplikation eine Zahl auf-, die andere abzurunden. Bei Subtraktion und Division sollten beide Zahlen entweder auf- oder beide abgerundet werden. Bei der Multiplikation und der Division ist die Rundung der kleineren Zahl dabei gravierender als die der größeren. Man kann die größere Zahl also viel größer runden als die kleinere.

BEISPIELE

1. $26 \cdot 467$ soll überschlagen werden. Runden wir beide Zahlen auf Zehner korrekt, so erhalten wir $30 \cdot 470$. Dies ist erstens noch zu schwierig zum Kopfrechnen, und zweitens ist das Ergebnis mit Sicherheit zu groß. Besser ist, wir runden 26 auf 30 auf und 467 auf 400 ab: $26 \cdot 467 \approx 30 \cdot 400 = 12000$.

Zum Vergleich hier das korrekte Ergebnis: 12142. Das überrascht, ist unsere Rundung der 467 doch sehr grob. (Bei genauerem Vergleich stellen wir aber etwas anderes fest. 26 wurde um 4 aufgerundet, das sind $\frac{4}{26} \approx 15\,\%$ des Wertes. 467 wurde um 67 abgerundet, das sind $\frac{67}{467} \approx 14\,\%$. Bezogen auf die jeweilige Zahl sind Auf- und Abrundung tatsächlich relativ gleich groß.)

2. $459 + 2308 + 37 \approx 460 + 2300 + 40 = 2800$ (exaktes Ergebnis: 2804)

3. $93698 - 57279 \approx 94000 - 58000 = 36000$ (exaktes Ergebnis: 36419)

4. $8126 \cdot 629 \approx 8500 \cdot 600 = 5100000$ (exaktes Ergebnis: 5111254)

5. $407{,}925 : 13{,}8 \approx 420 : 14 = 30$ (exaktes Ergebnis: 29,559. . .)

ÜBUNGEN

98. Wandeln Sie folgende Brüche in Dezimalzahlen um:

a) $\frac{1}{8}$ *b)* $\frac{17}{5}$ *c)* $\frac{3}{16}$ *d)* $-\frac{7}{25}$ *e)* $\frac{521}{40}$ *f)* $\frac{179}{200}$

g) $\frac{23}{80}$ *h)* $\frac{8}{5}$ *i)* $\frac{3}{8}$ *j)* $\frac{5}{8}$ *k)* $\frac{7}{8}$ *l)* $\frac{1}{4}$

m) $\frac{3}{4}$ *n)* $\frac{5}{4}$ *o)* $\frac{7}{4}$ *p)* $\frac{9}{4}$ *q)* $\frac{9}{8}$ *r)* $\frac{7}{2}$

99. Wandeln Sie folgende Dezimalzahlen in Brüche um, und kürzen Sie soweit wie möglich:
a) 0,12 *b)* 0,345 *c)* 0,011 *d)* 0,2056 *e)* 0,048, *f)* 0,55 *g)* – 1,35
h) 3,08 *i)* – 4,0524 *j)* 892,488 *k)* 9,005 *l)* 1,1

100. Wandeln Sie folgende Brüche in Dezimalzahlen um:
a) $\frac{1}{3}$ *b)* $\frac{2}{3}$ *c)* $\frac{1}{6}$ *d)* $\frac{5}{6}$ *e)* $\frac{1}{9}$ *f)* $\frac{2}{9}$ *g)* $\frac{3}{9}$
h) $\frac{4}{9}$ *i)* $\frac{5}{9}$ *j)* $\frac{6}{9}$ *k)* $\frac{7}{9}$ *l)* $\frac{8}{9}$ *m)* $\frac{2}{7}$ *n)* $\frac{6}{7}$
o) $\frac{1}{11}$ *p)* $\frac{4}{11}$ *q)* $\frac{1}{13}$ *r)* $\frac{24}{270}$ *s)* $\frac{5}{33}$

101. Wandeln Sie folgende Dezimalzahlen in Brüche um:
a) $0,\overline{3}$ *b)* $0,3\overline{3}$ *c)* $0,33\overline{3}$ *d)* $0,\overline{30}$ *e)* $0,\overline{303}$ *f)* $0,\overline{030}$ *g)* $0,\overline{45}$
h) $1,\overline{682}$ *i)* $-3,7\overline{52}$ *j)* $0,00\overline{4}$ *k)* $0,000\overline{1}$ *l)* $0,2\overline{5}$ *m)* $0,37\overline{89}$

102. Runden Sie die Zahlen (jeweils auf Zehner, Hunderter, Tausender, Zehntausender):
a) 23 *b)* 378 *c)* 750 *d)* 1949 *e)* 1944 *f)* 2001 *g)* – 61089
h) – 7492 *i)* 1050762 *j)* 34449652

103. Berechnen Sie näherungsweise:
a) 567 + 186 + 287 + 392
b) 67789 – 28566
c) 729 · 58
d) 4787 : 24
e) 752,3 + 46,87 + 3,2
f) 49,063 – 25,36
g) 4,39 · 6,186
h) 93,56 : 0,482

104. Addieren Sie:
a) 4,87 + 3,926 + 72,0812 *b)* 7,001 + 128,3 + 1,1
c) 0,0599 + 0,599 + 5,999 + 59,99 + 599,9 + 5999

105. Subtrahieren Sie:
a) 782,5026 – 6,301 *b)* 80,001 – 79,9
c) 2514,493712 – 462,91204562

106. Multiplizieren Sie:
a) 0,682 · 2,6 *b)* 18,75 · 2,024 *c)* 0,0035 · 0,02

107. Dividieren Sie:
a) 78,522 : 0,23 *b)* 0,0035 : 0,07 *c)* 60,8 : 1,25

1.5 Reelle Zahlen

1.5.1 Wurzeln

In der Menge der natürlichen Zahlen $\mathbb{N}$ sind alle Additionen und Multiplikationen lösbar, die Summe und das Produkt zweier natürlicher Zahlen ergeben immer eine natürliche Zahl. Hingegen ist nicht jede Subtraktion in $\mathbb{N}$ lösbar, wohl aber in $\mathbb{Z}$, der Menge der ganzen Zahlen. Die Division zweier ganzer Zahlen ergibt nicht immer eine ganze Zahl. Zu diesem Zweck haben wir die rationalen Zahlen $\mathbb{Q}$ eingeführt. In dieser Menge ist jede Division lösbar. Nun könnte man zufrieden sein, da ja alle Grundrechenarten eine Lösung in $\mathbb{Q}$ finden. Doch was ist mit Potenzen? Was ist die Lösung der Gleichung $x^2 = 2$? Anders gefragt, welche Zahl ergibt mit sich selbst multipliziert 2? Geometrisch bedeutet dies: Wir suchen ein Quadrat mit dem Flächeninhalt von 2 cm². Welche Seitenlänge hat es? (Bild 1.44)

Wir nennen die gesuchte Zahl ***Wurzel*** aus 2 oder Quadratwurzel aus 2 oder einfach Wurzel 2 und schreiben sie $\sqrt{2}$.

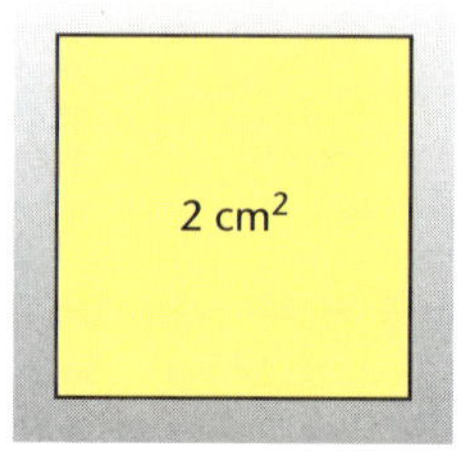

Bild 1.44

D

Unter der *Quadratwurzel aus x* verstehen wir diejenige Zahl, deren Quadrat x ergibt. $y^2 = x \Leftrightarrow y = \pm\sqrt{x}$.

Wir zeigen zunächst, daß es sich bei $\sqrt{2}$ nicht um eine rationale Zahl handeln kann. Dabei gehen wir nach dem Muster des indirekten Beweises vor. Wir nehmen zunächst das Gegenteil von dem an, was wir zeigen wollen, und führen dies zu einem Widerspruch. Damit ist dann gezeigt, daß das Gegenteil nicht stimmen kann.

Behauptung: $\sqrt{2}$ ist irrational (nicht rational)
Annahme: $\sqrt{2}$ ist rational

Ist $\sqrt{2}$ rational, dann läßt sich diese Zahl als Bruch der Form $\sqrt{2} = \frac{a}{b}$ schreiben. Wir setzen voraus, daß dieser Bruch gekürzt ist. Dies dürfen wir, da sich ein Bruch entweder kürzen läßt oder schon soweit gekürzt ist, daß er nicht mehr gekürzt werden kann. Dann sind a und b teilerfremd. Aus $\sqrt{2} = \frac{a}{b}$ folgt
$\left(\sqrt{2}\right)^2 = \left(\frac{a}{b}\right)^2 \Leftrightarrow 2 = \frac{a^2}{b^2} \Leftrightarrow 2b^2 = a^2$.

Das heißt aber, daß a^2 durch 2 teilbar ist, denn es ist das Zweifache einer natürlichen Zahl b^2. Ist a^2 durch 2 teilbar, dann ist a^2 gerade. Dann ist aber auch a gerade, denn nur das Quadrat einer geraden Zahl kann gerade sein. Daher ist aber a durch 2 teilbar, z. B. ist $a = 2 \cdot n$, $n \in \mathbb{Z}$. Dann ist $a^2 = 4 \cdot n^2$, und die Gleichung $2b^2 = a^2$ kann ersetzt werden durch $2b^2 = 4n^2$. Diese Gleichung läßt sich durch 2 dividieren zu $b^2 = 2n^2$. Daraus folgt nun aber, daß b^2 eine gerade Zahl ist. Deshalb ist auch b gerade und durch 2 teilbar. Wir haben also aus der Annahme, $\sqrt{2}$ sei rational und der Voraussetzung, a und b seien teilerfremd, geschlossen, daß sowohl a als auch b durch 2 teilbar, also nicht teilerfremd sind. Dies ist ein Widerspruch zur Voraussetzung. Demnach muß unsere Annahme, $\sqrt{2}$ sei rational, falsch sein. $\sqrt{2}$ ist eine irrationale Zahl.

Auf ähnliche Art kann man zeigen, daß auch die Zahlen $\sqrt{3}$, $\sqrt{5}$, $\sqrt{6}$, $\sqrt{7}$, $\sqrt{8}$, $\sqrt{10}$ ... $\sqrt{1{,}02}$, $\sqrt{0{,}007}$ usw. irrational sind. Es gibt offenbar unendlich viele irrationale Zahlen.

D

Die Menge der rationalen Zahlen $\mathbb{Q}$ und die der irrationalen Zahlen $\mathbb{J}$ bilden zusammen die Menge der *reellen Zahlen* $\mathbb{R}$.

Nun wollen wir natürlich wissen, wie eine solche Zahl aussieht.

1.5.2 Intervallschachtelung

Versuchen wir, $\sqrt{2}$ zu bestimmen. Wir wissen, daß das Quadrat von $\sqrt{2}$ genau 2 ist. Also muß $\sqrt{2}$ zwischen 1 und 2 liegen, da $\sqrt{2}^2$ zwischen $1^2 = 1$ und $2^2 = 4$ liegt. $\sqrt{2}$ muß also 1,... sein. Um die erste Dezimalstelle zu finden, können wir $1{,}1^2$, $1{,}2^2$, $1{,}3^2$ ... $1{,}9^2$ berechnen und schauen, welche dieser Quadrate der 2 am nächsten kommen. Dieses Verfahren setzen wir mit der zweiten Dezimalstelle fort.

$1 < \sqrt{2} < 2$,	da 1^2	$= 1$	$< 2 < 4$	$= 2^2$
$1{,}4 < \sqrt{2} < 1{,}5$,	da $1{,}4^2$	$= 1{,}96$	$< 2 < 2{,}25$	$= 1{,}5^2$
$1{,}41 < \sqrt{2} < 1{,}42$,	da $1{,}41^2$	$= 1{,}9881$	$< 2 < 2{,}0164$	$= 1{,}42^2$
$1{,}414 < \sqrt{2} < 1{,}415$,	da $1{,}414^2$	$= 1{,}999396$	$< 2 < 2{,}002225$	$= 1{,}415^2$
$1{,}4142 < \sqrt{2} < 1{,}4143$,	da $1{,}4142^2$	$= 1{,}99996164$	$< 2 < 2{,}00024449$	$= 1{,}4143^2$

Bis hierhin wissen wir, daß $\sqrt{2}$ eine Dezimalzahl der Form 1,4142... sein muß. Da sie keine rationale Zahl ist, muß es sich um eine unendliche, nichtperiodische Zahl handeln.

S

Irrationale Zahlen sind unendliche nichtperiodische Dezimalzahlen.

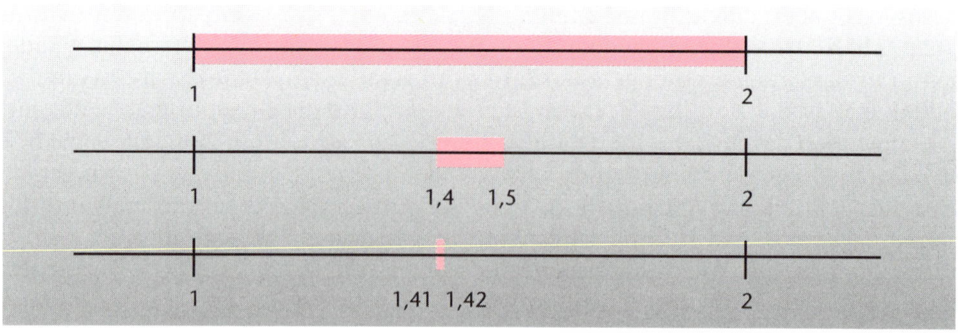

Bild 1.45

Das angewandte Verfahren heißt ***Intervallschachtelung***, da man in ein Intervall, das ist ein Zahlenbereich von a bis b, immer kleinere Intervalle hineinschachtelt und sich so der gesuchten Zahl annähert (Bild 1.45).

Das Verfahren kann theoretisch beliebig weit fortgesetzt werden. Man kann die gesuchte Zahl also so genau bestimmen wie man möchte, jedoch niemals ganz genau. Der Taschenrechner zeigt sie uns an, wenn wir zunächst die Taste 2 und dann die Wurzeltaste $\sqrt{\ }$ drücken, oder bei einigen anderen Rechnern erst die Wurzeltaste $\sqrt{\ }$, dann die Zahl 2 und dann die Ausführungstaste EXE: 1.41421356. Dies ist nur eine Näherung für $\sqrt{2}$, denn auch ein Taschenrechner kann nur endlich viele Stellen bestimmen. Aber wir wissen ja bereits, daß $\sqrt{2}$ unendlich viele Stellen besitzt. Die einzig exakte Angabe dieser Zahl ist demnach $\sqrt{2}$. Deshalb schreiben wir nach Berechnung mit dem Taschenrechner kein Gleichheitszeichen, sondern das Zeichen für „ungefähr gleich“: $\sqrt{2} \approx 1{,}41421356$ oder $\sqrt{2} = 1{,}41421356\ldots$

Es sei noch eine geometrische Konstruktion der Wurzeln erwähnt, die sich auf den Satz des Phythagoras (siehe Seite 364) begründet. Im rechtwinkligen Dreieck mit den Katheten a und b und der Hypotenuse c gilt: $a^2 + b^2 = c^2$.
Ist $a = b = 1$, so ist $c^2 = 1 + 1 = 2$, also $c = \sqrt{2}$. Fügt man an c im rechten Winkel die Kathete der Länge 1 an, so erhält man als neue Hypotenuse eine Strecke der Länge $\sqrt{\sqrt{2}^2 + 1^2} = \sqrt{3}$. Setzt man das Verfahren fort, kann man nacheinander die Strecken $\sqrt{2}$, $\sqrt{3}$, $\sqrt{4}$, $\sqrt{5}$ usw. konstruieren (Bild 1.46).

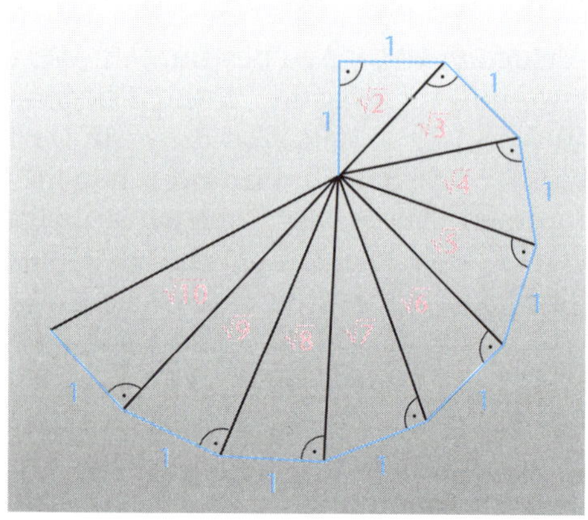

Bild 1.46

Zum Abschluß sei noch eine weitere Unterscheidung der irrationalen Zahlen erwähnt. Alle Zahlen, die Lösungen einer algebraischen Gleichung sind, also eine Gleichung der Form $a_n x^n + a_{n-1} x^{n-1} + \ldots + a_0 x^0 = 0$ mit $a_i \in \mathbb{Q}$, heißen ***algebraische Zahlen***. Alle anderen irrationalen Zahlen nennt man ***transzendente Zahlen***, z. B. die Kreiszahl π (siehe Seite 386) oder die Eulersche Zahl e (siehe Seite 185).

ÜBUNGEN

108. Bestimmen Sie durch Intervallschachtelung auf drei Stellen genau:

a) $\sqrt{3}$ *b)* $\sqrt{5}$ *c)* $\sqrt{6}$ *d)* $\sqrt{7}$ *e)* $\sqrt{8}$ *f)* $\sqrt{10}$ *g)* $\sqrt{1{,}5}$ *h)* $\sqrt{\frac{1}{2}}$

109. Ist $x^3 = 2$, so heißt x die dritte Wurzel aus 2, geschrieben $x = \sqrt[3]{2}$. Bestimmen Sie diese Zahl durch Intervallschachtelung auf zwei Dezimalstellen genau.

110. Beweisen Sie, daß $\sqrt{3}$ irrational ist.

111. Bestimmen Sie näherungsweise mit dem Taschenrechner:

a) $\sqrt{11}$ *b)* $\sqrt{3} \cdot \sqrt{27}$ *c)* $\sqrt{7} - \sqrt{2}$ *d)* $\sqrt{0{,}5}$ *e)* $\sqrt{1}$

f) $\sqrt{10} \cdot \sqrt{5} \cdot \sqrt{7}$ *g)* $\sqrt{\sqrt{8}}$

1.6 Komplexe Zahlen

1.6.1 Real- und Imaginärteil

Sind nun in der Menge der reellen Zahlen alle algebraischen Gleichungen lösbar? Mitnichten! Die Gleichungen $x^2 = -1$ oder $x^2 = -4$ oder $x^2 = -0{,}035$ sind nicht lösbar in $\mathbb{R}$, denn nach unseren Vorzeichenregeln für die ganzen, rationalen und reellen Zahlen ist das Produkt einer Zahl mit sich selbst nie negativ.

Wenn wir eine Lösung der Gleichung haben wollen, müssen wir unseren Zahlenraum aufs neue erweitern. Wir legen fest:

D

Die Zahl $i = \sqrt{-1}$ heißt *imaginäre Einheit*.
Eine Zahl der Form $z = a + b \cdot i$ mit $a, b \in \mathbb{R}$ heißt *komplexe Zahl*. Dabei heißt a der *Realteil*, b der *Imaginärteil* von z.

Man kann auch sagen, eine komplexe Zahl z ist ein geordnetes Paar (a, b) von reellen Zahlen a und b, wobei a Realteil und b Imaginärteil von z heißen.

BEISPIELE

1. $(1, 0) = 1 + 0 \cdot i = 1$ ist eine reelle Zahl.

2. $(0, 1) = 0 + 1 \cdot i = i$ ist eine imaginäre Zahl (rein imaginär).

3. $(3, -4) = 3 - 4 \cdot i$ ist eine komplexe Zahl mit Real- und Imaginärteil.

1.6.2 Darstellung in der Ebene

Jedes geordnete Paar von reellen Zahlen läßt sich in einem zweidimensionalen Koordinatensystem der Ebene darstellen. Wir tragen auf der 1. Achse den Realteil, auf der 2. Achse den Imaginärteil auf. Dann wird jede komplexe Zahl durch einen Punkt der Ebene dargestellt.

BEISPIELE

1. Die komplexe Zahl 4 + 2i hat den Realteil 4 und den Imaginärteil 2. Sie wird also durch den Punkt (4|2) dargestellt (Bild 1.47).

2. Die Zahl −3 + 7i wird durch den Punkt (−3|7) dargestellt.

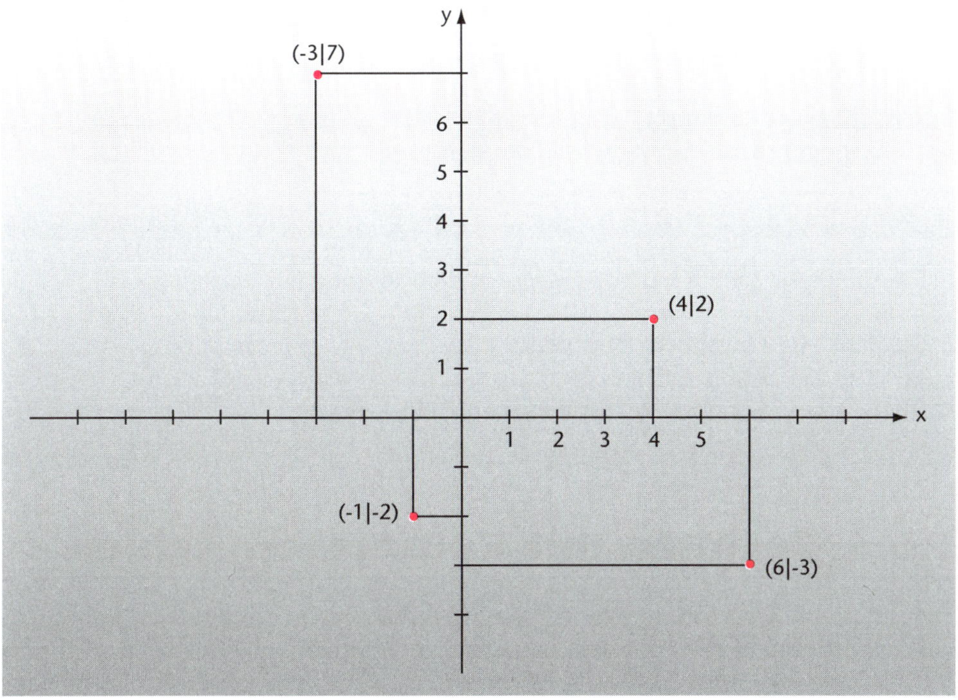

Bild 1.47

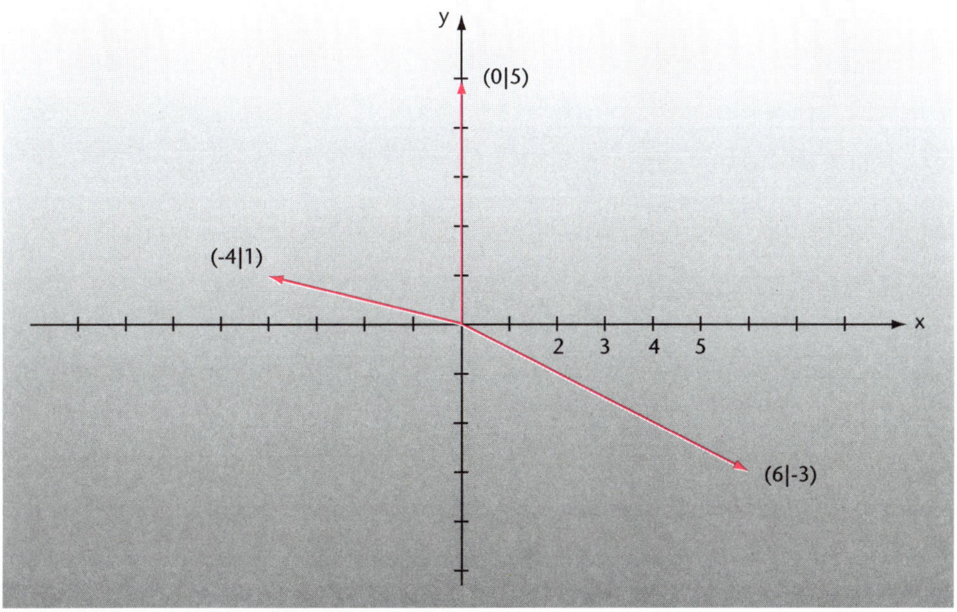

Bild 1.48

3. Dem Punkt (-1|-2) entspricht die komplexe Zahl -1 -2i.

4. Dem Punkt (6|-3) entspricht die komplexe Zahl 6 -3i.

Nun kann aber jeder Punkt der Ebene auch als Endpunkt eines Vektors mit Anfang im Koordinatenursprung angesehen werden (siehe Seite 719).

BEISPIELE

1. Die komplexe Zahl 5i = 0 + 5i entspricht dem Vektor $\binom{0}{5}$.

2. Die Zahl -4 + i entspricht dem Vektor $\binom{-4}{1}$.

3. Die Zahl 6 - 3i entspricht dem Vektor $\binom{6}{-3}$ (Bild 1.48).

1.6.3 Rechnen mit komplexen Zahlen

Die vektorielle Betrachtung gibt uns die Möglichkeit, den Betrag einer komplexen Zahl zu bestimmen, da er mit dem Betrag des zugehörigen Vektors übereinstimmen muß. Der Betrag eines Vektors ist gleich seiner Länge, und diese ergibt sich nach dem Satz des Pythagoras (siehe Seite 364) aus den Koordinaten (a|b) zu $\sqrt{a^2 + b^2}$.

D

Der *Betrag* einer komplexen Zahl z = a + bi ist $|z| = \sqrt{a^2 + b^2}$.

BEISPIELE

1. $|4 + 2i| = \sqrt{16 + 4} = \sqrt{20}$

2. $|- 3 + 7i| = \sqrt{9 + 49} = \sqrt{58}$

3. $|- 1 - 2i| = \sqrt{1 + 4} = \sqrt{5}$

Eine besondere Rolle spielen komplexe Zahlen, die sich nur im Vorzeichen des Imaginärteils voneinander unterscheiden.

D

Die Zahlen z = a + bi und $\bar{z}$ = a - bi heißen zueinander *konjugiert.*

Das Besondere dieser Zahlen erkennt man, wenn man zwei zueinander konjugierte Zahlen miteinander multipliziert.

BEISPIEL

$(3 + 4i) \cdot (3 - 4i) = 3 \cdot 3 + 3 \cdot (-4i) + 4i \cdot 3 + 4i \cdot (-4i)$
$= 9 - 12i + 12i - 16i^2$ und wegen $i^2 = -1$
$= 9 + 16 = 25$

Wir sehen, daß sich beide entstehenden Imaginärteile gegenseitig aufheben.

S

Das Produkt zweier zueinander konjugierten Zahlen ist immer reell.
Es ist $z \cdot \bar{z} = |z|^2$.

Eine weitere Besonderheit der komplexen Zahlen ist der Kehrwert einer Zahl. Ist z^* der Kehrwert von z, so muß gelten $z \cdot z^* = 1$. Ist $z = a + bi$, so erhält man nach einigen Überlegungen $z^* = \frac{\bar{z}}{a^2 + b^2}$. Es ist $z \cdot z^* = (a + bi) \cdot \frac{(a - bi)}{a^2 + b^2} = \frac{a^2 + b^2}{a^2 + b^2} = 1$.

Nun können wir uns die Grundrechenarten anschauen. Dabei werden wir das Ergebnis immer in Real- und Imaginärteil zerlegen. Es sei $z_1 = a + bi$ und $z_2 = c + di$, wobei $a, b, c, d \in \mathbb{R}$.

Addition: $(a + bi) + (c + di) = (a + c) + (b + d) \cdot i$

Subtraktion: $(a + bi) - (c + di) = (a - c) + (b - d) \cdot i$

Multiplikation:
$$\begin{aligned}(a + bi) \cdot (c + di) &= ac + adi + bic + bidi\\ &= ac + bdi^2 + adi + bci\\ &= ac - bd + adi + bci\\ &= (ac - bd) + (ad + bc) \cdot i\end{aligned}$$

Division:
$$(a + bi) : (c + di) = \frac{a + bi}{c + di} = \frac{(a + bi) \cdot (c - di)}{(c + di) \cdot (c - di)}$$
$$= \frac{(a + bi) \cdot (c - di)}{c^2 + d^2} = \frac{(ac + bd) + (bc - ad) \cdot i}{c^2 + d^2}$$

BEISPIELE

1. $(3 - 6i) + (-2 + 8i) = 1 + 2i$

2. $(-0{,}3 - 0{,}2i) - (6 - 2{,}5i) = -6{,}3 + 2{,}3i$

3. $(1 + 5i) \cdot (-3 + 9i) = 1 \cdot (-3) + 1 \cdot 9i + 5i \cdot (-3) + 5i \cdot 9i = -3 + 9i - 15i - 45$
$= -48 - 6i$

4. $(2 + 3i) : (5 - 2i) = \frac{(2 \cdot 5 + 3 \cdot (-2)) + (3 \cdot 5 - 2 \cdot (-2)) \cdot i}{5^2 + (-2)^2} = \frac{4 + 19i}{29} = \frac{4}{29} + \frac{19}{29}i$

ÜBUNGEN

112. Stellen Sie folgende komplexe Zahlen in der Ebene dar:

a) $3 + 5i$ *b)* $-4 + 8i$ *c)* $\frac{1}{2} - \frac{3}{4}i$

d) $-2{,}5 - 2{,}5i$ *e)* $4i$ *f)* 5

113. Wie lauten die konjugierten Zahlen zu den Beispiele aus Aufgabe 112?

114. Bilden Sie die Inversen (Kehrwerte) der Zahlen aus Aufgabe 112.

115. Bilden Sie Summe, Differenz, Produkt und Quotient aus den folgenden Paaren komplexer Zahlen:

a) $2 + 4i$; $3 + i$ *b)* $-3 + 5i$; $2 - 4i$ *c)* $5 - 7i$; $-2 - 3i$

d) 8; $-i$ *e)* $\frac{2}{3} - 2i$; $-1 - \frac{3}{4}i$

116. Berechnen Sie die Beträge der Zahlen aus Aufgabe 115.

117. Welche Lösungen hat die Gleichung $x^2 = -4$?

1.7 Übersicht über die Zahlenbereiche

Bezeichnungen:
$\mathbb{N}$: Natürliche Zahlen {1, 2, 3, 4 . . .}
$\mathbb{N}_0 = \mathbb{N} \cup \{0\}$
$\mathbb{Z}$: Ganze Zahlen = $\mathbb{N} \cup \{0, -1, -2, -3 \ldots\}$
$\mathbb{Q}$: Rationale Zahlen = $\mathbb{Z} \cup$ {alle Brüche}
$\mathbb{R}$: Reelle Zahlen = $\mathbb{Q} \cup$ {irrationale Zahlen}
$\mathbb{C}$: Komplexe Zahlen = $\mathbb{R} \cup \{a + bi \text{ mit } a, b \in \mathbb{R}\}$

Wir sehen, daß die vorhergehende Menge jeweils in der folgenden enthalten ist. Das Bild 1.49 soll dies noch einmal verdeutlichen.

Für Teilmengen dieser Zahlbereiche gibt es noch besondere Bezeichnungen. Sind nur die positiven Zahlen gemeint, wird ein + dahinter hochgestellt, sind die negativen Zahlen gemeint, ein Minuszeichen. So ist $\mathbb{Z}^-$ die Menge der negativen ganzen Zahlen. Soll zu diesen Teilmengen auch die Null gehören, wird eine kleine Null als Index tiefgestellt angehängt. $\mathbb{Q}_0^+$ ist die Menge der positiven rationalen Zahlen mit der Null.

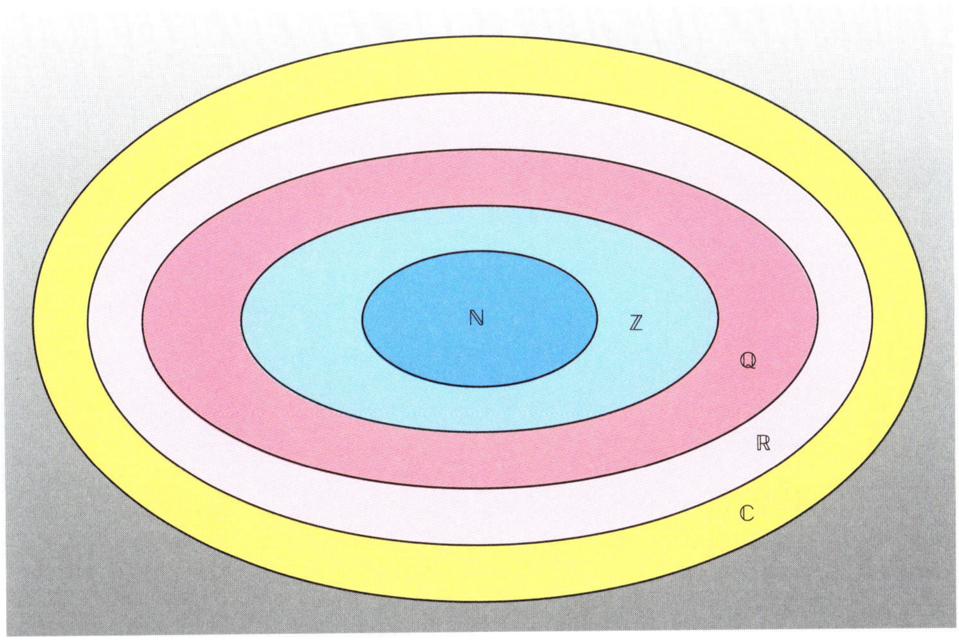

Bild 1.49 $\mathbb{N} \subset \mathbb{Z} \subset \mathbb{Q} \subset \mathbb{R} \subset \mathbb{C}$

Bild 1.50 soll noch einmal die Art der Zahlen verdeutlichen, die in den Mengen enthalten sind.

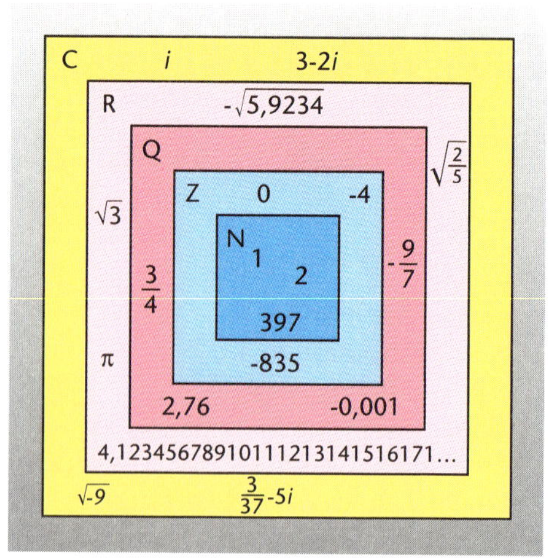

Bild 1.50

ÜBUNGEN

118. Ordnen Sie die Zahlenmengen in aufsteigenden Folgen mit dem Teilmengenzeichen $\subset$: $\mathbb{R}^+$, $\mathbb{Z}^-$, $\mathbb{Q}^+$, $\mathbb{N}_0$, $\mathbb{Z}_0^-$, $\mathbb{C}$, $\mathbb{Q}_0^-$.

119. Ordnen Sie die folgenden Zahlen den Zahlenmengen zu, indem Sie in die entsprechende Zeile und Spalte ein Kreuz setzen.

	$\mathbb{N}$	$\mathbb{N}_0$	$\mathbb{Z}$	$\mathbb{Z}^+$	$\mathbb{Z}^-$	$\mathbb{Z}_0^+$	$\mathbb{Z}_0^-$	$\mathbb{Q}$	$\mathbb{Q}^+$	$\mathbb{Q}^-$	$\mathbb{Q}_0^+$	$\mathbb{Q}_0^-$	$\mathbb{R}$	$\mathbb{R}^+$	$\mathbb{R}^-$	$\mathbb{R}_0^+$	$\mathbb{R}_0^-$	$\mathbb{C}$
$\sqrt{5}$																		
3																		
-4,8																		
-0,002																		
2–3i																		
$\frac{24}{37}$																		
$-5{,}0\overline{45}$																		
27																		
π																		

1.8 Stellenwertsysteme

Die Zahl 34 208 ist eine andere Zahl als die Zahl 43 082 oder 80 432 oder 20 384, obwohl alle dieselben Ziffern enthalten. Es kommt darauf an, an welcher Stelle eine Ziffer steht. Jede Stelle hat einen bestimmten Wert. Wir sprechen von einem ***Stellenwertsystem*** im Gegensatz zu den Additionssystemen der Römer, Ägypter und Babylonier. Die letzte Ziffer einer Zahl stellt die Einer dar. Dann wird nach links von Stelle zu Stelle mit 10 multipliziert, und es ergeben sich folgende Stellenwerte:

BEISPIEL

35 628 901 = 3 · 10 000 000 + 5 · 1 000 000 + 6 · 100 000 + 2 · 20 000 + 8 · 1 000 + 9 · 100 + 0 · 10 + 1 · 1

Von hinten lesen wir: Einer, Zehner, Hunderter, Tausender, Zehntausender, Hunderttausender, Millionen, Zehnmillionen. Dies sind aber auch Zehnerpotenzen. Wir können demnach auch schreiben:

BEISPIEL

$35\,628\,901 = 3 \cdot 10^7 + 5 \cdot 10^6 + 6 \cdot 10^5 + 2 \cdot 10^4 + 8 \cdot 10^3 + 9 \cdot 10^2 + 0 \cdot 10^1 + 1 \cdot 10^0$

Die ***Stelle***, an der eine Ziffer steht, gibt an, welchen Wert (in Zehnerpotenzen) die Ziffer an dieser Stelle hat, unabhängig von der Ziffer, die dort steht. Die ***Ziffer*** gibt an, wie oft der Stellenwert vorkommt, das heißt, womit der Stellenwert zu multiplizieren ist. Dies kann nur weniger sein als die Basis des Systems, in unserem Falle weniger als 10, also 0, 1, 2 . . . 8, 9.

Addieren wir zwei Zahlen, so kann es vorkommen, daß die Summe zweier Ziffern größer als 10 ist. Wir erhalten dann einen Übertrag zum nächstgrößeren Stellenwert.

Nun müssen wir ja nicht unbedingt die Basis 10 verwenden. Nach dem gleichen Schema wie oben können wir Zahlen zu jedem System einer Basis n aufbauen, wenn wir folgende Regeln beachten.

D

Ein Zahlsystem heißt *Stellenwertsystem zur Basis* $n \in \mathbb{N}$, $n > 1$, wenn gilt:
1. Es kommen nur die Ziffern 0, 1 . . . n–1 vor.
2. Die Stellenwerte sind von hinten n^0, n^1, n^2 . . .
3. Die Gruppenaxiome (siehe Seite 689) sind erfüllt.

Wir kennzeichnen ein solches System zur Basis n, indem wir an die Zahlen des Systems den Index n schreiben.

1.8.1 Das Dualsystem (Zweiersystem)

Die Basis beim Dualsystem ist 2. Die Stellenwerte lauten von hinten $2^0 = 1$, $2^1 = 2$, $2^2 = 4$, $2^3 = 8$, $2^4 = 16$, $2^5 = 32$ ... Es gibt nur die Ziffern 0 und 1. So ist $11_2 = 1 \cdot 2^1 + 1 \cdot 2^0 = 1 \cdot 2 + 1 \cdot 1 = 3$. 10011_2 bedeutet im Zehnersystem $1 \cdot 2^4 + 0 \cdot 2^3 + 0 \cdot 2^2 + 1 \cdot 2^1 + 1 \cdot 2^0 = 16 + 2 + 1 = 19$. Umgekehrt können wir natürlich auch eine Zahl des Zehnersystems im Dualsystem ausdrücken, z. B. 41. Wir suchen die größte Potenz von 2, die nicht größer als 41 ist. Das ist $32 = 2^5$. $41 - 32 = 9$. Die nächst kleinere Zweierpotenz 16 ist in 9 nicht enthalten, aber die übernächste $8 = 2^3$. $9 - 8 = 1$. Die Zweierpotenzen 4 und 2 sind im neuen Rest 1 nicht enthalten, aber die 1. Wir erhalten:

$$\begin{aligned} 41 &= 1 \cdot 32 + 0 \cdot 16 + 1 \cdot 8 + 0 \cdot 4 + 0 \cdot 2 + 1 \cdot 1 \\ &= 1 \cdot 2^5 + 0 \cdot 2^4 + 1 \cdot 2^3 + 0 \cdot 2^2 + 0 \cdot 2^1 + 1 \cdot 2^0 \\ &= 101001_2. \end{aligned}$$

Am leichtesten fällt die Umwandlung mit Hilfe einer Tabelle, in deren Kopfzeile wir die Zweierpotenzen schreiben. Damit kann man Zahlen in beiden Richtungen umwandeln.

Dezimalzahl	2^{10}	2^9	2^8	2^7	2^6	2^5	2^4	2^3	2^2	2^1	2^0
	1024	512	256	128	64	32	16	8	4	2	1
89					1	0	1	1	0	0	1
498			1	1	1	1	1	0	0	1	0
1023		1	1	1	1	1	1	1	1	1	1
1111	1	0	0	0	1	0	1	0	1	1	1

BEISPIELE

1. $89 = 1011001_2$

2. $498 = 111110010_2$

3. $1023 = 1111111111_2$

4. $1111 = 10001010111_2$

Das letzte Beispiel macht deutlich, wie wichtig es ist, das benutzte System zu kennzeichen. Wir vereinbaren, daß wir ohne Kennzeichnung stets das Zehnersystem meinen.

Im Dualsystem kann man natürlich auch alle Grundrechenarten ausführen.

BEISPIELE

1. $1_2 + 1_2 = 2 = 10_2$

2. $1_2 + 1_2 + 1_2 = 3 = 11_2$

3. $1_2 + 1_2 + 1_2 + 1_2 = 4 = 100_2$

4.

$$\begin{array}{lr} & 101101_2 \\ & +\quad 11011_2 \\ \text{Übertrag} & 1_2 1_2 1_2 1_2 1_2 1_2 \\ \hline & 1001000_2 \end{array}$$

5.

$$\begin{array}{lr} & 10111_2 \\ & +\ 1100111_2 \\ & +\quad 101100_2 \\ & +\quad 111111_2 \\ \text{Übertrag} & 1_2 0_2 1_2 0_2 \\ \text{Übertrag} & 1_2 1_2\ \ 1_2 1_2 0_2 1_2 \\ \hline & 11101001_2 \end{array}$$

Erläuterung zu Beispiel 5: Rechte Spalte: $1 + 1 + 0 + 1 = 11_2$, also schreiben wir eine 1 ins Ergebnis und eine 1 als Übertrag. Zweite Spalte von rechts: $1 + 1 + 0 + 1 + 1 = 100_2$. Ergebnis: 0, Übertrag: 10. Dritte Spalte von rechts: das Gleiche. Vierte Spalte von rechts wie rechte Spalte. Und so weiter.

Die Subtraktion erfolgt nach dem gleichen Schema:

BEISPIEL

$$\begin{array}{r} 1101010_2 \\ -\quad 11101_2 \\ 111\ \ 1 \\ \hline 1001101_2 \end{array}$$

1. Spalte von rechts: Von 1 bis 10_2 fehlt 1, 1 Übertrag. 2. Spalte: 1 bis 1 fehlt 0. 3. Spalte: wie 1. Spalte. 4. Spalte $1 + 1 = 10_2$ bis 11_2 fehlt 1, Übertrag 1. 5. Spalte: Von $1 + 1 = 10_2$ bis 10_2 fehlt 0, Übertrag 1. 6. Spalte: Von 1 bis 1 fehlt 0. 7. Spalte: Von 0 bis 1 fehlt 1.

Die Zahlen der Babylonier

Bild 1.51 Keilschrift: Babylonischer Tonziegel mit gestempelter Inschrift

Etwa 3000 v. Chr. siedelten sich im Zweistromland (heute: Iran/Irak) verschiedene Völker an. Bekannt wurden vor allem die Sumerer, Assyrer und Babylonier. Sie entwickelten eine Schrift, die aus ca. 500 Zeichen bestand, die eine Mischung aus Bilderschrift und Zeichenschrift war. Mit Griffeln wurden die Zeichen in weichen Ton eingeritzt, der anschließend gebrannt wurde, um ihn zu härten. Dabei entstanden keilförmige Ansätze in den Zeichen, die der Schrift den Namen „Keilschrift" gaben (Bild 1.51). Für Zahlen gab es nur drei Grundzeichen:

Den Vertikalkeil als Einerzeichen, den Winkelhaken als Zehnerzeichen, den Horizontalkeil als Zusatzzeichen (Bilder 1.52 bis 1.54). Darstellung der Zahlen von 1 bis 100:

a) Alle Zahlen bis 100 wurden aus dem Vertikalkeil und dem Winkelhaken zusammengesetzt, indem man einfach so viele Zehner und Einer wie nötig aneinanderreihte (Bilder 1.55 bis 1.58).
b) Aus optischen Gründen wurden nie mehr als drei Zeichen in eine Zeile geschrieben. Bei mehr als drei Zeichen wurden mehrere Reihen untereinander geschrieben (Bilder 1.59 bis 1.62).
c) Blieb ein Zeichen übrig, wurde es besonders breit unter die anderen gesetzt (Bilder 1.63 bis 1.66).

Die Zahl 100 wurde aus Vertikal- und Horizontalkeil dargestellt: Daran wurden Zehner und Einer geschrieben (Bilder 1.67 bis 1.68).

Für größere Zahlen wurde das Zahlsystem geändert: Zahlen ***vor*** der Zahl 100 wurden mit Hundert multipliziert. Somit wurde die Zahl 1000 aus 10 und Hundert dargestellt (Bild 1.69). Die Zahl 1000 wurde ihrerseits wieder selbst als Multiplikator verwendet, so daß die Zahl 10 000 als 10 mal 1000 dargestellt wurde (Bild 1.70). Diese Zahl heißt also nicht 2000 = 20 mal 100. Vielmehr muß 2000 als 2 mal 1000 dargestellt werden (Bild 1.71). Die Zehntausend wurde nicht als neuer Multiplikator verwendet. Also wurde die Zahl 100 000 nicht als 10 mal 10 000, sondern als 100 mal 1000 dargestellt (Bild 1.72). Höhere Zehnerpotenzen wie etwa die Million waren offenbar nicht bekannt. Weitere Beispiele zeigen die Bilder 1.73 bis 1.77.

Bild 1.52
Vertikalkeil

Bild 1.53
Winkelhaken

Bild 1.54
Horizontalkeil

Bild 1.55 2

Bild 1.56 12

Bild 1.57 22

Bild 1.58 10

Bild 1.59 5

Bild 1.60 45

Bild 1.61 50

Bild 1.62 89

Bild 1.63 4

Bild 1.64 34

Bild 1.65 13

Bild 1.66 79

Bild 1.67 100

Bild 1.68 122

Bild 1.69 1000

Bild 1.70
10 000

Bild 1.71
2000

Bild 1.72
100 000

Bild 1.73
300

Bild 1.74
202

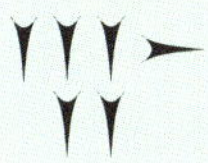

Bild 1.75
23 010

Bild 1.76
3411

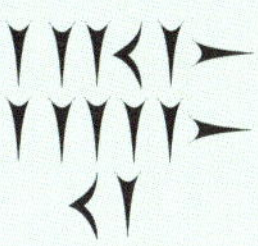

Bild 1.77
2025

Die Zahlen der Ägypter

Ab ca. 4000 v. Chr. bis etwa 500 v. Chr. waren die Ägypter das herrschende Kulturvolk in Nordafrika und Vorderasien. Die ersten Pyramiden (Bild 1.78) wurden im Alten Reich ab 3700 gebaut. Später entwickelte sich eine Bilderschrift, die sich dann zu einer Lautschrift weiterentwickelte. Besonders an den Tempeln des Neuen Reiches ab ca. 1500 v. Chr. finden sich nahezu lückenlos Inschriften, die in den Stein tief (bis zu 8 cm) eingemeißelt wurden und uns heute alle wissenswerten Ereignisse der damaligen Zeit mitteilen (Bild 1.79). Die Ägypter hatten auch ein Zahlsystem, das dem der Babylonier ähnelte. Es bestand aus Grundzeichen: für 1 einem Strich (Bild 1.80), für 10 einem Huf (Bild 1.81), für 100 einem Seil (Bild 1.82), für 1000 einer Lotosblüte (Bild 1.83), für 10 000 einem Finger (Bild 1.84), für 100 000 einer Kaulquappe (Bild 1.85), für 1 Million einem verwunderten Mann (Bild 1.86), und sogar für 10 Millionen einem Bogen (Bild 1.87).

Die Zahlen wurden einfach der Größe nach geordnet aufgeschrieben, wobei man sich bemühte, gefällige Anordnungen zu finden. Alle Zahlen wurden addiert (Bilder 1.88 bis 1.93). Die Ägypter kannten bereits Bruchzahlen, allerdings nur Stammbrüche, also Brüche mit dem Zähler 1. Sie brauchten demnach nur die Nenner aufzuschreiben. Als Zeichen für den Bruch benutzten sie eine Ellipse (Bild 1.94), die einen Mund andeuten sollte. Die Bilder 1.95 und 1.96 zeigen die Brüche für $\frac{1}{35}$ und $\frac{1}{123}$. Brüche mit anderen Zählern mußten als Summe von Stammbrüchen dargestellt werden, soweit das möglich war. Hierzu gab es Tafelwerke. $\frac{7}{8}$ wurde beispielsweise als Summe aus $\frac{1}{2}$, $\frac{1}{4}$ und $\frac{1}{8}$ dargestellt (Bild 1.97).

Bild 1.78 Stufenpyramide des Djoser

Bild 1.79 Hieroglyphen an einem Tempel

Bild 1.80 1

Bild 1.81 10

Bild 1.82 100

Bild 1.83 1000

Bild 1.84 10 000

Bild 1.85 100 000

Bild 1.86 1 000 000

Bild 1.87 10 000 000

Bild 1.88
13

Bild 1.95 $\frac{1}{35}$

Bild 1.89
538

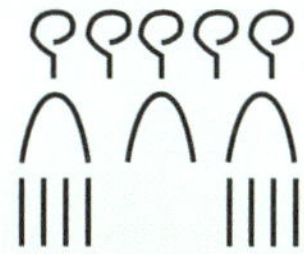

Bild 1.90
1 032 122

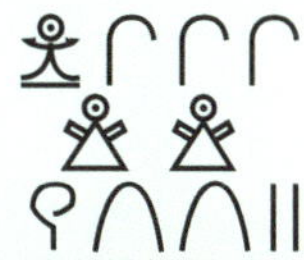

Bild 1.91
1 001 111

Bild 1.92
20 020 004

Bild 1.93
55 724 004

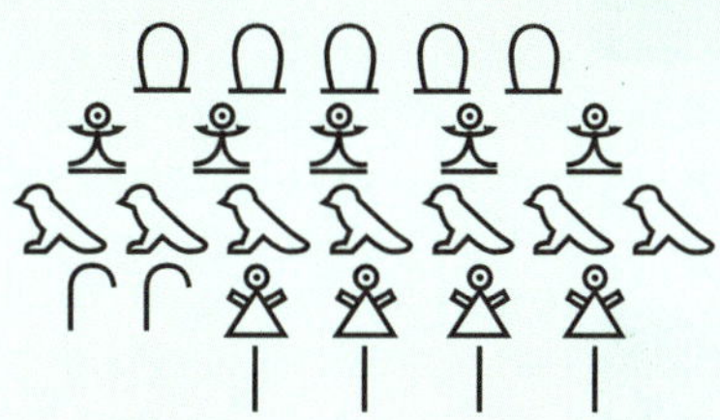

Bild 1.94
Bruchzeichen

Bild 1.96
$\frac{1}{123}$

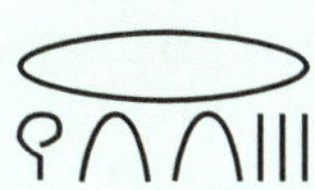

Bild 1.97 $\frac{1}{2} + \frac{1}{4} + \frac{1}{8} = \frac{7}{8}$

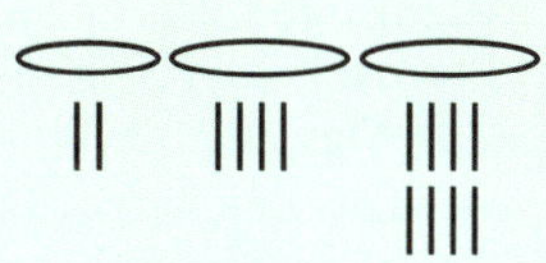

Die Zahlen der Römer

Vor gut 2000 Jahren wurden Europa, Kleinasien und Nordafrika von den Römern beherrscht. Das Römische Reich hatte die längste Lebensdauer aller europäischen Staaten. Dies lag vor allem an der Fähigkeit zu organisieren. Hierzu war gründliche Ausbildung in zahlreichen Fachgebieten und Wissenschaften nötig, damit die handelnden Personen ihre Tätigkeit sinnvoll ausüben konnten. Immerhin war es ja keine Kleinigkeit, ein Reich vom Rhein bis nach Tunesien, von Portugal bis zur Türkei zu verwalten. Zahlen waren da besonders wichtig.

Als Zahlzeichen benutzte man folgende:
I für 1, V für 5, X für 10, L für 50, C für 100, D für 500 und M für 1000.

Eine Zahl wurde aus diesen Zeichen durch einfache Addition zusammengesetzt, wobei die Zeichen in der Regel der Größe nach angeordnet waren (mit dem größten beginnend).

Nun gibt es fast immer verschiedene Anordnungen, die zu derselben Summe führen. So könnte 49 folgende Darstellungen haben:
IIIIIIIIIIIIIIIIIIIIIIIIIIIIIIIIIIIIIIIIIIIIIIIII oder XXXXIIIIIIIII oder XXXVVVIIII oder XXVVVVVIIII usw.

Da dies das Erkennen der Zahlen sehr erschwert hätte, bemühte man sich um eine einheitliche Darstellung, indem man Regeln einführte:

(R1) Jedes der Zeichen I, X, C darf höchstens dreimal in einer Zahl nebeneinander vorkommen.
(R2) Jedes der Zeichen V, L, D darf in einer Zahl nur einmal vorkommen.
(R3) Steht eines der Grundzeichen I, X oder C vor einem der Grundzeichen V, X, L, C, D, M mit größerem Wert, so wird der Wert des kleineren vom Wert des folgenden größeren Zeichens abgezogen.
(R3 a) Das Grundzeichen I darf nur den Zeichen V und X, X nur den Zeichen L und C, C nur den Zeichen D und M vorangestellt werden.
(R4) Es darf immer nur ein Grundzeichen vorangestellt werden.
(R5) Für eine Zahl sollen möglichst wenige Zeichen verwendet werden.

Diese Regeln sind nicht verbürgt, mit Sicherheit stammen sie nicht aus der Zeit des Römischen Reiches. Man findet durchaus Zahldarstellungen an Gebäuden, die diesen Regeln widersprechen, z. B. 8 = IIX oder 42 = XXXXII.

Beispiele:
CCXC = 290, CDIX = 409, CXCII = 192, CDXXIX = 429, MCMXCVII = 1997, CCCXLIV = 344, CIX = 109, XXXIX = 39.
(X darf viermal vorkommen, nur nicht nebeneinander.)

Falsche Darstellungen:
XIL = 39. Hier sind zwei Zeichen, XI, vorangestellt (R4).
XXXVIIII = 39. Das Zeichen I kommt viermal nebeneinander vor (R1).
XXXIVV = 39. Das Zeichen V kommt zweimal vor (R2).
ICX = 109. I darf nicht vor C stehen (R3 a).
XCXIX = 109, zu lang (R5).
VM = 995. V darf nicht vorangestellt werden (R3).

Die römischen Zahlen von 1 bis 100:

I	II	III	IV	V	VI	VII	VIII	IX	X
XI	XII	XIII	XIV	XV	XVI	XVII	XVIII	XIX	XX
XXI	XXII	XXIII	XXIV	XXV	XXVI	XXVII	XXVIII	XXIX	XXX
XXXI	XXXII	XXXIII	XXXIV	XXXV	XXXVI	XXXVII	XXXVIII	XXIX	XL
XLI	XLII	XLIII	XLIV	XLV	XLVI	XLVII	XLVIII	XLIX	L
LI	LII	LIII	LIV	LV	LVI	LVII	LVIII	LIX	LX
LXI	LXII	LXIII	LXIV	LXV	LXVI	LXVII	LXVIII	LXIX	LXX
LXXI	LXXII	LXXIII	LXXIV	LXXV	LXXVI	LXXVII	LXXVIII	LXXIX	LXXX
LXXXI	LXXXII	LXXXIII	LXXXIV	LXXXV	LXXXVI	LXXXVII	LXXXVIII	LXXXIX	XC
XCI	XCII	XCIII	XCIV	XCV	XCVI	XCVII	XCVIII	XCIX	C

Bild 1.98 Zwei Beispiele für römische Zahlen auf Gebäuden in Berlin

Sehr einfach ist die Multiplikation von Dualzahlen, denn es ist
$0 \cdot 0 = 1 \cdot 0 = 0 \cdot 1 = 0$ und $1 \cdot 1 = 1$.

BEISPIEL

```
110101 · 11100
  110101
   110101
    11010100
   11111
 10111001100
```

Da bei der Division ein Teiler höchstens einmal im Dividenden enthalten sein kann, muß man nur schauen, ob der Teiler enthalten ist – dann schreiben wir eine 1 – oder nicht – dann schreiben wir eine 0.

BEISPIEL

```
 1011011 : 111 = 1101
-111
  1000
 - 111
     11
    - 0
     111
   - 111
       0
```

1.8.2 Das Dreiersystem

Nehmen wir als Basis 3, so heißen die Stellenwerte von hinten: $3^0 = 1$, $3^1 = 3$, $3^2 = 9$, $3^3 = 27$, $3^4 = 81$, $3^5 = 243$ usw. Erlaubt sind nur die Ziffern 0, 1, und 2.

BEISPIELE

1. Es ist $2012_3 = 2 \cdot 27 + 0 \cdot 9 + 1 \cdot 3 + 2 \cdot 1 = 54 + 3 + 2 = 59$.

2. Umgekehrt ist $103 = 1 \cdot 81 + 0 \cdot 27 + 2 \cdot 9 + 1 \cdot 3 + 1 \cdot 1 = 10211_3$.

Dieses Schema läßt sich auf beliebige Basen übertragen. Ist die Basis jedoch größer als 10, reicht die Zahl der Ziffern 0 bis 9 nicht mehr aus. Dann setzt man fest für die Ziffer 10 (nicht für die Zahl 10!) den Buchstaben A, für 11 B, für 12 C usw.

1.8.3 Das Hexadezimalsystem (Sechzehnersystem)

Das Hexadezimalsystem besitzt die Ziffern 0, 1, 2, 3, 4, 5, 6, 7, 8, 9, A (= 10), B (= 11), C (= 12), D (= 13), E (= 14), F (= 15) und die Stellenwerte $16^0 = 1$, $16^1 = 16$, $16^2 = 256$, $16^3 = 4096$, $16^4 = 65536$ usw.

BEISPIELE

1. $42 = 2 \cdot 16 + 10 \cdot 1 = 2A_{16}$

2. $255 = 15 \cdot 16 + 15 \cdot 1 = FF_{16}$

3. $1E08_{16} = 1 \cdot 4096 + 14 \cdot 256 + 0 \cdot 16 + 8 \cdot 1 = 7688_{16}$

Das Hexadezimalsystem ist ebenso wie das Dualsystem bei Computern bedeutsam, die intern mit diesen Systemen rechnen.

Natürlich lassen sich auch Nachkommastellen in anderen Stellenwertsystemen definieren. So ist der Stellenwert der ersten Stelle nach dem Komma im Dualsystem $2^{-1} = \frac{1}{2}$, der nächste $2^{-2} = \frac{1}{4}$, dann $2^{-3} = \frac{1}{8}$ usw. Die Zahl $0{,}101_2$ bedeutet demnach $1 \cdot \frac{1}{2} + 0 \cdot \frac{1}{4} + 1 \cdot \frac{1}{8} = \frac{5}{8} = 0{,}625$ im Dezimalsystem.

ÜBUNGEN

120. Wandeln Sie folgende Zahlen ins Dualsystem, ins Dreiersystem, ins Vierersystem, ins Fünfersystem, ins Achtersystem und ins Hexadezimalsystem um:
a) 4 *b)* 6 *c)* 10 *d)* 12 *e)* 15 *f)* 20 *g)* 39 *h)* 50 *i)* 100 *j)* 144 *k)* 170 *l)* 507 *m)* 1600

121. Wandeln Sie die folgenden Zahlen ins Dezimalsystem um:
a) 20_4 *b)* 31_4 *c)* 102_4 *d)* 112_4 *e)* 3201_4 *f)* 1001_2 *g)* 11011_2 *h)* 1110011_2 *i)* 1010101_2 *j)* 111_2 *k)* 341_5 *l)* 276_8 *m)* $1A7_{16}$ *n)* 303_{16} *o)* 1111_7 *p)* 1234_6

122. Ein rechteckiger Straßenplan führt über 5 waagerechte und 5 senkrechte Straßenabschnitte vom Punkt A zu Punkt B (Bild 1.98). Wir wollen einen der kürzesten Wege gehen, also nur nach rechts, wofür wir eine 0 schreiben, oder nach oben, was wir mit einer 1 kennzeichnen. Jedem Weg von A nach B entspricht eine Folge der Ziffern 0 und 1, dem in Bild 1.99 gekennzeichneten Weg die Folge 0011001011. Diese können wir als Dualzahl auffassen, die dezimal 203 heißt.

a) Welche Dezimalzahl erhalten wir für den Weg rooorooorrr (r = rechts, o = oben) (Bild 1.100)?

b) Welche Wege werden durch die Dezimalzahlen 992 und 341 beschrieben?

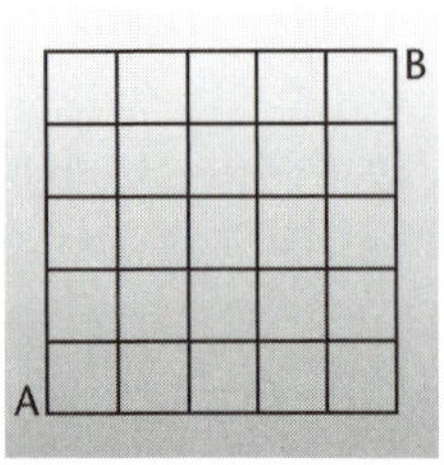

Bild 1.99

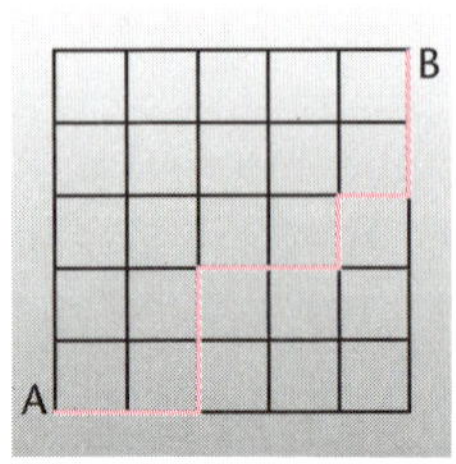

Bild 1.100

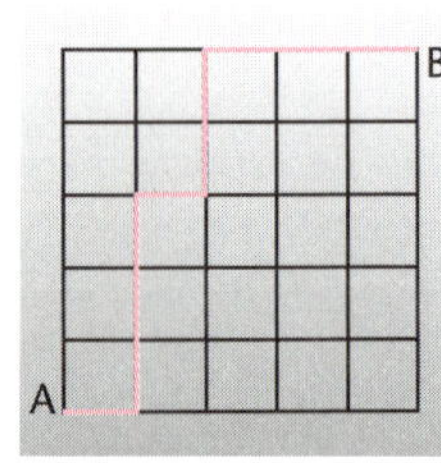

Bild 1.101

123. Bernd sucht einen Schatz in einer Höhle, die sich als Labyrinth herausstellt. Immer wieder endet ein Gang an einem Querweg, bei dem er die Wahl hat, nach links oder nach rechts zu gehen. Da die Gänge außerdem nach unten verlaufen, kreuzen sich Gänge nie, da sie ja übereinander liegen (Bild 1.101). Weil er auch wieder zurückfinden will, merkt er sich die Wege nach folgendem Muster: Geht er nach links, schreibt er sich dafür eine 0 auf, geht er nach rechts, eine 1. Als er nach 2 Tagen aufgibt, schaut er auf seinen Zettel. Er wandelt die Zahl in eine Dezimalzahl um und schreibt diese für spätere Schatzsucher an die Wand: 41025

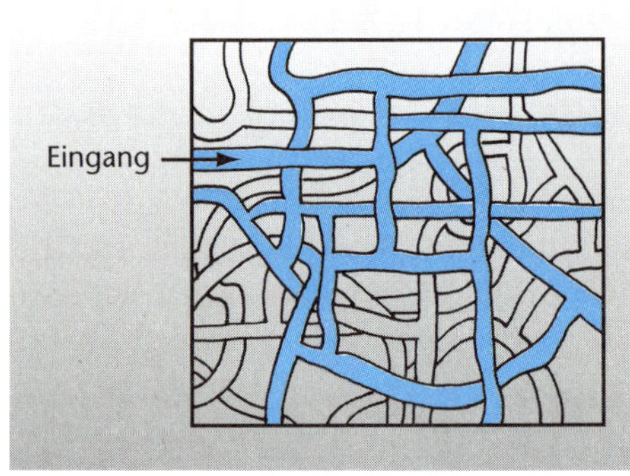

Bild 1.102

a) Wie lautet die Zahl als Dualzahl?

b) Welchen Weg ist er gelaufen? Wieso ist die Lösung nicht eindeutig?

c) Durch welche Dualzahl und Dezimalzahl wird sein Rückweg gekennzeichnet (2 Möglichkeiten)?

124. Rechnen Sie im Dualsystem:

a) $\begin{array}{r} 1011101 \\ +\ 101101 \\ \hline \end{array}$ *b)* $\begin{array}{r} 11010 \\ +\ 1111 \\ +\ 100 \\ +\ 10111 \\ \hline \end{array}$ *c)* $\begin{array}{r} 11111 \\ -\ 1011 \\ \hline \end{array}$ *d)* $\begin{array}{r} 1011 \\ -\ 111 \\ \hline \end{array}$

125. Wandeln Sie die Dezimalzahlen 7 und 12 in Systeme zu den Basen 2, 3 und 6 um, und multiplizieren Sie sie in diesen Systemen.

LÖSUNGEN

1. *a)* Differenz *b)* Subtrahend vom Minuenden *c)* Faktoren *d)* Dividend
e) addieren *f)* durch *g)* mit *h)* zu *i)* von

2. *a)* $2 + 5 = 7$

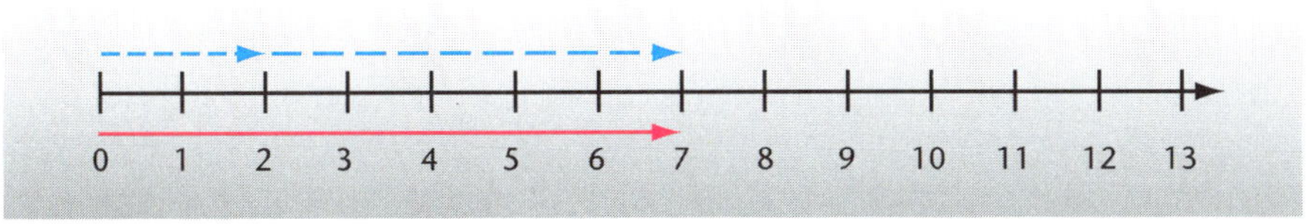

Bild 1.103

b) $7 - 3 = 4$

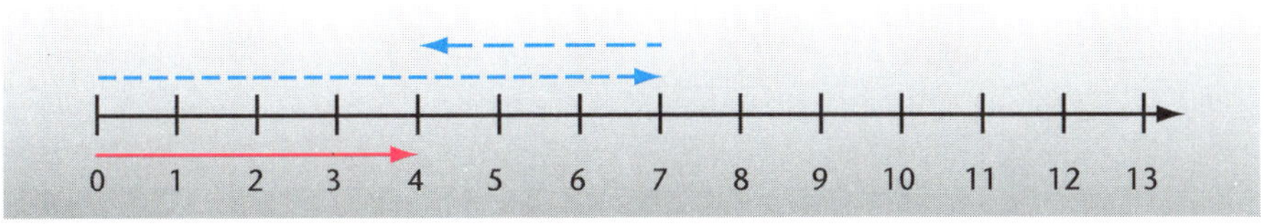

Bild 1.104

c) $40 + 5 = 45$

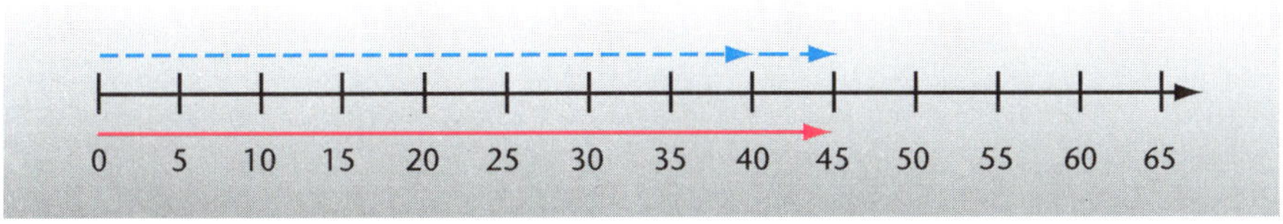

Bild 1.105

d) $853 - 14 = 839$

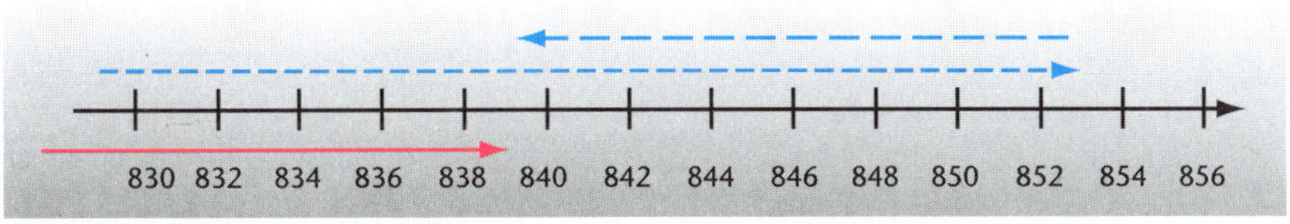

Bild 1.106

3. *a)* $34 + 19 - 4 = 53 - 4 = 49$

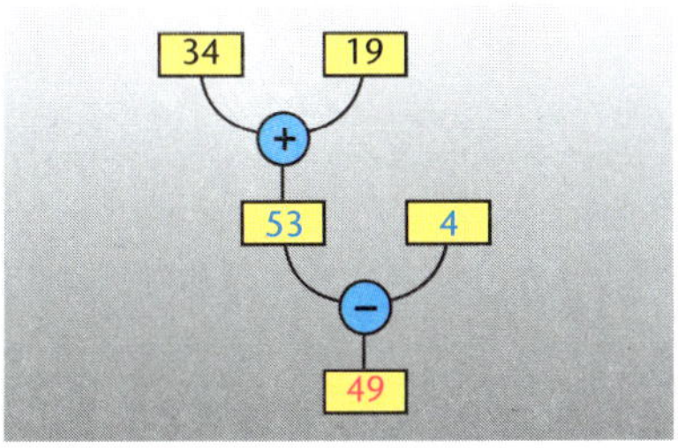

Bild 1.107

b) $2 \cdot 5 - 2 = 10 - 2 = 8$

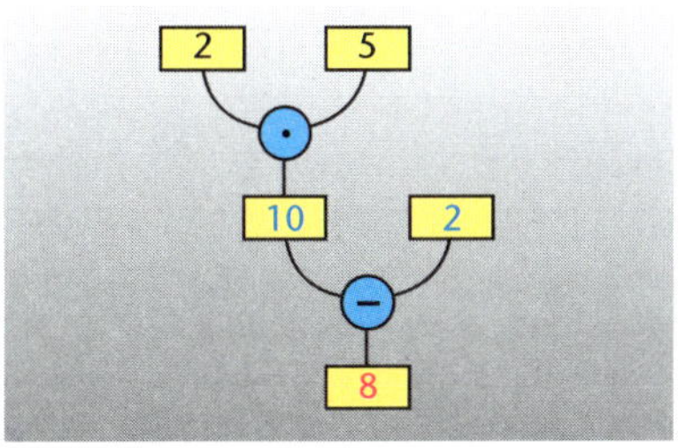

Bild 1.108

c) $9 \cdot 3 - 24 : 6 = 27 - 4 = 23$

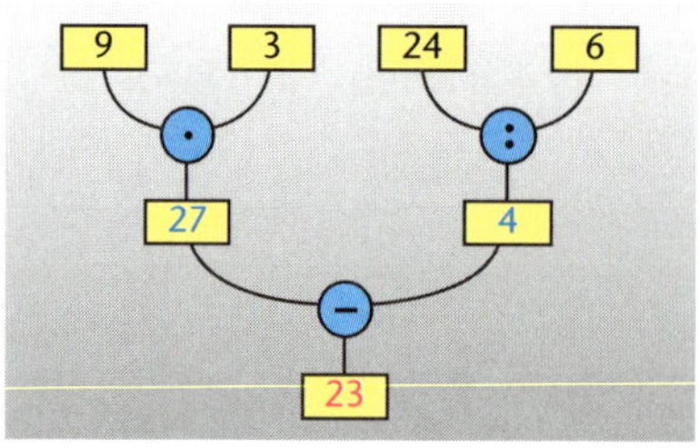

Bild 1.109

d) $2 \cdot 3 \cdot 4 \cdot 5 \cdot 6$
$= 6 \cdot 4 \cdot 5 \cdot 6$
$= 24 \cdot 5 \cdot 6$
$= 120 \cdot 6$
$= 720$

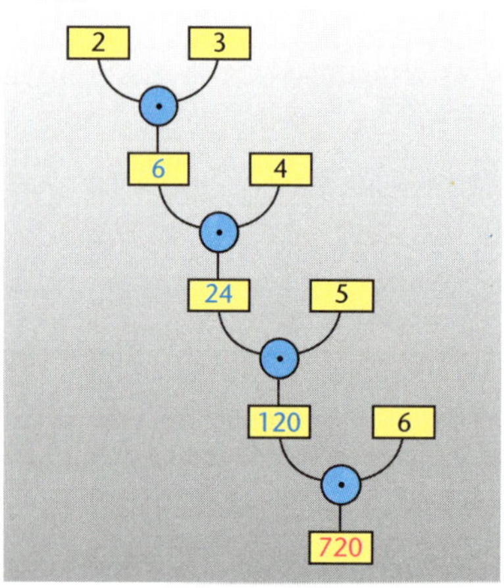

Bild 1.110

e) $82 - 9 \cdot 6 + 144 : 36$
$= 82 - 54 + 4 = 28 + 4$
$= 32$

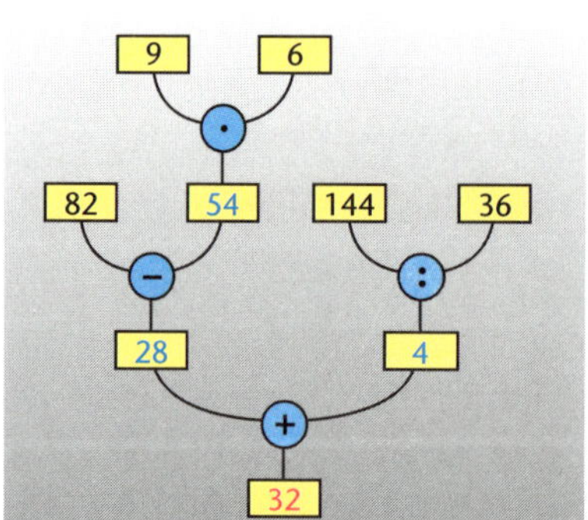

Bild 1.111

4. a) $859 + 108 = 967$

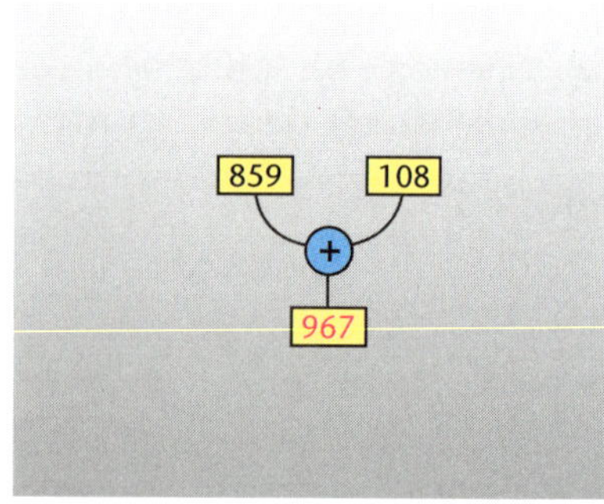

Bild 1.112

b) $44 \cdot 4 : 11 = 176 : 11 = 16$

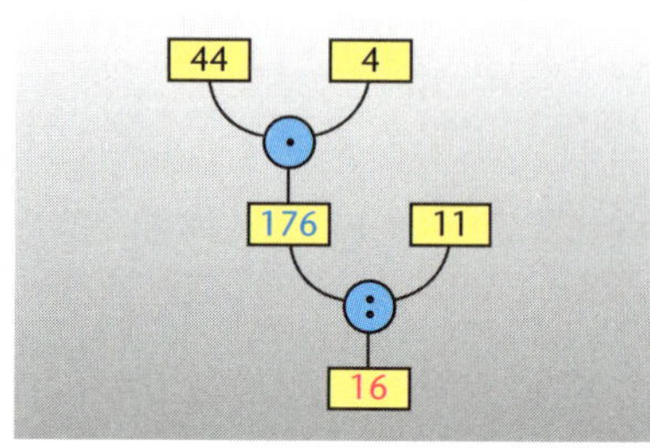

Bild 1.113

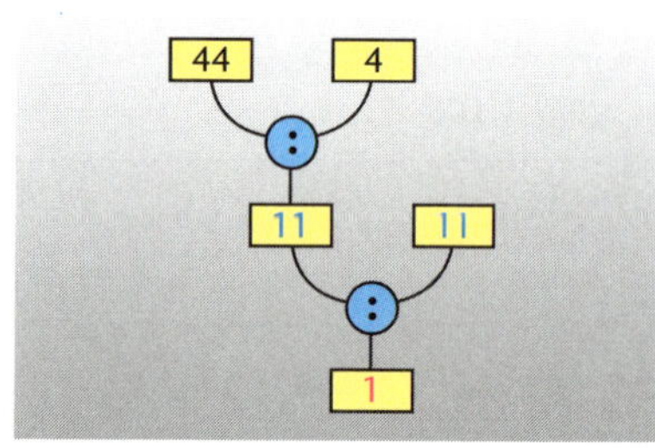

Bild 1.114

c) $49 : 7 - 81 : 27 = 7 - 3 = 4$

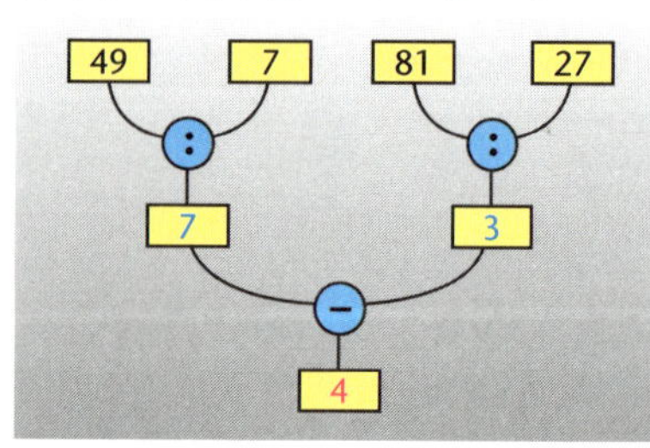

Bild 1.115

d) 336 - 67 · 5 = 336 - 335 = 1 (Andere Darstellungen sind nur bei Verwendung von Klammern möglich.)

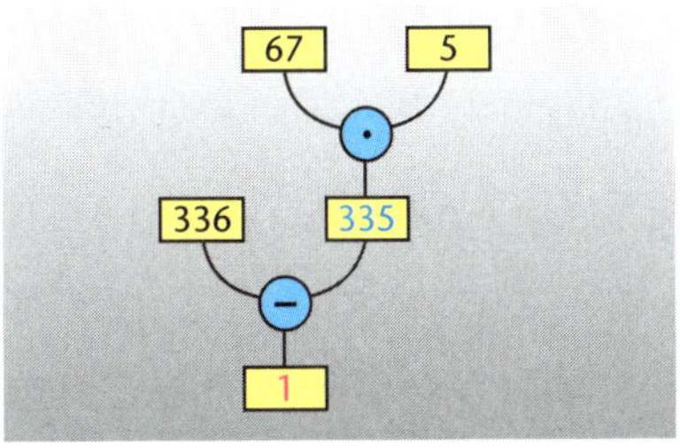

Bild 1.116

5. *a)* 35 040
b) 108 292 372
c) 3 214 716

6. *a)* 88 895
b) 62 581
c) 353 862

7. *a)* 1215
b) 4031
c) 78584
d) 3005910124
e) 670592745
f) 165165
g) 172970784

8. *a)* 89
b) 763
c) 12345
d) 99
e) 5007
f) 77077

9. 2048, 256, 81, 16, 64, 125, 343, 512

10. 1, 10, 100, 1000, 10 000, 100 000, 1 000 000, 10 000 000, 100 000 000, 1 000 000 000, 10 000 000 000, 100 000 000 000, 1 000 000 000 000 (1 Billion)

11. 1, 4, 9, 16, 25, 36, 49, 64, 81, 100, 121 usw. (siehe Anhang)

12. 3, 5, 7, 9, 11, 13, 15, 17, 19, 21 . . .
Die Differenz nimmt jeweils um 2 zu.

13. *a)* T_{18} = {1, 2, 3, 6, 9, 18}
b) T_{21} = {1, 3, 7, 21}
c) T_{38} = {1, 2, 19, 38}
d) T_{54} = {1, 2, 3, 6, 9, 18, 27, 54}
e) T_{64} = {1, 2, 4, 8, 16, 32, 64}
f) T_{81} = {1, 3, 9, 27, 81}
g) T_{111} = {1, 3, 37, 111}
h) T_{150} = {1, 2, 3, 5, 6, 10, 15, 25, 30, 50, 75, 150}
i) T_{512} = {1, 2, 4, 8, 16, 32, 64, 128, 256, 512}
j) T_{4804} = {1, 2, 4, 1201, 2402, 4804}
k) T_{5923} = {1, 5923}
l) T_{24068} = {1, 2, 4, 11, 22, 44, 547, 1094, 2188, 6017, 12034, 24068}
m) $T_{35672802}$ = {1, 2, 3, 6, 11, 22, 33, 66, 89, 178, 267, 534, 979, 1958, 2937, 5874, 6073, 12 146, 18 219, 36 438, 66 803, 133 606, 200 409, 400 818, 540 497, 1 080 994, 1 621 491, 3 242 982, 5 945 467, 11 890 934, 17 836 401, 35 672 802}
(Primfaktorzerlegung: 2 · 3 · 11 · 89 · 6073)

14. *a)* kgV(68, 22) = 748, ggT(68, 22) = 2
b) 78, 1
c) 45, 15
d) 6, 1
e) 792, 4
f) 1250, 125

15. kgV (27, 15) = 135. Nach 135, 270, 405, 540 . . . Umdrehungen.

16. kgV (10, 12, 15) = 60. Sie fahren alle 60 Minuten wieder gemeinsam ab, also um 9.53 Uhr, 10.53 Uhr usw.

17. ggT (20, 28) = 4. Die größte Kantenlänge für ein Quadrat beträgt 4 cm.

18. $a \cdot b = ggT(a, b) \cdot kgV(a, b)$
$\wedge\ b = 90$
$\Rightarrow\ a = 24 \cdot 360 : 72 = 120$

19. $a \cdot b = 5 \cdot 75 \Leftrightarrow a \cdot b = 375$
$T_{375} = \{1, 375; 3, 125; 5, 75; 15, 25\}$
Von diesen Paaren kommen nur die Paare 15, 25 und 5, 75 in Frage.

20. $1^3 = 1$, $2^3 = 8$, $3^3 = 27$, $4^3 = 64$, 125, 216, 343, 512, 729, 1000

21. $(97 - 34) \cdot 3 = 63 \cdot 3 = 189$

22. $(108 + 399) + (2897 - 1772)$
$= 507 + 1125 = 1632$

23. $(78 - (26 + 14)) \cdot (12^2 : (200 - 164))$
$= (78 - 40) \cdot (144 : 36) = 38 \cdot 4$
$= 152$

24. 6 Weingäser kosten $6 \cdot 4$ DM = 24 DM. Demnach kosten die 4 Sektkelche 44 DM – 24 DM = 20 DM. Ein Sektkelch kostet 20 DM : 4 = 5 DM.

25. $40\,000\,000 \cdot 4$ m = 160 000 000 m = 160 000 km. Das ist fast die halbe Entfernung zum Mond.

26. 34 DM/m$^2 \cdot 43$ m^2 = 1462 DM

27. 960 DM : 32 = 30 DM pro Person

28. 9 cm $\cdot$ 50 000 = 450 000 cm
= 4500 m

29. 840 km = 840 000 m
= 84 000 000 cm; 84 000 000 cm : 200 000 = 420 cm = 4,20 m. Das ist auf einem Blatt nicht darstellbar.

30. 54 cm $\cdot$ 500 = 27 000 cm = 270 m

31. Gesamtkosten = Buskosten + Übernachtungskosten + Verpflegungskosten + Eintrittsgelder
= 2500 DM + 2 $\cdot$ 72 DM $\cdot$ 16 + 80 DM $\cdot$ 16 + 140 DM
= 2500 DM + 2304 DM + 1280 DM + 140 DM = 6224 DM
Kosten pro Person
= Gesamtkosten : 16
= 6224 DM : 16 = 389 DM

32. 1344 cm : 7 = 192 cm

33. ***a)*** $23 + 17 + 34 + 56 = 40 + 90$
$= 130$
b) $198 + 57 + 235 = 255 + 235$
$= 490$
c) $398 + 22 + 94 + 76 + 217 + 43 + 21 + 34 = 420 + 170 + 260 + 55 = 905$

34. Wegen $a \cdot (b \cdot c) = (a \cdot b) \cdot c = a \cdot b \cdot c$ ist es völlig gleichgültig, in welcher Runde die Punkte gemacht werden.

35. Beispiele:

725	941	854	504
–527	–149	–458	–405
198	792	396	99

Alle Ergebnisse sind Vielfache von 99!

36. ***a)*** $27 + 42 = 69$
b) $903 - 17 = 886$
c) $56 + 18 = 74$

d) $4 + 72 - 19 + 8 - 15$
$= 76 - 19 + 8 - 15 = 57 + 8 - 15$
$= 65 - 15 = 50$

e) $9 \cdot 4 \cdot 12 : 9 = 36 \cdot 12 : 9$
$= 432 : 9 = 48$

f) 720

37. *a)* $2 \cdot 12 \cdot 4 = 24 \cdot 4 = 96$

b) $80 \cdot 3 = 240$

c) $3 - 5 \cdot 41 = 3 - 205$,
ist in $\mathbb{N}$ nicht lösbar.

d) $3 \cdot 12 + 12 - 44 : 4$
$= 36 + 12 - 11 = 37$

38. *a)* $3098 - [7 \cdot 45 + 15]$
$= 3098 - [315 + 15]$
$= 3098 - 330 = 2768$

b) $210 : 3 + 18 \cdot 22$
$= 70 + 396 = 466$

c) $14 \cdot [3 \cdot (24 + 67 - 91)]$
$= 14 \cdot [3 \cdot (91 - 91)]$
$= 14 \cdot [3 \cdot 0] = 14 \cdot 0 = 0$

d) $135 \cdot 8 - 25 \cdot 29$
$= 1080 - 725 = 355$

e) $(9 + 8 \cdot (7 + 6 \cdot (5 + 4 \cdot 5))) \cdot 10$
$= (9 + 8 \cdot (7 + 6 \cdot (5 + 20))) \cdot 10$
$= (9 + 8 \cdot (7 + 6 \cdot 25)) \cdot 10$
$= (9 + 8 \cdot (7 + 150)) \cdot 10$
$= (9 + 8 \cdot 157) \cdot 10 = (9 + 1256) \cdot 10$
$= 1265 \cdot 10 = 12650$

39. *a)* $5 \cdot 9 = 45$

b) $6 + 16 = 22$

c) $32 \cdot 3 + 1 = 96 + 1 = 97$

d) $2 \cdot (3 + 10)^2 - 4 = 2 \cdot 13^2 - 4$
$= 2 \cdot 169 - 4 = 338 - 4 = 334$

e) $(8 + 9)^2 = 17^2 = 289$

40. *a)* $16 \cdot 8 + 4^3 = 128 + 64 = 192$

b) $4^3 = 64$

c) $2^8 = 256$

41. $12^3 - 5^3 - 7^3 = 1728 - 125 - 343$
$= 1260$

42. *a)* $-14 + 12 = -2$

b) $15 + 8 - 5 = 18$

c) $-79 + 45 - 34 = -113 + 45 = -68$

d) $26 + 3 - 2 = 27$

e) $367 + 278 - 298 - 1091 + 109$
$= 754 - 1389 = -635$

43. *a)* 314

b) 7

c) -53

d) -2226

44. *a)* $24 - (-6) = 24 + 6 = 30$

b) $19 - (-1) = 19 + 1 = 20$

c) $-1 - 1 = -2$

d) $36 - 54 = -18$

e) $987 - (-2071) - (-65) + 29$
$= 987 + 2071 + 65 + 29 = 3152$

45. *a)* $+4$

b) $-(-3) = +3$

c) $-(-27) - (-1) = 27 + 1 = 28$

d) $-(-48) - (-341)$
$= 48 + 341 = 389$

46. *a)* $110 - [-10 - 105] = 110 - (-115)$
$= 110 + 115 = 225$

b) $1 - [2 - (-1)] = 1 - [2 + 1]$
$= 1 - 3 = -2$

c) $(14 + 234) - [19 - 314]$
$= 248 - (-295) = 248 + 295 = 543$

d) $1 - (2 - (3 - (4 + 5)))$
$= 1 - (2 - (3 - 9)) = 1 - (2 - (-6))$
$= 1 - (2 + 6) = 1 - 8 = -7$

e) $2 - [7938 - 59\,656 + 80193]$
$= 2 - (-43\,699) = 2 + 43\,699$
$= 43\,701$

47. *a)* -30

b) -52

c) $+72$

d) $+252$

e) -32

48. *a)* -6
b) 432
c) $64 : 8 : (-4) = 8 : (-4) = -2$
d) -528

49. *a)* $-113 \cdot (-3) = +339$
b) $-(-2424) \cdot (-9) = 2424 \cdot (-9)$
$= -21\,816$
c) $-4 \cdot (-5) \cdot (-2) \cdot (-3) = 120$

50. *a)* $[15 - (-16) \cdot (-5)] \cdot (-9)$
$= [15 - 80] \cdot (-9) = -65 \cdot (-9)$
$= 585$
b) $-4 \cdot [15 + 210 - 231] - 19$
$= -4 \cdot (-6) - 19 = 24 - 19 = 5$

51. $-1 \cdot [-1 + (-4) \cdot (-5 - 6)] - [-7 \cdot 1]$
$\cdot (-10) = -1 \cdot [-1 + 44] - (-7) \cdot (-10)$
$= -1 \cdot 43 - 70 = -43 - 70 = -113$

52. *a)* $48 + 18 - 5 = 61$
b) $2328 + 42 - 8 = 2362$
c) $67 - 9 - 228 = -170$
d) $-34 - (-112) = -34 + 112 = 78$
e) $367 + 1065 - 128 - 55 = 1249$
f) $(-9) : (-3) + 45 - 9$
$= 3 + 45 - 9 = 39$

53. *a)* $-25 \cdot [-57 - (48 + 22) + 1]$
$= -25 \cdot [-57 - 70 + 1]$
$= -25 \cdot (-126) = 3150$
b) $-32 - 32 = -64$
c) $-2 \cdot 9 + 81 \cdot (-2) = -18 - 162$
$= -180$
d) $-24 + 3 \cdot 64 - 625 \cdot (-1)$
$= -24 + 192 + 625 = 793$

54. *a)* $168 + 32 = 200$
b) $14 \cdot 4 \cdot (-4) = -224$
c) $14 \cdot (12 + 32) = 14 \cdot 44 = 616$
d) $(14 \cdot 4) \cdot (-4) = 56 \cdot (-4) = -224$

55. $-872 - (-936) = -872 + 936 = 64$

56. $(-202 + 498) \cdot ((-256) : 16)$
$= 296 \cdot (-16) = -4736$

57. $25 + 14 - 4 - 5 - 12 + 15 - 2 - 7$
$= 24^\circ$ C

58. $3797 - 482 + 24 - 1093 - 251 + 463$
$- 133 + 285 - 952 + 1118 = 5687$
$- 2911 = 2776$ m

59. $(x + 25) \cdot 3 - 19 = 23$ oder in Operatorenschreibweise:
$\boxed{x} \xrightarrow{+25} \boxed{?} \xrightarrow{\cdot 3} \boxed{?} \xrightarrow{-19} 23.$
Lösung durch Umkehrung:
$-11 \xleftarrow{-25} 14 \xleftarrow{:3} 42 \xleftarrow{+19} 23.$
Die gedachte Zahl war -11.

60. *a)* $a + (-a) = 0$
b) $(-a) - a = -2 \cdot a$
c) $a \cdot (-a) = -a^2$
d) $a : (-a) = -1$

61. *a)* $-384 + 100 = -284$ (284 v. Chr.);
$-384 + 1000 = +616$ (n. Chr.)
b) $-753 + 100 = -653$; $-753 + 1000$
$= 247$
c) $-570 + 100 = -470$; $-570 + 1000$
$= +430$
d) $982 + 100 = 1082$; $982 + 1000$
$= 1982$

62. *a)* $\frac{13}{24}$
b) $\frac{125}{1000}$
c) $\frac{375}{1000}$
d) $\frac{1}{1\,000\,000}$
e) $\frac{8}{12}$
f) $\frac{3}{7}$

63. a) Ein Siebtel von 21 sind 21 : 7 = 3. Drei Siebtel von 21 sind 3 mal ein Siebtel, also 3 · 3 = 9 DM.
b) 500 ml
c) 200 m
d) 800 m²
e) 450 g
f) 40 l

64. a) $\frac{5}{6} = \frac{35}{42}, \frac{6}{7} = \frac{36}{42} \Rightarrow \frac{5}{6} < \frac{6}{7}$
b) $\frac{3}{5} = \frac{216}{360}, \frac{5}{8} = \frac{225}{360}, \frac{8}{9} = \frac{320}{360}$
$\Rightarrow \frac{3}{5} < \frac{5}{8} < \frac{8}{9}$
c) $\frac{4}{5} = \frac{5148}{6435} < \frac{11}{9} = \frac{7865}{6435}$
$< \frac{16}{13} = \frac{7920}{6435} < \frac{15}{11} = \frac{8775}{6435}$
d) $\frac{26}{11} = \frac{2964}{1254} < \frac{47}{19} = \frac{3102}{1254}$
$< \frac{5}{2} = \frac{3135}{1254} < \frac{8}{3} = \frac{3344}{1254}$
e) $\frac{123}{45} = \frac{492}{180} < \frac{201}{60} = \frac{603}{180}$

65. a) $-\frac{6}{9} = -\frac{2}{3} = -\frac{16}{24} < \frac{5}{8} = -\frac{15}{24}$
b) $-\frac{7}{2} = -\frac{42}{12} < -\frac{9}{4} = -\frac{27}{12}$
$< -\frac{4}{3} = -\frac{16}{12}$
c) $-6\frac{2}{5} < -5\frac{24}{20} = -6\frac{1}{5} < -\frac{68}{11}$
$= -6\frac{2}{11} < \frac{14}{3} = -4\frac{2}{3}$

66. a) $\frac{6}{8} \underset{2}{=} \frac{3}{4}$
b) $\frac{9}{3} \underset{3}{=} \frac{3}{2}$
c) $\frac{35}{21} \underset{7}{=} \frac{5}{3}$
d) $\frac{36}{42} \underset{6}{=} \frac{6}{7}$
e) $\frac{78}{39} \underset{13}{=} \frac{6}{3}$
f) $\frac{45}{85} \underset{5}{=} \frac{9}{17}$
g) $\frac{90}{99} \underset{9}{=} \frac{10}{11}$
h) $\frac{32}{144} \underset{16}{=} \frac{2}{9}$
i) $\frac{55}{231} \underset{11}{=} \frac{5}{21}$
j) $\frac{504}{693} \underset{63}{=} \frac{8}{11}$
k) $\frac{64}{1024} \underset{8}{=} \frac{8}{128}$
l) $\frac{320}{3200} \underset{320}{=} \frac{1}{10}$

67. a) $\frac{1}{2} \overset{3}{=} \frac{3}{6}$
b) $\frac{2}{3} \overset{4}{=} \frac{8}{12}$
c) $\frac{2}{7} \overset{2}{=} \frac{4}{14}$
d) $\frac{3}{8} \overset{3}{=} \frac{9}{24}$
e) $-\frac{6}{13} \overset{5}{=} -\frac{30}{65}$
f) $\frac{2}{11} \overset{9}{=} \frac{18}{99}$
g) $\frac{25}{14} \overset{5}{=} \frac{125}{70}$
h) $\frac{19}{81} \overset{6}{=} \frac{114}{486}$
i) $\frac{52}{15} \overset{7}{=} \frac{364}{105}$
j) $-\frac{7}{8} \overset{12}{=} -\frac{84}{96}$
k) $\frac{66}{83} \overset{8}{=} \frac{528}{664}$
l) $-\frac{47}{2} \overset{3}{=} -\frac{141}{6}$

68. *a)* $\frac{28}{36} \underset{4}{=} \frac{7}{9}$

b) $\frac{48}{80} \underset{16}{=} \frac{3}{5}$

c) $\frac{63}{35} \underset{7}{=} \frac{9}{5}$

d) $\frac{96}{90} \underset{6}{=} \frac{16}{15}$

e) $\frac{125}{75} \underset{25}{=} \frac{5}{3}$

f) $\frac{144}{300} \underset{12}{=} \frac{12}{25}$

g) $\frac{256}{640} \underset{128}{=} \frac{2}{5}$

h) $\frac{585}{870} \underset{15}{=} \frac{39}{58}$

69. *a)* $2\frac{1}{2}$

b) $1\frac{3}{4}$

c) -3

d) $3\frac{1}{5}$

e) $-5\frac{11}{16}$

f) $4\frac{6}{7}$

g) -7

h) $4\frac{11}{12}$

i) $37\frac{9}{10}$

j) $-21\frac{1}{44}$

70. *a)* $\frac{23}{4}$

b) $-\frac{17}{8}$

c) $\frac{204}{11}$

d) $\frac{26}{25}$

e) $-\frac{42}{13}$

f) $-\frac{29}{24}$

g) $\frac{36501}{100}$

71. *a)* $\frac{3}{6} + \frac{2}{6} = \frac{5}{6}$

b) $\frac{5}{10} + \frac{4}{10} = \frac{9}{10}$

c) $\frac{8}{20} + \frac{15}{20} = \frac{23}{20}$

d) $\frac{4}{6} + \frac{23}{6} = \frac{27}{6} \underset{3}{=} \frac{9}{2}$

e) $\frac{5}{28} + \frac{9}{28} = \frac{14}{28} \underset{14}{=} \frac{1}{2}$

f) $\frac{5}{100} + \frac{30}{100} = \frac{35}{100} \underset{5}{=} \frac{7}{20}$

g) $\frac{286}{33} + \frac{6}{33} = \frac{292}{33}$

h) $\frac{7}{128} + \frac{112}{128} = \frac{119}{128}$

i) $\frac{3}{1266} + \frac{17935}{1266} = \frac{17938}{1266} = \frac{8969}{633}$

72. *a)* $2\frac{5}{2} = \frac{9}{2}$

b) $8\frac{43}{65}$

c) $4\frac{11}{15}$

d) $11\frac{55}{72}$

e) $11\frac{11}{36}$

f) $9\frac{1}{7}$

g) $24\frac{31}{72}$

h) $8\frac{22}{45}$

73. *a)* $\frac{5}{20} - \frac{4}{20} = \frac{1}{20}$

b) $-\frac{2}{35}$

c) $\frac{23}{104}$

d) $\frac{79}{33}$

e) $\frac{37}{60}$

f) $-\frac{23}{132}$

g) $\frac{63}{91} \underset{7}{=} \frac{9}{13}$

h) $\frac{69}{92} \underset{23}{=} \frac{3}{4}$

i) $\frac{1}{39800}$

74. *a)* $\frac{9}{36} + \frac{20}{36} - \frac{54}{36} = -\frac{25}{36}$

b) $-\frac{37}{60}$

c) $\frac{234}{70} = \frac{117}{35}$

d) $-\frac{1}{9}$

e) $\frac{1464}{168} - \frac{472}{168} - \frac{24}{168} + \frac{483}{168}$

$= \frac{1451}{168} = 8\frac{107}{168}$

f) $\frac{45}{75} - \frac{456}{75} + \frac{13}{75} = -\frac{398}{75} = -5\frac{23}{75}$

g) $-8\frac{23}{36}$

75. *a)* $\frac{2}{3} + \frac{7}{45} = \frac{37}{45}$

b) $-\frac{24}{35} - \frac{17}{105} - \frac{137}{210} = -\frac{3}{2}$

76. *a)* $\frac{1}{63}$

b) $\frac{3}{10}$

c) $\frac{60}{77}$

d) $\frac{108}{85}$

e) $\frac{120}{101}$

77. *a)* $\frac{3}{8} \cdot \frac{26}{15} \cdot \frac{5}{4} \underset{3}{=} \frac{1}{8} \cdot \frac{26}{5} \cdot \frac{5}{4}$

$\underset{5}{=} \frac{1}{8} \cdot \frac{26}{1} \cdot \frac{1}{4} \underset{2}{=} \frac{13}{16}$

b) $-\frac{18}{77} \cdot \frac{4}{3} \cdot \frac{7}{2} \cdot \frac{9}{8}$

$\underset{7}{=} -\frac{18}{11} \cdot \frac{4}{3} \cdot \frac{1}{2} \cdot \frac{9}{8}$

$\underset{4}{=} -\frac{18}{11} \cdot \frac{1}{3} \cdot \frac{1}{2} \cdot \frac{9}{2}$

$\underset{6}{=} -\frac{3}{11} \cdot \frac{1}{1} \cdot \frac{1}{1} \cdot \frac{9}{2} = -\frac{27}{22}$

c) $\frac{32}{195}$

d) $\frac{5}{6} \cdot \frac{2}{3} \cdot \frac{4}{5} \cdot \frac{17}{10} \cdot \frac{25}{289}$

$\underset{17}{=} \frac{5}{6} \cdot \frac{2}{3} \cdot \frac{4}{5} \cdot \frac{1}{10} \cdot \frac{25}{17}$

$\underset{10}{=} \frac{1}{6} \cdot \frac{1}{3} \cdot \frac{4}{5} \cdot \frac{1}{1} \cdot \frac{25}{17}$

$\underset{5}{=} \frac{1}{6} \cdot \frac{1}{3} \cdot \frac{4}{1} \cdot \frac{1}{1} \cdot \frac{5}{17}$

$\underset{2}{=} \frac{1}{3} \cdot \frac{1}{3} \cdot \frac{2}{1} \cdot \frac{1}{1} \cdot \frac{5}{17} = \frac{10}{153}$

e) $-\frac{144}{243} \cdot \frac{333}{240} \cdot 7 \cdot \frac{8}{22} \cdot \frac{4}{33} \cdot \frac{6}{5}$

$\underset{12}{=} -\frac{12}{243} \cdot \frac{333}{20} \cdot 7 \cdot \frac{8}{22} \cdot \frac{4}{33} \cdot \frac{6}{5}$

$\underset{9}{=} -\frac{12}{27} \cdot \frac{37}{20} \cdot 7 \cdot \frac{8}{22} \cdot \frac{4}{33} \cdot \frac{6}{5}$

$\underset{2 \cdot 4}{=} -\frac{12}{27} \cdot \frac{37}{5} \cdot 7 \cdot \frac{1}{11} \cdot \frac{4}{33} \cdot \frac{6}{5}$

$\underset{3 \cdot 3}{=} -\frac{4}{9} \cdot \frac{37}{5} \cdot 7 \cdot \frac{1}{11} \cdot \frac{4}{11} \cdot \frac{2}{5}$

$= -\frac{8288}{27225}$

78\. a) $\frac{96}{85}$

b) $-62\frac{46}{49}$

c) $-7\frac{76}{153}$

79\. a) $\frac{4}{5} : \frac{5}{4} = \frac{4}{5} \cdot \frac{4}{5} = \frac{16}{25}$

b) $\frac{3}{7} : \frac{2}{7} = \frac{3}{7} \cdot \frac{7}{2} = \frac{3}{2}$

c) $\frac{3}{2}$

d) $\frac{7}{13}$

e) $-\frac{2720}{2121}$

f) $\frac{3788}{9}$

g) $\frac{831}{184}$

h) $\frac{4}{165}$

i) $-\frac{260}{341}$

80\. a) $8\frac{2}{7} : 3\frac{1}{2} = \frac{58}{7} : \frac{7}{2}$

$= \frac{58}{7} \cdot \frac{2}{7} = \frac{116}{49}$

b) -95

c) $\frac{1}{34}$

d) $-\frac{100}{119}$

81\. a) $\frac{5}{2} \cdot \frac{4}{3} \cdot \frac{2}{14} \underset{4}{=} \frac{10}{21}$

b) $\frac{675}{3016}$

c) $\frac{5}{56}$

82\. a) $\frac{3}{5} : \left(\frac{24}{123} : \frac{2}{33}\right) = \frac{3}{5} : \frac{24 \cdot 33}{123 \cdot 2}$

$= \frac{3 \cdot 123 \cdot 2}{5 \cdot 24 \cdot 33} \underset{18}{=} \frac{41}{220}$

b) $\frac{4059}{80}$

c) $\frac{153}{130}$

83\. a) $\frac{5}{3}$

b) $\frac{5}{8}$

c) $-\frac{3}{2}$

d) $\frac{1}{7}$

e) $-\frac{4}{9}$

f) $\frac{287}{189} \underset{7}{=} \frac{41}{27}$

g) $-\frac{10650928}{278} \underset{2}{=} \frac{5325464}{139}$

84. *a)* $\dfrac{\frac{4}{3}}{\frac{7}{8}} = \frac{4}{3} : \frac{7}{8} = \frac{4}{3} \cdot \frac{8}{7} = \frac{32}{21}$

b) 2

c) $-\frac{5}{12}$

d) $\frac{7}{69}$

e) $\frac{3}{2}$

f) $\frac{289}{147}$

g) $\frac{247}{2}$

85. *a)* $1 + \cfrac{1}{1 + \cfrac{1}{1 + \cfrac{1}{1 + \cfrac{1}{2}}}}$

$= 1 + \cfrac{1}{1 + \cfrac{1}{1 + \cfrac{2}{3}}}$

$= 1 + \cfrac{1}{1 + \cfrac{3}{5}} = 1 + \frac{5}{8} = \frac{13}{8}$

b) $10 - \cfrac{2}{10 - \cfrac{2}{10 - \cfrac{2}{10 - \cfrac{2}{10 - 2}}}}$

$= 10 - \cfrac{2}{10 - \cfrac{2}{10 - \cfrac{2}{10 - \cfrac{1}{4}}}}$

$= 10 - \cfrac{2}{10 - \cfrac{2}{10 - \cfrac{8}{39}}}$

$= 10 - \cfrac{2}{10 - \cfrac{39}{191}} = 10 - \frac{382}{1871}$

$= \frac{18328}{1871}$

86. *a)* $\frac{2}{7} - \frac{7}{40} = \frac{31}{280}$

b) $\frac{24}{5} + \frac{5}{1} \cdot \frac{4}{1} = 24\frac{4}{5}$

c) $\frac{1}{5} + \frac{4}{35} = \frac{11}{35}$

d) $\frac{28}{5} - \frac{161}{88} - \frac{108}{25} = -\frac{1209}{2200}$

87. *a)* $\frac{4}{13} \cdot \left(-\frac{1}{12} + \frac{1}{48}\right) \underset{12}{=} -\frac{4}{13} \cdot \frac{1}{16}$

$= -\frac{1}{52}$

b) $\frac{29}{30} + \frac{27}{184} - \frac{16}{77}$

$= \frac{205436 + 31185 - 44160}{212520}$

$= \frac{192461}{212520}$

c) $\left(\frac{32}{1000} - \frac{459}{125}\right) \cdot \left(12 + \frac{5}{72}\right)$

$\underset{5}{=} -\frac{91}{25} \cdot \frac{869}{72} = -\frac{79079}{1800}$

d) $\frac{2}{5} - \left(\frac{1}{4} + \frac{1}{2}\right) : 8 - \frac{1}{12}$

$\cdot \left(\frac{7}{8} - \frac{145}{24}\right)$

$= \frac{2}{5} - \frac{3}{32} + \frac{31}{72} = \frac{1061}{1440}$

e) $\frac{4}{5} - \left(\frac{3}{4} + \frac{1}{2} : \left(\frac{1}{2} + \frac{2}{15}\right.\right.$

$\left.\left.\cdot \left(\frac{4}{5} - \frac{1}{15} - \frac{103}{20}\right)\right)\right)$

$= \frac{4}{5} - \left(\frac{3}{4} + \frac{1}{2} : \left(\frac{1}{2} + \frac{2}{15}\right.\right.$

$\left.\left.\cdot \left(-\frac{53}{12}\right)\right)\right)$

$$= \frac{4}{5} - \left(\frac{3}{4} + \frac{1}{2} : \left(-\frac{4}{45}\right)\right)$$

$$= \frac{4}{5} + \frac{39}{8} = \frac{227}{40}$$

88. *a)* $\frac{3}{4}$ *e)* $\frac{63}{64}$

b) $\frac{7}{8}$ *f)* $\frac{127}{128}$

c) $\frac{15}{16}$ *g)* $\frac{255}{256}$

d) $\frac{31}{32}$ *h)* $\frac{511}{512}$

89. *a)* $\frac{1}{4}$ *e)* $\frac{21}{64}$

b) $\frac{3}{8}$ *f)* $\frac{43}{128}$

c) $\frac{5}{16}$ *g)* $\frac{85}{256}$

d) $\frac{11}{32}$ *h)* $\frac{171}{512}$

90. *a)* $$\frac{\frac{6}{7} \cdot \frac{10}{7} : (-5)}{12 + \frac{2}{11} \cdot \frac{44}{5}} = \frac{-\frac{12}{49}}{\frac{68}{5}}$$

$$= -\frac{3}{49} \cdot \frac{5}{17} = -\frac{15}{833}$$

b) $$\frac{\left(\frac{2}{3} - \frac{3}{65}\right) \cdot \frac{13}{4}}{\frac{2}{3} : \frac{7}{6} - \frac{7}{3} \cdot \frac{2}{5}} = \frac{\frac{121}{195} \cdot \frac{13}{4}}{\frac{4}{7} - \frac{14}{15}}$$

c) $$\frac{5}{6} : \frac{\left(-\frac{3}{16} + \frac{2}{3}\right) : \left(-8\frac{5}{24}\right)}{\frac{9}{16} \cdot \left(-\frac{3}{20} + 2\frac{1}{2} \cdot \frac{5}{4}\right)}$$

$$= \frac{5}{6} : \frac{\frac{23}{48} \cdot \left(-\frac{24}{197}\right)}{\frac{9}{16} \cdot \frac{119}{40}}$$

$$= -\frac{5}{6} : \left(\frac{23}{1} \cdot \frac{1}{197} \cdot \frac{16}{9} \cdot \frac{20}{119}\right)$$

$$= -\frac{5}{6} \cdot \frac{1}{23} \cdot \frac{197}{1} \cdot \frac{9}{16} \cdot \frac{119}{20}$$

$$\underset{15}{=} -\frac{70329}{2944}$$

d) $$\frac{\frac{6}{7} - \frac{1}{14}}{\frac{3}{14} + \frac{2}{7}} = \frac{\frac{11}{14}}{\frac{7}{14}} \underset{14}{=} \frac{11}{1} \cdot \frac{1}{7} = \frac{11}{7}$$

e) $$\frac{\left(-3\frac{2}{3}\right) \cdot \frac{4}{3} + \frac{1}{4} \cdot \frac{2}{3}}{\frac{1}{10} + \frac{2}{5} \cdot \frac{6}{25} - 2\frac{2}{3}}$$

$$= \frac{-\frac{44}{9} + \frac{1}{6}}{\frac{1}{10} + \frac{12}{125} - \frac{8}{3}}$$

$$= -\frac{85}{18} : \left(-\frac{1853}{750}\right) \underset{102}{=} \frac{625}{327}$$

91. $6 : \frac{3}{8} = 16$. Es können 16 Törtchen gebacken werden.

92. $\frac{3}{7} \cdot \frac{4}{5} = \frac{12}{35}$

93. $x \cdot \frac{8}{5} = \frac{28}{3} \Rightarrow x = \frac{28}{3} : \frac{8}{5} = \frac{35}{6}$

94. Tünnes hat $\frac{7}{12}$ des Einsatzes bezahlt und erhält demnach auch $\frac{7}{12}$ des Gewinns, also $\frac{7}{12} \cdot 300$ DM = 175 DM. Schäl bekommt 125 DM, das sind $\frac{5}{12}$ von 300 DM.

95. $24 \cdot \frac{75}{100} + 12 \cdot \frac{7}{10} + 6 \cdot \frac{375}{1000}$
$= \frac{18000}{1000} + \frac{8400}{1000} + \frac{2250}{1000}$
$= \frac{28650}{1000} = 28\frac{65}{100}$ l

96. Güterzug: $80\frac{km}{h}$, RE: $\frac{5}{4} \cdot 80\frac{km}{h}$
$= 100\frac{km}{h}$, ICE: $\frac{9}{4} \cdot 100\frac{km}{h}$
$= 225\frac{km}{h}$
$\left(\frac{9}{4} \cdot \frac{5}{4} \cdot 80\right) : 80 = \frac{45}{16}$. Der ICE fährt $\frac{45}{16}$mal so schnell wie der Güterzug.

97. Montag: 72
Dienstag $72 + 72 \cdot \frac{1}{4} = 90$
Mittwoch: $90 + 90 \cdot \frac{1}{9} = 100$
Donnerstag: $\frac{2}{3} \cdot 90 = 60$
Freitag: 60 + 12 = 72
Sie hat 72 + 90 + 100 + 60 + 72 = 394 T-Shirts bedruckt.

98. *a)* 0,125
b) 3,4
c) 0,1875
d) –0,28
e) 13,025
f) 0,895
g) 0,2875
h) 1,6
i) 0,375
j) 0,625
k) 0,875
l) 0,25
m) 0,75
n) 1,25
o) 1,75
p) 2,25
q) 1,125
r) 3,5

99. *a)* $\frac{12}{100} = \frac{3}{25}$
b) $\frac{345}{1000} = \frac{69}{200}$
c) $\frac{11}{1000}$
d) $\frac{2056}{10000} = \frac{257}{1250}$
e) $\frac{48}{1000} = \frac{6}{125}$
f) $\frac{55}{100} = \frac{11}{20}$
g) $-\frac{135}{100} = -\frac{27}{20}$
h) $\frac{308}{100} = \frac{77}{25}$
i) $-\frac{40524}{10000} = -\frac{10131}{2500}$
j) $892\frac{488}{1000} = 892\frac{61}{125}$
k) $9\frac{5}{1000} = 9\frac{1}{200}$
l) $1\frac{1}{10}$

100. *a)* $0,\overline{3}$
b) $0,\overline{6}$
c) $0,1\overline{6}$
d) $0,8\overline{3}$
e) $0,\overline{1}$
f) $0,\overline{2}$

g) $0,\overline{3}$
h) $0,\overline{4}$
i) $0,\overline{5}$
j) $0,\overline{6}$
k) $0,\overline{7}$
l) $0,\overline{8}$
m) $0,\overline{285714}$
n) $0,\overline{857142}$
o) $0,\overline{09}$
p) $0,\overline{36}$
q) $0,\overline{076923}$
r) $0,0\overline{8}$
s) $0,1\overline{5}$

101. a) $\frac{1}{3}$

b) $\frac{3}{10} + \frac{3}{90} = \frac{30}{90} = \frac{1}{3}$

c) $\frac{33}{100} + \frac{3}{900} = \frac{300}{900} = \frac{1}{3}$

d) $\frac{30}{99} = \frac{10}{33}$

e) $\frac{303}{999} = \frac{101}{333}$

f) $\frac{30}{999} = \frac{10}{333}$

g) $\frac{45}{99} = \frac{5}{11}$

h) $1\frac{682}{999}$

i) $-3 - \frac{7}{10} - \frac{52}{990} = -3\frac{149}{198}$

j) $\frac{4}{900} = \frac{1}{225}$

k) $\frac{1}{9000}$

l) $\frac{2}{10} + \frac{5}{90} = \frac{23}{90}$

m) $\frac{37}{100} + \frac{89}{9900} = \frac{938}{2475}$

102.

	Zahl	gerundet auf 10	100	1000	10000
a)	23	20	0	0	0
b)	378	380	400	0	0
c)	750	750	800	1000	0
d)	1949	1950	1900	2000	0
e)	1944	1940	1900	2000	0
f)	2001	2000	2000	2000	0
g)	-61089	-61090	-61100	-61000	-60000
h)	-7492	-7490	-7500	-7000	-10000
i)	1050762	1050760	1050800	1051000	1050000
j)	34449652	34449650	34449700	34450000	34450000

103. a) $\approx 500 + 200 + 300 + 400 = 1\,400$
b) $\approx 68\,000 - 29\,000 = 39\,000$
c) $\approx 800 \cdot 50 = 40\,000$
d) $\approx 4\,000 : 20 = 200$
e) $752 + 47 + 3 = 802$
f) $\approx 49 - 25 = 24$
g) $\approx 4 \cdot 7 = 28$
h) $\approx 100 : 0,5 = 200$

104. *a)* 80,8772
b) 136,401
c) 6665,5479

105. *a)* 776,2016
b) 0,101
c) 2051,58166638

106. *a)* 1,7732
b) 37,95
c) 0,00007

107. *a)* 341,4
b) 0,05
c) 48,64

108. *a)*

$1 < \sqrt{3} < 2$, da $1^2 = 1 < 3 < 4 = 2^2 \Rightarrow \sqrt{3} = 1,\ldots$
$1,7 < \sqrt{3} < 1,8$ da $1,7^2 = 2,89 < 3 < 3,24 = 1,8^2 \Rightarrow \sqrt{3} = 1,7\ldots$
$1,73 < \sqrt{3} < 1,74$, da $1,73^2 = 2,9929 < 3 < 3,0276 = 1,74^2 \Rightarrow \sqrt{3} = 1,73\ldots$
$1,732 < \sqrt{3} < 1,733$, da $1,732^2 = 2,999824 < 3 < 3,003289 = 1,733^2 \Rightarrow \sqrt{3} = 1,732\ldots$

b) $\sqrt{5} = 2,236\ldots$
c) $\sqrt{6} = 2,449\ldots$
d) $\sqrt{7} = 2,645\ldots$
e) $\sqrt{8} = 2,828\ldots$
f) $\sqrt{10} = 3,162\ldots$
g) $\sqrt{1,5} = 1,224\ldots$
h) $\sqrt{\frac{1}{2}} = 0,707\ldots$

109.

$1 < \sqrt[3]{2} < 2$ da $1^3 = 1 < 2 < 8 = 2^3 \Rightarrow \sqrt[3]{2} = 1,\ldots$
$1,2 < \sqrt[3]{2} < 1,3$, da $1,2^3 = 1,728 < 2 < 2,197 = 1,3^3 \Rightarrow \sqrt[3]{2} = 1,2\ldots$
$1,25 < \sqrt[3]{2} < 1,26$, da $1,25^3 = 1,953125 < 2 < 2,000376 = 1,26^3 \Rightarrow \sqrt[3]{2} = 1,25\ldots$

110. Behauptung: $\sqrt{3}$ ist irrational. Annahme: $\sqrt{3}$ ist rational.
Voraussetzung: Jede rationale Zahl ist als gekürzter Bruch
$\frac{p}{q}$ darstellbar, $p \in \mathbb{Z}$, $q \in \mathbb{N}$.
Beweis: Sei $\sqrt{3} = \frac{p}{q}$, p und q
teilerfremd. $\Rightarrow 3 = \frac{p^2}{q^2}$
$\Rightarrow p^2 = 3q^2 \Rightarrow p^2$ ist durch 3 teilbar
$\Rightarrow$ p ist durch 3 teilbar, z. B. $p = 3n$, $n \in \mathbb{Z}$
$\Rightarrow p^2 = 9n^2 \Rightarrow 9n^2 = 3q^2 \Leftrightarrow 3n^2 = q^2$
$\Rightarrow q^2$ ist durch 3 teilbar $\Rightarrow$ q ist durch 3 teilbar,
also sind p und q durch 3 teilbar. Dies ist ein Widerspruch zur Voraussetzung.
$\Rightarrow \sqrt{3}$ ist irrational.

111. *a)* $\sqrt{11} \approx 3,31662479$
b) $\sqrt{3} \cdot \sqrt{27} = \sqrt{81} = 9$
c) $\sqrt{7} - \sqrt{2} \approx 1,231537749$
d) $\sqrt{0,5} \approx 0,7071067812$
e) $\sqrt{1} = 1$
f) $\sqrt{10} \cdot \sqrt{5} \cdot \sqrt{7} = \sqrt{350}$
$\approx 18,70828693$
g) $\sqrt{\sqrt{8}} \approx 1,681792831$

112.

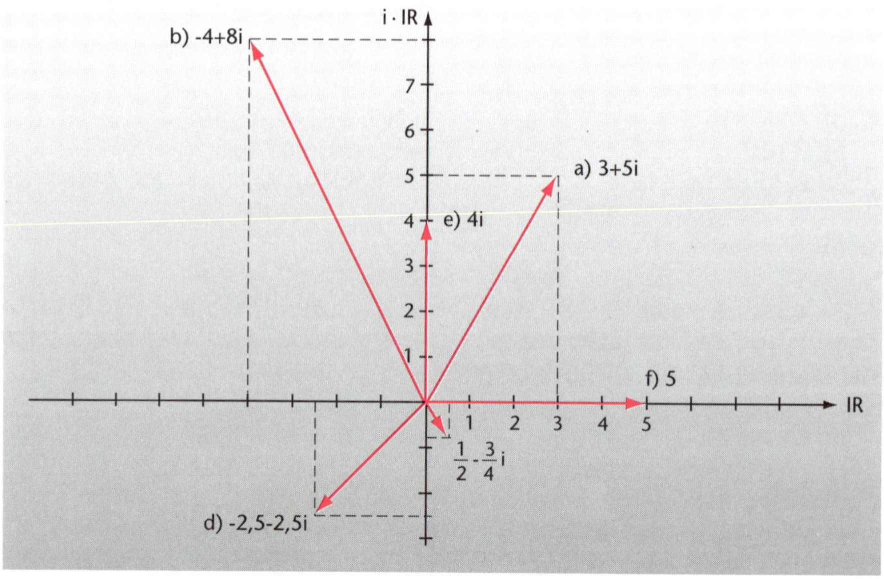

Bild 1.117

113. a) $3 - 5i$

b) $-4 - 8i$

c) $\frac{1}{2} + \frac{3}{4}i$

d) $-2{,}5 + 2{,}5i$

e) $-4i$

f) 5

114. a) $(a + bi)^{-1} = \frac{a - bi}{a^2 + b^2}$

$: (3 + 5i)^{-1} = \frac{3}{34} - \frac{5}{34}i$

b) $(-4 + 8i)^{-1} = -\frac{1}{20} - \frac{1}{10}i$

c) $\left(\frac{1}{2} - \frac{3}{4}i\right)^{-1} = \frac{8}{13} + \frac{12}{13}i$

d) $(-2{,}5 - 2{,}5i)^{-1} = -0{,}2 + 0{,}2i$

e) $(4i)^{-1} = -\frac{1}{4}i$

f) $5^{-1} = \frac{1}{5}$

115. a) $(2 + 4i) + (3 + i) = 5 + 5i$

$(2 + 4i) - (3 + i) = -1 + 3i$

$(2 + 4i) \cdot (3 + i)$

$= 6 + 2i + 12i + 4i^2$

$= 6 + 14i - 4 = 2 + 14i$

$(2 + 4i) : (3 + i) = (2 + 4i)$

$\cdot (3 + i)^{-1} = (2 + 4i) \cdot \left(\frac{3}{10} - \frac{1}{10}\right)$

$= \frac{3}{5} - \frac{1}{5}i + \frac{6}{5}i - \frac{2}{5}i^2 = 1 + i$

b) $(-3 + 5i) + (2 - 4i) = -1 + i$

$(-3 + 5i) - (2 - 4i) = -5 + 9i$

$(-3 + 5i) \cdot (2 - 4i) = -6 + 12i + 10i$

$-20i^2 = 14 + 22i$

$(-3 + 5i) : (2 - 4i) = (-3 + 5i)$

$\cdot \left(\frac{1}{10} + \frac{1}{5}i\right) = -\frac{13}{10} - \frac{1}{10}i$

c) $(5 - 7i) + (-2 - 3i) = 3 - 10i$
$(5 - 7i) - (-2 - 3i) = 7 - 4i$
$(5 - 7i) \cdot (-2 - 3i) = -31 - i$
$(5 - 7i) : (-2 - 3i) = 5 - 7i$
$\cdot \left(-\frac{2}{13} + \frac{3}{13}i\right) = \frac{11}{13} + \frac{29}{13}i$

d) $8 + (-i) = 8 - i$
$8 - (-i) = 8 + i$
$8 \cdot (-i) = -8i$
$8 : (-i) = 8 \cdot i = 8i$

e) $\left(\frac{2}{3} - 2i\right) + \left(-1 - \frac{3}{4}i\right) = -\frac{1}{3} - \frac{11}{4}i$
$\left(\frac{2}{3} - 2i\right) - \left(-1 - \frac{3}{4}i\right) = \frac{5}{3} - \frac{5}{4}i$
$\left(\frac{2}{3} - 2i\right) \cdot \left(-1 - \frac{3}{4}i\right) = -\frac{13}{6} + \frac{3}{2}i$
$\left(\frac{2}{3} - 2i\right) : \left(-1 - \frac{3}{4}i\right) = \left(\frac{2}{3} - 2i\right)$
$\cdot \left(-\frac{16}{25} + \frac{12}{25}i\right) = \frac{8}{15} + \frac{8}{5}i$

116. *a)* $|2 + 4i| = \sqrt{20}$, $|3 + i| = \sqrt{10}$
b) $|-3 + 5i| = \sqrt{34}$, $|2 - 4i| = \sqrt{20}$
c) $|5 - 7i| = \sqrt{74}$, $|-2 - 3i| = \sqrt{13}$
d) $|8| = 8$, $|-i| = 1$
e) $\left|\frac{2}{3} - 2i\right| = \sqrt{\frac{40}{9}}$,
$\left|-1 - \frac{3}{4}i\right| = \sqrt{\frac{25}{16}} = \frac{5}{4}$

117. $x^2 = -4 = 4 \cdot (-1) = 4i^2 \Rightarrow x = 2i \vee x = -2i$

118. $\mathbb{Q}^+ \subset \mathbb{R}^+ \subset \mathbb{C}$; $\mathbb{Z}^- \subset \mathbb{Z}_0^- \subset \mathbb{Q}_0^- \subset \mathbb{C}$; $\mathbb{N}_0 \subset \mathbb{C}$

119.

	$\mathbb{N}$	$\mathbb{N}_0$	$\mathbb{Z}$	$\mathbb{Z}^+$	$\mathbb{Z}^-$	$\mathbb{Z}_0^+$	$\mathbb{Z}_0^-$	$\mathbb{Q}$	$\mathbb{Q}^+$	$\mathbb{Q}^-$	$\mathbb{Q}_0^+$	$\mathbb{Q}_0^-$	$\mathbb{R}$	$\mathbb{R}^+$	$\mathbb{R}^-$	$\mathbb{R}_0^+$	$\mathbb{R}_0^-$	$\mathbb{C}$
$\sqrt{5}$													x	x		x		x
3	x	x	x	x		x		x	x		x		x	x		x		x
–4,8								x		x		x	x		x		x	x
–0,002								x		x		x	x		x		x	x
2–3i																		x
$\frac{24}{37}$								x	x		x		x	x		x		x
$-5{,}0\overline{45}$								x		x		x	x		x		x	x
27	x	x	x	x		x		x	x		x		x	x		x		x
π													x	x		x		x

120. Zahl im System zur Basis

	10	2	3	4	5	8	16
a)	4	100	11	10	4	4	4
b)	6	110	20	12	11	6	6
c)	10	1010	101	22	20	12	A
d)	12	1100	110	30	22	14	C
e)	15	1111	120	33	30	17	F
f)	20	10100	202	110	40	24	14
g)	39	100111	1110	213	124	47	27
h)	50	110010	1212	302	200	62	32
i)	100	1100100	10201	1210	400	144	64
j)	144	10010000	12100	2100	1034	220	90
k)	170	10101010	20022	2222	1140	252	AA
l)	507	111111011	200210	13323	4012	773	1FB
m)	1600	11001000000	2012021	121000	22400	3100	640

121. *a)* 8
b) 13
c) 18
d) 22
e) 225
f) 9
g) 27
h) 115
i) 85
j) 7
k) 96
l) 190
m) 423
n) 771
o) 400
p) 310

122. *a)* $0111011000_2 = 472$
b) $992 = 1111100000_2$
≘ ooooorrrrr,
$341 = 0101010101_2$
≘ rororororo

123. *a)* $41025 = 1010000001000001_2$
b) rlrllllllrlllllr. Der Weg ist nicht eindeutig, da mögliche Nullen vor der Zahl sich nicht im Zahlenwert ausdrücken, aber andere Wege bedeuten.
c) lrrrrrlrrrrrrlrl
≘ 0111110111111010_2
= 32250 oder
$111110111111010_2 = 32250$

124. *a)*
$$\begin{array}{r} 1011101 \\ +\ 101101 \\ \hline 10001010 \end{array}$$

b)
$$\begin{array}{r} 11010 \\ +\ 1111 \\ +\ 100 \\ +\ 10111 \\ \hline 1000100 \end{array}$$

c)
$$\begin{array}{r} 11111 \\ -\ 1011 \\ \hline 10100 \end{array}$$

d)
$$\begin{array}{r} 1011 \\ -\ 111 \\ \hline 100 \end{array}$$

125. Basis 2: $7 = 111_2$, $12 = 1100_2$
$$\begin{array}{r} 111 \cdot 1100 \\ \hline 111 \\ 11100 \\ \hline 1010100_2 \end{array}$$

Basis 3: $7 = 21_3$, $12 = 110_3$
$$\begin{array}{r} 21 \cdot 110 \\ \hline 21 \\ 210 \\ \hline 10010_3 \end{array}$$

Basis 6: $7 = 11_6$, $12 = 20_6$
$$\begin{array}{r} 11 \cdot 20 \\ \hline 22 \\ 00 \\ \hline 220_6 \end{array}$$

2. Algebraische Grundlagen

ÜBERSICHT

David Hilbert, 1862 – 1943, ein führender Mathematiker seiner Zeit. Mit seinen Arbeiten über Grundlagen der Mathematik (insbesondere der Algebra) machte er Göttingen zur Hochburg der mathematischen Forschung.

2.1 Logische Grundlagen

Da die Mathematik sich auf die Grundprinzipien der Logik stützt, ist es sinnvoll, vor einem abstrakten Thema – wie der Algebra – die Logik darzustellen, soweit wir sie gebrauchen. Dabei unterscheiden wir zweierlei Ebenen der Logik: die Aussagenlogik und die Prädikatenlogik. Die ***Aussagenlogik*** beschäftigt sich mit elementaren Sätzen, den Aussagen, während die ***Prädikatenlogik*** selbst Aussagen über allgemeine aussagenlogische Zusammenhänge macht. Unter einer ***Aussage*** versteht man einen Satz, bei dem entscheidbar ist, ob sein Inhalt ***wahr*** oder ***falsch*** ist.

„Guten Morgen!" ist demnach keine Aussage, hingegen aber „Herr Meier ist Torwart seiner Fußballmannschaft" oder „3 + 4 = 7". Wichtig sind Verknüpfungen von Aussagen. Man unterscheidet:

1. die ***UND***-Verknüpfung ***(Konjunktion)***: $A \wedge B$ ist dann und nur dann wahr, wenn sowohl die Aussage A als auch die Aussage B wahr ist.
2. die ***ODER***-Verknüpfung ***(Disjunktion)***: $A \vee B$ ist dann und nur dann falsch, wenn sowohl A als auch B falsch sind. „Oder" ist immer im Sinne von „und/oder" zu verstehen.
3. die ***NICHT***-Verknüpfung ***(Negation)***, die nur auf eine Aussage wirkt: $\neg A$ ist wahr, wenn A falsch ist und umgekehrt.

A	B	$A \wedge B$
w	w	w
w	f	f
f	w	f
f	f	f

Bild 2.1 Wahrheitstafel für die Konjunktion

A	B	$A \vee B$
w	w	w
w	f	w
f	w	w
f	f	f

Bild 2.2 Wahrheitstafel für die Disjunktion

A	$\neg A$
w	f
f	w

Bild 2.3 Wahrheitstafel für die Negation

A	B	$A \rightarrow B$
w	w	w
w	f	f
f	w	w
f	f	w

Bild 2.4 Wahrheitstafel für die Subjunktion

A	B	$A \leftrightarrow B$
w	w	w
w	f	f
f	w	f
f	f	w

Bild 2.5 Wahrheitstafel für die Bijunktion

A	B	A ≻≺ B
w	w	f
w	f	w
f	w	w
f	f	f

Bild 2.6 Wahrheitstafel für die Alternative

4. die ***WENN-DANN***-Verknüpfung ***(Subjunktion)***: $A \rightarrow B$ ist dann und nur dann falsch, wenn A wahr und B falsch ist.
5. die ***GENAU DANN, WENN***-Verknüpfung ***(Bijunktion)***: $A \leftrightarrow B$ ist genau dann falsch, wenn eine Aussage wahr und die andere falsch ist.
6. die ***ENTWEDER-ODER***-Verknüpfung ***(Alternative)***: $A \rightarrowtail\!\!\leftarrowtail B$ ist falsch, wenn A und B gleiche Wahrheitswerte haben.

Im Gegensatz zu Aussagen enthalten ***Aussageformen*** einen Platzhalter oder eine Variable. Eine Aussageform muß dabei zu einer Aussage werden, wenn man für die Variable eine Größe aus einer vorher festgelegten Menge M einsetzt. Ist $M = \mathbb{N}$, so ist A(x): „x ist durch 5 teilbar" für $x \in \mathbb{N}$ eine Aussageform, denn nach dem Einsetzen einer natürlichen Zahl für x kann man entscheiden, ob die daraus entstehende Aussage wahr oder falsch ist. Hingegen ist B(x): „x ist schön" für $x \in \mathbb{N}$ keine Aussageform, da nicht entscheidbar ist, ob eine Zahl schön ist oder nicht.

Verknüpft man Aussageformen derart, daß sie für jede Einsetzung der Variablen zu wahren Aussagen werden, spricht man von einer ***Tautologie***. Sei A(x): „x ist durch 6 teilbar" und B(x): „x ist durch 3 teilbar", so ist die Subjunktion $A(x) \rightarrow B(x)$ immer wahr, denn wenn x durch 6 teilbar ist, dann ist x auch durch 3 teilbar, da ja schon 6 durch 3 teilbar ist.

Eine tautologische Subjunktion heißt ***Implikation***, geschrieben $A \Rightarrow B$ (lies: „aus A folgt B" oder „wenn A, dann auch B"). B heißt ***notwendige Bedingung*** für A, A heißt ***hinreichende Bedingung*** für B.

Eine tautologische Bijunktion heißt ***Äquivalenz***, geschrieben $A \Leftrightarrow B$ (lies: „A äquivalent B" oder „A genau dann ..., wenn B ...). Wir befinden uns hier bereits auf der Ebene einer Metasprache, wir sprechen nicht mehr ***in*** der Aussagenlogik, sondern ***über*** die Aussagenlogik. Diese Ebene heißt ***Prädikatenlogik.***

BEISPIELE

1. $A \wedge B \Rightarrow A$ ist eine Implikation, denn wenn $A \wedge B$ wahr ist, dann müssen sowohl A als auch B wahr sein, also insbesondere A.

2. $x^2 = 16 \wedge x < 0 \Leftrightarrow x = -4$ ist eine Äquivalenz, denn die einzige negative Lösung der Aussageform $x^2 = 16$ ist $x = -4$.

Es ist zu beachen, daß die Äquivalenz eine zweiseitige Folgerung beinhaltet, während die Implikation nur in einer Richtung zutreffen muß. Üblicherweise verwendet man bei logischen Ketten eines der Zeichen $\Leftrightarrow$ oder $\Rightarrow$. Auf die logischen Strukturen der Beweise wird in den entsprechenden Kapiteln eingegangen. Die Bilder 2.7 bis 2.9 zeigen Tautologien.

A	B	$A \rightarrow B$	$A \wedge (A \rightarrow B)$	$A \wedge (A \rightarrow B) \Rightarrow B$
w	w	w	w	w
w	f	f	f	w
f	w	w	f	w
f	f	w	f	w

Bild 2.7 Wahrheitstafel für die Implikation $A \wedge (A \rightarrow B) \Rightarrow B$

A	B	$\neg A$	$\neg B$	$A \rightarrow B$	$\neg B \rightarrow \neg A$	$(A \rightarrow B) \Leftrightarrow (\neg B \rightarrow \neg A)$
w	w	f	f	w	w	w
w	f	f	w	f	f	w
f	w	w	f	w	w	w
f	f	w	w	w	w	w

Bild 2.8 Wahrheitstafel für die Äquivalenz $A \rightarrow B \Leftrightarrow \neg B \rightarrow \neg A$

A	$\neg A$	$\neg(\neg A)$	$\neg(\neg A) \Leftrightarrow A$
w	f	w	w
f	w	f	w

Bild 2.9 Wahrheitstafel für die Äquivalenz
$\neg(\neg A) \Leftrightarrow A$ (A genau dann, wenn nicht nicht A)

ÜBUNGEN

1. Füllen Sie die Wahrheitstafeln aus.

A	B	$A \wedge B$	$\neg A \vee B$	$\neg A \vee \neg B$	$\neg(A \vee B)$	$\neg(A \wedge B)$
w	w					
w	f					
f	w					
f	f					

2. Zeigen Sie anhand von Wahrheitstafeln, daß gilt:

a) $(A \rightarrow B) \wedge \neg B \Rightarrow \neg A$

b) $A \wedge (A \rightarrow B) \Rightarrow B$ (Prinzip des direkten Beweises)

c) $(A \rightarrow B) \wedge (B \rightarrow C) \Rightarrow A \rightarrow C$

d) $(A \rightarrow B) \wedge (B \rightarrow A) \Leftrightarrow A \leftrightarrow B$

e) $A \wedge (B \vee C) \Leftrightarrow (A \wedge B) \vee (A \wedge C)$

3. Bei welchen der folgenden Sätze handelt es sich um Aussagen? Geben Sie jeweils an, ob es sich um eine wahre oder falsche Aussage handelt.

a) Heute ist Donnerstag.
b) Hallo!
c) Hast Du Zeit?
d) $3 - 7 = 5$.
e) Wenn ein Känguruh in Grönland lebt, ist es grün.
f) Ich liebe Dich!
g) Alle Primzahlen sind ungerade.
h) Eine Gerade hat unendlich viele Punkte.

4. Verneinen (negieren) Sie die folgenden Aussagen:

a) Heute gehe ich ins Kino.
b) $27 \cdot 4 = 108$
c) Es gibt gerade Zahlen, die Quadratzahlen sind.
d) Alle rechtwinkligen Dreiecke sind nicht gleichseitig.
e) Wenn es regnet, dann wird die Straße naß.

5. Welchen Wahrheitswert haben die folgenden Aussagen?

a) Das Pferd springt, oder es springt nicht.
b) Der Kühlschrank ist geschlossen, und der Kühlschrank ist offen.
c) Wenn 5 eine gerade Zahl ist, dann ist 10 auch gerade.

6. Bestimmen Sie die Lösungsmengen der Aussageformen:

a) $x - 9 = 13,\ x \in \mathbb{N}$
b) $389 \cdot x = 0,\ x \in \mathbb{R}$
c) x ist die Hauptstadt eines deutschsprachigen Staates.
d) Wenn x eine Obstsorte ist, dann ist sie gelb, länglich und gekrümmt.
e) $x^2 > 0,\ x \in \mathbb{R}$

2.2 Termumformungen

2.2.1 Äquivalente Terme

Unter einem ***Term*** oder Rechenterm verstehen wir einen mathematischen Ausdruck, der aus Zahlen, Variablen, Rechenzeichen oder Klammern bestehen kann. Die Hauptverknüpfung - das ist die Verknüpfung, die beim Berechnen des Terms zuletzt ausgeführt werden muß - gibt dem Term seinen Namen. So heißt etwa der Term $3 + 2 \cdot x$ Summe, da erst die Multiplikation, dann die Addition durchgeführt wird. Der Term $(5x - 9) : (3x - 8)$ heißt Quotient.

Bei Produkten aus Zahlen und Variablen kann auf das Multiplikationszeichen verzichtet werden, wenn die Zahl vorangestellt wird. Beispielsweise ist 3x dasselbe wie $3 \cdot x$.

Um Terme mit einer Variablen berechnen zu können, muß man für die Variable eine Zahl aus einer vorgegebenen Zahlenmenge einsetzen.

BEISPIELE

1. Ist der Term $T = (2 - x) \cdot 5\,x$, so ist der Wert des Terms für $x = 3$: $(2 - 3) \cdot 5 \cdot 3 = (-1) \cdot 15 = -15$.

2. Für $x = \frac{3}{4}$ ist der Wert des Terms $T = (2 - x) \cdot 5x$: $\left(2 - \frac{3}{4}\right) \cdot 5 \cdot \frac{3}{4} = \frac{5}{4} \cdot 5 \cdot \frac{3}{4} = \frac{75}{16}$.

3. Der Term $2 + (x - 2)^2$ führt zu folgenden Ergebnissen: Für $x = 3$ erhalten wir: $2 + (3 - 2)^2 = 2 + 1 = 3$.

4. Für $x = \frac{3}{4}$ lautet das Ergebnis des Terms: $2 + (x - 2)^2$: $2 + \left(-\frac{5}{4}\right)^2 = 2 + \frac{25}{16} = \frac{57}{16}$.

Es gibt aber auch Terme, die bei gleichen Einsetzungen für die Variable trotz ihres verschiedenen Aussehens zum gleichen Ergebnis führen.

D

Zwei Terme T_1 und T_2 heißen *äquivalent* oder *gleichwertig,* wenn sie für jede Einsetzung der Variablen übereinstimmende Werte haben.

BEISPIEL

Man erhält für die Terme $(x - 3)^2$ und $x^2 - 6x + 9$ immer übereinstimmende Werte, ganz gleich, was man für x einsetzt.

x	$(x - 3)^2$
1	4
85	6724
-0,02	9,1204
$\frac{3}{4}$	$\frac{81}{16}$

Bild 2.10

x	$x^2 - 6x + 9$
1	4
85	6724
-0,02	9,1204
$\frac{3}{4}$	$\frac{81}{16}$

Bild 2.11

Da Terme nahezu in allen Rechnungen auftreten, ist es wichtig, sie zu vereinfachen. Weil sie dabei ihren Wert nicht ändern dürfen, müssen sie in einen gleichwertigen Term umgeformt werden. Eine solche Umformung heißt ***Äquivalenzumformung.*** Mit diesen erlaubten Umformungen wollen wir uns nun beschäftigen.

Grundsätzlich ist jede Umformung zulässig, die sich aus einem der mathematischen Rechengesetze ergibt. Insbesondere sind folgende einfache Umformungen erlaubt:

Vertauschen von Summanden in einer Summe nach dem Kommutativgesetz (siehe Seite 19), ***Vertauschen von Faktoren in einem Produkt,*** das ***Weglassen*** oder ***Setzen von Klammern*** in einer Summe oder einem Produkt nach dem Assoziativgesetz (siehe Seite 20), die ***Addition von 0*** und die ***Multiplikation mit 1.*** Die Anwendungen des Distributivgesetzes (siehe Seite 20) werden in folgenden Abschnitten erläutert. Die folgenden Beispiele zeigen die Anwendung des Kommutativ- und Assoziativgesetzes.

BEISPIELE

1. $5x \cdot 4y = 5 \cdot x \cdot 4 \cdot y = 5 \cdot 4 \cdot x \cdot y = 20xy$

2. $25 + 18 + 35 + 12 = 25 + 35 + 18 + 12 = (25 + 35) + (18 + 12) = 60 + 30 = 90$

3. $8x \cdot (-2x) \cdot 5 \cdot 5x = 8x \cdot 5x \cdot (-2x) \cdot 5 = 40x^2 \cdot (-10x) = -400x^3$

4. $(-3) \cdot (-5y) \cdot (-2a) \cdot 8b = (-3) \cdot (-5) \cdot (-2) \cdot 8 \cdot a \cdot b \cdot y = -240aby$

2.2.2 Termumformungen mit dem Distributivgesetz

Auflösen von Minusklammern

Nach dem Assoziativgesetz wissen wir, daß wir Klammern, vor denen ein positives Vorzeichen steht, einfach weglassen können, soweit die Klammer nicht noch mit einer Punktrechnung oder einer Potenz verknüpft ist. Wir können uns also auf

Minusklammern beschränken. Dabei benutzen wir die bereits erarbeiteten Vorzeichenregeln (siehe Seite 40 ff.).

Wir wissen, daß sich die Vorzeichen der Summanden in der Klammer ändern, wenn wir die Minusklammer weglassen.

BEISPIELE

1. $28 - (7 + 19) = 28 - 26 = 2$
$28 - 7 - 19 = 21 - 19 = 2$

2. Hingegen ist $28 - 7 + 19 = 21 + 19 = 40$. Im ersten Term wird von 28 die Summe aus 7 und 19 abgezogen, also wird 7 abgezogen und auch 19 abgezogen.

Wir können die Klammer zusammen mit dem davor stehenden Minuszeichen weglassen, wenn wir die Vorzeichen[1] aller Terme in der Minusklammer ändern, also im obigen 1. Beispiel +7 in −7 und +19 in −19 umwandeln.

R

> Wir lösen eine Minusklammer auf, indem wir sie und das Minuszeichen vor ihr weglassen und die Vorzeichen aller Terme in der Klammer ändern.

BEISPIELE

1. $4x - (29 + 3x^2) + 5 = 4x - 29 - 3x^2 + 5$

2. $x - [15 - (5x - 9) + 7] = x - [15 - 5x + 9 + 7] = x - 15 + 5x - 9 - 7$

3. $8x + 2 - (-1{,}5x + 3 - 5y) = 8x + 2 + 1{,}5x - 3 + 5y$

4. $19x + [13y - (-6 + 3x) - 5] = 19x + [13y + 6 - 3x - 5] = 19x + 13y + 6 - 3x - 5$

5. $1 - (-2 - (-3 - (-4 - (-5 - (-6 - (-7 - (-8)))))))$
$= 1 - (-2 - (-3 - (-4 - (-5 - (-6 - (-7 + 8))))))$
$= 1 - (-2 - (-3 - (-4 - (-5 - (-6 - 1)))))$
$= 1 - (-2 - (-3 - (-4 - (-5 + 7))))$
$= 1 - (-2 - (-3 - (-4 - 2)))$
$= 1 - (-2 - (-3 + 6))$
$= 1 - (-2 - 3)$
$= 1 + 5$
$= 6$

[1] Wir unterscheiden jetzt nicht mehr zwischen Rechenzeichen und Vorzeichen. Kommt nur ein Zeichen vor einem Term vor, so ergibt der Zusammenhang, ob es sich um ein Vor- oder Rechenzeichen handelt. Stehen vor einem Term ein Vor- und ein Rechenzeichen, können wir nach den Vorzeichenregeln (siehe Seite 40 ff.) ein einziges Zeichen daraus machen.

Multiplikation mit einer Summe/Differenz

Das Distributivgesetz lautet: $a \cdot (b + c) = a \cdot b + a \cdot c$ oder, falls die Summe zuerst steht: $(a + b) \cdot c = a \cdot c + b \cdot c$. Es ändert sich nichts an der Form, wenn man die Summe durch eine Differenz ersetzt, denn die Addition eines Terms T ist gleich der Subtraktion des Terms –T: $S + T = S - (-T)$. Statt $4 \cdot (3 - x)$ kann man auch schreiben $4 \cdot (3 + (-x))$. Das Distributivgesetz sagt folgendes aus, wenn man es von links nach rechts liest:

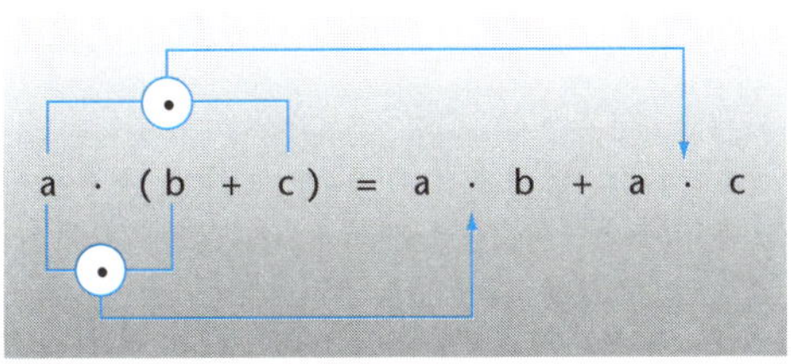

Bild 2.12 Distributivgesetz I

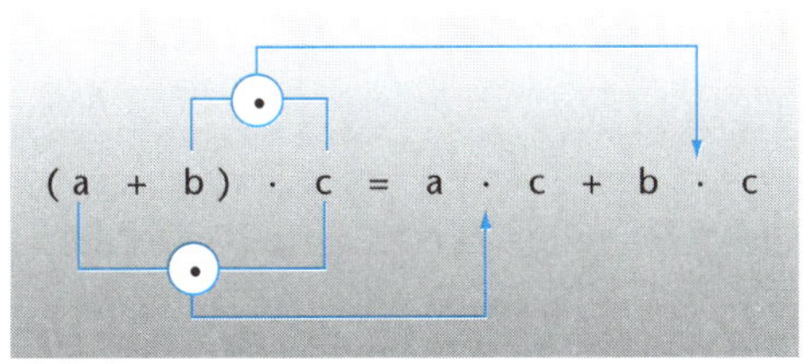

Bild 2.13 Distributivgesetz II

Man multipliziert einen Term mit einer Summe, indem man den Term mit jedem der Summanden multipliziert und die entstehenden Produkte addiert.

BEISPIELE

1. $3 \cdot (5 + x) = 3 \cdot 5 + 3 \cdot x = 15 + 3x$

2. $5 \cdot (4 - x) = 5 \cdot 4 + 5 \cdot (-x) = 20 - 5x$ oder $5 \cdot (4 - x) = 5 \cdot 4 - 5 \cdot x = 20 - 5x$

3. $36 \cdot (21 + 2x) = 36 \cdot 21 + 36 \cdot 2x = 756 + 72x$

4. $13 \cdot (2 + 7 + 11) = 13 \cdot 2 + 13 \cdot 7 + 13 \cdot 11 = 26 + 91 + 143 = 260$

5. $(-3x + 5y) \cdot (-6) = -3x \cdot (-6) + 5y \cdot (-6) = 18x - 30y$

6. $(9 - 2a + 3b) \cdot (-5x) = 9 \cdot (-5x) + (-2a) \cdot (-5x) + 3b \cdot (-5x) = -45x + 10ax - 15bx$

Das Beispiel 6. zeigt, wie wir mit Minuszeichen in der Summe umgehen können. Statt $+ (-2a) \cdot (-5x)$ können wir auch $-2a \cdot (-5x)$ schreiben. Bild 2.14 zeigt die Multiplikation geometrisch.

	9	-2a	3b
-5x	$9 \cdot (-5x)$	$-2a \cdot (-5x)$	$3b \cdot (-5x)$

Bild 2.14 Multiplikation einer Summe

Multiplikation von Summen

Wir greifen noch einmal auf das Distributivgesetz zurück: $(a + b) \cdot x = a \cdot x + b \cdot x$. Ersetzen wir nun x durch die Summe $x = c + d$, so erhalten wir
$(a + b) \cdot (c + d) = a \cdot (c + d) + b \cdot (c + d)$
und nach einer weiteren Anwendung des Distributivgesetzes
$= a \cdot c + a \cdot d + b \cdot c + b \cdot d$.

Wir haben also jeden Summanden der ersten Klammer mit jedem Summanden der zweiten Klammer zu multiplizieren.

BEISPIEL

$(3 + x) \cdot (x + 2) = 3 \cdot x + 3 \cdot 2 + x \cdot x + x \cdot 2 = 3x + 6 + x^2 + 2x$

Bild 2.15 zeigt das Schema, nach dem wir vorgehen: Wir greifen uns den ersten Summanden der ersten Klammer heraus und multiplizieren ihn mit dem ersten Summanden der zweiten Klammer. Dann multiplizieren wir ihn mit dem zweiten Summanden der zweiten Klammer. Damit ist der erste Summand der ersten Klammer erledigt. Wir nehmen uns nun den zweiten Summanden der ersten Klammer vor und multiplizieren ihn zuerst mit dem ersten Summanden, dann mit dem zweiten Summanden der zweiten Klammer.

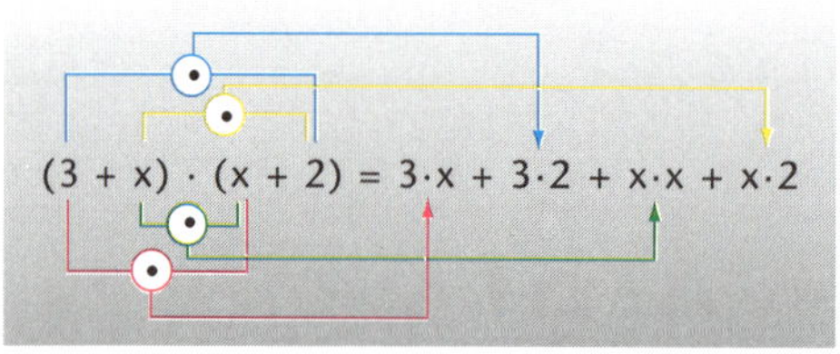

Bild 2.15 Multiplikation von zwei Summen

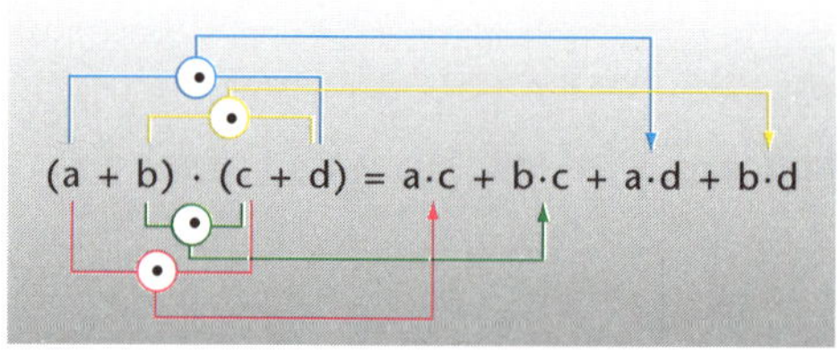

Bild 2.16 Multiplikation zweier Summen

Natürlich ist die Reihenfolge änderbar, z. B. in der Folge $(a + b) \cdot (c + d) = a \cdot c + b \cdot c + a \cdot d + b \cdot d$. Hier wird jeweils ein Summand der zweiten Klammer festgehalten und zunächst mit den Summanden der ersten Klammer multipliziert.

BEISPIELE

1. $(4 + 5) \cdot (3 + 8) = 4 \cdot 3 + 5 \cdot 3 + 4 \cdot 8 + 5 \cdot 8 = 12 + 15 + 32 + 40 = 99$
Probe: $9 \cdot 11 = 99$

2. $(3 - 2x) \cdot (8 + 4x) = 3 \cdot 8 + 3 \cdot 4x - 2x \cdot 8 - 2x \cdot 4x = 24 + 12x - 16x - 8x^2$

3. $(-4m - 5p) \cdot \left(-3m + \frac{2}{5}p\right) = (-4m) \cdot (-3m) + (-4m) \cdot \frac{2}{5}p + (-5p) \cdot (-3m)$
$+ (-5p) \cdot \frac{2}{5}p = 12m^2 - \frac{8}{5}mp + 15mp - 2p^2$

R

Man multipliziert zwei Summen miteinander, indem man jeden Summanden der ersten Summe mit jedem Summanden der zweiten Summe multipliziert und alle Produkte addiert: (a + b) · (c + d) = a · c + a · d + b · c + b · d (siehe Bild 2.16).

Wie man sieht, kann man auch hier ein negatives Rechenzeichen durch ein positives Rechenzeichen ***und*** ein in Klammern stehendes negatives Vorzeichen ersetzen. Befinden sich in einer oder in beiden Klammern mehr als zwei Summanden, läßt sich die Regel entsprechend anwenden, wie Bild 2.17 und die folgenden Beispiele zeigen. Bild 2.18 zeigt eine geometrische Interpretation von Beispiel 1.

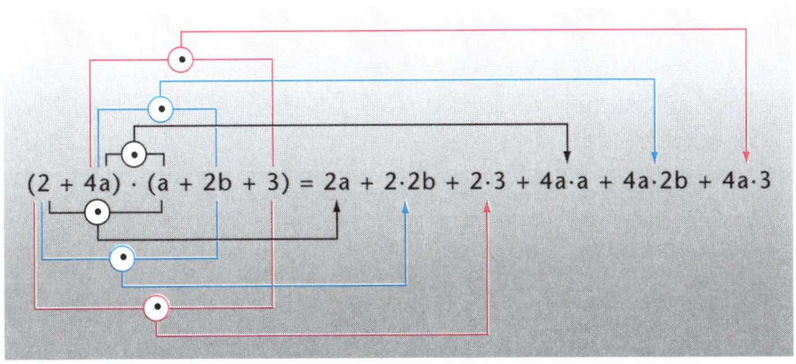

Bild 2.17

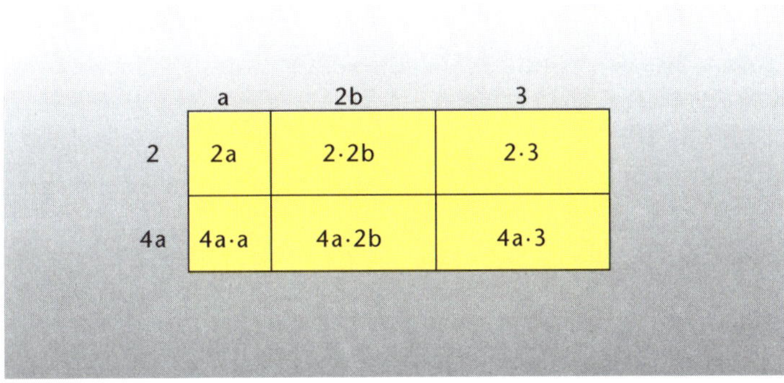

Bild 2.18

BEISPIELE

1. $(2 + 4a) \cdot (a + 2b + 3) = 2 \cdot a + 2 \cdot 2b + 2 \cdot 3 + 4a \cdot a + 4a \cdot 2b + 4a \cdot 3$
$= 2a + 4b + 6 + 4a^2 + 8ab + 12a$

2. $(x - 2) \cdot (3x - 2 - 4y + z) = x \cdot 3x + x \cdot (-2) + x \cdot (-4y) + x \cdot z + (-2) \cdot 3x$
$+ (-2) \cdot (-2) + (-2) \cdot (-4y) + (-2) \cdot z$
$= 3x^2 - 2x - 4xy + xz - 6x + 4 + 8y - 2z$

Ausklammern (Faktorisieren)

Lesen wir das Distributivgesetz einmal von rechts nach links: $a \cdot b + a \cdot c = a \cdot (b + c)$ und $a \cdot c + b \cdot c = (a + b) \cdot c$.

Die Terme auf den linken Seiten der Gleichungen sind Summen, die auf den rechten Produkte. Im vorigen Abschnitt haben wir ein Produkt in eine Summe verwandelt. Diesen Prozeß kann man auch umkehren, aus einer Summe ein Produkt machen, also den Term in Faktoren zerlegen (daher der Ausdruck „faktorisieren"). Entscheidend dafür ist das Enthaltensein desselben Teilers in beiden Summanden. Nur einen gemeinsamen Teiler (= Faktor) können wir „ausklammern".

BEISPIELE

1. $80x + 48y$ ist eine Summe mit den Summanden $80x$ und $48y$. Beide Zahlen haben die gemeinsamen Teiler 1, 2, 4, 8, 16. Es ist daher $80x + 48y = 16 \cdot 5x + 16 \cdot 3y$.
Wir können nun 16 ausklammern: $= 16 \cdot (5x + 3y)$
Multiplizieren wir die Klammer wieder aus, erhalten wir den ursprünglichen Term.

2. Die Summanden des Terms $144x^2 - 27xy$ enthalten die gemeinsamen Teiler 9 und x, also gilt $144x^2 - 27xy = 9x \cdot (16x - 3y)$.

3. $-125ab^3c^5 - 35a^2b^4c^3 = -5ab^3c^3 \cdot (25c^2 + 7ab)$ zeigt, daß beim Ausklammern eines negativen Vorzeichens alle Rechenzeichen innerhalb der Klammer geändert werden müssen.

4. $-4x + 3y = -1 \cdot (4x - 3y) = -(4x - 3y)$

Man kann auch aus mehr als zwei Summanden ausklammern:

BEISPIEL

$$32abc - 16ac^2 + 24bc^2 + 28ab^2c = 4c \cdot (8ab - 4ac + 6bc + 7ab^2)$$

Es ist auch möglich, eine Zahl auszuklammern, die gar nicht als Teiler vorhanden ist. Ausklammern bedeutet ja, die Summanden durch die ausgeklammerte Zahl zu dividieren, und teilen darf man durch alle Zahlen oder Terme, wenn sie nicht den Wert Null haben.

BEISPIEL

$$4x - 5z = 4 \cdot \left(x - \frac{5}{4}z\right) = 2x \cdot \left(2 - \frac{5z}{2x}\right) = -\frac{2}{3}z \cdot \left(-6\frac{x}{z} + \frac{15}{2}\right) \text{ für } z \neq 0,\ x \neq 0$$

Zusammenfassen gleichartiger Terme

Einen Spezialfall des Ausklammerns stellt das Zusammenfassen dar. Die vorgegebenen Summen sind dabei nicht beliebig, sondern enthalten dieselben Variablen in denselben Potenzen. Solche Terme nennt man ***gleichartig.*** Sie unterscheiden sich also höchstens durch die Zahlfaktoren vor den Variablen. Diese Zahlfaktoren nennt man ***Koeffizienten.*** So ist etwa im Term 5ab die Zahl 5 der Koeffizient, im Term $-2{,}3x^4$ die Zahl $-2{,}3$. Die Terme $T_1 = 4x$ und $T_2 = -3x$ enthalten dieselbe Variable. Sie sind gleichartig.

Die Terme $T_1 = -\frac{2}{3}x$, $T_2 = 78x^3$, $T_3 = 1090x^2$ und $T_4 = -\sqrt{8}x$ enthalten zwar alle dieselbe Variable x, aber nicht in derselben Potenz. Nur T_1 und T_4 enthalten x in der 1. Potenz, sind also gleichartig (statt x^1 schreibt man einfach x). Summen mit gleichartigen Termen lassen sich auf sehr leichte Weise vereinfachen.

BEISPIELE

1. $-25x + 13x = (-25 + 13) \cdot x = -12x$

2. $\frac{3}{4}a^2b - 5a^2b + 22a^2b = \left(\frac{3}{4} - 5 + 22\right) \cdot a^2b = 17\frac{3}{4}a^2b$

Diese Umformung besteht in einer Addition der Koeffizienten, man kann den Zwischenschritt des Ausklammerns auch weglassen.

Das Addieren der Koeffizienten gleichartiger Terme heißt ***zusammenfassen.*** Die folgenden Beispiele sollen diese Operation verständlich machen. Der Zwischenschritt des Ausklammerns ist bei den Beispielen 1. und 2. noch aufgezeigt, wird danach aber übersprungen.

Bild 2.19 Zusammenfassen

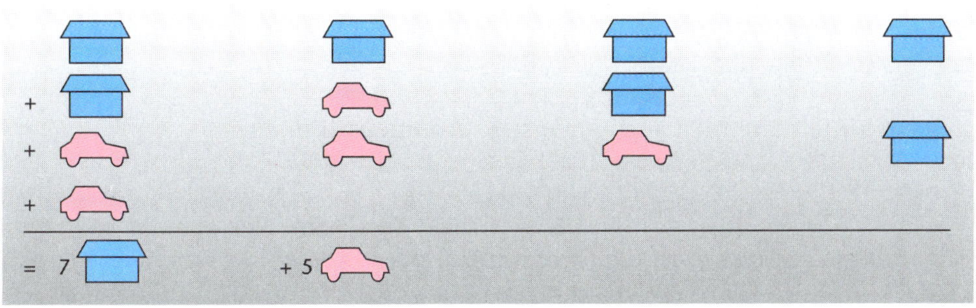

Bild 2.20 Zusammenfassen

BEISPIELE

1. $3x + 23x - 17x + 24x - 38x = (3 + 23 - 17 + 24 - 38) \cdot x = -5x$

2. $2mn^3 + \frac{2}{5}mn^3 - \frac{1}{2}mn^3 - mn^3 = \left(2 + \frac{2}{5} - \frac{1}{2} - 1\right) \cdot mn^3 = \left(1 - \frac{1}{10}\right)mn^3 = \frac{9}{10}mn^3$

3. $6a + 15a - 27a = -6a$

4. $3x - \sqrt{7}x + \frac{4}{5}x = \left(\frac{19}{5} - \sqrt{7}\right) \cdot x$

Man kann auch verschiedene Terme jeweils getrennt zusammenfassen, wenn eine Summe unterschiedliche gleichartige Terme enthält:

BEISPIEL

$2x^2y - 7xy + 3xy^2 - 9xy + 12x^2y - 8x^2y + 4xy - 15xy - 3xy^2$. Dieser Summenterm enthält drei verschiedene gleichartige Terme, nämlich Terme mit x^2y, Terme mit xy und Terme mit xy^2. Zur besseren optischen Unterscheidung kann man verschiedene Termarten durch Markierungen, z. B. verschiedenartige oder verschiedenfarbige Unterstreichungen kennzeichnen. Dann lassen sie sich besser erkennen und leichter zusammenfassen:

$\underline{2x^2y} - \underline{7xy} + \underline{3xy^2} - \underline{9xy} + \underline{12x^2y} - \underline{8x^2y} + \underline{4xy} - \underline{15xy} - \underline{3xy^2} = \underline{6x^2y} - \underline{27xy}$

Faktorisieren mehrerer Summen

Auf Seite 128 ist die Multiplikation von Summen behandelt: $(a + b) \cdot (c + d) = ac + ad + bc + bd$. Auch dieser Schritt läßt sich von rechts nach links durchführen. Dazu müssen wir in der Summe nach Summanden suchen, die denselben Teiler haben. In dem Term $27xy - 12x + 14y - 7y^2$ beispielsweise finden wir bei den beiden ersten Summanden die gemeinsamen Teiler 3 und x, bei den beiden letzten Summanden die gemeinsamen Teiler 7 und y. Wir können demnach faktorisieren:

$27xy - 12x + 14y - 7y^2 = 3x \cdot (9y - 4) + 7y \cdot (2 -y)$

$4ab - 5a^2b + 10a - 6b = 4ab - 6b + 10a - 5a^2b$

$= 2b \cdot (2a - 3) + 5a \cdot (2 - ab)$

Im letzten Fall hätte man auch anders ausklammern können:

$4ab - 5a^2b + 10a - 6b = 4ab + 10a - 5a^2b - 6b$

$= 2a\,(2b + 5) - b\,(5a^2 + 6)$

Welche Zerlegung man wählt, hängt häufig von dem Ziel ab, das man verfolgt. Denn nicht immer ist die Umformung damit beendet: $6x^2 + 4x - 15xy - 10y = 2x \cdot (3x + 2) - 5y \cdot (3x + 2)$. Wir erkennen, daß die beim Ausklammern entstehenden zweiten Faktoren $T = 3x + 2$ übereinstimmen und wir sie ausklammern können:

$2x \cdot T - 5y \cdot T = (2x - 5y) \cdot T$. Ersetzen wir T wieder durch $3x + 2$, so erhalten wir:

$$\begin{aligned} 6x^2 + 4x - 15xy - 10y &= 2x \cdot (3x + 2) - 5y \cdot (3x + 2) \\ &= (2x - 5y) \cdot (3x + 2) \end{aligned}$$

Wir haben die Summe vollständig faktorisiert.

BEISPIEL

$$\begin{aligned} -6a^2 + 24ab + 10ab - 40b^2 &= 3a \cdot (-2a + 8b) + 10b \cdot (a - 4b) \\ &= 3a \cdot (-2a + 8b) - 10b \cdot (-a + 4b) \\ &= 3a \cdot (-2a + 8b) - \quad 5b \cdot (-2a + 8b) \\ &= (3a - 5b) \cdot (-2a + 8b) \end{aligned}$$

Binomische Formeln

Eine besondere Anwendung des Ausmultiplizierens von Klammern stellen die binomischen Formeln dar. Sie handeln von Klammern mit zwei gleichen Termen oder mit zwei Termen, die sich nur durch ein Vorzeichen unterscheiden.

BEISPIEL

$$\begin{aligned} (3 + x) \cdot (3 + x) &= 3 \cdot 3 + 3 \cdot x + x \cdot 3 + x \cdot x \\ &= 9 + 3x + 3x + x^2 = 9 + 6x + x^2 \\ &= 3^2 + 2 \cdot 3 \cdot x + x^2 \end{aligned}$$

Die letzte Schreibweise mag unüblich sein, doch hilft sie uns, das einfache Prinzip zu erkennen, wie man zwei gleiche Klammern multipliziert.

BEISPIEL

$$\begin{aligned} (2m + 5) \cdot (2m + 5) &= 2m \cdot 2m + 2m \cdot 5 + 5 \cdot 2m + 5 \cdot 5 \\ &= 4m^2 + 10m + 10m + 25 \\ &= 4m^2 + 20m + 25 \\ &= (2m)^2 + 2 \cdot 2m \cdot 5 + 5^2 \end{aligned}$$

Vergleichen wir die Strukturen der beiden Ergebnisse, so stellen wir fest: Zunächst steht dort das Quadrat des ersten Summanden in den Klammern, also 3^2 bzw. $(2m)^2$. Dann folgt das doppelte Produkt aus den beiden Klammersummanden, $2 \cdot 3 \cdot x$ bzw. $2 \cdot 2m \cdot 5$. Schließlich folgt das Quadrat des zweiten Klammersummanden, x^2 bzw. 5^2.

Prüfen wir dies allgemein, indem wir den ersten Summanden a, den zweiten b nennen.

$$\begin{aligned} (a + b) \cdot (a + b) &= a \cdot a + a \cdot b + b \cdot a + b \cdot b = a^2 + ab + ab + b^2 \\ &= a^2 + 2ab + b^2 \end{aligned}$$

R

1. Binomische Formel: $(a + b)^2 = a^2 + 2ab + b^2$

Geometrisch können wir den Term $(a + b)^2$ als Fläche eines Quadrates mit der Seitenlänge $(a + b)$ deuten. Die rechte Seite der Gleichung stellt dann drei Flächeninhalte dar: a^2 bzw. b^2 ist der Inhalt des Quadrates mit der Kantenlänge a bzw. b, ab ist der Flächeninhalt eines Rechteckes mit den Seiten a und b. Bild 2.21 zeigt, daß der Inhalt des Quadrates mit der Seite $(a + b)$ genauso groß ist wie die Summe der Inhalte der vier Teilflächen.

Ersetzen wir das Plus- durch ein Minuszeichen, erhalten wir:

$(a - b)^2 = (a - b) \cdot (a - b)$

$= a^2 - ab - ba + b^2 = a^2 - 2ab + b^2$

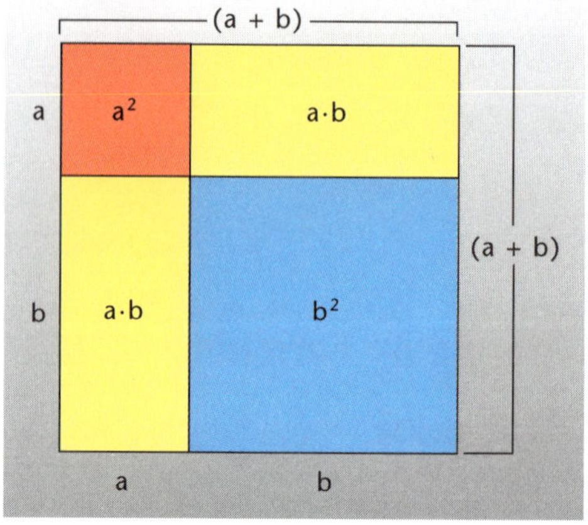

Bild 2.21 1. Binomische Formel: $(a + b)^2 = a^2 + 2ab + b^2$

R

2. Binomische Formel: $(a - b)^2 = a^2 - 2ab + b^2$

Es ist zu beachten, daß sich die Terme auf der rechten Seite bei der 1. und 2. binomischen Formel nur durch das Rechenzeichen vor dem gemischten Glied unterscheiden. Bild 2.22 stellt auch diesen Zusammenhang geometrisch dar. Jetzt hat das große Quadrat die Seitenlänge a.

Man kann nun beide Klammern miteinander kombinieren:

$(a + b) \cdot (a - b) = a \cdot a - a \cdot b + b \cdot a - b \cdot b = a^2 - ab + ab - b^2 = a^2 - b^2$

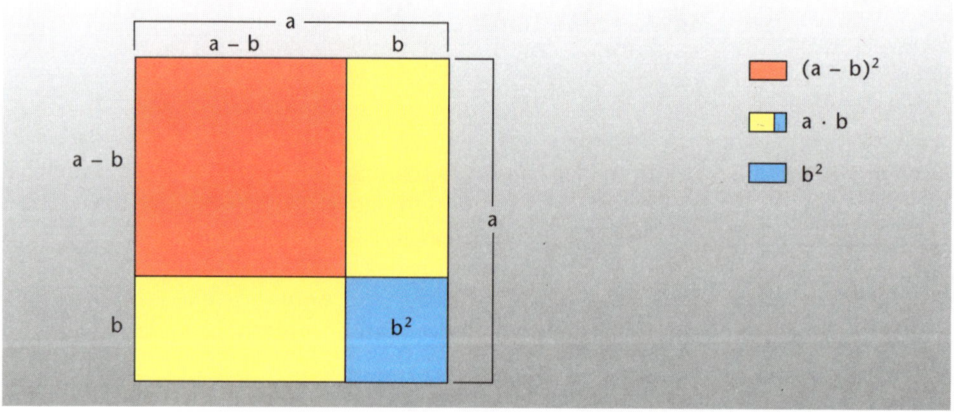

Bild 2.22 2. Binomische Formel: $(a - b)^2 = a^2 - 2ab + b^2$

R

3. Binomische Formel: $(a + b) \cdot (a - b) = a^2 - b^2$

Dies ist die einzige binomische Formel, die ein negatives Quadrat enthält. Das gemischte Glied hingegen ist weggefallen. Bild 2.23 erläutert die Formel wieder geometrisch.

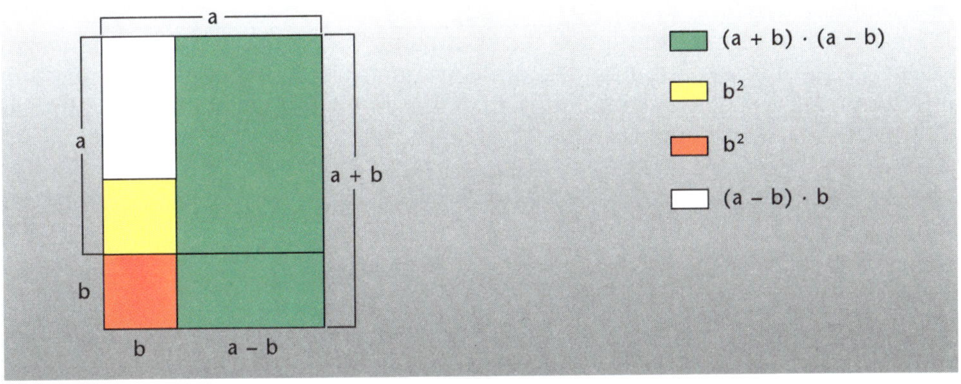

Bild 2.23 3. Binomische Formel $(a + b) \cdot (a - b) = a^2 - b^2$

Natürlich kann man a und b in den binomischen Formeln durch Terme ersetzen. Der Vorteil der Formeln liegt darin begründet, daß man sich das lästige Ausmultiplizieren und Vereinfachen sparen kann. Man setzt direkt in die binomische Formel ein. Dem Anfänger sei empfohlen, sich jeweils aufzuschreiben, welcher Term für a und welcher für b steht.

BEISPIELE

1. $(2x - 4)^2 = (2x)^2 - 2 \cdot 2x \cdot 4 + 4^2 = 4x^2 - 16x + 16$ — $a = 2x,\ b = 4$; 2. binomische Formel

2. $\left(\frac{2}{3}p + 7q\right)^2 = \left(\frac{2}{3}p\right)^2 + 2 \cdot \frac{2}{3}p \cdot 7q + (7q)^2 = \frac{4}{9}p^2 + \frac{28}{3}pq + 49q^2$ — $a = \frac{2}{3}p,\ b = 7q$; 1. binomische Formel

3. $(11x + 12y) \cdot (11x - 12y) = (11x)^2 - (12y)^2 = 121x^2 - 144y^2$ — $a = 11x,\ b = 12y$; 3. binomische Formel

Auch die Umkehrung ist häufig sinnvoll (siehe folgendes Beispiel):

BEISPIELE

1. $4c^2 + 12c + 9 = (2c)^2 + 2 \cdot 2c \cdot 3 + 3^2 = (2c + 3)^2$

2. $25x^2 - 16y^2 = (5x + 4y) \cdot (5x - 4y)$

3. $2{,}25m^2 - 7{,}5mn + 6{,}25n^2 = (1{,}5m)^2 - 2 \cdot 1{,}5m \cdot 2{,}5n + (2{,}5n)^2$
$= (1{,}5m - 2{,}5n)^2$

Hingegen kann beispielsweise der Term $-2{,}25m^2 - 7{,}5mn + 6{,}25n^2$ nicht in ein Binom (Term mit zwei Summanden) umgewandelt werden, da der erste quadratische Term negativ ist. Manchmal muß man erst einen Term verändern, um ihn als binomischen Term zu erkennen.

BEISPIEL

$-5a^2 - 30ab - 45b^2 = -5 \cdot (a^2 + 6ab + 9b^2)$
$= -5 \cdot (a + 3b)^2$

Die binomischen Formeln sind manchmal auch nützlich bei Multiplikationen von gleichen Zahlen. Können Sie etwa 59^2 im Kopf rechnen? In wenigen Augenblicken bestimmt!

$59^2 = (60 - 1)^2 = 60^2 - 2 \cdot 60 \cdot 1 + 1^2 = 3600 - 120 + 1 = 3481$. Oder 82^2? Kein Problem! $82^2 = (80 + 2)^2 = 80^2 + 2 \cdot 80 \cdot 2 + 2^2 = 6400 + 320 + 4 = 6724$, eine Rechnung, die man bei hinreichender Konzentration durchaus im Kopf ausführen kann. Noch ein Beispiel: $29 \cdot 31 = (30 - 1) \cdot (30 + 1) = 30^2 - 1^2 = 900 - 1 = 899$. Das geht doch wirklich schnell!

ÜBUNGEN

7. Setzen Sie in den Term $2x - 5$ nacheinander für x die Zahlen, die in der Wertetabelle stehen, ein, und berechnen Sie den Wert des Termes.

x	– 5	– 2,5	0	1	$\frac{3}{4}$	14
2x						
2x – 5						

8. Setzen Sie in jeden der Terme T_1 bis T_5 nacheinander die Zahlen

$-6, -3, -1{,}2, -\frac{2}{5}, 0, 0{,}1, \frac{3}{10}, 1, 2, 3, 5, 10$ für x

ein, und berechnen Sie die Terme:

a) $T_1 = -2x + 3$
b) $T_2 = (2 - x) \cdot 5$
c) $T_3 = x \cdot (x + 1)$
d) $T_4 = \frac{1}{2} \cdot (x + 2)^2$
e) $T_5 = 3x^2 - 5x + 2$

9. Berechnen Sie die Werte der Terme

a) $T_1 = 4x^2 - 6x + \frac{9}{4}$ und
b) $T_2 = \frac{1}{4} \cdot (4x - 3)^2$ für $x = -1, 0, 1, 2$.

10. Berechnen Sie durch geschickte Vertauschungen der Zahlen möglichst einfach:

a) $27 + 14 + 13 + 36$
b) $109 + 38 + 211 + 52$
c) $45 + 23 + 16 + 24 + 47 + 15$
d) $99 + 99 + 102$

11. Berechnen Sie möglichst einfach:

a) $56 + 89 + 12 - 46 + 11 - 72$
b) $43 - 15 + 27 + 13 - 17 - 23$
c) $256 - 111 + 37 - 86 - 17 + 29$
d) $1 + 2 + 3 + 4 + 5 + 6 + 7 + 8 + 9 + 10$

12. Berechnen Sie möglichst vorteilhaft durch Vertauschen:

a) $2 \cdot 7 \cdot 18 \cdot 5$
b) $3 \cdot 4 \cdot 5 \cdot 6$
c) $7 \cdot 5 \cdot 11 \cdot 2$
d) $4 \cdot 2 \cdot 17 \cdot 25 \cdot 5$

13. Lösen Sie die Klammern auf:

a) $25 - (2 - x)$
b) $24 - (3x - 4) + (3 + 4x)$
c) $67 + (-4x + 2) - (-5y + 7)$
d) $x - (22 + a - 3x)$
e) $89 - (-5a - 6)$
f) $8 + (4x - 6y) - (-2c)$

14. Lösen Sie die Klammern auf:

a) $[(37 - x) + 19] - (2 - a)$
b) $20 - [56 - (12 - x)]$
c) $80 - (70 - (60 - (50 - (40 - (30 - (20 - 19))))))$
d) $289 - (25 - (-8x) + (15 - (5x - (4 + 9a) + 2) - 3) - 1)$
e) $36\,x + (8a - 7b - (7x + 6y - 3a + (-5)))$

15. Multiplizieren Sie die Klammern aus:

a) $4 \cdot (15 + 3x)$
b) $-2 \cdot (3x - 5)$
c) $29 \cdot (-4x + 3y)$
d) $-45x \cdot (-2a - 3b)$
e) $\frac{9}{20} \cdot (7x - 2y)$
f) $105 \cdot (-21s - t)$
g) $-9 \cdot \left(2{,}3x + \frac{1}{2}\right)$
h) $-19a \cdot (-a + ab)$

16. Multiplizieren Sie die Klammern aus:

a) $(14 - 5x) \cdot x$
b) $(-6a + b) \cdot (-2)$
c) $(32y - 2z) \cdot (-3)$
d) $(9a + 2b) \cdot 4$
e) $(-2 - 6z) \cdot 5t$
f) $(-7c + 5d) \cdot 8$
g) $(24u + 2v) \cdot (-8)$
h) $(-1 - 10h) \cdot (-4)$

17. Multiplizieren Sie die Klammern aus:

a) $(3 + 4x + 2y) \cdot 2$
b) $(4a - 3b - 2c) \cdot (-2a)$
c) $-\frac{2}{3}x \cdot \left(\frac{4}{5} - x + \frac{1}{2}y\right)$
d) $9 \cdot (1{,}2 - 3a + 2b - 5c)$

18. Multiplizieren Sie aus:

a) $(2 + a) \cdot (3 + a)$
b) $(4 - x) \cdot (9 - x)$
c) $(-3x + 2) \cdot (-4 - x)$
d) $(-1 - x) \cdot (x + 3)$
e) $(5{,}1 + 1{,}5x) \cdot (2x - 3)$
f) $(m - 5n) \cdot (n - 5m)$
g) $(-4a + b) \cdot (-8a - 2b)$
h) $(\sqrt{3} - 4) \cdot (5 + \sqrt{3})$

19. Multiplizieren Sie aus:

a) $(3 + 4x + 5y) \cdot (2x + 8)$
b) $(2p - 3q - 4r) \cdot (-2 + 3p)$
c) $(-x - 2y - 8z) \cdot (2 - x + 10y - 3z)$
d) $(12 - 2a + 4b - 2c) \cdot (3a - 5b - 8 + c)$
e) $(3x - 4y) \cdot (4 - 6x) \cdot (-2y - 6)$

20. Faktorisieren Sie:

a) $8x - 4y$
b) $26a^2 - 13ab$
c) $81xy + 36y$
d) $\frac{2}{7}a^2b^3 - \frac{2}{5}a^3b$
e) $-24p^2q - 32p$
f) $1024xyz + 64xy$
g) $5ab - 7{,}5a$
h) $-\frac{3}{8}x^3 - \frac{5}{4}x^2$

21. Faktorisieren Sie soweit wie möglich:

a) $125a^2b^3c^4 - 75ab^3c^2$
b) $-28x^4y + 35xy^4$
c) $36p^5q^6r - 90p^3r^2$
d) $-\frac{245}{308}m - \frac{3}{154}mn$

22. Klammern Sie 2 aus:

a) $8a - 6b$
b) $12x - 9y$
c) $-\frac{1}{2}x^2y + 7x$
d) $3{,}6a + 2{,}5b$

23. Klammern Sie –1 aus:

a) $35a - 7y$
b) $-1 - x$
c) $29 + 2x - 6y$
d) $789a + 23b$

24. Klammern Sie $\frac{3}{5}$ aus:

a) $-\frac{3}{5}p^2 + 3q$
b) $2x - 3y$
c) $-\frac{1}{2}x - 27y$
d) $18a - \frac{12}{25}b$

25. Klammern Sie soweit wie möglich aus:

a) $12ab^3c^4 - 16a^2bc^3 + 20bc - 32a^4b^2c^3$
b) $-39m^7n^5o^2 + 91m^3n^4o^6 - 143m^5n^4o^4 - 78m^3n^8o^5$
c) $48w^5x^3y^2z - 176w^3x^7y^5z^4 + 80w^4x^4y^2z^6 - 112w^2x^3y^7z^3 + 32w^2x^2y^6z^8$

26. Fassen Sie zusammen:

a) $12a + 6a$

b) $-3x + 5x$

c) $89z - 24z$

d) $-\frac{2}{7}a + \frac{3}{14}a$

e) $28xy - 7xy + 3xy$

f) $-2ab + 4ab - 5ab$

g) $32z - \sqrt{5}z + \frac{5}{8}z$

h) $2 \cdot \sqrt{3} - \frac{1}{2} \cdot \sqrt{3} + 3 \cdot \sqrt{3}$

27. Fassen Sie Teile zusammen:

a) $28ab - 9a + 14b - 17ab + 3a - 9a - 50b + 12ab$

b) $-13xy - 4x + 3y - 8 + 12y - 45xy + 9 - 17 + 23x - y$

c) $3mn^2 - 4m^2n + mn - mn^2 + 8m^2n - 7mn^2 + 4m^2n^2$

d) $19 - (-4a) + 2b + 100 + 100b - 34 + 49a - 3b + a + 1$

28. Faktorisieren Sie mehrfach:

a) $ax - bx + ay - by$

b) $3p - 9q - 2p + 6q$

c) $12mn - 3mp + 4qn - pq$

d) $ab^2 - 2ab + b^2 - 2b$

29. Faktorisieren Sie mehrfach:

a) $32gh^2 - 36jh^2 - 80gk^2 + 90jk^2$

b) $49abc - 21ab + 14ac - 6a$

c) $-\frac{1}{3}x^2y^2 + \frac{1}{4}x^3y^3 + \frac{1}{2}xy - \frac{3}{8}x^2y^2$

30. Berechnen Sie mit Hilfe der binomischen Formeln:

a) $(2 - x)^2$

b) $(9 + a)^2$

c) $(x - y)^2$

d) $(-1 + y)^2$

e) $(2 - x) \cdot (2 + x)$

f) $(4p - 2q)^2$

g) $\left(\frac{3}{4} - a\right)^2$

h) $\left(x - \frac{1}{2}y\right)^2$

i) $(14r - 2s) \cdot (14r + 2s)$

j) $(4m + 2n) \cdot (-4m + 2n)$

31. Berechnen Sie mit Hilfe der binomischen Formeln:

a) $\left(\frac{2}{7}a + \frac{1}{3}b\right)^2$

b) $(-2{,}5x + 3y)^2$

c) $(2mn - 7p)^2$

d) $(-10 - 10x)^2$

e) $(24xy^2 + 3x) \cdot (8y^2 - 1)$

f) $4 \cdot (2w - 3z)^2$

g) $(7a - 2b)^2 \cdot (2 - a)$

h) $\left(3m - \frac{6}{7}n\right) \cdot \left(\frac{2}{7}n - m\right)$

32. Berechnen Sie mit Hilfe der binomischen Formeln:

a) $(x + y) \cdot (x + y) \cdot (x - y)$

b) $(a - b) \cdot (a - b) \cdot (a + b) \cdot (a + b)$

c) $(p + q)^2 \cdot (p - q)^2$

d) $(2t - 8z)^2 \cdot (2t + 8z)^2$

e) $(x^2 - y^2)^2 \cdot (x^2 + y^2)^2$

f) $(s - t)^2 - (s + t)^2$

g) $(a + b) \cdot (a - b) - (a - b)^2 + (a + b)^2 - a^2 + b^2$

33. Formen Sie in einen binomischen Term um (Potenz oder Produkt):

a) $a^2 - 2ab + b^2$
b) $4p^2 - 9q^2$
c) $\frac{4}{25}x^2 + 4xy + 25y^2$
d) $-16g^2 + 36h^2$
e) $81 - t^2$
f) $81 + t^2$
g) $-6p + p^2 + 9$
h) $0{,}01e^2 - 0{,}3ef + 9f^2$
i) $6p - p^2 - 9$
j) $-1 - \frac{36}{121}w^2 - \frac{12}{11}w$
k) $1 - 9a^2$
l) $-\frac{4}{3}p^2 + \frac{32}{9}pq - \frac{64}{27}q^2$
m) $3m^2 - 4n^2$
n) $4r^4 - 20r^2s^2 + 25s^4$

34. Berechnen Sie mit Hilfe der binomischen Formeln:

a) 99^2
b) 101^2
c) 62^2
d) 79^2
e) 999^2
f) 195^2
g) 1001^2
h) $58 \cdot 62$
i) $18 \cdot 22$
j) $89 \cdot 111$
k) $275 \cdot 325$
l) $193 \cdot 207$
m) 52^2
n) 49^2
o) 11^4

2.3 Potenz- und Wurzelrechnung

2.3.1 Potenzen mit natürlichen Exponenten

Unter dem Term a^n, $a \in \mathbb{N}$, $n \in \mathbb{N}$, verstehen wir die natürliche Zahl, die wir durch n-fache Multiplikation der Zahl a mit sich selbst erhalten. Dies ist eine Potenz (siehe Seite 21). Es ist leicht einzusehen, daß sich der Begriff von natürlichen Basen auch auf ganze, rationale und auch reelle Basen a erweitern läßt, denn man kann schließlich jede Zahl mit sich selbst multiplizieren. Wir setzen im folgenden $a \in \mathbb{R}$ voraus. Was geschieht, wenn wir Potenzen miteinander verknüpfen?

Betrachten wir zunächst die Addition und Subtraktion zweier Potenzen am Beispiel 2^3, 2^4 und 3^4.

$$a^n = \underbrace{a \cdot a \cdot a \cdot \ldots \cdot a}_{n\text{-mal}}$$

Definition der Potenz

BEISPIELE

1. $2^3 + 2^4 = 2 \cdot 2 \cdot 2 + 2 \cdot 2 \cdot 2 \cdot 2 = 2 \cdot 2 \cdot 2 \cdot (1 + 2) = 8 \cdot 3 = 24$

2. $2^4 + 3^4 = 2 \cdot 2 \cdot 2 \cdot 2 + 3 \cdot 3 \cdot 3 \cdot 3 = 16 + 81 = 97$

G

Summen aus Potenzen mit gleichen Basen können wir durch Ausklammern vereinfachen. Summen aus Potenzen mit verschiedenen Basen lassen sich nicht vereinfachen.

Betrachten wir nun die Punktrechnung.

BEISPIEL

$2^3 \cdot 2^4 = 2 \cdot 2 \cdot 2 \cdot 2 \cdot 2 \cdot 2 \cdot 2 = 2 \cdot 2 \cdot 2 \cdot 2 \cdot 2 \cdot 2 \cdot 2 = 2^7 = 2^{3+4}$

Bei der Multiplikation zweier Potenzen mit gleichen Basen addieren wir einfach die Exponenten.

BEISPIEL

$$\frac{2^4}{2^3} = \frac{2\cdot 2\cdot 2\cdot 2}{2\cdot 2\cdot 2} = 2 = 2^1 = 2^{4-3}$$

Bei der Division zweier Potenzen mit gleichen Basen subtrahieren wir die Exponenten. Dies führt uns auf das erste Potenzgesetz:

G

1. Potenzgesetz: (P1): $a^m \cdot a^n = a^{m+n}$

(P1′): $\frac{a^m}{a^n} = a^{m-n}$

Die Bilder 2.24 und 2.25 zeigen den Beweis der Gesetze.

$$\text{(P1)}\; a^m \cdot a^n = \underbrace{a\cdot a\cdot a\cdot \ldots \cdot a}_{m\text{-mal}} \cdot \underbrace{a\cdot a\cdot a\cdot \ldots \cdot a}_{n\text{-mal}} = \underbrace{a\cdot a\cdot a\cdot \ldots \cdot a}_{(m+n)\text{-mal}} = a^{m+n}$$

Bild 2.24 Beweis des ersten Potenzgesetzes für die Multiplikation

$$\text{(P1′)}\; \frac{a^m}{a^n} = \frac{\overbrace{a\cdot a\cdot a\cdot \ldots \cdot a}^{m\text{-mal}}}{\underbrace{a\cdot a\cdot \ldots \cdot a}_{n\text{-mal}}} \underset{\substack{\uparrow\\ 1.}}{\overset{=}{a}} \frac{\cancel{a}\cdot\overbrace{a\cdot a\cdot \ldots \cdot a}^{(m-1)\text{-mal}}}{\cancel{a}\cdot\underbrace{a\cdot \ldots \cdot a}_{(n-1)\text{-mal}}} \underset{\substack{\uparrow\\ 2.}}{\overset{=}{a}} \ldots \underset{\substack{\uparrow\\ n.}}{\overset{=}{a}} \frac{\cancel{a}\cdot\overbrace{a\cdot a\cdot \ldots \cdot a}^{(m-n)\text{-mal}}}{\underbrace{\cancel{a}}_{0\text{-mal}}}$$

$$= \underbrace{a\cdot a\cdot \ldots \cdot a}_{(m-n)\text{-mal}}$$

Bild 2.25 Beweis des ersten Potenzgesetzes für die Division

Betrachten wir nun Potenzen mit verschiedenen Basen und gleichen Exponenten.

BEISPIELE

1. $2^4 \cdot 3^4 = 2\cdot 2\cdot 2\cdot 2 \cdot 3\cdot 3\cdot 3\cdot 3 = 2\cdot 3\cdot 2\cdot 3\cdot 2\cdot 3\cdot 2\cdot 3 = (2\cdot 3)^4$

2. $\frac{3^4}{2^4} = \frac{3\cdot 3\cdot 3\cdot 3}{2\cdot 2\cdot 2\cdot 2} = \frac{3}{2}\cdot\frac{3}{2}\cdot\frac{3}{2}\cdot\frac{3}{2} = \left(\frac{3}{2}\right)^4$

Hieraus läßt sich das zweite Potenzgesetz ableiten (Beweise siehe Bilder 2.26 und 2.27).

$$(P2)\ a^n \cdot b^n = \underbrace{a \cdot a \cdot a \cdot \ldots \cdot a}_{\text{n-mal}} \cdot \underbrace{b \cdot b \cdot b \cdot \ldots \cdot b}_{\text{n-mal}} = \underbrace{ab \cdot ab \cdot ab \cdot \ldots \cdot ab}_{\text{n-mal}} = (a \cdot b)^n$$

Bild 2.26 Beweis des zweiten Potenzgesetzes für die Multiplikation

$$(P2')\ \frac{a^n}{b^n} = \frac{\overbrace{a \cdot a \cdot a \cdot \ldots \cdot a}^{\text{n-mal}}}{\underbrace{b \cdot b \cdot b \cdot \ldots \cdot b}_{\text{n-mal}}} = \underbrace{\frac{a}{b} \cdot \frac{a}{b} \cdot \frac{a}{b} \cdot \ldots \cdot \frac{a}{b}}_{\text{n-mal}} = \left(\frac{a}{b}\right)^n$$

Bild 2.27 Beweis des zweiten Potenzgesetzes für die Division

G

2. Potenzgesetz: (P2): $a^n \cdot b^n = (a \cdot b)^n$

(P2′): $\frac{a^n}{b^n} = \left(\frac{a}{b}\right)^n$

Die letzte Verknüpfungsmöglichkeit ist die Bildung einer Potenz der Potenz.

BEISPIEL

$(2^3)^4 = 2^3 \cdot 2^3 \cdot 2^3 \cdot 2^3 = 2 \cdot 2 \cdot 2 \cdot 2 \cdot 2 \cdot 2 \cdot 2 \cdot 2 \cdot 2 \cdot 2 \cdot 2 \cdot 2 = 2^{12} = 2^{3 \cdot 4}$

Daraus leiten wir das dritte Potenzgesetz ab (siehe Bild 2.28 Seite 144).

G

3. Potenzgesetz: (P3): $(a^m)^n = a^{m \cdot n}$

$$\text{(P3)}\ \left(a^m\right)^n = \underbrace{a^m \cdot a^m \cdot \ldots \cdot a^m}_{n\text{-mal}}$$

$$= \underbrace{\underbrace{a \cdot a \cdot \ldots \cdot a}_{m\text{-mal}} \cdot \underbrace{a \cdot a \cdot \ldots\ a}_{m\text{-mal}} \cdot \ldots \cdot \underbrace{a \cdot a \cdot \ldots \cdot a}_{m\text{-mal}}}_{n\text{-mal}}$$

$$= \underbrace{a \cdot a \cdot a \cdot \ldots \cdot a}_{(m \cdot n)\text{-mal}} = a^{m \cdot n}$$

Bild 2.28 Beweis des dritten Potenzgesetzes

BEISPIELE

1. $4^2 \cdot 4 = 4^2 \cdot 4^1 = 4^3$

2. $x^3 \cdot x^2 \cdot x^6 = x^{3+2+6} = x^{11}$

3. $5^7 : 5^4 = 5^{7-4} = 5^3$

4. $\dfrac{(x-3)^6}{(x-3)^5} = (x-3)^{6-5} = x - 3$

5. $(6^2)^4 = 6^{2 \cdot 4} = 6^8$

Besondere Bedeutung kommt hierbei den Vorzeichenpotenzen zu. Wollen wir das Vorzeichen einer Potenz mit negativer Basis wissen, zerlegen wir die Potenz in ein Produkt aus ihrem Betrag und ihrem Vorzeichen.

BEISPIEL

$(-4)^3 = (-1 \cdot 4)^3 = (-1)^3 \cdot 4^3 = (-1) \cdot (-1) \cdot (-1) \cdot 4^3 = -4^3$

Da das Produkt zweier, vierer, sechser, also einer geraden Anzahl von negativen Zahlen immer positiv ist, gilt:

G

$$(-1)^n = \begin{cases} +1, \text{ wenn } n \in \mathbb{N} \text{ gerade ist} \\ -1, \text{ wenn } n \in \mathbb{N} \text{ ungerade ist} \end{cases}$$

BEISPIEL

$(x-5)^7$ ist für $x = 3$ negativ, da $3 - 5$ negativ und der Exponent ungerade ist.

2.3.2 Potenzen mit ganzzahligen Exponenten

Wir wollen nun den Potenzbegriff erweitern. Dabei fordern wir, daß die Potenzgesetze erhalten bleiben sollen. Wir suchen also nach logischen Definitionen für Potenzen mit anderen als natürlichen Exponenten. Festlegungen von Begriffen und Symbolen fallen ja keineswegs einfach vom Himmel und werden willkürlich nach Lust und Laune eines Mathematikers verankert. Vielmehr geht dem ein langer Denkprozeß mit zweckgerichteten Überlegungen voraus.

Zunächst wollen wir die Potenz mit dem Exponenten Null festlegen. Wenn die Potenzgesetze weiterhin Gültigkeit haben sollen, so muß auch (P1′) gelten. Den Exponenten Null erhalten wir, wenn wir die Division mit zwei gleichen Exponenten durchführen:

$$\frac{a^n}{a^n} = a^{n-n} = a^0.$$

Andererseits ist $a^n : a^n = 1$. Folglich muß $a^0 = 1$ sein. $a = 0$ müssen wir ausschließen, weil die Division durch Null nicht erlaubt ist.

D

$a^0 = 1$ für alle $a \in \mathbb{R} \setminus \{0\}$

Führen wir unsere Überlegung weiter:

Es ist $\frac{a^5}{a^3} = \frac{a \cdot a \cdot a \cdot a \cdot a}{a \cdot a \cdot a} = a \cdot a$ und nach (P1′): $\frac{a^5}{a^3} = a^{5-3} = a^2$.

Es ist $\frac{a^5}{a^4} = \frac{a \cdot a \cdot a \cdot a \cdot a}{a \cdot a \cdot a \cdot a} = a$ und nach (P1′): $\frac{a^5}{a^4} = a^{5-4} = a^1$.

Es ist $\frac{a^5}{a^5} = \frac{a \cdot a \cdot a \cdot a \cdot a}{a \cdot a \cdot a \cdot a \cdot a} = 1$ und nach (P1′): $\frac{a^5}{a^5} = a^{5-5} = a^0$.

Es ist $\frac{a^5}{a^6} = \frac{a \cdot a \cdot a \cdot a \cdot a}{a \cdot a \cdot a \cdot a \cdot a \cdot a} = \frac{1}{a}$ und nach (P1′): $\frac{a^5}{a^6} = a^{5-6} = a^{-1}$.

Es ist $\frac{a^5}{a^7} = \frac{a \cdot a \cdot a \cdot a \cdot a}{a \cdot a \cdot a \cdot a \cdot a \cdot a \cdot a} = \frac{1}{a \cdot a}$ und nach (P1′): $\frac{a^5}{a^7} = a^{5-7} = a^{-2}$.

Auf diese Art erhalten wir eine sinnvolle Festlegung der Potenzen mit negativen Exponenten, wobei wir wegen der verbotenen Division durch Null $a = 0$ wieder ausschließen müssen:

D

$$a^{-n} = \frac{1}{a^n} \text{ für alle } a \in \mathbb{R} \setminus \{0\}$$

Nach unseren Überlegungen ist die Gültigkeit der Potenzgesetze damit gesichert.

BEISPIELE

1. $1\,000\,000\,000^0 = 1$

2. $2^{-3} = \frac{1}{2^3} = \frac{1}{8}$

3. $10^{-2} = \frac{1}{10^2} = \frac{1}{100} = 0{,}01$

4. $(x-2)^3 \cdot (x-2)^{-5} = (x-2)^{3+(-5)} = (x-2)^{-2} = \frac{1}{(x-2)^2}$

5. $(2^{-6})^5 = 2^{-6\cdot 5} = 2^{-30} = \frac{1}{2^{30}}$

6. $((-1)^{-5})^{-7} = (-1)^{-5\cdot(-7)} = (-1)^{35} = -1$

2.3.3 Potenzen mit rationalen Exponenten

Was soll der Ausdruck $2^{\frac{2}{3}}$ bedeuten, eine Potenz mit einem Bruch im Exponenten? Zur Überlegung ziehen wir das dritte Potenzgesetz heran. Wir wollen wieder die Gültigkeit der Potenzgesetze erhalten. Für den Exponenten $\frac{1}{2}$ muß dann gelten: $\left(4^{\frac{1}{2}}\right)^2 = 4^{\frac{1}{2}\cdot 2} = 4^1 = 4$.
$4^{\frac{1}{2}}$ muß also die Zahl sein, deren Quadrat 4 ergibt. Wir wissen, daß das Quadrat von 2 oder –2 gleich 4 ist. Also ist $4^{\frac{1}{2}} = 2$ oder – 2. Nach den gleichen Überlegungen ist $\left(9^{\frac{1}{2}}\right)^2 = 9$. Wegen $3^2 = 9$ muß $9^{\frac{1}{2}} = 3$ oder –3 sein. Nun ist aber $3 = \sqrt{9}$ und $2 = \sqrt{4}$. Demnach erscheint die Festlegung $a^{\frac{1}{2}} = \sqrt{a}$ sinnvoll zu sein. Wegen $\left(a^{\frac{1}{3}}\right)^3 = a$ muß $a^{\frac{1}{3}}$ die Zahl sein, die mit 3 potenziert a ergibt. Wir nennen sie die dritte Wurzel aus a: $\sqrt[3]{a}$. So ist die $\sqrt[3]{8} = 2$, da $2^3 = 8$ ist. Potenziert man diese Wurzeln, erhält man die Potenzen für beliebige rationale Exponenten: $8^{\frac{2}{3}} = \left(8^{\frac{1}{3}}\right)^2 = \left(\sqrt[3]{8}\right)^2 = 2^2 = 4$. Wir können nun festlegen:

D

Unter der n-ten Wurzel aus a, $\sqrt[n]{a}$, verstehen wir die positive reelle Zahl x, deren n-te Potenz a ergibt:

$x = \sqrt[n]{a} \Leftrightarrow x^n = a$

$a^{\frac{1}{n}} = \sqrt[n]{a},\ a^{\frac{m}{n}} = \left(\sqrt[n]{a}\right)^m,\ a \in \mathbb{R}_0^+,\ n \in \mathbb{N},\ m \in \mathbb{Z}$

BEISPIELE

1. $x^{\frac{1}{2}} \cdot x^{\frac{3}{2}} = x^{\frac{1}{2}+\frac{3}{2}} = x^2$, also $\sqrt{x} \cdot (\sqrt{x})^3 = x^2$

2. $(\sqrt[n]{a})^m = \sqrt[n]{a^m}$, da $(\sqrt[n]{a})^m = \left(a^{\frac{1}{n}}\right)^m = a^{\frac{m}{n}} = \left(a^m\right)^{\frac{1}{n}} = \sqrt[n]{a^m}$

3. $9^{\frac{3}{2}} = (\sqrt{9})^3 = 3^3 = 27$

4. $2^{\frac{2}{3}} = \sqrt[3]{2^2} = \sqrt[3]{4} \approx 1{,}5874$

5. $1000^{-\frac{4}{3}} = \dfrac{1}{1000^{\frac{4}{3}}} = \dfrac{1}{(\sqrt[3]{1000})^4} = \dfrac{1}{10^4} = \dfrac{1}{10000} = 0{,}0001$

2.3.4 Potenzen mit reellen Exponenten

Da irrationale Zahlen nur durch Intervallschachtelung näherungsweise bestimmbar sind (siehe Seite 80), gilt dies auch für Potenzen mit irrationalen Exponenten. So liegt $3^{\sqrt{2}}$ zwischen 3^1 und 3^2, also zwischen 3 und 9, da $\sqrt{2}$ zwischen 1 und 2 liegt. Nehmen wir die nächste Dezimalstelle von $\sqrt{2}$, so liegt $3^{\sqrt{2}}$ zwischen $3^{1{,}4}$ und $3^{1{,}5}$, also zwischen 4,655 ... und 5,196 ... Das Verfahren läßt sich fortsetzen bis zur gewünschten Genauigkeit. In der Praxis spielen diese Potenzen fast keine Rolle. Anwendung finden sie bei den Exponentialfunktionen (siehe Seite 297 ff.).

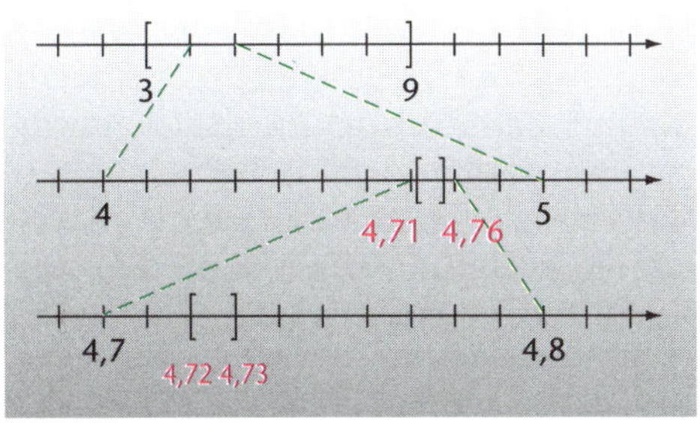

Bild 2.29 Intervallschachtelung zu $3^{\sqrt{2}}$

2.3.5 Wissenschaftliche Schreibweise (Scientific Notation)

In den Naturwissenschaften ist es üblich, Zahlen in einer Form auszudrücken, die es erlaubt, sofort einen Überblick über die Zahl und ihre Größenordnung zu erhalten. Wenn Sie entscheiden wollen, welche der Zahlen 78303548265725676129003463247 und 357867215346575671256400184 größer ist, so kommen Sie leicht ins Schwitzen. Und dies sind Zahlen, die in der Astronomie oder in der Physik vorkommen können. Man benutzt deshalb die ***wissenschaftliche Schreibweise:*** Jede Zahl wird als Produkt aus einer Zahl zwischen 1 (einschließlich) und 10 (ausschließlich) und einer Zehnerpotenz dargestellt.

BEISPIELE

1. $200 = 2 \cdot 100 = 2 \cdot 10^2$

2. $72092 = 7{,}2092 \cdot 10\,000 = 7{,}2092 \cdot 10^4$

3. $0{,}013 = 1{,}3 \cdot \frac{1}{100} = 1{,}3 \cdot 10^{-2}$

4. $-0{,}000004821 = -4{,}821 \cdot 10^{-6}$

Wollen Sie diese Schreibweise auf Ihrem Taschenrechner angezeigt bekommen, müssen Sie den Modus (mode) umschalten auf die Darstellung ***SCI*** (für ***sci***entific notation) oder bei einigen Taschenrechnern auch durch Bestätigen der Taste ***EE*** (für ***E***xponential-***E***ingabe). Nach der Anzeige von ***SCI*** auf dem Display tippen Sie ein, wie viele Stellen der Taschenrechner anzeigen soll. Die Stellenzahl beinhaltet die Vorkommastelle und die Nachkommastellen, nicht die Zehnerpotenzen. Drücken Sie erst die Taste ***MODE***, dann die Nummer für den ***SCI***-Mode, dann eine ***4***, dann die Ausführungstaste ***EXE*** (Bild 2.30). Tippen Sie jetzt ***200***, dann wieder ***EXE***. Ihr

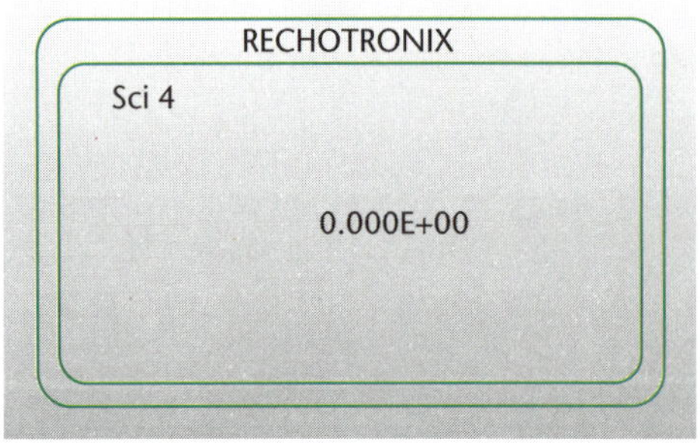

Bild 2.30 Scientific Notation auf dem Taschenrechner

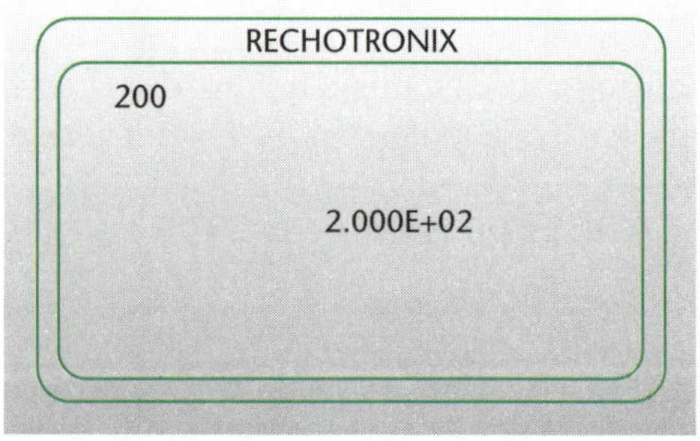

Bild 2.31

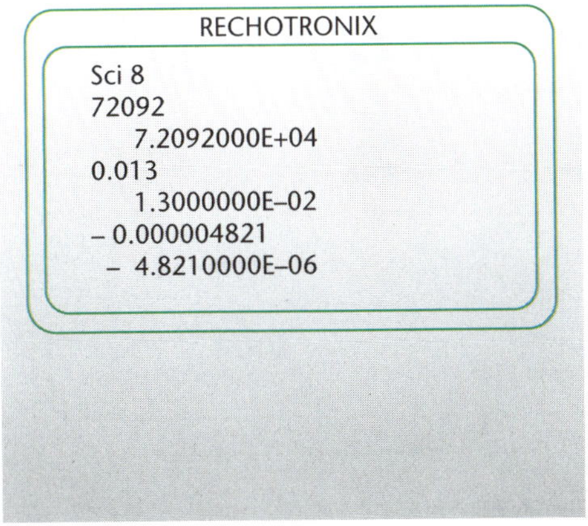

Bild 2.32

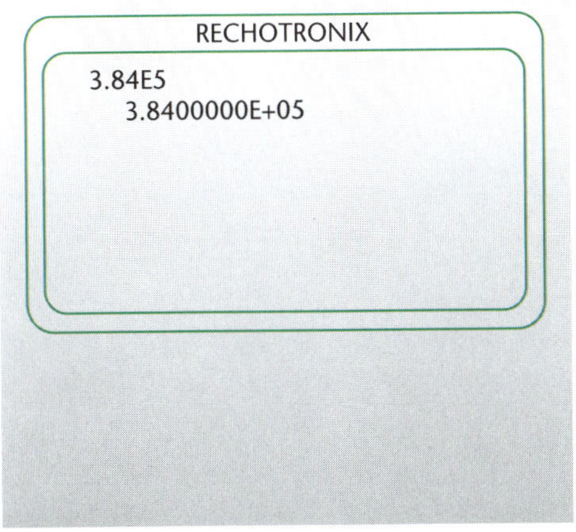

Bild 2.33

Taschenrechner zeigt an: 2.000^{02} (Bild 2.31). Das bedeutet $2{,}000 \cdot 10^2$, also $2 \cdot 100 = 200$. Tippen Sie jetzt die nächsten Zahlen unserer Beispiele von oben und anschließend immer die Ausführungstaste EXE. Sie sehen: 72092 EXE: 7.209^{04}. Es fehlt eine Ziffer, denn die vierstellige Anzeige reicht nicht mehr aus. Tippen Sie ***MODE*** und dann die Taste für den ***SCI***-Modus, dann eine 8, dann ***EXE***. Sie haben jetzt eine achtstellige Anzeige. Es erscheint: 7.2092000^{04}. Bei der nächsten Zahl 0,013 sehen Sie: 1.3000000^{-02} und beim vierten Beispiel -4.8210000^{-06}. Bild 2.32 zeigt noch einmal die Bedeutung der verschiedenen Anzeigen.

Der Vorteil der wissenschaftlichen Schreibweise liegt in der schnellen Vergleichbarkeit der Zahlen. So ist die Entfernung Erde – Sonne mit $1{,}497 \cdot 10^8$ km etwa 400mal so groß wie die Entfernung Erde – Mond mit $3{,}84 \cdot 10^5$ km.

Natürlich können Sie auf Ihrem Taschenrechner Zahlen auch in wissenschaftlicher Schreibweise eingeben. Für $384000 = 3{,}84 \cdot 10^5$ tippen Sie: ***3.84 EXP*** oder ***EE*** (für Exponentialanzeige) ***5 EXE***. Die Anzeige: erst 3.84E5, nach EXE 3.8400000^{05} (Bild 2.33). Für die Ladung eines Elektrons $e = 1{,}609 \cdot 10^{-19}$ C geben

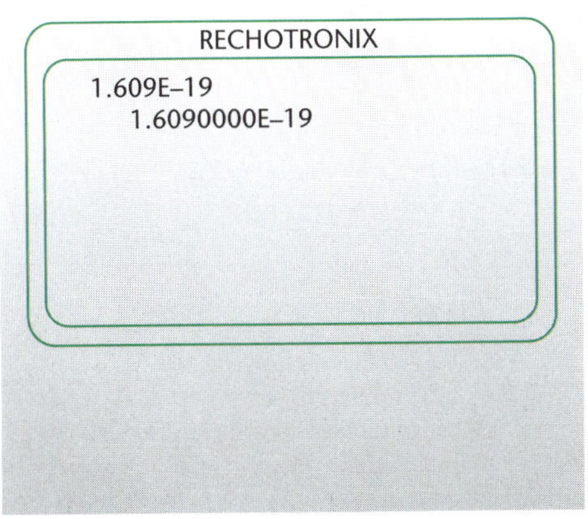

Bild 2.34

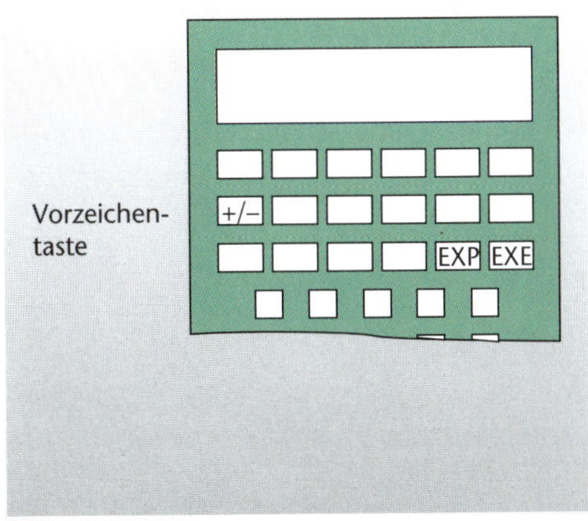

Bild 2.35 Taschenrechnertasten

Sie ein: 1.609 EXP – 19 EXE: 1.6090000 $^{-19}$ (Bild 2.34). Falls Sie einen Taschenrechner verwenden, der außer dem Minuszeichen als Rechenzeichen über eine gesonderte Vorzeichentaste (-) oder (+/–) verfügt (Bild 2.35), müssen Sie diese vor (bei manchen Taschenrechnern auch nach) der 19 eintippen.

Anschließend machen wir auf einen häufigen Fehler aufmerksam. Merke: Die Anzeige 7.3^{53} bedeutet $7{,}3 \cdot 10^{53}$ und nicht $7{,}3^{53}$! Tippen Sie das einmal bei 2stelliger Anzeige ein, und drehen Sie Ihren Taschenrechner um (siehe Bild 2.36).

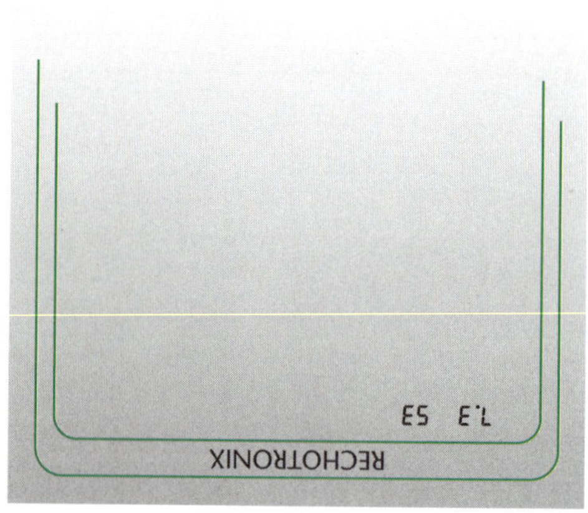

Bild 2.36 Grautier mit vier Buchstaben

ÜBUNGEN

35. Berechnen Sie folgende Potenzen:

a) 2^9 *b)* $(-3)^3$

c) $1{,}5^2$ *d)* $\left(\frac{2}{5}\right)^4$

e) $\left(-\frac{1}{2}\right)^5$ *f)* 10^{10}

g) $(-1)^9$

36. Wenden Sie Potenzgesetze an, und berechnen Sie:

a) $2^3 \cdot 2^4$ *b)* $(-0{,}1)^1 \cdot (-0{,}1)^3$

c) $(-1)^4 \cdot (-1)^3 \cdot (-1)^5$ *d)* $(-1)^n \cdot (-1)^n,\ n \in \mathbb{Z}$

e) $(-4)^3 \cdot (-4)^1$ *f)* $(1{,}5)^2 \cdot (1{,}5)^2$

37. Wenden Sie die Potenzgesetze an, und berechnen Sie:

a) $9^6 : 9^4$ *b)* $(-1)^8 : (-1)^3$

c) $(-3)^5 : (-3)^2$ *d)* $\frac{10^9}{10^4}$

e) $\frac{2^{25}}{2^{18}}$ *f)* $\frac{(-1)^{2n+1}}{(-2)^{2n}},\ n \in \mathbb{Z}$

g) $\frac{0{,}025^2}{\left(\frac{1}{40}\right)^2}$

38. Wenden Sie die Potenzgesetze an, und berechnen Sie:

a) $3^2 \cdot 4^2$ *b)* $2^3 \cdot 3^3$
c) $(-1)^7 \cdot (-2)^7$ *d)* $5^5 \cdot 2^5$
e) $\left(\frac{3}{5}\right)^4 \cdot \left(\frac{5}{3}\right)^4$ *f)* $0{,}02^4 \cdot 50^4$
g) $(-3)^5 \cdot (-2)^5$

39. Wenden Sie die Potenzgesetze an, und berechnen Sie:

a) $12^9 : 6^9$ *b)* $(-1000)^3 : 50^3$
c) $8^4 : (-2)^4$ *d)* $\frac{(-1)^4}{(-5)^4}$
e) $\frac{144^2}{36^2}$ *f)* $\frac{(-10)^5}{5^5}$
g) $\left(2\frac{3}{4}\right)^3 : \left(-\frac{11}{12}\right)^3$

40. Wenden Sie die Potenzgesetze an, und berechnen Sie:

a) $(-2)^2$ *b)* -2^2
c) $-(2^2)$ *d)* $-3 \cdot 4^3$
e) $-(3 \cdot 4^3)$ *f)* $-(3 \cdot 4)^3$
g) $(-3 \cdot 4)^3$ *h)* $-2 \cdot 2^4$
i) $(-2 \cdot 2)^4$ *j)* $\left(\frac{4}{5}\right)^2$
k) $\frac{4^2}{5}$ *l)* $\frac{7^4}{14^4}$

41. Wenden Sie die Potenzgesetze an, und berechnen Sie:

a) $\left(2^2\right)^2$ *b)* $\left((-1)^3\right)^2$
c) $\left(10^3\right)^5$ *d)* $\left((-3)^2\right)^2$
e) $\left(0{,}1^3\right)^4$ *f)* $\left(\left(\frac{3}{2}\right)^2\right)^2$
g) $2^{(2^2)}$

42. Wandeln Sie die Terme in gleichwertige um, indem Sie Potenzgesetze anwenden:

a) $a^2 \cdot a^3$ *b)* $a^4 \cdot a^2 \cdot a^1$
c) $x^5 \cdot x^7$ *d)* $x^n \cdot x^{2n}$
e) $p^{2k} \cdot p^{k-1}$ *f)* $(a+b)^3 \cdot (a+b)^2$
g) $(x-y)^5 \cdot (x-y)^1 \cdot (x-y)^2$ *h)* $x^{n+1} \cdot x^{n-1}$
i) $w^{k+2} \cdot w^{2k} \cdot w^2 \cdot w^{2k-3}$ *j)* $(a+b)^2 \cdot (a-b)^2$

43. Wandeln Sie die Terme in gleichwertige um, indem Sie Potenzgesetze anwenden:

a) $(a-b)^5 \cdot (b-a)^5$ *b)* $(5x-15y)^3 \cdot (x-3y)^3$
c) $(2x-3y)^3 \cdot (2x+3y)^3$ *d)* $(8-4a)^2 \cdot (4a-8)^3 \cdot (a-2)^5$

44. Wandeln Sie die Terme in gleichwertige um, indem Sie Potenzgesetze anwenden:

a) $a^7 : a^1$
b) $x^{13} : x^2$
c) $y^2 : y^2$
d) $z^{n+1} : z^{n-1}$
e) $(a - b)^6 : (a - b)^4$
f) $(5x + 4y)^{2k} : (15x + 12y)^k$
g) $z^{5k-1} : z^{1-5k}$

45. Multiplizieren Sie die Klammern aus:

a) $(a^3 - a^2) \cdot a^2$
b) $(b + b^4 + b^2) \cdot b^3$
c) $(m^n - m) \cdot m^n$
d) $x^3y^2 \cdot (2x + 3y^2 - x^2)$
e) $(p^4 - q^3) \cdot (p^3 + q^4)$
f) $(2a^3b^2c) \cdot (-3a^5 + 2b^7 - c^2)$
g) $(9x^2 + 3y) \cdot (2 + 3x) \cdot (y^2 - 1)$

46. Dividieren Sie:

a) $(4a^3b^6 - 12a^4b^2 + 6a^4b) : 2ab$
b) $(84x^{12}y^9 - 133x^{10}y^4 - 91x^7y^8) : 7x^4y^2$
c) $\left(-\frac{3}{7}v^5w^3x^7 + \frac{2}{5}v^6w^9x^3 - \frac{8}{3}v^4w^5x^6 - \frac{4}{9}v^3w^9x^2\right) : \left(-\frac{6}{7}v^3wx^2\right)$

47. Berechnen Sie:

a) 2^{-3}
b) 2^{-6}
c) $(-2)^{-4}$
d) 10^{-7}
e) $(-1)^{-9}$
f) 5^{-3}
g) $\left(\frac{1}{2}\right)^{-5}$

48. Berechnen Sie:

a) $2^{\frac{1}{2}}$
b) $8^{\frac{1}{3}}$
c) $4^{\frac{5}{2}}$
d) $100^{\frac{7}{2}}$
e) $\left(\frac{9}{25}\right)^{-\frac{3}{2}}$
f) $27^{-\frac{4}{3}}$

49. Berechnen Sie:

a) $\sqrt[3]{64}$
b) $\sqrt[4]{81}$
c) $\sqrt[5]{3125}$
d) $\sqrt[4]{10000}$
e) $\sqrt[3]{0{,}001}$
f) $\sqrt{\sqrt{16}}$
g) $\sqrt[3]{2^6}$
h) $\sqrt[4]{\frac{1}{256}}$
i) $\sqrt[5]{\frac{32}{100000}}$
j) $\sqrt[3]{-8}$

50. Vereinfachen Sie die Terme:

a) $(2a^{-2}b^3)^{-1}$

b) $(x^6y^{-3})^{-4}$

c) $(-a^{-9})^{-n}$

d) $\left(\frac{3a^4b^3}{4a^{-2}b} : \frac{2a^{-1}b^2}{5a^3\,b^{-4}}\right)^{-3}$ *e)* $\frac{-27x^{-3}y^{-4}z^{-2}}{2^{-2}x^5\,y^{-1}z^6} \cdot \frac{3^{-2}x^7\,y^{-1}z^4}{4^2x^{-3}y^7z^{-9}}$

f) $\frac{p^{-3}q^2\,r^{-12}}{3^3\,r^4\,s^{-5}q} \cdot \frac{(-1)^{-5}p^{-3}q^8r^{-4}s^2}{2^{-5}s^9\,p^0\,q^{-8}r^{10}} \cdot \frac{\sqrt[4]{81} \cdot p^4\,q^3\,r^{-2}q^{-7}}{4^2\,r^{-32}p^{-2}s^3q^2}$

g) $\frac{48x^{-5}\,y^{14}\,z^{-27}}{63x^8\,y^{-25}\,z^{10}} : \frac{2^{-3}x^{12}\,y^{-2}z}{7x^{-1}\,y^{13}\,z^{-6}}$

h) $\left(\frac{p^{-4}\,q^3\,r^{-2}}{3^3\,r^4\,s^{-5}}\right)^{-2} \cdot \left(\frac{(-1)^{-4}p^{-2}q^8\,s^{-3}}{2^3r^9p^2q^{-8}r^{-2}}\right)^{-1} \cdot \left(\frac{p^4\,q^3\,r^{-11}}{r^{-3}\,p^{-2}\,s^5\,q^3}\right)^3$

51. Geben Sie als Potenz an:

a) $\sqrt{(x-4)^3}$

b) $\sqrt{\sqrt{x}}$

c) $\frac{1}{\sqrt{x-1}}$

d) $x \cdot \sqrt{x}$

e) $\frac{-2}{\sqrt[n]{(x-3)^4}}$

f) $\frac{-2 \cdot (x-3)}{\sqrt[n]{(x-3)^4}}$

g) $\frac{x^2-1}{\sqrt{x^2-1}}$

52. Geben Sie in wissenschaftlicher Schreibweise und in Form einer Taschenrechneranzeige an (die Zahl in der Klammer gibt die gewünschte Stellenzahl des Taschenrechners an):

a) 53,2 (4)

b) 0,0025 (6)

c) –1709,65 (8)

d) –0,2 (3)

e) 9 754 285 008 241 (6)

f) $-\frac{90}{8}$ (5)

53. Die folgenden Zahlen stellen Taschenrechneranzeigen dar. Geben Sie die zugehörigen Zahlen als Dezimalzahl und in wissenschaftlicher Schreibweise an:

a) 9.205 07

b) –1.000 01

c) 2.525 – 02

d) –3.16728 – 29

e) 5.0013 08

54. Berechnen Sie mit dem Taschenrechner:

a) $\sqrt{29}$

b) $\sqrt[4]{8}$

c) $\sqrt{\sqrt{17}}$

d) $\sqrt[5]{3}$

e) $\sqrt[3]{2,3}$

f) $\sqrt[7]{10}$

g) $2^{\frac{3}{2}}$

h) $-10^{\frac{3}{4}}$

i) $12^{-3,5}$

j) $8^{-0,\overline{3}}$

k) $\left(\frac{7}{9}\right)^{\frac{4}{5}}$

l) $\sqrt[4]{1,2^{2,4}}$

Die größte dreistellige Zahl

Welches ist die größte Zahl, die man mit einer Ziffer schreiben kann? Das ist natürlich 9! Und welches ist die größte Zahl, die aus zwei Ziffern besteht? 99 wird so mancher antworten. Doch das ist weit gefehlt! 9^9 ist viel größer! Zugegeben, das ist ein bißchen gemogelt. Denn genau genommen sind hier die beiden Neunen ja gar keine Ziffern, sondern Zahlen.

Wie groß ist denn 9^9? Rechnen wir es aus:
$9^9 = 9 \cdot 9 \cdot 9 \cdot 9 \cdot 9 \cdot 9 \cdot 9 \cdot 9 \cdot 9 = 81 \cdot 9^7 = 729 \cdot 9^6 = 6561 \cdot 9^5$
$= 59049 \cdot 9^4 = 331441 \cdot 9^5 = 4782969 \cdot 9^2 = 43046721 \cdot 9$
$= 387420489$, in Worten: dreihundertsiebenundachtzig Millionen vierhundertzwanzigtausend vierhundertneunundachtzig. Und das mit nur zwei Ziffern!

Nun können wir uns der nächsten Frage zuwenden. Welches ist die größte Zahl, die man mit drei Ziffern schreiben kann? Man ahnt, daß es wohl nicht 999 sein wird. Vielmehr ist wieder eine Potenz zu erwarten. Schauen wir uns alle Potenzen an, die mit 3 Neunen gebildet werden können:

99^9, 9^{99} und die „Doppelpotenz" 9^{9^9}. Doch leider ist der letzte Term gar nicht definiert, denn er ist nicht eindeutig. Wir müssen uns entscheiden, welcher Exponent Vorrang hat. Dies können wir durch Klammern verdeutlichen: $\left(9^9\right)^9$ oder $9^{\left(9^9\right)}$. Nun haben wir alle Möglichkeiten aufgeschrieben. Welches ist die größte Potenz? Der Taschenrechner teilt uns mit: $99^9 \approx 9{,}135172475 \cdot 10^{17}$ (siehe Bild 2.37).

Für 9^{99} zeigt er an: $2{,}951266543 \cdot 10^{94}$! Das ist bereits deutlich größer. Eine 95stellige Zahl ist das! Wie sie wohl heißt? Irgendetwas mit 29512 Septilliarden Septilliarden (1 Septilliarde = 10^{45}). Sowieso unvorstellbar!

Was zeigt der Taschenrechner bei $\left(9^9\right)^9$? Nur lasche $1{,}966270505 \cdot 10^{77}$ (Bild 2.38)! Na ja, das ist ja auch nur 387420489^9. Also wenden wir uns der letzten Möglichkeit zu, $9^{\left(9^9\right)} = 9^{387420489}$.

Wir müssen die 9 ganze 387420489mal mit sich selbst multiplizieren. Der Taschenrechner gibt die Antwort: „Sorry, mein Speicher schafft das nicht!" (Bild 2.39) Jetzt wissen wir, daß dies die größte Zahl aus drei Ziffern ist. Fassen wir zusammen: $999 < 99^9 < \left(9^9\right)^9 < 9^{\left(9^9\right)}$.

Doch wie groß ist diese größte Zahl? Sollten wir uns hinsetzen und rechnen, so müßten wir 387 420 489 Multiplikationen ausführen. Dabei wächst die Zahl bei fast jeder Multiplikation um eine Stelle. Wir haben gegen Ende also über 300 Millionen Zahlen zu addieren! Das könnte eine Lebensaufgabe werden. Verzweifelt? Nicht verzagen! Es gibt immer einen Ausweg. Es reicht uns ja auch, wenn wir die Größenordnung der Zahl kennen. Die letzte Ziffer können wir sowieso angeben. Es ist eine 9, da die Anzahl der miteinander zu multiplizierenden Neunen ungerade ist. Ansonsten hilft uns der Logarithmus (siehe Seite 183) weiter. Das dritte Logarithmusgesetz

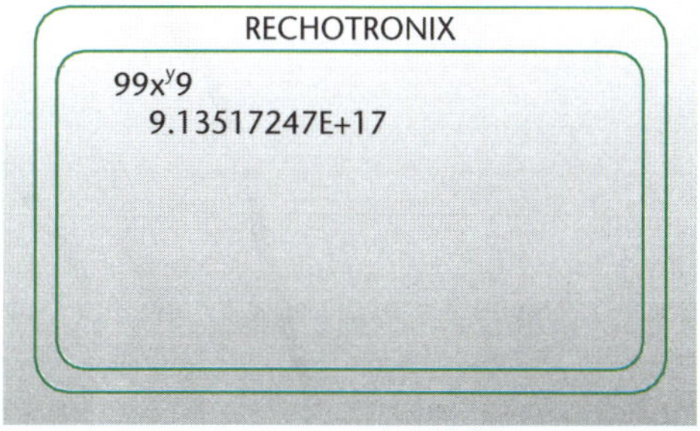

Bild 2.37

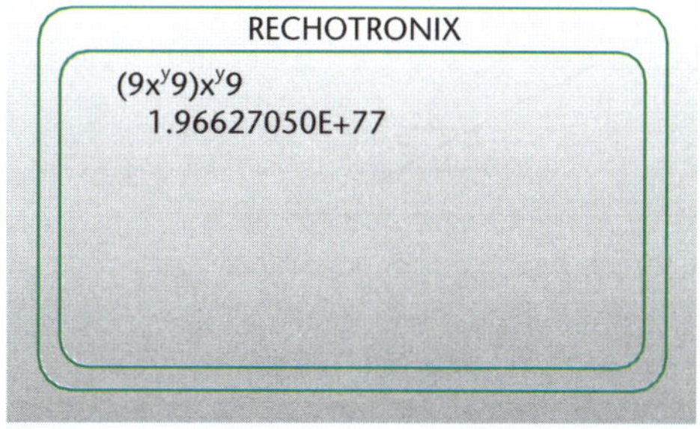

Bild 2.38

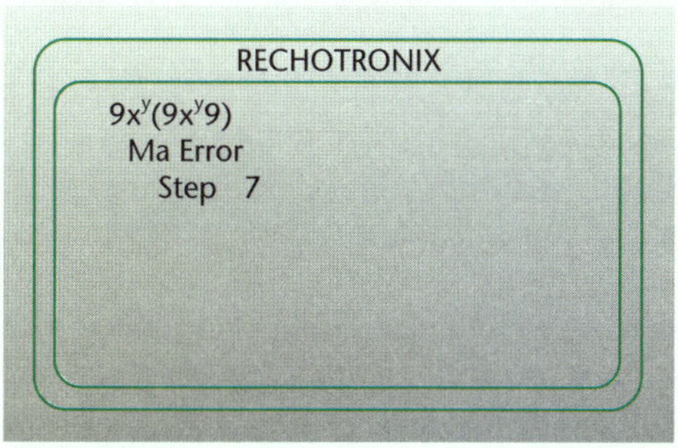

Bild 2.39

sagt aus: $\log_a x^n = n \cdot \log_a x$. Wir können unsere Zahl erst logarithmieren und anschließend wieder entlogarithmieren, also exponenzieren. Da uns die Zehnerpotenz interessiert, verwenden wir den dekadischen Logarithmus lg x:

$$\begin{aligned} 9^{387420489} \rightarrow \lg 9^{387420489} &= 387420489 \cdot \lg 9 \\ &\approx 387420489 \cdot 0{,}954242509 \\ &= 369693099{,}461366901 \end{aligned}$$

Jetzt machen wir das Logarithmieren wieder rückgängig, indem wir zur Basis 10 potenzieren und anschließend die Potenz in eine mit ganzzahligem Exponenten und eine mit dem Rest als Exponenten zerlegen, wobei wir das 1. Potenzgesetz (siehe Seite 142) anwenden:

$$10^{369693099,461366901} = 10^{369693099} \cdot 10^{0,461366901} \approx 2{,}893123021 \cdot 10^{369693099}.$$

Unsere gesuchte Zahl hat also 369 693 100 Ziffern! Um allein diese Zahl aufzuschreiben, bräuchte man bei zwei Ziffern pro Sekunde und acht Stunden intensivem Schreiben am Tag fast 18 Jahre, vorausgesetzt, man schreibt 365 Tage im Jahr! Da wollen wir vom Ausrechnen lieber schweigen.

Zusammenfassung: $999 < 99^9 < \left(9^9\right)^9 < 9^{99} < 9^{(9^9)}$

$$999 < 9{,}1 \cdot 10^{17} < 1{,}97 \cdot 10^{77} < 2{,}95 \cdot 10^{94} < 2{,}89 \cdot 10^{369693099}$$

R

Die größte Zahl, die mit 3 „Ziffern" geschrieben werden kann, heißt $9^{(9^9)}$ und beträgt etwa $2{,}893123021 \cdot 10^{369\,693\,099}$.

2.4 Lineare Gleichungen und Ungleichungen

2.4.1 Äquivalenzumformungen

EINFÜHRUNGSBEISPIEL

Bastian kauft im Supermarkt 4 Wundertüten. Er gibt der Kassiererin 10 DM und erhält 3,40 DM zurück. Wieviel kostet eine Wundertüte? Der Preis hierfür ist uns unbekannt, nennen wir ihn zunächst einmal x DM. Dann kosten 4 Tüten $4 \cdot x$ DM. Dieser Betrag muß zusammen mit dem Wechselgeld 10 DM ergeben, also $4x$ DM + 3,40 DM = 10 DM. Dies nennen wir eine ***lineare Gleichung*** mit einer Unbekannten. Die Lösung des Problems hängt mit der Lösung der Gleichung zusammen. Wir lassen die Einheit DM der Übersichtlichkeit halber weg.

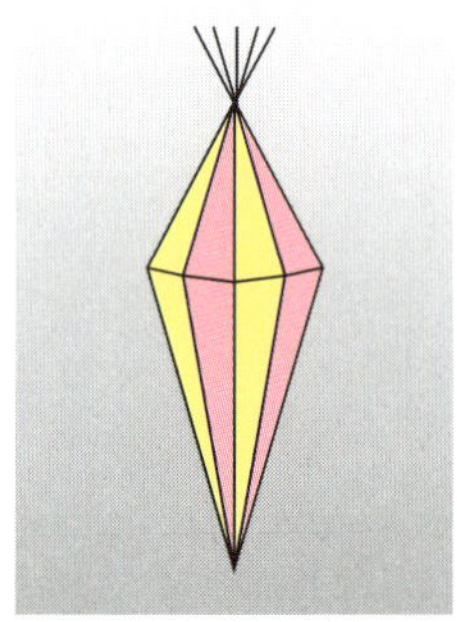

Bild 2.40

$4x + 3{,}40 = 10$	4 Tüten plus 3,40 DM Wechselgeld sind 10 DM wert (Bild 2.41).
$4x = 10 - 3{,}40$	4 Tüten kosten demnach 10 DM − 3,40 DM.
$4x = 6{,}60$	4 Tüten kosten 6,60 DM (Bild 2.42).
$1x = 6{,}60 : 4$	1 Tüte kostet den vierten Teil davon.
$x = 1{,}65$	1 Tüte kostet 1,65 DM.

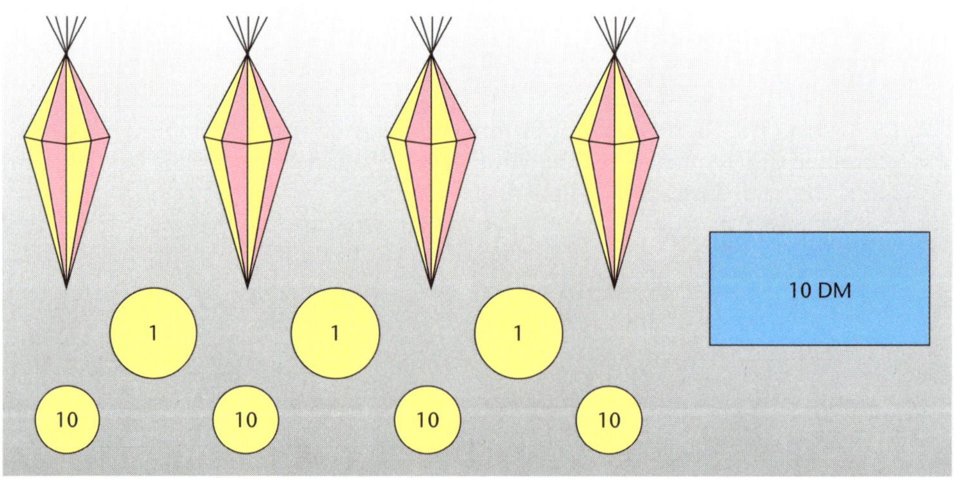

Bild 2.41

Bild 2.42

Wir haben die mathematische Lösung und die Problemlösung, wie sie sich aus rein logischen Überlegungen ergibt, parallel dargestellt. Doch schauen wir uns die mathematische Lösung genauer an. Was haben wir gemacht?

Um von $4x + 3{,}40 = 10$ zur nächsten Gleichung zu kommen, müssen wir auf der linken Seite 3,40 subtrahieren, auf der rechten ebenfalls. Dies geben wir hinter der Gleichung an.

$4x + 3{,}40 = 10 \quad | -3{,}40$ Wir erhalten:
$4x + 3{,}40 - 3{,}40 = 10 - 3{,}40$
$4x = 6{,}60$

Da wir nicht den Betrag von 4x, sondern den von einem x wissen möchten, müssen wir aus 4x jetzt 1x machen, indem wir durch 4 dividieren. Dann müssen wir aber auch die Zahl rechts durch 4 dividieren.

$4x = 6{,}60 \quad | :4$ Wir erhalten:

$\frac{4x}{4} \quad \frac{6{,}60}{4}$

oder

$4x : 4 = 6{,}60 : 4$ Wegen $4x : 4 = x$ und $6{,}60 : 4 = 1{,}65$ ist
$x = 1{,}65$

Die letzte Gleichung hat dieselbe Lösung wie die erste. Wir haben zu ihr gefunden, indem wir außer Termumformungen auf beiden Seiten dieselbe Zahl substrahiert haben (3,40) und beide Seiten durch dieselbe Zahl dividiert haben (4).

D

Zwei Gleichungen heißen *äquivalent* oder *gleichwertig*, wenn sie dieselbe Lösungsmenge haben. Die Umformung einer Gleichung heißt *Äquivalenzumformung*, wenn sie aus der Gleichung eine äquivalente Gleichung erzeugt.

Zwei erlaubte Umformungen haben wir bereits kennengelernt. Es ist einsichtig, daß auch die Addition derselben Zahl auf beiden Seiten ebenso wie die Multiplikation mit derselben Zahl auf beiden Seiten die Lösung nicht verändert. Eine Ausnahme gibt es: Wenn wir eine Gleichung mit 0 multiplizieren, so erhalten wir in jedem Fall die Gleichung 0 = 0. Und diese ist fast nie äquivalent zur vorangegangenen Gleichung.

R

Es gibt folgende Äquivalenzumformungen:

1. Wir dürfen auf beiden Seiten einer Gleichung dieselbe Zahl (Bild 2.43) oder denselben Term[1] addieren (Bild 2.44) oder subtrahieren (Bild 2.45).

2. Wir dürfen auf beiden Seiten der Gleichung mit derselben Zahl oder demselben Term[1] multiplizieren, ausgenommen mit Null (Bild 2.46).

3. Wir dürfen auf beiden Seiten der Gleichung durch dieselbe Zahl oder denselben Term[1] dividieren, ausgenommen durch Null (Bild 2.47).

$a = b \Leftrightarrow a \boxed{+5} = b \boxed{+5}$

Bild 2.43 Addition einer Zahl

$a = b \Leftrightarrow a \boxed{+T} = b \boxed{+T}$

Bild 2.44 Addition eines Termes

$a = b \Leftrightarrow a \boxed{-T} = b \boxed{-T}$

Bild 2.45 Subtraktion eines Termes

$a = b \Leftrightarrow a \boxed{\cdot T} = b \boxed{\cdot T}$

Bild 2.46 Multiplikation mit einem Term

$a = b \Leftrightarrow a \boxed{:T} = b \boxed{:T}$

Bild 2.47 Division durch einen Term

Äquivalenzumformungen zeigen wir an, indem wir zwischen die äquivalenten Gleichungen das Äquivalenzzeichen $\Leftrightarrow$ setzen.

BEISPIELE

1.

$$\begin{aligned} & x - 4 &&= 8 && \mid +4 \\ \Leftrightarrow\ & x - 4 + 4 &&= 8 + 4 && \mid \text{addieren} \\ \Leftrightarrow\ & x &&= 12 && \end{aligned}$$

2.

$$\begin{aligned} & -\frac{1}{2}x + 3a &&= 5 - a && \mid -3a \\ \Leftrightarrow\ & -\frac{1}{2}x + 3a - 3a &&= 5 - a - 3a && \mid \text{zusammenfassen} \\ \Leftrightarrow\ & -\frac{1}{2}x &&= 5 - 4a && \mid : \left(-\frac{1}{2}\right) \text{ oder } \cdot (-2) \\ \Leftrightarrow\ & -\frac{1}{2}x \cdot (-2) &&= (5 - 4a) \cdot (-2) && \leftarrow \text{Vorsicht! ausmultiplizieren} \\ \Leftrightarrow\ & x &&= -10 + 8a && \end{aligned}$$

Bei der Multiplikation muß darauf geachtet werden, daß der komplette Term auf jeder Seite multipliziert wird. Am besten schreibt man ihn dazu erst in Klammern.

Nun muß die Gleichung nicht immer in einer einfachen Form gegeben sein.

---

[1] Dies gilt nicht für Terme mit eingeschränkter Definitionsmenge.

BEISPIEL

$$\begin{aligned}
& -5x^2+3 = (x-2)^2 - 6x^2 + x \\
\Leftrightarrow\; & -5x^2+3 = x^2 - 4x + 4 - 6x^2 + x \\
\Leftrightarrow\; & -5x^2+3 = -5x^2 - 3x + 4 && \mid +5x^2 \\
\Leftrightarrow\; & 3 = -3x + 4 && \mid +3x \\
\Leftrightarrow\; & 3x + 3 = 4 && \mid -3 \\
\Leftrightarrow\; & 3x = 1 && \mid :3 \\
\Leftrightarrow\; & x = \frac{1}{3}
\end{aligned}$$

Hier sind bereits die Zwischenschritte, die die auf beiden Seiten durchgeführte Operation angeben, nicht mehr aufgeschrieben. Die Gleichung sieht zwar zunächst nach einer quadratischen und nicht nach einer linearen Gleichung aus, da x in der 2. Potenz vorkommt und nicht nur in erster, aber die quadratischen Terme haben sich schließlich gegenseitig aufgehoben.

D

Eine Gleichung mit einer Unbekannten (Variablen) heißt *lineare Gleichung*, wenn sie sich in eine äquivalente Gleichung der Form $ax + b = 0$ umwandeln läßt, wobei x die Variable ist und $a, b \in \mathbb{R}$ sind.
Steht statt des Gleichheitszeichens eines der Relationszeichen „$<$“, „$>$“, „$\leq$“, „$\geq$“ oder $\neq$, so spricht man von einer *linearen Ungleichung*.

Ungleichungen werden genauso behandelt wie Gleichungen. Es gibt allerdings einen Unterschied bei der Multiplikation mit oder der Division durch eine negative Zahl oder einen negativen Term.

BEISPIEL

$$\begin{aligned}
4 &> 3 && \mid \cdot(-2) \\
-2\cdot 4 &> -2\cdot 3 \\
-8 &> -6.
\end{aligned}$$

Dies ist falsch! Es ist $-8 < -6$, nicht $-8 > -6$!

Was ist passiert? Durch die Multiplikation mit der negativen Zahl ändern alle Zahlen ihre Vorzeichen. Dabei behalten sie zwar ihren Betrag, ändern aber ihre Relation zueinander (Bild 2.48).

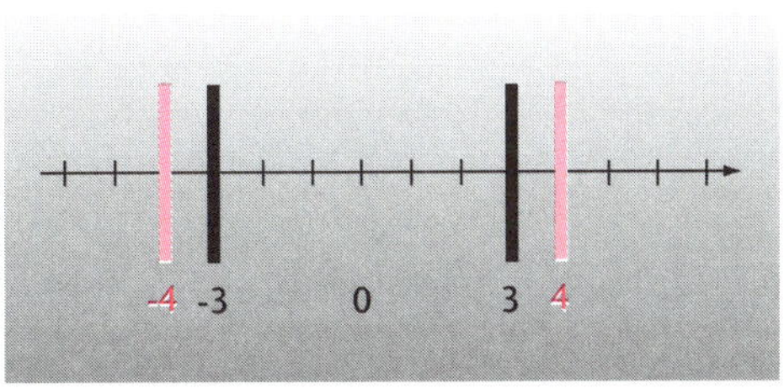

Bild 2.48 Multiplikation einer Ungleichung mit einer negativen Zahl

R

Bei der Multiplikation mit oder der Division durch eine negative Zahl oder einen negativen Term ändert sich das Relationszeichen einer Ungleichung.

a	>	b	⇔	-	a	<	-	b
a	<	b	⇔	-	a	>	-	b
a	≥	b	⇔	-	a	≤	-	b
a	≤	b	⇔	-	a	≥	-	b

Bild 2.49 Relationen von Zahlen und Gegenzahlen

BEISPIELE

1.

$$x - 4 < 11 \quad | + 4$$
$$\Leftrightarrow \quad x < 15$$

2.

$$-3x + 5 \geq 23 + 12x \quad | - 12x$$
$$\Leftrightarrow \quad -15x + 5 \geq 23 \quad | - 5$$
$$\Leftrightarrow \quad -15x \geq 18 \quad | : (-15)$$
$$\Leftrightarrow \quad x \leq -\frac{18}{15} = -\frac{6}{5}$$

Zum Abschluß sei noch ein hilfreiches Lösungsschema angegeben, das meistens zum Erfolg führt (Bild 2.50).

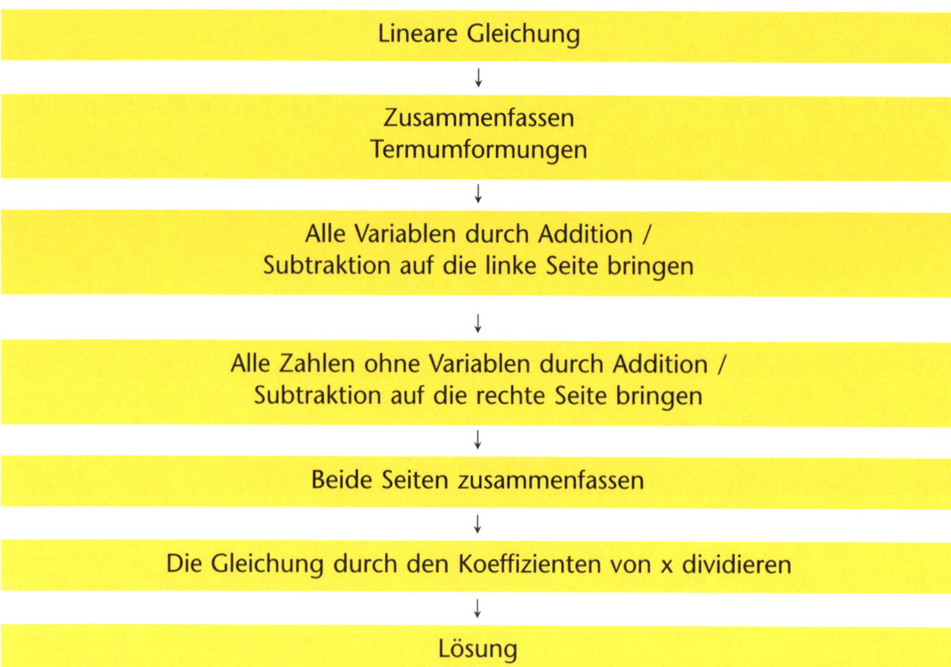

Bild 2.50 Schema zum Lösen einer linearen Gleichung

Da jeder linearen Gleichung der Form $ax + b = 0$ eine lineare Funktion $y = ax + b$ (siehe Seite 267) entspricht, kann man eine lineare Gleichung auch dadurch lösen, daß man den Graphen von $y = ax + b$, eine Gerade, zeichnet und, da die rechte Seite der Gleichung $ax + b = 0$ hier Null ist, die Nullstelle der Funktion sucht. Dies ist die gesuchte Lösung (Bild 2.51 und 2.52; siehe auch Seite 271).

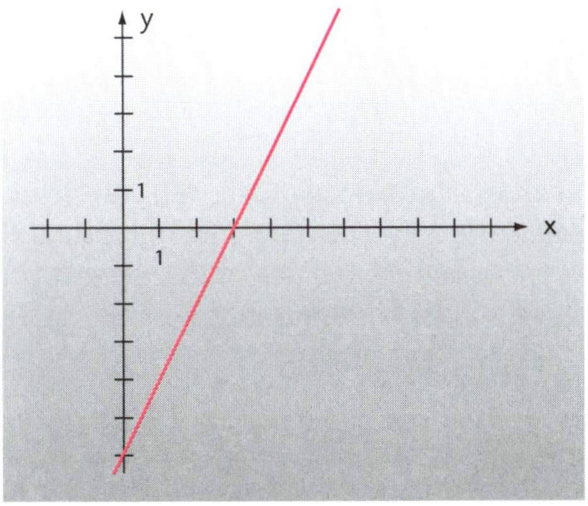

Bild 2.51 Graph der linearen Funktion $y = 2x - 6$
Die Lösung der linearen Gleichung $2x - 6 = 0$ ist die Nullstelle $x = 3$ des Graphen.

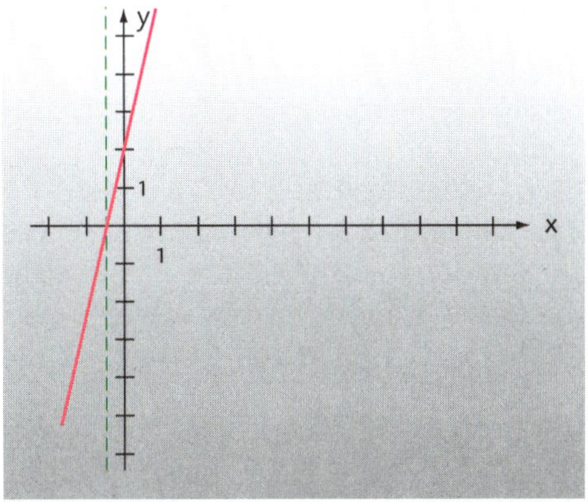

Bild 2.52 Graph der linearen Funktion $y = 5x + 2$
Der Graph liegt oberhalb der X-Achse für alle $x > -0{,}4$. Deshalb lösen alle $x > -0{,}4$ die lineare Ungleichung $5x + 2 > 0$ bzw. $5x - 2 > -4$.

2.4.2 Lösungsmengen

Eine lineare Gleichung muß nicht genau eine Lösung haben. Ungleichungen haben ohnehin unendlich viele Lösungen in $\mathbb{Q}$ und $\mathbb{R}$ und $\mathbb{C}$. Deshalb gibt man die Lösungen in Form einer Menge an, der ***Lösungsmenge*** $\mathbb{L}$. Dabei muß aber vorher vereinbart sein, aus welcher ***Grundmenge G*** die Lösungen stammen dürfen. Meistens wählt man die Menge $\mathbb{R}$, sie kann aber auch auf $\mathbb{Q}$ oder $\mathbb{Z}$ oder $\mathbb{N}$ oder Teilmengen davon eingeschränkt werden.

Untersuchen wir die möglichen Lösungsmengen bei Gleichungen. Den Fall genau einer Lösung haben wir bereits kennengelernt. So hat die Gleichung $x - 4 = 8$ die Lösungsmenge $\mathbb{L} = \{12\}$, falls $12 \in G$ (Bild 2.53).

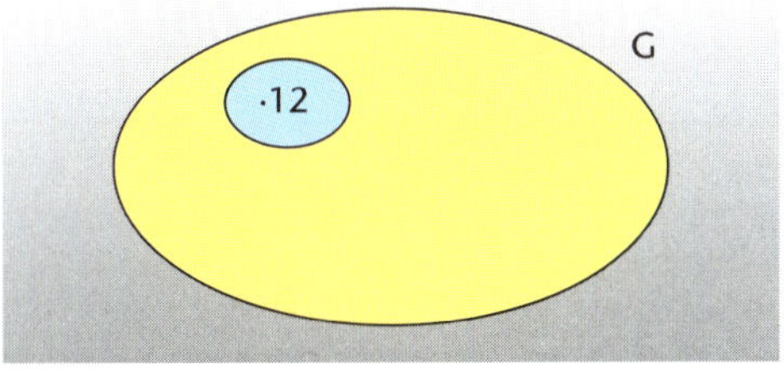

Bild 2.53 Die Lösungsmenge $\mathbb{L} = \{12\}$

BEISPIEL

	$(4x-3)^2-2x+8$	$=$	$17+2x\cdot(8x-13)$	I Klammern auflösen
$\Leftrightarrow$	$16x^2-24x+9-2x+8$	$=$	$17+16x^2-26x$	I zusammenfassen
$\Leftrightarrow$	$16x^2-26x+17$	$=$	$16x^2-26x+17$	I $-16x^2$
$\Leftrightarrow$	$-26x+17$	$=$	$-26x+17$	I $+26x$
$\Leftrightarrow$	17	$=$	17	I -17
$\Leftrightarrow$	0	$=$	0	

0 = 0 ist eine wahre Aussage. Diese ist äquivalent zur Aussageform, die durch die erste Gleichung ausgedrückt wird. Das bedeutet aber, daß die Gleichung unabhängig von der Variablen immer zu einer wahren Aussage führt, das heißt, sie gilt für alle Zahlen x aus der Grundmenge G: $\mathbb{L} = G$. Eine solche Gleichung heißt allgemeingültig.

BEISPIEL

	$(2x-3)\cdot(1-x)$	$=$	$5x-4-2x^2$	I ausmultiplizieren
$\Leftrightarrow$	$2x-2x^2-3+3x$	$=$	$5x-4-2x^2$	I $+2x^2$
$\Leftrightarrow$	$5x-3$	$=$	$5x-4$	I $-5x$
$\Leftrightarrow$	-3	$=$	-4	

Dies ist eine falsche Aussage. Da wir auch hier nur Äquivalenzumformungen benutzt haben, muß diese falsche Aussage gleichwertig sein zur ersten Gleichung. Diese muß also für jede für x eingesetzte Zahl zu einer falschen Aussage führen. Demnach gibt es keine Zahl für x, die die Gleichung erfüllt. Die Lösungsmenge ist leer, $\mathbb{L} = \{\}$, und die Gleichung ist unerfüllbar.

Es ist dabei völlig gleichgültig, ob die letzte Gleichung -3 = -4 heißt oder 0 = 1 (Bild 2.54). Entscheidend für die Unerfüllbarkeit ist nur, daß auf beiden Seiten verschiedene Zahlen stehen. Durch eine Folge von Additionen und Multiplikationen läßt sich die letzte Gleichung auch in 0 = 1 oder -234 = 0,5 umformen.

	-3	$=$	-4	I $+3$
$\Leftrightarrow$	0	$=$	-1	I $\cdot(-1)$
$\Leftrightarrow$	0	$=$	1	I $\cdot(-469)$
$\Leftrightarrow$	0	$=$	-469	I $+1$
$\Leftrightarrow$	1	$=$	-468	I $:2$
$\Leftrightarrow$	$0{,}5$	$=$	-234	

Bild 2.54 -3 = -4 ist äquivalent zu 0,5 = -234

D

Eine lineare Gleichung heißt
1. *erfüllbar,* wenn sie genau eine Lösung besitzt (Bild 2.55),
2. *allgemeingültig,* wenn ihre Lösungsmenge die Grundmenge ist (Bild 2.56),
3. *unerfüllbar,* wenn sie keine Lösung besitzt (Bild 2.57).

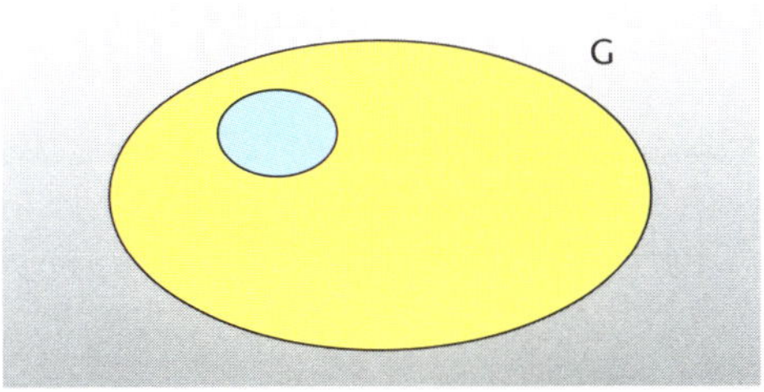

Bild 2.55 Lösungsmenge einer erfüllbaren Gleichung

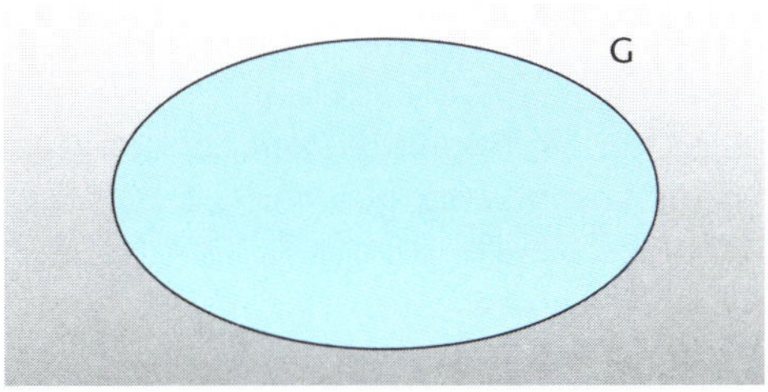

Bild 2.56 Lösungsmenge einer allgemeingültigen Gleichung

Andere Möglichkeiten gibt es nicht. Hingegen haben lineare Ungleichungen für $G = \mathbb{Q}$ oder $G = \mathbb{R}$ oder $G = \mathbb{Z}$ immer eine unendliche oder leere Lösungsmenge.

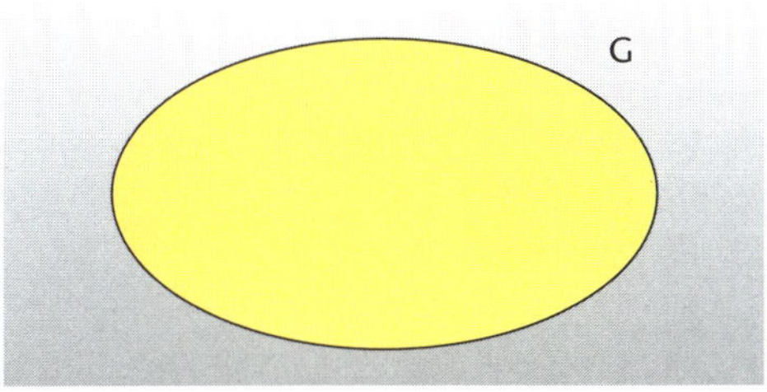

Bild 2.57 Lösungsmenge einer unerfüllbaren Gleichung

BEISPIEL

	$9x - (3x + 2) \cdot x$	$> 25 - 3x^2 + 6x$	| Klammer auflösen
$\Leftrightarrow$	$9x - 3x^2 - 2x$	$> 25 - 3x^2 + 6x$	| $+ 3x^2$ und zusammenfassen
$\Leftrightarrow$	$7x$	$> 25 + 6x$	| $- 6x$
$\Leftrightarrow$	x	> 25	

$\mathbb{L} = \{x \in \mathbb{G}: x > 25\}$ (Bild 2.58)[1)]

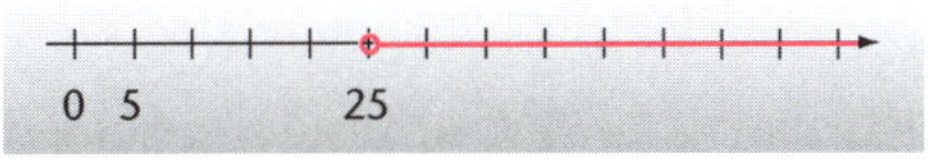

Bild 2.58 Lösungsmenge der Ungleichung $x > 25$

Die Lösungsmenge wird folgendermaßen gelesen:

$\mathbb{L} = \{\ldots\}$	„Die Lösungsmenge ist die Menge
$x \in G$	aller x aus G (der Grundmenge)
:	mit der Eigenschaft:
$x > 25$	x ist größer als 25.“

BEISPIEL

	$2 \cdot (x - 3) + 8$	$\geq 6 - (1 - x) \cdot 2$	| Klammern auflösen
$\Leftrightarrow$	$2x - 6 + 8$	$\geq 6 - 2 + 2x$	| $- 2x$
$\Leftrightarrow$	2	≥ 4	

Dies ist eine falsche Aussage. $\mathbb{L} = \{\}$.

1) Punkte, die besonders hervorgehoben werden, kennzeichnen wir durch einen ausgefüllten Kreis. Punkte, die ausgenommen sind, kennzeichen wir durch einen (hohlen) Kreis.

ÜBUNGEN

55. Lösen Sie folgende Gleichungen durch Äquivalenzumformungen, und geben Sie die Lösungsmengen an ($G = \mathbb{R}$):

a) $x - 7 = 0$
b) $2 + x = 6$
c) $3x = 5$
d) $-2x = 18$
e) $2x + 1 = 5$
f) $\frac{1}{2}x - 4 = 9$

56. Lösen Sie die folgenden Gleichungen, und geben Sie die Lösungsmengen an:

a) $2x + 9 = x - 7$
b) $-8 + 3x = 7x + 4$
c) $\frac{1}{12}x - 15 = -30 + \frac{3}{4}x$
d) $-\frac{5}{6} - \frac{3}{4}x = 6x - 5$

57. Lösen Sie die folgenden Gleichungen, und geben Sie die Lösungsmengen an:

a) $8x - (2x - 4) = 3$
b) $9 - \frac{1}{2} \cdot (x - 4) = 1 - (2 - x)$
c) $15x - (23 - 6x) - (x + 12) = 25$
d) $\frac{1}{4}x - 9{,}2 - 0{,}18x = 1{,}6 + 0{,}19x - 6{,}4 - 0{,}23x$

58. Lösen Sie die folgenden Gleichungen, und geben Sie die Lösungsmengen an:

a) $3 \cdot (16 + 5a) = (12 + 12a) \cdot 5 + 8$
b) $7 + 5x = 2 \cdot (3 - x)$
c) $(3 + 2x) \cdot (-3) = 4x + 3 - 2 \cdot (5x + 6)$
d) $21 - (53 - 7x) + 4x - (-3x + 9) - 7 - 8x = 0$

59. Lösen Sie die folgenden Gleichungen, und geben Sie die Lösungsmengen an:

a) $15 \cdot (2x - 16) - 6 \cdot (x + 14) = (5x - 18) \cdot (-4) - (3x - 7) \cdot 12$
b) $(3 - 2x)^2 - 9x = 39 + 4x^2 - 3 \cdot (4x - 5)$
c) $-2x \cdot (9 - 4x)^2 - 10x^2 - (5x + 2) \cdot x = 8x \cdot (11x - 4x^2) + 41x \cdot (x - 4) + 7$
d) $2{,}5x - (4x - 1{,}8)^2 + 8{,}4x^2 - 0{,}3 \cdot (2x - 5)(2x + 5) + 2{,}2 \cdot (4x^2 - 1{,}5) = 0{,}9x$

60. Lösen Sie die Ungleichungen in der Grundmenge $G = \mathbb{Q}$. Geben Sie die Lösungsmenge an.

a) $32x - 144 \geq 0$
b) $5x + 1 < 2$
c) $4 < 5x$
d) $7 + 0{,}1x > -2$
e) $100x \leq 2000 + 50x$

61. Wie lauten die Lösungsmengen aus Aufgabe 60, wenn die Grundmenge $\mathbb{Z}$ ist?

62. Wie lauten die Lösungsmengen aus Aufgabe 60, wenn die Grundmenge $\mathbb{N}$ ist?

63. Lösen Sie in $\mathbb{G} = \mathbb{R}$.

a) $2x - (1 - 8x) > x - (-8x - 3)$

b) $-\frac{1}{4}x - 2\frac{1}{3} + 1 > (-2x + 3) \cdot \left(-\frac{1}{6}\right) - 5\frac{4}{9}$

c) $0{,}2 \cdot (x - 0{,}3)^2 \geq 5x \cdot (0{,}04x - 1{,}6) + 0{,}019 + 0{,}88x$

d) $(3 - 2x) \cdot (4 - 5x) - 11 + 12x < (-1 + 2x) \cdot (-18) + x + 1 + (x + 3) \cdot (10x - 6)$

64. Lösen Sie Aufgabe 63 mit $G = \mathbb{N}$.

65. Ingrid denkt sich eine Zahl aus. Sie multipliziert sie mit 8 und addiert zum Ergebnis 5. Das Ergebnis ist 141. Wie lautet die Zahl?

66. Bernd kauft beim Bäcker 8 Brötchen. Er bezahlt mit 5 DM an der Kasse und bekommt 4 Pfennige zurück. Wieviel kostet ein Brötchen?

67. In 14 Jahren ist Birgit dreimal so alt wie heute. Wie alt ist sie?

68. Eine Zahl ist um 40 größer als eine andere. Vermehrt man beide um 3, so wird die erste Zahl doppelt so groß wie die andere.

69. Christine und Stefan schneiden für ein Fest Pappfiguren aus. Als sie fertig sind, haben sie 52 Figuren. Christine hat 8 Figuren mehr ausgeschnitten als Stefan.

70. Jörg und Karin kaufen ein Geschenk. Karin zahlt die Hälfte, Jörg 6 DM. Den Rest teilen sich Peter und Ute, wobei Peter doppelt so viel bezahlt wie Ute, also 12 DM weniger als Karin. Wieviel zahlt jeder? Wieviel kostet das Geschenk?

71. *a)* In eine Badewanne laufen 75 l kaltes Wasser mit einer Temperatur von 16° C und 45 l warmes Wasser von 48° C. Welche Temperatur hat das Mischwasser?

b) Wieviel kaltes Wasser von 15° C muß in eine Wanne zulaufen, damit zusammen mit 90 l heißem Wasser von 50° C eine Mischung mit 36° C entsteht?

72. Horst, Dagmar, Michael und Christine haben Monopoly gespielt. Horst ist gut in Mathematik, deshalb darf er immer abrechnen. Er teilt den anderen mit, daß sie zusammen 653 000 DM erwirtschaftet haben. Christine hat 120 000 DM mehr als Horst, der wiederum 40 000 DM mehr als Michael hat. Dagmar hat dreimal soviel wie Horst und Michael zusammen.

73. In drei Jahren ist Georg viermal so alt wie sein Sohn, heute ist er fünfmal so alt.

Das Wort „Algebra“ taucht erstmals im Werk „Aldschebr walmukâbala“ auf. Verfasser ist Muhammed ibn Mûsâ Alkwarizmî, von dessen Name der Begriff „Algorithmus“ abgeleitet wurde. Alkwarizmî lebte zu Beginn des 9. Jahrhunderts in Bagdad und gilt als Erfinder der Algebra.

Er beschäftigte sich mit linearen und quadratischen Gleichungen, die er sowohl rechnerisch als auch auf geometrischem Weg löste.

Bild 2.59 Die Moschee Al-Kadimija ist eines der Heiligtümer des Islam und über 1000 Jahre alt

2.5 Quadratische Gleichungen

2.5.1 Einfache quadratische Gleichungen

Eine Gleichung, in der eine Variable in zweiter Potenz, also quadratisch vorkommt, heißt ***quadratische Gleichung***. Dabei darf die Variable auch in den niedrigeren Potenzen $x^1 = x$ oder $x^0 = 1$ vorkommen, nicht aber in höheren. Außerdem darf sie mit Zahlen multipliziert werden. Diese heißen ***Koeffizienten***. $x^2 - 7x = 8$, $22x^2 = 0$, $-0{,}3x^2 + 19x - 7 = 0$ beispielsweise sind quadratische Gleichungen. Wir beschäftigen uns zunächst mit zwei Typen der quadratischen Gleichung.

Typ 1: $x^2 = c$

Die Gleichung enthält nur das Quadrat der Variablen und eine reelle Zahl. Jede Gleichung der Form $ax^2 = b$, $a \neq 0$, läßt sich durch Division durch a in diese Form umwandeln. Die Lösung ist einfach. c ist das Quadrat von x, also ist x die Quadratwurzel aus c. Dafür gibt es zwei Lösungen, eine positive und eine negative. Allerdings existiert eine reelle Lösung nur dann, wenn c positiv ist. Für c = 0 gibt es nur die Lösung 0.

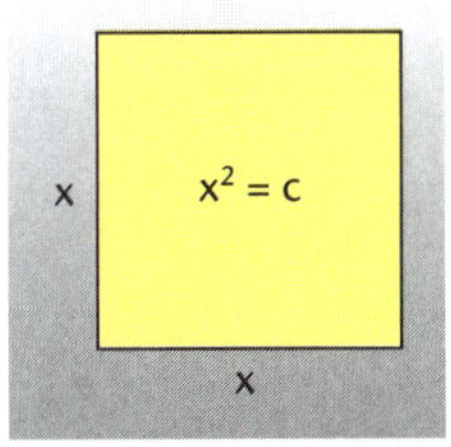

Bild 2.60 Quadrat mit Flächeninhalt

S

$$x^2 = c,\ c \geq 0 \quad \Rightarrow \quad x_1 = \sqrt{c}, \quad x_2 = -\sqrt{c}$$

BEISPIELE

1. $x^2 = 9 \Rightarrow x_1 = 3,\ x_2 = -3,\ \mathbb{L} = \{-3; 3\}$
2. $x^2 + 4 = 0 \Rightarrow x^2 = -4 \Rightarrow \mathbb{L} = \{\}$
3. $x^2 - 27 = 8 \Rightarrow x^2 = 35 \Rightarrow x_1 = \sqrt{35},\ x_2 = -\sqrt{35}$

Typ 2: $x^2 + c \cdot x = 0$

Hier kann man faktorisieren: $x^2 + cx = 0 \Leftrightarrow x \cdot (x + c) = 0$. In dieser Gleichung steht auf der linken Seite ein Produkt, auf der rechten Null. Wann ist aber ein Produkt Null? Wir benötigen folgenden Satz:

S

In der Menge der reellen Zahlen ist ein Produkt zweier Terme $T_1 \cdot T_2$ genau dann Null, wenn mindestens einer der Faktoren Null ist.
$T_1 \cdot T_2 = 0 \Leftrightarrow T_1 = 0 \lor T_2 = 0$

Also muß für unsere Gleichung gelten: $x = 0$ oder $x + c = 0$. Im letzten Fall muß $x = -c$ sein.

S

$x^2 + c \cdot x = 0 \Leftrightarrow x \cdot (x + c) = 0 \Leftrightarrow x = 0 \lor x = -c$

BEISPIELE

1. $x^2 - 6x = 0 \Leftrightarrow x \cdot (x - 6) = 0 \Leftrightarrow x_1 = 0,\ x_2 = 6$

2. $x^2 = \frac{3}{7}x \Leftrightarrow x^2 - \frac{3}{7}x = 0 \Leftrightarrow x \cdot \left(x - \frac{3}{7}\right) = 0 \Leftrightarrow x_1 = 0,\ x_2 = \frac{3}{7}$

3. $5x^2 + 40x = 0 \Leftrightarrow x^2 + 8x = 0 \Leftrightarrow x \cdot (x + 8) = 0 \Leftrightarrow x_1 = 0,\ x_2 = -8$

Ist die Gleichung in der Form $(x - a) \cdot (x - b) = 0$ gegeben, können wir die Lösungen direkt ablesen, da ja wieder mindestens einer der beiden Faktoren Null sein muß. Das ist der Fall für $x = a$ oder $x = b$.

S

$(x - a) \cdot (x - b) = 0 \Leftrightarrow x = a \lor x = b$

$(x - 2) \cdot (x + 6) = 0$ hat die Lösungen $x_1 = 2$ und $x_2 = -6$. Multiplizieren wir einmal aus: $(x - 2) \cdot (x + 6) = x^2 + 6x - 2x - 12 = x^2 + 4x - 12$. Wenn wir nun bereits eine Lösung kennen, können wir durch Division des quadratischen Termes durch einen Linearfaktor den anderen Linearfaktor und damit die zweite Lösung erhalten, denn es muß ja $(x^2 + 4x - 12) : (x - 2) = x + 6$ sein. Diese Art der Division heißt ***Polynomdivision***, da Funktionen mit solchen Termen Polynome heißen (siehe Seite 308). Bei einer Division beginnt man bei der ersten Ziffer des Dividenden. Sie entspricht hier dem ersten Term des Dividenden, also x^2. Wir dividieren immer nur durch den ersten Term des Divisors, also hier durch x. Anschließend multiplizieren wir das Ergebnis mit dem gesamten Divisor und subtrahieren es vom Dividenden, genau wie bei der Division von Zahlen. Dann holen wir den nächsten Term des Dividenden herunter, und der Zyklus beginnt aufs neue. In der rechten Spalte steht die Erklärung.

$(x^2 + 4x - 12) : (x - 2) = x + 6$	$x^2 : x = x$ (zur 6 s. u.)
$\underline{-(x^2 - 2x)}$	$= -(x - 2) \cdot x$
$+ 6x$	$= (x^2 + 4x) - (x^2 - 2x)$
$+ 6x - 12$	-12 herunterholen,
	$6x : x = 6 \Rightarrow + 6$ zum Quotienten schreiben
$\underline{-(6x - 12)}$	$= -(x - 2) \cdot 6$
0	$(6x - 12) - (6x - 12) = 0$

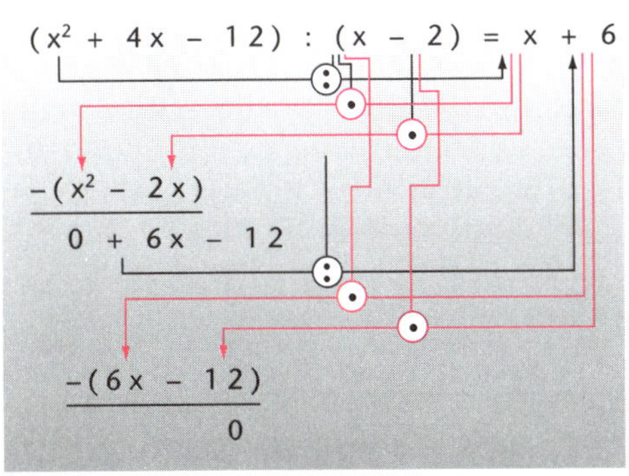

Die Division ist aufgegangen, der Quotient ist $x + 6$. Daraus folgt, daß die Gleichung $x^2 + 4x - 12 = 0$ dieselben Lösungen hat wie $(x - 2)(x + 6) = 0$, nämlich 2 und -6.

Bild 2.61 Schema einer Polynomdivision

2.5.2 Quadratische Gleichungen der Form $x^2 + px + q = 0$

Es gibt grundsätzlich vier Methoden, eine solche Gleichung zu lösen, wenn wir vom reinen Probieren einmal absehen. Wir betrachten sie nacheinander.

Methode 1: Satz von Vieta

Überlegen wir, wie ein quadratischer Term zustande kommt, so finden wir bei kurzer Betrachtung des Kapitels „Termumformungen" (siehe Seite 124) heraus, daß er durch das Multiplizieren zweier Terme mit x entstehen kann, z. B. $(x + 3) \cdot x = x^2 + 3x$ oder $(x - 5) \cdot (x + 9) = x^2 - 5x + 9x - 45 = x^2 + 4x - 45$. Terme der ersten Art führen auf Gleichungen des einfachen Typs, den wir im vorhergehenden Abschnitt behandelt haben. Terme der zweiten Art interessieren uns jetzt.

Setzen wir den zweiten Term gleich Null, erhalten wir die Lösung 5, setzen wir den ersten Term gleich Null, erhalten wir die Lösung -9. Denn aus dem Satz auf Seite 168 wissen wir, daß ein Produkt dann und nur dann Null ist, wenn einer der Faktoren Null ist. Der erste Faktor $(x - 5)$ ist Null für $x = 5$, der zweite Faktor $(x + 9)$ ist Null für $x = -9$. Die beiden Lösungen haben natürlich etwas mit der quadratischen Gleichung zu tun: In der Gleichung $x^2 + 4x - 45$ kommt die Zahl -45 durch die Multiplikation von -5 und 9 zustande. Der Koeffizient 4 entsteht durch Zusammenfassen, also durch die Addition der Zahlen -5 und 9. Ersetzen wir die beiden Zahlen durch Parameter a und b, so erhalten wir:

$(x + a) \cdot (x + b) = x^2 + ax + bx + ab = x^2 + (a + b) \cdot x + ab$. Dabei wissen wir bereits, daß die beiden Lösungen $x_1 = -a$ und $x_2 - b$ sind. Also ist $a = -x_1$ und $b = -x_2$, $a + b = -(x_1 + x_2)$ und $a \cdot b = x_1 \cdot x_2$. Somit gibt es folgende Beziehung zwischen den Lösungen einer Gleichung und den Koeffizienten:

S

Satz von Vieta: Sind x_1 und x_2 Lösungen der quadratischen Gleichung $x^2 + px + q = 0$, so gilt: $x_1 + x_2 = -p$, $x_1 \cdot x_2 = q$.

Für die Praxis ist vor allem der letzte Zusammenhang wichtig: Sind die Lösungen der Gleichung ganzzahlig, so müssen sie Teiler des absoluten Gliedes sein, denn ihr Produkt ist ja genau q. Im Gegensatz zum Teilerbegriff bei den natürlichen Zahlen sind hier auch negative ganzzahlige Teiler zu berücksichtigen.

BEISPIEL

$x^2 - 7x + 10 = 0$. Das absolute Glied + 10 hat die Teiler: –10, –5, –2, –1, 1, 2, 5, 10. Eine negative Zahl kommt als Lösung der Gleichung nicht in Frage, da dann der einzige negative Term, –7x, auch positiv wird und der Wert des ganzen Termes nicht mehr Null sein kann. Wir probieren die anderen Teiler, das heißt, wir setzen sie in den Term $T(x) = x^2 - 7x + 10$ ein: $T(1)= 1 - 7 + 10 = 4$, $T(2) = 4 - 14 + 10 = 0$. $T(5) = 25 - 35 + 10 = 0$. Da wir bereits beide Lösungen gefunden haben, brauchen wir 10 nicht mehr einzusetzen. Es ist $\mathbb{L} = \{2; 5\}$.

Man könnte dieses Verfahren als gezieltes Probieren betrachten, das nur Aussicht auf Erfolg hat, wenn die Lösungen ganzzahlig sind (was man meistens vorher nicht weiß) und wenn das absolute Glied q nicht allzu viele Teiler hat.

Methode 2: Quadratische Ergänzung

Nach der 2. binomischen Formel gilt: $(x - 4) \cdot (x - 4) = (x - 4)^2 = x^2 - 8x + 16$. Da allgemein gilt $(x - a)^2 = x^2 - 2ax + a^2$, können wir durch Vergleich feststellen: $-8 = -2a$ und $16 = a^2$ (siehe Bild 2.62). Aus $-8 = -2a$ folgt nach Division durch –2: a = 4. Selbst wenn wir a nicht kennen würden, könnten wir es anhand des gemischten Gliedes bestimmen.

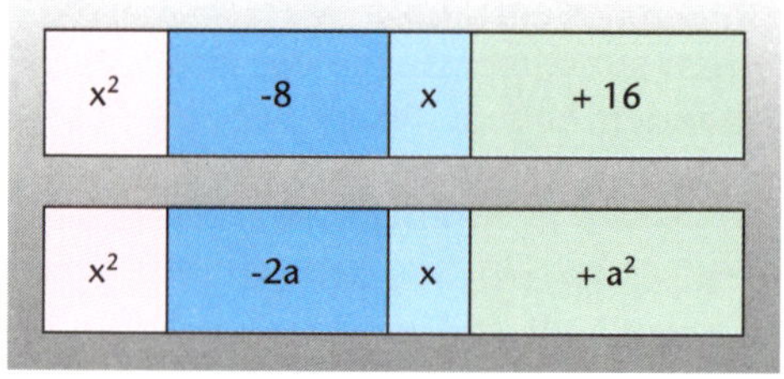

Bild 2.62 Koeffizientenvergleich

Hierauf beruht die Methode der quadratischen Ergänzung. Wir lassen das absolute Glied der Gleichung zunächst unbeachtet und überlegen, wie es heißen müßte, wenn es nicht vorhanden wäre.

$x^2 + 6x + 5 = 0$ soll in die Form
$x^2 + 6x + a^2 = c$ gebracht werden, wobei die linke Seite ein binomischer Term der Form $(x + a)^2 = x^2 + 2ax + a^2$ werden soll.
$x^2 + 6x + 5 = 0 \quad \Leftrightarrow \quad x^2 + 6x = -5$. Die linke Seite
$x^2 + 6x$ soll sein:
$x^2 + 2ax + a^2$ also muß $+ 6 = + 2a \Leftrightarrow a = 3$ sein, $\Rightarrow a^2 = 9$:
$x^2 + 6x + 9$ ist ein quadratischer Term, der auch als
$(x + 3)^2$ geschrieben werden kann. Die quadratische Ergänzung ist demnach 9.
Zurück zur Gleichung:

$$\begin{aligned}
& x^2 + 6x + 5 = 0 && \mid -5 \\
\Leftrightarrow\ & x^2 + 6x = -5 && \mid \text{quadratische Ergänzung: } + 9 \\
\Leftrightarrow\ & x^2 + 6x + 9 = -5 + 9 && \mid \text{als Binom schreiben/addieren} \\
\Leftrightarrow\ & (x + 3)^2 = 4 && \mid \text{Wurzel ziehen} \\
\Leftrightarrow\ & x + 3 = 2 \lor x + 3 = -2 && \mid -3 \\
\Leftrightarrow\ & x = -1 \lor x = -5 &&
\end{aligned}$$

Wir erhalten die beiden Lösungen -1 und -5.

Die schwierigste Stelle dieses Verfahrens ist das Bestimmen der quadratischen Ergänzung. Man kann sich die Faustregel merken: Die quadratische Ergänzung ist das Quadrat der Hälfte des Koeffizienten vor x.

$$\begin{aligned}
& x^2 - 3x - 4 = 0 && \mid + 4 \\
\Leftrightarrow\ & x^2 - 3x = 4 && \mid \text{quadratische Ergänzung} \\
\Leftrightarrow\ & x^2 - 3x + \left(-\frac{3}{2}\right)^2 = \frac{8}{2} + \left(-\frac{3}{2}\right)^2 && \\
\Leftrightarrow\ & x^2 - 3x + \frac{9}{4} = \frac{16}{4} + \frac{9}{4} && \mid \text{in Binom umformen} \\
\Leftrightarrow\ & \left(x - \frac{3}{2}\right)^2 = \frac{25}{4} && \mid \text{als Quadrat schreiben} \\
\Leftrightarrow\ & \left(x - \frac{3}{2}\right)^2 = \left(\frac{5}{2}\right)^2 && \mid \text{Wurzel ziehen} \\
\Leftrightarrow\ & x - \frac{3}{2} = \frac{5}{2} \lor x - \frac{3}{2} = -\frac{5}{2} && \mid + \frac{3}{2} \\
\Leftrightarrow\ & x = 4 \lor x = -1 &&
\end{aligned}$$

Methode 3: p-q-Formel

Bilden wir einmal allgemein die quadratische Ergänzung für die Gleichung:

$$\begin{aligned}
& x^2 + px + q = 0 && \mid -q \\
\Leftrightarrow\ & x^2 + px = -q && \mid \text{quadratische Ergänzung} \\
\Leftrightarrow\ & x^2 + px + \left(\frac{p}{2}\right)^2 = \left(\frac{p}{2}\right)^2 - q && \mid \text{binomischer Term} \\
\Leftrightarrow\ & \left(x + \frac{p}{2}\right)^2 = \left(\frac{p}{2}\right)^2 - q && \mid \text{Wurzel ziehen} \\
\Leftrightarrow\ & x + \frac{p}{2} = \sqrt{\left(\frac{p}{2}\right)^2 - q} \quad \lor \quad x + \frac{p}{2} = -\sqrt{\left(\frac{p}{2}\right)^2 - q} && \\
\Leftrightarrow\ & x = -\frac{p}{2} + \sqrt{\left(\frac{p}{2}\right)^2 - q} \quad \lor \quad x = -\frac{p}{2} - \sqrt{\left(\frac{p}{2}\right)^2 - q} &&
\end{aligned}$$

Somit haben wir eine Formel zur Lösung einer allgemeinen quadratischen Gleichung erhalten. Leider hat man bis heute keinen vernünftigen Namen für sie gefunden, und so heißt sie schlicht ***p-q-Formel.***

S

p-q-Formel: Die quadratische Gleichung $x^2 + px + q = 0$ hat die Lösungen

$$x_{1,2} = -\frac{p}{2} \pm \sqrt{\left(\frac{p}{2}\right)^2 - q}, \text{ wenn } p^2 \geq 4q.$$

Die Form $x^2 + px + q = 0$ heißt ***Normalform der quadratischen Gleichung.*** Ist eine quadratische Gleichung in anderer Form gegeben, müssen wir sie immer erst in die Normalform bringen. Die letzte Bedingung, $p^2 \geq 4q$, rührt daher, daß es nur dann eine oder zwei Lösungen geben kann, wenn der Radikand nicht negativ ist, wenn also $\frac{p^2}{4} - q \geq 0$ ist. Die p-q-Formel ist die gebräuchlichste Lösungsmethode.

BEISPIEL

$$x^2 + 2x - 8 = 0 \Rightarrow x_{1,2} = -\frac{2}{2} \pm \sqrt{\left(\frac{2}{2}\right)^2 + 8}$$

$$= -1 \pm \sqrt{1 + 8}$$

$$= -1 \pm \sqrt{9}$$

$$x_1 = -1 + 3 = 2$$

$$x_2 = -1 - 3 = -4$$

$$\Rightarrow \mathbb{L} = \{-4; 2\}$$

Methode 4: Graphische Lösung

Eine einfache, doch wenig genaue Methode stellt das Zeichnen des Graphen der quadratischen Funktion: $f : x \mapsto x^2 + px + q$ dar. Dies ist auf Seite 277 näher erläutert. Man liest dann einfach die Nullstellen, also die x-Koordinaten der Schnittpunkte des Graphen mit der x-Achse, ab. Dies sind dann die Lösungen der Gleichung $x^2 + px + q = 0$.

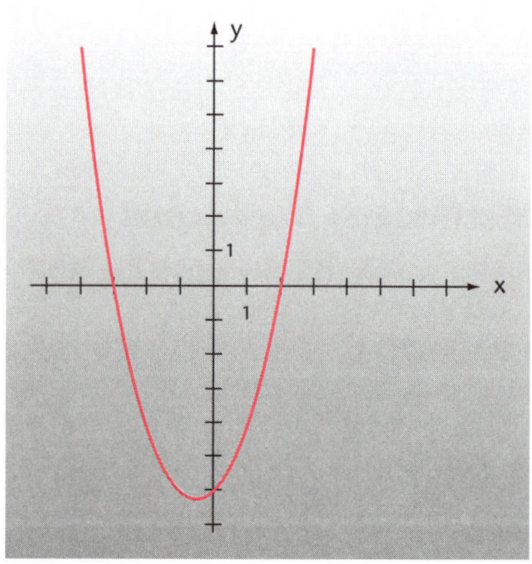

Bild 2.63 Graph und Nullstellen der Funktion $f : x \mapsto x^2 + x - 6$

BEISPIEL

Bild 2.63 zeigt den Graphen der Funktion $f: x \mapsto x^2 + x - 6$. Wir lesen die Nullstellen $x_1 = -3$ und $x_2 = 2$ ab.

2.5.3 Quadratische Ungleichungen

Quadratische Ungleichungen löst man grundsätzlich wie quadratische Gleichungen. Doch gibt es einen wichtigen Unterschied. Wir wissen, daß sich beim Multiplizieren einer Ungleichung mit einer negativen Zahl das Relationszeichen ändert. Das hat Konsequnzen.

BEISPIEL

$$x^2 + x - 6 < 0 \qquad | +6$$
$$\Leftrightarrow x^2 + x < 6 \qquad | \text{ quadratische Ergänzung}$$
$$\Leftrightarrow x^2 + x + \frac{1}{4} < 6 + \frac{1}{4} \qquad | \text{ Quadrate}$$
$$\Leftrightarrow \left(x + \frac{1}{2}\right)^2 < \frac{25}{4}$$

Was geschieht nun mit dem Relationszeichen beim Radizieren? Betrachten wir hierzu zunächst ein einfaches Beispiel: $x^2 < 4$. Wegen $2^2 = 4$ und $(-2)^2 = 4$ muß x zwischen -2 und 2 liegen: $-2 < x < 2$ (Bild 2.64). Lautet die Gleichung $x^2 > 4$, so muß x entweder größer als 2 oder kleiner als - 2 sein (Bild 2.65).

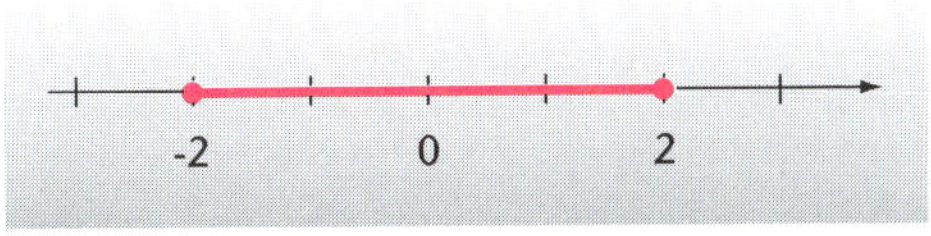

Bild 2.64

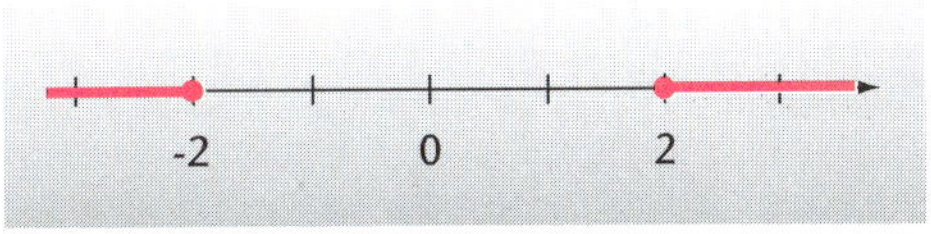

Bild 2.65

Wir merken uns:

R

Die Ungleichung $x^2 < c$ hat die Lösungsmenge
$\mathbb{L} = \{x \in \mathbb{R}: -\sqrt{c} < x < \sqrt{c}\}$
für $c \geq 0$,
die Ungleichung $x^2 > c$ hat die Lösungsmenge
$\mathbb{L} = \{x \in \mathbb{R}: x < -\sqrt{c} \vee \sqrt{c} < x\}$
für $c \geq 0$ (Bild 2.66)

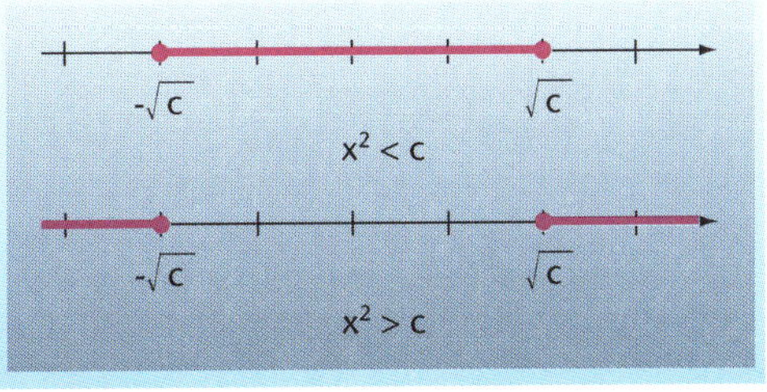

Bild 2.66

R

Die Ungleichung $x^2 < c$ hat die Lösungsmenge $\mathbb{L} = \{\}$ für $c < 0$,
die Ungleichung $x^2 > c$ hat die Lösungsmenge $\mathbb{L} = \mathbb{R}$ für $c < 0$.

Wir haben es oben mit einer Ungleichung der Art $z^2 < c$ zu tun mit $z = x + \frac{1}{2}$. Demnach folgt mit $\sqrt{\frac{25}{4}} = \frac{5}{2}$:

$-\frac{5}{2} < x + \frac{1}{2} < \frac{5}{2}$ und, wenn wir $\frac{1}{2}$ subtrahieren:

$-\frac{5}{2} - \frac{1}{2} < x < \frac{5}{2} - \frac{1}{2} \Leftrightarrow -3 < x < 2$ (Bild 2.67)

$\mathbb{L} = \{x \in \mathbb{R}: -3 < x < 2\}$

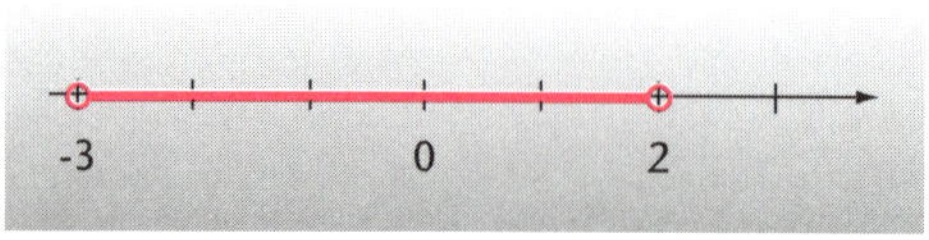

Bild 2.67

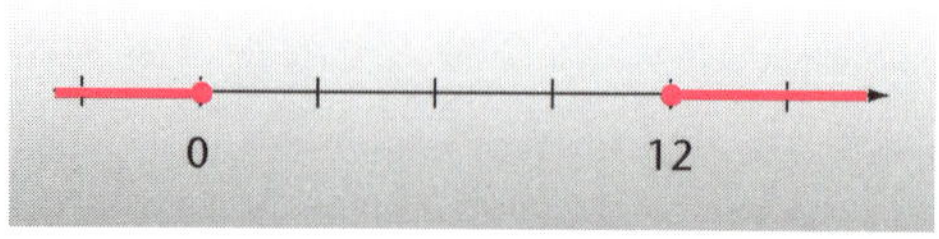

Bild 2.68

BEISPIEL

$$x^2 - 12x \geq 0 \quad | \text{ quadratische Ergänzung: } + 36$$
$$\Leftrightarrow \quad x^2 - 12x + 36 \geq 36 \quad | \text{ Umformen in Quadrate}$$
$$\Leftrightarrow \quad (x - 6)^2 \geq 6^2$$
$$\Leftrightarrow \quad x - 6 \leq -6 \quad \vee \quad 6 \leq x - 6$$
$$\Leftrightarrow \quad x \leq 0 \quad \vee \quad 12 \leq x \text{ (Bild 2.68)}$$

Man kann die Ungleichung auch zunächst wie eine Gleichung lösen und sich anschließend die Relationszeichen überlegen.

BEISPIEL

$x^2 + 24x - 25 > 0$: $x^2 + 24x - 25 = 0$ hat die Lösungen

$x_{1,2} = -12 \pm \sqrt{144 + 25}$, also

$x_1 = 1$ und $x_2 = -25$.

Die Ungleichung wird gelöst für $x > 1$ und für $x < -25$, wovon wir uns am einfachsten durch Einsetzen einer Zahl überzeugen: Für $x = 2 : 4 + 48 - 25 = 27 > 0$, für $x = -30 : 900 - 720 - 25 > 0$.

Auch quadratische Ungleichungen lassen sich auf graphischem Weg lösen. Hierzu muß die Ungleichung zunächst so umgeformt werden, daß die rechte Seite Null wird. Dann fassen wir die linke Seite als Term einer quadratischen Funktion auf und zeichnen deren Graphen.

BEISPIEL

$x^2 - 12x \geq 13 \Leftrightarrow x^2 - 12x - 13 \geq 0$.
Quadratische Funktion: $f : x \mapsto x^2 - 12x - 13$. Am Graphen (Bild 2.69) erkennen wir, daß die Funktionswerte größer oder gleich Null sind für $x \leq -1$ und $x \geq 13$, denn der Graph hat die Nullstellen –1 und 13. Folglich ist $\mathbb{L} = \{x \in \mathbb{R}: x \leq -1 \;\vee\; 13 \leq x\}$.

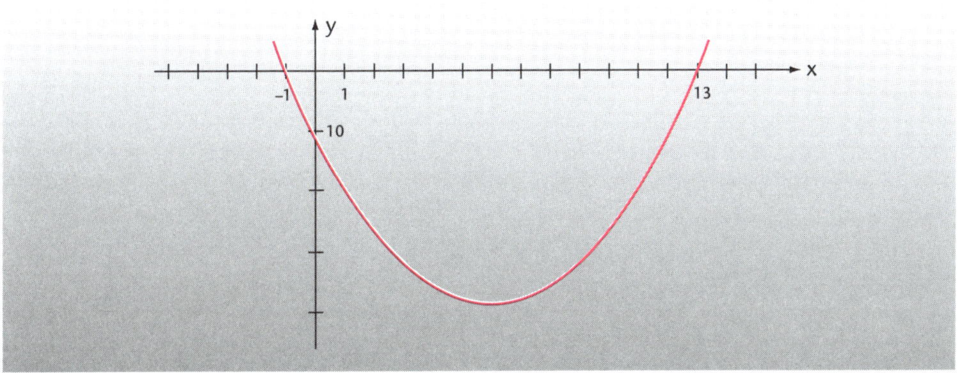

Bild 2.69

Lautet die Ungleichung hingegen: $x^2 - 12x \leq 13$, so erhält man $x^2 - 12x - 13 \leq 0$ und damit die Lösungsmenge $\mathbb{L} = \{x \in \mathbb{R}: -1 \leq x \leq 13\}$, denn in diesem Intervall liegt der Graph auf oder unterhalb der x-Achse (Bild 2.70).

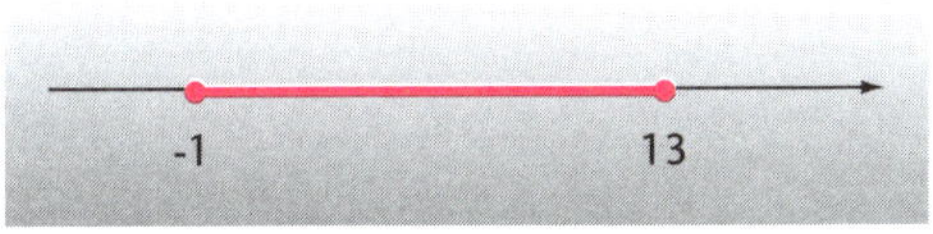

Bild 2.70

ÜBUNGEN

74. Lösen Sie die quadratischen Gleichungen möglichst einfach. Geben Sie jeweils die Lösungsmenge an.
a) $x^2 = 81$
b) $x^2 = 8$
c) $x^2 = -4$
d) $x^2 = \frac{36}{121}$
e) $x^2 = \sqrt{7}$

75. Lösen Sie ebenso nach Umformung:
a) $6x^2 = 384$
b) $-2x^2 = -8$

c) $\frac{18}{7}x^2 = 14$
d) $x^2 - 25 = 0$
e) $3x^2 = 5x^2 - 32$
f) $5{,}4 + 0{,}9x^2 = 9$
g) $\frac{2}{5} + \frac{3}{4}x^2 = -8$

76. Lösen Sie die Gleichungen:
a) $x \cdot (x - 7) = 0$
b) $(5 - x) \cdot x = 0$
c) $2x \cdot (2 - 5x) = 0$
d) $x^2 + 6x = 0$
e) $-3x^2 - 5x = 0$
f) $9x^2 = 4x$

77. Lösen Sie die quadratischen Gleichungen durch quadratische Ergänzung:
a) $x^2 + 5x - 14 = 0$
b) $x^2 + 7x + 12 = 0$
c) $x^2 - \frac{7}{6}x + \frac{1}{3} = 0$
d) $5x^2 + 19x + 14 = 0$
e) $4x^2 + 4 = 7x$
f) $40 - 13x = -x^2 - 2$

78. Lösen Sie die quadratischen Gleichungen mit Hilfe der p-q-Formel. Bringen Sie die Gleichungen erst in die Normalform:
a) $x^2 - 5x - 36 = 0$
b) $x^2 - 21x + 110 = 0$
c) $x^2 - 2x - 4 = 0$
d) $-6x^2 + 11x = -2$
e) $7x^2 - 14x = 0$
f) $10 \cdot (3x^2 + 2x) = 5x\,(x - 2) - 8$
g) $x^2 - 16x + 64 = 0$
h) $9x^2 - 72x = -180$
i) $x^2 - x = 2$

79. Lösen Sie die Gleichungen graphisch:
a) $x^2 + 9x + 20 = 0$
b) $x^2 - 9 = 0$
c) $x^2 - 7x + 10 = 0$

80. Lösen Sie die quadratischen Ungleichungen, und stellen Sie die Lösungsmengen an der Zahlengeraden dar:
a) $x^2 + 4x > 0$
b) $x^2 \leq 25$

c) $x^2 + 3x + 2 > 0$
d) $x^2 + 5x + 4 < 0$
e) $32x - x^2 > 240$
f) $8x\,(2x - 1) \geq 3$

81. Lösen Sie die Aufgaben 80a, c und e graphisch.

82. Eine Zahl wird mit einer um 3 kleineren Zahl multipliziert. Das Produkt ist 180. Wie heißen die Zahlen?

83. Eine Seite eines Rechtecks ist 7 cm länger als die andere. Wie groß sind die Seiten, wenn der Flächeninhalt 690 cm^2 beträgt?

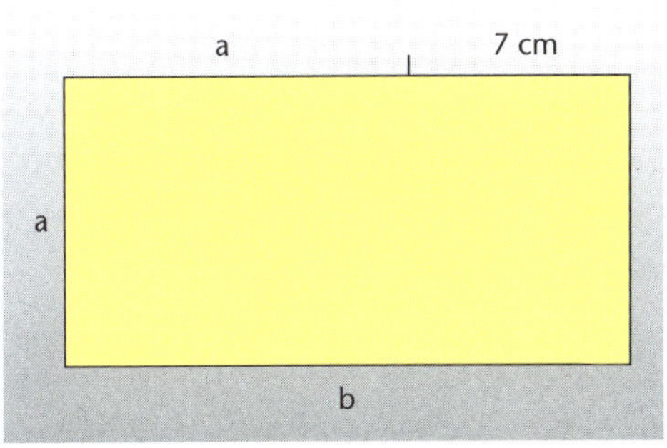

84. Für eine Fallbewegung unter Ausschluß des Luftwiderstandes gilt zwischen der Fallzeit t und der Fallstrecke s der Zusammenhang $s = 5 \cdot t^2$ (genau: $s = \frac{1}{2}g \cdot t^2$, wobei g die Fallbeschleunigung bedeutet, die in Mitteleuropa etwa $9{,}81\ \frac{m}{s^2}$ beträgt).

a) Wie lange braucht ein Körper für einen Fall aus 100 m Höhe?
b) Ein Flugzeug wirft eine Versorgungskiste aus 2500 m Höhe ab. Nach welcher Zeit landet die Kiste am Boden? Dummerweise hat der unerfahrene Pilot den Fallschirm an der Kiste vergessen.

85. Für die Summe s_n der ersten n natürlichen Zahlen gilt: $s_n = \frac{1}{2}n \cdot (n + 1)$

a) Wie groß ist die Summe der ersten 10 natürlichen Zahlen $(1 + 2 + 3 + \ldots + 10)$?
b) Welche aufeinanderfolgenden, bei 1 beginnenden natürlichen Zahlen haben die Summe 5050? (Oder: Wie groß ist n, wenn $1 + 2 + 3 \ldots + n = 5050$ ist?)

86. In einer Fußballiga muß jede Mannschaft im Hin- und Rückspiel gegen jede andere Mannschaft der Liga spielen. Es sind insgesamt 72 Spiele angesetzt. Wie viele Mannschaften spielen in der Liga?

87. Es sind die Lösungsmengen quadratischer Gleichungen gegeben. Geben Sie mit Hilfe des Satzes von Vieta eine zugehörige Gleichung an.
a) $\mathbb{L} = \{-3; 8\}$
b) $\mathbb{L} = \{-0{,}1; -0{,}05\}$
c) $\mathbb{L} = \{2; 7\}$
d) $\mathbb{L} = \{-5; -4\}$
e) $\mathbb{L} = \{10\}$
f) $\mathbb{L} = \{1 - \sqrt{2}; 1 + \sqrt{2}\}$

88. Welches Quadrat hat einen Flächeninhalt von 55 225 m^2?

89. Finden Sie die Lösungen der quadratischen Gleichungen heraus. Benutzen Sie hierzu den Satz von Vieta. Sollten Sie Probleme haben, hilft Ihnen jeweils eine angegebene Lösung zum Auffinden der anderen.
a) $x^2 + 9x - 10 = 0$, $x_1 = 1$
b) $x^2 - x - 56 = 0$, $x_1 = 8$
c) $x^2 + 2x + 0{,}75 = 0$, $x_1 = -0{,}5$
d) $x^2 + 84x + 1403 = 0$, $x_1 = -23$

90. Bestimmen Sie die zweite Lösung der Gleichungen aus der vorangegangenen Aufgabe durch Polynomdivision.

91. Bestimmen Sie die Lösungen der ***allgemeinen quadratischen Gleichung*** $ax^2 + bx + c = 0$, und geben sie an, unter welchen Bedingungen keine, eine oder zwei Lösungen existieren.

2.6 Andere Gleichungen

2.6.1 Potenz- und Wurzelgleichungen

Gleichungen dritten Grades

Kommt in einer Gleichung die Variable maximal in dritter Potenz vor, nennt man die Gleichung eine Gleichung dritten Grades. Allgemein hat sie die Form: $ax^3 + bx^2 + cx^1 + dx^0 = 0$ oder einfacher $ax^3 + bx^2 + cx + d = 0$, wobei $a, b, c, d \in \mathbb{R}$ und $a \neq 0$ (b, c, oder d dürfen durchaus 0 sein). Hat eine Gleichung dritten Grades eine andere Form, läßt sie sich in jedem Fall mittels Term- und Gleichungsumformungen in die genannte Form bringen. Betrachten wir zunächst fünf Sonderfälle. (Alle ausgelassenen Koeffizienten seien Null, die angeführten hingegen von Null verschieden.)

Fall 1:

$ax^3 = 0 \Leftrightarrow x = 0,\ \mathbb{L} = \{0\}$

Fall 2:

$ax^3 + d = 0 \Leftrightarrow x^3 = -\frac{d}{a} \Leftrightarrow x = \sqrt[3]{-\frac{d}{a}},\ \mathbb{L} = \left\{\sqrt[3]{-\frac{d}{a}}\right\}$

In den Fällen 1 und 2 gibt es jeweils genau eine Lösung.

Fall 3:

$ax^3 + bx^2 = 0 \Leftrightarrow x^2 \cdot (ax + b) = 0 \Leftrightarrow x = 0 \lor x = -\frac{b}{a},\ \mathbb{L} = \left\{0, -\frac{b}{a}\right\}$

In diesem Fall existieren zwei Lösungen.

Fall 4:

$ax^3 + cx = 0 \Leftrightarrow x \cdot (ax^2 + c) = 0 \Leftrightarrow x = 0 \lor ax^2 + c = 0$

$\Leftrightarrow x = 0 \lor x = \pm\sqrt{-\frac{c}{a}}$

Es existiert entweder eine Lösung (wenn a und c dasselbe Vorzeichen haben, $\mathbb{L} = \{0\}$), oder es existieren drei Lösungen (wenn a und c verschiedene Vorzeichen haben, $\mathbb{L} = \left\{-\sqrt{-\frac{c}{a}};\ 0;\ \sqrt{-\frac{c}{a}}\right\}$.

Fall 5:

$ax^3 + bx^2 + cx = 0 \Leftrightarrow x \cdot (ax^2 + bx + c) = 0 \Leftrightarrow x = 0 \ \vee \ ax^2 + bx + c = 0$
Rechts steht eine quadratische Gleichung mit der Lösung

$$x_{1,2} = -\frac{b}{2a} \pm \sqrt{\left(\frac{b}{2a}\right)^2 - \frac{c}{a}}$$

(siehe Aufgabe 91 auf Seite 178), falls der Radikand positiv ist. Es existiert demnach entweder eine Lösung ($\mathbb{L} = \{0\}$, wenn $b^2 > 4ac$), oder es existieren zwei Lösungen

($\mathbb{L} = \left\{0, -\frac{b}{2a}\right\}$, wenn $b^2 = 4ac$), oder es existieren drei Lösungen

($\mathbb{L} = \left\{0, \frac{-b + \sqrt{b^2 - 4ac}}{2a}, \frac{-b - \sqrt{b^2 - 4ac}}{2a}\right\}$, wenn $b^2 > 4ac$).

Ist eine Lösung der Gleichung dritten Grades bekannt, so läßt sich die Gleichung durch Polynomdivision auf eine quadratische Gleichung reduzieren. Eine Lösung läßt sich häufig durch Aufsuchen der Teiler des absoluten Gliedes finden: Sind alle Lösungen ganzzahlig, dann ist das absolute Glied d das Produkt aus ihnen, das heißt, jede Lösung ist Teiler des absoluten Gliedes.

BEISPIEL

$x^3 - 9x^2 + 6x + 56 = 0$. 56 hat die ganzzahligen Teiler 1, 2, 4, 7, 8, 14, 28, 56 und –1, –2, –4, –7, –8, –14, –28, –56. Durch Einsetzen findet man heraus, daß –2 eine Lösung der Gleichung ist: $(-2)^3 - 9 \cdot (-2)^2 + 6 \cdot (-2) + 56 = -8 - 36 - 12 + 56 = 0$. Man findet die beiden anderen Lösungen, falls sie existieren, indem man den Term durch $(x + 2)$ dividiert:

$$\begin{array}{l}
(x^3 - 9x^2 + 6x + 56) : (x + 2) = x^2 - 11x + 28 \\
\underline{-(x^3 + 2x^2)} \\
\quad -11x^2 + 6x \\
\quad -(-11x^2 - 22x) \\
\qquad\qquad 28x + 56 \\
\qquad\qquad \underline{-(28x + 56)} \\
\qquad\qquad\qquad 0
\end{array}$$

Durch Nullsetzen des quadratischen Lösungstermes kommt man zum Ziel.

$$x^2 - 11x + 28 = 0 \Leftrightarrow x_{2,3} = \frac{11}{2} \pm \sqrt{\frac{121}{4} - 28} = \frac{11}{2} \pm \sqrt{\frac{9}{4}}$$

$x_2 = 7$, $x_3 = 4$. $\mathbb{L} = \{-2; 4; 7\}$.

Für interessierte Leser: In allen Fällen, in denen es nur eine reelle Lösung gibt, existieren auch noch zwei konjugiert komplexe Lösungen. In den Fällen, in denen genau zwei verschiedene reelle Lösungen existieren, ist eine davon zweifach vorhanden.

Gleichungen vierten Grades (biquadratische Gleichungen)

Biquadratische Gleichungen nennt man Gleichungen der Form $ax^4 + bx^3 + cx^2 + dx + e = 0$ mit a, b, c, d, $e \in \mathbb{R}$, $a \neq 0$. Es gibt ebenso wie für die Gleichungen dritten Grades eine allgemeine Lösungsform, doch ist sie derart kompliziert, daß sie in der Praxis keine Rolle spielt. Wir betrachten deshalb nur einige Sonderfälle.

1. Fall:

$$ax^4 = 0 \Leftrightarrow x = 0$$

2. Fall:

$$ax^4 + e = 0 \Leftrightarrow x^4 = -\frac{e}{a} \Leftrightarrow x_{1,2} = \pm \sqrt[4]{-\frac{e}{a}} \text{ für } a \cdot e < 0$$

3. Fall:

$ax^4 + cx^2 + e = 0$
Nach Substitution (Ersetzen) von x^2 durch z erhält man: $az^2 + cz + e = 0$. Dies ist eine quadratische Gleichung mit den Lösungen

$$z_{1,2} = -\frac{c}{2a} \pm \sqrt{\frac{c^2}{4a^2} - \frac{e}{a}}.$$

Wegen $z = x^2$ ist $x = \pm \sqrt{z}$, so daß maximal vier reelle Lösungen existieren können: $x_1 = \sqrt{z_1}$, $x_2 = -\sqrt{z_1}$, $x_3 = \sqrt{z_2}$, $x_4 = -\sqrt{z_2}$.

4. Fall:

$e = 0$
Durch Ausklammern von x läßt sich die Gleichung in ein Produkt aus x und einem kubischen Term zerlegen, für den man eines der bereits beschriebenen Lösungsverfahren anwendet.

Gleichungen höheren als vierten Grades

Für diese Gleichungen existieren keine allgemeinen Lösungsverfahren. Entweder kann man sie auf ein Produkt aus Termen geringeren Grades reduzieren, so daß eines der besprochenen Verfahren verwendet werden kann, oder man muß die Gleichung näherungsweise lösen. Näherungsverfahren zur Nullstellenbestimmung von Funktionen werden später besprochen (siehe Seite 663).

Gleichungen mit Wurzeln

Derartige Gleichungen lassen sich lösen, wenn man den Wurzelterm auf einer Seite isolieren kann. Durch Potenzieren mit dem Exponenten n, wenn der Wurzelterm die n-te Wurzel darstellt, verschwindet die Wurzel, und man erhält eine wurzelfreie Gleichung, meist höheren Grades.

BEISPIELE

1. $2 \cdot \sqrt{x} = 5 \Rightarrow$ (durch Quadrieren) $4x = 25 \Rightarrow x = \frac{25}{4}$

2. $2 \cdot \sqrt{x} + 3 = x \Leftrightarrow 2 \cdot \sqrt{x} = x - 3 \Rightarrow 4x = x^2 - 6x + 9$
$\Leftrightarrow x^2 - 10x + 9 = 0$
$\Leftrightarrow x_{1,2} = 5 \pm \sqrt{25 - 9} = 5 \pm 4$
$\Leftrightarrow x_1 = 9, x_2 = 1$
Machen wir die Probe:
$x_1 = 9$: $2 \cdot \sqrt{9} + 3 = 2 \cdot 3 + 3 = 9 = x_1$ (richtig)
$x_2 = 1$: $2 \cdot \sqrt{1} + 3 = 2 \cdot 1 + 3 = 5 \neq x_2$ (falsch)
Die Wurzelgleichung wird von der 2. Lösung nicht erfüllt. Das liegt daran, daß Quadrieren und Radizieren keine Äquivalenzumformungen sind. Deshalb muß bei Wurzelgleichungen immer die Probe gemacht werden.

3. $-2 \cdot \sqrt[5]{x} - 3 = x \Leftrightarrow -2 \cdot \sqrt[5]{x} = x + 3 \qquad |\ (\ )^5$
$\Rightarrow -32x = (x + 3)^5$

Dies führt zu einer Gleichung fünften Grades, die allgemein nicht lösbar ist (–1 löst die Gleichung fünften Grades, nicht aber die Wurzelgleichung!).

4. $2x = \sqrt[6]{x} \qquad |\ (\ )^6 \Rightarrow 2^6 \cdot x^6 = x \Leftrightarrow 64x^6 - x = 0$
$\Leftrightarrow x \cdot (64x^5 - 1) = 0 \Leftrightarrow x = 0 \lor x = \sqrt[5]{\frac{1}{64}}$

ÜBUNGEN

92. Bestimmen Sie die ganzzahligen Lösungen der Gleichung $x^3 + 5x^2 - 2x - 24 = 0$.

93. Bestimmen Sie die Lösungen der Gleichung $x^4 - 8x^2 - 9 = 0$.

94. Bestimmen Sie die Lösungen der folgenden Gleichungen:
a) $x^4 - 4x^2 + 3 = 0$
b) $x^6 - 4x^3 + 3 = 0$
c) $2x^8 - 6x^7 + 4x^6 = 0$

95. Bestimmen Sie die Lösungen der Wurzelgleichungen:
a) $x + 8 = -\sqrt{x}$
b) $x - 2 \cdot \sqrt{x} = 3$
c) $6 \cdot \sqrt{x} - 105 = -3x$
d) $\sqrt[4]{x} - x = 0$
e) $\sqrt[5]{x} - 2x = 0$

2.6.2 Exponential- und Logarithmusgleichungen

Logarithmusgesetze

D

Für alle $a \in \mathbb{R}^+$ und $b \in \mathbb{R}$ gilt: $a^b = c \Leftrightarrow a = \sqrt[b]{c} \Leftrightarrow b = \log_a c$
b heißt *Logarithmus* von c zur Basis a, wenn $a^b = c$ ist.

Der Logarithmus von einer Zahl c zur Basis a ist also diejenige Zahl, mit der a potenziert c ergibt, bzw. der Exponent der Potenz $a^b = c$.

BEISPIELE

1. $\log_2 8 = 3$, denn $2^3 = 8$

2. $\log_5 625 = 4$, da $5^4 = 625$

3. $\log_5 0{,}04 = \log_5 \frac{1}{25} = -2$, da $5^{-2} = \frac{1}{25}$

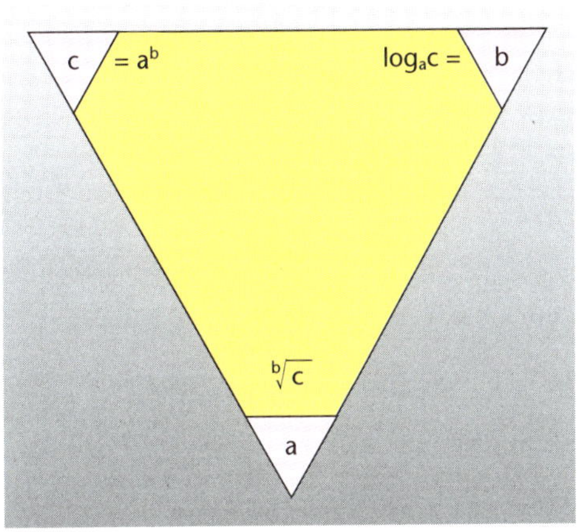

Bild 2.71 Zusammenhang zwischen Potenz, Wurzel und Logarithmus oder zwischen Wert der Potenz, Basis und Exponent

Da jede positive reelle Zahl Basis einer Potenz sein kann, gibt es Logarithmen zu jeder positiven reellen Basis a. Allen gemeinsam sind einige wichtige Eigenschaften, die wir im folgenden behandeln.

BEISPIELE

1. $\log_a 1 = 0$ für alle $a \in \mathbb{R}^+$. Dies folgt aus der Eigenschaft, daß $a^0 = 1$ ist für alle $a \in \mathbb{R}^+$.
Betrachten wir nun Logarithmen von Produkten, Quotienten und Potenzen.

2. $\log_2 (4 \cdot 8) = \log_2 32 = 5$ (da $2^5 = 32$) $= 2 + 3$
$= \log_2 4 + \log_2 8$ (da $2^2 = 4$ und $2^3 = 8$)

3. $\log_2 (32 : 4) = \log_2 8 = 3 = 5 - 2 = \log_2 32 - \log_2 4$

4. $\log_2 4^3 = \log_2 64 = 6$ (da $2^6 = 64$) $= 3 \cdot 2 = 3 \cdot \log_2 4$

An den Beispielen 2–4 haben wir drei Logarithmusgesetze veranschaulicht, die nun formuliert und anschließend allgemein bewiesen werden.

S

(L1) $\log_a (x \cdot y) = \log_a x + \log_a y$

(L2) $\log_a \frac{x}{y} = \log_a x - \log_a y$

(L3) $\log_a x^n = n \cdot \log_a x$

Beweise:

Voraussetzung: $a \in \mathbb{R}^+$, $c, d, n \in \mathbb{R}$, $x, y \in \mathbb{R}^+$
(L1) Sei $c = \log_a x$ und $d = \log_a y \Leftrightarrow a^c = x$ und $a^d = y$
$\Leftrightarrow x \cdot y = a^c \cdot a^d = a^{c+d}$ nach dem 1. Potenzgesetz (P1)
$\Leftrightarrow \log_a (x \cdot y) = c + d = \log_a x + \log_a y$
(L2) Mit den im vorhergehenden Beweis gemachten Annahmen folgt:
$\frac{x}{y} = \frac{a^c}{a^d} = a^{c-d}$ nach dem ersten Potenzgesetz für die Division (P1′)
$\Leftrightarrow \log_a \frac{x}{y} = c - d = \log_a x - \log_a y$
(L3) Sei $a^c = x$. Dann ist $(a^c)^n = x^n \Leftrightarrow a^{n \cdot c} = x^n \Rightarrow \log_a x^n = n \cdot c = n \cdot \log_a x$
Nun ist es uns zwar möglich, einige spezielle Logarithmen für $a \in \mathbb{N}$ und $c \in \mathbb{N}$ zu bestimmen, doch bereits der $\log_2 3$ stellt uns vor ein großes Problem. Die gesuchte Zahl ist offensichtlich keine rationale Zahl und entzieht sich unserer Kenntnis. Doch glücklicherweise besitzen wir einen Taschenrechner. Wenden wir ihm kurz unsere Aufmerksamkeit zu. Er besitzt (in der Regel) zwei Tasten, die Logarithmen berechnen können, die Taste ***log*** und die Taste ***ln*** (Bild 2.72).

Bild 2.72 Die Logarithmustasten und die Exponentialfunktionen auf einem Taschenrechner

In der Mathematik verwendet man vor allem zwei Logarithmen:

D

lg x = $\log_{10} x$ heißt *dekadischer* oder *Briggsscher Logarithmus.* Er ist auf dem Taschenrechner mit der Taste *log* gekennzeichnet.
ln x = $\log_e x$ heißt *natürlicher Logarithmus* (*l*ogarithmus *n*aturalis) und wird auf dem Taschenrechner mit der Taste *ln* gekennzeichnet.

Die Zahl e heißt ***Eulersche Zahl***. Sie ist der Grenzwert der Folge $\left(1 + \frac{1}{n}\right)^n$ für $n \to \infty$ und beträgt e = 2,71828183 . . ., ist irrational und transzendent.

Die Bedeutung dieser „krummen" Zahl ergibt sich erst aus der Differentialrechnung (siehe Seite 545).

(Die Funktion $f : x \mapsto \ln x$ ist die Umkehrfunktion von $f^{-1} : x \mapsto e^x$, die Funktion $g : x \mapsto \lg x$ ist die Umkehrfunktion von $g^{-1} : x \mapsto 10^x$; siehe Seite 300).

Wendet man hintereinander erst den Logarithmus auf eine Zahl an und potenziert anschließend das Ergebnis zur selben Basis, so erhält man wieder die ursprünglich Zahl: $2^{\log_2 8} = 2^3 = 8$. Verfährt man umgekehrt, erhält man dasselbe Ergebnis: $\log_2 (2^3) = \log_2 8 = 3$.

S

Für alle $x \in \mathbb{R}^+$ gilt: $a^{\log_a x} = x$
Für alle $x \in \mathbb{R}$ gilt: $\log_a (a^x) = x$

Berechnen wir einige Beispiele mit dem Taschenrechner.

BEISPIELE

1. lg 3: Wir tippen ein: ***log 3 EXE*** (Bild 2.73) und lesen ab: 0,477121255 (Bild 2.74). Machen wir die Probe: $10^{0,477121255}$ muß ja dann etwa 3 ergeben. Die Taste 10^x finden wir auf der Taste log als Zweitbelegung, die wir mit der Taste ***SHIFT*** oder ***2nd*** oder ***INV*** anwählen: ***SHIFT log 0.477121255 EXE*** läßt den Taschenrechner 3 anzeigen (Bild 2.75).

Bild 2.73

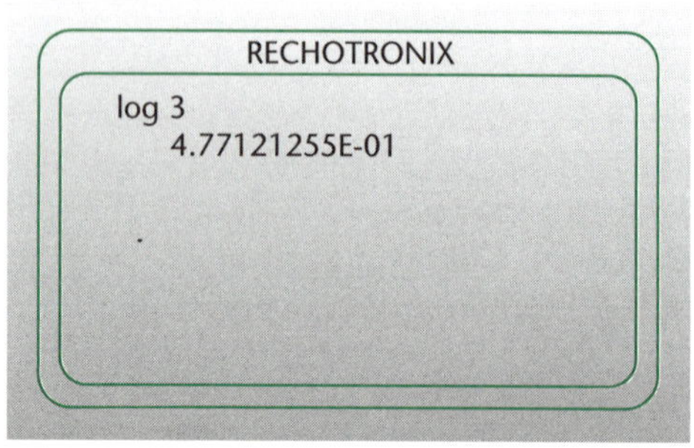

Bild 2.74 lg 3 ≈ 0,477

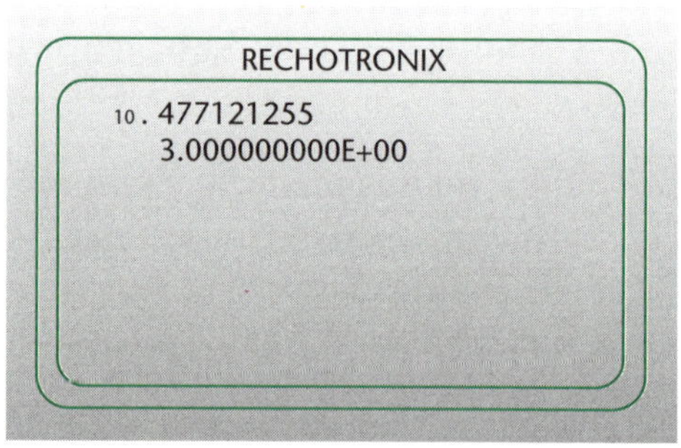

Bild 2.75

2. Was ist die Lösung der Gleichung $10^x = 24550$? Das ist x = lg 24550. Der Taschenrechner zeigt 4,39005150 an (Bild 2.76).
Jetzt wählen wir den natürlichen Logarithmus: ln 10. ***ln 10 EXE*** (Bild 2.77) führt zur Anzeige 2.30258509 (Bild 2.78).
Probe: $e^{2,30258509}$ muß 10 ergeben.

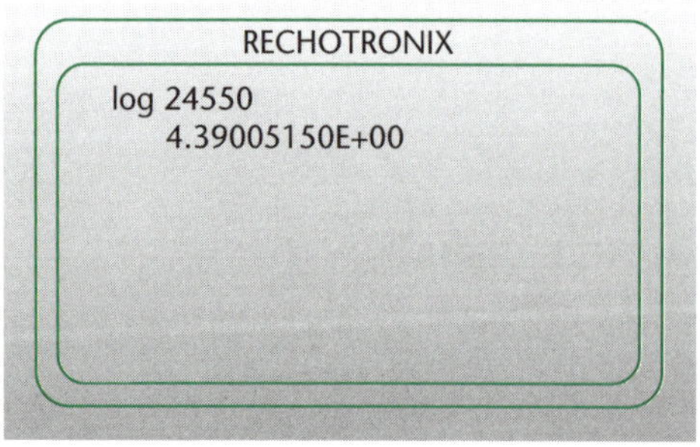

Bild 2.76 lg 24550 ≈ 4,39

Bild 2.77 ln 10

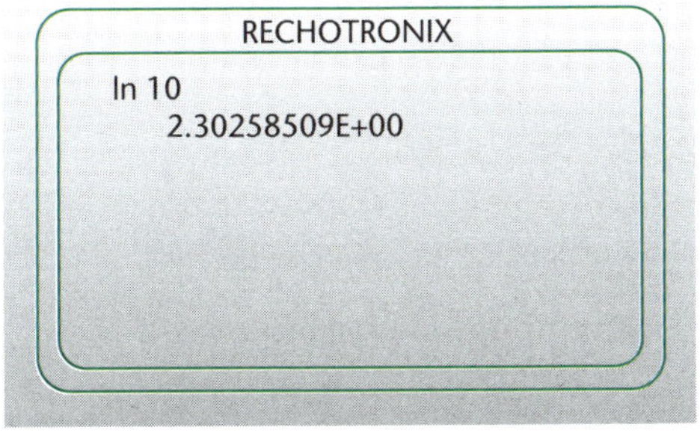

Bild 2.78 ln 10 ≈ 2,3

Die Taste e^x finden wir ebenfalls als Doppelbelegung auf der Taste ln, die wir wieder mit ***SHIFT*** oder ***2nd*** oder ***INV*** ansteuern: ***SHIFT ln 2.30258509 EXE*** führt zu 9,99999997, was ja ziemlich genau 10 ist (bei Exponentialfunktionen ist der Rundungsfehler immer besonders groß) (Bilder 2.79 und 2.80).

Bild 2.79

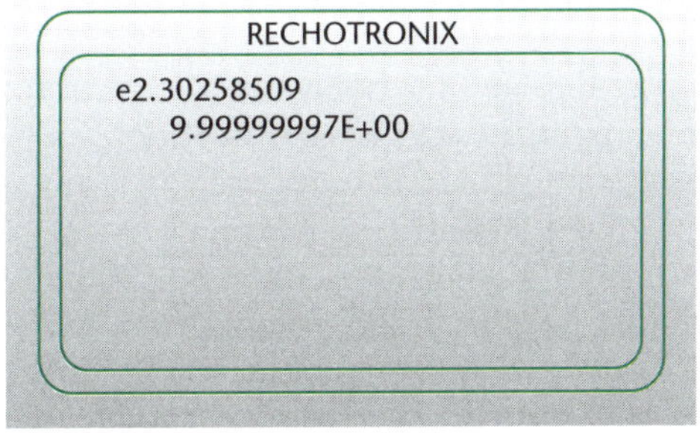

Bild 2.80

Wie berechnen wir aber $\log_2 7$, also diejenige Zahl x, für die gilt: $2^x = 7$? Der Taschenrechner verfügt nicht über die Taste $\log_2$. Er kann ja nicht für jede Basis eine Logarithmustaste haben. Es gibt aber eine Möglichkeit, die gesuchte Zahl auszurechnen, allerdings mit Hilfe des dekadischen oder des natürlichen Logarithmus.

Aus $2^x = 7$ folgt $x = \log_2 7$ und umgekehrt. Nun gibt es aber eine reelle Zahl c mit der Eigenschaft $2 = 10^c$, und zwar die Zahl $c = \lg 2 \approx 0{,}301$. Statt $2^x = 7$ können wir durch Ersetzen der 2 schreiben: $(10^c)^x = 7 \Leftrightarrow 10^{cx} = 7$. Dann ist $cx = \lg 7$ und $x = \frac{\lg 7}{c} = \frac{\lg 7}{\lg 2}$. Andererseits ist aber $x = \log_2 7$. Daraus folgt $\log_2 7 = \frac{\lg 7}{\lg 2}$. Auf der rechten Seite stehen nur dekadische Logarithmen, die wir berechnen können. Mit Hilfe des Taschenrechners erhalten wir $\log_2 7 = \frac{\lg 7}{\lg 2} \approx 2{,}80735492$. Machen wir die Probe:
$2^{2{,}80735492} \approx 7$ (die Eingabe ***2 x^y 2.80735492 EXE*** führt zur Anzeige 6.99999999).

S

Man kann den Logarithmus zu einer beliebigen Basis $a \in \mathbb{R}^+$ umwandeln in einen Logarithmus zu irgendeiner Basis $b \in \mathbb{R}^+$:

$\log_a x = \frac{\log_b x}{\log_b a}$. Insbesondere ist $\log_a x = \frac{\lg x}{\lg a} = \frac{\ln x}{\ln a}$.

Dieser Zusammenhang ermöglicht uns die Berechnung beliebiger Logarithmen.

BEISPIELE

1. $\log_3 28 = \frac{\lg 28}{\lg 3} \approx 3{,}033$

2. $\log_{0,8} 9{,}2 = \frac{\ln 9{,}2}{\ln 0{,}8} \approx -9{,}945$

Abschließend sei noch eine Anwendung des Logarithmus erwähnt. Vor dem Taschenrechner gab es den Rechenschieber (Bild 2.81), dessen Skalen logarithmisch aufgeteilt sind, das heißt, der Abstand zwischen 1 und 10 ist genauso groß wie der zwischen 10 und 100 usw., da $\log 100 - \lg 10 = 2 - 1 = 1$, $\log 10 - \lg 1 = 1 - 0 = 1$ usw. Vor dem Rechenschieber gab es Tabellen mit sogenannten Logarithmustafeln. In diesen fand man die dekadischen und natürlichen Logarithmen der mehrstelligen Dezimalzahlen von 1,0000 bis 9,9999. Mit Hilfe der Logarithmusgesetze konnten Zahlen multipliziert, dividiert und potenziert werden. Ein Beispiel ist auf Seite 154 zu finden.

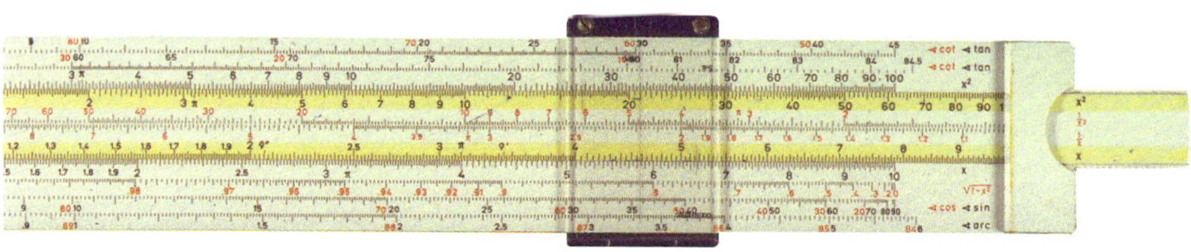

Bild 2.81 Rechenschieber

Exponential- und Logarithmusgleichungen

Eine Gleichung, in der die Variable im Exponenten steht, heißt ***Exponentialgleichung***. Eine Gleichung, in der der Logarithmus eines Termes mit Variablen vorkommt, heißt ***Logarithmusgleichung***. Da Logarithmusfunktion und Exponentialfunktion sich gegenseitig umkehren, ergibt sich folgende Lösungsidee für derartige Gleichungen:

1. Man isoliert den Term mit der Variablen soweit wie möglich.
2. Man wendet die Umkehroperation an.

BEISPIELE

1. $5 \cdot 2^x - 3 = 7 \Leftrightarrow 5 \cdot 2^x = 10 \Leftrightarrow 2^x = 2 \Leftrightarrow x = 1$

2. $3^{x-4} = 2 \Leftrightarrow \frac{3^x}{3^4} = 2 \Leftrightarrow 3^x = 2 \cdot 81 = 162 \Leftrightarrow x = \log_3 162 = \frac{\lg 162}{\lg 3} \approx 4{,}63$

3. $4^{-\frac{2}{x}+5} = 12 \Leftrightarrow 4^{-\frac{2}{x}} \cdot 4^5 = 12 \Leftrightarrow = 4^{-\frac{2}{x}} = \frac{12}{1024}$

$\Leftrightarrow \lg 4^{-\frac{2}{x}} = \lg \frac{3}{256} \Leftrightarrow -\frac{2}{x} \cdot \lg 4 = \lg \frac{3}{256}$

$\Leftrightarrow -\frac{2}{x} = \frac{\lg 3 - \lg 256}{\lg 4} \Leftrightarrow -\frac{x}{2} = \frac{\lg 4}{\lg 3 - \lg 256}$

$\Leftrightarrow x = -2 \cdot \frac{\lg 4}{\lg 3 - \lg 256} \approx 0{,}6235$

Probe: $4^{-\frac{2}{0{,}6235}+5} \approx 11{,}997 \approx 12$

4. Im Falle von logarithmischen Gleichungen müssen wir folgendermaßen verfahren:

$\log_3 x = -5 \Leftrightarrow x = 3^{-5} = \frac{1}{243}$

5. $2 \cdot \log_4 (2x - 1) = 20 \quad | : 2$

$\Leftrightarrow \log_4 (2x - 1) = 10$

$\Leftrightarrow 2x - 1 = 4^{10} \Leftrightarrow 2x = 4^{10} + 1$

$\Leftrightarrow x = (4^{10} + 1) : 2 \Leftrightarrow x = 524288{,}5$

ÜBUNGEN

96. Bestimmen Sie ohne Taschenrechner:

a) $\log_3 27$

b) $\log_2 0{,}25$

c) $\log_2 128$

d) $\log_5 \frac{1}{625}$

e) $\log_{0,5} 8$

f) $\log_{0,001} 10^{-12}$

g) $\log_2 (-8)$

h) $\log_4 1$

i) $\lg 0{,}1$

j) $\lg 1000$

k) $\lg 10^{-9}$

l) $\lg 0{,}00001$

m) $\lg 10\,000\,000\,000$

Wir machen Musik: Temperierte und reine Stimmung

So könnten die ersten Geh- oder besser Programmierversuche am Synthesizer aussehen: erst einmal die einfache Melodie „Der Mond ist aufgegangen“. Vielleicht in A-Dur? Also denn: a^1 – h^1 – a^1 – d^2 – cis^2 – h^1 – a^1 (die Zahlen geben die Oktavlage an, siehe Bild 2.83). Aber welche Frequenzen wählt man, in denen die Töne schwingen sollen? (Unter der Frequenz f eines Tones in Hertz versteht man die Anzahl der Schwingungen des Tonerzeugers pro Sekunde. Spielt man auf einer Geige das a^1 mit der Frequenz 440 Hz, so schwingt die gespielte Saite 440 mal in einer Sekunde). Vom Kammerton a^1 hat unser Künstler schon einmal etwas gehört. Der hat die Frequenz $f = 440$ Hz, jedenfalls häufig. Vielleicht probiert er es doch erst einmal am Klavier. a^1! Klingt gut! Jetzt mal mit Pedal: a^1 – und Taste loslassen.

Was ist denn das? Da hört er doch tatsächlich noch einen Ton, den er gar nicht angeschlagen hat. Und noch einen! Es sind die sogenannten Obertöne, die immer mitklingen, wenn auch sehr leise und kaum wahrnehmbar. Das ist Physik!

Bild 2.82 Synthesizer mit Keyboard

Bild 2.84 Der Mond ist aufgegangen

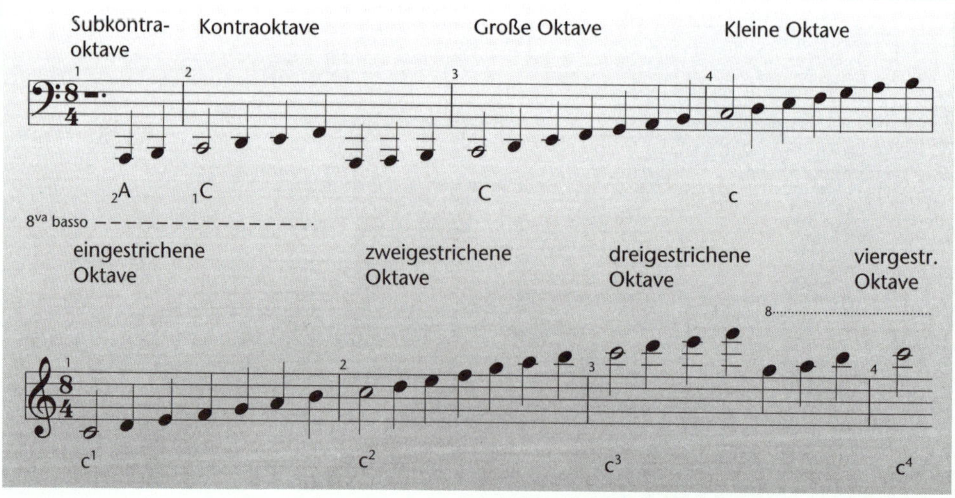

Bild 2.83 Oktaven

c	cis	d	dis	e	f	fis	g	gis	a	ais	h	c
1	$\frac{16}{15}$	$\frac{9}{8}$	$\frac{6}{5}$	$\frac{5}{4}$	$\frac{4}{3}$	$\frac{45}{32}$	$\frac{3}{2}$	$\frac{8}{5}$	$\frac{5}{3}$	$\frac{9}{5}$	$\frac{15}{8}$	2

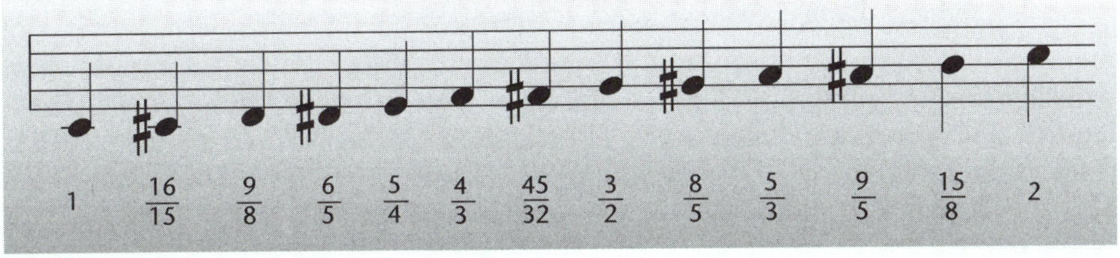

Bild 2.85 Frequenzverhältnisse zum Grundton in der reinen Stimmung

Diese Töne bilden die sogenannte ***reine Stimmung***. Sie legt fest, in welchem Verhältnis Töne zueinander stehen. So hat gegenüber dem Grundton die Oktave genau die doppelte Frequenz. Die Frequenz der Quinte verhält sich zur Frequenz des Grundtones wie 3 : 2. Dies ist unabhängig von der Wahl des Grundtones. Hieraus ergeben sich alle anderen Verhältnisse (siehe Bild 2.85).

Ist der Grundton 440 Hz (a^1), so muß h^1 mit $\frac{9}{8} \cdot 440$ Hz = 495 Hz erklingen, cis^2 mit $\frac{5}{4} \cdot 440$ Hz = 550 Hz, d^2 mit $\frac{4}{3} \cdot 440$ Hz = $586{,}\overline{6}$ Hz usw.

Nun kommt unser Künstler auf die Idee, seinen programmierten Mond vom Synthesizer abspielen zu lassen und auf dem Klavier dazu zu spielen. Gesagt - getan! Doch da kann etwas nicht stimmen. Das klingt ja so schief! Da hilft nur nachlesen. Schnell stellt er fest, daß die Töne auf dem Klavier andere Frequenzen haben. Zwar

Bild 2.86 Klaviatur mit a-h-a-d-cis-h-a zu „Der Mond ist aufgegangen"

hat er das a^1 auch auf 440 Hz stimmen lassen, aber die Frequenzen der anderen Töne stimmen nicht mit den programmierten Tönen überein. Und das kommt daher, daß ein gewisser Andreas Werckmeister 1691 für Tasteninstrumente eine vom Grundton unabhängige Stimmung, die gleichmäßige oder, wie er sie nannte, ***temperierte Stimmung***, erfand. Denn auf Tasteninstrumenten stellte sich ein Problem heraus: Spielt unser Amateurmusiker „Der Mond ist aufgegangen" nicht in A-Dur, sondern in H-Dur, so hat h^1 die Frequenz 495 Hz, wie bereits oben berechnet, aber cis^2 als Sekunde von h^1 hat die Frequenz $\frac{9}{8} \cdot 495\ \text{Hz} = 556{,}875\ \text{Hz}$. Dabei hatten wir in A-Dur für das cis^2 doch nur 550 Hz berechnet! Diesen Unterschied hört man durchaus. Die Ursache für diese Differenz liegt darin begründet, daß die reine Stimmung nur relative Tonhöhen in bezug auf einen Grundton angibt. Ändert man den Grundton, erhält man aus den Verhältnissen zwangsweise abweichende absolute Tonhöhen. Deutlich wird dies, wenn man einmal zwölf Quinten (Bild 2.87) sieben Oktaven (Bild 2.88) gegenüberstellt. Vom Grundton $_2C$ aus muß die achte Oktave c^4 die $2 \cdot 2 \cdot 2 \cdot 2 \cdot 2 \cdot 2 \cdot 2 = 2^7 = 128$fache Frequenz haben. Die 12 Quinten führen in der Folge $_2C - {_2G} - {_1D} - {_1A} - E - H - fis - cis^1 - gis^1 - dis^2 - ais^2 - eis^3 - his^3 = c^4$ zur $\left(\frac{3}{2}\right)^{12} \approx 129{,}746$fachen Frequenz. Das ist ein großer Unterschied, selbst wenn man konstatiert, daß his nicht gleich c ist (in der reinen Stimmung).

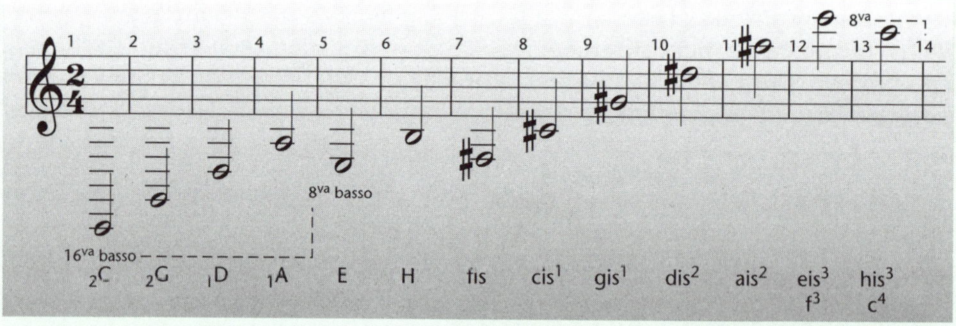

Bild 2.87 Umfang von 12 Quinten

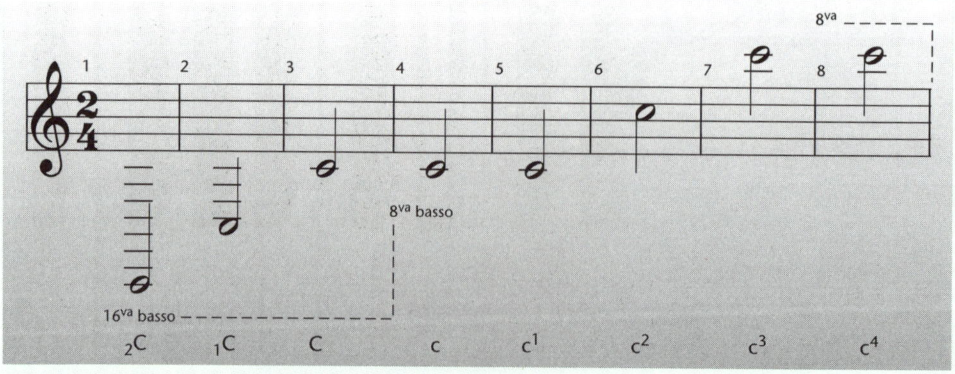

Bild 2.88 Umfang von 7 Oktaven

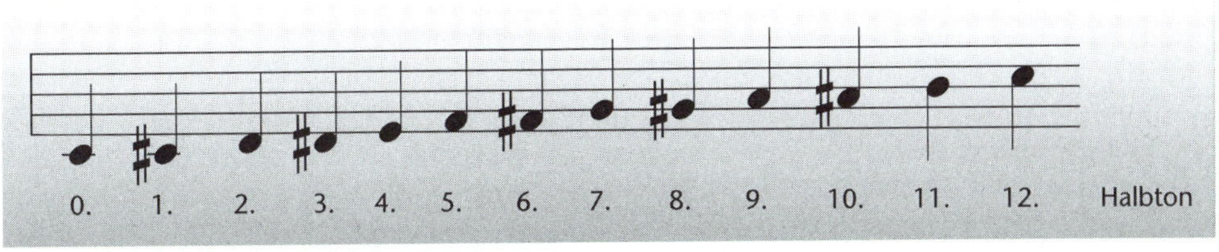

Bild 2.89 Halbtöne einer Oktave

Um nun unabhängig zu sein von der Wahl des Grundtones hat Andreas Werckmeister die Klaviatur in „gleichmäßige" Intervalle aufgeteilt. Eine Oktave umfaßt zwölf Halbtöne (Bild 2.89). Das Verhältnis der Frequenzen von Oktave zu Grundton ist 2. Ist das Verhältnis zweier aufeinanderfoigender Halbtöne q, so ist die Frequenz des ersten Halbtones $q \cdot X$, wenn X die Frequenz des Grundtones ist. Die Frequenz des zweiten Halbtones ist dann das q-fache davon, also $q \cdot q \cdot X$. Schließlich erhält man beim zwölften Halbton die Frequenz $q^{12} \cdot X$, welche $2 \cdot X$ sein muß. Daraus folgt: $q^{12} \cdot X = 2 \cdot X \Leftrightarrow q^{12} = 2 \Rightarrow q = \sqrt[12]{2} \approx 1{,}05946309$.

> In der *reinen Stimmung* sind die Frequenzen stets relativ zum Grundton festgelegt. Derselbe Ton kann bei unterschiedlichem Grundton verschiedene Frequenzen haben. In der *temperierten Stimmung* ist das Verhältnis zweier aufeinanderfolgender Halbtöne immer $\sqrt[12]{2} : 1$, und zwar unabhängig vom Grundton. Somit hat ein Ton immer dieselbe Frequenz, gleich in welcher Tonart gespielt wird.

Hat a^1 die Frequenz 440 Hz, so muß fis^3, weil es 21 Halbtöne darüber liegt, die $(\sqrt[12]{2})^{21} = 2^{\frac{21}{12}} \approx 3{,}36359$fache Frequenz haben, das sind etwa 1480 Hz. D muß dann, weil es 31 Halbtöne unter a^1 liegt, den $2^{\frac{31}{12}}$ten Teil der Frequenz von a haben, also etwa $440 : 6 \approx 73{,}3$ Hz. Die folgende Tabelle gibt die Frequenzen der Halbtöne von a bis a^1 für die reine und die temperierte Stimmung an, wobei für die reine Stimmung a als Grundton gewählt wurde.

Ton	Frequenz der reinen Stimmung (Hz)	Frequenz in der temperierten Stimmung (Hz)
a	220	220
ais	234,7	233,1
h	247,5	246,9
c^1	264	261,6
cis^1	275	277,2
d^1	293,3	293,7
dis^1	309,4	311,1
e^1	330	329,6
f^1	352	349,2
fis^1	366,7	370
g^1	396	392
gis^1	412,5	415,3
a^1	440	440

97. Berechnen Sie mit dem Taschenrechner:

a) $\lg 2$
b) $\lg 11$
c) $\lg 0{,}2$
d) $\lg \frac{1}{7}$
e) $\ln 2$
f) $\lg 10$
g) $\ln 10$
h) $\ln 0{,}1$
i) $\log_2 7$
j) $\log_2 0{,}963$
k) $\log_5 100$
l) $\log_{0{,}02} 3$

98. Bestimmen Sie die Lösungen der Gleichungen:

a) $\log_2 x = 4$
b) $\log_x 81 = 4$
c) $\log_{0{,}5} x = -5$
d) $\log_x \frac{1}{3} = -1$

99. Bestimmen Sie die Lösungen der Gleichungen:

a) $2^x = 9$
b) $2^{x-3} = \frac{1}{2}$
c) $2 \cdot 5^{3x} = 8$
d) $18 - 4^{2 \cdot (2 - 4x)} = 118$
e) $24 = \left(\frac{3}{2}\right)^{2x^2}$

100. Bestimmen Sie die Lösungen der Gleichungen:

a) $\log_2 (3x + 4) = -2$
b) $\log_{\frac{1}{3}} (x^2 + 2) = -3$

2.6.3 Bruchgleichungen

Eine Gleichung, bei der die Variable im Nenner eines Bruchtermes vorkommt, heißt Bruchgleichung.

Beispielsweise ist $\frac{12}{x} = -3$ eine Bruchgleichung. Um sie nach der Variablen x auflösen zu können, muß man die Variable aus dem Nenner in einen Zähler befördern. Hierzu gibt es zwei Möglichkeiten: Entweder multipliziert man die Gleichung mit dem Nenner, in dem die Variable steht, oder man bildet die Kehrwerte der Terme auf beider Gleichungsseiten, was sich nur für einfache Terme anbietet. In unserem Beispiel erhalten wir bei Multiplikation mit x: $12 = -3x \Leftrightarrow x = -4$ oder, wenn wir die Kehrwerte bilden: $\frac{x}{12} = -\frac{1}{3} \Leftrightarrow x = -4$.

Vor Beginn der Termumwandlung sollte man die Definitionsmenge $\mathbb{D}$ feststellen, also die Menge aller Zahlen, die für die Variable eingesetzt werden dürfen. Im eben gezeigten Beispiel ist $\mathbb{D} = \mathbb{R} \setminus \{0\}$, da der Nenner nie Null sein darf.

Enthalten mehrere Bruchterme dieselbe Variable im Nenner, so ist es zweckmäßig, die Gleichung nicht mit jedem Nenner zu multiplizieren, sondern nur mit dem Hauptnenner, damit die dabei entstehenden Terme nicht zu kompliziert werden.

BEISPIEL

$$\frac{3x}{x-5} = \frac{2}{x^2-25}$$

Wegen $x^2 - 25 = (x + 5) \cdot (x - 5)$ ist dies der Hauptnenner, mit dem wir die Gleichung multiplizieren. $\mathbb{D} = \mathbb{R} \setminus \{-5; 5\}$.

$$\Leftrightarrow 3x \cdot (x + 5) = 2 \Leftrightarrow 3x^2 + 15x - 2 = 0 \Leftrightarrow x^2 + 5x - \frac{2}{3} = 0$$

$$\Leftrightarrow x_{1,2} = -\frac{5}{2} \pm \sqrt{\frac{25}{4} + \frac{2}{3}} = -\frac{5}{2} \pm \sqrt{\frac{83}{12}}$$

Die Multiplikation mit dem Hauptnenner oder mit irgendeinem Nenner oder mit dem Produkt von Nennern ist eine Äquivalenzumformung, sofern wir die Definitionsmenge beachten. Damit läßt sich jede Bruchgleichung auf eine gewöhnliche Gleichung zurückführen.

ÜBUNGEN

101. Bestimmen Sie die Definitionsmenge und die Lösungsmenge:

a) $\frac{6}{x} - 4 = 18$

b) $\frac{8}{3 - x} = 2$

c) $\frac{5}{x} + 2 = \frac{2}{x}$

d) $-4x = \frac{2 + x}{x - 1}$

e) $\frac{x + 2}{x - 3} - \frac{2 - x}{6 - x} = 0$

f) $\frac{1}{x + 3} + \frac{1}{x - 5} = \frac{2}{x - 3}$

g) $\frac{2}{x + 1} - \frac{1}{x^2} = \frac{2}{x} - \frac{3}{(x + 1)^2}$

h) $\frac{1}{x} + \frac{x^2 + x + 1}{x^2 + x} = 1$

102. Stellt man ein Objekt im Abstand g (Gegenstandsweite) vor eine Konvexlinse mit der Brennweite f, so entsteht ein reelles Bild auf einem Schirm im Abstand b (Bildweite) hinter der Linse, wobei der Zusammenhang gilt: $\frac{1}{g} + \frac{1}{b} = \frac{1}{g}$ (sogenannte Linsenformel). Ein Diaprojektor mit der Brennweite f = 90 mm projiziert das Bild eines Dias scharf auf eine 3 m entfernte Leinwand. In welchem Abstand vom Objekt befindet sich das Dia?

2.6.4 Betragsgleichungen

Unter dem Betrag einer Zahl x, geschrieben |x|, versteht man ihren absoluten Wert unabhängig vom Vorzeichen bzw. ihren Abstand von der Null. |–4| = |4| = 4. Der Betrag ist immer positiv.

D

$$|x| = \begin{cases} x, \text{ wenn } x \geq 0 \\ -x, \text{ wenn } x < 0 \end{cases}$$

Um eine Gleichung oder Ungleichung aufzulösen, die einen Betragsterm enthält, muß man immer erst die Betragsstriche auflösen, was nur mit einer Fallunterscheidung möglich ist, die zwei Fälle unterscheidet:

1. Der Term in den Betragsstrichen ist positiv. Dann läßt man die Betragsstriche einfach weg.

2. Der Term in den Betragsstrichen ist negativ. Dann läßt man die Betragsstriche weg, setzt eine Klammer um den Term, der in den Betragsstrichen stand, und schreibt ein Minuszeichen davor.

Anschließend löst man die Gleichung nach bekannten Verfahren. Zum Schluß muß man prüfen, ob die Lösung mit der Einschränkung der Fallunterscheidung übereinstimmt.

BEISPIEL

$|4x - 5| = 20$

1. Fall: $4x - 5 \geq 0 \Leftrightarrow x \geq \frac{5}{4}$

Dann ist $|4x - 5| = 20 \Leftrightarrow 4x - 5 = 20 \Leftrightarrow x = \frac{25}{4}$.

Dies steht im Einklang mit der ersten Bedingung.

2. Fall: $4x - 5 < 0 \Leftrightarrow x < \frac{5}{4}$

$|4x - 5| = 20 \Leftrightarrow -(4x - 5) = 20 \Leftrightarrow -4x + 5 = 20$

$\Leftrightarrow x = -\frac{15}{4} < \frac{5}{4}$

Probe: $|4 \cdot \frac{25}{4} - 5| = |25 - 5| = |20| = 20$

$|4 \cdot \left(-\frac{15}{4}\right) - 5| = |-15 - 5| = |-20| = 20$

ÜBUNGEN

103. Lösen Sie folgende Betragsgleichungen:

a) $|x + 5| = 9$

b) $3 - |2x + 5| = -7$

104. Lösen Sie folgende Betragsungleichungen:

a) $|-3x + 6| < x$

b) $-2 \cdot |8 - 6x| \geq 9$

105. Lösen Sie folgende quadratische Betragsgleichungen:

a) $|4x + 5| = x^2$

b) $|8x - (x + 2)^2 + 8| = 1$

106. Lösen Sie folgende quadratische Betragsungleichungen:

a) $|x^2 - 4{,}5| < 20{,}5$

b) $|4x^2 + 8x + 4| > 16x$

2.7 Lineare Gleichungssysteme

2.7.1 Systeme mit zwei Variablen

EINFÜHRUNGSBEISPIEL

Ein Bauer kauft Küken für 2 DM und Kaninchen für 5 DM pro Tier. Insgesamt kauft er 30 Tiere für 111 DM. Wieviel Tiere von jeder Sorte hat er gekauft? Bezeichnen wir die Anzahl der gekauften Küken mit x, die der Kaninchen mit y. Die Küken haben ihn $x \cdot 2$ DM, die Kaninchen $y \cdot 5$ DM gekostet. Wir können die Bedingungen in zwei Gleichungen darstellen:

(I) $2 \cdot x + 5 \cdot y = 111$ (Preisbedingungen)

(II) $x + y = 30$ (Anzahl der Tiere)

Im Gegensatz zu Kapitel 2.4 (linearen Gleichungen), haben wir es hier mit zwei Variablen und zwei Gleichungen zu tun. Beide Gleichungen müssen gleichzeitig erfüllt sein, das heißt, die Lösungen für x und y müssen beide Gleichungen erfüllen. Da die Lösungen für x und y zusammengehören, sprechen wir von einem Lösungspaar $(x \mid y)$.

Es gibt nun vier Möglichkeiten, ein solches Gleichungssystem zu lösen, drei algebraische mittels Gleichungs- und Termumformungen und ein geometrisches Verfahren.

Den rechnerischen Lösungen liegt dieselbe Idee zugrunde. Man reduziert die beiden Gleichungen mit zwei Variablen zunächst auf eine Gleichung mit einer

zwei Gleichungen mit zwei Variablen

↓

durch Anwendung eines Verfahrens Reduktion auf eine Gleichung mit einer Variablen

↓

Lösung der einen Gleichung

↓

Einsetzen der Lösung für die eine Variable in die erste oder zweite Gleichung

↓

Lösen der Gleichung mit der zweiten Variablen

Bild 2.90 Grundsätzliches Lösungsverfahren bei linearen Gleichungssystemen aus zwei Gleichungen mit zwei Unbekannten

Variablen, löst diese und setzt die Lösung für die eine Variable in eine der Ausgangsgleichungen ein, um die andere Variable zu berechnen (Bild 2.90).

Gaußsches Eliminationsverfahren oder Additionsverfahren

Die Reduktion von zwei auf eine Gleichung erfolgt durch Addition beider Gleichungen. Vorher müssen die Koeffizienten einer Variablen in beiden Gleichungen durch Multiplikation mit einer geeigneten Zahl gleichgemacht werden. Multiplizieren wir die zweite Gleichung unseres Beispiels mit –5, so erhalten wir:

$$\left|\begin{array}{lr} \text{(I)} & 2 \cdot x + 5 \cdot y = 111 \\ \text{(IIa)} & -5 \cdot x - 5 \cdot y = -150 \end{array}\right|$$

Die Striche links und rechts deuten an, daß die Gleichungen ein gemeinsames System bilden.

Nun addieren wir beide Gleichungen:

(I) + (IIa) : $-3x = -39$

Hieraus finden wir die Lösung für x: $x = 13$. Der Bauer hat demzufolge 13 Küken gekauft. Diese Zahl setzen wir in irgendeine der beiden Anfangsgleichungen ein und lösen diese dann nach y auf. Natürlich nehmen wir die einfachere der beiden Gleichungen, nämlich Gleichung (II): $13 + y = 30 \Leftrightarrow y = 17$. Er hat 17 Kaninchen gekauft.

BEISPIEL

$$\left|\begin{array}{lll} \text{(I)} & 5x - 7y & = 19 \\ \text{(II)} & -\frac{3}{4}x + 6y & = 2 \\ \text{(Ia)} & 30x - 42y & = 114 \\ \text{(IIa)} & -\frac{21}{4}x + 42y & = 14 \end{array}\right| \quad \begin{array}{l} |\cdot 6 \\ |\cdot 7 \\ \\ \\ \end{array}$$

(Ia) + (IIa): $\frac{99}{4}x = 128 \Leftrightarrow x = \frac{512}{99}$

Einsetzen in (II): $-\frac{3}{4} \cdot \frac{512}{99} + 6y = 2 \Leftrightarrow 6y = 2 + \frac{128}{33} \Leftrightarrow y = \frac{97}{99}$

$\mathbb{L} = \left\{\left(\frac{512}{99} \mid \frac{97}{99}\right)\right\}$

Bild 2.91 zeigt das Schema dieses Verfahrens.

zwei Gleichungen mit zwei Variablen

↓

Gleichmachen der Koeffizienten einer Variablen durch Multiplizieren einer oder beider Gleichungen mit dem jeweils anderen Koeffizienten oder deren kgV

↓

wenn die Koeffizienten einer Variablen gleiches Vorzeichen haben:
Subtraktion beider Gleichungen

↓

wenn die Koeffizienten einer Variablen verschiedene Vorzeichen haben:
Addition beider Gleichungen

↓

eine Gleichung mit einer Variablen

↓

Lösen der Gleichung

↓

Einsetzen der Lösung für eine Variable in die erste oder zweite Gleichung

↓

Lösen der zweiten Gleichung nach der zweiten Variablen

Bild 2.91 Schema des Gaußschen Eliminationsverfahrens

Gleichsetzungsverfahren

Dieses Verfahren bietet sich an, wenn die Variablen auf verschiedenen Seiten der Gleichungen stehen und die Terme auf einer Seite beider Gleichungen übereinstimmen.

$$\left| \begin{array}{ll} \text{(I)} & 6x = 3y - 12 \\ \text{(II)} & 6x = -8y + 21 \end{array} \right|$$

Da die beiden linken Seiten der Gleichungen übereinstimmen, müssen auch die beiden rechten Seiten übereinstimmen. Wir können sie deshalb ***gleichsetzen:***
$3y - 12 = -8y + 21$ Hierdurch ist eine Variable weggefallen.
$\Leftrightarrow 11y = 33 \Leftrightarrow y = 3$
Wir setzen die Lösung für y in eine der beiden Anfangsgleichungen ein und erhalten $6x = 3 \cdot 3 - 12 \Leftrightarrow x = -\frac{1}{2}$, also $\mathbb{L} = \left\{\left(-\frac{1}{2} \middle| 3\right)\right\}$. Sind die beiden Gleichungen noch nicht in der hier angesprochenen Form gegeben, so können wir sie durch Umformungen in eine solche Form bringen. Bild 2.92 zeigt das Schema des Verfahrens.

zwei Gleichungen mit zwei Variablen

↓

Auflösen beider Gleichungen nach demselben Term einer Variablen

↓

Gleichsetzen der anderen Seiten beider Terme

↓

eine Gleichung mit einer Variablen

↓

Lösen der Gleichung

↓

Einsetzen der Lösung für eine Variable in die zweite Gleichung

↓

Lösen der zweiten Gleichung nach der zweiten Variablen

Bild 2.92 Schema des Gleichsetzungsverfahrens

Einsetzungsverfahren

Ist eine der Gleichungen bereits nach einer Variablen aufgelöst oder nach einem Term, der in der anderen Gleichung identisch vorkommt, bietet sich dieses Verfahren an.

$$\left| \begin{array}{ll} \text{(I)} & 24x - 5y = 383 \\ \text{(II)} & 5y = 3x + 79 \end{array} \right|$$

Die zweite Gleichung ist nach 5y aufgelöst. Wir setzen den Term $3x + 79$ in die erste Gleichung anstelle von 5y ein:
$24x - (3x + 79) = 383$. Auch in diesem Falle haben wir eine Variable eliminiert. Wir lösen nach x auf:
$\Leftrightarrow 24x - 3x - 79 = 383 \Leftrightarrow 21x = 462 \Leftrightarrow x = 22$
Die Lösung setzen wir in Gleichung (II) ein:
$5y = 66 + 79 \Leftrightarrow y = 29 \Rightarrow \mathbb{L} = \{(22 \mid 29)\}$. Auch dieses Verfahren wird im Schema verdeutlicht (Bild 2.93).

zwei Gleichungen mit zwei Variablen

↓

Auflösen einer Gleichung nach einer Variablen oder einem Term mit einer der Variablen, der auch in der anderen Gleichung vorkommt

↓

Ersetzen der Variablen oder des Terms mit der Variablen in der anderen Gleichung durch den Term der anderen Seite der anderen Gleichung

↓

eine Gleichung mit einer Variablen

↓

Lösen der Gleichung

↓

Einsetzen der Lösung für eine Variable in eine der Ausgangsgleichungen

↓

Lösen der zweiten Gleichung nach der zweiten Variablen

Bild 2.93 Schema des Einsetzungsverfahrens

Graphische Darstellung der Geraden

Jede lineare Gleichung mit zwei Variablen ist als Funktionsterm einer linearen Funktion (siehe Seite 267) interpretierbar. Hierzu löst man die Gleichung nach y auf. Der Graph einer linearen Funktion ist immer eine Gerade. Will man die Menge der gemeinsamen Lösungen zweier linearer Gleichungen bestimmen, bedeutet dies geometrisch, einen Punkt zu bestimmen, durch den beide Geraden der zugehörigen linearen Funktionen gehen, also den Schnittpunkt beider Geraden. Betrachten wir das Einführungsbeispiel.

(I) $2 \cdot x + 5 \cdot y = 111$

(II) $x + y = 30$

Lösen wir beide Gleichungen nach y auf:

(Ia) $y = -\frac{2}{5}x + \frac{111}{5}$

(IIa) $y = -x + 30$

Nun zeichnen wir die zugehörigen Geraden in ein geeignetes Koordinatensystem. Die erste Gerade hat den y-Achsenabschnitt $\frac{111}{5} = 22{,}2$ und die Steigung $-\frac{2}{5}$, die zweite Gerade den y-Achsenabschnitt 30 und die Steigung −1. An den Graphen der Geraden können wir den Schnittpunkt P ablesen: P (13 | 17) (Bild 2.94). Somit ist x = 13 und y = 17 in Übereinstimmung mit unserer berechneten Lösung. Man muß jedoch berücksichtigen, daß die geometrische Lösung eines Gleichungssystems meistens mit einer systembedingten Ungenauigkeit behaftet ist und deshalb nur eine „Notlösung" darstellt.

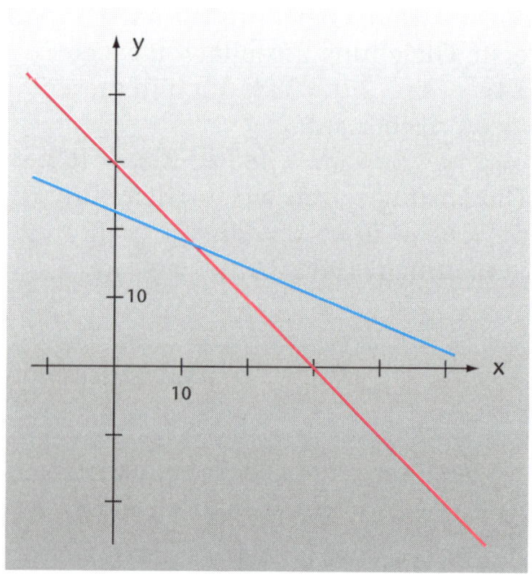

Bild 2.94 Graphen der Funktionen $f: x \mapsto -\frac{2}{5}x + \frac{111}{5}$ und $g: x \mapsto -x + 30$

2.7.2 Lösungsmengen, über- und unterbestimmte Gleichungssysteme

Es kann vorkommen, daß ein Gleichungssystem keine Lösung besitzt.

BEISPIEL

$$\left| \begin{array}{ll} (I) & -2x + 8y = 5 \\ (II) & x - 4y = 1 \end{array} \right| \quad | \cdot 2$$

$$\Leftrightarrow \left| \begin{array}{ll} (I) & -2x + 8y = 5 \\ (IIa) & 2x - 8y = 2 \end{array} \right| \quad \text{Wir addieren beide Gleichungen:}$$

$$\Leftrightarrow \quad 0 = 7$$

Dies ist eine falsche Aussage, die äquivalent zum Gleichungssystem ist. Deshalb kann es keine Lösung geben, $\mathbb{L} = \{\}$.

BEISPIEL

$$\left| \begin{array}{ll} (I) & 3x - 7y = -2 \\ & 12x + 8 = 28y \end{array} \right| \quad | : 4, \text{ dann } -2 - 7y$$

$$\Leftrightarrow \left| \begin{array}{ll} (I) & 3x - 7y = -2 \\ (IIa) & 3x - 7y = -2 \end{array} \right|$$

Beide Gleichungen sind identisch. Wenn wir sie voneinander subtrahieren, erhalten wir die Gleichung $0 = 0$, die eine unendliche Lösungsmenge hat. Allerdings können wir nicht für x und y beliebige Zahlen einsetzen. $(1 \mid 0)$ ist beispielsweise keine Lösung des Systems. Das liegt daran, daß die beiden Variablen ja voneinander abhängen. Man kann für x durchaus eine beliebige reelle Zahl einsetzen. Doch muß y dann so gewählt sein, daß der in der Gleichung gegebene Zusammenhang gewahrt bleibt. Lösen wir die Gleichung nach y auf, erkennen wir die Abhängigkeit: $y = \frac{3}{7}x + \frac{2}{7}$. Für $x = 4$ erhalten wir $y = 2$, für $x = \frac{1}{3}$ ergibt sich $y = \frac{3}{7}$. Wir schreiben die unendliche Lösungsmenge wie folgt:

$\mathbb{L} = \{(x \mid y) \in \mathbb{R} \times \mathbb{R}: y = \frac{3}{7}x + \frac{2}{7}\}$ oder $\mathbb{L} = \{(x \mid \frac{3}{7}x + \frac{2}{7}), x \in \mathbb{R}\}$.

Eigentlich haben wir eine Gleichung zuwenig, um eine bestimmte Lösung ausrechnen zu können. Man nennt das System dann ***unterbestimmt.*** Es kann auch vorkommen, daß wir drei oder mehr Gleichungen haben bei nur zwei Variablen. Ein solches System heißt ***überbestimmt.*** Es kann keine, eine oder unendlich viele Lösungen haben (siehe Seite 715).

2.7.3 Systeme mit mehr als zwei Variablen

Grundsätzlich gilt: Um eine konkrete Lösung berechnen zu können, benötigen wir ebenso viele Gleichungen wie Variablen. Die für zwei Variablen beschriebenen Verfahren lassen sich auch auf höhere Systeme übertragen, doch erscheint nur das ***Gaußsche Eliminationsverfahren*** praktikabel. Das Prinzip ist folgendes:

Aus allen Gleichungen wird dieselbe Variable durch Anwendung des Verfahrens eliminiert, so daß eine Gleichung weniger mit einer Variablen weniger entsteht. Wir wiederholen dieses Verfahren solange, bis nur noch eine Gleichung mit einer Variablen zu lösen ist. Diese setzen wir dann „rückwärts" in die Gleichungen mit zwei, dann mit drei usw. Variablen ein und lösen nach der verbleibenden Variablen auf. Da dieses Verfahren im Kapitel „Lineare Algebra" (siehe Seite 708) ausführlich beschrieben wird, beschränken wir uns auf ein Beispiel.

BEISPIEL

$$\left|\begin{array}{lrcl}
\text{(I)} & 3w - 2x - 4y + 5z & = & -17 \\
\text{(II)} & w + x + 2y - z & = & 6 \\
\text{(III)} & 8w + 3x + z & = & 1 \\
\text{(IV)} & -x - y & = & -5
\end{array}\right| \begin{array}{l} \\ |\cdot 2 \\ \\ |\cdot 4 \end{array}$$

$$\Leftrightarrow \left|\begin{array}{lrcl}
\text{(I)} & 3w - 2x - 4y + 5z & = & -17 \\
\text{(IIa)} & 2w + 2x + 4y - 2z & = & 12 \\
\text{(III)} & 8w + 3x + z & = & 1 \\
\text{(IVa)} & -4x - 4y & = & -20
\end{array}\right|$$

Wir ersetzen nun die Gleichungen (I) und (IIa) duch die Summe aus (I) und (IIa), (IVa) durch (IVa) + (IIa):

$$\Leftrightarrow \left|\begin{array}{lrcl}
\text{(V)} & 5w + 3z & = & -5 \\
\text{(III)} & 8w + 3x + z & = & 1 \\
\text{(VI)} & 2w - 2x - 2z & = & -8
\end{array}\right| \begin{array}{l} \\ |\cdot 2 \\ |\cdot 3 \end{array}$$

Wir haben jetzt ein System aus drei Gleichungen mit 3 Variablen.

$$\Leftrightarrow \left|\begin{array}{lrcl}
\text{(V)} & 5w + 3z & = & -5 \\
\text{(IIIa)} & 16w + 6x + 2z & = & 2 \\
\text{(VIa)} & 6w - 6x - 6z & = & -24
\end{array}\right|$$

Wir ersetzen (IIIa) und (VIa) durch ihre Summe:

$$\Leftrightarrow \left|\begin{array}{lrcl}
\text{(V)} & 5w + 3z & = & -5 \\
\text{(VII)} & 22w - 4z & = & -22
\end{array}\right| \begin{array}{l} |\cdot 4 \\ |\cdot 3 \end{array}$$

Nun haben wir noch zwei Gleichungen mit zwei Variablen.

$$\left|\begin{array}{lrcl}
\text{(Va)} & 20w + 12z & = & -20 \\
\text{(VIIa)} & 66w - 12z & = & -66
\end{array}\right|$$

Wir addieren beide Gleichungen:

$$\Leftrightarrow \quad 86w = -86$$

und erhalten $w = -1$.

Wir setzen $w = -1$ in Gleichung (V) ein:
$-5 + 3z = -5 \Leftrightarrow 3z = 0$ und erhalten $z = 0$.
Wir setzen $w = -1$ und $z = 0$ in Gleichung (III) ein:
$-8 + 3x = 1 \Leftrightarrow 3x = 9$ und erhalten $x = 3$.
Zum Schluß setzen wir die drei Lösungen in Gleichung (IV) ein:
$-3 - y = -5$ und erhalten $y = 2$.
Die Lösungsmenge lautet: $\mathbb{L} = \{(-1 \mid 3 \mid 2 \mid 0)\}$.

ÜBUNGEN

107. Lösen Sie mit dem Additionsverfahren:

a) $\left| \begin{array}{l} -8x + 7y = 29 \\ 2x + 2y = 4 \end{array} \right|$ *b)* $\left| \begin{array}{l} 9x + y = 2 \\ -x + 10y = 20 \end{array} \right|$

c) $\left| \begin{array}{l} 3x - 9 = -y \\ -4x - 2y = -8 \end{array} \right|$ *d)* $\left| \begin{array}{l} 6x - 15y = 6 \\ -8x + 5y = 1 \end{array} \right|$

108. Lösen Sie mit dem Einsetzungsverfahren:

a) $\left| \begin{array}{l} x + y = 4 \\ y = x - 2 \end{array} \right|$ *b)* $\left| \begin{array}{l} 2x - 7y = 8 \\ 2x = 3y + 4 \end{array} \right|$

109. Lösen Sie mit dem Gleichsetzungsverfahren:

a) $\left| \begin{array}{l} 4x = 3y - 8 \\ 4x = 2y + 4 \end{array} \right|$ *b)* $\left| \begin{array}{l} 5x - 6y = 14 \\ 6y = 14 - 2x \end{array} \right|$

110. Die Summe zweier Zahlen ist 48, ihre Differenz ist 19.

111. Heinz kauft 60 Flaschen Wein; Weißwein zu 6 DM und Rotwein zu 8 DM für insgesamt 408 DM. Wieviel Flaschen hat er von jeder Sorte gekauft?

112. Der Umfang eines Rechtecks beträgt 282 m. Eine Seite ist 30 m kürzer als das Doppelte der anderen.

113. Ein Boot fährt rheinabwärts 27 km/h relativ zum Ufer, rheinaufwärts aber nur 5,4 km/h. Welche Strömungsgeschwindigkeit u hat der Fluß? Welche Geschwindigkeit v relativ zum Wasser hat das Boot?

114. Lösen Sie graphisch:
Ein Telefonanbieter hat zwei Tarife zur Auswahl:
T1: Grundgebühr pro Monat: 40 DM, Gebühr pro Minute: 25 Pf
T2: Grundgebühr pro Monat: 65 DM, Gebühr pro Minute: 20 Pf
Bei welcher Anzahl von Gesprächseinheiten (Minuten) ist welcher Tarif der günstigere?

115. Woran erkennt man bei der graphischen Lösung, ob das Gleichungssystem aus zwei Gleichungen mit zwei Variablen keine, eine oder unendlich viele Lösungen hat?

116. Lösen Sie Aufgabe 108 a und b graphisch.

117. Aus einer Sahne A mit 30% Fett und einer Sahne B mit 40% Fett sollen 3 l Sahne mit 36% Fett hergestellt werden. Wieviel Sahne von jeder Sorte wird benötigt?

LÖSUNGEN

1.

A	B	$A \wedge B$	$\neg A \vee B$	$\neg A \vee \neg B$	$\neg (A \vee B)$	$\neg (A \wedge B)$
w	w	w	w	f	f	f
w	f	f	f	w	f	w
f	w	f	w	w	f	w
f	f	f	w	w	w	w

2. a) $(A \rightarrow B) \wedge \neg B \Rightarrow \neg A$

A	B	$A \rightarrow B$	$\neg B$	$(A \rightarrow B) \wedge \neg B$	$\neg A$	$((A \rightarrow B) \wedge \neg B) \rightarrow \neg A$
w	w	w	f	f	f	w
w	f	f	w	f	f	w
f	w	w	f	f	w	w
f	f	w	w	w	w	w

b) $A \wedge (A \rightarrow B) \Rightarrow B$ (Prinzip des direkten Beweises)

A	B	$A \rightarrow B$	$A \wedge (A \rightarrow B)$	$(A \wedge (A \rightarrow B)) \rightarrow B$
w	w	w	w	w
w	f	f	f	w
f	w	w	f	w
f	f	w	f	w

c) $(A \to B) \wedge (B \to C) \Rightarrow A \to C$
Abkürzung: $(A \to B) \wedge (B \to C)$ nennen wir X.

A	B	C	A → B	B → C	X	A → C	X→(A→C)
w	w	w	w	w	w	w	w
w	w	f	w	f	f	f	w
w	f	w	f	w	f	w	w
w	f	f	f	w	f	f	w
f	w	w	w	w	w	w	w
f	w	f	w	f	f	w	w
f	f	w	w	w	w	w	w
f	f	f	w	w	w	w	w

d) $(A \to B) \wedge (B \to A) \Leftrightarrow A \leftrightarrow B$
Abkürzung: $(A \to B) \wedge (B \to A)$ nennen wir X.

A	B	A → B	B → A	X	A ↔ B	X ↔ (A ↔ B)
w	w	w	w	w	w	w
w	f	f	w	f	f	w
f	w	w	f	f	f	w
f	f	w	w	w	w	w

e) $A \wedge (B \vee C) \Leftrightarrow (A \wedge B) \vee (A \wedge C)$
X ↔ Y

A B C	B ∨ C	X	A ∧ B	A ∧ C	Y	X ↔ Y
w w w	w	w	w	w	w	w
w w f	w	w	w	f	w	w
w f w	w	w	f	w	w	w
w f f	f	f	f	f	f	w
f w w	w	f	f	f	f	w
f w f	w	f	f	f	f	w
f f w	w	f	f	f	f	w
f f f	f	f	f	f	f	w

3. *a)* Aussage, nur donnerstags wahr
b) keine Aussage
c) keine Aussage
d) falsche Aussage
e) wahre Aussage, da die Voraussetzung falsch ist
f) Aussage, hoffentlich wahr
g) falsche Aussage
h) wahre Aussage

4. *a)* Heute gehe ich nicht ins Kino.
b) $27 \cdot 4 \neq 108$
c) Es gibt keine gerade Zahl, die Quadratzahl ist.
d) Nicht alle rechtwinkligen Dreiecke sind nicht gleichseitig. (Da die Aussage der Aufgabe gleichwertig zur Aussage „kein rechtwinkliges Dreieck ist gleichseitig" ist, kann die Negation auch heißen: „Es gibt (mindestens) ein rechtwinkliges Dreieck, das gleichseitig ist.")
e) Es trifft nicht zu, daß bei Regen die Straße naß wird.

5. *a)* wahr
b) falsch, wenn es sich um denselben Kühlschrank handelt
c) wahr

6. *a)* $\mathbb{L} = \{22\}$
b) $\mathbb{L} = \{0\}$
c) $\mathbb{L}$ = {Berlin, Wien, Bern}
d) $\mathbb{L}$ = {Banane}, wenn x aus der Menge aller Obstsorten stammt. Ist x keine Obstsorte, dann ist die Voraussetzung falsch und die Subjunktion wahr.
e) $\mathbb{L} = \mathbb{R} \setminus \{0\}$

7.

x	– 5	– 2,5	0	1	$\frac{3}{4}$	14
2x	–10	–5	0	2	$\frac{3}{2}$	28
2x – 5	–15	–10	–5	–3	$-\frac{7}{2}$	23

8.

	a)	*b)*	*c)*	*d)*	*e)*
x	T_1	T_2	T_3	T_4	T_5
–6	15	40	30	8	140
–3	9	25	6	0,5	44
–1,2	5,4	16	0,24	0,32	12,32
$-\frac{2}{5}$	$3\frac{4}{5}$	12	$-\frac{6}{25}$	$\frac{32}{25}$	$\frac{112}{25}$
0	3	10	0	2	2
0,1	2,8	9,5	0,11	2,205	1,53
$\frac{3}{10}$	$2\frac{2}{5}$	$8\frac{1}{2}$	$\frac{39}{100}$	$\frac{529}{200}$	$\frac{77}{100}$
1	1	5	2	4,5	0
2	–1	0	6	8	4
3	–3	–5	12	12,5	14
5	–7	–15	30	24,5	52
10	–17	–40	110	72	252

9.

	a)	*b)*
x	T_1	T_2
–1	$12\frac{1}{4}$	$12\frac{1}{4}$
0	$\frac{9}{4}$	$\frac{9}{4}$
1	$\frac{1}{4}$	$\frac{1}{4}$
2	$\frac{25}{4}$	$\frac{25}{4}$

10. *a)* $27+13 + 14+36 = 40 + 50 = 90$
b) $109+211 + 38+52 = 320 + 90$
$= 410$
c) $45+15 + 23+47 + 16+24$
$= 60 + 70 + 40 = 170$
d) $198 + 102 = 300$

11. *a)* $56-46 + 89+11+12 - 72$
$= 10 + 112 - 72 = 10 + 40 = 50$
b) $43-23 + 27-17 - 15+13$
$= 20 + 10 - 2 = 28$
c) $256-86 + 37-17 - 111+29$
$= 170 + 20 - 111 + 29$
$= 190 - 111 + 29 = 79 + 29$
$= 108$
d) $1+9 + 2+8 + 3+7 + 4+6 + 10 + 5$
$= 55$

12. *a)* $2 \cdot 5 \cdot 7 \cdot 18 = 10 \cdot 7 \cdot 18$
$= 70 \cdot 18 = 1260$
b) $3 \cdot 20 \cdot 6 = 60 \cdot 6 = 360$
c) $5 \cdot 2 \cdot 7 \cdot 11 = 70 \cdot 11 = 770$
d) $4 \cdot 25 \cdot 2 \cdot 5 \cdot 17 = 100 \cdot 10 \cdot 17$
$= 17000$

13. *a)* $25 - 2 + x$
b) $24 - 3x + 4 + 3 + 4x$
c) $67 - 4x + 2 + 5y - 7$
d) $x - 22 - a + 3x$
e) $89 + 5a + 6$
f) $8 + 4x - 6y + 2c$

14. *a)* $37 - x + 19 - 2 + a$
b) $20 - [56 - 12 + x]$
$= 20 - 56 + 12 - x$
c) $80 - (70 - (60 - (50 - (40 - (30$
$- 1))))) = 80 - (70 - (60 - (50$
$- (40 - 29)))) = 80 - (70 - (60$
$- (50 - 11))) = 80 - (70 - (60$
$- 39)) = 80 - (70 - 21)$
$= 80 - 49 = 31$
d) $289 - (25 - (-8x) + (15 - (5x - 4$
$- 9a + 2) - 3) - 1) = 289 - (25$
$- (-8x) + (15 - 5x + 4 + 9a - 2$
$- 3) - 1) = 289 - (25 - (-8x)$
$+ 15 - 5x + 4 + 9a - 2 - 3 - 1)$
$= 289 - (25 + 8x + 15 - 5x$
$+ 4 + 9a - 2 - 3 - 1)$
$= 289 - 25 - 8x - 15 + 5x$
$- 4 - 9a + 2 + 3 + 1$
e) $36x + (8a - 7b - (7x + 6y - 3a - 5))$
$= 36x + (8a - 7b - 7x - 6y + 3a + 5)$
$= 36x + 8a - 7b - 7x - 6y + 3a + 5$

15. *a)* $60 + 12x$
b) $-6x + 10$
c) $-116x + 87y$
d) $90ax + 135bx$
e) $\frac{63}{20}x - \frac{9}{10}y$
f) $-2205s - 105t$
g) $-20{,}7x - 4{,}5$
h) $19a^2 - 19a^2b$

16. *a)* $14x - 5x^2$
b) $12a - 2b$
c) $-96y + 6z$
d) $36a + 8b$
e) $-10t - 30zt$
f) $-56c + 40d$
g) $-192u - 16v$
h) $4 + 40h$

17. *a)* $6 + 8x + 4y$
b) $-8a^2 + 6ab + 4ac$
c) $-\frac{8}{15}x + \frac{2}{3}x^2 - \frac{1}{3}y$
d) $10{,}8 - 27a + 18b - 45c$

18. *a)* $6 + 2a + 3a + a^2 = 6 + 5a + a^2$
b) $36 - 4x - 9x + x^2 = 36 - 13x + x^2$
c) $12x + 3x^2 - 8 - 2x$
$= 10x + 3x^2 - 8$
d) $-x - 3 - x^2 - 3x = -4x - x^2 - 3$
e) $10{,}2x - 15{,}3 + 3x^2 - 4{,}5x$
f) $mn - 5m^2 - 5n^2 + 25mn$
g) $32a^2 + 8ab - 8ab - 2b^2$
$= 32a^2 - 2b^2$
h) $5 \cdot \sqrt{3} + 3 - 20 - 4 \cdot \sqrt{3}$
$= -17 + \sqrt{3}$

19. *a)* $6x + 24 + 8x^2 + 32x + 10xy + 40y$
b) $-4p + 6p^2 + 6q - 9pq + 8r - 12pr$
c) $-2x + x^2 - 10xy + 3xz - 4y + 2xy$
$- 20y^2 + 6yz - 16z + 8xz - 80yz$
$+ 24z^2$
d) $36a - 60b - 96 + 12c - 6a^2 + 10ab$
$+ 16a - 2ac + 12ab - 20b^2 - 32b$
$+ 4bc - 6ac + 10bc + 16c - 2c^2$
$= -6a^2 - 20b^2 - 2c^2 + 52a - 92b$
$+ 28c + 22ab - 8ac + 14bc - 96$
e) $(12x - 18x^2 - 16y + 24xy) \cdot (-2y$
$- 6) = -24xy - 72x + 36x^2y + 108x^2$
$+ 32y^2 + 96y - 48xy^2 - 144xy$

20. *a)* $4 \cdot (2x - y)$
b) $13a \cdot (2a - b)$
c) $9y \cdot (9x + 4)$
d) $2a^2b \cdot \left(\frac{1}{7}b^2 - \frac{1}{5}a\right)$
e) $-8p \cdot (3pq + 4)$
f) $64\,xy\,(16z + 1)$
g) $2{,}5a\,(2b - 3)$
h) $-\frac{1}{4}x^2 \cdot \left(\frac{3}{2}x + 5\right)$

21. *a)* $25ab^3c^2 \cdot (5ac^2 - 3)$
b) $7xy\,(-4x^3 + 5y^3)$
c) $18p^3r\,(2p^2q^6 - 5r)$
d) $-\frac{1}{154}m \cdot \left(\frac{245}{2} + 3n\right)$

22. *a)* $2 \cdot (4a - 3b)$
b) $2 \cdot (-6x - 4{,}5y)$
c) $2 \cdot \left(-\frac{1}{4}x^2y + \frac{7}{2}x\right)$
d) $2 \cdot (1{,}8y + 1{,}25b)$

23. *a)* $-1 \cdot (-35a + 7y)$
b) $-1 \cdot (1 + x)$
c) $-1 \cdot (-29 - 2x + 6y)$
d) $-1 \cdot (-789a - 23b)$

24. *a)* $\frac{3}{5} \cdot (-p^2 + 5q)$
b) $\frac{3}{5} \cdot \left(\frac{10}{3}x - 5y\right)$
c) $\frac{3}{5} \cdot \left(-\frac{5}{6}x - 45y\right)$
d) $\frac{3}{5} \cdot \left(30a - \frac{4}{5}b\right)$

25. *a)* $4bc \cdot (3ab^2c^3 - 4a^2c^2 + 5 - 8a^4bc^2)$
b) $-13m^3n^4o^2 \cdot (3m^4n - 7o^4$
$+ 11m^2o^2 + 6n^4o^3)$
c) $16w^2x^2y^2z \cdot (3w^3x - 11wx^5y^3z^3$
$+ 5w^2x^2z^5 - 7xy^5z^2 + 2y^4z^7)$

26. *a)* $18a$
b) $2x$
c) $65z$
d) $-\frac{1}{14}a$
e) $24xy$
f) $-3ab$
g) $\left(32\frac{5}{8} - \sqrt{5}\right)z$
h) $\frac{9}{2}\sqrt{3}$

27. *a)* $23ab - 15a - 36b$
b) $-58xy + 19x + 14y - 16$
c) $-5mn^2 + 4m^2n + mn + 4m^2n^2$
d) $86 + 54a + 99b$

28. *a)* $x \cdot (a - b) + y \cdot (a - b)$
$= (x + y) \cdot (a - b)$
b) $p \cdot (3 - 2) - 3q \cdot (3 - 2)$
$= (p - 3q) \cdot (3 - 2)$
c) $3m \cdot (4n - p) + q \cdot (4n - p)$
$= (3m + q) \cdot (4n - p)$
d) $ab\,(b - 2) + b\,(b - 2)$
$= (ab + b) \cdot (b - 2)$

29. *a)* $4h^2\,(8g - 9j) - 10k^2\,(8g - 9j)$
$= (4h^2 - 10k^2) \cdot (8g - 9j)$
b) $7ab\,(7c - 3) + 2a\,(7c - 3)$
$= (7ab + 2a) \cdot (7c - 3)$
$= a \cdot (7b + 2) \cdot (7c - 3)$
c) $-\frac{1}{3}x^2y^2 \cdot \left(1 - \frac{3}{4}xy\right)$
$+ \frac{1}{2}xy \cdot \left(1 - \frac{3}{4}xy\right)$
$= \left(-\frac{1}{3}x^2y^2 + \frac{1}{2}xy\right) \cdot \left(1 - \frac{3}{4}xy\right)$

30. *a)* $4 - 4x + x^2$
b) $81 + 18a + a^2$
c) $x^2 - 2xy + y^2$
d) $1 - 2y + y^2$
e) $4 - x^2$
f) $16p^2 - 16pq + 4q^2$
g) $\frac{9}{16} - \frac{3}{2}\,a + a^2$
h) $x^2 - xy + \frac{1}{4}y^2$
i) $196r^2 - 4s^2$
j) $-16m^2 + 4n^2$

31. *a)* $\frac{4}{49}a^2 + \frac{4}{21}ab + \frac{1}{9}b^2$
b) $6{,}25x^2 - 15xy + 9y^2$
c) $4m^2n^2 - 28mnp + 49p^2$
d) $100 + 200x + 100x^2$
e) $3x\,(8y^2 + 1) \cdot (8y^2 - 1)$
$= 3x \cdot (64y^4 - 1)$
$= 192xy^4 - 3x$
f) $4 \cdot (4w^2 - 12wz + 9z^2)$
$= 16w^2 - 48wz + 36z^2$
g) $(49a^2 - 28ab + 4b^2) \cdot (2 - a)$
$= 98a^2 - 49a^3 - 56ab + 28a^2b$
$+ 8b^2 - 4ab^2$
h) $3 \cdot \left(m - \frac{2}{7}n\right) \cdot \left(\frac{2}{7}n - m\right)$
$= -3 \cdot \left(\frac{2}{7}n - m\right) \cdot \left(\frac{2}{7}n - m\right)$
$= -3 \cdot \left(\frac{2}{7}n - m\right)^2$
$= -\frac{12}{49}n^2 + \frac{12}{7}nm - 3m^2$

32. *a)* $(x + y) \cdot (x^2 - y^2)$
$= x^3 - xy^2 + x^2y - y^3$
b) $(a^2 - b^2)^2 = a^4 - 2a^2b^2 + b^4$
c) $(p^2 - q^2)^2 = p^4 - 2p^2q^2 + q^4$
d) $(4t^2 - 64z^2)^2$
$= 16t^4 - 512t^2z^2 + 4096z^4$
e) $((x^2 - y^2) \cdot (x^2 + y^2))^2 = (x^4 - y^4)^2$
$= x^8 - 2x^4y^4 + y^8$
f) $s^2 - 2st + t^2 - s^2 - 2st - t^2 = -4st$
g) $a^2 - b^2 - a^2 + 2ab - b^2 + a^2 + 2ab$
$+ b^2 - a^2 + b^2 = 4ab$

33. *a)* $(a - b)^2$
b) $(2p + 3q) \cdot (2p - 3q)$
c) $\left(\frac{2}{5}\,x + 5y\right)^2$
d) $(-4g + 6h) \cdot (4g + 6h)$
e) $(9 + t) \cdot (9 - t)$
f) nicht möglich, da $+ 18t$ fehlt
g) $(p - 3)^2$
h) nicht möglich, da $(0{,}1e - 3f)^2$
$= 0{,}01e^2 - 0{,}6ef + 9f^2$, aber es
ist $0{,}01e^2 - 0{,}3ef + 9f^2$
$= (0{,}1e - 3f)^2 + 0{,}3ef$
i) $-(p - 3)^2 = -(3 - p)^2$
j) $-\left(1 + \frac{6}{11}w\right)^2$

k) $(1 + 3a) \cdot (1 - 3a)$

l) $-\frac{4}{3}\left(p - \frac{4}{3}q\right)^2$

m) $(\sqrt{3}m + 2n) \cdot (\sqrt{3}m - 2n)$

n) $(2r^2 - 5s^2)^2$

34. *a)* $(100 - 1)^2 = 10000 - 200 + 1$
$= 9801$

b) $(100 + 1)^2 = 10000 + 200 + 1$
$= 10201$

c) $(60 + 2)^2 = 3600 + 240 + 4$
$= 3844$

d) $(80 - 1)^2 = 6400 - 160 + 1$
$= 6241$

e) $(1000 - 1)^2$
$= 1000000 - 2000 + 1$
$= 998001$

f) $(200 - 5)^2 = 40000 - 2000 + 25$
$= 38025$

g) $(1000 + 1)^2 = 1000000 + 2000 + 1$
$= 1002001$

h) $(60 - 2) \cdot (60 + 2) = 3600 - 4$
$= 3596$

i) $(20 - 2) \cdot (20 + 2) = 400 - 4$
$= 396$

j) $(100 - 11) \cdot (100 + 11)$
$= 10000 - 121 = 9879$

k) $(300 - 25) \cdot (300 + 25)$
$= 90000 - 625 = 89375$

l) $(200 - 7) \cdot (200 + 7)$
$= 40000 - 49$
$= 39951$

m) $(50 + 2)^2 = 2500 + 200 + 4$
$= 2704$

n) $(50 - 1)^2 = 2500 - 100 + 1$
$= 2401$

o) $11^2 \cdot 11^2 = 121 \cdot 121$
$= (120 + 1)^2$
$= 14400 + 240 + 1 = 14641$

35. *a)* 512

b) −27

c) 2,25

d) $\frac{16}{625}$

e) $-\frac{1}{32}$

f) 10 000 000 000

g) −1

36. *a)* $2^7 = 128$

b) $-0{,}1 \cdot (-0{,}001) = 0{,}0001$

c) $1 \cdot (-1) \cdot (-1) = 1$

d) $(-1)^{2n} = 1$

e) $(-4)^4 = 256$

f) $1{,}5^4 = 5{,}0625$

37. *a)* $9^2 = 81$

b) $(-1)^5 = -1$

c) $(-3)^3 = -27$

d) $10^5 = 100000$

e) $2^7 = 128$

f) $\frac{-1}{2^{2n}}$

g) $0{,}025^2 \cdot 40^2 = (0{,}025 \cdot 40)^2 = 1$

38. *a)* $12^2 = 144$

b) $6^3 = 216$

c) $((-1) \cdot (-2))^7 = 2^7 = 128$

d) $(5 \cdot 2)^5 = 100000$

e) 1

f) 1

g) $6^5 = 7776$

39. *a)* $2^9 = 512$

b) $(-20)^3 = -8000$

c) $(-4)^4 = 256$

d) $\left(\frac{1}{5}\right)^4 = \frac{1}{625}$

e) $4^2 = 16$

f) $(-2)^5 = -32$

g) $\left(-\frac{11}{4} \cdot \frac{12}{11}\right)^3 = (-3)^3 = -27$

40. *a)* 4
b) –4
c) –4
d) –192
e) –192
f) –1728
g) –1728
h) –32
i) 256
j) $\frac{16}{25}$
k) $\frac{16}{5}$
l) $\left(\frac{7}{14}\right)^4 = \left(\frac{1}{2}\right)^4 = \frac{1}{16}$

41. *a)* $2^4 = 16$
b) $(-1)^6 = 1$
c) $10^{15} = 1\,000\,000\,000\,000\,000$
d) $(-3)^4 = 81$
e) $0{,}1^{12} = 0{,}000\,000\,000\,001$
f) $\frac{81}{16}$
g) $2^4 = 16$

42. *a)* a^5
b) a^7
c) x^{12}
d) x^{3n}
e) p^{3k-1}
f) $(a + b)^5$
g) $(x - y)^8$
h) x^{2n}
i) w^{5k+1}
j) $(a^2 - b^2)^2$

43. *a)* $(-(b - a))^5 \cdot (b - a)^5$
$= (-1)^5 \cdot (b - a)^{10} = -(b - a)^{10}$
b) $5^3 \cdot (x - 3y)^3 \cdot (x - 3y)^3$
$= 125 \cdot (x - 3y)^6$
c) $(4x^2 - 9y^2)^3$
d) $4^2 \cdot (2 - a)^2 \cdot (-1)^3 \cdot 4^3 \cdot (2 - a)^3$
$\cdot (-1)^5 \cdot (2 - a)^5 = 4^5 \cdot (2 - a)^{10}$

44. *a)* a^6
b) x^{11}
c) $y^0 = 1$
d) $z^{n+1-(n-1)} = z^2$
e) $(a - b)^2$
f) $\frac{(5x + 4y)^{2k}}{3^k \cdot (5x + 4y)^k} = \frac{(5x + 4y)^k}{3^k}$
g) $z^{5k-1-1+5k} = z^{10k-2}$

45. *a)* $a^5 - a^4$
b) $b^4 + b^7 + b^5$
c) $m^{2n} - m^{n+1}$
d) $2x^4y^2 + 3x^3y^4 - x^5y^2$
e) $p^7 + p^4q^4 - q^3p^3 - q^7$
f) $-6a^8b^2c + 4a^3b^9c - 2a^3b^2c^3$
g) $(18x^2 + 27x^3 + 6y + 9xy)$
$\cdot (y^2 - 1) = 18x^2y^2 - 18x^2$
$+ 27x^3y^2 - 27x^3 + 6y^3$
$- 6y + 9xy^3 - 9xy$

46. *a)* $2a^2b^5 - 6a^3b + 3a^3$
b) $12x^8y^7 - 19x^6y^2 - 13x^3y^6$
c) $\frac{1}{2}v^2w^2x^5 - \frac{7}{15}v^3w^8x + \frac{28}{9}vw^4x^4$
$+ \frac{14}{27}w^8$

47. *a)* $\frac{1}{8} = 0{,}125$
b) $\frac{1}{64} = 0{,}015625$
c) $\frac{1}{16} = 0{,}0625$
d) $\frac{1}{10000000} = 0{,}0000001$
e) –1
f) $\frac{1}{125} = 0{,}008$
g) $\frac{1}{\left(\frac{1}{2}\right)^5} = 2^5 = 32$

48. *a)* $\sqrt{2} \approx 1{,}4142$

b) $\sqrt[3]{8} = 2$

c) $(\sqrt{4})^5 = 2^5 = 32$
oder $\sqrt{4^5} = \sqrt{1024} = 32$

d) $10^7 = 10\,000\,000$

e) $\dfrac{1}{\left(\frac{9}{25}\right)^{\frac{3}{2}}} = \left(\frac{25}{9}\right)^{\frac{3}{2}} = \left(\sqrt{\frac{25}{9}}\right)^3$
$= \left(\frac{5}{3}\right)^3 = \frac{125}{27}$

f) $\dfrac{1}{27^{\frac{4}{3}}} = \dfrac{1}{(\sqrt[3]{27})^4} = \dfrac{1}{3^4} = \dfrac{1}{81}$

49. *a)* 4

b) 3

c) 5

d) 10

e) 0,1

f) $\sqrt{4} = 2$

g) $2^{\frac{6}{3}} = 2^2 = 4$

h) $\frac{1}{4}$

i) $\frac{2}{10}$

j) −2

50. *a)* $\frac{1}{2}a^2b^{-3}$

b) $x^{-24}y^{12}$

c) $((-1)\cdot a^{-9})^{-n} = (-1)^{-n}\cdot a^{9n}$
$= (-1)^n \cdot a^{9n}$

d) $\left(\dfrac{3a^4b^3}{4a^{-2}b} \cdot \dfrac{5a^3b^{-4}}{2a^{-1}b^2}\right)^{-3}$
$= \left(\frac{15}{8}a^{10}b^{-4}\right)^{-3} = \left(\frac{8}{15}\right)^3 a^{-30}b^{12}$

e) $\dfrac{-27\cdot 4x^4y^{-5}z^2}{9\cdot 16x^2y^6z^{-3}} = -\dfrac{3}{4}x^2y^{-11}z^5$

f) $\dfrac{-1\cdot 3\cdot 32p^{-2}q^6r^{-18}s^2}{27\cdot 16p^{-2}q^{-5}r^{-18}s^7} = -\dfrac{2}{9}q^{11}s^{-5}$

g) $\dfrac{48x^{-5}y^{14}z^{-27}}{63x^8y^{-25}z^{10}} \cdot \dfrac{7x^{-1}y^{13}z^{-6}}{2^{-3}x^{12}y^{-2}z}$
$= \frac{48}{63}x^{-13}y^{39}z^{-37}\cdot 56x^{-13}y^{15}z^{-7}$
$= \frac{128}{3}x^{-26}y^{54}z^{-44}$

h) $\dfrac{p^8q^{-6}r^4\cdot 1\cdot p^2q^{-8}s^3\cdot p^{12}q^9r^{-33}}{3^{-6}r^{-8}s^{10}\cdot 2^{-3}r^{-9}p^{-2}q^8r^2\cdot r^{-9}p^{-6}s^{15}q^9}$
$= \dfrac{3^6\cdot 2^3\; p^{22}q^{-5}r^{-29}s^3}{p^{-8}q^{17}r^{-24}s^{25}}$
$= 5832p^{30}q^{-22}r^{-5}s^{-22}$

51. *a)* $(x-4)^{\frac{3}{2}}$

b) $(x^{\frac{1}{2}})^{\frac{1}{2}} = x^{\frac{1}{4}}$

c) $(x-1)^{-\frac{1}{2}}$

d) $x^1\cdot x^{\frac{1}{2}} = x^{\frac{3}{2}}$

e) $-2\cdot(x-3)^{-\frac{4}{n}}$

f) $-2\cdot(x-3)^1\cdot(x-3)^{-\frac{4}{n}}$
$= -2\cdot(x-3)^{\frac{n-4}{n}}$

g) $(x^2-1)^1\cdot(x^2-1)^{-\frac{1}{2}} = (x^2-1)^{\frac{1}{2}}$

52. *a)* $5{,}32\cdot 10$, 5.320 01 oder
5.320 E + 01

b) $2{,}5\cdot 10^{-3}$, 2.50000 − 0,3

c) $-1{,}70965\cdot 10^3$, −1.7096500 + 03

d) $-2\cdot 10^{-1}$, − 2.00 − 01

e) $9{,}754285008241\cdot 10^{12}$,
9.75429 + 12

f) $1{,}125\cdot 10$, 1.1250 + 01

53. *a)* 92 050 000, $9{,}205\cdot 10^7$

b) −10, $-1\cdot 10$

c) 0,02525, $2{,}525\cdot 10^{-2}$

d) −0,000 000 000 000 000 000 000
000 000 031 672 8,
$-3{,}16728\cdot 10^{-29}$

e) 500 130 000, $5{,}0013\cdot 10^8$

54. (Die letzte Stelle ist jeweils gerundet.)

a) $\approx 5{,}3852$
b) 1,6818
c) 2,0305
d) 1,2457
e) 1,3200
f) 1,3895
g) 2,8284
h) – 5,6234
i) 0,000167
j) $8^{-\frac{1}{3}} = \frac{1}{\sqrt[3]{8}} = \frac{1}{2} = 0{,}5$
k) 0,8179
l) 1,1156

55. *a)* $x - 7 = 0 \quad | +7$
$\Leftrightarrow x = 7$
$\mathbb{L} = \{7\}$

b) $2 + x = 6 \quad | -2$
$\Leftrightarrow x = 4$
$\mathbb{L} = \{4\}$

c) $3x = 5 \quad | : 3$
$\Leftrightarrow x = \frac{5}{3}$
$\mathbb{L} = \left\{\frac{5}{3}\right\}$

d) $-2x = 18 \quad | : (-2)$
$\Leftrightarrow x = -9$
$\mathbb{L} = \{-9\}$

e) $2x + 1 = 5 \quad | -1$
$\Leftrightarrow 2x = 4 \quad | : 2$
$\Leftrightarrow x = 2$
$\mathbb{L} = \{2\}$

f) $\frac{1}{2}x - 4 = 9 \quad | +4$
$\Leftrightarrow \frac{1}{2}x = 13 \quad | \cdot 2 \text{ oder } : \frac{1}{2}$
$\Leftrightarrow x = 26$
$\mathbb{L} = \{26\}$

56. *a)* $\mathbb{L} = \{-16\}$
b) $\mathbb{L} = \{-3\}$
c) $-\frac{2}{3}x = -15$, $\mathbb{L} = \left\{\frac{45}{2}\right\}$
d) $-\frac{27}{4}x = -\frac{25}{6}$, $\mathbb{L} = \left\{\frac{50}{81}\right\}$

57. *a)* $\mathbb{L} = \left\{-\frac{1}{6}\right\}$
b) $\mathbb{L} = \{8\}$
c) $20x = 60$, $\mathbb{L} = \{3\}$
d) $0{,}07x - 9{,}2 = -4{,}8 - 0{,}04x$
$\Leftrightarrow 0{,}11x = 4{,}4$, $\mathbb{L} = \{40\}$

58. *a)* $\mathbb{L} = \left\{-\frac{4}{9}\right\}$
b) $\mathbb{L} = \left\{-\frac{1}{7}\right\}$
c) $-9 = -9$, $\mathbb{L} = \mathbb{R}$
d) $\mathbb{L} = \{8\}$

59. *a)* $24x - 324 = -56x + 156$, $\mathbb{L} = \{6\}$
b) $9 - 12x + 4x^2 - 9x = 39 + 4x^2 - 12x + 15$
$\Leftrightarrow -9x = 45$, $\mathbb{L} = \{-5\}$
c) $-162x + 144x^2 - 32x^3 - 10x^2 - 5x^2 - 2x = 88x^2 - 32x^3 + 41x^2 - 164x + 7$
$\Leftrightarrow -164x = -164x + 7$, $\mathbb{L} = \{\,\}$
d) $2{,}5x - 16x^2 + 14{,}4x - 3{,}24 + 8{,}4x^2 - 1{,}2x^2 + 7{,}5 + 8{,}8x^2 - 3{,}3 = 0{,}9x$
$\Leftrightarrow 16{,}9x + 0{,}96 = 0{,}9x$
$\Leftrightarrow 16x = -0{,}96 \Leftrightarrow \mathbb{L} = \{-0{,}06\}$

60. *a)* $32x - 144 \geq 0 \Leftrightarrow 32x \geq 144$
$\Leftrightarrow x \geq 4{,}5$, $\mathbb{L} = \{x \in \mathbb{Q} : x \geq 4{,}5\}$
b) $5x < 1 \Leftrightarrow x < 0{,}2$,
$\mathbb{L} = \{x \in \mathbb{Q} : x < 0{,}2\}$
c) $\mathbb{L} = \left\{x \in \mathbb{Q} : x > \frac{4}{5}\right\}$
d) $\mathbb{L} = \{x \in \mathbb{Q} : x > -90\}$
e) $\mathbb{L} = \{x \in \mathbb{Q} : x \leq 40\}$

61. *a)* $\mathbb{L} = \{x \in \mathbb{Z} : x \geq 5\}$ oder
$\mathbb{L} = \{x \in \mathbb{Z} : x > 4\}$
b) $\mathbb{L} = \{x \in \mathbb{Z} : x \leq 0\}$ oder
$\mathbb{L} = \mathbb{Z}_0^-$
c) $\mathbb{L} = \{x \in \mathbb{Z} : x \geq 1\} = \mathbb{N}$
d) $\mathbb{L} = \{x \in \mathbb{Z} : x > -90\}$
e) $\mathbb{L} = \{x \in \mathbb{Z} : x \leq 40\}$

62. *a)* $\mathbb{L} = \{x \in \mathbb{N} : x \geq 5\}$
b) $\mathbb{L} = \{\}$
c) $\mathbb{L} = \{x \in \mathbb{N} : x \geq 1\} = \mathbb{N}$
d) $\mathbb{L} = \mathbb{N}$
e) $\mathbb{L} = \{x \in \mathbb{N} : x \leq 40\}$

63. *a)* $10x - 1 > 9x + 3$
$\Leftrightarrow x > 4$, $\mathbb{L} = \{x \in \mathbb{R} : x > 4\}$
b) $-\frac{1}{4}x - \frac{4}{3} > \frac{1}{3}x - \frac{1}{2} - 5\frac{4}{9}$
$\Leftrightarrow -\frac{7}{12}x > -4\frac{11}{18}$
$\Leftrightarrow x < 7\frac{19}{21}$,
$\mathbb{L} = \left\{x \in \mathbb{R} : x < 7\frac{19}{21}\right\}$
c) $0{,}2x^2 - 0{,}12x + 0{,}018$
$\geq 0{,}2x^2 - 8x + 0{,}019 + 0{,}88x$
$\Leftrightarrow 7x \geq 0{,}001 \Leftrightarrow x \geq \frac{1}{7000}$
$\mathbb{L} = \left\{x \in \mathbb{R} : x \geq \frac{1}{7000}\right\}$
d) $12 - 23x + 10x^2 - 11 + 12x$
$< 18 - 36x + x + 1 + 10x^2 - 6x$
$+ 30x - 18$
$\Leftrightarrow 1 - 11x < 1 - 11x$, $\mathbb{L} = \{\}$

64. *a)* $\mathbb{L} = \{x \in \mathbb{N} : x \geq 5\}$
b) $\mathbb{L} = \{1, 2, 3, 4, 5, 6, 7\}$
c) $\mathbb{L} = \mathbb{N}$
d) $\mathbb{L} = \{\}$

65. $x \cdot 8 + 5 = 141 \Leftrightarrow x = 17$. Die Zahl lautet 17.

66. Preis in Pf für 1 Brötchen: x
$8x + 4 = 500 \Leftrightarrow x = 62$ Pf. Ein Brötchen kostet 62 Pf.

67. Birgits Alter heute: x
Birgits Alter in 14 Jahren: x + 14
$x + 14 = 3x \Leftrightarrow 2x = 14 \Leftrightarrow x = 7$. Birgit ist heute 7 Jahre alt.

68. Erste Zahl: x. Zweite Zahl: x – 40
$x + 3 = 2 \cdot (x - 40 + 3) \Leftrightarrow x + 3 = 2x - 74$
$\Leftrightarrow x = 77$
Die Zahlen sind 77 und 37.

69. Stefan hat x Figuren, Christine x + 8 Figuren ausgeschnitten.
$x + 8 + x = 52 \Leftrightarrow x = 22$. Stefan hat 22, Christine 30 Figuren ausgeschnitten.

70. Preis für das Geschenk: x DM. Karin zahlt die Hälfte, also $\frac{1}{2}x$ DM.
Jörg zahlt 6 DM. Es bleibt ein Rest offen von $x - \frac{1}{2}x - 6 = \frac{1}{2}x - 6$ DM. Peter zahlt $\frac{2}{3}$ davon, also $\frac{2}{3} \cdot \left(\frac{1}{2}x - 6\right)$, Ute zahlt $\frac{1}{3} \cdot \left(\frac{1}{2}x - 6\right)$. Peter zahlt 12 DM weniger als Karin:
$\frac{2}{3} \cdot \left(\frac{1}{2}x - 6\right) = \frac{1}{2}x - 12 \Leftrightarrow \frac{1}{3}x - 4 = \frac{1}{2}x - 12 \Leftrightarrow \frac{1}{6}x = 8 \Leftrightarrow x = 48$. Das Geschenk kostet 48 DM. Karin zahlt 24 DM, Jörg 6 DM, Peter 12 DM, Ute 6 DM.

71. *a)* Da die Temperatur ein Maß für die Wärme ist, kann man sagen:
Volumen mal Temperatur des einlaufenden Wassers = Volumen mal

Temperatur des Mischwassers.
Volumen des Mischwassers:
75 l + 45 l = 120 l. Temperatur des Mischwassers: x
$75\,l \cdot 16^\circ\,C + 45\,l \cdot 48^\circ\,C$
$= 120\,l \cdot x^\circ\,C$
$\Leftrightarrow 1200 + 2160 = 120x$
$\Leftrightarrow x = 28^\circ\,C$
Das Mischwasser hat 28° C

b) Volumen des kalten Wassers: x
$x \cdot 15 + 90 \cdot 50 = (x + 90) \cdot 36$
$\Leftrightarrow 15x - 36x = 3240 - 4500$
$\Leftrightarrow -21x = -1260 \Leftrightarrow x = 60\,l$
Es müssen 60 l zulaufen.

72. Michael hat x DM erwirtschaftet, Horst x + 40 000, Christine x + 40 000 + 120 000, Dagmar 3 · (x + 40 000 + x).
Alle zusammen haben erwirtschaftet:
$x + x + 40\,000 + x + 40\,000$
$+ 120\,000 + 3 \cdot (x + 40\,000 + x)$
$= 653\,000$
$\Leftrightarrow 9x + 320\,000 = 653\,000$
$\Leftrightarrow x = 37\,000$
Michael hat 37 000 DM, Kurt 77 000 DM, Christine 197 000 DM, Dagmar 342000 DM erwirtschaftet.

73. Das Alter von Georgs Sohn heute: x
Das Alter von Georg heute: 5x
Das Alter von Georgs Sohn in 3 Jahren: x + 3
Das Alter von Georg in 3 Jahren: 5x + 3
$5x + 3 = 4 \cdot (x + 3) \Leftrightarrow x = 9$
Georgs Sohn ist heute 9 Jahre alt, Georg 45. In 3 Jahren sind sie 12 bzw. 48 Jahre alt.

74. Durch Radizieren erhält man jeweils zwei Lösungen:
a) $\mathbb{L} = \{-9; 9\}$
b) $\mathbb{L} = \{-\sqrt{8}; \sqrt{8}\}$
c) $\mathbb{L} = \{\,\}$
d) $\mathbb{L} = \left\{-\frac{6}{11}; \frac{6}{11}\right\}$
e) $\mathbb{L} = \{-\sqrt{\sqrt{7}}; \sqrt{\sqrt{7}}\}$ oder
$\mathbb{L}\ \{-\sqrt[4]{7}; \sqrt[4]{7}\}$

75. *a)* $x^2 = 64$, $\mathbb{L} = \{-8; 8\}$
b) $x^2 = 4$, $\mathbb{L} = \{-2; 2\}$
c) $x^2 = \frac{49}{9}$, $\mathbb{L} = \left\{-\frac{7}{3}; \frac{7}{3}\right\}$
d) $x^2 = 25$, $\mathbb{L} = \{-5; 5\}$
e) $2x^2 = 32 \Leftrightarrow x^2 = 16$, $\mathbb{L} = \{-4; 4\}$
f) $0{,}9x^2 = 3{,}6 \Leftrightarrow x^2 = 4$, $\mathbb{L} = \{-2; 2\}$
g) $\frac{3}{4}x^2 = -\frac{42}{5} \Leftrightarrow x^2 = -\frac{56}{5}$, $\mathbb{L} = \{\,\}$

76. *a)* $x_1 = 0,\ x_2 = 7$
b) $x_1 = 5,\ x_2 = 0$
c) $x_1 = 0,\ x_2 = \frac{2}{5}$
d) $x\,(x + 6) = 0 \Leftrightarrow x_1 = 0,\ x_2 = -6$
e) $x^2 + \frac{5}{3}\,x = 0 \Leftrightarrow x\left(x + \frac{5}{3}\right) = 0$
$\Leftrightarrow x_1 = 0,\ x_2 = -\frac{5}{3}$
f) $9x^2 - 4x = 0 \Leftrightarrow 9x\left(x - \frac{4}{9}\right) = 0$
$\Leftrightarrow x_1 = 0,\ x_2 = \frac{4}{9}$

77. *a)* $x^2 + 5x + \left(\frac{5}{2}\right)^2 = 14 + \left(\frac{5}{2}\right)^2$
$\Leftrightarrow \left(x + \frac{5}{2}\right)^2 = \frac{56}{4} + \frac{25}{4} = \frac{81}{4}$
$= \left(\frac{9}{2}\right)^2$
$\Leftrightarrow x + \frac{5}{2} = \frac{9}{2} \ \vee\ x + \frac{5}{2} = -\frac{9}{2}$
$\Leftrightarrow x = 2 \ \vee\ x = -7$

b) $x^2 + 7x + \left(\frac{7}{2}\right)^2 = -12 + \frac{49}{4}$

$\Leftrightarrow \left(x + \frac{7}{2}\right)^2 = \left(\frac{1}{2}\right)^2$

$\Leftrightarrow x + \frac{7}{2} = \frac{1}{2} \vee x + \frac{7}{2} = -\frac{1}{2}$

$\Leftrightarrow x = -3 \vee x = -4$

c) $x^2 - \frac{7}{6}x + \left(\frac{7}{12}\right)^2 = -\frac{1}{3} + \left(\frac{7}{12}\right)^2$

$= -\frac{48}{144} + \frac{49}{144} = \left(\frac{1}{12}\right)^2$

$\Leftrightarrow \left(x - \frac{7}{12}\right)^2 = \left(\frac{1}{12}\right)^2$

$\Leftrightarrow x = \frac{2}{3} \vee x = \frac{1}{2}$

d) $x^2 + \frac{19}{5}x + \frac{14}{5} = 0$

$\Leftrightarrow x^2 + \frac{19}{5}x + \left(\frac{19}{10}\right)^2 = -\frac{14}{5} + \left(\frac{19}{10}\right)^2$

$\Leftrightarrow \left(x + \frac{19}{10}\right)^2 = \frac{81}{100} = \left(\frac{9}{10}\right)^2$

$\Leftrightarrow x = -1 \vee x = -\frac{28}{10} = -\frac{14}{5}$

e) $x^2 - \frac{7}{4}x + 1 = 0$

$\Leftrightarrow x^2 - \frac{7}{4}x + \left(\frac{7}{8}\right)^2 = -1 + \left(\frac{7}{8}\right)^2$

$= -1 + \frac{49}{64}$

$\Leftrightarrow \left(x \quad \frac{7}{8}\right)^2 = -\frac{15}{64} \Leftrightarrow \mathbb{L} = \{\}$,
da der Term rechts negativ ist und nicht radiziert werden kann

f) $x^2 - 13x = -42 \Leftrightarrow x^2 - 13x + \left(\frac{13}{2}\right)^2 = -42 + \left(\frac{13}{2}\right)^2 = \frac{1}{4}$

$\Leftrightarrow \left(x - \frac{13}{2}\right)^2 = \left(\frac{1}{2}\right)^2$

$\Leftrightarrow x - \frac{13}{2} = \frac{1}{2} \vee x - \frac{13}{2} = -\frac{1}{2}$

$\Leftrightarrow x = 7 \vee x = 6$

78. *a)* $p = -5 \Rightarrow -\frac{p}{2} = \frac{5}{2}, q = -36$

$x_{1,2} = \frac{5}{2} \pm \sqrt{\left(\frac{5}{2}\right)^2 + 36}$

$= \frac{5}{2} \pm \sqrt{\frac{25}{4} + \frac{144}{4}}$

$= \frac{5}{2} \pm \sqrt{\frac{169}{4}}$

$x_1 = \frac{5}{2} + \frac{13}{2} = 9,\ x_2 = \frac{5}{2} - \frac{13}{2} = -4$

b) $x_{1,2} = \frac{21}{2} \pm \sqrt{\left(\frac{21}{2}\right)^2 - 110}$

$= \frac{21}{2} \pm \sqrt{\frac{441}{4} - \frac{440}{4}}$

$= \frac{21}{2} \pm \sqrt{\frac{1}{4}}$

$x_1 = \frac{21}{2} + \frac{1}{2} = 11,\ x_2 = \frac{21}{2} - \frac{1}{2} = 10$

c) $x_{1,2} = 1 \pm \sqrt{1 + 4},\ x_1 = 1 + \sqrt{5} \approx 3{,}236,\ x_2 = 1 - \sqrt{5} \approx -1{,}236$

d) $x^2 - \frac{11}{6}x - \frac{1}{3} = 0$

$x_{1,2} = \frac{11}{12} \pm \sqrt{\left(\frac{11}{12}\right)^2 + \frac{1}{3}}$

$= \frac{11}{12} \pm \sqrt{\frac{121}{144} + \frac{48}{144}}$

$= \frac{11}{12} \pm \sqrt{\frac{169}{144}}$

$x_1 = \frac{11}{12} + \frac{13}{12} = 2,$

$x_2 = \frac{11}{12} - \frac{13}{12} = -\frac{1}{6}$

e) $x^2 - 2x = 0,\ x_{1,2} = 1 \pm \sqrt{1 - 0}$
$x_1 = 2,\ x_2 = 0$

f) $30x^2 + 20x = 5x^2 - 10x - 8$

$\Leftrightarrow 25x^2 + 30x + 8 = 0$

$\Leftrightarrow x^2 + \frac{6}{5}x + \frac{8}{25} = 0$

$\Leftrightarrow x_{1,2} = -\frac{3}{5} \pm \sqrt{\frac{9}{25} - \frac{8}{25}}$

$= -\frac{3}{5} \pm \sqrt{\frac{1}{25}}$

$\Leftrightarrow x_1 = -\frac{2}{5}, x_2 = -\frac{4}{5}$

g) $x_{1,2} = 8$ (nur eine Lösung)

h) $x^2 - 8x + 20 = 0$

$\Leftrightarrow x_{1,2} = 4 \pm \sqrt{16 - 20}$

$\mathbb{L} = \{\}$, da der Radikand negativ ist

i) $x^2 - x - 2 = 0$

$\Leftrightarrow x_{1,2} = \frac{1}{2} \pm \sqrt{\frac{1}{4} + \frac{8}{4}} = \frac{1}{2} \pm \frac{3}{2}$

$x_1 = 2, x_2 = -1$ $(p = -1, q = -2)$

79. *a)* $x_1 = -4, x_2 = -5$

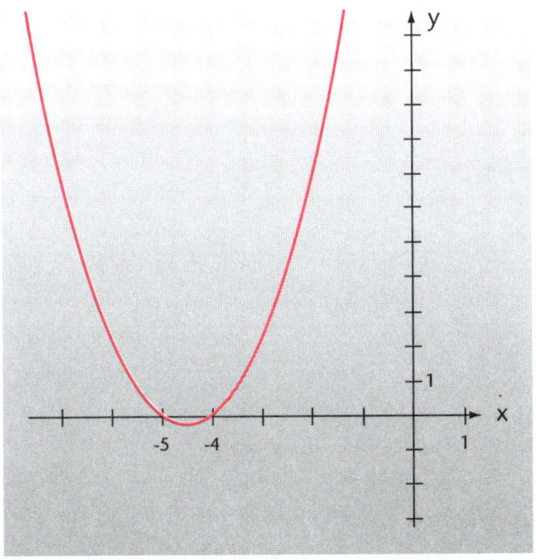

Bild 2.95 Graph der Funktion
$f: x \mapsto x^2 + 9x + 20$

b) $x_1 = 3, x_2 = -3$

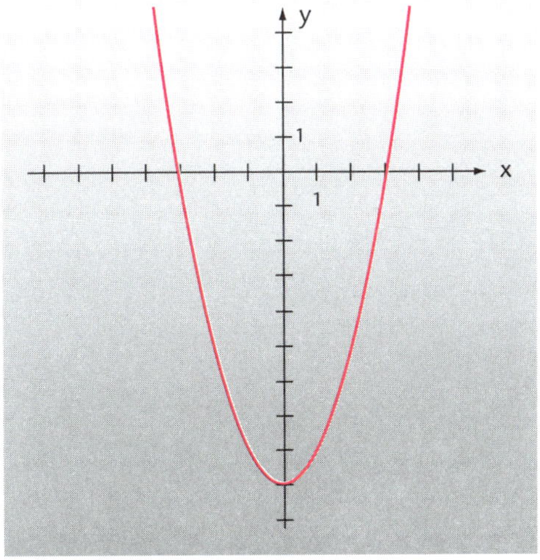

Bild 2.96 Graph der Funktion
$f: x \mapsto x^2 - 9$

c) $x_1 = 5, x_2 = 2$

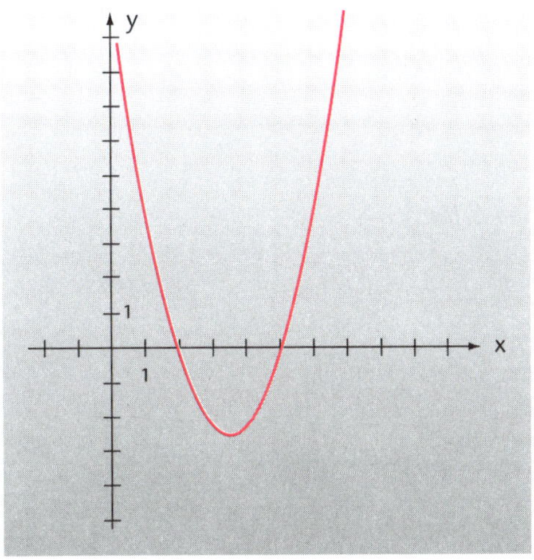

Bild 2.97 Graph der Funktion
$f: x \mapsto x^2 - 7x + 10$

80. *a)* $x^2 + 4x + 4 > 4$
$\Leftrightarrow (x + 2)^2 > 2^2$
$\Leftrightarrow x + 2 > 2 \vee x + 2 < -2$
$\Leftrightarrow x > 0 \vee x < -4$
$\mathbb{L} = \{x \in \mathbb{R} : x < -4 \vee x > 0\}$

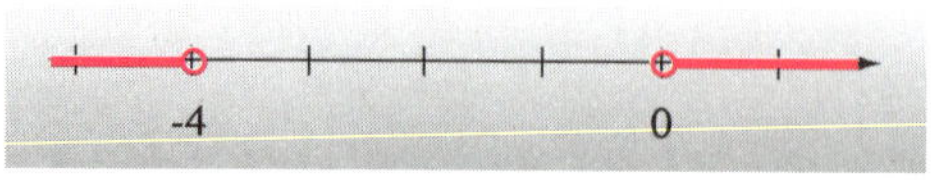

Bild 2.98

b) $x^2 \leq 5^2 \Leftrightarrow x \leq 5 \wedge x \geq -5$
$\mathbb{L} = \{x \in \mathbb{R} : -5 \leq x \leq 5\}$

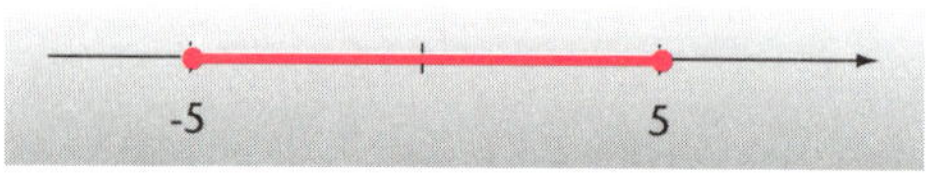

Bild 2.99

c) $x^2 + 3x + \left(\frac{3}{2}\right)^2 > -2 + \left(\frac{3}{2}\right)^2$
$\Leftrightarrow \left(x + \frac{3}{2}\right)^2 > \left(\frac{1}{2}\right)^2$
$\Leftrightarrow x + \frac{3}{2} > \frac{1}{2} \vee x + \frac{3}{2} < -\frac{1}{2}$
$\Leftrightarrow x > -1 \vee x < -2$
$\mathbb{L} = \{x \in \mathbb{R} : x < -2 \vee -1 < x\}$

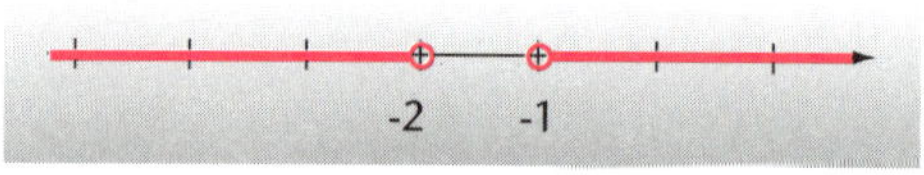

Bild 2.100

d) $x^2 + 5x + \left(\frac{5}{2}\right)^2 < -4 + \left(\frac{5}{2}\right)^2$
$\Leftrightarrow \left(x + \frac{5}{2}\right)^2 < \left(\frac{3}{2}\right)^2$
$\Leftrightarrow x < -1 \wedge x > -4$
$\mathbb{L} = \{x \in \mathbb{R} : -4 < x < -1\}$

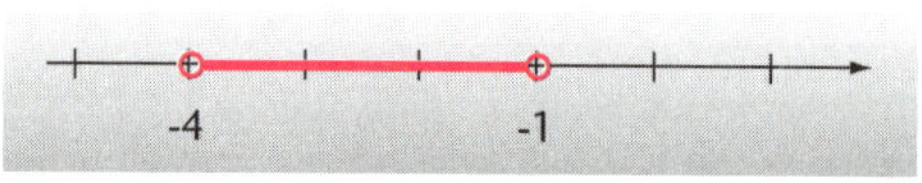

Bild 2.101

e) $-x^2 + 32x > 240$
$\Leftrightarrow x^2 - 32x < -240$
$\Leftrightarrow x^2 - 32x + 16^2 < -240 + 256$
$\Leftrightarrow (x - 16)^2 < 4^2$
$\Leftrightarrow x - 16 < 4 \wedge x - 16 > -4$
$\Leftrightarrow x < 20 \wedge x > 12$
$\mathbb{L} = \{x \in \mathbb{R} : 12 < x < 20\}$

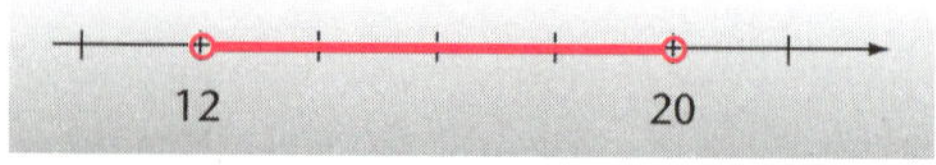

Bild 2.102

f) $16x^2 - 8x \geq 3$
$\Leftrightarrow x^2 - \frac{1}{2}x + \left(\frac{1}{4}\right)^2 \geq \frac{3}{16} + \left(\frac{1}{4}\right)^2$
$\Leftrightarrow x - \frac{1}{4} \geq \frac{1}{2} \vee x - \frac{1}{4} \leq -\frac{1}{2}$
$\Leftrightarrow x \geq \frac{3}{4} \vee x \leq -\frac{1}{4}$
$\mathbb{L} = \left\{x \in \mathbb{R} : x \leq -\frac{1}{4} \vee \frac{3}{4} \leq x\right\}$

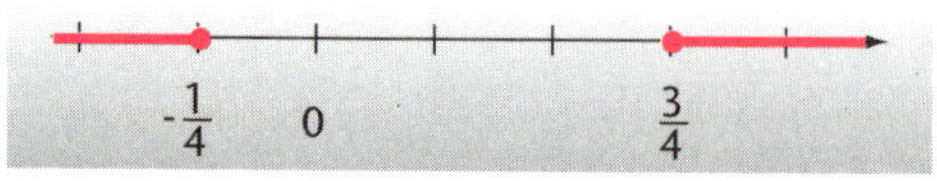

Bild 2.103

81. *a)*

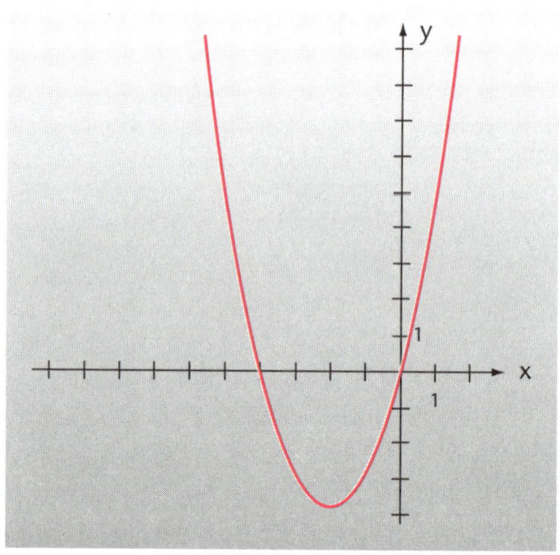

Bild 2.104 Graph der Funktion
$f : x \mapsto x^2 + 4x$
Für alle $x \in \mathbb{L}$ liegt der Graph oberhalb der x-Achse.

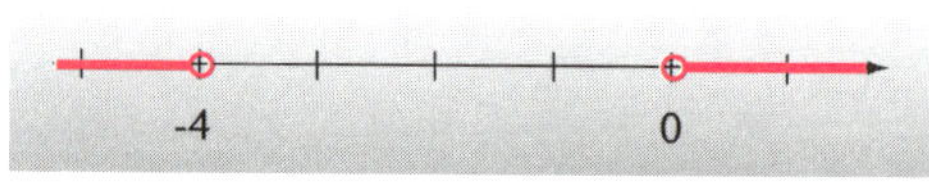

$\mathbb{L} = \{x \in \mathbb{R} : x < -4 \vee 0 < x\}$

c)

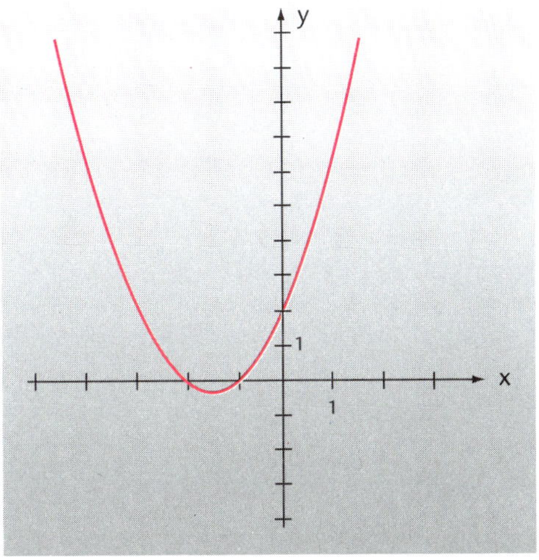

Bild 2.105 Graph der Funktion
$f: x \mapsto x^2 + 3x + 2$

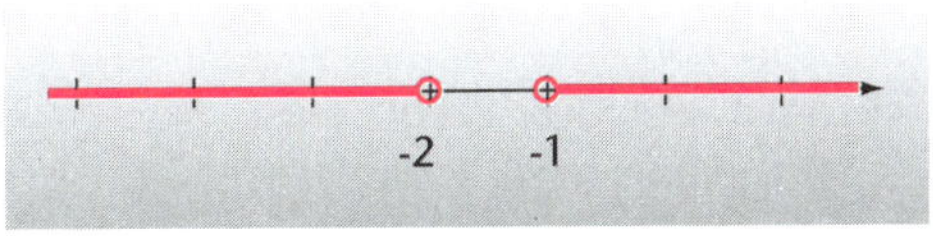

$\mathbb{L} = \{x \in \mathbb{R} : x < -2 \vee -1 < x\}$

e)

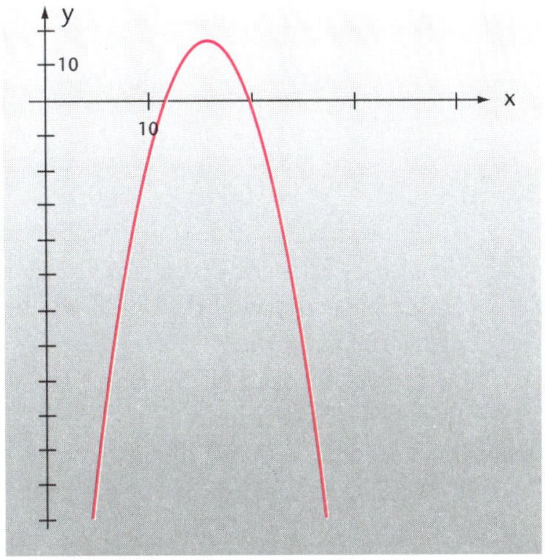

Bild 2.106 Graph der Funktion
$f: x \mapsto -x^2 + 32x - 240$

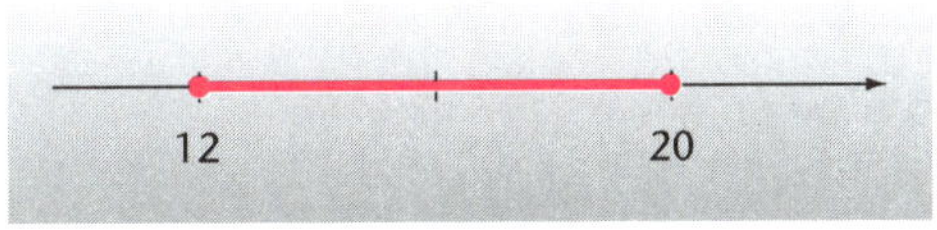

82. 1. Zahl: x, 2. Zahl: x − 3

$x \cdot (x - 3) = 180$

$\Leftrightarrow x^2 - 3x - 180 = 0$

$$x_{1,2} = \frac{3}{2} \pm \sqrt{\frac{9}{4} + \frac{720}{4}}$$

$$= \frac{3}{2} \pm \frac{27}{2},\ x_1 = 15,\ x_2 = -12$$

Entweder heißt die erste Zahl 15 und die zweite Zahl 12, oder die erste Zahl heißt −12 und die zweite −15.

83. 1. Seite: a, 2. Seite: b = a + 7,
Flächeninhalt des Rechteckes: $A = a \cdot b = a \cdot (a + 7)$

$a \cdot (a + 7) = 690\ \text{cm}^2$

$\Leftrightarrow a^2 + 7a - 690 = 0$

$$a_{1,2} = -\frac{7}{2} \pm \sqrt{\frac{49}{4} + \frac{2760}{4}}$$

$= \pm \frac{7}{2} \pm \frac{53}{2}$

$a_1 = 23$ cm, $a_2 = -30$ cm (scheidet aus, da es keine negativen Seitenlängen gibt) $\Rightarrow a = 23$ cm, $b = 30$ cm.

84. *a)* $s = 5 \cdot t^2$, $s = 100$ m $\Leftrightarrow 100 = 5 \cdot t^2 \Leftrightarrow t^2 = 20$

$\Leftrightarrow t = \sqrt{20} \approx 4{,}47$ s

(nur eine Lösung, da die Zeit nur positiv sein kann)

Der Körper braucht für den Fall etwa 4,47 Sekunden.

b) $s = 5 \cdot t^2$, $s = 2500$ m

$\Leftrightarrow 2500 = 5 \cdot t^2 \Leftrightarrow t^2 = 500$

$\Leftrightarrow t = \sqrt{500} \approx 22{,}36$ s

Der Fall dauert etwa 22,36 Sekunden.

85. *a)* $s_{10} = \frac{1}{2} \cdot 10 \cdot 11 = 55$

b) $\frac{1}{2}n \cdot (n + 1) = 5050$

$\Leftrightarrow \frac{1}{2}n^2 + \frac{1}{2}n - 5050 = 0$

$\Leftrightarrow n^2 + n - 10100 = 0$

$\Leftrightarrow n_{1,2} = -\frac{1}{2} \pm \sqrt{\frac{1}{4} + \frac{40400}{4}}$

$\Leftrightarrow n_1 = 100$, $n_2 = -101$ (entfällt, da < 0)

Die Summe der ersten 100 natürlichen Zahlen ist 5050:

$1 + 2 + 3 + \ldots + 100 = 5050$

86. Sei n die Anzahl der Mannschaften. In der Hinrunde spielt jede der n Mannschaften gegen alle anderen n – 1 Mannschaften, also erhält man n · (n – 1) Paarungen. Hierbei ist jedoch jede Paarung zweimal enthalten (z. B. A gegen B und B gegen A). Somit haben wir bereits die Anzahl aller Spiele aus Hin- und Rückrunde.

$n \cdot (n - 1) = 72$

$\Leftrightarrow n^2 - n - 72 = 0 \Rightarrow n = 9$ (Die zweite Lösung $n = -8$ der quadratischen Gleichung hat hier keine Bedeutung.) Es spielen 9 Mannschaften in der Liga.

87. $x_1 + x_2 = -p$, $x_1 \cdot x_2 = q$

a) $-p = -3 + 8 = 5$

$\Rightarrow p = -5$, $q = -3 \cdot 8 = -24$

$\Rightarrow x^2 - 5x - 24 = 0$

b) $-p = -0{,}1 - 0{,}05 = -0{,}15$

$\Leftrightarrow p = 0{,}15$, $q = (-0{,}1) \cdot (-0{,}05) = 0{,}005$

$\Rightarrow x^2 + 0{,}15x + 0{,}005 = 0$

c) $p = -(2 + 7) = -9$, $q = 2 \cdot 7 = 14$

$\Rightarrow x^2 - 9x + 14 = 0$

d) $p = -(-5 - 4) = 9$, $q = (-5) \cdot (-4) = 20$

$\Rightarrow x^2 + 9x + 20 = 0$

e) $p = -(10 + 10) = -20$, $q = 10 \cdot 10 = 100$

$\Rightarrow x^2 - 20x + 100 = 0$

f) $p = -(1 - \sqrt{2} + 1 + \sqrt{2}) = -2$,

$q = (1 - \sqrt{2}) \cdot (1 + \sqrt{2}) = 1 - 2 = -1$

$\Rightarrow x^2 - 2x - 1 = 0$

88. Flächeninhalt A eines Quadrates mit der Seitenlänge a: $A = a^2$

$a^2 = 55225\ m^2 \Rightarrow a = 235$ m

89. *a)*

$q = x_1 \cdot x_2$	$(x_1 + x_2) = -p$
$-10 = -10 \cdot 1$	$-10 + 1 = -9 = -p$
$= -5 \cdot 2$	$-5 + 2 = -3 \neq -p$
$= -2 \cdot 5$	$-2 + 5 = 3 \neq -p$
$= -1 \cdot 10$	$-1 + 10 = 9 \neq -p$

und alle Vertauschungen

$\Rightarrow x_1 = -10$, $x_2 = 1$ oder umgekehrt

Falls Sie es auf diese Weise nicht schaffen, geht es auch einfacher: Aus $x_1 \cdot x_2 = q = -10$ und $x_1 = 1$ folgt: $1 \cdot x_2 = -10 \Rightarrow x_2 = -10$.

Oder: Aus $x_1 + x_2 = -p = -9$ und $x_1 = 1$ folgt: $1 + x_2 = -9 \Rightarrow x_2 = -10$.

b) $x_1 = 8$, $x_2 = (-56) : 8 = -7$

c) $x_1 = -0{,}5$, $x_2 = -1{,}5$

d) $x_1 = -23$, $x_2 = -61$

90. *a)* $(x^2 + 9x - 10) : (x - 1) = x + 10$
$$\begin{array}{l} -(x^2 - x) \\ \hline \quad 10x - 10 \\ \quad -(10x - 10) \\ \hline \qquad 0 \end{array}$$

b) $(x^2 - x - 56) : (x - 8) = x + 7$
$$\begin{array}{l} -(x^2 - 8x) \\ \hline \quad 7x - 56 \\ \quad -(7x - 56) \\ \hline \qquad 0 \end{array}$$

c) $(x^2 + 2x + 0{,}75) : (x + 0{,}5) = x + 1{,}5$
$$\begin{array}{l} -(x^2 + 0{,}5x) \\ \hline \quad 1{,}5x + 0{,}75 \\ \quad -(1{,}5x + 0{,}75) \\ \hline \qquad 0 \end{array}$$

d) $(x^2 + 84x + 1403) : (x + 23) = x + 61$
$$\begin{array}{l} -(x^2 + 23x) \\ \hline \quad 61x + 1403 \\ \quad -(61x + 1403) \\ \hline \qquad 0 \end{array}$$

91. $ax^2 + bx + c = 0 \Leftrightarrow x^2 + \frac{b}{a}x + \frac{c}{a} = 0,$

$$-\frac{p}{2} = -\frac{b}{2a},\ q = \frac{c}{a}$$

$$x_{1,2} = -\frac{b}{2a} \pm \sqrt{\left(\frac{b}{2a}\right)^2 - \frac{c}{a}}$$

$$= -\frac{b}{2a} \pm \sqrt{\frac{b^2}{4a^2} - \frac{4ac}{4a^2}}$$

$$= -\frac{b}{2a} \pm \sqrt{\frac{b^2 - 4ac}{4a^2}}$$

$$= -\frac{b}{2a} \pm \frac{\sqrt{b^2 - 4ac}}{2a}$$

$$x_1 = \frac{-b + \sqrt{b^2 - 4ac}}{2a}$$

$$x_2 = \frac{-b - \sqrt{b^2 - 4ac}}{2a}$$

Der Term unter der Wurzel, $D = b^2 - 4ac$ heißt ***Diskriminante.*** Von ihr hängt die Anzahl der Lösungen ab. Ist $D > 0$, also $b^2 > 4ac$, so gibt es zwei Lösungen. Ist $D = 0$, also $b^2 = 4ac$, dann existiert nur eine Lösung $x = -\frac{b}{2a}$.
Ist $D < 0$, also $b^2 < 4ac$, dann existiert keine Lösung.

92. Die Teiler von -24 sind ± 1, ± 2, ± 3, ± 4, ± 6, ± 8, ± 12, ± 24. Doch wegen der letzten beiden negativen Glieder der Gleichung und der hohen Potenzen der ersten beiden positiven Glieder muß es eine kleine positive Lösung geben. Durch Probieren findet man die Lösung $x_1 = +2$.
Polynomdivision:
$$(x^3 + 5x^2 - 2x - 24) : (x - 2) = x^2 + 7x + 12$$
$$\begin{array}{l} -(x^3 - 2x^2) \\ \hline \quad 7x^2 - 2x \\ \quad -(7x^2 - 14x) \\ \hline \qquad 12x - 24 \\ \qquad -(12x - 24) \\ \hline \qquad\quad 0 \end{array}$$
$$x^2 + 7x + 12 = 0$$
$$\Leftrightarrow x_{2,3} = -\frac{7}{2} \pm \sqrt{\frac{49}{4} - \frac{48}{4}}$$
$$\mathbb{L} = \{-4; -3; 2\}$$

93. Mit $z = x^2$ erhält man $z^2 - 8z - 9 = 0$
$\Leftrightarrow z_{1,2} = 4 \pm 5,\ z_1 = 9,\ z_2 = -1$
$x^2 = 9 \Rightarrow x_1 = -3,\ x_2 = 3$. Weitere Lösungen existieren nicht, da $-1 < 0$.

94. *a)* $z^2 - 4z + 3 = 0 \Leftrightarrow z_1 = 3,\ z_2 = 1$
$\Rightarrow x_1 = -\sqrt{3},\ x_2 = \sqrt{3},\ x_3 = -1,\ x_4 = 1$

b) $z = x^3$
$\Rightarrow z^2 - 4z + 3 = 0 \Leftrightarrow z_1 = 3,\ z_2 = 1$
$x_1 = \sqrt[3]{3},\ x_2 = \sqrt[3]{1} = 1$

c) $x^8 - 3x^7 + 2x^6 = 0 \Leftrightarrow x^6 \cdot (x^2 - 3x + 2) = 0 \Leftrightarrow x = 0 \lor (x^2 - 3x + 2) = 0$
$\Leftrightarrow x = 0 \lor$
$$x = \frac{3}{2} + \sqrt{\frac{1}{4}} \lor x = \frac{3}{2} - \sqrt{\frac{1}{4}}$$

95. *a)* $(x + 8)^2 = x \Leftrightarrow x^2 + 15x + 64 = 0$
$\Leftrightarrow \mathbb{L} = \{\}$

b) $-2\sqrt{x} = 3 - x \Rightarrow 4x = 9 - 6x + x^2 \Leftrightarrow$
$x^2 - 10x + 9 = 0$
$x_1 = 9,\ x_2 = 1$
Probe:

$-2 \cdot \sqrt{9} = 3 - 9$	$-2 \cdot \sqrt{1} = 3 - 1$
$\Leftrightarrow -2 \cdot 3 \quad = -6$	$-2 \cdot 1 \quad = 2$
(wahr)	(falsch)

$\mathbb{L} = \{9\}$

c) $6 \cdot \sqrt{x} - 105 = -3x \Rightarrow 2 \cdot \sqrt{x}$
$= 35 - x \Rightarrow 4x = 1225 - 70x + x^2$
$\Leftrightarrow x^2 - 74x + 1225 = 0$
$\Leftrightarrow x = 49 \vee x = 25$
Probe:

$6 \cdot \sqrt{49} - 105 = -3 \cdot 49$	$6 \cdot \sqrt{25} - 105 = -3 \cdot 25$
$42 \quad -105 = -147$	$30 - 105 = -75$
$-63 \quad = -147$	$-75 \quad = -75$
(falsch)	(wahr)

$\mathbb{L} = \{25\}$

d) $\sqrt[4]{x} - x = 0 \Leftrightarrow \sqrt[4]{x} = x \Rightarrow x = x^4$
$\Leftrightarrow x^4 - x = 0 \Leftrightarrow x \cdot (x^3 - 1) = 0$
$\Leftrightarrow x = 0 \vee x = 1$

e) $\sqrt[5]{x} - 2x = 0 \Leftrightarrow \sqrt[5]{x} = 2x \Rightarrow x = 32x^5$
$\Leftrightarrow 32x^5 - x = 0$
$32x \cdot \left(x^4 - \frac{1}{32}\right) = 0 \Leftrightarrow x = 0$
$\vee\ x = \sqrt[4]{\frac{1}{32}} \vee x = -\sqrt[4]{\frac{1}{32}}$

96. *a)* $\log_3 27 = 3$, da $3^3 = 27$
b) $\log_2 0{,}25 = -2$, da $2^{-2} = 0{,}25$
c) $\log_2 128 = 7$
d) $\log_5 \frac{1}{625} = -4$
e) $\log_{0{,}5} 8 = -3$
f) $\log_{0{,}001} 10^{-12} = 4$, da $0{,}001^4 = (10^{-3})^4 = 10^{-12}$
g) $\log_2 (-8)$ ist nicht definiert
h) $\log_4 1 = 0$
i) $\lg 0{,}1 = -1$
j) $\lg 1000 = 3$
k) $\lg 10^{-9} = -9$
l) $\lg 0{,}00001 = -5$
m) $\lg 10\,000\,000\,000 = 10$

97. *a)* $\lg 2 \approx 0{,}30103$
b) $\lg 11 \approx 1{,}0414$
c) $\lg 0{,}2 \approx -0{,}69897$
d) $\lg \frac{1}{7} \approx -0{,}845$
e) $\ln 2 \approx 0{,}6931$
f) $\lg 10 = 1$
g) $\ln 10 \approx 2{,}3$
h) $\ln 0{,}1 \approx -2{,}3$
i) $\log_2 7 = \frac{\lg 7}{\lg 2} \approx 2{,}8$
j) $\log_2 0{,}963 = \frac{\lg 0{,}963}{\lg 2} \approx -0{,}05439$
k) $\log_5 100 = \frac{\lg 100}{\lg 5} \approx 2{,}861$
l) $\log_{0{,}02} 3 \approx -0{,}28$

98. *a)* $x = 16$, da $2^4 = 16$
b) $x = 3$, da $3^4 = 81$ oder $\sqrt[4]{81} = 3$
c) $x = 32$, da $\left(\frac{1}{2}\right)^{-5} = 2^5 = 32$
d) $x = 3$, da $3^{-1} = \frac{1}{3}$

99. *a)* $2^x = 9 \Leftrightarrow \lg 2^x = \lg 9$
$\Leftrightarrow x \cdot \lg 2 = \lg 9$
$\Leftrightarrow x = \frac{\lg 9}{\lg 2} \approx 3{,}17$

b) $2^{x-3} = \frac{1}{2} \Leftrightarrow \lg 2^{x-3} = \lg \frac{1}{2}$
$\Leftrightarrow x - 3 = \frac{\lg 0{,}5}{\lg 2} = \frac{\lg 2^{-1}}{\lg 2} = -1$
$\Leftrightarrow x = 2$

c) $2 \cdot 5^{3x} = 8 \Leftrightarrow 5^{3x} = 4 \Leftrightarrow 3x = \frac{\lg 4}{\lg 5}$
$\Leftrightarrow x \approx 0{,}287$

d) $18 - 4^{2 \cdot (2 - 4x)} = 118$
$\Leftrightarrow 4^{2 \cdot (2 - 4x)} = -100$ keine Lösung

e) $24 = \left(\frac{3}{2}\right)^{2x^2} \Leftrightarrow 2x^2 \cdot \lg 1{,}5 = \lg 24$

$\Leftrightarrow x^2 = \frac{\lg 24}{2 \cdot \lg 1{,}5} \approx 3{,}919$

$\Leftrightarrow x_1 \approx 1{,}980,\ x_2 \approx -1{,}980$

100. *a)* $\log_2 (3x + 4) = -2$

$\Leftrightarrow 3x + 4 = 2^{-2}$

$\Leftrightarrow 3x + 4 = \frac{1}{4} \Leftrightarrow 3x = -\frac{15}{4}$

$\Leftrightarrow x = -\frac{5}{4}$

b) $\log_{\frac{1}{3}} (x^2 + 2) = -3$

$\Leftrightarrow x^2 + 2 = \left(\frac{1}{3}\right)^{-3} = 27$

$\Leftrightarrow x^2 = 25 \Leftrightarrow x = -5 \ \vee \ x = 5$

101. *a)* $\frac{6}{x} - 4 = 18 \quad | + 4$

$\Leftrightarrow \frac{6}{x} = 22 \quad | \cdot x$

$\Leftrightarrow 6 = 22x \quad | : 22$

$\Leftrightarrow \frac{3}{11} = x$

$\mathbb{D} = \mathbb{R} \setminus \{0\}$

b) $\frac{8}{3 - x} = 2 \quad | \cdot (3 - x)$

$\Leftrightarrow 8 = 2 \cdot (3 - x)$

$\Leftrightarrow 8 = 6 - 2x \quad | + 2x - 8$

$\Leftrightarrow 2x = -2 \quad | : 2$

$\Leftrightarrow x = -1$

$\mathbb{D} = \mathbb{R} \setminus \{3\}$

c) $\frac{5}{x} + 2 = \frac{2}{x} \quad | \cdot x$

$\Leftrightarrow 5 + 2x = 2 \quad | - 5$

$\Leftrightarrow 2x = -3 \quad | : 2$

$\Leftrightarrow x = -\frac{3}{2}$

$\mathbb{D} = \mathbb{R} \setminus \{0\}$

d) $-4x = \frac{2 + x}{x - 1} \quad | \cdot (x - 1)$

$\Leftrightarrow -4x \cdot (x - 1) = 2 + x$

$\Leftrightarrow -4x^2 + 4x = 2 + x \quad | - 2 - x$

$\Leftrightarrow -4x^2 + 3x - 2 = 0 \quad | : (-4)$

$\Leftrightarrow x^2 - \frac{3}{4}x + \frac{1}{2} = 0$

$\Leftrightarrow x_{1,2} = \frac{3}{8} \pm \sqrt{\frac{9}{64} - \frac{1}{2}}$

$\mathbb{L} = \{\},\ \mathbb{D} = \mathbb{R} \setminus \{1\}$

e) $\frac{x + 2}{x - 3} - \frac{2 - x}{6 - x} = 0 \quad | \cdot (x - 3) \cdot (6 - x)$

$\Leftrightarrow (x + 2)(6 - x) - (2 - x)(x - 3) = 0$

$\Leftrightarrow -x^2 + 4x + 12 + x^2 - 5x + 6 = 0$

$\Leftrightarrow -x + 18 = 0$

$\Leftrightarrow x = 18$

$\mathbb{D} = \mathbb{R} \setminus \{3; 6\}$

f) $\frac{1}{x + 3} + \frac{1}{x - 5} = \frac{2}{x - 3} \quad | \cdot (x + 3)$

$\cdot (x - 5)(x - 3)$

$\Leftrightarrow (x - 5) \cdot (x - 3) + (x + 3) \cdot (x - 3)$

$= 2 \cdot (x + 3) \cdot (x - 5)$

$\Leftrightarrow x^2 - 8x + 15 + x^2 - 9$

$= 2x^2 - 4x - 30$

$\Leftrightarrow -4x = -36$

$\Leftrightarrow x = 9$

$\mathbb{D} = \mathbb{R} \setminus \{-3; 3; 5\}$

g) $\frac{2}{x + 1} - \frac{1}{x^2} = \frac{2}{x} - \frac{3}{(x + 1)^2} \quad | \cdot x^2$

$\cdot (x + 1)^2$

$\Leftrightarrow 2x^2 \cdot (x + 1) - (x + 1)^2$

$= 2x (x + 1)^2 - 3x^2$

$\Leftrightarrow 2x^3 + 2x^2 - x^2 - 2x - 1$

$= 2x^3 + 4x^2 + 2x - 3x^2$

$\Leftrightarrow 4x = -1$

$\Leftrightarrow x = \frac{1}{4}$

$\mathbb{D} = \mathbb{R} \setminus \{-1; 0\}$

h) $\frac{1}{x} + \frac{x^2 + x + 1}{x^2 + x} = 1 \quad | \cdot x \cdot (x + 1)$

$\Leftrightarrow x + 1 + x^2 + x + 1 = x \cdot (x + 1)$

$\Leftrightarrow x^2 + 2x + 2 = x^2 + x$

$\Leftrightarrow x = -2$

$\mathbb{D} = \mathbb{R} \setminus \{-1; 0\}$

102. Gesucht: g, gegeben: f = 90 mm, b = 3000 mm

$\frac{1}{f} = \frac{1}{g} + \frac{1}{b} \Leftrightarrow \frac{1}{f} - \frac{1}{b} = \frac{1}{g}$

$\Leftrightarrow \frac{b}{fb} - \frac{f}{fb} = \frac{1}{g} \Leftrightarrow \frac{b-f}{fb} = \frac{1}{g}$

$\Leftrightarrow g = \frac{fb}{b-f} \Rightarrow g = \frac{90 \cdot 3000}{3000-90}$

$= \frac{270000}{2910} \approx 92{,}8$ mm

Das Dia befindet sich ca. 9,3 cm vor dem Objektiv.

103. *a)* 1. $x + 5 \geq 9 \Leftrightarrow x \geq -5$

$\Rightarrow x + 5 = 9 \Leftrightarrow x = 4$

2. $x + 5 < 0 \Leftrightarrow x < -5$

$\Rightarrow -(x + 5) = 9 \Leftrightarrow x = -14$

$\mathbb{L} = \{-14; 4\}$

b) 1. $2x + 5 \geq 0 \Leftrightarrow x \geq -2{,}5$

$\Rightarrow 3 - (2x + 5) = -7$

$\Leftrightarrow x = 2{,}5$

2. $2x + 5 < 0 \Leftrightarrow x < -2{,}5$

$\Rightarrow 3 + 2x + 5 = -7$

$\Leftrightarrow x = -7{,}5$

$\mathbb{L} = \{-7{,}5; 2{,}5\}$

104. *a)* 1. $-3x + 6 \geq 0 \Leftrightarrow x \leq 2$

$\Rightarrow -3x + 6 < x \Leftrightarrow -4x < -6$

1. $\Leftrightarrow x > \frac{3}{2}$

2. $-3x + 6 < 0 \Leftrightarrow x > 2$

$\Rightarrow -(-3x + 6) < x \Leftrightarrow 3x - 6 < x$

$\Leftrightarrow 2x < 6 \Leftrightarrow x < 3$

2. $\mathbb{L} = \left\{x \in \mathbb{R} : \frac{3}{2} < x < 3\right\}$

b) 1. $8 - 6x \geq 0 \Leftrightarrow x \leq \frac{4}{3}$

1. $\Leftrightarrow -2 \cdot (8 - 6x) \geq 9$

1. $\Leftrightarrow 12x \geq 25 \Leftrightarrow x \geq \frac{25}{12}$

2. $8 - 6x < 0 \Leftrightarrow x > \frac{4}{3}$

1. $\Rightarrow 2 \cdot (8 - 6x) \geq 9$

2. $\Leftrightarrow -12x \geq -7 \Leftrightarrow x \leq \frac{7}{12}$

1. Beide Bedingungen widersprechen sich.
$\mathbb{L} = \{\}$

105. *a)* 1. Fall: $4x + 5 \geq 0 \Leftrightarrow x \geq -\frac{5}{4}$

$\Rightarrow x^2 - 4x - 5 = 0$

$\Rightarrow x_1 = -1, x_2 = 5$

2. Fall: $4x + 5 < 0 \Leftrightarrow x < -\frac{5}{4}$

$\Leftrightarrow -(4x + 5) = x^2$

$\Leftrightarrow x^2 + 4 + 5 = 0$

(keine weitere Lösung)

$\mathbb{L} = \{-1; 5\}$

b) 1. Fall: $8x - x^2 - 4x - 4 + 8 \geq 0$

$\Leftrightarrow x^2 - 4x - 4 \leq 0$

$\Leftrightarrow 2 - \sqrt{8} \leq x \leq 2 + \sqrt{8}$

$\Rightarrow 8x - x^2 - 4x - 4 + 8 = 1$

$\Leftrightarrow x^2 - 4x - 3 = 0$

$\Leftrightarrow x_{1,2} = 2 \pm \sqrt{7}$

2. Fall:

$x < 2 - \sqrt{8} \vee 2 + \sqrt{8} < x$

$\Leftrightarrow x^2 - 4x - 5 = 0$

$\Leftrightarrow x_{1,2} = 2 \pm 3$

$\mathbb{L} = \{2 - \sqrt{7}; -1; 2 + \sqrt{7}; 5\}$

106. *a)* 1. Fall: $x^2 \geq 4{,}5$

$\Leftrightarrow x \leq -\sqrt{4{,}5} \vee \sqrt{4{,}5} \leq x$

$\Rightarrow x^2 < 25 \Leftrightarrow -5 < x < 5$

$\Rightarrow \mathbb{L}_1 = \{x \in \mathbb{R} : -5 < x \leq -\sqrt{4{,}5} \vee \sqrt{4{,}5} \leq x < 5\}$

2. Fall: $-\sqrt{4{,}5} < x < \sqrt{4{,}5}$

$\Rightarrow x^2 > -16$

$\Rightarrow \mathbb{L}_2 = \{x \in \mathbb{R} : -\sqrt{4{,}5} < x < \sqrt{4{,}5}\}$

$\Rightarrow \mathbb{L} = \{x \in \mathbb{R} : -5 < x < 5\}$

b) 1. $x^2 + 2x + 1 \geq 0 \Leftrightarrow (x + 1)^2 \geq 0$
$\Leftrightarrow x \in \mathbb{R}$
$\Rightarrow 4x^2 + 8x + 4 > 16x$
$\Leftrightarrow x^2 - 2x + 1 > 0$
$\Leftrightarrow (x - 1)^2 > 0$
$\Leftrightarrow x - 1 \neq 0$
$\Leftrightarrow x \neq 1$
2. $(x+1)^2 < 0$ nicht möglich
$\mathbb{L} = \mathbb{R} \setminus \{1\}$

107. *a)* 2. Gleichung mit 4 multiplizieren, beide addieren führt auf $15y = 45$ und die Lösung $(-1 \mid 3)$.
b) 1. Gleichung mit (–10) oder 2. Gleichung mit 9 multiplizieren, beide addieren führt auf die Lösung $(0 \mid 2)$.
c) Umstellen der 1. Gleichung: $3x + y = 9$, dann Multiplikation mit 2: $6x + 2y = 18$. Addition beider Gleichungen: $2x = 10$.
$\mathbb{L} = \{(5 \mid -6)\}$.
d) Multiplikation der 2. Gleichung mit 3: $-24x + 15y = 3$, Addition: $-18x = 9$.
$\mathbb{L} = \left\{\left(-\frac{1}{2} \mid -\frac{3}{5}\right)\right\}$

108. *a)* $(3 \mid 1)$
b) $(0{,}5 \mid -1)$

109. *a)* $(7 \mid 12)$
b) $(4 \mid 1)$

110. $x + y = 48 \wedge x - y = 19$
$\Leftrightarrow 2x = 67$
$\Leftrightarrow x = 33{,}5,\ y = 14{,}5$

111. Anzahl der Flaschen Weißwein (Rotwein): x (y)
$x + y = 60 \wedge 6x + 8y = 408$
$\Leftrightarrow y = 24$ Flaschen Rotwein,
$x = 36$ Flaschen Weißwein

112. $U = 2a + 2b = 282 \wedge a = 2b - 30$
$\Leftrightarrow 2 \cdot (2b - 30) + 2b = 282$
$\Leftrightarrow 6b = 342 \Leftrightarrow b = 57$ m,
$a = 84$ m

113. $v + u = 27$ km/h,
$v - u = 5{,}4$ km/h
$\Leftrightarrow 2v = 32{,}4$ km/h
$\Leftrightarrow v = 16{,}2$ km/h, $u = 10{,}8$ km/h

114. x: Anzahl der Einheiten (Minuten) im Monat, y: Gebühr pro Monat
T1: $y = 0{,}25x + 40$, T2: $y = 0{,}20x + 65$, Graph siehe Bild 2.107. Bis $x = 500$ Minuten ist Tarif T1 günstiger, darüber ist T2 billiger.

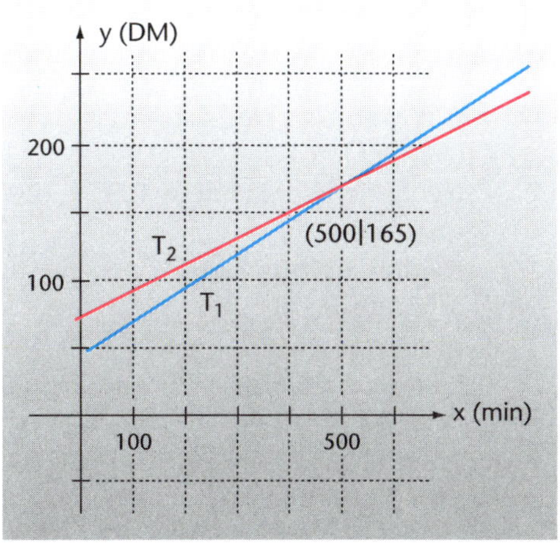

Bild 2.107 Telefontarife

115. Keine Lösung: Beide Geraden laufen parallel zueinander.
Eine Lösung: Beide Geraden haben genau einen Schnittpunkt.
Unendlich viele Lösungen: Beide Geraden sind identisch.

116. a)

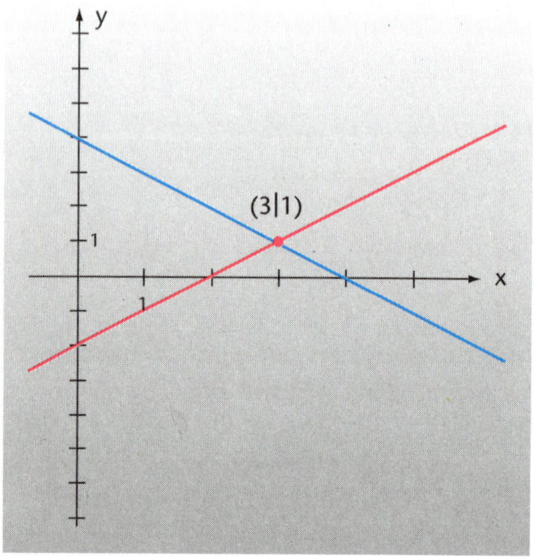

Bild 2.108 Graphen der Funktionen $y = -x + 4$ und $y = x - 2$

b)

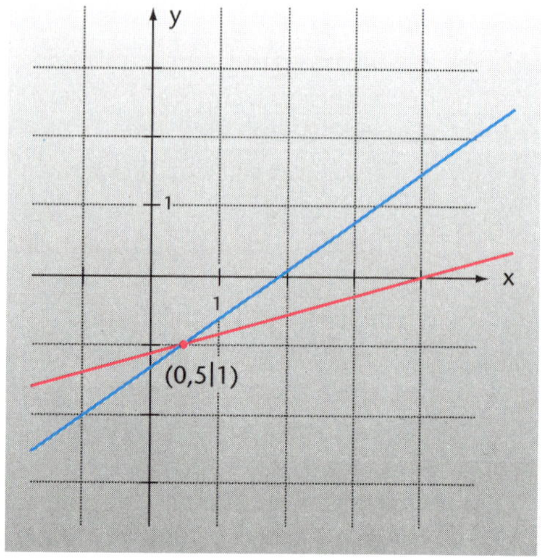

Bild 2.109 Graphen der Funktionen $y = \frac{2}{7}x - \frac{8}{7}$ und $y = \frac{2}{3}x - \frac{4}{3}$

117. x (y): Volumen der Sahne zu 30% (40%) in Litern.
Fettvolumen der Sahne A: $0{,}3 \cdot x$, der Sahne B: $0{,}4 \cdot y$
Fettvolumen insgesamt:
$(x + y) \cdot 0{,}36$,
Sahne insgesamt: $x + y = 3$
$0{,}3x + 0{,}4y = 0{,}36(x + y) \wedge x + y = 3$
$\Leftrightarrow x = 1{,}2,\ y = 1{,}8$.
Es werden 1,2 l Sahne A und 1,8 l Sahne B benötigt.

3. Relationen und Funktionen

Karl Weierstraß, 1815–1897, Mathematikprofessor in Berlin, lieferte grundlegende Arbeiten zur allgemeinen Theorie der analytischen Funktionen. Seine Arbeitsweise zeichnete sich durch strenge Beweisführung und systematische Vorgehensweise aus und legte den Grundstein für den modernen Aufbau der Analysis

ÜBERSICHT

3.1 Allgemeine Betrachtungen

3.1.1 Begriffsbestimmungen

EINFÜHRUNGSBEISPIELE

In allen Beispielen von Bild 3.1 werden Personen oder Dingen einer Gruppe (mathematisch: Elementen einer Menge) Personen oder Dinge einer anderen Gruppe zugeordnet. Man spricht in diesem Fall von einer ***Relation*** zwischen den Mengen. Offenbar können solche Relationen verschiedene Eigenschaften besitzen.

Bei Beispiel a) hat nicht jedes Element der ***Ausgangsmenge*** einen „Partner" in der ***zugeordneten Menge.*** Daneben gibt es solche Elemente, denen mehrere Partner zugewiesen werden.

Bei Beispiel b) hat jedes Element der Ausgangsmenge ***genau*** einen Partner (das heißt, nicht mehr und nicht weniger). Es kann aber vorkommen, daß verschiedene Waren denselben Preis haben. Gehen wir also von den Preisen aus, so landen wir eventuell bei mehreren Ausgangselementen. Die ***Eindeutigkeit*** der Zuordnung besteht also nur in Pfeilrichtung.

In Beispiel c) dagegen herrscht in beiden Richtungen Eindeutigkeit: Jede Menge hat ihren Preis, und bei Kenntnis des Preises können wir sofort die Menge angeben, die so viel kostet. Solche Zuordnungen bezeichnet man auch als ***eineindeutig*** (kein Druckfehler!).

Eindeutige und eineindeutige Relationen heißen auch ***Funktionen.***

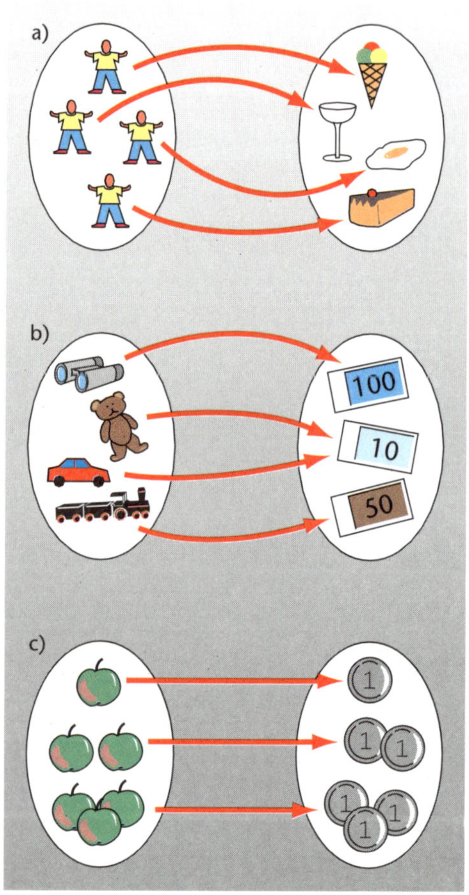

Bild 3.1

3.1.2 Darstellungsweisen für Relationen und Funktionen

Relationen und Funktionen lassen sich auf verschiedene Weisen darstellen. In den Einführungsbeispielen sind uns sogenannte ***Pfeildiagramme*** begegnet. Daneben existieren ***Tabellen*** und ***Graphen*** im Koordinatensystem.

BEISPIELE

1. Postgebühren (Tabellenauszug)

Standardbrief ______ 1,00 DM
Höchstmaße:
L 235 mm, B 125 mm,
H 5 mm
Gewicht bis 20 g
Mindestmaße:
L 140 mm, B 90 mm

Kompaktbrief ______ 2,00 DM
Höchstmaße:
L 235 mm, B 125 mm
H 10 mm
Gewicht bis 50 g
Mindestmaße:
L 100 mm, B 70 mm

Großbrief ______ 3,00 DM
Höchstmaße (B4):
L 353 mm, B 250 mm,
H 20 mm
Gewicht bis 500 g
Mindestmaße:
L 100 mm, B 70 mm

Maxibrief ______ 4,00 DM
Höchstmaße (B4):
L 353 mm, B 250 mm,
H 50 mm
Gewicht bis 1 000 g
Mindestmaße:
L 100 mm, B 70 mm.

2. Morsetabelle

Morsealphabet

Buchstabe	Morsezeichen	Buchstabe	Morsezeichen
a	· –	ö	– – – ·
b	– · · ·	ä	· – · –
c	– · – ·	1	· – – – –
d	– · ·	2	· · – – –
e	·	3	· · · – –
f	· · – ·	4	· · · · –
g	– – ·	5	· · · · ·
h	· · · ·	6	– · · · ·
i	· ·	7	– – · · ·
j	· – – –	8	– – – · ·
k	– · –	9	– – – – ·
l	· – · ·	0	– – – – –
m	– –		
n	– ·		
o	– – –		
p	· – – ·		
q	– – · –		
r	· – ·		
s	· · ·		
t	–		
u	· · –		
v	· · · –		
w	· – –		
x	– · · –		
y	– · – –		
z	– – · ·		
ch	– – – –		
ü	· · – –		

3. Wurzelrelation als Werte-Tabelle und Graph

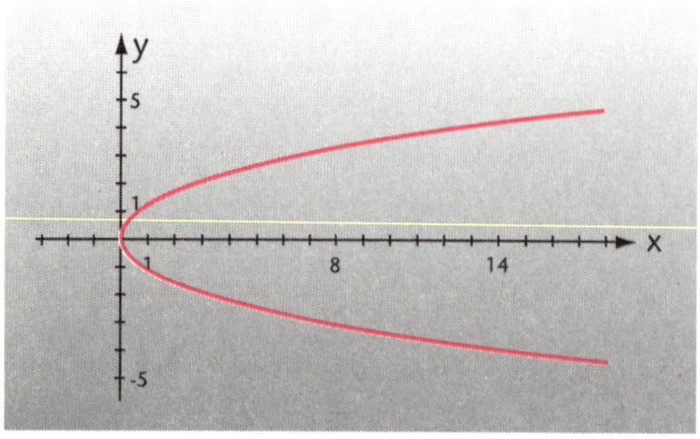

Bild 3.2 $y = \pm\sqrt{x}$

x	y
0	0
1	1; – 1
4	2; – 2
9	3; – 3
16	4; – 4

4. $f(x) = 2^x$ als Werte-Tabelle und Graph

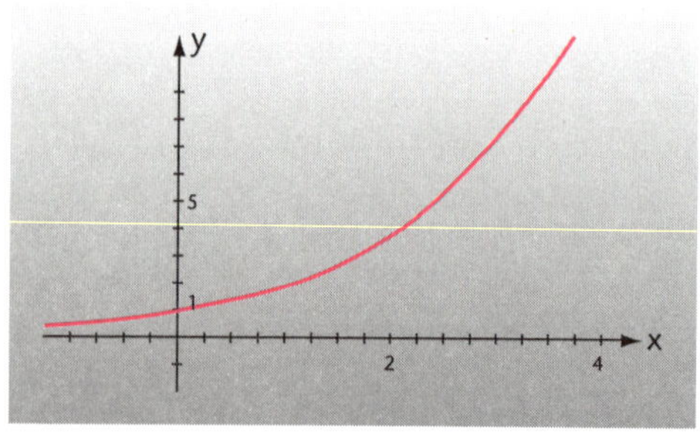

Bild 3.3 $y = 2^x$

x	y
– 2	0,25
– 1	0,5
0	1
1	2
2	4
3	8
4	16

Graphen eignen sich besonders zur Darstellung von Relationen zwischen Zahlenmengen. Dabei lassen sich die mit Hilfe der Zuordnungsvorschrift gebildeten Zahlenpaare (x;y) der Wertetabelle als Punkte in einem Koordinatensystem darstellen. Man nennt die x-Koordinate auch Abszisse, den y-Wert Ordinate. Die Menge aller Punkte bildet den Relationsgraphen.

Bei Funktionen spricht man vom Definitionsbereich $\mathbb{D}$, dem die x-Werte entstammen, und vom Wertebereich W als der Menge aller zugeordneten Zahlen y. $y = f(x)$ heißt Funktionsgleichung, $G_f = \{(x;y) | y = f(x) \text{ mit } x \subset \mathbb{D}\}$ heißt Graph der Funktion f.

BEISPIELE

1. $y = \frac{1}{x}$, $\mathbb{D} = \mathbb{N}$

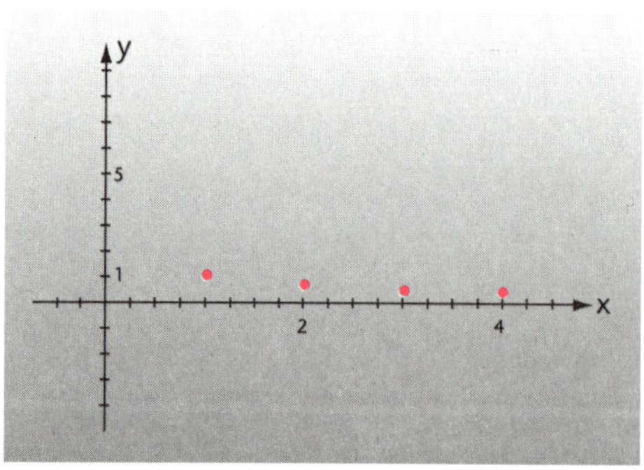

Bild 3.4 $y = \frac{1}{x}$, $\mathbb{D} = \mathbb{N}$

2. $y = \frac{1}{x}$, $\mathbb{D} = \mathbb{R}^+$

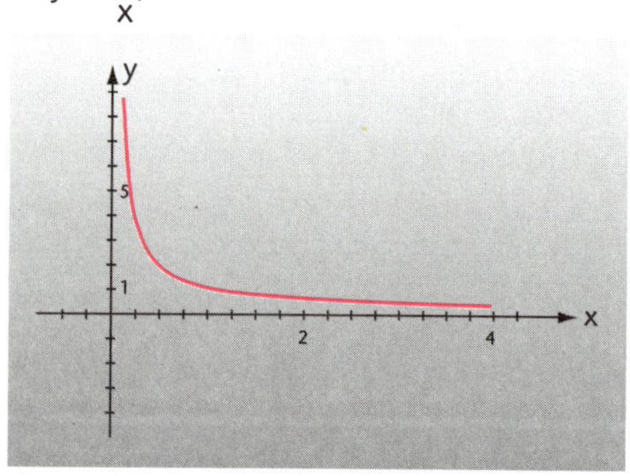

Bild 3.5 $y = \frac{1}{x}$, $\mathbb{D} = \mathbb{R}^+$

3. $y = \frac{1}{x}$, $\mathbb{D} = \mathbb{R} \setminus \{0\}$

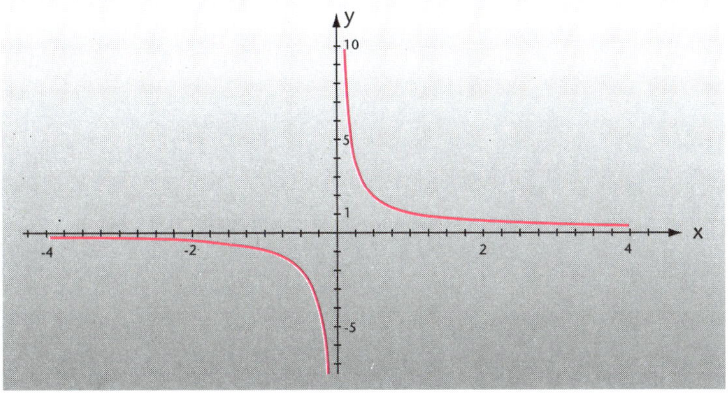

Bild 3.6 $y = \frac{1}{x}$, $\mathbb{D} = \mathbb{R} \setminus \{0\}$

ÜBUNGEN

1. Welche Darstellungen gehören zu einer Funktion?

a)

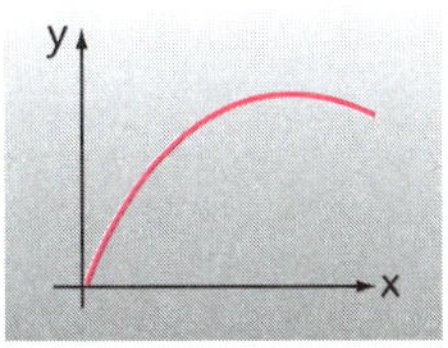

Bild 3.7

c)

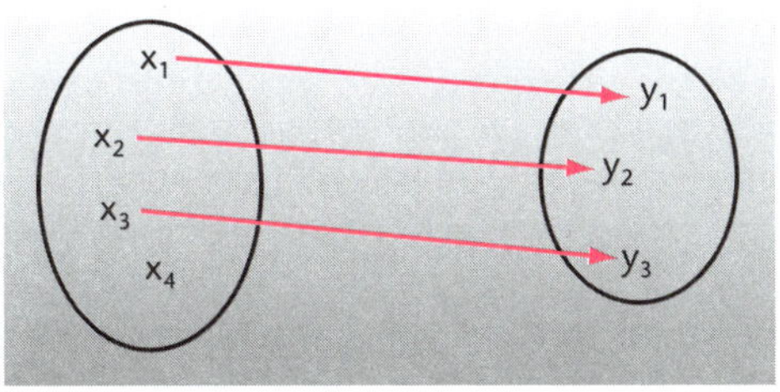

Bild 3.9

b)

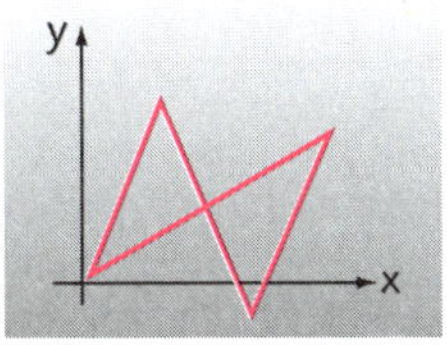

Bild 3.8

d)

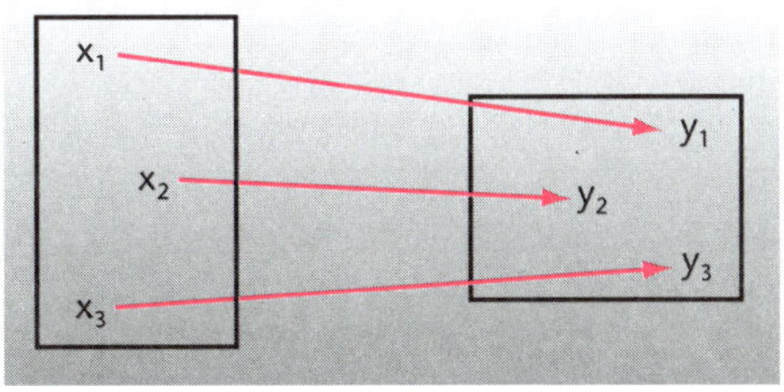

Bild 3.10

2. Erstellen Sie für $x \in [-4; 4]$ eine Wertetabelle, und zeichnen Sie einen Graphen für:

a) $f(x) = \frac{1}{x}$ *b)* $f(x) = 0{,}5x^2$ *c)* $f(x) = x^3 - x$

3. Die abgebildete Kurve gibt den Wasserstand in einem kleinen Hafen wieder. Wie hoch stand das Wasser um 8.00 Uhr, 10.00 Uhr, 12.00 Uhr, 15.00 Uhr, 20.00 Uhr, 24.00 Uhr?

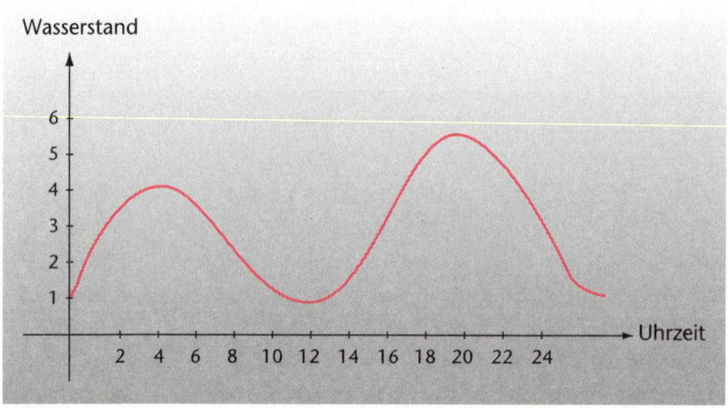

Bild 3.11

4. Geben Sie Oberfläche und Volumen des Würfels als Funktion der Kantenlänge a an.

5. Bei einem Rechteck sei die längere Seite doppelt so lang wie die kürzere. Geben Sie Fläche und Umfang als Funktion

a) der kürzeren,

b) der längeren Seite an.

3.2 Funktionen und ihre Eigenschaften

3.2.1 Grundtypen von Funktionen – eine Übersicht

Folgende Funktionstypen lassen sich unterscheiden:

1. Potenzfunktionen mit der allgemeinen Funktionsgleichung $y = x^z$, $z \in \mathbb{Z}$. Sie lassen sich unterteilen in solche mit natürlichem Exponenten $y = x^n$, $n \in \mathbb{N}$ mit $D_{max} = \mathbb{R}$ (siehe Seite 290), und solche mit negativem ganzzahligem Exponenten $y = x^{-n}$, $n \in \mathbb{N}$ mit $D_{max} = \mathbb{R} \setminus \{0\}$ (siehe Seite 293).

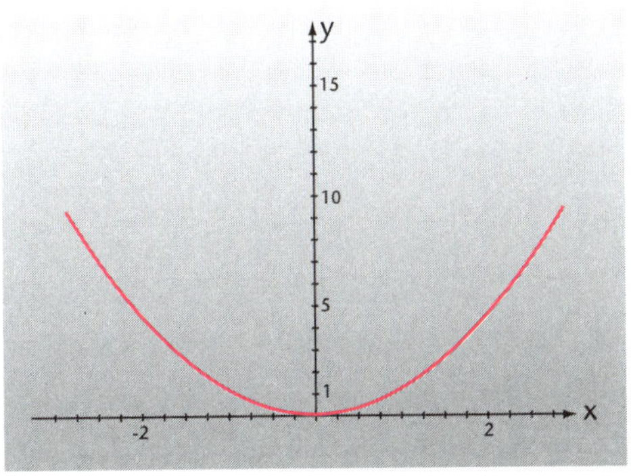

Bild 3.12 $y = x^2$

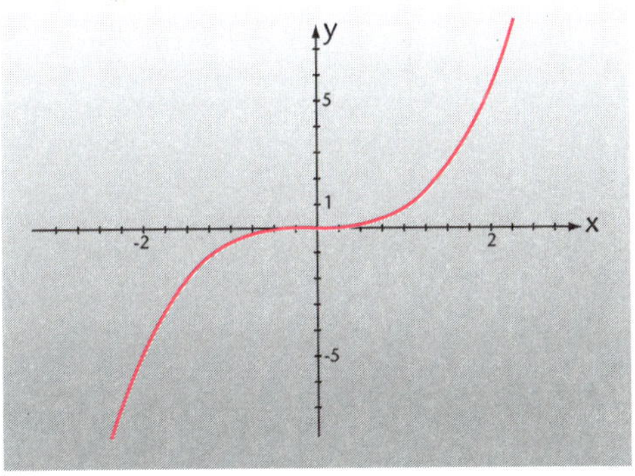

Bild 3.13 $y = x^3$

2. Wurzelfunktionen mit der allgemeinen Funktionsgleichung $y = \sqrt[n]{x}$, $n \in \mathbb{N}$ mit $\mathbb{D}_{max} = \mathbb{R}_0^+$ für gerades n und $\mathbb{D}_{max} = \mathbb{R}$ für ungerades n (siehe Seite 294).

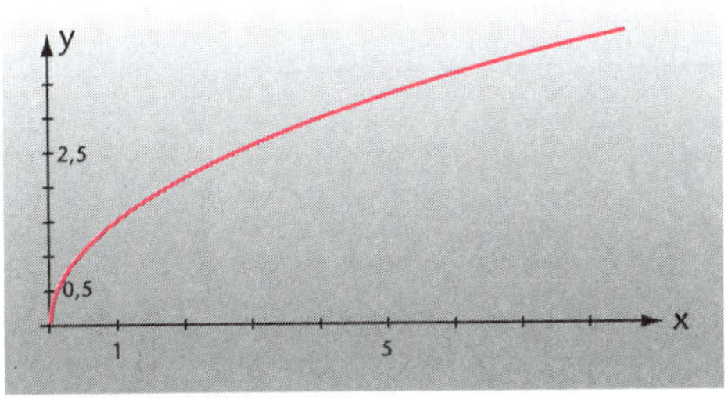

Bild 3.14 $y = \sqrt{x}$

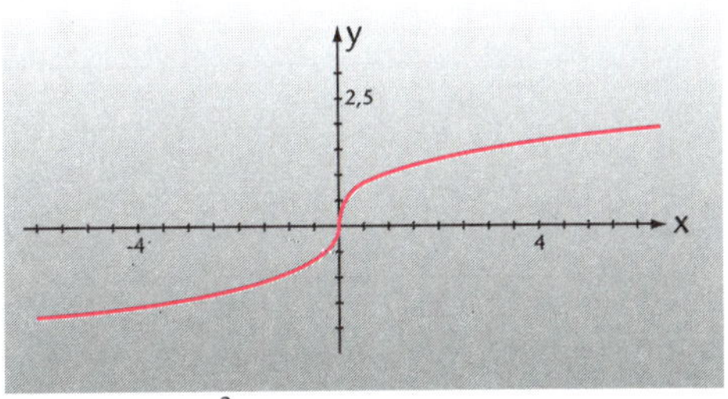

Bild 3.15 $y = \sqrt[3]{x}$

3. Exponentialfunktionen mit der Gleichung $y = k \cdot a^x$, $x \in \mathbb{R}$, $a > 0$ und $a \neq 1$ (siehe Seite 297).

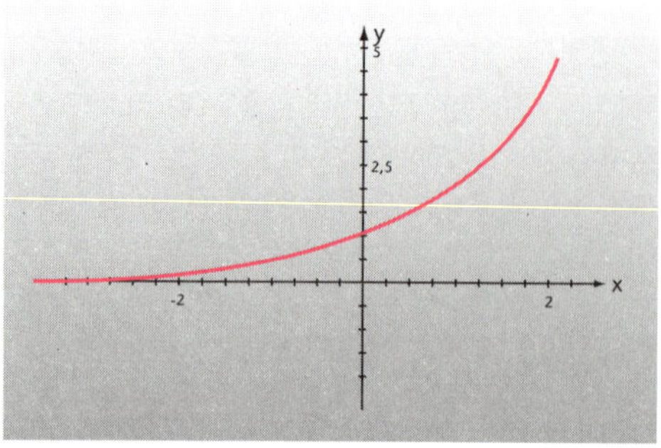

Bild 3.16 $y = 2^x$

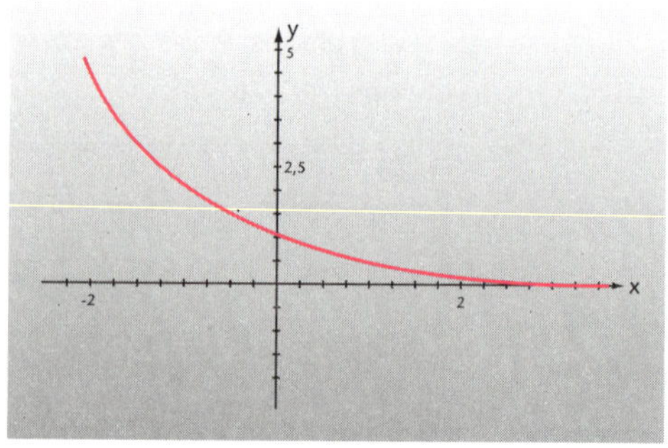

Bild 3.17 $y = 0{,}5^x$

4. Logarithmusfunktionen mit der Gleichung $y = k \cdot \log_a x$, $x \in \mathbb{R}^+$, $k \in \mathbb{R}$, $a > 0$ und $a \neq 1$ (siehe Seite 300).

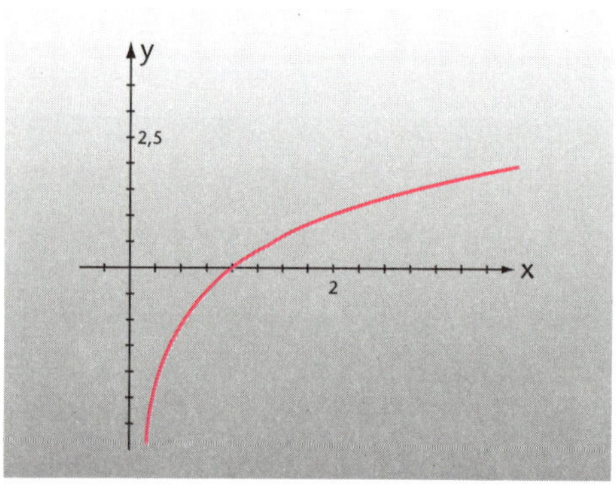

Bild 3.18 $y = \log_2 x$

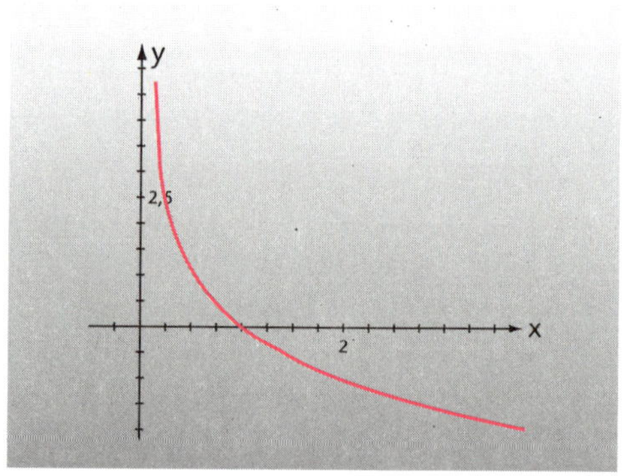

Bild 3.19 $y = \log_{0,5} x$

5. Winkelfunktionen. Die wichtigsten sind $y = \sin x$ und $y = \cos x$ mit $\mathbb{D}_{max} = \mathbb{R}$. Da ihre Entstehung sich von der der anderen hier erwähnten Funktionen unterscheidet, werden sie erst im Rahmen der Trigonometrie (siehe Seite 444) besprochen wie auch die folgenden Arcusfunktionen: $y = \arcsin\ x$ mit $D = \{x \mid -1\ \mathbb{D}\ x \le 1\}$,
$y = \arccos\ x$ mit $D = \{x \mid -1\ \mathbb{D}\ x \le 1\}$.

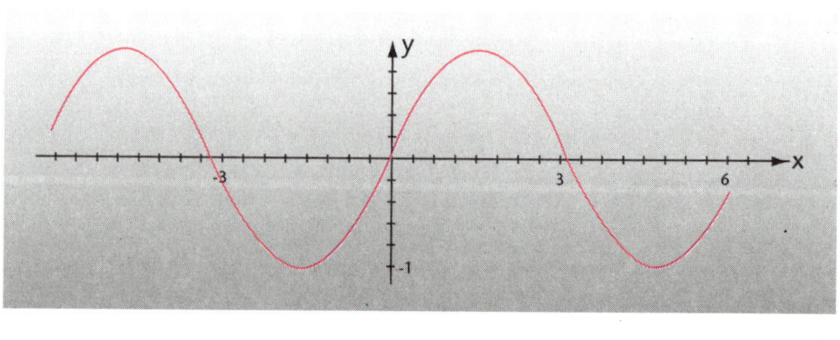

Bild 3.20 $y = \sin x$

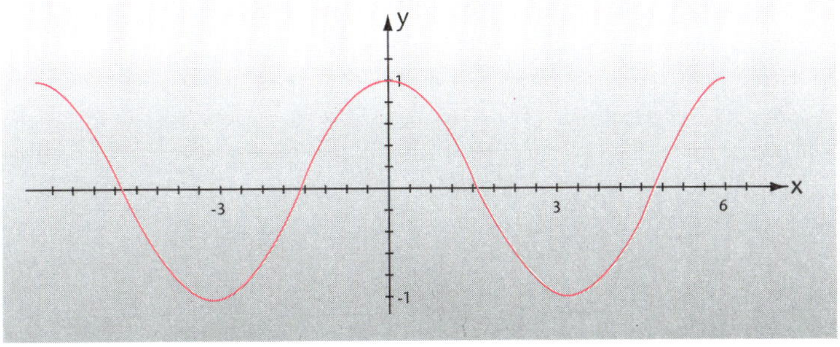

Bild 3.21
y = cos x

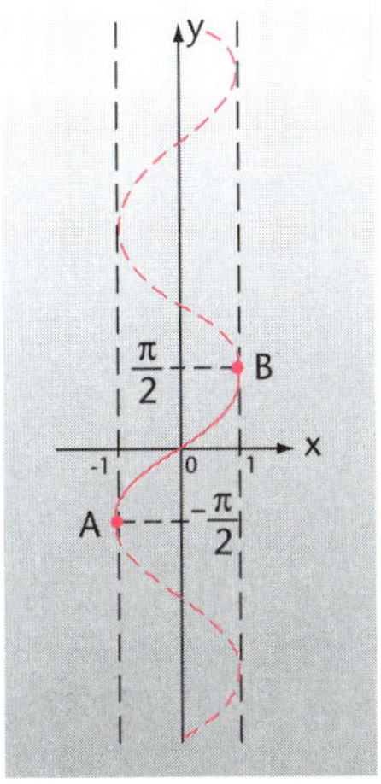

Bild 3.22
y = arcsin x
(die Hauptwerte sind durchgezogen gezeichnet!)

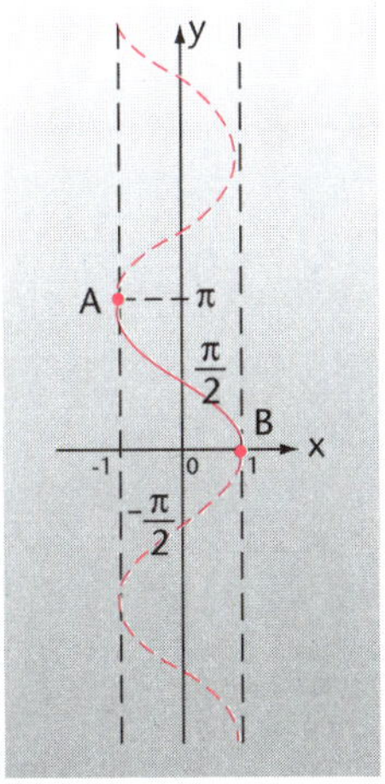

Bild 3.23
y = arccos x
(die Hauptwerte sind durchgezogen gezeichnet!)

3.2.2 Konstruktion weiterer Funktionen aus den Grundtypen

Mit Hilfe der schon für Zahlen erklärten Grundrechenarten läßt sich aus zwei (Grund-)Funktionen eine neue Funktion bilden. Sie ist damit „argumentweise“, das heißt von x-Wert zu x-Wert erklärt. Deshalb existiert sie natürlich nur dort, wo beide Ausgangsfunktionen definiert sind. Wir erhalten:

1. die Summe $(f + g)(x) = f(x) + g(x)$ für $x \in D_f \cap D_g$

Beispiel
Aus $g(x) = 2x$ und $f(x) = x^2$
wird $(f + g)(x) = x^2 + 2x$.

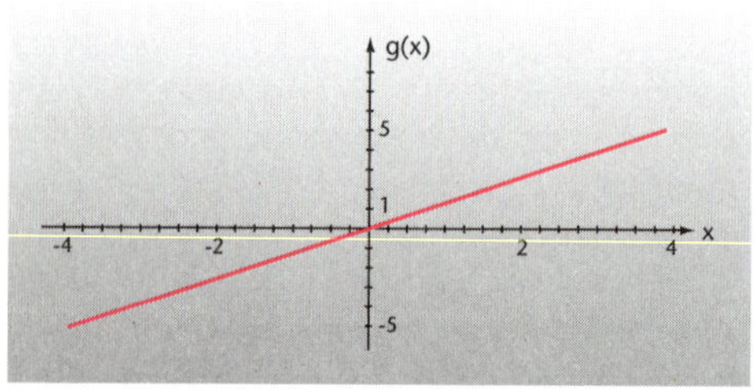

Bild 3.24 $g(x) = 2x$

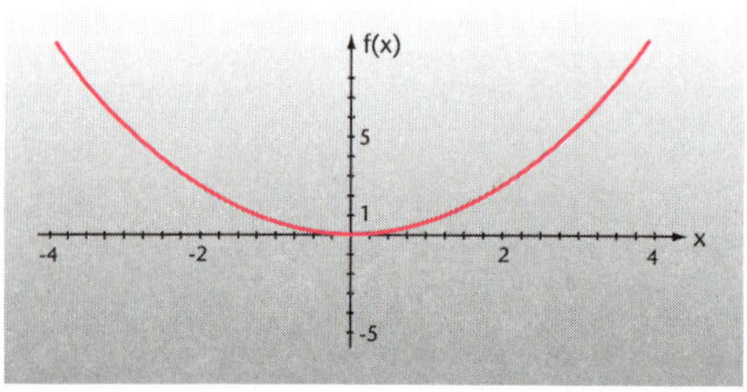

Bild 3.25 $f(x) = x^2$

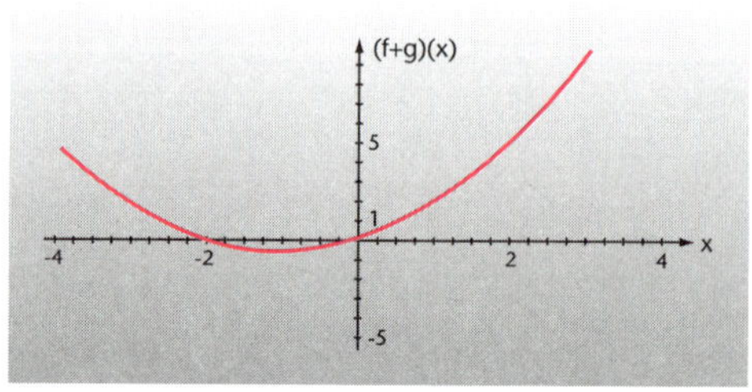

Bild 3.26 $(f + g)(x) = x^2 + 2x$

2. die Differenz $(f - g)(x) = f(x) - g(x)$ für $x \in D_f \cap D_g$

Beispiel
Aus $f(x) = \sqrt{x}$ und $g(x) = e^x$
wird $(f - g)(x) = \sqrt{x} - e^x$.

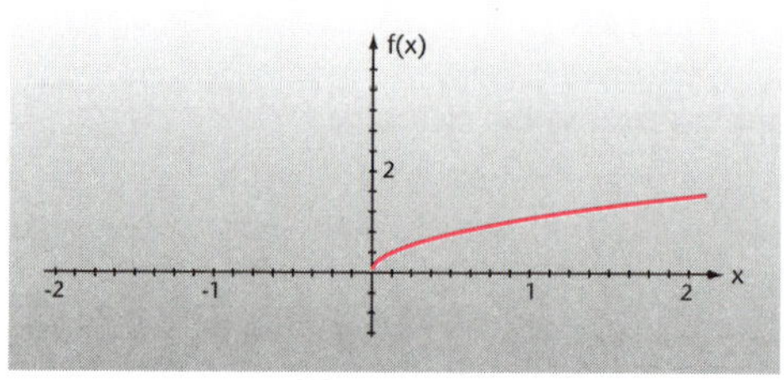

Bild 3.27 $f(x) = \sqrt{x}$

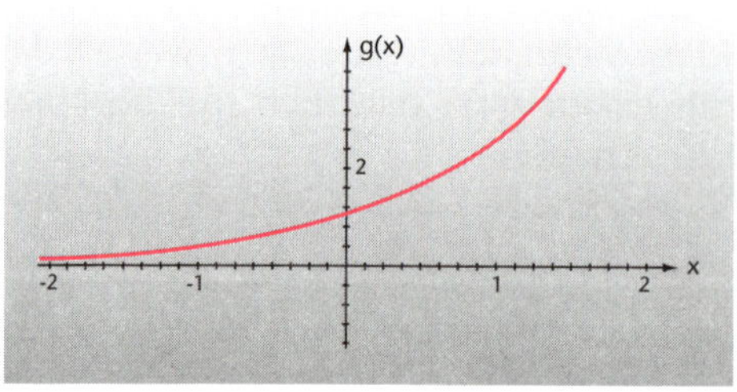

Bild 3.28 $g(x) = e^x$

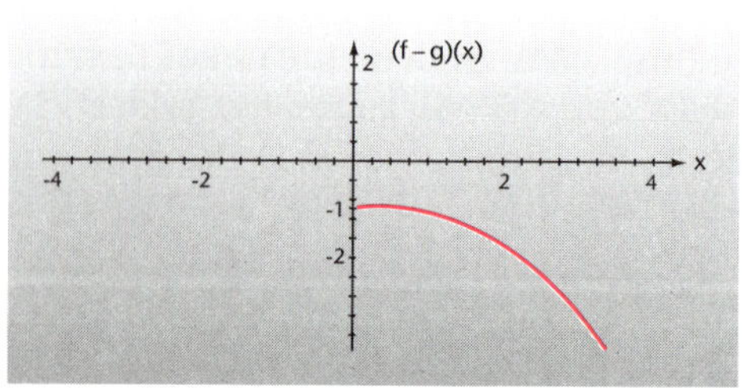

Bild 3.29 $(f - g)(x) = \sqrt{x} - e^x$

3. das Produkt $(f \cdot g)(x) = f(x) \cdot g(x)$ für $x \in D_f \cap D_g$

Beispiel
Aus $f(x) = e^{-x}$ und $g(x) = \cos^x$
wird $(f \cdot g)(x) = e^{-x}\cos x$.

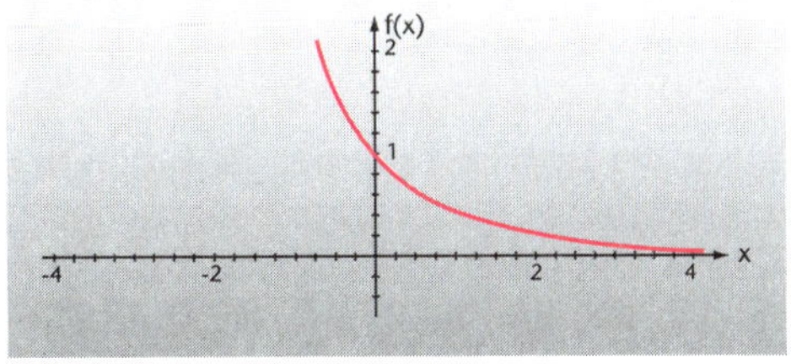

Bild 3.30 $f(x) = e^{-x}$

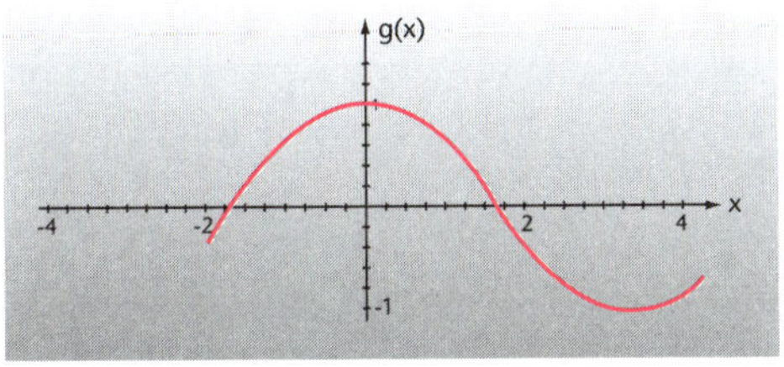

Bild 3.31 $g(x) = \cos x$

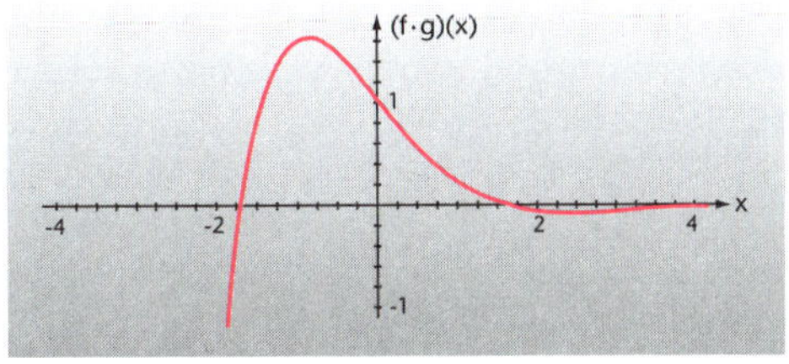

Bild 3.32 $(f \cdot g)(x) = e^{-x} \cdot \cos x$

4. den Quotienten $(f : g)(x) = f(x) : g(x)$ mit $x \in D_f \cap \{x \in D_g \mid g(x) \neq 0\}$.

Beispiel
Aus $f(x) = x^3$ und $g(x) = x^2$
wird $(f : g)(x) = x$; $D = \mathbb{R} \setminus \{0\}$.

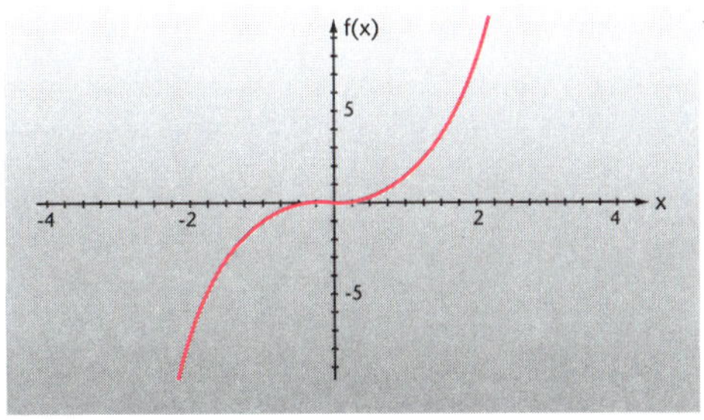

Bild 3.33 $f(x) = x^3$

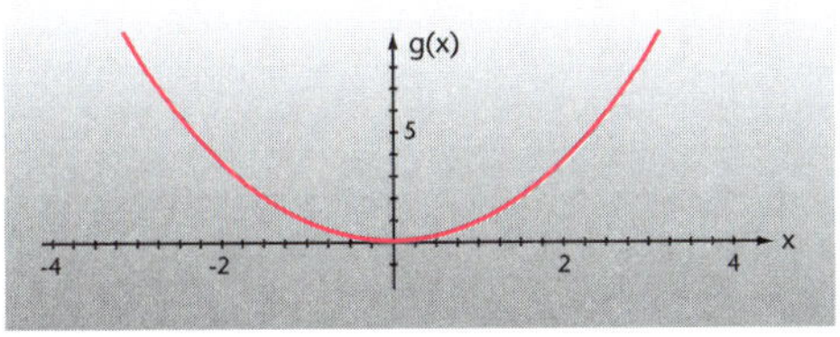

Bild 3.34 $g(x) = x^2$

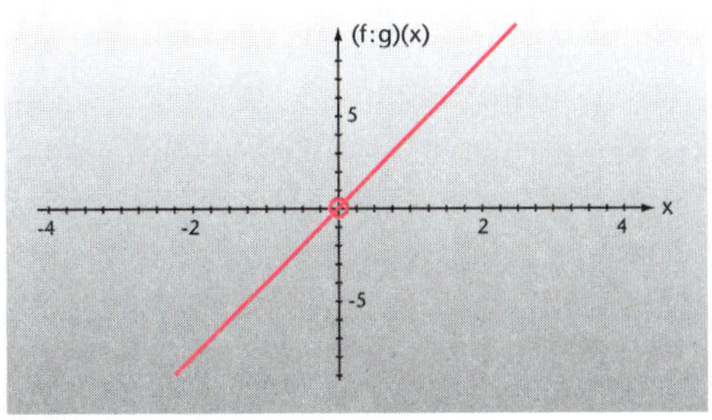

Bild 3.35 $\left(\frac{f}{g}\right)(x) = x$; $\mathbb{R} \setminus \{0\}$

D

Mehrfache Anwendung der Summen-, Differenz- und Produktbildung bei Potenzfunktionen führt auf die ganzrationalen Funktionen (siehe Seite 308). Den Quotienten zweier ganzrationaler Funktionen nennt man eine gebrochen rationale Funktion (siehe Seite 311).

Außer der Anwendung der Grundrechenarten auf Funktionen gibt es eine zusätzliche Möglichkeit zur Erzeugung neuer Funktionen aus den Grundtypen: Man setzt in das Argument einer Funktion statt einer Zahl einen Funktionsterm ein. Dies bezeichnet man als Hintereinanderausführung oder Verkettung von Funktionen. Man schreibt $h(x) = (f \circ g)(x) = f(g(x))$ mit $D_h = \{x \in D_g \mid g(x) \in D_f\}$.

Beispiele

1. $f(x) = x^2$; $g(x) = 2x + 1$
$\Rightarrow (f \circ g)(x) = (2x + 1)^2 = 4x^2 + 4x + 1$

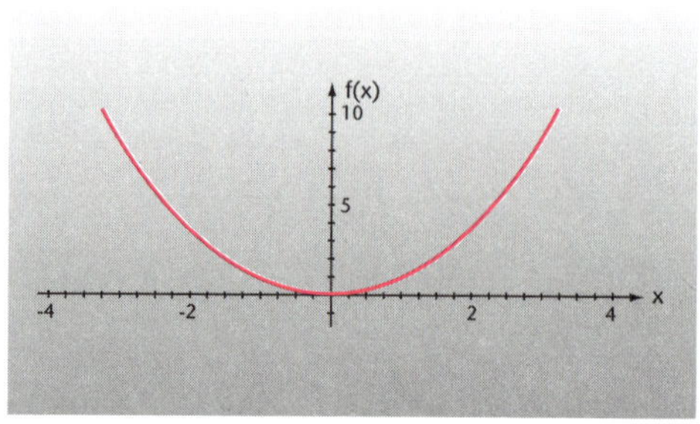

Bild 3.36 $f(x) = x^2$

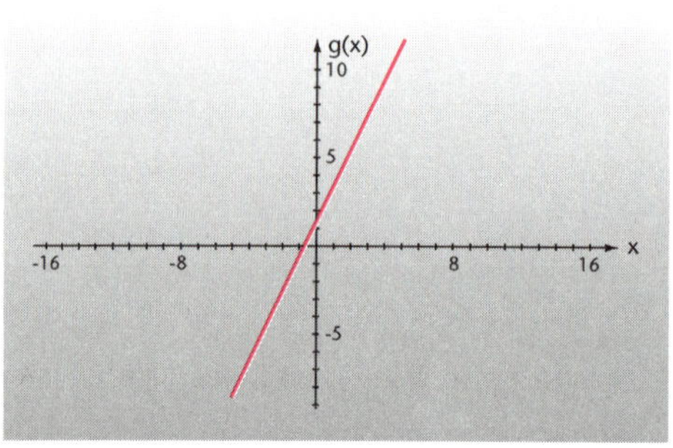

Bild 3.37 $g(x) = 2x + 1$

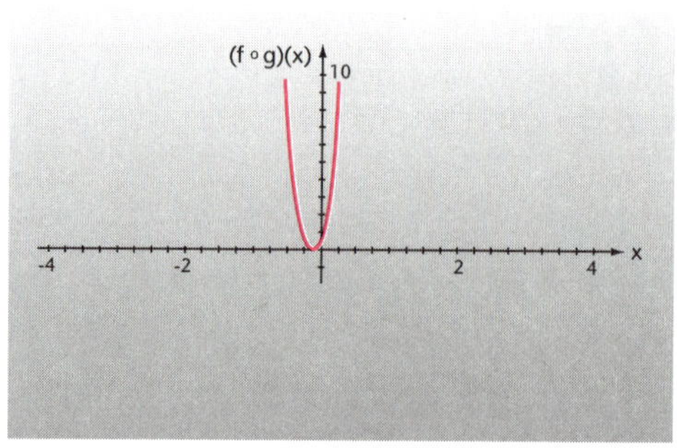

Bild 3.38 $(f \circ g)(x) = (2x + 1)^2$

2. $f(x) = x^2$; $g(x) = 2x + 1$
$\Rightarrow (g \circ f)(x) = 2x^2 + 1$

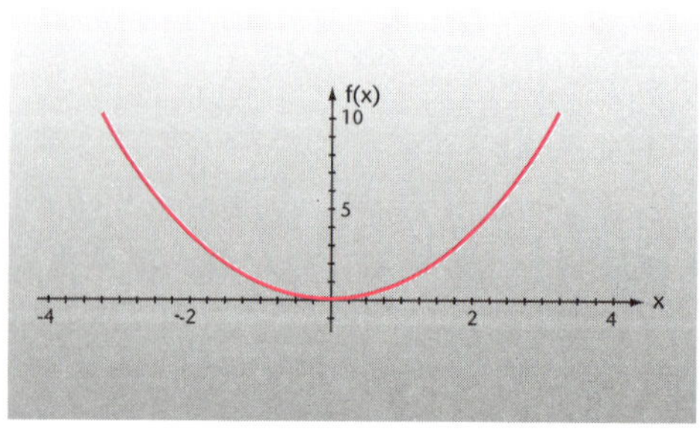

Bild 3.39 $f(x) = x^2$

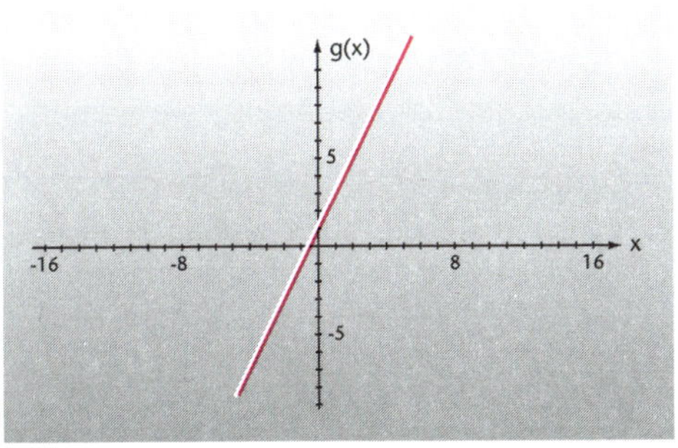

Bild 3.40 $g(x) = 2x + 1$

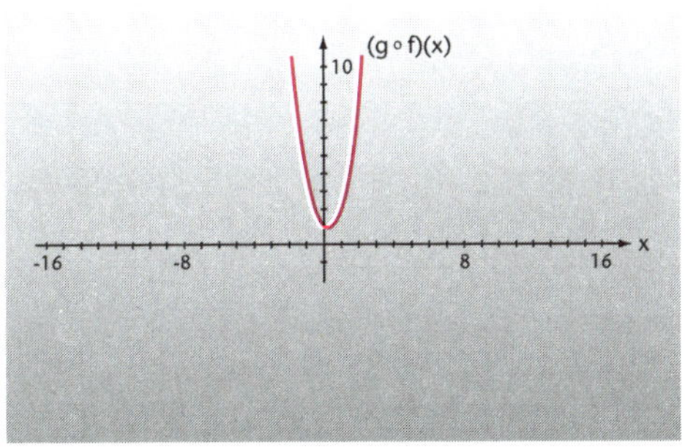

Bild 3.41 $(g \circ f)(x) = 2x^2 + 1$

3. $f(x) = \sqrt{x}$; $g(x) = x^2$
$\Rightarrow (f \circ g)(x) = \sqrt{x^2} = |x|$

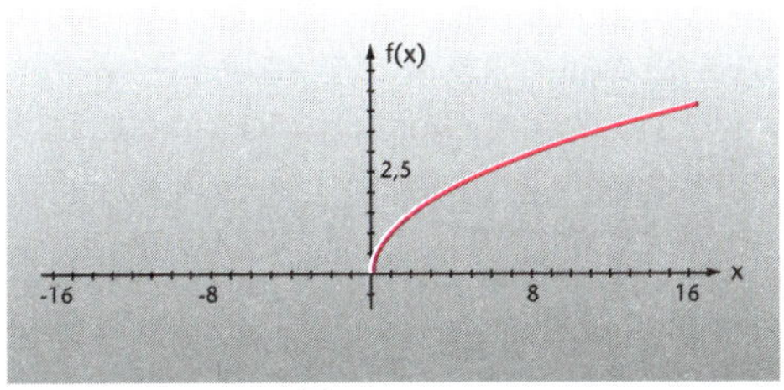

Bild 3.42 $f(x) = \sqrt{x}$

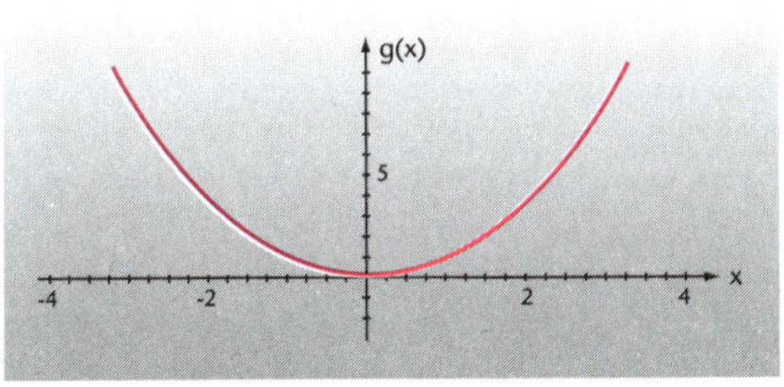

Bild 3.43 $g(x) = x^2$

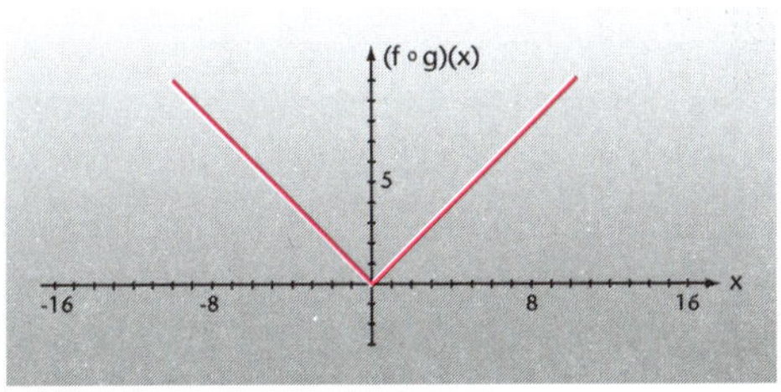

Bild 3.44 $(f \circ g)(x) = |x|$

4. $f(x) = \sin x$; $g(x) = 3x - 7$
$\Rightarrow (f \circ g)(x) = \sin(3x - 7)$

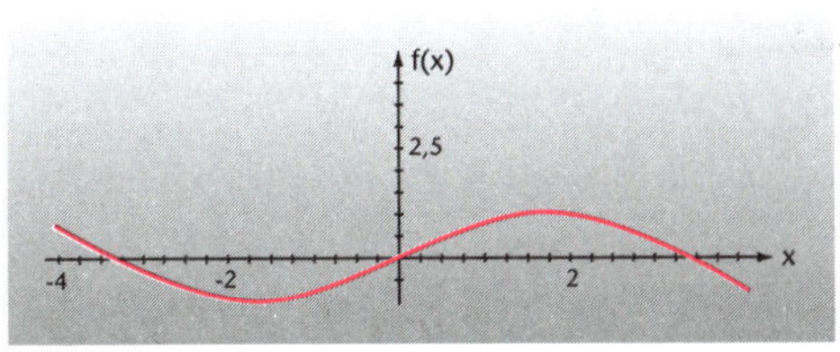

Bild 3.45 $f(x) = \sin x$

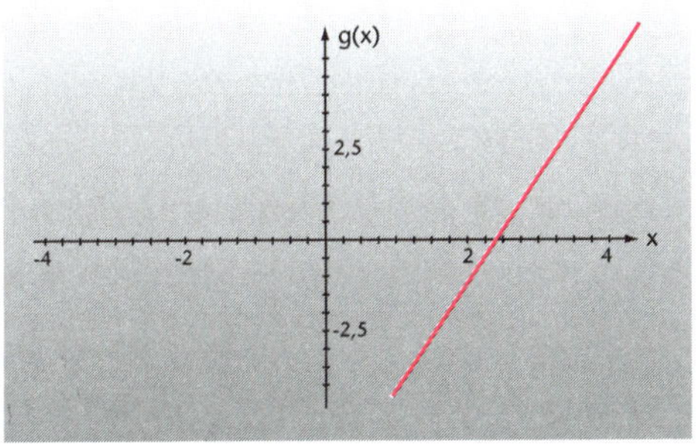

Bild 3.46 $g(x) = 3x - 7$

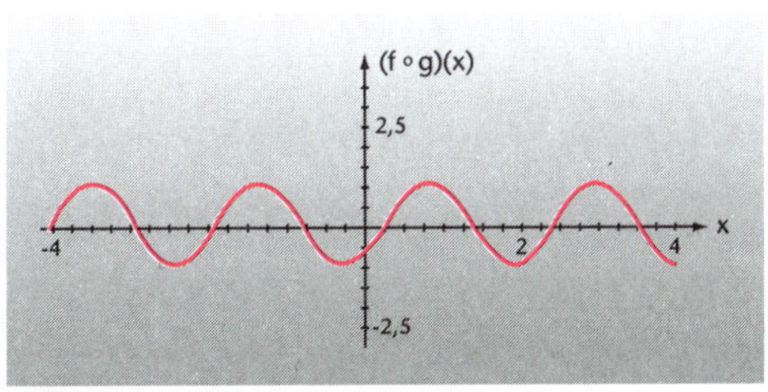

Bild 3.47 $(f \circ g)(x) = \sin(3x - 7)$

3.2.3 Symmetrien bei Funktionen

Die beiden grundlegenden Symmetrien sind Punktsymmetrie zum Ursprung sowie Achsensymmetrie zur y-Achse. Alle Symmetrien zu anderen Punkten bzw. Geraden lassen sich durch entsprechende Koordinatentransformationen auf diese beiden zurückführen.

BEISPIEL

Die Funktion $y = x^2 - 2x + 3$ ist weder symmetrisch zum Ursprung noch zur y-Achse. Die Funktionsgleichung läßt sich jedoch umformen zu $y = (x - 1)^2 + 2$. Deren Graph wird im $(x'|y')$-Koordinatensystem mit $x' = x - 1$ und $y' = y - 2$ symmetrisch zur y'-Achse, da die Gleichung dann lautet: $y' = x'^2$.

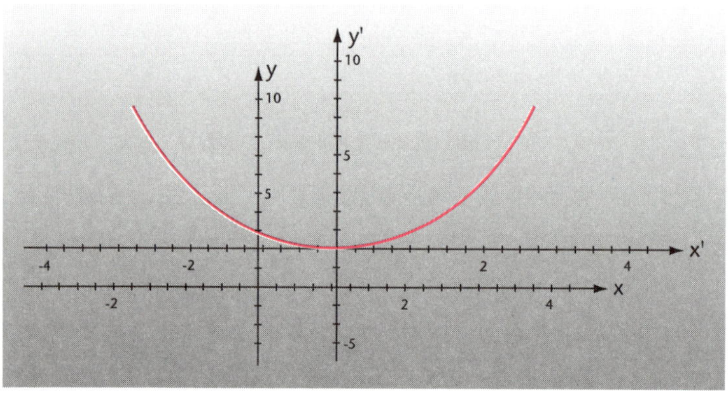

Bild 3.48
$y = x^2 - 2x + 3$; Koordinatentransformation:
$x' = x - 1$; $y' = y - 2$

Dem entspricht eine Verschiebung des Koordinatensystems um 1 nach rechts und 2 nach oben.

D

Eine Funktion, die symmetrisch zur y-Achse verläuft, heißt auch gerade Funktion. Für sie gilt $f(x) = f(-x)$.

Bei ganzrationalen und gebrochen rationalen Funktionen führt das zu dem einfachen Kriterium: Sie sind gerade, wenn alle Exponenten gerade sind. Null gilt dabei als gerade Zahl.

BEISPIEL

$y = 4x^4 - x^2 + 7$ ist gerade, da im Exponenten nur die geraden Zahlen 4, 2 und 0 vorkommen. Die Anwendung der Definition führt auf:
$f(-x) = 4 \cdot (-x)^4 - (-x)^2 + 7 = 4x^4 - x^2 + 7 = f(x)$.

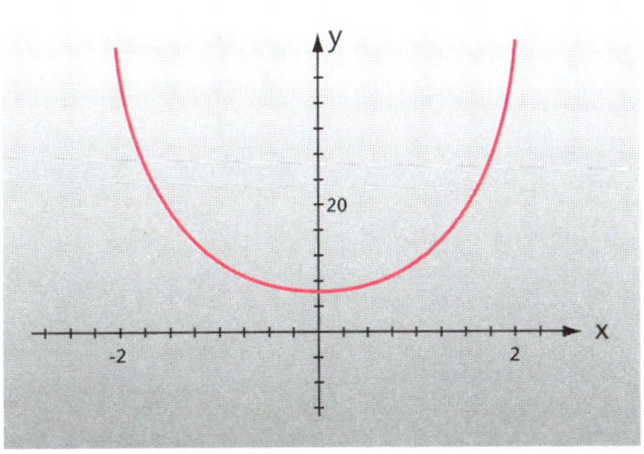

Bild 3.49 $y = 4x^4 - x^2 + 7$

D

Verläuft dagegen der Funktionsgraph punktsymmetrisch zum Koordinatenursprung, so heißt die Funktion ungerade. Dann gilt $f(x) = -f(-x)$.

Für ganzrationale Funktionen ergibt sich daraus: Sie sind ungerade, wenn nur ungerade Exponenten vorkommen.

BEISPIEL

$y = 2x^5 + x^3 - 3x$ ist ungerade, da im Exponenten nur die ungeraden Zahlen 5, 3 und 1 vorkommen. Die Anwendung der Definition führt auf:

$f(-x) = 2 \cdot (-x)^5 + (-x)^3 - 3 \cdot (-x)$
$= -2x^5 - x^3 + 3x = (2x^5 + x^3 - 3x) = -f(x).$

Für gebrochen rationale Funktionen gilt ferner: Sie sind gerade, wenn sowohl das Zählerpolynom als auch das Nennerpolynom ungerade sind, und sie sind ungerade, wenn eines der beiden gerade und das andere ungerade ist.

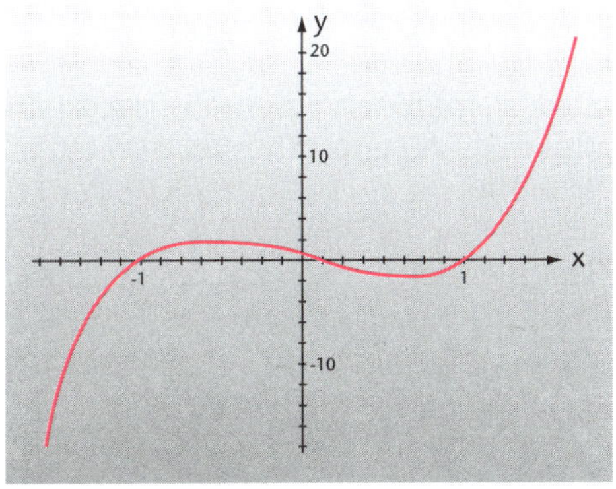

Bild 3.50 $y = 2x^5 + x^3 - 3x$

BEISPIEL

$y = \dfrac{2x^2 + 7}{x^3 - x}$ ist ungerade. Es gilt nämlich:

$$f(-x) = \frac{2 \cdot (-x)^2 + 7}{(-x)^3 - (-x)} = \frac{2x^2 + 7}{-x^3 + x}$$
$$= (-1) \cdot \frac{2x^2 + 7}{x^3 - x} = -f(x).$$

Alle übrigen gebrochen rationalen Funktionen sind weder gerade noch ungerade.

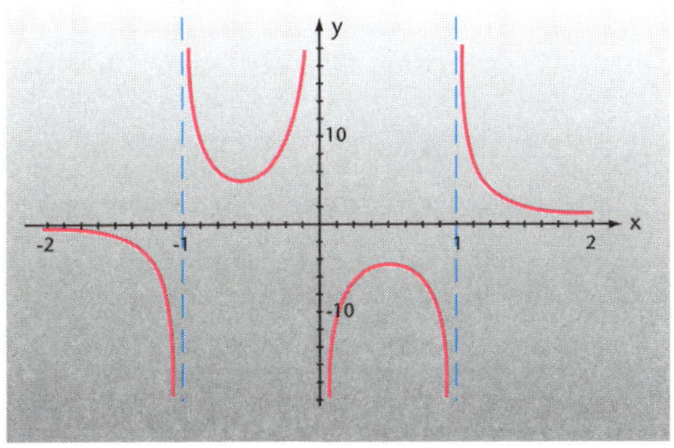

Bild 3.51 $y = \dfrac{2x^2 + 7}{x^3 - x}$

3.2.4 Monotonie und Beschränktheit

D

Eine Funktion f heißt monoton steigend auf einem Intervall J, wenn für alle $x_1, x_2 \in J$ gilt:
$x_1 < x_2 \Rightarrow f(x_1) \leq f(x_2)$.
Gilt sogar $f(x_1) < f(x_2)$, so heißt f streng monoton steigend.
Dagegen heißt f monoton fallend auf J, wenn für alle $x_1, x_2 \in J$ gilt:
$x_1 < x_2 \Rightarrow f(x_1) \geq f(x_2)$.
Gilt sogar $f(x_1) > f(x_2)$, so heißt f streng monoton fallend.

Das Bild 3.52 zeigt eine Funktion, die auf J_1 und J_3 streng monoton fällt und auf J_2 und J_4 streng monoton steigt.

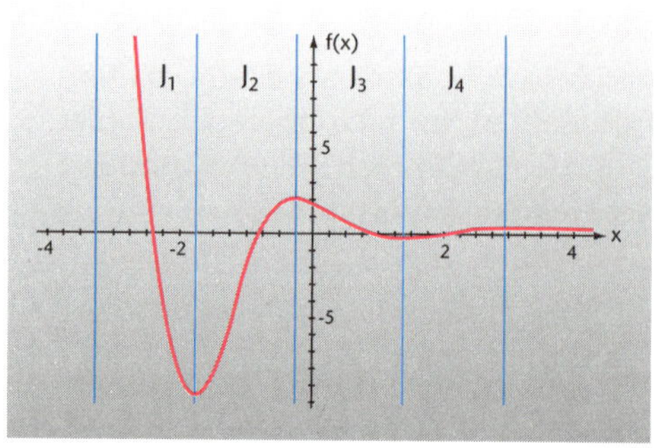

Bild 3.52 $y = 1{,}5 \cdot e^{-x} \cdot \cos(2x)$

Die Monotonie kann nur an Hoch- oder Tiefpunkten wechseln, wenn die Funktion f auf einem Intervall durchgängig definiert ist. Das sind solche Punkte, für die der Funktionswert größer (bei Hochpunkten) bzw. kleiner (bei Tiefpunkten) ist als alle Funktionswerte in seiner Umgebung. Für die Koordinaten $(x_0 \mid f(x_0) = y_0)$ dieser Punkte gilt:

Eine Funktion f hat an der Stelle $x_0 \in D$ ein Maximum, wenn es ein $\delta > 0$ gibt, so daß für alle $x \in U_\delta =]x_0 - \delta; x_0 + \delta[$ gilt: $f(x) \leq f(x_0)$. Der Punkt $(x_0 \mid y_0)$ heißt dann Hochpunkt des Funktionsgraphen.

Die Funktion f hat an der Stelle $x_0 \in \mathbb{D}$ ein Maximum, wenn es ein $\delta > 0$ gibt, so daß für alle $x \in U_\delta =]x_0 - \delta; x_0 + \delta[$ gilt: $f(x) \leq f(x_0)$. Der Punkt $(x_0 \mid y_0)$ heißt dann Tiefpunkt des Graphen.

Die Funktion von Bild 3.52 besitzt also im betrachteten Ausschnitt zwei Minima und zwei Maxima, ihr Graph zwei Tiefpunkte und zwei Hochpunkte. Ihre Berechnung ist teilweise sehr kompliziert. Erst im Rahmen der Differentialrechnung (siehe Seite 509) werden wir einfacher handhabbare Kriterien finden.

D

Eine Funktion f heißt beschränkt, wenn es eine Zahl K gibt, so daß $|f(x)| \leq K$ für alle $x \in D_f$.

Dies trifft vor allem auf die Winkelfunktionen zu, denn es gilt:
$|\sin(x)| \leq 1$; $|\cos(x)| \leq 1$.

Aber auch bei anderen Funktionen kann diese Eigenschaft vorhanden sein, vor allem bei einer Einschränkung des Definitionsbereichs.

BEISPIELE

1. $|e^{-x^2}| \leq 1$ für $x \in \mathbb{R}$

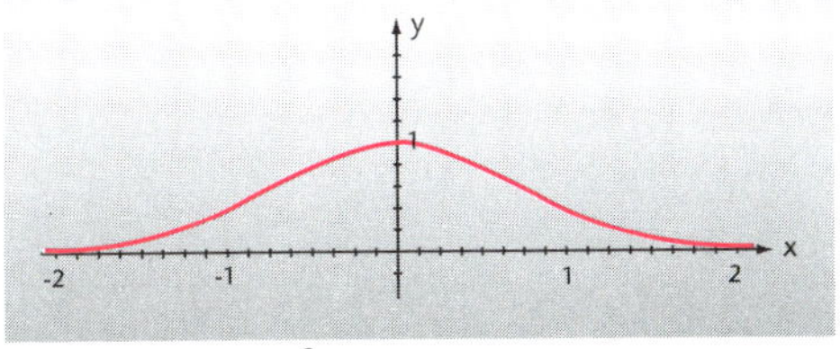

Bild 3.53 $y = e^{-x^2}$

2. $|e^{-x} \cdot \cos(x)| \leq 2$ für $x \geq -1{,}5$

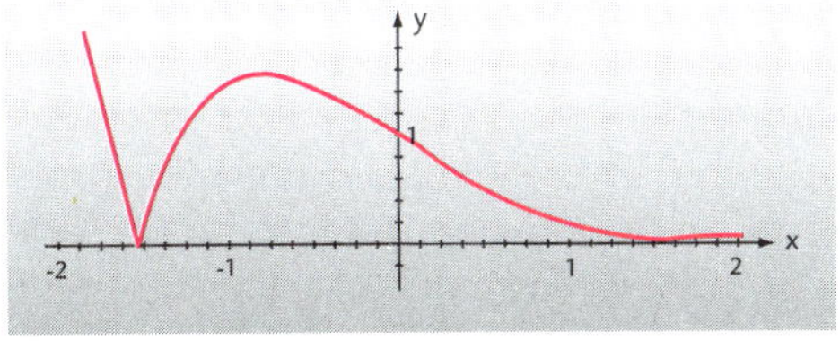

Bild 3.54 $y = |e^{-x} \cdot \cos x|$

3.2.5 Asymptotisches Verhalten

Leider sind viele Vorgänge sehr kompliziert und deshalb auch nur durch entsprechend komplizierte Funktionen korrekt darzustellen. Vielfach reicht es aber, einen Vorgang näherungsweise darzustellen. Dies ist dann auch mit Hilfe einer sehr viel einfacheren Funktion möglich.

Kommen sich in einem bestimmten Intervall die Graphen zweier Funktionen beliebig nahe, so spricht man von einer asymptotischen Annäherung (meist: der komplizierten Funktion an die einfachere). Besonders interessant sind das Verhalten für (betragsmäßig) große x („im Unendlichen“) sowie das Verhalten in der Nähe von Nennernullstellen bei gebrochen rationalen Funktionen. Einen ersten Hinweis kann man detaillierten Wertetabellen entnehmen. Leider erfordert die konkrete Berechnung in der Regel Methoden der Analysis.

BEISPIELE

1. Der Graph von $y = x^{-1}$ nähert sich für sehr große und stark negative x asymptotisch der x-Achse (und für dicht bei Null liegende x der y-Achse).

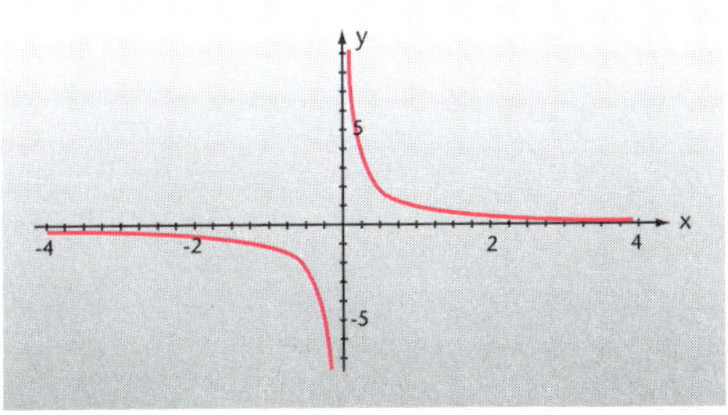

Bild 3.55 $y = \frac{1}{x} = x^{-1}$

2. Der Graph von $y = \frac{x^3 - 1}{x}$ schmiegt sich für sehr große $|x|$ an den Graphen der Funktion $y = x^2$ an.

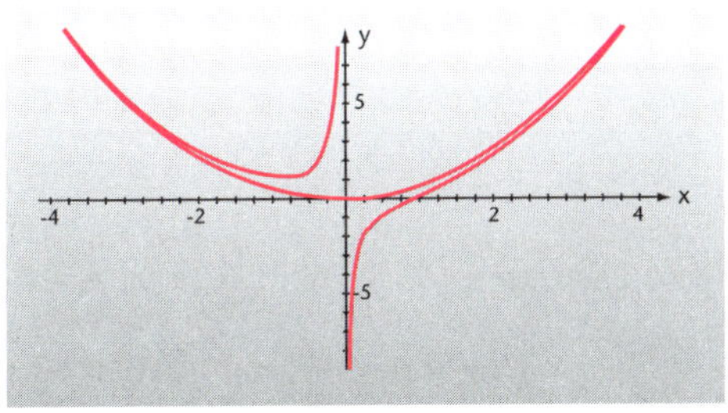

Bild 3.56 $y = \frac{x^3 - 1}{x}$
nähert sich symptotisch $y = x^2$

3.2.6 Nullstellenbestimmung, Polynomdivision

Um den Verlauf des Funktionsgraphen skizzieren zu können, benötigt man nicht einfach irgendwelche, sondern besonders charakteristische Punkte. Dazu gehören neben den Extremalpunkten die Schnittpunkte mit den Achsen. Nun ist der Schnittpunkt mit der y-Achse durch Einsetzen von $x = 0$ leicht zu bestimmen. Dagegen benötigt man zur Bestimmung der Schnittpunkte mit der x-Achse, der sogenannten ***Nullstellen***, oft spezielle Verfahren, da beim Einsetzen von $y = 0$ der gesamte - in der Regel komplizierte - Term in x erhalten bleibt.

Problemlos lassen sich die Nullstellen nur bei sogenannten ***linearen Funktionen*** bestimmen (die übrigens korrekter ***affine Funktionen*** genannt würden). Sie gehorchen einer Gleichung der Form $y = mx + b$. Somit ergibt sich die einzige Nullstelle aus $0 = mx + b \Leftrightarrow x = -\frac{b}{m}$, falls $m \neq 0$.

Bei ***quadratischen Funktionen*** hilft die (erweiterte) p-q-Formel weiter:
$0 = ax^2 + bx + c \Rightarrow x_{1/2} = \frac{-b \pm \sqrt{b^2 - 4ac}}{2a}$ (siehe auch Seite 170).

BEISPIEL

Die Funktion mit der Gleichung $y = 3x^2 - 4x + 1$ hat die Nullstellen
$x_{1/2} = \frac{4 \pm \sqrt{16 - 12}}{6}$, also $x_1 = 1$ und $x_2 = \frac{1}{3}$.

Diese Formel läßt sich analog auch bei all den Funktionen anwenden, in denen nur zwei Potenzen von x auftreten, deren Exponenten noch dazu im Verhältnis 2 : 1 stehen:

$y = ax^{2n} + bx^n + c$. Hier führt die Substitution $x^n = z$ zu einer mit Hilfe der p-q-Formel lösbaren Situation.

BEISPIEL

$y = x^4 - 3x^2 - 4$. Die Substitution $x^2 = z$ führt auf $y = z^2 - 3z - 4$. Diese Gleichung hat die Nullstellen $z_1 = 4$ und $z_2 = -1$. Aus z_1 erhält man $x_1 = 2$ und $x_2 = -2$. z_2 dagegen liefert keine Lösungen, da $\sqrt{-1}$ in $\mathbb{R}$ nicht existiert.

Für alle übrigen ganzrationalen Funktionen höheren Grades als 2 (das heißt, der höchste Exponent ist größer als 2) hilft das Verfahren der ***Polynomdivision*** weiter, sofern die Nullstellen ganze Zahlen oder Brüche sind. Ihre Grundlagen sind:

S

1. ***Zerlegungssatz:*** Jedes Polynom f vom Grad $n \geq 1$ besitzt für $x_0 \in \mathbb{R}$ eine Zerlegung der Form $f(x) = f(x_0) + (x - x_0) \cdot g(x)$. Dabei ist g ein Polynom vom Grad $n - 1$.

Aus diesem Zerlegungssatz folgt:

2. Die ganzrationale Funktion f mit der Gleichung $y = a_n x^n + a_{n-1} x^{n-1} + \ldots + a_1 x + a_0$ $(n \geq 1)$ hat in $a \in \mathbb{R}$ genau dann eine Nullstelle, wenn es ein Polynom g vom Grad $n - 1$ gibt, so daß $f(x) = (x - a) \cdot g(x)$ für alle $x \in D$. Daraus ergibt sich für $x \neq a$ das Verfahren $f(x) : (x - a) = g(x)$.

Durch wiederholte Anwendung von *2.* ergibt sich:

3. Die ganzrationale Funktion f vom Grad $n \geq 1$ hat genau dann die Nullstellen $x_1 \ldots x_k$ mit $k \leq n$, wenn es ein Polynom g vom Grad $n - k$ gibt, so daß $f(x) = (x - x_1)(x - x_2) \ldots (x - x_k) \cdot g(x)$ gilt. Tritt dabei ein Faktor, z. B. $(x - x_m)$, mehrfach auf, so heißt x_m doppelte, dreifache ... Nullstelle.
4. Eine ganzrationale Funktion vom Grad n hat höchstens n Nullstellen. Denn beim Ausmultiplizieren von $n + 1$ Linearfaktoren ergäbe sich als höchster Exponent n im Widerspruch zur Voraussetzung Grad (f) = n.
   Wie aber sehen die Zahlen $x_0, x_1 \ldots x_n$ aus? Hierüber gibt das Teilbarkeitskriterium Auskunft.
5. ***Teilbarkeitskriterium:*** Gegeben sei eine ganzrationale Funktion f.
   Ist $z \in \mathbb{Z}$ Nullstelle von f, so teilt $|z|$ die Zahl a_0.
   Ist $p/q \in \mathbb{Q}$ Nullstelle von f mit teilerfremden p und $q \in \mathbb{Z}$, so teilt $|p|$ die Zahl a_0, und $|q|$ teilt a_n.

BEISPIEL

Gegeben sei die Funktion f mit $f(x) = 4x^4 + 4x^3 - 6x^2 - 6x$. Durch Ausklammern erhalten wir $f(x) = x \cdot (4x^3 + 4x^2 - 6x - 6)$, das heißt, $x_1 = 0$ ist die erste Nullstelle. Aufgrund des Teilbarkeitskriteriums kommen als weitere Nullstellen in Frage:

$$1; -1; 2; -2; 3; -3; 6; -6; \frac{1}{4}; -\frac{1}{4}; \frac{1}{2}; -\frac{1}{2}; \frac{3}{4}; -\frac{3}{4}; \frac{3}{2}; -\frac{3}{2}$$

Durch Probieren ergibt sich $x_2 = -1$ als weitere Nullstelle. Daraus folgt der Ansatz:

$$\begin{array}{l} (4x^3 + 4x^2 - 6x - 6) : (x + 1) = 4x^2 - 6 \\ \underline{-(4x^3 + 4x^2)} \\ \qquad\qquad - 6x - 6 \\ \qquad\quad \underline{-(- 6x - 6)} \\ \qquad\qquad\qquad 0 \end{array}$$

Schließlich ergeben sich $x_3 = +\sqrt{1{,}5}$ und $x_4 = -\sqrt{1{,}5}$.

Bedauerlicherweise finden sich für nichtrationale Nullstellen keine derartigen Verfahren mehr. Hier muß auf computergestützte Näherungsverfahren verwiesen werden (siehe Seite 663).

Analog verläuft die Berechnung der Nullstellen von gebrochen rationalen Funktionen, da sie nur dort Nullstellen besitzen können, wo das Zählerpolynom Null wird.

R

Die Polynomdivision läßt sich nicht nur mit Linearfaktoren, sondern auch mit Polynomen höheren Grades durchführen. Dies spielt bei der Behandlung rationaler Funktionen eine Rolle (siehe Seite 310 f.).

3.2.7 Schnittstellen- und Schnittwinkelbestimmung

Die Schnittstellenbestimmung von zwei Funktionen f und g ist auf die Nullstellenbestimmung zurückführbar. Es gilt nämlich $f(x) = g(x)$ genau dann, wenn $f(x) - g(x) = 0$ ist.

Für die Bestimmung von Schnittwinkeln müssen wir uns zunächst auf lineare Funktionen (siehe Seite 267) beschränken, deren Graph eine Gerade ist.

Zwei nicht parallele Geraden in der Ebene schneiden sich in genau einem Punkt. Schneiden sich die beiden Geraden nicht rechtwinklig, so bezeichnet man den ***kleineren*** der dabei entstandenen Winkel als den Schnittwinkel φ.

Damit gilt $0 \leq \varphi \leq 90^\circ$ (Bild 3.57). Aus den Neigungswinkeln α_1 und α_2 ergibt sich: $\varphi = |\alpha_2 - \alpha_1|$ oder $\varphi = 180^\circ - |\alpha_2 - \alpha_1|$. Mit Hilfe der Additionstheoreme für trigonometrische Funktionen (siehe Seite 463) gilt dann:

R

$$\tan \varphi = |\tan |\alpha_2 - \alpha_1|| = |\tan(\alpha_2 - \alpha_1)| = \left|\frac{\tan \alpha_2 - \tan \alpha_1}{1 + \tan \alpha_2 \cdot \tan \alpha_1}\right| = \left|\frac{m_2 - m_1}{1 + m_1 \cdot m_2}\right|$$

da bei Geraden der Tangens (siehe Seite 446) des Neigungswinkels genau der Steigung der Geraden (siehe Seite 267) entspricht, das heißt $\tan \alpha_1 = m_1$ und $\tan \alpha_2 = m_2$.

Diese Formel gilt für alle Werte von m_1 und m_2 mit Ausnahme vom $m_1 \cdot m_2 = -1$. In diesem Fall aber stehen die Geraden senkrecht aufeinander.

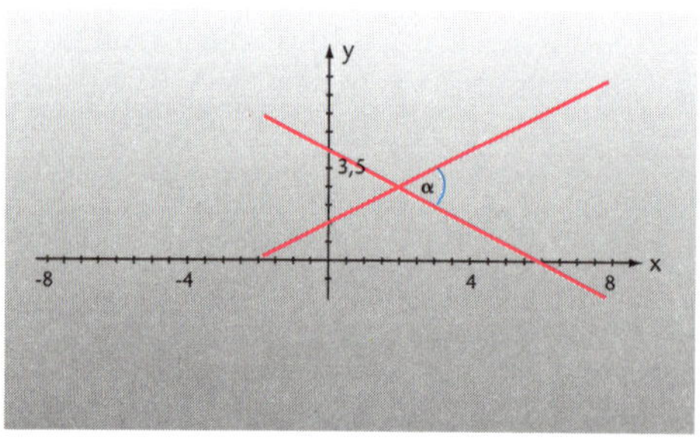

Bild 3.57 $y = 0{,}5x + 1$ schneidet $y = -0{,}5x + 3$ unter $\alpha = 53{,}13^\circ$

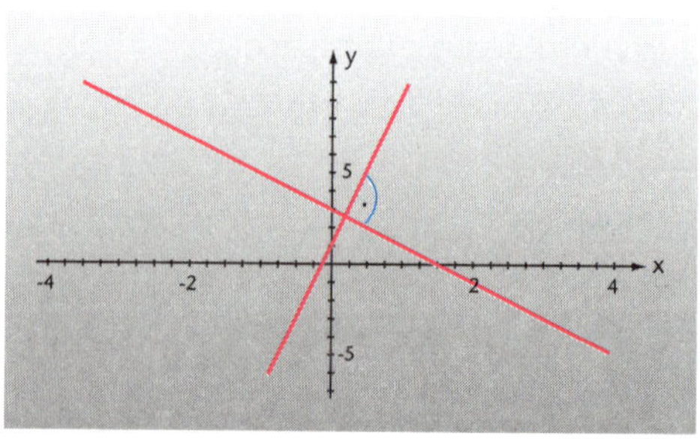

Bild 3.58 $y = -0{,}5x + 3$ schneidet $y = 2x + 1$ unter $\alpha = 90^\circ$

Bei nichtlinearen Funktionen gibt es zwar auch Schnittpunkte; jedoch lassen sich an diesen nicht mehr ohne weiteres die Schenkel des Schnittwinkels definieren. Die

Differentialrechnung (siehe Seite 534 f.) zeigt allerdings, daß in diesen Fällen die Steigung (das heißt der Tangens des Steigungswinkels) mit Hilfe der sogenannten 1. Ableitung f′ festlegbar ist.

3.2.8 Umkehrbarkeit

Eine Relation umzukehren heißt, von den y-Werten zu den x-Werten zurückzukehren. Dies ist zwar immer, jedoch nicht immer eindeutig möglich.

BEISPIEL

Für die Funktion $f(x) = y = 0{,}5x^2 - 1$ ist etwa $f(2) = 1 = f(-2)$. Für $y = 1$ läßt sich demnach kein eindeutiges x zuweisen.

Genauer: Zu jedem $y > -1$ gehören zwei x-Werte, die Gegenzahlen sind, da die Funktion f y-Achsen-symmetrisch ist. Soll die Umkehrung von f also ebenfalls eine Funktion sein, muß man die x-Werte entsprechend einschränken, etwa auf den Bereich $\mathbb{R}_0^+$. Dann erhält man $f^{-1}(y) = \sqrt{2(x+1)}$.

Da Funktionsgleichungen in der Regel als $y = f(x)$ geschrieben werden, erfolgt für die Umkehrfunktionen anschließend eine Umbenennung. Im Beispiel erhalten wir: $f^{-1}(x) = \sqrt{2(x+1)}$.

Dann erhält man den Graphen der Umkehrfunktion (bei gleicher Einteilung beider Achsen) durch Spiegelung des Graphen von f an der Winkelhalbierenden, das heißt der Geraden $y = x$.

S

Eine Funktion f hat genau dann eine Umkehrfunktion f^{-1}, wenn für alle $x_1, x_2 \in \mathbb{D}$ gilt: $x_1 \neq x_2 \Rightarrow f(x_1) \neq f(x_2)$ oder $f(x_1) = f(x_2) \Rightarrow x_1 = x_2$.

ÜBUNGEN

6. Welches sind gerade, welches ungerade Funktionen?
   a) $f(x) = 2x$
   b) $f(x) = 3x^2 - 5$
   c) $f(x) = x^3 - x$
   d) $f(x) = 2x^3 - 3x^2 + 1$

7. Welche Funktionen sind ursprungssymmetrisch, welche sind y-Achsen-symmetrisch?
   a) $y = |x|$
   b) $y = \text{sgn}(x)$
   c) $y = \sin x$
   d) $y = \cos x$
   e) $y = e^x$
   f) $y = e^{x^2}$

8. Zeigen Sie, daß $f(x) = x^3$ auf ganz $D = \mathbb{R}$ streng monoton steigend ist.

9. Wie ist das Steigungsverhalten von $f(x) = x^{-2}$?
Hinweis: Unterscheiden Sie die Fälle $x > 0$ und $x < 0$.

10. Zeigen Sie, daß $f(x) = -2x^2$ bei $x_0 = 0$ ein Maximum hat.

11. Gegeben seien die Funktionen $f(x) = x^2$, $g(x) = 2x + 1$, $h(x) = \sin x$, $k(x) = e^x$.
Bestimmen Sie die Verkettungen:
a) $f \circ g$
b) $g \circ f$
c) $h \circ f$
d) $f \circ h$
e) $k \circ f$
f) $k \circ h$

12. Bestimmen Sie graphisch die Umkehrrelation zu:
a) $f(x) = 3x - 1$
b) $f(x) = x^3 + 1$
c) $f(x) = \sin x$
d) $f(x) = e^x$
Wann handelt es sich um eine Funktion?

13. Bestimmen Sie die Nullstellen von:
a) $y = x^4 - 13x^2 + 12x$
b) $y = x^3 - 3x^2 + 4$
c) $y = x^5 - x^4 - 6x^3 + 6x^2 + 9x - 9$

14. Bestimmen Sie den Schnittwinkel der Funktionen:
a) $y = 3x - 1$ und $y = -x + 7$
b) $y = 0{,}5x$ und $y = -0{,}5x$
c) $y = 0{,}25x + 3$ und $y = 4x - 7$

15. Fertigen Sie eine geeignete Wertetabelle an, und bestimmen Sie graphisch das asymptotische Verhalten von:

a) $y = \frac{1}{x^2}$

b) $y = \frac{\sin x}{x}$

c) $y = \frac{3x^2 - x + 3}{x^2 + 2}$

3.3 Proportionale und antiproportionale Funktionen

3.3.1 Begriffsbestimmungen

EINFÜHRUNGSBEISPIEL

Reinhold Messner ist seinem Vorsatz untreu geworden und doch wieder zu einer Expedition in den Himalaya aufgebrochen, um endlich den Yeti zu finden. Allerdings hat er vor, etliche Begleiter zumindest mit ins Basislager zu nehmen. Seine derzeitigen Vorräte sind so groß, daß insgesamt vier Personen zwei Wochen lang davon leben können.

Wie muß er die Vorratsmenge verändern, wenn sie für insgesamt 8, 12, 16, 20 Personen reichen soll? Wieviel darf er zu Hause lassen, wenn er – entgegen seiner ursprünglichen Absicht – nur einen Begleiter mitnimmt oder gar alleine geht?

Vor Ort stellt er jedoch fest, daß keine weiteren Vorräte zu bekommen sind. Welche Auswirkungen hat dies, wenn eine Expedition für die obigen Personenzahlen (8, 12, 16, 20, 2, 1) geplant wird?

Geht man davon aus, daß alle Teilnehmer durchschnittlich gleich viel essen und trinken, so ist klar, daß er für die doppelte Anzahl von Personen doppelt so viele Vorräte, für die dreifache Anzahl dreimal so viel braucht usw. Wir erhalten folgende Tabelle, wenn wir die ursprüngliche Vorratsmenge mit „1“ charakterisieren:

Teilnehmerzahl	4	8	12	16	20	2	1
Vorratsmenge	1	2	3	4	5	0,5	0,25

Steht dagegen nur eine begrenzte (immer dieselbe) Vorratsmenge zur Verfügung, so muß mit steigender Anzahl der Teilnehmer die Dauer der Expedition reduziert werden. Man erhält:

Teilnehmerzahl	4	8	12	16	20	2	1
Dauer in Tagen	14	7	ca. 4,7	3,5	2,8	28	56

Wir sehen: Im ersten Fall liegen alle mit den Zahlenpaaren (Teilnehmerzahl/ Vorratsmenge) gebildeten Punkte auf einer Geraden. Diese geht durch den Nullpunkt, da man ohne Teilnehmer auch keine Vorräte benötigt.

Im zweiten Fall dagegen erhalten wir eine gekrümmte Linie, eine sogenannte Hyperbel.

Ganz offensichtlich handelt es sich um zwei verschiedene Typen von Funktionen. Wir definieren:

D

Eine Funktion heißt *proportional*, wenn bei einer Verdoppelung (Verdreifachung, Vervierfachung ...) der Ausgangsgröße die zugeordnete Größe ebenfalls verdoppelt (verdreifacht, vervierfacht ...) wird.

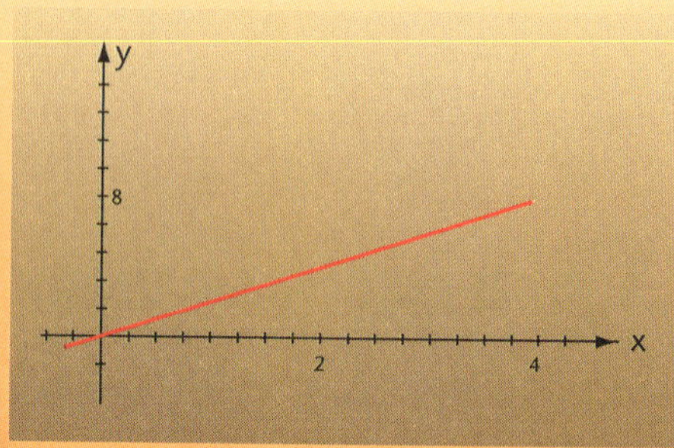

Bild 3.59 $y = 2x$ als Beispiel einer proportionalen Funktion

D

Eine Funktion heißt *antiproportional* (oder umgekehrt proportional), wenn zum Doppelten (Dreifachen, Vierfachen ...) der Ausgangsgröße die Hälfte (ein Drittel, ein Viertel ...) der zugeordneten Größe gehört.

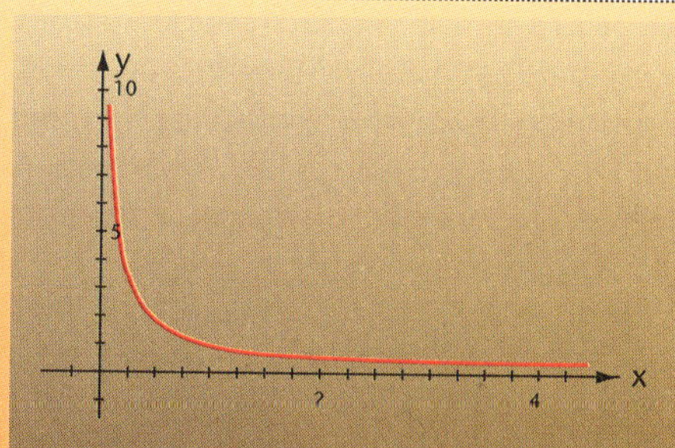

Bild 3.60 $y = \frac{1}{x}$ als Beispiel einer antiproportionalen Funktion

BEISPIELE

1. Zur Proportionalität

a) Der VW Passat GT (90 PS) verbraucht laut Werksangabe durchschnittlich in der Stadt 10,8 Liter Benzin (Super bleifrei) auf 100 km. Dann braucht er für 200 km 21,6 Liter, für 300 km 32,4 Liter und für 400 km 43,2 Liter Kraftstoff.

b) Eine Telefoneinheit kostet 0,12 DM. Dann kosten zwei Einheiten 0,24 DM, zehn Einheiten 1,20 DM und 20 Einheiten 2,40 DM.

2. Zur Antiproportionalität

a) 240 Flachen Wein sollen verpackt werden. Bei 2er-Präsentkartons braucht man dazu 120 Stück, bei 6er-Kartons 40 Stück und bei 12er-Kartons 20 Stück.

b) Für die 50 km lange Fahrt zur Arbeit benötigt Herr Bauer bei günstigen Bedingungen eine halbe Stunde: Er fährt also mit 100 km/h. Bei dichterem Verkehr kann er nur durchschnittlich 75 km/h fahren und braucht daher 40 Minuten; bei zähem Verkehr kommt er nur mit 50 km/h vorwärts und braucht daher eine ganze Stunde.

3.3.2 Eigenschaften proportionaler und antiproportionaler Funktionen

Aus den Tabellen des Einführungsbeispiels lassen sich die wesentlichen Eigenschaften der beiden Funktionstypen bereits ablesen:

1. Bei proportionalen Funktionen ist der Quotient aus einander zugeordneten Zahlen konstant, bei antiproportionalen Zuordnungen das Produkt.

Vorräte x	Personenzahl y	$\frac{y}{x} = k$	Personenzahl x	Tage y	$x \cdot y = k^*$
1	4	4	4	14	56
2	8	4	8	7	56
3	12	4	12	$4,\overline{6}$	56
4	16	4	16	3,5	56
5	20	4	20	2,8	56
0,5	2	4	2	28	56
0,25	1	4	1	56	56

Damit ergeben sich folgende Funktionsgleichungen:

R

Proportionale Funktion

$$y = k \cdot x$$

Dies ist der Spezialfall einer linearen Funktion (siehe Seite 267).

Antiproportionale Funktion

$$y = k^* \cdot \frac{1}{x}$$

Dies ist der Spezialfall einer Potenzfunktion mit negativem Exponenten (siehe Seite 293).

2. Bei proportionalen Zuordnungen gehören zur Summe (Differenz) der Ausgangswerte auch die Summe (Differenz) der zugeordneten Werte:
$k \cdot (x_1 \pm x_2) = k \cdot x_1 \pm k \cdot x_2 = y_1 \pm y_2$

BEISPIELE

1. Ein VW Passat (90 PS) benötigt für 100 km in der Stadt 10,8 Liter Benzin, für 200 km 21,6 Liter. Dann braucht er auf 300 km
$\frac{10{,}8\ \text{l}}{100\ \text{km}}$ (100 km + 200 km) = 3 · 10,8 l = 32,4 Liter.

2. 10 Einheiten kosten beim Telefonieren 1,20 DM, 50 Einheiten kosten 6,00 DM. Dann kosten 40 Einheiten 6,00 DM - 1,20 DM = 4,80 DM.

3. Um 240 Flaschen Wein zu verpacken, braucht man entweder 120 2er-Kartons oder 20 12er-Kartons. Trotzdem braucht man bei 10er-Kartons nicht 120 - 20 = 100 Kartons, obwohl 12 - 2 = 10 ist. Für antiproportionale Zuordnungen gibt es also ***keine*** Regel für Summen oder Differenzen von Zahlenpaaren!

3.3.3 Der Dreisatz bei proportionalen und antiproportionalen Funktionen

EINFÜHRUNGSBEISPIEL

Ein Schwimmbecken (2 m x 10 m x 25 m) wird durch zwei identische Zuflüsse innerhalb von zehn Stunden gefüllt.

a) Wieviel Wasser läuft pro Stunde in das Becken?
b) Wieviel Wasser liefe in einer Stunde durch fünf Hähne?
c) Wie lange brauchte man, um mit fünf Hähnen das Becken zu füllen?

LÖSUNG

a) V(Becken) = 500 m^3
500 m^3 : 10 Std. = 50 m^3/Std.
Pro Stunde laufen 50 m^3 Wasser ein.

b) Hier arbeitet man am besten mit einer Tabelle:

Hähne	2	1	5
m^3	50	25	125

Durch fünf Hähne liefen also pro Stunde 125 m^3 Wasser.

c) Analog ergibt sich hier:

Hähne	2	1	5
Zeit (Std)	10	20	4

Mit fünf Hähnen hätte man das Becken in vier Stunden gefüllt.

Die Teilprobleme ***b)*** und ***c)*** stellen die „klassische" Situation des ***Dreisatzes*** dar. Zunächst rechnet man zurück auf den Wert 1 bei einer der beteiligten Variablen, dann wieder vorwärts auf den eigentlich gefragten Wert. Diese Aufspaltung Ausgangssituation - Zwischenschritt mit der „Einheit" - Endschritt oder Schluß auf die „Vielfachheit" ist es, die dieser Rechentechnik den Namen Dreisatz (oder Schlußrechnung) eingetragen hat.

Wenn Ihnen die Bruchrechnung besonders sympathisch ist, können Sie jetzt eigentlich das nächste Kapitel aufschlagen. Denn selbstverständlich lassen sich die Rechnungen auch ohne den expliziten Zwischenschritt ausführen:

b)

$\cdot\, 2{,}5$

Hähne	2	5
m^3	50	125

$\cdot\, 2{,}5$

oder

$$k = \frac{50\ m^3}{2\ \text{Hähne}} = 25\frac{m^3}{\text{Hahn}}$$
$$\Rightarrow y = 5 \cdot 25\ m^3 = 125\ m^3$$

c)

$\cdot\, 2{,}5$

Hähne	2	5
Zeit	10	4

$:\, 2{,}5$

oder

$$k = 10 \cdot 2 = 20\ \text{Hähne} \cdot \text{Std}$$
$$\Rightarrow y = 20 : 5 = 4\ \text{Stunden}$$

WEITERE BEISPIELE FÜR DEN DREISATZ

1. Ein Bauer verkauft zwei Grundstücke zum selben Quadratmeterpreis. Für das erste, 879 m² große Grundstück erhält er 91 416 DM. Wieviel bekommt er für das zweite Grundstück von 693 m²?

Lösung:

m²	879	1	693
DM	91 416	104	72 072

Er bekommt also 72 072 DM.

2. Der Schall legt in der Luft in ca. 3 Sekunden 1 km zurück. Wie weit ist ein Gewitter entfernt, wenn man den Donner 8 Sekunden nach dem Aufleuchten des Blitzes hört?
(Die Lichtgeschwindigkeit ist mit knapp 300 000 km pro Sekunde so viel größer als die Schallgeschwindigkeit, daß die Verzögerung durch die Zeit, die das Licht benötigt, unwesentlich ist.)

Lösung:

Zeit	3	1	8
Entfernung	1	$0{,}\overline{3}$	$2{,}\overline{6}$

Das Gewitter ist knapp 2,7 km entfernt.

3. Wenn ein Zahnrad mit 150 Zähnen und eines mit 60 Zähnen ineinandergreifen, macht das kleine Rad fünf Umdrehungen, während das große zwei macht. Wie viele Zähne muß das größere Rad haben, wenn das Verhältnis der Umdrehungszahlen 3 : 5 betragen soll?

Lösung:

Zähne	150	300	100
Umdrehungen	2	1	3

Das größere Zahnrad muß 100 Zähne haben.

4. Ein Bus für eine Ausflugsfahrt kostet 900 DM. Um wieviel erhöht sich der Fahrpreis für jeden, wenn statt der 30 Schülerinnen und Schüler der Klasse nur 25 mitfahren, weil der Rest erkrankt ist?

Lösung:

Schüler	30	1	25
Preis	30	900	36

Jeder muß 36 DM bezahlen, der Fahrpreis erhöht sich also um 6 DM.

Den Abschluß soll eine Fragestellung bilden, die den Dreisatz bei proportionalen und antiproportionalen Zuordnungen miteinander verbindet:

3 Arbeiter brauchen 14 Tage zum Ausheben einer Baugrube für ein Reihendoppelhaus. Wie lange brauchen 5 Arbeiter für die Ausschachtarbeiten einer Reihe von 5 Häusern?

	Arbeiterzahl	Zeit	Grubengröße	
	3	14	2	
	3	7	1	proportional
	3	35	5	
umgekehrt	1	105	5	
proportional	5	21	5	

Sie brauchen 21 Tage.

Die ersten drei Zeilen der Tabelle gehören zum Dreisatz der proportionalen Teilaufgabe, die letzten drei Zeilen zum Dreisatz der antiproportionalen Teilaufgabe. Die mittlere Zeile gehört also zu beiden und bildet damit eine Gelenkstelle. Wegen der inklusive Aufgabenstellung und Lösung nötigen fünf Schritte spricht man hier auch vom „Fünfsatz".

3.3.4 Prozent- und Promillerechnung

EINFÜHRUNGSBEISPIEL

Von den 32 Schülerinnen und Schülern der Klasse 5b haben in der letzten Mathematikarbeit 8 eine Eins oder Zwei, 20 eine Drei oder Vier und 4 eine Fünf oder Sechs geschrieben. Von den 30 Kindern in der Parallelklasse 5a haben 6 eine Eins oder Zwei, 21 eine Drei oder Vier und 3 eine Fünf oder Sechs. In welcher Klasse ist die Arbeit besser ausgefallen?

Oft gibt man als Antwort den sogenannten Mittelwert (siehe Seite 756) der Noten an. Dieser ist jedoch eigentlich mathematisch unsinnig, da eine Eins nicht doppelt so gut ist wie eine Zwei usw. Wir wollen statt dessen die Anteile der Klassen in den einzelnen Notenbereichen vergleichen. Dazu müssen wir die auftretenden Brüche gleichnamig machen. Wir erhalten:

Note	Anteil in Klasse 5a	Anteil in Klasse 5b
Eins oder Zwei	$\frac{6}{30} = \frac{1}{5} = \frac{20}{100} = 0{,}2$	$\frac{8}{32} = \frac{1}{4} = \frac{25}{100} = 0{,}25$
Drei oder Vier	$\frac{21}{30} = \frac{7}{10} = \frac{70}{100} = 0{,}7$	$\frac{20}{32} = \frac{2{,}5}{4} = \frac{62{,}5}{100} = 0{,}625$
Fünf oder Sechs	$\frac{3}{30} = \frac{1}{10} = \frac{10}{100} = 0{,}1$	$\frac{4}{32} = \frac{1}{8} = \frac{12{,}5}{100} = 0{,}125$

Dabei sind die Brüche mit Dezimalzahlen im Zähler zwar ungewöhnlich, aber wegen der besseren Vergleichbarkeit so gewählt.

Wir sehen, daß die Eingangsfrage nicht eindeutig beantwortet werden kann: In der Klasse 5b kamen zwar relativ mehr sehr gute und gute Arbeiten zustande, dafür aber waren in der Klasse 5a relativ weniger Arbeiten völlig unter dem Strich.

Wir sehen ferner, daß die Normierung auf den Nenner 100 sehr praktisch ist: Die Zahlen im Zähler werden nicht allzu groß, und die Brüche lassen sich bequem in Dezimalzahlen umwandeln.

Daher erhalten diese Brüche einen eigenen Namen: Statt von Hundertstel spricht man von ***Prozent*** (lateinisch: pro centum = vom Hundert), die Zähler der entsprechenden Brüche heißen oft auch ***Prozentzahlen***

(Schreibweise: $\frac{1}{100} = 1\%$; $\frac{p}{100} = p\%$).

In unserem Beispiel erhalten wir in der Klasse 5b:

$\frac{8}{32} = 25\%$ Einsen und Zweien,

$\frac{20}{32} = 62{,}5\%$ Dreien und Vieren,

$\frac{4}{32} = 12{,}5\%$ Fünfen und Sechsen.

oder:

32 [Arbeiten] · 25 % = 8 [Einsen und Zweien],
32 [Arbeiten] · 62,5 % = 20 [Dreien und Vieren],
32 [Arbeiten] · 12,5 % = 4 [Fünfen und Sechsen].

Die letzten Rechnungen zeigen die Verwandtschaft mit den proportionalen Funktionen: $x \cdot k = y$.

Allerdings erhalten die Variablen hier eigene Namen, die enger mit ihrer Bedeutung verknüpft sind: $G \cdot p\% = P$ (Funktionsgleichung). Dabei heißt G ***Grundwert,*** p ***Prozentsatz*** und P ***Prozentwert.***

Dadurch sind prinzipiell drei Fragestellungen möglich, die durch Auflösen der Funktionsgleichung nach der entsprechenden Größe (G, p oder P) beantwortet werden.

R

1. $G \cdot p\% = P \Leftrightarrow G \cdot \frac{p}{100} = P$

2. $G = \frac{P}{p\%} \Leftrightarrow G = \frac{100 \cdot P}{p}$

3. $p\% = \frac{P}{G} \Leftrightarrow p = \frac{100 \cdot P}{G}$

BEISPIELE

1. 75% der 32 Schülerinnen und Schüler in der Klasse 5b können schwimmen. Wie viele Kinder sind das?
Da nach einem Prozentwert gefragt ist, verwenden wir die Funktionsgleichung $G \cdot p\% = P$ in der „Urform" und setzen ein:
$G \cdot p\% = P \Rightarrow 32 \cdot 75\% = 32 \cdot 0{,}75 = 24$
24 Kinder können also schwimmen.

2. Wie viele Schülerinnen und Schüler hat die Klasse 5c, wenn 7 Einsen und Zweien 25% darstellen?
Nun ist nach dem Grundwert gefragt. Wir verwenden daher die entsprechend aufgelöste Form und setzen ein:
$G = \frac{P}{p\%} \Rightarrow \frac{7}{25\%} = \frac{7}{0{,}25} = \frac{700}{25} = 28$
Die Klasse 5c hat also 28 Schülerinnen und Schüler.

3. Die Erdoberfläche ist etwa 510 000 000 km² groß. Davon sind etwa 357 000 000 km² mit Wasser bedeckt. Wieviel Prozent sind das?
Schon die Frage verrät hier, welche Form wir verwenden müssen:
$p\% = \frac{P}{G} \Rightarrow \frac{357\,000\,000}{510\,000\,000} = 0{,}7 = 70\%$
70% der Erdoberfläche sind also von Wasser bedeckt.

Die graphische Darstellung von Prozentsätzen (oder „prozentualen Anteilen") erfolgt mit einem Kreis- (Bild 3.61) oder Streifendiagramm (Bild 3.62).

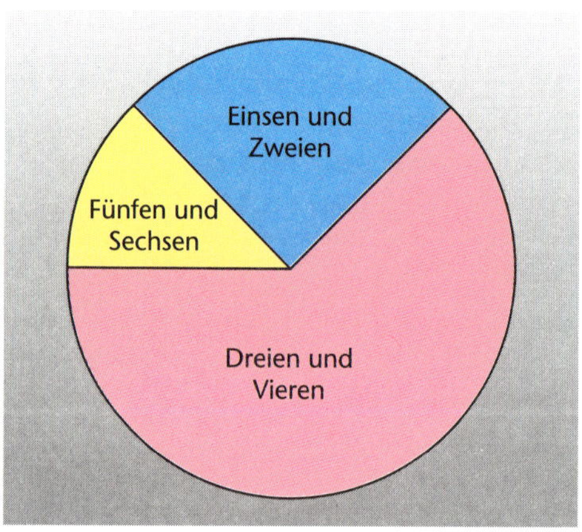

Bild 3.61
Bild 3.62

Natürlich passen nicht alle Brüche immer so schön ins Dezimalsystem. In solchen Fällen muß gerundet werden:

BEISPIELE

1. $\frac{3}{7} = \frac{42}{98} \approx \frac{42}{100} = 42\,\%$

2. $\frac{1}{15} = \frac{6}{90} \approx \frac{6{,}67}{100} = 6{,}67\,\%$

Außerdem können die Anteile so klein werden, daß sie mit Hilfe von Prozentzahlen nicht mehr anschaulich genug darstellbar sind. Dann greift man zu den sogenannten ***Promille*** (lateinisch: von Tausend). Man schreibt: $\frac{x}{1000} = x\,‰$.

BEISPIEL

Ein erwachsener Mann hat ca. 8 Liter Blut. Ein Liter hat etwa die Masse 1 kg. Wieviel Gramm Alkohol kann er (etwa als Teil von Bier oder Wein) zu sich nehmen, bis er die für das Autofahren „magische Grenze" von 0,8 ‰ erreicht hat?

$8\text{ kg} \cdot 0{,}8\,‰ = 8\,000\text{ g} \cdot \frac{0{,}8}{1000} = 6{,}4\text{ g}$

Diese Menge wäre schon nach dem ersten Glas Bier erreicht. Zum Trost sei erwähnt, daß der aufgenommene Alkohol sich nicht nur im Blut verteilt, sondern auch über die Leber abgebaut wird. Allerdings können schon geringe Mengen Alkohol die Fahrtüchtigkeit erheblich beeinträchtigen.

Das Rechnen mit Promille funktioniert genauso wie das Rechnen mit Prozenten. Bei gleichem Promillesatz ist der Zusammenhang zwischen Grundwert und Promillewert ebenfalls proportional. Die Umformungen (von Seite 258) können also (in leicht abgewandelter Form) ebenfalls verwendet werden.

R

1. $G \cdot x\,‰ = P \Leftrightarrow G \cdot \frac{x}{1000} = P$

2. $G = \frac{P}{x\,‰} \Leftrightarrow G = \frac{1000 \cdot P}{x}$

3. $x\,‰ = \frac{P}{G} \Leftrightarrow x = \frac{1\,000 \cdot P}{G}$

3.3.5 Zins- und Zinseszinsrechnung

EINFÜHRUNGSBEISPIEL

Herr Clever kauft für 10 000 DM Bundesschatzbriefe. Diese werden im ersten Jahr mit 6,75% verzinst. Wieviel Zinsertrag hat er nach einem Jahr, wieviel Geld hat er dann insgesamt? Der Zinsertrag beträgt 10 000 · 6,75% = 675 DM.
Insgesamt hat er 10 000 + 675 = 10 675 DM.

Offensichtlich funktioniert die Zinsrechnung ebenso wie die Prozentrechnung. Lediglich an neue Begriffe müssen wir uns gewöhnen. Für den Grundwert steht nun das ***Kapital (K),*** der Prozentsatz wird zum ***Zinssatz,*** der Prozentwert zum ***Zinswert*** oder ***Zinsertrag (Z).*** Damit erhalten wir folgende Varianten der Formeln von Seite 258:

R

1. $K \cdot p\% = Z \Leftrightarrow K \cdot \frac{p}{100} = Z$
2. $K = \frac{Z}{p\%} \Leftrightarrow K = \frac{100}{p}$
3. $p\% = \frac{Z}{K} \Leftrightarrow p = \frac{100 \cdot Z}{K}$

Die Endsumme zu dem obigen Beispiel können wir übrigens auch folgendermaßen erhalten:

$$10\,000 + 10\,000 \cdot 6{,}75\% = 10\,000 \cdot (1 + 6{,}75\%) = 10\,000 \cdot (100 + 6{,}75)\%$$
$$= 10\,000 \cdot \frac{106{,}75}{100} = 10\,675 \text{ DM}$$

Im obigen Beispiel waren wir davon ausgegangen, daß die Verzinsung immer genau ein Jahr lang läuft. Speziell bei Sparbüchern ist das jedoch selten der Fall. Entweder wird schon während des Jahres etwas abgehoben (oder zusätzlich eingezahlt), oder aber das Geld bleibt für mehrere Jahre stehen, wobei dann die Zinsen (der Zinsertrag) des ersten Jahres im zweiten Jahr wieder Zinsen bringen usw. Mischungen aus diesen beiden Formen zieht man günstigerweise in getrennte Teilrechnungen auseinander.

Bringt ein bestimmtes Kapital nur für einen Teil des Jahres Zinsen, spricht man von ***unterjähriger Verzinsung.*** Dazu wird das Jahr in 12 Monate unterteilt und jeder Monat in 30 Zinstage. Es ergeben sich die leicht abgewandelten Grundformeln:

R

1. $K \cdot p\% \cdot \frac{m}{12} = Z$ für die Zinsen nach m Monaten

2. $K \cdot p\% \cdot \frac{t}{360} = Z$ für die Zinsen nach t Tagen

BEISPIEL

Wieviel Zinsen erhält man für 500 DM, die man am 15. April auf sein Sparbuch einzahlt, a) am 15. Oktober und b) am Ende des Jahres, wenn der Zinssatz 2,5% beträgt?

a) Vom 15. April bis zum 15. Oktober sind es genau 6 Monate. Deshalb erhält man $500 \cdot 2{,}5\% \cdot \frac{6}{12} = 6{,}25$ DM Zinsen.

b) Bis zum Jahresende sind es 15 Tage im April und weitere 8 Monate. Das sind zusammen $8 \cdot 30 + 15 = 255$ Zinstage. Deshalb erhält man $500 \cdot 2{,}5\% \cdot \frac{255}{360} = 8{,}85$ DM Zinsen.

Läßt man die Zinsen (mitsamt dem Kapital) auf der Bank, so daß es für die Zinsen des ersten Jahres im zweiten Jahr selbst Zinsen gibt, für diese im dritten Jahr wieder usw., so spricht man von ***Zinseszinsen.***

BEISPIEL

Auf welchen Betrag ist ein Kapital von 10 000 DM bei einem Zinssatz von 5% nach drei Jahren angewachsen, wenn man es mitsamt den Zinsen so lange unangetastet läßt?

Nach dem ersten Jahr hat man

$10\,000 + 10\,000 \cdot 5\% = 10\,000 \cdot (1 + 0{,}05) = 10\,500$ DM.

Nach dem zweiten Jahr ergeben sich

$10\,500 + 10\,500 \cdot 5\% = 10\,500 \cdot (1 + 0{,}05) = 10\,000 \cdot (1 + 0{,}05) \cdot (1 + 0{,}05)$

$= 10\,000 \cdot (1 + 0{,}05)^2 = 11\,025$ DM.

Nach dem dritten Jahr schließlich sind es

$11\,025 + 11\,025 \cdot 5\% = 11\,025 \cdot (1 + 0{,}05) = 10\,500 \cdot (1 + 0{,}05)^2$

$= 10\,000 \cdot (1 + 0{,}05)^3 = 11\,576{,}25$ DM.

Allgemein ergibt sich:

R

$K_0 \cdot (1 + p\%)^n = K(n)$ für das Gesamtkapital nach n Jahren, wobei K_0 das Anfangskapital bezeichnet.

Dies ist eine Exponentialfunktion (siehe Seite 297).

ÜBUNGEN

16. Für die Ausdehnung einer Schraubenfeder gilt das Hookesche Gesetz $F = D \cdot s$. Dabei ist F die aufgewandte Kraft, D die sogenannte Federkonstante, welche die Elastizität der jeweiligen Feder beschreibt, und s die Verlängerung der Feder aufgrund der wirkenden Kraft.

a) Um welche Art von Zuordnung zwischen F und s handelt es sich?

b) Welche Kraft ist nötig, um eine Feder mit $D = 3\frac{\text{N}}{\text{cm}} \left[\frac{\text{Newton}}{\text{cm}}\right]$ um 2 cm, 6 cm, 10 cm auszudehnen?

c) Welche zusätzliche Ausdehnung bewirkt ein angehängtes Gewicht von 1 N, 5 N, 10 N?

17. Das an einem Hebel wirkende Drehmoment M berechnet man mit Hilfe der Hebellänge r und der an diesem Hebel im Abstand r vom Drehpunkt senkrecht angreifenden Kraft F zu $M = F \cdot r$.

a) Um welche Art der Zuordnung zwischen F und r handelt es sich?

b) Um ein Drehmoment von 50 Nm zu erzielen, kann eine Kraft von 100 N an einem Hebel der Länge 50 cm = 0,5 m angreifen. Wo müßten Kräfte von 50 N, 500 N, 1 000 N angreifen, um dasselbe Drehmoment zu erzielen?

c) Wie groß müßten für dieses Drehmoment die angreifenden Kräfte bei Hebellängen von 2,5 cm, 25 cm, 40 cm sein?

18. Ein Farbbild 9 cm × 13 cm kostet 49 Pfennig. Wieviel müssen Sie bezahlen, wenn Sie von jedem Negativ eines Films (24 bzw. 36 Aufnahmen) eine solche Kopie haben wollen?

19. In einer Übersicht finden sich Größe des Lebensraumes und Anzahl der Nachkommen pro Jahr bei verschiedenen Tierarten wie folgt:

Tierart	Größe des Lebensraums (ha)	Anzahl der Nachkommen
Uhu	7 000	2
Habicht	3 000	4
Fuchs	1 500	6
Fasan	200	10
Sperling	50	28
Feldmaus	28	34

Ist die Zuordnung zwischen den beiden Merkmalen antiproportional?

20. Bei der sogenannten gleichförmigen Bewegung (einer geradlinigen Bewegung mit gleichbleibender Geschwindigkeit) gilt das Weg-Zeit-Gesetz $s = v \cdot t$. Dabei ist s der zurückgelegte Weg, t die verstrichene Zeit und v die Geschwindigkeit. Bestimmen Sie die Konstante v der Zuordnung, und ergänzen Sie die Tabelle:

s	10	20	30	100			
t		4			5	10	50

21. Der elektrische Widerstand eines Drahtes ist (bei konstanter Länge und identischem Material) seinem Querschnitt antiproportional. 1 m Kupferdraht vom Durchmesser 0,5 mm hat den Widerstand 0,089 Ω. Wie groß sind die Widerstände bei Drähten von 1 mm, 1,5 mm, 2 mm und 2,5 mm Durchmesser?

22. Acht Arbeiter heben eine Baugrube in drei Tagen aus. Wie lange brauchen für dieselbe Baugrube drei, vier oder fünf Arbeiter?

23. Die Berliner Philharmoniker spielen Mozarts Jupitersinfonie (KV 551) in 28 Minuten. Wie lange bräuchte ein Streichquartett?

24. Drei Pferde fressen pro Tag 4,5 Ballen Heu. Wieviel Heu brauchen zehn Pferde täglich?

25. Drei Pfund Kartoffeln kosten 1,98 DM. Wieviel kostet (ohne Mengenrabatt) ein 25-kg-Sack?

26. Bei einem Fieberthermometer steigt die Anzeigeflüssigkeit im Bereich zwischen 32° C und 43° C um insgesamt 11 cm. Wie lang müßte das Thermometer mindestens sein, wenn man es auch zum Einwecken (Temperaturen um 100° C) benutzen wollte?

27. Mit 60 Ballen Heu können acht Pferde fünf Tage lang gefüttert werden. Wie lange reicht das Heu für zehn Pferde?

28. Beim Vorführen eines Films werden pro Sekunde 24 Einzelbilder gezeigt, um dem Auge eine natürliche Bewegung vorzutäuschen. Dabei dauert „Casablanca" (mit Ingrid Bergman und Humphrey Bogart) 90 Minuten.

a) Wie lange liefe der Film, wenn nur 18 Bilder pro Sekunde (ein früher übliches Maß) gezeigt würden?

b) Wie viele Bilder werden pro Sekunde gezeigt, wenn der Film nur 60 Minuten dauern soll?

29. Zwei Zahnräder drehen sich im Verhältnis 2 : 5, das heißt, das große dreht sich zweimal, während sich das kleine fünfmal dreht. Das große Zahnrad hat 150 Zähne. Wie viele Zähne müßte es haben, damit sich zum kleinen ein Umdrehungsverhältnis von 3 : 7 ergibt?

30. Mit drei Wasserhähnen braucht man zum Füllen des Nichtschwimmerbeckens (120 m^3) fünf Stunden. Wie lange braucht man mit fünf gleichartigen Zuflüssen, um das Schwimmerbassin (500 m^3) zu füllen?

31. Fünf gleiche Lkw fahren Erdaushub von einer Baustelle zur Deponie. Jedes Fahrzeug macht zwölf Fahrten.

a) Wie oft müßte jeder Lkw fahren, wenn statt fünf sechs Wagen eingesetzt würden?

b) Wie viele Lkw sind nötig, wenn jeder nur viermal fahren soll?
c) Nach 45 Fahrten werden zwei Lkw abgezogen. Wie oft muß jetzt jeder der übrigen drei Wagen fahren?

32. In einer Winzergenossenschaft werden fünf Abfüllmaschinen eingesetzt. Diese füllen an einem achtstündigen Arbeitstag 48 000 Flaschen zu je 0,75 Litern ab.
a) Wie viele Flaschen werden pro Maschine und Stunde abgefüllt? Wieviel Wein ist das?
b) Wie viele Flaschen können abgefüllt werden, wenn eine sechste Maschine mit derselben Abfülleistung zusätzlich eingesetzt wird?
c) Wegen Reparaturarbeiten an einer der Maschinen werden in einer Woche 14 400 Flaschen weniger abgefüllt. Wie lange ist die Maschine ausgefallen?

33. Eine Autofirma verleiht einen Kleinwagen schon für 45 DM/Tag. Dazu kommen eine Kilometerpauschale von 50 Pf/km und die Benzinkosten. Der Liter Benzin (normal, bleifrei) kostet 1,509 DM. Das Auto verbraucht durchschnittlich 6,5 Liter auf 100 km.
a) Wieviel muß ein Kunde bezahlen, wenn er den Wagen für einen Tag entleiht und 600 km weit fährt?
b) Wieviel muß er bezahlen, wenn er in zwei Tagen 850 km fährt?
c) Wieviel kostet in beiden Fällen jeder gefahrene Kilometer?

34. *a)* Schreiben Sie als Bruch, und kürzen Sie so weit wie möglich:
10%; 25%; 40%; 50%; 75%; 88%; 95%; 120%; 150%
b) Schreiben Sie als Prozentzahlen. Runden Sie wenn nötig auf die zweite Nachkommastelle: $\frac{1}{2}; \frac{2}{3}; \frac{3}{4}; \frac{4}{10}; \frac{7}{15}; \frac{9}{15}; \frac{11}{20}; \frac{8}{30}; \frac{6}{75}; \frac{15}{19}$

35. *a)* Wieviel sind 3% von 3 500 l; 5% von 650 kg; 17% von 250 m; 125% von 45 DM?
b) Wovon sind 78 DM 25%; 33 kg 11%; 450 m 3%; 7 hl 28%?
c) Wieviel Prozent sind 35 DM von 175 DM; 45 kg von 1 800 kg; 7 m von 266 m; 17 l von 340 l?

36. *a)* Wieviel sind 8‰ von 350 kg; 15‰ von 220 km; 3,5 Promille von 15 000 DM?
b) Wovon sind 5,40 DM 1,5‰; 35 g 2,5‰; 27 cm 0,8‰?
c) Wieviel Promille sind 3 mg von 9 g; 7 Pf von 35 DM; 20 cl von 1,5 l?

37. *a)* Wieviel DM erhält man jährlich bei einem Zinssatz von 2,5% für 800 DM; bei 5% für 5 000 DM; bei 8,75% für 15 000 DM?
b) Welches Kapital erbringt einen Jahreszins von 140 DM bei 3,5%; 75 DM bei 5%; 157,50 DM bei 8,75%?
c) Bei welchem Zinssatz bringen 12 000 DM 252 DM; 8 000 DM 88 DM; 1 Million 12 500 DM Zinsen pro Jahr?

38. *a)* Bei welchem Kapital erhält man Zinsen in Höhe von 25,20 DM bei 4% in 7 Monaten; 168 DM bei 4,375% in 72 Tagen; 42 DM bei 3,5% in 1,25 Jahren?
b) Wieviel Zinsen bringen 1 500 DM bei 5% in 3 Monaten; 950 DM bei 3,5% in 68 Tagen; 8 000 DM bei 7,5% in 420 Tagen?
c) Bei welchem Zinssatz erhält man für 150 DM in 15 Monaten 22,50 DM Zinsen; für 9 000 DM in 7 Monaten 560 DM Zinsen; für 9 760 DM 379,42 DM in 311 Tagen?

39. Wieviel Geld hat man nach 3, 4, 5 ... 10 Jahren, wenn man 2 000 DM zu 4,5% verzinst und während der gesamten Zeit weder das Anfangskapital noch die aufgelaufenen Zinsen angreift?

40. Ein Schüler verbringt angeblich 35% seines Tages mit Schlafen (den Schulschlaf nicht mitgerechnet), 25% in der Schule bzw. auf dem Weg dorthin oder nach Hause, 5% mit Hausaufgaben, 5% mit Essen, und die restlichen 30% widmet er sich seinen Hobbys. Zeichnen Sie ein Streifen- und ein Kreisdiagramm.

41. Im ADAC-Sommerreifentest 1996 gingen folgende Bewertungskriterien ins Gesamturteil ein: Verhalten auf trockener Straße mit 15%, auf nasser Straße mit 30%, auf Schnee und Eis mit je 10%, der Komfort mit 5%, der Rollwiderstand mit 10% und der Verschleiß mit 20%. Zeichnen Sie ein Streifendiagramm.

42. Bei den Landtagswahlen 1996 in Rheinland-Pfalz errangen die Parteien folgende Stimmenanteile: SPD 39,8%, CDU 38,7%, FDP 8,9%, Bündnis 90/Grüne 6,9%, Sonstige 5,7%.
a) Zeichnen Sie ein Kreisdiagramm.
b) Welche Stimmenanteile sind das real, wenn die Wahlbeteiligung 70,8% betrug?

43. Die Rotgrünblindheit ist eine Erbkrankheit, bei der diese beiden Farben nicht oder nur schlecht unterschieden werden können. Allerdings sind die Geschlechter unterschiedlich stark betroffen: die Männer mit 8%, die Frauen nur zu 3,5%.
Von den rund 70 Millionen Einwohnern der Bundesrepublik sind 46,5% männlich. Wie viele Männer und wie viele Frauen sind demnach rotgrünblind?

44. Eine „White Lady" ist ein Cocktail aus $\frac{1}{6}$ Cointreau (40% Alkohol), $\frac{1}{3}$ Zitronensaft und $\frac{1}{2}$ Gin (43%). Wieviel Prozent Alkohol enthält das fertige Getränk?

45. Die Firma Elektro-Diehl wirbt im Wiesbadener Kurier (geschätzte Auflage: 80 000) für einen neuen Elektroherd. Herr Diehl rechnet damit, daß 30% der Zeitungsleser die Anzeige lesen und 5% von diesen den Herd kaufen.
a) Mit wie vielen Käufern ist aufgrund dieser Schätzung zu rechnen?
b) Lohnt sich die Werbemaßnahme, wenn die Annonce 10 000 DM kostet und der Firma an jedem Herd 150 DM Gewinn bleiben?

46. Bei verpackten Waren nennt man das Gesamtgewicht von Ware und Verpackung Bruttogewicht, das Gewicht des Inhalts Nettogewicht und das Gewicht der Verpackung Tara.
Ein Kasten Wasser mit 12 Flaschen zu je 0,7 Liter wiegt brutto 12 kg. Wie groß sind die prozentualen Anteile von Nettogewicht und Tara, wenn 1 Liter Wasser 1 kg wiegt?

47. Den Preisnachlaß auf Waren oder Dienstleistungen nennt man Rabatt, den Nachlaß bei Zahlung innerhalb einer festgelegten Frist Skonto.

a) Beim Kauf einer Geschirrspülmaschine gewährt Herr Diehl 8 % Rabatt und auf diesen reduzierten Preis nochmals 2 % Skonto bei Barzahlung. Wieviel muß man bezahlen, wenn das Gerät ursprünglich 1 500 DM kostet?

b) Die Firma Müller gibt zunächst 9 % Rabatt, gewährt aber nur 1 % Skonto. Wo kauft man letztlich günstiger?

48. Die Versicherungssumme ist der Höchstbetrag, den man im Schadensfall erhält. Dafür muß man einen Jahresbeitrag, die sogenannte Prämie, entrichten. Deren Höhe richtet sich nach einem festgelegten Prozentsatz der Versicherungssumme, dem Prämiensatz.

a) Wie hoch ist die Jahresprämie bei einem Prämiensatz von 1,5 % für eine Versicherungssumme von 300 000 DM?

b) Für eine Kfz-Versicherung mit 2 000 000 DM Deckungssumme sind jährlich 926,40 DM zu zahlen. Wie hoch ist der Prämiensatz?

c) Eine Hausratversicherung verlangt 0,25 % der Versicherungssumme als Prämie. Wie hoch ist die Versicherungssumme bei 150 DM Jahresprämie?

3.4 Lineare Funktionen1.2

3.4.1 Gleichung und graphische Darstellung der linearen Funktion

EINFÜHRUNGSBEISPIEL

Heiko und Berenike haben sich für 8.00 Uhr verabredet. Leider hat Berenike verschlafen. Als Heiko klingelt, schlägt sie vor: „Lauf doch schon mal los. Ich packe noch was zu essen ein und komme dann mit dem Fahrrad nach." Heiko schafft 6 km pro Stunde, Berenike ist mit dem Rad doppelt so schnell. Wann hat sie ihn eingeholt, wenn sie erst um 10.00 Uhr losfährt?
Wir erstellen eine Wertetabelle und zeichnen danach einen Graphen:

Heiko		Berenike	
Uhrzeit t	Weg s	Uhrzeit t	Weg s
8.00	0 km	10.00	0 km
9.00	6 km	10.30	6 km
10.00	12 km	11.00	12 km
11.00	18 km	11.30	18 km
12.00	24 km	12.00	24 km

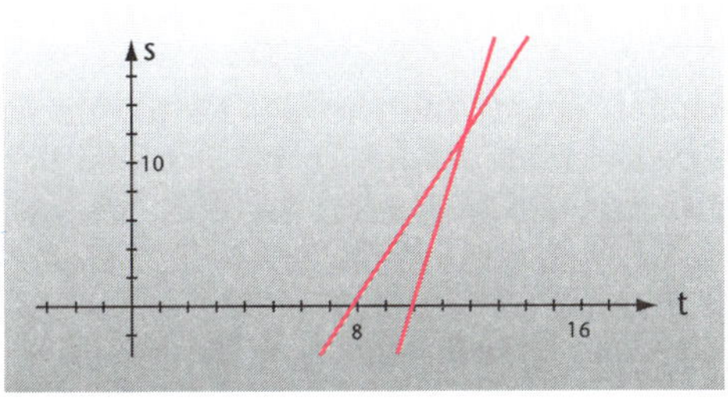

Bild 3.63 y = 6x - 48 und y = 12x - 120 schneiden sich im Punkt (12|24)

In beiden Fällen ist der zurückgelegte Weg abhängig von der verstrichenen Zeit, also y = s(t). Gehen wir von der jeweiligen durchschnittlichen Geschwindigkeit aus, so erhält man den Weg einfach als Produkt aus Geschwindigkeit v (lateinisch: velocitas = Geschwindigkeit) und verstrichener Zeit t (lateinisch: tempus = Zeit): $s(t) = v \cdot t$. Dies ist eine proportionale Funktion.

Beziehen wir uns dagegen auf die Uhrzeit, so muß man berücksichtigen, daß beide weder gleichzeitig noch um 0.00 Uhr gestartet sind. Durch Zurückrechnen auf einen - fiktiven - Startpunkt ließe sich dies simulieren: Heiko wäre um 0.00 Uhr bei Kilometer $8 \cdot (-6) = -48$ gestartet, Berenike um 0.00 Uhr bei Kilometer $10 \cdot (-12) = -120$. Dann hätten sie sich ebenfalls um 12.00 Uhr bei Kilometer 24 getroffen:
$24 = 12 \cdot 12 - 120$ (Berenike)
$24 = 6 \cdot 12 - 48$ (Heiko)

D

Beide Geraden lassen sich durch eine Gleichung der Form $a = m \cdot x + b$ darstellen. Dabei bezeichnet m die Steigung, b den Schnittpunkt mit der y-Achse, den y-Achsenabschnitt.
Solche Funktionen heißen *linear* (lateinisch: linea = Gerade).

BEISPIELE

1. $y = 3x - 7$ Hier ist $m = 3$; $b = -7$.

2. $y = 0{,}5x + 5$ Hier ist $m = 0{,}5$; $b = 5$.

3. $y = -x + 2$ Hier ist $m = -1$; $b = 2$.

In Übereinstimmung mit dem Alltagsgebrauch ist die Steigung die überwundene Höhendifferenz h pro Abstandseinheit l vom jeweiligen Startpunkt:
Die Steigung m ist das Verhältnis von Höhe h zu Länge l, also $m = \frac{h}{l}$.

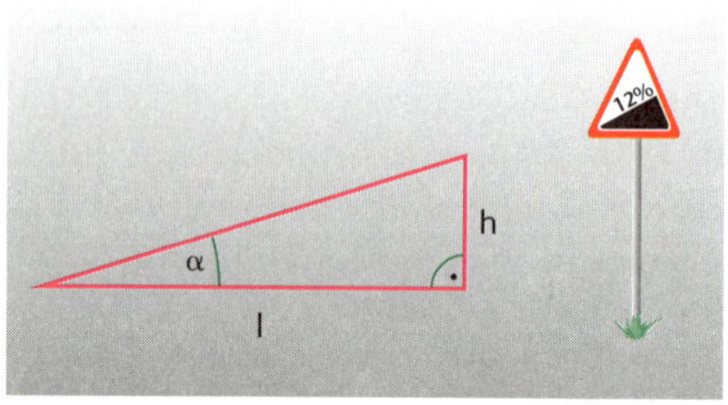

Bild 3.64

(Dabei spricht man in der Mathematik statt von Gefälle von negativer Steigung, eine Umschreibungsart, die Ersteller von Bilanzen mit Begriffen wie „Minuswachstum“ inzwischen auch für sich entdeckt haben.)

Zur Bestimmung einer einheitlichen Steigung reichen offensichtlich schon ein Start- und ein Zielpunkt aus. Dies können bei einer Geraden zwei beliebige und beliebig weit voneinander entfernte Punkte sein. Mit ihrer Hilfe läßt sich ein ***Steigungsdreieck*** zeichnen, wobei alle an derselben Geraden anliegenden Steigungsdreiecke ähnliche Dreiecke sind (siehe Seite 424). In diesen ist das Verhältnis einander entsprechender Seiten gleich. Es gilt also:

$$m = \frac{y_2 - y_1}{x_2 - x_1} = \frac{y_1 - y_2}{x_1 \quad x_2} = \frac{y_1 - y_0}{x_1 - x_0} = \frac{y_2 - y_2}{x_2 - x_0} \text{ (= tan } \alpha\text{, siehe Seite 446)}$$

Die Größe der Steigung ist unabhängig von der Wahl des Steigungsdreiecks.

$$m = \frac{y_1 - y_0}{x_1 - x_0} = \frac{y_2 - y_1}{x_2 - x_1} = \frac{y_2 - y_0}{x_2 - x_0} = \tan \alpha$$

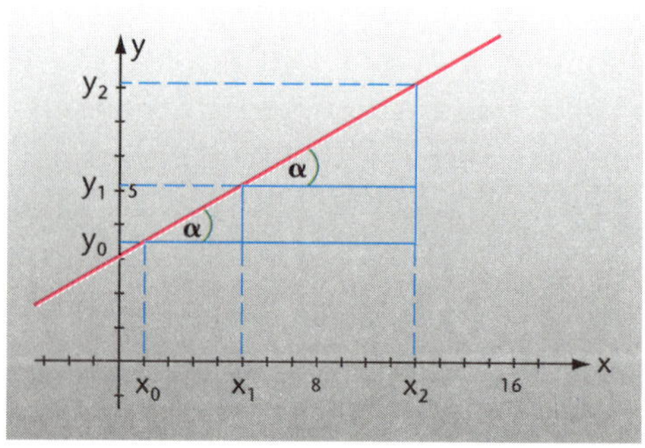

Bild 3.65

BEISPIELE

1. $P_1(8|0)$; $P_2(12|24) \Rightarrow m = \frac{24 - 0}{12 - 8} = 6$

2. $P_1(11|12)$; $P_2(12|24) \Rightarrow m = \frac{24 - 12}{12 - 11} = 12$

3.4.2 Die Zwei-Punkte-Formel

Da man durch zwei vorgegebene Punkte nur auf eine einzige Weise eine Gerade zeichnen kann, muß die gesamte Formel (also beide Parameter m und b) durch diese zwei Punkte bestimmbar sein.

Hat man m – wie in den beiden Beispielen – schon bestimmt, so erhält man die fehlende Größe (den fehlenden Parameter) b, indem man einen der beiden Punke (welchen, können Sie sich aussuchen!) in die halb ausgerechnete Formel einsetzt:

$y_2 = m \cdot x_2 + b$ bzw. $y_1 = m \cdot x_1 + b$

$\Rightarrow b = y_2 - m \cdot x_2$ bzw. $b = y_1 - m \cdot x_1$

BEISPIELE

1. $b = 24 - 6 \cdot 12 = -48$ bzw. $b = 0 - 6 \cdot 8 = -48$

2. $b = 24 - 12 \cdot 12 = -120$ bzw. $b = 12 - 12 \cdot 11 = -120$

R

Dies führt auf die sogenannte *Zwei-Punkte-Formel.*

$$y = m \cdot x + b$$

$$y = \frac{y_2 - y_1}{x_2 - x_1} \cdot x + \left(y_1 - \frac{y_2 - y_1}{x_2 - x_1} \cdot x_1\right)$$

$$y = \frac{y_2 - y_1}{x_2 - x_1} \cdot (x - x_1) + y_1$$

BEISPIELE

1. $y = \frac{24 - 0}{12 - 8}(x - 8) + 0 = 6x - 48$

2. $y = \frac{24 - 12}{12 - 11}(x - 11) + 12 = 12x - 120$

Ein alternativer Ansatz führt über ein System von zwei Gleichungen mit zwei Unbekannten (siehe auch Seite 198). Dieses entsteht, wenn man in die Formel $y = m \cdot x + b$ für die Geradengleichung beide Punkte einsetzt.

BEISPIELE

1. $P_1(8|10) \Rightarrow 0 = 8m + b$
$P_2(12|24) \Rightarrow 24 = 12m + b$

$$\begin{aligned} 24 &= 4\,m \\ 6 &= m \Rightarrow b = -48 \\ \Rightarrow y &= 6x - 48 \end{aligned}$$

2. $P_1(12|24) \Rightarrow 24 = 12m + b$
$P_2(11|12) \Rightarrow 12 = 11m + b$

$$\begin{aligned} 12 &= m \\ 12 &= m \Rightarrow b = -120 \\ \Rightarrow y &= 12x - 120 \end{aligned}$$

3.4.3 Die allgemeine Form der linearen Gleichung

Im Fall von senkrechten Geraden läßt sich die Zwei-Punkte-Formel allerdings nicht mehr anwenden, da hier $x_1 = x_2 = c$ ist. Der dabei entstehende Nenner Null weist auf den Steigungswert Unendlich hin. Allerdings handelt es sich bei dieser Geraden auch nicht mehr um den Graphen einer Funktion.

Um auch diesen Fall miteinbeziehen zu können, muß man die bei Funktionen übliche Betrachtungsweise (x ist unabhängige, y abhängige Variable) verlassen und x und y als gleichberechtigt betrachten. Dies führt auf die ***allgemeine Form der linaren Gleichung*** $Ax + By + C = 0$ $(A, B, C \in \mathbb{R})$ mit folgenden Spezialfällen:

1. senkrechte Geraden:

$B = 0;\ A \neq 0 \Rightarrow x = -\frac{C}{A}$ (Bild 3.66)

2. waagerechte Geraden:

$A = 0;\ B \neq 0 \Rightarrow y = -\frac{C}{B}$ (Bild 3.67)

3. schräge Geraden:

$A \neq 0;\ B \neq 0 \Rightarrow y = -\frac{A}{B}x - \frac{C}{B}$ (Bild 3.68)

im letzten Fall ergeben sich für $C = 0$ (Bild 3.69) gerade die proportionalen Funktionen;

4. x-y-Ebene:

$A = B = C = 0$

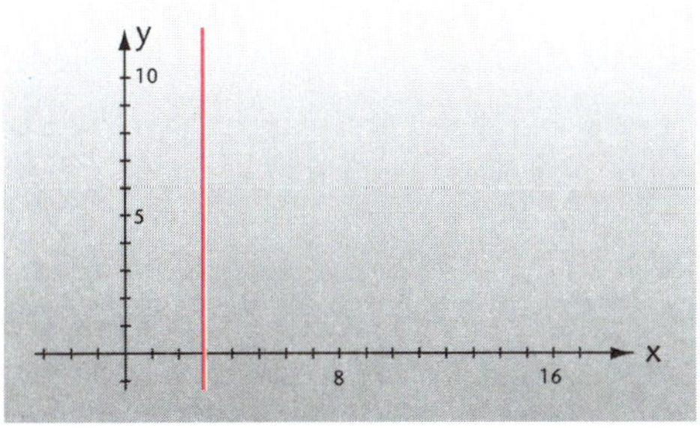

Bild 3.66 x = 3

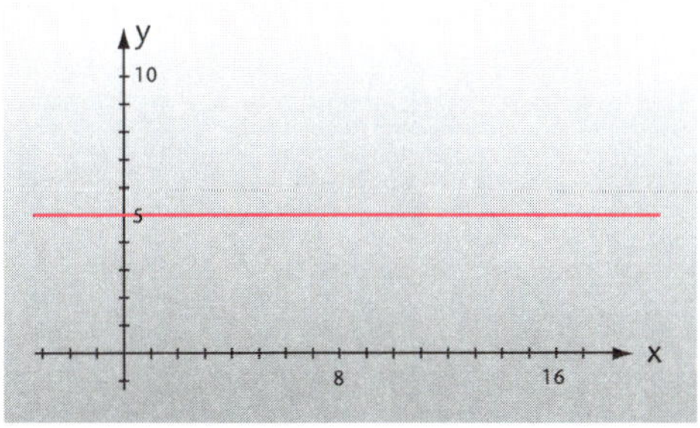

Bild 3.67 y = 5

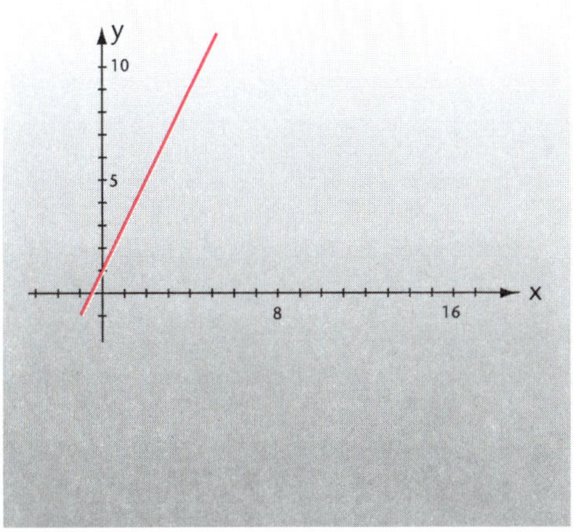

Bild 3.68 y = 2x + 1

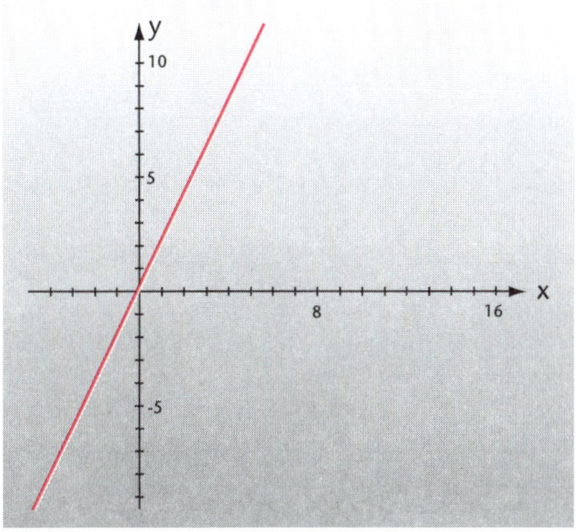

Bild 3.69 x = 2x

3.4.4 Nullstellen und Umkehrung linearer Funktionen

Zu den wichtigsten Informationen über eine lineare Funktion gehört die Kenntnis der Nullstelle. Sie erhält man durch Auflösen der linearen Gleichung $y = m \cdot x + b$ nach x, wobei hier $y = 0$ gesetzt wird (siehe Seite 156).

R

$$y = 0 \Leftrightarrow 0 = m \cdot x_0 + b$$
$$\Leftrightarrow -\frac{b}{m} = x_0$$

BEISPIELE

1. $y = 3x - 9 \Rightarrow 0 = 3x_0 - 9 \Leftrightarrow 9 = 3x_0 \Leftrightarrow 3 = x_0$

2. $y = -4x + 8 \Rightarrow 0 = -4x_0 + 8 \Rightarrow m = -4;\ b = 8 \Rightarrow x_0 = -\frac{8}{-4} = 2$

Lineare Funktionen sind (bis auf die konstanten Funktionen $y = k$ mit $k \in \mathbb{R}$) streng monoton steigend oder fallend und daher umkehrbar. Ihre Umkehrung ist wieder eine lineare Funktion.

BEISPIELE

1. $f(x) = y = 3x + 7 \Rightarrow$ (Auflösen nach x) $y - 7 = 3x$

$$\frac{y-7}{3} = x$$

$\Rightarrow$ (Umbenennung) $f^{-1}(x) = y = \frac{x-7}{3}$

2. $f(x) = y = -x + 1 \Rightarrow$ (Auflösen nach x) $y - 1 = -x$

$$-y + 1 = x$$

$\Rightarrow$ (Umbenennung) $f^{-1}(x) = y = -x + 1$

3. $f(x) = y = 0{,}5x - 2 \Rightarrow$ (Auflösen nach x) $y + 2 = 0{,}5x$

$$2y + 4 = x$$

$\Rightarrow$ (Umbenennung) $f^{-1}(x) = y = 2x + 4$

R

Allgemein: $f(x) = y = mx + b \Rightarrow f^{-1}(x) = y = m^*x + b^*$

Wir sehen: $m^* = \frac{1}{m}$ $\quad b^* = -\frac{b}{m}$

Begründung: Die Verkettung (Hintereinanderausführung) von f und f^{-1} muß wieder zu x zurückführen (die Identität liefern).

$$\begin{aligned} f(f^{-1}(x)) &= m \cdot (m^*x + b^*) + b \\ &= m \cdot \left(\frac{1}{m}x - \frac{b}{m}\right) + b \\ &= x - b + b = x \end{aligned}$$

3.4.5 Stückweise lineare Funktionen

Bisher waren wir davon ausgegangen, daß die Funktion überall durch dieselbe Funktionsgleichung beschrieben wird. Dies muß jedoch nicht sein. Solche abschnittsweise definierten Funktionen heißen ***stückweise lineare Funktionen.*** Drei besonders wichtige Grundtypen erläutern wir – mit Beispielen – auf den folgenden zwei Seiten:

1. Die Betragsfunktion f(x) = |x|

Es gilt: $|x| = \begin{cases} x \text{ für } x \geq 0 \\ -x \text{ für } x < 0 \end{cases}$

Jede Zahl setzt sich nämlich aus ihrem Betrag (dem Wert der Ziffernfolge) und ihrem Vorzeichen zusammen (siehe Seite 41). Somit liefert die Funktion f(x) = |x| zunächst die Ziffernfolge. Um sie rechnerisch weiterverarbeiten zu können, werden die Beträge als positive Zahlen behandelt. Aus negativen Zahlen aber erzeugt man positive durch Multiplikation mit (–1) oder Voranstellen eines Minuszeichens („Minus mal minus gibt plus").

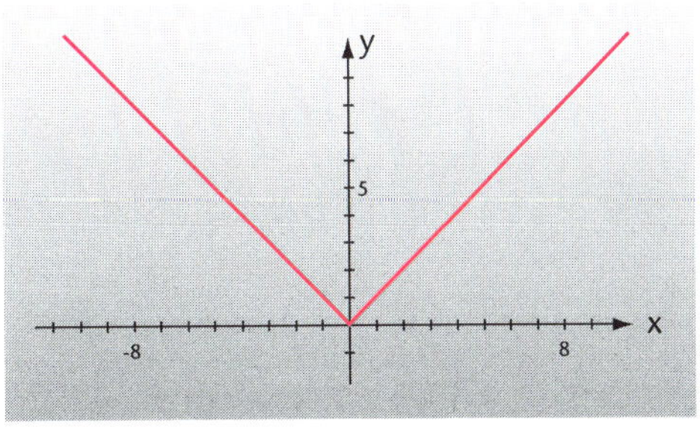

Bild 3.70 y = |x|

BEISPIEL

|4| = 4; |–3| = 3; |0| = 0

2. Die Vorzeichenfunktion f(x) = sgn(x)

Da von Null verschiedene Zahlen positiv oder negativ sein müssen, besitzt die Vorzeichenfunktion nur drei Werte:

$$\text{sgn}(x) = \begin{cases} +1 \text{ für } x > 0 \\ 0 \text{ für } x = 0 \\ -1 \text{ für } x < 0 \end{cases}$$

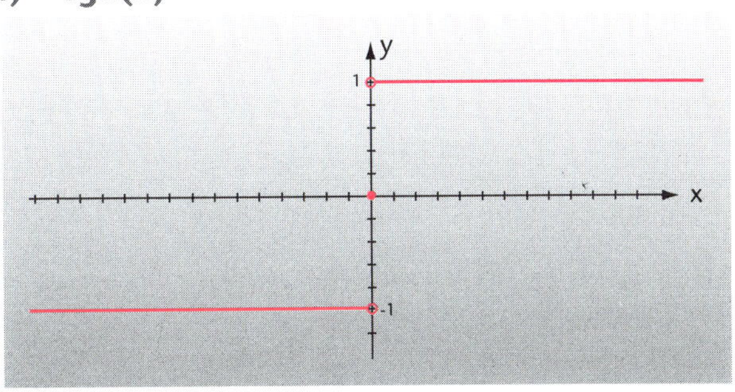

Bild 3.71 y = sgn(x)

BEISPIELE

sgn(–5) = –1; sgn(–1,8) = –1; sgn(–0,0001) = –1; sgn(0) = 0; sgn(0,000001) = 1; $\text{sgn}(10^6) = 1$

Aus Vorzeichen- und Betragsfunktion lassen sich die Zahlen wiedergewinnen: $x = \text{sgn}(x) \cdot |x|$

BEISPIELE

$\text{sgn}(-5) \cdot |-5| = (-1) \cdot 5 = -5$; $\text{sgn}(8) \cdot |8| = 1 \cdot 8 = 8$

3. Die Gaußsche Klammerfunktion f(x) = int(x) = [x]

Sie spielt bei der Programmierung von Computern eine wichtige Rolle. Sie ist folgendermaßen definiert:

Ist x eine ganze Zahl, so ist [x] = x. Ist x nicht ganzzahlig, so ist [x] die größte ganze Zahl, die kleiner ist als x.

BEISPIELE

[5] = 5; [–3] = –3; [2,5] = 2; [–1,8] = –2

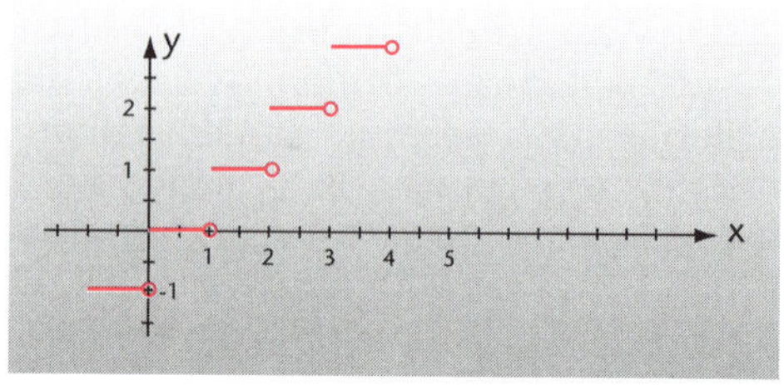

Bild 3.72 y = int (x)

ÜBUNGEN

49. Zeichnen Sie die Graphen der folgenden Funktionen:

a) y = 3x + 1 *b)* y = 2x – 5 *c)* y = –2x + 5
d) y = 0,5x – 2 *e)* y = –x + 7 *f)* y = x – 3

50. Bestimmen Sie die Gleichungen der linearen Funktionen, die durch folgende Punkte gehen:

a) (3|4); (5|6); *b)* (2|4); (4|2) *c)* (3|3); (5|3)
d) (1|1); (3|2) *e)* (2|0); (3|2) *f)* (1|3); (3|–3)

51. Bestimmen Sie mit Hilfe der Steigung und eines Punktes die Funktionsgleichung der linearen Funktion:

a) m = 2; P(3|1) *b)* m = –1; P(1|1) *c)* m = 0,5; P(2|4)
d) m = –0,5; P(0|4) *e)* m = –2; P(2|1) *f)* m = 0; P(|2)

52. Bestimmen Sie die Nullstellen der folgenden linearen Funktionen:

a) y = 3x – 6 *b)* y = 2x + 4 *c)* y = 0,5x – 6
d) y = –2x + 1 *e)* y = –0,5x + 4 *f)* y = –3x – 9

53. Wo schneiden sich die linearen Funktionen mit den folgenden Gleichungen?

a) y = 3x – 4 und y = –2x + 1 *d)* y = 3x + 1 und y = 2x – 5
b) y = 2x + 8 und y = –x – 1 *e)* y = 2x – 5 und y = –2x + 5
c) y = 0,5x + 5 und y = –2x – 5 *f)* y = 0,5x – 2 und y = –2x + 5

54. Unter welchem Winkel schneiden sich die Funktionenpaare aus Aufgabe 53a–f?

55. Bilden Sie die Umkehrfunktionen zu den Funktionen aus Aufgabe 53.

56. Zeichnen Sie die Graphen folgender stückweise linearen Funktionen:

a) y = |3x – 1| *b)* y = |–x + 7| *c)* y = [3x – 1]

3.5 Quadratische Funktion und Quadratwurzelfunktion

3.5.1 Die quadratische Funktion und ihre Gleichung

EINFÜHRUNGSBEISPIEL

Stellt man in einer Tabelle alle Zahlen und ihre Quadratzahlen zusammen, so erhält man daraus untenstehende graphische Darstellung (Bild 3.73).

x	$y = x^2$
⋮	⋮
– 3	9
– 2	4
– 1	1
0	0
+ 1	1
+ 2	4
+ 3	9
⋮	⋮

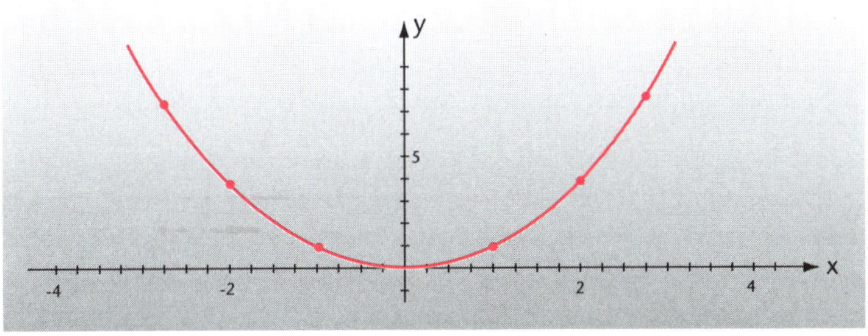

Bild 3.73 $y = x^2$. Die Quadrate ganzer Zahlen sind markiert.

Weitet man die Tabelle auf alle reellen Zahlen aus, so erhält man als Graph eine ***Parabel***. Die Funktion $y = x^2$ bezeichnet man als ***quadratische Funktion***. Sie ist der einfachste funktionale Zusammenhang für einen überproportionalen Anstieg.

BEISPIEL

Läßt man einen Stein aus verschiedenen Höhen fallen und mißt jeweils die Zeit bis zum Aufschlag auf dem Boden, so ergeben sich die folgende Tabelle und der zugehörige Graph, wenn man die Zuordnung so auffaßt, daß der zurückgelegte Weg abhängig von der verstrichenen Zeit t ist:

Zeit t	1	2	3	4	5	Sekunden
Weg s	4,905	19,62	44,145	78,48	122,625	Meter

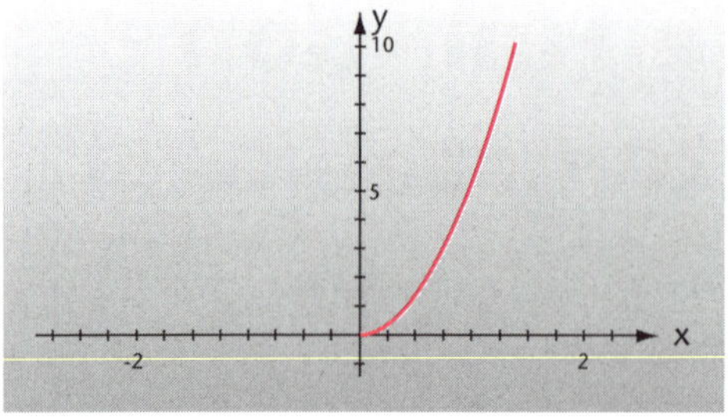

Bild 3.74 $y = 4{,}905 \cdot x^2$

t	t^2	s	$\frac{s}{t^2} = c$
1	1	4,905	4,905
2	4	19,62	4,905
3	9	44,145	4,905
4	16	78,48	4,905
5	25	122,625	4,905

Wir sehen, daß der Weg überproportional ansteigt. Wiederum ergibt sich ein quadratischer Zusammenhang:

Wir erhalten $s = 4{,}905\ \text{m/sec}^2 \cdot t^2 = 0{,}5 \cdot 9{,}81\ \text{m/sec}^2 \cdot t^2$. $g = 9{,}81\ \text{m/sec}^2$ heißt Fallbeschleunigung.

Auch diese Funktion bezeichnet man als quadratische Funktion.

D

Die allgemeine quadratische Funktion hat die Funktionsgleichung:
$y = ax^2 + bx + c$; $D = \mathbb{R}$; $a, b, c \in \mathbb{R}$, $a \neq 0$.
Ihr Graph ist eine Parabel.
ax^2 heißt quadratisches Glied, bx lineares Glied und c absolutes Glied der Funktionsgleichung. Wir erkennen quadratische Funktionen also daran, daß die unabhängige Variable x in der 2. Potenz vorkommt.

BEISPIELE

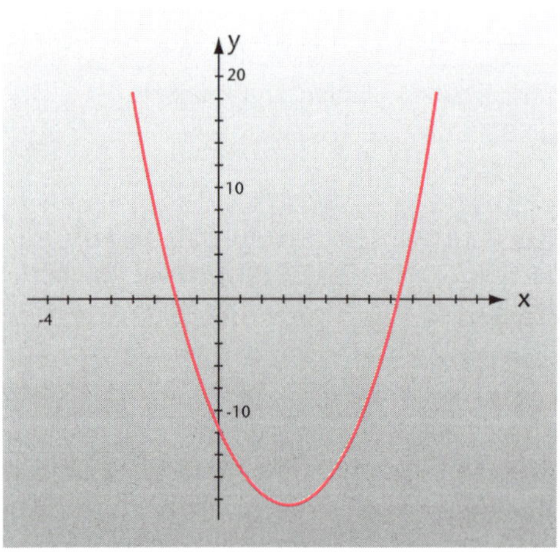

Bild 3.75 $y = 3x^2 - 9x - 12$

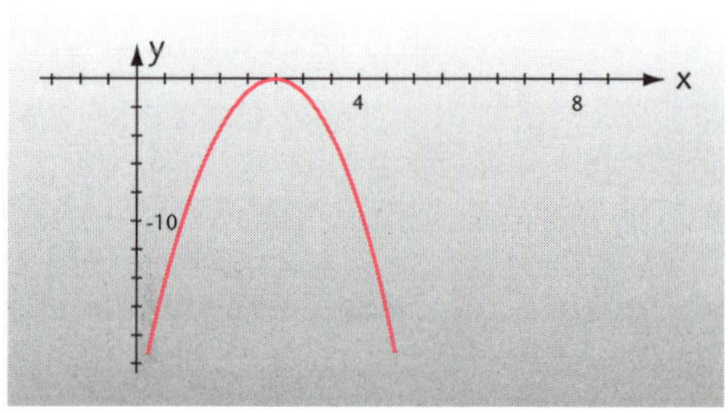

Bild 3.76 $y = -4x^2 + 20x - 25$

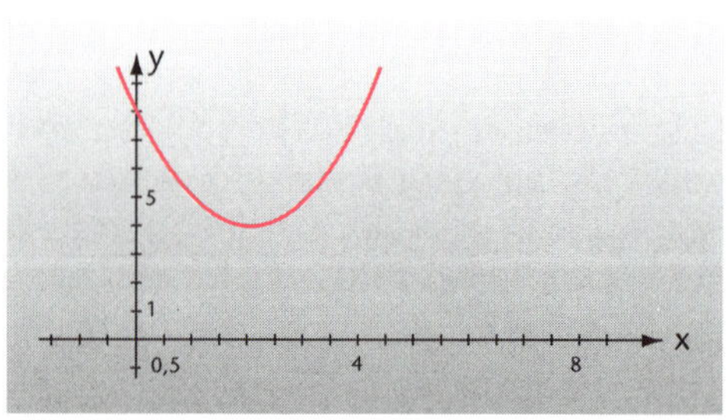

Bild 3.77 $y = x^2 - 4x + 8$

Charakteristisch für eine quadratische Funktion sind die ***Nullstellen, der Schnittpunkt mit der y-Achse*** sowie der höchste bzw. tiefste Punkt, der sogenannte ***Scheitelpunkt.***

3.5.2 Nullstellen quadratischer Funktionen

Die Nullstellen findet man durch Lösen einer quadratischen Gleichung (siehe Seite 167), da an den Nullstellen der y-Wert immer Null ist. Wir wiederholen kurz die Formel:

D

$$x^2 + px + q = 0 \Rightarrow -x = \frac{p}{2} \pm \sqrt{\left(\frac{p}{2}\right)^2 - q}$$

BEISPIELE

1. Wir bestimmen die Nullstellen der Parabel mit der Gleichung
$y = 3x^2 - 9x - 12.$
$y = 0 \Rightarrow 0 = 3x^2 - 9x - 12$
$\Rightarrow 0 = x^2 - 3x - 4$ (Normalform; siehe Formel!)
$\Rightarrow x = 1{,}5 \pm \sqrt{2{,}25 + 4} = 1{,}5 \pm 2{,}5 \Rightarrow x = 4$ oder $x = -1$

Eine Parabel muß nicht immer zwei Nullstellen haben. Dann hat die entsprechende quadratische Gleichung keine oder nur eine Lösung:

2. $y = x^2 - 4x + 8 \quad \Rightarrow 0 = x^2 - 4x + 8$
$\Rightarrow x = 2 \pm \sqrt{2^2 - 8}$ ist in $\mathbb{R}$ nicht lösbar, da der Wurzelinhalt negativ ist.

3. $y = 4x^2 - 20x + 25 \quad \Rightarrow 0 = 4x^2 - 20x + 25$
$\Rightarrow 0 = x^2 - 5x + 6{,}25$
$\Rightarrow x = 2{,}25 \pm \sqrt{2{,}5^2 - 6{,}25} = 2{,}5$

Die y-Achse schneidet die x-Achse an der Stelle $x = 0$. Deshalb ist die x-Koordinate für Schnittpunkte mit der y-Achse immer Null. Vom Gleichungsterm bleibt also nur das absolute Glied übrig. Damit ist $(0|y) = (0|c)$.

BEISPIEL

Wo schneidet die Parabel $y = 3x^2 - 9x - 12$ die y-Achse?
Lösung: $y = 3 \cdot 0^2 - 9 \cdot 0 - 12 = -12 \Rightarrow S(0|-12)$

3.5.3 Die Scheitelpunktform

Insgesamt kann eine Parabel verglichen mit der „Normalparabel" $y = x^2$ folgende Veränderungen aufweisen:

1. Sie kann nach oben ($a > 0$) oder nach unten ($a < 0$) geöffnet sein (Bild 3.78). Dabei ist die quadratische Funktion für $a > 0$ bis zum Scheitelpunkt (Minimum) streng monoton fallend und anschließend streng monoton steigend; für $a < 0$ ist sie bis zum Scheitelpunkt (Maximum) streng monoton steigend und anschließend streng monoton fallend.

Bild 3.78

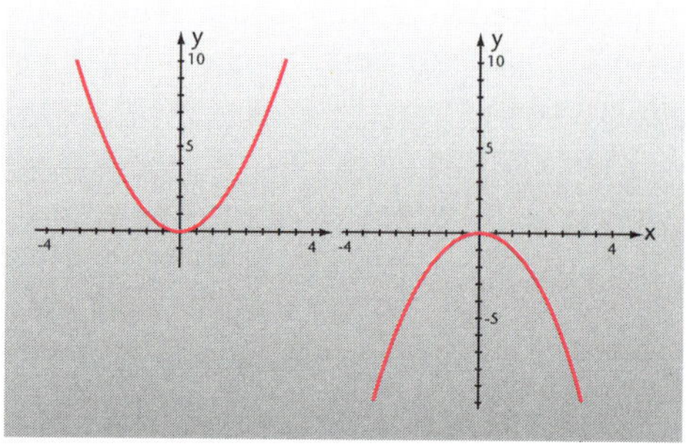

$y = x^2$ $y = -x^2$

2. Sie kann nach oben ($c > 0$) oder unten ($c < 0$) verschoben sein (Bild 3.79).

Bild 3.79

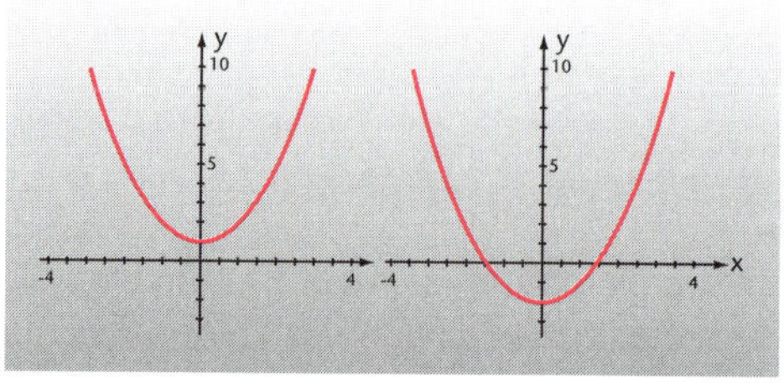

$y = x^2 + 1$ $y = x^2 - 2$

3. Sie kann nach links oder rechts verschoben sein (Bild 3.80).

Bild 3.80

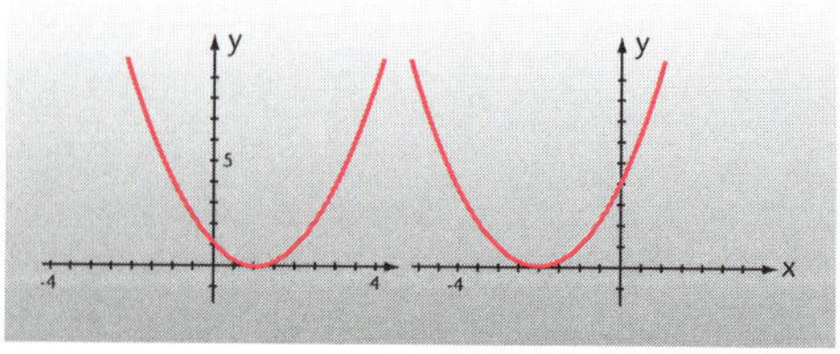

$y = x^2 - 2x + 1 = (x - 1)^2$ $y = x^2 + 4x + 4 = (x + 2)^2$

4. Sie kann steiler ($|a| > 1$) oder flacher ($|a| < 1$) verlaufen (Bild 3.81). Selbstverständlich können mehrere dieser Veränderungen zusammentreffen (Bild 3.82).

Bild 3.81

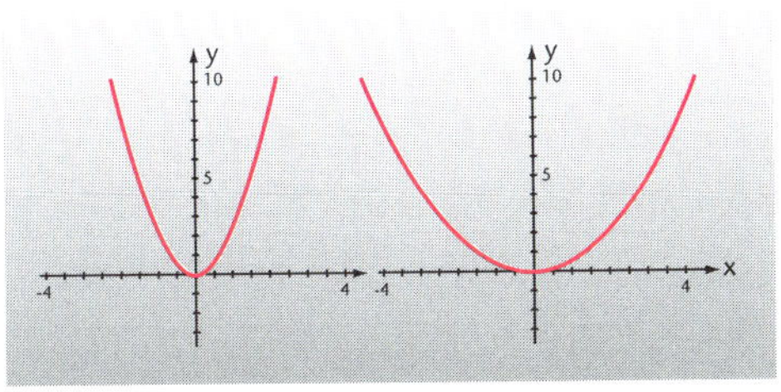

$y = 2x^2$ $y = 0{,}5x^2$

Bild 3.82

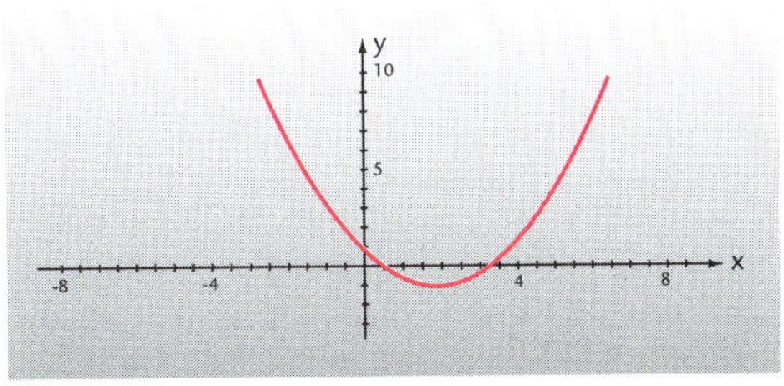

$y = 0{,}5x^2 - 2x + 1 = 0{,}5\,(x - 2)^2 - 1$

Eine Verschiebung nach rechts oder links kann man der Funktionsgleichung erst nach einer geeigneten Umformung ansehen. Dazu führen wir uns vor Augen:

1. Eine verschobene Parabel sieht prinzipiell noch genauso aus wie die nicht verschobene (Normal-)Parabel.

2. Jede Parabel ist symmetrisch bezüglich der Senkrechten durch ihren Scheitelpunkt.

Damit reicht es aus, die Verschiebung dieses Scheitelpunkts zu charakterisieren.

Für nach rechts oder links verschobene Normalparabeln läßt sich dies einfach realisieren, da der Scheitelpunkt die einzige Nullstelle ist.

BEISPIELE

1. $y = x^2 - 6$ hat $S(0|-6)$

2. $y = x^2 + 3$ hat $S(0|3)$

3. $y = x^2 - 6x + 9 = (x - 3)^2$ hat $S(3|0)$

4. $y = x^2 + 4x + 4 = (x + 2)^2$ hat $S(-2|0)$

5. $y = x^2 - x + 0{,}25 = (x - 0{,}5)^2$ hat $S(0{,}5|0)$

6. $y = x^2 + 1{,}6x + 0{,}64 = (x + 0{,}8)^2$ hat $S(-0{,}8|0)$

Für andere Parabeln ist es komplizierter, den Scheitel zu bestimmen, aber prinzipiell ebenfalls möglich:

BEISPIELE

1. $y = x^2 - 4x + 1 = (x - 2)^2 - 3$ hat S(2|–3)

2. $y = 2x^2 - 1{,}2x + 0{,}18 = 2(x - 0{,}3)^2$ hat S(0,3|0)

3. $y = 3x^2 - 6x + 5 = 3(x - 1)^2 + 2$ hat S(1|2)

Wir sehen: An der Stelle des quadratischen Gliedes steht nun ein Binom (siehe Seite 133); der x-Wert des Scheitelpunktes (x_s) ist aus der Zahl im Binom durch Umkehrung des Vorzeichens direkt ableitbar. Es gilt:
Für $(x + a)^2$ ist $x_s = -a$.
Für $(x - b)^2$ ist $x_s = b$.

Der y-Wert des Scheitelpunktes ist das (neue) absolute Glied. Diese umgeformte Funktionsgleichung bezeichnet man als ***Scheitelpunktform:*** $y = A(x - B)^2 + C$ hat den Scheitelpunkt S(–B|C).

Damit ist diese Parabel gegenüber der Normalparabel um B Einheiten nach links und um C Einheiten nach oben verschoben.

Wie gewinnt man nun konkret aus der ***Normalform*** $y = ax^2 + bx + c$ ihre Scheitelpunktform $y = A(x + B)^2 + C$? Dies soll an einem Beispiel vorgeführt werden:

BEISPIEL

$y = 3x^2 - 6x + 5$ hat die Form $y = ax^2 + bx + c$.
Wir klammern a = 3 aus:

$$y = 3\left(x^2 - 2x + \frac{5}{3}\right) \qquad y = a\left(x^2 + \frac{b}{a} + \frac{c}{a}\right)$$

In der Klammer nehmen wir eine „quadratische Ergänzung" vor. Dazu teilen wir den Vorfaktor von x im linearen Glied durch 2 und quadrieren die so erhaltene Zahl:

$$y = 3\left(x^2 - 2x + [+1 - 1] + \frac{5}{3}\right) \qquad y = a\left(x^2 + \frac{b}{a}\,x + \left[\left(\frac{b}{2a}\right)^2 - \left(\frac{b}{2a}\right)^2\right] + \frac{c}{a}\right)$$

$$= 3\left(\left[x^2 - 2x + 1\right] - 1 + \frac{5}{3}\right) \qquad = a\left(\left[x^2 + \frac{b}{a}x + \left(\frac{b}{2a}\right)^2\right] - \left(\frac{b}{2a}\right)^2 + \frac{c}{a}\right)$$

$$= 3(x - 1)^2 + 2 \qquad = a\left(x + \frac{b}{2a}\right)^2 - \frac{b^2}{4a} + c$$

Damit erhalten wir:

$A = a \qquad B = \frac{b}{2a} \qquad C = c - \frac{b^2}{4a} = \frac{4ac - b^2}{4a}$

R

Damit gilt: Die Parabel mit der Gleichung $y = ax^2 + bx + c$ hat den Scheitelpunkt
$S\left(-\frac{b}{2a} \,\middle|\, \frac{4ac - b^2}{4a}\right)$.

Sie ist gegenüber der (gestreckten) Normalparabel $y = ax^2$ um $-\frac{b}{2a}$ in x-Richtung und um $c - \frac{b^2}{4a}$ in y-Richtung verschoben.

Die Parallele zur y-Achse mit der Gleichung $x = -\frac{b}{2a}$ ist Symmetrieachse der Parabel.

Der Zähler des Terms $\frac{4ac - b^2}{4a}$ für C ist auch aus der verallgemeinerten Lösungsformel für quadratische Gleichungen (siehe Seite 167) bekannt:

$4ac - b^2 > 0$ $\Leftrightarrow$ Der Wurzelinhalt ist negativ.
$\Leftrightarrow$ Die quadratische Gleichung hat keine Lösung in $\mathbb{R}$.
$\Leftrightarrow$ Die zugrunde liegende quadratische Funktion hat keine Nullstelle.
$\Leftrightarrow$ Die Parabel liegt komplett oberhalb ($a > 0$) bzw. unterhalb ($a < 0$) der x-Achse.

Ist dagegen $4ac - b^2 < 0$, so gilt:

1. Der Wurzelinhalt ist positiv.
2. Die quadratische Gleichung hat zwei Lösungen.
3. Die zugrunde liegende quadratische Funktion hat die Nullstellen $x_1 = (-b + \sqrt{b^2 - 4ac}) : 2a$ und $x_2 = (-b - \sqrt{b^2 - 4ac}) : 2a$.
4. Die Parabel schneidet die x-Achse bei $x = x_1$ und $x = x_2$.

BEISPIELE

1. $y = 4x^2 - 7x + 1$ $\Rightarrow a = 4;\ b = -7;\ c = 1$
$\Rightarrow A = 4;\ B = \frac{-7}{2 \cdot 4} = -\frac{7}{8} = -0{,}875;\ C = 1 - \frac{7^2}{4 \cdot 4} = -2{,}0625$
$\Rightarrow y = 4 \cdot (x - 0{,}875)^2 - 2{,}0625$

2. $y = 0{,}5x^2 + 5x - 4$ $\Rightarrow a = 0{,}5;\ b = 5;\ c = -4$
$\Rightarrow A = 0{,}5;\ B = 5;\ C = -16{,}5$
$\Rightarrow y = 0{,}5(x + 5)^2 - 16{,}5$

Natürlich läßt sich aus der Scheitelpunktform die Normalform zurückgewinnen. Meist geht das am schnellsten durch Ausmultiplizieren der Klammer und Zusammenfassen der entstehenden Terme nach Potenzen von x. Nur bei unhandlichen

Brüchen oder langen Dezimalzahlen empfiehlt sich der Rückgriff auf die Formeln $a = A$, $b = 2AB$, $c = C + AB^2$, die man durch Sortieren der Scheitelpunktsterme nach a, b, c erhält.

BEISPIELE

1. $y = 3(x - 1)^2 + 2 \quad \Rightarrow A = 3;\ B = -1;\ C = 2$
$\Rightarrow a = 3;\ b = -6;\ c = 5$
$\Rightarrow y = 3x^2 - 6x + 5$

2. $y = 4(x + 2)^2 - 7 \quad \Rightarrow A = 4;\ B = 2;\ C = -7$
$\Rightarrow a = 4;\ b = 16;\ c = 9$
$\Rightarrow y = 4x^2 + 16x + 9$

3. $y = -2(x - 1)^2 - 3 \quad \Rightarrow A = -2;\ B = -1;\ C = -3$
$\Rightarrow a = -2;\ b = 4;\ c = -5$
$\Rightarrow y = -2x^2 + 4x - 5$

3.5.4 Bestimmung der Funktionsgleichung aus Punkten und Eigenschaften

Um die drei Koeffizienten einer quadratischen Gleichung zu bestimmen, braucht man drei Punkte oder Eigenschaften. Hierfür analog zur Zwei-Punkte-Formel bei Geraden eine Formel anzugeben ist zumindest ohne praktische Bedeutung, da sie sehr kompliziert wäre. Die Lösungsstrategie dagegen kann man sich sehr leicht merken.

1. Drei Punkte sind gegeben. Dies führt auf ein Gleichungssystem von drei Gleichungen mit drei Unbekannten (siehe Seite 204).

BEISPIEL

Die drei Punkte (1|4), (–1|0) und (–2|7) liegen auf einer Parabel. Wie lautet ihre Gleichung?
Allgemein: $ax^2 + bx + c = y$
Ansatz: (1) $a + b + c = 4$
(2) $a - b + c = 0$
(3) $4a - 2b + c = 7$
$(1) + (2) \Rightarrow (4)\ 2a + 2c = 4 \Leftrightarrow 6a + 6c = 12 \quad (4^*)$
$2 \cdot (1) + (3) \Rightarrow (5)\ 6a + 3c = 15 \Leftrightarrow 12a + 6c = 30 \quad (5^*)$

$(5^*) - (4^*) \Rightarrow 6a = 18 \Rightarrow a = 3$
$\Rightarrow c = -1 \Rightarrow b = 2$
$\Rightarrow$ Die Parabel hat die Gleichung $y = 3x^2 + 2x - 1$.

2. Zwei Punkte und eine Eigenschaft sind gegeben. Ohne Differentialrechnung (siehe Seite 509) bleiben insbesondere drei verwertbare Eigenschaften: die Steilheit der Parabel, ihre Verschiebung in x- oder y-Richtung oder die Angabe des Scheitelpunktes. Zumindest für die beiden letztgenannten Varianten greift man vorteilhaft zur Scheitelpunktform.

BEISPIEL

Eine Parabel hat den Scheitelpunkt (–1|1) und geht durch P(–2|4). Wie lautet ihre Gleichung?
Allgemein: $y = A(x + B)^2 + C$
$S(-1|1) \Rightarrow B = 1;\ C = 1$
$P(-2|4) \Rightarrow 4 = A(-2 + 1)^2 + 1 \Leftrightarrow A = 3$
Also lautet die Gleichung $y = 3(x + 1)^2 + 1 = 3x^2 + 6x + 4$.

3. Ein Punkt und zwei Eigenschaften sind gegeben. Diese Situation behandelt man analog zu *2.*

3.5.5 Schnittpunktbestimmungen

Die Frage nach den Schnittpunkten der Graphen einer linearen und einer quadratischen Funktion oder zweier quadratischen Funktionen ist identisch mit der Frage nach den Nullstellen der Differenzfunktion. Sie führt in der Regel auf eine quadratische Gleichung (siehe Seite 167).

BEISPIELE

1. Wo schneiden sich die Graphen der Funktionen f_1: $y = x^2 - 7x + 1$ und f_2: $y = -3x + 6$?
Da ein Schnittpunkt $(x_s|y_s)$ zu beiden Graphen gehört, gilt:
$y_s = x_s^2 - 7x_s + 1 = -3x_s + 6$
$\Rightarrow x_s^2 - 4x_s - 5 = 0$
$\Rightarrow x_s = 2 \pm \sqrt{4 + 5}$
$\Rightarrow x_s = 5 \vee x_s = -1$
$\Rightarrow y_s = -9 \vee y_s = 9$
Die Schnittpunkte sind (5|–9) und (–1|9).

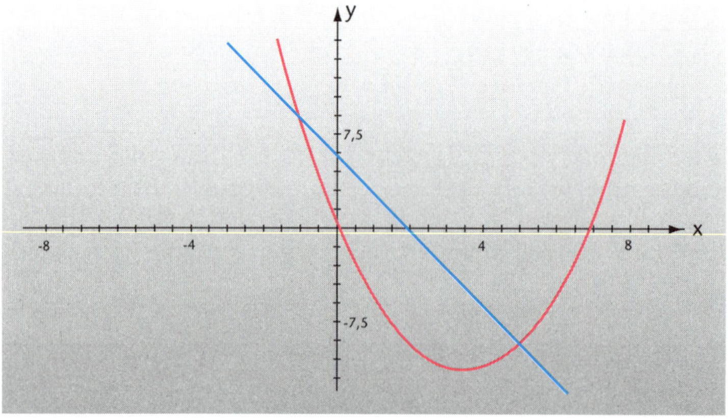

Bild 3.83 Die Graphen der Funktionen $y = x^2 - 7x + 1$ und $y = -3x + 6$ schneiden sich in (5|-9) und (-1|9).

2. Wo schneiden sich die Parabeln $y = x^2 - 3x + 1$ und $y = x^2 + 2x - 4$?

$$x_s^2 - 3x_s + 1 = x_s^2 + 2x_s - 4$$
$$-3x_s + 1 = 2x_s - 4$$
$$5 = 5x_s$$
$$1 = x_s \Rightarrow y_s = -1$$

Der Schnittpunkt ist (1|-1).

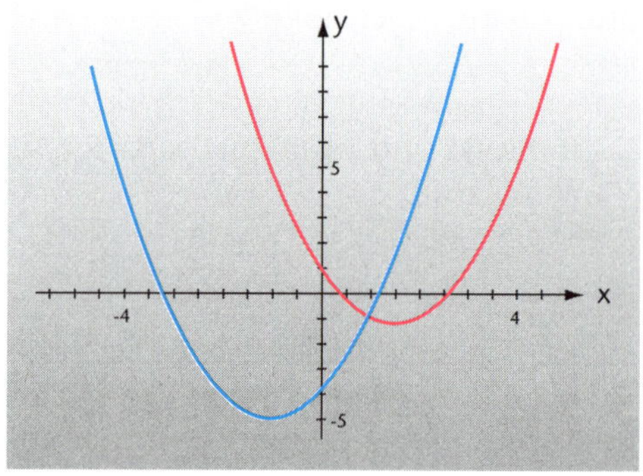

Bild 3.84 Die Graphen der Funktionen $y = x^2 - 3x + 1$ und $y = x^2 + 2x - 4$ schneiden sich in (1|-1).

3. Wo schneiden sich die Parabeln $y = x^2 - 3x + 4$ und $y = 2x^2 - 2x - 2$?

$$x_s^2 - 3x_s + 4 = 2x_s^2 - 2x_s - 2$$
$$0 = x_s^2 + x_s - 6$$
$$\Rightarrow x_s = -0{,}5 \pm \sqrt{6{,}25}$$
$$\Rightarrow x_s = 2 \vee x_s = -3$$
$$\Rightarrow y_s = 2 \vee y_s = 22$$

Die Schnittpunkte sind (2|2) und (-3|22).

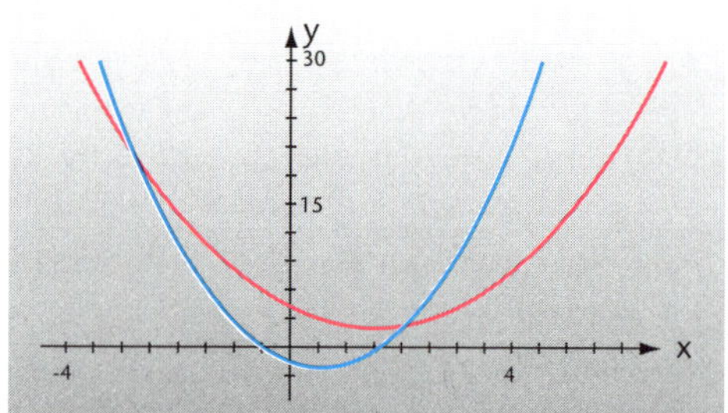

Bild 3.85 Die Graphen der Funktionen $y = x^2 - 3x + 4$ und $y = 2x^2 - 2x - 2$ schneiden sich in (2|2) und (-3|22).

3.5.6 Die Quadratwurzelfunktion als Umkehrung der quadratischen Funktion

D

Die Umkehrung der quadratischen Funktion heißt Quadratwurzelfunktion oder kurz Wurzelfunktion.

Da aber jeweils eine positive Zahl und ihre negative Gegenzahl zur selben Quadratzahl führen, ist diese Umkehrung nicht von vornherein eindeutig. Sie wird es erst durch eine Einschränkung des Wertebereichs. In der Regel benutzt man die positive Lösung: $y = +\sqrt{x},\ x \in \mathbb{R}_0^+$.

EINFÜHRUNGSBEISPIEL

Mißt man die jeweils notwendige Zeit für das Fallen eines Steins aus verschiedenen Höhen, so erhält man:

s(m)	0,1	0,4	0,9
t(sec)	0,1428	0,2856	0,4284

$$\Rightarrow t = \sqrt{\frac{2s}{g}} \quad \text{mit } g = 9{,}81 \frac{m}{sec^2}$$

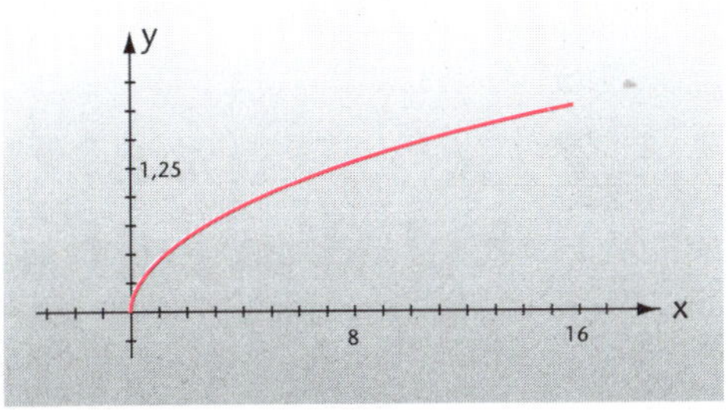

Bild 3.86 $y = \sqrt{\frac{2x}{9{,}81}}$

Die Wurzelfunktion ist überall streng monoton steigend.

Sie ist durchaus eine eigenständige Funktion. Betrachtet man sie aber als Umkehrung der Quadratfunktion, stellt sich die Frage: Wie erhält man die Wurzelfunktion aus der Quadratfunktion?

Durch Vergleich des obenstehenden Einführungsbeispiels mit dem Beispiel auf Seite 276 stellen wir fest:

1. Die Graphen ergeben sich (bei identischer Achseneinteilung) auseinander durch Spiegelung an der Geraden y = x (oder durch Drehung eines Bildes um 90° nach links und anschließende Betrachtung in einem Spiegel – probieren Sie es aus!).

2. Die Funktionsgleichung erhalten wir durch Auflösen nach der jeweils anderen Variablen. Dies erfolgt bei einer allgemeinen quadratischen Gleichung über die Scheitelpunktform.
   Da Funktionen aber immer als y = f(x) geschrieben werden, ist nach dem Auflösen der Funktionsgleichung nach x noch eine Umbenennung der Variablen erforderlich.

BEISPIEL

Wie lautet die Umkehrfunktion zu
$y = 3x^2 + 6x + 4$?

Scheitelpunktform: $y = 3(x + 1)^2 + 1$

Auflösen nach x: $y - 1 = 3(x + 1)^2$

$$\frac{y-1}{3} = (x + 1)^2$$

$$+\sqrt{\frac{y-1}{3}} = x + 1$$

$$\sqrt{\frac{y-1}{3}} - 1 = x$$

Umbenennung: $\sqrt{\frac{x-1}{3}} - 1 = y$

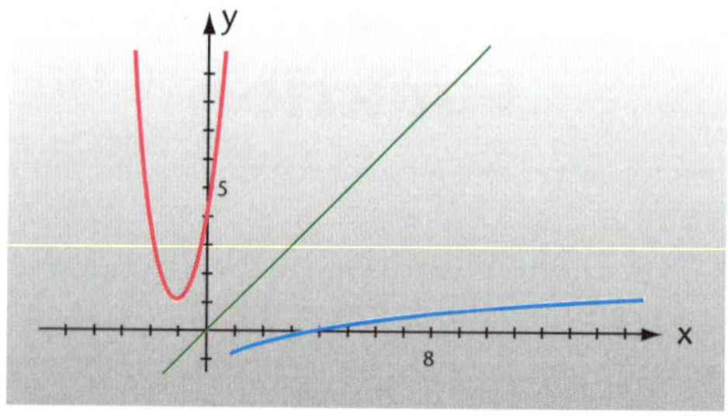

Bild 3.87 Die Graphen der Funktion $y = 3x^2 + 6x + 4$, ihrer (nur für $\mathbb{D}_f = \{x \geq -1\}$ erklärbaren) Umkehrfunktion $y = \sqrt{\frac{x-1}{3}}$ und der Winkelhalbierenden $y = x$

3.5.7 Schnittpunktbestimmungen bei Wurzelfunktionen

Die Frage nach den Schnittpunkten zweier Wurzelfunktionen führt in der Regel auf eine lineare, die Frage nach den Schnittpunkten einer Wurzelfunktion und einer linearen Funktion immer auf eine quadratische Gleichung. Die Frage nach den Schnittpunkten einer Wurzelfunktion und einer quadratischen Funktion läßt sich bis auf Ausnahmen nur noch mit Hilfe von numerischen Verfahren (siehe Seite 663) lösen.

BEISPIELE

1. Wo schneiden sich $y = \sqrt{5x - 1}$ und $y = \sqrt{1 - 3x}$?

$$\sqrt{5x_s - 1} = \sqrt{1 - 3x_s} \quad | \text{ Quadrieren}$$

$$5x_s - 1 = 1 - 3x_s$$

$$8x_s = 2$$

$$x_s = 0{,}25 \Rightarrow y_s = 0{,}5$$

Der Schnittpunkt ist (0,25|0,5).

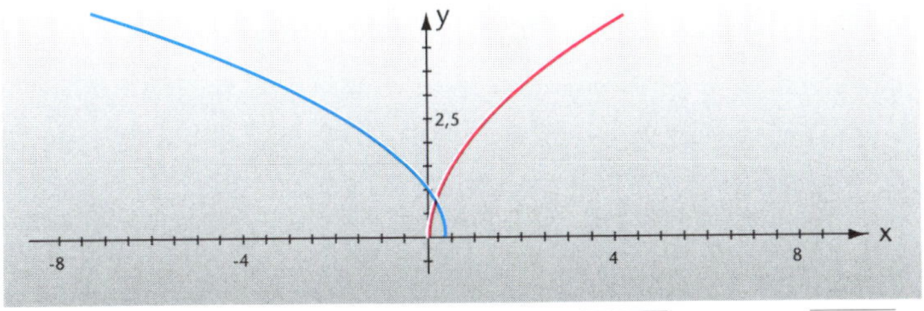

Bild 3.88 Die Graphen der Funktionen $y = \sqrt{5x - 1}$ und $y = \sqrt{1 - 3x}$ schneiden sich in (0,25|0,5).

2. Wo schneiden sich $y = \sqrt{3x + 1}$ und $y = 2 - 3x$?

$$\sqrt{3x_s + 1} = 2 - 3x_s \qquad | \text{ Quadrieren}$$
$$3x_s + 1 = 4 + 9x_x^2 - 12x_s$$
$$0 = 9x_s^2 - 15x_s + 3$$
$$0 = x_s^2 - \frac{5}{3}x_s + \frac{1}{3}$$
$$x_s = \frac{5}{6} \pm \sqrt{\frac{25}{36} - \frac{12}{36}}$$
$$x_s \approx 0{,}2324 \vee x_s \approx 1{,}4342$$

Einsetzen zeigt: Nur $y_s \approx 1{,}3028$ ist Lösung, während man für das zweite x_s verschiedene y-Werte aus den beiden Ausgangsgleichungen erhält. Dies liegt daran, daß Quadrieren keine Äquivalenzumformung ist.

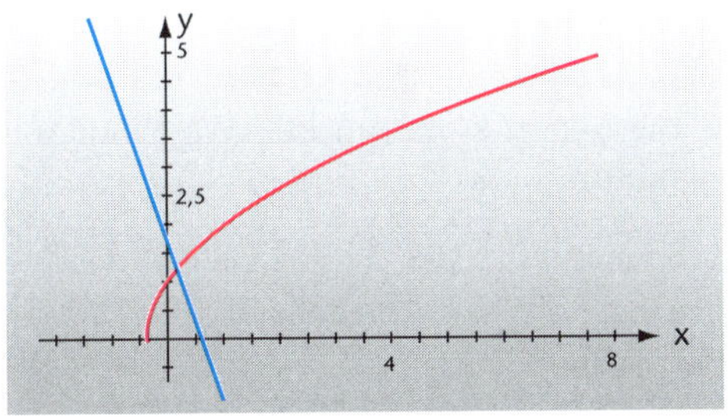

Bild 3.89 Die Graphen der Funktionen $y = \sqrt{3x + 1}$ und $y = 2 - 3x$ schneiden sich in (0,2324|1,3028).

3. Wo schneiden sich $y = \sqrt{1 - 2x}$ und $y = x^2 + x - 1$?

$$\sqrt{1 - 2x_s} = x_s^2 + x_s - 1 \qquad | \text{ Quadrieren}$$
$$1 - 2x_s = x_s^4 + 2x_s^3 - x_s^2 - 2x_s + 1$$
$$0 = x_s^4 + 2x_s^3 - x_s^2$$
$$0 = x_s^2 (x_s^2 + 2x_s - 1)$$
$$\Rightarrow x_s = 0 \vee x_s = -1 + \sqrt{2} \quad \vee \quad x_s = -1 - \sqrt{2}$$
$$\text{(keine Lösungen)} \qquad y_s = 1 + \sqrt{2}$$

Es gibt somit nur den einen Schnittpunkt (–2,41|2,41).

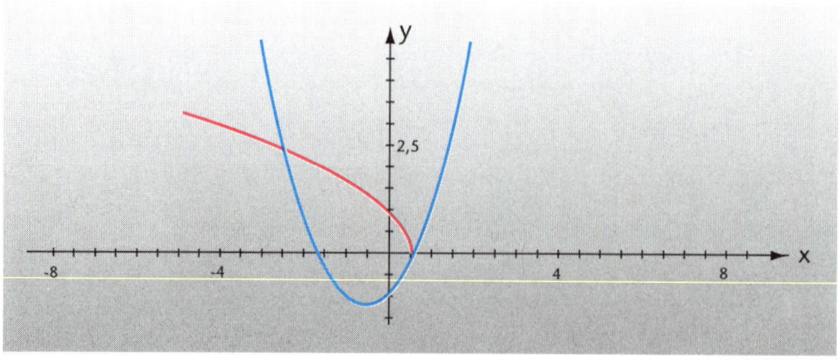

Bild 3.90 Die Graphen der Funktionen $y = \sqrt{1 - 2x}$ und $y = x^2 + x - 1$ schneiden sich in (–2,41|2,41).

4. Wo schneiden sich $y = \sqrt{3x + 1}$ und $y = x^2 - x + 1$?

$$\sqrt{3x_s + 1} = x_s^2 - x_s + 1$$
$$3x_s + 1 = x_s^4 - 2x_s^3 + 3x_s^2 - 2x_s + 1$$
$$0 = x_s^4 - 2x_s^3 + 3x_s^2 - 5x_s$$
$$0 = x_s(x_s^3 - 2x_s^2 + 3x_s - 5)$$
$$\Rightarrow \text{Eine Lösung ist } (0|1).$$

Weitere Lösungen sind nicht so leicht zu finden. Eine weitere Lösung liegt aber zwischen 1 und 2, da der Wert der Klammer für x = 1 negativ, für x = 2 dagegen positiv wird: Somit muß es dazwischen eine Zahl geben, für welche die Klammer genau den Wert Null annimmt.

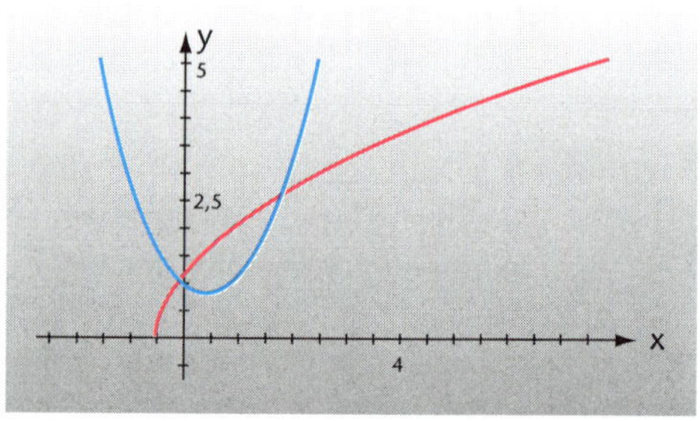

Bild 3.91 Die Graphen der Funktionen $y = \sqrt{3x + 1}$ und $y = x^2 - x + 1$ schneiden sich in (0|1) und (1,83|2,55).

ÜBUNGEN

57. Zeichnen Sie die Graphen der folgenden quadratischen Funktionen:

a) $y = x^2 - 2x - 4$ *b)* $y = 2x^2 - 2x + 1$

c) $y = 0{,}5x^2 - 1$ *d)* $y = -x^2 + x - 1$

e) $y = -2x^2 + 4x + 4$ *f)* $y = -0{,}5x^2 - 2x + 5$

58. Bestimmen Sie die Gleichungen der quadratischen Funktionen mit Hilfe der folgenden Punkte und Eigenschaften:

a) (1|2); (–1|4); (2|7) *b)* (1|–1); (2|1); (–1|1)

c) (1|4); (–1|–4); (2|5) *d)* Scheitelpunkt (–2|2); (0|0)

e) Nullstellen $x_1 = 1$ und $x_2 = 3$; y-Achsen-Abschnitt y = 7

59. Bestimmen Sie – wenn vorhanden – die Nullstellen der quadratischen Funktionen:

a) $y = 2x^2 - x + 1$ *b)* $y = x^2 - x - 1$
c) $y = -x^2 + 4x + 1$ *d)* $y = x^2 + 2x + 2$
e) $y = -2x^2 - 2x - 4$ *f)* $y = -2x^2 + 2x + 4$

60. Bestimmen Sie die Schnittpunkte der folgenden quadratischen und linearen Funktionen:

a) $y = 2x^2 - x + 1$ und $y = 6x - 4$
b) $y = -x^2 + 4x + 1$ und $y = 3x - 1$
c) $y = -2x^2 - 2x - 4$ und $y = 2x - 4$
d) $y = x^2 - x - 1$ und $y = 2x - 1$
e) $y = x^2 + 2x + 2$ und $y = -x + 6$
f) $y = -2x^2 + 2x + 4$ und $y = -2x + 2$

61. Bestimmen Sie die Schnittpunkte der folgenden quadratischen Funktionen:

a) $y = x^2 - 2x + 4$ und $y = 2x^2 - 2x + 1$
b) $y = 0{,}5x^2 - 1$ und $y = -x^2 - x + 1$
c) $y = -2x^2 + 4x + 4$ und $y = -0{,}5x^2 - 2x + 5$
d) $y = 2x^2 - 2x + 2$ und $y = -2x^2 + 4x + 4$
e) $y = x^2 - 2x - 4$ und $y = 3x^2 + 6x - 12$

62. Bestimmen Sie die Umkehrfunktion zu folgenden quadratischen Funktionen:

a) $y = x^2 - 8x + 20$ *b)* $y = 4x^2 + 6x - 3$
c) $y = 7x^2 + 35x - 1$ *d)* $y = -3x^2 + 3x + 5$
e) $y = 4x^2 + 56x - 1$ *f)* $y = 3x^2 - 6x + 11$

63. Zeichnen Sie die Graphen der folgenden Wurzelfunktionen:

a) $y = \sqrt{x - 3}$ *b)* $y = \sqrt{x + 2} - 3$
c) $y = \sqrt{2x - 1} + 2$ *d)* $y = \sqrt{0{,}5x + 2} - 3$

64. Bestimmen Sie die Schnittpunkte der folgenden Wurzelfunktionen und linearen Funktionen:

a) $y = \sqrt{x - 3}$ und $y = 2x - 5$
b) $y = \sqrt{x + 2} - 3$ und $y = -x + 4$
c) $y = \sqrt{2x - 1} + 2$ und $y = 2x - 1$
d) $y = \sqrt{0{,}5x + 2} - 3$ und $y = -2x + 6$

65. Bestimmen Sie die Schnittpunkte der folgenden Wurzelfunktionen:

a) $y = \sqrt{3x - 1}$ und $y = \sqrt{0{,}5x + 4}$
b) $y = \sqrt{x + 5}$ und $y = \sqrt{3 - x}$
c) $y = \sqrt{x + 1} + 2$ und $y = \sqrt{2x - 4}$
d) $y = \sqrt{0{,}5x - 2} - 1$ und $y = \sqrt{2x + 4} - 6$

66. Bestimmen Sie die Schnittpunkte der folgenden Wurzelfunktionen und quadratischen Funktionen, bzw. entscheiden Sie, ob Schnittstellen vorliegen können:

a) $y = \sqrt{2x + 5}$ und $y = x^2 - 1$
b) $y = \sqrt{9x + 16}$ und $y = x^2 + 4$
c) $y = \sqrt{x - 3}$ und $y = x^2 + 4x + 5$

3.6 Potenzfunktionen und höhere Wurzelfunktionen

3.6.1 Potenzfunktionen mit natürlichen Exponenten und ihre Umkehrung

EINFÜHRUNGSBEISPIEL

Viele chemische Verbindungen erzeugen regelmäßige geometrische Figuren. Salzkörnchen etwa, die Zusammenlagerung von Kochsalzkristallen, haben dabei in der Grundstruktur die Form eines Würfels. Durch immer weitergehende Anlagerung können dabei große Salzblöcke entstehen. Deren Volumen V hängt von der Kantenlänge x ab gemäß $V(x) = x^3$.

x	1 mm	1 cm	5 cm	10 cm	1 m
V	1 mm^3	1 cm^3	125 cm^3	1000 cm^3	1 m^3

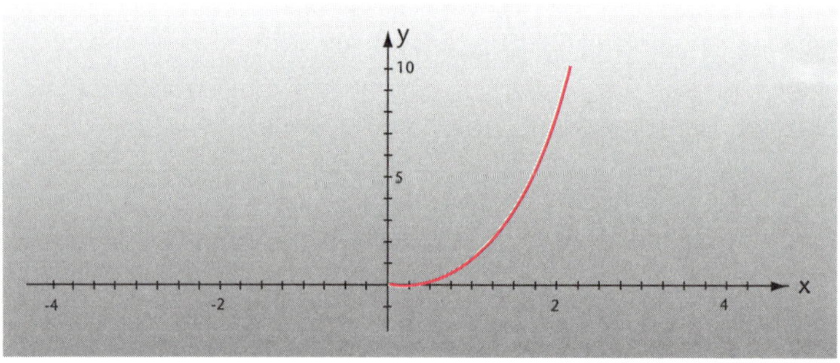

Bild 3.92 $y = x^3$, $\mathbb{D} = \mathbb{R}_0^+$

D

Allgemein heißen Funktionen der Art $y = x^n$, $n \in \mathbb{N}$, *Potenzfunktionen n-ten Grades.* Ihr Graph heißt Parabel n-ten Grades.

Sie lassen sich in zwei Gruppen einteilen:

1. Potenzfunktionen mit geradem Exponenten, das heißt, $y = x^{2n}$,

BEISPIELE

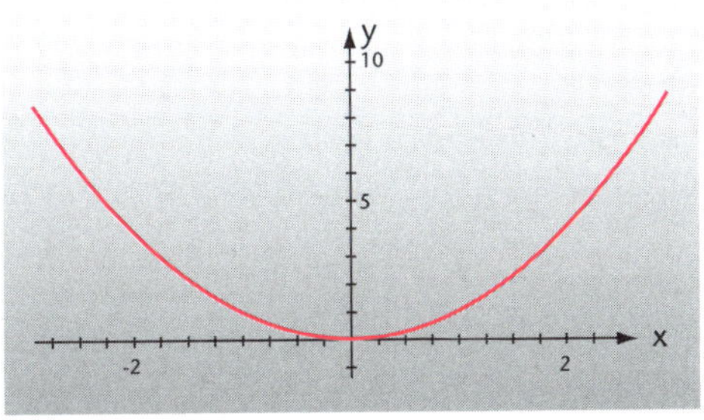

Bild 3.93 $y = x^2$

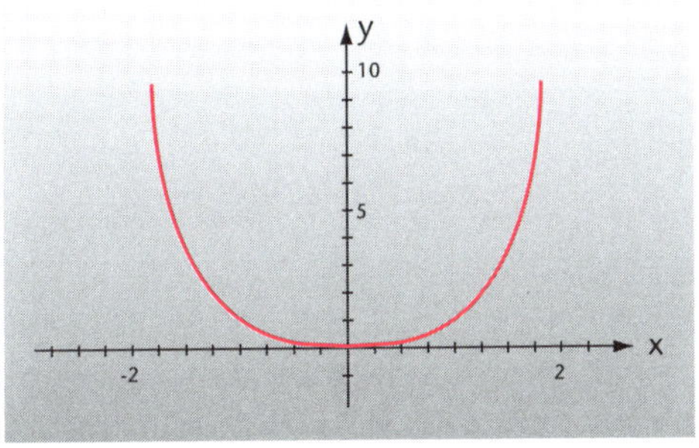

Bild 3.94 $y = x^4$

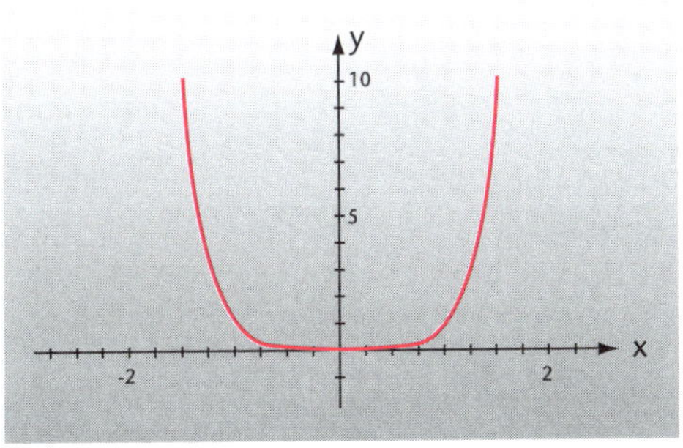

Bild 3.95 $y = x^6$

2. Potenzfunktionen mit ungeradem Exponenten, das heißt, $y = x^{2n-1}$.

BEISPIELE

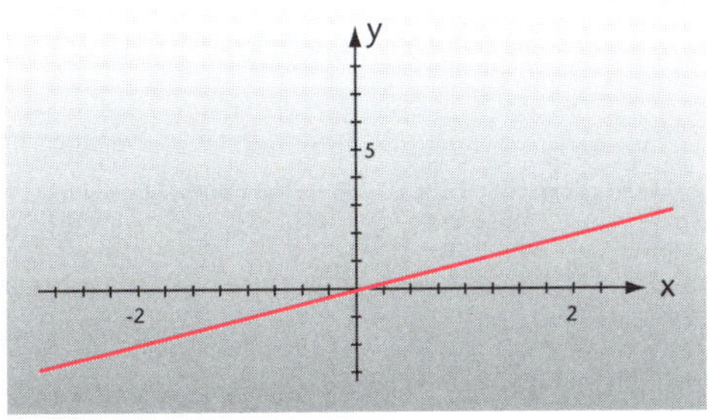

Bild 3.96 $y = x$

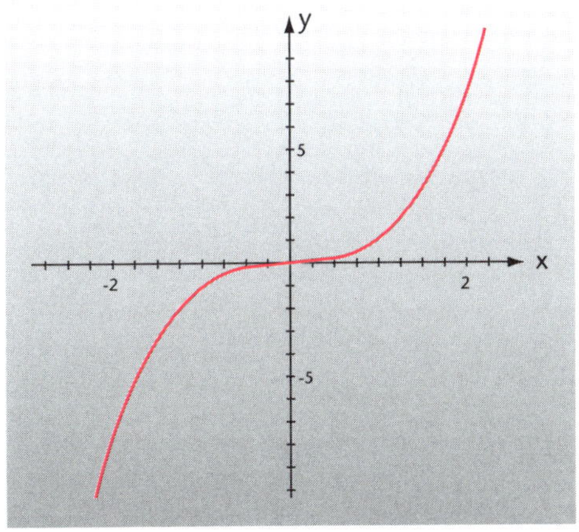

Bild 3.97 $y = x^3$

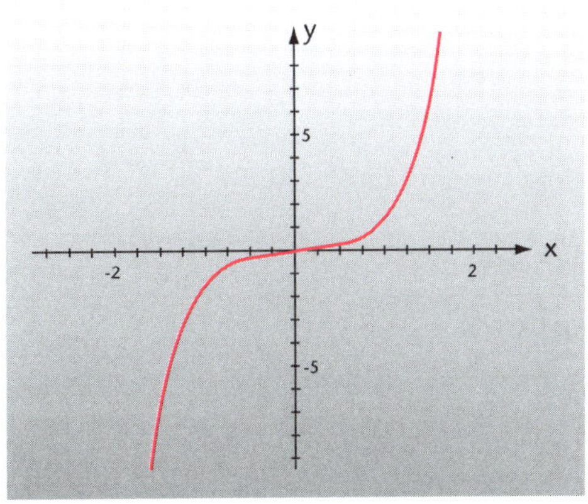

Bild 3.98 $y = x^5$

Wir sehen:

1. *a)* Der Graph verläuft durch (–1|1); (0|0); (1|1).
   b) Der Graph ist symmetrisch zu y-Achse.
   c) Der Graph fällt für $x < 0$ streng monoton und steigt streng monoton für $x > 0$.
2. *a)* Der Graph verläuft durch (–1|–1); (0|0); (1|1).
   b) Der Graph ist symmetrisch zum Ursprung.
   c) Der Graph ist überall streng monoton steigend.

D

Die Umkehrung der Potenzfunktion n-ten Grades heißt Wurzelfunktion n-ten Grades. Sie hat die Gleichung $y = \sqrt[n]{x}$.

Da die strenge Monotonie Voraussetzung für die Umkehrbarkeit ist, existiert die Umkehrung von $y = x^{2n}$, $n \in \mathbb{N}$, nur auf $\mathbb{D} = \mathbb{R}_0^+$ (oder $\mathbb{D} = \mathbb{R}_0^-$). Die Funktionen $y = x^{2n-1}$, $n \in \mathbb{N}$, sind dagegen auf ganz $\mathbb{R}$ umkehrbar.

BEISPIELE

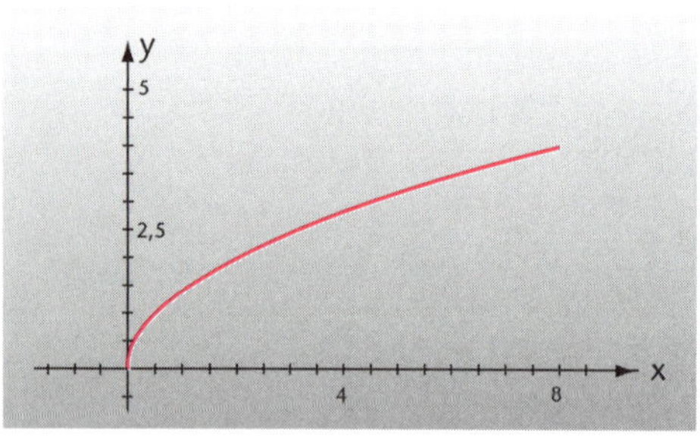

Bild 3.99 $y = \sqrt{x}$

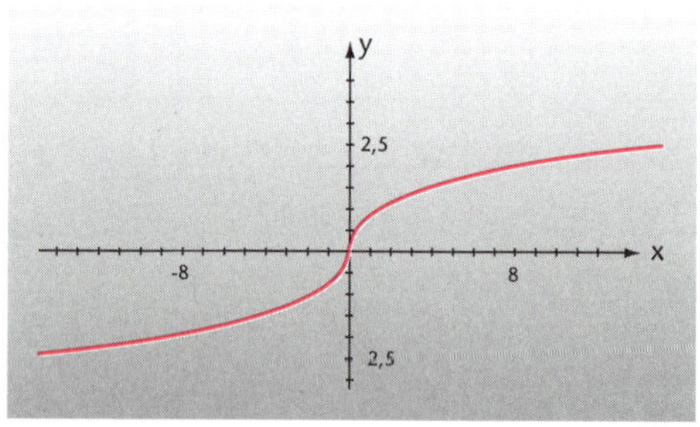

Bild 3.101 $y = \sqrt[3]{x}$

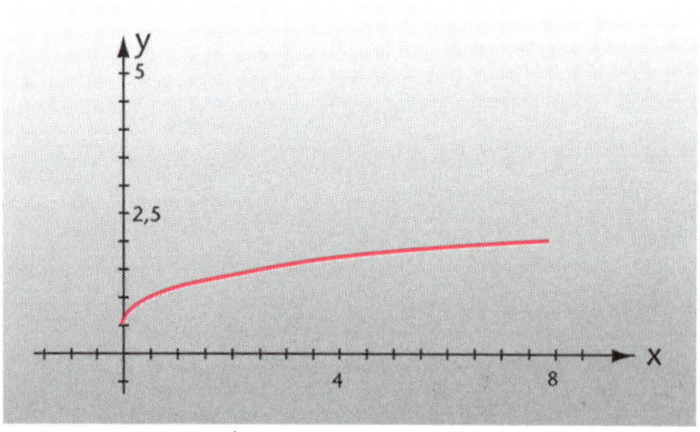

Bild 3.100 $y = \sqrt[4]{x}$

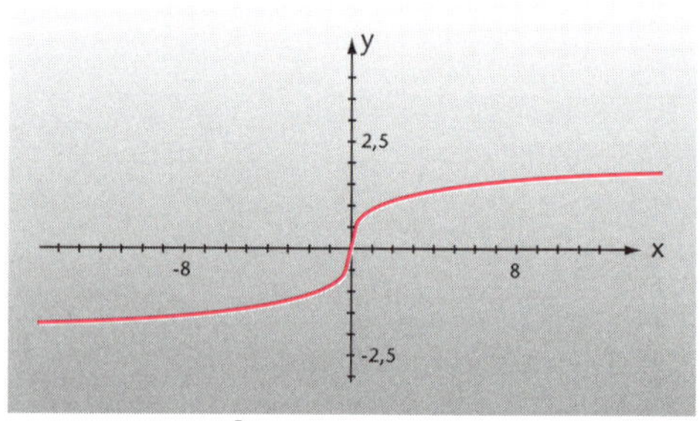

Bild 3.102 $y = \sqrt[5]{x}$

Wir erkennen:

1. Wurzelfunktionen sind auf ihrem ganzen Definitionsbereich streng monoton steigend.
2. Die Punkte (0|0) und (1|1) gehören stets zum Graphen.

3. Die Graphen der Potenzfunktionen mit eventuell eingeschränktem Definitionsbereich und der ihnen zugeordneten Wurzelfunktionen entstehen auseinander durch Spiegelung an der Geraden y = x (wenn beide Achsen dieselbe Einteilung besitzen).

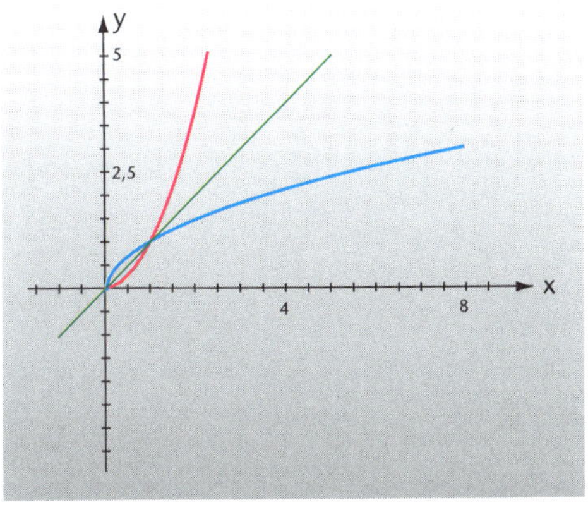

Bild 3.103 $y = x^2$ mit der Umkehrfunktion $y = \sqrt{x}$ und der Spiegelachse y = x

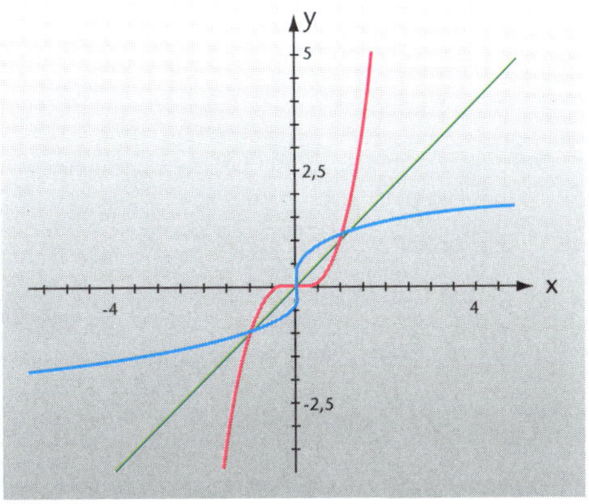

Bild 3.104 $y = x^3$ mit der Umkehrfunktion $y = \sqrt[3]{x}$ und der Spiegelachse y = x

3.6.2 Potenzfunktionen mit negativem ganzzahligem Exponenten

D

Funktionen, deren Gleichung durch eine Potenz mit negativem Exponenten gegeben ist, haben die Funktionsgleichung $y = x^{-n}$, $n \in \mathbb{N}$.

Wir können wiederum zwei Gruppen bilden:

1. Funktionen mit $y = x^{-2n}$, beispielsweise

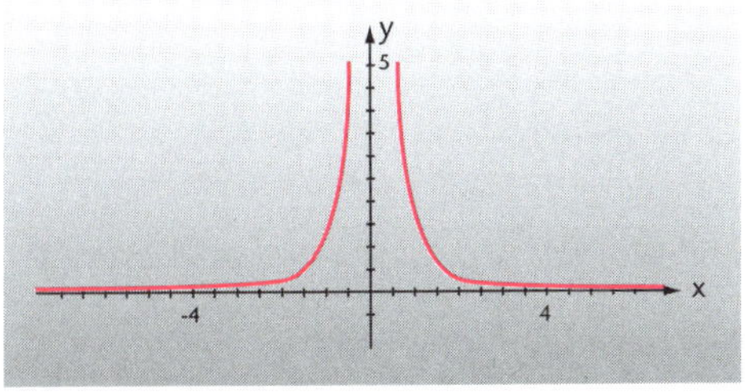

Bild 3.105 $y = x^{-2}$

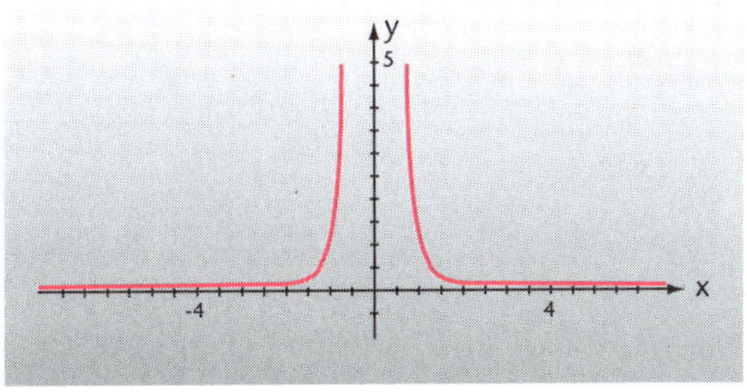

Bild 3.106 $y = x^{-4}$

2. Funktionen mit $y = x^{-2n+1}$, beispielsweise

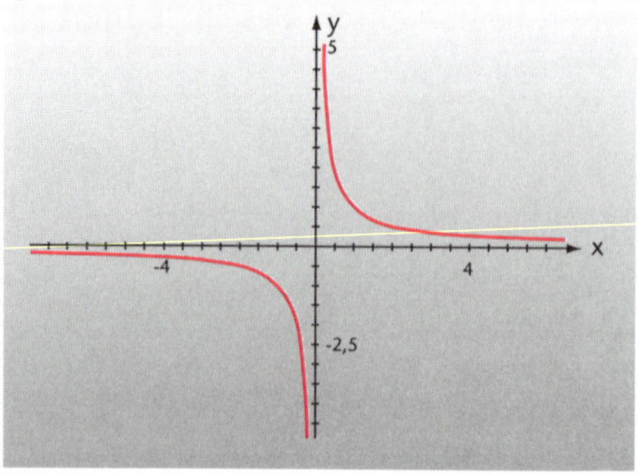

Bild 3.107 $y = x^{-1}$

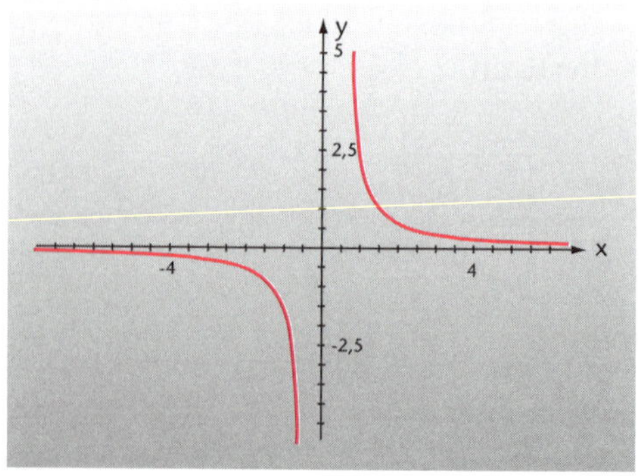

Bild 3.108 $y = x^{-3}$

BEISPIELE

Wir sehen:

1. a) Der Graph verläuft durch (1|1) und (–1|1).
b) Er ist y-Achsen-symmetrisch.
c) Er ist streng monoton steigend für $x < 0$ und streng monoton fallend für $x > 0$.

2. a) Der Graph verläuft durch (–1|–1) und (1|1).
b) Er ist punktsymmetrisch zum Ursprung.
c) Er ist überall streng monoton fallend.

Für alle Funktionen $y = x^{-n}$, $n \in \mathbb{N}$, ist die y-Achse senkrechte und die x-Achse waagerechte Asymptote.

Ihre Umkehrfunktionen haben die Funktionsgleichungen $y = \sqrt[n]{\frac{1}{x}} = \frac{1}{\sqrt[n]{x}}$.

Ihr Definitionsbereich muß für gerades n wieder auf $\mathbb{D} = \mathbb{R}^+$ eingeschränkt werden.

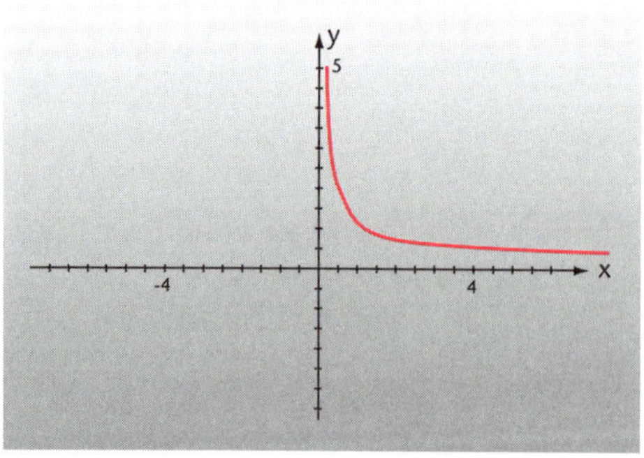

Bild 3.109 $y = \sqrt{\frac{1}{x}}$

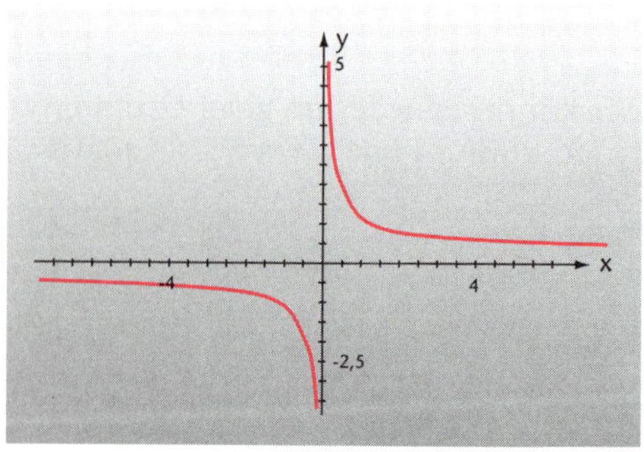

Bild 3.110 $y = \sqrt[3]{\frac{1}{x}}$

ÜBUNGEN

67. Was bedeutet folgende Anzeige auf Ihrem Taschenrechner?
a) 1.6 -19
b) 6.67 -11
c) 1.9 30

68. Bestimmen Sie die fehlende Koordinate des Punktes P so, daß P auf dem Graphen der angegebenen Funktion liegt:
a) P(5|?); $y = x^4$
b) P(–0,5|?); $y = -2x^3$
c) P(–2|?); $y = x^{-3}$
d) P(?|0,5); $y = \sqrt[4]{x}$

69. Liegt der angegebene Punkt auf dem Funktionsgraphen?
a) A(0,6|0,216); $y = x^3$
b) B(0,5|1,25); $y = x^{-3}$
c) C(3,375|1,5); $y = \sqrt[3]{x}$
d) D(8|16); $y = x^{4/3}$

70. Für das Produkt zweier Zahlen x und y gilt: $x \cdot y = 8$.
a) Wie lautet die Funktionsgleichung der zugehörigen Potenzfunktion?
b) Ergänzen Sie die folgende Tabelle:

x	2	12		
y			16	256

71. Der Bremsweg s (in Metern) hängt mit der Geschwindigkeit v (in km/h) zusammen nach der Faustformel $s = (v : 10)^2$. Wie lang ist dann der Bremsweg bei einer Geschwindigkeit von 10 km/h, 50 km/h, 80 km/h, 100 km/h, 130 km/h, 200 km/h?

72. Wie ist das Verhältnis der Kanten zweier Würfel, deren Rauminhalte sich wie 1 : 3 verhalten?

73. Die Masse eines Tischtennisballs muß zwischen 2,4 g und 2,53 g liegen. Das verwendete Plastikmaterial hat eine Dichte vom 2,91 g/cm^3. Der Außenradius soll 18,7 mm betragen. Wie dick ist bei der maximalen bzw. der minimalen Masse die Wand des Balls?

74. Johannes Kepler (1571–1630) stellte 1618 fest, daß die Quadrate der Umlaufzeiten der Planeten sich wie die Kuben der großen Halbachsen ihrer Umlaufbahnen verhalten. Mißt man die Umlaufzeiten T in Tagen, die Abstände zur Sonne r in Millionen km, so ergibt sich: $r^3 \approx 25 \cdot T^2$.
a) Berechnen Sie die Entfernung Erde – Sonne.
b) Venus hat eine mittlere Sonnenentfernung von 108,2 Millionen km. Wie lange braucht sie für einen Umlauf?

75. Isaac Newton (1643–1727) fand heraus, daß die Massenanziehung (Gravitation) proportional zu den beteiligten Massen und umgekehrt proportional zum Quadrat ihres Abstandes ist. Genau gilt für die Kraft F: $F = \frac{6{,}67 \cdot 10^{-11} \cdot m \cdot M}{r^2}$, wenn M und m die beiden Massen (in kg) sind und r ihr Abstand (in m) ist.

a) Wie groß ist die Anziehungskraft zweier Massen von je 1 kg im Abstand 1 m?
b) Wie verändert sich die Kraft, wenn man den Abstand der Massen verzehnfacht?
c) Wie groß ist die Gravitation zwischen Erde und Mond bzw. zwischen Erde und Sonne?
(Erdmasse: $5{,}976 \cdot 10^{24}$ kg; Mondmasse: $7{,}35 \cdot 10^{22}$ kg;
Sonnenmasse: $1{,}989 \cdot 10^{30}$ kg; Abstand Erde – Mond ca. 385 000 km;
Abstand Erde – Sonne ca. 149,6 Mio. km)

76. Ein Auto verliert im Laufe eines Jahres ca. 20% an Wert.
a) Wieviel kostet ein Auto nach fünf Jahren, das einen Neupreis von 40 000 DM hatte?
b) Welchen Preis könnte das Auto nach fünf Jahren erzielen, wenn der jährliche Wertverlust nur 15% beträgt (geringe Laufleistung, gute Pflege)?
c) Wieviel Prozent betrug die jährliche Wertminderung, wenn das Auto nach fünf Jahren nur noch 10 000 DM erbringt?

3.7 Exponentialfunktion und Logarithmusfunktion

3.7.1 Die Exponentialfunktion

EINFÜHRUNGSBEISPIEL

Um die Erfindung des Schachspiels rankt sich folgende Anekdote: Der begeisterte Herrscher fragte den Erfinder, welchen Lohn er begehre. Dieser antwortete: „Legt auf das erste Feld ein Reiskorn, auf das zweite Feld zwei, auf das dritte Feld vier und auf alle weiteren Felder immer jeweils das Doppelte des vorhergehenden. Wieviel Reis zusammenkommt, das soll mein Lohn sein." – Zuerst lächelte der Herrscher über die vermeintliche Bescheidenheit, dann geriet er ins Grübeln, und schließlich ließ er den Erfinder kurzerhand umbringen. Können Sie das nachvollziehen?

Wir erstellen eine kurze Wertetabelle für die 64 Felder des Schachbretts:

Feld Nr.	1	2	3	4	...	11	...	21	...	64
Anzahl der Reiskörner	1	2	4	8		1024 $= 2^{10}$		1 048 576 $= 2^{20}$		2^{63} $\approx 9{,}2 \cdot 10^{18}$

Dies ist mehr als die gesamte Reisernte der Welt!

Auch hier geht es um Potenzen, jedoch ist der funktionale Zusammenhang anders: Die Basis bleibt konstant, während die Veränderung im Exponenten stattfindet. Deshalb definieren wir eine neue Sorte von Funktionen:

D

Die Funktion mit der Gleichung $y = a^x$, $a > 0$, $a \neq 1$, heißt Exponentialfunktion zur Basis a.

BEISPIELE

1. $y = 2^x$ (siehe Einführungsbeispiel)

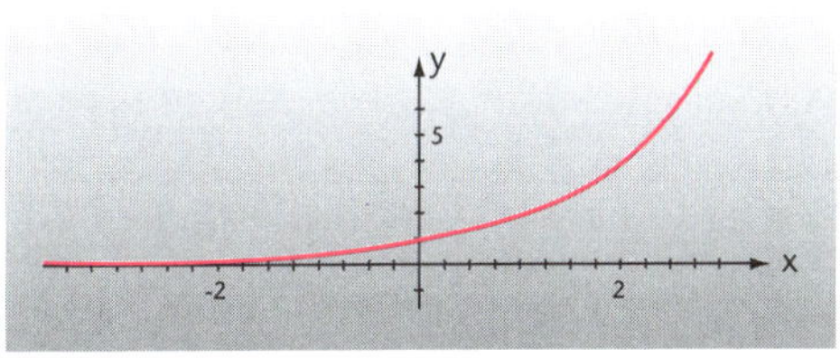

Bild 3.111 $y = 2^x$

2. $y = 10^x$ (liefert die Stellen unseres Dezimalsystems für $x \in \mathbb{N}_0$)

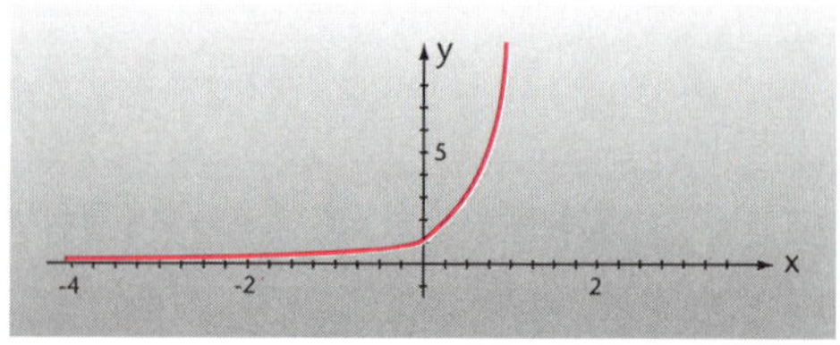

Bild 3.112 $y = 10^x$

3. $y = e^x$ (dabei ist $e = 2{,}71828\ldots$ die sogenannte Eulersche Zahl)

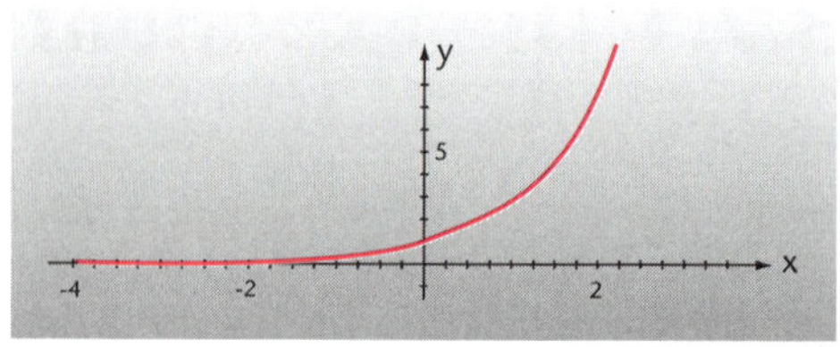

Bild 3.113 $y = e^x$

4. $y = 0{,}5^x$

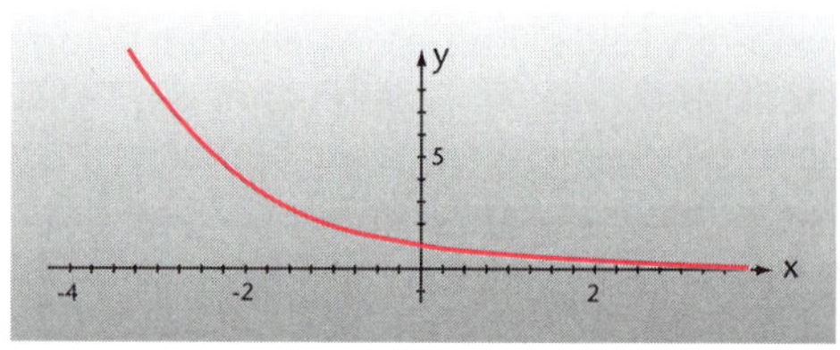

Bild 3.114 $y = 0{,}5^x$

5. $y = 0{,}2^x$

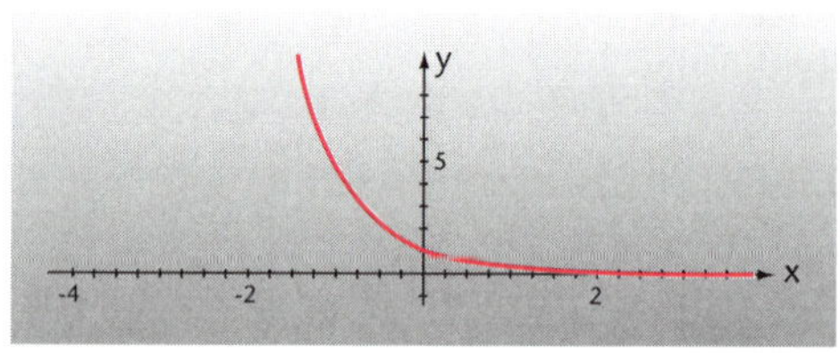

Bild 3.115 $y = 0{,}2^x$

6. $y = 0{,}8^x$

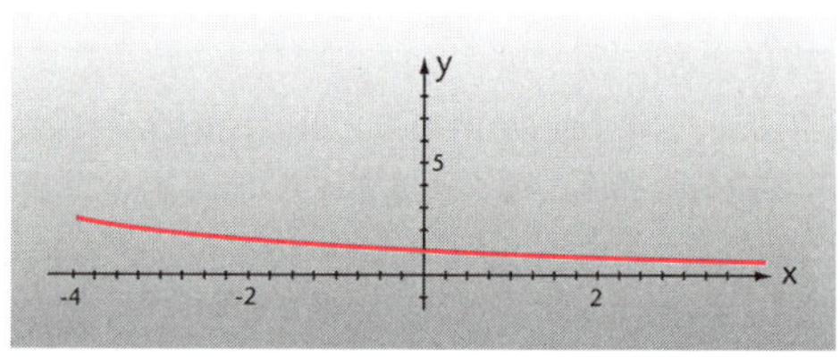

Bild 3.116 $y = 0{,}8^x$

Wir sehen:

1. $\mathbb{D} = \mathbb{R}$; $W = \mathbb{R}^+$.

2. Der Punkt $(0|1)$ gehört zu jedem Graphen.

3. Für $a > 1$ ist die Funktion streng monoton steigend, für $0 < a < 1$ streng monoton fallend.

Eine Exponentialfunktion ist mit Hilfe eines von (0|1) verschiedenen Punktes bestimmbar.

	Beispiel	allgemein
	$P(3 \mid 27)$	$P(x_0 \mid y_0)$
einsetzen	$27 = a^3$	$y = a^{x_0}$
auflösen	$\sqrt[3]{27} = a$	$\sqrt[x_0]{y_0} = a$
$\Rightarrow$	$y = 3^x$	$y = \left(\sqrt[x_0]{y_0}\right)^x$

Außerdem bezeichnet man die Funktionen $y = k \cdot a^x$ als Exponentialfunktionen, wobei $k \neq 0$ eine beliebige reelle Konstante sein darf. Für $k > 0$ ist das Steigungsverhalten wie bei $y = a^x$; für $k < 0$ kehrt es sich gerade um. Diese Funktionen schneiden die y-Achse in $(0 \mid k)$. Zu ihrer Bestimmung benötigt man zwei Punkte.

BEISPIEL

Gesucht ist die Exponentialfunktion durch die Punkte P(1|4) und Q(3|1).

Einsetzen ergibt: $4 = k \cdot a^1$; $1 = k \cdot a^3$

Division führt auf: $\frac{4}{1} = 4 = \frac{k \cdot a^1}{k \cdot a^3} = a^{1-3} = a^{-2} \Rightarrow a = 0{,}5$

Wieder einsetzen: $4 = k \cdot 0{,}5 \Rightarrow 8 = k \Rightarrow y = 8 \cdot 0{,}5^x$

Auf dem Taschenrechner findet man nur zwei Varianten der Exponentialfunktion direkt angegeben: 10^x bzw. e^x manchmal sogar nur über <INV> <lg> bzw. <INV> <ln>. Dann erhält man die Werte für andere Exponentialfunktionen der Form a^x so:
a, <lg>, <x>, Zahl <=> <10ˣ> bzw. a, <ln>, <x>, Zahl, <=> <eˣ> bzw. a <yˣ> Zahl <=>.

BEISPIEL

$3^7 = ?$

Variante 1:	3 <lg> <x> 7	<=>	<10ˣ>	führt auf 2187.
Variante 2:	3 <ln> <x> 7	<=>	<eˣ>	führt ebenfalls auf 2187.
Variante 3:	3 <yˣ> 7	<=>		ergibt ebenfalls 2187.

3.7.2 Die Logarithmusfunktion

D

Die Umkehrfunktion zur Exponentialfunktion $y = a^x$ heißt Logarithmusfunktion zur Basis a. Sie hat die Gleichung $y = f(x) = \log_a x$, $\mathbb{D} = \mathbb{R}^+$, $\mathbb{W} = \mathbb{R}$, $a > 0$.

Ihren Graphen erhält man durch Spiegelung des Graphen von $y = a^x$ an der Geraden $y = x$.
Für $a > 1$ steigt der Graph der Logarithmusfunktion, für $0 < a < 1$ fällt er streng monoton. Alle Graphen gehen durch den Punkt (1|0).

BEISPIELE

1. $y = 10^x$ hat die Umkehrfunktion $y = \log_{10} x = \lg x$.
Sie heißt dekadischer Logarithmus.

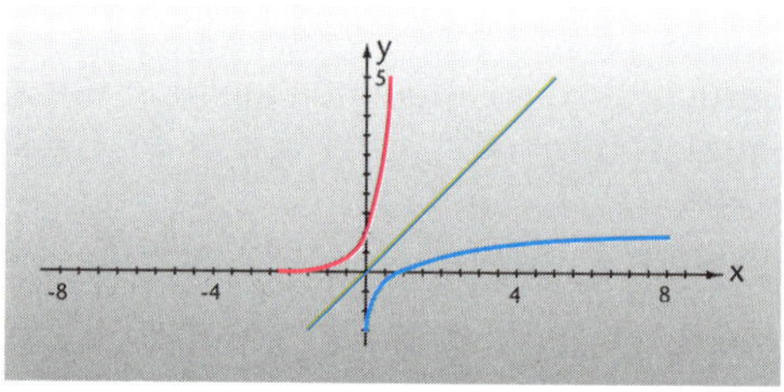

Bild 3.117 $y = 10^x$ mit der Umkehrfunktion $y = \lg x$ und der Spiegelachse $y = x$

2. $y = e^x$ hat die Umkehrfunktion $y = \log_e x = \ln x$.
Sie heißt natürlicher Logarithmus.

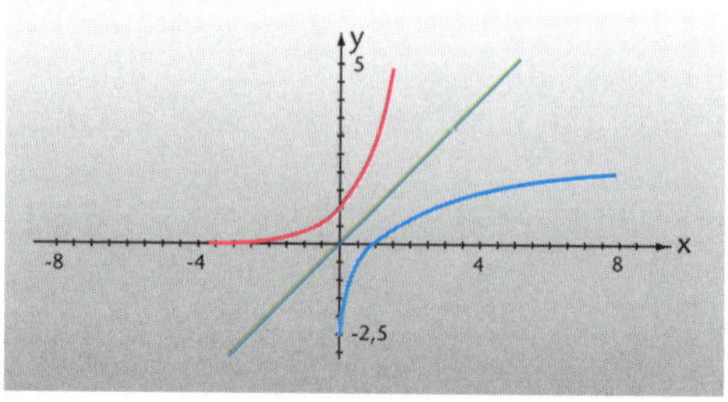

Bild 3.118 $y = e^x$ mit der Umkehrfunktion $y = \ln x$ und der Spiegelachse $y = x$

3. $y = 0{,}5^x$ hat die Umkehrfunktion $y = \log_{0,5} x$.

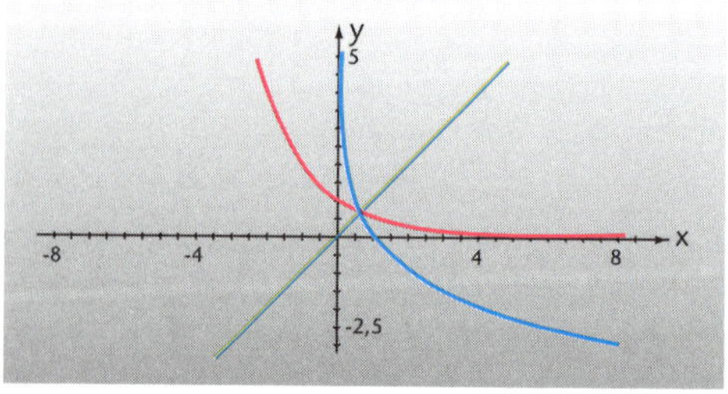

Bild 3.119 $y = 0{,}5^x$ mit der Umkehrfunktion $y = \log_{0,5} x$ und der Spiegelachse $y = x$

4. $y = 3 \cdot 2^x$ hat die Umkehrfunktion

$$y = \log_2\left(\frac{x}{3}\right) = \log_2 x - \log_2 3 = \frac{\ln x - \ln 3}{\ln 2}$$

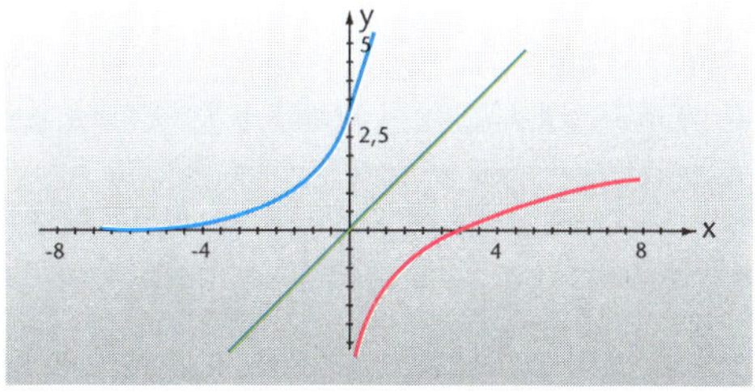

Bild 3.120 $y = 3 \cdot 2^x$ mit der Umkehrfunktion $y = \log_2\left(\frac{x}{3}\right)$ und der Spiegelachse $y = x$

Ähnlich wie bei den Exponentialfunktionen findet man nur die Logarithmusfunktionen lg x und ln x direkt auf dem Taschenrechner. Die Umrechnung erfolgt über die Beziehungen $\log_a b = \frac{\lg b}{\lg a} = \frac{\ln b}{\ln a}$.

BEISPIEL

$\log_3 243 = ?$
Variante 1: 243 <lg> <:> 3 <lg> <=> ergibt 5.
Variante 2: 243 <ln> <:> 3 <ln> <=> ergibt ebenfalls 5.

Darstellung einer Exponentialfunktion auf halblogarithmischem Millimeterpapier

Was ist halblogarithmisches Millimeterpapier

Auf halblogarithmischem Millimeterpapier ist die Abszisse (x-Achse) linear eingeteilt (wie bei normalem Millimeter-Papier), der Abstand zwischen der 1 und der 2 ist also ebenso groß wie der Abstand zwischen 2 und 3 usw. Die Ordinate (y-Achse) ist hingegen logarithmisch nach dem dekadischen Logarithmus eingeteilt. Das bedeutet, daß jeder Differenz zweier aufeinanderfolgender Zehnerpotenzen dieselbe Länge zugeordnet wird. Die Strecke von 1 bis 10 ist also auf der Ordinate ebenauso lang wie die Strecke von 10 bis 100, diese so lang wie die Strecke von 100 bis 1000 oder von 1/100 bis 1/10 oder von 1/10 bis 1 usw. Die Einteilung dazwischen ist nicht linear, sondern die Länge in cm von 1 bis y ist proportional zu lg y.

Wie wird die Ordinate eingeteilt?

Der Abstand zwischen 1 und 10 betrage 9 cm (übliche Einteilung). Dann ist wegen lg 2 = 0,301 . . . der Abstand zwischen 1 und 2 genau 0,301 . . . · 9 cm = 2,709 . . . cm, der Abstand zwischen 1 und 3 beträgt lg 3 · 9 cm = 0,477 . . . · 9 cm = 4,294 . . . cm usw. Die nachfolgende Tabelle enthält weitere Beispiele.

y	2	3	4	5	6	7	8	9	10
lg y	0,301...	0,477...	0,602...	0,698...	0,778...	0,845...	0,903...	0,954...	1
s in cm	2,709...	4,294...	5,418...	6,290...	7,003...	7,605...	8,127...	8,588...	9

(s ist die Länge der Strecke von 1 bis y.)

Wie ist die Strecke bis zur nächsten Zehnerpotenz eingeteilt?

Der Abstand zwischen 10 und 20 muß nun betragen: lg 20 – lg 10. Nun ist lg 20 – lg 10 = lg (20 : 10) = lg 2. Dies aber ist gerade der Abstand zwischen 1 und 2. Deshalb wiederholt sich die Skala auf der Ordinate nach jeder Zehnerpotenz. Es ist demnach auch gleichgültig, ob man auf der Ordinate die Zehnerpotenzen 1, 10, 100, 1 000 . . . aufträgt oder die Zehnerpotenzen 10, 100, 1 000, 10 000 . . . oder aber 100, 1 000, 10 000, 100 000 . . . oder 0,01; 0,1; 1; 10 usw. Dies richtet sich lediglich nach dem zu zeichnenden Bereich.

Was muß man einzeichnen?

Damit man nicht selbst die zu zeichnenden Ordinatenwerte logarithmieren muß, sind am Rand der Achse die tatsächlichen, nicht logarithmierten Zahlen angeschrieben. Beginnen wir also bei y = 1 am unteren Rand des Systems, so tragen wir y = 2 bei 2 ein, wohl wissend, daß der Abstand nur lg 2 (multipliziert mit einem Maßstab, z.B. 9 cm) beträgt. Eventuell benötigte Nullen oder Kommas fügen wir selbst an.

Da der Logarithmus von Null nicht definiert ist, gibt es in diesem System keine Null auf der Ordinate.

Wie trägt man negative y-Werte ein?

Sind ausschließlich negative y-Werte einzutragen, so schreibt man einfach Minuszeichen vor die Zahlen an der Ordinatenachse.

Es ist allerdings nicht möglich, einen Graphen zu zeichnen, der sowohl positive als auch negative y-Werte enthält.

BEISPIEL

Wir finden eine Wertetabelle vor:

x	0	0,4	1	3	4,8	6	7,1	8	9,9
y	1	1,3	2	8	27,9	64	137,2	256	955,4

Tragen wir die Wertepaare auf dem Papier ein, sieht das so aus:

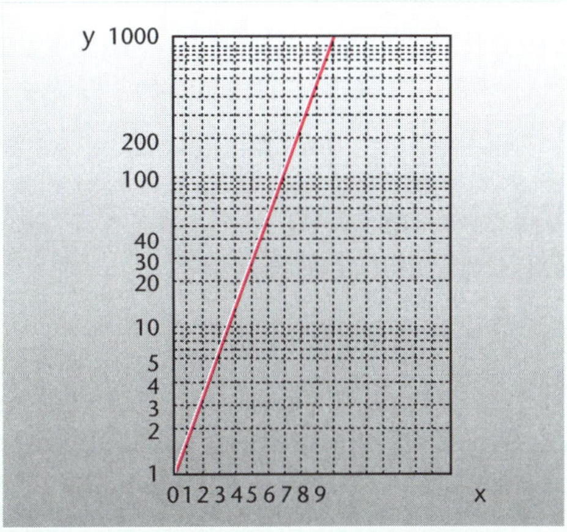

Verbinden wir die Punkte miteinander, so liegen sie alle auf einer Geraden.

Bild 3.121

Wofür eignet sich halblogarithmisches Millimeterpapier?

Zunächst eignet es sich dann, wenn der Wertebereich der darzustellenden Funktion mehrere Zehnerpotenzen umfaßt. Hier versagt normales Millimeterpapier. Den Nutzen des Papiers schöpfen wir aber erst dann voll aus, wenn es sich bei der darzustellenden Funktion f um eine Exponentialfunktion handelt. Dann entdecken wir Erstaunliches:

Sei $f: x \mapsto c \cdot a^x$ eine Exponentialfunktion zur Basis $a > 0$ mit dem Koeffizienten $c \in \mathbb{R}$ und der Funktionsgleichung

$$y = c \cdot a^x.$$

Logarithmieren wir die Gleichung, so erhalten wir

$$\lg y = \lg (c \cdot a^x)$$
$$\lg y = \lg c + \lg a^x$$
$$\lg y = \lg c + x \cdot \lg a.$$

Nennen wir nun $y' = \lg y$ und $b = \lg c$ sowie $m = \lg a$, so erhalten wir:

$$y' = b + x \cdot m \qquad \text{oder nach Umstellung}$$
$$y' = mx + b.$$

Dies ist die Gleichung einer Geraden, also einer linearen Funktion mit den Variablen x und $y' = \lg y$. Trägt man demnach statt der y-Werte ihre Logarithmen auf – und genau dies bewirkt das halblogarithmische Papier – so ist der Graph einer Exponentialfunktion eine Gerade.

R

Auf halblogarithmischem Millimeterpapier ist der Graph einer Exponentialfunktion vom Typ $y = c \cdot a^x$ eine Gerade.

Welche Eigenschaften hat die Gerade?

Für $x = 0$ ist $y = c \cdot a^0 = c \cdot 1 = c$. Der Graph der Exponentialfunktion schneidet die y-Achse also bei c (y-Achsenabschnitt). Für die zugehörige Gerade im halblogarithmischen System ist der y-Achsenabschnitt $b = \lg c$. Da die Ordinatenachse hier aber dennoch mit y (nicht mit lg y) beschriftet ist, lesen wir c (und nicht lg c) direkt dort ab, wo die Gerade die y-Achse bei $x = 0$ schneidet.

Die Steigung der Geraden ist $\lg a = m = \dfrac{y_2' - y_1'}{x_x - x_1} = \dfrac{\lg y_2 - \lg y_1}{x_2 - x_1} = \dfrac{\left(\lg \dfrac{y_2}{y_1}\right)}{x_2 - x_1}$.

Wie kann man aus der Geraden auf die zugrunde liegende Funktion schließen?

Nach dem vorangegangenen Absatz wissen wir:

1. Die Gleichung der Exponentialfunktion heißt $y = c \cdot a^x$.
2. Die Gerade schneidet die y-Achse an der Stelle $x = 0$ bei c.
3. Die Basis a bestimmen wir nach der oben genannten Gleichung. Hierzu suchen wir uns zwei beliebige Punkte der Geraden heraus z.B. P(3|8) und Q(8|256). Dann sind $x_1 = 3$, $y_1 = 8$, $x_2 = 8$ und $y_2 = 256$. Wir setzen ein und erheben die Gleichung in den Exponenten zur Basis 10:

$$\lg a = \frac{\lg\left(\dfrac{y_2}{y_1}\right)}{x_2 - x_1} \Leftrightarrow a = 10^{\frac{\lg\left(\frac{y_2}{y_1}\right)}{x_2 - x_1}} = 10^{\frac{\lg\left(\frac{256}{8}\right)}{8 - 3}} = 10^{\frac{\lg 32}{5}} = 10^{0{,}301} = 2$$

Daraus ergibt sich die Funktionsgleichung: $y = 1 \cdot 2^x$ oder einfach $y = 2^x$.

Geht das auch einfacher? Ja, wenn z.B. der Funktionswert an der Stelle $x = 1$ bekannt ist oder ermittelt werden kann. Für $x = 1$ ist nämlich $y = c \cdot a^1 = c \cdot a$. Dann bestimmt man a wie folgt:

1. Man liest den Funktionswert y an der Stelle $x = 1$ ab.
2. Man dividiert y durch c, denn es ist a der Quotient aus y und c.

BEISPIEL

Wir lesen an unserem Graphen ab oder entnehmen der Wertetabelle:
Für $x = 1$ ist $y = 2$.
Also ist $a = \frac{y}{c} = \frac{2}{1} = 2$.

Ergibt jede Exponentialfunktion eine Gerade?

Nein! Wird die Exponentialfunktion $y = c \cdot a^x$ nach oben oder unten, das heißt parallel zur Ordinate verschoben, ergibt sich im halblogarithmischen System keine Gerade als Graph. Die Funktionsgleichung heißt dann $y = c \cdot a^x + b$. Logarithmiert man sie, erhält man $\lg y = \lg (c \cdot a^x + b)$.

Der Term auf der rechten Seite der Gleichung läßt sich aber nicht in einen linearen Term umwandeln, da es kein Umformungsgesetz für den Logarithmus einer Summe gibt. Es ist also nicht möglich, durch Substitution von $y' = \lg y$ usw. zur Gleichung einer Geraden zu gelangen. Deshalb führt die Darstellung der Funktion $y = c \cdot a^x + b$ auf halblogarithmischem Millimeterpapier nicht zu einer Geraden.

Will man solch eine Funktion bestimmen, muß man zunächst die Verschiebungszahl b herausfinden und die Verschiebung rückgängig machen.

Wozu kann man das halblogarithmische Papier noch gebrauchen?

Da die Logarithmusfunktion die Umkehrfunktion der Exponentialfunktion ist, erhält man eine Gerade, wenn man die halblogarithmische Skala als Abszisse (für die x-Werte) und die lineare Skala als Ordinate (für die y-Werte) benutzt. Dies führt zu analogen Darstellungen und Ergebnissen wie bei der Exponentialfunktion.

ÜBUNGEN

77. Japan hatte 1980 113,4 Millionen Einwohner und eine durchschnittliche Wachstumsrate der Bevölkerung von 0,7%. Mexiko hatte im gleichen Jahr 64,5 Millionen Einwohner bei einer Wachstumsrate von 3,1%.
a) Wie viele Einwohner hätten beide Länder bei gleichbleibender Wachstumsrate im Jahr 2000?
b) Wann hätte Mexiko Japan eingeholt?

78. Ein Kapital von 10 000 DM verzinst sich zu 2,5% (Sparbuch), 4% (Sparbuch mit längerer Kündigungsfrist) bzw. 7,5% (Bundesschatzbriefe).
a) Wie hoch ist das Kapital einschließlich Zinsen nach 2, 5, 8 Jahren?
b) Wann hätte sich die eingesetzte Summe verdoppelt?
c) Läßt sich aus den Zahlen eine Faustformel für die Verdoppelung eines Kapitals ableiten?

79. Die Intensität I eines in eine Flüssigkeit eindringenden Lichtstrahls nimmt pro cm Eindringtiefe um 30% ab.
a) Wie groß ist die Restintensität nach 5 cm, 10 cm, 1 m?
b) In welcher Tiefe beträgt die Restintensität 1%?

80. Bezeichnet man die Hörschwelle mit I_0, die Intensität eines Tons mit I, so nennt man $L = 10 \cdot \lg \frac{I}{I_0}$ die Lautstärke des Tons, gemessen in Dezibel. Wie laut ist dann
a) ein Lastwagen mit $I = 10^9\, I_0$,
b) ein Flugzeug mit $I = 10^{12}\, I_0$,
c) eine Unterhaltung mit $I = 5 \cdot 10^5\, I_0$,
d) der Lesesaal einer Bibliothek mit $I = 2 \cdot 10^3\, I_0$?

81. Den negativen dekadischen Logarithmus der Wasserstoffionenkonzentration $[H^+]$ eines Stoffes nennt man den pH-Wert: $pH = -\lg [H^+]$. Wie groß ist der pH-Wert folgender Stoffe?
a) Milch mit $[H^+] = 4 \cdot 10^{-7}$
b) Tomaten mit $[H^+] = 6{,}3 \cdot 10^{-5}$
c) Mineralwasser mit $[H^+] \approx 10^{-4}$
d) Cola mit $[H^+] \approx 10^{-3}$
e) Magensaft mit $[H^+] \approx 3 \cdot 10^{-2}$

82. Zur Untersuchung der Schilddrüse wird radioaktives Jod 131 benutzt. Dieses hat eine Halbwertszeit von acht Tagen, das heißt, nach dieser Zeit ist die Hälfte des eingesetzten Materials zerfallen: Aus 1 g sind 0,5 g geworden usw. Wann sind dann nur noch 25%, 10%, 5% der Ursprungsmenge vorhanden? Wann ist die Restaktivität kleiner als 1%, wann kleiner als 1 Promille?

83. Berechnen Sie analog zu Aufgabe 82 die Zeiten für

	Material	Halbwertszeit
a)	Schwefel 35	87,1 Tage
b)	Plutonium 239	ca. 24 000 Jahre
c)	Radium 223	11,4 Tage
d)	Strontium 90	28 Jahre
e)	Kobalt 58	71 Tage
f)	Kohlenstoff 14	5 730 Jahre

84. Bei Radium 226 sind nach 813 Jahren 30% der Ausgangsmenge zerfallen. Zeigen Sie, daß bei gleichmäßiger prozentualer Abnahme ein exponentieller Zerfall vorliegt. Nach wie vielen Jahren ist nur noch die Hälfte, ein Zehntel, ein Hundertstel, ein Tausendstel einer Anfangsmenge von 1 kg vorhanden?

85. Bierschaum zerfällt nahezu exponentiell. Mit einem Meßzylinder stellt man fest, daß die Schaumsäule einer bestimmten Biersorte alle 15 Sekunden um 9% abgenommen hat.

a) Wieviel Schaum steht nach 1 Minute (2 Minuten, 3 Minuten, 5 Minuten) noch im Glas?

b) Man spricht von „sehr guter Bierschaumhaltbarkeit", wenn die Halbwertszeit größer als 110 Sekunden ist. Trifft das auf die untersuchte Biersorte zu?

86. Der Luftdruck nimmt mit zunehmender Höhe immer mehr ab, und zwar um etwa 13% je km. in der Ebene („Normalnull"; Amsterdamer Pegel) beträgt er genau 1 atm (Atmosphäre). Wie groß ist er an folgenden Orten?

a) auf der Zugspitze (2963 m),

b) auf dem Matterhorn (4478 m),

c) auf dem Mont Blanc (4810 m),

d) auf dem Mount Everest (8848 m).

87. Radioaktiver Kohlenstoff C 14 kann zur Altersbestimmung eingesetzt werden, da er in lebenden Organismen im Rahmen des Stoffwechsels erzeugt und konstant gehalten wird, nach dem Tode aber die Neubildung unterbleibt und die vorhandene Restmenge mit einer Halbwertszeit von 5570 Jahren zerfällt.

a) Wie alt ist dann ein Mammutknochen, dessen Restgehalt an C 14 noch 12,5% beträgt?

b) Wann wurde der Pharao Ramses II. begraben, wenn 1995 in den Resten organischer Grabbeigaben ein Restgehalt von 66,98% an C 14 festgestellt wird?

c) Wie wirkt sich ein Meßfehler von 0,5% auf das Ergebnis aus?

d) Warum versagt die C 14-Methode, wenn eine Probe älter als etwa 40 000 Jahre ist?

88. In Fleischbrühe verdoppelt sich die Anzahl der vorhandenen Kolibakterien innerhalb von 20 Minuten.

a) Wie viele Bakterien entstehen dann innerhalb von 24 Stunden aus ursprünglich 12 Bakterien?

b) Wieviel wiegt die enstandene Bakterienmasse, wenn ein Bakterium $2 \cdot 10^{-12}$ g wiegt?

3.8 Ganzrationale Funktionen, gebrochen rationale Funktionen und algebraische Funktionen

3.8.1 Ganzrationale Funktionen

EINFÜHRUNGSBEISPIEL

Wieviel Zinsen bringt ein Kapital von 10 000 DM in einem Zeitraum von fünf Jahren bei einem Zinssatz von 4 %, wenn nichts abgehoben wird (also die Zinsen des ersten Jahres im zweiten Jahr selbst wieder Zinsen bringen usw.)?
Das Problem wird beschrieben durch die Gleichung $y = K_0(1 + p)^n$. Im konkreten Fall mit $K_0 = 10\,000$; $p = 0{,}04$; $n = 5$ ergibt das $y = 10\,000 \cdot (1 + 0{,}04)^5 = 10\,000 \cdot 1{,}2166529024$ $= 12\,166{,}529024 \approx 12\,166{,}53$ (DM).
Der Zinsanteil ist $y - K_0 \approx 2\,166{,}53$ DM.

D

Jede Linearkombination von Potenzfunktionen mit natürlichen Exponenten aus $\mathbb{N}_0$ (also Addition von Potenzen von x mit einem – möglicherweise negativen – Vorfaktor) bezeichnet man als *ganzrationale Funktion*. Daher hat sie die Gleichung:
$y = a_n x^n + a_{n-1}x^{n-1} + \ldots + a_2x^2 + a_1x + a_0$ mit $a_n, a_{n-1} \ldots a_2, a_1, a_0 \in \mathbb{R}$.
Den Funktionsterm $a_nx^n + \ldots + a_0$ nennt man *Polynom*. Der höchste Exponent (hier: n) gibt den *Grad der Funktion* an.

BEISPIELE

1. $y = 3x^4 - x^2 + 1$ ist eine ganzrationale Funktion 4. Grades.

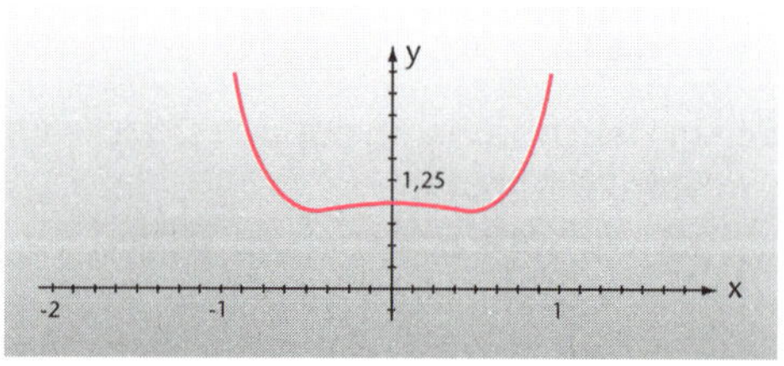

Bild 3.122 $y = 3x^4 - x^2 + 1$

2. $y = x^7$ ist eine ganzrationale Funktion 7. Grades.

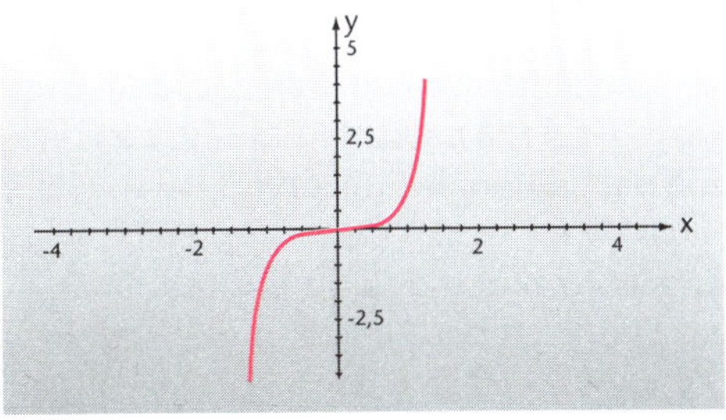

Bild 3.123 $y = x^7$

3. $y = -x^2 + 2x - 1$ ist eine ganzrationale Funktion 2. Grades.

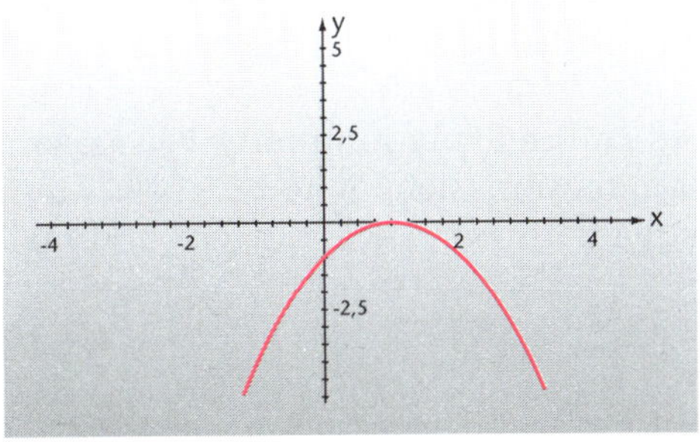

Bild 3.124 $y = -x^2 + 2x - 1 = -(x - 1)^2$

Wir sehen:

R

Der Graph einer ganzrationalen Funktion
1. ist y-Achsen-symmetrisch, wenn die Funktionsgleichung nur geradzahlige Potenzen von x enthält; man spricht dann auch von einer geraden Funktion;
2. ist punktsymmetrisch zum Ursprung, wenn nur ungeradzahlige Potenzen von x auftreten; man spricht dann auch von einer ungeraden Funktion;
3. besitzt keine der beiden Symmetrien, wenn sowohl geradzahlige als auch ungeradzahlige Exponenten auftreten.

Eine ganzrationale Funktion ist eindeutig bestimmt, wenn hinreichend viele Paare $(x|y)$, also hinreichend viele Punkte des Funktionsgraphen bekannt sind. Dabei können statt Punkten auch Eigenschaften angegeben sein.

Bei einer linearen Funktion waren dies zwei, bei einer quadratischen Funktion drei Punkte oder Eigenschaften. Der Verdacht liegt nahe, daß die Anzahl der benötigten Punkte oder Eigenschaften mit dem Grad der Funktion ansteigt, genauer: immer $n + 1$ beträgt.

Dies trifft auch meist zu, und daher steigt bei wachsendem Grad der Funktion die Anzahl der zu lösenden Gleichungen rasch in unhandliche Größenordnungen. Die einzige Eigenschaft, welche die Anzahl der zu bestimmenden Koeffizienten schlagartig reduziert, ist die Symmetrie.

BEISPIEL

Eine ganzrationale Funktion 5. Grades ist symmetrisch zum Ursprung und geht durch die Punkte P(3|174), Q(2|16) und R(1|2). Wie lautet ihre Funktionsgleichung?
Eine ganzrationale Funktion 5. Grades hat die allgemeine Gleichung
$y = ax^5 + bx^4 + cx^3 + dx^2 + ex + f$.
Aus der Symmetrie folgt: $b = d = f = 0$.
Das Einsetzen der Punkte in die Funktionsgleichung führt auf:

$$\begin{aligned} 174 &= 243a + 27c + 3e \\ 16 &= 32a + 8c + 2e \\ 2 &= a + c + e \end{aligned}$$

mit der Lösung $a = 1$; $c = -3$, $e = 4$.
Die Funktionsgleichung lautet also: $y = x^5 - 3x^3 + 4x$.

Die Nullstellenbestimmung bei ganzrationalen Funktionen erfolgt mittels Polynomdivision (siehe Seite 246) bzw. mit Hilfe der p-q-Formel bei quadratischen oder biquadratischen Gleichungen (und manchmal durch Probieren).

BEISPIEL

Welches sind die Nullstellen von $y = x^6 - 3x^5 + x^4 + 3x^3 - 14x^2 + 36x - 24$?
Durch Probieren findet man: $x = 1$ ist Nullstelle. Mit Hilfe der Polynomdivision findet man weiter:

$$\begin{aligned} &(x^6 - 3x^5 + x^4 + 3x^3 - 14x^2 + 36x - 24) : (x - 1) = x^5 - 2x^4 - x^3 + 2x^2 - 12x + 24 \\ &\underline{-(x^6 - x^5)} \\ &\quad -2x^5 + x^4 \\ &\quad \underline{-(-2x^5 + 2x^4)} \\ &\qquad -x^4 + 3x^3 \\ &\qquad \underline{-(-x^4 + x^3)} \\ &\qquad\quad 2x^3 - 14x^2 \\ &\qquad\quad \underline{-(2x^3 - 2x^2)} \\ &\qquad\qquad -12x^2 + 36x \\ &\qquad\qquad \underline{-(-12x^2 + 12x)} \\ &\qquad\qquad\quad 24x - 24 \\ &\qquad\qquad\quad \underline{-(24x - 24)} \\ &\qquad\qquad\qquad 0 \end{aligned}$$

Ferner ist $(x^5 - 2x^4 - x^3 + 2x^2 - 12x + 24) : (x - 2) = x^4 - x^2 - 12$, denn $x = 2$ ist ebenfalls Nullstelle.
Wir substituieren $x^2 = z$ und erhalten $z^2 - z - 12 = 0$.
Die p-q-Formel ergibt:
$z = 0{,}5 \pm \sqrt{12{,}25} = 0{,}5 \pm 3{,}5$ und somit $z = 4$ oder $z = -3$.
Damit ergeben sich wegen $x = \pm \sqrt{z}$ $x = 2$ bzw. $x = -2$ aus der ersten Lösung sowie keine Nullstellen aus der zweiten Lösung für z.

3.8.2 Gebrochen rationale Funktionen

D

Der Quotient zweier ganzrationaler Funktionen ist eine *gebrochen rationale Funktion.* Sie hat die Gleichung:

$$y = \frac{f(x)}{g(x)} = \frac{a_n x^n + \ldots + a_1 x + a_0}{b_m x^m + \ldots + b_1 x + b_0} \quad \text{mit } \mathbb{D}_{max} = \mathbb{R} \setminus \{\text{Nullstellen des Nenners}\}$$

Ist der Grad des Nennerpolynoms größer als der des Zählerpolynoms ($m > n$), so spricht man von einer echt gebrochen rationalen Funktion. Andernfalls läßt sich durch Polynomdivision ein ganzrationaler Anteil abspalten, während ein echt gebrochen rationaler „Rest" zurückbleibt.

BEISPIEL

$$y = \frac{x^4 - 3x^2 + x - 1}{x^2 + 1} = x^2 - 3x - 1 + \frac{4x}{x^2 + 1}$$

denn:

$$(x^4 - 3x^3 + x - 1) : (x^2 + 1) = x^2 - 3x - 1 + \frac{4x}{x^2 + 1}$$

$$\begin{array}{l}
\underline{-(x^4 + \qquad\quad x^2)} \\
\quad -3x^3 - x^2 + x - 1 \\
\quad \underline{-(-3x^3 \qquad - 3x)} \\
\qquad\qquad -x^2 + 4x - 1 \\
\qquad\qquad \underline{-(-x^2 \qquad - 1)} \\
\qquad\qquad\qquad 4x
\end{array}$$

Gebrochen rationale Funktionen besitzen Nullstellen genau dort, wo das Zählerpolynom (aber nicht der Nenner) Null wird. Damit kann man für die Nullstellenbestimmung dieselben Methoden wie bei ganzrationalen Funktionen anwenden.

Zum Einstieg in die Beschreibung des Symmetrieverhaltens betrachten wir zunächst einige Beispiele:

BEISPIELE

1. $y = \dfrac{x^2 - 1}{x^4 + 2x^2 + 1}$

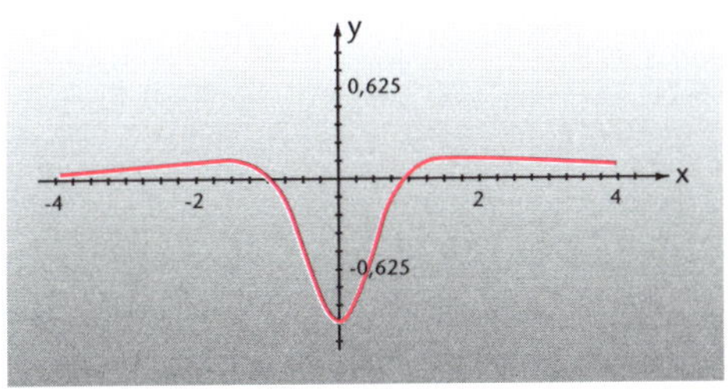

Bild 3.125 $y = \dfrac{x^2 - 1}{x^4 + 2x^2 + 1} = \dfrac{x^2 - 1}{(x^2 + 1)^2}$

2. $y = \frac{x}{x^3 - x}$

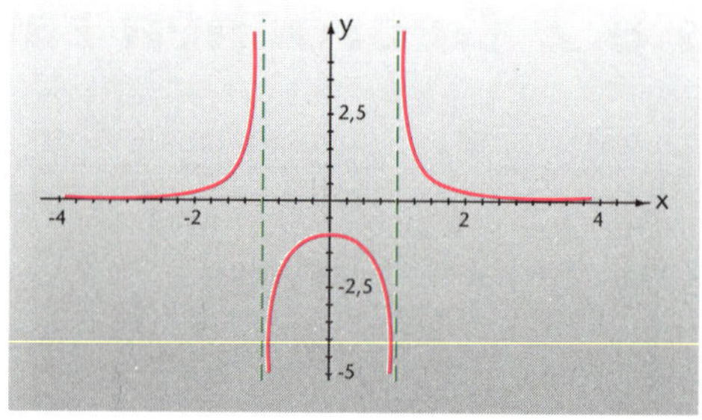

Bild 3.126 $y = \frac{x}{x^3 - x} = \frac{1}{x^2 - 1}$ $\mathbb{D} = \mathbb{R} \setminus \{\pm 1\}$

3. $y = \frac{x^2 + 1}{x^3}$

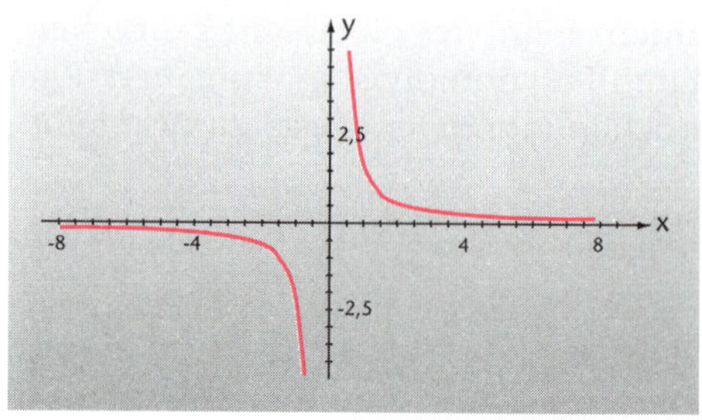

Bild 3.127 $y = \frac{x^2 + 1}{x^3} = \frac{1}{x} + \frac{1}{x^3}$ $\mathbb{D} = \mathbb{R} \setminus \{0\}$

4. $y = \frac{x^3 - x}{x^2}$

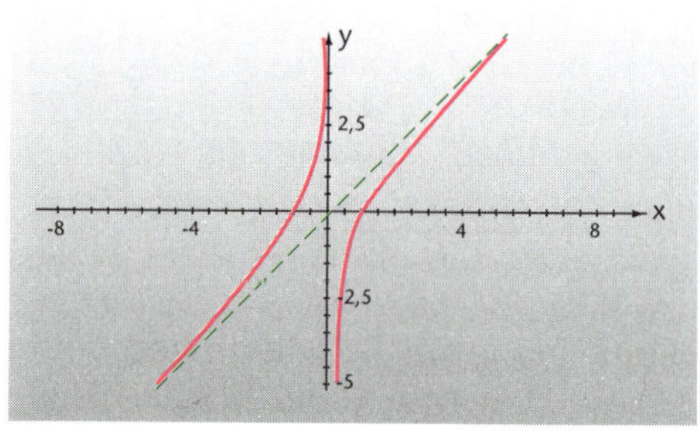

Bild 3.128 $y = \frac{x^3 - x}{x^2} = \frac{x^2 - 1}{x} = x - \frac{1}{x}$ $\mathbb{D} = \mathbb{R} \setminus \{0\}$

5. $y = \frac{x^2 - x + 1}{x^2 + 2}$

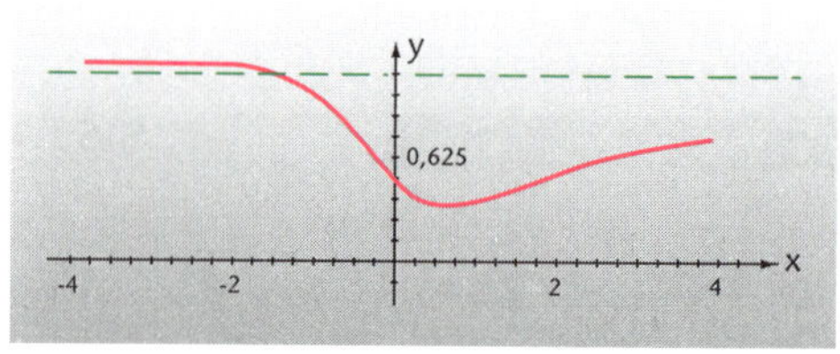

Bild 3.129 $y = \frac{x^2 - x + 1}{x^2 + 2}$

Wir erkennen:

R

1. $h(x) = \frac{f(x)}{g(x)}$ ist gerade, wenn entweder f und g gerade oder beide ungerade sind.
2. h(x) ist ungerade, wenn eine der beiden Funktionen gerade und die andere ungerade ist.
3. Andernfalls besitzt h(x) weder Ursprungs- noch y-Achsen-Symmetrie.

Beweis:

a) f gerade, g gerade $\Leftrightarrow f(x) = f(-x);\ g(x) = g(-x)$

$$\Rightarrow h(-x) = \frac{f(-x)}{g(-x)} = \frac{f(x)}{g(x)} = h(x) \Leftrightarrow \text{h ist gerade}$$

b) f gerade, g ungerade $\Leftrightarrow f(x) = f(-x);\ g(x) = -g(-x)$

$$\Rightarrow h(-x) = \frac{f(-x)}{g(-x)} = \frac{f(x)}{-g(x)} = -h(x) \Leftrightarrow \text{h ist ungerade}$$

c) f ungerade, g gerade $\Rightarrow$ h ungerade (analog)

d) f, g ungerade $\Rightarrow f(x) = -f(-x);\ g(x) = -g(-x)$

$$\Rightarrow h(-x) = \frac{f(-x)}{g(-x)} = \frac{-f(x)}{-g(x)} = \frac{f(x)}{g(x)} = h(x) \Leftrightarrow \text{h ist gerade}$$

Manchmal gelingt es, die Umkehrung einer ganzrationalen Funktion von höherem Grad als 2 oder einer gebrochen rationalen Funktion zu finden.

BEISPIEL

$y = x^4 - x^2 - 1$ hat für $x \geq \sqrt{0{,}5}$ die Umkehrfunktion $y = \sqrt{\sqrt{x + 1{,}25} + 0{,}5}$

denn: $y = (x^2 - 0{,}5)^2 - 1{,}25 \Leftrightarrow y + 1{,}25 = (x^2 - 0{,}5)^2$

$$\Rightarrow \sqrt{y + 1{,}25} = x^2 - 0{,}5$$

$$\Rightarrow \sqrt{y + 1{,}25} + 0{,}5 = x^2$$

$$\Rightarrow \sqrt{\sqrt{y + 1{,}25} + 0{,}5} = x$$

Anschließend erfolgt noch die Umbenennung der Variablen:

$$y = \sqrt{\sqrt{x + 1{,}25} + 0{,}5}$$

3.8.3 Algebraische Funktionen

Ganzrationale, rationale und Wurzelfunktionen sind eingebettet in eine allgemeinere Klasse, die algebraischen Funktionen.

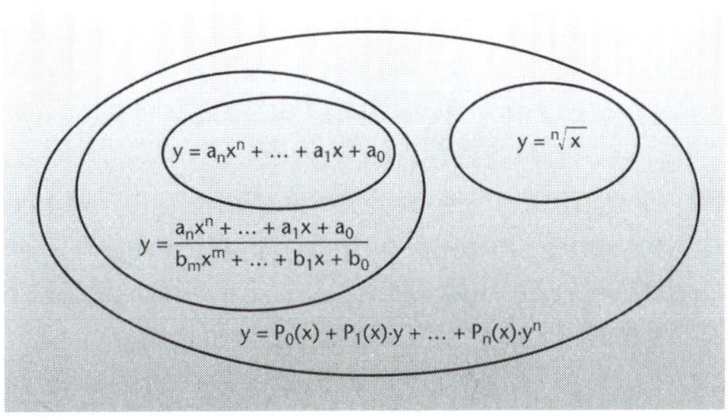

Bild 3.130

BEISPIELE

1. $y = \sqrt{3x^2 - x + 1}$ $\Rightarrow y^2 = 3x^2 - x + 1$
$\Rightarrow 0 = 3x^2 - x + 1 - y^2$

2. $y = \frac{1}{x}$ $\Rightarrow 1 = x \cdot y$
$\Rightarrow 0 = x \cdot y - 1$

3. $y = 2x + 4$ $\Rightarrow 2x - y + 4 = 0$

4. $y = \sqrt[n]{x}$ $\Rightarrow x - y^n = 0$

5. $y = \sqrt{1 - x^2} \Rightarrow$ $\Rightarrow x^2 + y^2 - 1 = 0$ (Kreisgleichung)

6. $y = \sqrt{b^2 - \frac{b^2}{a^2} x^2}$ $\Rightarrow \frac{x^2}{a^2} + \frac{y^2}{b^2} - 1 = 0$ (Gleichung einer Ellipse mit Hauptachse a und Nebenachse b)

7. $y = \sqrt{b^2 + \frac{b^2}{a^2} x^2}$ $\Rightarrow \frac{x^2}{a^2} - \frac{y^2}{b^2} + 1 = 0$ (Hyperbelgleichung)

D

Eine Funktion heißt also algebraisch, wenn ihre Wertepaare (x|y) eine Relation der Form $P_n(x) \cdot y^n + P_{n-1}(x) \cdot y^{n-1} + \ldots + P_1(x) \cdot y + P_0(x) = 0$ ($n \in \mathbb{N}$) erfüllen. Dabei sind die $P_k(x)$ für k = 0; 1 . . . n Polynome in x mit reellen Koeffizienten.
Die *Graphen* algebraischer Relationen heißen *algebraische Kurven*. Die *höchste Exponentensumme von x und y*, die in den Gliedern einer algebraischen Relation auftritt, heißt die *Ordnung* der algebraischen Kurve.

Für n = 1 erhalten wir die gebrochen rationalen Funktionen. Ist zusätzlich $P_1(x)$ konstant und nicht die Nullfunktion, so entstehen die ganzrationalen Funktionen.

ÜBUNGEN

89. Bestimmen Sie die Nullstellen der folgenden ganzrationalen Funktionen:
a) $y = x^3 - 2x^2 - x + 2$
b) $y = x^4 - 7x^3 + 11x^2 + 7x - 12$
c) $y = 2x^5 - 2x^4 - 14x^3 + 14x^2 + 12x - 12$

90. Bestimmen Sie die ganzrationale Funktion niedrigsten Grades, deren Graph durch folgende Punkte geht bzw. folgende Eigenschaften aufweist:
a) A(1|2); B(2|–2); C(3|102); Ursprungssymmetrie
b) P(–1|–1); Q(0|2); R(1|3); S(2|8)
c) X(1|1); Y(–2|4); Z(3|49); y-Achsen-Symmetrie

91. Zerlegen Sie die folgenden rationalen Funktionen in einen ganzrationalen Anteil und einen echt gebrochen rationalen Rest:

a) $y = \dfrac{x^4 - 3x^3 + 2x^2 + x - 5}{x^2 + 7}$

b) $y = \dfrac{x^5 - x^3 + x}{x}$

c) $y = \dfrac{4x^3 - 6x^2 + 2x - 1}{x + 5}$

92. Bestimmen Sie mit Hilfe einer Wertetabelle das (asymptotische) Verhalten in der Nähe der Definitionslücken:

a) $y = \dfrac{x - 5}{x + 7}$

b) $y = \dfrac{x^2 + 1}{x^2 - 3x + 2}$

c) $y = \dfrac{x^2 - 8x + 7}{x^2 - 1}$

93. Welchen Grad haben folgende algebraischen Funktionen?

a) $0 = (x^2 - 3x + 1) \cdot y^4 - (3x^3 - 7) \cdot y^3$

b) $0 = y^3 - 2xy^2 - 4x^2y + 3x^3$

c) $0 = (3x^2 - 2x + 1) \cdot (y^4 - 4y^2 + 4)$

LÖSUNGEN

1. *a)* und *d)* sind Funktionen; *b)* nicht, da fast alle x zwei y erhalten; *c)* nicht, da x_4 kein y zugewiesen bekommt.

2. *a)*

x	−4	−3	−2	−1	$0 \notin \mathbb{D}$	1	2	3	4
y	−0,25	$-0,\overline{3}$	−0,5	−1	existiert nicht	1	0,5	$0,\overline{3}$	0,25

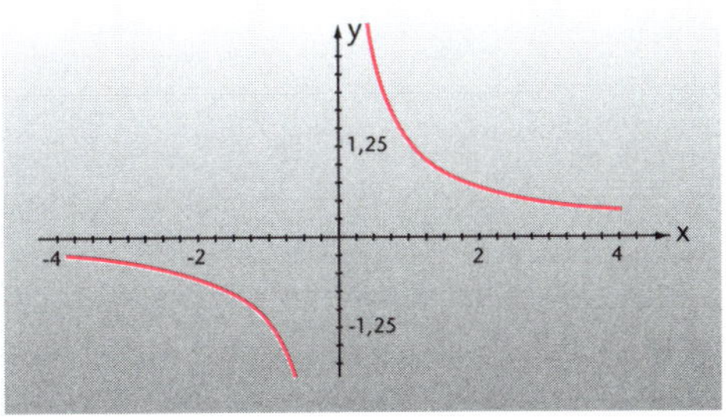

Bild 3.131 $y = \dfrac{1}{x}$

b)

x	−4	−3	−2	−1	0	1	2	3	4
y	8	4,5	2	0,5	0	0,5	2	4,5	8

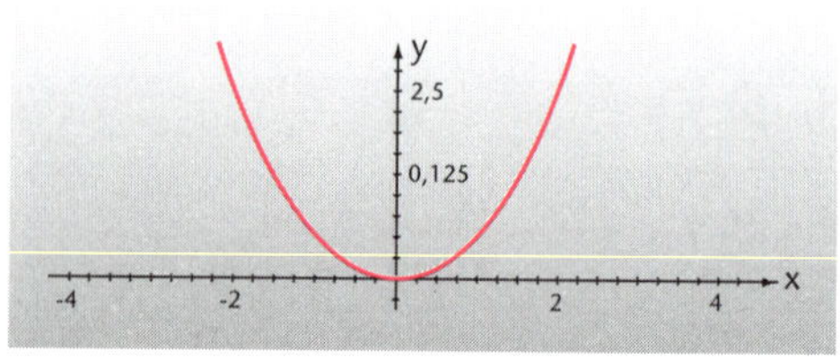

Bild 3.132 $y = 0{,}5x^2$

c)

x	−4	−3	−2	−1	0	1	2	3	4
y	−60	−24	−6	0	0	0	6	24	60

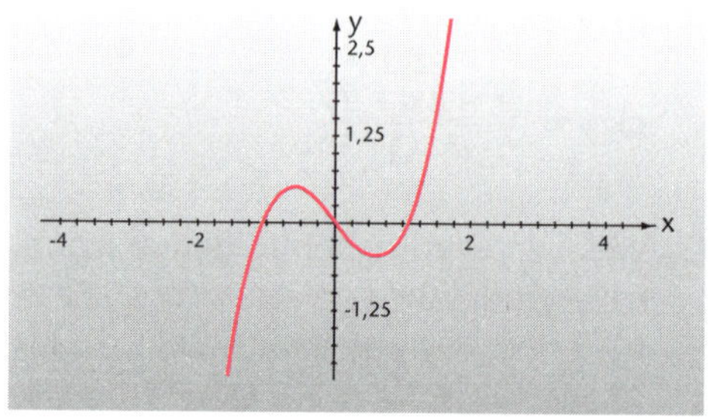

Bild 3.133 $y = x^3 - x$

3.

Uhrzeit	8	10	12	15	20	24
Wasserstand	2,6	1,2	0,8	1,8	5,2	2,9

4. $O = 6a^2$; $V = a^3$

5. $U = 2 \cdot (a + b)$; $F = a \cdot b$; $b = 2a$; $a = \frac{b}{2}$

a) $\Rightarrow U = 2(a + 2a) = 6a$; $F = a \cdot 2a = 2a^2$

b) $\Rightarrow U = 2\left(\frac{b}{2} + b\right) = 3b$;

$F = \frac{b}{2} \cdot b = \frac{1}{2}b^2$

6. *a)* ungerade
b) gerade
c) ungerade
d) weder noch

7. *a), d), f)* y-Achsen-Symmetrie
b), c) Ursprungssymmetrie
e) keine der grundlegenden Symmetrien

8. Zu zeigen: $x < y \Rightarrow x^3 < y^3$ für alle x, $y \in \mathbb{R}$

(1) $x \leq 0$ und $y > 0 \Rightarrow x^3 \leq 0$ und $y^3 > 0$, also $x^3 < y^3$

(2) $x < 0$ und $y \leq 0$
oder $x > 0$ und $y > 0$

$$\Rightarrow y^3 - x^3 = \underbrace{(y - x)}_{> 0} \cdot \underbrace{(y^2 + xy + x^2)}_{> 0}$$

9. Für $y > x > 0$ ergibt sich ebenso wie für $y < x < 0$:

$$\frac{1}{y^2} < \frac{1}{x^2} \Leftrightarrow \frac{x^2}{y^2x^2} < \frac{y^2}{y^2x^2} \Leftrightarrow x^2 < y^2$$

10. Zu zeigen ist: $f(0 \pm h) < f(0) = 0$

(1) $f(0 - h) = (-2) \cdot (-h)^2 = -2h^2 < 0$

(2) $f(0 + h) = (-2) \cdot h^2 < 0$

11. *a)* $(f \circ g)(x) = (2x + 1)^2 = 4x^2 + 4x + 1$

b) $(g \circ f)(x) = 2x^2 + 1$

c) $(h \circ f)(x) = \sin(x^2)$

d) $(f \circ h)(x) = (\sin(x))^2$

e) $(k \circ f)(x) = e^{(x^2)}$

f) $(k \circ h)(x) = e^{\sin(x)}$

12. *a)*

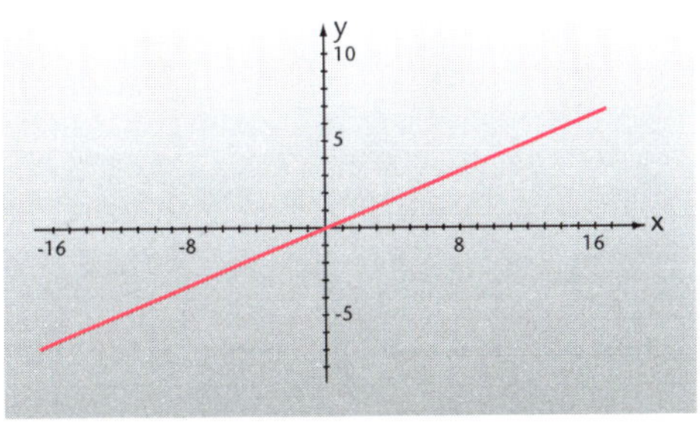

Bild 3.134 $y = \frac{x}{3} + \frac{1}{3}$ ist eine Funktion

b)

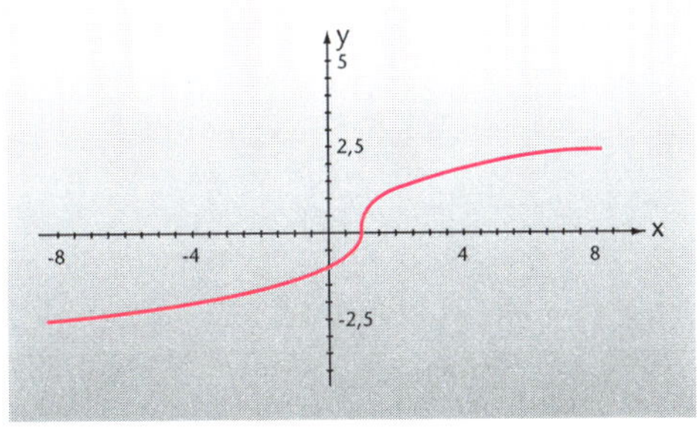

Bild 3.135 $y = \sqrt[3]{x - 1}$ ist eine Funktion

c)

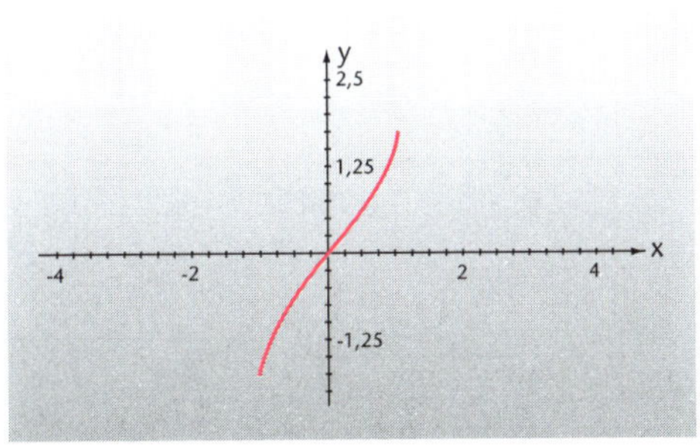

Bild 3.136 $y = \arcsin(x)$ ist nur bei Beschränkung auf den Bereich $y \in [-0{,}5\pi; 0{,}5\pi]$ eine Funktion

d)

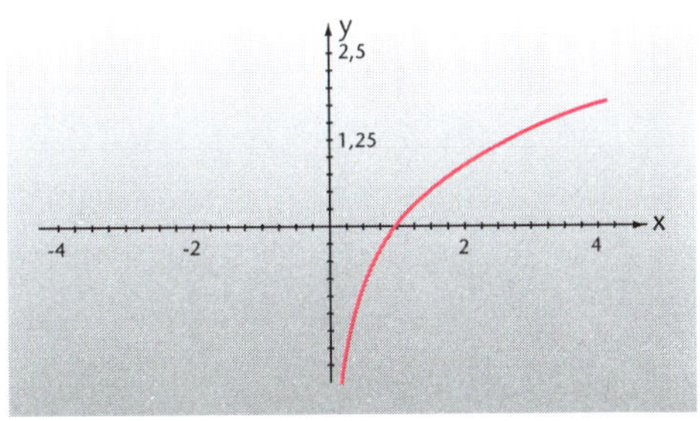

Bild 3.137 $y = \ln(x)$ ist eine Funktion

13. a) $x^4 - 13x^2 + 12x$
$= (x - 1)(x - 3)(x + 4)x$
$\Rightarrow$ Nullstellen sind 0, 1, 3 und –4.

b) $x^3 - 3x^2 + 4 = (x - 2)^2(x + 1)$
$\Rightarrow$ Nullstellen sind –1 und 2.

c) $x^5 - x^4 - 6x^3 + 6x^2 + 9x - 9$
$= (x^2 - 3)^2(x - 1)$
$= [(x + \sqrt{3})(x - \sqrt{3})]^2(x - 1)$
$\Rightarrow$ Nullstellen sind $\sqrt{3}$, $-\sqrt{3}$ und 1.

14. a) $\tan\varphi = 2 \Rightarrow \varphi = 63{,}43°$

b) $\tan\varphi = \frac{4}{3} \Rightarrow \varphi = 53{,}13°$

c) $\tan\varphi = 1{,}875 \Rightarrow \varphi = 61{,}93°$

15. a)

x	y
1	1
5	0,04
10	0,01
50	0,0004
-5	0,04
-10	0,01
-50	0,0004

b)

x	y
1	0,84
5	-0,19
10	-0,054
50	-0,005
-5	-0,19
-10	-0,054
-50	-0,005

c)

x	y
1	1,67
5	2,7
10	2,87
50	2,98
-5	3,074
-10	3,069
-50	3,019

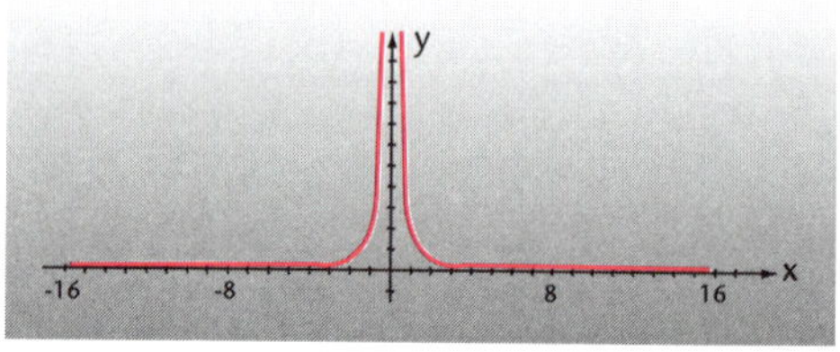

Bild 3.138 $y = x^{-2}$ nähert sich für $|x| \Rightarrow \infty$ asymptotisch der x-Achse und hat bei $x = 0$ eine senkrechte Asymptote

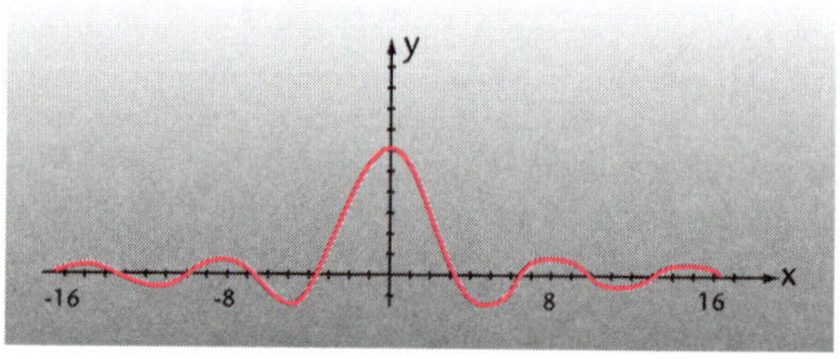

Bild 3.139 $y = \frac{\sin(x)}{x}$ nähert sich für $|x| \Rightarrow \infty$ asymptotisch der x-Achse

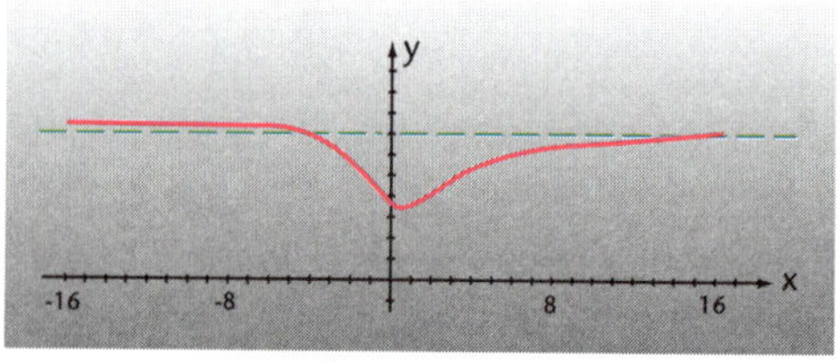

Bild 3.140 $y = \frac{3x^2 - x + 3}{x^2 + 2}$ nähert sich für $|x| \Rightarrow \infty$ asymptotisch der Geraden $y = 3$

16. *a)* F und s sind proportional.

b), c)

F	6	18	30	1	5	10	N
s	2	6	10	$0,\overline{3}$	$1,\overline{6}$	$3,\overline{3}$	cm

17. *a)* F und r sind antiproportional.

b), c)

F	50	500	1000	2000	200	125	N
r	100	10	5	2,5	25	40	cm

18. 24 · 0,49 DM = 11,76 DM; 36 · 0,49 DM = 17,64 DM.

19. Nein, da z. B. Lebensraum (Habicht) = 2 · Lebensraum (Fuchs), aber Nachkommen (Habicht) ≠ 0,5 · Nachkommen (Fuchs).

20. v = 5

s	10	20	30	100	25	50	250
t	2	4	6	20	5	10	50

21.

d	0,5	1	1,5	2	2,5	mm
R	0,089	0,02225	0,0099	0,0056	0,0036	Ω

22.

Anzahl der Arbeiter	8	1	3	4	5
Zeit	3	24	8	6	4,8

23. Natürlich genauso lange!

24.

Pferde	3	1	10
Heu	4,5	1,5	15

25.

Menge	1,5	1	25	kg
Preis	1,98	1,32	33	DM

26.

Δ	11	1	100	°C
Länge	11	1	100	cm

27.

Pferde	8	1	10
Tage	5	40	4

28. *a)* $24 : 18 = 4 : 3 \Rightarrow t_2 : t_1 = 4 : 3$
Also dauert der Film dann 120 Minuten.

b) $60 \cdot x = 90 \cdot 24 \Rightarrow x = 36$
Es müssen 36 Bilder pro Minute gezeigt werden.

29.

Zähne (gr. Zahnrad)	150	300	100	100	105	105
Umdrehungen (gr.)	2	1	3	3	3	3
Zähne (kl. Zahnrad)	60	60	60	300	315	45
Umdrehungen (kl.)	5	5	5	1	1	7

(Aus dem Fünfsatz ist quasi ein „Sechssatz" geworden, da wir ein durch 3 bzw. 7 teilbares Zahlenpaar benötigen.)

30.

Hähne	3	1	5	5	5
m^3	120	120	120	1	500
Zeit	5 h	15 h	3 h	1,5 min	12,5 h

31.

Lkws	5	6	15
Fahrten	12	10	4

c) Nach 45 Touren ist jeder der fünf Lkws neunmal gefahren. Bei noch 15 Restfahrten muß also jeder der verbliebenen drei Lkws fünfmal fahren.

32.

Wein (in l)	36000	900	43200
Flaschen	48000	1200	57600
Maschinen	5	1	6
Stunden	8	1	8

Aus der mittleren Spalte ergibt sich: 14400 : 1200 = 12. Dann ist also die Maschine zwölf Stunden lang ausgefallen.

33. *a)* $45\text{ DM} + 600\text{ km} \cdot 0{,}5\,\frac{\text{DM}}{\text{km}} + 600\text{ km} \cdot \frac{6{,}5\text{ l}}{100\text{ km}} \cdot 1{,}509\,\frac{\text{DM}}{\text{l}} = 403{,}85\text{ DM}$

b) $2 \cdot 45\text{ DM} + 850\text{ km} \cdot 0{,}5\,\frac{\text{DM}}{\text{km}} + 850\text{ km} \cdot \frac{6{,}5\text{ l}}{100\text{ km}} \cdot 1{,}509\,\frac{\text{DM}}{\text{l}} = 598{,}37\text{ DM}$

c) $403{,}85 : 600 \approx 0{,}67$ DM/km $598{,}37 : 850 \approx 0{,}70$ DM/km

34. *a)* $\frac{1}{10}$; $\frac{1}{4}$; $\frac{2}{5}$; $\frac{1}{2}$; $\frac{3}{4}$; $\frac{22}{25}$; $\frac{19}{20}$; $\frac{6}{5}$; $\frac{3}{2}$

b) 50%; 66,67%; 75%; 40%; 46,67%; 60%; 55%; 26,67%; 8%; 78,95%

35. *a)* 105 l; 32,5 kg; 42,5 m; 56,25 DM

b) 312 DM; 300 kg; 15 000 m; 25 hl

c) 20%; 2,5%; 2,63%; 5%

36. *a)* 2,8 kg; 3,3 km; 52,50 DM

b) 3 600 DM; 14 000 g = 14 kg; 33 750 cm = 337,5 m

c) 0,3‰; 2‰; 133,3‰

37. *a)* 20 DM; 250 DM; 1312,50 DM

b) 4000 DM; 1500 DM; 1800 DM

c) 2,1%; 1,1%; 1,25%

38. *a)* 1080 DM; 19 200 DM; 960 DM

b) 18,75 DM; 6,28 DM; 700 DM

c) 12%; $10\frac{2}{3}$; 4,5%

39. Mit $K(n) = K_0 \cdot \left(1 + \frac{p}{100}\right)^n$ ergibt sich:

n	3	4	5	6	7	8	9	10
K(n)	2282,33	2385,04	2492,36	2604,52	2721,72	2844,20	2972,19	3105,94

40.

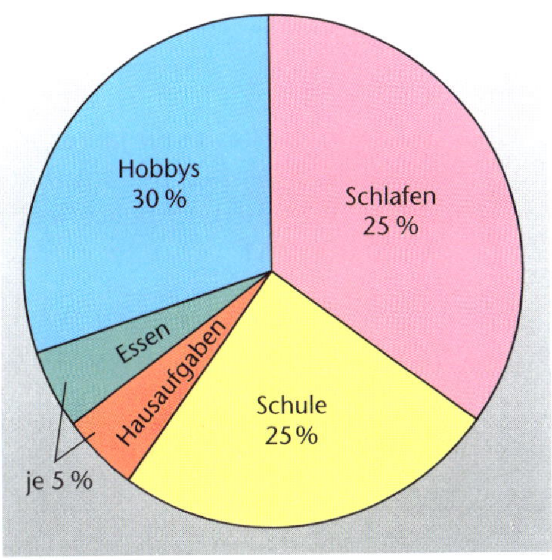

Bild 3.141

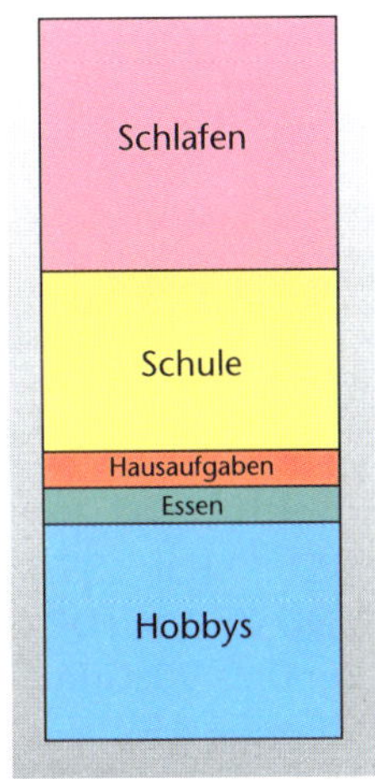

Bild 3.142

41.

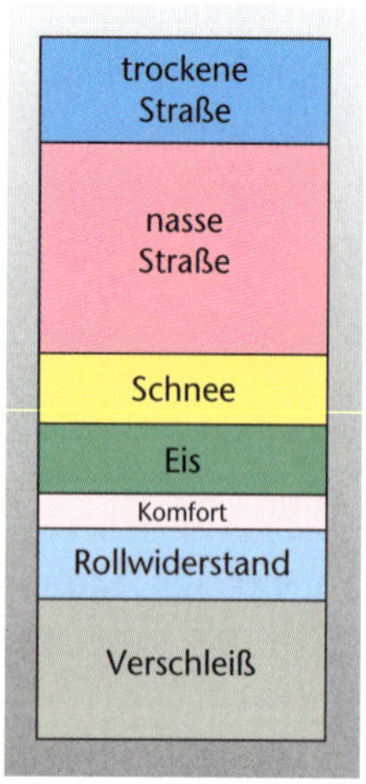

Bild 3.143

42. *a)*

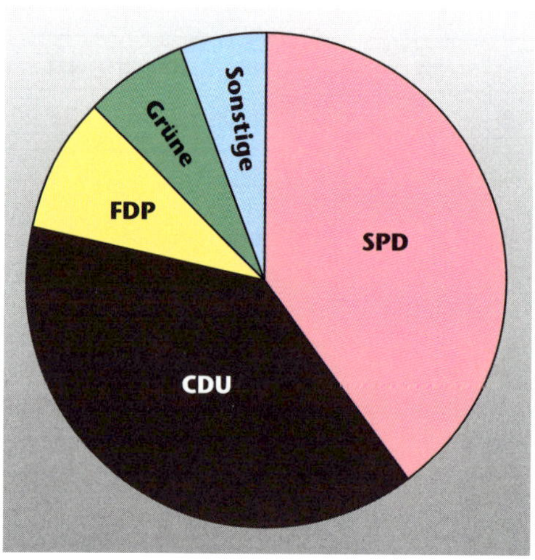

Bild 3.144

b) SPD 70,8% · 39,8% = 28,2%;
CDU 27,4% FDP 6,3%;
Bündnis 90/Grüne 4,9%;
Sonstige 4%;
Nichtwähler 100% – 70,8%
= 29,2%

43. 2,604 Millionen Männer und 1,311 Millionen Frauen sind rotgrünblind.

44. Der fertige Cocktail enthält ca. 28,2% Alkohol.

45. *a)* Es ist mit 80 000 · 0,3 · 0,05 = 1 200 Käufern zu rechnen.

b) 1200 · 150 – 10000 = 170 000 DM. Dies ist der Gewinn nach Abzug der Annoncenkosten.

46. Netto: 12 · 0,7 = 8,4 kg
≙ 70% des Gesamtgewichts
Tara: 12 · 0,3 = 3,6 kg
≙ 30% des Gesamtgewichts

47. *a)* 1 500 · (1 – 8%) · (1 – 2%)
= 1500 · 0,92 · 0,98
= 1352,40 DM
Man muß also 1352,40 DM bezahlen.

b) 1500 · 0,91 · 0,99
= 1 351,35 DM
Die Geschirrspülmaschine bei der Firma Müller ist um 1,05 DM günstiger.

48. *a)* 4 500 DM kostet die Jahresprämie.

b) Der Prämiensatz beträgt 0,463 ‰.

c) Die Versicherungspolice lautet auf 60 000 DM.

49.

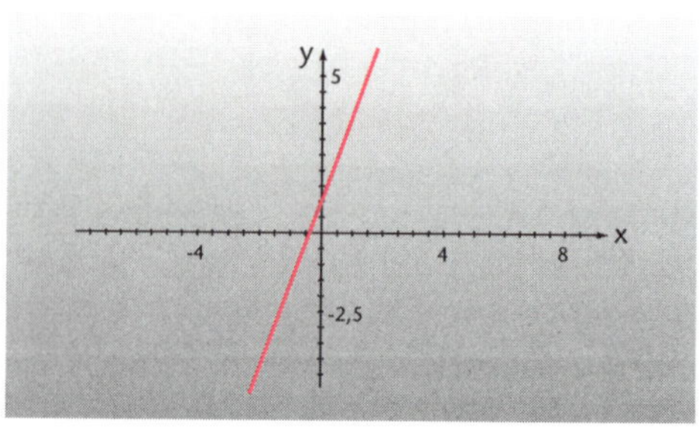

Bild 3.145 $y = 3x + 1$

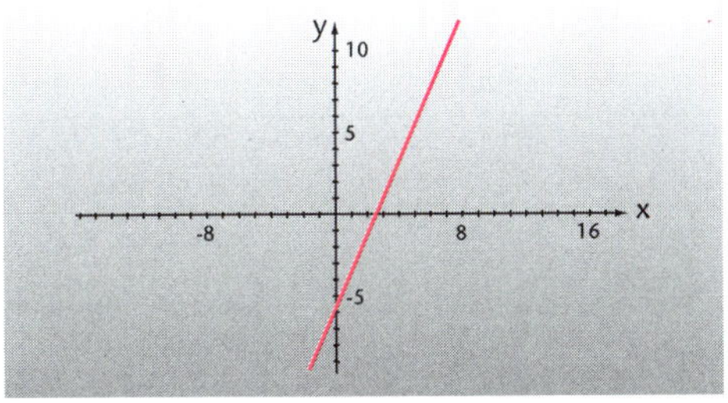

Bild 3.146 $y = 2x - 5$

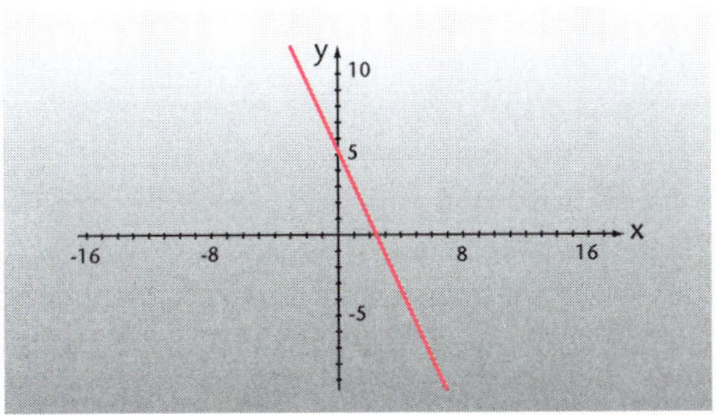

Bild 3.147 $y = -2x + 5$

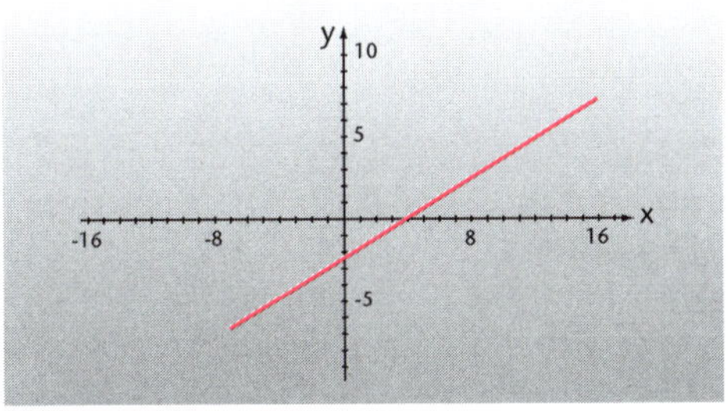

Bild 3.148 $y = 0{,}5x - 2$

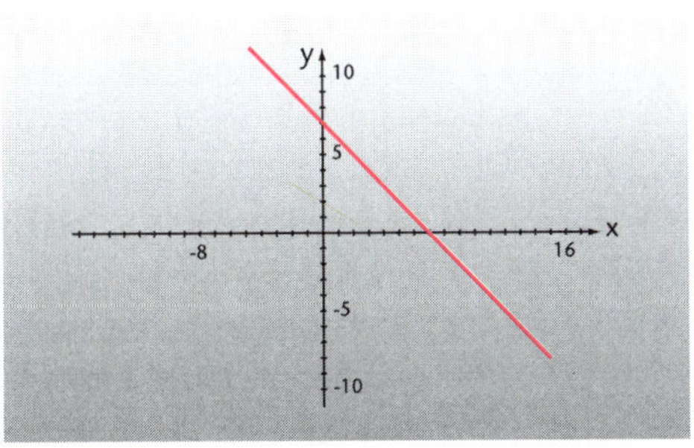

Bild 3.149 $y = -x + 7$

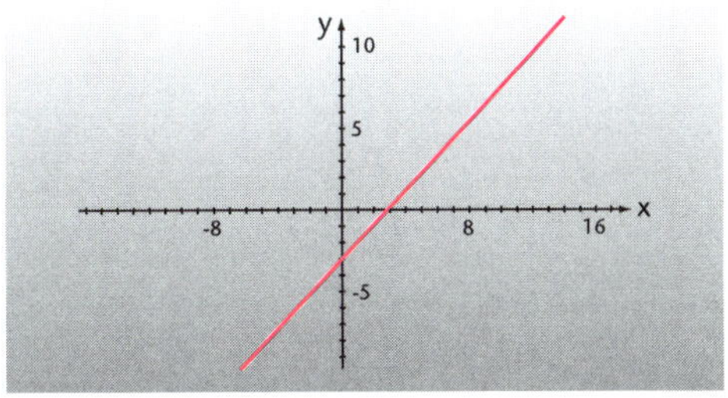

Bild 3.150 $y = x - 3$

50. ***a)*** $m = \dfrac{6 - 4}{5 - 3} = 1;$

$b = 4 - 3 \cdot 1 = 1 \Rightarrow y = x + 1$

analog:

b) $y = -x + 6$

c) $y = 3$

d) $y = 0{,}5x + 0{,}5$

e) $y = 2x - 4$

f) $y = -3x + 6$

51. ***a)*** $y = 2x - 5$

b) $y = -x + 2$

c) $y = 0{,}5x + 3$

d) $y = -0{,}5x + 4$

e) $y = -2x + 5$

f) $y = 2$

52. ***a)*** $0 = 3x_0 - 6 \Leftrightarrow 6 = 3x_0 \Leftrightarrow x_0 = 2$

analog:

b) $x_0 = -2$

c) $x_0 = 12$

d) $x_0 = 0{,}5$

e) $x_0 = 8$

f) $x_0 = -3$

53. ***a)*** $3x_s - 4 = -2x_s + 1 \Leftrightarrow 5x_s = 5 \Leftrightarrow x_s = 1 \Rightarrow y_s = -1$; $S(1|-1)$

b) $2x_s + 8 = -x_s - 1 \Leftrightarrow 3x_s = -9 \Leftrightarrow x_s = -3 \Rightarrow y_s = 2$; $S(-3|2)$

c) $0{,}5x_s + 5 = -2x_s - 5 \Leftrightarrow 2{,}5x_s = -10 \Rightarrow x_s = -4 \Rightarrow y_s = 3$; $S(-4|3)$

d) $3x_x + 1 = 2x_s - 5 \Leftrightarrow x_s = -6 \Rightarrow y_s = -17$; $S(-6|-17)$

e) $2x_s - 5 = -2x_s + 5 \Leftrightarrow 4x_s = 10$
$\Leftrightarrow x_s = 2{,}5 \Rightarrow y_s = 0$; $S(2{,}5|0)$

f) $0{,}5x_s - 2 = -2x_s + 5 \Leftrightarrow 2{,}5x_s = 7$
$\Leftrightarrow x_s = 2{,}8 \Rightarrow y_s = -0{,}6$; $S(2{,}8|-0{,}6)$

54. a) $\tan\varphi = \left|\frac{-2-3}{1+3\cdot(-2)}\right| = 1 \Rightarrow \varphi = 45^\circ$

b) $\tan\varphi = 3 \Rightarrow \varphi = 71{,}57^\circ$

c) $\tan\varphi = \infty \Rightarrow \varphi = 90^\circ$

d) $\tan\varphi = \frac{1}{7} \Rightarrow \varphi = 8{,}13^\circ$

e) $\tan\varphi = \frac{4}{3} \Rightarrow \varphi = 53{,}13^\circ$

f) $\tan\varphi = \infty \Rightarrow \varphi = 90^\circ$

55. a) $y = \frac{x+4}{3}$; $y = \frac{1-x}{2}$

b) $y = 0{,}5x - 4$; $y = -x - 1$

c) $y = 2x - 10$; $y = -0{,}5x - 2{,}5$

d) $y = \frac{x-1}{3}$; $y = 0{,}5x + 2{,}5$

e) $y = 0{,}5x + 2{,}5$; $y = -0{,}5x + 2{,}5$

f) $y = 2x + 4$; $y = -0{,}5x + 2{,}5$

56. a)

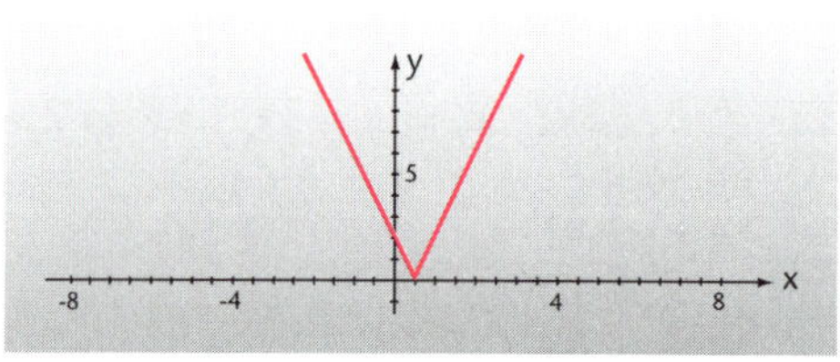

Bild 3.151 $y = |3x - 1|$

b)

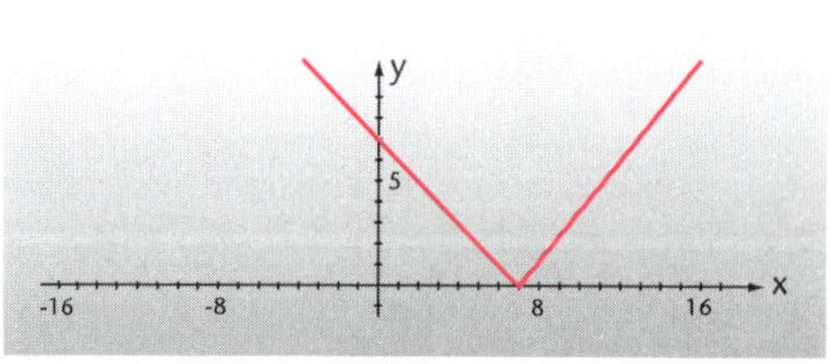

Bild 3.152 $y = |-x + 7|$

56. c)

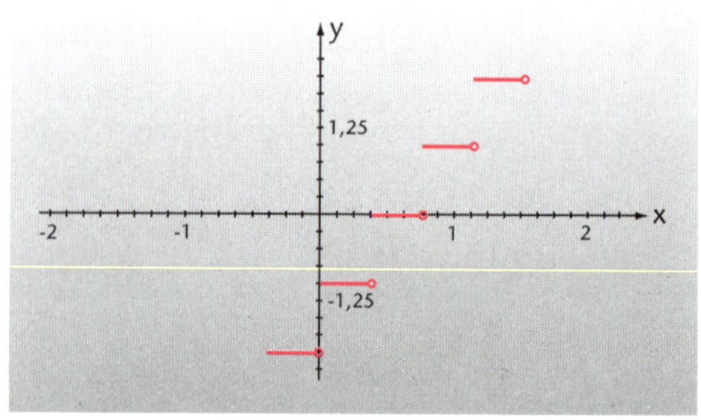

Bild 3.153 $y = |3x - 1|$

57. a)

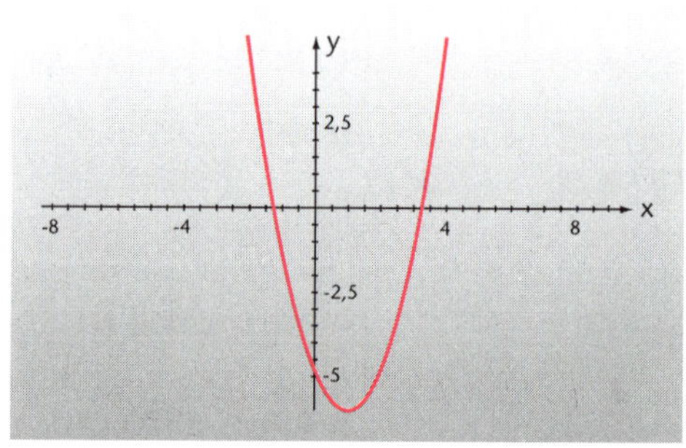

Bild 3.154 $y = x^2 - 2x - 4$

b)

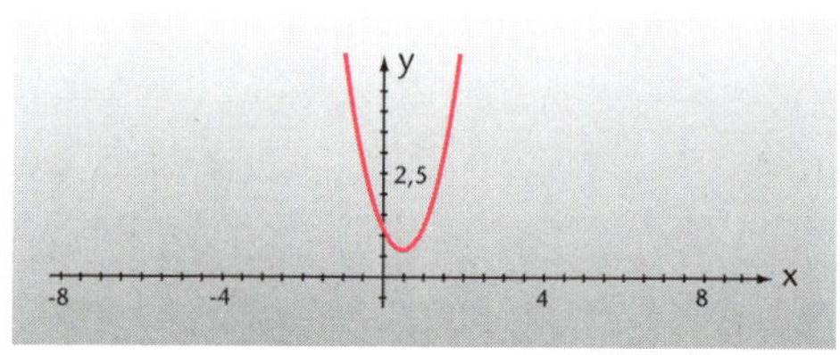

Bild 3.155 $y = 2x^2 - 2x + 1$

c)

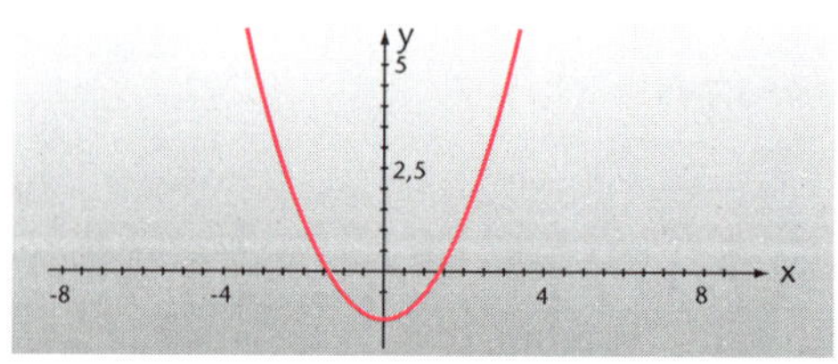

Bild 3.156 $y = 0{,}5x^2 - 1$

d)

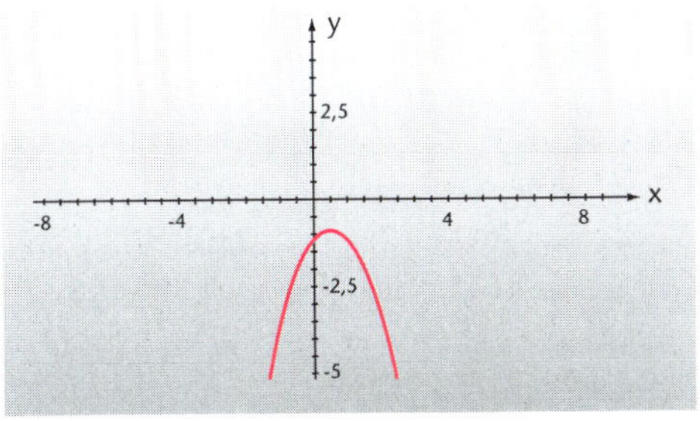

Bild 3.157 $y = -x^2 + x - 1$

f)

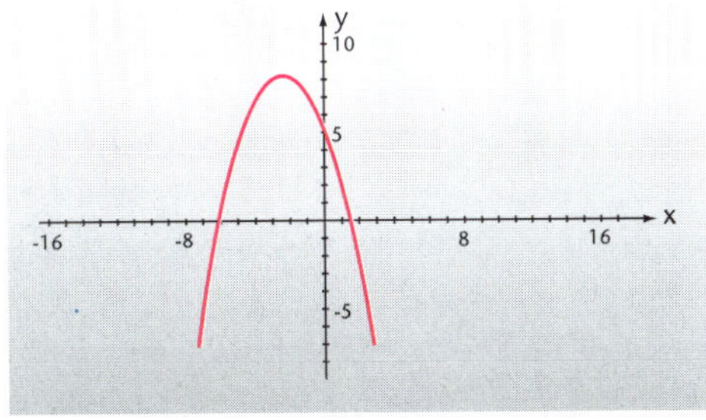

Bild 3.159 $y = -0{,}5x^2 - 2x + 5$

e)

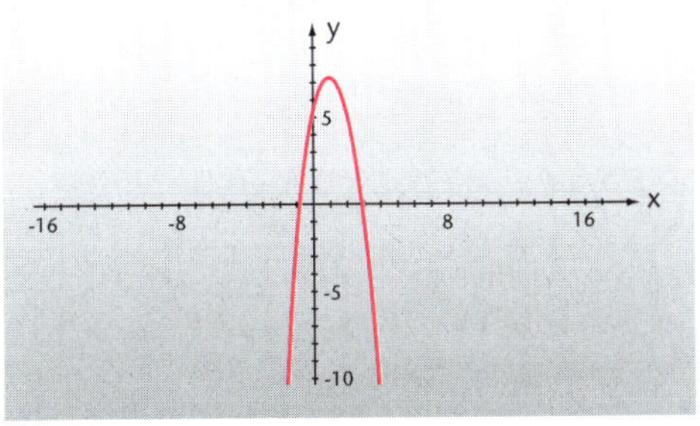

Bild 3.158 $y = -2x^2 + 4x + 4$

59. ***a)*** keine Nullstellen

b) $x_1 = 0{,}5(1 + \sqrt{3}) = 1{,}62$;
$x_2 = 0{,}5(1 - \sqrt{3}) = -0{,}62$

c) $x_1 = 4{,}24$; $x_2 = -0{,}24$

d), e) keine Nullstellen

f) $x_1 = 2$; $x_2 = -1$

58. ***a)***
(1) $a + b + c = 2$ (1) – (2) $\Rightarrow 2b = -2 \Rightarrow b = -1$ (*)
(2) $a - b + c = 4$ (3) – (1) $\Rightarrow 3a + b = 5$
(3) $4a + 2b + c = 7$ mit (*) $\Rightarrow a = 2 \Rightarrow c = 1$
also: $y = 2x^2 - x + 1$

b)
(1) $a + b + c = -1$ (2) – (1) $\Rightarrow$ (*) $3a + b = 2$
(2) $4a + 2b + c = 1$ (1) – (3) $\Rightarrow 2b = -2 \Leftrightarrow b = -1$
(3) $a - b + c = 1$ in (*) $\Rightarrow a = 1 \Rightarrow c = 1$
also: $y = x^2 - x - 1$

c)
(1) $a + b + c = 4$ (1) – (2) $\Rightarrow 2b = 8 \Rightarrow b = 4$ (*)
(2) $a - b + c = -4$ (3) – (1) $\Rightarrow 3a + b = 1$
(3) $4a + 2b + c = 5$ mit (*) $\Rightarrow a = -1 \Rightarrow c = 1$
also: $y = -x^2 + 4x + 1$

d) Wir verwenden hier sinnvollerweise die Scheitelpunktform $y = A(x + B)^2 + C$:
$S(-2|2) \Rightarrow B = 2; C = 2$
$0 = A(0 + 2)^2 + 2 \Leftrightarrow 0 = 4A + 2 \Leftrightarrow A = -0{,}5$
also: $y = -0{,}5(x + 2)^2 + 2 = -0{,}5x^2 - 2x$

e) Es bietet sich die Darstellung mit Linearfaktoren an:
$K \cdot (x - 1) \cdot (x - 3) = y$ mit $K \cdot (0 - 1) \cdot (0 - 3) = 7 \Rightarrow K = \frac{7}{3}$
also: $y = \frac{7}{3}(x - 1)(x - 3) = \frac{7}{3}x^2 - \frac{28}{3}x + 7$

60. *a)* $2x_s^2 - x_s + 1 = 6x_s - 4$
$\Leftrightarrow x_s^2 - 3{,}5x_s + 2{,}5 = 0$
$\Rightarrow x_s = 1{,}75 \pm \sqrt{1{,}75^2 - 2{,}5}$
$\Rightarrow x_1 = 2{,}5;\ x_2 = 1$
$\Rightarrow y_1 = 11;\ y_2 = 2$
$\Rightarrow S_1(2{,}5|11);\ S_2(1|2)$

b) $-x_s^2 + 4x_s + 1 = 3x_s - 1$
$\Leftrightarrow 0 = x_s^2 - x_s - 2$
$\Rightarrow x_s = 0{,}5 \pm \sqrt{2{,}25}$
$\Rightarrow x_1 = 2;\ x_2 = -1$
$\Leftrightarrow y_1 = 5;\ y_2 = -4$
$\Leftrightarrow S_1(2|5);\ S_2(-1|-4)$

c) $-2x_x^2 - 2x_s - 4 = 2x_s - 4$
$\Leftrightarrow 0 = 2x_s^2 + 4x_s = 2x_s(x_s + 2)$
$\Rightarrow x_1 = 0;\ x_2 = -2$
$\Rightarrow y_1 = -4;\ y_2 = -8$
$\Rightarrow S_1(0|-4);\ S_2(-2|-8)$

d) $x_s^2 - x_s - 1 = 2x_s - 1$
$\Leftrightarrow 0 = x_s^2 - 3x_s = x_x(x_s - 3)$
$\Rightarrow x_1 = 0;\ x_2 = 3$
$\Rightarrow y_1 = -1;\ y_2 = 5$
$\Rightarrow S_1(0|-1);\ S_1(3|5)$

e) $x_s^2 + 2x_s + 2 = -x_s + 6$
$\Leftrightarrow x_s^2 + 3x_s - 4 = 0$
$\Rightarrow x_s = -1{,}5 \pm \sqrt{6{,}25}$
$\Rightarrow x_1 = 1;\ x_2 = -4$
$\Rightarrow y_1 = 5;\ y_2 = 10$
$\Rightarrow S_1(1|5);\ S_2(-4|10)$

f) $-2x_s^2 + 2x_s + 4 = -2x_s + 2$
$\Leftrightarrow 0 = x_s^2 - 2x_s - 1$
$\Rightarrow x_s = 1 \pm \sqrt{2}$
$\Rightarrow x_1 = 2{,}414;\ x_s = -0{,}414$
$\Leftrightarrow y_1 = -2{,}828;\ y_2 = 2{,}828$
$\Leftrightarrow S_1(2{,}414|-2{,}828);$
$S_2(-0{,}414|2{,}828)$

61. *a)* $x_s^2 - 2x_s + 4 = 2x_s^2 - 2x_s + 1$
$\Leftrightarrow x_s^2 = 3$
$\Rightarrow x_1 = 1{,}73;\ x_2 = -1{,}73$
$\Rightarrow y_1 = 3{,}54;\ y_2 = 10{,}46$
$\Rightarrow S_1(1{,}73|3{,}54);\ S_2(-1{,}73|10{,}46)$

b) $0{,}5x_s^2 - 1 = -x_s^2 - x_s + 1$
$\Leftrightarrow x_s^2 + \frac{2}{3}x_s - \frac{4}{3} = 0$
$\Rightarrow x_s = -\frac{1}{3} \pm \sqrt{\frac{1}{9} + \frac{4}{3}}$
$\Rightarrow x_1 = -1{,}53;\ x_2 = +0{,}87$
$\Rightarrow y_1 = 0{,}17;\ y_2 = -0{,}62$
$\Rightarrow S_1(-1{,}53|0{,}18);\ S_2(0{,}87|-0{,}62)$

c) $-2x_s^2 + 4x_s + 4 = -0{,}5x_s^2 - 2x_s + 5$
$\Leftrightarrow 0 = x_s^2 - 4x_s + \frac{2}{3}$
$\Rightarrow x_s = 2 \pm \sqrt{\frac{10}{3}}$
$\Rightarrow x_1 = 3{,}83;\ x_2 = 0{,}17$
$\Rightarrow y_1 = -10{,}02;\ y_2 = 4{,}62$
$\Rightarrow S_1(3{,}83|-10{,}02);\ S_2(0{,}17|4{,}62)$

d) $2x_s^2 - 2x_s + 2 = -2x_s^2 + 4x_s + 4$
$\Leftrightarrow x_s^2 - 1{,}5x_s - 0{,}5 = 0$
$\Rightarrow x_s = \frac{3}{4} \pm \sqrt{\frac{9}{16} + \frac{8}{16}}$
$\Rightarrow x_1 = 1{,}78;\ x_2 = -0{,}28$
$\Rightarrow y_1 = 4{,}78;\ y_2 = 2{,}72$
$\Rightarrow S_1(1{,}78|4{,}78);\ S_2(-0{,}28|2{,}72)$

e) $x_s^2 - 2x_s - 4 = 3x_s^2 + 6x_s - 12$
$\Leftrightarrow 0 = 2x_s^2 + 8x_s - 8$
$\Leftrightarrow 0 = x_s^2 + 4x_s - 4$
$\Rightarrow x_s = -2 \pm \sqrt{4 + 4}$
$\Rightarrow x_1 = 0{,}83;\ x_2 = -4{,}83$
$\Rightarrow y_1 = -4{,}97;\ y_2 = 28{,}97$
$\Rightarrow S_1(0{,}83|-4{,}97);\ S_2(-4{,}83|28{,}97)$

62. *a)* $y = x^2 - 8x + 20 = (x - 4)^2 + 4$
$\Leftrightarrow y - 4 = (x - 4)^2$
$\Rightarrow \sqrt{y - 4} = x - 4$
$\Leftrightarrow 4 + \sqrt{y - 4} = x$
Umbenennung: $y = 4 + \sqrt{x - 4}$
$\mathbb{D}_f^* = (x \geq 4)$
Analog findet man:

b) $y = -\frac{3}{4} + \sqrt{\frac{x}{4} + \frac{21}{16}}$

$\mathbb{D}_f^* = \left(x \geq -\frac{21}{4}\right)$

c) $y = -2{,}5 + \sqrt{\frac{x}{7} + \frac{179}{28}}$

$\mathbb{D}_f^* = (x \geq -\frac{179}{4})$

d) $y = \frac{1}{2} + \sqrt{\frac{23}{12} - \frac{x}{3}}$

$\mathbb{D}_f^* = \left(x \leq \frac{23}{4}\right)$

e) $y = -7 + \sqrt{\frac{x + 197}{4}}$

$\mathbb{D}_f^* = (x \geq -197)$

f) $y = 1 + \sqrt{\frac{x - 8}{3}}$

$\mathbb{D}_f^* = (x \geq 8)$

***63.** a)*

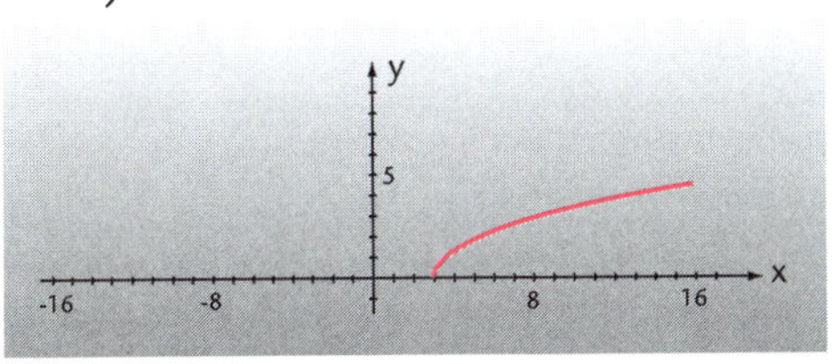

Bild 3.160 $y = \sqrt{x - 3}$

b)

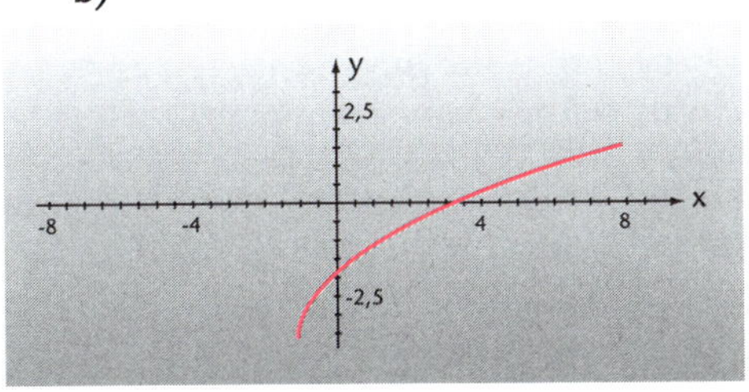

Bild 3.161 $y = \sqrt{x + 2} - 3$

c)

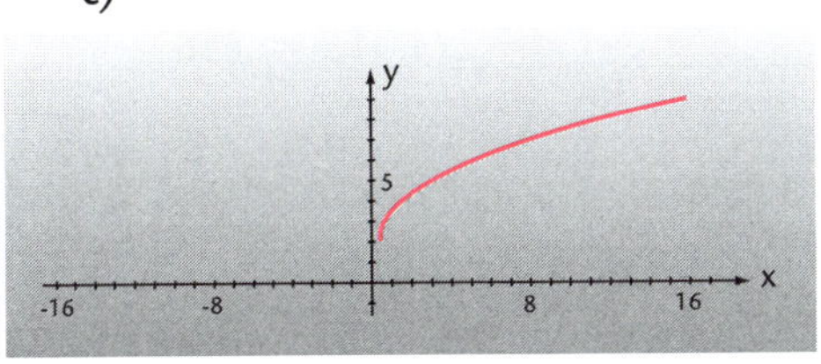

Bild 3.162 $y = \sqrt{2x - 1 + 2}$

d)

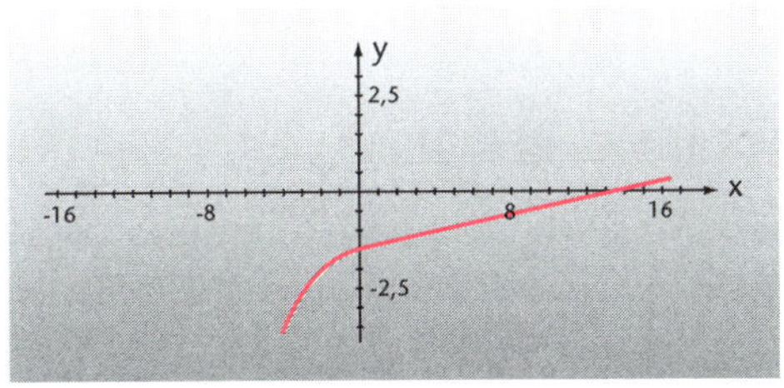

Bild 3.163 $y = \sqrt{0{,}5x + 2 - 3}$

***64.** a)* $\sqrt{x - 3} = 2x - 5$

$x - 3 = 4x^2 - 20x + 25$

$0 = 4x^2 - 21x + 28$

$0 = x^2 - 5{,}25x + 7$

Diese Gleichung ist unerfüllbar,
$\Rightarrow$ keine Schnittpunkte.

b) $\sqrt{x + 2} - 3 = -x + 4$

$\sqrt{x + 2} = 7 - x$

$x + 2 = 49 - 14x + x^2$

$0 = x^2 - 15x + 47$

$\Rightarrow x = 10{,}54 \lor x = 4{,}46$

Einsetzen zeigt: Nur (4,46|–0,46) ist Schnittpunkt.

c) $\sqrt{2x - 1} + 2 = 2x - 1$

$\sqrt{2x - 1} = 2x - 3$

$2x - 1 = 4x^2 - 12x + 9$

$0 = 4x^2 - 14x + 10$

$0 = x^2 - 3{,}5x + 2{,}5$

$\Leftrightarrow x = 2{,}5 \lor x = 1$

Einsetzen zeigt: Nur (2,5|4) ist Schnittpunkt.

d) $\sqrt{0{,}5x + 2} - 3 = -2x + 6$

$\sqrt{0{,}5x + 2} = -2x + 9$

$0{,}5x + 2 = 4x^2 - 36x + 81$

$0 = 4x^2 - 36{,}5x + 79$

$0 = x^2 - 9{,}125x + 19{,}75$

$\Rightarrow x = 3{,}53 \lor x = 5{,}60$

Einsetzen zeigt: Nur (3,53|–1,06) ist Schnittpunkt.

65. *a)* $\sqrt{3x-1} = \sqrt{0,5x+4}$
$3x - 1 = 0,5x + 4$
$2,5x = 5$
$x = 2 \Rightarrow y = \sqrt{5}$

b) $\sqrt{x+5} = \sqrt{3-x}$
$x + 5 = 3 - x$
$2x = -2$
$x = -1 \Rightarrow y = 2$

c) $\sqrt{x+1} + 2 = \sqrt{2x-4}$
$x + 5 + 4\sqrt{x+1} = 2x - 4$
$4\sqrt{x+1} = x - 9$
$16(x+1) = x^2 - 18x + 81$
$0 = x^2 - 34x + 65$
$\Rightarrow x = 31,97 \vee x = 2,03$
Einsetzen zeigt: Nur (31,97|7,74) ist Schnittpunkt.

d) $\sqrt{0,5x-2} - 1 = \sqrt{2x+4} - 6$
$\sqrt{0,5x-2} + 5 = \sqrt{2x+4}$
$0,5x + 23 + 10\sqrt{0,5x-2} = 2x + 4$
$10\sqrt{0,5x-2} = 1,5x - 19$
$100(0,5x-2) = 2,25x^2 - 57x + 361$
$0 = 2,25x^2 - 107x + 561$
$\Rightarrow x = 41,55 \vee x = 6$
Einsetzen zeigt: Nur (41,55|3,33) ist Schnittpunkt.

66. *a)* $\sqrt{2x+5} = x^2 - 1$
$2x + 5 = x^4 - 2x^2 + 1$
$0 = x^4 - 2x^2 - 2x - 4$
$x = 2$ ist Lösung (Einsetzen).
Eine weitere Lösung liegt zwischen −1 und −2, da der letzte Term auf der rechten Seite für −1 negativ, für −2 dagegen positiv ist.

b) $\sqrt{9x+16} = x^2 + 4$
$9x + 16 = x^4 + 8x^2 + 16$
$0 = x^4 + 8x^2 - 9x$
$0 = x \cdot (x^3 + 8x + 9)$
$\Rightarrow x = 0$ ist Lösung.
Durch Einsetzen findet man $x = 1$. Da für $0 < x < 1$ der Term auf der rechten Seite stets negativ, für $x < 0$ und $x > 1$ stets positiv ist, gibt es keine weiteren Lösungen.

c) $\sqrt{x-3} = x^2 + 4x + 5 = (x+2)^2 + 1$ ist unerfüllbar, da der Wert des Terms der rechten Seite für $x \geq 3$ immer oberhalb des Wertes der Wurzel liegt (die für kleinere x nicht definiert ist).

67. *a)* $1,6 \cdot 10^{-19}$
b) $6,67 \cdot 10^{-11}$
c) $1,9 \cdot 10^{30}$

68. *a)* P(5|625)
b) P(−0,5|0,25)
c) P(−2|−0,125)
d) P(0,0625|0,5)

69. *a)* $0,6^3 = 0,216 \Rightarrow$ ja
b) $0,5^{-3} = 8 \neq 1,25 \Rightarrow$ nein
c) $\sqrt[3]{3,375} = 1,5 \Rightarrow$ ja
d) $8^{4/3} = 2^4 = 16 \Rightarrow$ ja

70. *a)* $y = 8 \cdot \frac{1}{x}$

b)

x	2	12	0,5	1/32
y	4	2/3	16	256

71.

Geschwindigkeit v	10	50	80	100	130	200	m/h
Bremsweg s	1	25	64	100	169	400	m

72. $V_2 : V_1 = a_2^3 : a_1^3 = 3 \Rightarrow a_2 = a_1 \cdot \sqrt[3]{3}$

73. $m = \rho \cdot V \Rightarrow V^* = \frac{4}{3}\pi\,(r^*)^3 = \frac{m}{\rho}$
ist das Volumen einer Plastikvollkugel gleicher Masse und Dichte.
$\Rightarrow r^* = 0{,}592$ cm (bzw. 0,582 cm)

$V^* = V(\text{hohl}) = \frac{4}{3}\pi(R^3 - r^3)$

$\Leftrightarrow (r^*)^3 = R^3 - r^3$

$\Rightarrow d = R - r = R - \sqrt[3]{R^3 - (r^*)^3}$

$= 0{,}2$ mm (0,1896 mm)

74. *a)* $r = \sqrt[3]{25 \cdot 365{,}25^2} = 149{,}41$ Millionen km

b) $T = \sqrt{\frac{108{,}2^3}{25}} = 225{,}1$ Tage

75. *a)* $F = 6{,}67 \cdot 10^{-11}$ N

b) $F^* = \frac{1}{100}\,F = 6{,}67 \cdot 10^{-13}$ N

c) $F_{EM} = 1{,}98 \cdot 10^{20}$ N

d) $F_{ES} = 3{,}54 \cdot 10^{22}$ N

76. *a)* $P(5) = 40\,000 \text{ DM} \cdot 0{,}8^5$
$= 13\,107{,}20$ DM

b) $P(5) = 40\,000 \text{ DM} \cdot 0{,}85^5$
$= 17\,748{,}21$ DM

c) $P(5) = 10\,000 = 40\,000 \cdot x^5$
$\Rightarrow x = \sqrt[5]{0{,}25} \approx 75{,}8\,\%$
$\Rightarrow$ Die jährliche Wertminderung betrug 24,2%.

77. *a)* $J(2000) = J(1980) \cdot 1{,}007^{20}$
$= 130{,}38$ Millionen
$M(2000) = M(1980) \cdot 1{,}031^{20}$
$= 118{,}78$ Millionen

b) $M(1980 + x) = J(1980 + x)$
$\Leftrightarrow 113{,}4 \cdot 1{,}007^x = 64{,}5 \cdot 1{,}031^2$

$$\Rightarrow x = \frac{\ln\left(\frac{113{,}4}{64{,}5}\right)}{\ln\left(\frac{1{,}031}{1{,}007}\right)} = 23{,}96$$

$1980 + 23{,}96 \approx 2004$
Im Jahr 2004 hätte Mexiko Japan eingeholt.

78. *a)* $K(n) = K(0) \cdot (1 + p\,\%)^n$
Dabei ist K(0) das Startkapital (10 000 DM); K(n) das Kapital nach n Jahren.

Anzahl der Jahre	Zinssatz (%)		
	2,5	4	7,5
2	10 506,25	10 816,00	11 556,25
5	11 314,08	12 166,53	14 356,25
8	12 184,03	13 685,69	17 834,78

b) $2 \cdot K(0) = K(0) \cdot (1 + p\,\%)^n$

$\Rightarrow n = \frac{\ln(2)}{\ln(1 + p\,\%)}$

Zinssatz p (%)	2,5	4	7,5
Verdoppelungszeit T (Jahre)	28,07	17,67	9,58
$p \cdot T$	70,18	70,68	71,85

$\Rightarrow p \cdot T \approx 71$

79. *a)* $I(x) = I(0) \cdot 0{,}7^x$, wobei $I(0) = 1 = 100\%$

Eindringtiefe x (cm)	5	10	100
Restintensität (%)	16,8	2,8	$3{,}2 \cdot 10^{-14}$

b) $I(x) = 0{,}1 \cdot I(0) = I(0) \cdot 0{,}7^x$

$\Rightarrow x = \dfrac{\ln(0{,}01)}{\ln(0{,}7)} = 12{,}91$ (In 12,91 cm Tiefe beträgt die Restintensität 1 %.)

80. *a)* 90 dB
b) 120 dB
c) 56,99 dB
d) 33,01 dB

81. *a)* pH(Milch) = 6,40
b) pH(Tomaten) = 4,20
c) pH(Mineralwasser) = 4
d) pH(Cola) ≈ 3
e) pH(Magensaft) ≈ 1,53

82. $m(t) = m(0) \cdot 0{,}5^{t/8} \Rightarrow t = 8 \cdot \dfrac{\ln(p)}{\ln(0{,}5)}$

Restmenge (p)	0,25	0,10	0,05	0,01	0,001
Zeit (Tage)	16	26,58	34,58	53,15	79,73

83. Analog zu Aufgabe 82 ergibt sich für

a) Schwefel: $t = 87{,}1 \cdot \dfrac{\ln(p)}{\ln(0{,}5)}$ [Tage]

b) Plutonium: $t = 24\,000 \cdot \dfrac{\ln(p)}{\ln(0{,}5)}$ [Jahre]

c) Radium: $t = 11{,}4 \cdot \dfrac{\ln(p)}{\ln(0{,}5)}$ [Tage]

d) Strontium: $t = 28 \cdot \dfrac{\ln(p)}{\ln(0{,}5)}$ [Jahre]

e) Kobalt: $t = 71 \cdot \dfrac{\ln(p)}{\ln(0{,}5)}$ [Tage]

f) Kohlenstoff: $t = 5\,730 \cdot \dfrac{\ln(p)}{\ln(0{,}5)}$ [Jahre]

	p				
	0,25	0,10	0,05	0,01	0,001
a) t	174,2	289,34	376,44	578,68	868,02
b) t	48000	79726,3	103726,3	159452,5	239178,8
c) t	22,8	37,87	49,27	75,74	113,61
d) t	56	93,01	121,01	186,03	279,04
e) t	142	235,86	306,86	471,71	707,57
f) t	11460	19034,6	24764,6	38069,3	57103,9

84. $m(t) = m(0) \cdot 0{,}7^{t/813} \Rightarrow t = 813 \cdot \frac{\ln(p)}{\ln(0{,}7)} \Rightarrow$

m(t)	0,5	0,1	0,01	0,001
t	1579,95	5248,48	10496,96	15745,44

85. ***a)*** $h(t) = h(0) \cdot 0{,}91^{t/15} \Rightarrow$

Zeit (Sekunden)	60	120	180	300
Resthöhe (%)	68,57	47,03	32,25	15,16

b) $t = 15 \cdot \frac{\ln(0{,}5)}{\ln(0{,}91)} = 110{,}24$ Sekunden
Der Bierschaum ist gerade noch „sehr gut haltbar".

86. $p(h) = p(0) \cdot 0{,}87^h \Rightarrow$

	a)	*b)*	*c)*	*d)*
h (km)	2,963	4,478	4,810	8,848
p (atm)	0,6619	0,5360	0,5118	0,2917

87. $m(t) = m(0) \cdot 0{,}5^{t/5570}$
$\Rightarrow t = 5570 \cdot \frac{\ln(p)}{\ln(0{,}5)}$

a) $p = 0{,}125 \Rightarrow t = 16\,710$
Der Mammutknochen ist also 16 710 Jahre alt.

b) $p = 0{,}6698 \Rightarrow t = 3\,220{,}56$
Der Pharao wurde also etwa 1 225 Jahre vor Christus begraben.

c) Aus einem Meßfehler von 0,5% ergeben sich im Fall a)
$p = 0{,}12 \Rightarrow t = 17\,038{,}04$;
$p = 0{,}13$
$\Rightarrow t = 16\,394{,}83$. Die Differenz zum Mittelwert ist etwa 320 Jahre oder 2%.
Im Fall b) erhalten wir
$p = 0{,}6748 \Rightarrow t = 3\,160{,}80$;
$p = 0{,}6648 \Rightarrow t = 3\,280{,}77$.
Die Differenz zum Mittelwert ist etwa 60 Jahre und wiederum ungefähr 2%.

d) Aus t = 40 000 Jahren ergibt sich $p = 0{,}0069 < 1\,\%$. Hier wirkt sich ein Meßfehler von 0,5% sehr viel stärker aus, da $1 + 0{,}5 = 1{,}5$ das Dreifache von $1 - 0{,}5 = 0{,}5$ ist. Für diese Werte erhielten wir Zeiten von 42 576 Jahren bzw. 33 748 Jahren, also Unterschiede von rund 10–15% zum Mittelwert und damit nur noch eine grobe Altersschätzung.

88. $N(t) = N(0) \cdot 2^{t/20}$

a) $N(0) = 12$; $t = 24\text{ h} = 1\,440\text{ min}$
$\Rightarrow N(t) = 5{,}67 \cdot 10^{22}$ Bakterien

b) $m = N \cdot m\text{ (Bakterium)}$
$= 1{,}13 \cdot 10^{11}\text{ g} = 1{,}13 \cdot 10^5\text{ t}$!

89. ***a)*** $x_1 = 1 \Rightarrow (x^3 - 2x^2 - x + 2) : (x - 1) = x^2 - x - 2$
Mit der p-q-Formel folgt: $x_2 = 2$; $x_3 = -1$

b) $x_1 = -1 \Rightarrow (x^4 - 7x^3 + 11x^2 + 7x - 12) : (x + 1) = x^3 - 8x^2 + 19x - 12$
$x_2 = 3 \Rightarrow (x^3 - 8x^2 + 19x - 12) : (x - 3) = x^2 - 5x + 4$
Mit der p-q-Formel folgt: $x_3 = 4$; $x_4 = 1$

c) $x_1 = 1 \Rightarrow (2x^5 - 2x^4 - 14x^3 + 14x^2 + 12x - 12) : (x - 1) = 2x^4 - 14x^2 + 12$
$= 2 \cdot (x^4 - 7x^2 + 6)$

Mit der Substitution $x^2 = z$ erhalten wir: $z^2 - 7z + 6 = 0$

$\Rightarrow z_1 = 6;\ z_2 = 1 \Rightarrow x_2 = -\sqrt{6};\ x_3 = \sqrt{6};\ x_4 = -1;\ x_5 = x_1 = 1$

90. *a)* Aus der Symmetrie folgt, daß nur ungerade Potenzen von x vorkommen:

$y = ax^5 + bx^3 + cx$

(1) $a + b + c = 2$

(2) $32a + 8b + 2c = -2$

(3) $243a + 27b + 3c = 102$

(2) − 2 · (1) ⇒ (4) $30a + 6b = -6$

(3) − 3 · (1) ⇒ (5) $240a + 24b = 96$

4 · (4) ⇒ (4′) $120a + 24b = -24$

(5) − (4′) ⇒ $120a = 120 \Leftrightarrow a = 1$

$\Rightarrow b = -6 \Rightarrow c = 7$

$\Rightarrow y = x^5 - 6x^3 + 7x$

b) (1) $-a + b - c + d = -1$

(2) $d = 2$

(3) $a + b + c + d = 3$

(4) $8a + 4b + 2c + d = 8$

(1) + (3) ⇒ $2b + 2d = 2$

mit (2) ⇒ $b = -1$

(4) + 2 · (1)

$\Rightarrow 6a + 6b + 3d = 6 \Rightarrow a = 1$

in (3) ⇒ $c = 1$

$\Rightarrow y = x^3 - x^2 + x + 2$

c) Wegen der y-Achsen-Symmetrie sind nur gerade Potenzen von x vertreten: $y = ax^4 + bx^2 + c$

(1) $a + b + c = 1$

(2) $16a + 4b + c = 4$

(3) $81a + 9b + c = 49$

(2) − (1) ⇒ (4) $15a + 3b = 3$

(3) − (1) ⇒ (5) $80a + 8b = 48$

0,375 · (5) − (4) ⇒ $15a = 15$

$\Rightarrow a = 1 \Rightarrow b = -4 \Rightarrow c = 4$

$\Rightarrow y = x^4 - 4x^2 + 4$

91. *a)* $(x^4 - 3x^3 + 2x^2 + x - 5) : (x^2 + 7)$

$= x^2 - 3x - 5 + \dfrac{22x + 30}{x^2 + 7}$

b) $(x^5 - x^3 + x) : x = x^4 - x^2 + 1$

c) $(4x^3 - 6x^2 + 2x - 1) : (x + 5)$

$= 4x^2 - 26x + 132 - \dfrac{661}{x + 5}$

92. *a)*

x	−6,99	−6,995	−6,999	−7,001	−7,005	−7,01
y	−1199	−2399	−119099	12001	2401	1201

⇒ Die Funktion hat eine senkrechte Asymptote bei $x = -7$.

b)

x	0,99	0,995	0,999	1,001	1,005	1,01
y	196,05	396,02	1996	−2004,01	−404,03	−204,05

x	1,99	1,995	1,999	2,001	2,005	2,01
y	−501,02	−1001,01	−5001	4999	999,01	499,02

⇒ Die Funktion hat bei $x = 1$ und $x = 2$ senkrechte Asymptoten.

c)

x	−1,01	−1,005	−1,001	−0,999	−0,995	−0,99
y	801	1601	8001	−7999	−1599	−799

x	0,99	0,995	0,999	1,001	1,005	1,01
y	−3,02	−3,01	−3,002	−2,998	−2,990	−2,980

⇒ Die Funktion hat bei $x = -1$ eine senkrechte Asymptote und bei $x = 1$ eine Lücke, das heißt, im Graph fehlt nur der eine Punkt.

93. *a)* Grad(f) = 6 *b)* Grad(f) = 3 *c)* Grad(f) = 6

4. Geometrische Grundlagen

ÜBERSICHT

Euklid von Alexandria, etwa 360–290 vor Christus. Sein Hauptwerk, die „Elemente", stellen eine systematisch und deduktiv aufgebaute Darstellung der in der Antike bekannten mathematischen (das heißt hauptsächlich: geometrischen) Grundlagen dar, deren Einfluß bis in die heutige Zeit erhalten blieb.

4.1 Grundbegriffe und Grundkonstruktionen

4.1.1 Geometrische Grundbegriffe

Die Geometrie gilt als die anschaulichste der mathematischen Teildisziplinen, ja geradezu als „Mathematik für Nichtmathematiker“. Um so schwerer ist es oft, die notwendige Trennung von der Anschauung und die Hinwendung zum abstrakten Begriff, dem Idealbild, zu vollziehen. So versteht man ***geometrisch*** unter einem Würfel eben nicht das Spielgerät gleichen Namens, sondern ein abstraktes Gebilde mit sechs identischen Begrenzungsflächen, deren Kanten sämtlich rechtwinklig aneinanderstoßen.

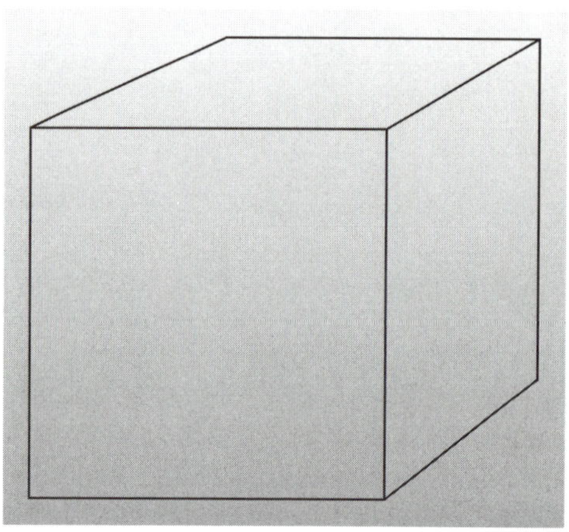

Bild 4.1 Der Würfel als geometrisches Objekt

Bild 4.2 Der Spielwürfel

Dabei abstrahieren wir durchaus von der konkreten Situation, wenn wir Räume als quaderförmig oder Wände als rechteckig bezeichnen (um die notwendige Tapetenmenge zu berechnen). Gleichzeitig aber argumentieren wir mit dem Gegenstand und übertragen seine Eigenschaft auf das Ideal: Unser Zimmer hat unterschiedliche Länge, Breite und Höhe, also ist das bei einem Quader ebenso (der Würfel als Spezialfall des Quaders hat allerdings gleich lange Kanten!).

Dieses Wechselspiel befruchtet und verwirrt zugleich seit Euklids Festlegung: „Ein Punkt ist, was keine Teile hat.“ Damit ist der Punkt als eine Art Atom (griechisch: atomos = unteilbar) der Geometrie beschrieben. Die Frage ist allerdings: Wie kann ein Objekt ohne Ausdehnung (sonst wäre es teilbar) solche mit Ausdehnung wie

Strecken und Flächen oder sogar solche mit unendlicher Ausdehnung wie Geraden und Ebenen bilden?

Auf diese Frage gibt es keine befriedigende Antwort. Bis heute interpretiert man geometrische Gebilde als Mengen von Punkten. Im einzelnen definiert man:

D

1. Die Strecke $\overline{AB}$ ist die Menge aller Punkte auf der kürzesten Verbindung von A nach B, einschließlich der beiden Randpunkte.

2. Die unbegrenzte Verlängerung einer Strecke $\overline{AB}$ in beide Richtungen heißt Gerade AB, die unbegrenzte Verlängerung in eine Richtung Halbgerade oder Strahl. Strahlen haben somit einen Anfangs-, aber keinen Endpunkt, Geraden weder Anfangs- noch Endpunkt.

Da jedes Blatt Papier aus technischen Gründen begrenzt ist, kann man von Geraden oder Strahlen prinzipiell nur einen Ausschnitt wiedergeben. Analog ist ein Blatt als Zeichenebene ein Ausschnitt aus der idealen Ebene:

D

3. Eine Ebene ist eine zweidimensionale Punktmenge mit unendlicher Länge und Breite.

Durch zwei Punkte läßt sich stets eine Gerade zeichnen. Alle auf derselben Geraden liegenden Punkte heißen ***kollinear.***

Zwei verschiedene Punkte sind demnach immer kollinear, drei Punkte dagegen nicht immer. Mit Hilfe von drei nicht kollinearen Punkten lassen sich dagegen drei sich paarweise schneidende Geraden bestimmen. Damit kann man eine Ebene eindeutig festlegen. In derselben Ebene liegende Punkte heißen ***komplanar.***

Zwei Geraden, die sich nicht schneiden, laufen ***parallel.*** Parallele Geraden haben überall denselben Abstand voneinander. Zwei aufeinanderliegende und damit zusammenfallende Geraden heißen ebenfalls parallel, da ihr Abstand überall gleich (nämlich Null) ist. Auch mit zwei parallelen nichtidentischen Geraden (kurz: Parallelen) läßt sich eine Ebene eindeutig festlegen.

Punkte bezeichnet man mit Großbuchstaben, Strecken und Geraden mit Kleinbuchstaben, Ebenen (in der Regel) mit doppelt gestrichenen Buchstaben, z. B. $\mathbb{E}$.

Damit lassen sich die obigen Beziehungen kurz so schreiben:

R

Die Geraden g und h sind parallel:	$g \parallel h$
Die Geraden g und h sind nicht parallel:	$g \nparallel h$
g und h haben den Schnittpunkt P:	$g \cap h = \{P\}$

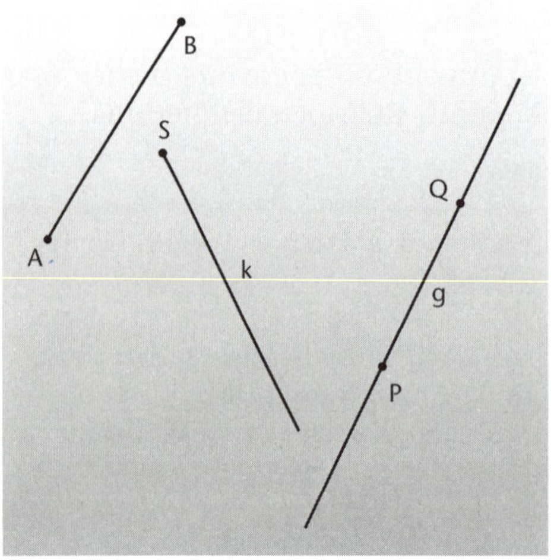

Bild 4.3 Strecke $\overline{AB}$; Strahl k; Gerade $\overline{PQ}$ = g

Die Mengenschreibweise ist notwendig, da Geraden als Punktmengen definiert wurden. Der Punkt P ist somit ein Element – und zwar das einzige Element – der Schnittmenge.

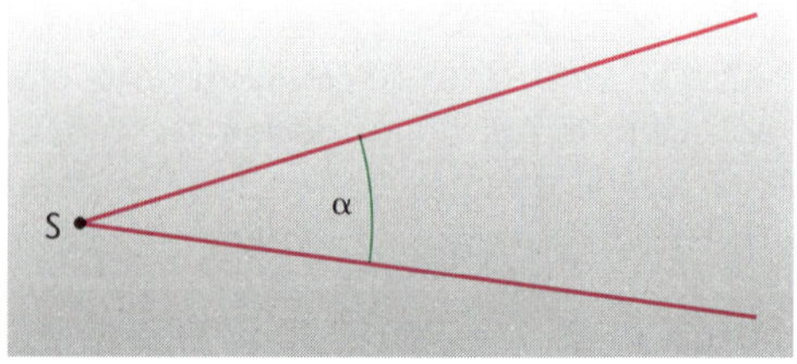

Bild 4.4

D

4. Ein geordnetes Paar zweier von einem gemeinsamen Anfangspunkt S ausgehender Strahlen begrenzen einen *Winkel* α. Die Strahlen heißen Schenkel, der Punkt S Scheitel des Winkels.

Winkelmaße erhält man, indem man den Vollwinkel (dieser entspricht einem kompletten Kreis) gleichmäßig unterteilt. Generell unterscheidet man ***Gradmaß*** und ***Bogenmaß.***

Beim Bogenmaß wird dem Vollwinkel die Maßzahl 2π zugeordnet (Taschenrechner: Modus RAD).

Unter Gradmaß versteht man hauptsächlich ***„Altgrad“:*** Der Vollwinkel mißt hier 360° (Taschenrechner: Modus DEG). Jedes Grad ist unterteilt in 60 Minuten (in Zeichen: $1^\circ = 60'$), jede Minute in 60 Sekunden ($1' = 60''$). Diese Einteilung ist ebenso wie unsere Zeiteinteilung ein Relikt des alten babylonischen Sechzigersystems.

Die Umrechnung vom Grad- ins Bogenmaß (und umgekehrt) erfolgt mit Hilfe folgender Gleichung:

$$\frac{\alpha \text{ (im Bogenmaß)}}{2\pi} = \frac{\alpha \text{ (im Gradmaß)}}{360^\circ}$$

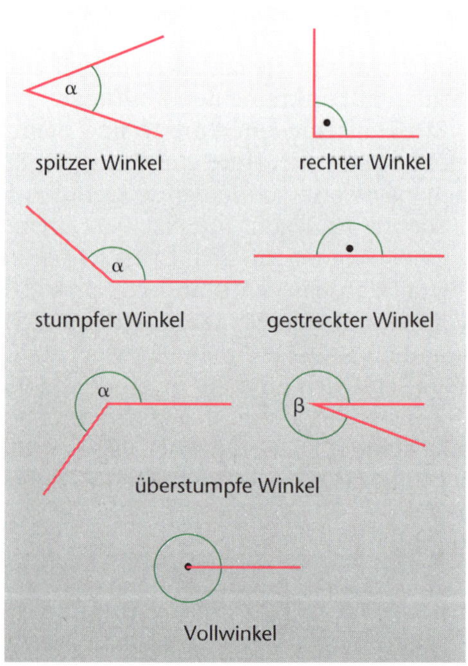

Bild 4.5

Immer ungebräuchlicher werden die „Neugrad“, bei denen der Vollwinkel 400° mißt (evtuell noch auf dem Taschenrechner: Modus GRAD).

Winkel bestimmter Größe tragen bestimmte Bezeichnungen.

Kennzeichnet ein Winkel eine Drehung (siehe Seite 417), so führen ***Linksdrehungen*** zu einem ***positiven***, ***Rechtsdrehungen*** zu einem ***negativen Vorzeichen***.

Winkel an sich schneidenden Geraden

An zwei sich schneidenden Geraden entstehen immer vier Winkel, die paarweise gleich sind.

Die jeweils gleich großen Winkel liegen einander gegenüber. Sie heißen ***Scheitelwinkel*** (Bild 4.6), weil der Schnittpunkt der Geraden ihr gemeinsamer Scheitelpunkt ist.

Die benachbarten Winkel, die sogenannten ***Nebenwinkel,*** ergänzen einander jeweils zu 180°.

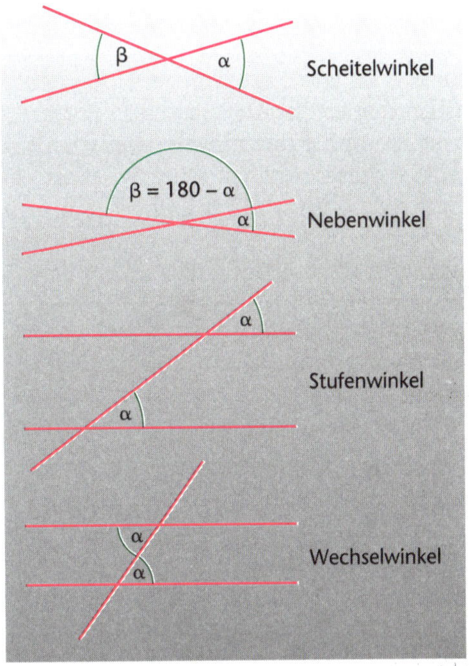

Bild 4.6

D

In der Funktionenlehre bezeichnet man den kleineren der beiden Nebenwinkel als *den* Schnittwinkel von zwei Geraden.

Werden zwei parallele Geraden von einer dritten Geraden geschnitten, so entstehen die sogenannten ***Stufenwinkel*** und ***Wechselwinkel.*** Zusammengehörende Stufen- und Wechselwinkel sind jeweils gleich groß.

4.1.2 Grundlegende Konstruktionen

Im folgenden wird eine Reihe von Konstruktionen vorgestellt, die so oder in abgewandelter oder kombinierter Form immer wieder verwendet werden, um Figuren darzustellen, Probleme zu lösen oder geometrische Beweise zu führen.

Daran schließen sich einige Bemerkungen zum Einsatz der beiden wesentlichen Hilfsmittel, Zirkel und Geodreieck, an.

(1) Die symmetrische Zweikreisfigur

Man schlägt um zwei auf derselben Strecke oder Geraden liegende Punkte A und B einen Kreis mit gleichem Radius, wobei dieser Radius größer ist als die Hälfte des Abstands zwischen A und B. Dann schneiden sich die beiden Kreise in zwei symmetrisch zu A und B liegenden Punkten S_1 und S_2.

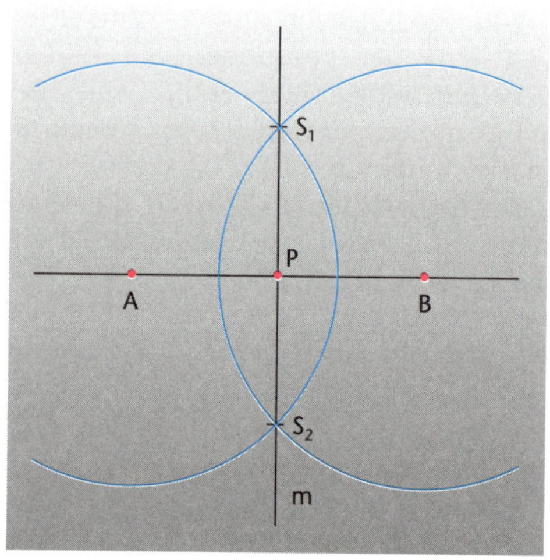

Bild 4.7 Symmetrische Zweikreisfigur: m ist Mittelsenkrechte zu $\overline{AB}$ durch P.

Anwendungen:

a) Halbierung der Strecke $\overline{AB}$

Die Verbindungsgerade von S_1 und S_2 schneidet $\overline{AB}$ genau in der Mitte. Sie ist Mittelsenkrechte zu $\overline{AB}$. (Das Ausmessen mit der Linealkante des Geodreiecks gelingt nur dann hinreichend gut, wenn die Streckenlänge eine ganze Zahl von Millimetern ist.)

b) Errichtung einer Senkrechten zu $\overline{AB}$ in einem Punkt $P \in \overline{AB}$

Man sticht den Zirkel in P ein und markiert auf der vorhandenen Strecke oder Geraden die beiden Punkte A und B (ist P ein Endpunkt, verlängert man die Strecke entsprechend). Weiter verfährt man wie oben beschrieben.

Alternative: Man legt das Geodreieck mit seiner Mittellinie so auf die Strecke, daß die Linealkante genau auf den Punkt P trifft. Dann läßt sich die Senkrechte entlang der Linealkante ziehen.

c) Fällen des Lotes von einem Punkt P aus auf eine Strecke oder Gerade

Man sticht den Zirkel bei P ein und markiert auf der Strecke oder Geraden die beiden Punkte A und B. Weiter verfährt man wie auf Seite 338 beschrieben.

Alternative: Man legt das Geodreieck so an, daß die Linealkante am Punkt und die Mittellinie auf der Strecke oder Geraden liegt. Dann liegt die Nullmarkierung auf dem gesuchten Fußpunkt des Lotes.

d) Konstruktion einer Parallelen

Diese erfolgt durch Konstruktion einer Senkrechten zur Senkrechten.

e) Konstruktion des Kreismittelpunktes

Die Mittelsenkrechten zweier nicht paralleler Sehnen des Kreises schneiden sich genau in seinem Mittelpunkt.

(2) Zerlegen einer Strecke in n gleiche Teile

Man trägt auf einer von A ausgehenden Hilfslinie eine Strecke beliebiger Länge n-mal ab. Dann verbindet man den Endpunkt A_n des letzten Teilstücks mit B. Schließlich zeichnet man durch alle Hilfspunkte $A_1 \ldots A_{n-1}$ Parallelen zu A_nB. Die Schnittpunkte dieser Parallelen mit $\overline{AB}$ liefern die gewünschte Unterteilung.
Bemerkung: Alle Teilstrecken AA_1, A_1A_2, ... A_4A_5 müssen gleich lang sein

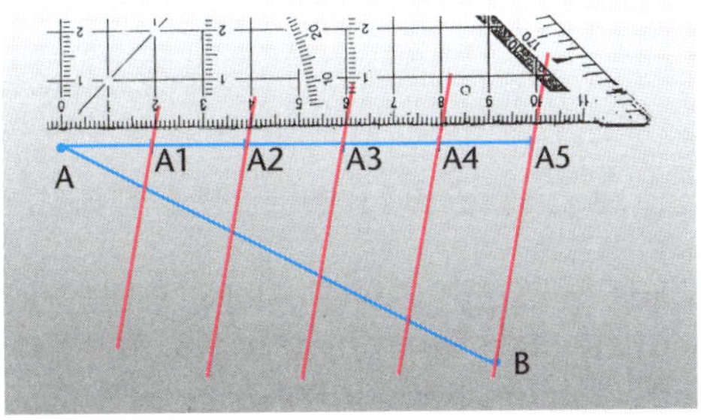

Bild 4.8 Zerlegen einer Strecke in fünf gleiche Teile

(3) Halbierung eines Winkels

Man schlägt um den Scheitel S des Winkels einen Kreis mit beliebigem Radius, der die Schenkel in A und B schneidet. Die Mittelsenkrechte zu $\overline{AB}$ halbiert dann auch den Winkel.

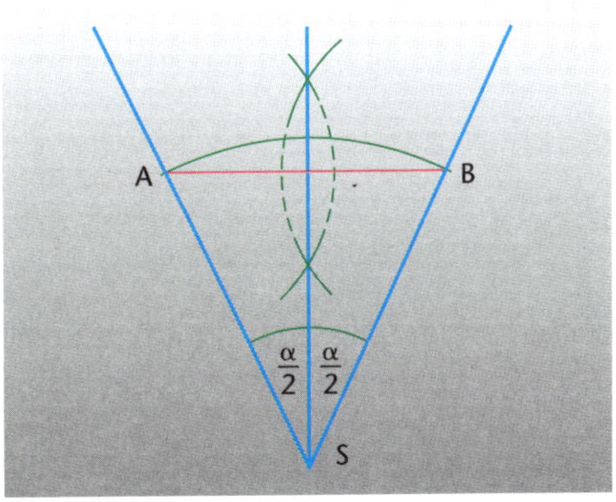

Bild 4.9 Halbieren eines Winkels

(4) Dreiteilung eines rechten Winkels

Man schlägt um den Scheitel S einen Kreis mit beliebigem Radius r, der die beiden Schenkel in A und B schneidet. Anschließend schlägt man um A und B Kreise mit ebenfalls dem Radius r. Diese schneiden den Kreis um S in P_1 und P_2. Die Strahlen SP_1 und SP_2 dritteln den rechten Winkel.

Es läßt sich zeigen, daß die Dreiteilung eines beliebigen Winkels mit Zirkel und Lineal nicht möglich ist.

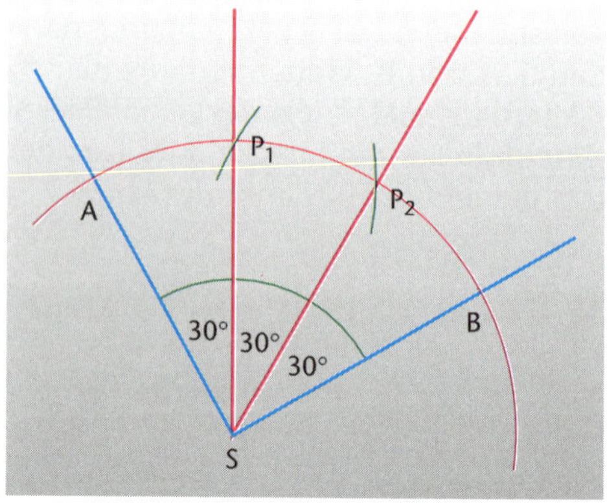

Bild 4.10 Dritteln eines rechten Winkels

Konstruktionen von regelmäßigen n-Ecken im Kreis sind nur noch von geringer praktischer Bedeutung. In der Regel wird man mit Hilfe des Winkelmessers im Geodreieck n Winkel der Größe $\alpha = 360^\circ : n$ abtragen. Deren Schenkel schneiden die Kreislinie genau in den Eckpunkten des regelmäßigen n-Ecks.

Einige wenige Konstruktionen seien dennoch erwähnt: Das Quadrat und das Sechseck, da hier die Konstruktion einfacher als das Abtragen der Winkel ist, sowie das Siebeneck, da 360 : 7 nicht aufgeht.

(5) Konstruktion eines Quadrats im Kreis

Man zeichnet zwei sich senkrecht schneidende Durchmesser ein und verbindet deren Endpunkte.

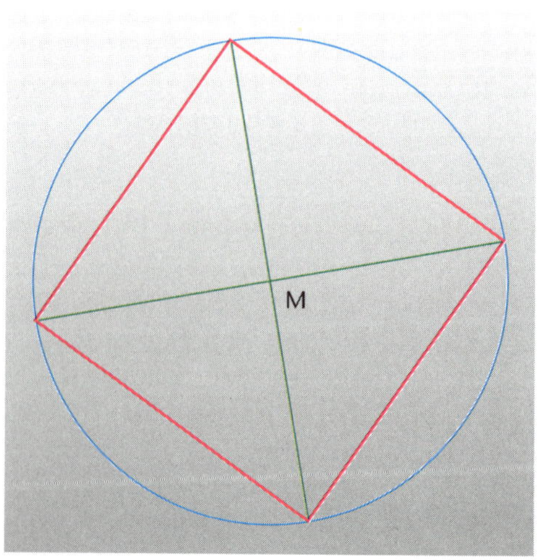

Bild 4.11 Konstruktion eines Quadrats im Kreis

(6) Konstruktion eines gleichseitigen Sechsecks im Kreis

Man trägt von den Endpunkten eines Durchmessers aus den Kreisradius jeweils nach beiden Richtungen auf der Kreislinie ab. So erhält man die noch fehlenden vier Eckpunkte des Sechsecks.

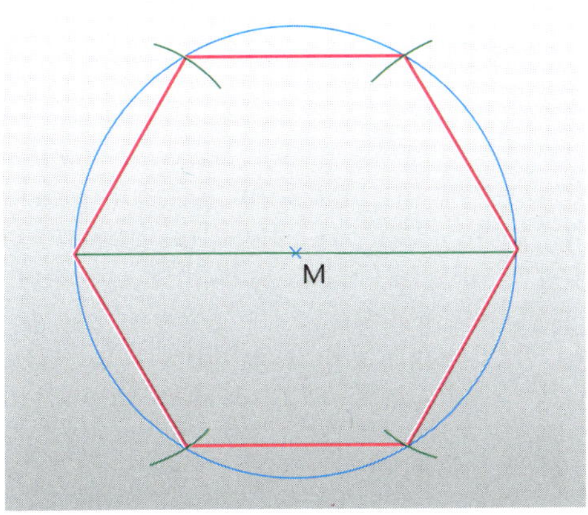

Bild 4.12 Konstruktion eines gleichseitigen Sechsecks im Kreis

(7) Näherungsweise Konstruktion eines gleichseitigen Siebenecks im Kreis

Man schlägt von einem Punkt P der Kreislinie aus einen Kreisbogen mit dem Radius des Ausgangskreises. Dieser schneidet die Kreislinie in A und B. Die Hälfte der Strecke $\overline{AB}$ ist (bei einem Fehler von deutlich unter 1%) die Länge der Siebenecksseite. Man beginnt in P und trägt diese Länge siebenmal auf der Kreislinie ab.

Durch Halbieren der Seiten (siehe Konstruktion Seite 338 oben) erhält man aus n-Ecken jeweils 2n-Ecke usw.

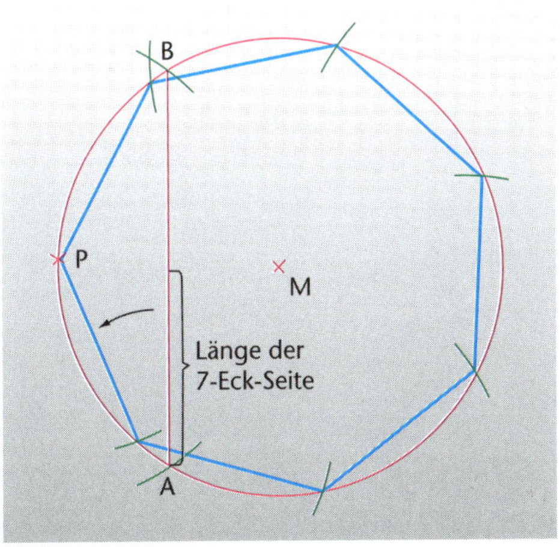

Bild 4.13 Konstruktion eines regelmäßigen Siebenecks im Kreis

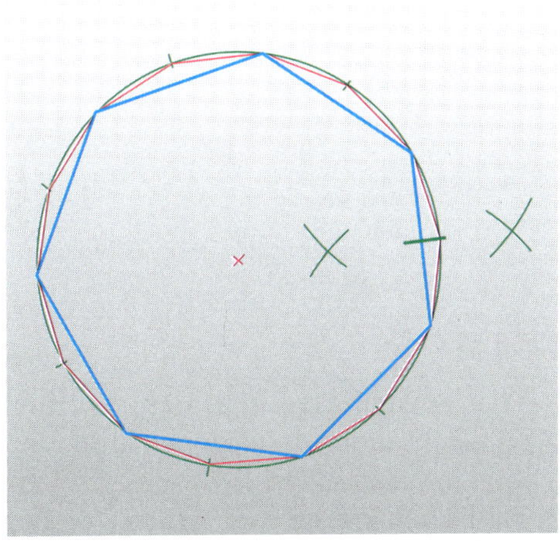

Bild 4.14 Erweiterung eines Siebenecks zum 14-Eck

Hilfsmittel beim Zeichnen

Der Zirkel

Der Zirkel ist ein geometrisches Gerät, dessen Funktion darin besteht, Kreise zu zeichnen. Seine Konstruktion sollte so stabil sein, daß folgende Bedingungen erfüllt sind:

1. Die Metallspitze muß fest auf dem Untergrund sitzen.
2. Metallspitze und Bleistift müssen verstellbar sein.
3. Die unteren Schenkelhälften müssen sich abknicken und in dieser Position feststellen lassen.
4. Die oberen Schenkelhälften müssen sich in jedem Winkel arretieren lassen.
5. Der Führungsgriff muß sich bequem und rutschfest mit zwei Fingern führen lassen.

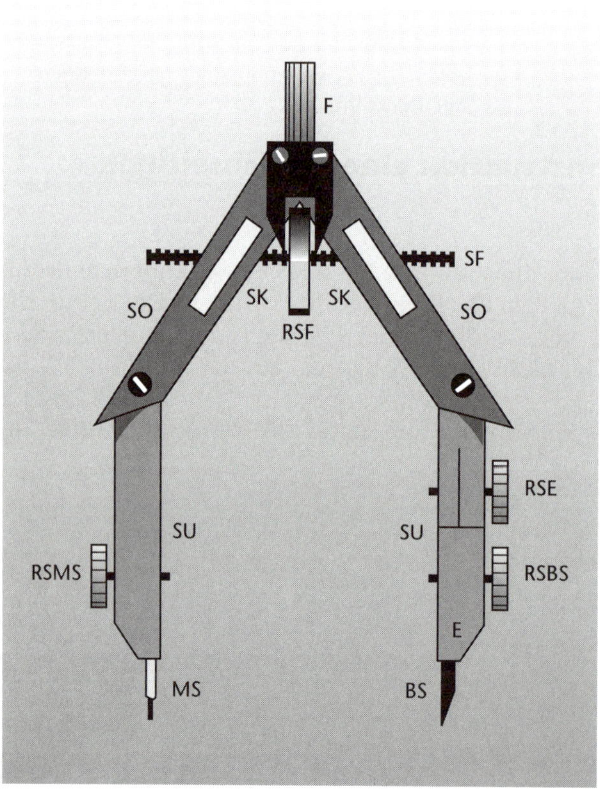

Bild 4.15 Zirkel

F: Führungsgriff
SO: Schenkeloberteil
SU: Schenkelunterteil
SF: Schraube zur Feinverstellung der Schenkel
RSF: Rändelschraube zur Feinverstellung der Schenkel
SK: Schnellkupplung zum Lösen der Schraube
MS: Metallspitze
RSMS: Rändelschraube zum Feststellen der Metallspitze
BS: Bleistiftspitze
RSBS: Rändelschraube zum Feststellen der Bleistiftspitze
E: Einsatz des Unterschenkels (z. B. für Bleistift, Tuschfeder usw.)
RSE: Rändelschraube zur Befestigung des Einsatzes

Bei der Einstellung sollte man beachten, daß

1. alle Schrauben festgezogen sind,
2. Metallspitze und Bleistiftspitze bei senkrechter Zirkelhaltung den Boden berühren,
3. die Schenkelunterhälften senkrecht zum Papier abgeknickt sind,
4. die Bleistiftspitze schräg angespitzt ist und mit der Spitze zum gegenüberliegenden Schenkel zeigt.

Der Kreismittelpunkt wird markiert, die Metallspitze wird am Mittelpunkt eingestochen. Sodann wird der Zirkel nur mit Daumen und Zeigefinger am Führungsgriff geführt. Man sollte einen ganzen Kreis zeichnen können, ohne absetzen oder Pause machen zu müssen.

Das Geodreieck

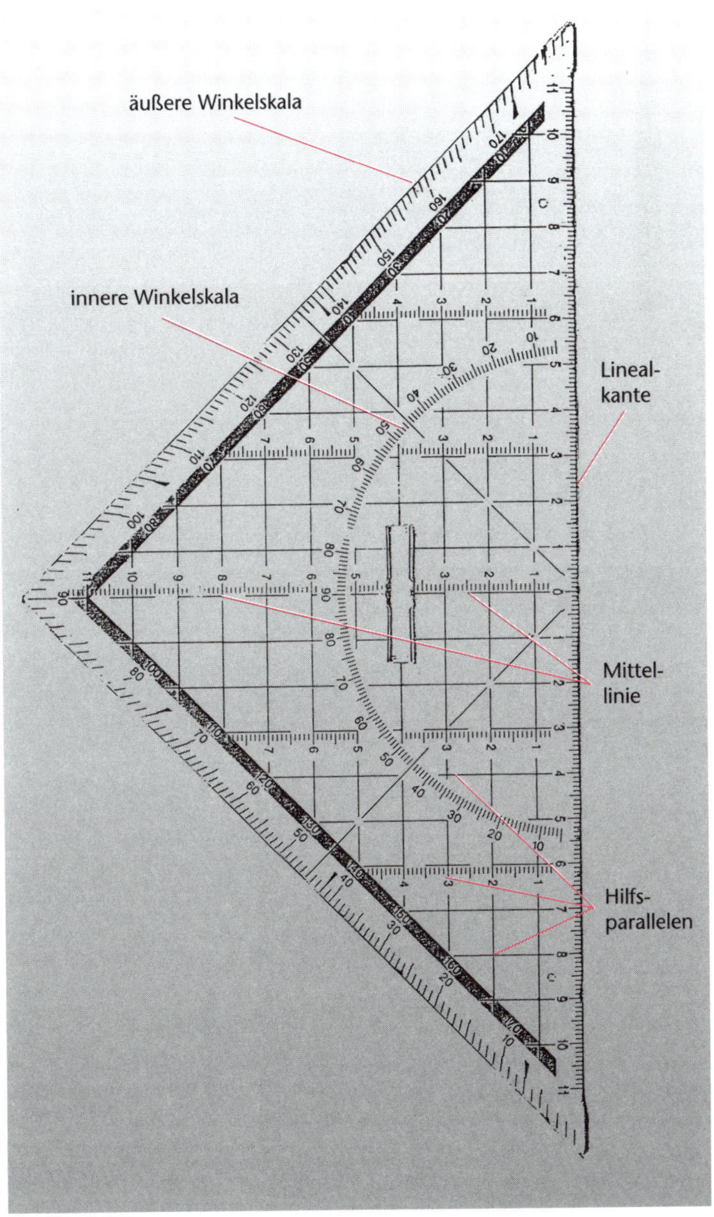

Bild 4.16 Aufbau des Geodreiecks

Abtragen eines Winkels mit dem Geodreieck

Man zeichnet den ersten Schenkel mit Hilfe der Linealkante und markiert S. Dann markiert man an der Winkelskala den Punkt, durch den der zweite Schenkel von S aus verläuft (Bild 4.17). Dann zeichnet man diesen Schenkel ein (Bild 4.18).

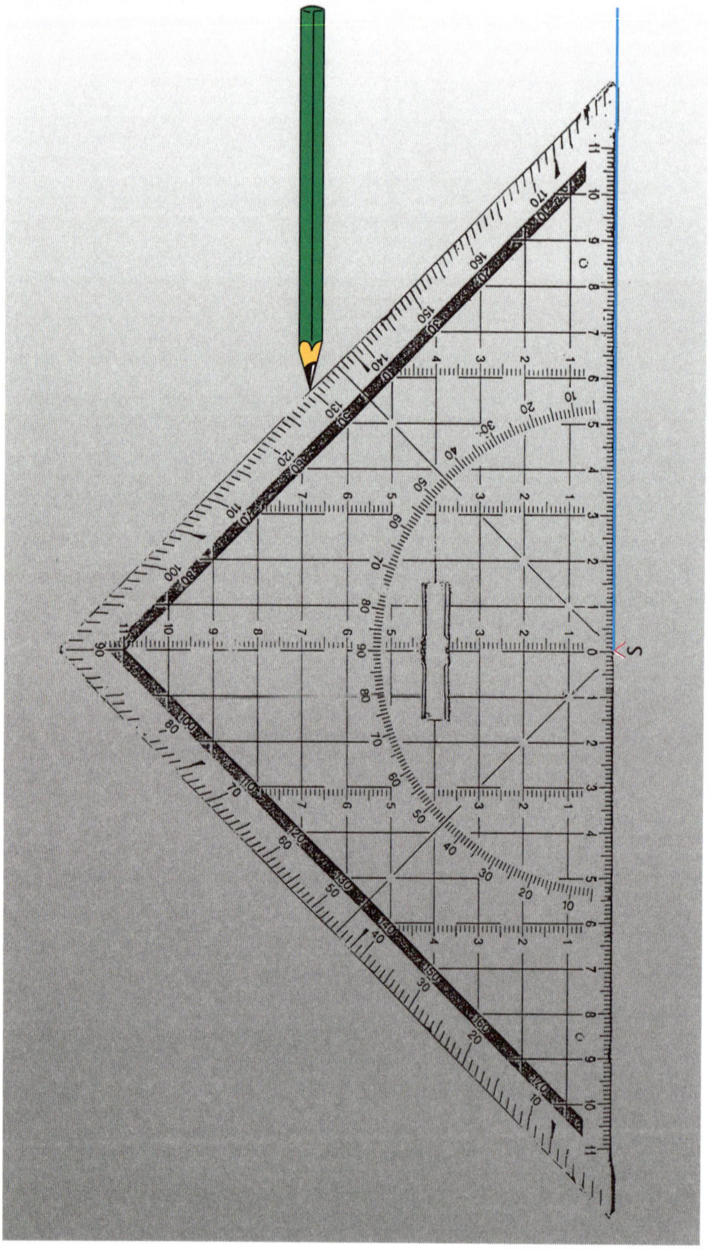

Bild 4.17

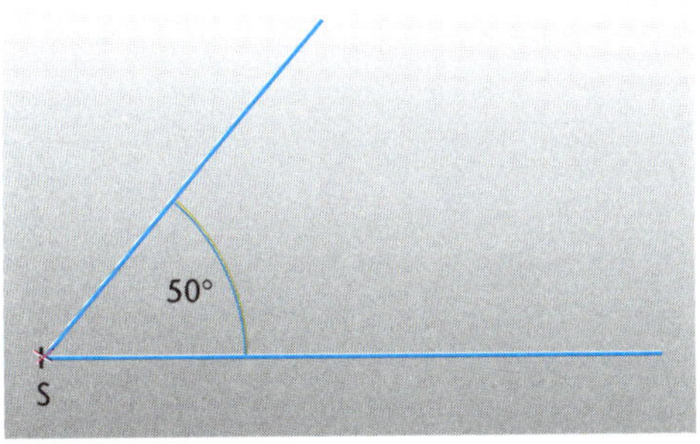

Bild 4.18

Das gesamte Geodreieck um S zu drehen, bis die Winkelmarkierung auf den ersten Schenkel fällt, ist nicht zu empfehlen, da die Nullmarkierung fast unweigerlich verrutscht.

Zeichnen von Rechtecken mit dem Geodreieck

Man kann mit dem Geodreieck ein Rechteck zeichnen, indem man wiederholt die Mittellinie auf die gerade gezeichnete Seite des Rechtecks legt und an der Linealkante die neue Seite einzeichnet (Bild 4.19).

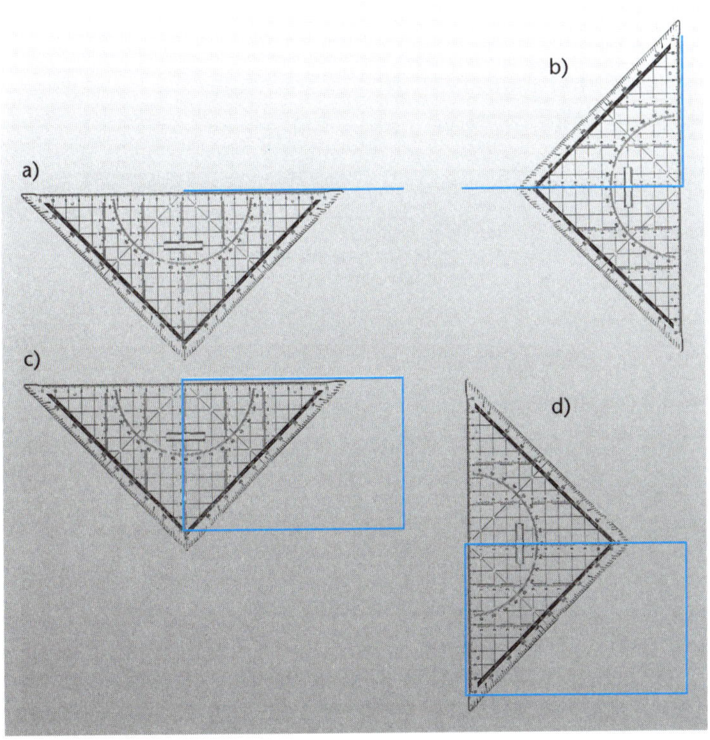

Bild 4.19

ÜBUNGEN

1. Konstruieren Sie die Mittelsenkrechte zur Strecke $\overline{AB}$.

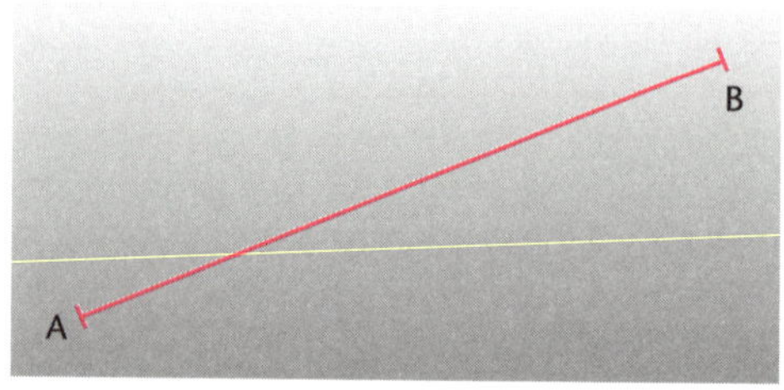

Bild 4.20

2. Konstruieren Sie eine Senkrechte und eine Parallele zu der Geraden g durch den Punkt P.

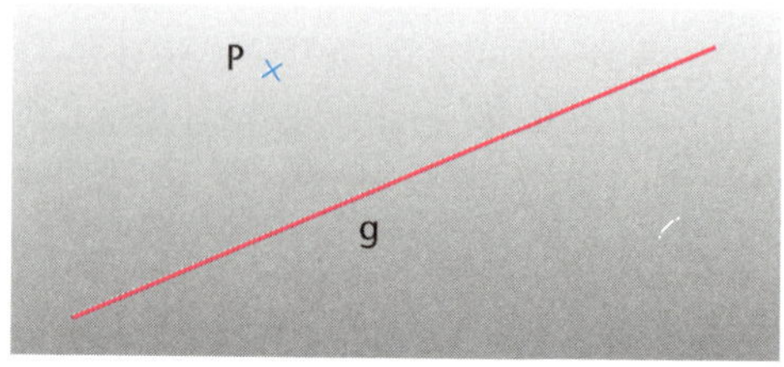

Bild 4.21

3. Kann man die neun Punkte in Bild 4.22 durch einen aus vier Strecken bestehenden Streckenzug verbinden?

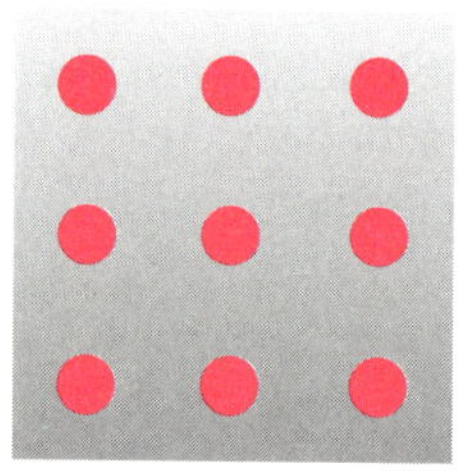

Bild 4.22

4. Teilen Sie eine Strecke von 5 cm Länge konstruktiv in drei Teile.

5. Zeichnen Sie folgende Winkel: 30°, 75°, 130°, 210°, 320°.

6. Halbieren Sie konstruktiv den hier gezeichneten Winkel:

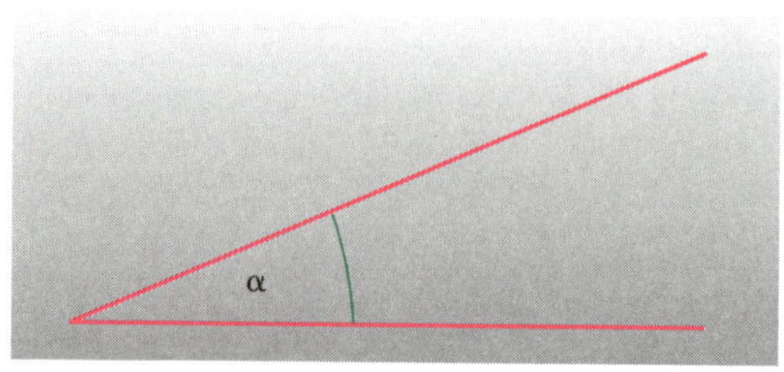

Bild 4.23

7. In welchem Winkel stehen die Himmelsrichtungen der Windrose im Bild 4.24 aufeinander?

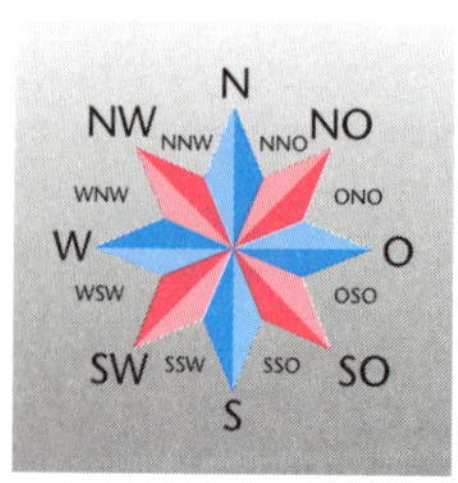

Bild 4.24

8. Welchen Winkel bilden die Zeiger der Uhr (betragsmäßig) um 3.00 Uhr, 4.30 Uhr, 6.00 Uhr, 7.45 Uhr, 11.11 Uhr?

9. Konstruieren Sie ein regelmäßiges Achteck im Kreis von r = 5 cm.

4.2 Koordinatensysteme

Um die relative Lage von Punkten eindeutig und reproduzierbar festlegen zu können, benutzt man in der Regel ***Koordinatensysteme.*** Je nach Anzahl der festzulegenden Richtungen benötigt man unterschiedlich viele geordnete Zahlen, ein sogenanntes ***Zahlentupel:*** Für die Ebene reichen zwei Zahlen, ein Zahlenpaar, aus; im Raum benötigt man drei, ein Zahlentripel. Koordinatensysteme mit mehr „Richtungen" sind zwar noch denkbar, sie lassen sich aber nicht mehr zeichnen.

4.2.1 Das Kartesische Koordinatensystem

Dieses nach René Descartes (latinisiert: Cartesius; 1596–1650) benannte System entspricht der Erfahrung unserer unmittelbaren Umgebung, bei der etwa die Erdkrümmung oder die Eigenbewegung der Erde nicht wahrgenommen werden. Es teilt die Ebene durch zwei senkrecht zueinander verlaufende Geraden in vier Quadranten ein (Bild 4.25). Die waagrechte Achse heißt erste Achse oder x-Achse oder Abszisse, die senkrechte Gerade zweite Achse oder y-Achse oder Ordinate. Beide Geraden besitzen eine nach dem Muster von Zahlenstrahlen (siehe Seite 15) in sich

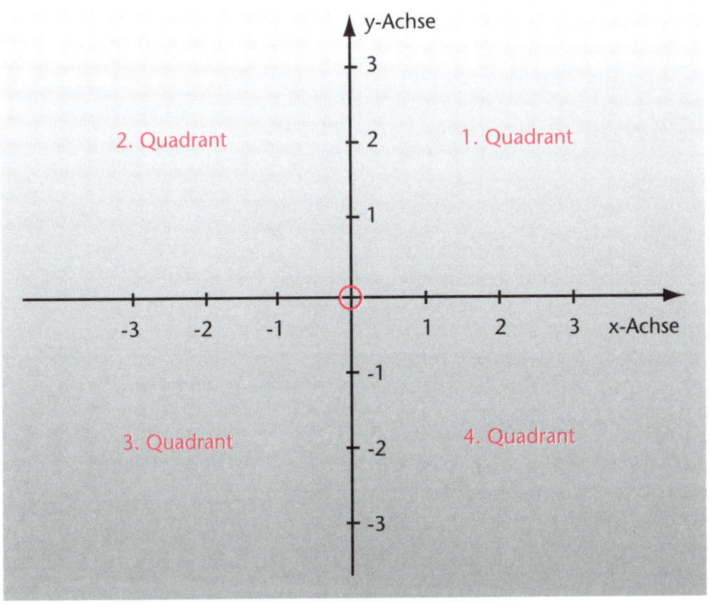

Bild 4.25

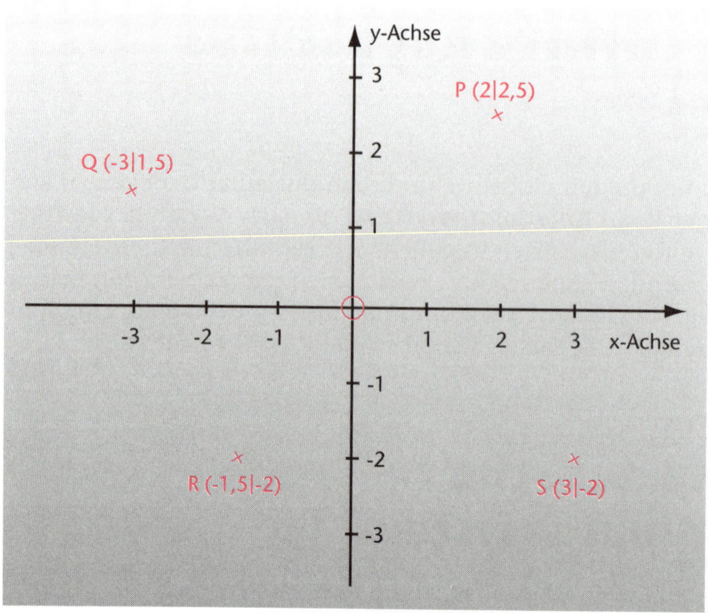

Bild 4.26

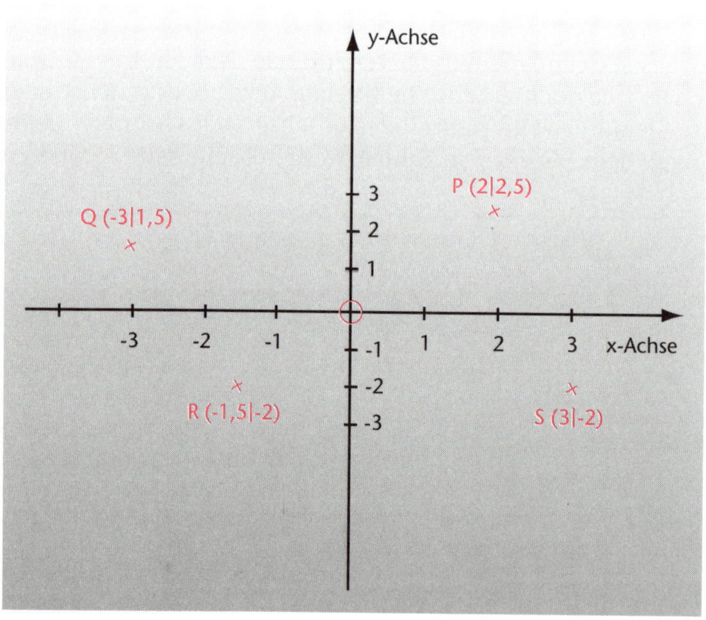

Bild 4.27

konsistente Einteilung, wobei die Einteilung der y-Achse auch von jener der x-Achse verschieden sein darf (siehe Bild 4.26 und 4.27). Der Schnittpunkt heißt Nullpunkt oder Ursprung des Koordinatensystems. Jeder Punkt P ist demnach durch ein Zahlenpaar (x|y) eindeutig festgelegt. Man schreibt: ***P(x|y).*** Dabei gibt die x-Koordinate die Anzahl der Schritte in waagrechter Richtung, die y-Koordinate die Anzahl der Schritte in senkrechter Richtung an.

Ein kartesisches System im Raum besteht aus drei zueinander senkrechten und sich im Ursprung schneidenden Geraden. Hierin sind Punkte durch die Angaben „Länge, Breite, Höhe“ festgelegt: ***P(x|y|z)***.

Prinzipiell lassen sich mit Hilfe des kartesischen Systems alle Situationen beschreiben. Spezielle Problemstellungen aber, etwa auf einer Scheibe, einer Kugel (Erde, Weltraum) oder in einem Rohr (Strömungen, Hohlleiter), lassen sich mit Hilfe angepaßter Koordinatensysteme einfacher darstellen.

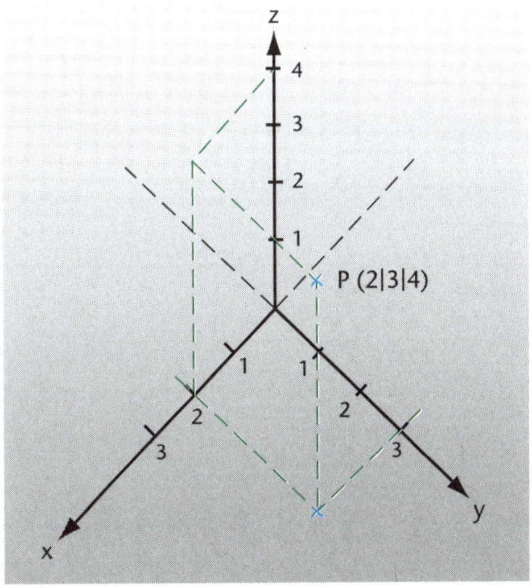

Bild 4.28

4.2.2 Das Polarkoordinatensystem

Hier wird jeder Punkt ***P(ρ|φ)*** durch die Angabe seines Abstandes |OP| vom Pol 0, des sogenannten ***Radius*** **ρ**, und die Angabe des Winkels zwischen der Waagrechten und der Strecke $\overline{OP}$, der ***Phase*** **φ**, charakterisiert.

Die Umwandlung von Polarkoordinaten in kartesische Koordinaten erfolgt mit Hilfe der Gleichungen: $x = \rho \cdot \cos(\varphi)$ und $y = \rho \cdot \sin(\varphi)$.

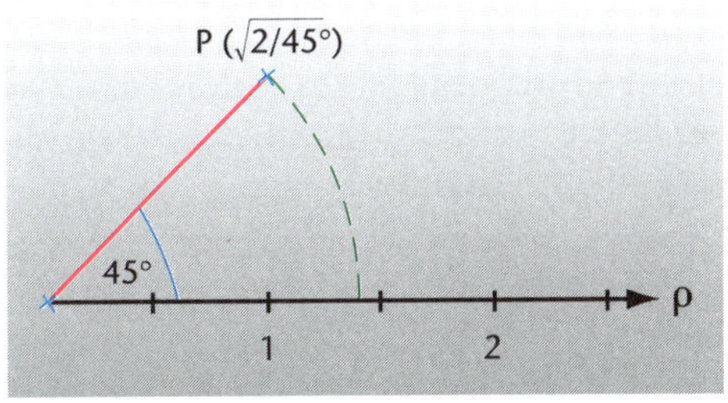

Bild 4.29 Polarkoordinatensystem

Beispiel

Gegeben sei in Polarkoordinaten der Punkt $P(\sqrt{2}|45^\circ)$. Dann sind seine kartesischen Koordinaten:

$x = \sqrt{2} \cdot \cos 45^\circ = \sqrt{2} \cdot 0{,}5\ \sqrt{2} = 1$

$y = \sqrt{2} \cdot \sin 45^\circ = \sqrt{2} \cdot 0{,}5\ \sqrt{2} = 1$

Von kartesischen Koordinaten kommt man zu Polarkoordinaten über:

$x^2 + y^2 = \rho^2 \Rightarrow \rho = \sqrt{x^2 + y^2}$.

$$\cos\varphi = \frac{x}{\rho} = \frac{x}{\sqrt{x^2+y^2}} \Rightarrow \varphi = \arccos\left(\frac{x}{\rho}\right)\ (0^\circ \leq \varphi \leq 90^\circ)$$

$$\sin\varphi = \frac{y}{\rho} = \frac{y}{\sqrt{x^2+y^2}} \Rightarrow \varphi = \arcsin\left(\frac{y}{\rho}\right)\ (0^\circ \leq \varphi \leq 90^\circ)$$

BEISPIEL

Der Punkt P mit den kartesischen Koordinaten (1|1) hat die Polarkoordinaten ($\sqrt{2}$|45°) wegen

$\rho^2 = 1^2 + 1^2 \Rightarrow \rho = \sqrt{2}$; $\varphi = \arcsin\left(\frac{1}{\sqrt{2}}\right) = 45^\circ$

(zu den Winkelfunktionen siehe Seite 444 ff.).

4.2.3 Das Zylinderkoordinatensystem

Das Zylinderkoordinatensystem ist nichts anderes als ein senkrecht nach oben fortgeschriebenes Polarkoordinatensystem. Entsprechend kommt lediglich als dritte Koordinate die „Höhe" z dazu; ρ ist der Radius des Zylinders, ρ wird von einer festgelegten Achse („x-Achse") aus gemessen. Die Umrechnung von kartesischen in Zylinderkoordinaten (und umgekehrt) erfolgt also wie bei den Polarkoordinaten; die z-Koordinate bleibt erhalten.

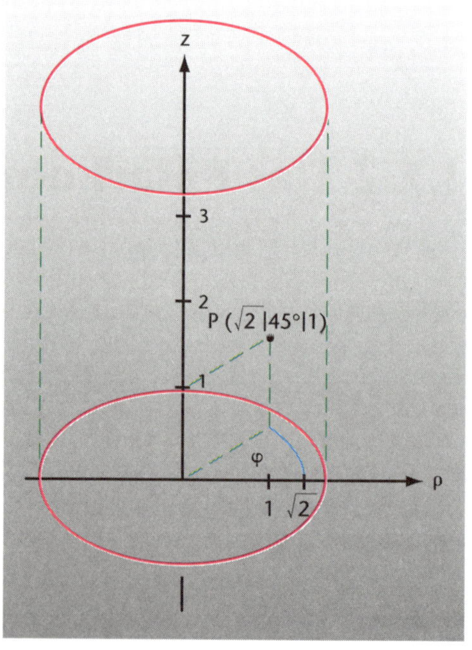

Bild 4.30 Zylinderkoordinatensystem

BEISPIEL

Der Punkt P mit den kartesischen Koordinaten (1|1|1) hat die Zylinderkoordinaten ($\sqrt{2}$|45°|1).

4.2.4 Das Kugelkoordinatensystem

Für alle kugelsymmetrischen Probleme, z. B. Ortsangaben in der Geographie, Festlegung von Sternorten in der Astronomie, Beschreibung elektrostatischer Felder bestimmter Ladungsverteilungen in der Physik usw., ist ein diesen Situationen angepaßtes System besonders geeignet: das Kugelkoordinatensystem. In ihm werden Punkte mit Hilfe von drei Koordinaten beschrieben: dem Kugelradius r, einem Winkel φ zur Angabe der Abweichung von einer festgelegten waagrechten Richtung in Analogie zu den Polarkoordinaten (entspricht der geographischen Länge), sowie einem Winkel ϑ zwischen der Senkrechten und der Radiuslinie zum Punkt.

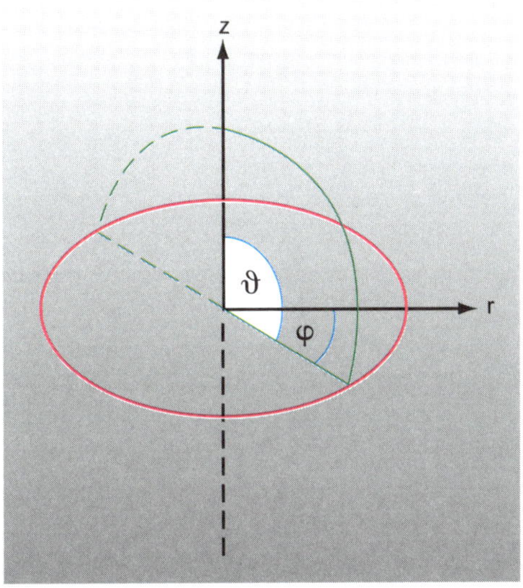

Bild 4.31 Kugelkoordinatensysten

Leider ist dieser Winkel nicht identisch mit der geographischen Breite (die ja vom Äquator aus gemessen wird), sondern mit seinem Ergänzungswinkel zu 90° (da ϑ sozusagen vom Pol oder der „Erdachse" aus gemessen wird).

Die Wertebereiche sind: $0 \leq r < \infty$; $-180^\circ \leq \varphi \leq 180^\circ$; $0 \leq \vartheta \leq 180^\circ$.

Die Formeln für den Übergang zwischen kartesischen Koordinaten (x|y|z) und Kugelkoordinaten (r|φ|ϑ) sind:

$$x = r \cdot \sin\vartheta \cdot \cos\varphi \qquad \varphi = \arctan\left(\frac{y}{x}\right)$$
$$y = r \cdot \sin\vartheta \cdot \sin\varphi$$
$$z = r \cdot \cos\vartheta \qquad \vartheta = \arctan\left(\frac{\sqrt{x^2 + y^2}}{z}\right)$$
$$r = \sqrt{x^2 + y^2 + z^2}$$

BEISPIELE

1. Der Punkt P (1|1|1) in kartesischen Koordinaten hat die Kugelkoordinaten ($\sqrt{3}$|45°|54,74°).

2. Der Punkt Q mit den Kugelkoordinaten (1|45°|45°) hat die kartesischen Koordinaten (0,5|0,5|0,5 $\sqrt{2}$).

ÜBUNGEN

10. Welche Koordinatensysteme sind korrekt, welche nicht?

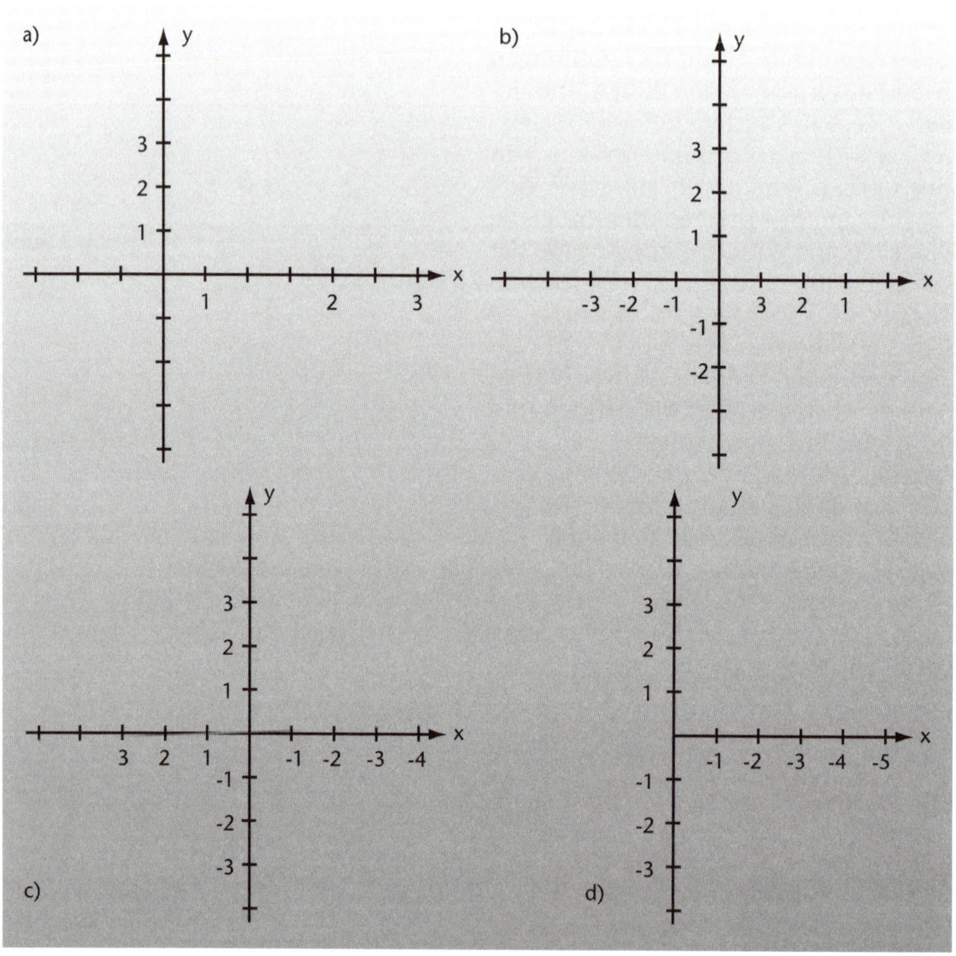

Bild 4.32

11. Rechnen Sie die kartesischen Koordinaten folgender Punkte in Polarkoordinaten um: A (3|4) B (1|9) C (–1|3) D (2|2) E (3|1) F (4|–2)

12. Folgende Punkte sind in Polarkoordinaten gegeben. Wie lauten ihre kartesischen Koordinaten?
P (5|30°) Q (2|45°) R (3|60°)

13. Rechnen Sie von kartesischen in Zylinderkoordinaten um:
A (1|2|3) B (2|2|2) C (3|2|1)

14. Rechnen Sie von Zylinderkoordinaten in kartesische Koordinaten um:
P (2|45°|1) Q (1|60°|4) R (3|30°|2)

15. Bestimmen Sie die Kugelkoordinaten folgender in kartesischen Koordinaten gegebenen Punkte:
A (1|2|3) B (2|3|3) C (4|1|−5)

16. Welches sind die kartesischen Koordinaten folgender in Kugelkoordinaten gegebenen Punkte?
P (2|45°|45°) Q (3|60°|30°) R (5|30°|60°)

17. Welche Himmelsrichtungen liegen auf einer Geraden, welche stehen senkrecht aufeinander?

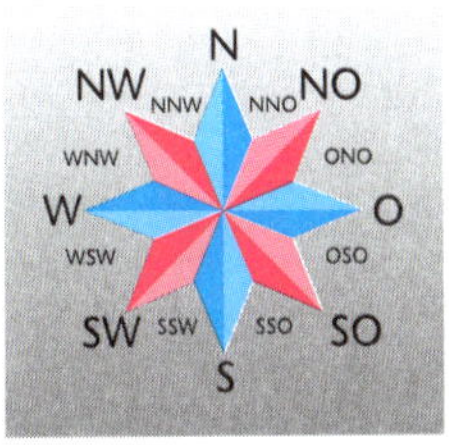

Bild 4.33

LÖSUNGEN

1.

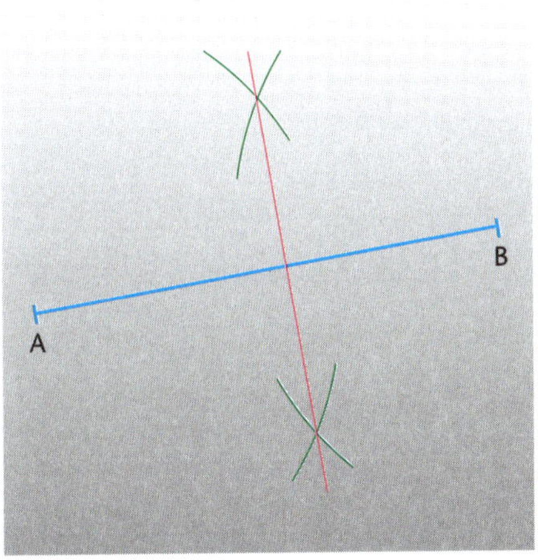

Bild 4.34

2.

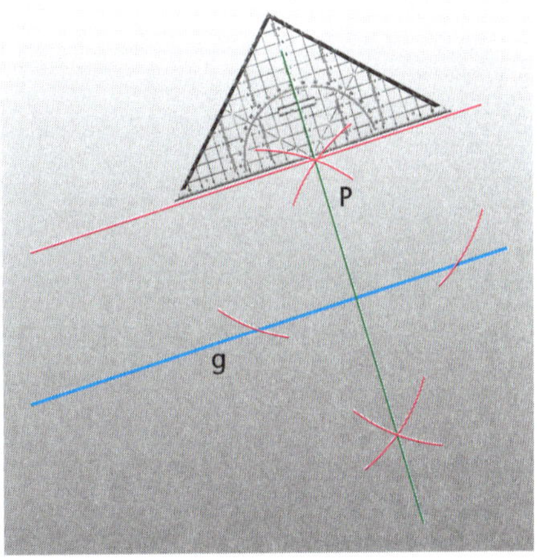

Bild 4.35

3. Man kann die neun Punkte mit einem aus vier Strecken bestehenden Streckenzug verbinden.

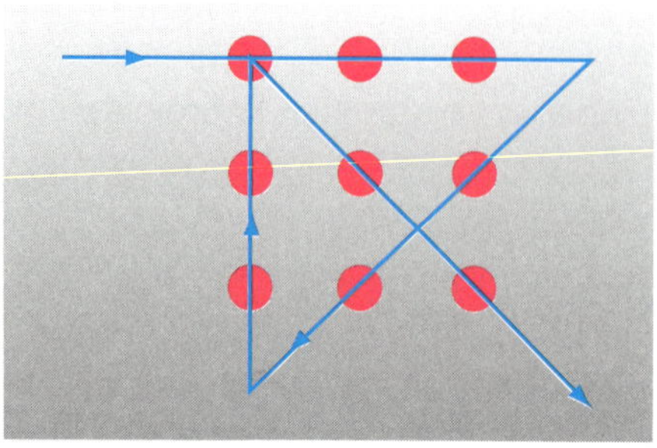

Bild 4.36

4.

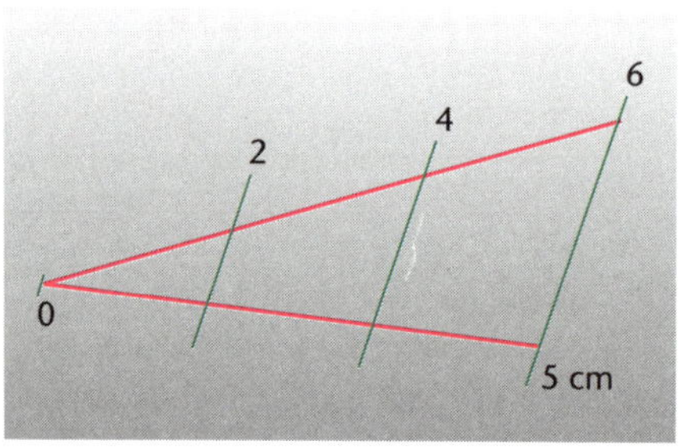

Bild 4.37

5.

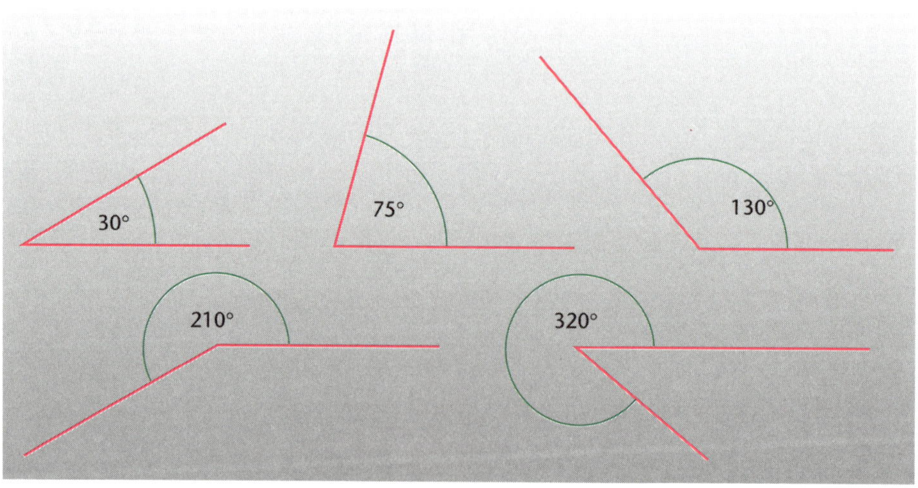

Bild 4.38

6.

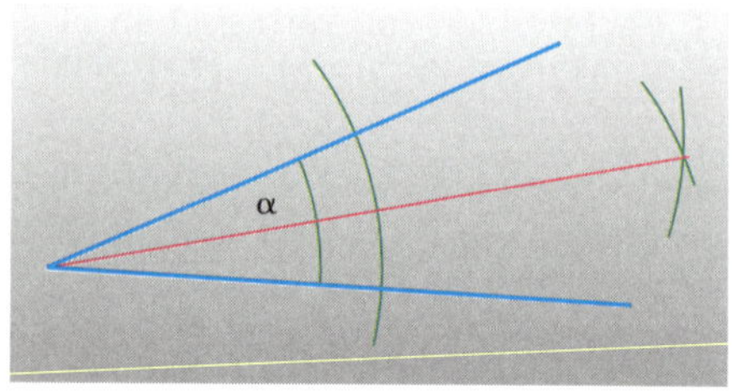

Bild 4.39

7. $\sphericalangle$ (N; NNO) = $\sphericalangle$ (NNO; ONO) = . . .
= $\sphericalangle$ (NNW; WNW) = $\sphericalangle$ (NNW; N)
= 22,5 °

8.

3.00	4.30	6.00	7.45	11.11 Uhr
90°	45°	180°	37,5°	90,5°

9.

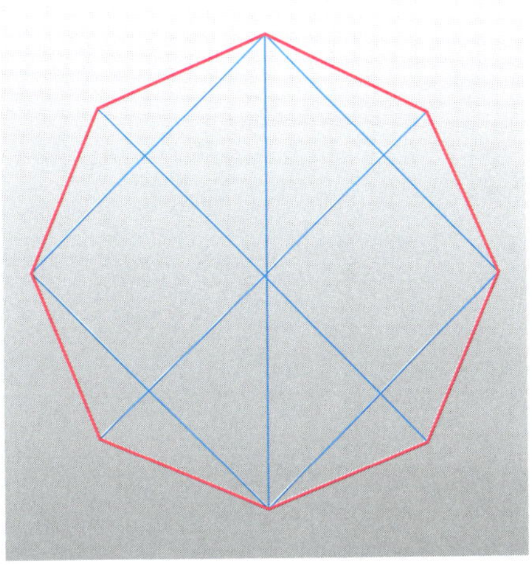

Bild 4.40

10. ***a)*** falsch: ungleiche Abstände auf der x-Achse

b) falsch: Skalierung

c) falsch: Drehsinn von x nach y vertauscht

d) richtig: Es gibt viele Probleme, etwa zeitabhängige, bei denen nur die positive x-Achse bedeutsam ist.

11. A $(5|53{,}13°)$
B $(\sqrt{82}|83{,}66°)$
C $(\sqrt{10}|108{,}43°)$
D $(\sqrt{8}|45°)$
E $(\sqrt{10}|18{,}43°)$
F $(\sqrt{20}|333{,}43°)$

12. P $(4{,}33|2{,}5)$
Q $(\sqrt{2}|\sqrt{2})$
R $(1{,}5|2{,}60)$

13. A $(\sqrt{5}|63{,}43°|3)$
B $(\sqrt{8}|45°|2)$
C $(\sqrt{13}|33{,}69°|1)$

14. P $(\sqrt{2}|\sqrt{2}|1)$
Q $(0{,}5|0{,}5\sqrt{3}|4)$
R $(1{,}5\sqrt{3}|1{,}5|3)$

15. A $(\sqrt{14}|63{,}43°|36{,}70°)$
B $(\sqrt{22}|56{,}31°|50{,}24°)$
C $(\sqrt{42}|14{,}04°|140{,}49°)$

16. P $(1|1|\sqrt{2})$
Q $(0{,}75|1{,}30|2{,}60)$
R $(3{,}75|2{,}17|2{,}5)$

17. Auf einer Geraden liegen:
N–S, NNO–SSW, NO–SW, ONO–WSW, O–W, OSO–WNW, SO–NW, SSO–NNW.
Senkrecht zueinander sind:
N–O, N–W, S–O, S–W, NNO–OSO, ONO–SSO, OSO–SSW, SSO–WSW, SSW–WNW, WSW–NNW, WNW–NNO, NNW–ONO, NO–SO, SO–SW, SW–NW, NW–NO.

5. Ebene Figuren

ÜBERSICHT

Pythagoras von Samos, etwa 580 bis etwa 500 vor Christus, sammelte viele mathematische Kenntnisse der Babylonier und Ägypter, baute sie aus und wandte sie etwa auf die Musiktheorie an. Von ihm soll die Idee des „Goldenen Schnittes" stammen, die bis in die Neuzeit hinein als ästhetisches architektonisches Prinzip dient. Seine Anhänger, die Pythagoräer, bildeten über mehr als 100 Jahre einen einflußreichen Geheimbund.

5.1 Dreiecke

5.1.1 Dreieckstypen

EINFÜHRUNGSBEISPIEL

Verbinden Sie folgende Punkte miteinander:
a) P (2|1); Q (5|3); R (8|5) ***b)*** A (2|2); B (5|3); C (4|5)
Was erhalten Sie?

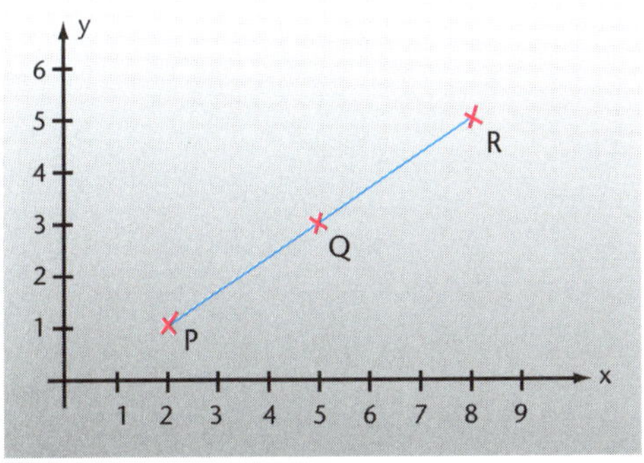

Bild 5.1

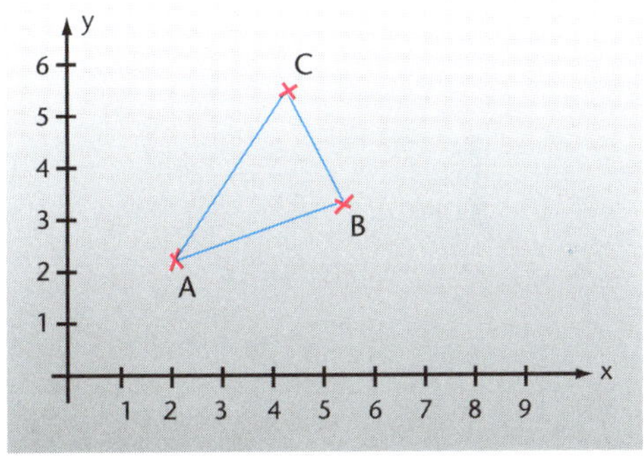

Bild 5.2

Verbindet man drei nicht auf einer Geraden liegenden Punkte, so erhält man ein Dreieck. Vereinbarungsgemäß bezeichnet man die an den Eckpunkten ***A, B*** und ***C*** entstehenden Winkel mit **α, β** und **γ;** die diesen Punkten (und Winkeln) gegenüberliegenden Seiten mit ***a, b*** und ***c.***

Sind alle drei Winkel kleiner als 90°, so heißt das Dreieck ***spitzwinklig*** (Bild 5.3). Ist ein Winkel gleich 90°, so erhält man ein ***rechtwinkliges*** Dreieck (Bild 5.4). Seine längste Seite nennt man ***Hypotenuse,*** die beiden anderen Seiten ***Katheten.*** Ist ein

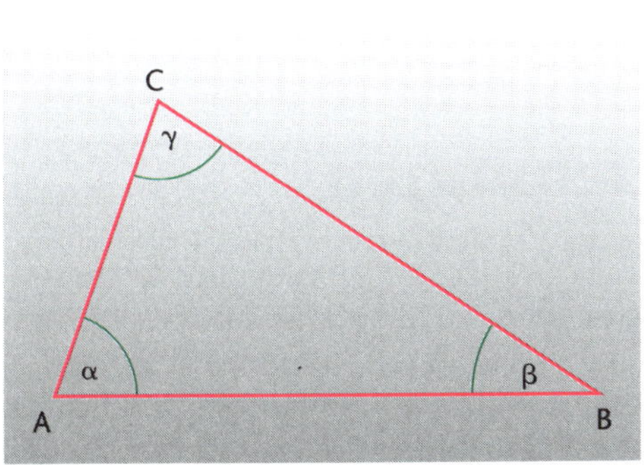

Bild 5.3 Spitzwinkliges Dreieck

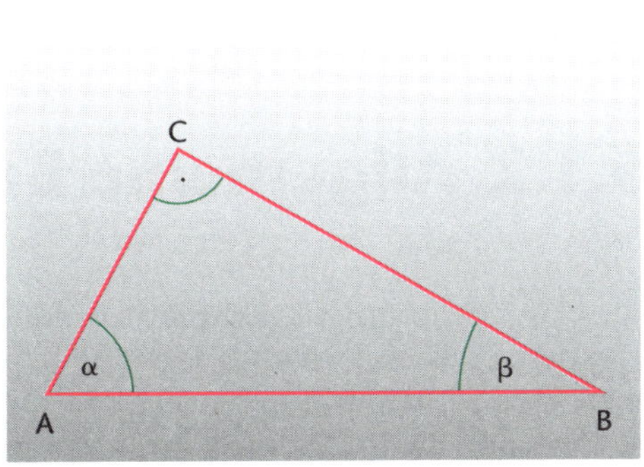

Bild 5.4 Rechtwinkliges Dreieck ($\gamma = 90°$)

Winkel größer als 90°, so heißt das Dreieck ***stumpfwinklig*** (Bild 5.5).

Sind zwei Seiten gleich lang, spricht man von einem ***gleichschenkligen*** Dreieck (Bild 5.6). Die dritte Seite heißt dann Basis, die an ihr anliegenden, gleich großen Winkel Basiswinkel. Sind sogar alle drei Seiten gleich lang, heißt das Dreieck ***gleichseitig*** (Bild 5.7).

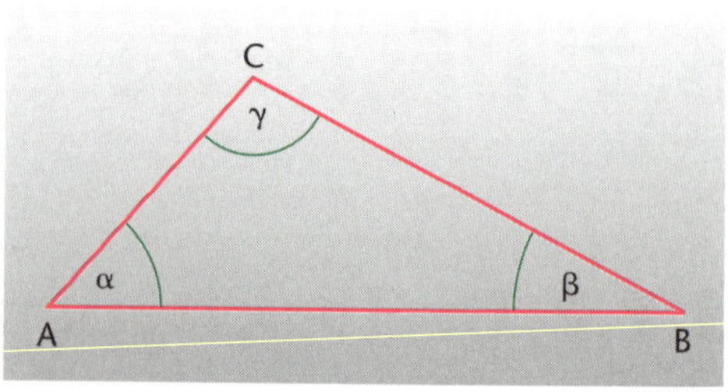

Bild 5.5 Stumpfwinkliges Dreieck ($\gamma > 90°$)

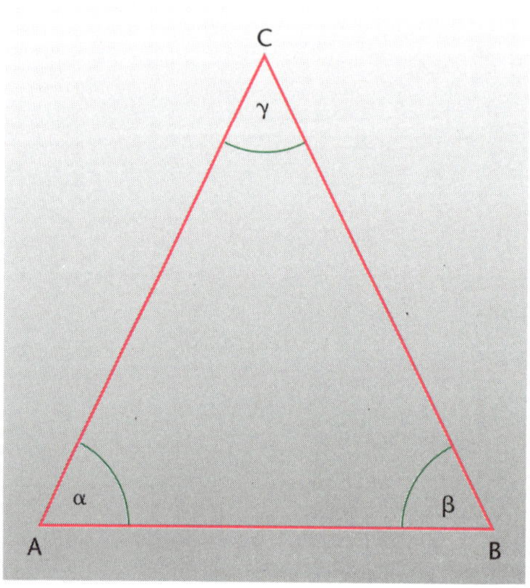

Bild 5.6 Gleichschenkliges Dreieck ($\beta = \alpha$)

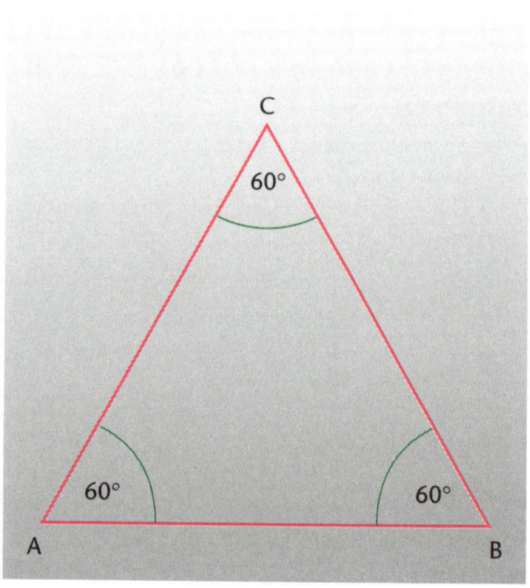

Bild 5.7 Gleichseitiges Dreieck ($\alpha = \beta = \gamma = 60°$)

Dreiecke lassen sich eindeutig konstruieren, wenn man

1. die Längen aller drei Seiten (SSS),
2. zwei Seiten und den eingeschlossenen Winkel (SWS),
3. eine Seite und beide anliegenden Winkel (WSW),
4. zwei Seiten und den der größeren Seite gegenüberliegenden Winkel (SSW) kennt (siehe auch Seite 413).

5.1.2 Allgemeine Beziehungen

Die Aussagen dieses und des folgenden Abschnitts über Dreiecke eignen sich besonders gut, um an ihnen exemplarisch deutlich zu machen, daß Geometrie nicht (nur) von der Zeichnung lebt, sondern allgemeingültige, über das konkrete Beispiel hinausweisende Begründungen erfordert. Deshalb wollen wir solche Begründungen liefern, auch wenn sie nicht immer den strengen Kriterien eines mathematischen Beweises genügen.

Der Winkelsummensatz

Die Winkelsumme in jedem Dreieck ist 180°.

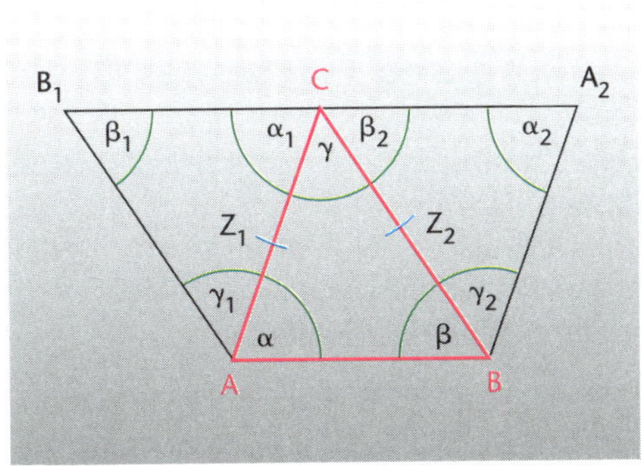

Bild 5.8

Begründung

Die zusätzlichen Dreiecke ACB_1 und BA_2C entstehen durch Halbdrehung des Ausgangsdreiecks ABC um Z_1 bzw. Z_2. Dann liegen B_1, C und A_2 auf einer zu AB parallelen Geraden.
Deshalb ist $\alpha_1 + \beta_2 + \gamma = 180^\circ$.
Ferner ist $\alpha = \alpha_1$ und $\beta = \beta_2$.
Somit erhält man $\alpha + \beta + \gamma = 180^\circ$.

Der Außenwinkelsatz

In jedem Dreieck ist ein Außenwinkel so groß wie die beiden nicht anliegenden Innenwinkel zusammen.

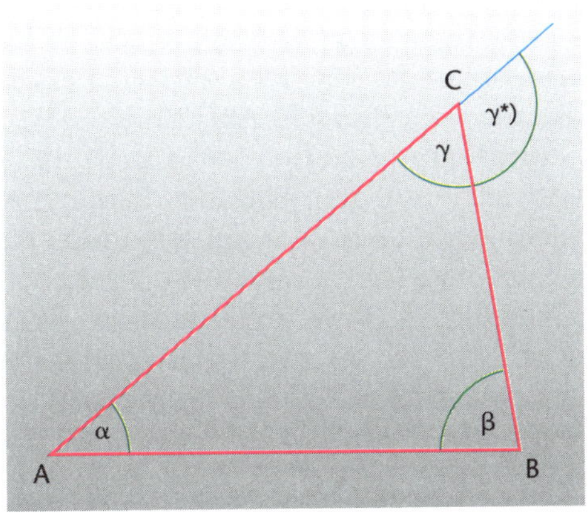

Bild 5.9

Begründung

Da jeder Außenwinkel der Nebenwinkel eines Innenwinkels ist, gilt z. B. $\gamma^* + \gamma = 180^\circ$.
Wegen $\alpha + \beta + \gamma = 180^\circ$ muß dann $\gamma^* = a +$ ß sein. Analog gilt: $\alpha^* = \beta + \gamma$ und $\beta^* = \alpha + \gamma$.

Die Dreiecksungleichung

Die Summe der Längen zweier Dreiecksseiten ist stets größer als die Länge der dritten Seite.

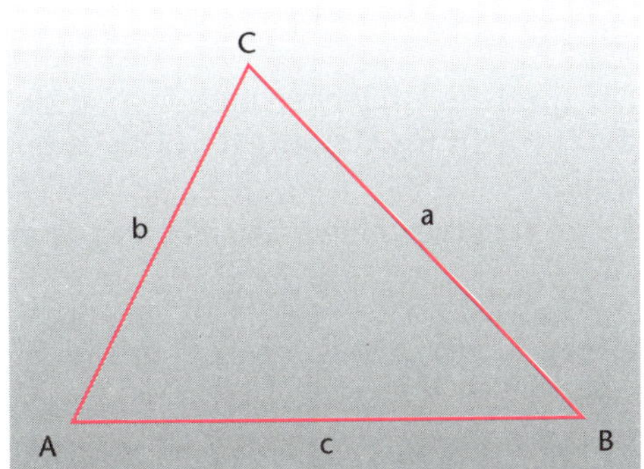

Bild 5.10

Begründung

Die kürzeste Verbindung zweier Punkte A und B in der Ebene ist eine gerade Linie. Der „Umweg" über einen dritten Punkt C kann also nie kürzer sein.

Deshalb gilt: $|AB| < |AC| + |CB|$; $|AC| < |AB| + |BC|$; $|BC| < |BA| + |AC|$.

Umfang und Fläche des Dreiecks

Der Umfang ist die Summe der Seitenlängen: $U = a + b + c$. Dies ist gleichzeitig die Definition des Umfangs und bedarf daher keines Beweises.

Die Fläche des Dreiecks ist: $F_\triangle = \frac{a \cdot h_a}{2} = \frac{b \cdot h_b}{2} = \frac{c \cdot h_c}{2}$. Dabei sind h_a, h_b und h_c die sogenannten Höhen des Dreiecks. Darunter versteht man das Lot von einem Eckpunkt auf die ihm gegenüberliegende Seite.

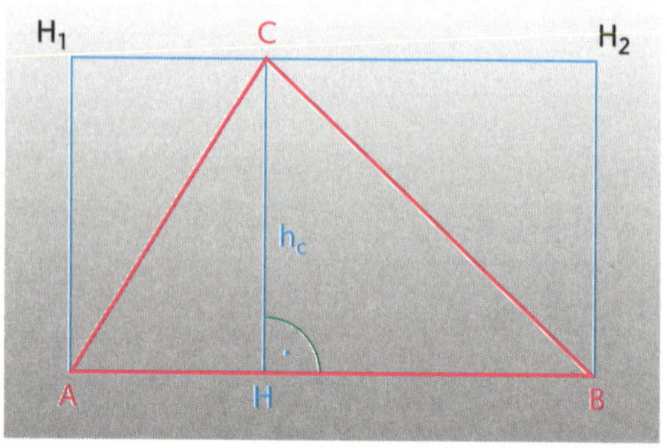

Bild 5.11

Begründung

Durch Spiegelung der Teildreiecke AHC und HBC an den Seitenmitten M_1 und M_2 erhält man das Rechteck ABH_2H_1, dessen Fläche $F_\square = c \cdot h_c$ doppelt so groß ist wie die des Ausgangsdreiecks ABC (Bild 5.11).

Unbekannte Höhen kann man dabei entweder mit dem Satz des Pythagoras (siehe Seite 364) oder auf trigonometrischem Weg (siehe Seite 448) erhalten.

Liegt eine Höhe außerhalb des Dreiecks, wird sie bis zur Verlängerung der gegenüberliegenden Seite gemessen.

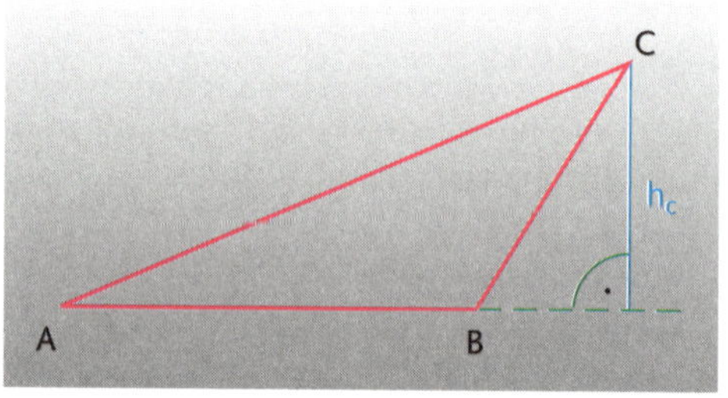

Bild 5.12

Spezielle Dreiecke

Für spezielle Dreiecke vereinfachen sich die Formeln für Umfang und Fläche teilweise:

1. Im ***rechtwinkligen Dreieck*** mit dem rechten Winkel bei C gilt: $F = \frac{a \cdot b}{2}$. (Bild 5.13).

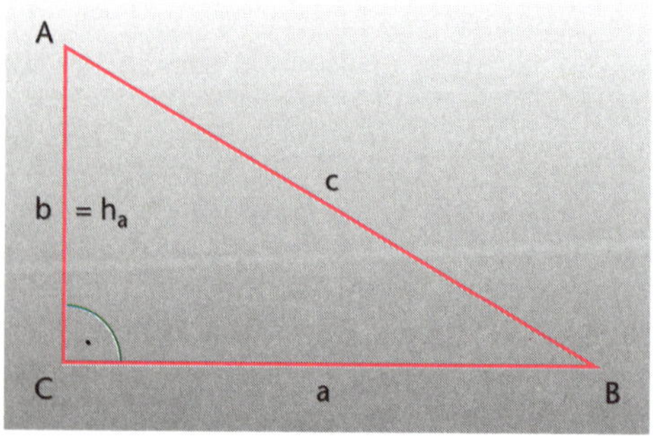

Bild 5.13

2. Im ***gleichschenkligen Dreieck*** ist U = 2 · a + b (Bild 5.14).

3. Im ***gleichseitigen Dreieck*** gilt: U = 3 · a; $F = \frac{a^2}{4}\sqrt{3}$ wegen $h_a = \frac{a}{2}\sqrt{3}$ (Bild 5.15).

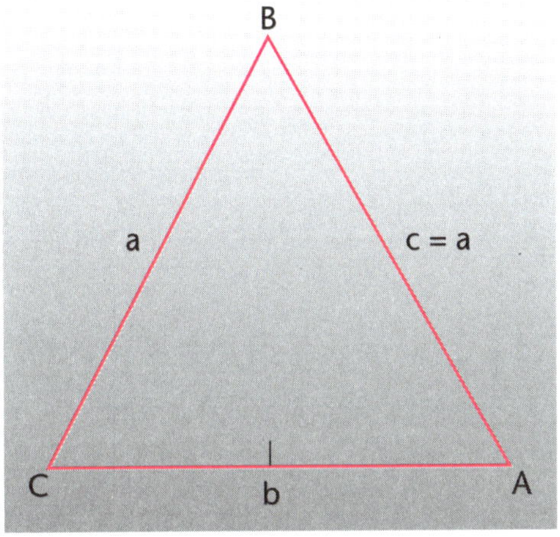

Bild 5.14

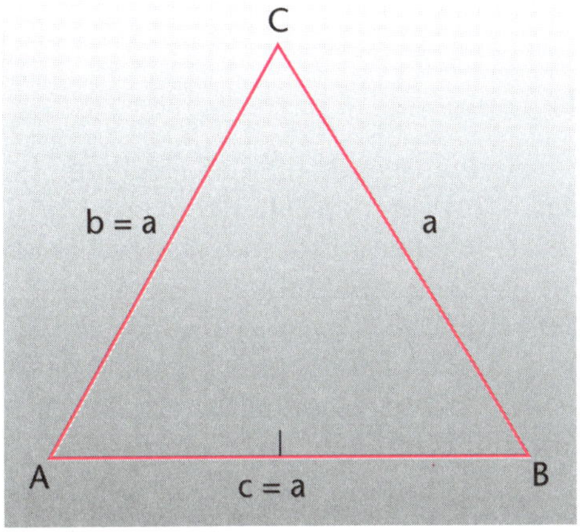

Bild 5.15

5.1.3 Spezielle Punkte und Linien im Dreieck

1. Die drei Mittelsenkrechten m_a, m_b und m_c eines Dreiecks schneiden sich in einem Punkt U. Dieser ist der Mittelpunkt des Kreises durch die drei Eckpunkte des Dreiecks, des sogenannten Umkreises.

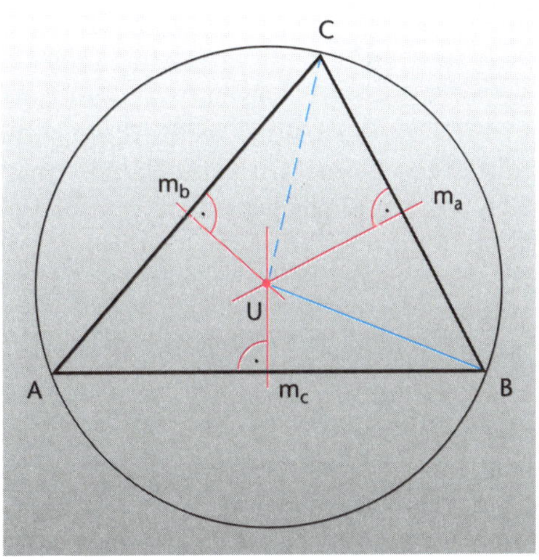

Bild 5.16

Begründung

Da die Mittelsenkrechten nicht parallel sind, schneiden sich m_a und m_b; diesen Schnittpunkt nennen wir U. Da m_a Mittelsenkrechte von a ist, hat U von B und C denselben Abstand. Da m_b Mittelsenkrechte von b ist, hat U auch von A und C denselben Abstand. Also hat U zu allen drei Eckpunkten denselben Abstand und liegt demzufolge auch auf m_c.

2. Die Winkelhalbierenden w_α, w_β und w_γ eines Dreiecks ABC schneiden sich in einem Punkt J. Dieser ist der Mittelpunkt des Inkreises.

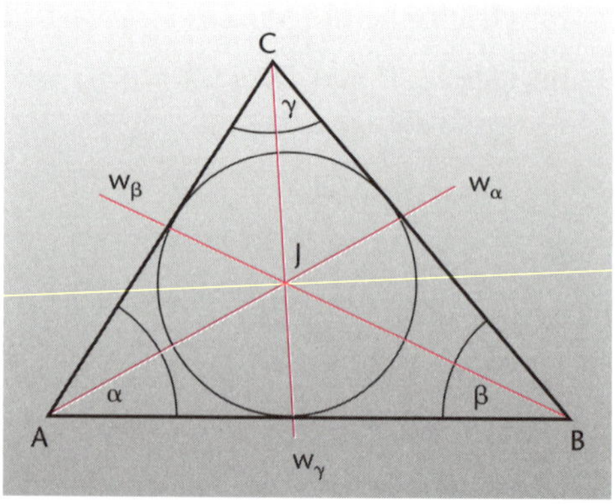

Bild 5.17

Begründung

Es sei vorausgeschickt, daß ein Punkt genau dann von den Schenkeln eines Winkels denselben Abstand hat, wenn er auf der Winkelhalbierenden liegt. Ist also J der Schnittpunkt von w_α und w_β, so hat J von den Seiten b und c denselben Abstand, ebenso von den Seiten a und c. Also hat J von allen drei Seiten denselben Abstand und liegt daher auch auf w_γ.

3. Die Seitenhalbierenden s_a, s_b und s_c, also die Geraden durch die Seitenmitten und die gegenüberliegenden Eckpunkte, schneiden sich im Schwerpunkt S des Dreiecks ABC. Der Schwerpunkt S teilt die Seitenhalbierenden im Verhältnis 2 : 1.

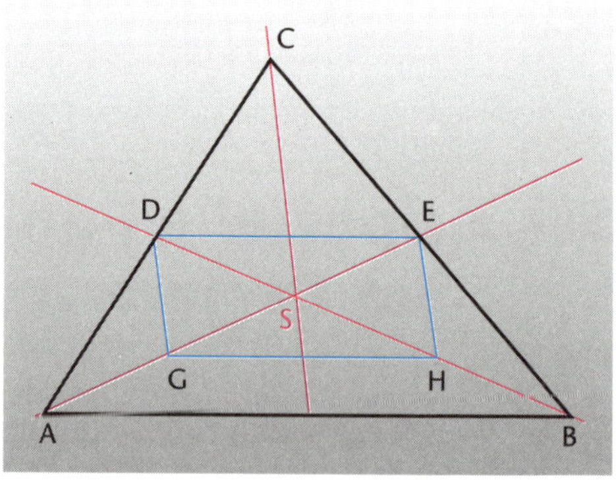

Bild 5.18

Begründung

DCE und ACB sind ähnliche Dreiecke (siehe Seite 425). Deshalb ist $\overline{DE} \parallel \overline{AB}$ und $|DE| = 0{,}5\ |AB|$. Die Punkte G und H seien so gewählt, daß sie $\overline{AS}$ bzw. $\overline{BS}$ halbieren. Dann sind auch ASB und GSH ähnlich, und es ist $\overline{GH} \parallel \overline{AB}$ und $|GH| = 0{,}5\ |AB|$. Also sind $\overline{DE}$ und $\overline{GH}$ parallel und gleich lang. Dann ist GDEH ein Parallelogramm. Dessen Diagonalen DH und GE werden durch ihren Schnittpunkt S halbiert (siehe Seite 374); damit ist $|AS| = 2 \cdot |SE|$ und $|BS| = 2 \cdot |SD|$. Der Rest folgt analog.

4. Die Höhen h_a, h_b und h_c des Dreiecks schneiden sich in einem Punkt H.

Begründung

Durch Punktspiegelung an Z_1, Z_2 und Z_3 entstehen aus ABC die Dreiecke BA_1C, ACB_2 und AC_3B. A, B und C werden zu Seitenmitten des neuen großen Dreiecks $A_1B_2C_3$,

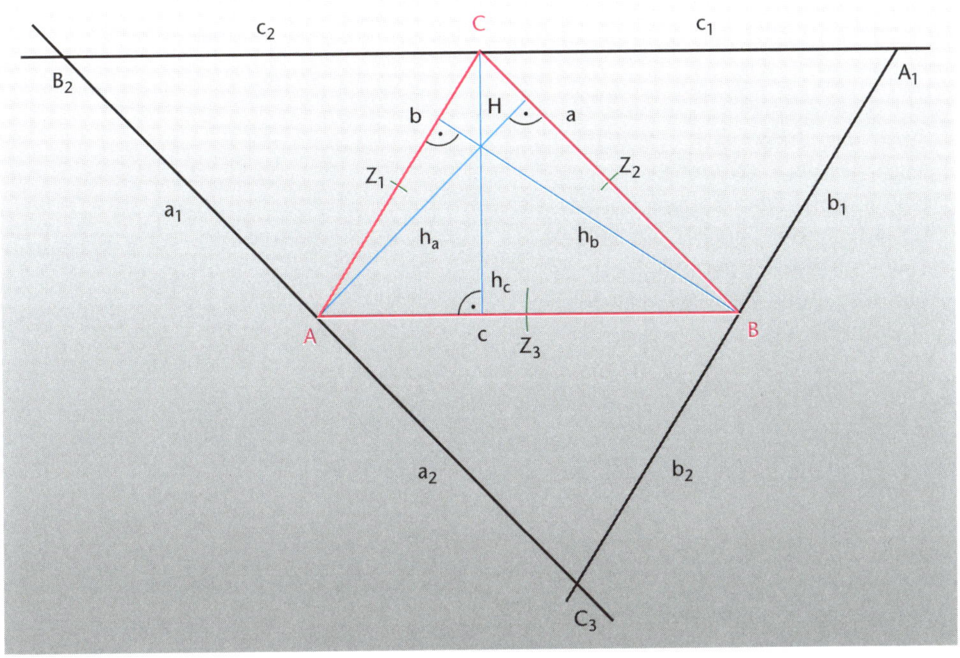

Bild 5.19

die Höhen h_a, h_b und h_c liegen dann auf den Mittelsenkrechten. Diese schneiden sich nach 1. (siehe Seite 361) in einem Punkt.

5.1.4 Die Satzgruppe des Pythagoras

EINFÜHRUNGSBEISPIEL

In Ägypten wurden eine Zeitlang die Könige in den noch heute bewunderten Pyramiden bestattet. Bei Grundseitenlängen von mehr als 100 m war das Einhalten der Richtung ebenso bedeutsam wie schwierig. Um die rechten Winkel an den Ecken abzustecken, benutzten die Landvermesser ein Seil mit zwölf Knoten in gleichmäßigen Abständen, wobei der 12. Knoten Anfang und Ende des Seils verband. Spannte man nun das Seil über drei Pfähle durch den 5., 9. und 12. Knoten, so entstand ein rechtwinkliges Dreieck.

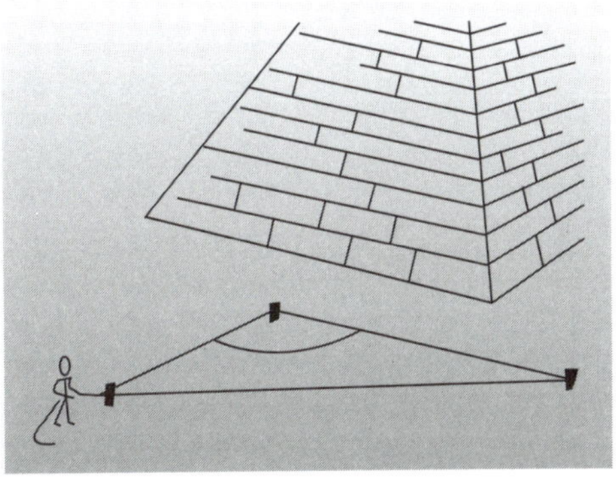

Bild 5.20

Für die Quadratzahlen dieser Seitenlängen gilt: $5^2 = 4^2 + 3^2$. Diese Eigenschaft gilt für alle rechtwinkligen Dreiecke (und nur dort!):

S

Satz des Pythagoras (griechischer Mathematiker, 580–496 v. Chr.): Die Summe der Kathetenquadrate (Quadrate der Längen der kürzeren Seiten) ist gleich dem Hypotenusenquadrat (Quadrat der Länge der längsten Seite).

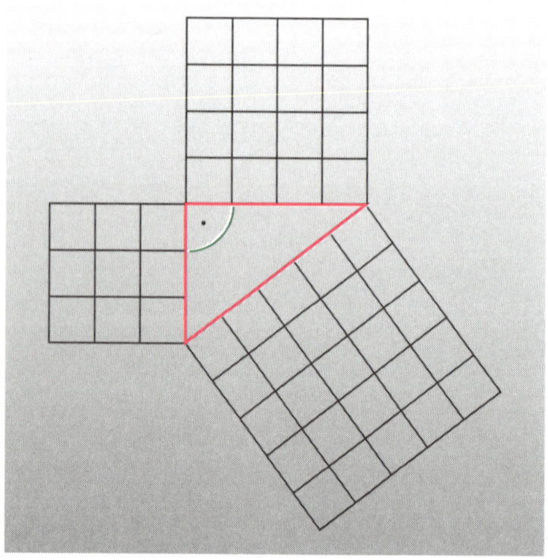

Bild 5.21

BEISPIELE

1. Wie weit ist der Punkt P (8|15) vom Nullpunkt 0 entfernt?
$|OP| = \sqrt{8^2 + 15^2} = \sqrt{289} = 17$

2. Wie groß ist die fehlende Kathete in einem rechtwinkligen Dreieck mit c = 29 und a = 20?
$b = \sqrt{c^2 - a^2} = \sqrt{29^2 - 20^2} = \sqrt{441} = 21$

c	a	b	c	a	b	c	a	b	c	a	b
5	4	3	37	35	12	61	60	11	82	80	18
10	8	6	39	36	15	65	52	39	85	68	51
13	12	5	40	32	24	65	56	33	85	75	40
15	12	9	41	40	9	65	60	25	85	77	36
17	15	8	45	36	27	65	63	16	85	84	13
20	16	12	50	40	30	68	60	32	87	63	60
25	20	15	50	48	14	70	56	42	89	80	39
25	24	7	51	45	24	73	55	48	90	72	54
26	24	10	52	48	20	74	70	24	91	84	35
29	21	20	53	45	28	75	60	45	95	76	57
30	24	18	55	44	33	75	72	21	97	72	65
34	30	16	58	42	40	78	72	30	100	80	60
35	28	21	60	48	36	80	64	48	100	96	28

Bild 5.22 Pythagoräische Zahlentripel für $c \leq 100$

Beide Beispiele haben ganzzahlige Lösungen. Allgemein heißen ganzzahlige Lösungen der Beziehung $a^2 + b^2 = c^2$ ***pythagoräische Zahlentripel.***

Zur Satzgruppe des Pythagoras gehören noch der Höhensatz und die Kathetensätze des Euklid (griechischer Mathematiker, um 350 v. Chr.).

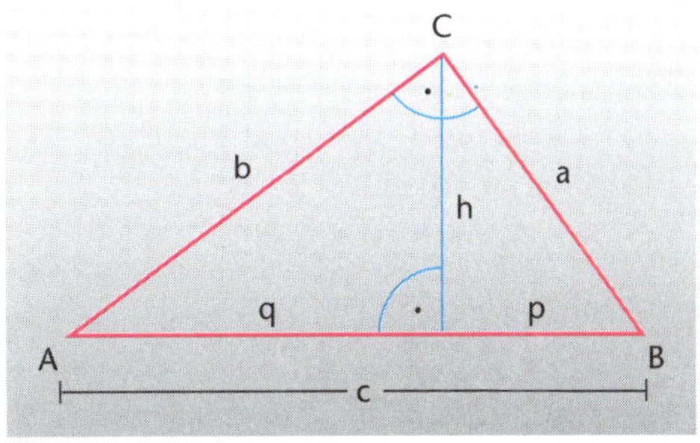

Bild 5.23

Durch die Höhe h teilen wir das ursprüngliche Dreieck ABC in die beiden ebenfalls rechtwinkligen Dreiecke BHC und HAC. In diesen lautet der Satz des Pythagoras: $a^2 = p^2 + h^2$ bzw. $b^2 = q^2 + h^2$.

S

Einsetzen in $c^2 = a^2 + b^2$ liefert dann:

$$(p + q)^2 = p^2 + q^2 + 2h^2$$
$$p^2 + q^2 + 2pq = p^2 + q^2 + 2h^2$$
$$\mathbf{pq = h^2}$$

Das ist der ***Höhensatz des Euklid.***

Damit erhalten wir schließlich:

in Dreieck BHC: $a^2 = p^2 + h^2 = p^2 + pq = p \cdot (p + q)$

$$\mathbf{a^2 = p \cdot c}$$

in Dreieck HAC: $b^2 = q^2 + h^2 = q^2 + pq = q \cdot (q + p)$

$$\mathbf{b^2 = q \cdot c}$$

Das sind die ***Kathetensätze des Euklid.***

BEISPIEL

In einem Dreieck ist

$h = \frac{60}{13}$ und $p = \frac{25}{13}$. Wie groß sind die übrigen Stücke?

$q = \frac{h^2}{p} = \frac{144}{13}$;

$c = p + q = 13$; $a = \sqrt{p \cdot c} = 5$; $b = \sqrt{c^2 - a^2} = 12$

ÜBUNGEN

1. Welche Dreiecke lassen sich zeichnen?

a)	$a = 4$ cm	$b = 5$ cm	$c = 6$ cm
b)	$a = 2$ cm	$b = 4$ cm	$c = 7$ cm
c)	$a = 4{,}5$ cm	$b = 2{,}5$ cm	$\gamma = 100^\circ$
d)	$a = 5$ cm	$b = 6$ cm	$\alpha = 40^\circ$
e)	$a = 7$ cm	$c = 6$ cm	$\alpha = 40^\circ$
f)	$a = 5$ cm	$\beta = 45^\circ$	$\gamma = 30^\circ$
g)	$\alpha = 60^\circ$	$\beta = 30^\circ$	$\gamma = 90^\circ$
h)	$\alpha = 55^\circ$	$\beta = 45^\circ$	$\gamma = 70^\circ$

2. Bei welchen der Dreiecke aus Aufgabe 1. gibt es mehr als eine Möglichkeit?

3. Berechnen Sie den Flächeninhalt der folgenden Dreiecke:
a) $a = 12$ cm $h_a = 6$ cm
b) $b = 14$ cm $h_b = 5$ cm
c) $a = 4{,}6$ cm $b = 3$ cm $\gamma = 90^\circ$

4. Berechnen Sie jeweils die fehlende Größe in folgenden Dreiecken:

	a)	*b)*	*c)*	*d)*	*e)*
Grundseite g	3,5 cm		127 m	4 m	3,5 m
Höhe h	2 cm	12 mm		30 cm	
Fläche A		168 mm^2	3175m^2		630 cm^2

5. Zeigen Sie, daß die Seiten und die Höhen eines Dreiecks in umgekehrtem Verhältnis zueinander stehen.
Hinweis: Machen Sie einen Ansatz mit der Flächenformel.

6. Zeigen Sie: $(a|b|c)$ mit $a, b, c \in \mathbb{N}$ ist ein pythagoräisches Zahlentripel, wenn die Zahlen a, b und c folgende Bedingungen erfüllen:
(1) $a = 2n + 1$; $b = 2n^2 + 2n$; $c = 2n^2 + 2n + 1$ oder
(2) $a = 2nm$; $b = n^2 - m^2$; $c = n^2 + m^2$ $(n, m \in \mathbb{N})$

7. Berechnen Sie die fehlenden Stücke in folgenden rechtwinkligen Dreiecken (Bezeichnungen siehe Bild 5.23):
a) $a = 4$; $c = 5$
b) $q = 2$; $p = 3$
c) $h = 5$; $b = 13$
d) $q = 4$; $b = 6$

8. Verwandeln Sie ein Rechteck mit den Seitenlängen 6 cm und 3,5 cm mit Hilfe des Höhensatzes und des Kathetensatzes in ein flächengleiches Quadrat.

9. Beweisen Sie den Satz des Pythagoras mit Hilfe der nebenstehenden Figuren:

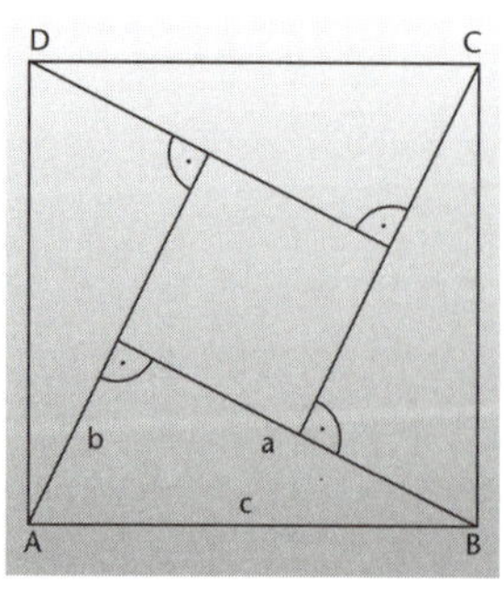

Bild 5.24

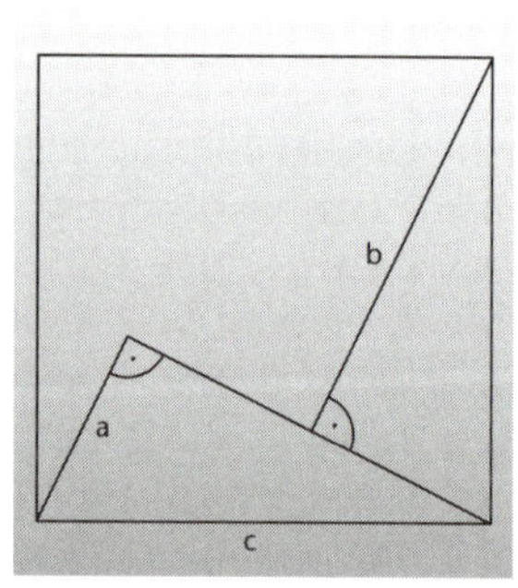

Bild 5.25

10. Ein gleichschenkliges Dreieck hat die Seitenlängen:
a) a = b = 13 cm; c = 10 cm
b) a = c = 17 cm; b = 30 cm
Wie groß ist jeweils seine Fläche?

11. In einem rechtwinkligen Dreieck ist eine Kathete 5 cm lang, die andere ist halb so lang wie die Hypotenuse. Wie lang sind die fehlenden Seiten?

12. Zwei historische Aufgaben:
a) Nach einem altbabylonischen Text aus dem 18. Jh. v. Chr.: Ein senkrecht an die Wand gestellter Balken ist 25 Ellen lang. Von oben ist er um eine Elle abgerutscht. Wie weit ist sein Fußpunkt von der Mauer entfernt?
b) Aus dem chinesischen Rechenbuch K'iu-ch'ang Suan-shu (um 250 v. Chr.): Im Mittelpunkt eines quadratischen Teiches von 10 Fuß Seitenlänge wächst ein Schilf, das sich einen Fuß hoch über das Wasser erhebt. Als man es an der Spitze packte und genau in der Mitte einer Seite ans Ufer zog, reichte es gerade bis zum Rand des Teiches. Wie tief war der Teich?

13. Auf einer Karte im Maßstab 1 : 50 000 verläuft ein schnurgerader Fußweg zwischen den Höhenlinien 200 m und 500 m. Der Weg ist auf der Karte 1,4 cm lang. Wie lang ist der Fußweg in Wirklichkeit?

14. Der Giebel eines Hauses hat die Form eines gleichschenkligen Dreiecks.
a) Wie lang sind die Dachbalken, wenn die Hausbreite 8 m und die Giebelhöhe 3 m ist und die Balken an jeder Seite 50 cm überstehen sollen?
b) Wie hoch ist der Giebel, wenn das Haus 12 m breit ist und die Dachbalken ohne Überstand 8 m lang sind?

15. Bei einer Haushaltsleiter sind die Stufen 25 cm voneinander entfernt. Wie viele Stufen hat sie, wenn sie bis in 2,40 m Höhe reicht und ihre beiden Seiten 1,40 m voneinander entfernt stehen?

16. Eine Schaukel hängt an schräg verlaufenden Trägern, die ein gleichschenkliges Dreieck bilden. Wie lang ist jedes Schaukelseil, wenn die Träger 4 m lang sind und 1,5 m voneinander im Boden befestigt werden und der Schaukelsitz in Ruhe 50 cm über dem Boden sein soll?

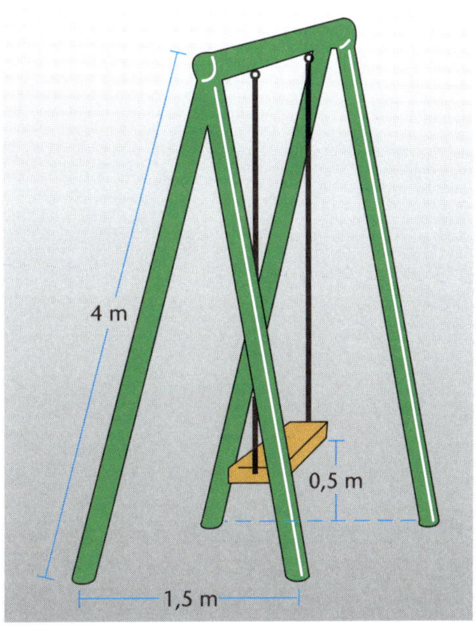

Bild 5.26

17. Berechnen Sie die fehlenden Seitenlängen.

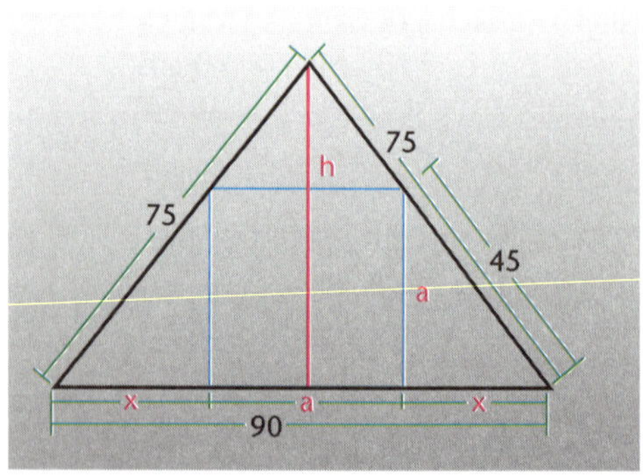

Bild 5.27

18. Wie groß ist die getönte Fläche?

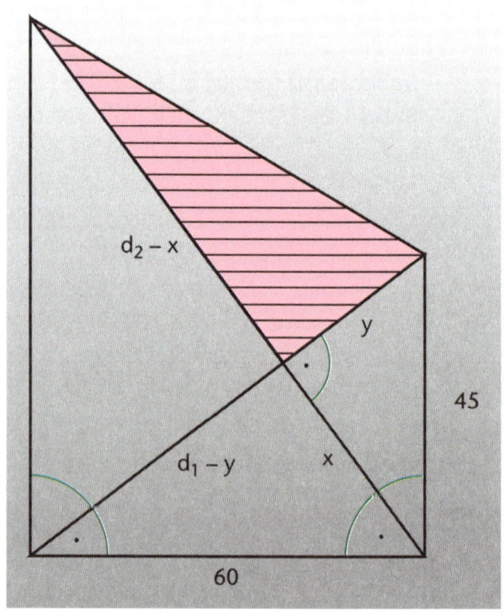

Bild 5.28

5.2 Vierecke

5.2.1 Allgemeine Eigenschaften von Vierecken

EINFÜHRUNGSBEISPIEL

Verbinden Sie jeweils die vier Punkte in der Reihenfolge ABCDA!

a) A (0|0); B (2|3); C (4|6); D (3|8)
b) A (0|0); B (0|3); C (3|8); D (4|6)
c) A (0|0); B (2|3); C (3|8); D (4|0)

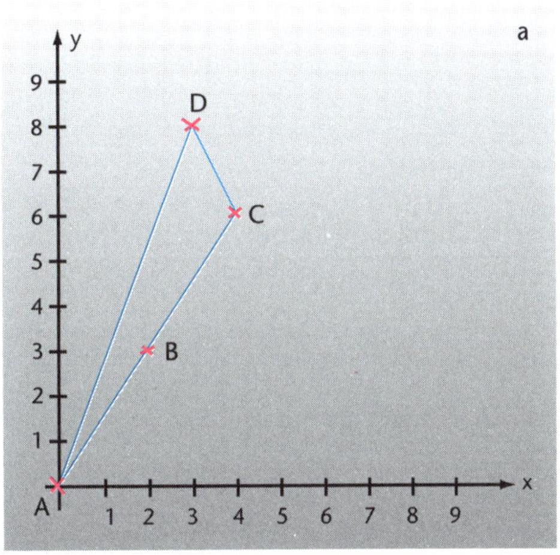

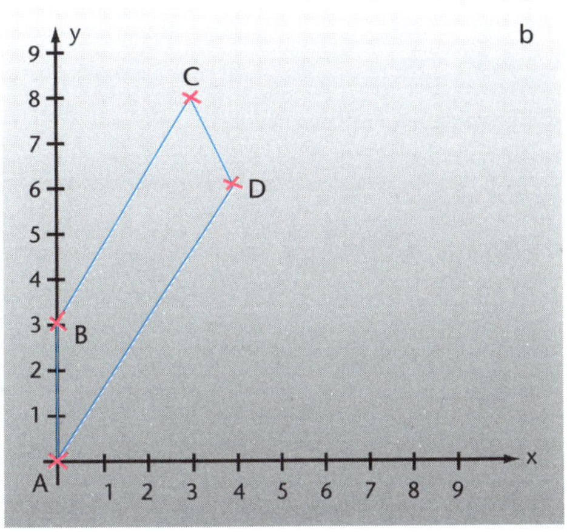

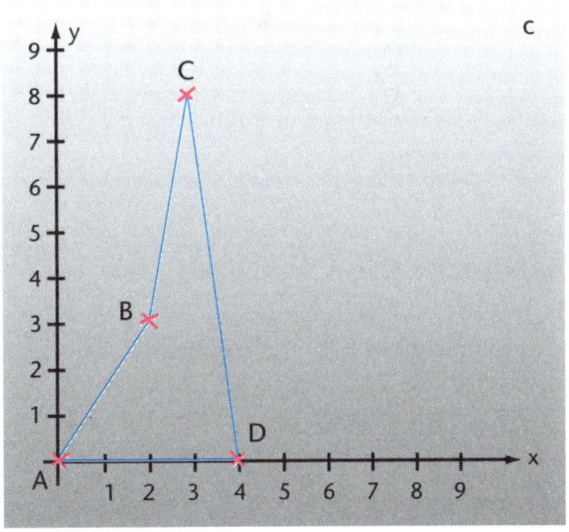

Bild 5.29

Ergebnis: Verbindet man vier Punkte, von denen nur je zwei auf derselben Geraden liegen, so erhält man ein ***Viereck.*** Verlaufen beide Diagonalen (Verbindungslinien nicht benachbarter Eckpunkte) im Inneren, so heißt das Viereck ***konvex,*** sonst ***konkav.***

Für jedes Viereck gilt:
1. Die Winkelsumme ist 360°.

Begründung

Jedes Viereck läßt sich durch eine innere Diagonale in zwei sich nicht überdeckende Teildreiecke zerlegen. Deshalb ist die Winkelsumme $2 \cdot 180° = 360°$.

2. Der Umfang ist $U = a + b + c + d$.

3. Der Flächeninhalt ist
$$F = \frac{(h_1 + h_2) \cdot e}{2}.$$

Begründung

Man addiert die Flächen der Teildreiecke.

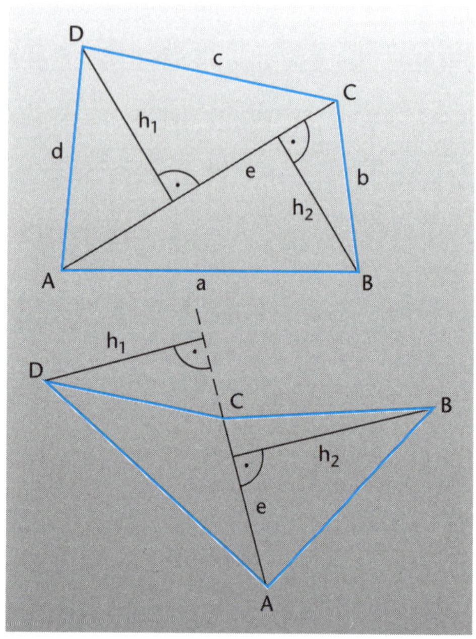

Bild 5.30

BEISPIEL

In einem konvexen Viereck schneiden sich die Diagonalen e = 5 cm und f = 6 cm unter einem Winkel von 45° zwischen den längeren Teilstücken. Der Schnittpunkt S teilt e im Verhältnis 3 : 2 und f im Verhältnis 4 : 2. Wie groß sind Umfang und Fläche des Vierecks?

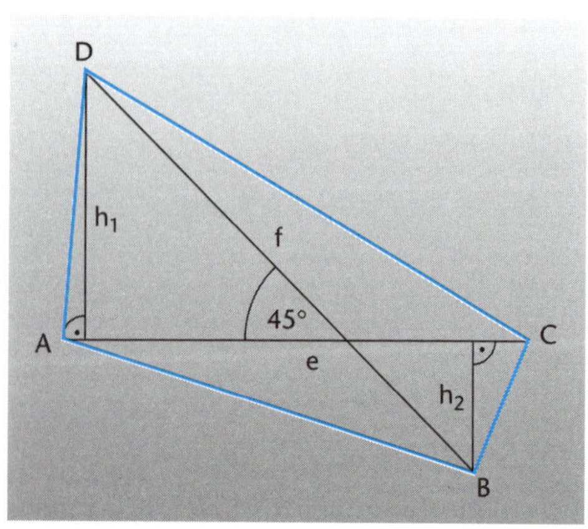

Bild 5.31

Mit dem Satz von Pythagoras erhält man:
$4^2 = 2h_1^2 \Rightarrow h_1 = \sqrt{8} \approx 2{,}828$
$2^2 = 2h_2^2 \Rightarrow h_2 = \sqrt{2} \approx 1{,}414$
$\Rightarrow F = F(ACD) + F(ABC) = 0{,}5 \cdot 5 \cdot 2{,}828 + 0{,}5 \cdot 5 \cdot 1{,}414 = 10{,}605\ cm^2$
Ferner ist $d^2 = h_1^2 + (3 - h_1)^2 \Rightarrow d = 2{,}834$ cm
$a^2 = h_2^2 + (3 + h_2)^2 \Rightarrow a = 4{,}635$ cm
$b^2 = h_2^2 + (2 - h_2)^2 \Rightarrow b = 1{,}531$ cm
$c^2 = h_1^2 + (2 + h_1)^2 \Rightarrow c = 5{,}595$ cm
$\Rightarrow U = a + b + c + d = 14{,}595$ cm

Unterliegen die Seiten und/oder die Winkel zusätzlichen Bedingungen, so erhält man spezielle Vierecke. Diese werden im folgenden näher betrachtet.

5.2.2 Quadrat und Rechteck

Das speziellste Viereck ist das Quadrat.

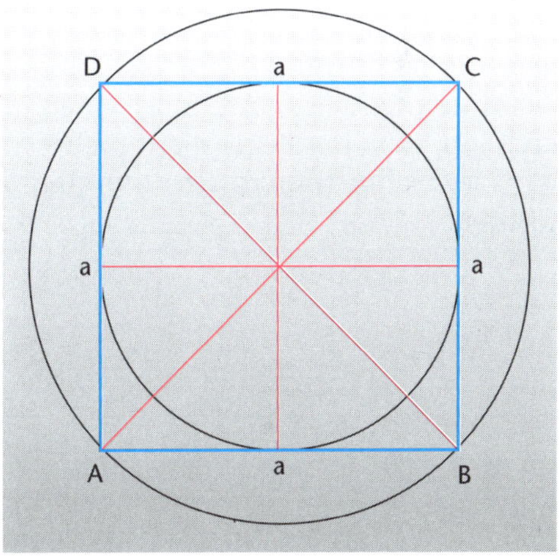

Bild 5.32

Quadrat

D

Ein Quadrat besitzt vier gleich lange Seiten und vier rechte Winkel.

S

Seine Fläche ist $F = a^2$, sein Umfang $U = 4a$.

In einem Quadrat stehen die Diagonalen senkrecht aufeinander. Beide Diagonalen sind gleich lang. Die Diagonalen sind gleichzeitig die Winkelhalbierenden. Ihr Schnittpunkt M teilt sie genau in der Mitte. M ist auch der Schnittpunkt der Mittelsenkrechten sowie der Mittelpunkt des In- und des Umkreises.

BEISPIEL

Wie groß sind die Fläche und die Länge der Diagonalen in einem Quadrat der Seitenlänge a = 5 cm?
Die Fläche ist $F = 5^2 = 25\ cm^2$. Für die Diagonalen erhält man nach dem Satz von Pythagoras: $d = \sqrt{5^2 + 5^2} = 5\sqrt{2}$ cm.

Rechteck

D

Ein Viereck mit vier rechten Winkeln heißt Rechteck.

In einem Rechteck sind (mindestens) die einander gegenüberliegenden Seiten gleich lang. Gleich lang sind auch die Diagonalen, die sich in der Mitte schneiden. Ihr Schnittpunkt M ist gleichzeitig der Mittelpunkt des Umkreises (einen Inkreis gibt es in der Regel nicht mehr) sowie der Schnittpunkt der Mittelsenkrechten.

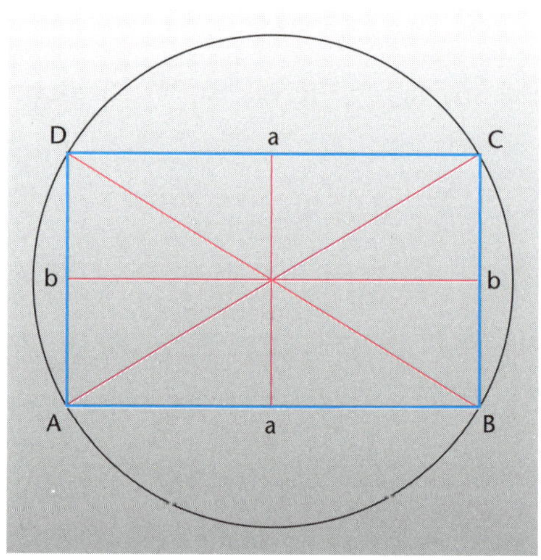

Bild 5.33

S

Ein Rechteck hat die Fläche $F = a \cdot b$ und den Umfang $U = 2a + 2b$.

BEISPIEL

Wie lang sind die Diagonalen in einem Rechteck mit den Seitenlängen a = 12 cm und b = 5 cm?
Mit dem Satz des Pythagoras ergibt sich: $d = \sqrt{12^2 + 5^2} = 13$ cm.

5.2.3 Raute und Parallelogramm

Wir kommen nun zu Vierecken mit einer geringeren Anzahl von Eigenschaften: Raute und Parallelogramm.

Raute

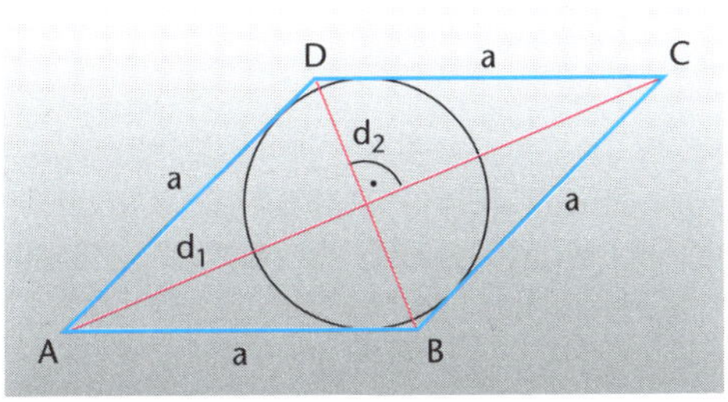

Bild 5.34

D

Eine Raute ist ein Viereck mit vier gleich langen Seiten.

Eine Raute ist damit so etwas wie ein „verzerrtes Quadrat". Aber auch richtige Quadrate sind Rauten, da auch bei ihnen alle vier Seiten gleich lang sind.

S

In einer Raute stehen die Diagonalen senkrecht aufeinander und halbieren sich. Die Diagonalen sind zugleich Winkelhalbierende, ihr Schnittpunkt M ist zugleich Mittelpunkt des Inkreises. Gegenüberliegende Winkel sind gleich groß, nebeneinanderliegende Winkel ergänzen sich zu 180°. Die Fläche einer Raute ist $F = a \cdot h_a$, ihr Umfang $U = 4a$.

BEISPIELE

1. Wie lang sind die Seiten einer Raute, wenn die Diagonalen 6 cm und 8 cm lang sind?
Da sich die Diagonalen rechtwinklig in der Mitte schneiden, erhalten wir mit dem Satz von Pythagoras: $a = 0{,}5\sqrt{d_1^2 + d_2^2} = 5$ cm.

2. Wie lang sind die Diagonalen in einer Raute der Seitenlänge a = 5 cm und Innenwinkeln von 45° und 135°?
Da die Diagonalen zugleich Winkelhalbierende sind, erhalten wir:

$$\sin 22{,}5^\circ = \frac{d_1}{2a} \Rightarrow d_1 = 3{,}83 \text{ cm}$$

$$\cos 22{,}5^\circ = \frac{d_2}{2a} \Rightarrow d_2 = 9{,}24 \text{ cm}$$

(Zu sin und cos siehe Seite 447.)

3. Welche Fläche hat die Raute aus Beispiel 2.?
Da ein Winkel 45° ist, erhalten wir in dieser Ecke durch Einzeichnen der Höhe ein gleichschenkliges rechtwinkliges Dreieck. Dessen Hypotenuse ist die Rautenseite, die Kathete die Höhe. Damit ergibt sich $h = \sqrt{0{,}5 \cdot 5^2} = 2{,}5\sqrt{2} \approx 3{,}54$ cm.

Parallelogramm

D

Sind in einem Viereck jeweils die gegenüberliegenden Seiten parallel (und damit auch gleich lang), so heißt es Parallelogramm.

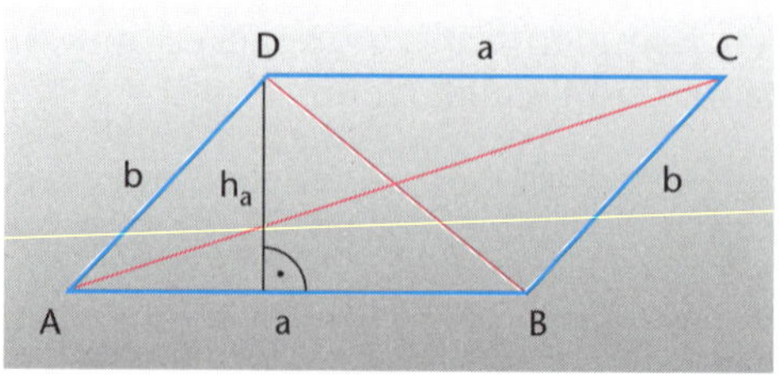

Bild 5.35

Das Parallelogramm ist damit sozusagen ein „verzerrtes Rechteck".

S

Im Parallelogramm halbieren sich die Diagonalen. Gegenüberliegende Winkel sind gleich groß, nebeneinanderliegende Winkel ergänzen sich zu 180°. Die Fläche des Parallelogramms ist $F = a \cdot h_a = b \cdot h_b$, sein Umfang $U = 2a + 2b$.

BEISPIEL

Ein Parallelogramm hat die Seitenlängen a = 10 cm und b = 6 cm. Seine Innenwinkel betragen 30° und 150°. Wie groß ist seine Fläche?

Wir erhalten $\sin 30^\circ = \frac{h_a}{b} \Leftrightarrow h_a = b \cdot \sin 30^\circ = 3$ cm und damit $F = 10 \cdot 3 = 30\ \text{cm}^2$.

5.2.4 Trapez und Drachen

Trapez

D

Ein Viereck heißt Trapez genau dann, wenn es (mindestens) zwei zueinander parallele Seiten besitzt.

Diese Seiten heißen Grundseiten, die anderen beiden Seiten Schenkel. Der Abstand der Grundseiten heißt Höhe des Trapezes.

S

Die Trapezfläche ist $F_{\triangle} = \frac{a + c}{2} \cdot h$,
der Umfang des Trapezes ist
$U = a + b + c + d$.

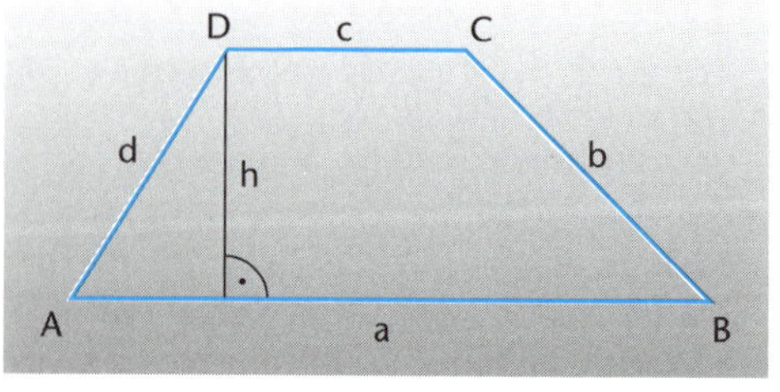

Bild 5.36

In jedem Trapez ergeben die an einem Schenkel anliegenden Winkel zusammen 180°.

In einem gleichschenkligen (symmetrischen) Trapez sind außerdem die Schenkel und die Diagonalen gleich lang, die Winkel an jeder Grundseite gleich groß, und gegenüberliegende Winkel ergänzen sich zu 180°.

BEISPIEL

Wie groß sind Fläche, Umfang, Diagonalen und Winkel in einem gleichschenkligen Trapez mit den Grundseiten a = 14 cm, c = 6 cm und den Schenkeln b = d = 5 cm?

$U = a + b + c + d = 30\text{ cm}$

$h^2 = b^2 - \left(\frac{a-c}{2}\right)^2 \Rightarrow h = 3\text{ cm}$

$e^2 = f^2 = h^2 + \left(\frac{a+c}{2}\right)^2 \Rightarrow e = f = 10{,}44\text{ cm}$

Die Winkel bestimmt man entweder graphisch oder mit Hilfe der Trigonometrie:

$\sin\alpha = \frac{h}{d} \Rightarrow \alpha = \beta = 36{,}87^\circ \Rightarrow \delta = \gamma = 143{,}13^\circ$

Drachen

D

Ein Viereck mit mindestens einer Diagonale als Symmetrieachse heißt Drachen.

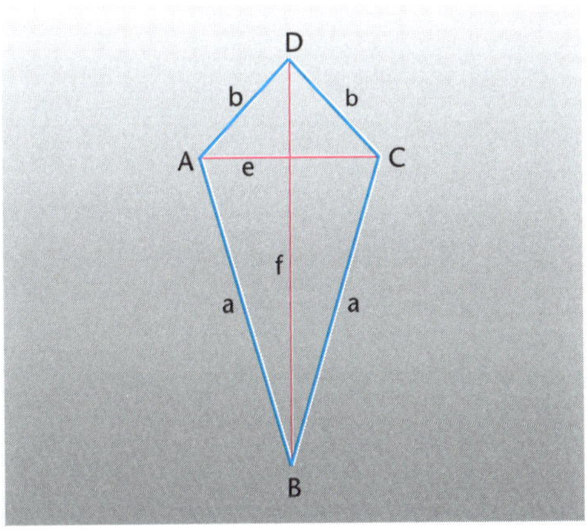

Bild 5.37 Konvexer Drachen

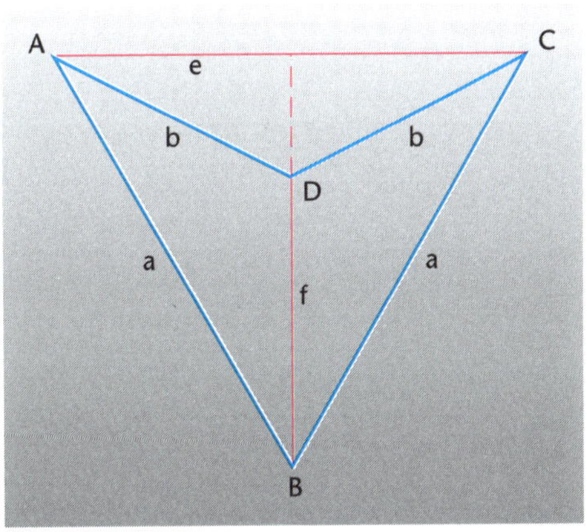

Bild 5.38 Konkaver Drachen

S

In jedem Drachen sind je zwei benachbarte Seiten gleich lang. Ein Paar einander gegenüberliegender Winkel ist gleich groß. Die Diagonalen stehen senkrecht aufeinander. Ihr Schnittpunkt (im konkaven Drachen: der Schnittpunkt der einen Diagonale mit der Verlängerung der anderen) halbiert (mindestens) eine der beiden Diagonalen. Die Fläche des Drachens ist $F = \frac{e \cdot f}{2}$, sein Umfang $U = 2a + 2b$.

BEISPIEL

Ein Drachen hat die Diagonalen e = 4 und f = 6. Ihr Schnittpunkt halbiert e und teilt f im Verhältnis 1 : 2. Wie groß sind Fläche und Umfang des Drachens?

Man erhält: $F = \frac{6 \cdot 4}{2} = 12$.

Die Teilstücke von f sind 4 und 2. Dann gilt für die Seiten: $a = \sqrt{2^2 + 2^2} \approx 2{,}83$; $b = \sqrt{4^2 + 2^2} \approx 4{,}47$. Daraus erhält man $U \approx 14{,}6$.

Wird durch den Schnittpunkt zwar noch (mindestens) eine Diagonale halbiert, stehen aber die Diagonalen nicht mehr senkrecht aufeinander, spricht man manchmal von einem „Schiefdrachen".

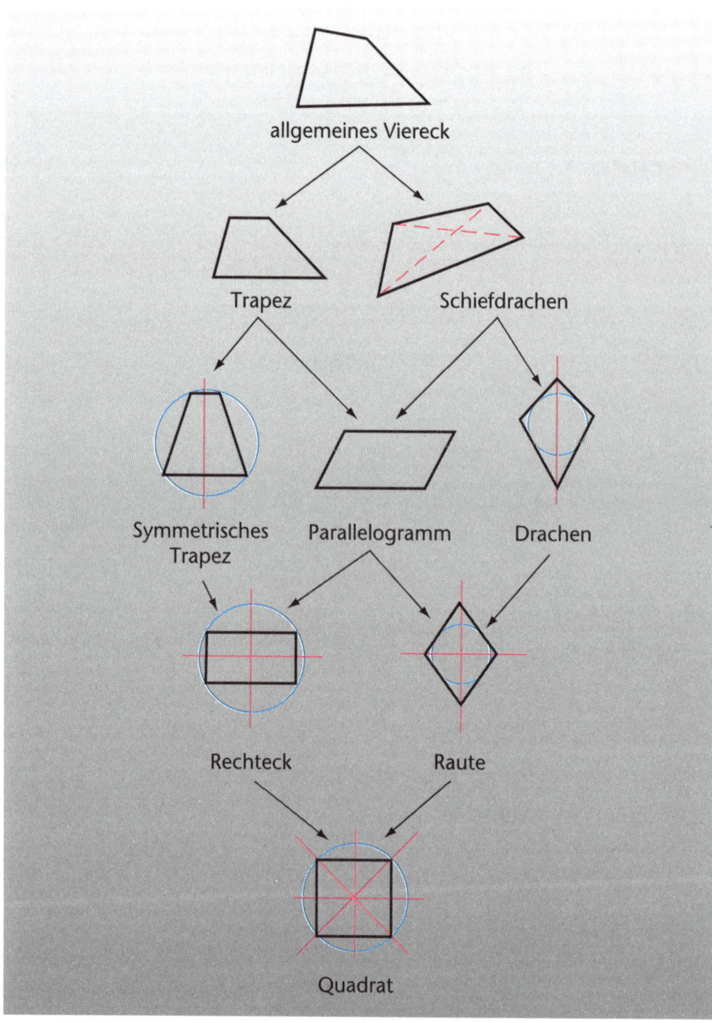

Bild 5.39 Das Haus der Vierecke

ÜBUNGEN

19. Verbindet man bei einem Quadrat der Seitenlänge 10 cm die Seitenmitten reihum, so erhält man wieder ein Quadrat. Wie groß ist seine Seitenlänge, wie groß seine Fläche? Läßt sich dies auch allgemein angeben (die Seitenlänge des großen Quadrats sei a)? Was geschieht bei einem Rechteck?

20. Berechnen Sie die fehlenden Stücke bei folgenden Rechtecken:

	a)	*b)*	*c)*	*d)*	*e)*	*f)*
a	6 cm	20 cm	5 cm	30 cm	10 cm	20 cm
b	3 cm			4 dm		
U		1,5 m			1 m	
A			30 cm^2			2 dm^2

21. Der Umfang eines Rechtecks beträgt 40 cm. Die Fläche wird um 25 cm^2 größer, wenn man die längere Seite um 5 cm verkürzt und die kürzere Seite um 5 cm verlängert. Wie lang sind die Seiten des Ausgangsrechtecks, wie groß ist seine Fläche?

22. Berechnen Sie bei folgenden gleichschenkligen Trapezen die fehlenden Stücke:

	a)	*b)*	*c)*	*d)*
a	7 cm	7 dm	6 m	8 cm
b = d	5 cm			
c	1 cm	3 dm	4 dm	4 cm
h		4 dm		
U			124 dm	
A				18 cm^2

23. Berechnen Sie die fehlenden Angaben für einen Deich mit nebenstehendem Querschnitt.

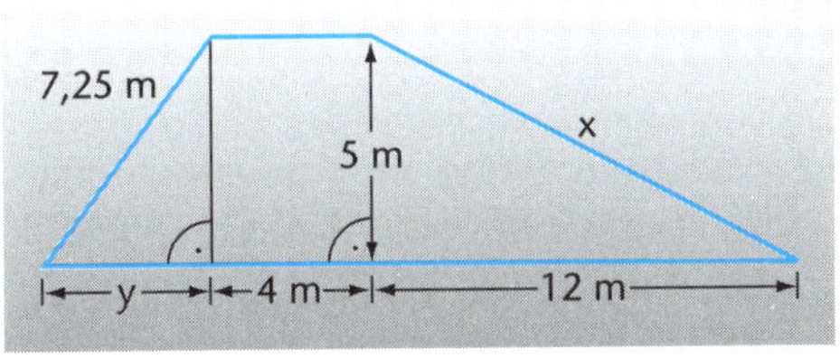

Bild 5.40

24. Bei einem gleichschenkligen Trapez mit dem Umfang 2,4 m ist die Höhe so groß wie die Oberseite; die Unterseite ist 80 cm länger. Wie groß sind alle Seiten, wie groß ist die Fläche?

25. Konstruieren Sie ein Parallelogramm aus:
a) $a = 5$ cm; $b = 4$ cm; $\alpha = 72^\circ$
b) $a = 4$ cm; $e = 7$ cm; $\beta = 85^\circ$
c) $a = 5$ cm; $e = 6$ cm; $f = 7$ cm

26. Welchen Flächeninhalt hat eine Raute mit $a = 10$ cm und einer Diagonale von $e = 5$ cm?

27. Die Diagonalen einer Raute sind 10 cm und 15 cm lang. Bestimmen Sie Flächeninhalt und Umfang.

28. Eine Raute hat den Umfang $U = 50$ cm. Die Längen der Diagonalen verhalten sich wie 1 : 2. Wie groß sind die Seitenlinien und der Flächeninhalt?

29. Ein (konvexer) Drachen hat die Seitenlänge $a = 17$ cm und $b = 10$ cm. Die längere Diagonale wird von der kürzeren im Verhältnis 5 : 2 geteilt. Wie lang sind die Diagonalen? Wie groß ist die Drachenfläche?

30. Konstruieren Sie jeweils einen Drachen mit Hilfe der folgenden Angaben:
a) $a = 4$ cm; $d = 3$ cm; $\alpha = 105^\circ$
b) $e = 3$ cm; $f = 6$ cm; $a = 2{,}5$ cm
c) $e = 6$ cm; $\alpha = 80^\circ$; $a = d$; $f = 8{,}4$ cm

31. Tangram ist ein altes chinesisches Legespiel. Wie groß sind die Seitenlängen und Flächen aller Teilstücke, wenn das große Dreieck eine Grundseitenlänge von 12 cm hat?

Bild 5.41

32. Konstruieren Sie ein Trapez mit Hilfe der folgenden Angaben:
a) $a = 4{,}9$ cm; $b = 3{,}6$ cm; $d = 2{,}7$ cm; $\alpha = 64^\circ$
b) $a = 5{,}8$ cm; $h = 3{,}4$ cm; $\alpha = 70^\circ$; $\beta = 50^\circ$
c) $a = 7{,}2$ cm; $b = 4{,}3$ cm; $c = 3{,}6$ cm; $d = 3{,}8$ cm

33. Ein konvexes Viereck hat die Diagonalen $e = 8$ cm und $f = 6$ cm. Ihr Schnittpunkt S teilt e im Verhältnis 3 : 1 und f im Verhältnis 2 : 1. Der Schnittwinkel zwischen je einem langen und einem kurzen Abschnitt beträgt 45°. Wie groß sind Umfang und Fläche des Vierecks?

5.3 Polygone

5.3.1 Allgemeine Betrachtungen

Das Wort Polygon bedeutet Vieleck. Dabei heißt „viel“ zunächst einmal mehr als zwei. Also sind natürlich auch Dreiecke und Vierecke Polygone. Allerdings besitzen sie so viele spezielle Eigenschaften, daß sie zu Recht in einem eigenen Kapitel behandelt wurden. Manche der dort gewonnenen Erkenntnisse sind so „ausbaufähig“, daß sie zur Bestimmung von Eigenschaften bei Fünf-, Sechs- . . ., allgemein: n-Ecken verwendet werden können.

EINFÜHRUNGSBEISPIEL

Ein Siebeneck hat die Koordinaten A (–2|0); B (0|2); C (2|3); D (5|1); E (5|–2); F (3|–3); G (1|–1). Wie groß ist seine Fläche?

Durch Einführen von Hilfslinien wird die Figur in die Dreiecke AB′B und AGG′ sowie die Trapeze B′C′CB, C′D′DC, F′D′EF und G′F′FG zerlegt. Mit Hilfe der Formeln von Seite 360 und Seite 374 ergibt sich dann die Siebenecksfläche:

$$F = \frac{2 \cdot 2}{2} + \frac{2+3}{2} \cdot 2 + \frac{3+1}{2} \cdot 3 + \frac{2+3}{2} \cdot 2 + \frac{3+1}{2} \cdot 2 + \frac{3 \cdot 1}{2}$$

$$= 2 + 5 + 6 + 5 + 4 + 1{,}5 = 23{,}5 \text{ FE}$$

(Flächeneinheiten)

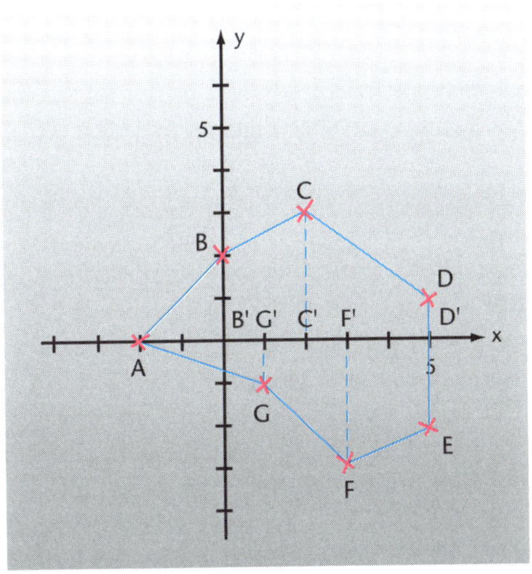

Bild 5.42

Die im Einführungsbeispiel verwendete Methode heißt ***Standlinienmethode.*** Dabei ist die Standlinie eine feste Gerade, so daß sich definierte Abstände zu den Eckpunkten ergeben. Sinnvolle Standlinien sind die Achsen des Koordinatensystems oder eine Diagonale der Figur.

Die Standlinienmethode mit Hilfe einer Koordinatenachse funktioniert übrigens auch, wenn das Polygon komplett in einem Quadranten liegt. Dann müssen einfach überzählige Flächenstücke abgezogen werden.

BEISPIEL

Das Fünfeck ABCDE hat die Koordinaten
A (1|1); B (2|3); C (3|4); D (5|2); E (4|0).
Dann besitzt es die Fläche:

$$F = F(A'B'BA) + F(B'C'CB) + F(C'D'DC) - F(A'EA) - F(ED'D)$$
$$= \frac{3+1}{2} \cdot 1 + \frac{4+3}{2} \cdot 1 + \frac{4+2}{2} \cdot 2 - \frac{3 \cdot 1}{2} - \frac{2 \cdot 1}{2}$$
$$= 2 + 3{,}5 + 6 - 1{,}5 - 1 = 9$$ FE (Flächeneinheiten)

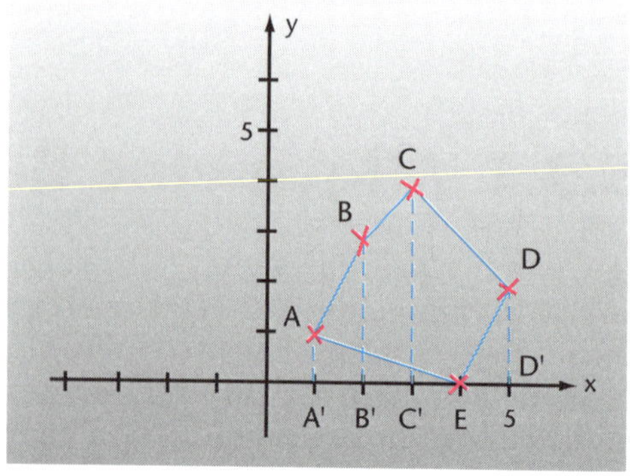

Bild 5.43

S

Der Umfang eines n-Ecks mit den Seiten $a_1, a_2 \ldots a_n$ ist $U = a_1 + a_2 + \ldots + a_n$.

Nach Einführung eines Koordinatensystems lassen sich die Seitenlängen mit Hilfe des Satzes von Pythagoras aus den Koordinaten der Eckpunkte gewinnen.

BEISPIEL

Das Siebeneck des Einführungsbeispiels (Bild 5.42) hat die Seitenlängen
$|AB| = \sqrt{8}$ $(= \sqrt{9(0-2)^2 + (2-0)^2})$; $|BC| = \sqrt{5}$ $(= \sqrt{9(2-0)^2 + (3-2)^2})$
$|CD| = \sqrt{13}$; $|DE| = 3$; $|EF| = \sqrt{5}$; $|FG| = \sqrt{8}$; $|GA| = \sqrt{10}$.
Damit hat es den Umfang $U = \sqrt{8} + \sqrt{5} + \sqrt{13} + 3 + \sqrt{5} + \sqrt{8} + \sqrt{10} \approx 19{,}897$.

Vor jedem Eckpunkt des n-Ecks lassen sich n – 3 Diagonalen zu den nicht benachbarten Eckpunkten ziehen. Verlaufen alle Diagonalen im Innern der Figur, so entstehen n – 2 Dreiecke, die jeweils die Winkelsumme 180° haben. Ansonsten muß das n-Eck unterteilt werden, wobei für jede Teilfigur das vorher Gesagte analog gilt.

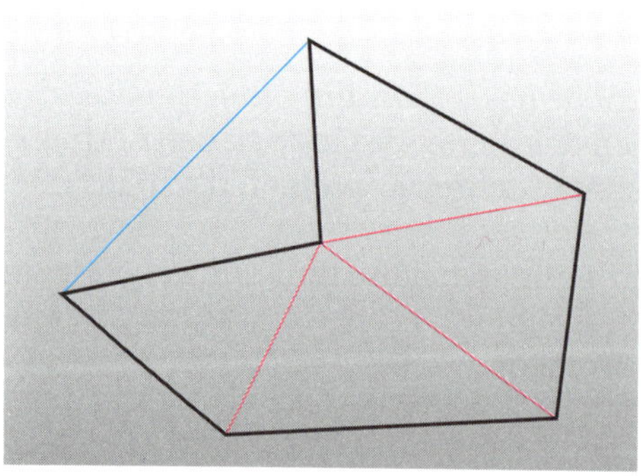

Bild 5.44

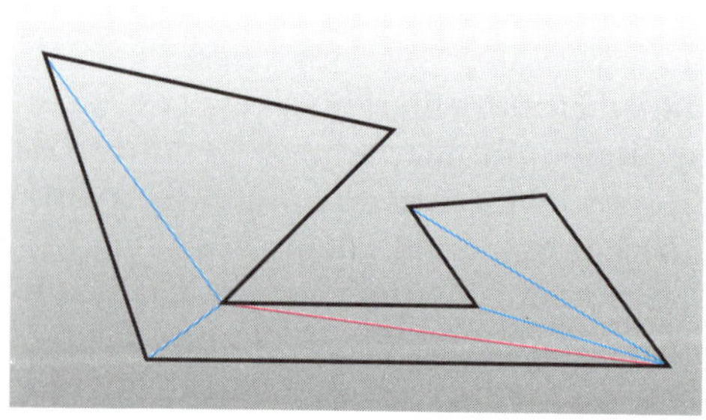

Bild 5.45 Die rote Diagonale teilt das Achteck in zwei Fünfecke. Es gilt:
$2 \cdot (5-2) \cdot 180° = 1080° = (8-2) \cdot 180°$

Daraus folgt:

S

Die Winkelsumme im n-Eck ist $(n - 2) \cdot 180°$.

Obwohl sich von jedem Eckpunkt des n-Ecks aus n – 3 Diagonalen zeichnen lassen, gibt es nicht $(n - 3) \cdot n$ Diagonalen, da ja z. B. die Diagonale von P_2 nach P_6 und diejenige von P_6 nach P_2 identisch sind. Dies ist für jedes Paar von Eckpunkten so. Deshalb muß man die obige Anzahl durch 2 teilen und erhält:

S

Die Anzahl der Diagonalen eines n-Ecks ist $\frac{n \cdot (n - 3)}{2}$.

Verlaufen alle Diagonalen im Innern des Polygons, so heißt es ***konvex.***

5.3.2 Regelmäßige Polygone

Sind in einem n-Eck alle Seiten gleich lang und alle Winkel gleich groß, so spricht man von einem regelmäßigen oder regulären Polygon.

Bei solchen regulären Polygonen fallen die Schnittpunkte der Mittelsenkrechten und der Winkelhalbierenden zusammen. Damit sind Um- und Inkreis konzentrische Kreise. Verbindet man den gemeinsamen Mittelpunkt M von In- und Umkreis mit jedem der Eckpunkte, so wird das reguläre Polygon in n kongruente (siehe Seite 413) gleichschenklige Dreiecke zerlegt, deren Schenkellänge gleich der Größe des Umkreisradius' ist.

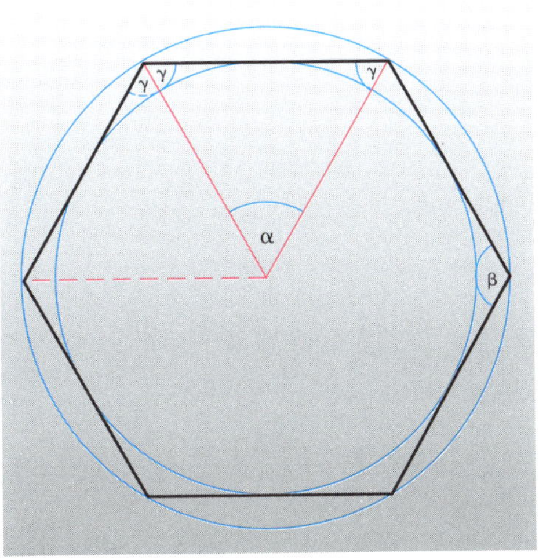

Bild 5.46

EINFÜHRUNGSBEISPIEL

Wie groß sind Fläche und Umfang des regulären Sechsecks mit Umkreisradius $r = 4$ cm?

Das Sechseck läßt sich in sechs kongruente Dreiecke mit dem Winkel 60° an der Spitze M zerlegen. Aus der Gleichschenkligkeit folgt, daß die Basiswinkel ebenfalls 60° sind und damit die Teildreiecke gleichseitig sein müssen.

Daraus folgt direkt: $U = 6 \cdot a = 6 \cdot r = 24$ cm. Für die Höhe und Fläche eines Teildreiecks ergibt sich mit dem Satz des Pythagoras (siehe Seite 364)

$h = 0{,}5a\sqrt{3} = 2\sqrt{3}\text{ cm} \Rightarrow F_\triangle = \frac{a^2}{4}\sqrt{3} = 4\sqrt{3}\text{ cm}^2.$

Damit hat das Sechseck die Fläche $F = 6 \cdot F_\triangle = 24\sqrt{3}\text{ cm}^2$.

Der Weg über den Satz des Pythagoras ist zwar immer gangbar, jedoch in der Regel mühsam. Erst mit Hilfe der Trigonometrie (siehe Seite 444) läßt sich zeigen, daß Fläche und Umfang vergleichsweise einfach bestimmt werden können.

S

Der Umfang eines regulären n-Ecks ist $U_n = 2 \cdot r \cdot n \cdot \sin\left(\frac{180^\circ}{n}\right)$, seine Fläche ist $F_n = \frac{r^2 \cdot n}{2} \cdot \sin\left(\frac{360^\circ}{n}\right)$.

Die Aussage des Einführungsbeispiels über die Mittelpunktswinkel läßt sich verallgemeinern:

S

Im regulären n-Eck hat jeder Mittelpunktswinkel die Größe $\alpha = \frac{360^\circ}{n}$.

Da ein Innenwinkel β doppelt so groß ist wie der Basiswinkel γ eines Teildreiecks, folgt:

S

Im regulären n-Eck ist jeder Innenwinkel $\beta = 180^\circ - \frac{360^\circ}{n}$.

BEISPIEL

In Bild 5.46 ist $\alpha = \frac{360^\circ}{6} = 60^\circ \Rightarrow$ Basiswinkel $\gamma = 60^\circ \Rightarrow \beta = 120^\circ$.

Nicht zuletzt zeichnen sich reguläre n-Ecke durch ihre hohe ***Symmetrie*** aus. Jedes solche n-Eck besitzt nämlich n Symmetrieachsen. Ist n ungerade, sind es genau die n Mittelsenkrechten (Bild 5.47). Ist n dagegen gerade, bleiben nur $\frac{n}{2}$ Mittelsenkrechten, da sie paarweise identisch sind. Dazu kommen aber dann $\frac{n}{2}$ Diagonalen durch je zwei gegenüberliegende Eckpunkte (Bild 5.48).

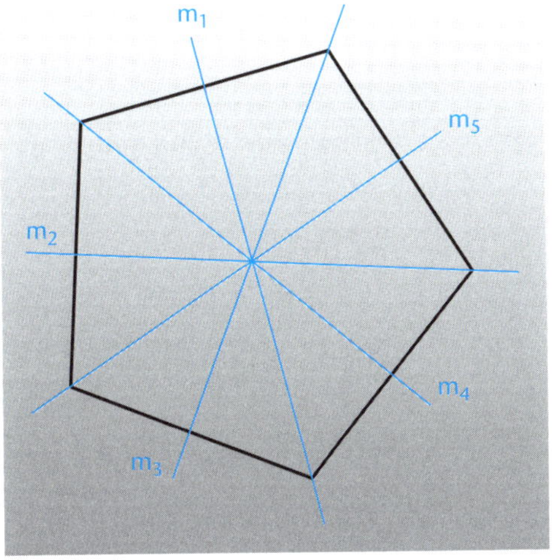

Bild 5.47

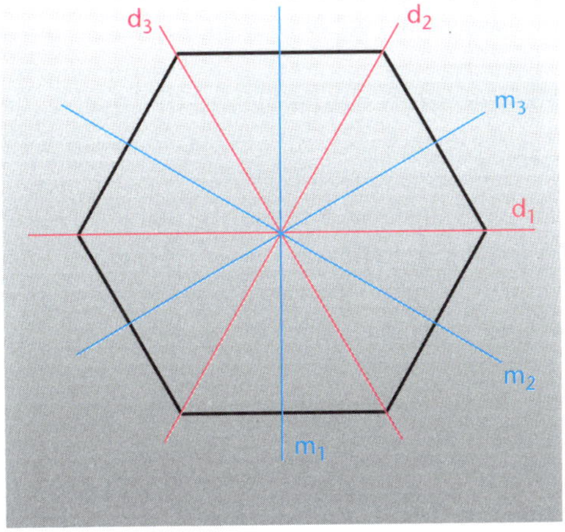

Bild 5.48

ÜBUNGEN

34. Wie viele Diagonalen hat ein *a)* 10-, *b)* 27-, *c)* 100-, *d)* 380-, *e)* 444-Eck?

35. Wie groß ist in den Polygonen aus Aufgabe 34. die Winkelsumme?

36. Wie groß sind die fehlenden Winkel?

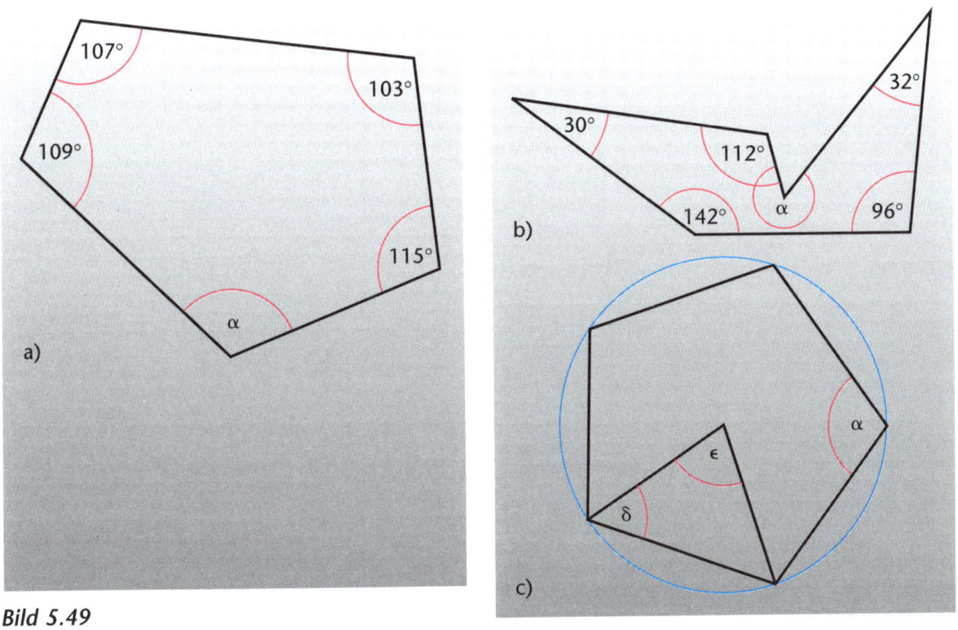

Bild 5.49

37. Ein Sechseck hat folgende Koordinaten:
A (0|0); B (3|–3); C (6|–3); D (8|0); E (5|3); F (2|5).
Wie groß ist seine Fläche A?

38. Wie groß ist die Fläche der durch die folgenden Punkte bestimmten Figur:
A (0|0); B (2|3); C (4|2); D (6|4); E (9|4); F (12|0); G (10|–1); H (8|–5); I (5|–3)?

39. Wie groß sind Umfang und Fläche eines regulären *a)* 10-, *b)* 50-, *c)* 100-Ecks mit r = 1 m?

40. Wie groß ist die Fläche eines regulären 6-Ecks mit dem Umfang U = 48 cm?

41. Wie groß sind Um- und Inkreisradius sowie die Fläche bei einem regelmäßigen 5-Eck mit U = 40 cm?

5.4 Kreise und Kreisteile

5.4.1 Kreisfläche und Kreisumfang

Geometrisch ist ein Kreis durch Angabe der Lage seines Mittelpunktes und der Länge seines Radius komplett beschrieben, also eindeutig konstruierbar.

Eigentlich muß man dabei noch zwischen Kreisscheibe (= Fläche) und Kreislinie (= Umfang) unterscheiden. Wir definieren deshalb:

> Die Menge aller Punkte der Ebene, die von einem Punkt M denselben Abstand r haben, heißt Kreislinie. M heißt Kreismittelpunkt.
> Die Menge aller Punkte, deren Abstand zu M kleiner oder gleich r ist, heißt Kreisscheibe.

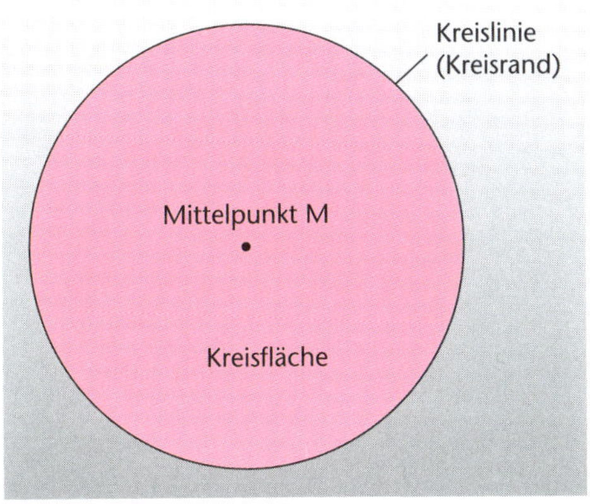

Bild 5.50

Da aus dem Zusammenhang jeweils klar wird, was gemeint ist, spricht man in der Regel in beiden Fällen immer nur von „Kreis".

Jeder Kreis hat als Zentriwinkel den Vollwinkel (360°). Die Bestimmung seiner Fläche und seines Umfangs ist dagegen nicht trivial, da die Begrenzungslinie krumm ist. Immerhin ist klar, daß auch diese beiden Größen vom Radius abhängen müssen. Die einfachsten Zusammenhänge dafür sind: $U = k_1 \cdot r$; $F = k_2 \cdot r^2$ mit k_1 und $k_2 \in \mathbb{R}$.

EINFÜHRUNGSBEISPIEL

Wir bestimmen jeweils näherungsweise die Fläche F_0 des Kreises.

1. Die Seitenlänge des inneren Quadrats ist
   $a^* = 2{,}5 \cdot \sqrt{2} \Rightarrow 2 \cdot 2{,}5^2\ cm^2 = 12{,}5\ cm^2 < F_0 < 25\ cm^2$ (Bild 5.51).

2. Durch Auszählen *a)* der komplett innerhalb der Kreislinie liegenden und *b)* der innenliegenden zuzüglich der durch die Kreislinie angeschnittenen Rechenkästchen erhält man $15\ cm^2 < F_0 < 22\ cm^2$ (Bild 5.52).

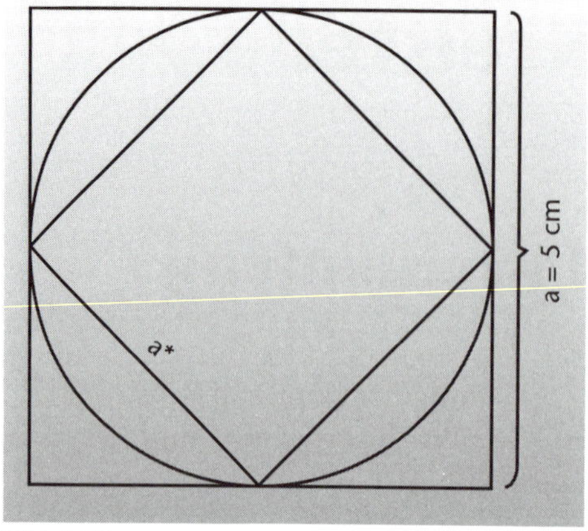

Bild 5.51

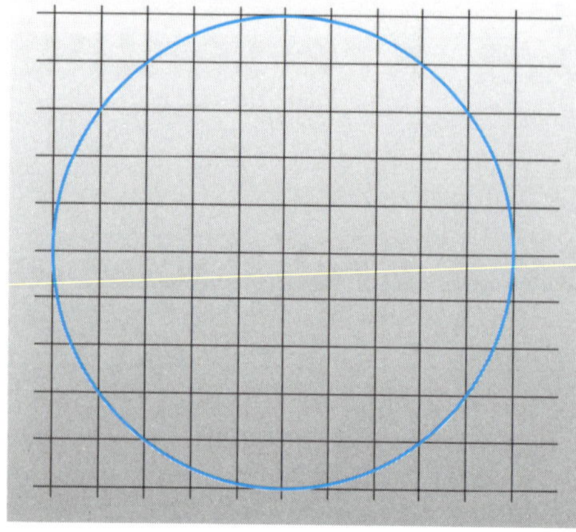

Bild 5.52

3. Analog zu 2. erhält man 18,65 cm^2 < F_0 < 19,98 cm^2 (Bild 5.53). Dividiert man jeweils durch $r^2 = 6{,}25\ cm^2$, so erhält man:

1. $2 < k_2 < 4$
2. $2{,}40 < k_2 < 3{,}52$
3. $2{,}984 < k_2 < 3{,}1968$

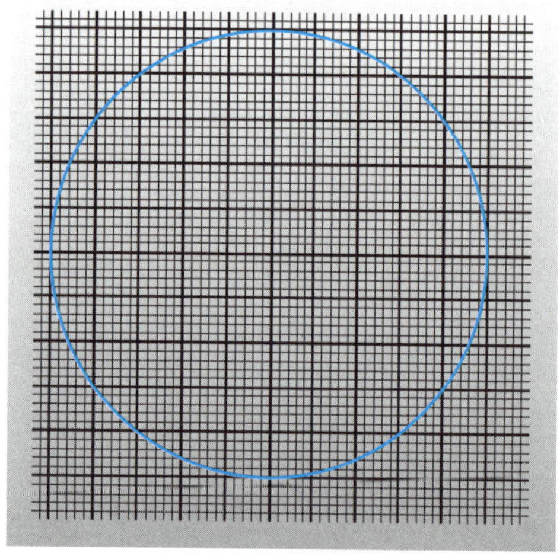

Bild 5.53

Mit noch feinerer Unterteilung ließe sich diese Zahl immer genauer gewinnen. Man erhält: $k = 3{,}14\ldots$

Diese Konstante trägt den Namen Kreiszahl und wird mit dem griechischen Buchstaben π bezeichnet. π besitzt eine unendliche, nie periodisch werdende Ziffernfolge nach dem Komma und ist demzufolge nicht als Bruch darstellbar.

S

Auf ähnliche Weise erhält man $k_1 = 2\pi$. Damit gilt:
Der Umfang eines Kreises ist $U = 2\pi r$.
Die Fläche eines Kreises ist $F = \pi r^2$.

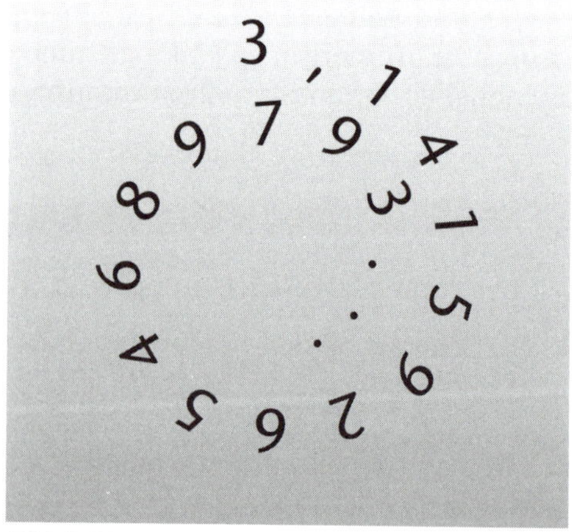

Bild 5.54

Der lange Weg zu π

Die Suche nach dem Zusammenhang zwischen Radius und Fläche bzw. Umfang des Kreises ist vermutlich so alt wie die Geschichte der Geometrie.

Schon von den Babyloniern sind Angaben dazu bekannt; allerdings rechneten sie meist mit dem stark gerundeten Wert $\pi = 3$. Die Ägypter kamen dem wahren Wert sehr viel näher: Sie benutzten $\frac{\pi}{4} \approx \frac{8}{9}$ dies entspricht in Dezimaldarstellung $\pi \approx 3{,}1605$. Archimedes (um 300 n. Chr.) schließlich entwickelte ein Verfahren, bei dem der Kreis durch ein- und umbeschriebene Vielecke angenähert wurde. Geht man beispielsweise von einem Quadrat aus, so erhält man mit Hilfe der Mittelsenkrechten (siehe Grundkonstruktionen, Seite 338) daraus ein 8-Eck, aus diesem ein 16-Eck, dann ein 32-Eck usw. Mit steigender Eckenzahl n werden die Kanten immer kürzer, und die Form des vielecks nähert sich – zumindest optisch – der des Kreises. In der Grenze, das heißt für ein „Unendlich-Eck", ist der Kreis erreicht.

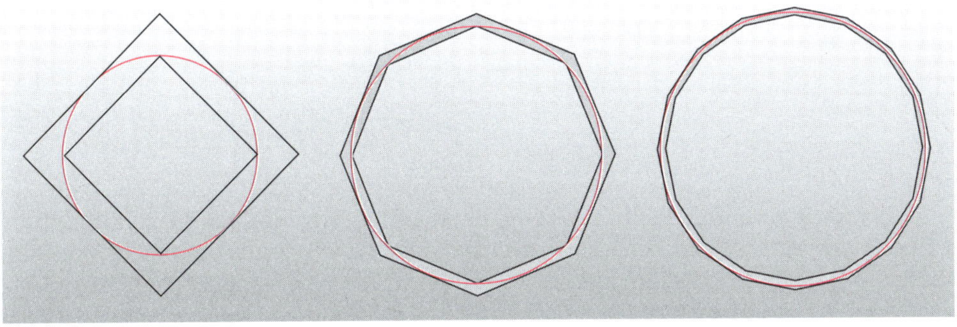

Bild 5.55 Der Kreis mit ein- und umbeschriebenem 4-, 8- und 16-Eck

Für die einbeschriebenen Vielecke ergibt sich folgende Rechnung, mit der sich schließlich die Seitenlänge des 2n-Ecks aus derjenigen des n-Ecks bestimmen läßt (siehe Bild 5.56):

$$\left(\frac{s_n}{2}\right)^2 + h_n^{\,2} = r^2;\ r = h_n + h_n^* \Rightarrow h_n^* = r - h_n = r - \sqrt{r^2 - \left(\frac{s_n}{2}\right)^2}$$

$$\left(\frac{s_n}{2}\right)^2 + (h_n^*)^2 = s_{2n}^{\,2} \Rightarrow s_{2n} = \sqrt{\left(\frac{s_n}{2}\right)^2 + \left(r - \sqrt{r^2 - \left(\frac{s_n}{2}\right)^2}\right)^2}$$

sowie nach einigen Umformungen: $s_{2n} = \sqrt{2r^2 - r \cdot \sqrt{4r^2 - s_n^2}}$.

Den Umfang des n-Ecks erhält man durch $U_n = n \cdot s_n$, und daraus $2\,\pi \approx \frac{U_n}{r} \Leftrightarrow \pi \approx \frac{U_n}{d}$.

Zur Vereinfachung der Rechnung benutzt man in der Regel sogenannte „Einheitskreise" (das sind solche mit r = 1). Dann vereinfacht sich die Formel zu $s_{2n} = \sqrt{2 - \sqrt{4 - s_n^2}}$.

Leider führt dies im Rechner wegen der Rundungsfehler zu Problemen (s_n wird sehr rasch zu Null abgerundet). Deshalb weicht man auf diese zunächst komplizierter anmutende Formel aus:

$$s_{2n} = \frac{s_n}{\sqrt{2 + \sqrt{4 - s_n^2}}} \quad (\text{und damit } 2\,\pi \approx n \cdot s_n).$$

Sie liefert bei achtstelliger Gesamtanzeige ab einer Eckenzahl von n = 65536 den konstanten Wert $2\,\pi = 6{,}2831853$; also $\pi = 3{,}14159265$.

Weniger komplizierte Formeln erhält man bei Verwendung von Winkelfunktionen (siehe Seite 447). Zerlegt man nämlich jedes n-Eck in n gleiche und gleichschenklige Dreiecke, diese wiederum mit Hilfe der Höhen in 2n gleiche rechtwinklige Dreiecke mit dem Zentriwinkel $\varepsilon = \left(\frac{360^\circ}{2n}\right)$, so erhält man:

$$s_n = 2r \cdot \sin \varepsilon = 2r \cdot \sin \left(\frac{180^\circ}{n}\right),$$

bzw. für r = 1 $\quad s_n = 2 \sin \left(\frac{180^\circ}{n}\right)$.

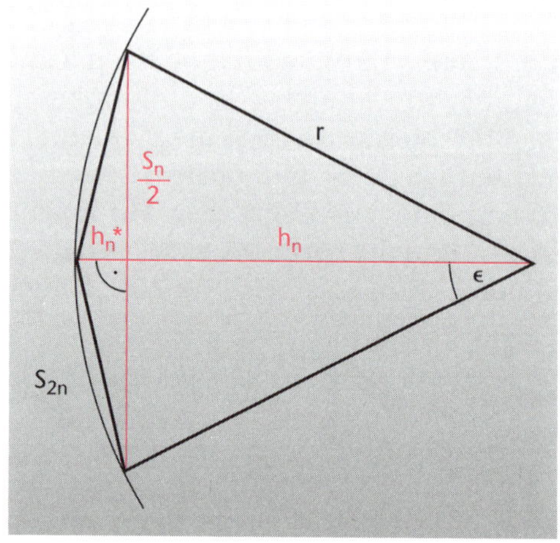

Bild 5.56

Schon nach nur fünf Rechendurchgängen mit einem einfachen Schultaschenrechner mit nur einem Speicher erhält man bei Verwendung der Tastenfolge 180 <STO> <:> (Eckenzahl n) <=> <SIN> <x> (Eckenzahl n) <=> <RCL> <:> (2n) usw.
$\pi = 3{,}1412773$.

Archimedes selbst, dem Wurzelrechnung und Winkelfunktionen noch fremd waren, hatte die Ungleichung $3\frac{10}{71} < \pi < 3\frac{1}{7}$ erhalten.

Ludolph van Ceulen (1540–1610) bestimmte π im Jahr 1596 auf 32 Stellen, und noch weitere bekannte Mathematiker (z. B. Willebrord Snellius und Christian Huygens) setzten ihren Ehrgeiz darein, π immer genauer zu bestimmen.

Mit der Entwicklung der Infinitesimalrechnung und der Theorie der unendlichen Reihen (siehe Seite 517) gelangen weitere Fortschritte. Gottfried Wilhelm Leibniz (1646–1716) entwickelte 1673 eine unendliche Reihe zur Bestimmung von arctan x und erhielt dadurch die Möglichkeit, den Wert von π (prinzipiell) beliebig genau zu bestimmen.

Die Bezeichnung π verwendete zuerst Leonhard Euler (1707–1783) 1739, knapp 30 Jahre später zeigte Johann Heinrich Lambert (1728–1777), daß π eine irrationale Zahl ist. Daß π zur Spezialgruppe der transzendenten Zahlen gehört, konnte Ferdinand von Lindemann (1852–1939) 1882 nachweisen.

Mit Hilfe von Supercomputern der Firma Cray wurde π inzwischen auf mehr als 12 Millionen Stellen genau bestimmt.

5.4.2 Kreisringe

EINFÜHRUNGSBEISPIEL

Es ist ein gleichseitiges Dreieck mit der Seitenlänge a = 5 cm und dazu der In- und Umkreis gegeben. Wie groß ist die Differenzfläche dieser beiden Kreise?

Lösung: Im gleichseitigen Dreieck liegen die Seitenhalbierenden auf den Mittelsenkrechten und sind gleich lang:
$m = 0{,}5 \cdot a \cdot \sqrt{3} \approx 4{,}33$ cm. Der Umkreisradius ist dann $\frac{2}{3} \cdot m = 2{,}89$ cm. Damit ist die Umkreisfläche
$F_{Umkreis} = \pi \cdot r^2_{Umkreis} = 26{,}18\ cm^2$.
Der Inkreisradius ist $\frac{1}{3} \cdot m = 1{,}44$ cm. Dann ist die Inkreisfläche $6{,}54\ cm^2$.
Damit ergibt sich die Differenz
$F_{Umkreis} - F_{Inkreis} = 19{,}64\ cm^2$.

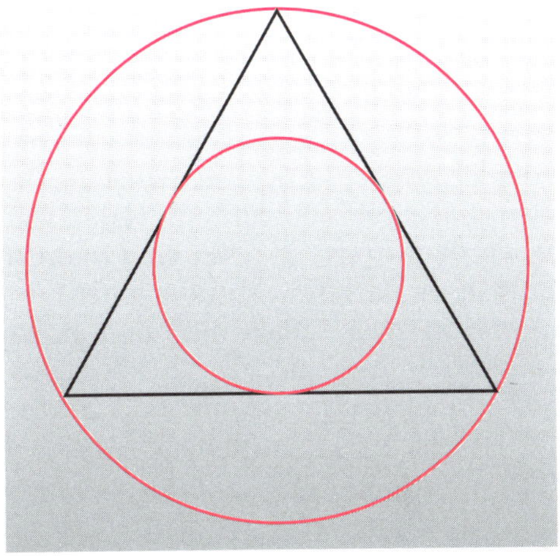

Bild 5.57

Dieses Beispiel läßt sich folgendermaßen verallgemeinern:

D

Die Differenzfläche zweier ineinanderliegender konzentrischer Kreise heißt *Kreisring*.

S

Seine Fläche ist $F_{KR} = \pi R^2 - \pi r^2 = \pi (R^2 - r^2) = \pi (R + r)(R - r)$, wenn R der Radius des äußeren und r der Radius des inneren Kreises ist.

Fallen die Mittelpunkte von In- und Umkreis nicht zusammen, heißen die Kreise ***exzentrisch.*** Ihre Differenzfläche läßt sich dennoch nach der obigen Formel bestimmen, solange die Kreise vollständig ineinanderliegen, da sie durch eine Verschiebung zu konzentrischen Kreisen gemacht werden können.

Überdecken sich die Kreise nur teilweise, entsteht als Differenzfläche kein Kreisring mehr. Mit Hilfe der Trigonometrie (siehe Seite 444) und der Formeln für Kreisab- und -ausschnitte (siehe Seite 390) ist die Lösung derartiger Probleme dennoch möglich.

5.4.3 Kreisausschnitte und -abschnitte

Schneidet eine Gerade g einen Kreis in zwei Punkten A und B, so entstehen ***Kreisabschnitte*** oder ***Segmente***. Die Gerade g heißt dann ***Sekante*** (lateinisch: sequi = schneiden), ihr innerhalb des Kreises verlaufendes Teilstück $\overline{AB}$ nennt man ***Sehne***. Berührt die Gerade den Kreis lediglich, so nennt man sie ***Tangente*** (lateinisch: tangere = berühren); verläuft sie neben dem Kreis, so heißt sie ***Passante*** (lateinisch: passare = vorübergehen).

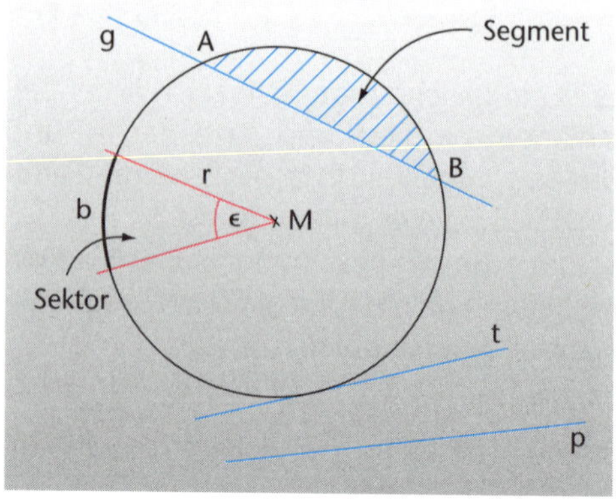

Bild 5.58

Ein von zwei Radiuslinien und einem Teil der Kreislinie begrenztes Stück der Kreisfläche heißt ***Kreisausschnitt*** oder ***Sektor***.

Sektorfläche F_{Sektor} und Bogenstück b desselben Kreises änden sich also proportional zum Mittelpunktswinkel ε. Damit ergibt sich: $\frac{\varepsilon}{360^\circ} = \frac{F_{Sektor}}{F_o} = \frac{b}{U}$.

Aus dem rechten Teil der Doppelgleichung folgt: Die Bogenlänge b eines Kreisausschnitts ist

$$b = \frac{U \cdot \varepsilon}{360^\circ} = \frac{2\pi r}{360^\circ} \cdot \varepsilon = \frac{\pi r}{180^\circ} \cdot \varepsilon.$$

Aus dem linken Teil wiederum ergibt sich: Die Fläche eines Kreisausschnitts oder Sektors ist $F_{Sektor} = \frac{F_o \cdot \varepsilon}{360^\circ} = \frac{\pi r^2}{360^\circ} \cdot \varepsilon$

Durch Einsetzen von

$$\frac{b}{2} = \frac{\pi r}{360^\circ} \cdot \varepsilon \text{ ergibt sich: } F_{Sektor} = \frac{b \cdot r}{2}.$$

Die Fläche eines Segments berechnet man, indem man von der zugrunde liegenden Sektorfläche die Dreiecksfläche abzieht. Man erhält, wenn h die Höhe des Segments und s die Länge der Sehne ist, $F_{Segment} = F_{Sektor} - F_\triangle = \frac{b \cdot r}{2} - \frac{s(r-h)}{2}$,

oder mit Hilfe der Trigonometrie (siehe Seite 444) und $F\triangle = \frac{r^2 \sin(\varepsilon)}{2}$:

$$F_{Segment} = \frac{\pi r^2 \varepsilon}{360^\circ} - \frac{r^2 \sin(\varepsilon)}{2} = \frac{r^2}{2}\left(\frac{\pi\varepsilon}{180^\circ} - \sin(\varepsilon)\right).$$

In der Praxis hat sich für die Segmentfläche der Näherungswert

$$F_{Segment} = \frac{2}{3}\, sh$$

als brauchbar erwiesen.

BEISPIELE

1. Wie groß sind die Segmente, die entstehen, wenn man um ein reguläres Achteck den Umkreis zeichnet (r = 1 m)?

a) Die Berechnung mit Hilfe der Dreiecks-Flächenformel gestaltet sich etwas mühsam, da s und (r – h) nur auf Umwegen zu beschaffen sind.

Wir gehen vom Quadrat aus und bestimmen mit dem Satz von Pythagoras dessen Seitenlänge (gleichzeitig die gesuchte Sehne) s, die auf der Mittelsenkrechten liegende Strecke m, die Achteckkante s* und schließlich die Segmenthöhe h. Wir erhalten:

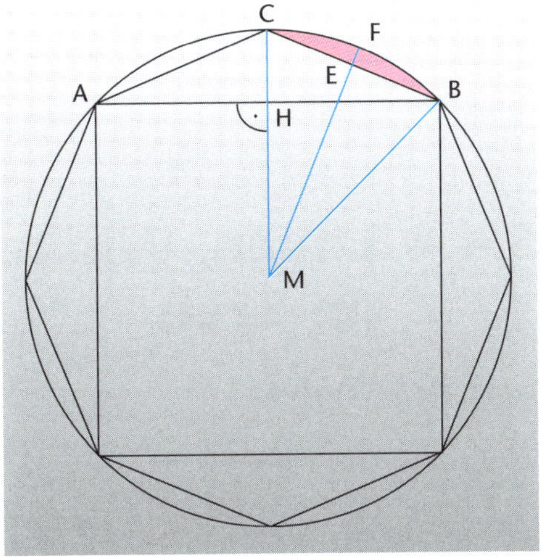

Bild 5.59

$s = \sqrt{2} \cdot 1 = 1{,}414$ m,

$m = \frac{s}{2} = 0{,}707$ m,

$s^* = \sqrt{(1 - 0{,}707)^2 + 0{,}707^2} = 0{,}765$ m,

$h = 1 - \sqrt{1 - (0{,}765 : 2)^2} = 0{,}076$ m.

Aus $\varepsilon = 45°$ folgt b = 0,785 m und damit

$F_{Segment} = 0{,}5 \cdot (0{,}785 \cdot 1 - 0{,}785 \cdot (1 - 0{,}076)) = 0{,}039\ m^2$.

b) Die trigonometrische Variante dagegen liefert sofort:

$F_{Segment} = \pi \cdot 1 \cdot 45 : 360 - 0{,}5 \cdot \sin(45°) = 0{,}039\ m^2$.

c) Die Näherung liefert auf drei Nachkommastellen denselben Wert:

$F_{Segment} = \frac{2}{3} s^*h = 0{,}039\ m^2$

(wenn man s und h kennt; siehe oben).

2. Die Mittelpunkte zweier Kreise mit den Radien R = 5 cm und r = 3 cm haben den Abstand d = 7 cm voneinander. Wie groß ist die Schnittfäche? Mit Hilfe des Kosinussatzes (siehe Seite 460) erhalten wir

$r^2 = R^2 + d^2 - 2\,R\,d \cos\alpha$

$\Rightarrow \alpha = \arccos\left(\frac{R^2 + d^2 - r^2}{2\,R\,d}\right) = 21{,}79°$,

und wegen $\varepsilon = 2\alpha$ ergibt sich

$F_{Segment} = \frac{\pi R^2 \varepsilon}{360°} - \frac{R^2 \sin\varepsilon}{2} = 0{,}89\ cm^2$

für das Segment des großen Kreises.

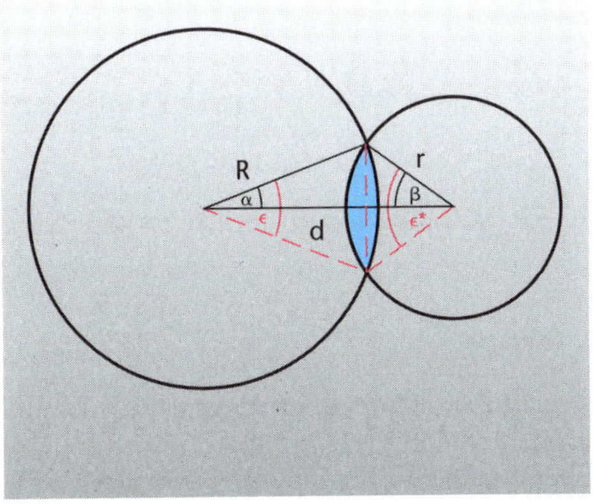

Bild 5.60

Analog erhalten wir $\beta = \arccos\left(\frac{d^2 + r^2 - R^2}{2\,r\,d}\right) = 38{,}21^\circ$ und mit $\varepsilon^* = 2\beta$ für das Segment des kleinen Kreises $f_{Segment} = \frac{\pi r^2 \varepsilon^*}{360^\circ} - \frac{r^2 \sin \varepsilon^*}{2} = 1{,}63\ \text{cm}^2$.

Die Schnittfläche ist die Summe der beiden Segmente:
$F_{Segment} + f_{Segment} = 2{,}52\ \text{cm}^2$.

5.4.4 Linien, Winkel und Figuren im Kreis

Satz des Thales

S

Ein Dreieck ist genau dann rechtwinklig, wenn seine längste Seite den Durchmesser des Umkreises bildet.

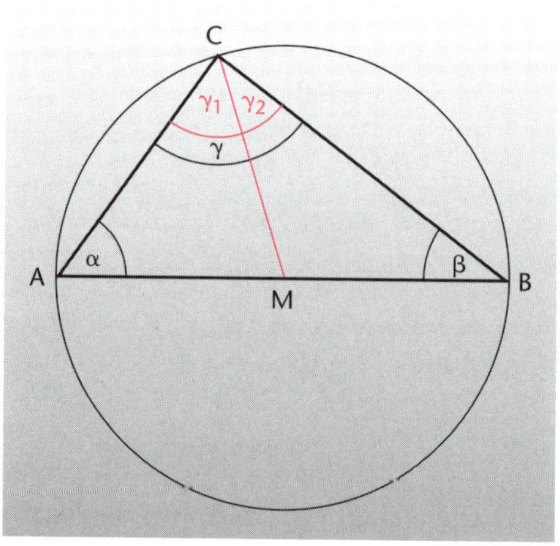

Bild 5.61

Begründung

Die Seitenhalbierende der längsten Seite teilt das Dreieck ABC in zwei gleichschenklige Dreiecke AMC und BCM sowie den Winkel γ in $\gamma_1 = \alpha$ und $\gamma_2 = \beta$. Aus dem Winkelsummensatz ergibt sich: $180^\circ = \gamma + \alpha + \beta = \gamma + \gamma_1 + \gamma_2 = 2\gamma$ und somit $\gamma = 90^\circ$. Die Äquivalenz („genau dann") gilt, weil nur so der Winkelsummensatz erfüllbar bleibt bzw. weil sich die Mittelsenkrechten im rechtwinkligen Dreieck in der Mitte der Hypotenuse schneiden.

Satz vom Mittelpunktswinkel und Umfangswinkel

S

Ein Mittelpunktswinkel ist doppelt so groß wie jeder zugehörige Umfangswinkel.

Begründung

Durch die Sehne $\overline{AB}$ entstehen die Dreiecke ABM und ABC; letzteres wird durch den Radius $\overline{MC}$ in zwei gleichschenklige Dreiecke zerlegt. Da die Basiswinkel gleich groß sind, ergibt sich in $\triangle ABC$: $2\gamma_1 + 2\gamma_2 + 2\alpha_2 = 2(\gamma_1 + \gamma_2) + 2\alpha_2 = 2\gamma + 2\alpha_2 = 180^\circ$;
in $\triangle ABM$: $2\alpha_2 + \varepsilon = 180^\circ \Rightarrow 2\gamma = \varepsilon$.

Ohne detaillierte Begründung (sie ergibt sich wiederum aus den Winkelsummensätzen für Dreiecke und Vierecke) seien noch folgende Sätze angeführt:

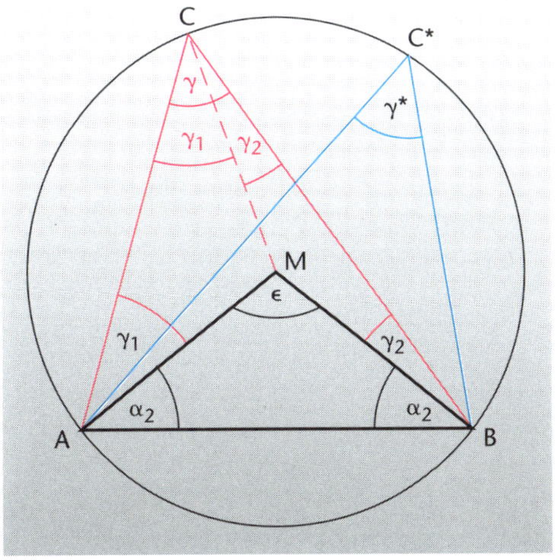

Bild 5.62

Satz über das Sehnenviereck

S

Im Sehnenviereck ergänzen sich die gegenüberliegenden Winkel zu 180°.

Satz vom Tangentenviereck

S

In einem Viereck mit Inkreis (Tangentenviereck) sind die Summen der Längen gegenüberliegender Seiten gleich ($a + c = b + d$).

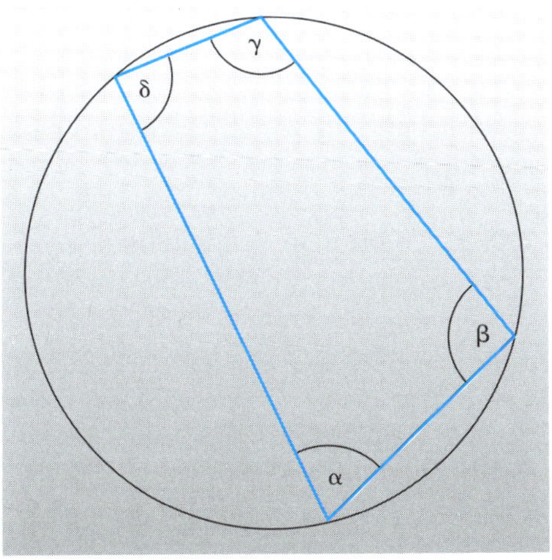

Bild 5.63 $\alpha + \gamma = \beta + \delta = 180^\circ$ (Sehnenviereck)

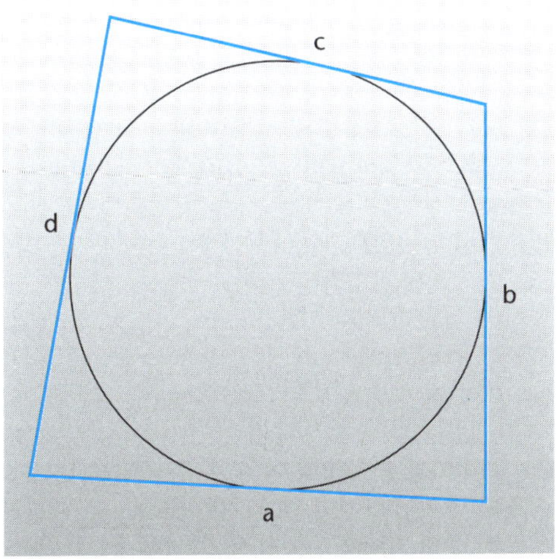

Bild 5.64 $a + c = b + d$ (Tangentenviereck)

Sehnensatz

S Der Schnittpunkt zweier Sehnen im Kreis teilt beide Sehnen so, daß die Produkte der Längen ihrer Abschnitte gleich sind.

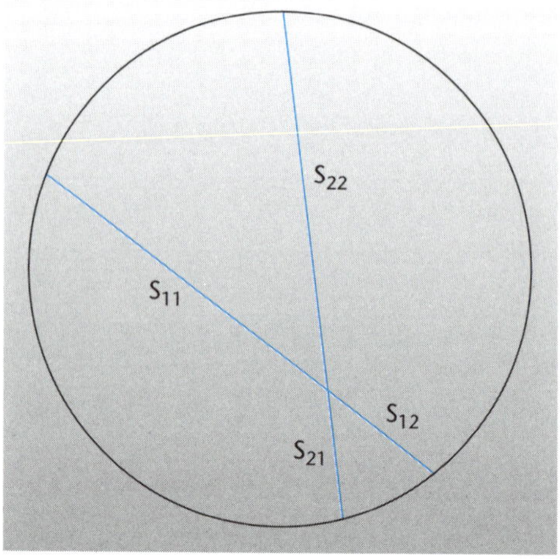

Bild 5.65 $s_{11} \cdot s_{12} = s_{21} \cdot s_{22}$

ÜBUNGEN

42. Berechnen Sie die fehlenden Stücke am Kreis:

	a)	*b)*	*c)*	*d)*	*e)*	*f)*
r	5 cm					1 m
U		25 cm			1 m	
F			80 cm^2	1 m^2		

43. Mammutbäume können sehr groß werden. Welchen Radius hat der Stamm eines solchen Baumes, wenn sein Umfang 5 m beträgt?

44. Wie ändern sich Fläche und Umfang des Kreises, wenn man den Radius
a) verdoppelt,
b) verdreifacht,
c) vervierfacht,
d) ver-n-facht?

45. In einer Pizzeria wird Pizza Margherita in drei Größen angeboten:
a) Piccola mit d = 20 cm für 8,50 DM,
b) Normale mit d = 25 cm für 11,– DM,
c) Grande mit d = 30 cm für 14,– DM.
Welche ist relativ am billigsten?

46. Die Erde hat am Äquator einen Radius von 6378 km. Wie groß ist dort ihr Umfang?

47. Die Bahn, auf der die Erde innerhalb eines Jahres einmal die Sonne umläuft, ist nahezu kreisförmig. Ihr Bahnradius ist rund 150 Millionen km.
a) Wie lang ist die gesamte Umlaufbahn?
b) Mit welcher Durchschnittsgeschwindigkeit bewegt sich die Erde auf dieser Bahn?

48. Geostationäre Satelliten stehen stets über demselben Punkt der Erdoberfläche. Aus physikalischen Gründen ist das nur am Äquator und in einer Höhe von ca. 36 000 km über der Erdoberfläche möglich. Wie groß ist ihre Geschwindigkeit (Erdradius 6378 km)?

49. Welche Zeit braucht das Rad einer D-Zug-Lokomotive für eine Umdrehung, wenn ihre Geschwindigkeit 108 km/h und der Raddurchmesser 1 m ist?

50. Für eine runde Tischdecke von 1,20 m Durchmesser wird 1,20 m Stoff gekauft, der 1,40 m breit liegt. Wieviel Abfall entsteht absolut und prozentual?

51. Beim VW Käfer wird die Lichtmaschine durch einen Treibriemen in Rotation versetzt, der von der Riemenscheibe an der Kurbelwelle zur Scheibe an der Lichtmaschine führt. Wie schnell dreht sich der Rotor der Lichtmaschine, wenn der Motor mit Leerlaufdrehzahl (ca. 850 U/min) läuft und die Riemenscheibe an der Kurbelwelle einen Durchmesser von 147,5 mm, die Riemenscheibe an der Lichtmaschine den Durchmesser 105 mm hat?

52. Wie groß ist der Radius eines Kreises, der denselben Flächeninhalt hat wie
a) ein Quadrat der Seitenlänge 10 cm,
b) eine Raute mit den Diagonalen 6 cm und 14 cm,
c) ein gleichseitiges Dreieck mit der Seitenlänge 15 cm,
d) ein symmetrisches Trapez mit den Seitenlängen
$a = 10$ cm; $b = d = 5$ cm und $c = 4$ cm?

53. Zeigen Sie, daß das Dreieck dieselbe Fläche besitzt wie die beiden „Monde des Hippokrates" (griechischer Mathematiker, um 440 v. Chr.).

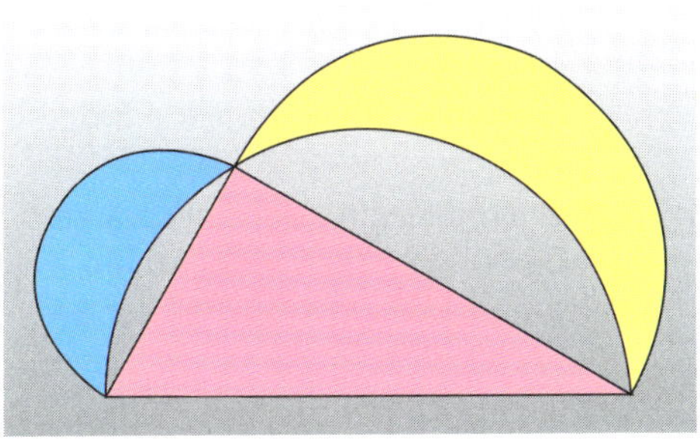

Bild 5.66

54. Zeigen Sie, daß das Quadrat dieselbe Fläche besitzt wie die „Sicheln des Archimedes“ (287–212 v. Chr.).

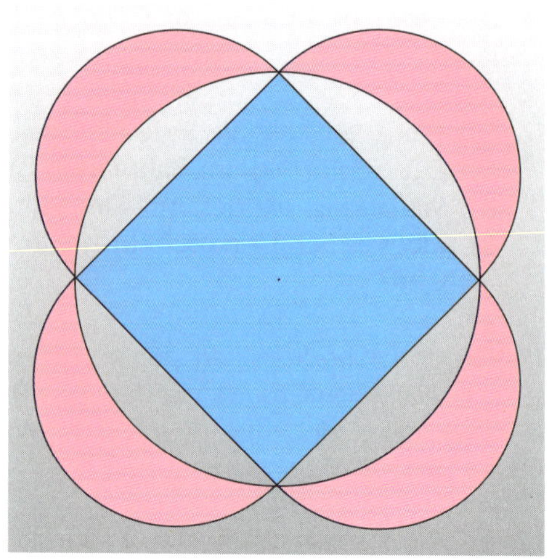

Bild 5.67

55. Zeigen Sie:

a) Die Fläche der beiden einbeschriebenen Kreise ist jeweils halb so groß wie die Fläche des (für sie) äußeren Kreises.

b) Die Summen der Umfänge der Kreise mit gleichem Radius sind immer gleich groß.

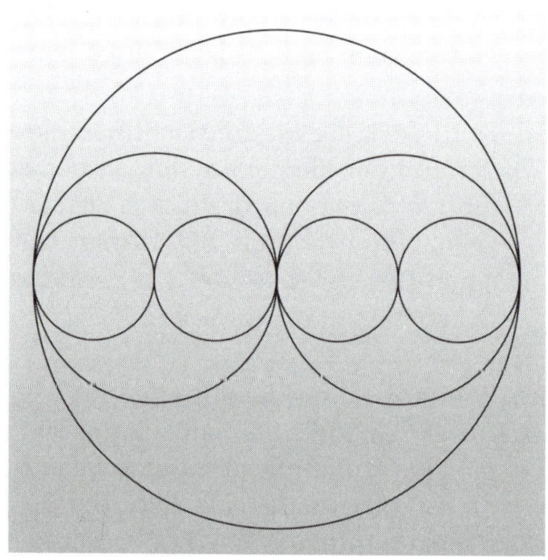

Bild 5.68

56. Um die Erde wird am Äquator ein Seil gespannt, das 1 m länger ist als der Äquatorumfang (40074,156 km). Könnte eine Maus durch den entstehenden Spalt schlüpfen, wenn der Abstand Seil – Erde überall gleich sein soll?

57. Mit einem Bleistift der Minenstärke 0,5 mm wird ein Kreis gezeichnet, der – gemessen bis zur Mitte der Bleistiftlinie – einen Radius von 5 cm besitzt. Die Bleistiftlinie selbst ist dann ein Kreisring der Breite 0,5 mm. Wie groß ist dessen Fläche?

58. Um einen Kreis mit dem Radius 5 cm wird ein zweiter konzentrischer Kreis so gezogen, daß die entstehende Kreisringfläche doppelt so groß wie die Fläche des Innenkreises wird. Wie groß ist dann der Radius des äußeren Kreises?

59. Wie weit sind die Galapagosinseln (90° westliche Länge) und die Amazonasmündung (50° westliche Länge), die beide genau auf dem Äquator liegen, voneinander entfernt (Äquatorumfang: 40074,156 km, Einteilung in 360 Längengrade)?

60. Welcher Mittelpunktswinkel gehört zu dem Bogen, der ***a)*** genauso groß, ***b)*** doppelt so groß, ***c)*** halb so groß ist wie der Radius?

61. Berechnen Sie die fehlenden Stücke der folgenden Kreisausschnitte:

	a)	*b)*	*c)*	*d)*	*e)*	*f)*
r	5 cm	50 cm	4 dm			
b		1 m		2 cm	15 cm	
ε	120°			25°		72°
F			10 cm²		2,5 dm²	200 m²

62. Wie groß ist der Bogen, der zur (Grund-)Seite eines regelmäßigen
a) Dreiecks,
b) Vierecks,
c) Fünfecks,
d) Sechsecks gehört, das einem Kreis mit dem Radius 5 cm einbeschrieben ist?
Wie groß sind die entstehenden Sektorflächen und Segmentflächen?

63. Wieviel Prozent des Flächeninhalts des großen Kreises füllen die kleinen Kreise insgesamt aus?

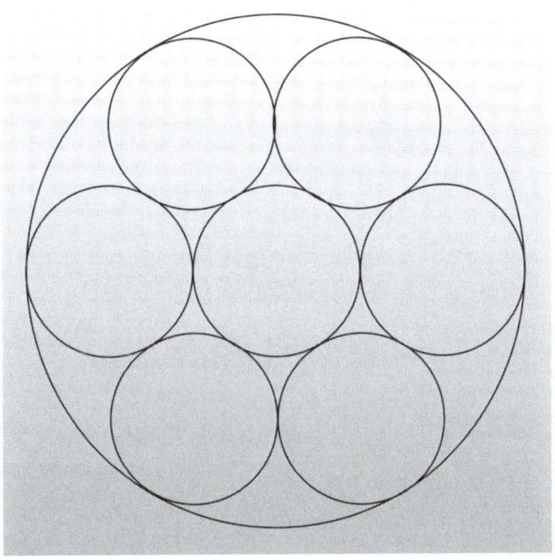

Bild 5.69

64. Die Mittelpunkte zweier Kreise mit r_1 = 6 cm und r_2 = 4 cm haben den Abstand d = 9 cm. Wie groß ist die Schnittfläche der beiden Kreise?

5.5 Ellipsen

5.5.1 Konstruktion und Eigenschaften

EINFÜHRUNGSBEISPIEL

Lange nahm man an, daß sich die Planeten auf Kreisbahnen bewegen (und hatte deshalb jede Menge Ärger mit präzisen Vorausberechnungen). Erst Johannes Kepler (1571–1630) erkannte, daß die Bahnen nicht ganz rund sind und die Sonne auch nicht im Bahnmittelpunkt steht.

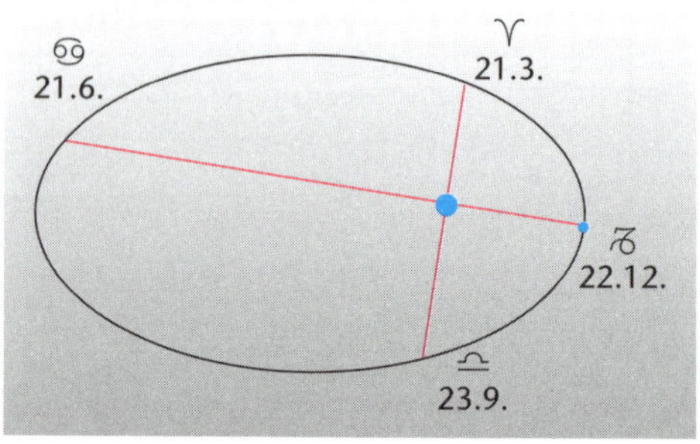

Bild 5.70

D

Die Menge aller Punkte, bei denen die Summe der Entfernungen von zwei festen Punkten F_1 und F_2 (den sogenannten Brennpunkten) konstankt ist, heißt Ellipse.

Diese Definition beschreibt die Ellipsenlinie, den „Rand" der Ellipsenfläche. Analog zum Kreis erhält man die Fläche als Menge aller Punkte P, für die $|PF_1| + |PF_2| \leq k$ ist.

Es gelten folgende Bezeichnungen für die Punkte P auf dem Rand:

1. Die Abstände $|PF_1| = r_1$ und $|PF_2| = r_2$ heißen ***Brennstrahlen.***

2. M als Mittelpunkt von $\overline{F_1F_2}$ heißt ***Mittelpunkt*** der Ellipse.

3. a heißt ***große Halbachse,*** b ***kleine Halbachse.***
Es gilt: $r_1 + r_2 = 2a$; $a^2 - b^2 = e^2$.

4. $e = \frac{|F_1F_2|}{2}$ heißt ***lineare Exzentrizität,*** $\varepsilon = \frac{e}{a}$ heißt ***numerische Exzentrizität.***

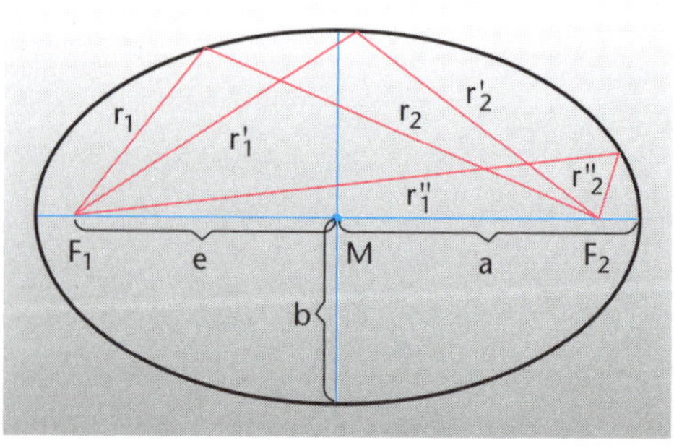

Bild 5.71

Es gibt zwei Möglichkeiten, eine Ellipse zu zeichnen:

1. Zwei Stecknadeln oder Reißzwecken werden an den Enden eines Fadens der Länge 2a angebunden und im Abstand 2e festgesteckt. Mit dem Bleistift strafft man anschließend den Faden und zieht eine Linie um die fixierten Enden. Dieses Verfahren bezeichnet man als „Gärtnerkonstruktion der Ellipse".

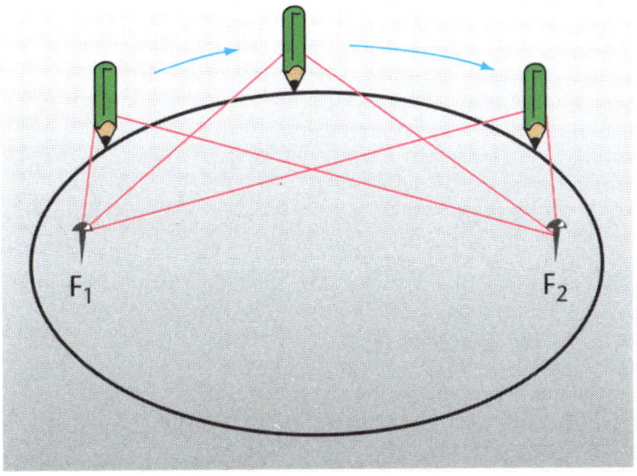

Bild 5.72

2. Man zeichnet zwei konzentrische Kreise mit den Radien a und b. Jeder vom gemeinsamen Mittelpunkt M ausgehende Strahl schneidet den inneren Kreis in P_b und den äußeren Kreis in P_a. Zieht man nun eine Waagrechte durch P_b und eine Senkrechte durch P_a, so ist der Schnittpunkt dieser beiden Geraden ein Punkt der Ellipse.

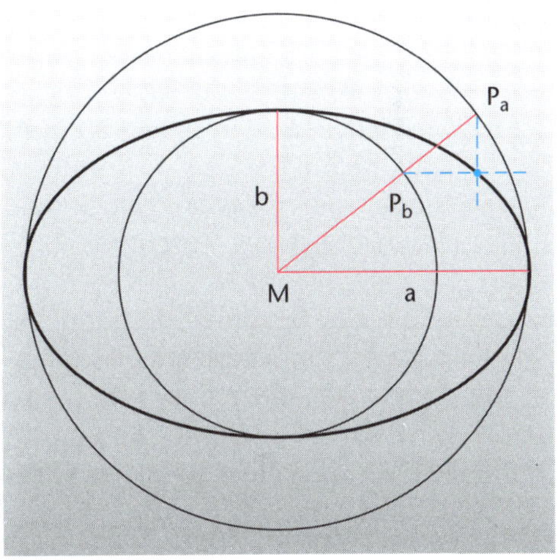

Bild 5.73

S

Da die Ellipse als Bild eines Kreises aufgefaßt werden kann, der in einer Richtung mit dem Faktor $\frac{b}{a}$ gestaucht wurde, ergibt sich für die Fläche: $F = \pi ab$.

Die exakte Berechnung des Ellipsenumfangs ist kompliziert. Näherungsweise gilt:

$U \approx \pi\,(1{,}5 \cdot (a + b) - \sqrt{ab})$.

Dies vereinfacht sich für beinahe kreisförmige Ellipsen ($a \approx b$) zu:

$U \approx \pi\,\sqrt{2(a^2 + b^2)}$.

Beide Formeln gehen für $a = b = r$, also den Spezialfall des Kreises, auch wieder in die Formel für den Kreisumfang über:

$U = \pi\,(1{,}5 \cdot (a + a) - \sqrt{a^2}) = \pi\,(3a - a) = 2\pi a = 2\pi r$

und $U = \pi\,\sqrt{2(a^2 + a^2)} = \pi\,\sqrt{4a^2} = 2\pi a = 2\pi r$.

BEISPIEL

Die Erde bewegt sich auf einer Ellipsenbahn mit $a = 152{,}1$ Millionen km und $b = 147{,}1$ Millionen km. Wie groß sind Umfang und Fläche der Ellipse (näherungsweise)?
$r_1 + r_2 = 2a \Leftrightarrow a = 149{,}6$ Millionen km
$b^2 = a^2 - e^2 = (a + e)(a - e) = 152{,}1 \cdot 10^6 \cdot 147{,}1 \cdot 10^6\ \text{km}^2 \Rightarrow b = 149{,}58 \cdot 10^6$ km
Weil die Erdbahn angenähert kreisförmig ist, ergibt sich der Umfang
$U \approx \pi \sqrt{2(a^2 + b^2)} = 939{,}9 \cdot 10^6$ km; die Fläche $F = \pi ab = 7{,}03 \cdot 10^{16}\,\text{km}^2$.

ÜBUNGEN

65. Welchen Umfang und Flächeninhalt haben die folgenden Ellipsen?
   a) $a = 50$ cm; $b = 25$ cm
   b) $a = 1$ m; $e = 1$ cm
   c) $r_1 = 10$ cm; $r_2 = 5$ cm; $\sphericalangle (r_1;r_2) = 90^\circ$

66. Dagobert Duck kauft sich einen elliptischen Konferenztisch mit $a = 1$ m; $b = 95$ cm.
   a) Wie groß sind seine Fläche und sein Umfang?
   b) Wie viele Personen haben an ihm Platz, wenn man pro Person ca. 75 cm Tischlänge rechnet?
   c) Wieviel muß Dagobert Duck (leider!) bezahlen, wenn der Quadratmeter Holz einschließlich des Zuschnitts 250 Taler kostet?

67. Venus hat eine Beinahe-Kreisbahn, Pluto die am stärksten elliptische Bahn der Planeten unseres Sonnensystems. Es gilt:
   a) Venus $a = 108{,}2 \cdot 10^6$ km; $\varepsilon = 0{,}007$
   b) Pluto $a = 5899{,}9 \cdot 10^6$ km; $\varepsilon = 0{,}25$
   Berechnen Sie jeweils b, U und F.

68. Wie groß muß die kleine Halbachse b_2 der kleineren Ellipse sein, wenn bei zwei ineinanderliegenden Ellipsen $a_1 = a_2 = 1$ m und $b_1 = 80$ cm ist und die Fläche der inneren Ellipse genauso groß sein soll wie der überstehende Rand der äußeren Ellipse?

LÖSUNGEN

1. *a)* ja
b) nein, denn $|a| + |b| < |c|$
c) – g) ja
h) nein, denn $\alpha + \beta + \gamma = 170^\circ$

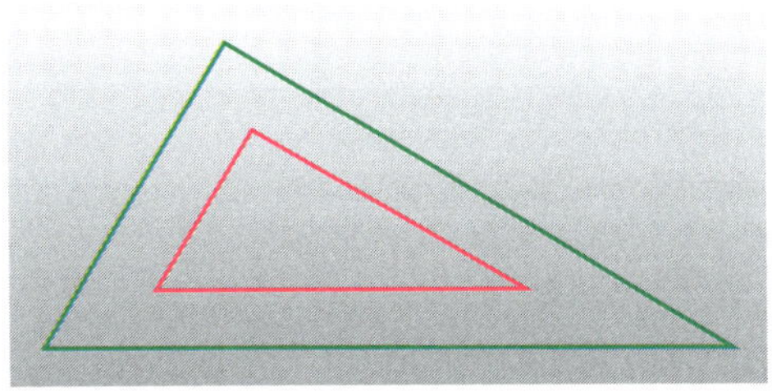

Bild 5.75

2. Bei 1. d) sind zwei verschiedene Dreiecke möglich, da der Winkel der kleineren Seite gegenüberliegt. Bei 1. g) ist die Größe des Dreiecks durch die Winkelangaben nicht festgelegt.

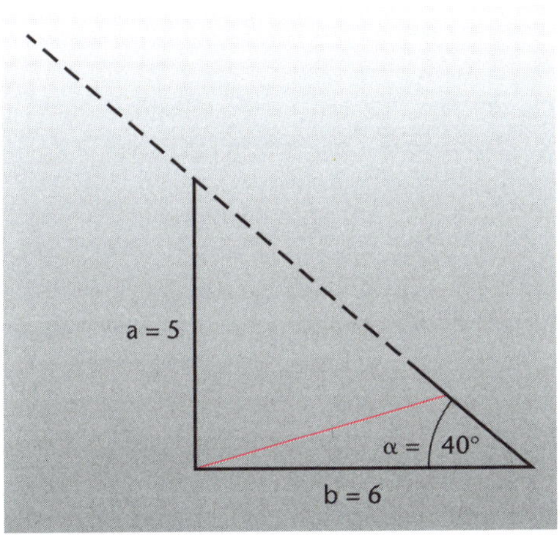

Bild 5.74

3. *a)* 36 cm^2
b) 35 cm^2
c) 6,9 cm^2

4. *a)* 3,5 cm^2
b) 28 mm
c) 50 m
d) 60 dm^2
e) 3,6 cm

5. $\frac{a \cdot h_a}{2} = \frac{b \cdot h_b}{2}$

$\Leftrightarrow \frac{a}{b} = \frac{h_b}{h_a}; \quad \frac{b \cdot h_b}{2} = \frac{c \cdot h_c}{2}$

$\Leftrightarrow \frac{b}{c} = \frac{h_c}{h_b}; \quad \frac{a \cdot h_a}{2} = \frac{c \cdot h_c}{2}$

$\Leftrightarrow \frac{a}{c} = \frac{h_c}{h_a}$

6. (1) $(2n + 1)^2 + (2n^2 + 2n)^2 \stackrel{!}{=} (2n^2 + 2n + 1)^2$

$4n^2 + 4n + 1 + 4n^4 + 8n^3 + 4n^2 = 4n^4 + 4n^3 + 2n^2 + 4n^3 + 4n^2 + 2n + 2n^2 + 2n + 1$

$4n^4 + 8n^3 + 8n^2 + 4n + 1 = 4n^4 + 8n^3 + 8n^2 + 4n + 1$

(2) $(2nm)^2 + (n^2 - m^2)^2 \stackrel{!}{=} (n^2 + m^2)^2$

$4n^2m^2 + n^4 + m^4 - 2n^2m^2 = n^4 + m^4 + 2n^2m^2$

7. *a)* $b = 3;\ p = \frac{16}{5};\ q = \frac{9}{5};\ h = \frac{12}{5}$
b) $h = \sqrt{6};\ b = \sqrt{10};\ a = \sqrt{15};\ c = 5$
c) $q = 12;\ p = \frac{25}{12};\ c = \frac{169}{12};\ a = \frac{65}{12}$
d) $c = 9;\ p = 5;\ h = \sqrt{20};\ a = \sqrt{45}$

8.

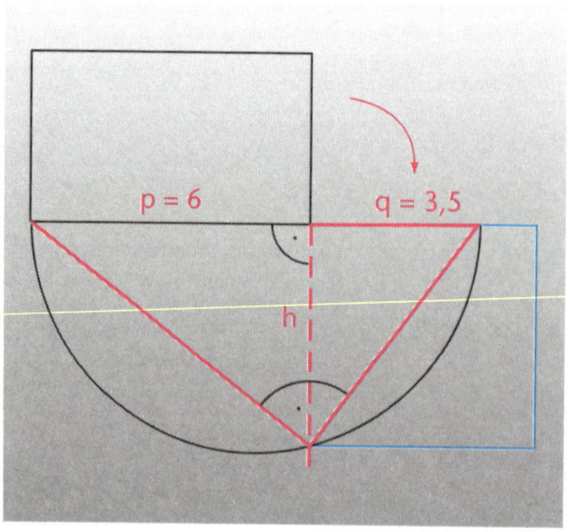

Bild 5.76

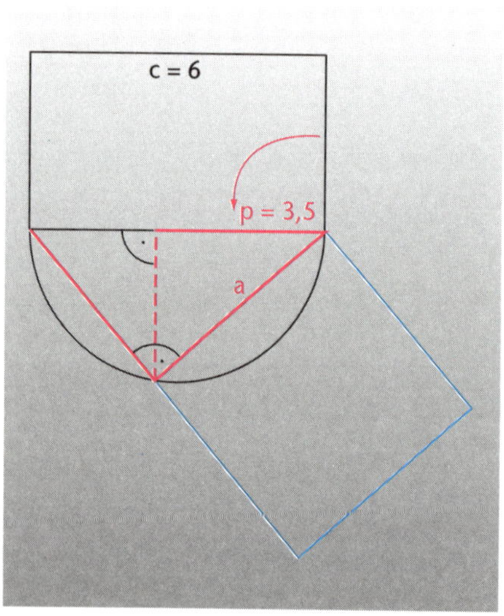

Bild 5.77

9. (Bild 5.24): $(a - b)^2 = c^2 - 4\ \frac{a \cdot b}{2}$

$\Leftrightarrow a^2 + b^2 - 2ab = c^2 - 2ab$
$\Leftrightarrow a^2 + b^2 = c^2$

(Bild 5.25): Drehen Sie das untere Dreieck um den linken unteren, das obere Dreieck um den rechten oberen Eckpunkt. Die entstehende Figur setzt sich aus einem großen Quadrat (b^2) und einem kleinen Quadrat (a^2) zusammen und ist mit dem ursprünglichen Quadrat (c^2) flächengleich.

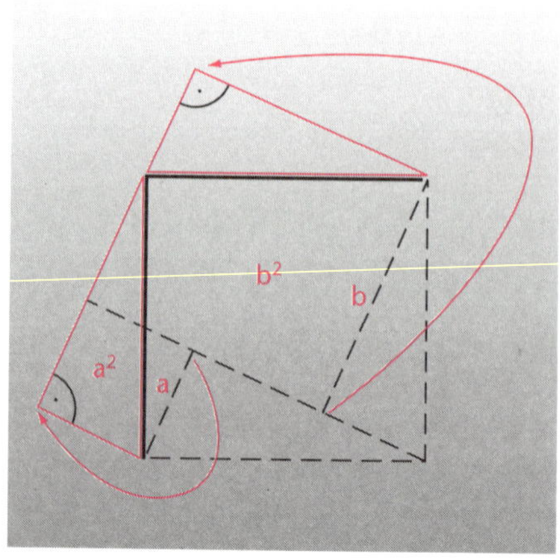

Bild 5.78

10. ***a)*** $h_c = 12$ cm $\Rightarrow F = 60$ cm²
b) $h_b = 8$ cm $\Leftrightarrow F = 120$ cm²

11. $c^2 = \left(\frac{c}{2}\right)^2 + 5^2 \Rightarrow 0{,}75c^2 = 25$

$\Leftrightarrow c = \sqrt{\frac{100}{3}};\ b = \sqrt{\frac{25}{3}}$

12. ***a)*** $25^2 = 24^2 + x^2 \Rightarrow x = 7$
Sein Fußpunkt ist 7 Ellen von der Mauer entfernt.
b) $(h + 1)^2 = h^2 + 5^2$
$\Leftrightarrow h^2 + 2h + 1 = h^2 + 25 \Leftrightarrow h = 12$
Der Teich ist 12 Fuß tief.

13. Luftlinie: $1{,}4 \cdot 50\,000 = 70\,000$ cm
$= 700$ m
$\triangle h = 300$ m $\Rightarrow l = \sqrt{300^2 + 700^2}$
$= 761{,}58$ m
Der Weg ist 761,58 m lang.

14. ***a)*** $l^2 = 4^2 + 3^2 \Rightarrow l = 5$ m. Die Balkenlänge ist $l + 0{,}5 = 5{,}50$ m.
b) $h = \sqrt{8^2 - 6^2} = 5{,}29$ m. Die Giebelhöhe ist 5,29 m.

15. Seitenlänge: $\sqrt{2{,}4^2 + 0{,}7^2} = 2{,}5$ m
Einschließlich des Abschlußplateaus oben muß die Leiter 10 Stufen haben.

16. $h = \sqrt{400^2 - 75^2} = 392{,}9$ cm
$l = h - 50 = 342{,}9$ cm
Die Schaukelseile müssen eine Länge von je rund 3,43 m haben.

17. $a = 90 - 2x \quad 75^2 = 45^2 + h^2 \Rightarrow h = 60$
$x^2 + a^2 = 45^2 \Leftrightarrow x^2 + (90 - 2x)^2 = 45^2$
$x^2 + 8100 + 4x^2 - 360x = 2025$
$5x^2 - 360x + 6075 = 0$
$\Leftrightarrow x^2 - 72x + 1215 = 0$
Die p-q-Formel liefert $x = 27$ ($x < 45$; siehe Bild 5.27). Damit ergibt sich:
$a = 36$.

18. $d_1^2 = 60^2 + 45^2 \Rightarrow d_1 = 75$
$x^2 + y^2 = 45^2$; $x^2 + (d_1 - y)^2 = 60^2$
$\Rightarrow 45^2 - y^2 = 60^2 - (d_1 - y)^2$
$\Rightarrow y = 27$
$\Rightarrow x = 36$
$(d_1 - y)^2 + (d_2 - x)^2 = a^2$;
$d_2^2 - 60^2 = a^2$
$\Rightarrow (75 - 27)^2 + (d_2 - 36)^2 = d_2^2 - 60^2$
$\Rightarrow d_2 = 100 \Rightarrow d_2 - x = 64$
$$A = \frac{(d_2 - x) \cdot y}{2} = 32 \cdot 27 = 864$$

19. Für die Seitenlänge a* ergibt sich:
$a^* = 7{,}07$ cm (allgemein: $a^* = \frac{a}{2}\sqrt{2}$).
Die Fläche ist $a^{*2} = 50$ cm² (allgemein: $0{,}5 \cdot a^2$). Geht man von einem Rechteck aus, so erhält man eine Raute mit $a^{*2} = \frac{a^2}{4} + \frac{b^2}{4}$ und der Fläche
$F = \frac{a \cdot b}{2}$.

20.

	a)	b)	c)	d)	e)	f)
a	6 cm	20 cm	5 cm	30 cm	10 cm	20 cm
b	3 cm	55 cm	6 cm	4 dm	40 cm	10 cm
U	18 cm	1,5 m	22 cm	14 dm	1 m	60 cm
F	18 cm²	11 dm²	30 cm²	12 dm²	400 cm²	2 dm²

21. $2(a + b) = 40 \Leftrightarrow a + b = 20 \quad (*)$
$F = a \cdot b$; $F' = F + 25 = (a - 5) \cdot (b + 5)$
$ab + 25 = ab + 5(a - b) - 25$
$10 = a - b$
$(*) \quad 20 = a + b \Rightarrow 30 = 2a$
$\Rightarrow a = 15$; $b = 5$; $F = 75$

22.

	a)	*b)*	*c)*	*d)*
a	7 cm	7 dm	6 m	8 cm
b = d	5 cm	4,47 dm	30 dm	3,61 cm
c	1 cm	3 dm	4 dm	4 cm
h	4 cm	4 dm	10,77 dm	3 cm
U	18 cm	18,94 dm	124 dm	19,22 cm
A	16 cm²	20 dm²	344,65 dm²	18 cm²

23. $x = \sqrt{12^2 + 5^2} = 13$ m; $y = \sqrt{7{,}25^2 - 5^2}$
$= 5{,}25$ m

24. $h = c$; $a = c + 0{,}8$;
$U = 2{,}4 = a + c + 2b$
$= 2c + 0{,}8 + 2b$
$1{,}6 = 2c + 2b \Leftrightarrow b = 0{,}8 - c$ (*)
$0{,}4^2 + c^2 = b^2 \Rightarrow$ (mit (*)) $c = 0{,}3$;
$b = 0{,}5$; $a = 1{,}1$
Damit ist die Fläche $F = 2100\ \text{cm}^2$
$= 0{,}21\ \text{m}^2$.

25. siehe Bild 5.79

26. $10^2 = 2{,}5^2 + \left(\frac{f}{2}\right)^2 \Rightarrow f = 19{,}36$ cm

$\Rightarrow F = \frac{5 \cdot 19{,}36}{2} = 48{,}4\ \text{cm}^2$

27. $F = 75\ \text{cm}^2$;
$a = \sqrt{7{,}5^2 + 5^2} = 9{,}01$ cm;
$U = 36{,}04$ cm

28. $U = 50$ cm $\Leftrightarrow a = 12{,}5$ cm
$12{,}5^2 = x^2 + \left(\frac{x}{2}\right)^2 = \frac{5}{4}x^2$
$\Rightarrow x = \sqrt{125}$ cm $\Rightarrow d_1 = 2\sqrt{125}$ cm;
$d_2 = \sqrt{125}$ cm $\Rightarrow F = 125\ \text{cm}^2$

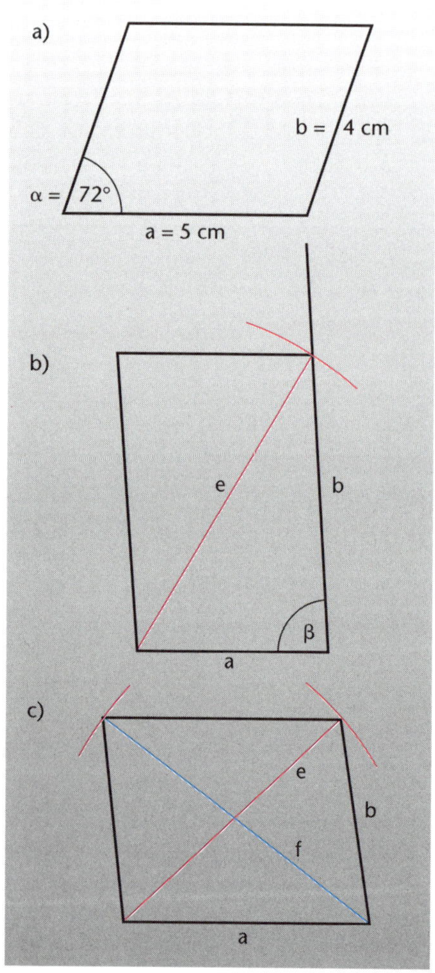

Bild 5.79

29. $10^2 = \left(\frac{2}{7}e\right)^2 + \left(\frac{f}{2}\right)^2;$

$17^2 = \left(\frac{5}{7}e\right)^2 + \left(\frac{f}{2}\right)^2$

Durch Subtraktion der ersten Gleichung von der zweiten erhält man

$17^2 - 10^2 = 189 = \frac{21}{49}e^2.$

Daraus folgt $e = 21$; $f = 16$ und

$F = \frac{ef}{2} = 168.$

31. großes Dreieck: $a = 8{,}485$ cm; $F = 36\ cm^2$
mittleres Dreieck: $a = 8{,}485$ cm; $b = c = 6$ cm; $F = 18\ cm^2$
kleines Dreieck: $b = c = 4{,}243$ cm; $a = 6$ cm; $F = 9\ cm^2$
Quadrat: $a = 4{,}243$ cm; $F = 18\ cm^2$
Parallelogramm: $a = 6$ cm; $b = 4{,}243$ cm; $h = 3$ cm; $F = 18\ cm^2$

30.

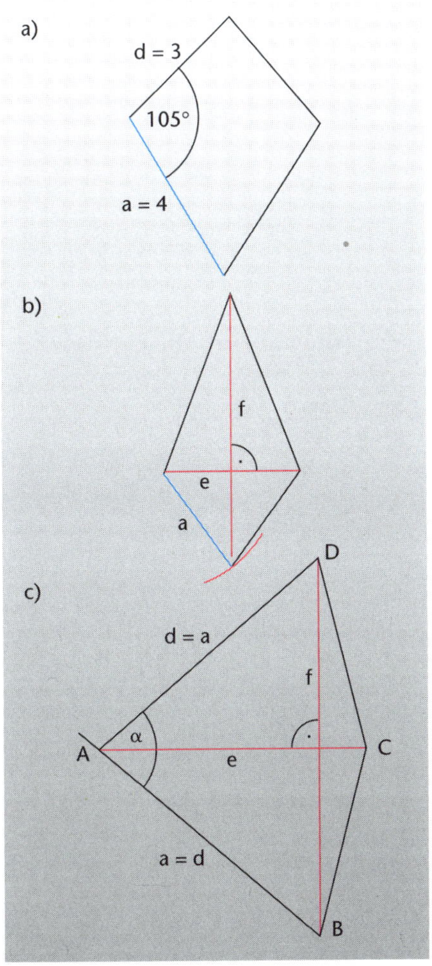

Bild 5.80

32.

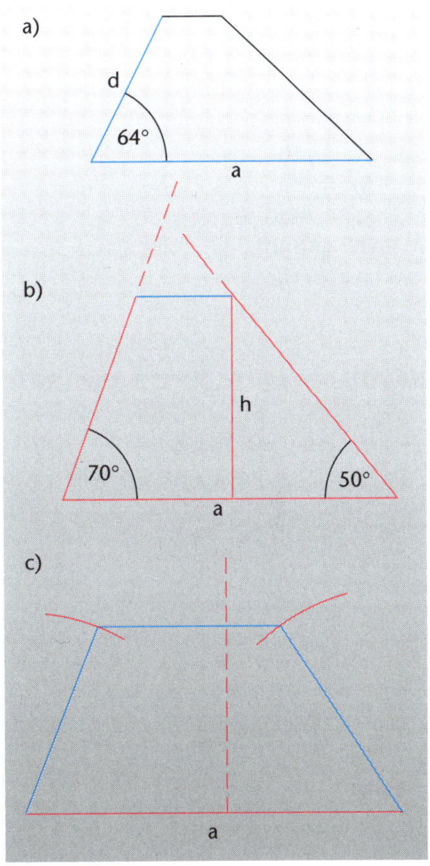

Bild 5.81

33. $h_1 = \sqrt{2} = 1{,}414 \quad h_2 = \sqrt{8} = 2{,}828$

$F = 0{,}5 \cdot 8 \cdot (1{,}414 + 2{,}828)$
$= 16{,}968$

$a = \sqrt{(6 + h_2)^2 + h_2^2} = 9{,}270$

$b = \sqrt{h_2^2 + (h_2 - 2)^2} = 2{,}947$

$c = \sqrt{(2 + h_1)^2 + h_1^2} = 3{,}695$

$d = \sqrt{6 - h_1)^2 + h_1^2} = 4{,}799$

$U = a + b + c + d = 20{,}711$

34. *a)* 35
b) 324
c) 4 850
d) 71 630
e) 97 902

35. *a)* 1440°
b) 4500°
c) 17640°
d) 68040°
e) 79560°

36. *a)* $\alpha = 540° - (109° + 107° + 103° + 115°) = 106°$
b) $\alpha = 720° - (30° + 142° + 96° + 32° + 112°) = 308°$
c) $\varepsilon = 360° : 5 = 72°$;
$\delta = (180° - 72°) : 2 = 54°$;
$\alpha = 2\delta = 108°$

37. $A = A_{\triangle} + A\,(DEE') + A\,(F'FEE') + A\,(AF'F)$
$= 16{,}5 + 4{,}5 + 12 + 5 = 38$ (FE)

38.

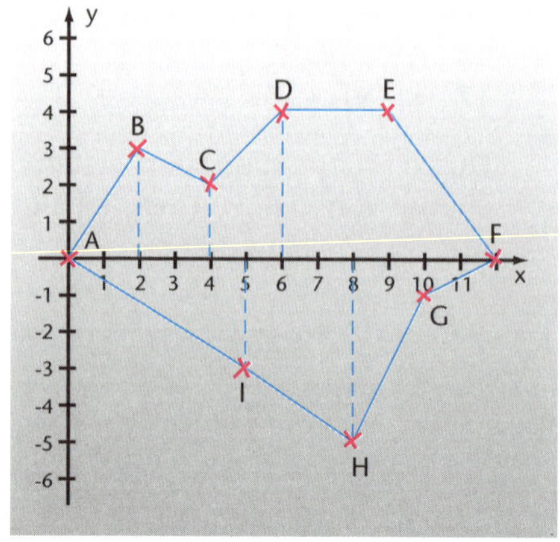

Bild 5.82

Aus Bild 5.82 ergibt sich:

$$F = \frac{2 \cdot 3}{2} + \frac{3+2}{2} \cdot 2 + \frac{4+2}{2} \cdot 2 + \frac{3+6}{2} \cdot 4 + \frac{2 \cdot 1}{2} + \frac{1+5}{2} + \frac{3+5}{2} \cdot 3 + \frac{3 \cdot 5}{2}$$
$$= 3 + 5 + 6 + 18 + 1 + 6 + 12 + 7{,}5$$
$$= 58{,}5 \text{ (FE)}.$$

39.

	a)	*b)*	*c)*
n	10	50	100
U	6,18	6,279	6,282
F	2,94	3,13	3,14

40. $U = 48$ cm $\Rightarrow a = 8$ cm $= r$
$\Rightarrow F = 166{,}277$ cm²

41. Zentriwinkel $\varepsilon = 360^\circ : 5 = 72^\circ$

$$\Rightarrow r_u = \frac{U}{2n \cdot \sin\left(\frac{180^\circ}{n}\right)} = 6{,}805 \text{ cm}$$

$$F = \frac{r_u^2 n}{2} \sin\left(\frac{360^\circ}{n}\right) = 110{,}104 \text{ cm}^2$$

$$h = \sqrt{r_u^2 - \left(\frac{a}{2}\right)^2} = \left(r_u \cdot \cos\left(\frac{\varepsilon}{2}\right)\right)$$

$$= 5{,}505 \text{ cm} = r_i$$

42.

	a)	*b)*	*c)*	*d)*	*e)*	*f)*
r	5 cm	3,98 cm	5,05 cm	0,56 m	0,16 m	1 m
U	31,42 cm	25 cm	31,73 cm	3,54 m	1 m	6,28 m
F	78,54 cm²	49,74 cm²	80 cm²	1 m²	0,08 m²	3,14 m²

43. $r = \frac{U}{2\pi} = 0{,}795 \text{ m} \approx 80 \text{ cm}$

44. $r \Rightarrow U = 2\pi r;\quad F = \pi r^2$

a) $2r \Rightarrow U = 4\pi r;\quad F = 4\pi r^2$
b) $3r \Rightarrow U = 6\pi r;\quad F = 9\pi r^2$
c) $4r \Rightarrow U = 8\pi r;\quad F = 16\pi r^2$
d) $nr \Rightarrow U = 2n\pi r;\ F = n^2\pi r^2$

45.

	a)	*b)*	*c)*
d	20 cm	25 cm	30 cm
F	314 cm²	491 cm²	707 cm²
cm²/ DM	36,9	44,6	50,5

Die größte Pizza ist relativ am billigsten.

46. U(Erde) = 40074,156 km

47. Länge der Umlaufbahn:
$U = 2\pi r_{ES} = 942{,}48$ Millionen km

Geschwindigkeit $v = \frac{U}{t} = 29{,}865$ km/s

(mit t = 365,25 d);
d: Tag (lateinisch: dies)

48. $r = 36\,000 + 6\,378 = 42\,378$ km

$\Rightarrow U = 226\,268{,}827$ km

$$v = \frac{U}{24 \text{ h}} = 11\,094{,}53 \text{ km/h}$$
$$= 3{,}08 \text{ km/s}$$

49. 108 km/h = 30 m/s; U(Rad) = 3,14m

$\Rightarrow t = \frac{U}{v} = 0{,}105$ s

50. F(Stoff) = 1,68 m²;
F(Tischdecke) = 1,13 m²;
Abfall = 0,55 m² $\widehat{=}$ 32,7%

51. Da sich das kleinere Rad schneller dreht, gilt:

$$850 \text{ U/min} \cdot \frac{147{,}5}{105} = 1194 \text{ U/min.}$$

52. *a)* $F = 100\ cm^2 = \pi r^2$

$$\Rightarrow r = \sqrt{\frac{100}{\pi}} \approx 5{,}64\ cm$$

b) $F = \frac{6 \cdot 14}{2} = 42\ cm^2 = \pi r^2$

$$\Rightarrow r = \sqrt{\frac{42}{\pi}} \approx 3{,}66\ cm$$

c) $h = 7{,}5\ \sqrt{3} \Rightarrow F = \frac{15^2\ \sqrt{3}}{4}$

$\approx 97{,}43\ cm^2 \approx \pi r^2$

$$\Rightarrow r = \sqrt{\frac{97{,}43}{\pi}} \approx 5{,}57\ cm$$

d) $h = 4 \Rightarrow F = 28\ cm^2 = \pi r^2$

$$\Rightarrow r = \sqrt{\frac{28}{\pi}} \approx 2{,}99\ cm$$

53. Durch Spiegeln des inneren großen (Thales-)Halbkreises an der Hypotenuse des Dreiecks erhält man die Figur auf Bild 5.83.

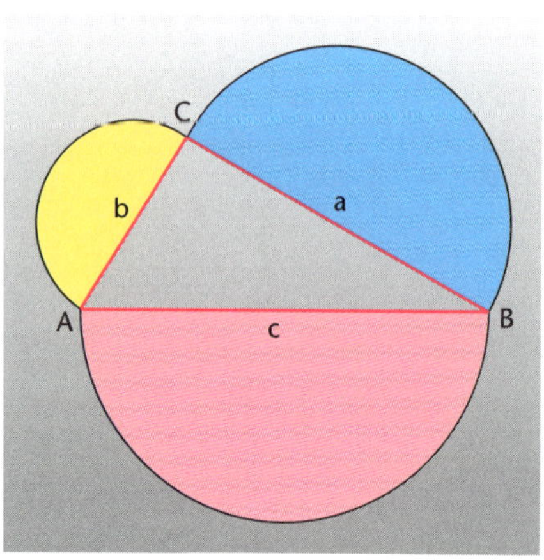

Bild 5.83

Mit dem Satz des Pythagoras folgt:

$$a^2 + b^2 = c^2 \Leftrightarrow \frac{\pi a^2}{8} + \frac{\pi b^2}{8} = \frac{\pi c^2}{8}$$

$$\Leftrightarrow \frac{1}{2}\pi\left(\frac{a}{2}\right)^2 + \frac{1}{2}\pi\left(\frac{b}{2}\right)^2$$

$$= \frac{1}{2}\pi\left(\frac{c}{2}\right)^2,$$

das heißt, die beiden oberen Halbkreise sind zusammen so groß wie der untere. In der Ausgangsfigur schneidet der große Kreis genausoviel aus dem kleinen heraus, wie er über das Dreieck übersteht. Damit sind die Restflächen der kleinen Kreise (die Möndchen) zusammen genauso groß wie die Dreiecksfläche.

54. Wir teilen die Figur durch eine Diagonale in zwei (symmetrische) Teile. Jedes Teil zeigt die Situation von Aufgabe 53. mit einem gleichschenkligrechtwinkligen Dreieck. Deshalb sind je zwei Sicheln so groß wie ein Dreieck und alle vier so groß wie das Quadrat.

55. *a)* Der Radius des größten Kreises sei r. Dann hat der Kreis die Fläche $F_1 = \pi r^2$. Die mittelgroßen Kreise haben den Radius $\frac{r}{2}$. Dann hat ein solcher Kreis die Fläche $F_2 = \pi\left(\frac{r}{2}\right)^2$ $= \frac{1}{4}\pi r^2$, beide zusammen $2F_2 = 2 \cdot \frac{1}{4}\pi r^2 = \frac{1}{2}\pi r^2 = \frac{1}{2}F_1$. Analog haben die kleinsten Kreise den Radius $\frac{r}{4}$ und jeweils die Fläche $F_3 = \pi\left(\frac{r}{4}\right)^2 = \frac{1}{16}\pi r^2$; zwei von ihnen damit $2F_3 = \frac{1}{8}\pi r^2 = \frac{1}{2}F_2$

b) Die Umfänge sind: $U_1 = 2\pi r$;
$U_2 = 2\pi\frac{r}{2} = \pi r$; $U_3 = 2\pi r\frac{r}{4} = \frac{1}{2}\pi r$.
Dann haben die zwei mittelgroßen Kreise zusammen den Umfang $2U_2 = 2\pi r = U_1$ und die vier kleinen Kreise zusammen
$4U_3 = 4 \cdot \frac{1}{2}\pi r = 2\pi r = U_1$.

56. Erdumfang und Seilkreis sind konzentrische Kreise.
Seilkreis = Erdumfang + 1 m
$U_S = U_E + 1$ m
$\Rightarrow 2r_S\pi = 2r_E\pi + 1$ m
$2r_S\pi - 2r_E\pi = 1$ m
$r_S - r_E = \frac{1\text{ m}}{2\pi} \approx 0{,}16$ m
Die Maus könnte sozusagen auf zwei Beinen unter dem Seil durchmarschieren.

57. r(innen) = 5 cm – 0,25 mm = 49,75 mm
$\Rightarrow$ F(innen) = 7 775,64 mm^2
r(außen) = 5 cm + 0,25 mm = 50,25 mm
$\Rightarrow$ F(außen) = 7 932,72 mm^2
$\Rightarrow$ F(Kreisring) = 157,08 mm^2

58. F(Kreisring) $= 2F = 2\pi 5^2 = \pi\,(R^2 - 5^2)$
$\Leftrightarrow 75\pi = \pi R^2$
$\Leftrightarrow 75 = R^2 \Rightarrow 8{,}66$ cm = R

59. Auf dem Äquator sind zwei Längenkreise um U(Erde) : 360 = 111,317 km voneinander entfernt. Der Abstand zwischen den Galapagosinseln und der Amazonasmündung beträgt 40 Längengrade, also
111,317 · 40 = 4 452,680 km.

60. *a)* $b = r \Rightarrow \varepsilon = 57{,}30^\circ$
b) $b = 2r \Rightarrow \varepsilon = 114{,}59^\circ$
c) $b = \frac{r}{2} \Rightarrow \varepsilon = 28{,}65^\circ$

61.

	a)	*b)*	*c)*	*d)*	*e)*	*f)*
r	5 cm	50 cm	4 dm	4,58 cm	33,33 cm	17,84 cm
b	10,47 cm	1 m	0,5 cm	2 cm	15 cm	22,42 cm
ε	120°	114,59°	0,72°	25°	25,78°	72°
F	26,18 cm^2	2 500 dm^2	10 cm^2	4,58 cm^2	2,5 dm^2	200 cm^2

62. *a)* Dreieck: $\varepsilon = 120^\circ \Rightarrow b = 10{,}47$ cm $\Rightarrow$ F(Sektor) = 26,18 cm^2
F(Segment) = 15,35 cm^2
b) Quadrat: $\varepsilon = 90^\circ \Rightarrow b = 7{,}85$ cm $\Rightarrow$ F(Sektor) = 19,63 cm^2
F(Segment) = 7,13 cm^2
c) Fünfeck: $\varepsilon = 72^\circ \Rightarrow b = 6{,}28$ cm $\Rightarrow$ F(Sektor) = 15,71 cm^2
F(Segment) = 3,82 cm^2
d) Sechseck: $\varepsilon = 60^\circ \Rightarrow b = 5{,}24$ cm $\Rightarrow$ F(Sektor) = 13,09 cm^2
F(Segment) = 2,26 cm^2

63. Der Radius des großen Kreises sei R, der des kleinen Kreises r.

$r = \frac{R}{3} \Rightarrow \pi r^2 = \pi\left(\frac{R}{3}\right)^2 = \frac{\pi}{9}\,R^2$

Da es sieben kleine Kreise gibt, ist deren Fläche $\frac{7}{9}F_0 \approx 77{,}8\,\%\ F_0$.

64. Analog zur Musteraufgabe (Seite 391) erhalten wir:

$\alpha = 20{,}74°$; F(Segment) = 1,11 cm^2

$\beta = 32{,}09°$; f(Segment) = 1,76 cm^2

$\Rightarrow$ F(Segment) + f(Segment) = 2,87 cm^2

65. *a)* $U \approx \pi\,(1{,}5(a + b) - \sqrt{ab})$

$= 242{,}26$ cm;

$F = \pi ab = 3\,926{,}99\ cm^2$

b) $b = \sqrt{a^2 - e^2} = 99{,}99$ cm

$\Rightarrow U \approx \pi\ 2(a^2 + b^2) = 628{,}29$ cm;

$F = 31\,412{,}78\ cm^2$

c) $(2e)^2 = {r_1}^2 + {r_2}^2 \Rightarrow e = \frac{\sqrt{{r_1}^2 + {r_2}^2}}{2}$

$= 5{,}59$ cm

$a = \frac{r_1 + r_2}{2} = 7{,}5$ cm; $b = \sqrt{a^2 - e^2}$

$= 5$ cm

$U \approx \pi\,(1{,}5\,(a + b) - \sqrt{ab})$

$= 39{,}67$ cm;

$F = \pi ab = 117{,}81\ cm^2$

66. *a)* $F = 2{,}985\ m^2$; $U \approx \pi\,\sqrt{2(a^2 + b^2)}$

$= 6{,}128$ m

b) 6,128 : 0,75 = 8,17

Es haben 8 Personen Platz

c) 2,985 m^2 · 250 Taler/m^2

= 746,25 Taler

67. *a)* Venus: $e = \varepsilon \cdot a = 0{,}76 \cdot 10^6$ km;

$b = \sqrt{a^2 - e^2} \approx 108{,}2 \cdot 10^6$ km

$U \approx \pi\,\sqrt{2(a^2 + b^2)}$

$= 679{,}84 \cdot 10^6$ km

$F = \pi ab = 36\,779{,}38 \cdot 10^{12}\ km^2$

b) Pluto: $e = 1\,474{,}98 \cdot 10^6$ km;

$b = 5\,712{,}55 \cdot 10^6$ km

$U \approx \pi\,(1{,}5(a + b) - \sqrt{ab})$

$= 36\,483{,}96 \cdot 10^6$ km

$F = 105{,}88 \cdot 10^{18}\ km^2$

68. $F_1 - F_2 = \pi a_1(b_1 - b_2) = \pi a_1 b_2$

$\Rightarrow b_2 = \frac{b_1}{2} = 40$ cm

6. Abbildungsgeometrie

ÜBERSICHT

Carl Friedrich Gauß, 1777–1855, größter Mathematiker seiner Zeit. Er verfaßte grundlegende Arbeiten auf dem Gebiet der Zahlentheorie, der unendlichen Reihen und der Funktionentheorie und lieferte den ersten Beweis des Fundamentalsatzes der Algebra. Seine Ideen zur Ausgleichsrechnung ermöglichten die Bahnbestimmung von Himmelskörpern aufgrund nur weniger Beobachtungen und führten zur Entdeckung mehrerer Kleinplaneten. Daneben lieferte er wichtige Beiträge zur Geodäsie und zu diversen physikalischen Theorien.

6.1 Kongruenz

6.1.1 Symmetrische und kongruente Figuren. Kongruenzsätze

EINFÜHRUNGSBEISPIEL

Zeichnen Sie, ohne lange zu überlegen, ein Dreieck und ein Viereck.

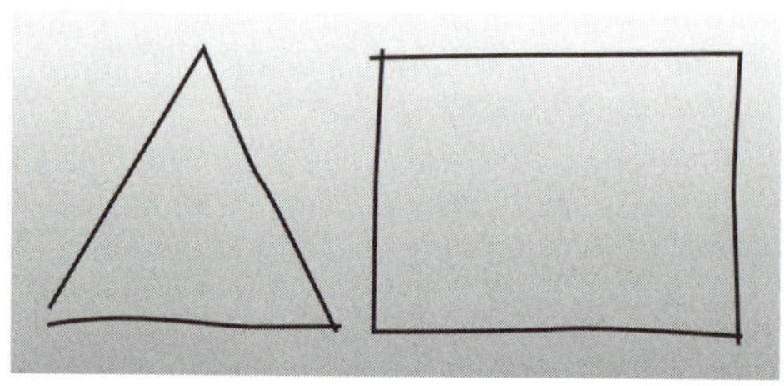

Bild 6.1

Haben Sie auch – wie die meisten Menschen – ein (annähernd) gleichschenkliges oder rechtwinkliges Dreieck und ein Rechteck oder sogar ein Quadrat gezeichnet? Ja? Nun, das ist nicht weiter verwunderlich. Denn nicht nur wir Menschen fühlen uns zu sogenannten symmetrischen Figuren hingezogen. Auch die übrige Natur bevorzugt offenbar Symmetrien (siehe Bild 6.2 und 6.3).

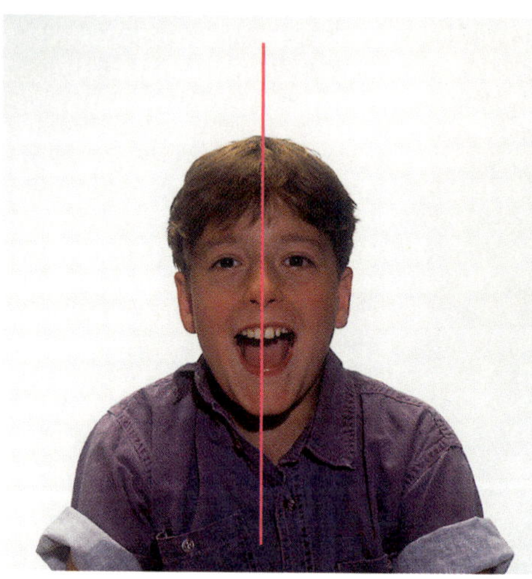

Bild 6.2

Bild 6.3

Dabei bedeutet symmetrisch, daß ein Objekt durch eine Gerade, die ***Symmetrieachse,*** in zwei identische Hälften geteilt wird.

Dieses Objekt muß jedoch kein einzelner Gegenstand sein, sondern es ist auch möglich, daß mehrere Gegenstände so zusammenstehen, daß sie das gedankliche Einfügen einer Symmetrieachse geradezu herausfordern.

Bild 6.4

Bild 6.5

Bild 6.6

Dabei fällt auf, daß Bild 6.6 unsere ästhetischen Bedürfnisse zwar ebenfalls befriedigt, aber dennoch nicht symmetrisch ist. Schneiden wir die Karte aber „in der Mitte" waagrecht durch und drehen die untere Hälfte, so läßt sie sich exakt auf die obere legen: Die beiden Hälften sind deckungsgleich. Wir legen deshalb fest:

D

Zwei (geometrische) Figuren A und B heißen *kongruent* (deckungsgleich), wenn sie in Form und Größe übereinstimmen. Man schreibt: $A \cong B$.

Die Frage nach der Erzeugung kongruenter Figuren ist identisch mit der Frage nach eindeutiger Konstruierbarkeit. Für Dreiecke ist diese Frage folgendermaßen beantwortet:

S

Zwei Dreiecke heißen kongruent, wenn sie

1. in den Längen aller drei Seiten (SSS) oder
2. in den Längen zweier Seiten und dem von diesen Seiten eingeschlossenen Winkel (SWS) oder
3. in der Länge einer Seite und den beiden an dieser Seite anliegenden Winkeln (WSW) oder
4. in zwei Seiten und in dem der größeren Seite gegenüberliegenden Winkel (SSW) übereinstimmen.

Dies bezeichnet man auch als ***Kongruenzsätze für Dreiecke.***

Kongruente Figuren unterscheiden sich also nur durch ihre Lage. Werden sie aufeinandergelegt, so bedecken sie sich völlig, gleichgültig, welche oben und welche unten liegt.

Jede Bewegung einer Figur aber wird in der Mathematik durch eine ***Abbildung*** beschrieben. Solche Abbildungen, durch die Figuren zur Deckung gebracht werden können (oder bei deren Anwendung ein zum Urbild kongruentes Bild entsteht), heißen ***Kongruenzabbildungen.***

Bleibt sogar der Umlaufsinn unverändert, heißt die Abbildung ***gleichsinnig kongruent.*** Kehrt sich der Umlaufsinn um, so heißt die Abbildung ***gegensinnig kongruent.***

BEISPIELE

1. Die Bilder 6.4 und 6.6 zerfallen in zwei Hälften, die durch eine gegensinnig kongruente Abbildung auseinander hervorgehen.

2. Bei den Bildern 6.5 und 6.6 entstehen die Hälften durch gleichsinnig kongruente Abbildungen auseinander.

6.1.2 Die Geradenspiegelung

Die vielleicht wichtigste Kongruenzabbildung ist die ***Geradenspiegelung***, da sich alle weiteren Kongruenzabbildungen auf Verkettungen (Hintereinanderausführungen) von Geradenspiegelungen zurückführen lassen (siehe Seite 419 f.).

Bild 6.7

Die geometrische Abbildung der Geradenspiegelung orientiert sich durchaus an den Alltagserfahrungen beim Stehen vor einem Spiegel: Vertauschung von links und rechts, scheinbar gleiche Abstände von Person und Spiegelbild zum Spiegel.

Die Gerade g heißt ***Spiegelgerade*** oder ***Spiegelachse.*** Auf ihr liegende Punkte bleiben bei der Spiegelung unverändert, sind also sogenannte Fixpunkte der Abbildung. Alle zu g senkrechten Geraden werden zwar auf sich selbst abgebildet, jedoch verändert mit Ausnahme der

Schnittpunkte dieser Geraden mit g jeder Punkt seinen Platz. Deshalb heißt g Fixpunktgerade, die zu g senkrechten Geraden heißen Fixgeraden der Abbildung.

Jede Geradenspiegelung S_g ist durch Angabe der Spiegelgeraden g eindeutig beschrieben.

Konstruktionsbeschreibung

1. Fällen Sie von jedem markanten Punkt P das Lot auf g (Bild 6.8).
2. Verlängern Sie es um den Abstand d(P; g) über g hinaus (Bild 6.9).
3. Verbinden Sie die Bildpunkte in der Reihenfolge des Originals (Bild 6.10).

Die Geradenspiegelung ist eine gegensinnige Kongruenzabbildung.

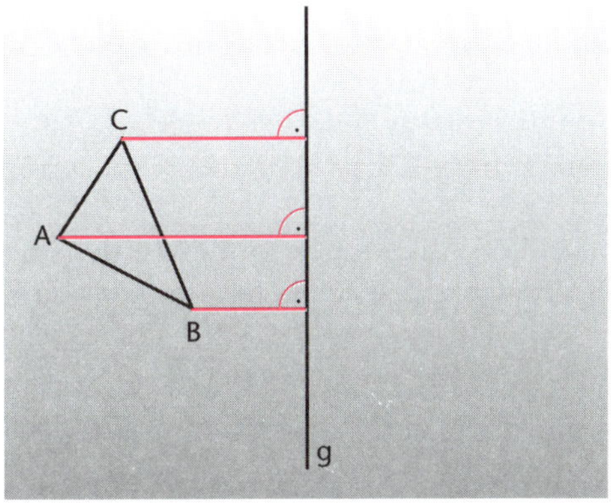

Bild 6.8

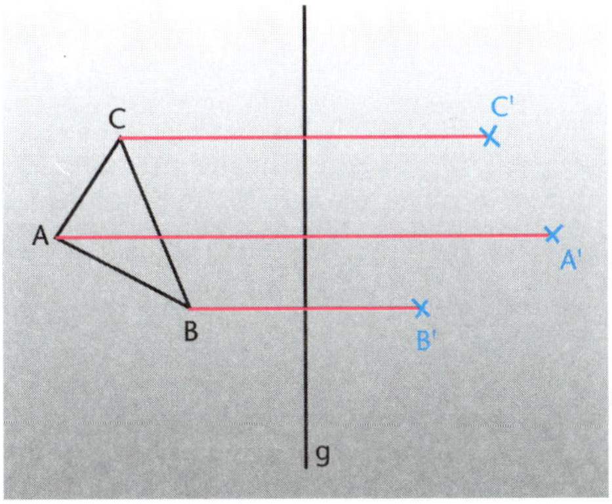

Bild 6.9

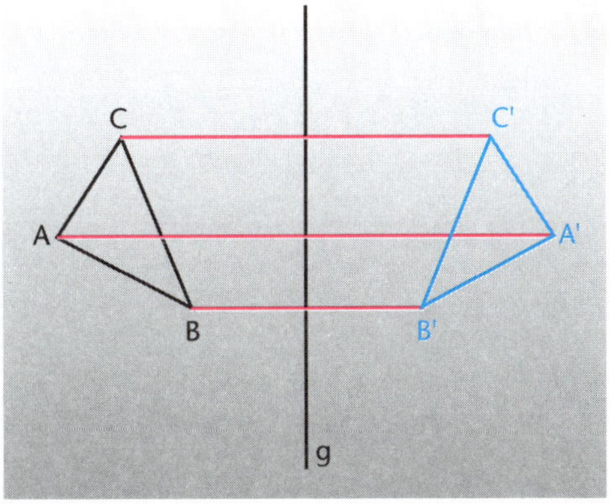

Bild 6.10

6.1.3 Die Verschiebung

EINFÜHRUNGSBEISPIEL

Im Alltag bedeutet Verschieben ein Wegrücken eines Gegenstandes von seinem Ausgangsort.

Bild 6.11

Verschiebungen lassen sich also mit Hilfe von Pfeilen beschreiben. Die Menge aller gleich langen, gleich gerichteten und parallelen Pfeile bildet den ***Verschiebungsvektor*** $\vec{a}$. Jede Verschiebung ist durch ihren Verschiebungsvektor eindeutig gekennzeichnet. Man schreibt: $V_{\vec{a}}$.

Bei Verschiebungen gibt es keine Fixpunkte. Aber alle Parallelen zu $\vec{a}$ sind Fixgeraden, das heißt, ein Punkt auf einer solchen Geraden wird auf einen anderen Punkt derselben Geraden abgebildet.

Konstruktionsbeschreibung

1. Zeichnen Sie an alle charakteristischen Punkte der Figur einen Verschiebungspfeil (Bild 6.12).
2. Verbinden Sie die Punkte an den Pfeilspitzen in der Reihenfolge des Originals (Bild 6.13).

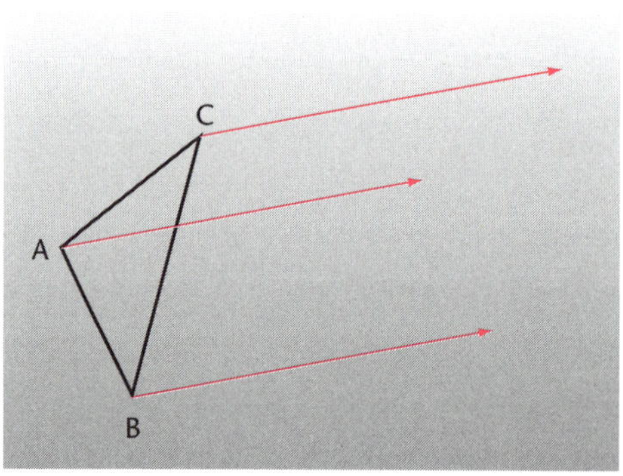

Bild 6.12

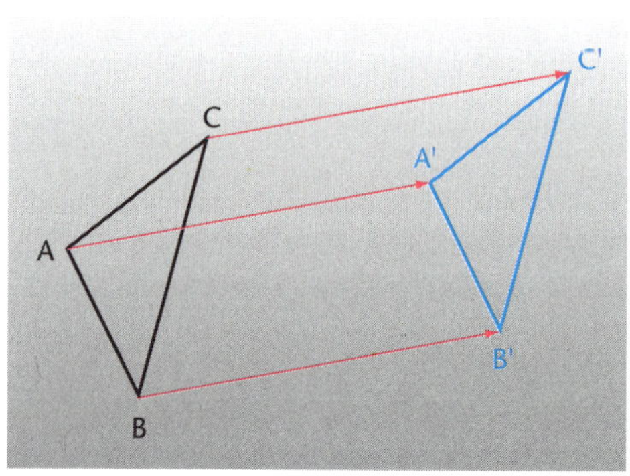

Bild 6.13

Die Verschiebung ist eine gleichsinnige Kongruenzabbildung.

6.1.4 Die Drehung

EINFÜHRUNGSBEISPIEL

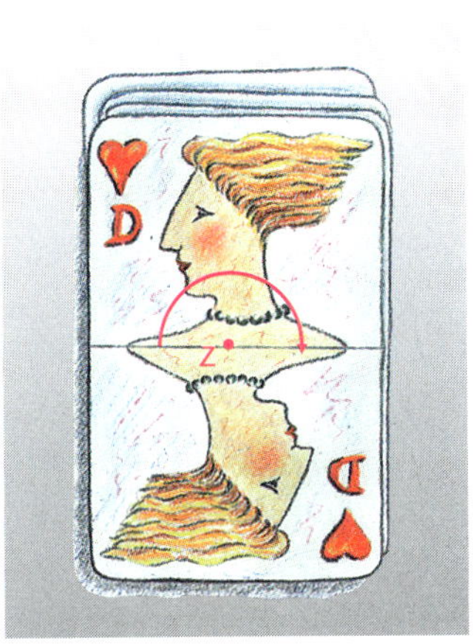

Bild 6.14

Drehungen sind im Alltag mit Veränderungen des Blickwinkels verbunden. Mit der mathematischen Beschreibung des Begriffs stimmt das dann überein, wenn der Betrachter immer im Zentrum der Drehung steht.

D

Jede Drehung ist durch Angabe des ***Drehpunktes Z*** und des ***Drehwinkels*** α eindeutig charakterisiert. Man schreibt $D_Z(\alpha)$.

Der Drehpunkt ist der einzige Fixpunkt der Abbildung. Es gibt im allgemeinen keine Fixgeraden.

Konstruktionsbeschreibung:

1. Ziehen Sie von Z aus Strahlen durch alle wichtigen Punkte der Figur (Festlegung der „Ausgangsblickrichtungen“) (Bild 6.15).

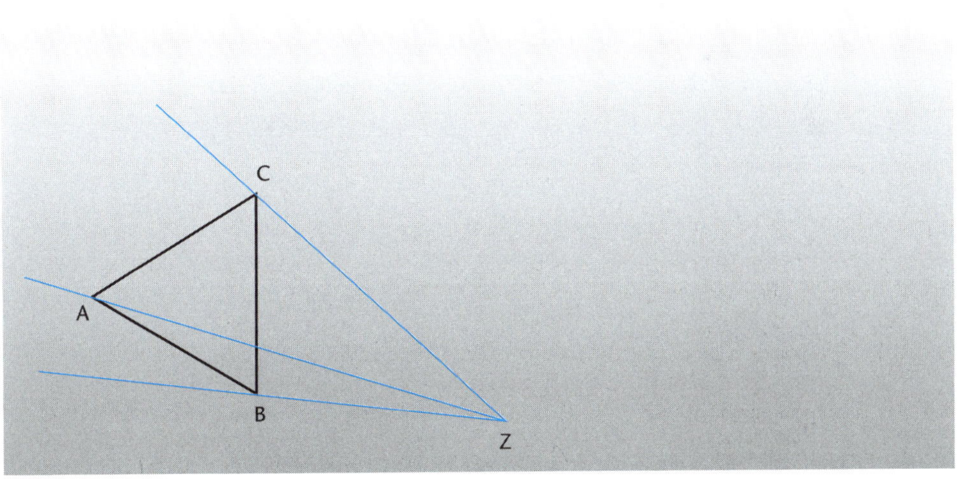

Bild 6.15

2. Konstruieren Sie die Strahlen (der neuen Blickrichtungen), die mit den zugehörigen Ausgangsstrahlen den Winkel α einschließen (Bild 6.16).

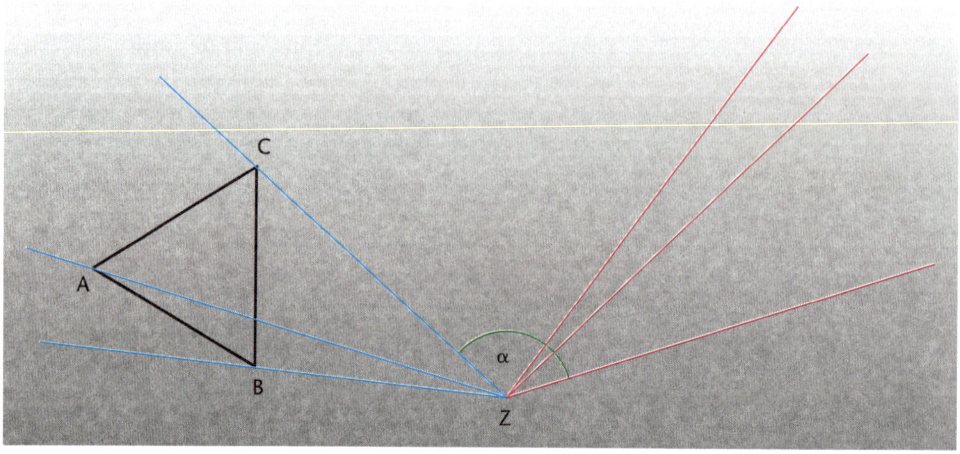

Bild 6.16

3. Tragen Sie auf dem jeweiligen Bildstrahl den Abstand zwischen Z und dem Ausgangspunkt ab. Anschließend verbinden Sie die Bildpunkte in der Reihenfolge des Originals (Bild 6.17).

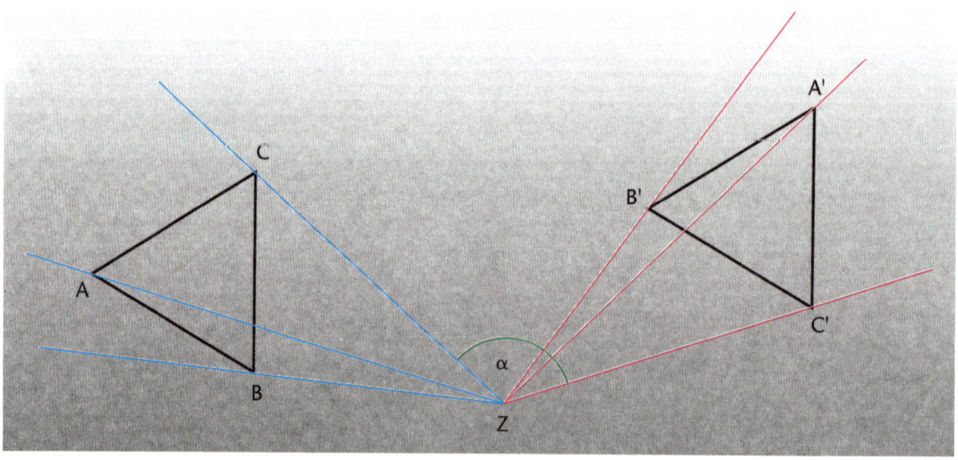

Bild 6.17

Die Drehung ist eine gleichsinnige Kongruenzabbildung.

6.1.5 Hintereinanderausführung von Abbildungen

D

Jede Ausführung von mehreren Abbildungen nacheinander bezeichnet man als Hintereinanderausführung oder Verkettung. Man schreibt: A ∘ B. Dabei wird B zuerst ausgeführt.

BEISPIELE

1. $V_{\vec{a}} \circ V_{-\vec{a}} = \text{id}$
id heißt Identische Abbildung oder kurz Identität (die Figur kehrt also in die Ausgangslage zurück).

2. $S_g \circ S_g = \text{id}$

3. $D_Z(\alpha) \circ D_Z(-\alpha) = \text{id}$

4. $S_g \circ S_h$
Es gilt: Die Spiegelung an zwei parallelen Geraden g und h liefert dasselbe Resultat wie eine Verschiebung $\vec{a}$ mit $\vec{a} \perp$ g, h und $|\vec{a}| = 2 \cdot d(g; h)$ in der Richtung, die von g nach h führt.

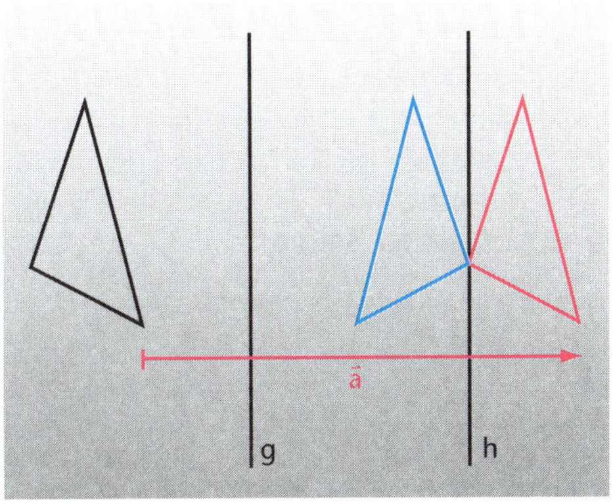

Bild 6.18

5. $S_h \circ S_g$
Es gilt: Die Spiegelung an zwei sich schneidenden Geraden g und h liefert dasselbe Resultat wie eine Drehung in Richtung von g nach h um den Schnittpunkt von g und h mit dem doppelten Schnittwinkel der beiden Geraden.

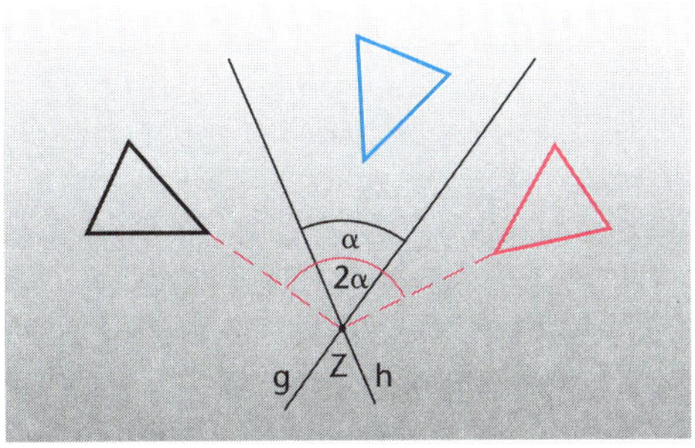

Bild 6.19

6. $S_h \circ S_g$
Speziell läßt sich eine Drehung um 180° durch Spiegelungen an zwei zueinander senkrechten Geraden ersetzen, die sich im Drehpunkt schneiden. Man spricht hier auch von einer Punktspiegelung.

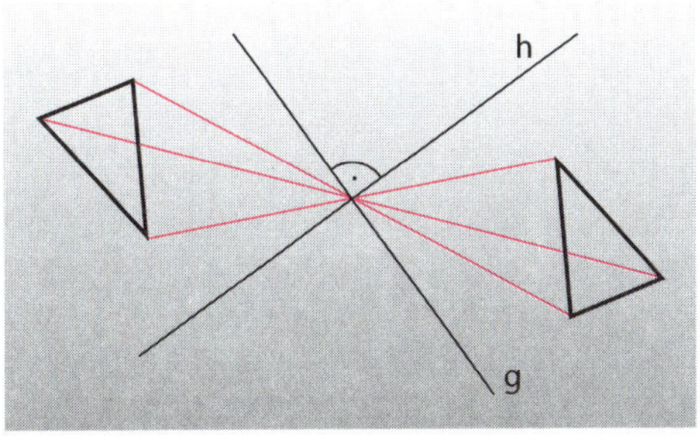

Bild 6.20

Die ***Punktspiegelung*** läßt sich einfach konstruieren.

Konstruktionsbeschreibung

1. Ziehen Sie durch alle wichtigen Punkte der Figur Geraden, die sich im Drehpunkt schneiden.
2. Tragen Sie jenseits des Drehpunktes dieselben Abstände $|ZA|$, $|ZB|$ ... ab, und verbinden Sie die Bildpunkte in der Reihenfolge des Originals.

ÜBUNGEN

1. Spiegeln Sie das Dreieck ABC nacheinander
   a) an der Geraden g und anschließend an h;
   b) zuerst an h, dann an g.
   Zeichnen Sie den Vektor der Ersatzverschiebung ein, und bestimmen Sie seinen Betrag.

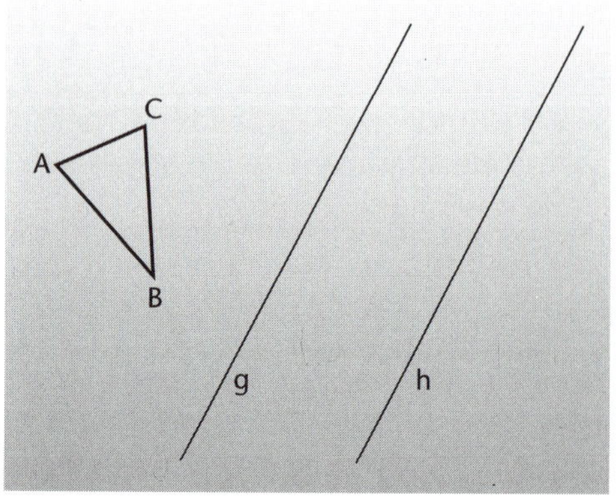

Bild 6.21

2. Spiegeln Sie das Dreieck ABC einmal zuerst an g, dann an h, und anschließend zuerst an h, dann an g.
   Bestimmen Sie jeweils die Ersatzdrehung.

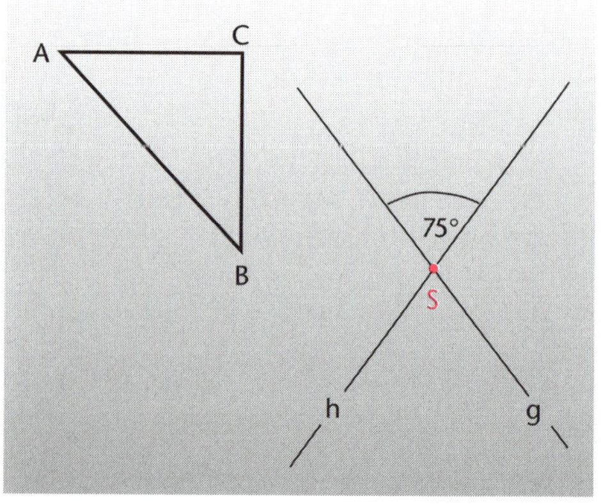

Bild 6.22

3. Zeichnen Sie das Bild des Vierecks ABCD mit A (1|3); B (6|1); C (5|4); D (2|4) bei der Abbildung:
   a) $S_{CD} \circ V_{\vec{AB}} \circ D_A\ (90^\circ)$
   b) $S_{AB} \circ V_{\vec{AC}} \circ D_B\ (180^\circ)$

4. Die Figuren A und B in den Bildern 6.23 bis 6.26 sind jeweils kongruent. Welche Abbildung oder Verkettung von Abbildungen überführt jeweils A in B?

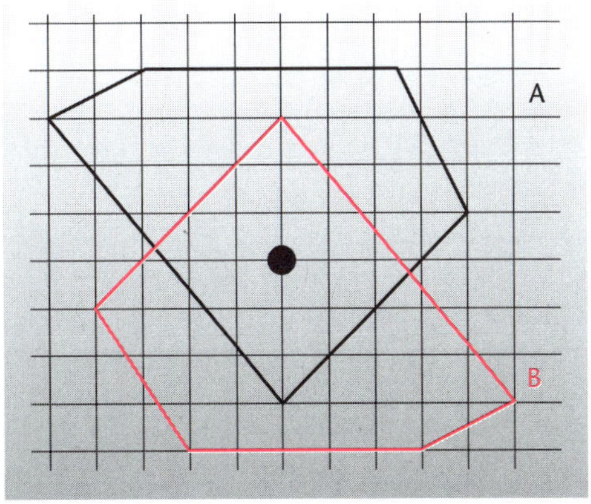

Bild 6.23

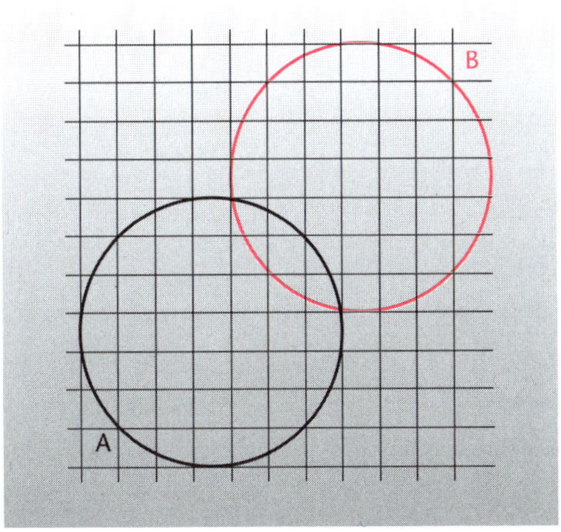

Bild 6.24

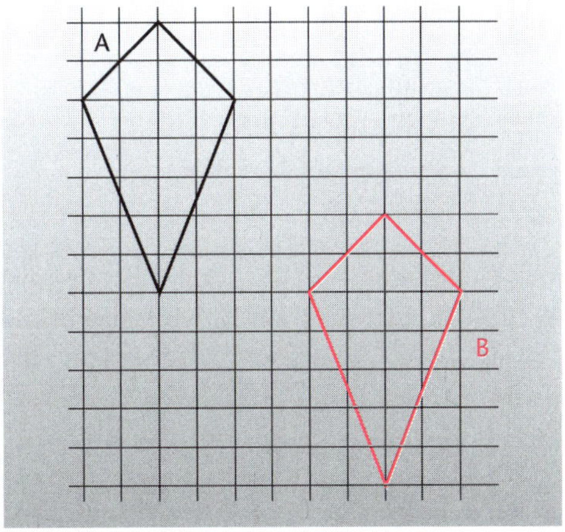

Bild 6.25

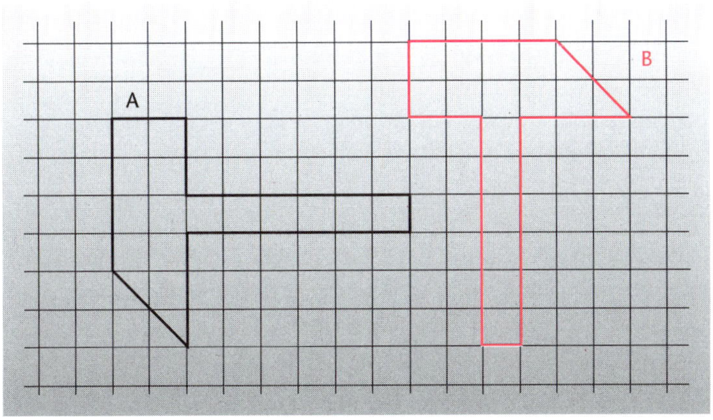

Bild 6.26

5. Lassen sich zu den folgenden Angaben mehrere (nicht kongruente) Dreiecke zeichnen?
   a) $a = 3$; $b = 4$; $c = 5$
   b) $a = 6$; $b = 8$; $\alpha = 45^\circ$
   c) $\alpha = 30^\circ$; $\beta = 60^\circ$; $\gamma = 90^\circ$
   d) $a = 3$; $b = 7$; $\beta = 45^\circ$

6. Lassen sich zu den folgenden Angaben mehrere (nicht kongruente) Vierecke zeichnen?
   a) $a = 10$ cm; $d = 6$ cm; $\alpha = 80^\circ$; $\beta = 90^\circ$; $\delta = 85^\circ$
   b) $a = 6$ cm; $b = 5$ cm; $e = \overline{AC} = 10$ cm; $\gamma = 80^\circ$; $\alpha = 30^\circ$
   c) $a = 5$ cm; $\delta = 30^\circ$; $\gamma = 70^\circ$; $\alpha = 120^\circ$; $\beta = 140^\circ$

7. Welche Kongruenzabbildungen (außer der Identität) gibt es jeweils, die folgende Figuren auf sich abbilden?
   a) Quadrat
   b) Rechteck
   c) Raute
   d) Parallelogramm
   e) gleichschenkliges Dreieck
   f) gleichseitiges Dreieck
   g) Kreis

8. Die Konstante der Gravitation (Anziehungskraft zwischen Massen) kann mit Hilfe der Cavendish-Drehwaage bestimmt werden. Bei ihr ist am Dreharm ein Spiegel befestigt, der einen auftreffenden Lichtstrahl ablenkt. Aus dem Ablenkwinkel kann auf die Drehung des Arms und damit auf die Kraft zwischen den Massen geschlossen werden.
   Um welchen Winkel hat sich der Dreharm bewegt, wenn der Lichtstrahl um 2° aus der ursprünglichen Richtung abgelenkt wurde?
   (Hinweis: Es gilt das Reflexionsgesetz: „Einfallswinkel = Ausfallswinkel".)

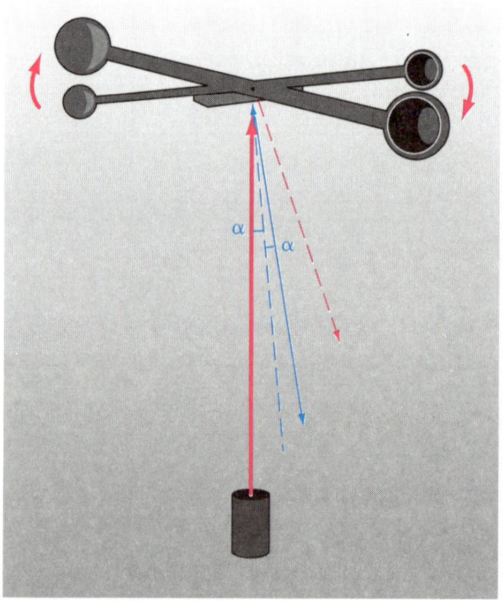

Bild 6.27

9. Wie muß die weiße Billardkugel gestoßen werden, damit die schwarze nach dem Zusammenprall in der linken oberen Ecke landet?

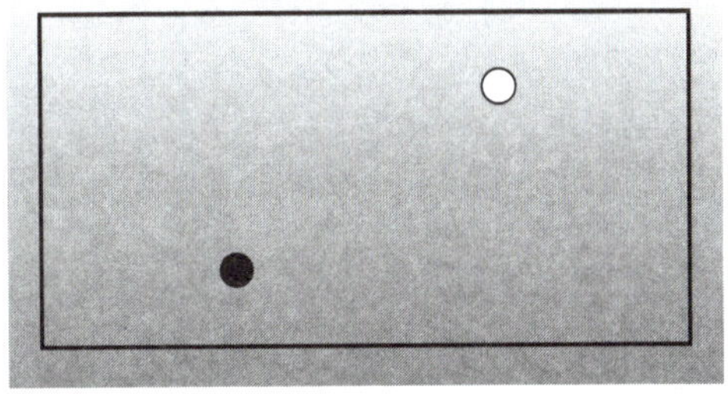

Bild 6.28

10. Gibt es einen Punkt in der Gegend von Garmisch-Partenkirchen, von dem aus Waxenstein (2278 m) und Predigtstuhl (2241 m) auf einer Linie und scheinbar in der Mitte zwischen Zugspitze (2963 m) und Kreuzeck (1651 m) liegen?

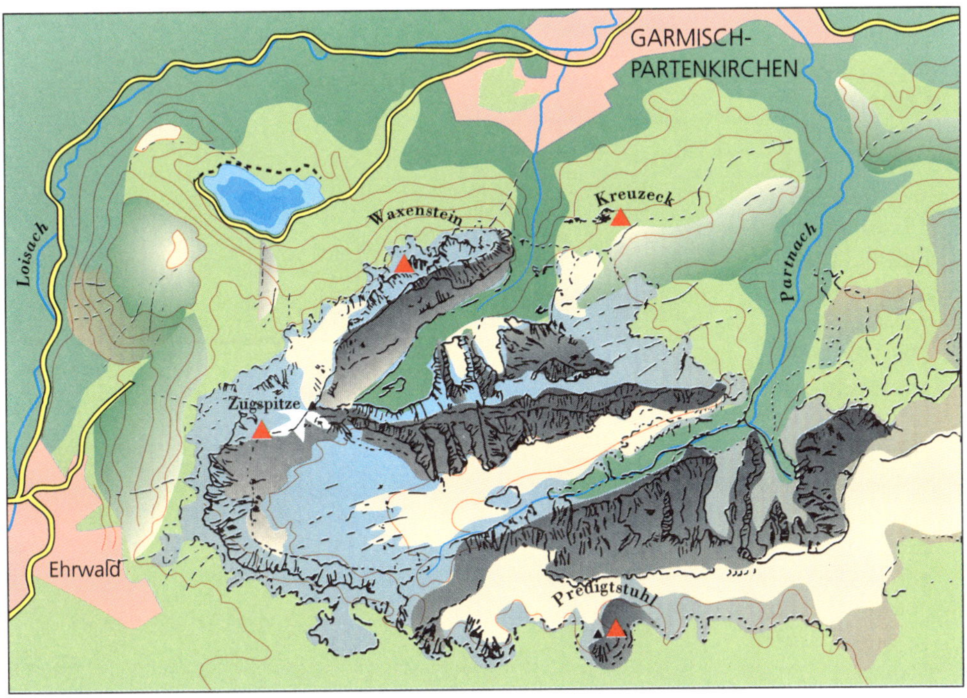

Bild 6.29

11. Zeigen Sie: Es gibt keinen Kongruenzsatz SSW (Dreiecke, bei denen zwei Seiten und der Winkel gegenüber der kürzeren Seite bekannt sind, müssen also nicht kongruent sein).

12. Zeigen Sie: Ein Viereck ist durch drei Winkel und die Längen zweier benachbarter Seiten eindeutig festgelegt.

6.2 Ähnlichkeit

6.2.1 Ähnliche Figuren und Ähnlichkeitssätze

EINFÜHRUNGSBEISPIEL

Die Wörter und Figuren in Bild 6.30 sind auch im mathemathischen Sinn ähnlich, diejenigen in Bild 6.31 nicht. Demnach ist der Begriff in der Mathematik enger gefaßt als in der Umgangssprache, wo vermutlich zunächst alle Schriftbilder als ähnlich akzeptiert werden, unter Umständen sogar – wegen derselben Eckenzahl – alle Figuren.

Betrachten wir im folgenden – wegen der klareren Struktur – zunächst die Figuren. Was haben die Figuren in Bild 6.30 denen in Bild 6.31 an Gemeinsamkeiten voraus?

1. Die Winkel stimmen (paarweise) überein.
2. Die Quotienten einander entsprechender Seitenlängen sind gleich:

$$\frac{|AB|}{|A'B'|} = \frac{|BC|}{|B'C'|} = \frac{|CD|}{|C'D'|} = \frac{|DE|}{|D'E'|} = \frac{|EA|}{|E'A'|}$$

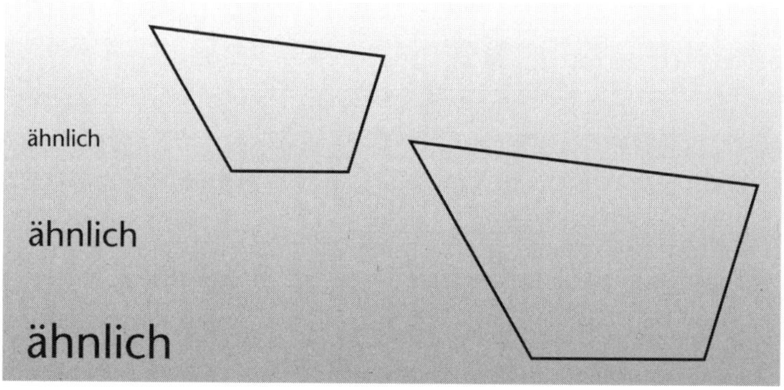

Bild 6.30

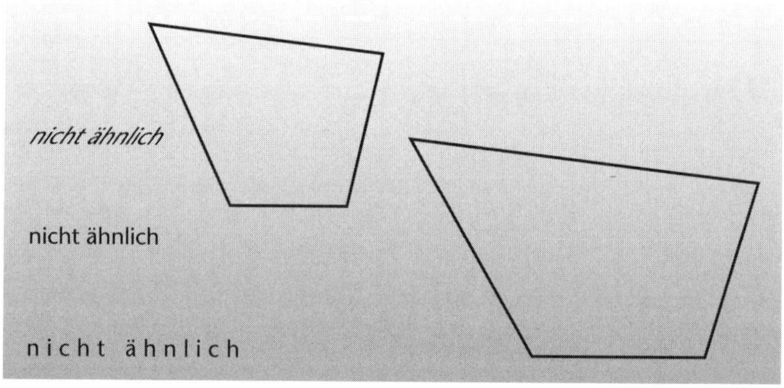

Bild 6.31

Beide Eigenschaften gelten auch für die Wörter auf den Bildern, wenngleich die Winkelgleichheit hier nur mühsam nachprüfbar ist.

Die Seitenlängen selbst und natürlich die Flächen sind (im allgemeinen) verschieden. Deshalb lassen sich nur die beiden obigen Eigenschaften zur Definition des Ähnlichkeitsbegriffs verwenden.

D

Ebene Figuren heißen *ähnlich*, wenn einander entsprechende Seitenlängen im selben Verhältnis stehen und einander entsprechende Winkel gleich groß sind.

Bei kongruenten Figuren sind – per definitionem – einander entsprechende Winkel und Seitenlängen gleich groß. Die Kongruenz ist somit ein Spezialfall der Ähnlichkeit.

Analog zur Kongruenz läßt sich auch die Ähnlichkeit für einfache Figuren entweder über Konstruktionsregeln oder über die Überführbarkeit der Figuren ineinander mit Hilfe spezieller Abbildungen, der sogenannten ***Ähnlichkeitsabbildungen***, fassen.

Bei der ersten Festlegungsart erhält man folgende ***Ähnlichkeitssätze:***

S

Zwei Dreiecke ABC und A′B′C′ sind ähnlich, wenn sie

1. in den Quotienten aller drei einander entsprechenden Seiten
   $\frac{a}{b} = \frac{a'}{b'}$; $\frac{b}{c} = \frac{b'}{c'}$; $\frac{c}{a} = \frac{c'}{a'}$ oder
2. in der Größe aller drei Winkel $\alpha = \alpha'$; $\beta = \beta'$; $\gamma = \gamma'$ oder
3. in den Quotienten von zwei einander entsprechenden Seiten und der Größe des von ihnen eingeschlossenen Winkels, z. B.
   $\frac{a}{b} = \frac{a'}{b'}$; $\gamma = \gamma'$ oder
4. in den Quotienten von zwei einander entsprechenden Seiten und der Größe des Winkels, welcher der größeren Seite gegenüberliegt, übereinstimmen.

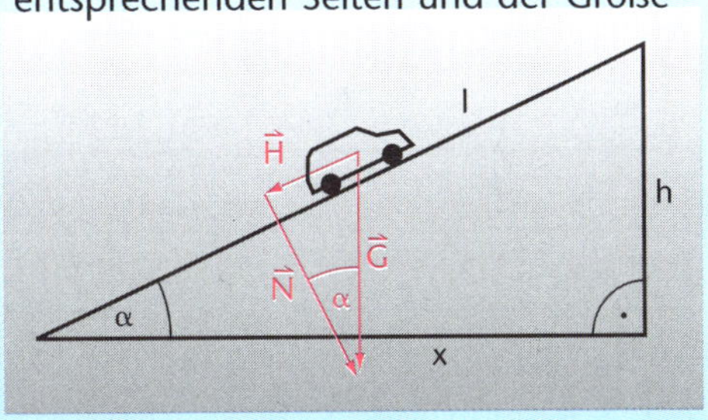

Bild 6.32

Außerdem sind sie ähnlich, wenn einander entsprechende Seiten paarweise im selben Winkel aufeinanderstehen.

Zwei Vierecke sind ähnlich, wenn sie in den Quotienten von zwei einander entsprechenden und nebeneinanderliegenden Seiten und in drei Winkeln übereinstimmen:

z. B. $\frac{a}{b} = \frac{a'}{b'}$; $\alpha = \alpha'$; $\beta = \beta'$; $\gamma = \gamma'$.

6.2.2 Zentrische Streckung und Strahlensätze

EINFÜHRUNGSBEISPIEL

Die wichtigste Ähnlichkeitsabbildung ist die „zentrische Streckung" (siehe Bild 6.33). Aus dem Bild erkennen wir: Alle Strahlen kommen von einem gemeinsamen Punkt. Alle Strecken des Originals sind in gleicher Weise vergrößert.

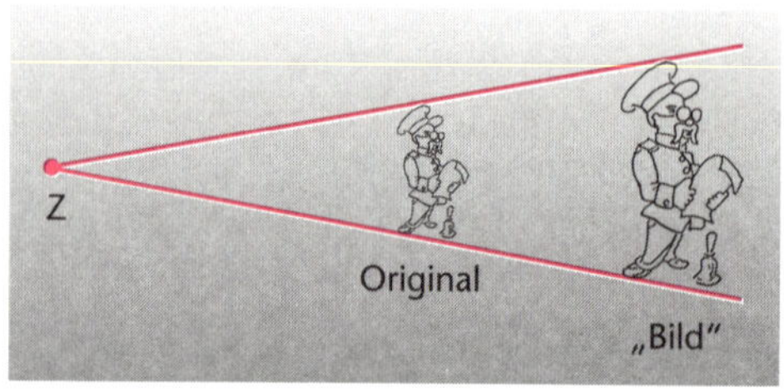

Bild 6.33 k = 1,4

Damit liegt folgende Definition nahe:

D

Eine zentrische Streckung ist eine Abbildung mit einem Fixpunkt Z und einer Zahl $k \neq 0$ aus $\mathbb{R}$, bei der für jeden Punkt P und seinen Bildpunkt P′ gilt:
$|ZP'| = k \cdot |ZP|$.

Eine zentrische Streckung ist daher eindeutig bestimmt durch Angabe des Streckungszentrums Z und des Streckungsfaktors k.
Wir unterscheiden:

k-Wert	Reihenfolge	Größenverhältnis
$k > 1$	Z – Original – Bild	Original < Bild
$0 < k < 1$	Z – Bild – Original	Original > Bild
$-1 < k < 0$	Bild – Z – Original	Original > Bild
$k < -1$	Bild – Z – Original	Original < Bild

Konstruktionsbeschreibung

1. Verbinden Sie jeden wichtigen Punkt des Originals mit dem Streckungszentrum Z (Bild 6.35).

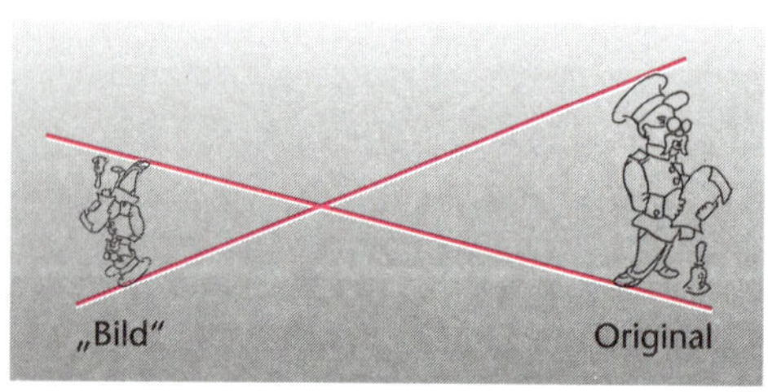

Bild 6.34 k = –0,65

Bild 6.35

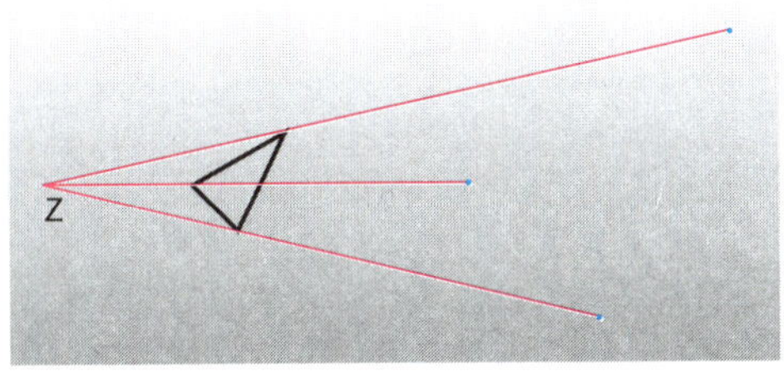

Bild 6.36

2. Multiplizieren Sie die Streckenlängen mit |k|, und tragen Sie die neuen Strecken von Z aus auf den Geraden ZA, ZB . . . ab (Bild 6.36).
3. Verbinden Sie die Bildpunkte in der Reihenfolge der Originalpunkte (Bild 6.37).

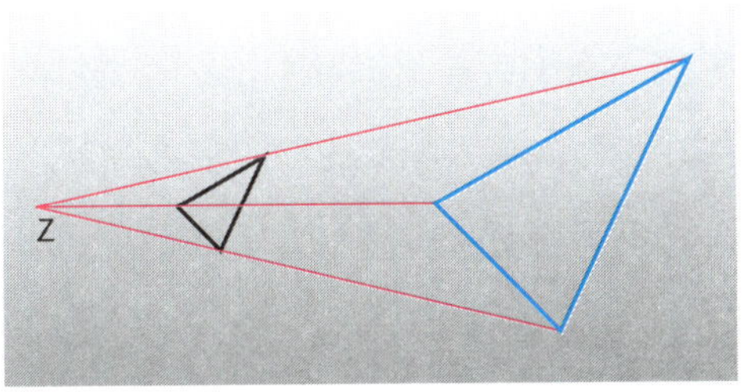

Bild 6.37

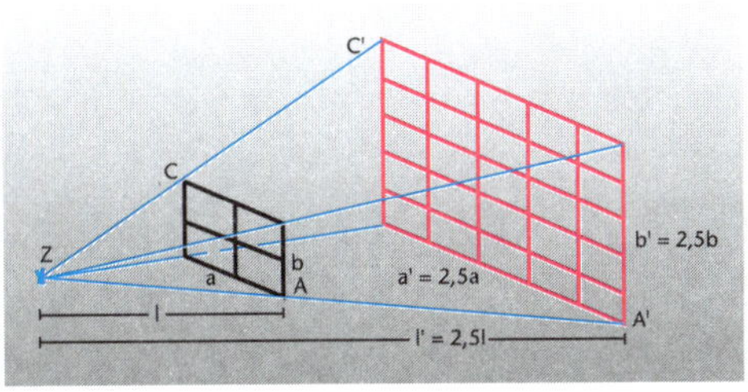

Bild 6.38

Da sich alle Kanten mit dem Faktor k ändern, ändert sich die Fläche mit k^2 (siehe Bild 6.38).

Wie Bild 6.38 zeigt, bestehen präzise Relationen nicht nur zwischen Längen und Flächen von Original und Bild, sondern auch zwischen den Streckenabschnitten auf den von Z ausgehenden Strahlen. Dies führt auf die ***Strahlensätze:***

S

1. Strahlensatz
Werden von einem Punkt ausgehende Strahlen von Parallelen geschnitten, so verhalten sich die (vom Scheitelpunkt aus gemessenen) Abschnitte auf jedem Strahl wie die Abschnitte auf den Parallelen.

2. Strahlensatz
Werden von einem Punkt ausgehende Strahlen von Parallelen geschnitten, so verhalten sich die Abschnitte auf dem einen Strahl wie die entsprechenden Abschnitte auf dem anderen Strahl.

BEISPIELE

1. In Bild 6.38 gilt: $\frac{l}{l'} = \frac{a}{a'} = \frac{b}{b'}$ sowie $\frac{|ZA|}{|AA'|} = \frac{|ZC|}{|CC'|}$.

2. Der sogenannte „Goldene Schnitt“ hat in Kunst und Architektur eine besondere Bedeutung. Er sieht die Teilung einer Strecke a in der Weise vor, daß für die Teilstrecken x und a – x gilt: $a : x = x : (a - x)$.
Wegen $x^2 = a(a - x) \Rightarrow x = \sqrt{a(a - x)}$ ist die längere Teilstrecke das geometrische Mittel aus der kürzeren und der Gesamtstrecke.

Die Länge von x erhält man aus der quadratischen Gleichung (siehe Seite 167)
$x^2 = a^2 - ax \Leftrightarrow 0 = x^2 + ax - a^2$ zu
$x = 0{,}5a(\sqrt{5} - 1) \approx 0{,}618a$.

Bild 6.39

6.2.3 Weitere Ähnlichkeitsabbildungen

EINFÜHRUNGSBEISPIEL

Die beiden Dreiecke in Bild 6.40 sind ähnlich. Also muß es eine Abbildung geben, die beide ineinander überführt.
Wir sehen: $\frac{a'}{a} = \frac{b'}{b} = \frac{c'}{c} = 2$. Der Umlaufsinn ist jedoch umgekehrt. Dies läßt auf die Hintereinanderausführung einer zentrischen Streckung und einer Geradenspiegelung schließen (Bild 6.41).

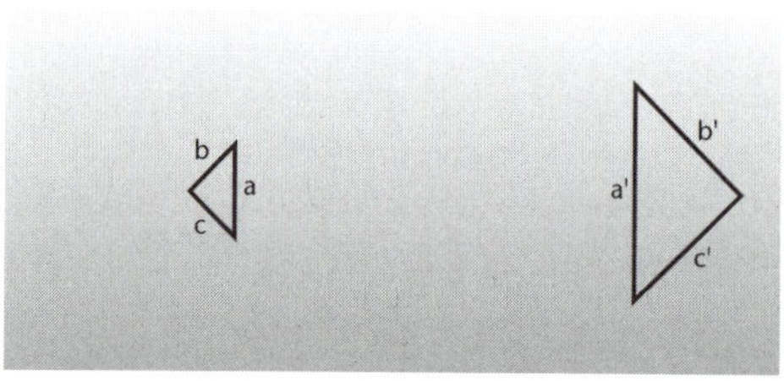

Bild 6.40

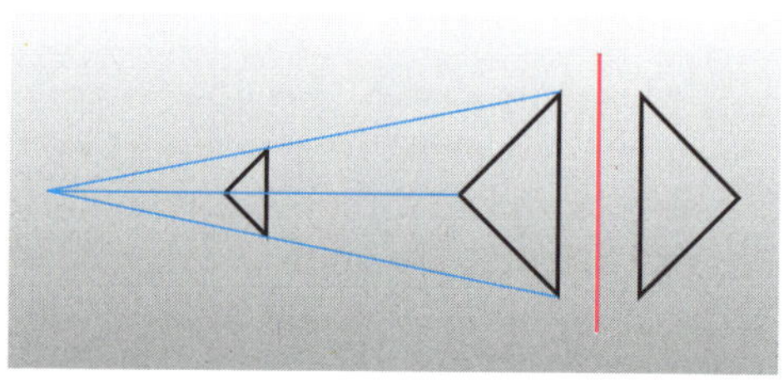
Bild 6.41

S

Jede Ähnlichkeitsabbildung ist die Verkettung aus einer Kongruenzabbildung und einer zentrischen Streckung mit dem Streckungsfaktor k.
Für k = 1 ergibt sich eine reine Kongruenzabbildung; ist aber die Kongruenzabbildung eine identische Abbildung, so erhalten wir eine zentrische Streckung.

ÜBUNGEN

13. Bestimmen Sie jeweils die fehlenden Stücke der Strahlensatzfigur:

a) a = 4,8; c = 6,8; d = 3,4; e = 5,4

b) a = 2,7; b = 1,8; c = 3,3; e = 4

c) a + b = 6; c + d = 7,2; e = 4,9; f = 8,4

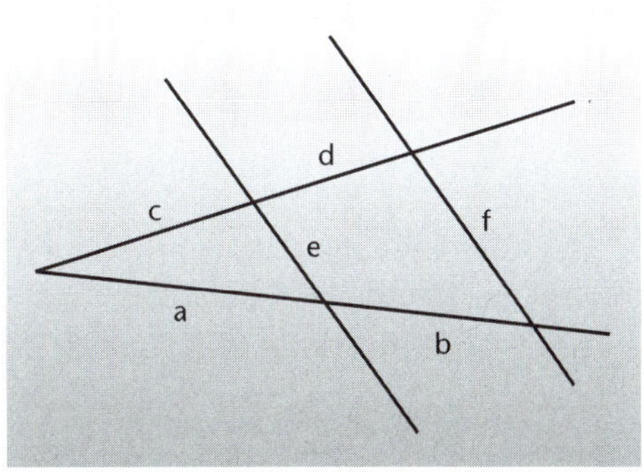

Bild 6.42

14. Ein Dia (24 mm · 36 mm) soll so formatfüllend wie möglich auf eine 1,5 m · 1,5 m große Leinwand abgebildet werden. Sein Abstand zur Abbildungslinse des Projektors beträgt 5 cm. In welcher Entfernung x vom Projektor muß die Leinwand aufgebaut werden? Auf das Wievielfache ist dabei die Diafläche F vergrößert worden?

15. Für die Abbildung mit einer Sammellinse gilt: $\frac{1}{b} + \frac{1}{g} = \frac{1}{f}$ (Linsengleichung) sowie $\frac{B}{G} = \frac{b}{g}$ (Abbildungsgleichung).

Zeigen Sie die Gültigkeit dieser Gleichungen.

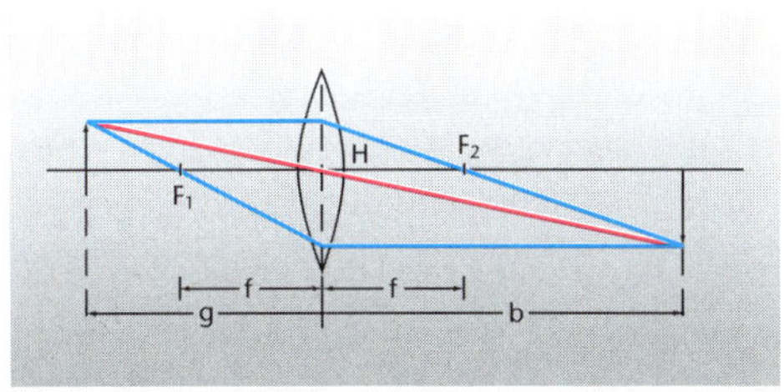

Bild 6.43

16. Eine Erbse vom Durchmesser 0,5 cm bedeckt den Vollmond exakt, wenn man sie 55 cm vom Auge entfernt zwischen den Fingern hält. Wie groß ist demnach der Mondradius, wenn der Erdradius 6378 km und die Entfernung zwischen Erd- und Mondoberfläche 60 Erdradien (R_E) betragen?

17. Beim Militär erfolgt die „Zielansprache" (das heißt die Beschreibung des Orts eines Gegenstands) mit Hilfe des „Daumensprungs". Dazu kneift man zunächst ein Auge zu und peilt mit dem anderen über den Daumen des ausgestreckten Arms das Ziel an. Dann kneift man das andere Auge zu und blickt nun auf einen (gut erkennbaren) Vergleichsgegenstand.
Wie weit sind beide voneinander entfernt, wenn der ausgestreckte Arm ca. 75 cm lang, der Augenabstand 10 cm und die Entfernung Beobachter – Ziel 100 m ist?

18. In einem Dachgiebel der Höhe 3,5 m und der Dachseitenlänge 4,5 m soll in 2,5 m Höhe eine Decke eingezogen werden. Wie groß ist die Breite, auf der der entstehende Raum die volle Höhe hat, wie lang sind die Schrägwände?

19. Wie hoch ist ein Baum, der einen 20 m langen Schatten wirft, wenn gleichzeitig der Schatten eines 1,80 m großen Wanderers 1,20 m lang ist?

20. Ein Försterdreieck ist ein gleichschenklig-rechtwinkliges Dreieck (ähnlich einem Geodreieck). Mit Hilfe eines solchen Dreiecks kann man die Höhe eines Baumes bestimmen, indem man es so vor das Auge hält, daß eine Kathete a waagrecht liegt, und über die Hypotenuse die Baumspitze anpeilt.
Wie hoch ist der Baum, wenn der Betrachter 10 m vor dem Baum in die Knie geht und seine Augenhöhe dann noch 1 m beträgt?

21. Wie breit sind die Flüsse?

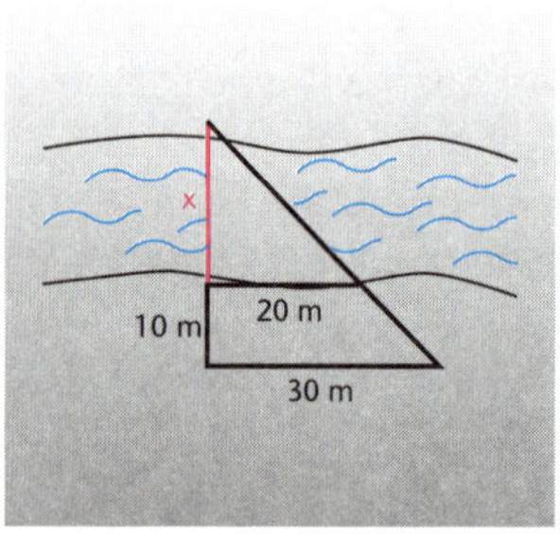

Bild 6.44

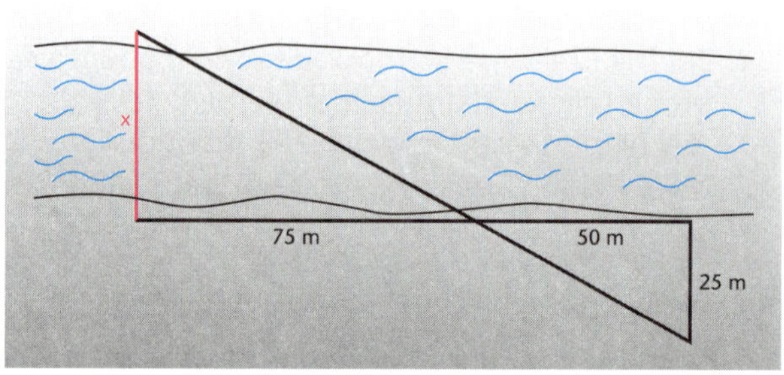

Bild 6.45

22. Im Trapez ABCD (Bild 6.46) ist $a = 7$ cm; $c = 4$ cm; $|\overline{BE}| = 2$ cm und $|\overline{EC}| = 1$ cm. Wie lang ist $\overline{EF}$?

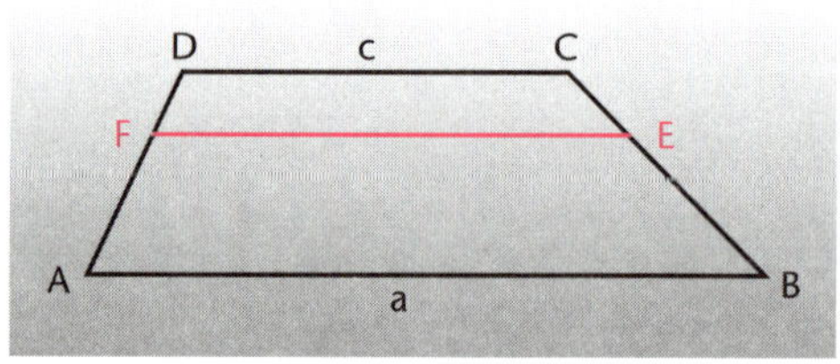

Bild 6.46

23. Das Sehfeld (Bereich zwischen den Blickrichtungen aus den Augenwinkeln) beim Menschen beträgt etwa 120°. Aus einer Höhe von 34,65 m (etwa von einem Ballon aus) kann er so ein ganzes Fußballfeld von 120 m Länge überschauen. Wie hoch muß er steigen, damit die Erdkugel gerade innerhalb des Sehfelds liegt?

24. Mit einem sogenannten Storchenschnabel (Bild 6.47) kann man Zeichnungen vergrößern oder verkleinern. S ist ein Standfuß, in A, B und C befinden sich die Gelenke, der sogenannte Fahrstift F fährt das Original ab, während der Zeichenstift Z ein Bild erstellt.

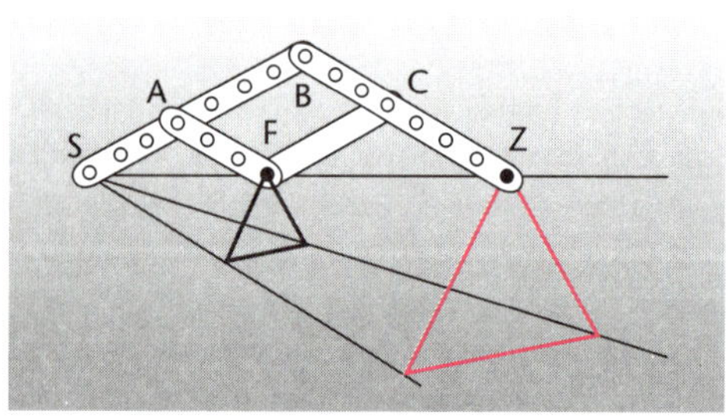

Bild 6.47

a) Mit welchem Streckfaktor arbeitet das Gerät in Bild 6.47?
b) Welche weiteren Vergrößerungsfaktoren lassen sich einstellen?

25. In Deutschland beträgt das Verhältnis von Breite b zu Höhe h eines Fernsehbildes 4 : 3.
a) Die Bildschirmgröße wird mit Hilfe der Diagonalenlänge angegeben. Wie hoch und wie breit ist dann ein Bildschirm der Diagonale d = 34 cm (55 cm; 70 cm)?
b) Wie ändern sich die Angaben aus a) beim neuen 16 : 9-Format?

26. Zeigen Sie: Im Dreieck teilt jede Winkelhalbierende die Gegenseite im Verhältnis der anliegenden Seiten.

27. Teilen Sie eine Strecke von 10 cm nach dem Goldenen Schnitt.

28. Zeigen Sie, daß die Dreiecke I – IV ähnlich sind.

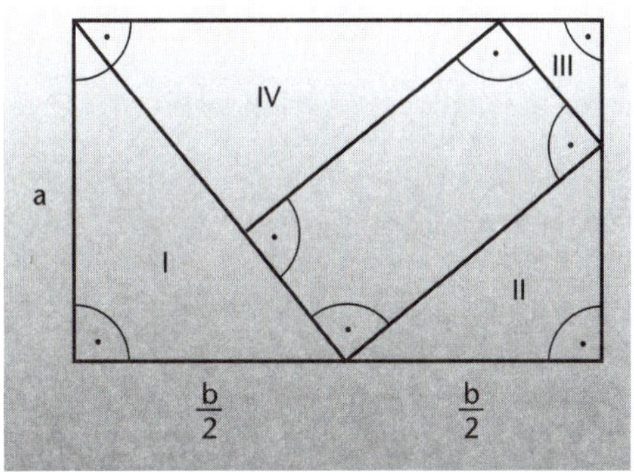

Bild 6.48

29. Existieren auf der Geraden AB zwei Punkte X zwischen A und B und Y außerhalb von $\overline{AB}$ mit $|AX| : |XB| = |AY| : |YB|$, so sagt man, daß $\overline{AB}$ durch den inneren Teilpunkt X und den äußeren Teilpunkt Y „harmonisch" geteilt wird.
Wo liegen bei $|AB|$ = 10 cm und einer harmonischen Teilung von 5 : 2 die Punkte X und Y?

30. Der wievielte Teil der Parallelogrammfläche ist schraffiert?

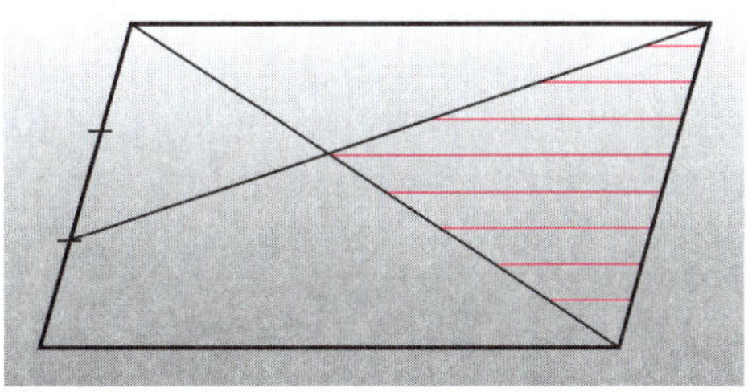

Bild 6.49

6.3 Affine Abbildungen

6.3.1 Die axiale Affinität

EINFÜHRUNGSBEISPIEL

Jeder am Sport nur halbwegs Interessierte weiß, daß die „Mittelkreis" genannte Linie wirklich ein Kreis ist. Dennoch erscheint dieser Mittelkreis in der gezeigten Perspektive ellipsenförmig.
Es muß also eine Abbildung geben, die einen Kreis in eine Ellipse überführt. Welche Eigenschaften muß diese Abbildung dann haben?

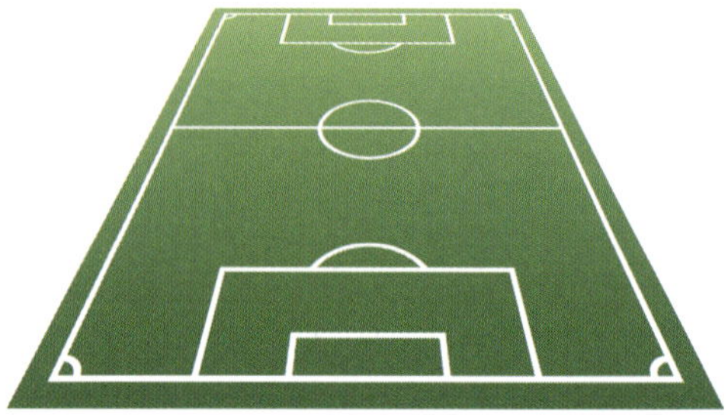

Bild 6.50

Betrachten wir Kreis und Ellipse nebeneinander, so fällt auf, daß der Kreis einen einheitlichen Radius hat, während wir bei der Ellipse eine große und eine kleine Halbachse finden. Also muß bei der Abbildung die Größe in einer Richtung unverändert geblieben sein, während die Größe in der anderen dazu senkrechten Richtung gestreckt oder gestaucht wurde.

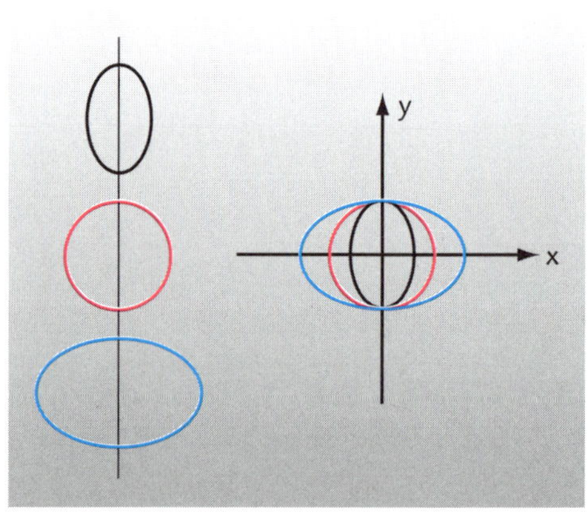

Bild 6.51

Wir sehen:
1. Alle y-Koordinaten bleiben erhalten, die x-Achse ist somit Fixpunktgerade.
2. Alle x-Koordinaten werden um einen Faktor k verändert.
3. Parallelen bleiben parallel.

Die Fixpunktgerade bezeichnet man als ***Affinitätsachse.*** Die Gerade, längs der die Streckung oder Stauchung erfolgt, heißt ***Richtungsgerade.*** Dies führt zu folgender Definition:

D

Eine durch Affinitätsachse a, Richtungsgerade g und Affinitätsfaktor $k \neq 0$ eindeutig bestimmte Abbildung heißt axiale Affinität. Man bezeichnet sie mit $A_{a;g;k}$.

BEISPIELE

1. $A_{a;g;2}$

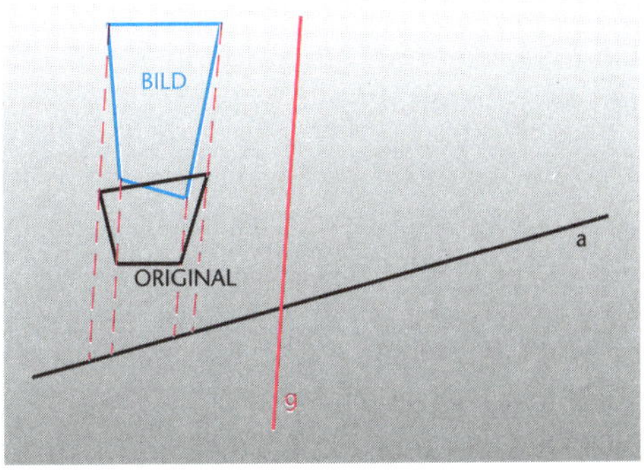

Bild 6.52

2. $A_{a;g;-1}$ heißt Schrägspiegelung.
Für $a \perp g$ geht sie in die „normale" Achsenspiegelung über.

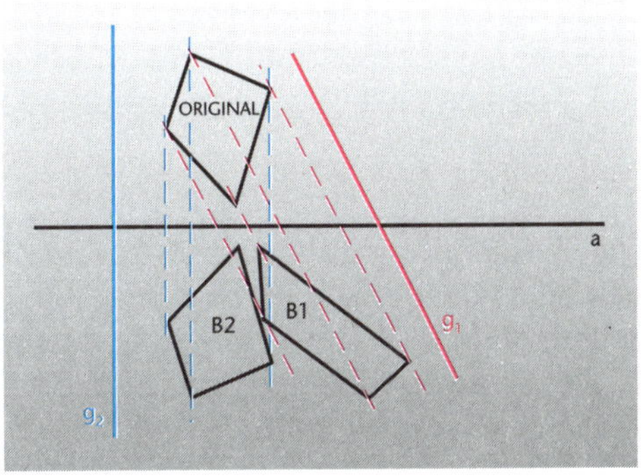

Bild 6.53

Konstruktionsbeschreibung

1. Ziehen Sie durch jeden markanten Punkt P_1, P_2... des Originals eine Parallele zu g, und benennen Sie die Schnittpunkte mit a durch S_1, S_2...

2. Tragen Sie jeweils $k \cdot |P_1S_1|$... auf den Parallelen ab, und verbinden Sie die Bildpunkte in der Reihenfolge des Originals.

6.3.2 Die Scherung

EINFÜHRUNGSBEISPIEL

Gegeben seien das Rechteck ABCD mit A (2|2); B (4|2); C (4|6) und D (2|6) sowie die Geraden $g_1(x) = x$ und $g_2(x) = -x + 8$ sowie $a(x) = 2$.
Bild 6.54 zeigt nacheinander die Abbildungen $A_{a;g_1;2,5}$ und $A_{a;g_2;0,4}$.

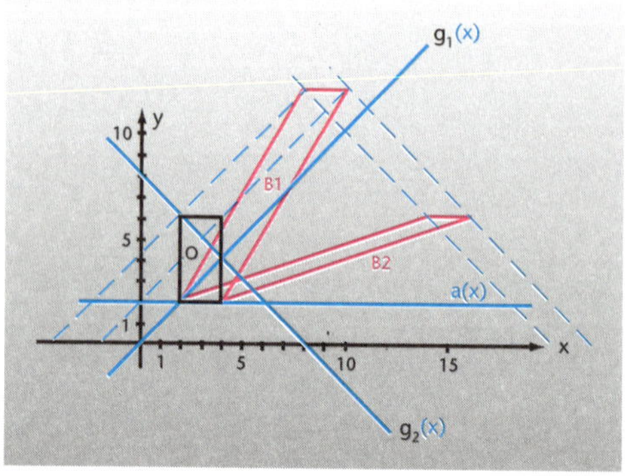

Bild 6.54

Das Ergebnis legt die folgende Definition nahe:

D

Die Hintereinanderausführung zweier Achsenaffinitäten mit derselben Affinitätsachse a, verschiedenen Richtungsachsen g_1 und g_2 und Affinitätsfaktoren k_1 und k_2, die von Null verschieden sind und für die $k_1 \cdot k_2 = 1$ gilt, bezeichnet man als *Scherung*.

Die Bezeichnung „Scherung" kommt daher, daß die Gerade g_1 und eine zu g_2 parallele Gerade g_2^* sich in einem Punkt der Geraden a schneiden und dabei eine Schere bilden. Daraus ergibt sich, falls man einen Originalpunkt A und einen Bildpunkt A′ kennt, folgende Konstruktionsbeschreibung der vollständigen Abbildung.

Konstruktionsbeschreibung

1. Bestimmen Sie für jeden wichtigen Punkt P der Figur den Schnittpunkt S der Geraden PA mit der Affinitätsgeraden a.
2. Zeichnen Sie SA′.
3. Ziehen Sie eine Parallele zu a durch P. Ihr Schnittpunkt mit SA′ ist der gesuchte Punkt P′ (Bild 6.55).

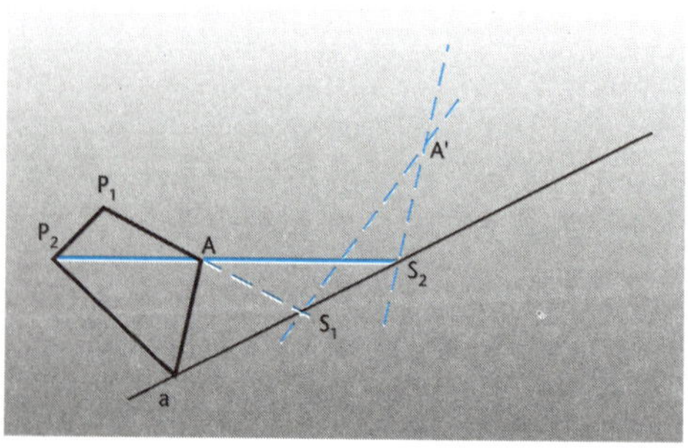

Bild 6.55

Ist PA ∥ a, so ist |PA| = |P′A′| (Bild 6.56).

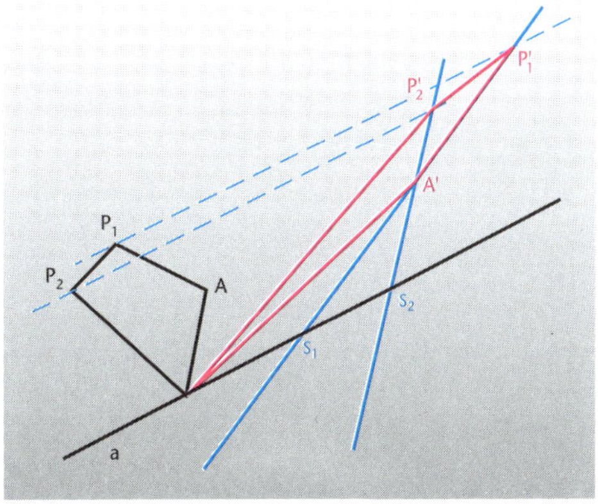

Bild 6.56

Dem Einführungsbeispiel läßt sich eine wichtige Eigenschaft der Scherung entnehmen: Sie läßt den Flächeninhalt unverändert.

6.3.3 Weitere Spezialfälle und Zusammenfassung

Da in Bild 6.57 $g_1 \nparallel g_2$ und $F_1 \neq F_3$, ist die Abbildung von F_1 auf F_3 weder eine axiale Affinität noch eine Scherung. Als Kombination aus axialer Affinität und Geradenspiegelung ist sie allerdings dennoch eine affine Abbildung.

Denn auch die schon diskutierten Kongruenz- und Ähnlichkeitsabbildungen sind affine Abbildungen. Im einzelnen gilt:

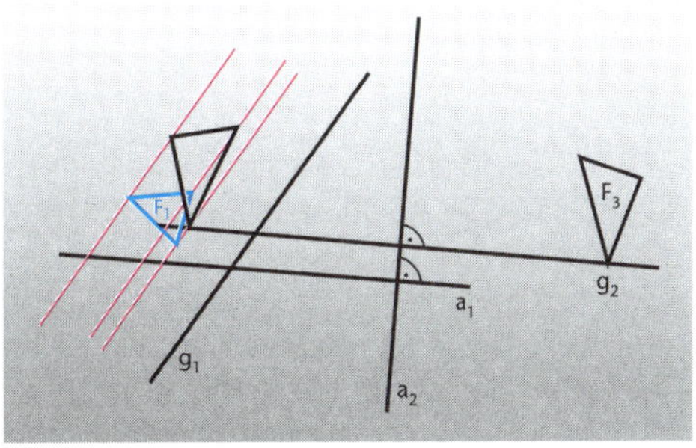

Bild 6.57

S

1. Die Achsenspiegelung ist eine axiale Affinität mit k = –1.
2. Die Verschiebung längs $\vec{v}$ ist eine Verkettung zweier axialer Affinitäten mit zueinander parallelen Affinitätsachsen $\perp \vec{v}$ im Abstand $0{,}5|\vec{v}|$ und $k_1 = k_2 = -1$.
3. Die Drehung ist eine Verkettung zweier axialer Affinitäten mit Affinitätsachsen a_1 und a_2, die sich im Drehpunkt schneiden und den halben Drehwinkel einschließen, und $k_1 = k_2 = -1$.
4. Die zentrische Streckung entsteht aus einer Hintereinanderausführung zweier axialer Affinitäten.

BEISPIEL

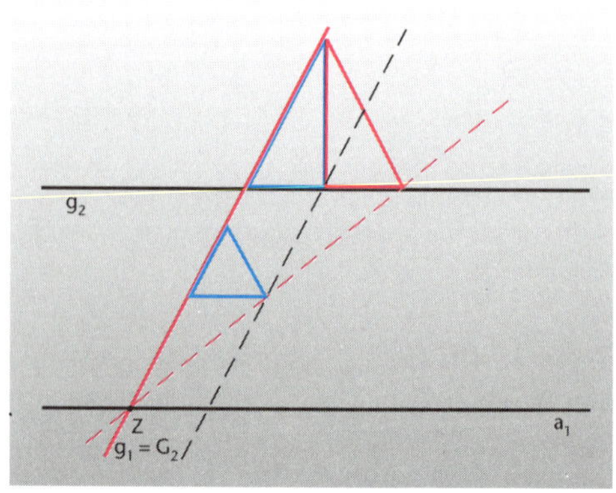

Bild 6.58

ÜBUNGEN

31. Konstruieren Sie das affine Bild des Quadrats bezüglich $A_{a;g;-1}$ (Bild 6.59).

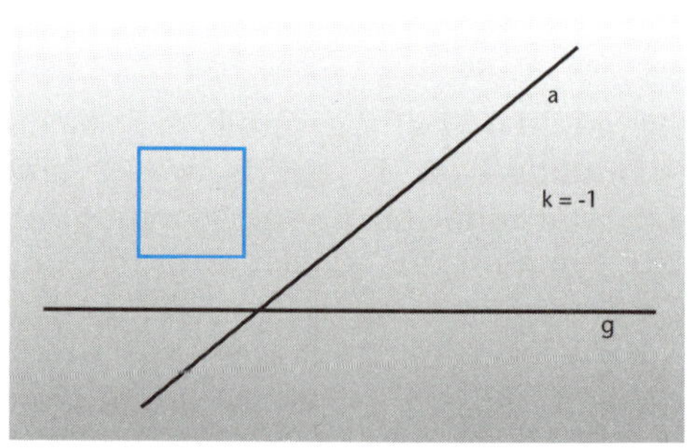

Bild 6.59

32. Konstruieren Sie ein symmetrisches Trapez mit a = 8 cm; b = d = 5 cm; c = 4 cm. Verwenden Sie die Mittelsenkrechte auf a und c als Affinitätsachse, eine dazu im Winkel von 45° stehende Gerade als Richtungsgerade sowie den Affinitätsfaktor k = 2, und konstruieren Sie das Bild der affinen Abbildung.

33. Gegeben sei das Dreieck A (1|1); B (4|5); C (7|3). Die x-Achse sei Affinitätsachse, die Richtungsgerade sei gegeben durch y = x + 1; k = –0,5. Welche Koordinaten haben die Bildpunkte?

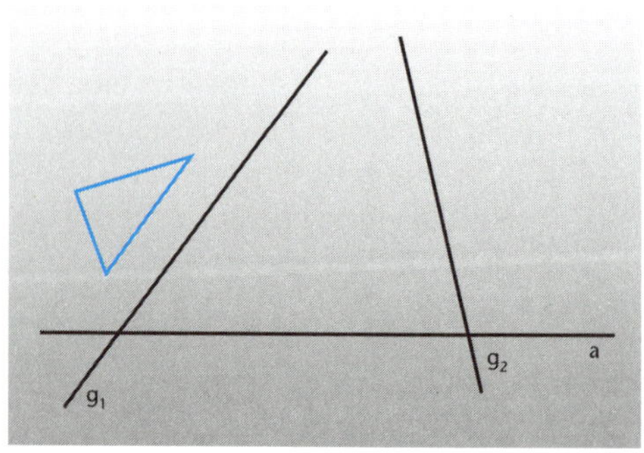

Bild 6.60

34. Konstruieren Sie das Bild der Scherung in Bild 6.60:

35. Bilden Sie das Dreieck ABC mit A (–2|2); B (3|–2); C (5|5) durch die Scherung ab, welche
a) die x-Achse als Affinitätsachse hat und C in C′ (–2|5) überführt,
b) die y-Achse als Affinitätsachse hat und A in A′ (–2|5) überführt.

36. Beweisen Sie die Formel F = πab für den Flächeninhalt der Ellipse mit den Halbachsen a und b.

37. Wie groß ist die Fläche der Ellipse, die aus einem Kreis mit r = 10 cm unter $A_{x;y;0,75}$ entsteht?

38. Beweisen Sie mit Hilfe affiner Abbildungen
a) den Kathetensatz,
b) den Satz des Pythagoras,
c) den Höhensatz.

LÖSUNGEN

1. $|\vec{v}| = 6$ L.E. In 1. a) zeigt der Vektor nach rechts unten, in 1. b) nach links oben. In beiden Fällen gilt: $\vec{v} \perp g, h$.

2. a) $D_S\ (-150^\circ)$
b) $D_S\ (150^\circ)$

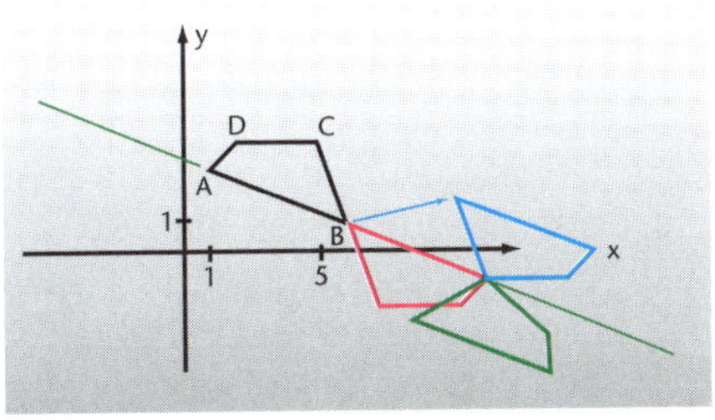

Bild 6.62

3.

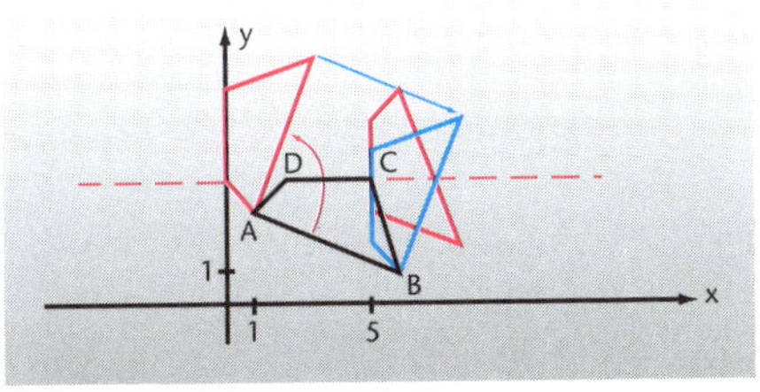

Bild 6.61

4. a) $D_M\ (180^\circ)$
b) z. B. $S_{g'}$, wobei g durch die Schnittpunkte der Kreise geht
c) $V_{\vec{a}}$ mit $\vec{a} = \binom{6RK}{-3RK}$
d) $V_{\vec{a}} \circ S_g$ mit $\vec{a} = \binom{6RK}{0RK}$ und $m_g = -1$ (verläuft also diagonal von links oben nach rechts unten durch die Rechenkästchen)

5. Keine Eindeutigkeit bei b), da α gegenüber der kürzeren der beiden gegebenen Seiten liegt, und bei c), da nur die Winkel gegeben sind.

6. *a)* Nein; siehe Aufgabe 12.
b) Nein. Mit a und b ist auch die Diagonale $\overline{AC}$ festgelegt. Sie und die Seite d gehören zum selben Teildreieck wie γ. Dieses ist dann wegen SSW eindeutig.
c) Ja.

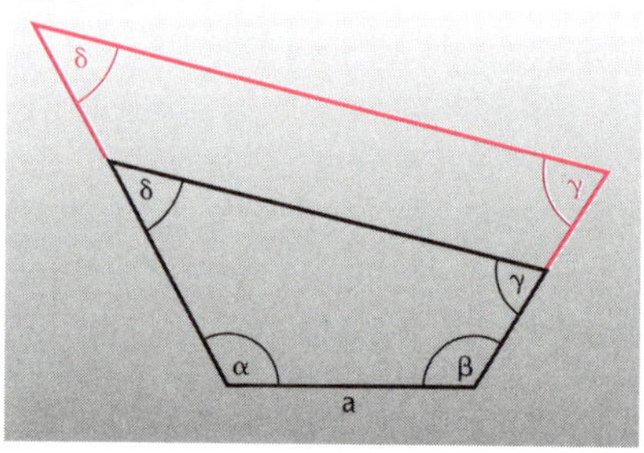

Bild 6.63

7. *a)* Drehungen um den Schnittpunkt der Diagonalen S um 90°, 180°, 270°,(D_S(360°) ist von id – wie entsprechende 360°-Drehungen bei den übrigen Teilaufgaben – nicht zu unterscheiden) sowie Spiegelungen an den Diagonalen und an den Seitenhalbierenden
b) D_S(180°) und Spiegelungen an den Seitenhalbierenden
c) D_S(180°) und Spiegelungen an den Diagonalen
d) D_S(180°)
e) Spiegelung an der Seitenhalbierenden der Basis s_a
f) Drehungen um 120° und 240° um den Schnittpunkt der Seitenhalbierenden sowie Spiegelungen an den Seitenhalbierenden
g) Beliebige Drehungen um M und Spiegelungen an beliebigen Geraden durch M

8. Um 1°, da die Gesamtänderung der Strahlrichtung (2°) die Summe aus den Änderungen von Einfalls- und Ausfallswinkel (je 1°) ist.

9.

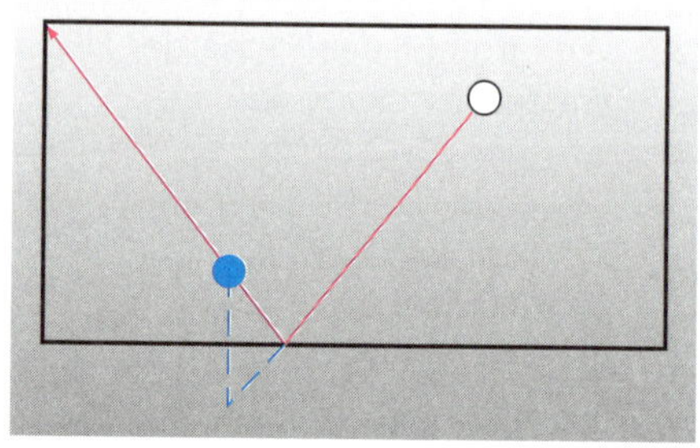

Bild 6.64

10. Siehe Bild 6.65, S. 439.

11. Die Allgemeingültigkeit einer Regel kann schon durch ein Gegenbeispiel widerlegt werden. Ein solches ist etwa Aufgabe 5. b).

12. Mit drei Winkeln ist über den Winkelsummensatz (siehe Seite 359) auch der vierte Winkel bekannt. Damit liegen die Richtungen der fehlenden Seiten fest. Der Schnittpunkt der Richtungsgeraden ist der fehlende Eckpunkt.

13. *a)* $\frac{c+d}{c} = \frac{f}{e} \Rightarrow f = 8{,}1;$

$\frac{d}{c} = \frac{b}{a} \Rightarrow b = 2{,}4$

b) $\frac{a+b}{a} = \frac{f}{e} \Rightarrow f = 6{,}67;$

$\frac{b}{a} = \frac{d}{c} \Rightarrow d = 2{,}2$

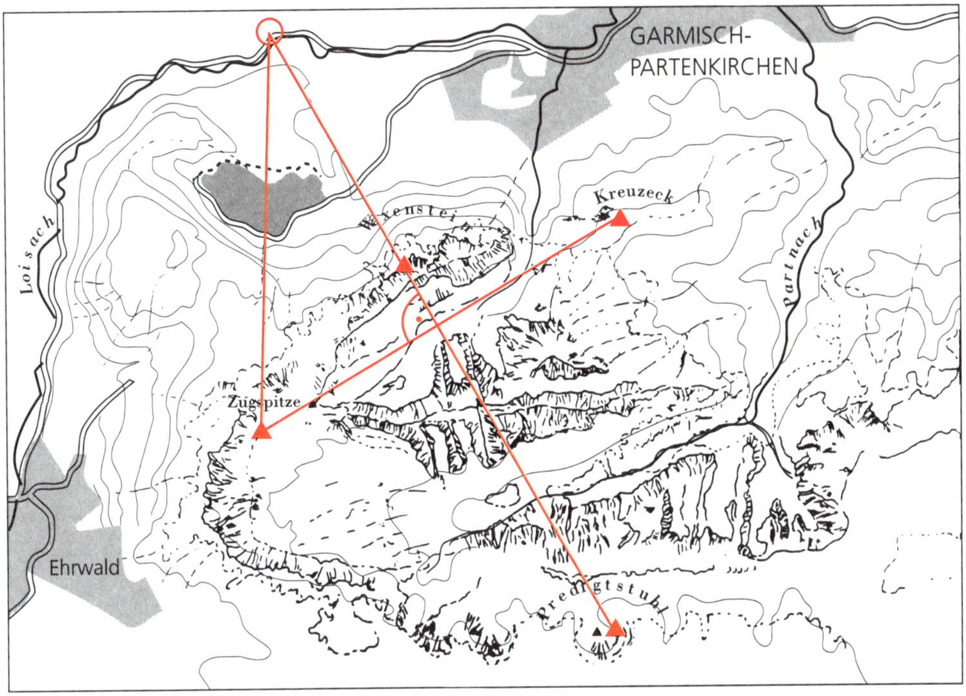

Bild 6.65

c) $\frac{f}{e} = \frac{a+b}{a} = \frac{c+d}{c}$

$\Rightarrow a = 3{,}5;\ b = 2{,}5$

$c = 4{,}2;\ d = 3$

14. $\frac{1{,}5}{0{,}036} = \frac{x}{0{,}05} \Rightarrow x = 2{,}08\overline{3}$ m

$\frac{1{,}5}{0{,}036} = k \Rightarrow F' = k^2 \cdot F$

$= k^2 \cdot 0{,}036 \cdot 0{,}024$

mit $k^2 = \left(41\frac{2}{3}\right)^2 \approx 1736$

Die Leinwand muß 2,08 m vom Projektor aufgestellt werden. Die Diafläche ist bei der Abbildung etwa auf das 1736fache vergrößert.

15. Die Abbildungsgleichung folgt direkt aus dem Strahlensatz mit dem Hauptpunkt H der Linse (Treffpunkt von optischer Achse und Mittelebene der Linse) als Strahlenzentrum.

Für die Linsengleichung gilt bei Verwendung der Spitze des Bildes B als Strahlenzentrum:

$\frac{B+G}{b} = \frac{B}{b-f}$

Daraus ergibt sich unter Verwendung der Abbildungsgleichung in der Form

$G = B \cdot \frac{g}{b}$:

$\frac{B + B\frac{g}{b}}{b} = \frac{B}{b-f}$

Nach Division durch B ergibt sich:

$\frac{b+g}{b^2} = \frac{1}{b-f} \Leftrightarrow b^2 = (b-f)(b+g)$

$b^2 = b^2 + gb - fb - fg$

Nach Subtrahieren von b^2 und Division durch fgb ergibt sich:

$$0 = \frac{1}{f} - \frac{1}{g} - \frac{1}{b} \Leftrightarrow \frac{1}{g} + \frac{1}{b} = \frac{1}{f}$$

16. Die Entfernung Erde – Mond beträgt $60R_E = 382\,680$ km.
Daraus ergibt sich der Monddurchmesser zu

$$\frac{382680}{0{,}55} \cdot 0{,}005 = 3478{,}9 \text{ km}.$$

17. $\frac{100}{1} = \frac{x}{0{,}1} \Rightarrow x = 10$ m
Gegenstand und Vergleichsgegenstand sind 10 m voneinander entfernt.

18. Für die Fußbodenbreite b des Giebelgeschosses gilt:

$$\frac{b}{2} = \sqrt{4{,}5^2 - 3{,}5^2} = 2{,}83 \text{ m},$$

also b = 5,66 m.
Ferner ist $\frac{1}{3{,}5} = \frac{x}{2{,}83} \Leftrightarrow x = 0{,}81$ m;
2x = 1,62 m die Länge der Deckenträger, die genau der Fußbodenbreite mit voller Höhe entspricht.
Aus $\frac{1}{3{,}5} = \frac{y}{4{,}5}$ erhält man y = 1,29 m und daraus die Länge der Schrägwände zu 4,5 – y = 3,21 m.

19. $\frac{h}{20} = \frac{1{,}8}{1{,}2} \Rightarrow h = 30$ m
Der Baum ist 30 m hoch.

20. $\frac{10}{a} = \frac{h-1}{a} \Rightarrow h = 11$ m
Der Baum ist 11 m hoch.

21. *a)* $\frac{x+10}{x} = \frac{30}{20} \Leftrightarrow 20x + 200 = 30x$
$\Leftrightarrow 200 = 10x \Leftrightarrow 20\text{m} = x$
Der Fluß ist 20 m breit.
b) $\frac{25}{50} = \frac{x}{75} \Leftrightarrow x = 37{,}5$ m
Der Fluß ist 37,5 m breit.

22. Gemäß Bild 6.66 ist

$$\frac{|SC|}{|SB|} = \frac{4}{7} = \frac{|SC|}{|SC|+3} \Rightarrow |SC| = 4$$

und damit

$$\frac{|SC|+1}{|SC|+3} = \frac{|SE|}{|SB|} = \frac{|EF|}{|AB|} = \frac{5}{7},$$

also |EF| = 5.

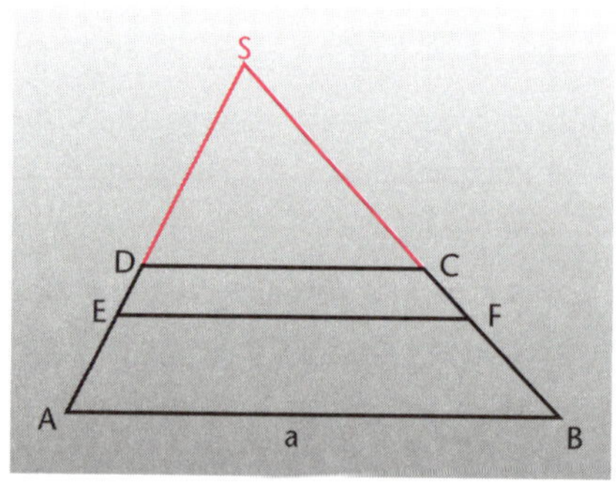

Bild 6.66

23. Das Dreieck S_1MS_2 ist gleichseitig. Daher ist $|S_1S_2| = R_E$ und $|S_1P| = |S_2P| = 0{,}5\,R_E$ und nach dem Satz des Pythagoras $|MP| = 0{,}5R_E\sqrt{3}$.

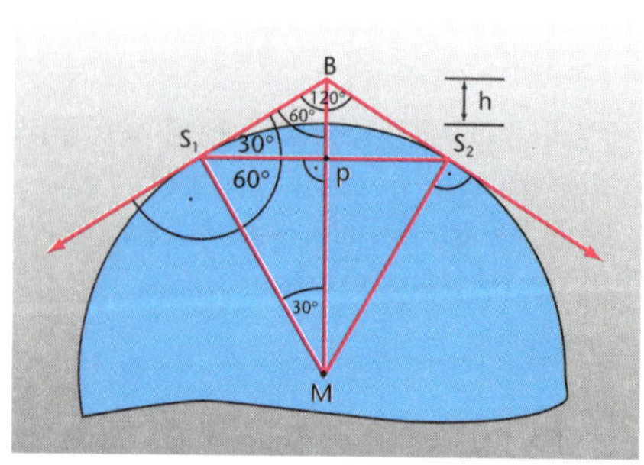

Bild 6.67

Mit dem Strahlensatz erhält man:

$$\frac{34{,}65}{120} = \frac{|BP|}{|S_1S_2|} = \frac{|BP|}{R_E} \text{ und damit}$$

$$|BP| = \frac{34{,}65}{120} R_E \approx 1841{,}65 \text{ km.}$$

Also ist $|BP| + |PM| - R_E = h = 987{,}16$ km die Höhe über der Erdoberfläche. Mit dem Fesselballon kommt man dahin nicht mehr, sondern nur noch mit Raumfahrzeugen.

24. *a)* Der Streckfaktor im Bild ist $\frac{7}{3}$.

b) Alle Vergrößerungsfaktoren $\frac{7}{6}$, $\frac{7}{5}$ bis $\frac{7}{1}$ (und durch Umstecken von Zeichen- und Fahrstift natürlich entsprechende Verkleinerungen) lassen sich einstellen.

25. *a)* $34^2 = h^2 + \left(\frac{4}{3}h\right)^2 = \frac{25}{9}h^2$

$\Rightarrow h = 20{,}4$ cm; $b = 27{,}2$ cm
analog bei $d = 55$ cm:
$h = 33$ cm; $b = 44$ cm
und bei $d = 70$ cm:
$h = 42$ cm; $b = 56$ cm

b) Schirmabmessungen für $d = 34$ cm:

$34^2 = h^2 + \left(\frac{16}{9}h\right)^2 = \frac{337}{81}h^2$

$\Rightarrow h = 16{,}7$ cm; $b = 29{,}6$ cm
analog bei $d = 55$ cm:
$h = 27$ cm; $b = 48$ cm
und bei $d = 70$ cm:
$h = 34{,}3$ cm; $b = 61$ cm

26. $\delta = 0{,}5\,\alpha$ (Wechselwinkel); $\varepsilon = 0{,}5\,\alpha$ (Stufenwinkel). Also ist das Dreieck DAC gleichschenklig und damit $y = b$. Die Anwendung des zweiten Strahlensatzes mit B als Zentrum liefert direkt: $\frac{a-x}{x} = \frac{c}{b}$.

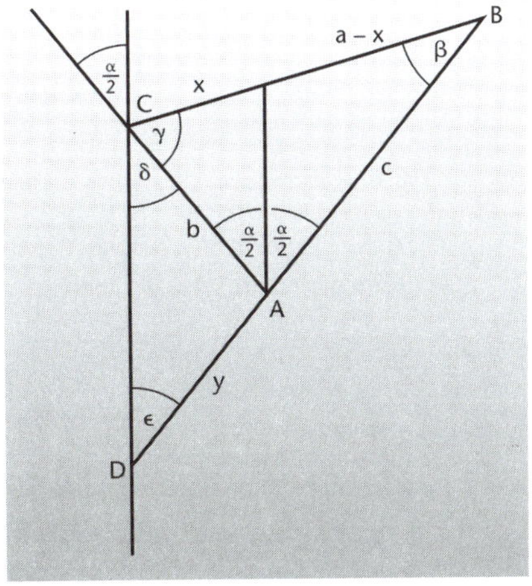

Bild 6.68

27.

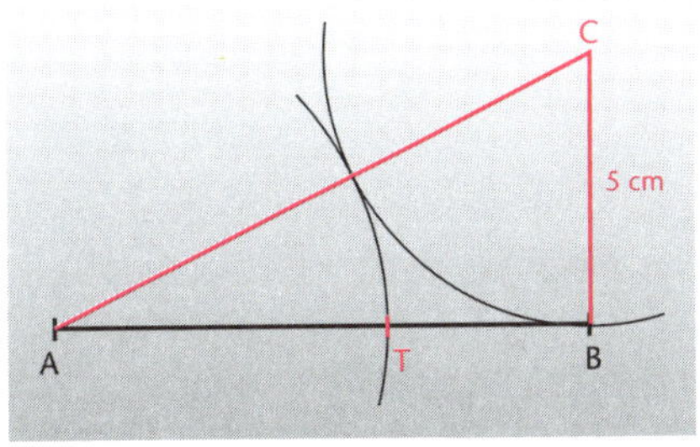

Bild 6.69

28. Einander entsprechende Strecken stehen paarweise senkrecht aufeinander, einander entsprechende Winkel sind gleich groß. Also sind die Dreiecke ähnlich.

29.

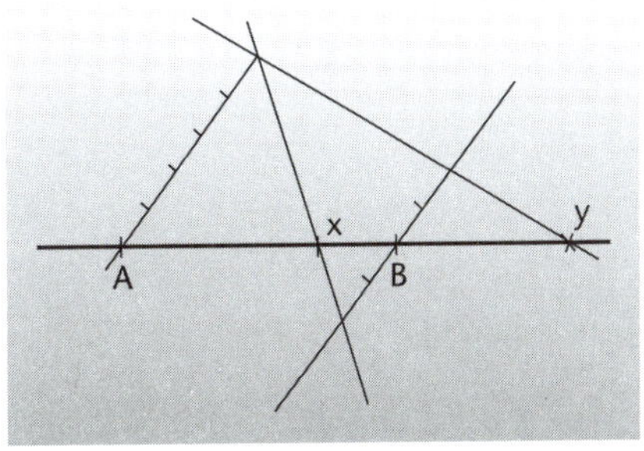

Bild 6.70

30. Mit der Dreieckshöhe h_D und der Parallelogrammhöhe h_P ergibt sich:

$$\frac{y}{x} = \frac{2}{3}; \quad \frac{h_P}{h_D} = \frac{x+y}{x} = \frac{y}{x} + 1 = \frac{5}{3}$$

$$\Rightarrow h_D = \frac{3}{5} h_P$$

Für die Dreiecksfläche F_D und die Parallelogrammfläche F_P gelten dann:

$$F_P = b \cdot h_P; \quad F_D = \frac{b \cdot h_D}{2}$$

$$\Rightarrow \frac{F_D}{F_P} = \frac{b \cdot h_D}{2b \cdot h_P} = \frac{b \cdot \frac{3}{5} h_P}{2b \cdot h_P} = \frac{3}{10}$$

30% der Fläche sind also schraffiert.

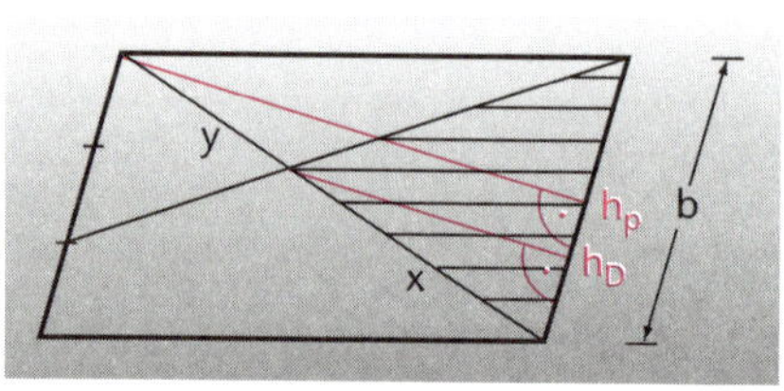

Bild 6.71

31.

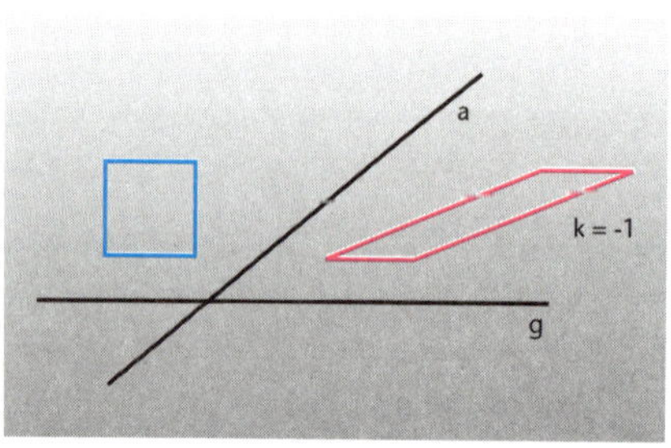

Bild 6.72

32.

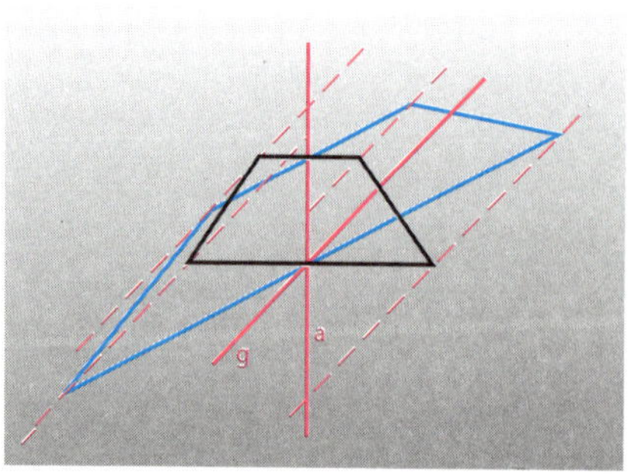

Bild 6.73

33.

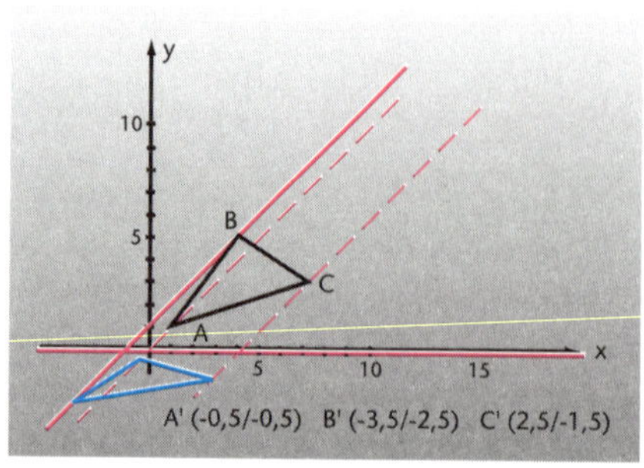

Bild 6.74

34.

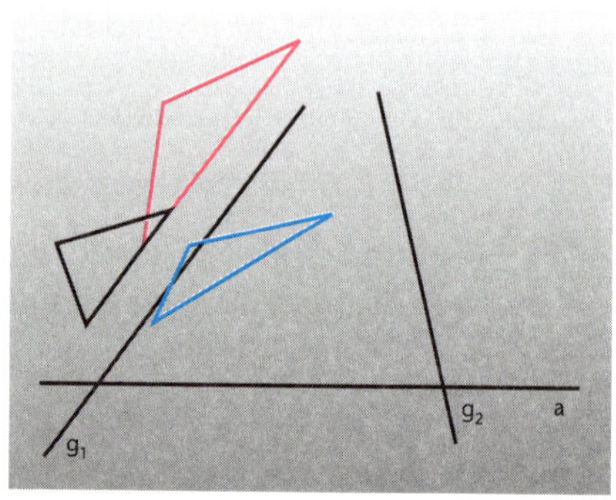

Bild 6.75

35.

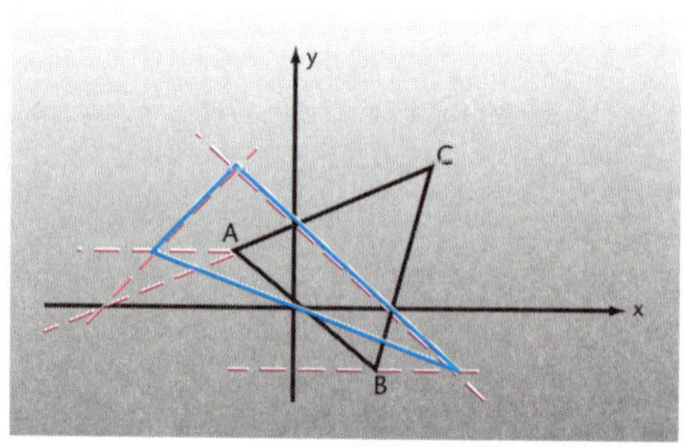

Bild 6.76

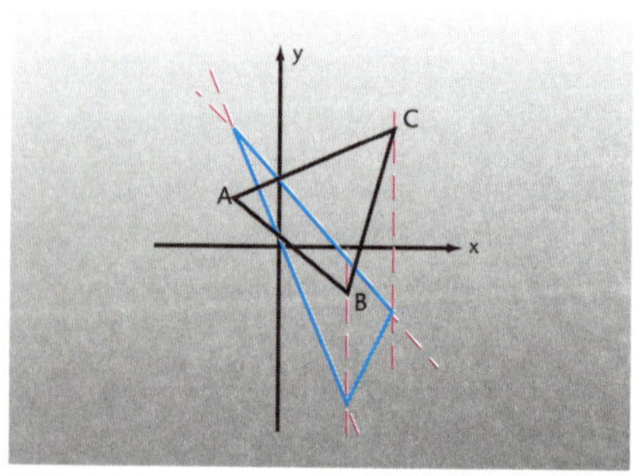

Bild 6.77

36. Da die Ellipse durch eine affine Abbildung mit $g \perp a$ und $k\ \frac{b}{a}$ aus dem Kreis mit dem Radius r = a entsteht, gilt

$F = \pi r \cdot kr = \pi a \cdot ka = \pi a \frac{b}{a} a = \pi ab.$

37. $F = \pi \cdot 0{,}75r \cdot r = 75\pi \approx 235{,}62\ \text{cm}^2$

38. *a)*

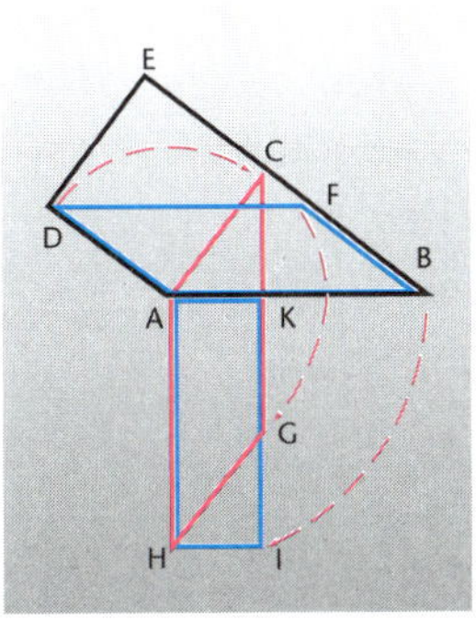

Bild 6.78

b) Durch Anwendung der Konstruktion aus a) auf beide Katheten und Addition der Teilflächen entsteht genau die gesuchte Fläche c^2.

c) Die erste Scherung erfolgt so, daß die eine Schräglinie im Abstand p von H durch $\overline{AB}$ geht.
Die Dreiecke AHC und A_1H_1C sind ähnlich. Da $\overline{HC}$ und $\overline{H_1C}$ einander entsprechen und gleich lang sind, sind die Dreiecke sogar kongruent. Also ist $|H_1A_1| = p$ und daher $|QA_1| = h - p$.
Der Vergleich der Strahlensatzfiguren mit den Zentren Z und B ergibt $|QZ| = |QB| = x$ und damit $|HB| = h + x = q = |QM|$.
Zwei weitere Scherungen führen auf die blaue Endfigur mit der Fläche $p \cdot q$.

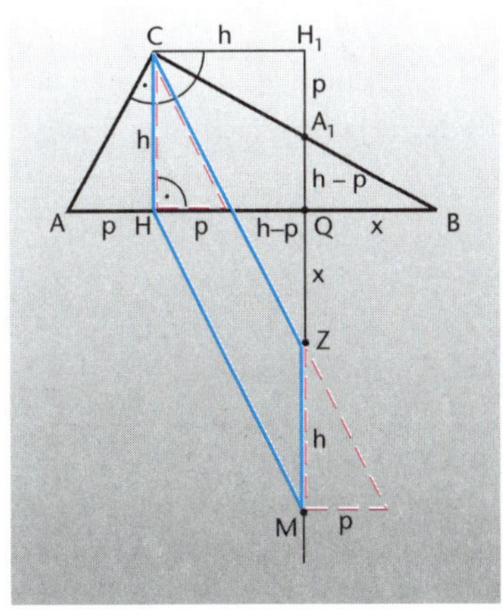

Bild 6.79

7. Trigonometrie

ÜBERSICHT

Claudius Ptolemäus, etwa 87–170, bedeutendster Geograph, Mathematiker und Astronom der Antike. Er stellte die geographischen Koordinaten von rund 350 Orten der damals bekannten Welt nebst den mathematischen Methoden der Datengewinnung ebenso zusammen wie den ersten Fixsternkatalog. Seine Darstellung der Bewegung von Himmelskörpern mit Hilfe von auf- und ineinander abrollenden Kugelschalen und Kreisen zementierte das geozentrische Weltbild für rund 1500 Jahre.

Der Begriff Trigonometrie stammt aus dem Griechischen und bedeutet Dreiecksmessung. Als Begründer der Trigonometrie gilt ***Hipparch von Nicäa*** (um 160–125 v. Chr.), ihre Weiterentwicklung verdankt sie ***Ptolemäus von Alexandria*** (87–170 n. Chr.) und später Mathematikern aus Indien und dem arabischen Raum. Von dort kam sie über Spanien wieder nach Europa, wo ***Regiomontanus*** (1436–1476) in einem Lehrbuch Winkelfunktionstafeln veröffentlichte und mit dem Sinussatz (siehe Seite 458) Flächenberechnungen durchführte. Der französische Mathematiker ***Vieta*** (1540–1603) schließlich gab dem Kosinussatz (siehe Seite 460) eine praktisch verwendbare Form und begründete die Goniometrie (Winkelmessung).

Mittels der Trigonometrie gelingt die Verknüpfung von Seitenlängen und Winkeln zur Berechnung der fehlenden Stücke eines zunächst, aber nicht notwendig rechtwinkligen Dreiecks, während man zuvor über den Winkelsummensatz (siehe Seite 359) oder die Satzgruppe des Pythagoras (siehe Seite 363) nur Teilinformationen erhalten konnte. Durch die Ausweitung auf beliebige ebene und sogar sphärische Dreiecke gewinnt die Trigonometrie vielfachen Anwendungsbezug in Astronomie, Landvermessung und Kartographie, im Bauwesen und in der Seefahrt. Die völlige Lösung vom Dreieck führt zur Verwendbarkeit bei der Beschreibung periodischer, das heißt sich in regelmäßigen Zeitabständen wiederholender Vorgänge in Physik und Technik, aber auch etwa in der Biologie.

Hipparch von Nicäa, um 160–125 v. Chr., griechischer Astronom und Geograph, gilt als Begründer der wissenschaftlichen Astronomie. Er lehnte das heliozentrische (auf die Sonne als Mittelpunkt bezogene) Planetensystem ab und verbesserte das geozentrische (auf die Erde als Mittelpunkt bezogene) Planetensystem. Darüber hinaus schuf er die Grundlagen für den ersten Fixsternkatalog, den Ptolemäus und auch Kopernikus im wesentlichen übernahmen. Hipparch von Nicäa ist der Schöpfer der Trigonometrie.

7.1 Die Winkelfunktionen im rechtwinkligen Dreieck

EINFÜHRUNGSBEISPIEL

Die Bundesstraße 54 und Eisenbahnschienen führen von der „Eisernen Hand" (420 m) fast gerade hinunter nach Taunusstein-Hahn (350 m). Wie lang ist der Weg in der Luftlinie? Wie groß ist die durchschnittliche prozentuale Steigung? Wie groß ist der zugehörige Steigungswinkel?

Die direkte Linie Bahnhof Eiserne Hand – Bahnübergang Taunusstein beträgt auf der Karte 8 cm. Dies entspricht beim Maßstab 1:25 000 einer waagrechten Entfernung von 2 km. Die Höhendifferenz beträgt 70 m. Mit dem Satz des Pythagoras folgt für den Weg in Luftlinie $s = \sqrt{2000^2 + 70^2} = 2001{,}22$ m.

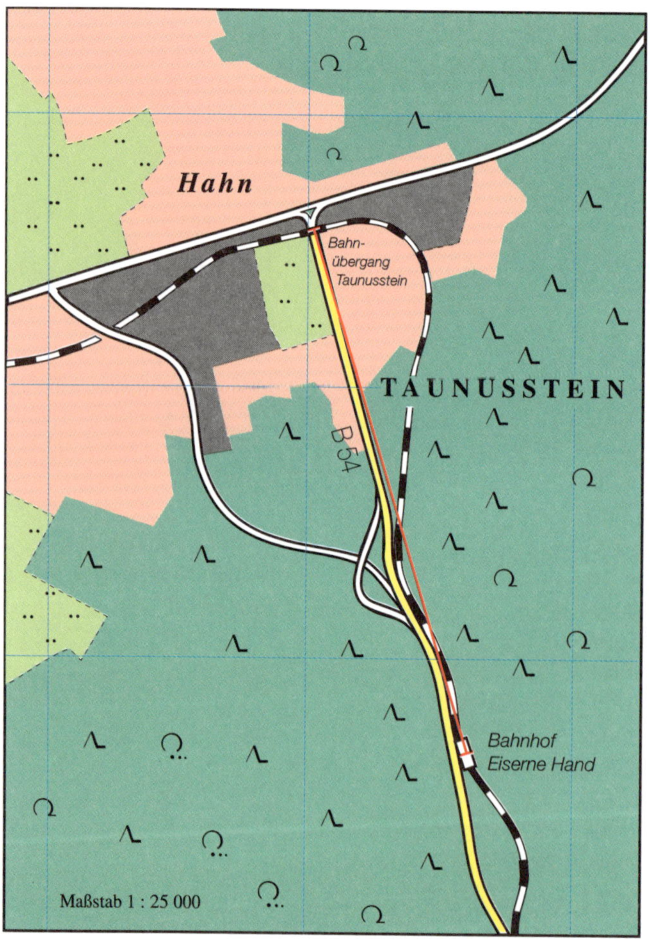

Bild 7.1 Gebietskarte von Taunusstein

Versteht man – wie allgemein üblich – unter Steigung die überwundene Höhendifferenz pro Strecke(neinheit) in der Waagrechten, so erhält man $\frac{70}{2000} = 0{,}035 = 3{,}5\%$. Dazu gehört ein Steigungswinkel von etwa 2°.

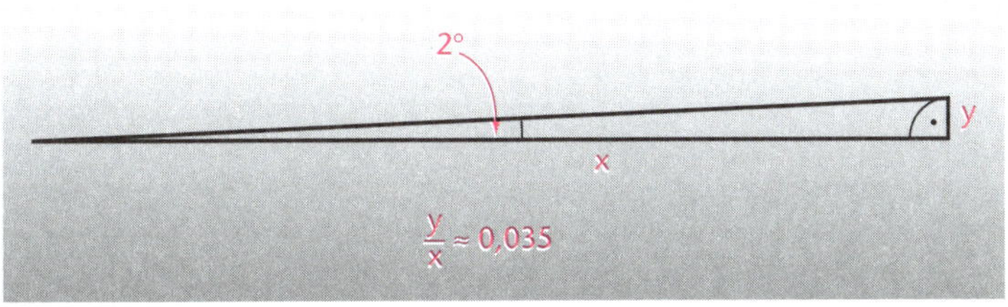

Bild 7.2

Offensichtlich ist der Winkel α durch das Verhältnis der Seitenlängen der Dreiecke eindeutig bestimmt (und umgekehrt), nicht aber die Seitenlängen selbst, da sich zum selben Winkel zueinander ähnliche Dreiecke zeichnen lassen (Bild 7.3).

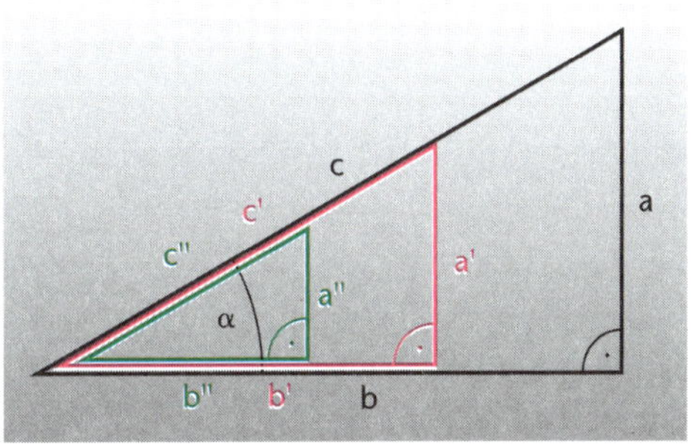

Bild 7.3

Bezeichnet man nun wie üblich die längste Seite des rechtwinkligen Dreiecks als ***Hypotenuse,*** die beiden anderen als Katheten und unterscheidet man noch in bezug auf den Winkel α die gegenüberliegende sogenannte ***Gegenkathete*** und die einen Schenkel des Winkels α bildende sogenannte ***Ankathete,*** so kommt man zu folgenden Festlegungen:

D

$\sin\alpha = \frac{\text{Gegenkathete}}{\text{Hypotenuse}}$ (lies: „Sinus von α" oder kurz „Sinus α")

$\cos\alpha = \frac{\text{Ankathete}}{\text{Hypotenuse}}$ (lies: „Kosinus von α" oder kurz „Kosinus α")

$\tan\alpha = \frac{\text{Gegenkathete}}{\text{Ankathete}}$ (lies: „Tangens von α" oder kurz „Tangens α")

Entsprechend bezeichnete Tasten finden sich auf den gängigen Taschenrechnern (Näheres dazu auf Seite 455).

Die drei Begriffe entstammen dem Lateinischen. Dabei entstand ***Sinus*** aus einer Verwechslung: Das indische Wort „jiva" (Sehne) lautet im Arabischen „dschiba"; dies wurde verwechselt mit „dschaib" (Krümmung, Bucht), was dem lateinischen Wort „sinus" entspricht.

Kosinus (Cosinus) ist die Verschmelzung von „complementi sinus" (= Sinus der Ergänzung; gemeint ist der Ergänzungswinkel zu 90°), ***Tangens*** kommt von „tangere" (berühren); dieses Wort findet sich auch im Begriff „Tangente".

BEISPIELE

Bild 7.3 ($\alpha = 30^\circ$) entnimmt man:

1. $\sin 30^\circ = 0{,}5$ $\sin 60^\circ \approx 0{,}87\ (= 0{,}5\sqrt{3})$

2. $\cos 30^\circ \approx 0{,}87\ (= 0{,}5\sqrt{3})$ $\cos 60^\circ = 0{,}5$

3. $\tan 30^\circ \approx 0{,}58\ \left(= \frac{1}{3}\sqrt{3}\right)$ $\tan 60^\circ \approx 1{,}73\ (= \sqrt{3})$

Allgemein gilt:

S

$\sin(90^\circ - \alpha) = \cos\alpha$ $\cos(90^\circ - \alpha) = \sin\alpha$

Selbstverständlich kann man auch die Seiten anders zueinander ins Verhältnis setzen, z. B. $\frac{\text{Ankathete}}{\text{Gegenkathete}}$ (= cot α; lies: „Kotangens α“). Diese Variante ist jedoch inzwischen ungebräuchlich geworden.

Mit Hilfe der Winkelfunktionen ergibt sich auch eine neue Möglichkeit zur Berechnung von Vielecken, wenn bei der Zerlegung in Teildreiecke hinreichend viele Seiten und Winkel bekannt sind.

S

Für Vierecke ergibt sich speziell:
$F = 0{,}5 \cdot d_1 \cdot d_2 \cdot \sin\alpha$, wobei d_1 und d_2 die beiden Diagonalen sind und α der von ihnen eingeschlossene Winkel ist.

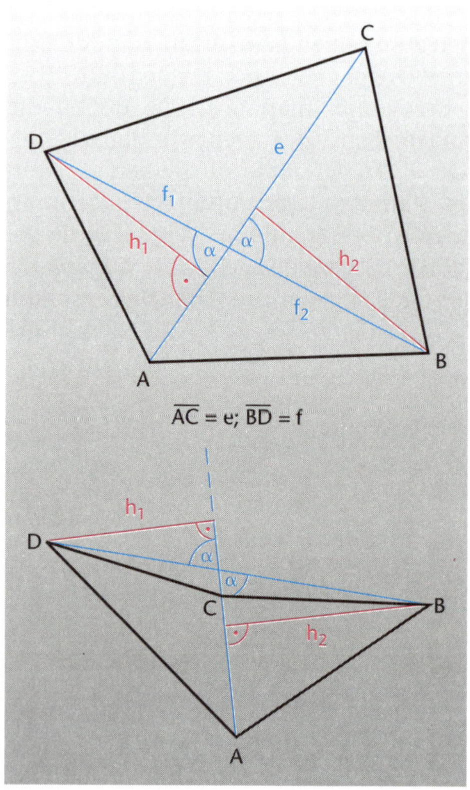

Bild 7.4

Zum Beweis betrachten wir Bild 7.4.

$h_1 = f_1 \sin\alpha$; $h_2 = f_2 \sin\alpha$; $f_1 + f_2 = f$

$F_\triangle(ACD) = \frac{eh_1}{2} = \frac{ef_1 \sin\alpha}{2}$;

$F_\triangle(ABC) = \frac{eh_2}{2} = \frac{ef_2 \sin\alpha}{2}$

$\Rightarrow F_\square(ABCD) = \frac{e \sin\alpha}{2}(f_1 + f_2)$

$= 0{,}5 \cdot ef \sin\alpha$

7.2 Ausweitungen

7.2.1 Die Winkelfunktionen für beliebige Winkel

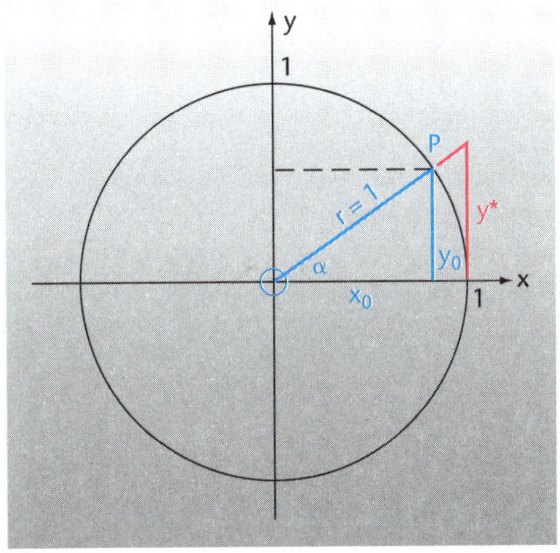

Bild 7.5

Die im vorigen Abschnitt definierten Winkelfunktionen wären von sehr eingeschränktem Wert, wenn man sie nur für Winkel zwischen 0° und 90° erklären könnte. Über ein rechtwinkliges Dreieck im Einheitskreis (Kreis mit Radius r = 1) gelingt jedoch die Ausweitung.

Wir sehen: Die Hypothenuse ist 1, für die Katheten gilt $y_0 = \frac{y_0}{1} = \sin\alpha$,

$x_0 = \frac{x_0}{1} = \cos\alpha$

und wegen des Strahlensatzes

$y^* = \frac{y^*}{1} = \frac{y_0}{x_0} = \frac{\sin\alpha}{\cos\alpha} = \tan\alpha.$

Wandert der Punkt P auf der Kreislinie, so erhalten wir rechtwinklige Dreiecke, denen wir Winkel zwischen 0° und 360° zuordnen können, wenn wir uns diese Winkel durch die Bewegung der Strecke $\overline{OP}$ entstanden denken (Bild 7.6).

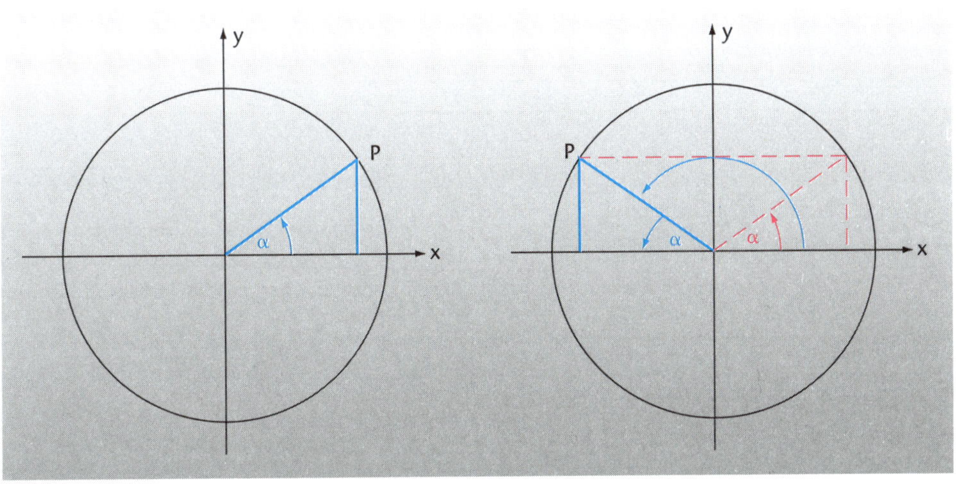

Bild 7.6

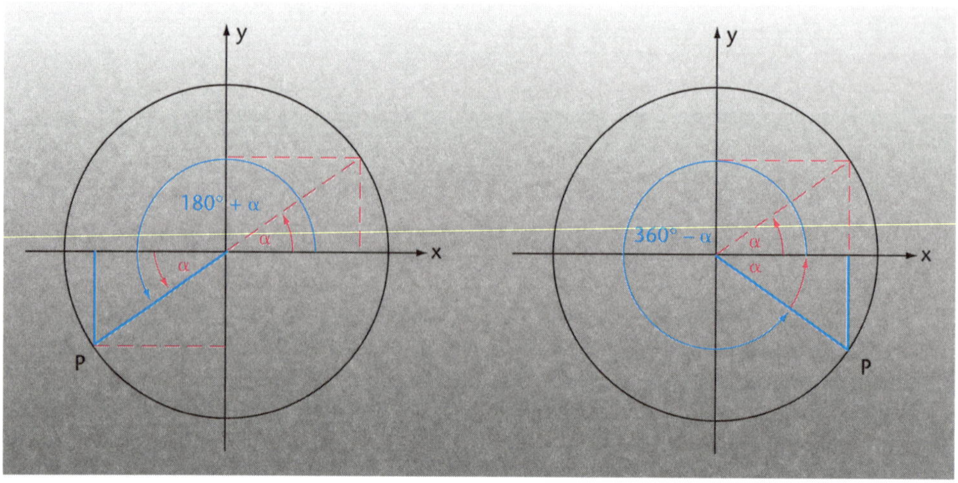

Bild 7.6 Fortsetzung

S

Es gilt also:

$\sin(180^\circ - \alpha) = \sin\alpha$	$\cos(180^\circ - \alpha) = -\cos\alpha$	$\tan(180^\circ - \alpha) = -\tan\alpha$
$\sin(180^\circ + \alpha) = -\sin\alpha$	$\cos(180^\circ + \alpha) = -\cos\alpha$	$\tan(180^\circ + \alpha) = \tan\alpha$
$\sin(360^\circ - \alpha) = -\sin\alpha$	$\cos(360^\circ - \alpha) = \cos\alpha$	$\tan(360^\circ - \alpha) = -\tan\alpha$
$\sin(360^\circ + \alpha) = \sin\alpha$	$\cos(360^\circ + \alpha) = \cos\alpha$	$\tan(360^\circ + \alpha) = \tan\alpha$
	usw.	

Damit erhalten wir folgende Bilder der Funktionsgraphen:

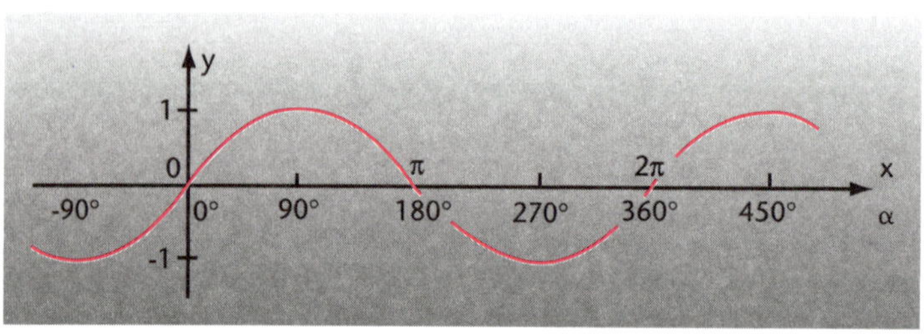

Bild 7.7 $y = \sin\alpha$

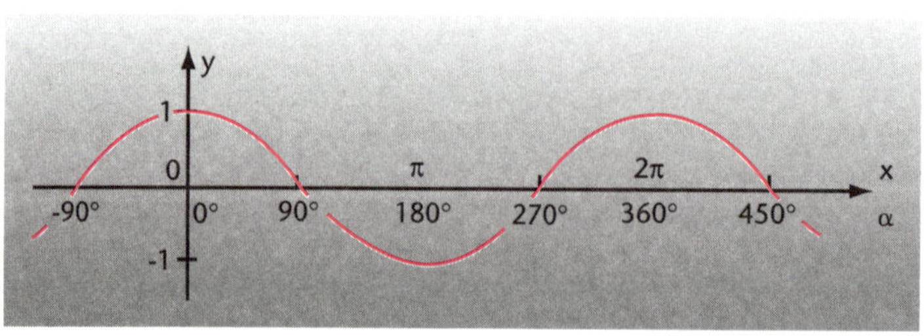

Bild 7.8 $y = \cos\alpha$

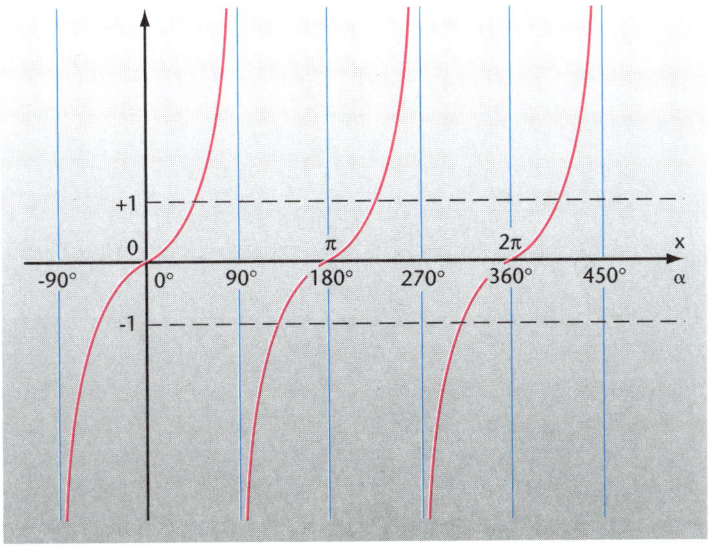

Bild 7.9 y = tan α

Sinus- und Kosinusfunktion sind beschränkt wegen $|\sin\alpha| \leq 1$; $|\cos\alpha| \leq 1$. Die Tangensfunktion ist abschnittsweise monoton steigend. Sinus und Tangensfunktion sind ungerade, die Kosinusfunktion ist gerade (siehe Seite 242).

Obwohl man die Werte der Winkelfunktionen heute in der Regel nicht mehr Tabellen entnimmt, sondern mit dern Taschenrechner bestimmt, ist es doch sinnvoll, die Werte für einige charakteristische Winkel exakt anzugeben:

α	0°	30°	45°	60°	90°	180°	270°	360°
sin α	0	$\frac{1}{2}$	$\frac{1}{2}\sqrt{2}$	$\frac{1}{2}\sqrt{3}$	1	0	–1	0
cos α	1	$\frac{1}{2}\sqrt{3}$	$\frac{1}{2}\sqrt{2}$	$\frac{1}{2}$	0	–1	0	1
tan α	0	$\frac{1}{\sqrt{3}}$	1	$\sqrt{3}$	nicht definiert	0	nicht definiert	0

7.2.2 Das Bogenmaß

Die Ausweitung der Winkelfunktionen auf beliebige Winkel war gelungen, indem man den Radius des Einheitskreises (beginnend auf der positiven x-Achse) in Rotation versetzt und ihn in seiner momentanen Position durch senkrechte und waagrechte Katheten zu rechtwinkligen Dreiecken ergänzt.

Aufgrund der eindeutigen Zuordnung zwischen überstrichenem Winkel und Bogenstück (siehe auch Seite 390) kann auch die Bogenlänge zur Winkelmessung eingesetzt werden. Daß die gemessene Bogenlänge mit dem Kreisradius variiert, ist nur ein scheinbares Hindernis.

EINFÜHRUNGSBEISPIEL

Der Winkel $\alpha = 45^\circ$ gehört beim Kreis mit $r = 1$ cm zum Bogen

$$b = \frac{2\pi \cdot 45^\circ}{360^\circ} \cdot 1\text{ cm} = \frac{\pi}{4}\text{ cm}.$$

Hat der Kreis dagegen den Radius 5 cm, so gehört zu $\alpha = 45^\circ$

$$b = \frac{2\pi \cdot 45^\circ}{360^\circ} \cdot 5\text{ cm} = \frac{\pi}{4} \cdot 5\text{ cm}.$$

Bei einem Kreis mit dem Radius 10 cm erhalten wir

$$b = \frac{2\pi \cdot 45^\circ}{360^\circ} \cdot 10\text{ cm} = \frac{\pi}{4} \cdot 10\text{ cm}.$$

In jedem Fall ist dabei der Ausdruck

$$\frac{b}{r} = \frac{2\pi \cdot 45^\circ}{360^\circ} = \frac{\pi}{4}$$ konstant und nur noch vom vorgegeben Winkel von 45° abhängig (Bild 7.10).

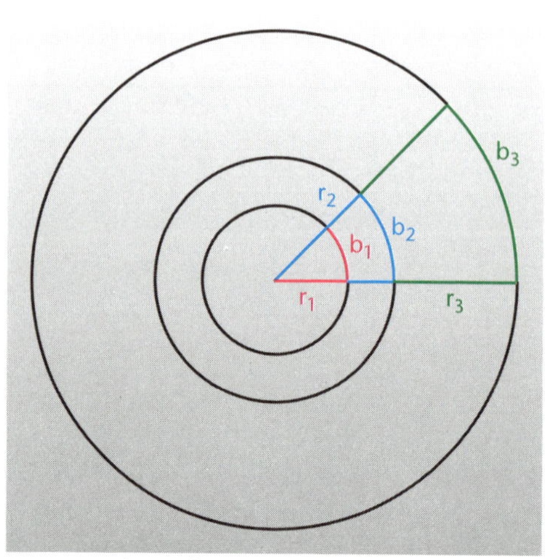

Bild 7.10 $\frac{b_1}{r_1} = \frac{b_2}{r_2} = \frac{b_2}{r_3}$

Daraus ergibt sich folgende Definition:

D

Der Quotient $\frac{b}{r} = \frac{2\pi}{360^\circ} \cdot \alpha = x$ heißt Bogenmaß.

Das Bogenmaß liefert eine zum Gradmaß äquivalente Beschreibung des Winkels. Es hat sogar den Vorteil, daß hier sowohl das Argument x wie auch die Winkelfunktionen von x reelle Zahlen sind und die für weitere Verrechnungen oft lästigen Einheiten wegfallen.

BEISPIELE

α	1°	30°	45°	60°	90°	180°	360°	720°	-30°
x	0,0175	0,5236	0,7854	1,0472	1,5708	3,1416	6,2832	12,5664	-0,5236

S

Noch ein Tip für die in der Praxis oft wichtigen Näherungsrechnungen: Für kleine Winkel x, genauer: $x < 0{,}1745$ (das heißt $\alpha < 10^\circ$) gilt: $\sin x \approx \tan x \approx x$.

7.3 Die Umkehrung der Winkelfunktionen

Der Rückschluß von den Werten der Winkelfunktionen (das heißt den Streckenverhältnissen im Dreieck) auf die Winkel selbst wird in der Regel pragmatisch mit Hilfe des Taschenrechners gelöst. Mathematisch entspricht dem die Umkehr der Winkelfunktionen. Da es sich bei diesen aber um sogenannte ***periodische Funktionen*** handelt (das heißt solche, bei denen sich die Funktionswerte in regelmäßigen Abständen von 360° oder 2π bei Sinus und Kosinus, beim Tangens sogar 180° bzw. π wiederholen), müssen sie für die Umkehrbarkeit auf einen Teil ihres Definitionsbereiches eingeschränkt werden. Maximal verbleibt so eine Periode, das heißt der Abstand zwischen zwei Maxima oder zwei Durchgängen durch die x-Achse in derselben Richtung.

D

Die Umkehrung der Sinusfunktion heißt Arcus-Sinus-Funktion.
Die Umkehrung der Kosinusfunktion heißt Arcus-Kosinus-Funktion.
Die Umkehrung der Tangensfunktion heißt Arcus-Tangens-Funktion.
Man schreibt: arcsin, arccos bzw. arctan.
Die Arcusfunktionen heißen auch zyklometrische Funktionen.

Trigonometrische Funktion	Arcusfunktion
$f(x) = \sin(x)$ $\mathbb{D} = \left\{x \middle\| -\frac{\pi}{2} \le x \le \frac{\pi}{2}\right\}$ $\mathbb{W} = \{y \mid -1 \le y \le 1\}$	$f^{-1}(x) = \arcsin(x)$ $\mathbb{D} = \{x \mid -1 \le x \le 1\}$ $\mathbb{W} = \left\{y \middle\| -\frac{\pi}{2} \le y \le \frac{\pi}{2}\right\}$
$f(x) = \cos(x)$ $\mathbb{D} = \{x \mid 0 \le x \le \pi\}$ $\mathbb{W} = \{y \mid -1 \le y \le 1\}$	$f^{-1}(x) = \arccos(x)$ $\mathbb{D} = \{x \mid -1 \le x \le 1\}$ $\mathbb{W} = \{y \mid 0 \le y \le \pi\}$
$f(x) = \tan(x)$ $\mathbb{D} = \left\{x \middle\| -\frac{\pi}{2} < x < \frac{\pi}{2}\right\}$ $\mathbb{W} = \{y \mid -\infty < y < \infty\}$	$f^{-1}(x) = \arctan(x)$ $\mathbb{D} = \{x \mid -\infty < x < \infty\}$ $\mathbb{W} = \left\{y \middle\| -\frac{\pi}{2} < y < \frac{\pi}{2}\right\}$

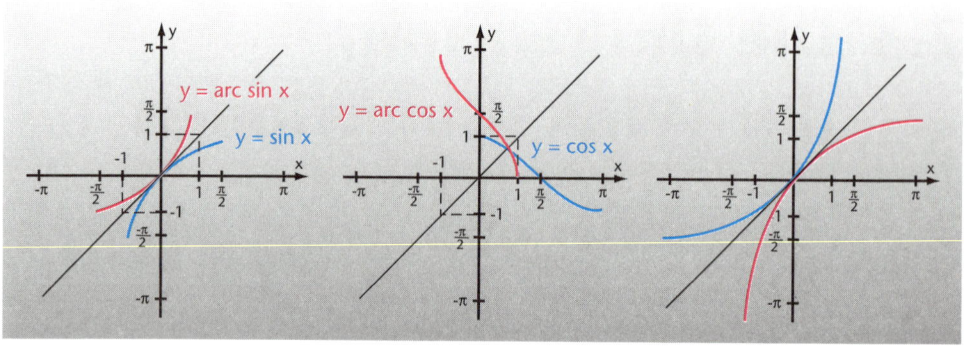

Bild 7.11

BEISPIELE

1. $\arcsin(0{,}5) = 30^\circ \mathrel{\hat=} \frac{\pi}{6}$; $\arcsin(0{,}7) = 44{,}43^\circ \mathrel{\hat=} 0{,}7754$

2. $\arccos(0{,}5) = 60^\circ \mathrel{\hat=} \frac{\pi}{3}$; $\arccos(0{,}1) = 84{,}26^\circ \mathrel{\hat=} 1{,}4706$

3. $\arctan(0{,}5) = 26{,}57^\circ \mathrel{\hat=} 0{,}4636$; $\arctan(2{,}5) = 68{,}20^\circ \mathrel{\hat=} 1{,}1903$

4. $\sin(\arcsin x) = x$; $\arcsin(\sin\alpha) = \alpha$
$\cos(\arccos y) = y$; $\arccos(\cos\beta) = \beta$
$\tan(\arctan z) = z$; $\arctan(\tan\gamma) = \gamma$

Die Verwendung des Taschenrechners beim Arbeiten mit Winkelfunktionen

Werte von Winkelfunktionen in Tabellen nachschlagen zu müssen gehört glücklicherweise der Vergangenheit an: Preiswerte und dennoch beachtlich leistungsfähige Taschenrechner haben längst das Feld erobert. Sogar Rechner mit Graphikdisplay sind selbst in Schulen durchaus nicht mehr ungewöhnlich. Deshalb sollen hier die wesentlichen Aspekte der Verwendung des Taschenrechners beim Arbeiten mit Winkelfunktionen dargestellt werden. Weitere Anwendungsdetails finden Sie jeweils in den einzelnen Teilkapiteln.

Bei den in der Regel als „wissenschaftlicher Taschenrechner“ angebotenen Geräten sind die Funktionen <SIN>, <COS> und <TAN> fest vorgegeben (mit <...> werden im folgenden die Tasten bezeichnet).

Üblicherweise ist der Zahlenwert vor der Funktion einzugeben, z. B. 30 <SIN> für sin 30°; 60 <COS> für cos 60° oder 45 <TAN> für tan 45°. Bei den graphikfähigen Geräten dagegen funktioniert die Eingabe meist wie beim Schreiben, also <SIN> 30 für sin 30°.

Mit dem Vorschalten der Taste <INV> oder <2nd> kommt man von den Werten der Winkelfunktionen zu den zugrunde liegenden Winkeln zurück (dem entsprechen mathematisch die Arcusfunktionen, siehe Seite 453).

Beispiele

Tastenfolge	gewählte Funktion	Wert (in Grad)
1 <2nd> <SIN>	$\sin^{-1}1 = \arcsin 1$	90
0,5 <2nd> <COS>	$\cos^{-1}0{,}5 = \arccos 1$	60
0 <2nd> <TAN>	$\tan^{-1}0 = \arctan 0$	0

Winkel können sowohl im Gradmaß als auch im Bogenmaß (siehe Seite 451) eingegeben werden. Zu diesem Zweck ist der Rechner auf die entsprechende Darstellungs- und Eingabeart einzustellen. Die dazu notwendige Taste ist mit <DR→>, <DRG> oder ähnlich bezeichnet; bei den Taschenrechnern der Firma Casio erfolgt die Umschaltung über <MODE> und die entsprechende Nummer. Die Details entnehmen Sie bitte dem Handbuch Ihres jeweiligen Gerätes. Nach der Einstellung auf Bogenmaß erscheint im Display die Kennzeichnung RAD, während die Einstellung auf Gradmaß entweder gar nicht oder durch die Kennzeichnung DEG (für englisch: „degree“) angezeigt wird.

Bei älteren Modellen findet sich manchmal noch ein Modus GRAD. Dieser entspricht ***nicht*** den uns geläufigen Gradangaben, bei denen wir mit 360° den Vollkreis beschreiben. Vielmehr handelt es sich um die sogenannten „Neugrad“, eine Einteilung des Kreises in 400 gon. Diese Variante ist in der Praxis weitgehend bedeutungslos geworden und wird hier auch nur erwähnt, um Sie vor einer falschen Einstellung Ihres Taschenrechners zu warnen!

Die Umrechnung vom Grad- ins Bogenmaß (oder umgekehrt) erfolgt z. B. über < INV > < DR→ >.

Beispiele

Eingabe	Anzeige
90 < INV > < DR→ >	RAD 1.570796327
RAD 1.570796327 < INV > < DR→ >	90

Bitte unterscheiden Sie jedoch zwischen Umrechnung und der Umschaltung des Modus!

Beispiele

Eingabe	Anzeige
90 < DR→ >	RAD 90

aber

Eingabe	Anzeige
90 < INV > < DR→ >	RAD 1.570796327

Auch im Bogenmaß können Winkelfunktionen berechnet werden, wenn die Winkeleingabe entsprechend vorgenommen wird.

Beispiele

Eingabe	Anzeige
< DR→ >	RAD
< π > < : > 2 < = >	RAD 1.570796327
< SIN >	RAD 1
< π > < : > 3 < = >	RAD 1.047197551
< COS >	RAD 0,5

Bei Rechnern, die über eine Bruchdarstellung verfügen, ist auch folgendes möglich:

Eingabe	Anzeige
< π > </> 2	^{RAD} PI / 2
< SIN >	^{RAD} 1

Und was ist, wenn Sie sich vertan haben? Sie sind beispielsweise im Modus ^{RAD} und wollen cos 90° bestimmen. Statt $\frac{\pi}{2}$ tippen Sie versehentlich 90 (für 90°) ein. Folgendermaßen können Sie korrigieren:

1. Sie löschen mit der < ON / C > -Taste und geben erneut ein.

2. Sie gehen mit der < DR→ > -Taste in den Grad-Modus und drücken < COS >. Es erscheint (korrekt) 0.

3. Da Sie insgesamt im Bogenmaß-Modus bleiben wollen, tippen Sie:
< DR→ > für die zwischenzeitliche Rückkehr in Grad,
< 2nd > < COS > für die Umwandlung ins Bogenmaß. Es erscheint: ^{RAD} PI/2.
< COS > zur Berechnung. Es erscheint: ^{RAD} 0.

Die dritte Methode läßt sich auch anwenden, wenn Sie nicht wissen, welche Zahl im Bogenmaß zu einem konkreten Winkel gehört, dessen Sinus-, Kosinus- oder Tangenswert Sie berechnen wollen.

7.4 Die Berechnung beliebiger Dreiecke

Obwohl das rechtwinklige Dreieck ein sehr wichtiger Spezialfall ist, sind Dreiecke im allgemeinen keineswegs rechtwinklig. Deshalb ware es unbefriedigend, wenn die Berechenbarkeit von Seiten (und Winkeln) des Dreiecks auf das rechtwinklige Dreieck beschränkt bliebe, und zwar um so mehr, weil die Winkelfunktionen für beliebige Winkel definiert werden können. Glücklicherweise existiert eine solche Beschränkung jedoch nicht, wie im folgenden dargelegt wird.
Dabei haben wir zwei Fälle zu unterscheiden:

1. Es sind eine Seite und zwei Winkel bekannt. Dann benutzt man den sogenannten Sinussatz.
2. Es sind zwei Seiten und ein Winkel oder alle drei Seiten bekannt. Dann empfiehlt sich der sogenannte Kosinussatz.

7.4.1 Der Sinussatz

EINFÜHRUNGSBEISPIEL

Der Satellit LANDSAT wurde mit dem Ziel eingesetzt, Fotos zu machen, die Grundlage für die Erstellung von Landkarten sein sollten. Unter anderem überflog er das Wattenmeer an der deutschen Nordseeküste. Dabei „sah" er Cuxhaven unter einem Neigungswinkel von 82,4°, das 200 km entfernte Westerland auf Sylt unter 84,9°. Wie hoch flog der Satellit? Wie lang waren die „Sehlinien" zu den beiden angegebenen Orten?

Lösung:
Der Winkel bei C(uxhaven) sei α, bei W(esterland) β, beim S(atelliten) γ. Dann ist $\alpha = 82{,}4^\circ$, $\beta = 84{,}9^\circ$ und $\gamma = 180^\circ - 82{,}4^\circ - 84{,}9^\circ = 12{,}7^\circ$.

Ferner ist

1. $h_{SW} = b \cdot \sin\gamma = c \cdot \sin\beta \Rightarrow |SC| = b = c \cdot \dfrac{\sin\beta}{\sin\gamma} = 906{,}125$ km.

Die zugehörige Tastenfolge auf dem Taschenrechner ist:
200 <x> 84.9 <SIN> <:> 12.7 <SIN> <=>.

2. $h_{SC} = a \cdot \sin\gamma = c \cdot \sin\alpha \Rightarrow |SW| = a = c \cdot \dfrac{\sin\alpha}{\sin\gamma} = 901{,}735$ km.

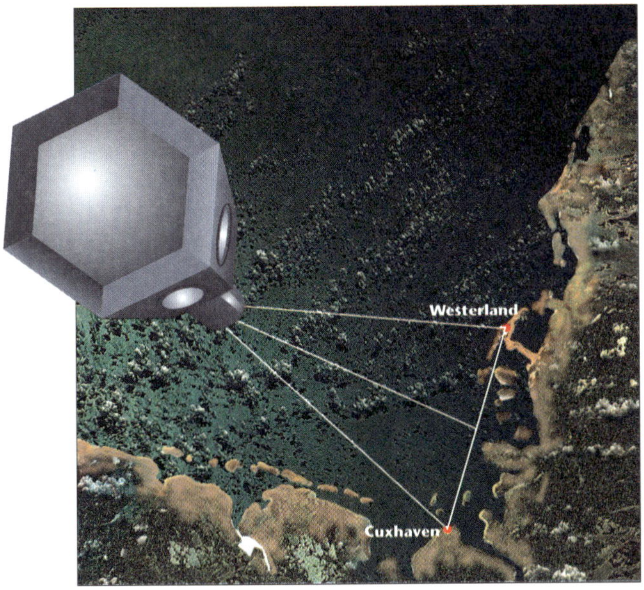

Bild 7.12 Satellitenaufnahme von der Nordseeküste

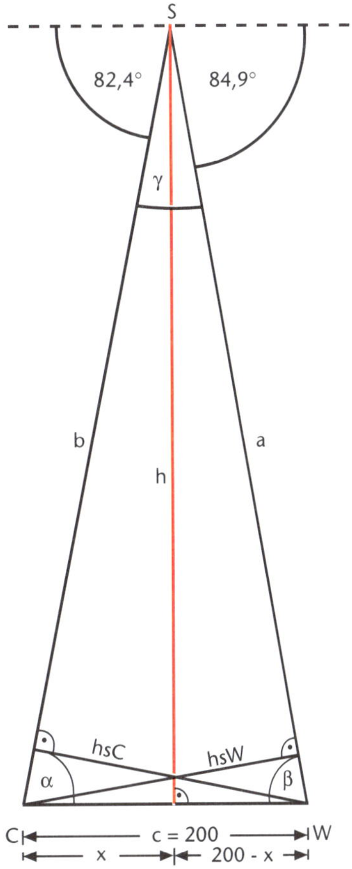

Die zugehörige Tastenfolge auf dem Taschenrechner ist:
200 <x> 82.4 <SIN> <:> 12.7 <SIN> <=>.
Die „Sehlinien" sind also ca. 906 km und 902 km lang,

3. $h = b \cdot \sin \alpha = 898{,}165$ km.
Die zugehörige Tastenfolge auf dem Taschenrechner ist:
906.125 <x> 82,4 <SIN> <=>.
Der Satellit flog also knapp 900 km hoch.
Außerdem ist natürlich $h = a \sin \beta$, so daß noch $\frac{a}{b} = \frac{\sin \alpha}{\sin \beta}$ gilt.

Wir sehen also, daß die eingeführten Hilfsgrößen im Verlauf der Rechnung wieder herausfallen.

Allgemein (das heißt auch in stumpfwinkligen Dreiecken) gelten die gefundenen Beziehungen zwischen Seiten und Winkeln:

S

$$\frac{\sin\alpha}{\sin\beta} = \frac{a}{b} \qquad \frac{\sin\beta}{\sin\gamma} = \frac{b}{c} \qquad \frac{\sin\gamma}{\sin\alpha} = \frac{c}{a}$$

In Worten: In einem beliebigen Dreieck entsprechen die Verhältnisse der Seitenlängen den Verhältnissen der Sinuswerte der ihnen gegenüberliegenden Winkel.

Das ist der ***Sinussatz.***

BEISPIEL

Im Dreieck ABC ist $\alpha = 25^\circ$, $\beta = 45^\circ$ und $b = 5$ cm. Dann erhält man

$a = b \cdot \dfrac{\sin\alpha}{\sin\beta} = 2{,}988$ cm, $\gamma = 180^\circ - \alpha - \beta = 110^\circ$, $c = b \cdot \dfrac{\sin 110^\circ}{\sin 45^\circ} = 6{,}645$ cm.

7.4.2 Der Kosinussatz

EINFÜHRUNGSBEISPIEL

Vom Kloster Andechs aus sieht man die beiden Orte Stegen am Nordende und Dießen (fast) am Südende des Ammersees unter einem Winkel von 103,5°. Die Entfernungen in der Luftlinie betragen: Andechs – Stegen 11,75 km und Andechs – Dießen 7,25 km. Wie lang ist der Ammersee?

Lösung:
Die Höhe h trifft auf die Verlängerung der Strecke A(ndechs) – S(tegen) nach $|AH| = x$. Dabei ist: ***(1)*** $x = |AD| \cdot \cos 76{,}5^\circ = -|AD| \cdot \cos 103{,}5^\circ$ und ***(2)*** $h^2 = |AD|^2 - x^2$.

Ferner gilt

$|DS|^2 = (|AS| + x)^2 + h^2$

$\quad = |AS|^2 + x^2 + 2x \cdot |AS| + h^2$ und nach Einsetzen von (2):

$\quad = |AS|^2 + x^2 + 2x \cdot |AS| + |AD|^2 - x^2$

$\quad = |AS|^2 + |AD|^2 + 2x \cdot |AS|$ und nach Einsetzen von (1):

$\quad = |AS|^2 + |AD|^2 - 2 \cdot |AS| \cdot |AD| \cdot \cos 103{,}5^\circ$

oder abstrakter mit $|AD| = a$; $|AS| = b$; $|DS| = c$; $\sphericalangle(DAS) = \gamma$: $c^2 = a^2 + b^2 - 2ab \cdot \cos\gamma$.

Dann ist der Ammersee $|DS| = c = \sqrt{a^2 + b^2 - 2ab \cdot \cos\gamma} \approx 15{,}2$ km lang.

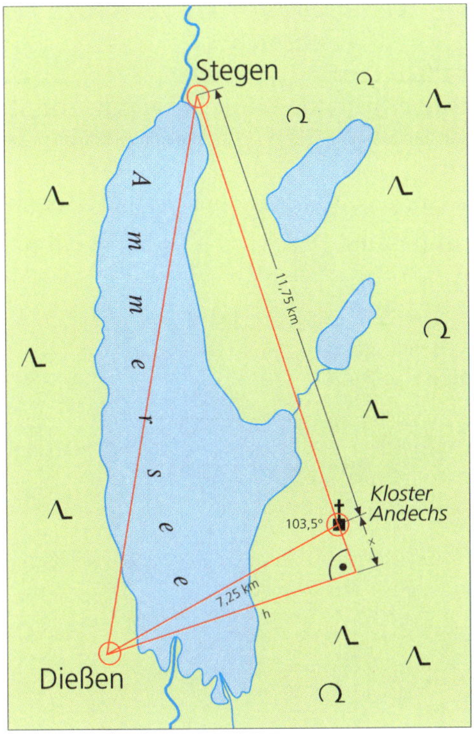

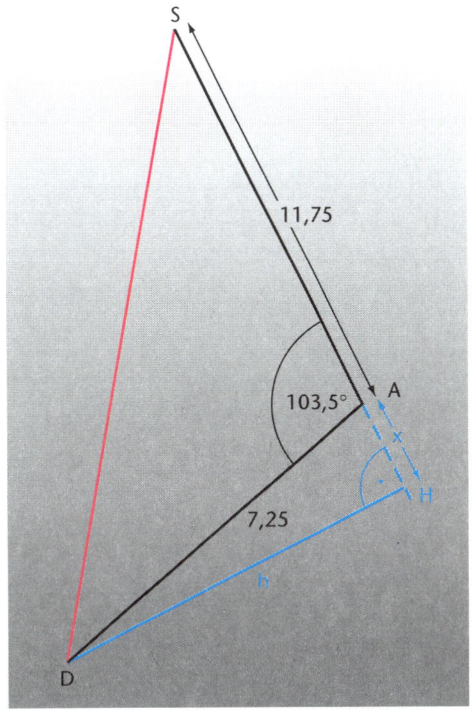

Bild 7.13 Gebietskarte vom Ammersee

Die zugehörige Tastenfolge auf dem Taschenrechner ist:
7.25 < x^2 > <+> 11.75 < x^2 > <–> 2 <x> 7.25 <x> 11.75 <x> 103.5 <cos> <=> <$\sqrt{\ }$>.

Wie schon bei der Herleitung des Sinussatzes fallen die eingeführten Hilfsgrößen im Verlauf der Rechnung wieder heraus. Da die Benennungen von Seiten und Winkeln letztlich beliebig sind, gilt:

S

$$a^2 = b^2 + c^2 - 2bc \cdot \cos\alpha$$
$$b^2 = a^2 + c^2 - 2ac \cdot \cos\beta$$
$$c^2 = a^2 + b^2 - 2ab \cdot \cos\gamma$$

In Worten: In jedem Dreieck ist das Quadrat der Länge einer Dreiecksseite gleich der Summe aus den Quadraten der Längen der anderen Seiten minus dem doppelten Produkt aus diesen Seitenlängen und dem Kosinus des von ihnen eingeschlossenen Winkels.

Das ist der ***Kosinussatz.***

Den ***Kosinussatz*** bezeichnet man auch als ***Verallgemeinerung des Satzes von Pythagoras*** (siehe Seite 364), denn für z. B. $\gamma = 90^\circ$ ergibt sich:
$\boldsymbol{c^2} = a^2 + b^2 - 2ab \cdot \cos 90^\circ = \boldsymbol{a^2 + b^2}$, da $\cos 90^\circ = 0$ ist.

Sind zwei Seiten und der einer Seite gegenüberliegende Winkel bekannt, könnte man auch mit dem Sinussatz arbeiten. Aber hier ist Vorsicht geboten, wie folgendes Beispiel zeigt:

Bei einem Dreieck seien $a = 3$ cm; $b = 5$ cm; $\alpha = 30^\circ$. Mit dem Sinussatz ergibt sich: $\sin \beta = \sin 30^\circ \cdot \frac{5}{3} = \frac{5}{6} \Rightarrow \beta = 56{,}443^\circ$ und damit $c = a \cdot \frac{\sin \gamma}{\sin \alpha} = 5{,}988$ cm und $\gamma = 93{,}557^\circ$.

Der Kosinussatz dagegen liefert: $a^2 = b^2 + c^2 - 2bc \cdot \cos 30^\circ$ oder
$c^2 - c \cdot 2b \cdot \cos 30^\circ - a^2 + b^2 = 0 \Rightarrow c = b \cdot \cos 30^\circ \pm \sqrt{(b \cdot \cos 30^\circ)^2 + a^2 - b^2}$

also $c = 5{,}988$	oder $c = 2{,}672$
$\sin \beta = \sin 30^\circ \cdot \frac{5}{3} = \frac{5}{6}$	$\sin \gamma = \frac{c}{a} \cdot \sin 30^\circ = 0{,}445$
$\Rightarrow \beta = 56{,}443^\circ$; $\gamma = 93{,}557^\circ$	$\Rightarrow \gamma = 26{,}423^\circ$; $\beta = 123{,}577^\circ$
analog zu oben	im Gegensatz zu oben

Bild 7.14 zeigt, daß tatsächlich beide Varianten möglich sind.

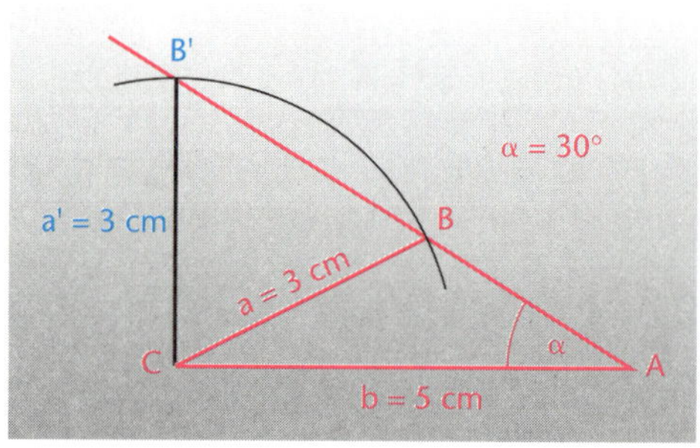

Bild 7.14

7.5 Additionstheoreme für Winkelfunktionen

Die sogenannten Additonstheoreme sind Regeln, die es erlauben, mehrere Funktionen desselben Winkels oder die Funktionswerte derselben Winkelfunktion zu verschiedenen Winkeln in einem Ausdruck zusammenzufassen.

Ihre Bedeutung hat - gemessen an früher, als die Werte noch Tabellenwerken entnommen oder sogar mit Hilfe der Interpolation aus Tabellenwerten gewonnen werden mußten - durch die Verbreitung des Taschenrechners stark abgenommen. Deshalb sollen hier auch nur die wichtigsten Zusammenhänge aufgelistet werden.

1. $\sin(x \pm y) = \sin x \cdot \cos y \pm \cos x \cdot \sin y$

2. $\cos(x \pm y) = \cos x \cdot \cos y \mp \sin x \cdot \sin y$

3. $\tan(x \pm y) = \dfrac{\tan x \pm \tan y}{1 \mp \tan x \cdot \tan y}$ für $\tan x \cdot \tan y \neq \pm 1$

Die Variante $\tan(x - y)$ ist für die Bestimmung des Schnittwinkels zweier Funktionen wichtig.

4. $\sin 2x = 2 \sin x \cdot \cos x$

Diese Beziehung taucht in physikalischen Bewegungsgleichungen auf.

5. $\cos 2x = \cos^2 x - \sin^2 x$

6. $\tan 2x = \dfrac{2\tan x}{1 - \tan^2 x}$

7. $\sin\left(\dfrac{x}{2}\right) = \sqrt{0{,}5(1 - \cos x)}$ (für $0 \leq x \leq \dfrac{\pi}{2}$)

8. $\cos\left(\dfrac{x}{2}\right) = \sqrt{0{,}5(1 + \cos x)}$ (für $0 \leq x \leq \dfrac{\pi}{2}$)

9. $\tan\left(\dfrac{x}{2}\right) = \sqrt{\dfrac{1 - \cos x}{1 + \cos x}} = \dfrac{\sin x}{1 + \cos x} = \dfrac{1 - \cos x}{\sin x}$

10. $\sin^2 x + \cos^2 x = 1$

Diese Beziehung, der sogenannte ***trigonometrische Pythagoras,*** ist besonders interessant wegen der Möglichkeit, eine Winkelfunktion für alle reellen x durch eine bzw. zwei andere auszudrücken. Es gilt nämlich:

$\sin x = \sqrt{1 - \cos^2 x}$, $\cos x = \sqrt{1 - \sin^2 x}$, $\tan x = \sqrt{\dfrac{1 - \cos^2 x}{\cos^2 x}} = \sqrt{\dfrac{\sin^2 x}{1 - \sin^2 x}}$

Für die Physik (z. B. bei der Überlagerung von Schwingungen) sind noch interessant:

11. $\sin x + \sin y = 2\sin \dfrac{x + y}{2} \cos \dfrac{x - y}{2}$

12. $\cos x + \cos y = 2\cos \dfrac{x + y}{2} \cos \dfrac{x - y}{2}$

Zu den Beweisen betrachten wir Bild 7.15.

Zu ***1.*** und ***2.:***

$|OA| = 1;\ |AC| = \sin y;\ |OC| = \cos y$

$|AB| = \sin(x + y);\ |OB| = \cos(x + y)$

$\frac{|EC|}{|AC|} = \sin x \Rightarrow |EC| = |AC| \sin x = \sin y \cdot \sin x$

$\frac{|OD|}{|OC|} = \cos x \Rightarrow |OD| = |OC| \cdot \cos x = \cos y \cdot \cos x$

$\frac{|EA|}{|AC|} = \cos x \Rightarrow |EA| = |AC| \cdot \cos x = \sin y \cdot \cos x$

$\frac{|DC|}{|OC|} = \sin x \Rightarrow |DC| = |OC| \cdot \sin x = \cos y \cdot \sin x$

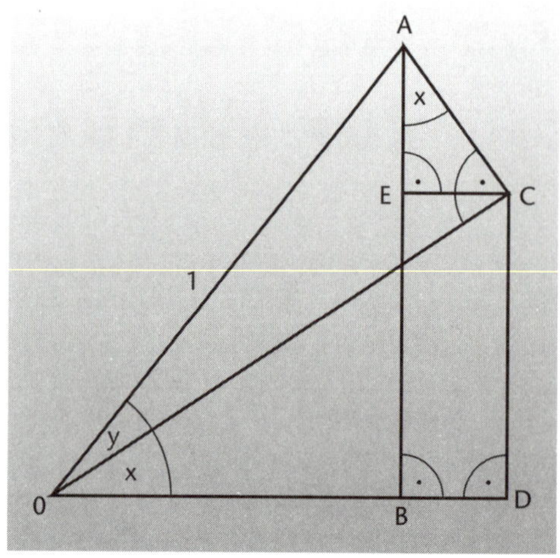

Bild 7.15

Außerdem gilt:

$|AB| = |AE| + |EB| = |AE| + |CD|$

$|OB| = |OD| - |BD| = |OD| - |EC|$

Durch Einsetzen folgen die Behauptungen für „+“; der Beweis für „–“ verläuft analog.

Zu ***3.:*** Dieser Zusammenhang folgt aus ***1.*** und ***2.*** mit Hilfe der Definition des Tangens. Die Zusammenhänge ***4., 5.*** und ***6.*** folgen aus ***1., 2.*** und ***3.***

Zu ***7.:*** Mit $x = y = \frac{z}{2}$ ergibt sich:

$$\cos(x + y) = \cos z = \cos 2 \cdot \frac{z}{2} = \cos^2 \frac{z}{2} - \sin^2 \frac{z}{2}$$

$$\Rightarrow \sin^2 \frac{z}{2} = \cos^2 \frac{z}{2} - \cos z = 1 - \sin^2 \frac{z}{2} - \cos z \qquad (*)$$

$$\Rightarrow 2 \cdot \sin^2 \frac{z}{2} = 1 - \cos z \Leftrightarrow \sin^2 \frac{z}{2} = 0{,}5 \cdot (1 - \cos z)$$

Durch Wurzelziehen folgt die Behauptung.

Der Zusammenhang ***8.*** ergibt sich, wenn man in (*) $\sin^2 \frac{z}{2}$ durch $1 - \cos^2 \frac{z}{2}$ ersetzt. Der erste Teil des Zusammenhangs ***9.*** folgt aus ***7.*** und ***8.*** und der Definition des Tangens. Der zweite Teil ergibt sich durch Erweitern mit $(1 + \cos x)^{0,5}$ und ***10.*** Der dritte Teil ergibt sich durch Erweitern mit $(1 - \cos x)^{0,5}$ und ***10.***

Zu ***11.:*** Mit $z + t = x$ und $z - t = y$ ergibt sich $z = \frac{x + y}{2}$; $t = \frac{x - y}{2}$.

Also ist $\sin x = \sin(z + t) = \sin z \cdot \cos t + \cos z \cdot \sin t$

$= \sin \frac{x + y}{2} \cos \frac{x - y}{2} + \cos \frac{x + y}{2} \sin \frac{x - y}{2}$

und

$\sin y = \sin(z - t) = \sin \frac{x + y}{2} \cos \frac{x - y}{2} - \cos \frac{x + y}{2} \sin \frac{x - y}{2}$.

Daraus ergibt sich $\sin x + \sin y = 2\sin \frac{x + y}{2} \cos \frac{x - y}{2}$.

Der Beweis von Zusammenhang ***12.*** verläuft analog zu dem von ***11.***

7.6 Zusammengesetzte und modifizierte Winkelfunktionen

Leider reichen die Winkelfunktionen in ihrer reinen Form nur selten aus, um reale periodische Vorgänge zu beschreiben. Dies liegt daran, daß erstens Sinus und Kosinus nur Werte zwischen –1 und +1 liefern und daß zweitens die betrachteten Vorgänge in der Regel nicht winkel-, sondern zeitabhängig sind mit einer Periode, die nicht einfach ein Vielfaches von 2π ist. Deshalb muß entweder das Argument der Winkelfunktion (α oder x) verändert oder die gesamte Winkelfunktion mit anderen Funktionen kombiniert werden oder sogar beides.

BEISPIEL

Stößt man eine Schaukel an, so dauert jede Schwingung eine bestimmte Zeit T (die von der Geometrie der Schaukel abhängt). Außerdem wird sich die Schaukelweite (die „Amplitude" der Schwingung) von Pendeldurchgang zu Pendeldurchgang vermindern, wenn die darauf sitzende oder eine dahinter stehende Person nicht durch entsprechende Bewegungen neuen Schwung gibt. Schließlich wird die Schaukel praktisch zum Stillstand kommen.

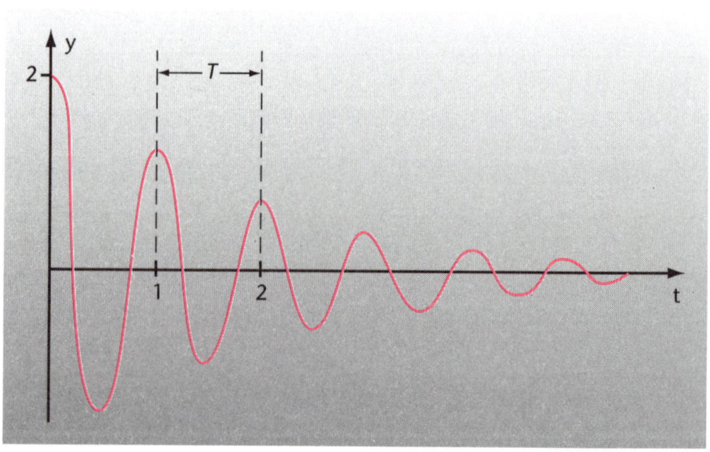

Bild 7.16 $y = 2e^{-\frac{2}{3}t} \cos 2\pi t$

Wir wollen an dieser Stelle die physikalischen Details der sogenannten „gedämpften Schwingung" nicht näher erläutern und müssen das auch nicht, da der Graph (siehe Bild 7.16) für sich selbst spricht. Deshalb stellen wir nur fest, daß ein derartiger Vorgang durch eine Gleichung der Form $y(t) = y(0) \cdot e^{-k \cdot t} \cos \omega t$ beschrieben wird, wobei t die verstrichene

Zeit angibt, $\omega = \frac{2\pi}{T}$ die sogenannte Winkelgeschwindigkeit zur Schwingungsdauer T ist und k die Dämpfung der Schwingung z. B. durch Reibung beschreibt.

Die möglichen Variationen sind in der folgenden Übersicht zusammengestellt. Dazu kommen noch zwei weitere praxisrelevante Kombinationen: die Summe $f(x) = g(x) + h(x)$ mit $g(x) = \sin x$ und $h(x) = k$, wobei k eine reelle Konstante ist, und die Überlagerung (Addition) zweier Sinusfunktionen mit beinahe gleicher Frequenz. Hierbei entsteht bei akustischen Schwingungen eine unangenehme Schwebung, ein periodisches Auf- und Abschwellen der Lautstärke.

y = sin (x + c) (Bild 7.17). Die Addition einer Konstanten im Argument des Sinus beschreibt eine sogenannte Phasenverschiebung. Gegeneinander phasenverschobene Winkelfunktionen benutzt man bei der Beschreibung des Strom- und Spannungsverlaufs im Wechselstromkreis.

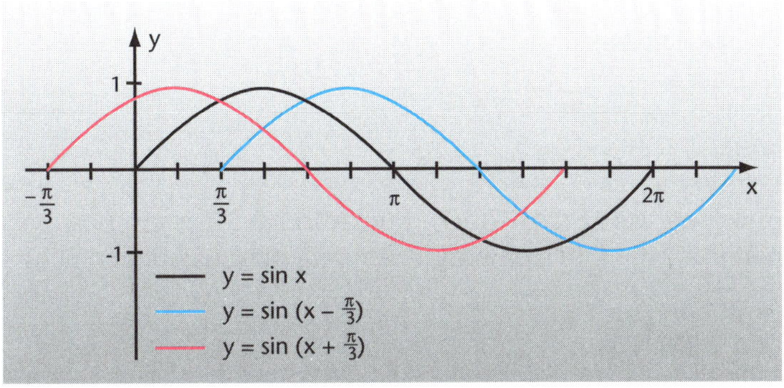

Bild 7.17

y = a · sin x (Bild 7.18). Die Multiplikation mit einer reellen Zahl bewirkt eine Veränderung der Amplitude, des höchsten und tiefsten Funktionswerts. Der Faktor a = –1 kann hier auch als eine Phasenverschiebung von 180° angesehen werden. Man benutzt dies bei der Beschreibung von Pendelschwingungen.

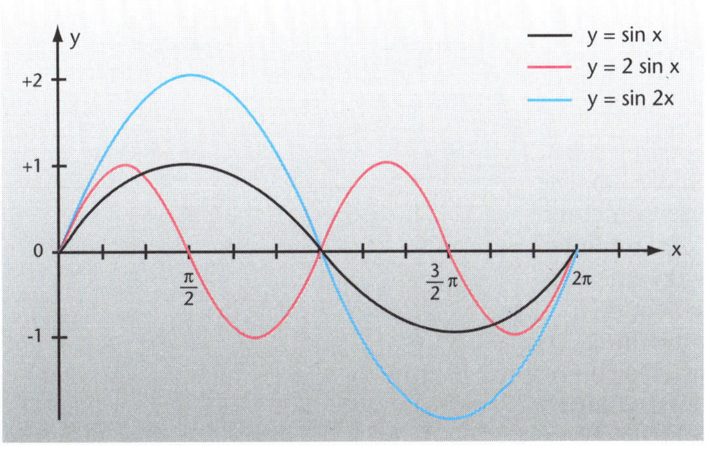

Bild 7.18

y = sin (b · x) (Bild 7.19). Eine Multiplikation im Argument verändert die Periode, die Dauer einer Schwingung. b > 1 bedeutet Beschleunigung (die Periode wird kleiner), 0 < b < 1 Verlangsamung (die Periode wird größer), b < 0 einen (praktisch wenig sinnvollen) Rückwärtslauf. Für ein positives ganzzahliges b erhält man etwa die Oberschwingungen zu einer gegebenen Schwingung.

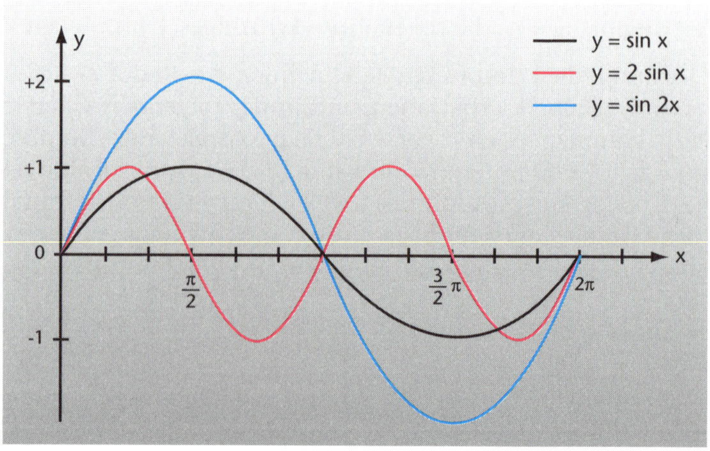

Bild 7.19

y = a · sin (bx + c) (Bild 7.20). Die Kombination dieser Veränderungen beschreibt einen komplexen periodischen Vorgang.

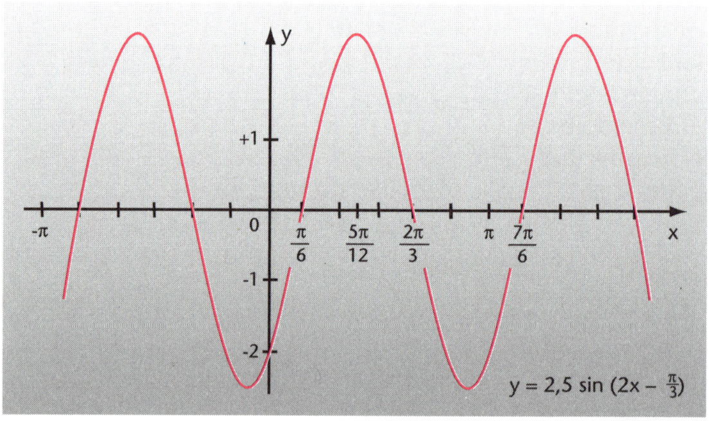

Bild 7.20

y = sin x + k (Bild 7.21). Die Addition einer Konstanten bewirkt eine Verschiebung in y-Richtung. Damit lassen sich etwa Überlagerungen von Gleich- und Wechselspannungen beschreiben.

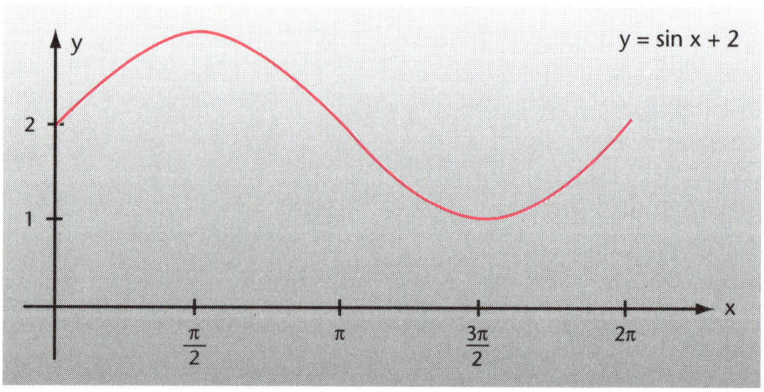

Bild 7.21

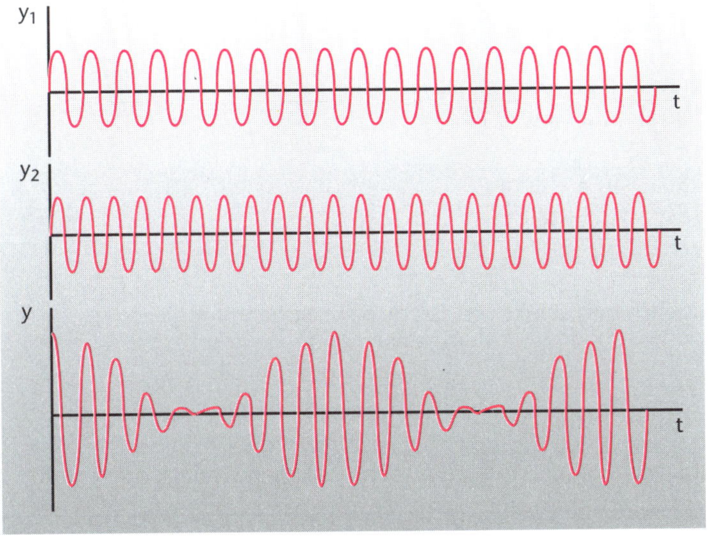

Bild 7.22 y_1 (t) = sin (2πt) y_2(t) = sin (0,9 · 2πt)
y(t) = 2 sin (0,95 · 2πt) · cos (0,05 · 2πt)

$y = \sin \omega_1 t + \sin \omega_2 t = 2 \cdot \cos \frac{\omega_1 - \omega_2}{2} t \sin \frac{\omega_1 + \omega_2}{2} t$ (Bild 7.22). Die Addition zweier Winkelfunktionen beschreibt die Überlagerung periodischer Vorgänge, wobei der letzte Ausdruck mit Hilfe der Additionstheoreme (siehe Seite 463) entsteht. Dabei beschreibt der Kosinusterm die zeitliche Schwankung der Amplitude, der Sinusterm die eigentliche Schwingung (falls ω_1 und ω_2 positiv sind).

ÜBUNGEN

1. Berechnen Sie auf 4 Nachkommastellen:
a) sin 31°
b) sin 76°
c) sin 85°
d) cos 11°
e) cos 48°
f) cos 85°
g) tan 10°
h) tan 67°
i) tan 75°

2. Berechnen Sie auf 4 Nachkommastellen:
a) $\sin \frac{\pi}{3}$
b) sin 0,7
c) sin 1,3
d) $\cos \frac{\pi}{6}$
e) cos 0,1
f) cos 3,5
g) $\tan \frac{\pi}{4}$
h) tan 0,8
i) tan 2,7

3. Setzen Sie die fehlenden Zahlen ein:

a) $\sin 135^\circ = \sin (180^\circ - \alpha) = \sin \alpha$
b) $\sin 253^\circ = \sin (180^\circ + \beta) = -\sin \beta$
c) $\sin 1{,}3\pi = \sin (\pi + x) = -\sin y$
d) $\cos 120^\circ = \cos (180^\circ - \delta) = -\cos \delta$
e) $\cos 211^\circ = \cos (180^\circ + \varepsilon) = -\cos \varepsilon$
f) $\cos 0{,}75\pi = \cos (\pi - a) = -\cos b$
g) $\tan 171^\circ = \tan (180^\circ - \omega) = -\tan \omega$
h) $\tan 111^\circ = \tan (180^\circ - \eta) = -\tan \eta$
i) $\tan 2{,}25\pi = \tan z$

4. Berechnen Sie die zugehörigen Winkel im Grad- bzw. Bogenmaß:

a) $\sin \alpha = 0{,}7$
b) $\cos \beta = 0{,}6$
c) $\tan \gamma = 1{,}9$
d) $\sin x = 0{,}1$
e) $\cos y = 0{,}9$
f) $\tan z = 2{,}5$

5. Berechnen Sie die fehlenden Stücke in einem rechtwinkligen Dreieck mit $\gamma = 90^\circ$:

a	3	5	
b		12	7
c	5		
α			
β			30°

6. In einem gleichschenkligen Dreieck seien b die Basis, s die Schenkel, α der Basiswinkel und γ der Winkel an der Spitze. Berechnen Sie jeweils die fehlenden Stücke:

b	10		10
s		7	13
α	80°		
γ		40°	

7. Berechnen Sie mit Hilfe des Sinussatzes die fehlenden Stücke der folgenden Dreiecke:

a) b = 7,5 cm $\alpha = 75^\circ$ $\beta = 45^\circ$
b) a = 6 cm b = 5 cm $\alpha = 50^\circ$
c) c = 15 cm $\alpha = 66^\circ$ $\beta = 82^\circ$

8. Berechnen Sie mit Hilfe des Kosinussatzes die fehlenden Stücke der folgenden Dreiecke:

a)	b = 6 cm	c = 9 cm	$\alpha = 60°$
b)	a = 5 cm	b = 11 cm	$\gamma = 35°$
c)	a = 7 cm	b = 8 cm	c = 9 cm

9. Bestimmen Sie die Lösungen der folgenden Gleichungen für $0 \leq x < 2\pi$:

a) $\sin^2 x + \sin x = 0$

b) $3\sin^2 x + 7\cos^2 x = 4$

10. Zeigen Sie, daß für den Flächeninhalt eines Dreiecks gilt:
$F_\triangle = 0{,}5bc \cdot \sin\alpha = 0{,}5ac \cdot \sin\beta = 0{,}5ab \cdot \sin\gamma$

11. Berechnen Sie die Dreiecksfläche:

a)	a = 11,2 cm	b = 17,4 cm	$\gamma = 58{,}5°$
b)	b = 7,5 cm	c = 4,3 cm	$\alpha = \frac{\pi}{3}$
c)	c = 12,6 cm	a = 5,6 cm	$\gamma = 96°$

12. In einem Parallelogramm sei a = 5 cm, b = 4 cm und $\beta = 130°$. Wie groß ist α, wie lang sind die Diagonalen $\overline{AC} = e$ und $\overline{BD} = f$?

13. Beweisen Sie mit Hilfe des Sinussatzes, daß in jedem Dreieck die Winkelhalbierende eines Winkels die Gegenseite im Verhältnis der anliegenden Seiten teilt.

14. Ein Quader hat die Seitenlängen a = 3 cm, b = 4 cm und c = 5 cm. Wie groß sind die Winkel, welche die Raumdiagonale mit den Kanten bildet?

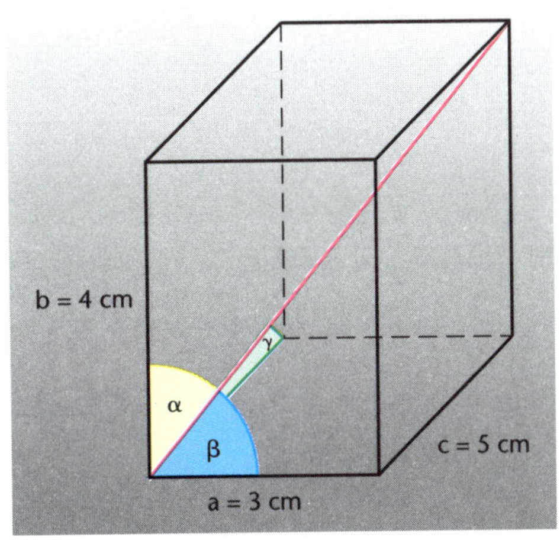

Bild 7.23

15. Welcher Breitenkreis ist halb so lang wie der Äquator?

16. Wie groß ist der Neigungswinkel einer Straße mit *a)* 7%, *b)* 12%, *c)* 20%, *d)* 100%Steigung?

17. Der Lichtkegel einer Taschenlampe hat in 5 m Entfernung den Durchmesser 1 m. Wie groß ist der Öffnungswinkel ε des Lichtkegels?

18. Eine schiefe Ebene steigt unter dem Winkel von 30° an. Auf ihr soll ein 100-Liter-Bierfaß (Gesamtmasse: 110 kg) nach oben gerollt werden. Wie groß sind Hangabtriebskraft und Normalkraft (siehe Bild 6.32 auf Seite 425)?

19. Die Cheopspyramide ist 137 m hoch, jede ihrer Grundseiten ist 230 m lang. Wie groß ist der Neigungswinkel α der Seitenflächen?

20. Von der Erde aus sieht man die Sonne unter dem Winkel $\alpha = 32'\left(1' = \frac{1}{60}^\circ\right)$.
Die Entfernung beider Himmelskörper beträgt 149,6 Millionen km. Wie groß ist der Durchmesser der Sonne?

21. Die Astronomen Lalande und Lacaille bestimmten im Jahr 1752 in Berlin ($\varphi_1 = 52{,}52^\circ$ nördlicher Breite) und Kapstadt ($\varphi_2 = 33{,}93^\circ$ südlicher Breite) zur gleichen Zeit den Mondabstand zum Zenit. Sie erhielten $\alpha_1 = 32{,}08^\circ$ und $\alpha_2 = 55{,}72^\circ$. Berlin und Kapstadt liegen (fast) auf demselben Längengrad. Bestimmen Sie mit Hilfe von Bild 7.24 die Entfernung Erde – Mond, wenn der Erdradius 6 370 km beträgt.

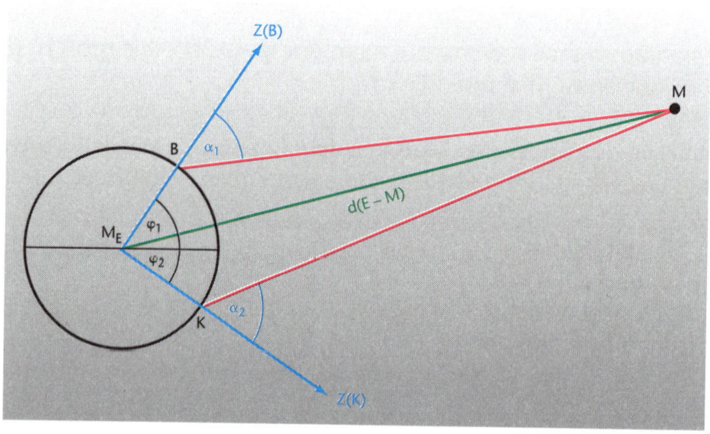

Bild 7.24

22. Wie breit ist der See zwischen A und B wenn $|BC| = 1{,}2$ km, $|CA| = 0{,}8$ km und $\gamma = 75^\circ$ ist?

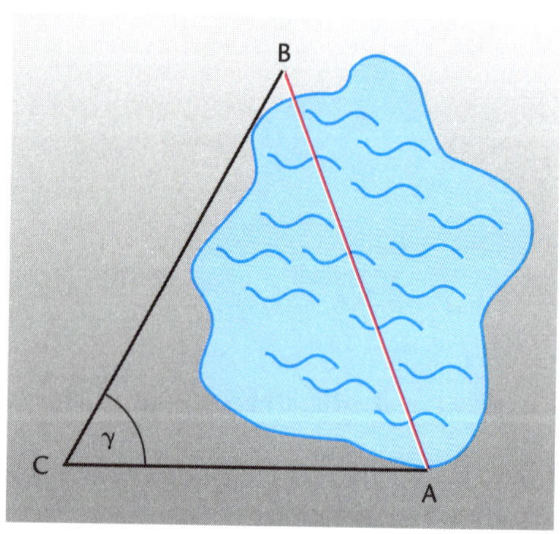

Bild 7.25

23. Der Querschnitt eines Deiches ist in grober Näherung trapezförmig. Er sei an der Krone 5 m breit und habe an der Seeseite eine Neigung von 8°, an der Binnenseite von 30°. Wie breit ist die Deichsohle, wenn der Deich 6 m hoch ist?

24. Ein Schiff fährt auf dem Kurs S 63° 0 und peilt einen Leuchtturm in genau südlicher Richtung an. Nach 2 km Fahrt peilt es denselben Leuchtturm unter dem Winkel S 20° W an. Wie weit ist es jeweils vom Leuchtturm entfernt? (Hinweis: Fertigen Sie eine Skizze des Problems an.)

25. Bestimmen Sie die tatsächliche Fahrtrichtung eines Schiffes und seine Geschwindigkeit über Grund, wenn es mit der Eigengeschwindigkeit $v_e = 8$ km/h im Winkel von 30° gegen die Strömungsrichtung eines Flusses fährt, dessen Strömungsgeschwindigkeit $v_s = 5$ km/h beträgt.

26. Für die Ablenkung eines Lichtstrahls beim Übergang aus der Luft ins Wasser gilt nach dem Snelliusschen Brechungsgesetz:

$\frac{\sin \alpha}{\sin \beta} = 1{,}33.$

In einem Boot kniet ein Mann. Seine Augenhöhe ist 90 cm über der Wasseroberfläche. Er blickt unter einem Winkel von 30° gegen die Horizontale ins Wasser und sieht dabei auf dem Grund des 2 m tiefen Flusses einen Fisch. Wie weit ist der Fisch vom Boot entfernt?

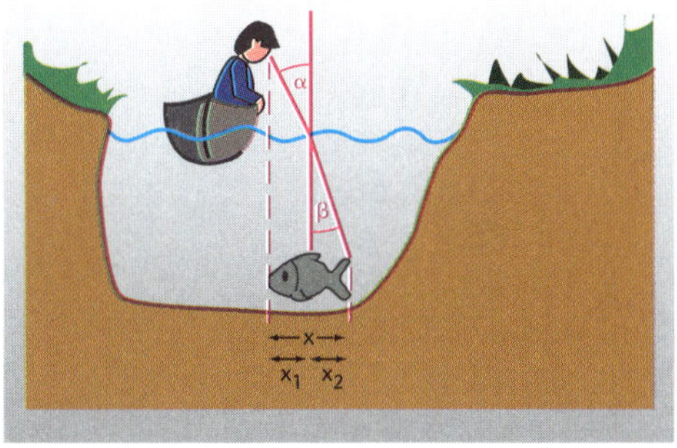

Bild 7.26

27. Die Nerobergbahn, 1888 erbaut, ist eine der wenigen noch funktionstüchtigen Drahtseil-Zahnstangenbahnen und gilt als Technikdenkmal. Wie lang ist ungefähr die Fahrstrecke, wenn die durchschnittlich zu überwindende Steigung 19,5% beträgt und die Talstation 157 m, die Bergstation 241 m über dem Meeresspiegel liegt?

28. Zeichnen Sie die Graphen zu folgenden Gleichungen:

a) $y = \sin(2x - 1)$

b) $y = 2 \cdot \sin(x + 1)$

c) $y = 0{,}5 \cdot \sin(0{,}5x + 0{,}5) + 0{,}5$

29. Der Verlauf der technischen Wechselspannung wird beschrieben durch die Gleichung $U(t) = 220 \cdot \sqrt{2} \cdot \sin\left(\frac{2\pi}{0{,}02} \cdot t\right)$. Berechnen Sie die Spannungen U(t) für:

a) $t = \frac{1}{50}$ s (Sekunden)

b) $t = 0{,}01$ s

c) $t = 0{,}035$ s

d) $t = 0{,}025$ s

30. Der Wert $\frac{2\pi}{T} = \omega$ heißt in der Physik Winkelgeschwindigkeit.

Dabei ist T die Umlaufdauer.

a) Berechnen Sie die Winkelgeschwindigkeit von Stunden-, Minuten- und Sekundenzeiger einer Uhr.

b) Welche Winkelgeschwindigkeit hat die Erde, wenn die Bahn als kreisförmig angenommen wird und die Umlaufdauer T um die Sonne 365,25 Tage beträgt?

LÖSUNGEN

1. *a)* $\sin 31^\circ = 0{,}5150$
b) $\sin 76^\circ = 0{,}9703$
c) $\sin 85^\circ = 0{,}9962$
d) $\cos 11^\circ = 0{,}9816$
e) $\cos 48^\circ = 0{,}6691$
f) $\cos 85^\circ = 0{,}0872$
g) $\tan 10^\circ = 0{,}1763$
h) $\tan 67^\circ = 2{,}3559$
i) $\tan 75^\circ = 3{,}7321$

2. *a)* $\sin \frac{\pi}{3} = 0{,}8660$
b) $\sin 0{,}7 = 0{,}6442$
c) $\sin 1{,}3 = 0{,}9636$
d) $\cos \frac{\pi}{6} = 0{,}8660$
e) $\cos 0{,}1 = 0{,}9950$
f) $\cos 3{,}5 = -0{,}9365$
g) $\tan \frac{\pi}{4} = 1{,}0000$
h) $\tan 0{,}8 = 1{,}0296$
i) $\tan 2{,}7 = -0{,}4727$

3. *a)* $\sin 135^\circ = \sin(180^\circ - 45^\circ)$
$= \sin 45^\circ$
b) $\sin 253^\circ = \sin(180^\circ + 73^\circ)$
$= -\sin 73^\circ$
c) $\sin 1{,}3\pi = \sin(\pi + 0{,}3\pi)$
$= -\sin 0{,}3\pi$
d) $\cos 120^\circ = \cos(180^\circ - 60^\circ)$
$= -\cos 60^\circ$
e) $\cos 211^\circ = \cos(180^\circ + 31^\circ)$
$= -\cos 31^\circ$
f) $\cos 0{,}75\pi = \cos(\pi - 0{,}25\pi)$
$= -\cos 0{,}25\pi$
g) $\tan 171^\circ = \tan(180^\circ - 9^\circ)$
$= -\tan 9^\circ$
h) $\tan 111^\circ = \tan(180^\circ - 69^\circ)$
$= -\tan 69^\circ$
i) $\tan 2{,}25\pi = \tan 0{,}25\pi$

4. *a)* $\alpha = 44{,}4270^\circ$ (= 0,7754)
b) $\beta = 53{,}1301^\circ$ (= 0,9273)
c) $\gamma = 62{,}2415^\circ$ (= 1,0863)
d) $x = 0{,}1002$ (= $5{,}7392^\circ$)
e) $y = 0{,}4510$ (= $25{,}8419^\circ$)
f) $z = 1{,}1903$ (= $68{,}1986^\circ$)

5.

a	3	5	12,1244
b	4	12	7
c	5	13	14
α	36,9°	22,6°	60°
β	53,1°	67,4°	30°

6.

b	10	4,79	10
s	28,8	7	13
α	80°	70°	67,4°
γ	20°	40°	45,2°

7. ***a)*** $a = 10{,}25$ cm $\gamma = 60°$ $c = 9{,}19$ cm
b) $\beta = 39{,}7°$ $\gamma = 90{,}3°$ $c = 7{,}83$ cm
c) $\gamma = 32°$ $a = 25{,}86$ cm $b = 28{,}03$ cm

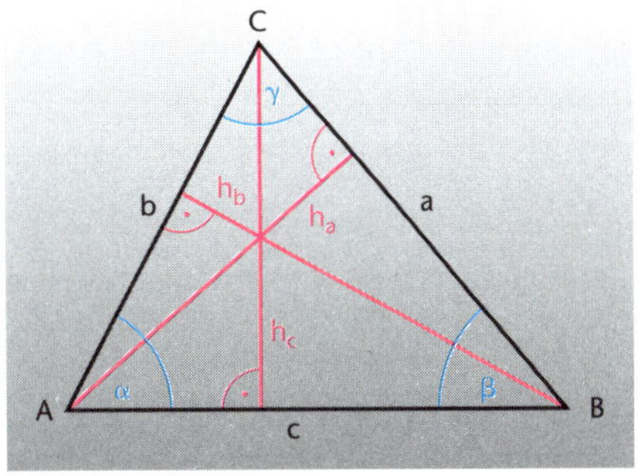

Bild 7.27

8. ***a)*** $a = 7{,}937$ $\beta = 40{,}9°$ $\gamma = 79{,}1°$
b) $c = 7{,}476$ $\beta = 122{,}4°$ $\alpha = 22{,}6°$
c) $\gamma = 73{,}4°$ $\beta = 58{,}4°$ $\alpha = 48{,}2°$

9. ***a)*** Mit $\sin x = z$ erhält man
$z^2 + z = z \cdot (z + 1) = 0$, also
$z = 0$ oder $z = -1$.
Aus der ersten Lösung folgt $x = 0$ oder $x = \pi$, aus der zweiten Lösung
$x = \frac{3}{2}\pi$.

b) $3\sin^2 x + 7\cos^2 x$
$= 3 \cdot (\sin^2 x + \cos^2 x) + 4\cos^2 x$
$= 3 \cdot 1 + 4\cos^2 x = 4 \Leftrightarrow 4\cos^2 x$
$= 1 \Leftrightarrow \cos^2 x = 0{,}25$
$\Rightarrow \cos x = \pm 0{,}5$
$\Rightarrow x = \frac{\pi}{3}; \frac{2}{3}\pi; \frac{4}{3}\pi; \frac{5}{3}\pi$

10. Aus Bild 7.27 folgt:
$h_b = c \cdot \sin\alpha;\; h_a = b \cdot \sin\gamma;\; h_c = a \cdot \sin\beta$
und damit
$$F_\triangle = \frac{a \cdot h_a}{2} = \frac{b \cdot h_b}{2} = \frac{c \cdot h_c}{2}$$
$$= \frac{ab \cdot \sin\gamma}{2} = \frac{bc \cdot \sin\alpha}{2} = \frac{ca \cdot \sin\beta}{2}$$

11. ***a)*** 83,08 cm^2;
b) 13,96 cm^2;
c) 35,15 cm^2

12. $\alpha = 50°$ $e = 8{,}17$ cm $f = 3{,}91$ cm

13. In Dreieck I gilt:
$$\frac{\sin\frac{\alpha}{2}}{\sin\delta_1} = \frac{a_1}{b} \Leftrightarrow \sin\frac{\alpha}{2} = \frac{a_1}{b} \cdot \sin\delta_1$$
In Dreieck II gilt:
$$\frac{\sin\frac{\alpha}{2}}{\sin\delta_2} = \frac{a_2}{c} \Leftrightarrow \sin\frac{\alpha}{2} = \frac{a_2}{c} \cdot \sin\delta_2$$

Daraus ergibt sich:
$$\frac{a_1}{b} \cdot \sin\delta_1 = \frac{a_2}{c} \cdot \sin\delta_2$$
Wegen $\delta_2 = 180° - \delta_1$ ist:
$\sin\delta_2 = \sin(180° - \delta_1) = \sin\delta_1$

und daher $\frac{a_1}{b} \cdot \sin \delta_1 = \frac{a_2}{c} \cdot \sin \delta_1$

$\Leftrightarrow \frac{a_1}{b} = \frac{a_2}{c} \Leftrightarrow \frac{a_1}{a_2} = \frac{b}{c}$

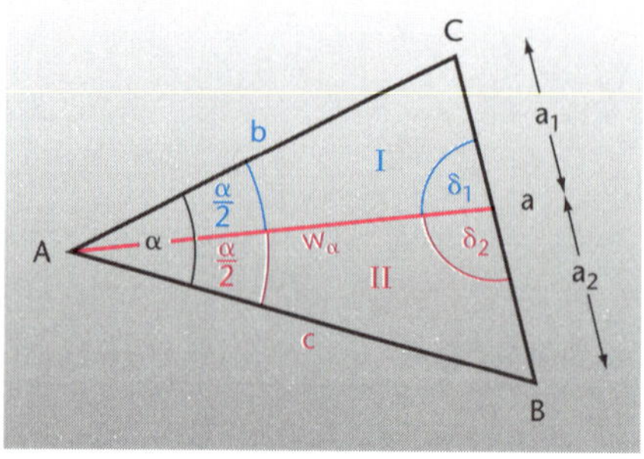

Bild 7.28

14. Mit dem Satz des Pythagoras ergibt sich z. B.:
$\tan \alpha = \frac{\sqrt{b^2 + c^2}}{a} \Rightarrow \alpha = 64{,}9°$
Entsprechend: $\beta = 55{,}6°$; $\gamma = 45°$

15. Jeder Breitenkreis hat den Radius $r(\varphi) = R_E \cos \varphi$, wobei φ die geographische Breite ist.
Aus $r(\varphi) = R_E \cos \varphi = 0{,}5 R_E$
folgt: $\cos \varphi = 0{,}5 \Rightarrow \varphi = 60°$

16.

	a)	*b)*	*c)*	*d)*
Steigung x	7%	12%	20%	100%
Steigungswinkel $\alpha = \arctan x$	4,0°	6,84°	11,31°	45°

17. $\tan \frac{\varepsilon}{2} = \frac{0{,}5}{5} = 0{,}1$

$\Rightarrow \frac{\varepsilon}{2} = 5{,}71° \Leftrightarrow \varepsilon = 11{,}42°$

18. $G = 9{,}81 \frac{m}{s^2} \cdot m\,[kg] = 1079{,}1\ N$
Damit wird:
$F_H = G \cdot \sin \alpha = 539{,}55\ N$; $F_N = G \cdot \cos \alpha = 9{,}34{,}53\ N$

19. $\tan \alpha = \frac{h}{0{,}5a} = \frac{137}{115} \Rightarrow \alpha = 49{,}99°$

20. $\tan \frac{\alpha}{2} = \frac{d(S)}{R(ES)} \Rightarrow d(S)$
$= R(ES) \cdot \tan \frac{\alpha}{2} = 696\,275\ km$

21. Der Abstand zwischen Berlin und Kapstadt (direkt durch die Erde) ist:
$|BK| = \sqrt{2R_E^2(1 - \cos(\varphi_1 + \varphi_2))}$
$= 8\,725{,}18\ km$.
Das Dreieck BM_EK ist gleichschenklig mit Basis $\overline{BK}$. Dann gilt für die Basiswinkel γ: $2\gamma = 180° - (\varphi_1 + \varphi_2) = 93{,}55°$ $\Leftrightarrow \gamma = 46{,}775°$. Im Dreieck BKM gilt dann für die Winkel β bei B und κ bei K: $\beta = 180° - \gamma - \alpha_1 = 101{,}145°$; $\kappa = 180° - \gamma - \alpha_2 = 77{,}505°$.
Dann bleibt für den Winkel μ bei M: $180° - \beta - \kappa = 1{,}35°$.
Daraus ergibt sich $|BM| = \frac{\sin \kappa}{\sin \mu} \cdot |BK|$
$= 361\,570{,}8\ km$ bzw. analog
$|KM| = 363\,358{,}2\ km$. Im Dreieck BM_EM ergibt sich schließlich:
$|M_EM| = 366983{,}7\ km$. Da M auf der Mondoberfläche liegt, ist noch der Mondradius (1738 km) hinzuzuzählen.

22. Mit dem Kosinussatz ergibt sich
$|AB| = 1{,}26\ km$.

23.

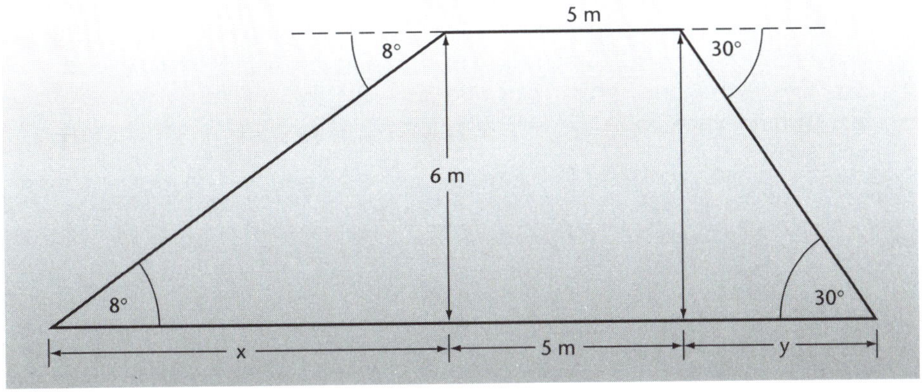

Bild 7.29

$$x = \frac{6}{\tan 8^\circ}\ [\text{m}] = 42{,}69\ \text{m}$$

$$y = \frac{6}{\tan 30^\circ}\ [\text{m}] = 10{,}39\ \text{m}$$

Daraus ergibt sich die Sohlenbreite zu $5 + x + y = 58{,}08$ m.

24. $\varphi = 180^\circ - 20^\circ - 63^\circ = 97^\circ$

$\Rightarrow \psi = 180^\circ - 63^\circ - 97^\circ$

$= 20^\circ$ (Wechselwinkel)

$$d_1 = 2 \cdot \frac{\sin \varphi}{\sin \psi} = 5{,}804\ \text{km}$$

$$d_2 = 2 \cdot \frac{\sin 63^\circ}{\sin \psi} = 5{,}210\ \text{km}$$

25. $\vec{v}_{real} = \vec{v}_e + \vec{v}_s$ mit $|\vec{v}_{real}| = v_{real}$

$= \sqrt{v_e^2 + v_s^2 - 2v_e v_s \cos 30^\circ} = 4{,}44$ km/h

$$\cos \varphi = \frac{v_s^2 - v_e^2 - v_{real}^2}{-2v_e v_{real}} = 0{,}8265$$

$\Rightarrow \varphi = 34{,}26^\circ$

Daraus ergibt sich eine Fahrtrichtung von $30^\circ + \varphi = 64{,}26^\circ$ gegen die Strömungsrichtung.

26. Der Einfallswinkel des „Sehstrahls" ist $\alpha = 60^\circ$.

Aus $\sin\beta = \frac{\sin \alpha}{1{,}33}$ ergibt sich $\beta = 40{,}63^\circ$.

zu **24.**

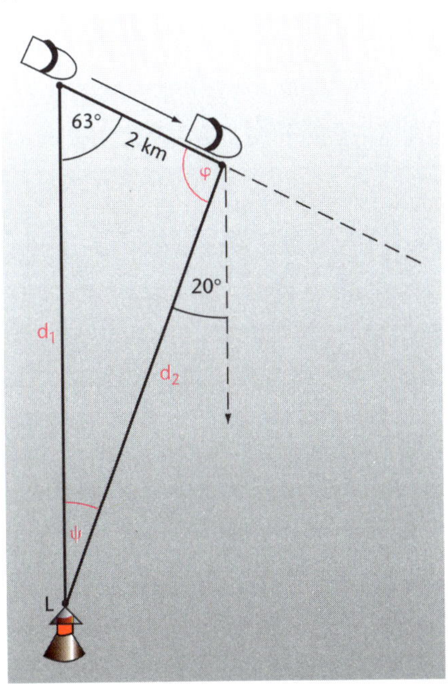

Bild 7.30

zu **26.**

Die Strecke zwischen Boot und Einfallslot ist $x_1 = 90 \cdot \tan \alpha = 155{,}9$ cm; die Strecke zwischen Lot und Fisch ist $x_2 = 200 \cdot \tan \beta = 171{,}6$ cm. Zusammen ergibt sich als Abstand des Fisches von der senkrechten Projektion der Bordkante auf den Grund des Flusses 327,5 cm = 3,275 m. Mit dem Satz des Pythagoras erhält man nun als Abstand vom Boot $\sqrt{2^2 + 3{,}275^2} \approx 3{,}84$ m.

27. Die Höhendifferenz zwischen Berg- und Talstation ist $\triangle h = 84$ m. Aus $\tan \alpha = 0{,}195$ erhält man $\alpha = 11{,}03°$. Die Fahrstrecke s schließlich ergibt sich zu $s = \frac{\triangle h}{\sin \alpha} = 439{,}05$ m.

28.

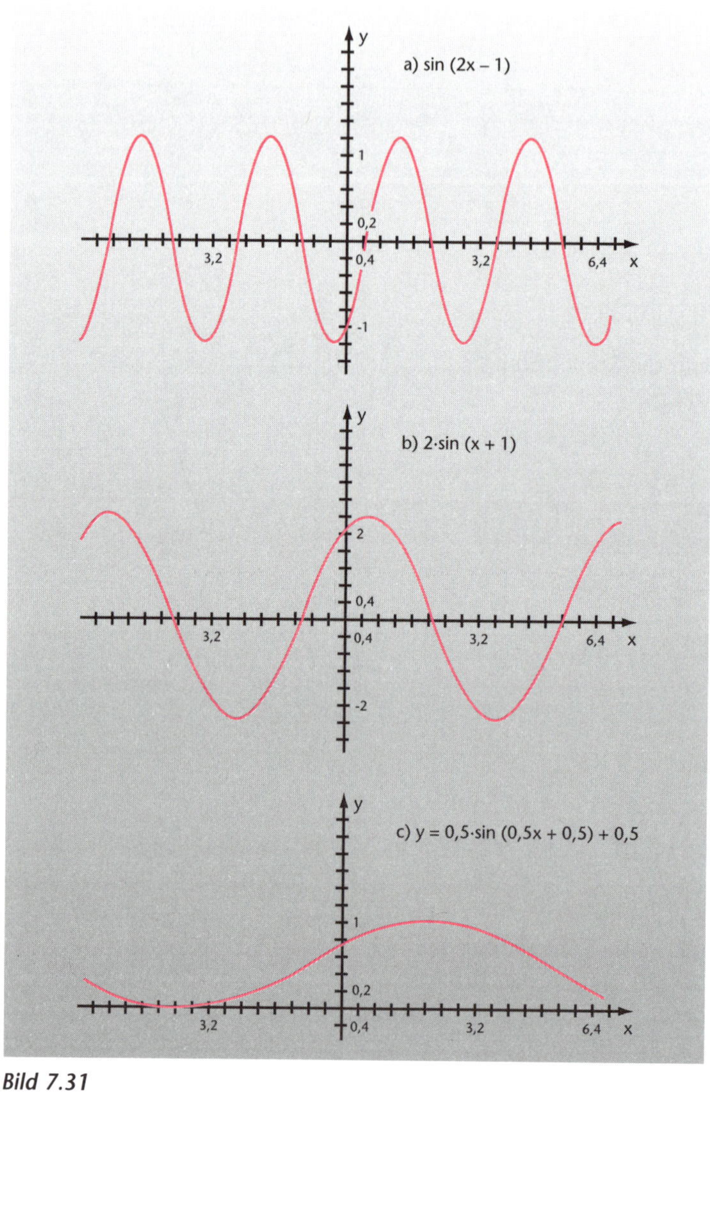

Bild 7.31

29.

	a)	*b)*	*c)*	*d)*
t(s)	0,02	0,01	0,035	0,025
U(V)	0	0	– 311,13	311,13

30. ***a)*** Stundenzeiger: $\omega = \frac{2\pi}{12\ h} = \frac{2\pi}{3600 \cdot 12\ s} \approx 10^{-4}\ s^{-1}$

Minutenzeiger: $\omega = \frac{2\pi}{1\ h} = \frac{2\pi}{3600\ s} = 1{,}7 \cdot 10^{-3}\ s^{-1}$

Sekundenzeiger: $\omega = \frac{2\pi}{60\ s} = 0{,}1057\ s^{-1}$

b) $\omega = \frac{2\pi}{365{,}25\ d} = \frac{2\pi}{365{,}25 \cdot 24 \cdot 60 \cdot 60\ s} \approx 2 \cdot 10^{-7}\ s^{-1}$

8. Stereometrie

Johannes Kepler, 1571–1630.
Nach Ausweisung des Protestanten Kepler aus Graz ging er als Mathematiker und Astronom nach Prag, wo er seine berühmten drei Gesetze entwickelte. In der Mathematik interessierten ihn insbesondere Körper.

ÜBERSICHT

8.1 Darstellung von räumlichen Körpern

Auf die Frage, was auf Bild 8.1 dargestellt ist, werden die meisten Menschen antworten, es handele sich um einen Würfel. Aber es ist natürlich kein Würfel, denn man kann mit ihm nicht würfeln, und man kann sich nicht seine Rückseite anschauen. Es handelt sich um eine Darstellung eines Würfels in der Ebene. Bei Bild 8.2 wird wohl jeder sagen, es sei ein Quadrat. Aber auch diese Figur kann die Darstellung eines Würfels sein, den man von vorne sieht. In Bild 8.3 sehen wir wieder nur das Abbild eines Würfels in der Ebene, doch erscheint er uns realer als in Bild 8.1, denn wir sehen ihn in einer gewohnten Perspektive, wie wir sie vom wirklichen Sehen und vom Fotografieren her kennen.

Bild 8.1 Würfel

Bild 8.2 Quadrat

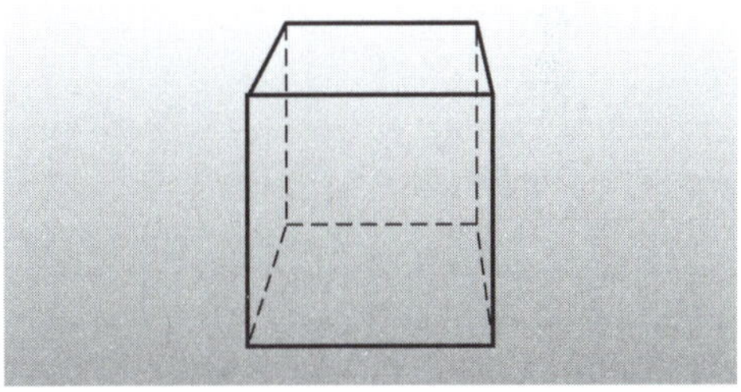

Bild 8.3 Würfel

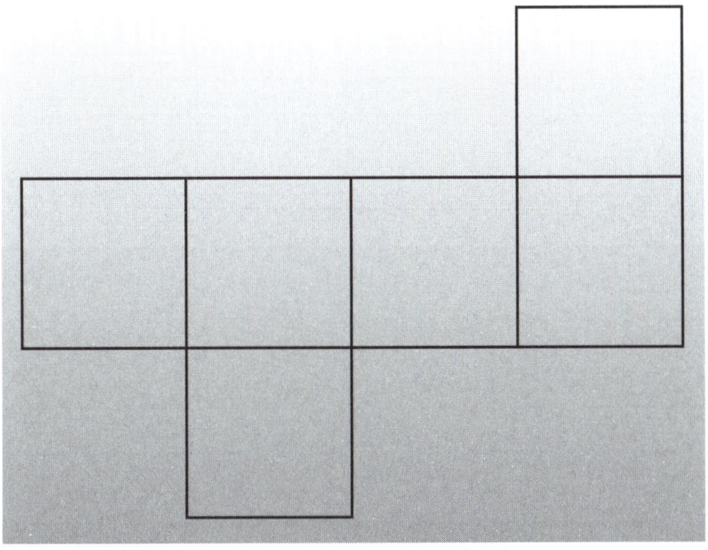

Bild 8.4 Faltmuster eines Würfels (Netzabwicklung)

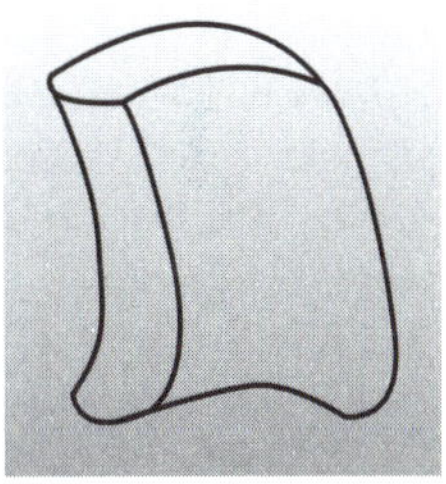

Bild 8.5
Bild eines Würfels im Zerrspiegel

Wollen wir einen Würfel basteln, so benötigen wir eine Darstellung des Würfels wie in Bild 8.4, die eine Art Falt- und Schnittmuster zeigt, auch ***Netzabwicklung*** genannt. Bild 8.5 zeigt ebenfalls das Abbild eines Würfels, entstanden in einem gekrümmten Spiegel.

Es gibt also viele verschiedene Möglichkeiten, einen räumlichen Körper, der sich real in drei Dimensionen ausdehnt (Länge, Breite, Höhe) in der Ebene darzustellen. Da alle Körper in der Natur dreidimensional sind, stellt sich das Problem der Darstellung recht häufig. Wir wollen hier nur die wichtigsten Möglichkeiten kurz erläutern.

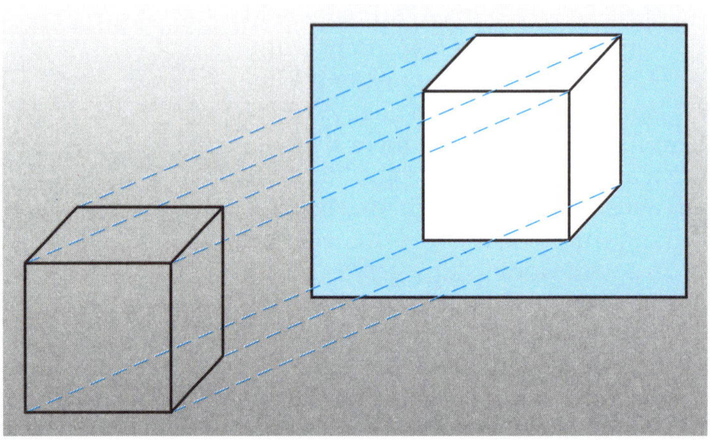

Bild 8.6 Schräge Parallelprojektion eines Würfels

Eine Abbildung einer räumlichen Figur auf die Ebene heißt ***Projektion.*** Da ein Körper aus Punkten besteht, bilden wir nur einzelne Punkte ab. Als Orientierung und als Hilfsmittel zur Konstruktion verwenden wir Geraden, sogenannte ***Projektionsgeraden.*** Die Ebene, in die wir abbilden, heißt ***Bildebene.***

Die beiden wichtigsten Projektionsarten sind die ***Parallelprojektion,*** bei der alle Projektionsgeraden parallel zueinander sind, und die ***Zentralprojektion,*** bei der alle Projektionsgeraden durch einen festen Punkt des Raumes verlaufen. Die Bilder 8.6 und 8.7 zeigen die Konstruktion eines Würfels in beiden Projektionsarten.

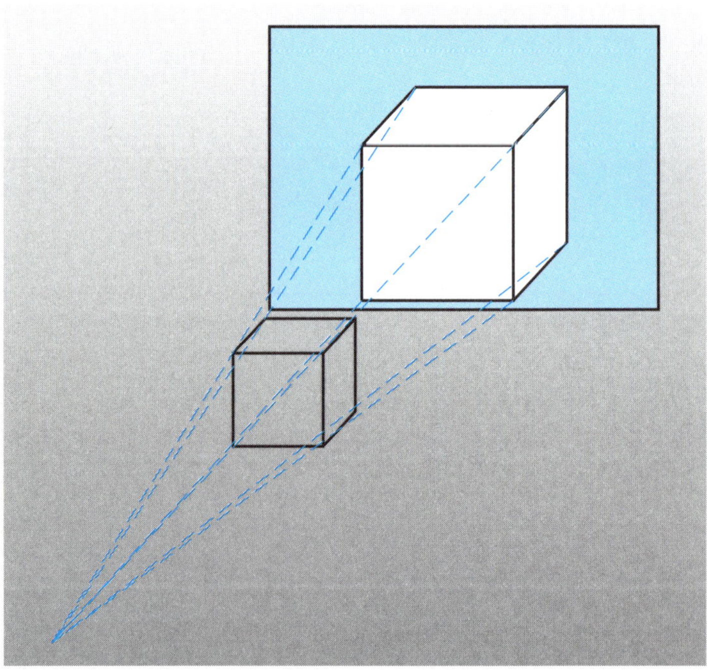

Bild 8.7 Zentralprojektion eines Würfels

Bei der Parallelprojektion unterscheidet man zwischen ***orthogonaler Parallelprojektion,*** bei der die Projektionsgeraden senkrecht auf die Bildebene treffen, und ***schräger Parallelprojektion,*** bei der die Geraden eben nicht orthogonal zur Bildebene stehen.

Beginnen wir mit dem letzten Fall. Wollen wir einen Würfel in schräger Parallelprojektion abbilden, wie dies in Bild 8.1 dargestellt ist, so gelten folgende Regeln:

1. ***Strecken, die parallel zur Bildebene verlaufen, werden im Schrägbild weder in ihrer Länge noch in ihrer Richtung verändert.***
2. ***Strecken, die orthogonal zur Bildebene verlaufen, werden alle im selben Winkel α gegen die nach rechts verlaufende Bildachse geneigt und alle um denselben Faktor k verkürzt.*** Dabei werden häufig folgende Winkel und Faktoren einander zugeordnet:

α:	30°	45°	60°
k:	$\frac{2}{3}$	$\frac{1}{2}$	$\frac{1}{3}$

Hat ein Würfel beispielsweise eine Kantenlänge von 6 cm, so können wir die in die Zeichenebene hineinlaufenden Kanten im Winkel von 30° gegen die Horizontale mit 4 cm Länge zeichnen, oder im Winkel von 45° mit 3 cm Länge oder unter 60° mit 2 cm Länge (Bilder 8.8 bis 8.10).

3. ***Verdeckte Linien zeichnen wir im allgemeinen gestrichelt.***

Schrägbilder mit $k = 0{,}5$ und $\alpha = 45^\circ$ sind die einfachste und häufigste Art der Projektion dreidimensionaler Körper.

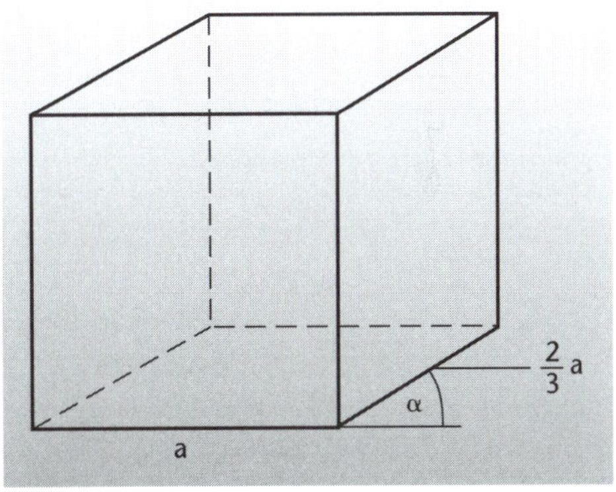

Bild 8.8 Schräge Parallelprojektion mit $\alpha = 30^\circ$, $k = \frac{2}{3}$

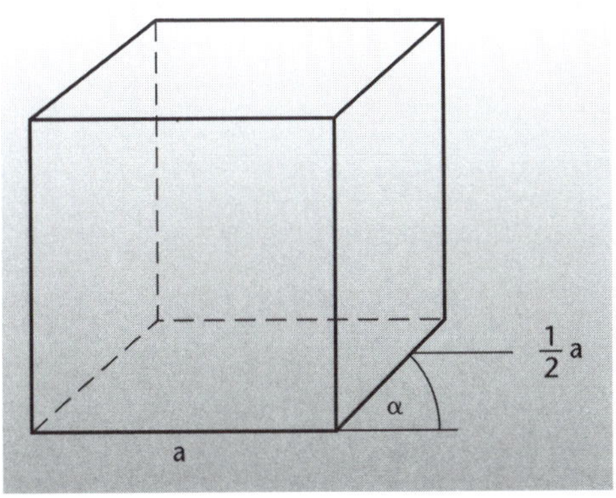

Bild 8.9 Schräge Parallelprojektion mit $\alpha = 45^\circ$, $k = \frac{1}{2}$

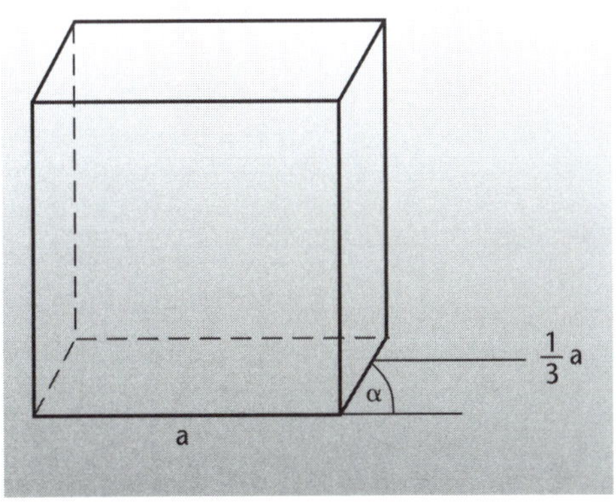

Bild 8.10 Schräge Parallelprojektion mit $\alpha = 60^\circ$, $k = \frac{1}{3}$

Bei den orthogonalen Projektionen unterscheidet man die

1. ***Eintafelprojektion,*** hierbei insbesondere den ***Grundriß,*** die Projektion in die Horizontalebene (hierzu gehören beispielsweise Grundrisse von Gebäuden [Bild 8.11], Lagepläne, Landkarten und auch Höhenlinien auf Landkarten [Bild 8.12]),
2. ***Zweitafelprojektion***, hierbei insbesondere Grundriß und ***Aufriß*** (= Vorder- oder Rückansicht eines Gebäudes; Bild 8.13),

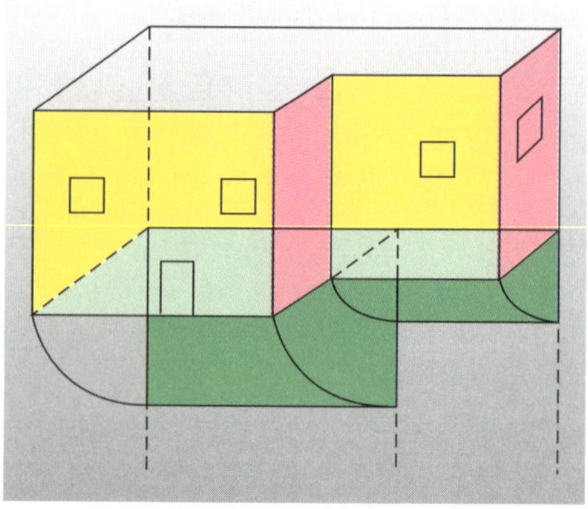

Bild 8.11 Grundriß

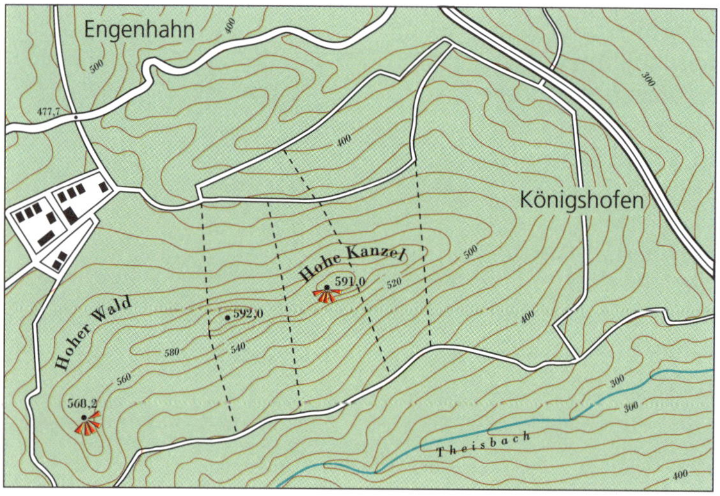

Bild 8.12 Landkarte mit Höhenlinien

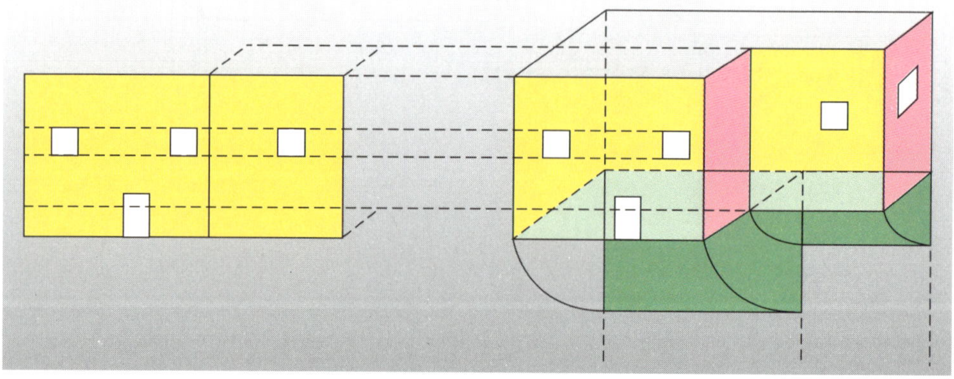

Bild 8.13 Grundriß und Aufriß

3. ***Dreitafelprojektion*** mit Darstellung von Grundriß, Aufriß und ***Seitenriß,*** also Flächen in drei zueinander orthogonalen Ebenen (Bild 8.14).

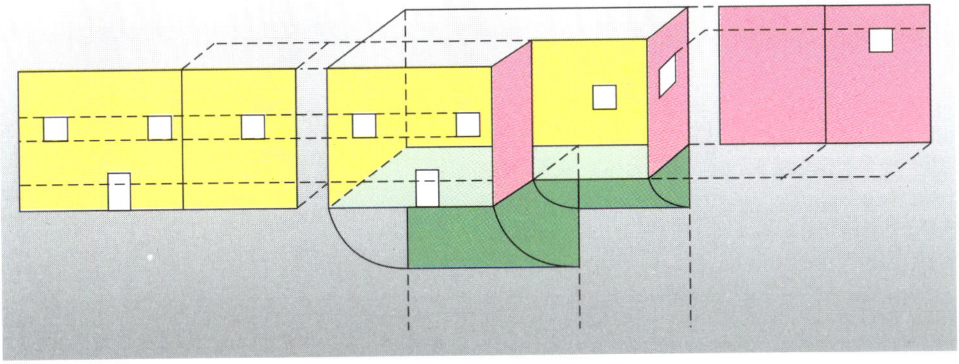

Bild 8.14 Grundriß, Aufriß und Seitenriß

Auch unsere Netzabwicklung des Würfels in Bild 8.4 gehört zu den Dreitafelprojektionen. Wir benutzen in den folgenden Abschnitten nur die schräge Parallelprojektion.

8.2 Prisma und Zylinder

Für die Flächeninhalte von Rechtecken gilt: Man verschiebe eine Kante a (= Strecke) orthogonal um die Strecke b, dann erhält man ein Rechteck mit dem Flächeninhalt a · b. Dieses Prinzip läßt sich auf Körper übertragen: Verschiebt man die Fläche G einer ebenen Figur orthogonal um die Strecke h, so erhält man das Volumen G · h. G nennen wir ***Grundfläche,*** h heißt ***Höhe*** des Körpers (Bild 8.15).

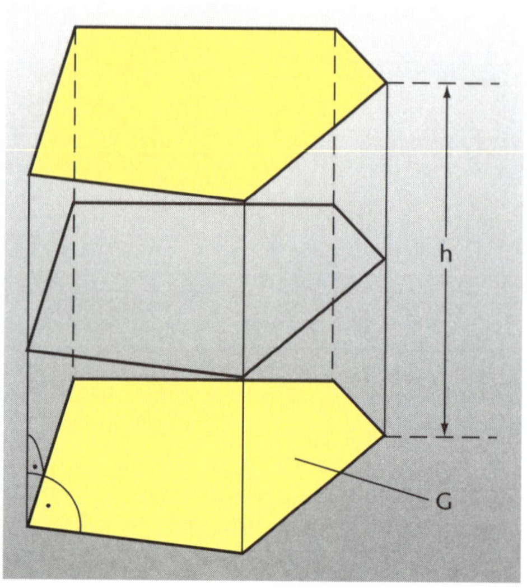

Bild 8.15 Prisma

D

Das *Volumen* eines Körpers, dessen ebene Seitenflächen orthogonal zur ebenen Grundfläche stehen, ist V = G · h.
Ist die Grundfläche ein Vieleck, so heißt ein derartiger Körper *senkrechtes Prisma.*
Ist die Grundfläche ein Kreis, so heißt der Körper *senkrechter Zylinder.*

Für besondere Formen des senkrechten Prismas lassen sich noch spezielle Formeln herleiten. Ein ***Würfel*** hat ein Quadrat als Grundfläche, eines als Deckfläche und vier als Seitenflächen. Sei die Kantenlänge des Würfels a, so hat das Quadrat den Flächeninhalt $A = a^2$.

Die Höhe ist aber ebenfalls a. Demnach ergibt sich für das Volumen des Würfels:

S

Das Volumen des Würfels ist: $V = a^3$.

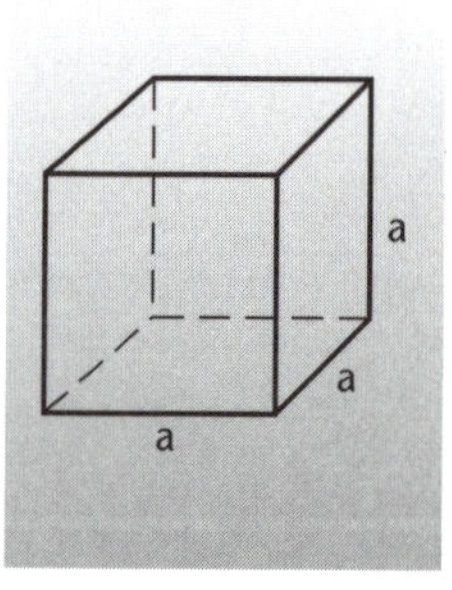

Bild 8.16 Würfel

Ist die Grundfläche ein Rechteck mit den Seiten a und b, so ist der Flächeninhalt des Rechtecks A = a · b und das Volumen berechnet sich wie folgt:

S

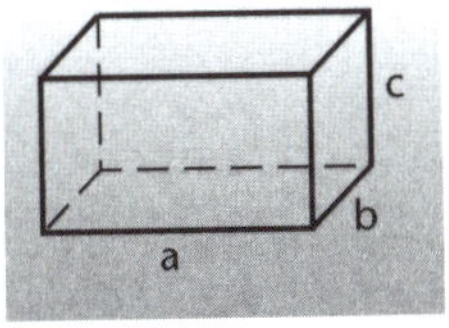

Bild 8.17 Quader

> Das Volumen des Quaders ist: $V = a \cdot b \cdot c$, wenn wir hier ausnahmsweise die Höhe mit c bezeichnen (Bild 8.17).

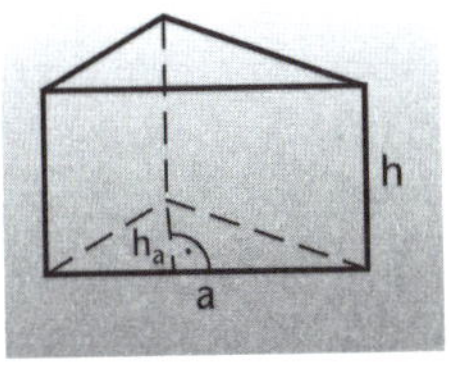

Bild 8.18 Dreiecksprisma

Bei einer dreieckigen Grundfläche mit der Grundseite a und der Höhe h_a auf dieser Grundseite ergibt sich ein Dreiecksprisma (Bild 8.18).

S

> Das Volumen des Dreiecksprismas ist: $V = a \cdot h_a \cdot \dfrac{h}{2}$.

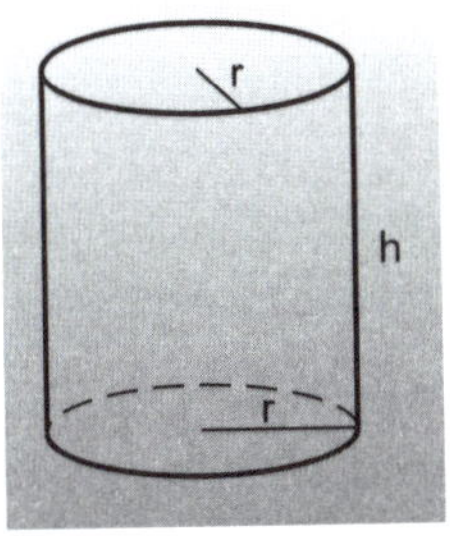

Bild 8.19 Zylinder

Ein Zylinder hat einen Kreis mit dem Radius r und dem Flächeninhalt (zur Flächenberechnung von Kreisen siehe Seite 386) $G = \pi \cdot r^2$ als Grundfläche (Bild 8.19).

S

> Das Volumen des Zylinders ist: $V = \pi \cdot r^2 \cdot h$.

Wir müssen beachten, daß das Volumen eine physikalische Größe ist und deshalb eine Maßeinheit besitzt. Sie läßt sich beim Würfel gut herleiten. Die Kantenlänge messen wir in Metern (m) oder abgeleiteten Einheiten wie mm, cm, dm, km usw. Den Flächeninhalt der Grundfläche erhalten wir durch Multiplikation der Länge (in m) mit der Breite (in m), also $m \cdot m = m^2$. Multiplizieren wir die Fläche mit der Höhe (in m), erhalten wir für das Volumen die Einheit $m^2 \cdot m = m^3$, die wir mit Kubikmeter bezeichnen. Da ein Meter 10 dm enthält, muß ein Quadratmeter $10\,dm \cdot 10\,dm = 100\,dm^2$ enthalten, ein Kubikmeter $1\,m^2 \cdot 1\,m = 100\,dm^2 \cdot 10\,dm = 1\,000\,dm^3$. Entsprechend lassen sich andere Maßeinheiten ableiten.

Falls wir keine Maßeinheit kennen, schreiben wir für das Volumen die Einheit ***VE*** für Volumeneinheit.

BEISPIELE

1. Ein Backstein hat die Kantenlängen 24 cm, 11 cm und 7 cm. Sein Volumen beträgt $V = 24 \cdot 11 \cdot 7\,cm^3 = 1848\,cm^3$.

2. Eine Konservendose hat die Höhe $h = 11$ cm und den Grundflächenradius $r = 5$ cm. Dann ist ihr Volumen $V = \pi \cdot 5 \cdot 5 \cdot 11\,cm^3 \approx 864\,cm^3$.

Unter der ***Mantelfläche*** eines Körpers versteht man die Summe seiner Seitenflächen. Die ***Oberfläche*** eines Prismas und eines Zylinders setzt sich aus der ***Grundfläche*** (Boden), der Mantelfläche und einer weiteren Grundfläche (Deckel) zusammen. Schneidet man die Mantelfläche senkrecht zur Grundfläche auf und klappt sie in der Ebene auf (bzw. rollt sie dort ab), so erkennt man, daß sie ein Rechteck mit der Länge U des Umfanges der Grundfläche und der Breite h der Höhe des Körpers ist (Bilder 8.20 und 8.21 bis 8.23).

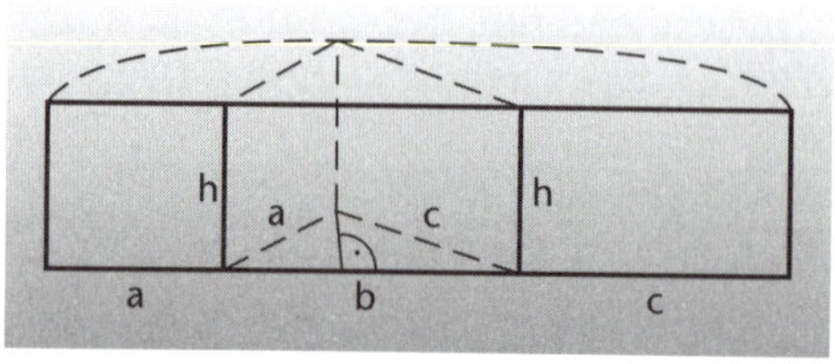

Bild 8.20 Aufgeklapptes Dreiecksprisma mit 2 Grundflächen (Boden und Deckel) und drei Seitenflächen

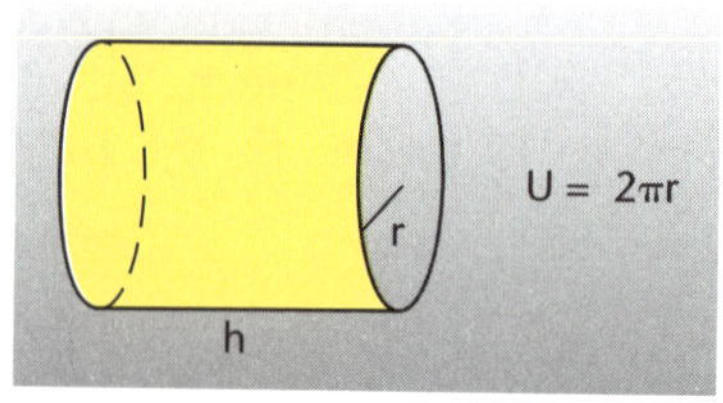

Bild 8.21 Zylinder

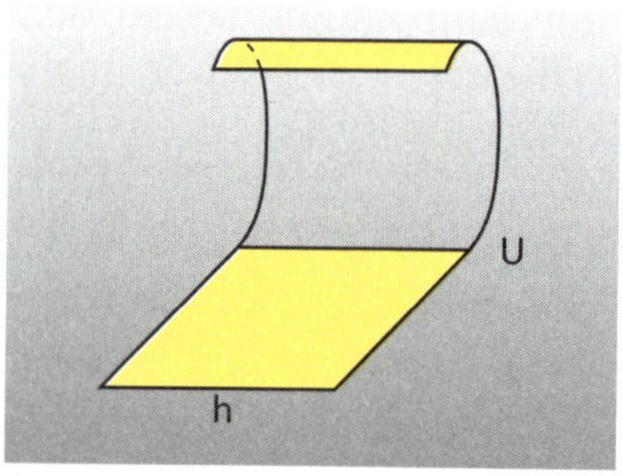

Bild 8.22 Abrollender Zylinder

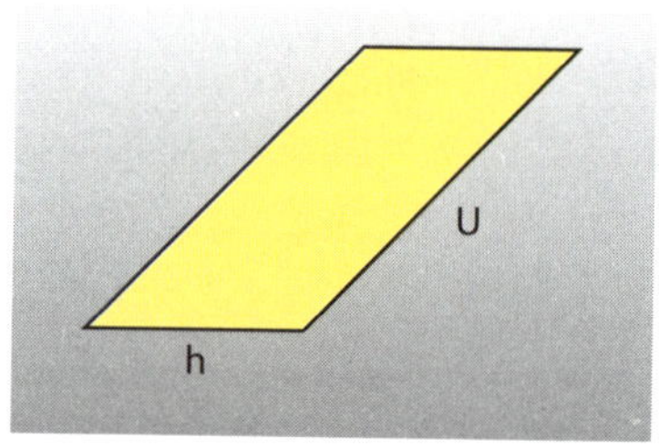

Bild 8.23 Abgerollte Mantelfläche des Zylinders

S

Die Mantelfläche eines Prismas ist: $M = U \cdot h$.
Die Mantelfläche eines Zylinders ist: $M = U \cdot h = 2 \cdot \pi \cdot r \cdot h$.
Die Oberfläche eines Prismas ist: $O = 2 \cdot G + M$.
Die Oberfläche eines Zylinders ist:
$O = 2 \cdot G + M = 2 \cdot \pi \cdot r^2 + 2 \cdot \pi \cdot r \cdot h = 2\pi r \cdot (r + h)$.

Für besondere Prismen können noch vereinfachte Formeln gefunden werden. So hat der Würfel sechs gleiche Seitenflächen der Größe a^2, so daß für seine Oberfläche gilt: $O = 6 \cdot a^2$. Ein Quader hat drei verschiedene Seitenflächen, von denen jede zweimal vorkommt. Demnach ist seine Oberfläche $O = 2 \cdot (ab + ac + bc)$.

BEISPIELE

1. Ein Backstein mit den Kantenlängen 24 cm, 11 cm und 7 cm hat demnach die Oberfläche $O = 2 \cdot (24 \cdot 11 + 24 \cdot 7 + 11 \cdot 7)\ \text{cm}^2 = 2 \cdot 509\ \text{cm}^2 = 1\,018\ \text{cm}^2$.

2. Eine Konservendose mit der Höhe $h = 11$ cm und dem Grundflächenradius $r = 5$ cm hat die Oberfläche $O = 2 \cdot \pi \cdot 5 \cdot (5 + 11)\ \text{cm}^2 = 10\pi \cdot 16\ \text{cm}^2 \approx 502{,}65\ \text{cm}^2$.

8.3 Pyramide und Kegel

Im Unterschied zum senkrechten Prisma und Zylinder laufen bei der geraden Pyramide und beim geraden Kegel die Seitenflächen in einer Spitze zusammen. Dabei geht die Orthogonale zur Grundfläche durch die Spitze und durch den Mittelpunkt der Grundfläche. Zeichnen wir in einen Würfel der Kantenlänge a alle Raumdiagonalen ein, so zerlegen wir den Würfel vollständig in 6 Pyramiden mit quadratischer Grundfläche der Kantenlänge a und der Höhe $\frac{a}{2}$ (Bild 8.24). Da der Würfel das Volumen $V = a^3$ hat, muß jede der 6 Pyramiden das Volumen $V = \frac{1}{6}a^3$ haben.

Andererseits gibt es zu jeder Pyramide ein Prisma, und zwar einen Quader mit derselben Grundfläche und derselben Höhe (Bild 8.25). Dessen Volumen beträgt das halbe Würfelvolumen, nämlich $V = \frac{1}{2}a^3$. Demnach beträgt das Volumen der Pyramide ein Drittel des Volumens des Prismas. Mit Mitteln der Analysis (siehe Integralrechnung, Ober- und Untersumme; Seite 587) läßt sich folgender Satz allgemein zeigen:

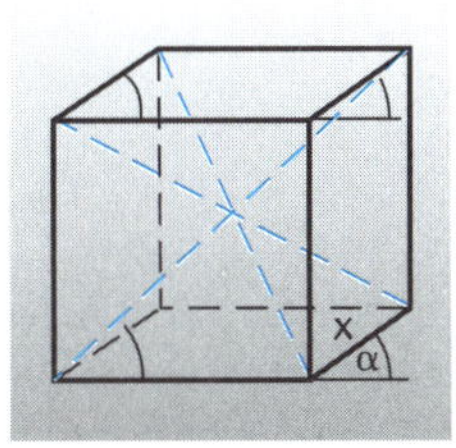

Bild 8.24 Würfel, durch Raumdiagonalen in 6 kongruente Pyramiden zerlegt

Bild 8.25 Prisma und Pyramide im Würfel

s

Haben zwei Körper A und B dieselbe Grundfläche und dieselbe Höhe, stehen bei A die Seitenflächen orthogonal zur Grundfläche und laufen die Seitenflächen bei B in einer Spitze zu, so beträgt das Volumen von B ein Drittel des Volumens von A.

Hieraus folgt speziell:

s

Das Volumen der Pyramide ist: $V = \frac{1}{3}G \cdot h$.

Das Volumen des Kegels ist: $V = \frac{1}{3}G \cdot h = \frac{1}{3}\pi \cdot r^2 \cdot h$.

Die Oberfläche einer Pyramide mit n-eckiger Grundfläche besteht aus n Dreiecken und der Grundfläche. Ist die Grundfläche ein reguläres (gleichseitiges) Vieleck mit n Kanten der Länge a, so sind alle Seitendreiecke kongruent. Ist U der Umfang der

Grundfläche und h_a die Höhe auf der Grundseite eines jeden Dreiecks, so ist die Mantelfläche $M = \frac{1}{2}U \cdot h_a = \frac{1}{2}n \cdot a \cdot h_a$ (Bild 8.26).

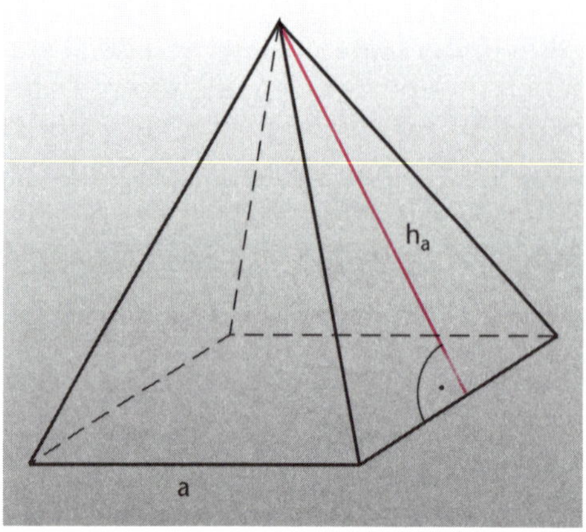

Bild 8.26 Mantelfläche der Pyramide

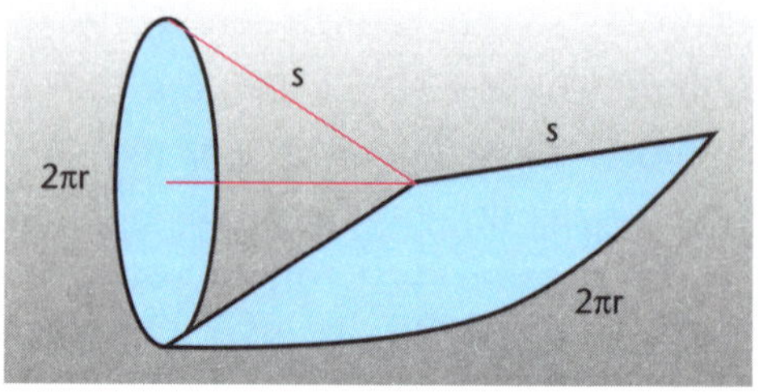

Bild 8.27 Mantelfläche des Kegels

Schneidet man beim Kegel die Mantelfläche auf und rollt sie ab (Bild 8.27), so erhält man einen Kreisausschnitt mit dem Radius s und dem Kreisbogen der Länge $2\pi r$. Der Kreisausschnitt hat die Fläche πrs.

S

Die Mantelfläche der Pyramide mit regulärem n-Eck mit der Kantenlänge a als Grundfläche ist:

$M = \frac{1}{2}U \cdot h_a = \frac{1}{2}n \cdot a \cdot h_a.$

Die Mantelfläche des Kegels mit Radius r und Mantellinie s ist: $M = \pi rs$.

Schneidet man von einer Pyramide die „Spitze“ parallel zur Grundfläche ab, erhält man einen ***Pyramidenstumpf*** (Bild 8.28), beim Kegel entsprechend einen ***Kegelstumpf*** (Bild 8.29). Das Volumen V_{st} eines Stumpfes ergibt sich aus der Differenz des

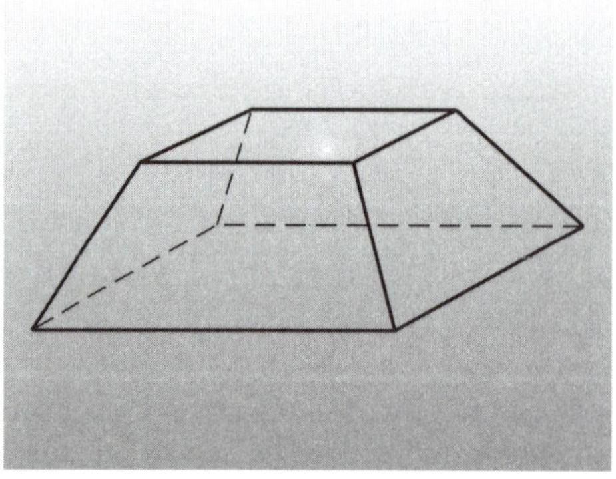

Bild 8.28 Pyramidenstumpf

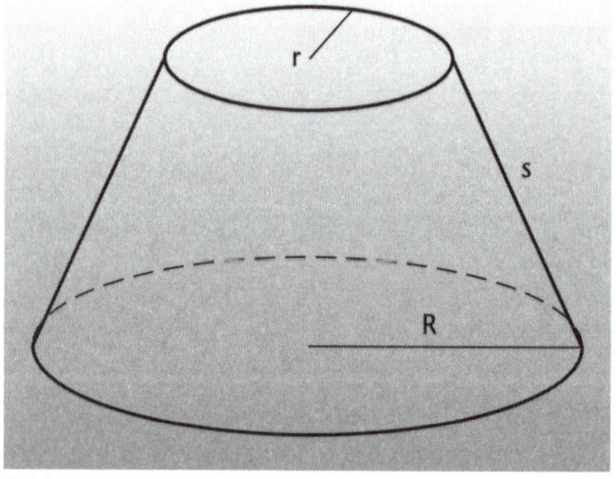

Bild 8.29 Kegelstumpf

Volumens V_1 des vorher vollständigen Körpers der Höhe H und dem Volumen V_2 des „abgeschnittenen Körpers“ der Höhe x = H – h (Bild 8.30):

$$V_{st} = V_1 - V_2 = \frac{1}{3}GH - \frac{1}{3}Fx$$

$$= \frac{1}{3}(G \cdot (x + h) - Fx)$$

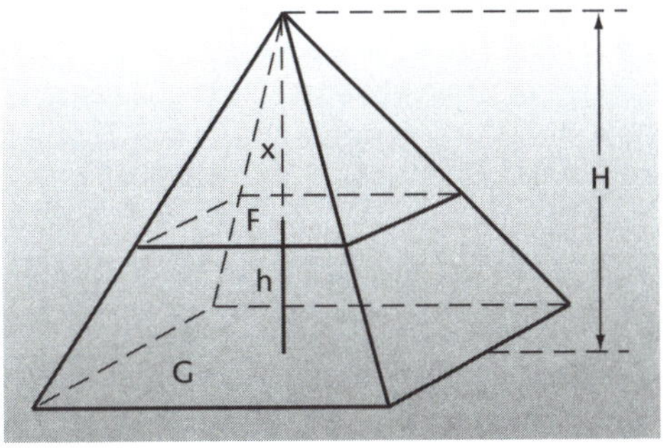

Bild 8.30 Volumen des Pyramidenstumpfes

Nach Anwendung der Strahlensätze (siehe Seite 427) erhält man die von x und H unabhängige Form:

S

Das Volumen eines Stumpfes ist: $V = \frac{1}{3}h \cdot (G + \sqrt{F \cdot G} + F)$, h = Höhe.

Die Mantelfläche setzt sich beim Pyramidenstumpf aus Trapezen zusammen. Beim Kegelstumpf ist sie ein Kreisringausschnitt mit $M = \pi s \cdot (R + r)$.

8.4 Schiefe Körper

Man stelle sich einen Quader der Höhe h aus Bierdeckeln mit der Kantenlänge a vor (Bild 8.31). Er hat das Volumen $V = a^2 \cdot h$.

Bild 8.31 Bierfilzstapel, gerade

Bild 8.32 Bierfilzstapel, schief

Bild 8.33 Bierfilzstapel, gedreht und schief

Nun verschieben wir die Bierdeckel ein wenig, so daß der Quader schief wird. Er hat noch dieselbe Höhe wie vorher, er hat dieselbe Grundfläche wie vorher, und jede Schnittfläche parallel zur Grundfläche hat denselben Flächeninhalt wie vorher (Bild 8.32). Dies ändert sich selbst dann nicht, wenn wir die Bierfilze um eine vertikale Achse drehen (Bild 8.33). Da jeder einzelne Bierfilz dasselbe Volumen hat wie vorher, hat auch unser schiefer Körper dasselbe Volumen wie der anfängliche Quader. Zu eben dieser Erkenntnis gelangte Bonaventura Cavalieri (1598–1647) aus Bologna, die ihm zu folgendem Grundsatz verhalf (siehe Bild 8.34):

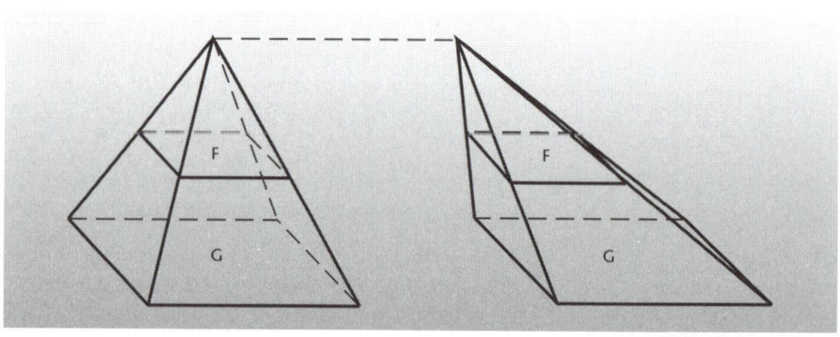

Bild 8.34 Zum Satz des Cavalieri

S

Satz des Cavalieri: Liegen zwei Körper zwischen parallelen Ebenen und werden sie von jeder parallelen Ebene in Flächen gleichen Inhaltes geschnitten, so haben sie dasselbe Volumen.

Es spielt also keine Rolle, ob ein Körper gerade erscheint oder schief oder ob er gar verdreht ist. Es ist sogar durchaus möglich, daß die Form der Grundfläche völlig verändert wird, denn der Satz von Cavalieri verlangt nur die Gleichheit der Flächeninhalte. Dies hilft uns im folgenden Abschnitt, das Volumen einer Kugel zu bestimmen.

8.5 Kugel und Kugelteile

8.5.1 Kugel

Wir betrachten zwei verschiedene Körper gleicher Höhe r und gleicher Grundfläche πr^2: eine Halbkugel und einen Zylinder. Aus dem Zylinder entfernen wir einen geraden Kegel mit derselben Höhe r und demselben Radius r (Bild 8.35). Der Rest-

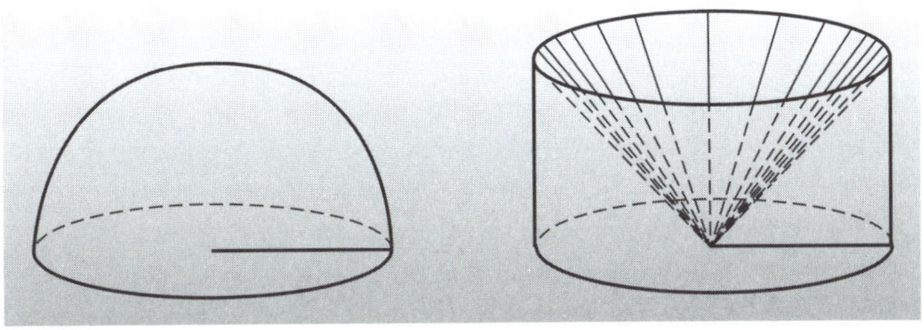

Bild 8.35 Halbkugel und Restkörper

körper hat das Volumen $V_R = V_Z - V_K = \pi r^2 \cdot r - \frac{1}{3}\pi r^2 \cdot r = \frac{2}{3}\pi r^3$. Wir beweisen nun mit Hilfe des Satzes von Cavalieri, daß der Restkörper dasselbe Volumen hat wie die Halbkugel. Betrachten wir hierzu die Schnittflächen beider Körper mit einer beliebigen Ebene ε, die zwischen der Grundflächenebene ε_1 und der Oberkantenebene ε_2 liegt (Bild 8.36).

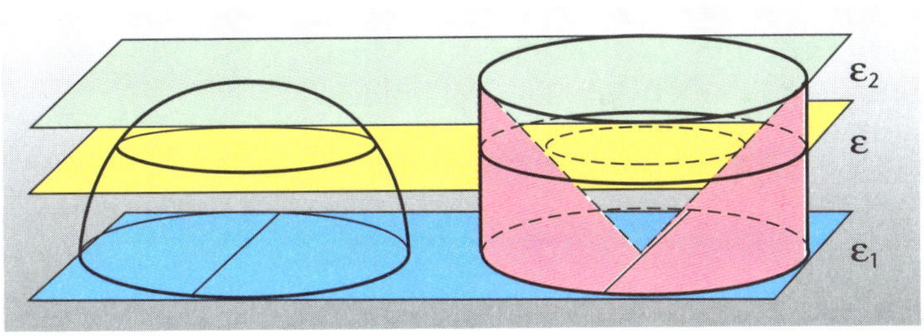

Bild 8.36 Schnittflächen

Sei d der Abstand zwischen der Ebene der Grundfläche und der Schnittebene ε. Die Ebene ε schneidet die Halbkugel in einer Kreisfläche mit dem Radius a. Nach dem Satz des Pythagoras (siehe Seite 364) gilt: $a^2 + d^2 = r^2$, also $a^2 = r^2 - d^2$. Der Flächeninhalt der Schnittfläche ist demnach $A = \pi \cdot a^2 = \pi \cdot (r^2 - d^2)$ (Bild 8.37). Betrachten wir nun

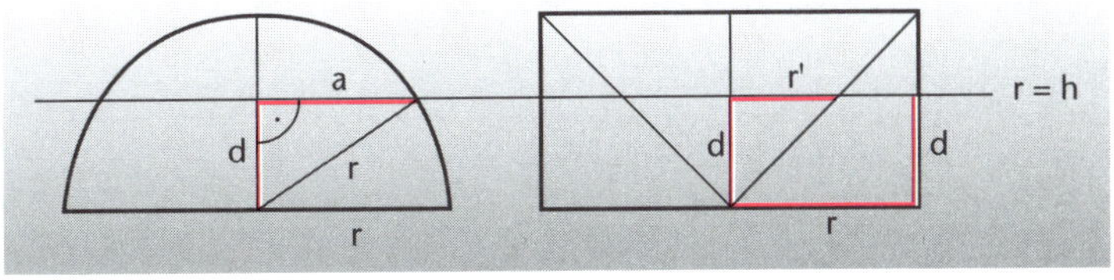

Bild 8.37 Zum Volumen des Restkörpers

den Restkörper. Die Schnittfläche ist ein Kreisring mit dem Innenradius r′ und dem Außenradius r. Da es sich bei dem (von der Seite gesehenen) Dreieck, das vom Grundflächenradius r, von der Höhe r des Zylinders und von der Innenkante des ausgeschnittenen Kegels begrenzt wird, um ein gleichschenkliges Dreieck handelt, muß r′ = d sein (Bild 8.37). Somit beträgt der Flächeninhalt des verbleibenden Kreisringes $A = \pi \cdot r^2 - \pi \cdot d^2 = \pi \cdot (r^2 - d^2)$. Dies ist derselbe Inhalt wie der der Schnittfläche der Halbkugel. Da wir den Abstand d beliebig gewählt haben, gilt: Die durch jede zur Grundebene parallele Ebene ε bei der Halbkugel und beim Restkörper entstehenden Schnittflächen sind gleich. Nach dem Satz des Cavalieri folgt hieraus: Die Halbkugel hat dasselbe Volumen wie der Restkörper, nämlich $V = \frac{2}{3}\pi r^3$. Da eine Kugel aus zwei Halbkugeln besteht, folgt:

S

Das Volumen einer Kugel mit Radius r beträgt: $V = \frac{4}{3}\pi r^3$.

Die Oberfläche bestimmen wir durch ein Näherungsverfahren. Wir denken uns hierzu eine große Kugel, auf deren Oberfläche wir ein Netz zeichnen (Bild 8.38). Die Eckpunkte des Netzes verbinden wir mit dem Kugelmittelpunkt M. Durch dieses Netz wird die Kugel vollständig in pyramidenähnliche Körper zerlegt, die allerdings keine ebene Grundfläche besitzen. Denken wir uns die Kugel aber sehr groß und das Netz sehr kleinmaschig, so können wir die Pyramidengrundflächen näherungsweise als eben betrachten.

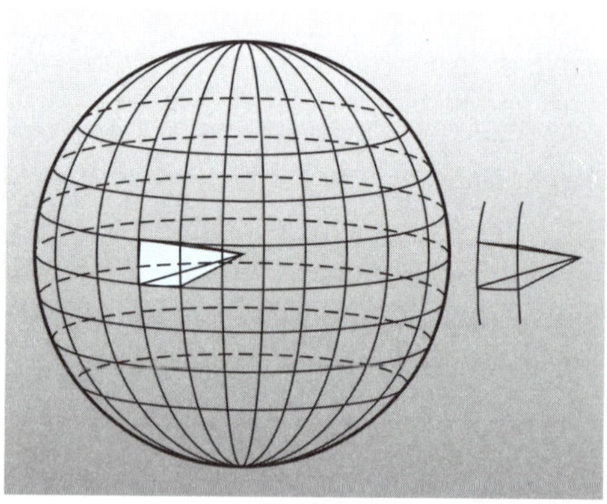

Bild 8.38 Kugeloberfläche

Das Volumen der Kugel ergibt sich dann aus dem Volumen der n Pyramiden P_1 bis P_n:

$$\begin{aligned} V_K &= V(P_1) + V(P_2) + V(P_3) + \ldots + V(P_n) \\ &\approx \frac{1}{3}G_1 \cdot r + \frac{1}{3}G_2 \cdot r + \frac{1}{3}G_3 \cdot r + \ldots + \frac{1}{3}G_n \cdot r \\ &= \frac{1}{3}r \cdot (G_1 + G_2 + G_3 + \ldots + G_n) \\ &= \frac{1}{3}r \cdot O, \end{aligned}$$

da die Oberfläche O sich aus den Grundflächen G_1 bis G_n zusammensetzt. Setzt man dieses Ergebnis gleich dem Kugelvolumen, erhält man:

$$\frac{1}{3}r \cdot O = \frac{4}{3}\pi r^3 \quad | \cdot 3 : r \Rightarrow O = 4\pi r^2.$$

S

Für den Flächeninhalt O der Kugeloberfläche gilt: $O = 4\pi r^2$.

8.5.2 Kugelteile

Nun wenden wir uns Kugelteilen zu. Das sind Stücke, die man erhält, wenn die Kugel z. B. durch eine Ebene zerschnitten wird.

Schneidet eine Ebene die Kugel, so ist die Schnittfläche immer ein Kreis. Geht die Ebene durch den Kugelmittelpunkt, so entstehen zwei Halbkugeln. Geht die Ebene nicht durch den Mittelpunkt, so entsteht ein kleinerer und ein größerer ***Kugelabschnitt,*** (Bild 8.39). Zwei parallele Ebenen schneiden eine ***Kugelschicht*** aus der Kugel aus. Eine um den Mittelpunkt rotierende Gerade schneidet ein kegelartiges Gebilde, einen ***Kugelausschnitt,*** heraus (Bild 8.40).

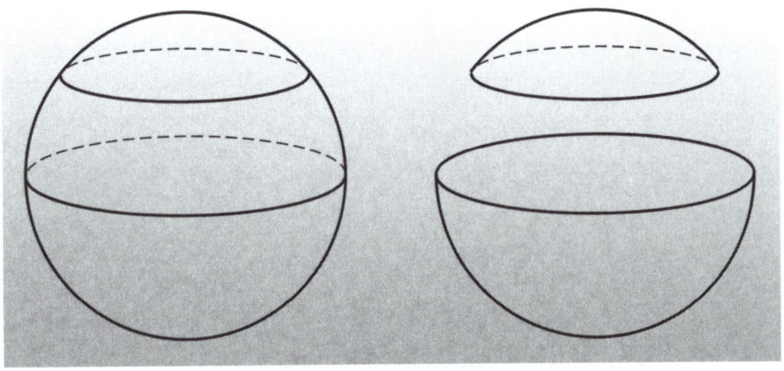

Bild 8.39 Kugel, Halbkugel und Kugelabschnitt

Bild 8.40 Kugelschicht und Kugelausschnitt

Wir berechnen das Volumen eines Kugelabschnittes. Hierzu benutzen wir wieder den Restkörper aus der Berechnung des Kugelvolumens (Bilder 8.35, 8.36 und 8.41). Die Ebene ε schneidet aus der Halbkugel einen Kugelabschnitt der Höhe h (Bild 8.42) aus. Nach dem Satz des Cavalieri ist das Volumen des Kugelabschnittes ebenso groß wie das Volumen des Restkörpers (im Bild 8.42 gelb!). Letzteres erhält man, wenn man von dem Volumen V_Z des Zylinders mit dem Radius r und der Höhe h, $V_Z = \pi r^2 \cdot h$, das Volumen des herausgeschnittenen Kegelstumpfes V_K subtrahiert. Aus der Formel für das Volumen eines Stumpfes erhalten wir nach dem Einsetzen der Kreisradien r für die Grundfläche G und r – h für die Deckfläche F:

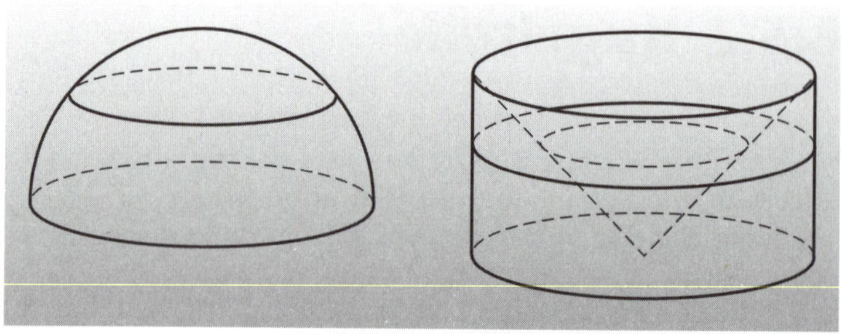

Bild 8.41 Zur Berechnung des Volumens des Kugelabschnittes

$$V_K = \frac{1}{3}h \cdot (G + \sqrt{FG} + F)$$
$$= \frac{1}{3} \cdot h \cdot (\pi r^2 + \sqrt{\pi^2 r^2 (r-h)^2} + \pi(r-h)^2)$$
$$= \frac{1}{3}h \cdot (\pi r^2 + \pi r(r-h) + \pi(r-h)^2)$$
$$= \frac{1}{3}h\pi \cdot (r^2 + r^2 - rh + r^2 - 2rh + h^2)$$
$$= \frac{1}{3}h\pi \cdot (3r^2 - 3rh + h^2)$$
$$= \pi r^2 h - \pi r h^2 + \frac{1}{3}\pi h^3$$

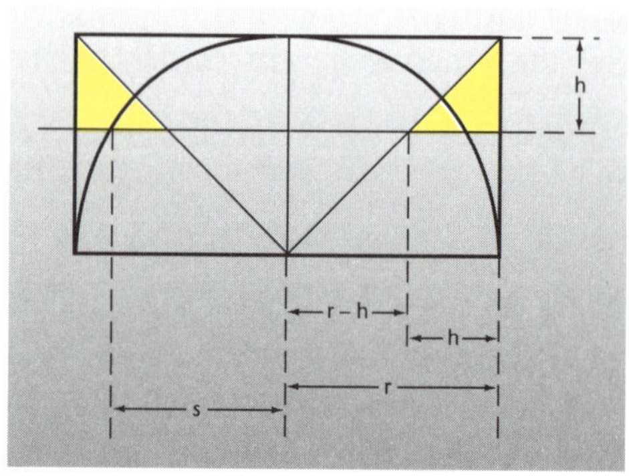

Bild 8.42 Volumen des Kugelabschnittes

Die Differenz aus Zylindervolumen und Restkörpervolumen ergibt dann

$$V_{Rest} = V_Z - V_K = \pi r^2 h - \pi r^2 h + \pi r h^2 - \frac{1}{3}\pi h^3 = \frac{1}{3}\pi h^2 \cdot (3r - h).$$

Dies ist das Volumen des Kugelabschnittes.

Ist statt des Kugelradius r der Radius R der Schnittfläche des Kugelabschnittes gegeben, so können wir in der gefundenen Formel mit Hilfe des Satzes von Pythagoras r ersetzen (Bild 8.43):

$$r^2 = R^2 + (r-h)^2$$
$$\Leftrightarrow r^2 = R^2 + r^2 - 2rh + h^2 \Leftrightarrow r = \frac{R^2 + h^2}{2h}$$
$$\Rightarrow V_{Rest} = \frac{1}{3}\pi h^2 \cdot (3\frac{R^2 + h^2}{2h} - h)$$
$$= \frac{1}{2}\pi R^2 h + \frac{1}{3}\pi h^3 - \frac{1}{3}\pi h^3$$
$$= \frac{1}{6}\pi h \cdot (3R^2 + h^2)$$

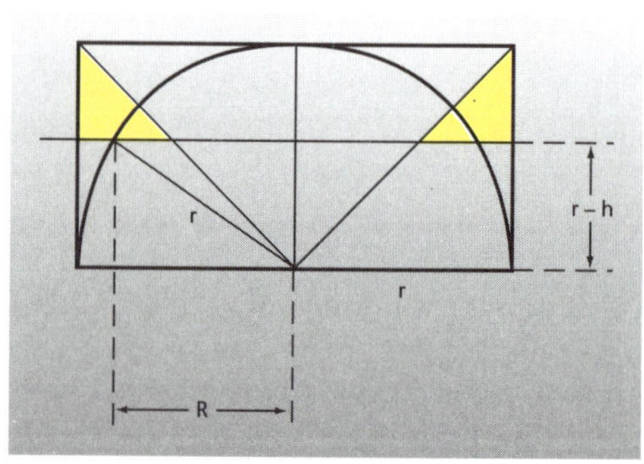

Bild 8.43 Volumen des Kugelabschnittes

Zur Berechnung des Volumens einer Kugelschicht subtrahiert man die Volumina zweier Kugelabschnitte voneinander (Bild 8.44). Dann ist das Volumen der Kugelschicht

$$V_{Sch} = V_{K1} - V_{K2}$$
$$= \frac{1}{6}\pi h_1 \cdot (3R_1^2 + h_1^2) - \frac{1}{6}\pi h_2 \cdot (3R_2^2 + h_2^2).$$

Mit $h_1 - h_2 = h$

folgt $V_{Sch} = \frac{1}{6}\pi h \cdot (3R_1^2 + 3R_2^2 + h^2)$.

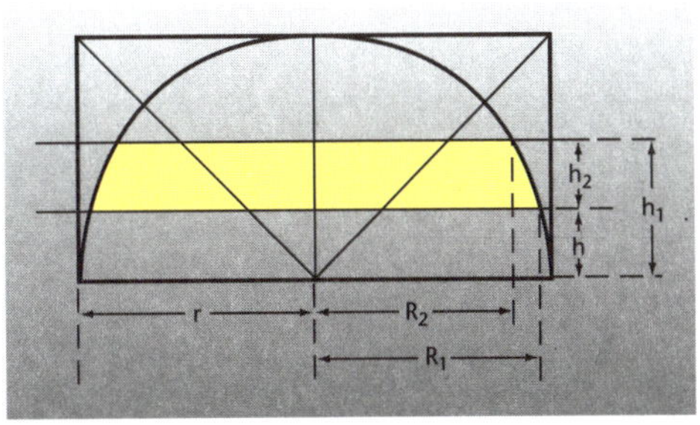

Bild 8.44 Volumen der Kugelschicht

Das Volumen des Kugelausschnitts erhält man als Summe der Volumina eines Kugelabschnittes mit der Höhe h und dem Schnittflächenradius R und eines Kegels mit dem Radius R und der Höhe (r – h) (Bild 8.45) als

$$V = \frac{1}{3}\pi h^2 \cdot (3r - h) + \frac{1}{3}\pi R^2 \cdot (r - h),$$

woraus man nach Einsetzen der für r oben hergeleiteten Beziehung und einigen algebraischen Umformungen erhält:

$$V = \frac{\pi}{6h} \cdot (R^2 + h^2)^2 = \frac{2}{3}\pi r^2 h.$$

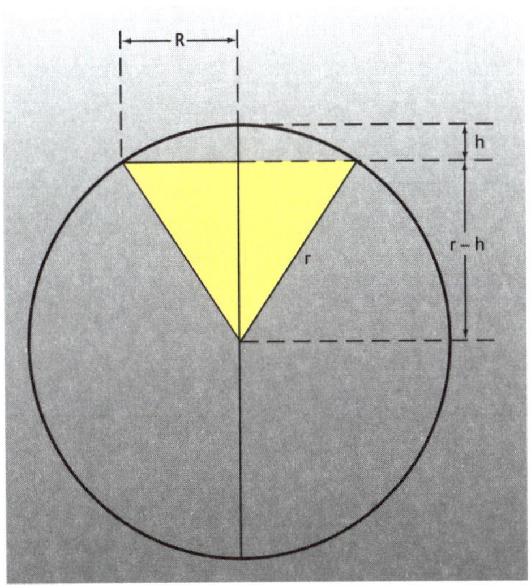

Bild 8.45 Volumen des Kugelausschnittes

S

Volumen der Kugelteile

Das Volumen des Kugelabschnittes ist:

$$V = \frac{1}{3}\pi h^2 \cdot (3r - h) = \frac{1}{6}\pi h \cdot (3R^2 + h^2).$$

Das Volumen der Kugelschicht ist:

$$V = \frac{1}{6}\pi h \cdot (3R_1^2 + 3R_2^2 + h^2).$$

Das Volumen des Kugelausschnittes ist:

$$V = \frac{\pi}{6h}(R^2 + h^2)^2 = \frac{2}{3}\pi r^2 h.$$

Die Mantelflächen der genannten Kugelteile lassen sich durch Zurückführen auf bereits erarbeitete Methoden herleiten. Da die Mantelfläche M des Kugelabschnittes ebenso groß ist wie die Grundfläche des zugehörigen Kugelausschnittes, die ja wiederum ein Teil der Kugeloberfläche ist, finden wir ihren Betrag wieder durch Zerlegung der Kugel in pyramidenähnliche Körper. Es gilt:

$\frac{1}{3}r \cdot M = \frac{2}{3}\pi r^2 h \Rightarrow M = 2\pi rh.$

Addiert man die Kreisgrundfläche, so erhält man die Oberfläche des Kugelabschnittes.

Die Mantelfläche eines Kugelabschnittes heißt auch ***Kugelkappe, Kugelhaube*** oder ***Kardinalskäppchen.***

Zur Berechnung der Mantelfläche einer Kugelschicht, auch ***Kugelzone*** genannt, subtrahiert man die Mantelfläche zweier Kugelabschnitte voneinander. Die Oberfläche erhält man, wenn man die Flächen des Grundkreises und des Deckkreises zur Mantelfläche addiert.

Addiert man die Fläche der Kugelkappe zur Mantelfläche des zugehörigen Kegelmantels, erhält man die Oberfläche eines Kugelausschnittes.

S

Mantelflächen und Oberflächen der Kugelteile

Die Mantelfläche eines Kugelabschnittes ist: $M = 2\pi rh = \pi \cdot (R^2 + h^2)$,
die Oberfläche: $O = 2\pi rh + \pi R^2 = \pi \cdot (2R^2 + h^2)$.
Die Mantelfläche einer Kugelschicht ist: $M = 2\pi rh$,
die Oberfläche: $O = \pi \cdot (2rh + R_1{}^2 + R_2{}^2)$.
Die Oberfläche eines Kugelausschnittes ist: $O = \pi r \cdot (2h + R)$.

Betrachten wir nun noch einen anderen Körper, der kreisförmige Schnittflächen hat, den ***Torus*** (Bild 8.46). Ein Fahrradschlauch oder ein Armreifen stellt einen derartigen Körper dar. Wir bezeichnen den Schlauchradius mit r und den Ringradius mit R, vom Ringmittelpunkt bis zur Schlauchmitte gemessen. Auch das Volu-

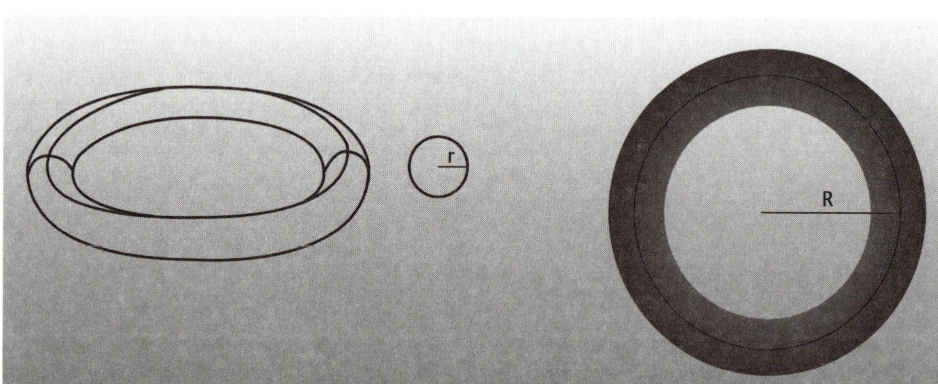

Bild 8.46 Torus

men des Torus bestimmen wir näherungsweise. Hierzu zerschneiden wir ihn in kleine Rohrstücke (Bild 8.47), die wir verdreht aneinander reihen (Bild 8.48). Denken wir uns die Rohrstücke sehr kurz, so erhalten wir näherungsweise einen Zylinder mit dem Radius r und der Höhe $h = 2\pi R$, dem Umfang des Torus, in der Schlauchmitte gemessen. Dieser Zylinder muß dasselbe Volumen haben wie der Torus, $\pi r^2 h$.

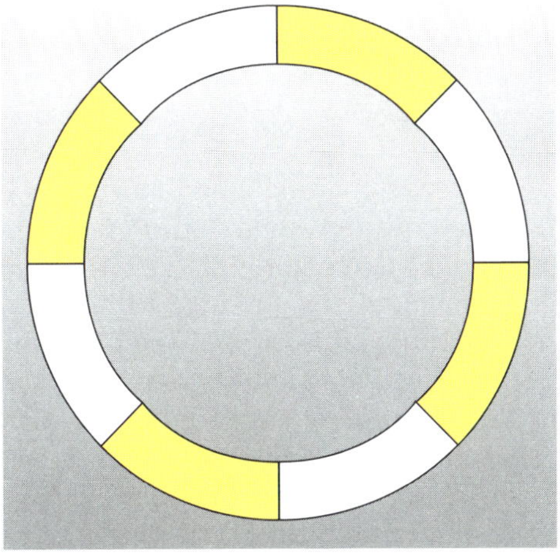

Bild 8.47 Zerlegung des Torus

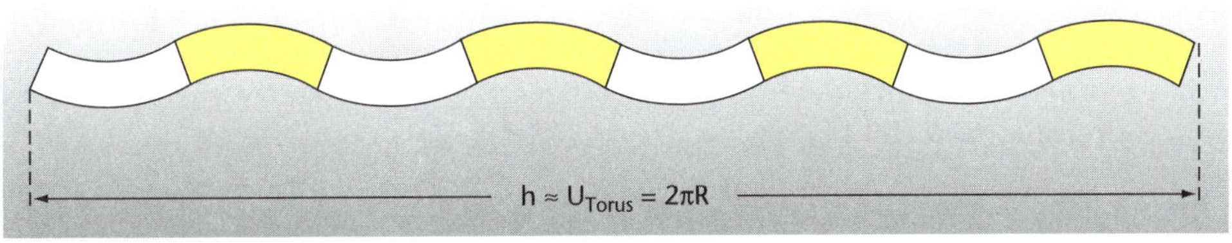

Bild 8.48 Zum Volumen des Torus

Daraus folgt:

S

Das Volumen eines Torus ist: $V = 2\pi^2 r^2 R$.
Die Oberfläche eine Torus ist: $O = 4\pi^2 r \cdot R$.

8.6 Platonische Körper

Von den vielen möglichen Körpern betrachten wir noch eine Gruppe, die von besonderem Interesse ist. Als ***Polyeder*** bezeichnet man alle Körper mit ebenen und geradlinig begrenzten Flächen. Untersucht man nun, ob es Polyeder gibt, deren Oberfläche aus regelmäßigen Vielecken einer Sorte besteht, die unter demselben Winkel aufeinander stoßen, so findet man nur fünf solcher Körper. Man nennt sie ***regelmäßige Polyeder*** oder auch ***platonische Körper.*** Es handelt sich dabei um

1. das ***Tetraeder*** (Vierflächner), dessen Oberfläche aus vier gleichseitigen Dreiecken besteht (Bild 8.49),
2. das ***Hexaeder*** (Sechsflächner oder Würfel), dessen Oberfläche aus sechs Quadraten zusammengesetzt ist (Bild 8.50),
3. das ***Oktaeder*** (Achtflächner in Form einer quadratischen Doppelpyramide) mit acht gleichseitigen Dreiecken als Begrenzungsflächen (Bild 8.51),
4. das ***Dodekaeder*** (Zwölfflächner oder Pentagondodekaeder) aus zwölf gleichseitigen Fünfecken bestehend (Bild 8.52),
5. das ***Ikosaeder*** (Zwanzigflächner), dessen Begrenzungsflächen zwanzig gleichseitige Dreiecke sind (Bild 8.53).

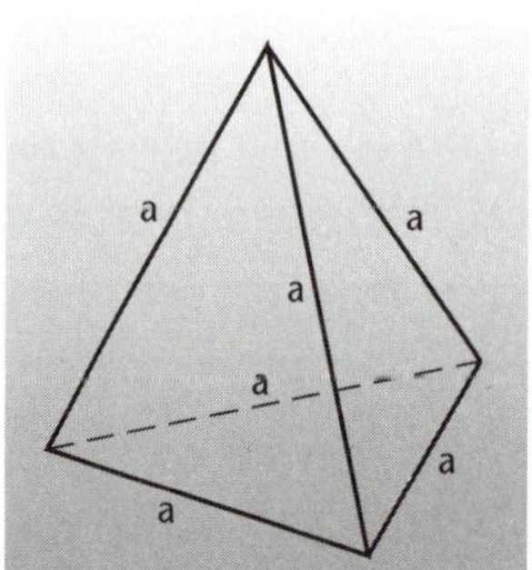

Bild 8.49 Tetraeder

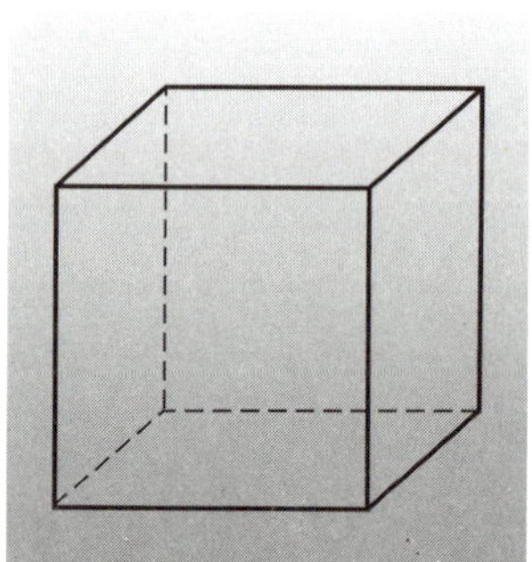

Bild 8.50 Hexaeder (Würfel)

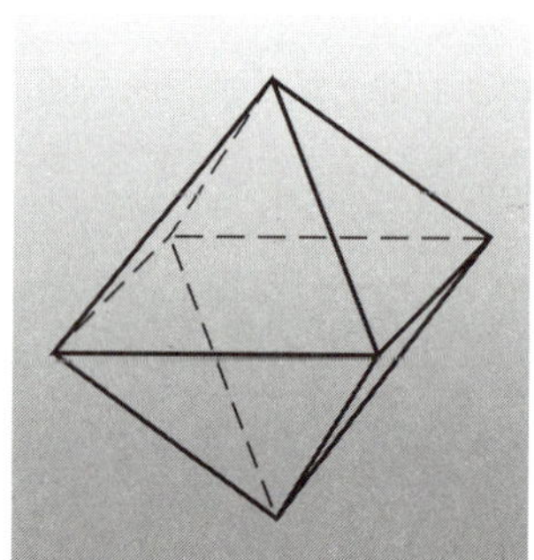

Bild 8.51 Oktaeder

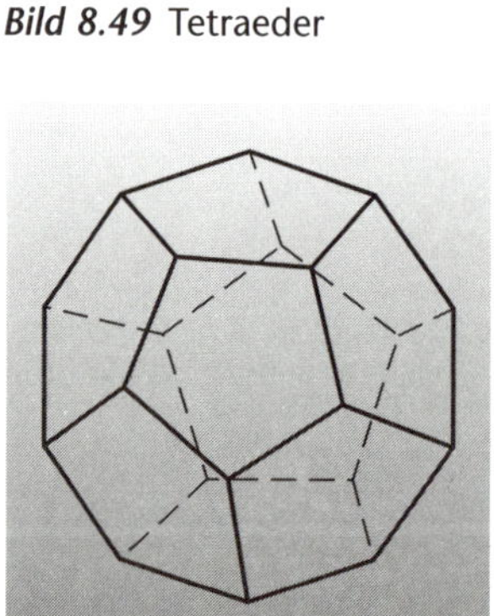

Bild 8.52 Dodekaeder

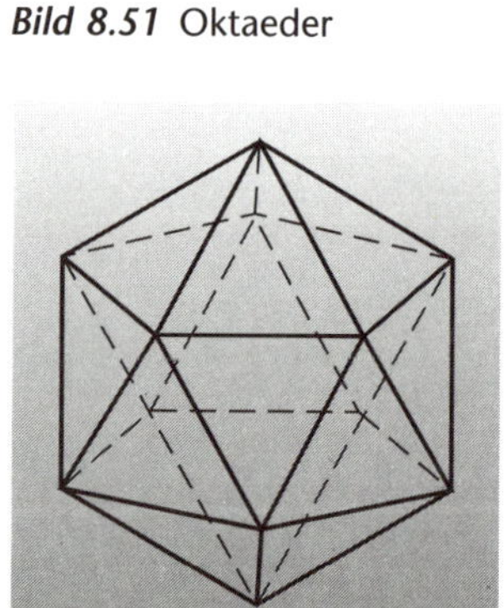

Bild 8.53 Ikosaeder

Für alle, die solche Körper herstellen wollen, sind die Netzabwicklungen in Bild 8.54 dargestellt.

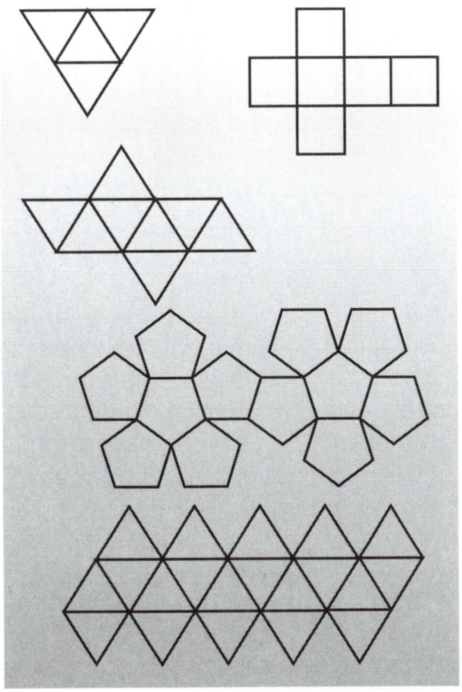

Bild 8.54 Netzabwicklungen der platonischen Körper

Die Berechnung des Volumens sei am Beispiel des Tetraeders gezeigt. Es stellt eine Pyramide dar. Die Grundfläche ist $A = \frac{1}{2} a \cdot h_a$. Da das Dreieck gleichseitig ist, gilt $h_a^2 = a^2 - \left(\frac{a}{2}\right)^2 = \frac{3}{4} a^2$ oder $h_a = \frac{a}{2} \sqrt{3}$. Daraus folgt $A = \frac{a^2}{4} \sqrt{3}$. Die Oberfläche besteht aus vier solcher Dreiecksflächen: $O = a^2 \sqrt{3}$. Die Raumhöhe h ist nach dem Satz des Pythagoras und dem Schwerpunktsatz für Dreiecke (siehe Seite 362)

$$h = \sqrt{h_a^2 - \frac{1}{9} h_a^2} = h_a \cdot \sqrt{\frac{8}{9}} = \frac{a}{2} \cdot \sqrt{\frac{8}{3}} = a \cdot \sqrt{\frac{2}{3}}.$$

Das Volumen beträgt

$$V = \frac{1}{3} G \cdot h$$

$$= \frac{1}{3} \cdot \frac{a^2}{4} \cdot \sqrt{3} \cdot a \cdot \sqrt{\frac{2}{3}} = \frac{\sqrt{2}}{12} \cdot a^3$$

(Bild 8.55).

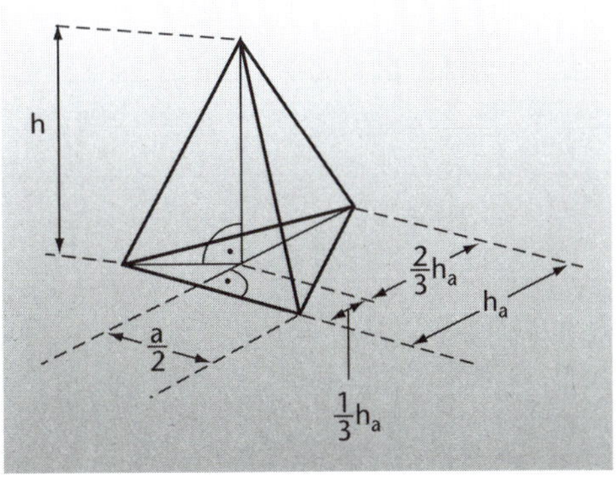

Bild 8.55 Zur Volumenbestimmung des Tetraeders

Da die Berechnung der Volumina und der Oberflächen vor allem des Ikosaeders und des Dodekaeders sehr schwierig ist, sind die Formeln in einer Tabelle (siehe unten) zusammengestellt. In jeden dieser platonischen Körper läßt sich eine Kugel einbetten, die jede Seitenfläche in ihrer Mitte berührt. Sie heißt ***Inkugel*** und hat den Radius r. Ebenso läßt sich um jeden Körper herum eine Kugel finden, die jeden Eckpunkt des Körpers berührt. Sie heißt ***Umkugel*** und hat den Radius R (Bild 8.56).

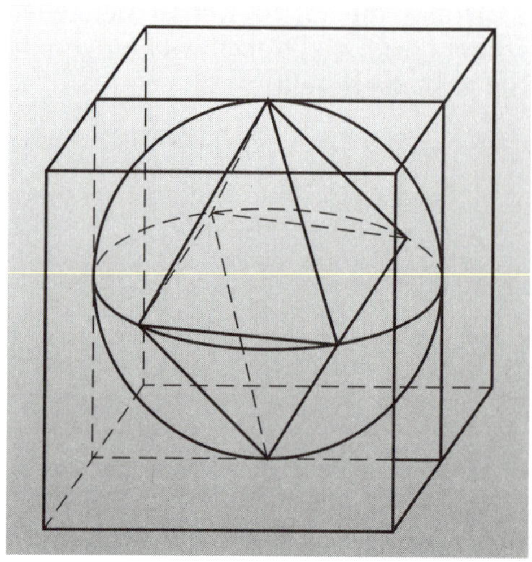

Bild 8.56 Inkugel und Umkugel

Auf den Mathematiker Leonhard Euler (1707–1783), der sich mit so unterschiedlichen Gebieten wie Vermessung, Musiktheorie, Schiffsbau, Schiffahrt, Dynamik, Differential- und Integralrechnung, Artillerie beschäftigte, geht nicht nur das „Königsberger Brückenproblem" und die Eulersche Zahl e (siehe Seite 298) zurück, sondern er erkannte auch einen Zusammenhang zwischen der Anzahl e der Ecken, der Anzahl f der Flächen und der Anzahl k der Kanten eines konvexen Polyeders (das ist ein Polyeder, bei dem jede Diagonale vollständig im Innern verläuft; man denke etwa an Konvexlinsen im Gegensatz zu Konkavlinsen):

S

Polyedersatz: $e + f - k = 2$.

Übersicht über platonische Körper

Polyeder	e	f	k	l	m	α	R	r	O	V
Tetraeder	4	4	6	3	3	60°	$\frac{a}{4}\sqrt{\frac{3}{2}}$	$\frac{a}{12}\sqrt{6}$	$a^2\sqrt{3}$	$\frac{a^3\sqrt{2}}{12}$
Hexaeder	8	6	12	4	3	90°	$\frac{a}{2}\sqrt{3}$	$\frac{a}{2}$	$6a^2$	a^3
Oktaeder	6	8	12	3	4	60°	$\frac{a}{2}\sqrt{2}$	$\frac{a}{6}\sqrt{6}$	$2a^2\sqrt{3}$	$\frac{a^3\sqrt{2}}{3}$
Dodekaeder	20	12	30	5	3	108°	$\frac{a\sqrt{3}+a\sqrt{15}}{4}$	$\frac{a}{20}\sqrt{250+110\sqrt{5}}$	$3a^2\sqrt{25+10\sqrt{5}}$	$\frac{15a^3+7a^3\sqrt{5}}{4}$
Ikosaeder	12	20	30	3	5	60°	$\frac{a}{4}\sqrt{10+2\sqrt{5}}$	$\frac{a\sqrt{27}+a\sqrt{15}}{12}$	$5a^2\sqrt{3}$	$\frac{15a^3+5a^3\sqrt{5}}{12}$

a: Kantenlänge, e: Eckenzahl des Polyeders, f: Anzahl der Flächen der Oberfläche, k: Anzahl der Kanten des Polyeders, l: Anzahl der Kanten jeder Fläche, m: Anzahl der Kanten, die in einem Eckpunkt zusammentreffen, α: Winkel zwischen benachbarten Kanten, R: Radius der Umkugel, r: Radius der Inkugel, O: Oberfläche des Polyeders, V: Volumen des Polyeders.

Um eine Vorstellung von den tatsächlichen Größenverhältnissen zu geben, ist noch eine Tabelle mit Radien, Oberfläche und Volumen für die platonischen Körper mit der Kantenlänge a = 1, den Einheitspolyedern, angegeben:

Polyeder	R	r	O	V
Tetraeder	0,6124	0,2041	1,7321	0,1179
Hexaeder	0,8660	0,5	6	1
Oktaeder	0,7071	0,4082	3,4641	0,4714
Dodekaeder	1,4013	1,1135	20,6457	7,6631
Ikosaeder	0,9511	0,7558	8,6603	2,1817

Vielleicht fragen Sie sich, weshalb diese Polyeder „platonische Körper" heißen. Der griechische Philosoph Platon (427–347 v. Chr.) ordnete den vier Elementen die Formen dieser Körper zu, der Erde das Ikosaeder, der Luft das Hexaeder, dem Wasser das Oktaeder und dem Feuer das Tetraeder. Das Dodekaeder gab die Form der Welt an. Johannes Kepler (1571–1630) veröffentlichte zu Beginn seiner beruflichen Laufbahn im „Mysterium Cosmographicum" die Ordnung der Welt, die er in Anlehnung an das bis dahin geltende Weltbild des Aristoteles (384–322 v. Chr.) in kugelförmigen Glassphären eingebettet sah. Dazwischen liegen die fünf regelmäßigen Polyeder: „Die Erde ist das Maß für alle anderen Bahnen. Sie umschreibe ein Dodekaeder; die dieses umspannende Sphäre ist der Jupiter. Die Jupiterbahn umschreibe ein Würfel; die diesen umspannende Sphäre ist der Saturn. Nun lege in die Erdbahn ein Ikosaeder; die diesem einbeschriebene Sphäre ist die Venus. In die Venusbahn lege ein Oktaeder; die diesem einbeschriebene Sphäre ist der Merkur." Galileo Galilei (1564–1642) war von dieser Idee begeistert, stellte sie doch nicht mehr die Erde, sondern die Sonne ins Zentrum der Welt. Die katholische Kirche war allerdings weniger begeistert. Doch das ist eine andere Geschichte.

ÜBUNGEN

1. Stellen Sie einen Quader mit den Seiten $a = 5$ cm, $b = 6$ cm und $c = 3$ cm in schräger Parallelprojektion mit $\alpha = 45^\circ$ dar.

2. Stellen Sie eine Netzabwicklung des Quaders aus Aufgabe 1. her.

3. Ein Stück Butter (250 g) hat die Maße 7,8 cm, 3,8 cm und 10,5 cm. Berechnen Sie die Oberfläche und das Volumen der Butter.

4. Berechnen Sie die Raumdiagonale e eines Würfels mit der Kantenlänge a.

5. Welche Symmetrieachsen besitzt
a) ein Würfel,
b) ein Quader (Achsen- und Drehsymmetrie)?

6. Welches Volumen und welche Oberfläche hat ein Prisma der Höhe $h = 4$ cm, dessen Grundfläche ein gleichseitiges Dreieck mit der Kantenlänge $a = 5$ cm ist?

7. Eine Konservendose hat den Durchmesser $d = 8$ cm und die Höhe $h = 9$ cm. Welches Volumen und welche Mantelfläche hat sie?

8. Ein gerades Kupferrohr der Länge 3 m hat den Innendurchmesser $d = 1{,}5$ cm und den Außendurchmesser $D = 2$ cm. Welches Volumen hat das verarbeitete Kupfer? Welches Volumen kann das Rohr fassen?

9. Ein 50 m langer Gartenschlauch faßt 6,334 l Wasser. Wie groß ist der Innendurchmesser des Schlauches in Zoll (1 Zoll $\approx$ 2,54 cm)?

10. Ein zylinderförmiges Senfglas mit 6,5 cm Durchmesser faßt 331 cm^3 Senf. Wie hoch ist es?

11. Ein *Spat* ist ein schiefes Prisma (Quader), dessen Seitenflächen alle Parallelogramme sind (Bild 8.57). Das Parallelogramm der Grundfläche werde von den Seiten $a = 12$ cm und $b = 8$ cm, die den Winkel $\gamma = 60^\circ$ einschließen, aufgespannt. Die Höhe sei 13 cm. Wie groß sind Volumen und Oberfläche?

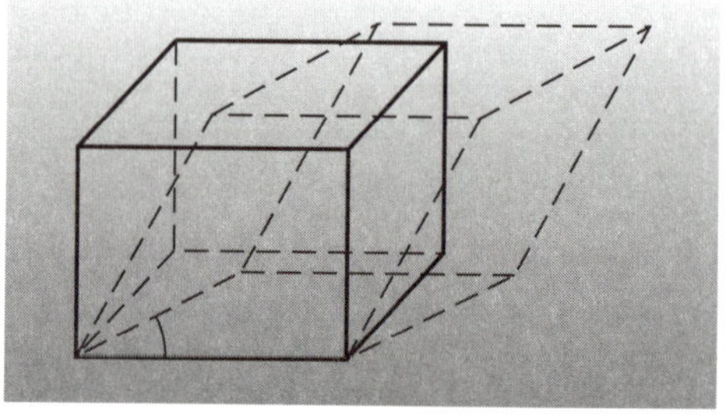

Bild 8.57 Quader und Spat

12. Die Cheopspyramide hatte ursprünglich eine quadratische Grundfläche mit der Seitenlänge $a = 230{,}17$ m und die Höhe $h = 146{,}60$ m. Wie groß waren Volumen und Mantelfläche?

13. Ein Podest in Form eines quadratischen Pyramidenstumpfes hat das Volumen $V = 1{,}82\ \text{m}^3$. Die Grundfläche G ist viermal so groß wie die Deckfläche F. Welche Deckfläche F hat das Podest, wenn es 78 cm hoch ist?

14. Wie hoch ist das Podest aus Aufgabe 13., wenn Grund- und Deckfläche Kreise (Ellipsen) sind?

15. Ein runder Turm, dessen Höhe mit 14 m angegeben wird, ist mit einem kegelförmigen Dach gedeckt, dessen Höhe 4 m beträgt. Der Turm soll im Dreißigjährigen Krieg bis zum Dach mit Getreide gefüllt gewesen sein, wobei es sich nach heutigen Maßen um etwa $266\ \text{m}^3$ gehandelt hat. Welchen Durchmesser hat der Turm?

16. Eine Schüssel soll die Form eines sechseckigen Stumpfes oder eines Kegelstumpfes haben. Das Volumen soll in jedem Fall 2 l, die Höhe 7 cm, der Winkel zwischen Grundfläche und Seitenwand 120° betragen. Welche Kantenlänge bzw. welcher Radius der Grundfläche ergibt sich?

17. Die Erde hat den Radius $R = 6\,378$ km. Welches Volumen und welche Oberfläche hat sie?

18. Drei Kugeln haben drei Radien, die sich wie 1 : 2 : 3 verhalten. Wie verhalten sich ihre Volumina und ihre Oberflächen?

19. Welche Oberfläche hat die Erde in der Tropenzone ($23{,}5^\circ$ nördliche Breite bis $23{,}5^\circ$ südliche Breite)?

20. Die Schale einer Apfelsine mit $r = 4$ cm wird über ihre „Pole" in 6 gleiche Streifen geschnitten. Welche Fläche hat ein Streifen?

21. Ein abgesägter Baumstamm der Länge 34 m habe die Form eines Kegelstumpfs mit den Umfängen 2,25 m und 6,38 m an seinen Enden. Welches Volumen hat er? Welche Masse hat er, wenn seine Dichte $\rho = 0{,}75\ \text{g/cm}^3$ beträgt?

22. Berechnen Sie

a) das Volumen eines Kegelstumpfes der Höhe h mit den Radien r und R und

b) das Volumen eines Zylinders der Höhe h mit dem Radius $\dfrac{r + R}{2}$.

Welche Schlußfolgerung kann man aus dem Ergebnis ziehen?

23. Eine Getränkefirma stellt Trinkpäckchen in Form von Tetraedern her. Welche Kantenlänge muß das Tetraeder haben, wenn sich 0,2 l Limonade in ihm befinden? Welche Fläche an beschichtetem Verpackungskarton ist zur Herstellung nötig (ohne Klebekanten)?

24. Ein Fahrradschlauch hat den Durchmesser $d = 3$ cm und paßt auf ein 26-Zoll-Rad (Raddurchmesser; 1 Zoll $\approx$ 2,54 cm). Welches Volumen hat er?

LÖSUNGEN

1.

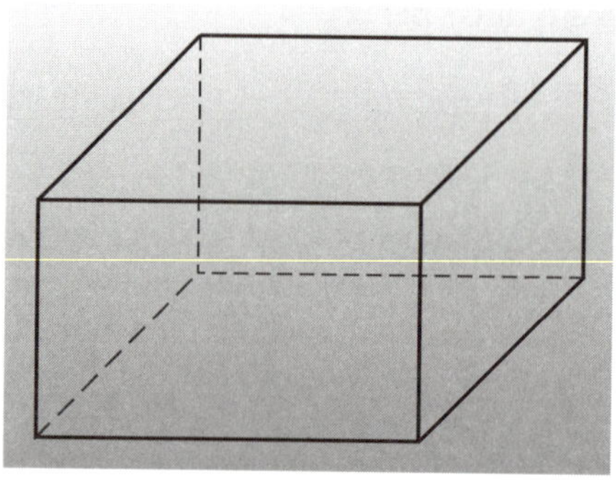

Bild 8.58

2.

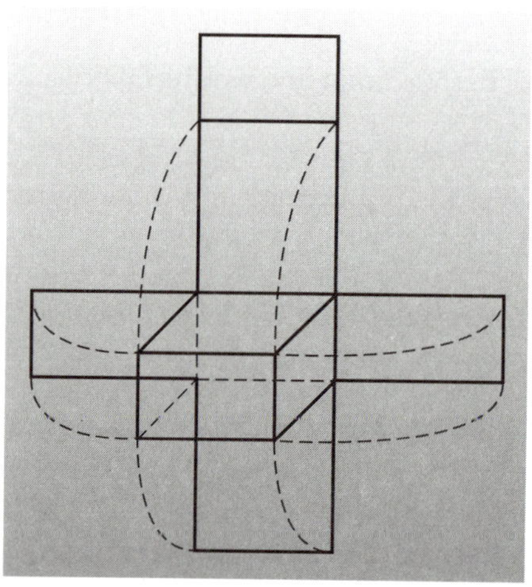

Bild 8.59

3. $V = 7{,}8 \cdot 3{,}8 \cdot 10{,}5\ \text{cm}^3$
$= 311{,}22\ \text{cm}^3$
$O = 2 \cdot (7{,}8 \cdot 3{,}8 + 7{,}8 \cdot 10{,}5 + 3{,}8 \cdot 10{,}5)\ \text{cm}^2 = 302{,}88\ \text{cm}^2$

4. Seitendiagonale d nach Satz des Pythagoras: $d^2 = 2a^2$; Raumdiagonale:
$e^2 = d^2 + a^2 = 3a^2 \Leftrightarrow e = a \cdot \sqrt{3}$

5. *a)* 4 Raumdiagonalen, 3 Mittelachsen, 6 Diagonalachsen durch je zwei diametrale Kantenmitten
b) Quader: 3 Mittelachsen

6. Fläche des gleichseitigen Dreiecks:
$A = \frac{a^2}{4}\sqrt{3} \Rightarrow V = \frac{25}{4}\sqrt{3} \cdot 4 \approx 43{,}3\ \text{cm}^2$
$O = 2 \cdot A + 3 \cdot a \cdot h = 12{,}5 \cdot \sqrt{3} + 60 \approx 81{,}65\ \text{cm}^2$

7. Zylinder: $r = 4$ cm, $h = 9$ cm
$\Rightarrow V = \pi r^2 h = \pi \cdot 16 \cdot 9 \approx 452{,}39\ \text{cm}^3$
$M = 2\,\pi r h \approx 226{,}19\ \text{cm}^2$

8. Es handelt sich um einen *Hohlzylinder*, dessen Volumen die Differenz aus „äußerem“ und „innerem“ Volumen ist: $V = \pi h \cdot (R^2 - r^2)$. $R = 1$ cm; $r = 0{,}75$ cm; $h = 3$ m $= 300$ cm $\Rightarrow$
$V = \pi \cdot 300 \cdot (1^2 - 0{,}75^2) \approx 412{,}33\ \text{cm}^3$ Kupfer. Das Rohr faßt $V = \pi \cdot 0{,}75^2 \cdot 300 \approx 530{,}14\ \text{cm}^3$.

9. $V = \pi r^2 h \Rightarrow r = \sqrt{\frac{V}{\pi h}} = \sqrt{\frac{6334\ \text{cm}^3}{\pi \cdot 5000\ \text{cm}}} \approx \sqrt{0{,}403\ \text{cm}^2} \approx 0{,}635$ cm
Der Durchmesser beträgt dann ca. $1{,}27\ \text{cm} \approx \frac{1}{2}$ Zoll.

10. $h = \frac{V}{\pi r^2} = \frac{331\ \text{cm}^3}{\pi \cdot 3{,}25^2\ \text{cm}^2} \approx 9{,}975$ cm

11. $V = G \cdot h$ nach dem Satz des Cavalieri. $G = a \cdot h_{a,b} = a \cdot b \cdot \sin\gamma$ (mit $h_{a,b}$ ist die Höhe auf der Seite a in der von a und b aufgespannten Ebene gemeint);
$V = G \cdot h = abh \cdot \sin\gamma$
$= 12 \cdot 8 \cdot 13 \cdot \sin 60^\circ \approx 1080{,}8\ \text{cm}^3$

12. $V = \frac{1}{3}\ G \cdot h = \frac{1}{3} \cdot 230{,}17^2 \cdot 146{,}6$
$= 2{,}58886945 \cdot 10^6\ \text{m}^3$, also ca. 2,5 Millionen m^3
Seitenfläche $A: h_a^{\,2} = \frac{a^2}{4} + h^2$,
$A = \frac{1}{2}h_a \cdot a = \frac{1}{2}a \cdot \sqrt{\frac{1}{4}a^2 + h^2}$
$\approx 21\,449{,}114\ \text{m}^2$ (Bild 8.60)
$M = 4 \cdot A \approx 85\,796{,}456\ \text{m}^2$

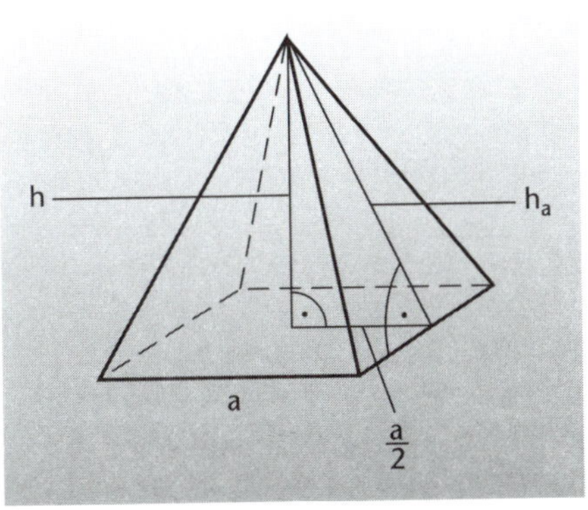

Bild 8.60

13. $V = \frac{1}{3}h \cdot (G + \sqrt{GF} + F)$; $G = 4F$
$\Rightarrow V = \frac{1}{3}h \cdot (4F + 2F + F) = \frac{7}{3}hF$
$\Leftrightarrow F = \frac{3V}{7h} = \frac{3 \cdot 1{,}82\ \text{m}^3}{7 \cdot 0{,}78\ \text{m}} = 1\ \text{m}^2$

14. Auch 78 cm, da nach dem Satz des Cavalieri das Volumen nicht von der Form der Grundfläche abhängt.

15. Volumen des zylindrischen Turmteiles: $V_Z = \pi r^2 h_Z$; Volumen des Kegelaufsatzes: $V_K = \frac{1}{3}\pi r^2 h_K$, zusammen:
$V = \pi r^2 \cdot (h_Z + \frac{1}{3}h_K)$
$\Leftrightarrow r^2 = \dfrac{V}{\pi \cdot \left(h_Z + \frac{1}{3}h_K\right)}$
$= \dfrac{266\ \text{m}^3}{\pi \cdot (14 + 1{,}\overline{3})\ \text{m}} \approx 5{,}52198\ \text{m}^2$
$\Rightarrow r \approx 2{,}35$ m.
Der Durchmesser beträgt 4,70 m.

16. Grundfäche eines Kreises: $G = \pi r^2$; Grundfläche eines regulären Sechsecks: $G = \frac{3}{2}\ r^2\sqrt{3}$, r ist der Radius des Umkreises und die Kantenlänge. In jedem Fall ist $G \sim r^2$ (G abhängig von r^2). Da der Winkel zwischen der Wand und der Grundfläche 120° beträgt, die Wand sich demnach nach außen öffnet, beträgt der Winkel zwischen der Höhe und der Wand $\alpha = 30^\circ$ (Bild 8.61). Der Radius der Deckelfläche ist um $\triangle r$ größer, es gilt
$\tan\alpha = \frac{\Delta r}{h} \Leftrightarrow \Delta r = h \cdot \tan\alpha$
$= 7 \cdot \tan 30^\circ \approx 4{,}04$ cm. Hat die Grundfläche den Radius r, so hat die Deckfläche den Radius r + 4,04 cm. Dann ist

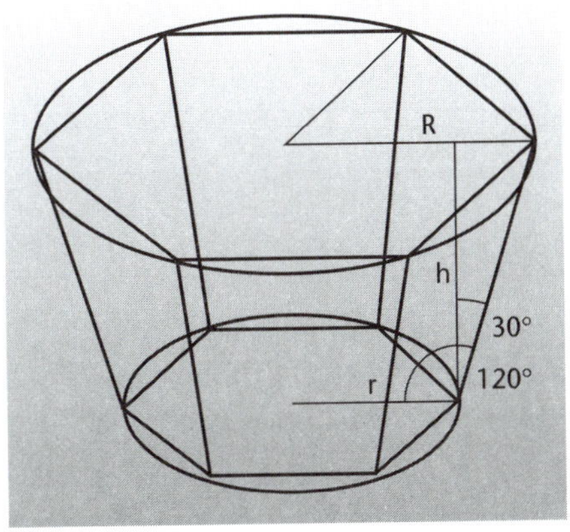

Bild 8.61

$$\frac{F}{G} = \frac{(r + 4{,}04)^2}{r^2} \Leftrightarrow F = G \cdot \frac{(r + 4{,}04)^2}{r^2}$$

$$\Rightarrow V = \frac{1}{3}h \cdot (G + \sqrt{FG} + F)$$

$$= \frac{1}{3}h \cdot \left(G + G \cdot \frac{r + 4{,}04}{r} + G\,\frac{(r + 4{,}04)^2}{r^2}\right)$$

Nach Ausklammern von $\frac{G}{r^2}$ und Auflösen der inneren Klammern und Zusammenfassen erhält man

$$V = \frac{1}{3}h \cdot \frac{G}{r^2} \cdot (3r^2 + 12{,}12r + 16{,}32)$$

(Zahlen gerundet).

$$\Leftrightarrow r^2 + 4{,}04r + 5{,}44 - \frac{V \cdot r^2}{h \cdot G} = 0$$

Dies ist eine quadratische Gleichung in Normalform, wenn wir für G die Fläche einsetzen:

a) Kreisfläche:

$$r^2 + 4{,}04r + 5{,}44 - \frac{V \cdot r^2}{h \cdot \pi r^2} = 0$$

$$\Rightarrow r = -2{,}02 \pm \sqrt{4{,}08 - 5{,}44 + \frac{2000}{7 \cdot \pi}}$$

$\approx 7{,}44$ cm

b) Sechseckfläche:

$$r^2 + 4{,}04r + 5{,}44 - \frac{V \cdot r^2}{h \cdot r^2 \cdot \frac{3}{2}\sqrt{3}} = 0$$

$$\Rightarrow r = -2{,}02 \pm \sqrt{4{,}08 - 5{,}44 + \frac{2000 \cdot 2}{7 \cdot 3 \cdot \sqrt{3}}}$$

$\approx 8{,}00$ cm

17. $V = \frac{4}{3}\pi r^3 = \frac{4}{3}\pi \cdot 6378^3\ \text{km}^3$
$\approx 1{,}08678 \cdot 10^{12}\ \text{km}^3$
$O = 4\pi r^2 \approx 5{,}1119 \cdot 10^8\ \text{km}^2$
$\approx 511{,}2$ Millionen km^2

18. $V_1 : V_2 : V_3 = r_1^3 : r_2^3 : r_3^3 = 1 : 8 : 27$
$O_1 : O_2 : O_3 = r_1^2 : r_2^2 : r_3^2 = 1 : 4 : 9$

19. Kugelschicht: $M = 2\pi rh$, wobei h der doppelte Abstand des Breitenkreises bei 23,5° zur Äquatorebene ist. Diesen Abstand $\frac{h}{2}$ erhält man aus $\sin \varphi = \frac{h}{2} : R$ mit der geographischen Breite φ und $R = 6\,378$ km: $\frac{h}{2} = R \cdot \sin 23{,}5°$
$= 2\,543{,}2216\ \text{km} \Rightarrow M = 2 \cdot \pi \cdot R \cdot h$
$= 2{,}038 \cdot 10^8\ \text{km}^2$. Dies entspricht etwa 40% der gesamten Oberfläche!

20. $M = \frac{1}{6}O = \frac{4}{6}\pi r^2 \approx 33{,}51\ \text{cm}^2$

21. Kegelstumpf: $V = \frac{1}{3}h \cdot (G + \sqrt{FG} + F)$ mit
$h = 34$ m; $G = \pi \cdot 0{,}358^2\ \text{m}^2$
$F = \pi \cdot 1{,}015^2\ \text{m}^2$; $V = 54{,}22\ \text{m}^3$
Aus $\rho = \frac{m}{V}$ folgt m
$= 0{,}75 \cdot 10^3\ \frac{\text{kg}}{\text{m}^3} \cdot 54{,}22\ \text{m}^3$
$= 40\,665\text{kg} \approx 40{,}7$ t.

22. *a)* $V = \frac{1}{3}h \cdot (\pi R^2 + \sqrt{\pi R^2 \cdot \pi r^2} + \pi r^2)$
$= \frac{1}{3}h\pi \cdot (R^2 + rR + r^2)$

b) $V = \pi \cdot \frac{(r + R)^2}{4}\,h$
$= \frac{1}{4}\pi h \cdot (R^2 + 2rR + r^2)$

Die Ergebnisse sind verschieden. Es ist nicht möglich, einen Kegelstumpf mit den Radien r und R durch einen Zylinder mittleren Radius' zu ersetzen.

23. $V = a^3\frac{\sqrt{2}}{12} \Leftrightarrow a = \sqrt[3]{\frac{12V}{\sqrt{2}}} = \sqrt[3]{1697\ \text{cm}^3}$
$\approx 11{,}93$ cm;
$O = a^2\sqrt{3} \approx 246{,}43\ \text{cm}^2$

24. $r = 1{,}5$ cm; $R = 26 \cdot 2{,}54 : 2$ cm
$= 33{,}02\ \text{cm} \Rightarrow V = 2\pi^2 r^2 R \approx 1\,466{,}5\ \text{cm}^3$

9. Differential- rechnung

ÜBERSICHT

Gottfried Wilhelm Leibniz, 1646–1716, war das vermutlich größte deutsche Universalgenie. Seine wichtigste mathematische Leistung war die eigenständige Entwicklung der Infinitesimalrechnung 1675, parallel zu Newton. Er führte die Schreibweisen $\int \ldots dx$ bzw. die Differentiale dx, d^2y usw. ein, die auch heute noch benutzt werden. 1684 veröffentlichte er eine Grundlegung der Differentialrechnung, 1686 Grundregeln der Integralrechnung. Wesentlich sind auch seine Ergebnisse zur Reihenlehre, beispielsweise ein Konvergenzkriterium für alternierende Reihen, sowie die Integration mit Hilfe unendlicher Reihen. Außerdem entwickelte er (mit Olivier) eine mechanische Rechenmaschine für alle vier Grundrechenarten.

9.1 Der Grenzwertbegriff

9.1.1 Folgen als Funktionen auf $\mathbb{N}$

EINFÜHRUNGSBEISPIEL

In dem Spiel „Der Turm von Hanoi“ soll ein der Größe nach geordneter Stapel aus n Scheiben mit möglichst wenigen Zügen unter Beachtung der folgenden Regeln von einer auf eine andere Stange umsortiert werden:

1. Die Scheiben dürfen nur einzeln bewegt werden.

2. Es dürfen nur kleinere auf größere Scheiben abgelegt werden.

3. Die dritte Stange darf (muß) als Zwischenablage benutzt werden.

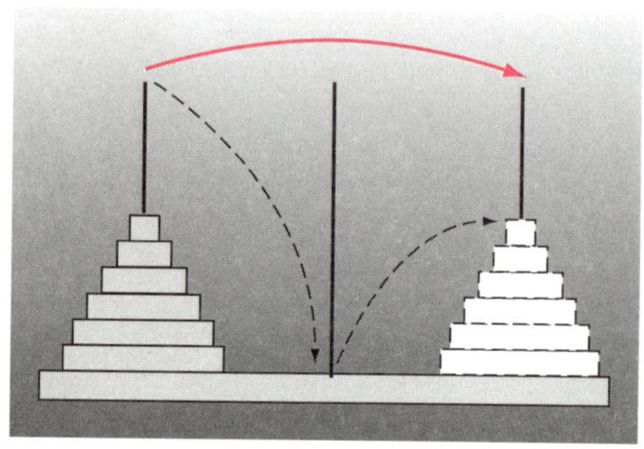

Bild 9.1

Man erhält folgende Zuordnung der benötigten Züge zur Anzahl der vorhandenen Scheiben:

n	1	2	3	4	5	...	n
f(n)	1	3	7	15	31	...	2^n 1

Offenbar gilt: Es gibt Funktionen mit dem allein sinnvollen Definitionsbereich $\mathbb{D} = \mathbb{N}$. Diese bezeichnet man als Zahlenfolgen, kurz: ***Folgen.***

Statt f(n) schreibt man in der Regel a_n (oder b_n, c_n . . .), wobei die Nummer n des Folgenglieds zugleich die Zahl angibt, die in den Folgenterm (Funktionsterm der Folge) eingesetzt werden muß.

Folgen lassen sich auch als geordnete Mengen notieren.

BEISPIELE

1. $a_n = \dfrac{\sin n}{n}$ mit $(a_n)_{n \in \mathbb{N}} = (0{,}8415;\ 0{,}4546;\ 0{,}0470 \ldots)$

2. $b_n = \dfrac{n^2 - 1}{3n + 7}$ mit $(b_n)_{n \in \mathbb{N}} = \left(0;\ \dfrac{3}{13};\ \dfrac{1}{2};\ \dfrac{15}{19} \ldots\right)$

3. $c_n = e^n \cos n$ mit $(c_n)_{n \in \mathbb{N}} = (1{,}4687;\ -3{,}0749;\ -19{,}8845 \ldots)$

4. $d_n = \frac{3n-1}{n^2}$ mit $(d_n)_{n \in \mathbb{N}} = \left(2; \frac{5}{4}; \frac{8}{9}; \frac{11}{16} \dots\right)$

Werden neue Folgeglieder mit Hilfe von schon vorhandenen Gliedern gebildet, spricht man von einer ***rekursiven*** (lateinisch: recurrere = zurücklaufen) Darstellung. Entstehen sie mit Hilfe eines Funktionsterms, nennt man die Darstellung ***explizit.***

BEISPIELE

Die Darstellung $a_n = 2a_{n-1} + 1$ für $n \geq 2$ und $a_1 = 1$ im Einführungsbeispiel ist rekursiv, die Darstellung $a_n = 2^n - 1$ ist explizit.

Analog zu Funktionen auf $\mathbb{R}$ heißen Folgen ***streng monoton steigend,*** wenn $a_{n+1} > a_n$ für alle $n \in \mathbb{N}$ ist, und ***streng monoton fallend,*** wenn $a_{n+1} < a_n$ für alle $n \in \mathbb{N}$ ist. Gilt nur „≥" oder „≤", so spricht man nur von ***monoton*** (siehe auch Seite 244). Eine Folge heißt ***beschränkt,*** wenn $|a_n| \leq k$ ist für alle $n \in \mathbb{N}$ und eine Konstante $k \in \mathbb{R}$.

BEISPIELE

Die Folge (b_n) in Beispiel 2. ist streng monoton steigend, die Folge (d_n) in Beispiel 4. streng monoton fallend. Die Folge (a_n) in Beispiel 1. ist beschränkt.

9.1.2 Arithmetische und geometrische Folgen

EINFÜHRUNGSBEISPIEL

Der Mangel an Parkraum bringt viele Städte dazu, Anwohner- und sonstige Parkzonen einzurichten. Leider wird dadurch das Problem allenfalls vertagt, wie das folgende Beispiel zeigt.
In einer Stadt gibt es 200 km beparkbaren Seitenstreifen an den Straßen. Da in den Außenbezirken neu gebaut wird, kommen pro Jahr 2 km dazu. Ferner gibt es derzeit 11 000 Autos mit einer jährlichen Zuwachsrate von 10% (Neuzuzüge, Zweitwagen für Ehepartner, Autos für erwachsen gewordene Kinder).
Wie ist die Parksituation in 5, 10, 15 Jahren, wenn die Durchschnittslänge eines Abstellplatzes 5 m beträgt und die Entwicklung so weitergeht?

Jahr	Seitenstreifen (km)	Anzahl der Autos	Länge aller Autos (km)
0	200	11 000	55
1	202	12 100	60,5
2	204	13 310	66,55
3	206	14 641	73,205
4	208	16 105	80,525
5	210	17 716	88,58
6	212	19 487	97,435
7	214	21 436	107,18
8	216	23 579	117,895
9	218	25 937	129,685
10	220	28 531	142,655
11	222	31 384	156,92
12	224	34 523	172,615
13	226	37 975	189,875
14	228	41 772	208,86
15	230	45 950	229,75

Das würde bedeuten, daß alle Straßen restlos zugeparkt sind.

Die beiden Folgen haben spezielle Eigenschaften. Bei der Folge (s_n) der Straßenkilometer gilt für $n \in \mathbb{N}$ und $s_0 = 200$:

$s_n = s_{n-1} + 2$ (rekursive Darstellung)

$= (s_{n-2} + 2) + 2 = ((s_{n-3} + 2) + 2) + 2 = \ldots$

$= s_0 + 2n$ (explizite Darstellung)

Die Differenz $d = s_n - s_{n-1} = s_{n-1} - s_{n-2} = \ldots = 2$ ist dabei jeweils konstant. Dadurch wird jedes Folgeglied zum arithmetischen Mittel von Vorgänger und Nachfolger:

$$s_n - s_{n-1} = s_{n-1} - s_{n-2} \Leftrightarrow s_n + s_{n-2} = 2 \cdot s_{n-1} \Leftrightarrow \frac{s_n + s_{n-2}}{2} = s_{n-1}$$

D

Solche Folgen heißen arithmetische Folgen. Sie haben die allgemeine Form $s_n = s_1 + (n - 1) \cdot d$ bzw. bei Start mit s_0: $s_n = s_0 + nd$.

Arithmetische Folgen haben eine enge Beziehung zu linearen Funktionen: $y = b + xm$.

Bei der Folge (a_n) der zugelassenen Autos erhalten wir für $n \in \mathbb{N}$ und $a_0 = 11\,000$:

$a_n = 1{,}1 \cdot a_{n-1}$ (rekursive Darstellung)

$= 1{,}1 \cdot (1{,}1 \cdot a_{n-2}) = 1{,}1\ (1{,}1 \cdot (1{,}1 \cdot a_{n-3})) = \ldots$

$= a_0 \cdot 1{,}1^n$ (explizite Darstellung).

Hier ist jeweils der Quotient $\frac{a_n}{a_{n-1}} = \frac{a_{n-1}}{a_{n-2}} = \ldots = q = 1{,}1$ konstant. Dadurch wird jedes Folgenglied zum geometrischen Mittel von Vorgänger und Nachfolger:

$$\frac{a_n}{a_{n-1}} = \frac{a_{n-1}}{a_{n-2}} \Leftrightarrow a_n \cdot a_{n-2} = a_{n-1}^2 \Leftrightarrow \sqrt{a_n \cdot a_{n-2}} = a_{n-1}$$

D

Solche Folgen heißen geometrische Folgen. Sie haben die allgemeine Form $a_n = a_1 \cdot q^{n-1}$ bzw. bei Start mit a_0: $a_n = a_0 \cdot q^n$.

Geometrische Folgen haben eine enge Beziehung zu Exponentialfunktionen: $y = k \cdot a^x$.

9.1.3 Folgen und Grenzwerte

EINFÜHRUNGSBEISPIEL

Betrachten wir die Folge (a_n) mit $a_n = \frac{2n-1}{n}$, so wird schnell klar, daß sie streng monoton steigend und durch k = 2 erstmals nach oben beschränkt ist. Es gilt nämlich:
$(a_n) = (1; \frac{3}{2}; \frac{5}{3}; \frac{7}{4}; \frac{9}{5}; \frac{11}{6}; \frac{13}{7}; \frac{15}{8} \ldots)$
Da es aber unendlich viele Folgenglieder gibt, bedeutet das, daß sie sich unterhalb von k = 2 „stauen" müssen. Anders ausgedrückt: Innerhalb jedes noch so schmalen Abstandes ε von 2, also im Bereich [2 – ε; 2 + ε], befinden sich unendlich viele Glieder dieser Folge. Dies wiederum bedeutet, daß die Folgenglieder dem Wert 2 selbst beliebig nahe kommen. Die Zahl k = 2 bezeichnet man daher als *Grenzwert* der Folge (a_n).

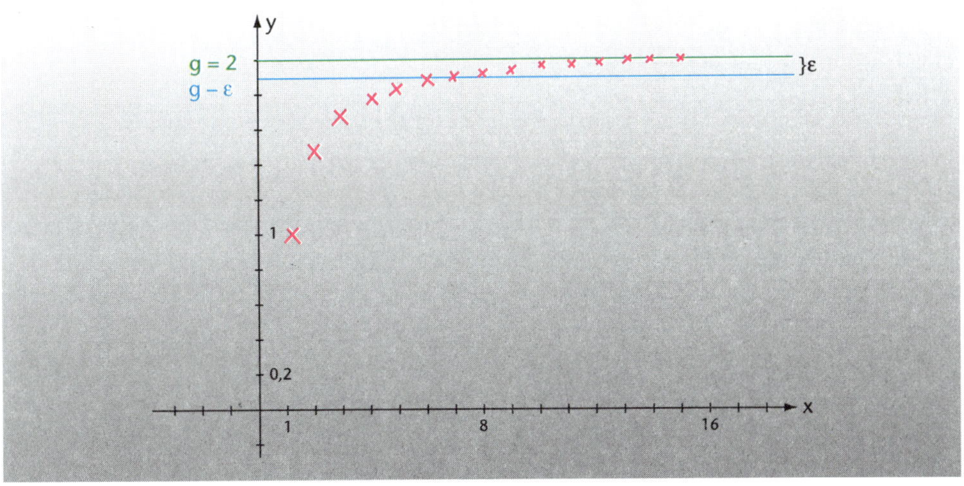

Bild 9.2 $a_n = \frac{2n-1}{n}$

Da dies einerseits nicht immer so anschaulich klar ist und man sich andererseits auch nicht jedesmal die Mühe machen will, die Folgenglieder explizit zu berechnen oder gar den Graphen zu zeichnen, trifft man folgende – nachrechenbare – Festlegung:

D

Die Folge (a_n) hat den Grenzwert a (man sagt auch: konvergiert gegen a), wenn es zu jeder reellen Konstanten $\varepsilon > 0$ eine Zahl $n_0 \in \mathbb{N}$ gibt, so daß für alle Folgenglieder a_n mit $n > n_0$ gilt: $|a_n - a| < \varepsilon$. Man schreibt dann: $\lim\limits_{n\to\infty} a_n = a$.

Daß diese – zugegeben unhandliche – Definition nicht vereinfachbar ist, zeigen folgende Beispiele:

BEISPIELE

1. Sei $b_n = (-1)^n$, dann ist $(b_n) = \{-1; 1; -1; 1 \ldots\}$. Dann befinden sich zwar unendlich viele Folgenglieder dichter bei der Zahl 1 als mit jedem Abstand ε, aber ebenso viele sind auch außerhalb von $[1 - \varepsilon; 1 + \varepsilon]$. 1 und –1 heißen dann *Häufungspunkte* von (b_n). Dies zeigt, daß die Formulierung „für unendlich viele $n > n_0$" nicht ausreichen würde.

2. Die Folgen (c_n) mit $c_n = \frac{1}{n}$, (d_n) mit $d_n = -\frac{1}{n}$ und (e_n) mit $e_n = (-1)^n \cdot \frac{1}{n}$ haben offensichtlich alle den Grenzwert Null. Während aber alle Glieder von (c_n) positiv sind, liegen alle Glieder von (d_n) unterhalb von Null, und die Glieder von (e_n) sind sogar abwechselnd negativ und positiv. Deshalb sind die Betragszeichen notwendig.

3. Die Folge (f_n) mit $f_n = 1{,}1 + \frac{1}{n}$ hat offensichtlich den Grenzwert 1,1. Für $\varepsilon = 0{,}15$ jedoch ließe sich auch zeigen: $|1 - f_n| < \varepsilon$ für $n > n_0 = 20$. Deshalb muß die Formulierung „für alle $\varepsilon > 0$" bestehen bleiben.

D

Folgen mit dem speziellen Grenzwert Null heißen auch kurz Nullfolgen.

Um für ein vorgegebenes ε ein zugehöriges n_0 zu bestimmen, bedient man sich der bekannten Verfahren:

BEISPIEL

Es sei $(a_n) = \left(\frac{n^2 + 5}{2n^2 + 1}\right)$. Dann ist $\lim\limits_{n\to\infty} a_n = 0{,}5$, und es gilt:

$$\left|\frac{n^2 + 5}{2n^2 + 1} - 0{,}5\right| = \left|\frac{2n^2 + 10 - 2n^2 - 1}{4n^2 + 2}\right| = \left|\frac{9}{4n^2 + 2}\right| = \frac{4}{2n^2 + 1}.$$

Aus $\frac{4{,}5}{2n^2 + 1} < \varepsilon$ erhält man $\frac{4{,}5}{2\varepsilon} - \frac{1}{2} < n^2$ und durch Radizieren

für $\varepsilon = 0{,}1$: $n = 4{,}69$, also $n_0 = 4$,
für $\varepsilon = 0{,}01$: $n = 14{,}98$, also $n_0 = 14$,
für $\varepsilon = 0{,}001$: $n = 47{,}43$, also $n_0 = 47$ usw.

Wegen der praktischen Probleme beim Nachweis der „Für alle"-Aussagen hat man nach Vereinfachungen gesucht. Leider sagen einige Regeln nur etwas darüber aus, ob überhaupt ein Grenzwert existiert (sich also weiteres Rechnen lohnt). Stellvertretend sei zitiert:

Jede (betragsmäßig: streng) monotone und beschränkte Folge ist konvergent.

Viel praktischer ist schon das sogenannte Einschließungskriterium: (a_n) und (c_n) seien konvergent mit dem Grenzwert g. Für eine weitere Folge (b_n) gelte: $a_n < b_n < c_n$ für alle $n > n_0$. Dann ist auch (b_n) konvergent mit dem Grenzwert g.

BEISPIEL

Wir berechnen den Grenzwert der Folge $(s_n) = \left(\dfrac{\sin\left(\frac{1}{n}\right)}{\frac{1}{n}}\right)$.

Es ist $\tan\left(\frac{1}{n}\right) > \frac{1}{n} > \sin\left(\frac{1}{n}\right) \Leftrightarrow \dfrac{1}{\cos\left(\frac{1}{n}\right)} > \dfrac{\frac{1}{n}}{\sin\left(\frac{1}{n}\right)} > 1 \Leftrightarrow \cos\left(\frac{1}{n}\right) < \dfrac{\sin\left(\frac{1}{n}\right)}{\frac{1}{n}} < 1$

und damit $1 = \cos 0 = \cos\left(\lim\limits_{n\to\infty} \frac{1}{n}\right) = \lim\limits_{n\to\infty}\left(\cos\frac{1}{n}\right) \leq \lim\limits_{n\to\infty}\left(\dfrac{\sin\left(\frac{1}{n}\right)}{\frac{1}{n}}\right) \leq \lim\limits_{n\to\infty} 1 = 1.$

Damit muß auch $\lim\limits_{n\to\infty} s_n = 1$ sein.

Am praktischsten aber sind die Grenzwertsätze, die es erlauben, komplizierte Folgen zu zerlegen und mit Hilfe der schon bekannten Grenzwerte der Teilfolgen dann den Gesamtgrenzwert zu berechnen. Im einzelnen gilt, wenn $\lim\limits_{n\to\infty} a_n = a$ und $\lim\limits_{n\to\infty} b_n = b$ ist:

S

1. $\lim\limits_{n\to\infty} (a_n + b_n) = a + b$
2. $\lim\limits_{n\to\infty} (a_n - b_n) = a - b$
3. $\lim\limits_{n\to\infty} (a_n \cdot b_n) = a \cdot b$
   Speziell gilt sogar: Ist (b_n) lediglich beschränkt und $\lim\limits_{n\to\infty} a_n = 0$, so ist dennoch $\lim\limits_{n\to\infty} (a_n \cdot b_n) = 0$.
   Beispiel dazu: die Folge (e_n) aus Beispiel 2. auf Seite 514 mit $(e_n) = (a_n \cdot b_n)$ und $a_n = \frac{1}{n}$ und $b_n = (-1)^n$.
4. $\lim\limits_{n\to\infty} (a_n : b_n) = a : b$, falls $\lim\limits_{n\to\infty} b_n \neq 0$.

Von den Beweisen sei lediglich der erste hier aufgeführt. Die übrigen, die nach demselben Schema verlaufen, bleiben den Lesern als Übung überlassen:
Zu $\varepsilon > 0$ existieren n_0 und m_0 mit $|a_n - a| < \frac{\varepsilon}{2}$ und $|b_n - b| < \frac{\varepsilon}{2}$ für $n > n_0$ und $n > m_0$. Dann ergibt sich nach der Dreiecksungleichung (siehe Seite 733):
$|(a_n + b_n) - (a + b)| = |(a_n - a) + (b_n - b)| \leq |a_n - a| + |b_n - b| < \frac{\varepsilon}{2} + \frac{\varepsilon}{2} = \varepsilon$

D

5. Im übrigen lassen sich Grenzwertprozesse noch mit Verkettungen vertauschen. Deshalb ist beispielsweise $\lim\limits_{n \to \infty} (\cos a_n) = \cos (\lim\limits_{n \to \infty} a_n)$. Dies wurde mit $a_n = \frac{1}{n}$ im Beispiel auf Seite 516 benutzt.

In der Praxis ist nicht immer leicht durchschaubar, wie ein komplizierter Term in eine Summe oder Differenz, ein Produkt oder einen Quotienten konvergenter Terme zu zerlegen ist. Für rationale Terme gibt es eine einfache Strategie:
1. Kürzen Sie mit der höchsten Potenz von n im Nenner.
2. Wenden Sie anschließend die Grenzwertsätze an.
Es zeigt sich:
1. Steht die höchste Potenz im Nenner, so ist der Grenzwert Null.
2. Sind die höchsten Potenzen in Zähler und Nenner gleich, so ist der Grenzwert der Quotient aus deren Faktoren.
3. Steht die höchste Potenz aber im Zähler, so gibt es keinen Grenzwert: Die Folge geht gegen $+\infty$ oder $-\infty$. Man sagt dann auch, sie ist ***divergent.***

BEISPIELE

1. $(a_n) = \left(\frac{3n - 7}{n^2 + 5}\right)$ hat den Grenzwert Null wegen $\frac{3n - 7}{n^2 + 5} = \frac{\frac{3}{n} - \frac{7}{n^2}}{1 + \frac{5}{n^2}}$.

2. $(b_n) = \frac{4n + 1}{n + 11}$ hat den Grenzwert 4 wegen $\frac{4n + 1}{n + 11} = \frac{4 + \frac{1}{n}}{1 + \frac{11}{n}}$.

3. $(c_n) = \frac{n^2}{n + 1}$ hat den Grenzwert ∞ wegen $\frac{n^2}{n + 1} = \frac{n}{1 + \frac{1}{n}}$.

9.1.4 Reihen

EINFÜHRUNGSBEISPIEL

Bei einem Sparmodell der Maulwurfshausener Bau- und Bodenbank können monatlich 500 MM (Maulwurfsmark) zu 6,25% Jahreszinsen eingezahlt werden. Während der fünfjährigen Laufzeit des Vertrages darf nichts abgehoben werden. Wieviel Geld erhält ein Anleger nach fünf Jahren ausbezahlt?
In fünf Jahren erfolgen 60 Einzahlungen, wobei die ersten 500 MM ganze fünf Jahre stehenbleiben, die zweiten 500 MM nur noch 59 Monate usw. Nach der Zinseszinsformel (siehe Seite 261) erhält man:

$$500 \cdot 1{,}0625^{60/12} + 500 \cdot 1{,}0625^{59/12} + \ldots + 500 \cdot 1{,}0625^{1/12} =$$
$$(\quad a_1 \quad + \quad a_2 \quad + \ldots + \quad a_{60} \quad) = S_{60}$$

Hier werden also die Glieder einer Folge addiert. Die so entstehende Folge von Teilsummen $S_1 = a_1$; $S_2 = a_1 + a_2 \ldots$ nennt man eine ***Reihe***.

Man schreibt auch: $a_1 + a_2 + \ldots + a_n = \sum_{i=1}^{n} a_i$. Dabei ist $\sum$ (Sigma), das griechische große S, das Symbol für die Summenbildung, i ist die sogenannte „Laufvariable" (das heißt Anfang und Ende des Intervalls von natürlichen Zahlen, die in den Folgenterm eingesetzt werden, und 1 und n sind die Laufgrenzen).

Ist die zugrunde liegende Folge eine arithmetische Folge, so entsteht eine arithmetische Reihe, mit einer geometrischen Folge entsprechend eine geometrische Reihe.

Kommen nun viele Summanden zusammen, ist es wünschenswert, die Summe durch eine geeignete Formel darstellen und auf die Kettenadditionen verzichten zu können. Dies ist in etlichen Fällen durchaus möglich. Einige besonders wichtige seien hier angegeben:

1. Die Summe der ersten n natürlichen Zahlen ist
$$1 + 2 + 3 + \ldots + n = \sum_{i=1}^{n} i = \frac{n}{2}(n + 1).$$

2. Die Summe der ersten n Quadratzahlen ist
$$1^2 + 2^2 + 3^2 + \ldots + n^2 = \sum_{i=1}^{n} i^2 = \frac{n \cdot (n + 1) \cdot (2n + 1)}{6}.$$

3. Die Summe der ersten n Kubikzahlen ist
$$1^3 + 2^3 + 3^3 + \ldots + n^3 = \sum_{i=1}^{n} i^3 = \frac{n^2 \cdot (n + 1)^2}{4}.$$

4. Die Summe der ersten n geraden Zahlen ist
$$2 + 4 + 6 + \ldots + 2n = \sum_{i=1}^{n} 2i = n(n + 1).$$

5. Die Summe der ersten n ungeraden Zahlen ist
$$1 + 3 + 5 + \ldots + (2n - 1) = \sum_{i=1}^{n} (2i - 1) = n^2.$$

6. Die allgemeine Summe der arithmetischen Reihe ist

$$a_0 + (a_0 + d) + (a_0 + 2d) + \ldots + (a_0 + n \cdot d) = \frac{n+1}{2} \cdot (2a_0 + nd).$$

7. Die allgemeine Summe der geometrischen Reihe ist

$$a_1 + a_1 \cdot q + a_1 \cdot q^2 + \ldots + a_1 \cdot q^{n-1} = a_1 \cdot \frac{q^n - 1}{q - 1}.$$

Für die ersten drei Beispiele gibt es trickreiche Beweise.

Zu 1.: Der Beweis stammt von Carl Friedrich Gauß (1777–1855). Er schrieb die Reihe einmal von vorne nach hinten und einmal von hinten nach vorne untereinander und addierte spaltenweise. Das Ergebnis ist das Doppelte des Reihenwerts.

$$\begin{array}{ccccccccc} 1 & + & 2 & + & 3 & + & \ldots & + & n \\ n & + & (n-1) & + & (n-2) & + & \ldots & + & 1 \\ \hline (n+1) & + & (n+1) & + & (n+1) & + & \ldots & + & (n+1) \end{array} \quad \text{insgesamt n Summanden}$$

$= n \cdot (n + 1)$

Also ist $1 + 2 + 3 + \ldots + n = \frac{n}{2}(n + 1)$.

Zu 2.: Der (geometrische) Beweis stammt vermutlich von dem arabischen Gelehrten Ibn al Haitham (965–1039). Er erhielt mit Hilfe des Bildes 9.3:

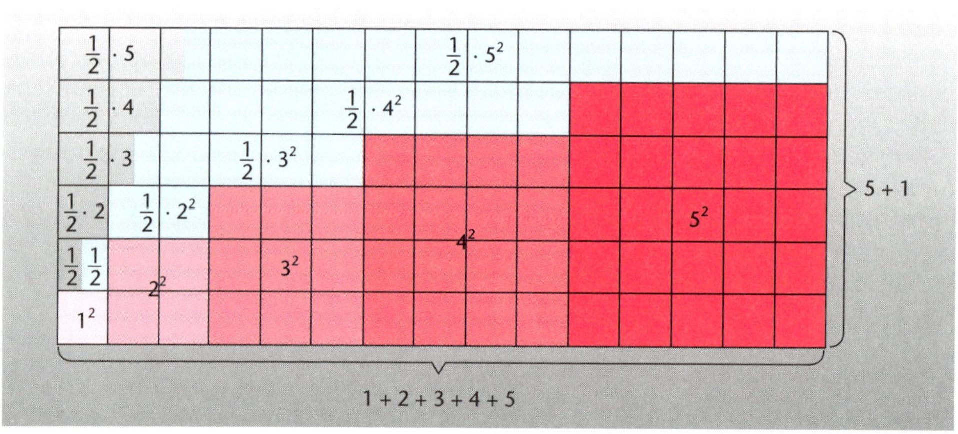

Bild 9.3

$1{,}5 \cdot (1^2 + 2^2 + \ldots + n^2) + 0{,}5 \cdot (1 + 2 + \ldots + n) = (n + 1) \cdot (1 + 2 + \ldots + n)$
oder $1{,}5 \cdot (1^2 + 2^2 + \ldots + n^2) = (n + 0{,}5) \cdot (1 + 2 + \ldots + n)$, woraus wegen $n + 0{,}5 = 0{,}5 \cdot (2n + 1)$ nach Division durch 1,5 und mit der Summenformel aus 1. direkt das Ergebnis folgt.

Zu 3.: Die für jede neue Kubikzahl hinzukommenden Würfel lassen sich um die schon vorhandenen L-förmig so herumbauen, daß immer ein Quadrat als Oberfläche entsteht. Benutzt man nacheinander $1^3 = 1$; $2^3 = 8$; $3^3 = 27 \ldots n^3$ Würfel, so entsteht ein Quadrat der Fläche $(1 + 2 + 3 + \ldots + n) \cdot (1 + 2 + 3 + \ldots + n)$. Mit der Formel aus 1. ergibt sich der neue Term $0{,}25n^2 (n + 1)^2$.

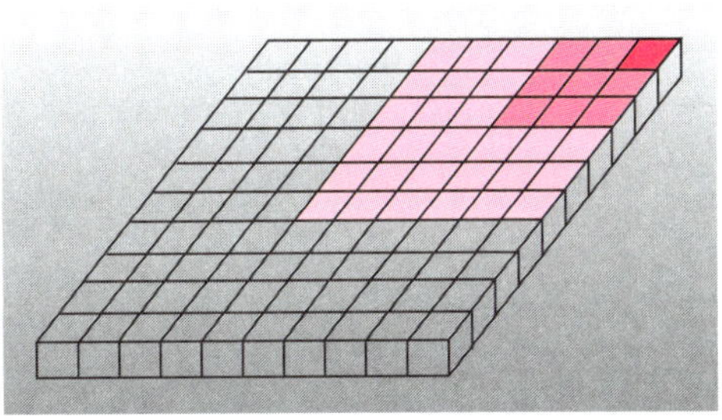

Bild 9.4

Selbstverständlich lassen sich auch die anderen Formeln beweisen. Dazu bedient man sich der „vollständigen Induktion“ (siehe Seite 520).

Ist eine Reihe eine Folge von Summen, so darf ebenso wie bei anderen Folgen die Frage nach dem Grenzwert gestellt werden. Obwohl diese Frage zunächst widersinnig erscheint – wie soll eine Summe mit unendlich vielen Summanden noch einen endlichen Wert haben? –, gibt es dennoch Fälle, in denen $\lim\limits_{n\to\infty} \sum\limits_{i=1}^{n} a_i = \sum\limits_{i=1}^{\infty} a_i$ existiert.

Notwendige (aber nicht hinreichende) Voraussetzung für die Konvergenz einer Reihe ist: Die zugrunde liegende Folge der Reihenglieder muß den Grenzwert Null haben.

Etwas weiter reicht das Quotientenkriterium von Jean le Rond d'Alembert (1717–1783): Sind für $n > n_0$ alle Quotienten $\left|\frac{a_{n+1}}{a_n}\right| < q < 1$, so ist die Reihe konvergent. Sind alle diese Quotienten größer als eine Zahl $Q > 1$, so ist die Reihe divergent.

Für alternierende Reihen (solche, bei denen die Summanden abwechselnd positives und negatives Vorzeichen haben) hilft das Leibnizkriterium: Ist die zugrunde liegende Folge (a_i) monoton fallend und hat den Grenzwert Null, so ist die alternierende Reihe $\sum\limits_{i=1}^{\infty} (-1)^i a_i$ konvergent.

Ansonsten hilft oft nur der Vergleich mit bereits bekannten konvergenten Reihen weiter: Liegen alle Teilsummen der neuen unterhalb derer der bekannten konvergenten Reihe, so ist die neue Reihe ebenfalls konvergent. Liegen die Teilsummen oberhalb derer einer bekannten divergenten Reihe, so ist die neue Reihe ebenfalls divergent.

Wichtigstes Beispiel ist die unendliche geometrische Reihe:

BEISPIEL

$$\sum_{i=0}^{\infty} q^i = \lim_{n\to\infty} \sum_{i=0}^{\infty} q_i = \lim_{n\to\infty} \frac{q^n - 1}{q - 1} = \begin{cases} \infty & \text{für } q > 1 \\ \frac{1}{1-q} & \text{für } |q| < 1 \end{cases}$$

da für $0 < q < 1$ nach d'Alembert $\frac{q^{n+1}}{q^n} = q < 1$ ist und für $-1 < q < 0$ das Leibnizkriterium angewandt werden kann.

Für $q < -1$ und $q = \pm 1$ gibt es keine Lösung.

Vollständige Induktion

Die vollständige Induktion, auch induktiver Beweis genannt, ist ein Verfahren, das sich überall dort einsetzen läßt, wo es um Aussagen geht, bei denen die natürlichen Zahlen als Grundmenge fungieren und es damit für jedes Objekt (außer für 1) einen direkten Vorgänger und einen direkten Nachfolger gibt.

Der induktive Beweis besteht aus zwei Teilen:

1. einem konkreten Nachweis (Durchrechnen) für eine bestimmte natürliche Zahl;

2. einer allgemeingültigen Schlußfolgerung, der Übertragung der behaupteten Eigenschaft von einem (beliebigen) Vorgänger mit der Nummer n_0 auf dessen (direkten) Nachfolger mit der Nummer $n_0 + 1$.

Zusammen ergibt sich die Gültigkeit der Aussage für jedes beliebige $n \in \mathbb{N}$ ab dem Startwert aus 1. Dieser dient nämlich als erstes n_0, und weil der behauptete Zusammenhang hier direkt gezeigt wird, gilt er auch für die Folgezahl des Startwerts. Dann wird diese zum Startwert (da die Behauptung nun auch für sie gilt), und die Übertragung mit 2. erfolgt auf deren Nachfolger usw.

Da ein wichtiges Anwendungsgebiet des induktiven Beweises (zumindest in der Schule) der Nachweis von Summenformeln ist, soll ein solches Beispiel auch am Anfang stehen.

Behauptung: $\sum_{k=1}^{n} k^2 = \frac{n(n+1)(2n+1)}{6}$

1. Konkrete Rechnung für $n_0 = 1$: $1 = 1^2 = \frac{1 \cdot (1+1)(2 \cdot 1 + 1)}{6} = \frac{2 \cdot 3}{6} = 1$

2. Schluß von n_0 auf $n_0 + 1$:

Für n_0 soll schon gelten, daß $\sum_{k=1}^{n_0} k^2 = \frac{n_0(n_0+1)(2n_0+1)}{6}$.

Dann gilt für $n_0 + 1$:

$$\sum_{k=1}^{n_0+1} k^2 = \frac{n_0(n_0+1)(2n_0+1)}{6} + (n_0+1)^2$$

$$= \frac{n_0(n_0+1)(2n_0+1)}{6} + n_0^2 + 2n_0 + 1$$

$$= \frac{2n_0^3 + 3n_0^2 + n_0}{6} + \frac{6n_0^2 + 12n_0 + 6}{6}$$

$$= \frac{2n_0^3 + 9n_0^2 + 13n_0 + 6}{6} \quad (*)$$

$$= \frac{(2n_0^3 + 6n_0^2 + 4n_0) + (3n_0^2 + 9n_0 + 6)}{6}$$

$$= \frac{(n_0^2 + 3n_0 + 2)(2n_0 + 3)}{6}$$

$$= \frac{(n_0+1)(n_0+2)(2n_0+3)}{6},$$

was zu beweisen war.

Sicher wird sich nun so mancher fragen, wie man insbesondere von (*) auf die zunächst recht willkürlich erscheinende Zerlegung in der nächsten Zeile kommt. Die Antwort ist: Auf eine solche Idee kommt man in der Regel natürlich nicht – vor allem dann nicht, wenn man sie dringend braucht!

Aber nicht verzweifeln! Oft hilft es nämlich sehr viel weiter, wenn man an einer Stelle der Rechnung zunächst aufhört und statt dessen versucht, vom erwünschten Ergebnis her auf diese Stelle zuzurechnen, so daß die beiden Beweisteile sich sozusagen in der Mitte treffen.

Beispiel: $\sum\limits_{k=1}^{n} k^3 = \dfrac{n^2(n+1)^2}{4}$

1. Für n = 1 ergibt sich: $1 = 1^3 = \dfrac{1^2 \cdot (1+1)^2}{4} = \dfrac{4}{4} = 1.$

2. Für den Schluß von n_0 auf $n_0 + 1$ erhält man den Ansatz:

$$\begin{aligned}\sum_{k=1}^{n_0+1} k^3 &= \frac{n_0{}^2(n_0+1)^2}{4} + (n_0+1)^3 \\ &= \frac{n_0{}^2(n_0{}^2+2n_0+1)}{4} + n_0{}^3 + 3n_0{}^2 + 3n_0 + 1 \\ &= \frac{n_0{}^4 + 2n_0{}^3 + n_0{}^2}{4} + \frac{4n_0{}^3 + 12n_0{}^2 + 12n_0 + 4}{4} \\ &= \frac{n_0{}^4 + 6n_0{}^3 + 13n_0{}^2 + 12n_0 + 4}{4} \quad (**)\end{aligned}$$

Hier helfen nur noch Genialität oder göttliche Eingebung. Als Normalsterbliche rechnen wir deshalb:

$$\begin{aligned}\sum_{k=1}^{n_0+1} k^3 \stackrel{!}{=} \frac{(n_0+1)^2(n_0+2)^2}{4} &= \frac{(n_0{}^2+2n_0+1)(n_0{}^2+4n_0+4)}{4} \\ &= \frac{n_0{}^4 + 4n_0{}^3 + 4n_0{}^2 + 2n_0{}^3 + 8n_0{}^2 + 8n_0 + n_0{}^2 + 4n_0 + 4}{4} \\ &= \frac{n_0{}^4 + 6n_0{}^3 + 13n_0{}^2 + 12n_0 + 4}{4}\end{aligned}$$

und erhalten tatsachlich den Term (**)!

Übrigens sind beide Beweisteile – 1. und 2. – unbedingt erforderlich! Wer glaubt, eine Handvoll Zahlenbeispiele sei hinreichend (weil eine komplizierte Bedingung nicht „zufällig“ mehrmals erfüllt sein kann) oder der allgemeine Nachweis 2. könne für eine falsche Idee nie widerspruchsfrei geführt werden, ist leider auf dem Holzweg, wie folgende Beispiele zeigen.

Gegenbeispiele:

1. Behauptung: Die Zahlen $p_n = n^2 - n + 41$ sind allesamt Primzahlen.
Einsetzen von 1, 2, 3, 5, 17, 25, 40 liefert tatsächlich die Primzahlen 41, 43, 47, 61, 313, 641, 1601.
Der allgemeine Schritt 2. ergibt jedoch $p_{n+1} = (n+1)^2 - (n+1) + 41 = n^2 + n + 41$ und liefert für $p_{n+1} - p_n = 2n$ einen Widerspruch, da z. B.
$p_{42} - p_{41} = 1764 - 1681 = 83 \neq 82 = 2 \cdot 41.$

2. Behauptung: $\sum_{k=1}^{n} k = \frac{n \cdot (n+1)}{2} + 1$

Wir verzichten auf ein konkretes Beispiel und rechnen nur allgemein:

$$\sum_{k=1}^{n+1} k = \frac{n \cdot (n+1)}{2} + 1 + (n+1) = \frac{n \cdot (n+1)}{2} + 1 + \frac{2n+2}{2} = \frac{n^2 + 3n + 2}{2} + 1 = \frac{(n+1)(n+2)}{2} + 1,$$

was tatsächlich zu einer gewünschten äquivalenten (aber trotzdem falschen) Formel führt!

Auch in ganz anderen Bereichen ist diese Beweistechnik hilfreich. Darum ein letztes Beispiel aus der Graphentheorie, der sogenannte „Zwei-Farben-Satz“:

Jede Landkarte, bei der die Ländergrenzen einzig durch eingezeichnete Geraden entstehen, laßt sich mit zwei Farben so einfärben, daß keine benachbarten Länder die gleiche Farbe haben.

$n = 1$: Bei nur einer Geraden ist die Situation klar: Man zeichnet z. B. den oberen Teil (Land 1) grün, den unteren (Land 2) rot (Bild 9.5).

Schluß von n_0 auf $n_0 + 1$: Nun soll für n_0 Länder die Landkarte schon existieren (Bild 9.6). Das Hinzufügen einer neuen Geraden teilt einige Länder. Deshalb müssen alle neuen Teile rechts von der zusätzlichen Geraden umgefärbt werden. Damit stimmen die dort angrenzenden Länder farblich nicht mehr und müssen ebenfalls geändert werden. Insgesamt müssen deshalb alle Länder rechts umgefärbt werden, damit sie wieder anders sind als ihre alten Nachbarn (Bild 9.7). Damit aber ist auch die neue Karte mit nur zwei Farben vorschriftsmäßig färbbar.

Bild 9.5

Bild 9.6

Bild 9.7

9.1.5 Grenzwerte von Funktionen für $|x| \to \infty$

Vergleicht man die Folge $(a_n) = \left(\frac{2n-1}{n}\right)$ mit der Funktion $f(x) = \frac{2x-1}{x}$, $\mathbb{D} = \mathbb{R} \setminus \{0\}$, so stellt man zwei Unterschiede fest: Zum einen ist die Funktion im Gegensatz zur Folge auch für negative Zahlen definiert, zum anderen liegen die reellen Zahlen dicht, so daß sich anders als die Folgenglieder die Funktionswerte nicht mehr durchnumerieren lassen. Meist gibt es daher ein x_0 mit $f(x_0) = \varepsilon$.

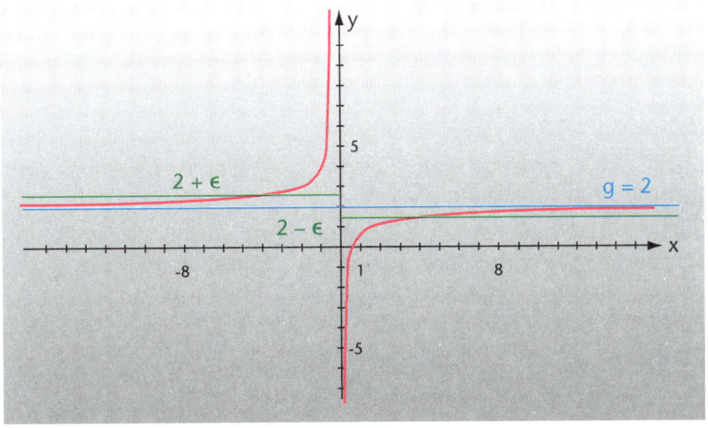

Bild 9.8 $f(x) = \frac{2x-1}{x}$

Dennoch kann man analog definieren:

D

1. Eine Funktion f(x) konvergiert für $x \to \infty$ gegen den Grenzwert a, wenn es für jedes $\varepsilon > 0$ ein $x_0 \in \mathbb{R}$ gibt, so daß $|f(x) - a| < \varepsilon$ für alle $x > x_0$. Man schreibt dann auch: $\lim\limits_{n \to \infty} f(x) = a$.

2. Eine Funktion f(x) konvergiert für $x \to -\infty$ gegen den Grenzwert b, wenn es für jedes $\varepsilon > 0$ ein $x^* \in \mathbb{R}$ gibt, so daß $|f(x) - b| < \varepsilon$ für alle $x < x^*$. Man schreibt dann auch: $\lim\limits_{n \to -\infty} f(x) = b$.

Die Zahlen a und b lassen sich als konstante Funktionen auffassen, deren Graphen zur x-Achse parallele Geraden im Abstand a bzw. b sind und an die sich der Graph von f(x) mit (betragsmäßig) großen x immer dichter annähert. Daher sagt man auch, f(x) nähert sich asymptotisch a oder b.

Die Grenzwertsätze für Folgen (siehe Seite 515) gelten entsprechend auch für Funk-
tionen. Insbesondere lassen sich die Folgerungen für rationale Folgenterme auf rationale Funktionen übertragen.

9.1.6 Grenzwerte von Funktionen für $x \to x_0$. Stetigkeit und stetige Ergänzung

EINFÜHRUNGSBEISPIEL

Gegeben sei die Funktion f mit $f(x) = \frac{x^2 + x}{x^2 - 1} = \frac{x \cdot (x + 1)}{(x - 1)(x + 1)}$. Diese Funktion ist für $x = -1$ und $x = 1$ nicht definiert, da dies die Nullstellen des Nenners sind. Wie verhält sich f(x) in der Nähe dieser Stellen?
Zeichnet man nach einer Wertetabelle den Graphen, so stellt man fest, daß bei $x = 1$ zwei auseinanderlaufende Äste entstehen, während bei $x = -1$ offenbar nur ein Loch im Graphen bleibt, das mit Hilfe des zusätzlichen Punktes (–1 | 0,5) leicht auszufüllen wäre (Bild 9.9).

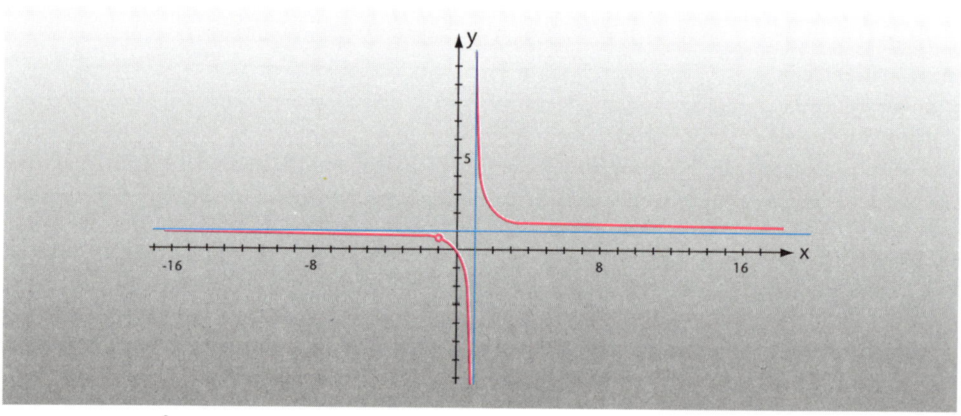

Bild 9.9 $f(x) = \frac{x^2 + x}{x^2 - 1}$

Läßt sich dieses Resultat rechnerisch einwandfrei nachweisen? Dies erfordert offenbar die Berechnung von Grenzwerten für $x \to 1$ bzw. $x \to -1$. Die Berechnung solcher Grenzwerte ist legitim, da es in der Nähe jeder Zahl beliebig viele (unendlich viele) reelle Zahlen gibt.

Zur konkreten Berechnung stellt man mit $h > 0$ jede Zahl in der Umgebung von –1 dar als $-1 + h$ (das sind dann die Zahlen rechts von –1) bzw. $-1 - h$ (das sind die Zahlen links von –1). Verwenden wir die faktorisierte Form des Funktionsterms, so erhalten wir: $f(-1 + h) = \frac{(-1 + h) \cdot h}{(-2 + h) \cdot h} = \frac{-1 + h}{-2 + h}$.

Annäherung an $x = -1$ bedeutet dann, daß h immer kleiner wird. Also bilden wir den (rechtsseitigen) Grenzwert für $h \to 0$ und erhalten $\lim\limits_{h \to \infty} \frac{-1 + h}{-2 + h} = \frac{-1}{-2} = 0{,}5$.

Ebenso erhalten wir $\lim\limits_{h \to 0} f(-1 - h) = 0{,}5$ als linksseitigen Grenzwert.

Deshalb läßt sich mit Hilfe des Punktes (-1|0,5) die Lücke im Funktionsgraphen schließen.

Ferner erkennen wir, daß sich der Faktor (x + 1) in Zähler und Nenner offenbar problemlos herauskürzen läßt.

Für x = 1 + h dagegen erhalten wir:

$f(1 + h) = \frac{(1 + h)(2 + h)}{h \cdot (2 + h)} = \frac{1 + h}{h}$ bzw. $f(1 - h) = \frac{(1 - h)(2 - h)}{(-h)(2 - h)} = \frac{1 - h}{-h}$.

Wiederum läßt sich der zweite Faktor offenbar problemlos kürzen. Für den Grenzwert jedoch erhalten wir im Gegensatz zu oben, aber in Übereinstimmung mit der Graphik: $\lim\limits_{h \to 0} f(1 + h) = \lim\limits_{h \to 0} \frac{\frac{1}{h} + 1}{1} = \frac{\infty}{1} = \infty$ und $\lim\limits_{h \to 0} f(1 - h) = \lim\limits_{h \to 0} \frac{\frac{1}{h} - 1}{-1} = \frac{\infty}{-1} = -\infty$.

Dies nennt man einen ***(ungleichsinnigen*** oder ***ungleichnamigen) Pol.***

Selbstverständlich kann ein solcher Grenzwert für eine beliebige Stelle x_0 bestimmt werden. Wir erhalten beispielsweise:

$\lim\limits_{h \to 0} f(0 + h) = \lim\limits_{h \to 0} \frac{h \cdot (1 + h)}{(h - 1)(h + 1)} = \lim\limits_{h \to 0} \frac{h + h^2}{h^2 - 1} = \frac{0}{-1} = 0 = \lim\limits_{h \to 0} f(0 - h)$.

Interessanterweise ist aber hier der Grenzwert gleich dem bereits vorhandenen Funktionswert! Deshalb definiert man:

D

Eine Funktion f(x) heißt *stetig* in x_0, wenn $f(x_0) = \lim\limits_{h \to 0} f(x_0+h) = \lim\limits_{h \to 0} f(x_0-h)$.

Sie ist *unstetig,* wenn Funktionswert und Grenzwert existieren, aber nicht übereinstimmen, oder wenn zwar ein Funktionswert, aber kein Grenzwert existiert.

BEISPIEL

$f(x) = \text{sgn}(x) = \begin{cases} 1 \text{ für } x > 0 \\ 0 \text{ für } x = 0 \\ -1 \text{ für } x < 0 \end{cases}$ $x \in \mathbb{R}$ ist unstetig in $x_0 = 0$, da $\lim\limits_{h \to 0} \text{sgn}(0 - h) = -1$ und $\lim\limits_{h \to 0} \text{sgn}(0 + h) = 1$.

Die Unstetigkeitsstelle heißt ***Sprungstelle.***

D

Zu der obigen Definition ist folgende Beschreibung äquivalent: f(x) heißt stetig in $a \in \mathbb{D}$, wenn folgendes gilt: Zu jedem $\varepsilon > 0$ gibt es ein $\delta > 0$, so daß aus $|x - a| < \delta$ für $x \in \mathbb{D}$ folgt: $|f(x) - f(a)| < \varepsilon$.

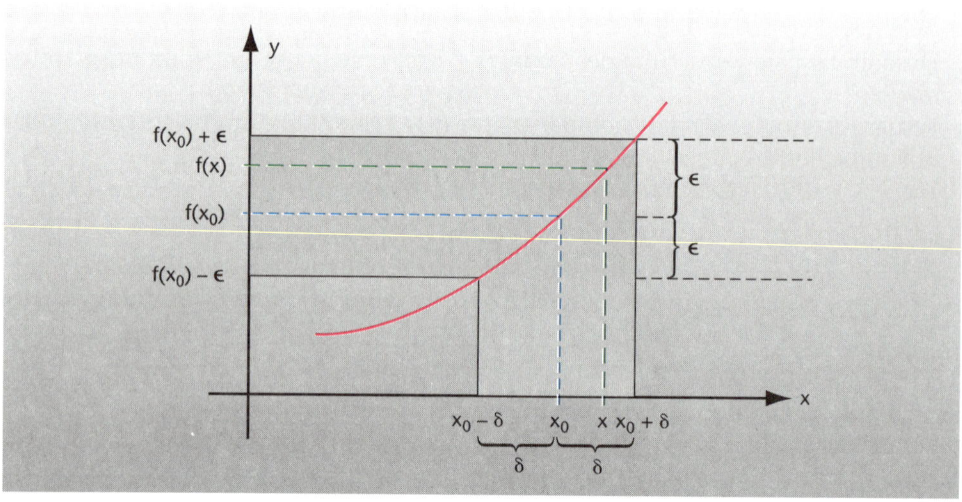

Bild 9.10

Eine Funktion heißt stetig auf ganz $\mathbb{D}$, wenn sie in jedem $x \in \mathbb{D}$ stetig ist. Stetigkeit ist somit zunächst eine lokale Eigenschaft.

Existiert dagegen kein Funktionswert, aber ein (endlicher) Grenzwert, so kann dieser nachträglich zum Funktionswert erklärt und die Funktion dadurch ***stetig ergänzt*** werden:

D

Ist f in $x_0 \in \mathbb{R}$ nicht definiert, aber gilt $\lim f(x_0 + h) = \lim f(x_0 - h) = k$, so heißt f^* mit $f^*(x) = \left\{\begin{matrix} f(x) \text{ für } x \neq x_0 \text{ und } x \in \mathbb{D} \\ k \text{ für } x = x_0 \end{matrix}\right\}$ stetige Ergänzung von f in x_0.

Das Einführungsbeispiel (zumindest für $x < 1$) und die Auswirkung einer stetigen Ergänzung legen folgende Beschreibung nahe: „Eine Funktion ist stetig, wenn man sie in einem Strich durchzeichnen kann.“

Leider ist diese Beschreibung zwar griffig, aber nicht allgemeingültig, wie das folgende Gegenbeispiel zeigt:

Die Funktion g mit $g(x) = \begin{cases} 0 \text{ für } x \in \mathbb{Q} \\ 1 \text{ für } x \in \mathbb{R} \setminus \mathbb{Q} \end{cases}$ ist nirgends stetig, da zwischen zwei beliebigen rationalen Zahlen immer mindestens eine irrationale Zahl liegt.

Man bezeichnet g(x) als „Funktion mit abzählbar unendlich vielen Unstetigkeitsstellen“ (nämlich bei allen rationalen Zahlen); ihr Graph ist eine Parallele zur x-Achse in der Höhe 1. Zugegeben: Ein solch pathologisches Gegenbeispiel können sich nur Mathematiker ausdenken!

Dies zeigt aber auch, daß man sich das h in diesen Grenzwerten nicht einfach als $h = \frac{1}{n}$ vorstellen darf, sondern daß h wirklich alle reellen Zahlen auf dem

Weg zu x_0 überstreichen muß. Man spricht deshalb auch von einer kontinuierlichen h-Sonde. Den Anschluß an die Folgen schafft man allerdings mit folgender Definition, die zu den beiden obigen äquivalent ist:

D

f heißt stetig in $a \in \mathbb{D}$, wenn für *jede* Folge x_n ($n \in \mathbb{N}$) mit $x_n \in \mathbb{D}$ und $\lim\limits_{n\to\infty} x_n = a$ gilt: $\lim\limits_{n\to\infty} f(x_n) = f(a)$.

Wiederum lassen sich auch die Grenzwertsätze für Folgen übertragen und sagen nun aus:

1. Summe, Differenz und Produkt von zwei an einer Stelle $x_0 \in \mathbb{D}$ stetigen Funktionen sind wieder stetig.
2. Der Quotient f/g aus zwei in $x_0 \in \mathbb{D}$ stetigen Funktionen f und g ist dann stetig in x_0, wenn $g(x_0) \neq 0$ ist.
3. Ist g stetig in $x_0 \in \mathbb{D}_g$ und f stetig in $y_0 = g(x_0) \in \mathbb{D}_f$, so ist die Verkettung fog stetig in x_0.

Der Rechnung zum Einführungsbeispiel entnehmen wir noch:

1. Eine rationale Funktion kann dann stetig ergänzt werden, wenn eine Nullstelle x_0 des Nenners auch gleichzeitig Zählernullstelle ist, da dann ein Linearfaktor $(x - x_0)$ gekürzt werden kann. Den zu ergänzenden Funktionswert berechnet man anschließend mit Hilfe des reduzierten Terms.
2. Polstellen sind übrigens keine Unstetigkeitsstellen, da die Funktion an ihnen nicht definiert ist. Die Funktion des Einführungsbeispiels ist daher in $x = 1$ nicht unstetig und gleichzeitig ein Beispiel dafür, daß auch Funktionen stetig sein können, die man nicht in einem Strich zeichnen kann.

Für stetige Funktionen gelten ferner:

Nullstellensatz
Eine im Intervall $J = [a; b]$ stetige Funktion, bei der f(a) und f(b) verschiedene Vorzeichen haben, hat in J mindestens eine Nullstelle.

Zwischenwertsatz
Eine in J stetige Funktion nimmt jeden Zahlenwert zwischen f(a) und f(b) mindestens einmal an.

Beweis: Sei $f(a) < y_0 < f(b)$. Dann erfüllt $f(x) - y_0$ die Bedingungen des Nullstellensatzes, das heißt, es gibt eine Zahl $x_0 \in \mathbb{J}$ mit $f(x_0) - y_0 = 0$. Dies bedeutet $f(x_0) = y_0$.

Extremwertsatz („minimax")
Eine auf [a; b] stetige Funktion hat dort stets einen größten und einen kleinsten Funktionswert.

9.1.7 Die Verallgemeinerung des Asymptotenbegriffs

EINFÜHRUNGSBEISPIEL

Betrachten wir zunächst die Graphen folgender Funktionen:

1. $y = \dfrac{x^2 + 1}{x^2 - 1}$

2. $y = \dfrac{x^3 - 6x}{x^2 + 1}$

3. $y = \dfrac{1 - x^4}{x^2}$

4. $y = \dfrac{x^5 + 2x^4 - 2x^2 + 1}{x^2 + 2x + 1}$

5. $y = \dfrac{x^2 - e^x}{e^x}$

6. $y = \dfrac{\sin x}{x}$

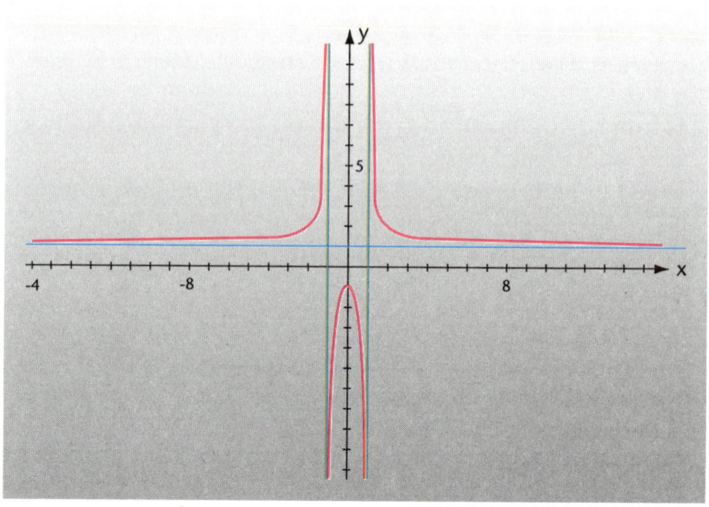

Bild 9.11 $f(x) = \dfrac{x^2 + 1}{x^2 - 1}$ mit Asymptote $a(x) = 1$ und senkrechten Asymptoten für $x = \pm 1$

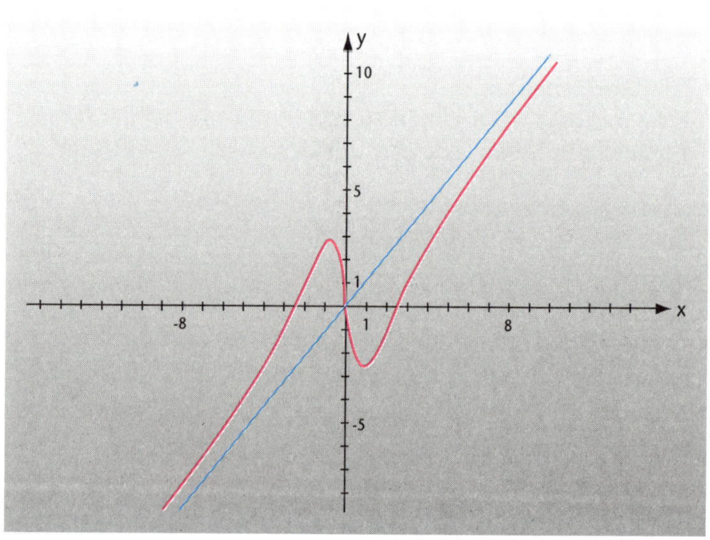

Bild 9.12 $f(x) = \dfrac{x^3 - 6x}{x^2 + 1}$ mit Asymptote $a(x) = x$

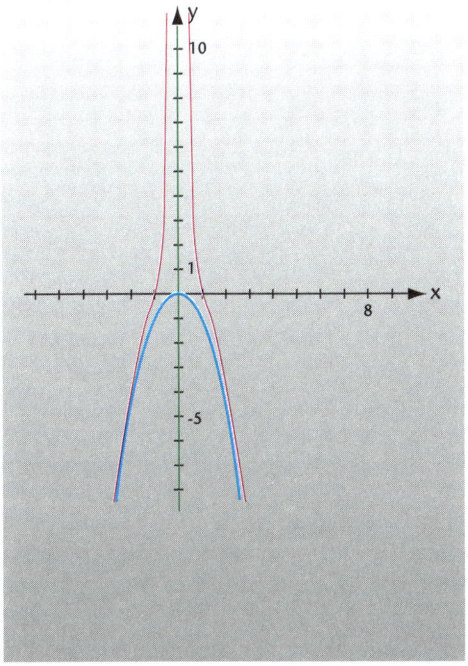

Bild 9.13 $f(x) = \frac{1 - x^4}{x^2}$
mit Asymptote $a(x) = -x^2$ und senkrechter Asymptote bei $x = 0$

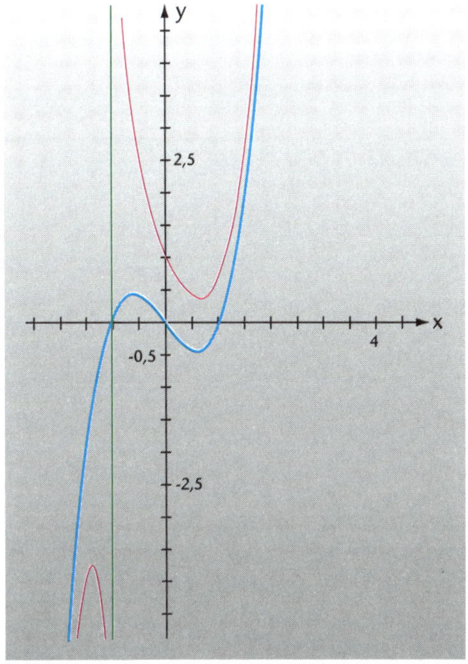

Bild 9.14 $f(x) = \frac{x^5 + 2x^4 - 2x^2 + 1}{x^2 + 2x + 1}$
mit $a(x) = x^3 - x$ und senkrechter Asymptote bei $x = -1$

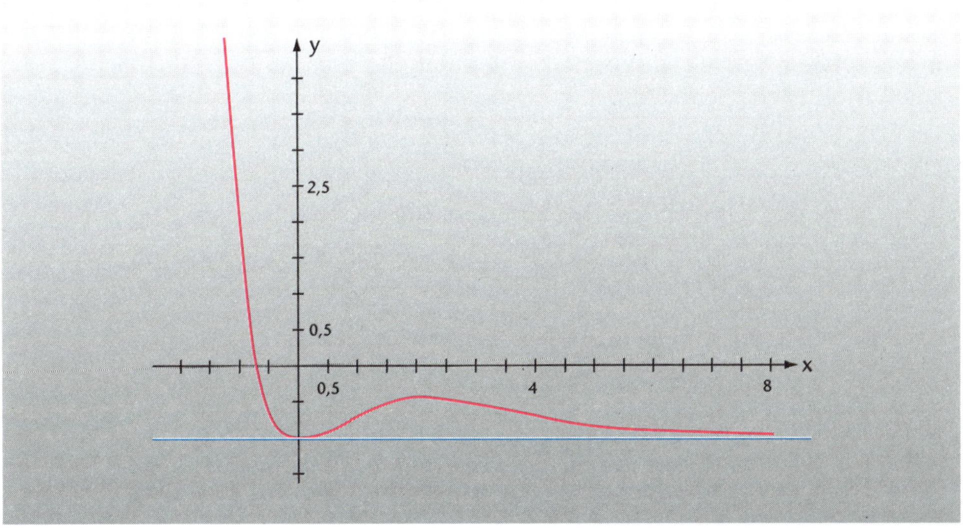

Bild 9.15 $f(x) = \frac{x^2 - e^x}{e^2}$ mit Asymptote $a(x) = -1$ für $x \rightarrow +\infty$

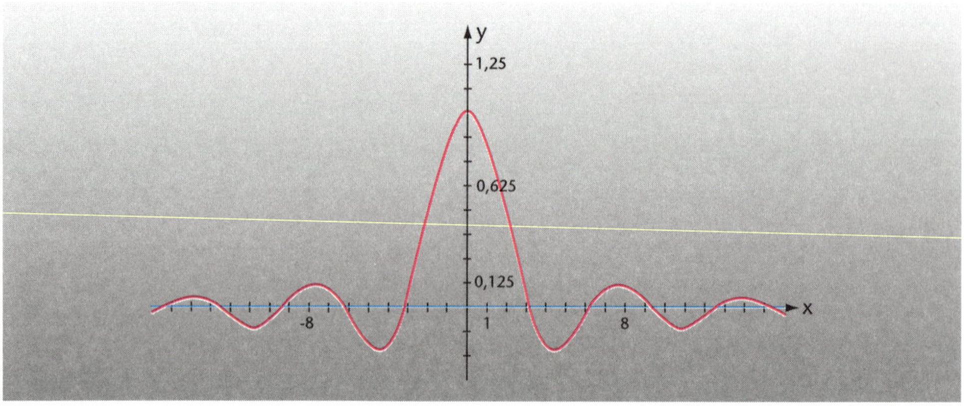

Bild 9.16 $f(x) = \frac{\sin x}{x}$ mit Asymptote $a(x) = 0$

Die Situation von Beispiel 1. kennen wir bereits: Die waagerechte Gerade $y = 1$ ist Asymptote, da 1 der Grenzwert der Funktion für $|x| \to \infty$ ist. Die senkrechten Asymptoten ergeben sich aufgrund der Polstellen bei $x = 1$ und $x = -1$.

Aber auch in den Fällen 2. bis 4. wird offenbar – für betragsmäßig große x – die komplizierte Funktion durch eine einfachere angenähert. Deshalb muß man die Definition der Asymptoten erweitern zu:

D

Der Graph einer Funktion g(x) heißt Asymptote zum Graphen von f(x), wenn gilt: $\lim_{x\to\infty} (f(x) - g(x)) = 0$ bzw. $\lim_{x\to-\infty} (f(x) - g(x)) = 0$.

Für gebrochen rationale Funktionen erhält man die Asymptoten mit Hilfe der Polynomdivision (siehe Seite 246):

2. $(x^3 - 6x) : (x^2 + 1) = x - \frac{7x}{x^2 + 1}$

3. $(-x^4 + 1) : x^2 = -x^2 + \frac{1}{x^2}$

4. $(x^5 + 2x^4 - 2x^2 + 1) : (x^2 + 2x + 1) = x^3 - x + \frac{1}{x + 1}$

wobei die Restterme jeweils für $|x| \to \infty$ gegen Null gehen.

Wir erhalten daher folgende einfache Regel:

S

Der Graph einer gebrochen rationalen Funktion mit Zählergrad n und Nennergrad m ($n \geq m$) nähert sich für $|x| \to \infty$ asymptotisch dem Graphen einer ganzrationalen Funktion vom Grad $n - m$.

Bei den Beispielen 5. und 6. ist die Situation komplizierter. Hier muß man auf die Regel von de l'Hospital (siehe Seite 552) bzw. das Einschließungskriterium (siehe Seite 515) zurückgreifen.

ÜBUNGEN

1. Beweisen Sie die Grenzwertsätze 2. bis 4. von Seite 515.

2. Bestimmen Sie – falls existent – die Grenzwerte der Folgen mit:

a) $a_n = \dfrac{3n^2 - 2n + 1}{n^2 + 15}$

b) $b_n = \dfrac{3n}{\sqrt{n^2 + 1}}$

c) $c_n = n^3 - n^2$

d) $d_n = \dfrac{\sin(2n + 1)}{n^2}$

e) $e_n = \cos\left(\dfrac{1}{n}\right)$

f) $f_n = e^{-n} \cdot \sin(\pi n)$

3. Ab welchem n_0 ist für die konvergenten Folgen aus 2. a) bzw. 2. e) der Abstand der übrigen Folgenglieder vom Grenzwert kleiner als $\varepsilon = 0{,}01$?

4. Bestimmen Sie die Grenzwerte der folgenden Funktionen für $x \to \infty$ und $x \to -\infty$:

a) $f(x) = \dfrac{2x^2 - x + 1}{4x^2 + 6x + 2}$

b) $g(x) = \dfrac{x^4 - x^2}{x^3}$

c) $h(x) = \dfrac{x^3 - 7}{x^5 + 1}$

d) $k(x) = e^{-x}\cos x$

e) $u(x) = \sqrt{\sin\left(\dfrac{\pi}{2} - \dfrac{1}{x}\right)}$

f) $z(x) = e^{-x^2}$

5. Bestimmen Sie alle Asymptoten der folgenden Funktionen:

a) $f(x) = \dfrac{x^3 - 3x}{x^2 - 1}$

b) $g(x) = \dfrac{x - 7}{x^2 - 49}$

c) $h(x) = \frac{x^4 + 2}{x^2 + 1}$

d) $k(x) = \frac{x^2 + 2x + 1}{x^2 - 1}$

e) $u(x) = \frac{x^4 - 1}{x^3 + 3x^2 - x - 3}$

f) $z(x) = \frac{x^3 + 2x^2 - x - 2}{x^3 - x^2 - 4x + 4}$

6. Wo lassen sich die Funktionen aus 5. stetig ergänzen?

7. Sind die folgenden Reihen konvergent?

a) $\sum_{k=0}^{\infty} \left(\frac{3}{4}\right)^k$

b) $\sum_{k=0}^{\infty} \left(2 - \frac{1}{k}\right)$

c) $\sum_{k=0}^{\infty} (-1)^k \cdot \sin\left(\frac{\pi}{2k}\right)$

8. Beweisen Sie mit vollständiger Induktion die Summenformeln 4. bis 7. von Seite 517 f.

9. Zeigen Sie, daß die Summe der dritten Potenzen dreier aufeinanderfolgender natürlicher Zahlen durch 3 teilbar ist.

10. Beweisen Sie die Bernoullische Ungleichung $(1 + x)^n \geq 1 + nx$ für $x > -1$ durch Induktion nach n.

11. Beweisen Sie: Wenn in eine Ebene n Kreise beliebig eingezeichnet werden, läßt sich die entstehende Karte mit zwei Farben so färben, daß zwei benachbarte Flächen mit mehr als einem gemeinsamen Randpunkt nicht dieselbe Farbe tragen.

9.2 Die Steigung nichtlinearer Funktionen

9.2.1 Das Tangentenproblem

Während bei linearen Funktionen die Steigung eindeutig festlegbar ist und sogar als Faktor von x Eingang in die Funktionsgleichung $y = mx + b$ gefunden hat, ist die Situation bei allen übrigen Funktionen deutlich komplizierter.

Anschaulich klar ist jedoch, daß auch solche Funktionen (in der Regel) eine Steigung haben; ebenso anschaulich klar ist, daß sich diese von Punkt zu Punkt ändert.

EINFÜHRUNGSBEISPIEL

Unterscheiden wir zunächst nur zwischen Steigung und Gefälle und qualitativ zwischen mehr oder weniger steil, so erhalten wir graphisch folgende Lösung für den Steigungsverlauf (Bild 9.17): Hilfreich ist es, den Verlauf der Steigung durch kleine Geradenstückchen anzudeuten, die in dem betrachteten Punkt nach Augenschein dieselbe Steigung aufweisen wie die Funktion. Dann sehen wir, daß die Geradenstückchen in diesen Punkten an der Kurve anliegen wie Tangenten an einer Kreislinie.

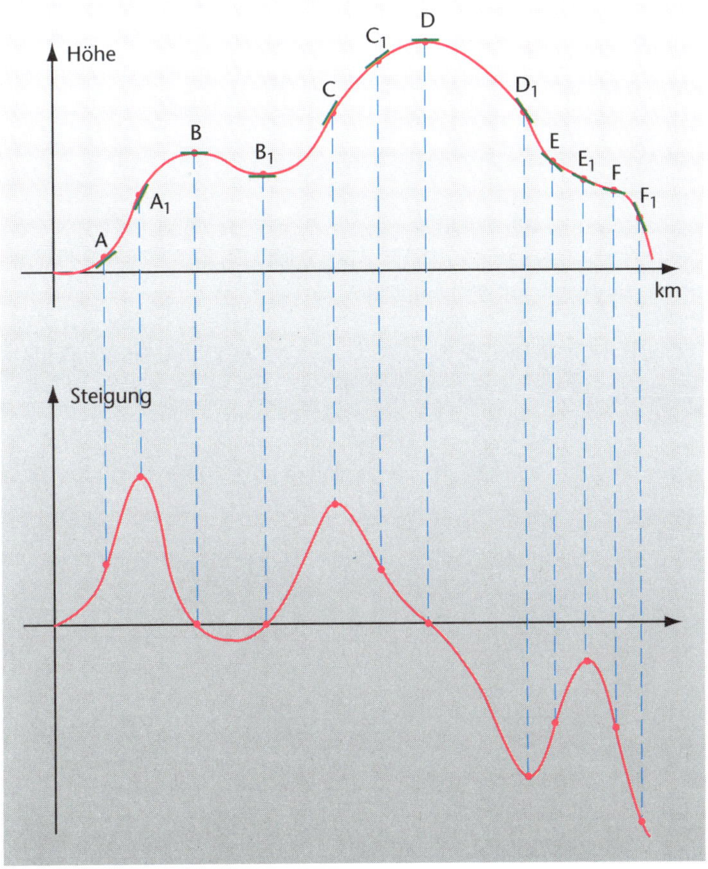

Bild 9.17

Während aber am Kreis mit Radius r eine Tangente t durch die Eigenschaft $t \perp r$ festgelegt ist, ergeben sich hier Probleme: Was der Kurvenradius sein soll, ist völlig unklar, und durch einen Punkt - den Berührpunkt - läßt sich eine Gerade bekanntermaßen nicht eindeutig festlegen. Dies bezeichnet man als das ***Tangentenproblem.***

9.2.2 Differentialquotient und Ableitungsfunktionen

Solange sich die Tangente nur nach Augenmaß anpassen läßt, dürfen wir eine präzise Bestimmung der Steigung nicht erwarten. Rechnerisch erzielen wir deshalb eine ähnliche Qualität, wenn wir zum eigentlich betrachteten Punkt P_0 noch einen „Hilfspunkt“ P hinzunehmen, der ebenfalls auf dem Funktionsgraphen liegt. Durch diese beiden Punkte ist nun eine Gerade eindeutig bestimmt. Dabei handelt es sich jedoch nicht um eine „Tangente“, sondern - ebenfalls in Analogie zum Kreis - um eine „Sekante“. Es ist klar, daß die Sekante die tatsächliche Steigung um so besser wiedergibt, je dichter P_0 und P zusammenliegen.

EINFÜHRUNGSBEISPIEL

Wir betrachten die Funktion $f(x) = 0{,}5x^2 + 1$ (Bild 9.18). P_0 sei (1|1,5). Als zusätzliche Punkte benutzen wir $P_1(0|1)$, $P_2(0{,}5|1{,}125)$, $P_3(0{,}75|1{,}281)$ und $P_4(0{,}9|1{,}405)$. Dann haben die Sekanten die Gleichungen:

$s_1(x) = 0{,}5x + 1$; $s_2(x) = 0{,}75x + 0{,}75$;
$s_3(x) = 0{,}875x + 0{,}625$; $s_4(x) = 0{,}95x + 0{,}55$.

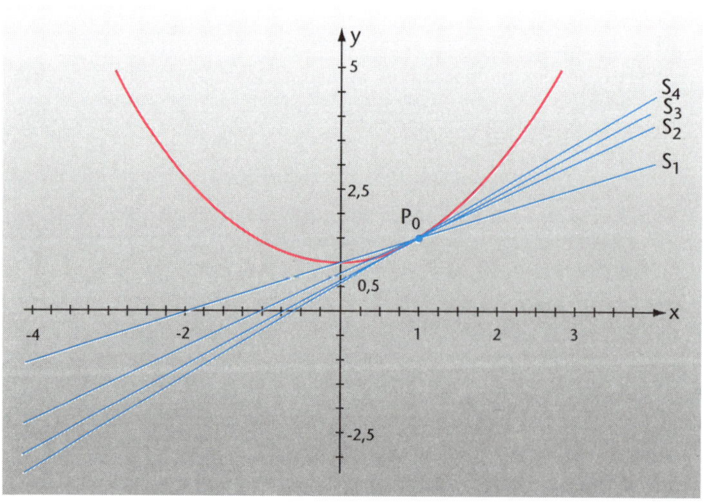

Bild 9.18
$f(x) = 0{,}5 \cdot x^2 + 1$ mit den Sekanten durch P_0 (1|1,5)
$s_1(x) = 0{,}5x + 1$
$s_2(x) = 0{,}75x + 0{,}75$
$s_3(x) = 0{,}875x + 0{,}625$
$s_4(x) = 0{,}95x + 0{,}55$

Dabei werden die Sekantensteigungen mit Hilfe von $m_s = \frac{y(P_0) - y(P_i)}{x(P_0) - x(P_i)}$ für i = 1, 2, 3, 4 bestimmt.

Es liegt nun nahe, eine beliebige Folge von Punkten P_i zu benutzen, die sich immer mehr an P_0 annähert, so daß sich schließlich P_0 und Hilfspunkt P nicht mehr voneinander unterscheiden lassen. Dann erhält man zugleich eine Folge von Sekantensteigungen, die auf den Wert der Tangentensteigung zustrebt. Dies muß für jede denkbare Folge von Punkte gelten, um die Eindeutigkeit des Ergebnisses zu gewährleisten. Deshalb drücken wir den Hilfspunkt P(x|y) allgemein aus mit Hilfe von $x = x_0 + h$ und $y = f(x_0 + h)$ oder mit Hilfe von $x = x_0 - h$ und $y = f(x_0 - h)$. Wir definieren dann:

D

Der Grenzwert der Sekantensteigungen $\lim\limits_{x \to x_0} \frac{y - y_0}{x - x_0}$ heißt Differentialquotient.

Man nennt ihn auch (1.) Ableitung von f an der Stelle x_0 und schreibt dafür $f'(x_0)$.
$f'(x_0)$ ist die gesuchte Tangentensteigung und damit gleichzeitig die Steigung der Funktion f an der Stelle x_0.

Konkret rechnet man dies meist aus über $\lim\limits_{h \to 0} \frac{f(x_0 + h) - f(x_0)}{h} = \lim\limits_{h \to 0} \frac{f(x_0 - h) - f(x_0)}{-h} = f'(x_0)$.
Das bedeutet: Erst wenn beide Grenzwerte existieren und übereinstimmen, existiert die 1. Ableitung f' an der Stelle x_0.

Da dies mit der Vorgehensweise bei der stetigen Ergänzung übereinstimmt, bezeichnet man die Tangentensteigung auch als stetige Ergänzung der Sekantensteigungsfunktion $m_2(x) = \frac{y - y_0}{x - x_0}$ mit $\mathbb{D} = \mathbb{R} \setminus \{x_0\}$.

BEISPIEL

Betrachten wir wieder $f(x) = 0{,}5x^2 + 1$ und $x_0 = 1$. Dann ist

a) $$\lim_{x \to 1} \frac{0{,}5x^2 + 1 - (0{,}5 \cdot 1^2 + 1)}{x - 1} = \lim_{x \to 1} \frac{0{,}5x^2 + 1 - 1{,}5}{x - 1}$$
$$= \lim_{x \to 1} \frac{0{,}5x^2 - 0{,}5}{x - 1} = \lim_{x \to 1} \frac{(x + 1)(x - 1)}{x - 1} \cdot 0{,}5 = \lim_{x \to 1} 0{,}5(x + 1) = 1.$$

Da sich der Grenzwert nicht immer so elegant direkt bestimmen läßt, sei alternativ die Aufspaltung demonstriert:

b) $$\lim_{h \to 0} \frac{0{,}5(1 + h)^2 + 1 - 1{,}5}{1 + h - 1} = \lim_{h \to 0} \frac{0{,}5(1 + h^2 + 2h) - 0{,}5}{h}$$
$$= \lim_{h \to 0} \frac{0{,}5h^2 + h}{h} = \lim_{h \to 0} (0{,}5h + 1) = 1$$
$$\lim_{h \to 0} \frac{0{,}5(1 - h)^2 + 1 - 1{,}5}{1 - h - 1} = \lim_{h \to 0} \frac{0{,}5(1 - 2h + h^2) - 0{,}5}{- h}$$

$$= \lim_{h \to 0} \frac{0{,}5h^2 - h}{-h} = \lim_{h \to 0} (1 - 0{,}5h) = 1$$

Damit ergibt sich genau wie in a): $f'(1) = 1$.

In der Regel muß man gar nicht die Ableitung für jede Stelle einzeln bestimmen, sondern kann dies im Rahmen einer allgemeinen Rechnung gleich für alle Zahlen eines bestimmten Intervalls oder sogar des gesamten Definitionsbereiches erledigen. Dann heißt die so (punktweise) gewonnene Funktion Ableitungsfunktion $f'(x)$.

BEISPIEL

Wie lautet die Ableitungsfunktion $f'(x)$ zu $f(x) = 0{,}5x^2 + 1$?
Wir bilden

$$\lim_{h \to 0} \frac{0{,}5(x_0 + h)^2 + 1 - (0{,}5x_0^2 + 1)}{x_0 + h - x_0} = \lim_{h \to 0} \frac{0{,}5(x_0^2 + h^2 + 2x_0h) - 0{,}5x_0^2}{h}$$

$$= \lim_{h \to 0} 0{,}5 \cdot \frac{x_0^2 + 2x_0h + h^2 - x_0^2}{h} = \lim_{h \to 0} 0{,}5 \cdot \frac{h^2 + 2x_0h}{h} = \lim_{h \to 0} (0{,}5h + x_0) = x_0.$$

Analog ergibt sich

$$\lim_{h \to 0} \frac{0{,}5(x_0 - h)^2 + 1 - (0{,}5x_0^2 + 1)}{x_0 - h - x_0} = \lim_{h \to 0} \frac{0{,}5h^2 - x_0h}{-h} = \lim_{h \to 0} (x_0 - 0{,}5h) = x_0.$$

Also ist $f'(x_0) = x_0$ für alle $x_0 \in \mathbb{R}$ und damit $f'(x) = x$ die gesuchte Ableitungsfunktion.

Jede Ableitungsfunktion ist aber auch eine eigenständige Funktion. Als solche ist sie dann (in der Regel) selbst wieder ableitbar. So entstehen nacheinander die Funktionen $f''(x)$, $f'''(x)$, $f^{(4)}(x)$ ... Wir sprechen dann von der 2., 3., 4. ... . Ableitung.

9.2.3 Die geometrische Bedeutung der Ableitungen

Im vorigen Ahschnitt haben wir außer der ersten Ableitung $f'(x)$ noch sogenannte höhere Ableitungen $f''(x)$, $f'''(x)$ ... definiert. Wie ist nun der genaue Zusammenhang zwischen $f'(x)$ und der Steigung von $f(x)$? Und: Haben die höheren Ableitungen überhaut noch etwas mit den Eigenschaften von $f(x)$ zu tun? Dazu betrachten wir folgendes Beispiel.

EINFÜHRUNGSBEISPIEL

Wir stellen die Funktion $f(x) = x^5 - x^4 - 2x^3 + 2x^2 + x - 1$ und ihre 1. und 2. Ableitung $f'(x) = 5x^4 - 4x^3 - 6x^2 + 4x + 1$ bzw. $f''(x) = 20x^3 - 12x^2 - 12x + 4$, die man über den Differentialquotienten mit einiger Rechenarbeit bzw. mit Hilfe der Regeln aus 9.4 (siehe Seite 546 ff.) vergleichsweise unproblematisch erhält, graphisch dar (Bilder 9.19–9.21).

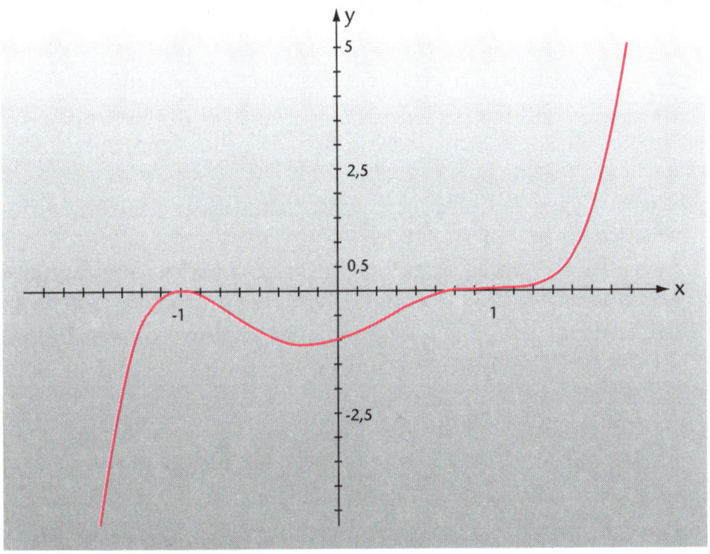

Bild 9.19
$f(x) = x^5 - x^4 - 2x^3 + 2x^2 + x - 1$

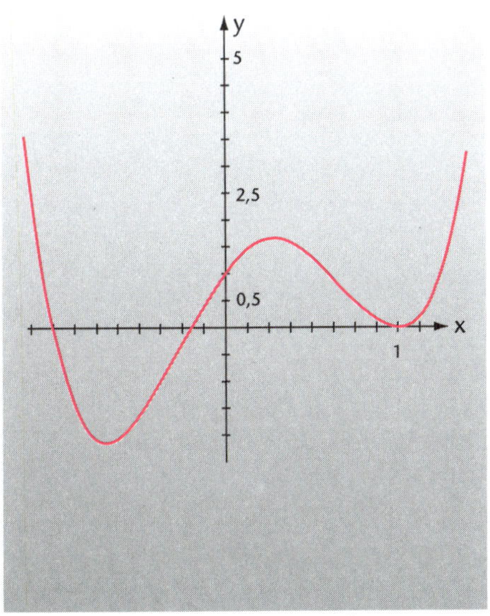

Bild 9.20 $f'(x) = 5x^4 - 4x^3 - 6x^2 + 4x + 1$

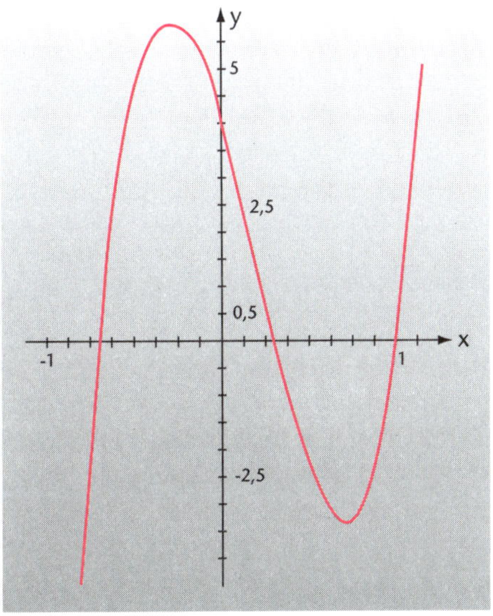

Bild 9.21 $f''(x) = 20x^3 - 12x^2 - 12x + 4$

Wir sehen:

1. Wo f(x) streng monoton steigt, ist $f'(x)$ positiv.
2. Wo f(x) streng monoton fällt, ist $f'(x)$ negativ.
3. Wo f(x) ein Maximum oder Minimum hat, ist $f'(x) = 0$.
4. Aber $f'(1)$ ist ebenfalls Null, obwohl dort weder ein Maximum noch ein Minimum der Funktion vorliegt.
5. In der Umgebung eines Maximums [genauer: von einer Stelle links vom Maximum mit $f''(x) = 0$ bis zu einer Stelle rechts davon mit $f''(x) = 0$] ist $f''(x)$ negativ, in einer analogen Umgebung eines Minimums positiv.

$f''(x)$ stellt aber nun – als Ableitung von $f'(x)$ – die „Steigung der Steigung" dar. Eine Veränderung der Steigung jedoch führt zu einer Krümmung des Graphen, denn eine Gerade (allgemeine Formel: $y = mx + b$ mit $m = \text{const.}$) liegt genau dann vor, wenn die Steigung überall gleich ist. Damit beschreibt $f''(x)$ die Krümmung von f(x).

Nun wird auch klar, warum $f'(x) = 0$ nicht ausreicht, um auf die Existenz eines Extremwerts schließen zu dürfen. In Hoch- oder Tiefpunkten bleibt nämlich das Krümmungsverhalten unverändert, in den übrigen Punkten mit $f'(x) = 0$ nicht.

Konkret haben wir im Hochpunkt bei $x = -1$ eine Rechtskrümmung, im Tiefpunkt bei $x = -0{,}2$ eine Linkskrümmung. Für $x = 1$, wo sich das Krümmungsverhalten ändert, ist $f''(x)$ ebenso Null wie für die übrigen Stellen des Graphen von f(x), an denen sich die Krümmung offensichtlich ändert.

Darin kommen folgende Regeln zum Ausdruck:

S

1. Ist für $x \in [a; b]$ $f'(x) > 0$, so ist f(x) dort streng monoton steigend.

2. Ist für $x \in [a; b]$ $f'(x) < 0$, so ist f(x) dort streng monoton fallend.

3. Gilt für eine Stelle $x_0 \in \mathbb{D}$: $f'(x_0) = 0$ und $f''(x_0) > 0$, so hat f(x) bei x_0 ein (lokales) Minimum, der zugehörige Graph einen Tiefpunkt.

4. Gilt für eine Stelle $x_0 \in \mathbb{D}$: $f'(x_0) = 0$ und $f''(x_0) < 0$, so hat f(x) bei x_0 ein (lokales) Maximum, der zugehörige Graph einen Hochpunkt.

5. Ist für $x_0 \in \mathbb{D}$ $f''(x_0) = 0$ und $f'''(x) \neq 0$, so hat f(x) bei x_0 einen Wendepunkt.

Maxima und Minima heißen zusammen auch ***Extrema***, Hoch- und Tiefpunkte auch ***Extremalpunkte.*** Punkte, an denen $f'(x_0) = f''(x_0) = 0$, aber $f'''(x_0) \neq 0$ ist, bezeichnet man auch als ***Sattelpunkte*** oder ***Terrassenpunkte.***

Leider sind diese Kriterien nicht in allen Fällen anwendbar.

BEISPIELE

1. Für $f(x) = x^5$ sind $f'(x) = 5x^4$; $f''(x) = 20x^3$; $f'''(x) = 60x^2$; $f^{(4)}(x) = 120x$; $f^{(5)}(x) = 120$ und $f^{(6)}(x)$ sowie alle folgenden Ableitungen Null. Damit ist $f'(0) = f''(0) = f'''(0) = f^{(4)}(0) = 0$ und erst $f^{(5)}(0) \neq 0$.
Dem Graphen entnehmen wir, daß der Punkt (0|0) ein Terrassenpunkt ist.

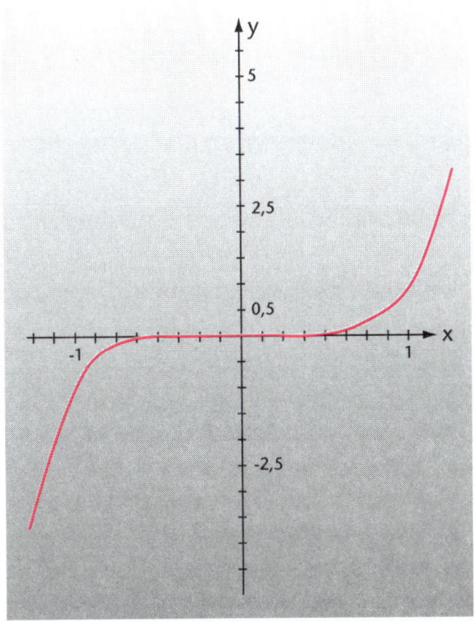

Bild 9.22 $f(x) = x^5$

2. Bei $g(x) = x^4$ dagegen sind $g'(x) = 4x^3$; $g''(x) = 12x^2$; $g'''(x) = 24x$; $g^{(4)}(x) = 24$ und $g^{(5)}(x)$ sowie alle folgenden Ableitungen gleich Null. Damit ist $g'(0) = g''(0) = g'''(0) = 0$ und erst $g^{(4)}(0) \neq 0$. Der Graph zeigt, daß (0|0) ein Tiefpunkt ist.

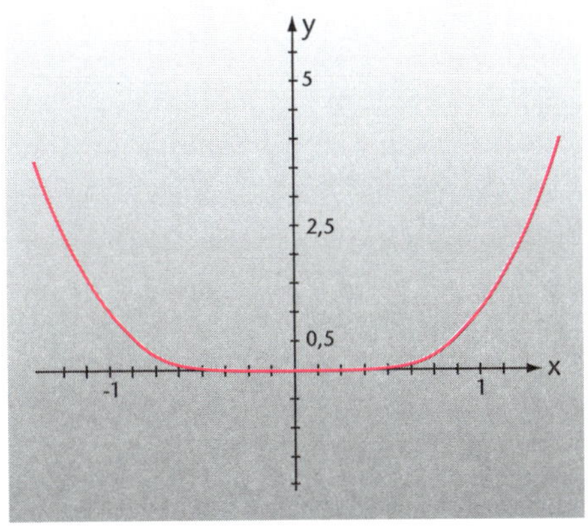

Bild 9.23 $g(x) = x^4$

Die Regeln 3. und 4. sind jedoch nur anwendbar, wenn $f''(x) \neq 0$ ist, Regel 5. ist nur für $f'''(x) \neq 0$ anwendbar.

Dennoch drückt sich der unterschiedliche Charakter des Punktes (0|0) auf den beiden Funktionsgraphen auch rechnerisch aus: Im Beispiel 1. ist $f^{(5)}(0)$ erstmals von Null verschieden, in Beispiel 2. bereits $g^{(4)}(0)$. Dahinter steht ein allgemeingültiges Prinzip, weshalb wir die Kriterien für Extremal- und Wendepunkte folgendermaßen ergänzen können:

S

6. Ist f(x) in x_0 hinreichend oft differenzierbar mit $f'(x_0) = f''(x_0) = \ldots = f^{(n-1)}(x_0) = 0$ und $f^{(n)}(x_0) \neq 0$, so gilt:
Ist n gerade, so hat f(x) bei x_0 ein Extremum. Für $f^{(n)}(x_0) < 0$ handelt es sich um ein Maximum, für $f^{(n)}(x_0) > 0$ um ein Minimum.
Ist n ungerade, so hat f(x) bei x_0 einen Wendepunkt.

Diese Beispiele zeigen übrigens auch, daß die Regeln ***nicht umkehrbar*** sind. So ist in Beispiel 1. $f'(0) = 0$, obwohl f(x) überall streng monoton steigt.

Dem Einführungsbeispiel entnehmen wir ferner:

S

Ist x_0 doppelte (dreifache ...) Nullstelle von f, so ist x_0 auch Nullstelle von f′ (f″ ...).
Nach dem Zerlegungssatz (Seite 247) gilt dann nämlich:
$f(x) = (x - x_0)^2 \cdot g(x) \Rightarrow f'(x) = 2 \cdot (x - x_0) \cdot g(x) + (x - x_0)^2 \cdot g'(x)$ und damit $f'(x_0) = 0$.

Da für ganzrationale Funktionen vom Grad n die Ableitung vom Grad n – 1 ist, gilt wiederum mit dem Zerlegungssatz:

S

Eine ganzrationale Funktion vom Grad n hat höchstens n – 1 Extrema.

ÜBUNGEN

12. Leiten Sie die folgenden Funktionen mit dem Differentialquotienten ab:
a) $f(x) = a$
b) $g(x) = x$
c) $h(x) = x^3$
d) $k(x) = x^2 - 2x - 1$

13. Wie lautet für die Funktionen aus 12. die Gleichung der Tangente an der Stelle $x_0 = 2$?

14. Berechnen Sie für die Funktionen aus 12. die 2., 3. und 4. Ableitung. Was läßt sich über weitere Ableitungen sagen?

15. Wo sind die Funktionen aus 12. streng monoton steigend (fallend)?

Ein grenzwertfreier Einstieg in die Differentialrechnung

So manchem mag zwar die Annäherung an die Tangente mit Hilfe von Sekanten noch plausibel, die konkrete Rechnung wegen der Quotienten mit verschwindendem Nenner aber nicht mehr ganz geheuer sein. In der Tat ist die Grenzwertbildung erst nach dem Kürzen erlaubt, um der $\frac{0}{0}$-Situation zu entgehen. Deshalb wird hier eine Alternative dargestellt, die den expliziten Grenzwertprozeß umgeht.

Wir gehen wiederum davon aus, daß geometrisch die Tangente an eine Kurve in jedem Fall existiert. Da die Tangente als Gerade eine lineare Funktion ist, entsteht so die Annäherung mittels linearer Approximation. Dazu wird zunächst das Problem als Extrapolationsaufgabe neu gestellt:

Wie kommt man von $(x|f(x))$ genau nach $(x + h|f(x + h))$?

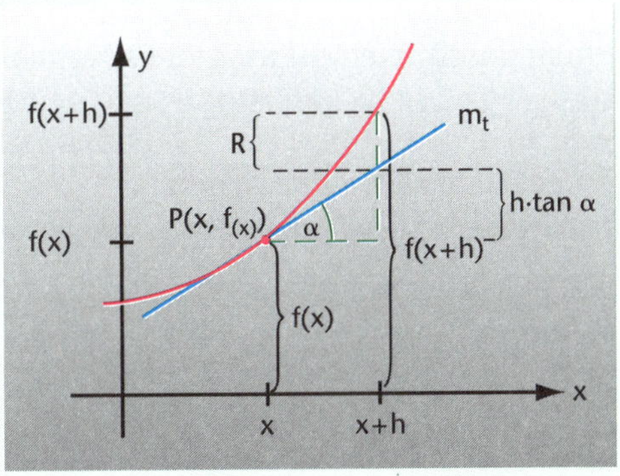

Bild 9.24

Die Tangente führt lediglich in die Nähe des Zielpunktes. Diese Näherung ist – rein anschaulich – um so besser, je kleiner h ist. Es ergibt sich:

$f(x + h) = f(x) + \tan\alpha \cdot h + R$

oder – wenn wir den mittleren Term mit Hilfe der Tangente oder der Funktionsgleichung bilden –

$f(x + h) = f(x) + m_t(x) \cdot h + R$ bzw.

$f(x + h) = f(x) + f'(x) \cdot h + R$, wobei $f'(x)$ zunächst nur eine Schreibfigur ist und für die Tangenten- bzw. Funktionssteigung steht.

Zum formalen Aussehen von $f'(x)$ betrachten wir einige Beispiele:

Für $y = x$ erhalten wir $f(x + h) = x + h = x + 1 \cdot h + 0h^2$.

Für $y = x^2$ erhalten wir $f(x + h) = (x + h)^2 = x^2 + 2x \cdot h + h^2$.

Für $y = x^3$ erhalten wir $f(x + h) = (x + h)^3 = x^3 + 3x^2 \cdot h + (3xh^2 + h^3)$.

Wir erkennen, daß der „Rest" R mindestens den Faktor h^2 enthält und für $h \ll 1$ deshalb viel dichter bei Null liegt als der Term mit h. Dieser charakterisiert deshalb auch rechnerisch die Steigung, verstanden als einzuschlagender Weg von $(x|f(x))$ nach $(x + h|f(x + h))$. Die Terme bei h sind schließlich in der Tat identisch mit den aus der Differentialrechnung gewonnenen Ableitungen.

9.3 Die Ableitung spezieller Funktionen

Einige Funktionen sind so bedeutsam für die folgende eingehendere Beschäftigung mit Funktionstypen bzw. mit den Anwendungen der Differentialrechnung, daß ihre Ableitungen in diesem Abschnitt gesammelt vorgestellt werden sollen.

9.3.1 Die Ableitung der Potenzfunktion $y = x^n$

Der ganzrationalen Funktion kommt dabei eine zentrale Bedeutung zu, weil zum einen an ihr exemplarisch die Möglichkeiten der Differentialrechnung zur Aufklärung des Verlaufs von Funktionen deutlich gemacht werden können, zum anderen, weil sich viele kompliziertere Funktionen näherungsweise mit Hilfe ganzrationaler Funktionen darstellen lassen.

BEISPIELE

1. $f(x) = \frac{x^4 - 5x^3 - 7x^2 + 5}{3x^2 + 12} = \frac{1}{3}x^2 - \frac{5}{3}x - \frac{11}{3} + \frac{20x + 49}{3x^2 + 12}$ mit $\lim\limits_{x \to \infty} \frac{20x + 49}{3x^2 + 12} = 0$

2. $e^x \approx 1 + \frac{x}{1!} + \frac{x^2}{2!} + \ldots + \frac{x^n}{n!}$

Ganzrationale Funktionen aber sind Linearkombinationen von Potenzen von x. Daher wird als erstes die Ableitung der Potenzfunktion betrachtet.

Sammeln wir zunächst einige Ableitungen, die sich mit Hilfe des Differentialquotienten einfach berechnen lassen (siehe Übungsaufgaben auf Seite 540):

$f(x) = x \quad \Rightarrow \quad f'(x) = 1$

$f(x) = x^2 \quad \Rightarrow \quad f'(x) = 2x$

$f(x) = x^3 \quad \Rightarrow \quad f'(x) = 3x^2$

Dies legt die folgende Vermutung nahe:
$f(x) = x^n \quad \Rightarrow \quad f'(x) = n \cdot x^{n-1}$

Beweis:

$$\lim_{h \to 0} \frac{(x_0 + h)^n - x_0^n}{h} = \lim_{h \to 0} \frac{x_0^n + nx_0^{n-1}h + 0{,}5n(n-1)x_0^{n-2}h^2 + \ldots + nx_0h^{n-1} + h^n - x_0^n}{h}$$

$$= \lim_{h \to 0} (nx_0^{n-1} + 0{,}5n(n-1)x_0^{n-2}h + \ldots + nx_0h^{n-2} + h^{n-1})$$
$$= nx_0^{n-1}$$
$$= \lim_{h \to 0} \frac{(x_0 - h)^n - x_0^n}{-h}$$

9.3.2 Die Ableitung von $y = \frac{1}{x}$

$y = \frac{1}{x} = x^{-1}$ ist die einfachste Potenzfunktion mit negativem Exponenten. Sie ermöglicht den Einstieg in (zumindest) die gebrochen rationalen Funktionen. Da wir die Regel für Potenzfunktionen mit positivem Exponenten aus 9.3.1 (noch) nicht einfach übertragen dürfen, greifen wir auf den Differentialquotienten zurück.

$$\lim_{h \to 0} \frac{\frac{1}{x+h} - \frac{1}{x}}{h} = \lim_{h \to 0} \frac{\frac{x}{x(x+h)} - \frac{x+h}{x(x+h)}}{h} = \lim_{h \to 0} \frac{x - (x+h)}{hx(x+h)} = \lim_{h \to 0} \frac{-h}{hx(x+h)}$$

$$= \lim_{h \to 0} \frac{-1}{x(x+h)} = -\frac{1}{x^2}$$

Analog ergibt sich:

$$\lim_{h \to 0} \frac{\frac{1}{x-h} - \frac{1}{x}}{-h} = -\frac{1}{x^2}$$

Also gilt: $f(x) = \frac{1}{x} \Rightarrow f'(x) = -\frac{1}{x^2}$

9.3.3 Die Ableitung der Sinus- und der Kosinusfunktion

Versucht man wie in 9.2.1 (siehe Seite 533) graphisch die Ableitung der Sinusfunktion zu bestimmen, so ergibt sich offenbar die Kosinusfunktion; ebenso scheint deren graphische Ableitung auf die Minus-Sinus-Funktion zu führen (Bild 9.25).

Mit Hilfe des Differentialquotienten findet man unter Verwendung der Additionstheoreme für die Winkelfunktionen (siehe Seite 463):

$$\frac{\sin(x+h) - \sin x}{h} = \frac{2}{h} \cdot \left(\sin\frac{h}{2} \cdot \cos\frac{2x+h}{2}\right) = \frac{\sin\frac{h}{2}}{\frac{h}{2}} \cdot \cos\frac{2x+h}{2}$$ und damit

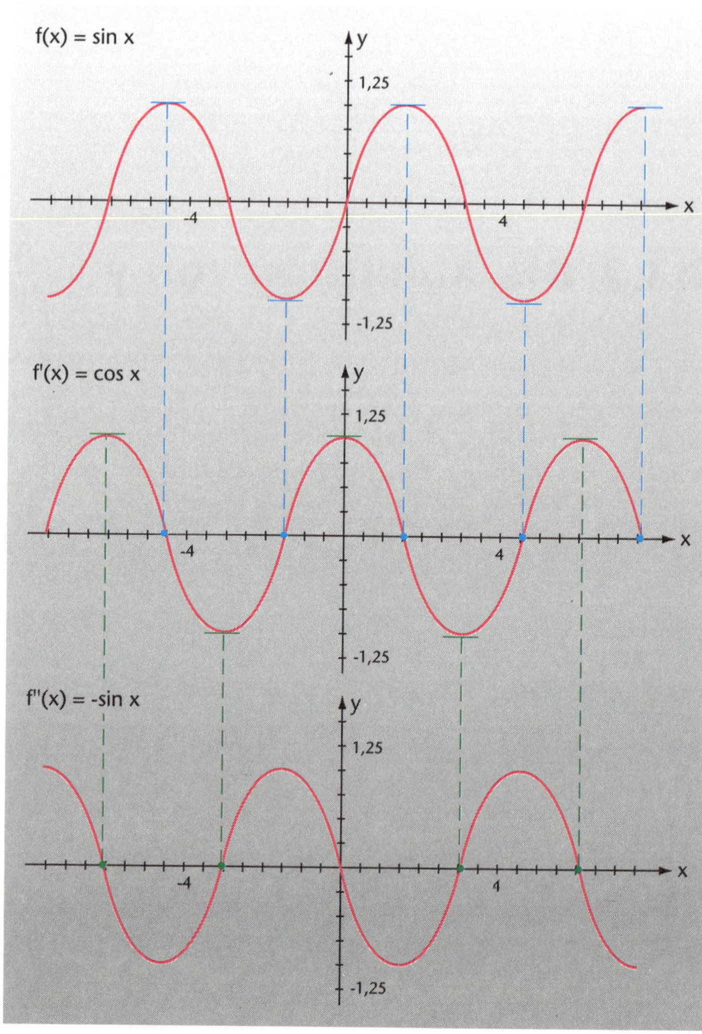

Bild 9.25

$$\lim_{h\to 0}\frac{\sin(x+h)-\sin x}{h}=\lim_{h\to 0}\frac{\sin\frac{h}{2}}{\frac{h}{2}}\cdot\lim_{h\to 0}\cos\frac{2x+h}{2}=1\cdot\cos x$$

Analog gilt wegen $\cos(x+h)-\cos x=-2\cdot\sin\frac{h}{2}\cdot\sin\frac{2x+h}{2}$

$$\lim_{h\to 0}\frac{\cos(x+h)-\cos x}{h}=(-1)\cdot\sin x.$$

Insgesamt gilt: $(\sin x)' = \cos x$ $\quad(\cos x)' = \sin x$
$-(\sin x)' = -\cos x$ $\quad-(\cos x)' = -\sin x$

Zur Ableitung des Tangens benötigt man die Quotientenregel.

9.3.4 Die Ableitung von $y = e^x$

Auch hier greifen wir auf den Differentialquotienten zurück.

Es ist $\lim\limits_{h \to 0} \frac{e^{x+h} - e^x}{h} = \lim\limits_{h \to 0} \frac{e^x \cdot e^h - e^x}{h} = \lim\limits_{h \to 0} \frac{e^x \cdot (e^h - 1)}{h} = e^x \cdot \lim\limits_{h \to 0} \frac{e^h - 1}{h}$.

Nun gilt für $0 < h < 1$:

$$1 + h \leq e^h \leq 1 + h + h^2$$
$$h \leq e^h - 1 \leq h + h^2$$
$$1 \leq \frac{e^h - 1}{h} \leq 1 + h$$

Damit gilt: $\lim\limits_{h \to 0} 1 = 1 \leq \lim\limits_{h \to 0} \frac{e^h - 1}{h} \leq 1 = \lim\limits_{h \to 0} (1 + h)$

also auch: $\lim\limits_{h \to 0} \frac{e^h - 1}{h} = 1$

Deshalb gilt: $f(x) = e^x \Rightarrow f'(x) = e^x$

9.4 Ableitungsregeln

Die folgenden Regeln lassen sich prinzipiell auf alle differenzierbaren Funktionen anwenden und werden daher allgemein formuliert. Durch die Anwendung auf die im letzten Abschnitt betrachteten speziellen Funktionen eröffnet sich ein weites Spektrum.

9.4.1 Die Summenregel

Für zwei differenzierbare Funktionen f und g gilt: $(f + g)'(x) = f'(x) + g'(x)$.

Denn:
$$\begin{aligned}\lim_{h\to 0}\frac{(f+g)(x+h)-(f+g)(x)}{h} &= \lim_{h\to 0}\frac{f(x+h)+g(x+h)-f(x)-g(x)}{h}\\ &= \lim_{h\to 0}\frac{f(x+h)-f(x)+g(x+h)-g(x)}{h}\\ &= \lim_{h\to 0}\frac{f(x+h)-f(x)}{h}+\lim_{h\to 0}\frac{g(x+h)-g(x)}{h}\\ &= f'(x)+g'(x)\end{aligned}$$

BEISPIELE

1. $(e^x + \cos x)' = e^x - \sin x$
2. $(\sin x + \cos x)' = \cos x - \sin x$
3. $(x^2 + \ln x)' = 2x + x^{-1}$ (vgl. 9.4.5, Seite 550)

9.4.2 Faktor- und Produktregel und die Ableitung der ganzrationalen Funktion

Der Kern dieses Abschnitts ist die Ableitung des Produkts zweier differenzierbarer Funktionen f und g. Um eine erste Vorstellung zu bekommen, zerlegen wir:
$h(x) = x^5 = x^4 \cdot x = x^3 \cdot x^2 = f_1(x) \cdot g_1(x) = f_2(x) \cdot g_2(x)$.

Die einzelnen Ableitungen kennen wir bereits:
$h'(x) = 5x^4$; $f_1'(x) = 4x^3$; $f_2'(x) = 3x^2$; $g_1'(x) = 1$; $g_2'(x) = 2x$.
Offenbar erhalten wir $h'(x)$ nur in der Form
$h'(x) = f_1'(x) \cdot g_1(x) + f_1(x) \cdot g_2'(x) = f_2'(x) \cdot g_2(x) + f_2(x) \cdot g_2'(x)$.

In der Tat gilt allgemein: $(f \cdot g)'(x) = f'(x) \cdot g(x) + f(x) \cdot g'(x)$.

Wir zeigen dies nur für die rechtsseitige Ableitung:

$$\lim_{h\to 0} \frac{f(x+h) \cdot g(x+h) - f(x) \cdot g(x)}{h}$$
$$= \lim_{h\to 0} \frac{f(x+h) \cdot g(x+h) - [f(x) \cdot g(x+h) - f(x) \cdot g(x+h)] - f(x) \cdot g(x)}{h}$$
$$= \lim_{h\to 0} \frac{[f(x+h) \cdot g(x+h) - f(x) \cdot g(x+h)] + [f(x) \cdot g(x+h) - f(x) \cdot g(x)]}{h}$$
$$= \lim_{h\to 0} \frac{[f(x+h) - f(x)] \cdot g(x+h) + f(x) \cdot [g(x+h) - g(x)]}{h}$$
$$= \lim_{h\to 0} \frac{[f(x+h) - f(x)] \cdot g(x+h)}{h} + \lim_{h\to 0} \frac{f(x) \cdot [g(x+h) - g(x)]}{h}$$
$$= \lim_{h\to 0} \frac{f(x+h) - f(x)}{h} \cdot \lim_{h\to 0} g(x+h) + f(x) \cdot \lim_{h\to 0} \frac{g(x+h) - g(x)}{h}$$
$$= f'(x) \cdot g(x) + f(x) \cdot g'(x)$$

Mit $f(x) = k$ erhält man aus der Produktregel direkt die Faktorregel: $(k \cdot g(x))' = k \cdot g'(x)$.

Zusammen mit der Summenregel ergibt sich:

Die Ableitung der ganzrationalen Funktion $f(x) = a_n x^n + a_{n-1}x^{n-1} + \ldots + a_2x^2 + a_1x + a_0$ ist $f'(x) = n \cdot a_n x^{n-1} + (n-1)a_{n-1}x^{n-2} + \ldots + 2a_2x + a_1$.

BEISPIELE

1. $(e^x \cdot \sin x)' = e^x \cdot \cos x - e^x \cdot \sin x = e^x \cdot (\cos x - \sin x)$
2. $(\sin x \cdot \cos x)' = \cos x \cdot \cos x - \sin x \cdot \sin x = \cos^2 x - \sin^2 x$
3. $\left(\frac{1}{x^2}\right)' = \left(\frac{1}{x} \cdot \frac{1}{x}\right)' = \frac{1}{x} \cdot \left(\frac{-1}{x^2}\right) + \left(\frac{-1}{x^2}\right) \cdot \frac{1}{x} = -\frac{2}{x^3}$

9.4.3 Die Quotientenregel und die Ableitungen von $y = x^{-n}$ und $y = \tan x$

Die Quotientenregel ermöglicht nicht nur die Ableitung aller gebrochen rationalen Funktionen, sondern auch von Quotienten, in denen nichtrationale Funktionen vorkommen.

Das Prinzip demonstrieren wir an folgendem Beispiel:

BEISPIEL

$$\left(\frac{\sin x}{x}\right)' = \frac{\cos x}{x} - \frac{\sin x}{x^2} = \frac{x \cdot \cos x}{x^2} - \frac{\sin x}{x^2} = \frac{x \cdot (\sin x)' - (x)' \cdot \sin x}{x^2}$$

Dieses Beispiel läßt sich zu folgender Regel verallgemeinern:

$$\left(\frac{f(x)}{g(x)}\right)' = \left(\frac{f}{g}\right)'(x) = \frac{f'(x) \cdot g(x) - f(x) \cdot g'(x)}{g^2(x)}$$

Wegen $\left(\frac{f(x)}{g(x)}\right)' = \left(f(x) \cdot \frac{1}{g(x)}\right)' = \frac{f'(x)}{g(x)} + f(x) \cdot \left(\frac{1}{g(x)}\right)' = \frac{f'(x) \cdot g(x)}{g^2(x)} + f(x) \cdot \left(\frac{1}{g(x)}\right)'$

reicht es zu zeigen: $\left(\frac{1}{g(x)}\right)' = \frac{-g'(x)}{g^2(x)}$.

Dies gilt aber wegen

$$\lim_{h \to 0} \frac{\frac{1}{g(x+h)} - \frac{1}{g(x)}}{h} = \lim_{h \to 0} \frac{\frac{g(x) - g(x+h)}{g(x) \cdot g(x+h)}}{h} = \lim_{h \to 0} \frac{1}{g(x) \cdot g(x+h)} \cdot \left(-\frac{g(x+h) - g(x)}{h}\right)$$

$$= \lim_{h \to 0} \frac{1}{g(x) \cdot g(x+h)} \cdot (-1) \cdot \lim_{h \to 0} \frac{g(x+h) - g(x)}{h} = \frac{1}{g^2(x)} \cdot (-1) \cdot g'(x) = -\frac{g'(x)}{g^2(x)}.$$

Durch Gleichnamigmachen und Addieren der beiden Brüche folgt dann die Behauptung.

Nun können wir auch Potenzfunktionen mit negativem Exponenten sowie den Tangens ableiten. Es ist:

1. $(\tan x)' = \left(\frac{\sin x}{\cos x}\right)' = \frac{\cos x \cdot \cos x - \sin x \cdot (-\sin x)}{\cos^2 x} = \frac{\cos^2 x + \sin^2 x}{\cos^2 x} = \frac{1}{\cos^2 x}$

$(= 1 + \tan^2 x)$

2. $\left(\frac{1}{x^n}\right)' = \frac{0 - 1 \cdot nx^{n-1}}{x^{2n}} = \frac{-n}{x^{n+1}} = -n \cdot x^{-n-1}$

9.4.4 Die Kettenregel und die Ableitung von $y = a^x$

Taucht in einer Funktion f(x) anstelle der Variablen x wieder eine Funktion auf, so spricht man von verketteten Funktionen (siehe Seite 240).

BEISPIELE

1. $f(x) = x^4 - 2x^2 + 1 = (x^2 - 1)^2 = f(z(x))$ mit $f(z) = z^2$ und $z(x) = x^2 - 1$

2. $g(x) = \sqrt{3x^2 - 5} = g(z(x))$ mit $g(z) = \sqrt{z}$ und $z(x) = 3x^2 - 5$

3. $h(x) = \sin^2(3x - 7) = h(z(t(x)))$ mit $h(z) = z^2$; $z(t) = \sin t$; $t(x) = 3x - 7$

f, g und h heißen dann auch äußere Funktionen, z und t innere Funktionen. Solche Funktionen lassen sich mit den bisher zur Verfügung stehenden Regeln nicht ableiten.

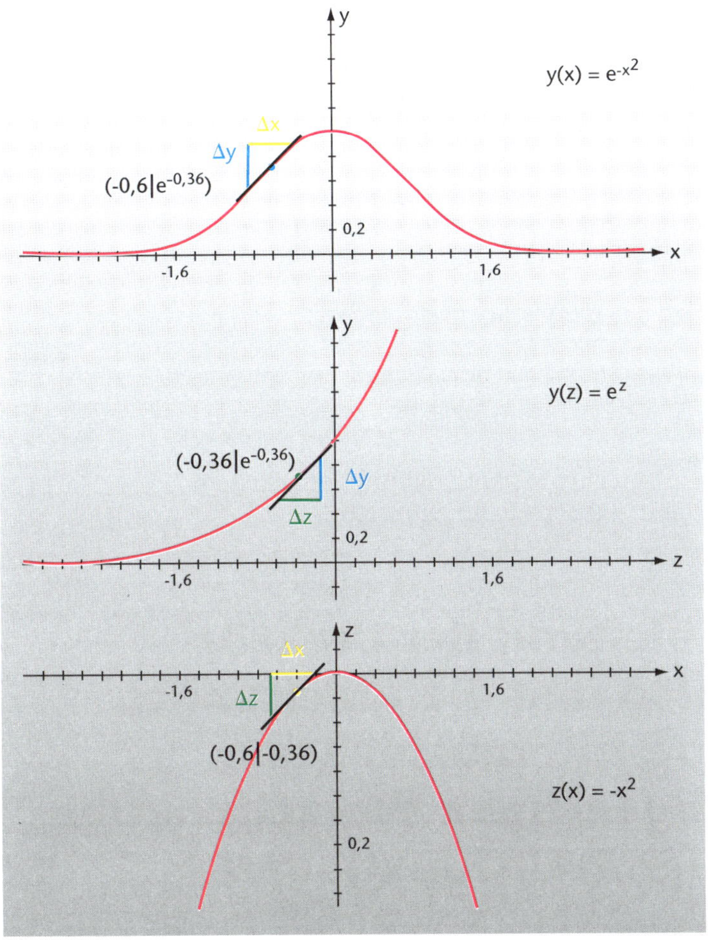

Bild 9.26

Vergleichen wir jedoch in Bild 9.26 die Steigungen der äußeren, inneren und der Gesamtfunktion anhand der Steigungsdreiecke, so legt das folgende Regel nahe:

S

Sind $z(x)$ in x_0 und $f(z)$ in $z_0 = z(x_0)$ differenzierbar, so ist auch $y = f(z(x))$ in x_0 differenzierbar, und es gilt $(f \circ z)'(x_0) = f'(z(x_0)) \cdot z'(x_0)$.

In der Tat führt der Differentialquotient auf

$$\lim_{x \to x_0} \frac{f(z(x)) - f(z(x_0))}{x - x_0} = \lim_{x \to x_0} \frac{f(z(x)) - f(z(x_0))}{z(x) - z(x_0)} \cdot \frac{z(x) - z(x_0)}{x - x_0}$$

$$= \lim_{z \to z_0} \frac{f(z) - f(z_0)}{z - z_0} \cdot \lim_{x \to x_0} \frac{z(x) - z(x_0)}{x - x_0}$$

$$= f'(z_0) \cdot z'(x_0).$$

BEISPIELE

Für die Funktionen f, g und h aus den Beispielen 1. bis 3. auf Seite 548 ergeben sich:

1. $f'(z) = 2z$; $z'(x) = 2x \Rightarrow f'(x) = 2 \cdot (x^2 - 1) \cdot 2x = 4x^3 - 4x$

2. $g'(z) = 0{,}5z^{-0{,}5}$; $z'(x) = 6x \Rightarrow g'(x) = 3x \cdot (3x^2 - 5)^{-0{,}5}$

3. $h'(z) = 2 \sin z$; $z'(t) = \cos t$; $t'(x) = 3 \Rightarrow h'(x) = 6 \sin (3x - 7) \cos (3x - 7)$

Nun läßt sich auch die allgemeine Exponentialfunktion ableiten.
Wegen $a^x = e^{x \cdot \ln a} = e^{z(x)}$ mit $z(x) = x \cdot \ln a$ ergibt sich:
$(a^x)' = (e^z)' \cdot z'(x) = e^z \cdot z'(x) = e^{x \cdot \ln a} \cdot \ln a = a^x \cdot \ln a$

9.4.5 Die Ableitung der Umkehrfunktion und die Ableitungen der Logarithmusfunktion, der allgemeinen Wurzelfunktion und der Arcusfunktionen

Da über dem Abschnitt der reellen Achse, wo f(x) eineindeutig ist, die Graphen von f und f^{-1} (bei gleicher Achseneinteilung) durch Spiegelung an y = x auseinander hervorgehen, müssen sich auch die Ableitungen von f und f^{-1} gegenseitig bedingen (Bild 9.27).

Dies ist tatsächlich der Fall, wie folgende Regel zeigt:

S

Ist f(x) differenzierbar in x_0 mit $f'(x_0) \neq 0$ und existiert die Umkehrfunktion f^{-1}, so ist $f^{-1}(y)$ differenzierbar in $y_0 = f(x_0)$, und es gilt:

$$(f^{-1})\,(y_0) = \frac{1}{f'(x_0)}.$$

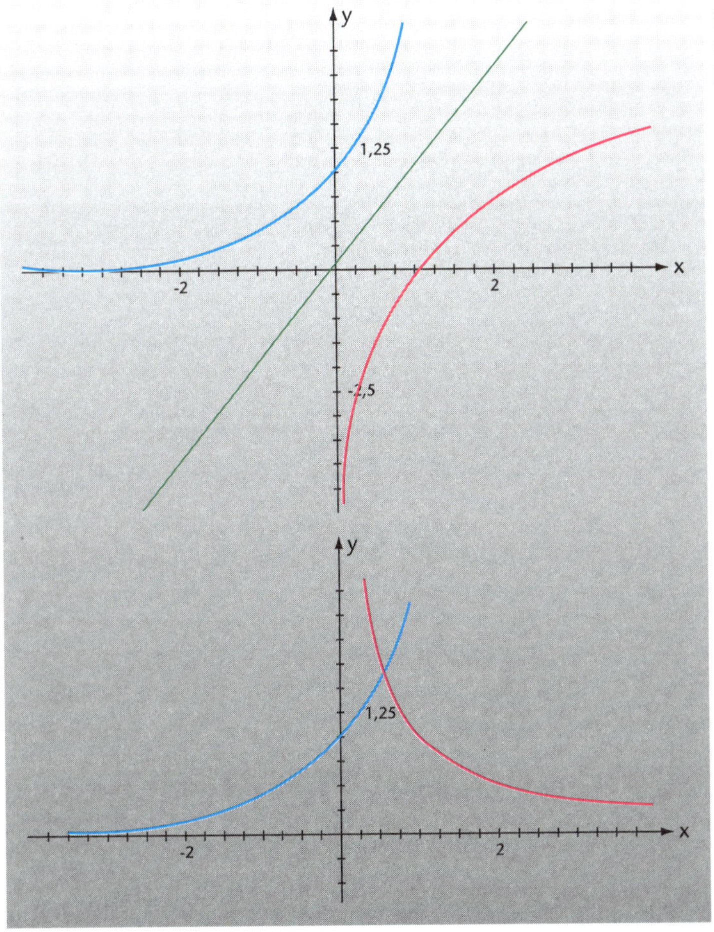

$f(x) = e^x$ mit Umkehrfunktion $f^{-1}(x) = \ln x$ und der Winkelhalbierenden $y = x$

$f'(x) = e^x$ mit $(f^{-1})'(x) = \frac{1}{x}$, $x > 0$

Bild 9.27

Beweis: Es ist $f^{-1}(f(x)) = x$. Dann ist $1 = (x)' = (f^{-1}[f(x)])' = (f^{-1})'(y) \cdot f'(x)$ nach der Kettenregel. Also ist $\frac{1}{f'(x)} = (f^{-1})'(y)$.

Nun lassen sich etliche weitere Funktionen bequem ableiten.

1. Es ist $a^{\log_a x} = x = a^{z(x)}$ mit $z(x) = \log_a x$. Damit ergibt sich $1 = (a^z) \cdot z'(x)$ $= \ln a \cdot a^z \cdot (\log_a x)' = x \cdot \ln a \cdot (\log_a x)'$ oder $(\log_a x)' = \frac{1}{x \cdot \ln a}$.
Speziell ergibt sich $(\ln x)' = \frac{1}{x}$.

2. Aus $y = \arcsin x$ folgt $x = \sin y$. Mit der Kettenregel ergibt sich $1 = (x)' = \cos y \cdot y'$.
Daher ist $y' = (\arcsin x)' = \frac{1}{\cos y} = \frac{1}{\sqrt{1 - \sin^2 y}} = \frac{1}{\sqrt{1 - (\sin(\arcsin(x))^2}} = \frac{1}{\sqrt{1 - x^2}}$.

Analog ergibt sich $(\arccos x)' = -\frac{1}{\sqrt{1 - x^2}}$ und $(\arctan x)' = \frac{1}{1 + x^2}$.

3. Wir zeigen zunächst, daß $\left(x^{\frac{1}{n}}\right)' = \frac{1}{n} \cdot x^{\frac{1}{n}-1}$ ist.

Für $y = x^{\frac{1}{n}}$ ist $x = y^n$. Dann ist wegen $(f^{-1})'(y) = \frac{1}{f'(x)}$

$$n \cdot y^{n-1} = \frac{1}{\left(x^{\frac{1}{n}}\right)'} \Leftrightarrow \left(x^{\frac{1}{n}}\right)' = \frac{1}{n \cdot y^{n-1}} = \frac{1}{n \cdot x^{\frac{n-1}{n}}} = \frac{1}{n} \cdot x^{-\frac{n-1}{n}} = \frac{1}{n} \cdot x^{\frac{1-n}{n}} = \frac{1}{n} \cdot x^{\frac{1}{n}-1}.$$

Damit ergibt sich für die allgemeine Wurzelfunktion

$f(z(x)) = x^{\frac{m}{n}} = \left(x^{\frac{1}{n}}\right)^m$ mit $z(x) = x^{\frac{1}{n}}$:

$$f'(x) = f'(z) \cdot z'(x)$$

$$= m \cdot z^{m-1} \cdot \frac{1}{n} \cdot x^{\frac{1}{n}-1} = \frac{m}{n} \cdot x^{\frac{1}{n}\cdot(m-1)+\frac{1}{n}-1}$$

$$= \frac{m}{n} \cdot x^{\frac{m}{n}-\frac{1}{n}+\frac{1}{n}-1} = \frac{m}{n} \cdot x^{\frac{m}{n}-1}$$

Speziell ergibt sich $(\sqrt{x})' = \frac{1}{2} \cdot x^{\frac{1}{2}-1} = \frac{1}{2} \cdot x^{-\frac{1}{2}} = \frac{1}{2 \cdot \sqrt{x}}$.

9.4.6 Die Regeln von de l'Hospital

Bei der Bestimmung des asymptotischen Verhaltens rationaler Funktionen, aber auch bei der Frage der stetigen Ergänzung haben wir gesehen, daß das Resultat wesentlich von der „Änderungsgeschwindigkeit" der Terme in Zähler und Nenner abhängt. Stehen nun in Zähler und/oder Nenner solcher Quotienten nichtrationale Terme, so versagen die bisherigen Methoden (Ausklammern von Linearfaktoren, Division durch die höchste Potenz). In diesen Fällen helfen die Regeln von de l'Hospital, die auf dem sogenannten Mittelwertsatz der Differentialrechnung beruhen.

S

Mittelwertsatz
Für eine differenzierbare Funktion f(x) gibt es im Innern eines Intervalls [a; b] mindestens eine Stelle x_0 mit $f(b) = f(a) + (b-a) \cdot f'(x_0)$.
Speziell gibt es für $f(a) = f(b) = 0$ mindestens ein x_0 mit $a < x_0 < b$ und $f'(x_0) = 0$.

S

Regeln von de l'Hospital

1. Für zwei differenzierbare Funktionen f(x) und g(x) sei f(a) = g(a) = 0. Existiert $\lim\limits_{x \to a} \frac{f'(x)}{g'(x)}$, so ist $\lim\limits_{x \to a} \frac{f(x)}{g(x)} = \lim\limits_{x \to a} \frac{f'(x)}{g'(x)}$.

2. Es sei $\lim\limits_{x \to \infty} f(x) = \lim\limits_{x \to \infty} g(x) = 0$. Dann ist $\lim\limits_{x \to \infty} \frac{f(x)}{g(x)} = \lim\limits_{x \to \infty} \frac{f'(x)}{g'(x)}$, falls der zweite Grenzwert existiert.

3. Es sei $\lim\limits_{x \to a} g(x) = \infty \left(\lim\limits_{|x| \to \infty} g(x) = \infty\right)$. Dann ist $\lim\limits_{x \to a} \frac{f(x)}{g(x)} = \lim\limits_{x \to a} \frac{f'(x)}{g'(x)} \left(\lim\limits_{|x| \to \infty} \frac{f(x)}{g(x)} = \lim\limits_{|x| \to \infty} \frac{f'(x)}{g'(x)}\right)$, falls der jeweils zweite Grenzwert existiert.

BEISPIEL

Es ist $\lim\limits_{x \to \infty} \frac{a^x}{x^n} = \lim\limits_{x \to \infty} \frac{a^x \cdot (\ln a)^n}{n!} = \infty$ nach n-maliger Anwendung der 3. de l'Hospitalschen Regel. Jede Exponentialfunktion wächst also im Endeffekt schneller als jede Potenzfunktion.

ÜBUNGEN

17. Leiten Sie mit Hilfe der Produktregel ab:

a) $f(x) = x^3 \cdot \cos x$ *b)* $g(x) = e^x \cdot x^{-1}$ *c)* $h(x) = \sin^2 x \cdot \cos x$
d) $k(x) = \cos x \cdot x^{-1}$ *e)* $u(x) = e^x \cdot \cos^2 x$ *f)* $z(x) = x^2 \cdot e^x \sin x$

18. Leiten Sie mit Hilfe der Quotientenregel ab:

a) $f(x) = \frac{2x^2 - x + 1}{4x^2 + 6x + 2}$

b) $g(x) = \frac{x^4 - x^2}{x^3}$

c) $h(x) = \frac{x^3 - 7}{x^5 + 1}$

d) $k(x) = \frac{\cos x}{x^2}$

e) $u(x) = \frac{e^x}{\cos x}$

f) $z(x) = \frac{\cos x}{e^x}$

19. Leiten Sie mit Hilfe der Kettenregel ab:

a) $f(x) = \sin(2x - 1)$ *b)* $g(x) = e^{x^2}$ *c)* $h(x) = \sqrt{2x^2 - x + 1}$

d) $k(x) = \cos^2(x^2 - 7)$ *e)* $u(x) = \ln(x^2 + 1)$ *f)* $z(x) = \tan(x^2 + 3x + 2)$

20. Zeigen Sie mit Hilfe der de l'Hospitalschen Regeln:

a) $\lim\limits_{x \to 0} \dfrac{\sin x}{x} = 1$

b) $\lim\limits_{x \to \frac{\pi}{2}} \dfrac{\pi(1 - \sin x)}{\cos x} = 0$

c) $\lim\limits_{x \to \infty} \dfrac{x^2 + 6x + 1}{2x^2 - 7} = 0{,}5$

21. Warum darf man für die Berechnung von $\lim\limits_{x \to 2} \dfrac{x^2 - 2x - 8}{x^2 - 4}$

die Regeln von de l'Hospital nicht anwenden?

9.5 Die rechnerische Ermittlung des Verlaufs von Funktionsgraphen

Ein großes Ziel der Differentialrechnung ist es, die wesentlichen Punkte und Eigenschaften eines Funktionsgraphen auf rechnerischem Weg zu ermitteln und so die umständlichen Wertetabellen abzulösen, bei denen man zudem nie sicher sein kann, die wesentlichen Stellen bei der eher zufälligen Auswahl von x-Werten auch wirklich und vollständig gefunden zu haben. Im Kapitel Funktionen (siehe Seite 230) wurden die Probleme des Definitionsbereiches und der Nullstellensuche behandelt. In diesem Kapitel haben wir bislang den Zusammenhang zwischen Ableitungen einerseits und Steigung und Krümmung andererseits gezeigt und die Methoden zur Ermittlung der Ableitungen bereitgestellt. Zusätzlich wurde das asymptotische Verhalten genauer beleuchtet.

Damit sind wir am Ziel und können den Funktionsverlauf strukturiert rechnerisch darstellen und diese Darstellung in eine in den wichtigsten Punkten und Eigenschaften exakte Skizze münden lassen. Dies bezeichnet man als ***Kurvendiskussion.***

Um bei einer solchen Untersuchung nichts zu vergessen, empfiehlt sich eine Ablaufroutine. Diese haben wir in sieben Punkte untergliedert. An ihnen werden wir uns in den Beispielen orientieren. Wir haben sie zusätzlich auf einer Sonderseite dargestellt, ebenso eine Sammlung von Formulierungen, die auf Eigenschaften einer Funktion und ihre mathematischen Umsetzungen abzielen.

9.5.1 Die Kurvendiskussion bei ganzrationalen Funktionen

Wiederum stellen die ganzrationalen Funktionen die (zumindest in der Schule) wichtigste Menge von Funktionen dar. Deshalb soll mit ihnen begonnen werden. Betrachten wir folgendes Beispiel:

EINFÜHRUNGSBEISPIEL

Gegeben sei die Funktion mit der Gleichung $f(x) = x^4 + 3x^3 - 3x^2 - 11x - 6$. Bestimmen Sie ihren genauen Verlauf, und skizzieren Sie ihn abschließend.

1. $\mathbb{D} = \mathbb{R}$, da ganzrationale Funktionen keinen prinzipiellen Einschränkungen unterliegen.

2. Es besteht weder Symmetrie zum Ursprung noch zur y-Achse, da sowohl gerade wie ungerade Potenzen von x auftreten.

3. Als erste Nullstelle finden wir mit der Teilbarkeitsregel von Seite 540: $x = -1$. Polynomdivision ergibt:
$(x^4 + 3x^3 - 3x^2 - 11x - 6) : (x + 1) = x^3 + 2x^2 - 5x - 6$.
Eine weitere Nullstelle finden wir ebenso bei $x = 2$. Erneute Polynomdivision führt auf $(x^3 + 2x^2 - 5x - 6) : (x - 2) = x^2 + 4x + 3$.
Die p-q-Formel liefert anschließend erneut $x = -1$ und $x = -3$.

4. Wegen der Dominanz der höchsten Potenz und deren positivem Faktor ergibt sich $\lim\limits_{x \to \infty} f(x) = \lim\limits_{x \to -\infty} f(x) = \infty$.

5. Hinreichend für Extremalpunkte ist $f'(x) = 0$ und $f''(x) \neq 0$.
Es ist nun: $f'(x) = 4x^3 + 9x^2 - 6x - 11$; $f''(x) = 12x^2 + 18x - 6$. Da $x = -1$ doppelte Nullstelle von f(x) war, ist $x = -1$ auch Nullstelle von f′(x). Polynomdivision ergibt:
$f'(x) = (x + 1) \cdot (4x^2 + 5x - 11)$.
Mit der p-q-Formel erhalten wir weitere Nullstellen von f′(x) bei $x \approx 1{,}147$ und $x \approx -2{,}397$.

$f''(-1) = -12 < 0 \quad \Rightarrow \quad \text{Max}(-1|0)$
$f''(1{,}147) = 30{,}433 > 0 \quad \Rightarrow \quad \text{Min}_1(1{,}147|-16{,}306)$
$f''(-2{,}397) = 19{,}801 > 0 \quad \Rightarrow \quad \text{Min}_2(-2{,}397|-5{,}174)$

Also ist f(x) in $]-\infty; -2{,}397[$ streng monoton fallend,
in $]-2{,}397; -1[$ streng monoton steigend,
in $]-1; 1{,}147[$ streng monoton fallend
und in $]1{,}147; \infty[$ streng monoton steigend.

6. Hinreichend für Wendepunkte ist $f''(x) = 0$ und $f'''(x) \neq 0$. Wir bilden $f'''(x) = 24x + 18$ und erhalten $f''(x) = 0 \Leftrightarrow x^2 + 1{,}5x - 0{,}5 = 0$ und mit Hilfe der p-q-Formel $x \approx 0{,}281$ oder $x \approx -1{,}781$.
$f'''(0{,}281) = 24{,}744 \neq 0$
$\Rightarrow W_1(0{,}281|-9{,}255)$
$f'''(-1{,}781) = -24{,}744 \neq 0$
$\Rightarrow W_2(-1{,}781|-2{,}811)$
Mit Hilfe der vorhergehenden Ergebnisse erhalten wir für f(x) Linkskrümmung in $]-\infty; -1{,}781[$ und in $]0{,}281; \infty[$ sowie Rechtskrümmung in $]-1{,}781; 0{,}281[$.

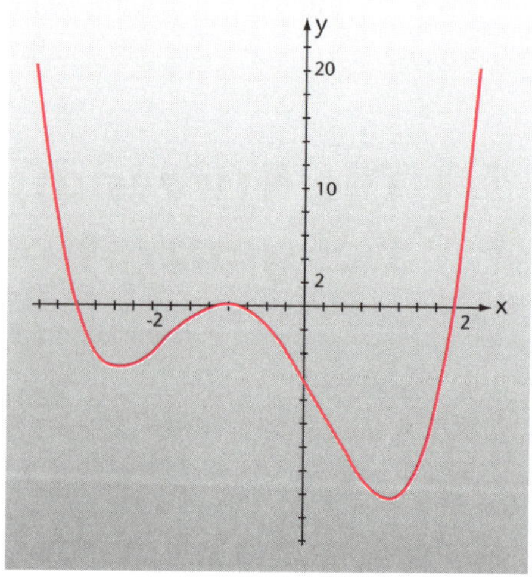

Bild 9.28 $f(x) = x^4 + 3x^3 - 3x^2 - 11x - 6$

Kriterien bei Kurvendiskussionen

1. Bestimmung des maximalen Definitionsbereiches
(Für ganzrationale Funktionen ist dies $\mathbb{R}$; für gebrochen rationale Funktionen sind die Nullstellen des Nenners zu bestimmen und auszuschließen.)

2. Symmetrieeigenschaften
a) Eine Funktion ist symmetrisch zum Ursprung, wenn $f(x) = -f(-x)$.
(Bei ganzrationalen Funktionen: wenn nur ungeradzahlige Potenzen von x vorkommen; bei gebrochen rationalen Funktionen: wenn der Zähler gerade und der Nenner ungerade ist oder umgekehrt.)
b) Eine Funktion ist symmetrisch zur y-Achse, wenn $f(x) = f(-x)$.
(Bei ganzrationalen Funktionen: wenn nur geradzahlige Potenzen von x vorkommen; bei gebrochen rationalen Funktionen: wenn Zähler und Nenner beide gerade oder beide ungerade sind.)

3. Ermittlung der Nullstellen
mit Polynomdivision, p-q-Formel, Substitution ...

4. Asymptotisches Verhalten und stetige Ergänzung
a) Verhalten für $x \to \infty$ bzw. $x \to -\infty$
b) Verhalten an den Definitionslücken
Eine Funktion ist an einer Definitionslücke x_0 durch $f^*(x_0) = \lim\limits_{x \to x_0} f(x)$ stetig ergänzbar, falls dieser Grenzwert existiert.
(Ganzrationale Funktionen sind überall stetig. Gebrochen rationale Funktionen sind dort stetig ergänzbar, wo eine Nullstelle des Nenners gleichzeitig und mit mindestens gleicher Vielfachheit Nullstelle des Zählers ist.)
Eine Funktion hat eine senkrechte Asymptote bei x_0, wenn
$|\lim\limits_{h \to 0} f(x_0 + h)| = \infty$ und/oder $|\lim\limits_{h \to 0} f(x_0 - h)| = \infty$.

5. Bestimmung der Extremalpunkte und des Steigungsverhaltens
Eine Funktion f hat bei x_0 ein Maximum, wenn $f'(x_0) = 0$ und $f''(x_0) < 0$ (allgemein: $f^{(2n-1)}(x) = 0$ und $f^{(2n)}(x) < 0$) ist.
Eine Funktion f hat bei x_0 ein Minimum, wenn $f'(x_0) = 0$ und $f''(x_0) > 0$ (allgemein: $f^{(2n-1)}(x) = 0$ und $f^{(2n)}(x) > 0$) ist.
Ist $f'(x) > 0$, so ist f(x) streng monoton steigend.
Ist $f'(x) < 0$, so ist f(x) streng monoton fallend.

6. Bestimmung des Krümmungsverhaltens und der Wendepunkte
Ist $f''(x_0) = 0$ und $f'''(x_0) \neq 0$ (allgemein: $f^{(2n)}(x) = 0$ und $f^{(2n+1)}(x) \neq 0$), so hat f in x_0 eine Wendestelle.
Ist $f''(x_0) > 0$, so ist f in x_0 linksgekrümmt.
Ist $f''(x_0) < 0$, so ist f in x_0 rechtsgekrümmt.

7. Skizzierung der Funktion unter Berücksichtigung der berechneten Punkte und Eigenschaften

9.5.2 Die Kurvendiskussion bei gebrochen rationalen Funktionen

Anhand der Quotientenregel erkennt man, daß gebrochen rationale Funktionen auf ihrem gesamten Definitionsbereich beliebig oft differenzierbar sind. Daher lassen sich die Strategien der Kurvendiskussion für ganzrationale Funktionen auch auf diese Funktionen übertragen. Zusätzlich spielen hier zunächst die Fragen der Bestimmung des Definitionsbereiches, dann der stetigen Ergänzbarkeit bzw. der Existenz senkrechter Asymptoten eine Rolle.

EINFÜHRUNGSBEISPIEL

Gegeben sei die Funktion mit der Gleichung $f(x) = \frac{4x^3 - 4x^2 - 15x + 18}{3x^2 + 4x - 4}$.
Führen Sie anhand der Kriterien von Seite 557 eine Kurvendiskussion durch.

1. Mit Hilfe der p-q-Formel erhält man als Nullstellen des Nenners $x = -2$ und $x = \frac{2}{3}$. Daher ist $\mathbb{D} = \mathbb{R} \setminus \{-2; \frac{2}{3}\}$.
2. Der Graph der Funktion ist weder symmetrisch zum Ursprung noch zur y-Achse, da in Zähler und Nenner sowohl gerade als auch ungerade Potenzen von x vorkommen.
3. Nullstellen der Funktion sind die Zählernullstellen, die nicht gleichzeitig Nennernullstellen sind. Nun gilt für den Zähler: $z(x) = (x + 2) \cdot (4x^2 - 12x + 9)$ mit Hilfe von Polynomdivision, wobei $x = -2$ als Nullstelle des Nenners nicht in $\mathbb{D}$ ist. Die p-q-Formel liefert als einzige weitere Zählernullstelle $x = 1{,}5$.
4. Polynomdivision ergibt: $f(x) = \frac{4}{3}x - \frac{28}{9} + \frac{25x + 50}{9(3x^2 + 4x - 4)}$.
   Also ist $g(x) = \frac{4}{3}x - \frac{28}{9}$ Asymptote zu f(x) für $|x| \to \infty$, denn es gilt
   $\lim\limits_{|x|\to\infty} (f(x) - g(x)) = \lim\limits_{|x|\to\infty} \frac{25x - 50}{9(3x^2 + 4x - 4)} = 0$. $x = -2$ ist auch Nullstelle des Zählers.
   Daher ist $f(x) = \frac{4x^2 - 12x + 9}{3x - 2}$ für $x \neq -2$ (*) und für $x = -2$ durch $\lim\limits_{x\to-2} f(x) = -6{,}125$ stetig ergänzbar. Auch ist $\lim\limits_{h\to0} f(\frac{2}{3} + h) = \lim\limits_{h\to0} \frac{4h^2 - \frac{20}{3}h + \frac{25}{9}}{3h} = \infty$ und $\lim\limits_{h\to0} f(\frac{2}{3} - h) = -\infty$.
   Also haben wir bei $x = \frac{2}{3}$ eine ungleichsinnige Polstelle mit senkrechter Asymptote.
5. Notwendige Bedingung für Extrema: $f'(x) = 0$. Wir benutzen die reduzierte Gleichung (*) und erhalten
   $f'(x) = \frac{(8x - 12)(3x - 2) - (4x^2 - 12x + 9) \cdot 3}{(3x - 2)^2} = \frac{12x^2 - 16x - 3}{(3x - 2)^2}$,
   $f'(x) = 0 \Leftrightarrow 12x^2 - 16x - 3 = 0 \Leftrightarrow x^2 - \frac{4}{3}x - \frac{1}{4} = 0$.

Die p-q-Formel liefert: $x = 1{,}5$ oder $x = -\frac{1}{6}$.

Hinreichende zusätzliche Bedingung: $f''(x) > 0 \Rightarrow$ Minimum;
$f''(x) < 0 \Rightarrow$ Maximum.

$$f'' = \frac{(24x - 16)(3x - 2)^2 - (12x^2 - 16x - 3) \cdot 2 \cdot (3x - 2) \cdot 3}{(3x - 2)^4}$$

$$= \frac{(24x - 16)(3x - 2) - 6 \cdot (12x^2 - 16x - 3)}{(3x - 2)^3} = \frac{50}{(3x - 2)^3}$$

$f''(1{,}5) = 3{,}2 > 0 \Rightarrow \text{Min}(1{,}5|0)$; $f''\left(-\frac{1}{6}\right) = -3{,}2 < 0 \Rightarrow \text{Max}\left(-\frac{1}{6}\middle|-\frac{40}{9}\right)$

Mit dem asymptotischen Verhalten folgt:

f(x) ist in $\left]-\infty; -\frac{1}{6}\right[$ streng monoton steigend,

in $\left]-\frac{1}{6}; \frac{2}{3}\right[$ und $\left]\frac{2}{3}; 1{,}5\right[$ streng monoton fallend

und in $]1{,}5; \infty[$ streng monoton steigend.

6. Da $f''(x) \neq 0$ für alle $x \in \mathbb{D}$ ist, gibt es keine Wendepunkte.
Mit 5. folgt deshalb:

In $\left]-\infty; \frac{2}{3}\right[$ ist f(x) rechtsgekrümmt,

und in $\left]\frac{2}{3}; \infty\right[$ ist f(x) linksgekrümmt.

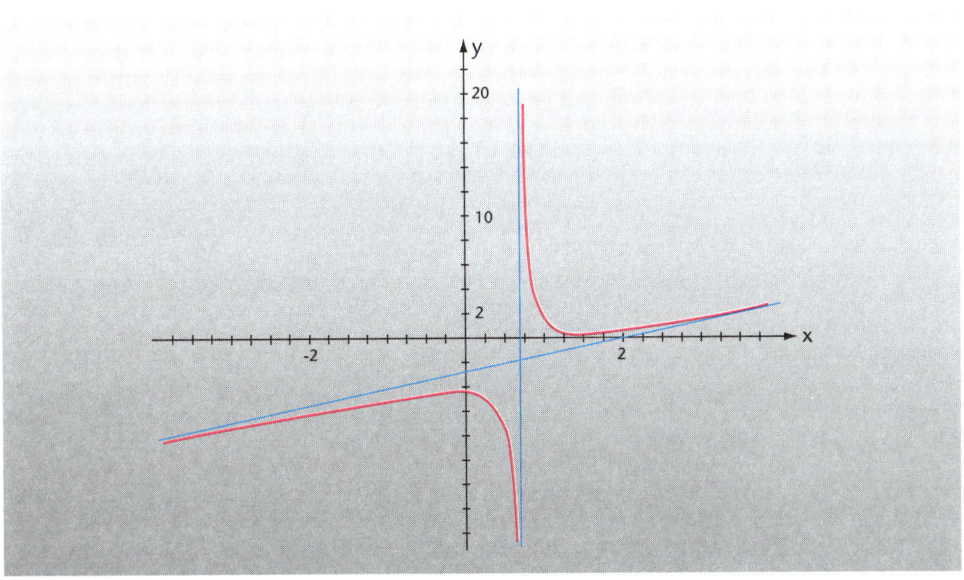

Bild 9.29 $f(x) = \frac{4x^3 - 4x^2 - 15x + 18}{3x^2 + 4x - 4}$ mit Asymptote $g(x) = \frac{4}{3}x - \frac{28}{9}$ und senkrechter Asymptote für $x = \frac{2}{3}$

9.5.3 Kurvendiskussion bei anderen Funktionen

Solche „anderen Funktionen“ sind zunächst einmal alle nichtrationalen Funktionen. Wir wollen aber in diesem Abschnitt auch solche Kurvendiskussionsprobleme behandeln, in denen Parameter auftreten.

EINFÜHRUNGSBEISPIEL 1

Diskutieren Sie die Funktion $f(x) = (x - 1) \cdot e^x$.

1. $\mathbb{D} = \mathbb{R}$, da beide Faktoren überall definiert sind.
2. Es besteht weder Symmetrie zum Ursprung noch zur y-Achse, da die Unsymmetrie von e^x durch $x - 1$ nicht kompensiert wird.
3. $f(x) = 0 \Leftrightarrow x - 1 = 0 \Leftrightarrow x = 1$, da $e^x > 0$ für alle $x \in \mathbb{R}$.
4. $\lim\limits_{x \to \infty} f(x) = \infty$, da beide Faktoren gegen ∞ gehen.

   $\lim\limits_{x \to -\infty} f(x) = 0$, da der Exponentialterm dominiert.

   (Nach de l'Hospital ist $\lim\limits_{x \to -\infty} f(x) = \lim\limits_{x \to -\infty} \frac{x-1}{e^{-x}} = \lim\limits_{x \to -\infty} \frac{1}{-e^{-x}} = 0$.)
5. $f'(x) = (x - 1)e^x + e^x = x \cdot e^x$; $f''(x) = x \cdot e^x + e^x = (x + 1)e^x$
   Notwendige Bedingung: $f'(x) = 0 \Leftrightarrow x = 0$. Hinreichend ist, wenn außerdem $f''(0) = e^x > 0$. Also: Min $(0|-1)$.
   Da das Minimum der einzige Extremwert ist, ergibt sich: In $]-\infty; 0[$ ist f(x) streng monoton fallend und in $]0; \infty[$ streng monoton steigend.
6. Hinreichend für einen Wendepunkt ist $f''(x) = 0$ und $f'''(x) \neq 0$.
   Es gilt: $f'''(x) = (x + 2)e^x$; $f''(x) = 0 \Leftrightarrow x = -1$; $f'''(-1) = e^{-1} > 0$ und daher $W\left(-1|-\frac{2}{e}\right)$.
   Dann liegt in $]-\infty; -1[$ Rechtskrümmung und in $]-1; \infty[$ Linkskrümmung vor.

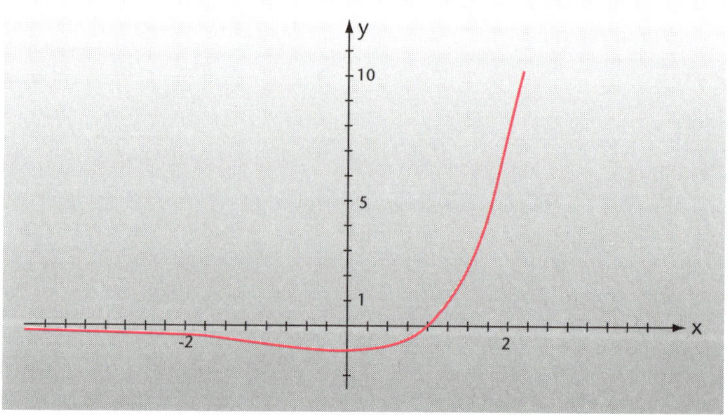

Bild 9.30 $f(x) = (x - 1) \cdot e^x$

EINFÜHRUNGSBEISPIEL 2

Gegeben seien die Funktionen f_a mit den Gleichungen $f_a(x) = -x^3 + 3ax^2$, wobei a eine positive reelle Zahl ist. Diskutieren Sie das Verhalten der Kurvenschar.

1. $\mathbb{D} = \mathbb{R}$, da alle f_a ganzrationale Funktionen sind.

2. Es besteht weder Symmetrie zum Ursprung noch zur y-Achse, da sowohl eine gerade als auch eine ungerade Potenz von x auftritt.

3. $f_a(x) = x^2(-x + 3a) = 0 \Leftrightarrow x = 0 \vee x = 3a$

4. Da die höchste Potenz das Verhalten für $|x| \to \infty$ bestimmt, gilt $\lim\limits_{x\to\infty} f(x) = -\infty$ und $\lim\limits_{x\to-\infty} f_a(x) = \infty$.

5. $f_a'(x) = -3x^2 + 6ax$; $f_a''(x) = -6x + 6a$; $f_a'''(x) = -6$
$f_a'(x) = 0 \Leftrightarrow x = 0 \vee x = 2a$
$f_a''(0) = 6a > 0 \Rightarrow \text{Min}(0|0)$
$f_a''(2a) = -6a < 0 \Rightarrow \text{Max}(2a|4a^3)$
Also sind alle $f_a(x)$ für $]-\infty; 0[$ streng monoton fallend,
für $]0 ; 2a[$ streng monoton steigend
und für $]2a; \infty[$ streng monoton fallend.

6. $f_a''(x) = 0 \Leftrightarrow x = a$
Wegen $f_a'''(a) = -6$ existiert der Wendepunkt $W(a|2a^3)$. Mit den Extremwerten und dem Verhalten für (betragsmäßig) große x ergibt sich: Die $f_a(x)$ sind für $]-\infty; a[$ linksgekrümmt und für $]a; \infty[$ rechtsgekrümmt.

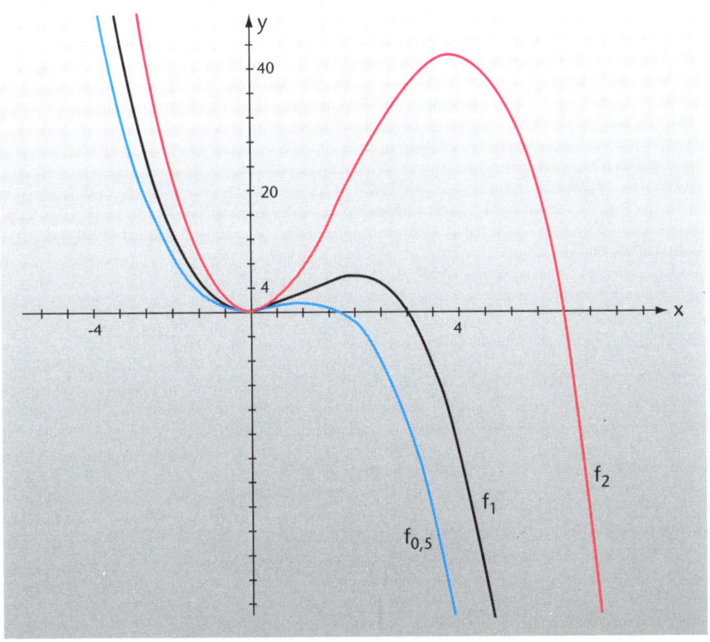

Bild 9.31 $f_a(x) = -x^3 + 3ax^2$ für a = 0,5; a = 1; a = 2

9.5.4 Die Bestimmung von Funktionsgleichungen mit Hilfe der Differentialrechnung

Oft sind Funktionen nur punktuell und/oder in einigen Eigenschaften bekannt. Für ganzrationale Funktionen benötigt man in der Regel eine Information mehr, als der Grad des Polynoms der Funktionsgleichung beträgt. Lediglich die Symmetrieeigenschaft läßt die Anzahl der von Null verschiedenen Koeffizienten rasch sinken. Für gebrochen rationale Funktionen benötigt man entsprechend viele Informationen über Zähler und Nenner, bei sonstigen Funktionen auch eine Idee oder einen Hinweis zur Art der Funktion. Die Strategie aber ist immer gleich: Mit Hilfe der Informationen erstellt man ein Gleichungssystem, das man anschließend wie auf Seite 156 löst.

EINFÜHRUNGSBEISPIEL

Eine ganzrationale Funktion niedrigsten Grades habe in (–1|0) ein Minimum, in (1|2) ein Maximum und bei x = 3 eine Nullstelle. Wie lautet ihre Gleichung?

Da wir insgesamt fünf Informationen besitzen – drei Punkte und zwei Eigenschaften –, ist der niedrigste Grad ≤ 4, und wir erhalten den allgemeinen Ansatz $p(x) = ax^4 + bx^3 + cx^2 + dx + e$.

Um die beiden Eigenschaften (Extrema) ausnutzen zu können, bestimmen wir die 1. Ableitung $p'(x) = 4ax^3 + 3bx^2 + 2cx + d$.

Wir erstellen nun folgendes Gleichungssystem:

(–1|0)	$\Rightarrow$	$a - b + c - d + e = 0$	(1)
Min	$\Rightarrow$	$-4a + 3b - 2c + d = 0$	(2)
(1|2)	$\Rightarrow$	$a + b + c + d + e = 2$	(3)
Max	$\Rightarrow$	$4a + 3b + 2c + d = 0$	(4)
(3|0)	$\Rightarrow$	$81a + 27b + 9c + 3d + e = 0$	(5)

Anschließend fassen wir zusammen:

(3) – (1)	$\Rightarrow$	(6)	$2b + 2d = 2$	
(2) + (4)	$\Rightarrow$	(7)	$6b + 2d = 0$	
(7) – (6)	$\Rightarrow$	(8)	$4b = -2$	$\Rightarrow b = -0{,}5 \Rightarrow d = 1{,}5$
(4) – (2)	$\Rightarrow$	(9)	$8a + 4c = 0$	$\Rightarrow c = -2a$
(3) + (1)	$\Rightarrow$	(10)	$2a + 2c + 2e = 2$	
2 · (10)	$\Rightarrow$	(10′)	$4a + 4c + 4e = 4$	
(9) – (10′)	$\Rightarrow$	(11)	$4a - 4e = -4$	$\Rightarrow e = a + 1$

Durch Einsetzen in Gleichung (5) erhält man:

$$81a - 13{,}5 - 18a + 4{,}5 + a + 1 = 0$$

$$64a = 8 \quad \Leftrightarrow a = 0{,}125$$

$$\Rightarrow c = -0{,}25;\ e = 1{,}125$$

Damit lautet die Funktionsgleichung:

$p(x) = 0{,}125x^4 - 0{,}5x^3 - 0{,}25x^2 + 1{,}5x + 1{,}125.$

Übersetzungshilfen für die Bestimmung von Funktionsgleichungen

Natürlich erhebt diese Liste keinen Anspruch auf Vollständigkeit. Dennoch glauben wir, daß die wichtigsten und häufigsten Formulierungen hiermit abgedeckt werden und die benötigten Gleichungen schneller zu finden sind.

Formulierung	***Bedeutung***
geht durch den Punkt (a|b)	$f(a) = b$
ist symmetrisch zum Ursprung	bei ganzrationalen Funktionen: alle Koeffizienten bei geradzahligen Potenzen von x sind Null bei gebrochen rationalen Funktionen: alle Koeffizienten bei geradzahligen Potenzen im Zähler und bei ungeradzahligen Potenzen im Nenner sind Null (oder umgekehrt) allgemein: $f(-x) = -f(x)$
ist symmetrisch zur y-Achse	bei ganzrationalen Funktionen: alle Koeffizienten bei ungeradzahligen Potenzen von x sind Null bei gebrochen rationalen Funktionen: alle Koeffizienten bei ungeradzahligen Potenzen in Zähler und Nenner (oder: bei geradzahligen Potenzen in Zähler und Nenner) sind Null allgemein: $f(x) = f(-x)$
schneidet die x-Achse bei x = a	hat für x = a eine Nullstelle: $f(a) = 0$
hat einen Extremwert bei x = a	$f'(a) = 0$
hat für x = a die Steigung m	$f'(a) = m$
ist in x = a parallel zur Geraden y = mx + b	$f'(a) = m$, ***aber in der Regel nicht:*** $f(a) = g(a)$
berührt die x-Achse bei x = a	$f(a) = 0$ ***und*** $f'(a) = 0$
hat bei x = a einen Wendepunkt	$f''(a) = 0$
hat eine Wendetangente	eine Tangente durch den Wendepunkt $W(x_W\|y_w)$, also: $t(x_w) = f(x_w)$ ***und*** $m_t = f'(x_w)$
hat in x = a eine senkrechte Asymptote	x = a ist Nullstelle des Nenners einer gebrochen rationalen Funktion
hat bei x = a ein Loch (eine Lücke) im Graphen	x = a ist Nullstelle von Zähler ***und*** Nenner

ÜBUNGEN

22. Führen Sie eine Kurvendiskussion durch für die ganzrationale Funktion mit $f(x) = -x^3 + 2x^2 + 15x$.

23. Diskutieren Sie die Funktion $f(x) = x^4 + x^3 - 9x^2 + 11x - 4$.

24. Diskutieren Sie die Funktion $f(x) = x^4 - 6x^2 + 8$.

25. Diskutieren Sie die gebrochen rationale Funktion g(x) mit der Gleichung $g(x) = \frac{4x}{x^2 + 1}$.

26. Diskutieren Sie die Funktion $g(x) = \frac{3x^2 + x - 2}{2x^2 - x - 3}$.

27. Diskutieren Sie $g(x) = \frac{x^2 - 3x + 1}{x^2 - x - 6}$ (ohne Bestimmung des Wendepunkts).

28. Diskutieren Sie die Funktion $h(x) = e^x \cdot \sin 2x$.

29. Diskutieren Sie $h(x) = \frac{e^x - e^{-x}}{e^x + e^{-x}}$.

30. Diskutieren Sie die Kurvenschar $s_c(x) = \frac{cx^2}{x - c}$ für $c \neq 0$.

31. Diskutieren Sie die Funktionenschar $s_a(x) = x^2 \cdot e^{\frac{a-x}{a}}$; $a \neq 0$.

32. Eine ganzrationale Funktion 4. Grades ist symmetrisch zur y-Achse. Sie hat in P(2|0) die Steigung 2 und bei $x = -1$ eine Wendestelle. Wie lautet ihre Gleichung?

33. Eine ganzrationale Funktion 3. Grades geht durch den Ursprung des Koordinatensystems. Sie hat in M(1|7) ein Maximum und bei $x = 3$ einen Wendepunkt. Wie lautet ihre Gleichung?

34. Wie lautet die Gleichung der Parabel 3. Grades, die bei $x = -1$ eine Nullstelle hat, durch P(0|2) geht und die x-Achse bei $x = 2$ berührt?

35. Berechnen Sie die Gleichung der Parabel 4. Grades, die im Ursprung des Koordinatensystems eine Wendetangente mit der Gleichung $y = -x$ und in (2|–4) die Steigung Null hat.

36. Bestimmen Sie $a > 0$ und $b > 0$ so, daß die Funktion $f(x) = \dfrac{ax}{x^2 + b}$ in $P(1|2)$ ein Maximum hat.

37. Der Funktionsterm einer gebrochen rationalen Funktion besteht aus einem geraden Zähler- und einem ebensolchen Nennerpolynom jeweils 2. Grades. Der Koeffizient der höchsten Potenz des Nenners ist 1. Die Funktion hat für $x = 1$ eine Nullstelle, für $x = 2$ einen Pol und geht für $|x| \to \infty$ asymptotisch gegen $y = 2$. Wie lautet die Gleichung der Funktion?

9.6 Optimierungsprobleme

9.6.1 Zielfunktion und Nebenbedingungen

Die in der Schule (und auch sonst) immer weniger verbreitete ***lineare*** Optimierung geht davon aus, daß alle das Problem darstellenden Bedingungen sich so weit entkoppeln lassen, daß sie zunächst einmal isoliert betrachtet werden dürfen. Außerdem sollen sie so beschaffen sein, daß sie sich hinreichend gut durch eine von einer Geraden begrenzte Halbebene beschreiben lassen. Alle Geraden zusammen begrenzen ein Gebiet, das die Gesamtheit der Lösungen enthält. Die optimale Lösung befindet sich dann (in der Regel) in einer Ecke (Bild 9.32).

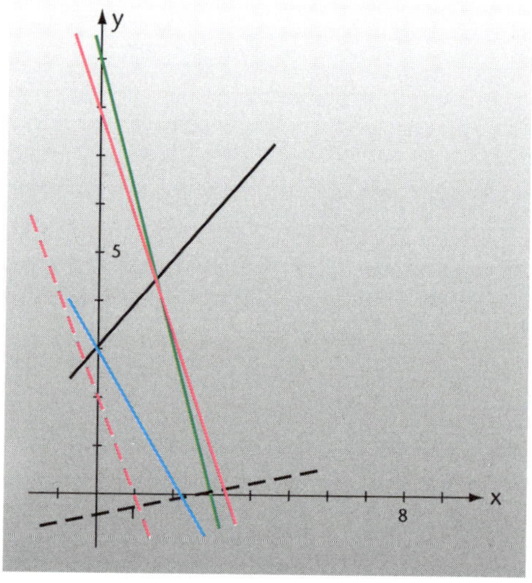

Bild 9.32

1) $3x + 2y \geq 6$
2) $3x + y \leq 9$
3) $-x + y \leq 3$
4) $x - 4y \leq 2$

mit $z = 5x + 2y$

führt auf das Optimum $(x_0|y_0) = (1{,}5|4{,}5)$

Leider hat sich diese Betrachtungsweise meist als zu stark vereinfachend erwiesen. Insbesondere die Koppelung der Bedingungen untereinander (ihre wechselseitige Beeinflussung) erfordert, die Gesamtsituation durch eine Funktion in mehreren Ausgangsvariablen zu beschreiben. Die optimale Situation ergibt sich dann mit Hilfe der Maxima oder Minima dieser Funktion. Da sie die Zielvorgabe darstellt, bezeichnet man sie als ***Zielfunktion.***

Extrema von Funktionen erhält man, wie wir wissen, mit Hilfe der Differentialrechnung. Leider gestaltet sich das bei Funktionen mit mehreren Variablen bei weitem aufwendiger als in dem bisher betrachteten Fall mit nur einer unabhängigen Variablen x und einer abhängigen Variablen y = f(x). Deshalb wird nun die wechselseitige Abhängigkeit der Bedingungen ausgenutzt, wobei jede solche Verknüpfung zweier oder mehrerer Bedingungen durch eine weitere Funktionsgleichung beschrieben ist. Dies sind die sogenannten ***Nebenbedingungen.***

Anschließend werden diese Nebenbedingungen nach je einer (anderen) Variablen aufgelöst und schließlich schrittweise die Variablen der Zielfunktion so weit mit Hilfe der umgeformten Nebenbedingungen ersetzt, bis wir das gewohnte Bild einer Funktion mit einer unabhängigen (und einer abhängigen) Variablen erhalten.

Nun erst schlägt die Stunde der Differentialrechnung, mit deren Hilfe wir die gesuchten Extrema finden. Wenn nötig, liefert uns anschließend das Einsetzen des gefundenen Optimums in die Nebenbedingungen die zugehörigen Werte der Teilaspekte.

Dieses bis jetzt abstrakt beschriebene Verfahren wird in den folgenden Abschnitten konkretisiert und mit Hilfe von Fragestellungen aus verschiedenen Problembereichen mit Leben gefüllt.

9.6.2 Geometrische Probleme

Hier geht es zunächst um „Innermathematisches", also um die Beschreibung von Figuren mit einer optimalen Eigenschaft. Ähnliche Überlegungen spielen aber auch bei der Frage nach kostengünstiger Produktion z. B. von Verpackungen eine Rolle und werden deshalb im nächsten Abschnitt wieder aufgegriffen.

EINFÜHRUNGSBEISPIEL

Einem Quadrat der Seitenlänge a ist ein weiteres Quadrat so einzubeschreiben, daß dessen Fläche minimal wird.

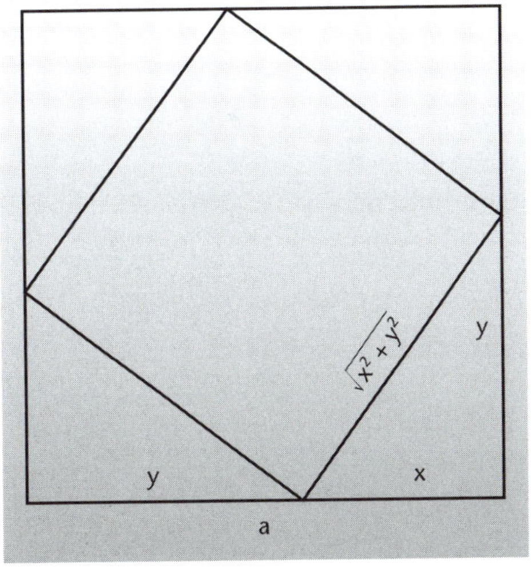

Bild 9.33

Dem Bild entnehmen wir: $F(x,y) = x^2 + y^2 \rightarrow \min$ (Zielfunktion)

Ferner gilt: $y = a - x$ (Nebenbedingung)

Einsetzen: $F(x) = x^2 + (a - x)^2$

$= 2x^2 - 2ax + a^2$

Für ein Minimum gilt: $F'(x) = 4x - 2a = 0 \quad \Rightarrow x = \frac{a}{2}$

$F''(x) = 4 > 0 \quad \Rightarrow \text{Min}\left(\frac{a}{2}\middle|\frac{a^2}{2}\right),$

da aus der Nebenbedingung folgt: $y = \frac{a}{2}$.

9.6.3 Probleme aus der Wirtschaft

Optimierungsprobleme im wirtschaftlichen Bereich zielen in der Regel auf Kostenminimierung oder Einnahmemaximierung. Dies wird unter anderem erreicht durch eine maximale Produktion aus vorgegebenen Rohstoffmengen oder – als Kehrseite – Abfallminimierung. Speziell für Umverpackungen ist damit die Anbindung an die geometrischen Probleme des vorigen Abschnitts vollzogen.

EINFÜHRUNGSBEISPIEL

Wie muß man in einer Normdose von 850 ml Inhalt das Verhältnis von Radius zu Höhe wählen, damit möglichst wenig Material verbraucht wird?

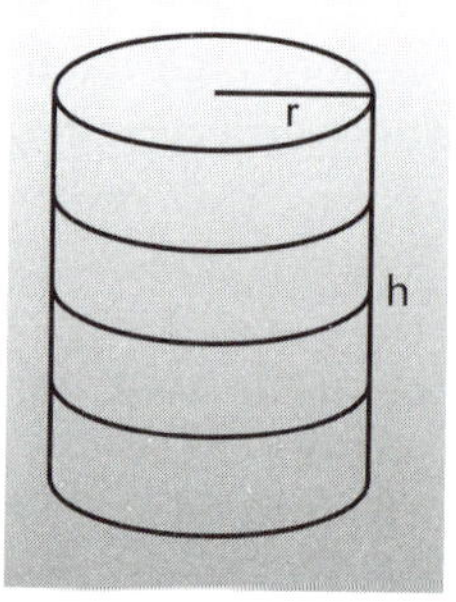

Bild 9.34

Zu minimieren ist also die Oberfläche bei vorgegebenem Volumen.

Wir erhalten: $O = 2\pi rh + 2\pi r^2$ (Zielfunktion)

$V = \pi r^2 h = 850$ (Nebenbedingung)

$$\Leftrightarrow h = \frac{850}{\pi r^2}$$

$$\Rightarrow O(r) = 2\pi r \cdot \frac{850}{\pi r^2} + 2\pi r^2 = \frac{1700}{r} + 2\pi r^2$$

Für Minima gilt: $O'(r) = -\frac{1700}{r^2} + 4\pi r = 0$

$$\Leftrightarrow r^3 = \frac{1700}{4\pi} \Leftrightarrow r = \sqrt[3]{\frac{1700}{4\pi}} \approx 5{,}13 \text{ cm}$$

$$O''(r) = \frac{3400}{r^3} + 4\pi$$

$$\Rightarrow O''\left(\sqrt[3]{\frac{1700}{4\pi}}\right) = 12\pi > 0$$

$$\Rightarrow \text{Min}\left(\sqrt[3]{\frac{1700}{4\pi}} \;\middle|\; \frac{1700}{\sqrt[3]{\frac{1700}{4\pi}}} + 2\pi\sqrt[3]{\frac{1700}{4\pi}}\right) \approx (5{,}13 | 496{,}74)$$

Durch Einsetzen in die Nebenbedingung erhält man: $h \approx 10{,}27$ cm. Es müßten also ebenso breite wie hohe Dosen entstehen. Demnach müssen andere Gründe (Verpackbarkeit zu größeren Gebinden) den Ausschlag zugunsten der gewählten Form gegeben haben.

9.6.4 Probleme aus dem Sport

EINFÜHRUNGSBEISPIEL

Unter welchem Winkel α muß der Schüler Max Bizeps seinen Schlagball wegschleudern, um die größtmögliche Weite $W(\alpha)$ zu erzielen. Die Anfangsgeschwindigkeit sei $v_0 = 15$ m/s.

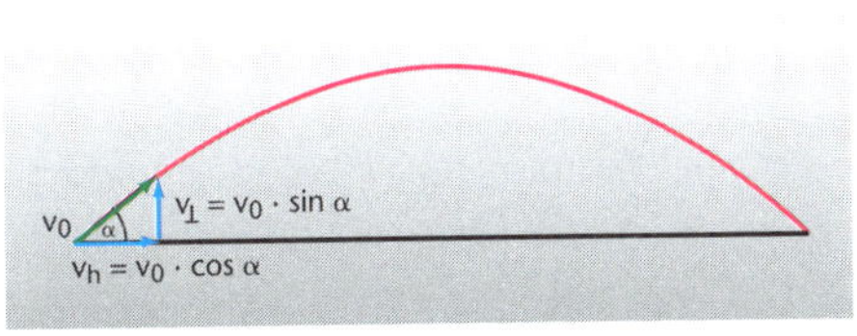

Bild 9.35

Der Ball ist so lange in der Luft, bis ihn die Schwerkraft auf die Erde zurückgeholt hat. Da sich die Anfangsgeschwindigkeit in einen Horizontalanteil $v_{0h} = v_0 \cos\alpha$ und einen Vertikalanteil $v_{0\perp} = v_0 \sin\alpha$ zerlegen läßt, erhalten wir für die Wurfweite W:
$W(t,\alpha) = v_0 \cos\alpha \cdot t$ (Zielfunktion).

Dem Bild entnehmen wir, daß der Flug des Balls symmetrisch zum Scheitelpunkt oder höchsten Punkt der parabelförmigen Wurfbahn erfolgt. In h_{max} ist die Vertikalgeschwindigkeit Null. Diese erhalten wir aus der Vertikalkomponente der Anfangsgeschwindigkeit und der Erdbeschleunigung $g = 9{,}81$ m/s² zu $v_\perp = v_0 \sin\alpha - g \cdot t$. Deshalb braucht der Ball bis zur Höhe h_{max} die Zeit $T = \frac{v_0 \sin\alpha}{g}$ **(Nebenbedingung)**, bis zur Erde zurück noch einmal so lange. Deshalb ist $W(\alpha) = 2\frac{v_0^2}{g} \cdot \sin\alpha \cdot \cos\alpha$.

Für Extrema gilt: $W'(\alpha) = 2\frac{v_0^2}{g} \cdot (-\sin^2\alpha + \cos^2\alpha) = 0$

$$\Leftrightarrow \sin^2\alpha = \cos^2\alpha \Leftrightarrow \sin\alpha = \cos\alpha \Rightarrow \alpha = 45^\circ$$

(oder $\sin\alpha = -\cos\alpha \Rightarrow \alpha = 135^\circ$,
das heißt Wurf nach hinten)

$$W''(\alpha) = 2\frac{v_0^2}{g} \cdot (-2\sin\alpha \cdot \cos\alpha - 2\cos\alpha \cdot \sin\alpha)$$

$$= -\frac{8v_0^2}{g} \cdot \sin\alpha \cdot \cos\alpha$$

$$\Rightarrow W''(45^\circ) = -91{,}75 < 0$$

$$\Rightarrow \text{Max}(45^\circ | 22{,}94 \text{ m})$$

Der Schlagball muß also unter einem Winkel von 45° geschleudert werden.

ÜBUNGEN

38. Gegeben sei die Parabel mit der Gleichung $y = 2{,}25 \cdot x^2$. Welcher Punkt P(x|y) der Parabel hat vom Punkt Q(0|2) den kleinsten Abstand d? Tip: Rechnen Sie mit d^2 statt mit d.
Zusatzfrage: Warum darf man das?

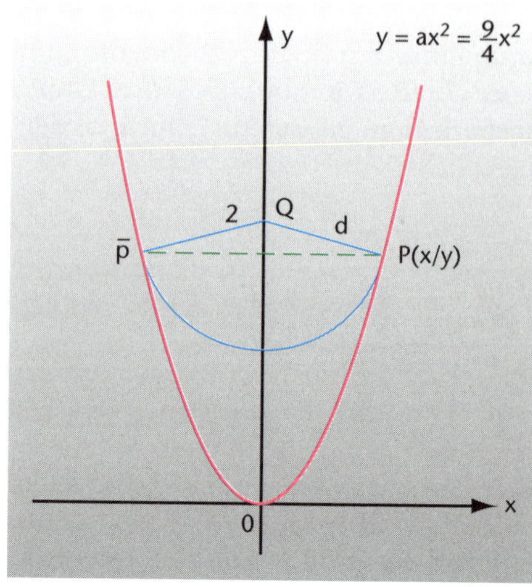

Bild 9.36

39. Welches ist das Rechteck größter Fläche, das in ein Dreieck der Grundseite a = 12 cm und der Höhe h = 8 cm so eingepaßt wird, daß eine Rechteckseite auf a liegt?

40. Ein kegelförmiges Sektglas der Seitenkante s = 10 cm soll so gestaltet werden, daß sein Volumen maximal ist. Wie groß sind Radius und Höhe?

41. Der Querschnitt eines unterirdischen Entwässerungskanals ist ein Rechteck mit aufgesetztem Halbkreis. Seine Querschnittsfläche soll $F = 8\ m^2$ betragen. Wie müssen die Abmessungen gewählt werden, damit der Materialbedarf bei vorgegebener Wanddicke minimal wird?

42. Ein Sportstadion besteht aus einem Fußballfeld mit darumliegender Laufbahn. Geometrisch ist das ein Rechteck mit zwei angesetzten Halbkreisen. Die Laufbahnlänge beträgt 400 m. Wie müßte sie angelegt werden, damit das Fußballfeld möglichst groß wird?

43. Auf zwei sich rechtwinklig schneidenden Straßen fahren zwei Autos mit den Geschwindigkeiten $v_1 = 54$ km/h und $v_2 = 36$ km/h. Sie sind zum Zeitpunkt t = 0 von der Kreuzung noch $s_1 = 75$ m und $s_2 = 45$ m entfernt. Wann und wo ist ihr Abstand minimal, wenn sie mit derselben Geschwindigkeit weiterfahren?

44. Ein Baumstamm hat einen kreisförmigen Querschnitt. Sein Radius sei r = 15 cm. Aus ihm soll ein Balken maximaler Tragfähigkeit gearbeitet werden, wobei die Tragfähigkeit der Breite und dem Quadrat der Höhe des Balkens proportional ist. Wie hoch sind Höhe und Breite?

45. Die Taschenrechnerfirma Schulbits verkauft das Modell SX-13 zum Preis von 36 DM und setzt damit monatlich 3 000 Stück um. Der Absatz würde sich nach Marktanalysen bei einer Preissenkung von jeweils 3 DM um jeweils 500 Stück erhöhen. Bei welchem Preis erzielt die Firma die höchsten Einnahmen?

LÖSUNGEN

1. Für alle $\varepsilon > 0$ gibt es ein $n_{01} \in \mathbb{N}$ bzw. ein $n_{02} \in \mathbb{N}$, so daß

a) für $n > n_{01}$ gilt: $|a_n - a| < \varepsilon$;
für $n > n_{02}$ gilt: $|b_n - b| < \varepsilon$.
Dann ist $|(a_n - b_n) - (a - b)|$
$= |(a_n - a) + (b - b_n)|$
$\leq |a_n - a| + |b - b_n| < 2\varepsilon =: \varepsilon^*$
für $n > \max(n_{01}; n_{02})$.

b) für $n > n_{01}$ gilt: $|a_n - a| < \varepsilon$;
für $n > n_{02}$ gilt: $|b_n - b| < \varepsilon$.
Dann ist $|a_n \cdot b_n - a \cdot b|$
$= |a_n \cdot b_n + a_n \cdot b - a_n \cdot b - a \cdot b|$
$= |a_n \cdot (b_n - b) + b \cdot (a_n - a)|$
$\leq |a_n \cdot (b_n - b)| + |b \cdot (a_n - a)|$
$< s \cdot \varepsilon + b \cdot \varepsilon$ (da (a_n) betragsmäßig durch s beschränkt)
$= (s + b) \cdot \varepsilon =: e^*$.

c) Wir zeigen zunächst:
$b_n \to b \Rightarrow \frac{1}{b_n} \to \frac{1}{b}$ für $b_n, b \neq 0$

$$\left|\frac{1}{b_n} - \frac{1}{b}\right| = \left|\frac{b - b_n}{b \cdot b_n}\right|$$
$$= \left|\frac{1}{b \cdot b_n}\right| \cdot |b - b_n| < \varepsilon \cdot \left|\frac{1}{b \cdot b_n}\right|$$
$$< \varepsilon \cdot \left|\frac{1}{k \cdot b}\right| =: \varepsilon^*,$$ da (b_n) beschränkt, das heißt $0 < k < |b_n| < K$.
Mit Teil b) der Aufgabe folgt die Behauptung, da $\frac{a_n}{b_n} = a_n \cdot \frac{1}{b_n}$ ist.

2. *a)* $\lim\limits_{n\to\infty} a_n = 3$, da die höchsten Potenzen in Zähler und Nenner gleich sind.

b) $\lim\limits_{n\to\infty} b_n = 3$ nach Ausklammern von n^2 in der Wurzel und teilweisem Radizieren

c) $\lim\limits_{n\to\infty} c_n = \lim\limits_{n\to\infty} n^2 \cdot (n - 1) = \infty$

d) $\lim\limits_{n\to\infty} d_n = 0$, da $\sin(2n + 1)$ beschränkt und $\lim\limits_{n\to\infty} \frac{1}{n^2} = 0$ ist.

e) $\lim\limits_{n\to\infty} e_n = \cos\left(\lim\limits_{n\to\infty} \frac{1}{n}\right) = \cos 0 = 1$

f) $\lim\limits_{n\to\infty} f_n = 0$, da der Sinus beschränkt und $\lim\limits_{n\to\infty} e^{-n} = 0$ ist.

3. *a)* $$\left|3 - \frac{3n^2 - 2n + 1}{n^2 + 15}\right|$$
$$= \left|\frac{2n + 44}{n^2 + 15}\right| < 0{,}01$$
$\Leftrightarrow 0 < n^2 - 200n - 4385$
$\Rightarrow 219{,}94 < n$
Also ist $n_0 = 219$; ab $n_0 + 1 = 220$ ist $|3 - a_n| < 0{,}01$.

b) $1 - \cos\frac{1}{n} < 0{,}01 \Leftrightarrow \cos\frac{1}{n} < 0{,}99$
$\Leftrightarrow \frac{1}{n} < \arccos 0{,}99$
$\Leftrightarrow \frac{1}{\arccos 0{,}99} < n \Leftrightarrow 7{,}07 < n$
Also ist $n_0 = 7$; ab $n_0 + 1 = 8$ ist
$\left|1 - \cos\frac{1}{n}\right| < 0{,}01$.

4. *a)* $\lim\limits_{x\to\infty} f(x) = \lim\limits_{x\to-\infty} f(x) = \frac{1}{2}$,
da die höchsten Potenzen in Zähler und Nenner gleich sind.

b) $\lim\limits_{x\to\infty} g(x) = \lim\limits_{x\to\infty}\left(x - \frac{1}{x}\right) = \infty$;
$\lim\limits_{x\to-\infty} g(x) = -\infty$

c) $\lim\limits_{x\to\infty} h(x) = \lim\limits_{x\to-\infty} h(x) = 0$, da die höchste Potenz von x im Nenner steht.

d) $\lim\limits_{x\to\infty} k(x) = 0$ analog zu 2. f);
$\lim\limits_{x\to-\infty} k(x)$ existiert nicht, da der Kosinus immer wieder das Vorzeichen wechselt.

e) $\lim\limits_{x\to\infty} u(x) = \lim\limits_{x\to-\infty} u(x) = \sqrt{\sin\frac{\pi}{2}} = 1$

f) $\lim\limits_{x\to\infty} z(x) = \lim\limits_{z\to-\infty} z(x) = 0$

5. Der erste Term entsteht jeweils durch Faktorisierung, der zweite durch Polynomdivision aus dem kompletten, der (eventuell) dritte durch Polynomdivision aus dem faktorisierten und gekürzten Funktionsterm.

a) $f(x) = \frac{x(x^2-3)}{(x+1)(x-1)} = x - \frac{2x}{x^2-1}$
hat senkrechte Asymptoten bei $x = \pm 1$. $a(x) = x$ ist Asymptote für $x \to \pm\infty$.

b) $g(x) = \frac{x-7}{(x-7)(x+7)} = \frac{1}{x+7}$
hat eine senkrechte Asymptote bei $x = -7$. Die x-Achse ist Asymptote für $x \to \pm\infty$.

c) $h(x) = x^2 - 1 + \frac{3}{x^2+1}$
$a(x) = x^2 - 1$ ist Asymptote für $x \to \pm\infty$.

d) $k(x) = \frac{(x+1)^2}{(x+1)(x-1)}$
$= 1 + \frac{2x+2}{x^2-1} = 1 + \frac{2}{x-1}$
hat eine senkrechte Asymptote für $x = 1$. $a(x) = 1$ ist Asymptote für $x \to \pm\infty$.

e) $u(x) = \frac{(x^2+1)(x+1)(x-1)}{(x-1)(x+1)(x+3)}$
$= x - 3 + \frac{10x^2-10}{x^3+3x^2-x-3}$
$= x - 3 + \frac{10}{x+3}$ hat eine senkrechte Asymptote für $x = -3$. $a(x) = x - 3$ ist Asymptote für $x \to \pm\infty$.

f) $z(x) = \frac{(x-1)(x+1)(x+2)}{(x-1)(x-2)(x+2)}$
$= 1 + \frac{3x^2+3x-6}{x^3-x^2-4x+4} = 1 + \frac{3}{x-2}$
hat eine senkrechte Asymptote für $x = 2$. $a(x) = 1$ ist Asymptote für $x \to \pm\infty$.

6. $g(x)$ ist bei $x = 7$ durch $g^*(7) = \frac{1}{14}$ stetig ergänzbar.
$k(x)$ ist bei $x = -1$ durch $k^*(-1) = 0$ stetig ergänzbar.
$u(x)$ ist bei $x = 1$ durch $u^*(1) = 0{,}5$ und bei $x = -1$ durch $u^*(-1) = 1$ stetig ergänzbar.
$z(x)$ ist bei $x = 1$ durch $z^*(1) = 2$ und bei $x = -2$ durch $z^*(-2) = 0{,}25$ stetig ergänzbar.

7. *a)* $\sum\limits_{k=0}^{\infty}\left(\frac{3}{4}\right)^k = \lim\limits_{k\to\infty}\sum\limits_{k=0}^{\infty}\left(\frac{3}{4}\right)^k$
$= \lim\limits_{n\to\infty}\frac{\left(\frac{3}{4}\right)^{n+1} - 1}{\frac{3}{4} - 1} = 4$
Also ist die Reihe konvergent.

b) $\sum\limits_{k=0}^{\infty}\left(2 - \frac{1}{k}\right)$ ist divergent,
da $\lim\limits_{k\to\infty}\left(2 - \frac{1}{k}\right) \neq 0$.

c) $\sum\limits_{k=0}^{\infty}(-1)^k \cdot \sin\left(\frac{\pi}{2k}\right)$ ist konvergent,
da die zugrunde liegende Folge alterniert und den Grenzwert Null hat.

8. *a)* $n = 1$: $2 = 1 \cdot (1 + 1) = 2$
$n \to n + 1$:
$2 + 4 + \ldots + 2n + 2(n+1)$
$= n(n+1) + 2(n+1)$
$= (n+2)(n+1)$

b) $n = 1$: $1 = 1^2$
$n \to n + 1$:
$1 + 3 + \ldots + (2n-1) + (2n+1)$
$= n^2 + (2n+1) = (n+1)^2$

c) $n = 1{:}\quad a_0 + (a_0 + d) = \dfrac{n+1}{2} \cdot (2a_0 + d) = 2a_0 + d$

$n \rightarrow n + 1{:}\quad a_0 + (a_0 + d) + \ldots + (a_0 + nd) + (a_0 + (n+1)d)$

$= \dfrac{n+1}{2} \cdot (2a_0 + nd) + (a_0 + (n+1)d)$

$= (n+2) \cdot a_0 + \dfrac{(n+1)n + (n+1) \cdot 2}{2} \cdot d = \dfrac{n+2}{2} \cdot 2a_0 + \dfrac{n+2}{2} \cdot (n+1) \cdot d = \dfrac{n+2}{2} \cdot (2a_0 + (n+1) \cdot d)$

d) $n = 1{:}\quad a_1 = \dfrac{q^1 - 1}{q - 1} \cdot a_1 = a_1$

$n \rightarrow n+1{:}\quad a_1 \cdot (1 + q + \ldots + q^{n-1} + q^n) = a_1 \cdot \left(\dfrac{q^n - 1}{q - 1} + q^n\right) = a_1 \cdot \left(\dfrac{q^n - 1}{q - 1} + \dfrac{q^{n+1} - q^n}{q - 1}\right) = a_1 \cdot \left(\dfrac{q^{n+1} - 1}{q - 1}\right)$

9. $n = 1{:}\quad 1^3 + 2^3 + 3^3 = 36$ ist durch 3 teilbar.
Annahme: $n^3 + (n+1)^2 + (n+2)^3$ ist durch 3 teilbar.
$n \rightarrow n+1{:}\quad (n+1)^3 + (n+2)^3 + (n+3)^3$
$= (n+1)^3 + (n+2)^3 + n^3 + 9n^2 + 27n + 27$
$= (n^3 + (n+1)^3 + (n+2)^3)$
$+ (9n^2 + 27n + 27)$
$(n^3 + (n+1)^3 + (n+2)^3)$ ist durch 3 teilbar gemäß der Annahme.
$(9n^2 + 27n + 27)$ ist durch 3 teilbar, da jeder Summand durch 3 teilbar ist.

10. $n = 1{:}\quad (1 + x)^1$
$= 1 + 1 \cdot n \rightarrow n + 1{:}$
$(1 + x)^{n+1} = (1 + x)^n \cdot (1 + x)$
$\geq (1 + nx)(1 + x) = 1 + nx + x + nx^2$
$\geq 1 + nx + x = 1 + (n+1) \cdot x$

11. $n = 1{:}$ Die Voraussetzung ist klar.
$n \rightarrow n + 1{:}$ Es seien $n + 1$ Kreise gegeben. Entfernen wir einen dieser Kreise, so ist gemäß der Voraussetzung klar, daß sich die Karte mit zwei Farben färben läßt. Nehmen wir nun den Kreis wieder dazu und ändern in seinem Innern jede Farbe in die jeweils andere, so erhalten wir wieder eine mit zwei Farben korrekt gefärbte Karte (Bild 9.37).

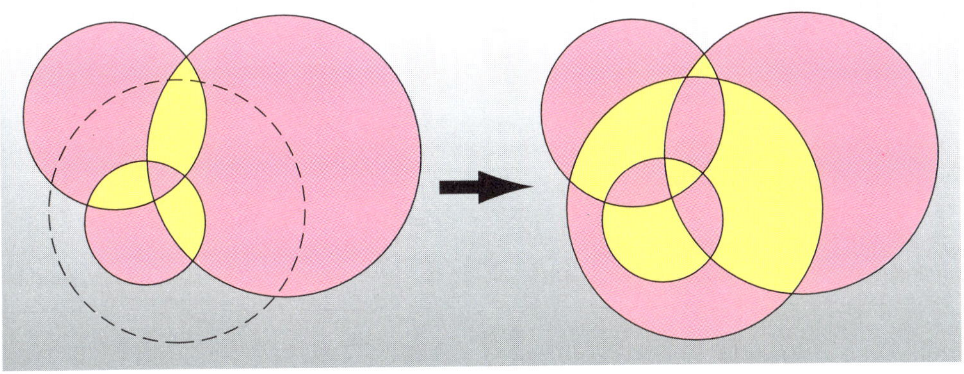

Bild 9.37

12. *a)* $f'(x_0) = \lim\limits_{h\to 0} \frac{a-a}{h} = \lim\limits_{h\to 0} \frac{a-a}{-h} = 0$

b) $g'(x_0) = \lim\limits_{x\to x_0} \frac{x-x_0}{x-x_0} = \lim\limits_{x\to x_0} 1 = 1$

c) $\lim\limits_{h\to 0} \frac{(x+h)^3 - x^3}{h}$

$= \lim\limits_{h\to 0} \frac{x^3 + 3x^2h + 3xh^2 + h^3 - x^3}{h}$

$= \lim\limits_{h\to 0} \frac{(3x^2 + 3xh + h^2)\cdot h}{h}$

$= \lim\limits_{h\to 0} (3x^2 + 3xh + h^2) = 3x^2$

$= \lim\limits_{h\to 0} \frac{(x-h)^3 - x^2}{-h}$

Also ist $h'(x) = 3x^2$.

d) $\lim\limits_{h\to 0} \frac{(x+h)^2 - 2(x+h) - 1 - [x^2 - 2x - 1]}{h}$

$= \lim\limits_{h\to 0} \frac{2xh + h^2 - 2h}{h}$

$= \lim\limits_{h\to 0} (2x + h - 2) = 2x - 2$

$= \lim\limits_{h\to 0} \frac{(x-h)^2 - 2(x-h) - 1 - [x^2 - 2x - 1]}{-h}$

Also ist $k'(x) = 2x - 2$.

13. *a)* $f'(2) = m_t = 0;\ t(2) = f(2) = a$
$\Rightarrow t(x) = 0 \cdot x + a = a$

b) $g'(2) = m_t = 1;$
$t(2) = g(2) = 2 = 1 \cdot 2 + b$
$\Rightarrow b = 0 \Rightarrow t(x) = x$

c) $h'(2) = m_t = 12;$
$t(2) = h(2) = 8 = 12 \cdot 2 + b$
$\Rightarrow b = -16 \Rightarrow t(x) = 12x - 16$

d) $k'(2) = m_t = 2;$
$t(2) = k(2) = -1 = 2 \cdot 2 + b$
$\Rightarrow b = -5 \Rightarrow t(x) = 2x - 5$

14. *a)* $f''(x) = f'''(x) = f^{(4)}(x) = 0$

b) $g''(x) = g'''(x) = g^{(4)}(x) = 0$

c) $h''(x) = 6x;\ h'''(x) = 6;\ h^{(4)}(x) = 0$

d) $k''(x) = 2;\ k'''(x) = k^{(4)}(x) = 0$
Alle weiteren Ableitungen sind ebenfalls gleich Null.

15. *a)* $f(x)$ steigt bzw. fällt nirgends.

b) $g(x)$ steigt wegen $g'(x) = 1$ überall streng monoton.

c) $h'(x) > 0$ für alle $x \in \mathbb{R}\setminus\{0\} \Rightarrow h(x)$ steigt, außer in $x = 0$ streng monoton.

d) $k'(x) > 0$ für $x > 1$ bzw. $k'(x) < 0$ für $x > 1 \Rightarrow$ in $]1;\ \infty[$ steigt, und in $]-\infty;\ 1[$ fällt $k(x)$ streng monoton.

16. Nur $h''(x)$ hat eine Nullstelle für $x = 0$ mit $h'''(0) \neq 0$ und damit den Wendepunkt $W(0|0)$.

17. *a)* $f'(x) = 3x^2\cos x - x^3\sin x$

b) $g'(x) = \frac{e^x}{x} - \frac{e^x}{x^2}$

c) $h'(x) = 2\sin x \cdot \cos^2 x - \sin^3 x$

d) $k'(x) = -\frac{\sin x}{x} - \frac{\cos x}{x^2}$

e) $u'(x) = e^x\cos^2 x - 2e^x\cos x \cdot \sin x$

f) $z'(x) = 2x \cdot e^x\sin x + x^2e^x(\sin x + \cos x)$

18. *a)*

$$f'(x) = \frac{(4x-1)(4x^2+6x+2) - (2x^2-x+1)(8x+6)}{(4x^2+6x+2)^2} = \frac{16x^2 - 8}{(4x^2 + 6x + 2)^2}$$

b) $g'(x) = \frac{(4x^3 - 2x)x^3 - (x^4 - x^2)3x^2}{x^6}$

$= \frac{x^6 + x^4}{x^6} \left(\text{oder } g(x) = \frac{x^2 - 1}{x^2}\right.$

$\left.\Rightarrow g'(x) = \frac{2x \cdot x - x^2 + 1}{x^2} = \frac{x^2 + 1}{x^2}\right)$

c) $h'(x) = \frac{3x^2(x^5 + 1) - (x^3 - 7)5x^4}{(x^5 + 1)^2}$

$= \frac{-2x^7 + 35x^4 + 3x^2}{(x^5 + 1)^2}$

d) $k'(x) = \frac{-\sin x \cdot x^2 - \cos x \cdot 2x}{x^4}$

e) $u'(x) = \frac{e^x \cos x + e^x \sin x}{\cos x^2}$

f) $z'(x) = \frac{-\sin x \cdot e^x - \cos x \cdot e^x}{e^{2x}}$

19. *a)* $f'(x) = 2\cos(2x - 1)$

b) $g'(x) = 2x \cdot e^{x^2}$

c) $h'(x) = \frac{4x - 1}{2\sqrt{2x^2 - x + 1}}$

d) $k'(x) = 2\cos(x^2 - 7)(-\sin(x^2 - 7)) \cdot 2x$

e) $u'(x) = \frac{2x}{x^2 + 1}$

f) $z'(x) = \frac{2x + 3}{\cos^2(x^2 + 3x + 2)}$

20. *a)* $\lim\limits_{x \to 0} \frac{\sin x}{x} = \lim\limits_{x \to 0} \frac{\cos x}{1} = 1$

b) $\lim\limits_{x \to \pi/2} \frac{\pi(1 - \sin x)}{\cos x} = \lim\limits_{x \to \pi/2} \frac{-\cos x}{-\sin x} \cdot \pi = 0$

c) $\lim\limits_{x \to \infty} \frac{x^2 + 6x + 1}{2x^2 - 7} = \lim\limits_{x \to \infty} \frac{2x + 6}{4x}$

$= \lim\limits_{x \to \infty} \frac{2}{4} = 0{,}5$

21. Zwar ist $\lim\limits_{x \to 2} (x^2 - 4) = 0$,
aber $\lim\limits_{x \to 2} (x^2 - 2x - 8) = -8 \neq 0$.
Daher ist die Voraussetzung einer $\frac{0}{0}$-Situation nicht gegeben.

22. $f(x) = -x^3 + 2x^2 + 15x$

a) $\mathbb{D} = \mathbb{R}$

b) Es besteht weder Symmetrie zum Ursprung noch zur y-Achse, da sowohl gerade wie ungerade Potenzen von x vorkommen.

c) $f(x) = 0 = (-x) \cdot (x^2 - 2x - 15)$ führt auf die Nullstellen $x = 0$ und (mit der p-q-Formel) $x = 5$ oder $x = -3$.

d) $\lim\limits_{x \to \infty} f(x) = -\infty$; $\lim\limits_{x \to -\infty} f(x) = \infty$

e) $f'(x) = -3x^2 + 4x + 15 = 0$ für $x = 3$ oder $x = -\frac{5}{3}$

$f''(x) = -6x + 4$

$\Rightarrow f''(3) = -14 < 0$, also Max(3|36)

$f''\left(-\frac{5}{3}\right) = 14 > 0$,

also Min$\left(-\frac{5}{3}\middle|-\frac{400}{27}\right)$

Also ist f(x) in $\left]-\infty; -\frac{5}{3}\right[$ und $]3; \infty[$ streng monoton fallend und in $\left]-\frac{5}{3}; 3\right[$ streng monoton steigend.

f) $f''(x) = 0$ für $x = \frac{2}{3}$

$f'''(x) = -6 \neq 0$ für alle x,

also W$\left(\frac{2}{3}\middle|\frac{286}{27}\right)$

Damit ist f(x) in $\left]-\infty; \frac{2}{3}\right[$ linksgekrümmt und in $\left]\frac{2}{3}; \infty\right[$ rechtsgekrümmt.

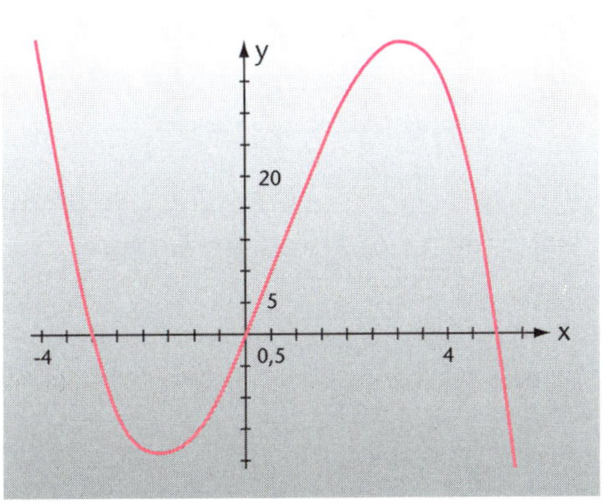

Bild 9.38 $f(x) = -x^3 + 2x^2 + 15x$

23. $f(x) = x^4 + x^3 - 9x^2 + 11x - 4$

a) $\mathbb{D} = \mathbb{R}$

b) Weder Symmetrie zum Ursprung noch zur y-Achse, da sowohl gerade wie ungerade Potenzen von x vorkommen.

c) $f(x) = 0$ für $x = 1$. Polynomdivision ergibt den Restterm $x^3 + 2x^2 - 7x + 4$, dieser führt nach Polynomdivision durch $(x - 1)$ auf $x^2 + 3x - 4$. Die p-q-Formel bringt $x = 1$ oder $x = -4$. Damit ist $x = 1$ dreifache Nullstelle.

d) $\lim\limits_{x\to\infty} f(x) = \lim\limits_{x\to-\infty} f(x) = \infty$

e, f) $f'(x) = 4x^3 + 3x^2 - 18x + 11$

$x = 1$ muß doppelte Nullstelle von $f'(x)$ sein. Polynomdivision durch $(x - 1)^2$ erbringt als letzte mögliche Extremalstelle $x = -2{,}75$.

$f''(x) = 12x^2 + 6x - 18$

$f''(-2{,}75) = 56{,}25 > 0$

$\Rightarrow \text{Min}(-2{,}75|-65{,}92)$

$f''(1) = 0$, also mit diesem Kriterium (noch) keine Entscheidung möglich; wegen d) aber kann nur eine ungerade Zahl von Extema vorkommen, und wegen c) ist $x = 1$ Wendestelle.

$f''(x) = 0$ für $x = 1$ oder $x = -1{,}5$

$f'''(x) = 24x + 6$; $f'''(1) = 30 \neq 0$

$\Rightarrow W_1(1|0)$ ist Terrassenpunkt.

$f'''(-1{,}5) = -30 \neq 0$

$\Rightarrow W_2(-1{,}5|-39{,}06)$

Damit ist f(x) für $]-\infty; -2{,}75[$ streng monoton fallend und für $]-2{,}75; \infty[$ streng monoton steigend.

Für $]-\infty; -1{,}5[$ und für $]1; \infty[$ ist die Funktion linksgekrümmt, für $]-1{,}5; 1[$ rechtsgekrümmt.

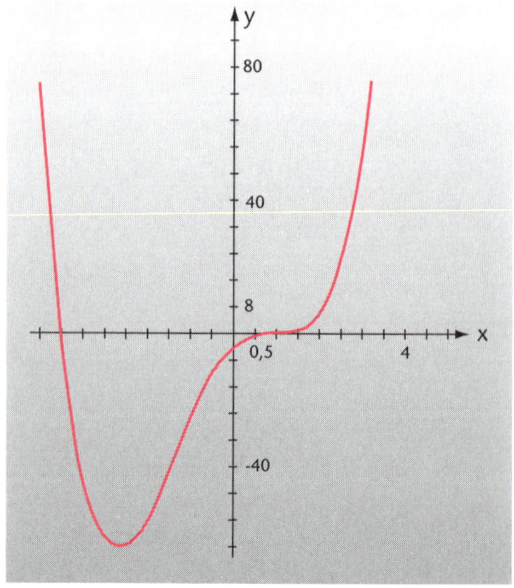

Bild 9.39 $f(x) = x^4 + x^3 - 9x^2 + 11x - 4$

24. $f(x) = x^4 - 6x^2 + 8$

a) $\mathbb{D} = \mathbb{R}$

b) Der Graph ist y-Achsen-symmetrisch, da nur gerade Potenzen von x vorkommen.

c) $f(x) = 0$ erbringt über die Substitution $x^2 = z$ und die p-q-Formel für $z^2 - 6z + 8$ die Nullstellen $x = \pm 2$ und $\pm\sqrt{2}$.

d) $\lim\limits_{x\to\infty} f(x) = \lim\limits_{x\to-\infty} f(x) = \infty$

e) $f'(x) = 4x^3 - 12x = 0$ für $x = 0$ oder $x = \pm\sqrt{3}$

$f''(x) = 12x^2 - 12$; $f''(0) = -12 < 0 \Rightarrow \text{Max}(0|8)$

$f''(\pm\sqrt{3}) = 24 > 0 \Rightarrow \text{Min}_1(\sqrt{3}|-1)$; $\text{Min}_2(-\sqrt{3}|-1)$

Also ist f(x) in $]-\infty; -\sqrt{3}[$ und in $]0; \sqrt{3}[$ streng monoton fallend und in $]-\sqrt{3}; 0[$ sowie in $]\sqrt{3}; \infty[$ streng monoton steigend.

f) $f''(x) = 0$ für $x = 1$ oder $x = -1$

$f'''(x) = 24x$, also $f'''(1) = 24 \neq 0$ und $f'''(-1) = -24 \neq 0$

Damit sind $W_1(-1|3)$ und $W_2(1|3)$ Wendepunkte.
f(x) ist in $]-\infty; -1[$ und $]1; \infty[$ linksgekrümmt und in $]-1; 1[$ rechtsgekrümmt.

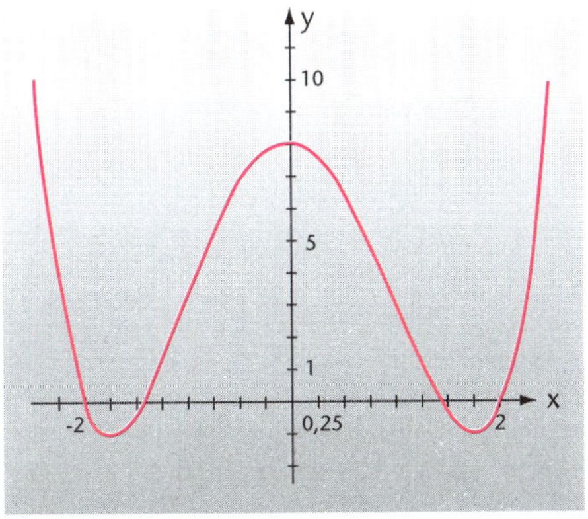

Bild 9.40 $f(x) = x^4 - 6x^2 + 8$

25. $g(x) = \dfrac{4x}{x^2 + 1}$

a) $\mathbb{D} = \mathbb{R}$, da $x^2 + 1 > 0$ für alle $x \in \mathbb{R}$

b) Der Graph ist ursprungssymmetrisch, da der Zählerterm ungerade und der Nennerterm gerade ist.

c) $g(x) = 0 \Leftrightarrow x = 0$

d) $\lim\limits_{x\to\infty} g(x) = \lim\limits_{x\to-\infty} g(x) = 0$, da der Grad des Nenners größer ist als der des Zählers.

e) $g'(x) = \dfrac{-4x^2 + 4}{(x^2 + 1)^2}$

$g''(x) = \dfrac{8x^2 - 24x}{(x^2 + 1)^3}$

$g'(x) = 0$ für $x = \pm 1$
$g''(1) = -2 < 0 \Rightarrow \text{Max}(1|2)$
$g''(-1) = 2 > 0 \Rightarrow \text{Min}(-1|-2)$
Also ist g(x) in $]-\infty; -1[$ und $]1; \infty[$ streng monoton fallend und in $]-1; 1[$ streng monoton steigend.

f) $g''(x) = 0$ für $x = 0$ bzw. $x = \pm\sqrt{3}$

$g'''(x) = \dfrac{-24x^4 + 114x^2 - 24}{(x^2 + 1)^4}$

$g'''(0) = -24 \neq 0 \Rightarrow W_1(0|0)$

$g'''(\sqrt{3}) = g'''(-\sqrt{3}) = \dfrac{3}{4} \neq 0$

$\Leftrightarrow W_2(\sqrt{3}|\sqrt{3}); W_3(-\sqrt{3}|-\sqrt{3})$
Also ist g(x) in $]-\infty; -\sqrt{3}[$ und $]0; \sqrt{3}[$ rechtsgekrümmt und in $]-\sqrt{3}; 0[$ und in $]\sqrt{3}; \infty[$ linksgekrümmt.

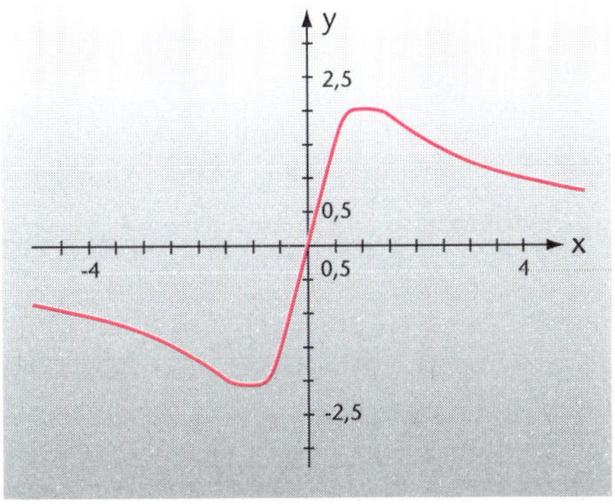

Bild 9.41 $g(x) = \dfrac{4x}{x^2 + 1}$

26. $g(x) = \dfrac{3x^2 + x - 2}{2x^2 - x - 3}$

a) Als Nullstellen des Nenners erhalten wir (p-q-Formel): $x = -1$ bzw. $x = 1{,}5$. Also ist $\mathbb{D} = \mathbb{R} \setminus \{-1; 1{,}5\}$.

b) Es besteht weder Ursprungs- noch y-Achsen-Symmetrie, da in Zähler und Nenner gerade und ungerade Potenzen von x vorkommen.

c) Nullstellen sind die Zählernullstellen, die nicht gleichzeitig Nennernullstellen sind. So ergibt sich als einzige Nullstelle $x = \dfrac{2}{3}$ wegen

$g(x) = \dfrac{(3x - 2)(x + 1)}{(2x - 3)(x + 1)}$.

d) g(x) ist stetig auf ganz $\mathbb{D}$. Wegen $\lim\limits_{x\to-1} g(x) = 1$ ist g(x) durch $g^*(-1) = 1$ stetig ergänzbar. Wegen

$\lim\limits_{h \to 0} g(1{,}5 + h) = \infty$ und

$\lim\limits_{h \to 0} g(1{,}5 - h) = -\infty$ hat g(x) bei x = 1,5 eine ungleichsinnige Polstelle mit senkrechter Asymptote.

Ferner ist $g(x) = \frac{3}{2} + \frac{2{,}5}{2x - 3}$ und daher h(x) = 1,5 Asymptote für $|x| \to \infty$.

e) $g'(x) = \frac{-5}{(2x - 3)^2} < 0$ für alle x.
Also gibt es keine Extrema, und g(x) ist überall streng monoton fallend.

f) $g''(x) = \frac{20}{(2x - 3)^3} \neq 0$ für alle x.
Daher gibt es keine Wendestellen. Aufgrund des asymptotischen Verhaltens ist g(x) in $]-\infty; 1{,}5[$ rechts- und in $]1{,}5; \infty[$ linksgekrümmt.

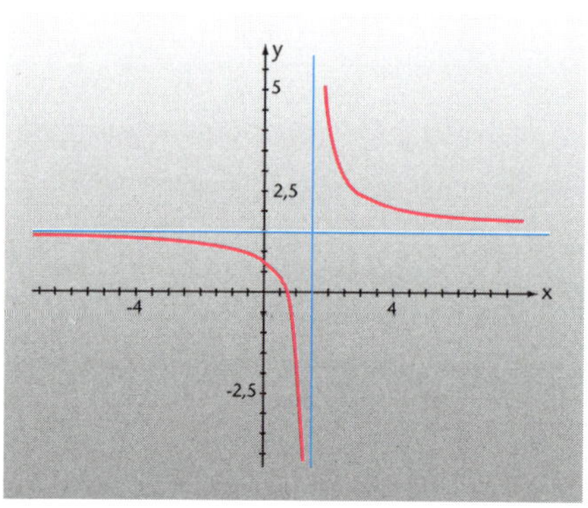

Bild 9.42 $g(x) = \frac{3x^2 + x - 2}{2x^2 - x - 3}$

27. $g(x) = \frac{x^2 - 3x + 1}{x^2 - x - 6}$

a) Die Nullstellen des Nenners sind –2 und 3.
Daher ist $\mathbb{D} = \mathbb{R} \setminus \{-2; 3\}$.

b) Es besteht weder Ursprungs- noch y-Achsen-Symmetrie, da sowohl gerade wie ungerade Potenzen in Zähler und Nenner auftreten.

c) g(x) = 0 für x = 2,618 und x = 0,382 (p-q-Formel)

d) Da die Nullstellen von Zähler und Nenner verschieden sind, ist g(x) nicht stetig ergänzbar. Bei x = –2 und x = 3 existieren ungleichnamige Polstellen mit senkrechten Asymptoten.
Ferner ist $\lim\limits_{|x| \to \infty} g(x) = 1$.

e) $g'(x) = \frac{2x^2 - 14x + 19}{(x^2 - x - 6)^2} = 0$
für x = 5,158 bzw. x = 1,842

$g''(x) = \frac{-4x^3 + 42x^2 - 114x + 122}{(x^2 - x - 6)^3}$

$g''(5{,}158) > 0$
$\Rightarrow$ Min(5,158|11,196)
$g''(1{,}842) < 0$
$\Rightarrow$ Max(1,842|0,255)
Zusammen mit dem asymptotischen Verhalten ergibt sich:
g(x) ist in $]-\infty; -2[$, $]-2; 1{,}842[$ und $]5{,}158; \infty[$ streng monoton steigend sowie in $]1{,}842; 3[$ und $]3; 5{,}158[$ streng monoton fallend.

f) Wegen des asymptotischen Verhaltens muß in $]5{,}158; \infty[$ eine Wendestelle liegen.

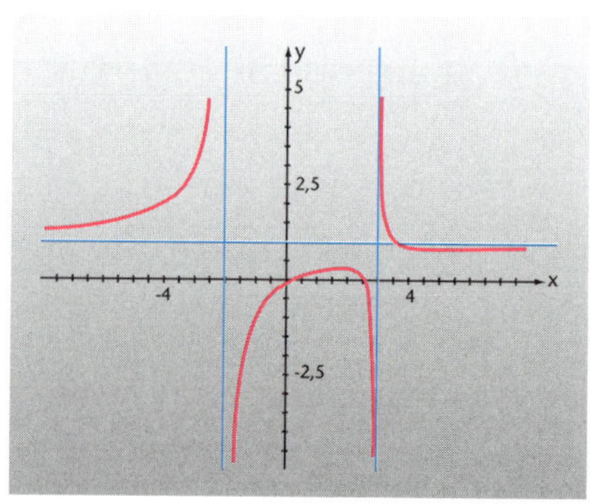

Bild 9.43 $g(x) = \frac{x^2 - 3x + 1}{x^2 - x - 6}$

28. $h(x) = e^x \cdot \sin x$

a) $\mathbb{D} = \mathbb{R}$

b) Keine Symmetrie, da e^x unsymmetrisch.

c) Nullstellen gibt es genau da, wo $\sin x = 0$ ist, also für $x = z \cdot \pi$ mit $z \in \mathbb{Z}$.

d) $\lim\limits_{x\to\infty}$ existiert nicht, da der Sinus immer wieder das Vorzeichen wechselt und $|h(x)| \to \infty$ strebt.
$\lim\limits_{x\to-\infty} h(x) = 0$, da sin x beschränkt ist und $\lim\limits_{x\to-\infty} e^x = 0$.

e) $h'(x)$
$= e^x \sin x + e^x \cos x$
$= e^x(\sin x + \cos x) = 0$
$\Leftrightarrow \sin x + \cos x = 0$
$\Leftrightarrow \tan x = -1$, das heißt,
$x = \left(z - \frac{1}{4}\right)\pi$ mit $z \in \mathbb{Z}$.
$h''(x)$
$= e^x(\sin x + \cos x) + e^x(\cos x - \sin x)$
$= e^x \cdot 2\cos x$
$h''\left(z \cdot \pi - \frac{\pi}{4}\right) > 0$ für $z = 0;\ \pm 2;\ \pm 4 \ldots$ Also sind dort Minima.
$h''\left(z \cdot \pi - \frac{\pi}{4}\right) < 0$ für $z = \pm 1;\ \pm 3;\ \pm 5 \ldots$ Also sind dort Maxima.
Damit ist h(x) z. B. in $\left]-\frac{\pi}{4}; \frac{3}{4}\pi\right[$ steigend, in $\left]\frac{3}{4}\pi; \frac{7}{4}\pi\right[$ fallend usw.

f) $h''(x) = 0 \Leftrightarrow \cos x = 0$
$\Leftrightarrow x = (2z - 1)\frac{\pi}{2}$ mit $z \in \mathbb{Z}$
$h'''(x) = 2e^x \cos x - 2e^x \sin x \neq 0$
für $x = (2z - 1)\frac{\pi}{2}$ mit $z \in \mathbb{Z}$
Also sind an allen diesen Stellen Wendepunkte, und die Funktion steigt jeweils von Minimum zu Maximum und fällt dann wieder.

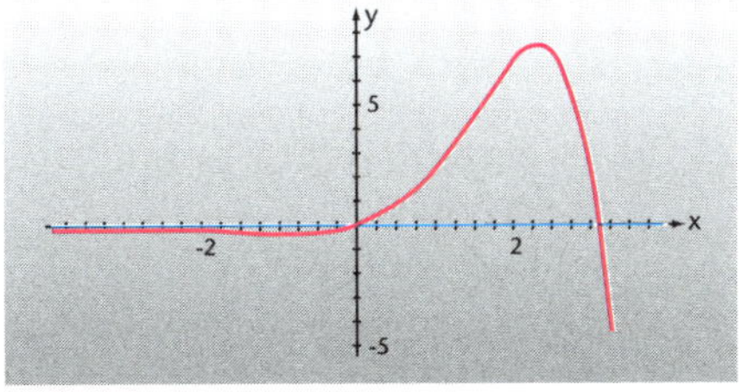

Bild 9.44 $h(x) = e^x \cdot \sin x$

29. $h(x) = \dfrac{e^x - e^{-x}}{e^x + e^{-x}}$

a) $\mathbb{D} = \mathbb{R}$

b) Es besteht Ursprungssymmetrie wegen $h(x) = -h(-x) = -\left(\dfrac{e^{-x} - e^x}{e^{-x} + e^x}\right)$.

c) Einzige Nullstelle ist x = 0.

d) $\lim\limits_{x\to\infty} h(x) = \lim\limits_{x\to\infty} \dfrac{1 - e^{-2x}}{1 + e^{-2x}} = 1$
$\lim\limits_{x\to-\infty} h(x) = \lim\limits_{x\to-\infty} \dfrac{e^{2x} - 1}{e^{2x} + 1} = -1$

e) $h'(x) = \dfrac{4}{(e^x + e^{-x})^2} \neq 0$,
und es gibt keine Extremwerte.
h(x) ist überall streng monoton steigend.

f) $h''(x) = \dfrac{-8(e^x - e^{-x})}{(e^x + e^{-x})^3} = 0$ für $x = 0$
Wegen der vorherigen Ergebnisse kann man sich die explizite Berechnung der dritten Ableitung sparen. W(0|0) muß Wendepunkt sein. Damit ergibt sich in $]-\infty; 0[$ Links- und in $]0; \infty[$ Rechtskrümmung.

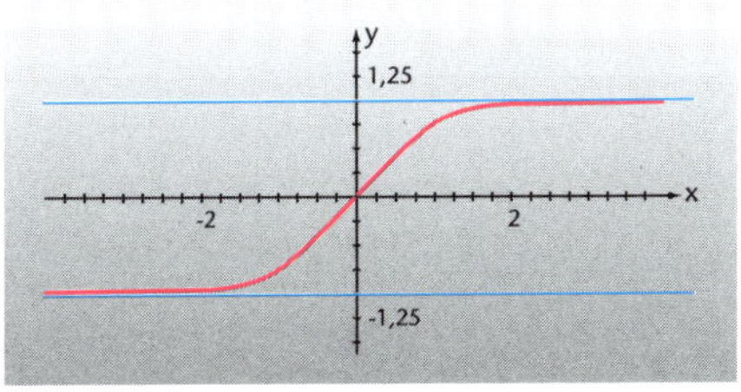

Bild 9.45 $h(x) = \dfrac{e^x - e^{-x}}{e^x + e^{-x}}$

30. $s_c(x) = \frac{cx^2}{x - c}$

a) $\mathbb{D} = \mathbb{R}\setminus\{c\}$

b) Es besteht weder Symmetrie zum Ursprung noch zur y-Achse.

c) Einzige Nullstelle ist $x = 0$.

d) Für $x = c$ existiert eine senkrechte Asymptote.
$\lim\limits_{x\to\infty} s_c(x) = \infty$; $\lim\limits_{x\to-\infty} s_c(x) = -\infty$
für $c > 0$
und umgekehrt für $c < 0$.

e) $s_c'(x) = \frac{cx^2 - 2c^2x}{(x - c)^2}$ wird Null für $x = 0$ oder $x = 2c$.

$s_c''(x) = \frac{2c^3}{(x - c)^3}$

$s_c''(0) = -2 < 0 \Rightarrow \text{Max}(0|0)$

$s_c''(2c) = 2 > 0 \Leftrightarrow \text{Min}(2c|4c^2)$

Für $c > 0$ ergibt sich daher: $s_c(x)$ ist in $]-\infty; 0[$ und $]2c; \infty[$ streng monoton steigend und in $]c; 2c[$ streng monoton fallend.

Für $c < 0$ ergibt sich dagegen: $s_c(x)$ ist in $]-\infty; 2c[$ und $]0; \infty[$ streng monoton fallend und in $]2c; c[$ sowie in $]c; 0[$ streng monoton steigend.

f) $s_c''(x) \neq 0$ für alle $x \in \mathbb{D}$. Also gibt es keine Wendepunkte. Dann ist für $c > 0$ $s_c(x)$ in $]-\infty; c[$ rechtsgekrümmt und in $]c; \infty[$ linksgekrümmt.
Für $c < 0$ besteht dagegen in $]-\infty; c[$ Links- und in $]c; \infty[$ Rechtskrümmung.

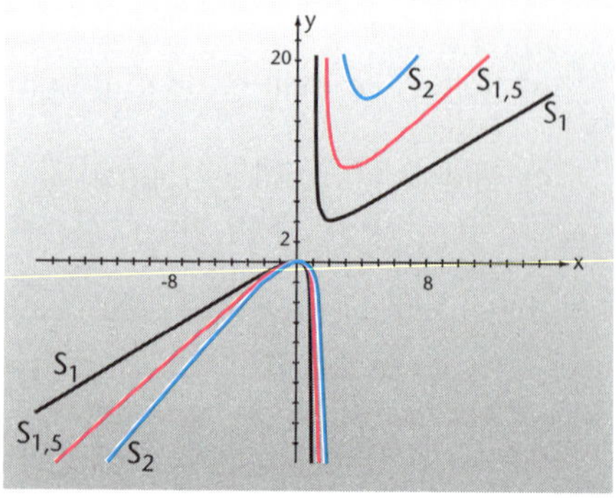

Bild 9.46 $s_c(x) = \frac{cx^2}{x - c}$ für $c = 1$; $c = 1{,}5$; $c = 2$

31. $s_a(x) = x^2 \cdot e^{\frac{a-x}{a}}$

a) $\mathbb{D} = \mathbb{R}$

b) Es besteht weder Ursprungs- noch y-Achsen-Symmetrie.

c) Einzige Nullstelle ist $x = 0$.

d) $\lim\limits_{x\to\infty} s_a(x) = 0$ (mit de l'Hospital);
$\lim\limits_{x\to-\infty} s_a(x) = \infty$

e) $s_a'(x) = e^{\frac{a-x}{a}}\left(2x - \frac{x^2}{a}\right)$
wird Null, wenn die Klammer Null wird.
Dies ist der Fall für $x = 0$ oder $x = 2a$.

$s_a''(x) = e^{\frac{a-x}{a}}\left(-\frac{4x}{a} + \frac{x^2}{a^2} + 2\right)$

$s_a''(0) = 2e > 0 \Rightarrow \text{Min}(0|0)$

$s_a''(2a) = e^{-1}(-8 + 4 + 2) = -2e^{-1} < 0$
$\Rightarrow \text{Max}\left(2a\middle|\frac{4a^2}{e}\right)$

Also ist $s_a(x)$ in $]-\infty; 0[$ und $]2a; \infty[$ streng monoton fallend und in $]0; 2a[$ streng monoton steigend.

f) $s_a''(x) = 0 \Leftrightarrow x^2 - 4ax + 2a^2 = 0$
Mit der p-q-Formel folgt:
$x = 2a \pm a \cdot \sqrt{2}$

$s_a'''(x) = e^{\frac{a-x}{a}} \left(\frac{6x}{a^2} - \frac{x^2}{a^3} - \frac{6}{a}\right)$

$s_a'''(2a + \sqrt{2} \cdot a) = e^{-1-\sqrt{2}}\left(\frac{2\sqrt{2}}{a}\right) \neq 0$

$\Rightarrow W_1\left(a(2 + \sqrt{2}) \,\middle|\, e^{-1-\sqrt{2}}(6 + 4\sqrt{2})a^2\right)$

$s_a'''(2a - \sqrt{2} \cdot a) = e^{-1+\sqrt{2}}\left(-\frac{2\sqrt{2}}{a}\right) \neq 0$

$\Rightarrow W_2(a(2 - \sqrt{2}) | e^{-1+\sqrt{2}}(6 - 4\sqrt{2})a^2)$

Also ist $s_a(x)$ in $]-\infty; a \cdot (2 - \sqrt{2})[$ und $]a \cdot (2 + \sqrt{2}); \infty[$ linksgekrümmt und in $]a \cdot (2 - \sqrt{2}); a \cdot (2 + \sqrt{2}[$ rechtsgekrümmt.

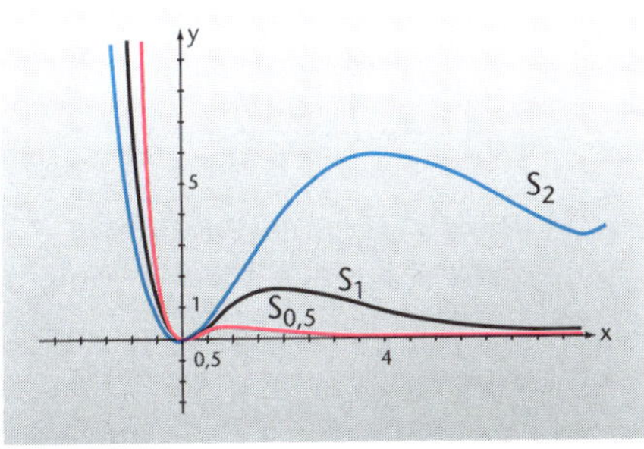

Bild 9.47 $s_a(x) = x^2 \cdot e^{\frac{a-x}{a}}$

für a = 0,5; a = 1; a = 2

32. Allgemeiner Ansatz:
$y = ax^4 + bx^3 + cx^2 + dx + e$
Symmetrie $\Rightarrow b = d = 0$
$y' = 4ax^3 + 2cx;$
$y'' = 12ax^2 + 2c$
$P(2|0) \Rightarrow (1)\ 0 = 16a + 4c + e$
$y'(2) = 2$
$\Rightarrow (2)\ 2 = 32a + 4c$
$y''(-1) = 0$
$\Rightarrow (3)\ 0 = 12a + 2c$
Dieses Gleichungssystem hat die Lösung $(a|c|e) = (0{,}25|-1{,}5|2)$.
Die Funktionsgleichung lautet daher:
$y = 0{,}25x^4 - 1{,}5x^2 + 2.$

33. Allgemeiner Ansatz:
$y = ax^3 + bx^2 + cx + d$
$\Rightarrow y' = 3ax^2 + 2bx + c;\ y'' = 6ax + 2b$
$P(0|0) \Rightarrow 0 = d$
$M(1|7) \Rightarrow (1)\ 7 = a + b + c$
$y'(1) = 0 \Rightarrow (2)\ 0 = 3a + 2b + c$
$y''(3) = 0 \Rightarrow (3)\ 0 = 18a + 2b$
Dieses Gleichungssystem hat die Lösung $(a|b|c) = (1|-9|15)$.
Die Funktionsgleichung lautet:
$y = x^3 - 9x^2 + 15x.$

34. Allgemeiner Ansatz:
$y = ax^3 + bx^2 + cx + d$
$\Rightarrow y' = 3ax^2 + 2bx + c$
Nullstelle bei $x = -1$
$\Rightarrow (1)\ 0 = -a + b - c + d$
$P(0|2) \Rightarrow (2)\ 2 = d$
berühren:
a) $y(2) = 0$
$\Rightarrow (3)\ 0 = 8a + 4b + 2c + d$
b) $y'(2) = 0$
$\Rightarrow (4)\ 0 = 12a + 4b + c$
Das Gleichungssystem hat die Lösung $(a|b|c|d) = (0{,}5|-1{,}5|0|2)$.
Die Funktionsgleichung lautet:
$y = 0{,}5x^3 - 1{,}5x^2 + 2.$

35. Allgemeiner Ansatz:
$y = ax^4 + bx^3 + cx^2 + dx + e$
$\Rightarrow y' = 4ax^3 + 3bx^2 + 2cx + d;$
$y'' = 12ax^2 + 6bx + 2c$
$P(0|0) \Rightarrow e = 0$
$y'(0) = -1 \Rightarrow d = -1$
$y''(0) = 0 \Rightarrow c = 0$
$P(2|-4)$
$\Rightarrow (1)\ -4 = 16a + 8b + 4c + 2d + e$
$\Leftrightarrow -2 = 16a + 8b$
$y'(2) = 0 \Rightarrow (2)\ 0 = 32a + 12b + 4c + d$
$\Leftrightarrow 1 = 32a + 12b$
Dieses Gleichungssystem hat die Lösung $(a|b) = (0{,}5|-1{,}25)$.
Die Funktionsgleichung lautet:
$y = 0{,}5x^4 - 1{,}25x^3 - x.$

36. $f(1) = 2 \Rightarrow 2 = \dfrac{a}{b+1} \Leftrightarrow a = 2b + 2$

$f'(1) = 0 \Rightarrow 0 = \dfrac{-a + ab}{(1+b)^2}$

$\Leftrightarrow 0 = -a + ab \Rightarrow 0 = -1 + b$

$\Rightarrow b = 1 \Rightarrow a = 4$

Die Gleichung lautet also:

$\Rightarrow b = 1\ f(x) = \dfrac{4x}{x^2 + 1}.$

37. Allgemeiner Ansatz: $y = \dfrac{ax^2 + b}{x^2 + c}$

$y(1) = 0 \Rightarrow a + b = 0 \Leftrightarrow a = -b$

$\lim\limits_{x\to\infty} f(x) = 2 \Rightarrow a = 2 \Rightarrow b = -2$

Polstelle für $x = 2 \Rightarrow 2^2 + c = 0$

$\Rightarrow c = -4$

Die Gleichung lautet also:

$y = \dfrac{2x^2 - 2}{x^2 - 4}.$

38. Zielfunktion: $d^2(x; y) = x^2 + (2 - y)^2$

$= x^2 + 4 - 4y + y^2 \Rightarrow \min$

Nebenbedingung: $y = 2{,}25x^2$

Einsetzen: $d^2(x) = -8x^2 + 4 + 5{,}0625x^4$

$(d^2(x))' = -16x + 20{,}25x^3$

$(d^2(x))' = 0$ für $x = 0$ oder $x = \pm\dfrac{8}{9}$

$(d^2(x))'' = -16 + 60{,}75x^2$

$\left(d^2\left(\pm\dfrac{8}{9}\right)\right)'' = 32 > 0$

Also haben die Punkte $P\left(\dfrac{8}{9}\middle|\dfrac{16}{9}\right)$

und $P^*\left(-\dfrac{8}{9}\middle|\dfrac{16}{9}\right)$

minimalen Abstand von $Q(0|2)$.

Mit d^2 statt mit d darf man rechnen, weil d als geometrische Größe nie negativ wird und deshalb genau dann maximal wird, wenn d^2 maximal wird.

39. $F(b; c) = b \cdot c$ mit $c = h - y$;

$b = a - x_1 - x_2$

Zielfunktion:

$F(x_1; x_2; y) = (h - y)(a - x_1 - x_2) \Rightarrow \max$

Nebenbedingung: $\dfrac{h}{a} = \dfrac{y}{a - x_1 - x_2}$

oder $a - x_1 - x_2 = \dfrac{ya}{h}$

Einsetzen: $F(y) = (h - y)\dfrac{ya}{h}$

$= 12y - 1{,}5y^2$

$F'(y) = 12 - 3y = 0$

für $y = 4$

$F''(y) = -3 < 0$ für alle

x, daher Max(4|24)

Das maximale Rechteck hat die Seitenlängen b = 6 cm und c = 4 cm bei einer Fläche von 24 cm².

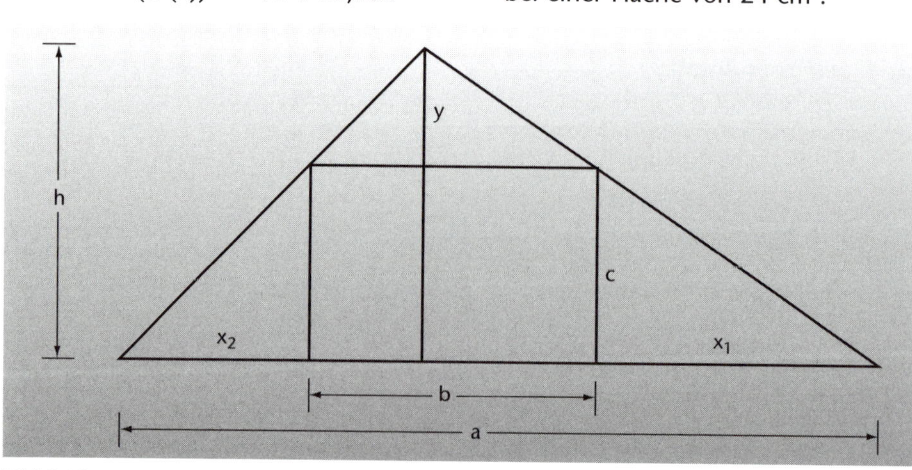

Bild 9.48

40. Zielfunktion: $V(r;\,h) = \frac{1}{3}\pi r^2 h \Rightarrow \max$

Nebenbedingung:
$s^2 - h^2 = 100 - h^2 = r^2$

Einsetzen: $V(h) = \left(\frac{100}{3}h - \frac{1}{3}h^3\right) \cdot \pi$

$$V'(h) = \left(\frac{100}{3} - h^2\right) \cdot \pi$$

$V'(h) = 0$ für $h = \pm\sqrt{\frac{100}{3}}$

$\approx \pm\ 5{,}77$ cm
$V''(h) = -2\pi h < 0$,
da $h > 0$ sein muß,
also Max(5,77|403,1)
Das Sektglas hat eine Höhe von ca. 6 cm und einen Radius von ca. 8 cm, erinnert in seiner Form also an ein überdimensionales Cocktailglas.

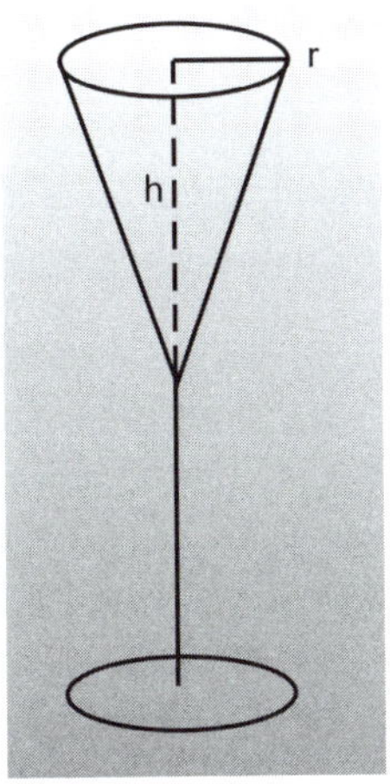

Bild 9.49

41. Der Materialbedarf hängt vom Umfang ab. Also ist:
Zielfunktion: $U(r;\,h) = (2 + \pi)r + 2h$
Nebenbedingungen:
$2rh + 0{,}5\pi\, r^2 = 8\ [\text{m}^2]$

oder $h = \frac{4}{r} - \frac{1}{4}\pi r$

Einsetzen: $U(r) = (2 + 0{,}5\pi)r + \frac{8}{r}$

$U'(r) = 2 + 0{,}5\pi - \frac{8}{r^2}$ wird Null

für $r = \sqrt{\frac{8}{2 + 0{,}5\pi}} \approx 1{,}50$ m

$U''(r) = \frac{16}{r^3} > 0$ wegen $r > 0$

Damit ergeben sich $h = 1{,}49$ m und $U = 10{,}69$ m.

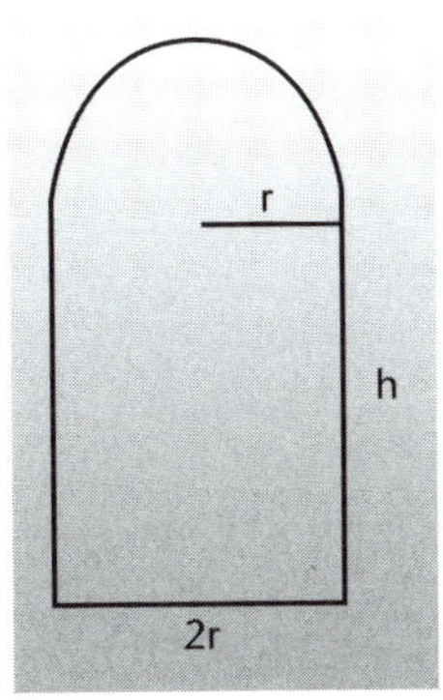

Bild 9.50

42. Zielfunktion: $F(a;\,b) = a \cdot b \Rightarrow \max$
Nebenbedingungen:
$U = 2a + 2\pi r = 2a + \pi b = 400\ [\text{m}]$

$a = 200 - \frac{\pi}{2}b$

Einsetzen:

$F(b) = b \cdot \left(200 - \frac{\pi}{2}b\right) = 200b - \frac{\pi}{2}b^2$

$F'(b) = 200 - \pi b$

$F'(x) = 0$ für $b = \frac{200}{\pi}$ (und $a = 100$)

$F''(b) = -\pi < 0$

Also hat der maximale Fußballplatz die Fläche $\frac{20\,000}{\pi}\ \text{m}^2 \approx 6\,366\ \text{m}^2$ bei einer Länge von 100 m und einer Breite von $\frac{200}{\pi} \approx 63{,}66$ m.

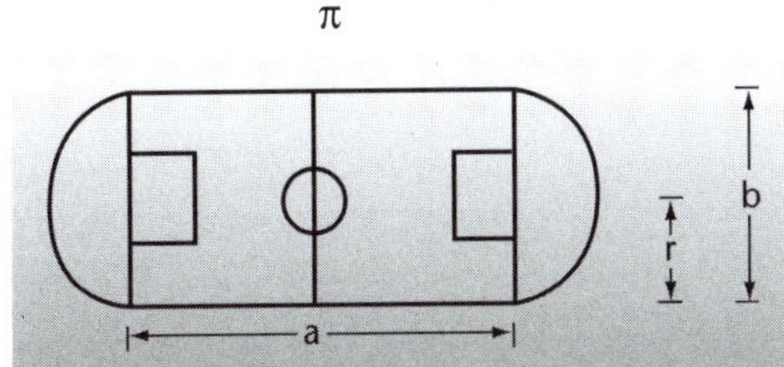

Bild 9.51

43. Der Abstand d wird in Luftlinie gemessen. Er wird minimal, wenn sein Quadrat minimal wird. Zur Vereinfachung der Rechnung verwenden wir wie in Aufgabe 38. d^2 und bestimmen:
Zielfunktion: $d^2(t) = s_1^2(t) + s_2^2(t)$
Nebenbedingungen: $s_1(t) = s_1 - v_1 \cdot t$;
$s_2(t) = s_2 - v_2 \cdot t$
mit $v_1 = 15$ m/s und $v_2 = 10$ m/s
Einsetzen:
$d^2(t) = (75 - 15t)^2 + (45 - 10t)^2$
$= 7\,650 + 325t^2 - 3\,150t$
$(d^2(t))' = 650t - 3\,150$ wird Null für $t = 4{,}85$ s.
$(d^2(t))'' = 650 > 0$
Also ist $d(4{,}85) = 4{,}16$ m der minimale Abstand. Der erste Wagen ist noch 2,25 m von der Kreuzung entfernt, der zweite ist inzwischen 3,5 m über die Kreuzung hinaus.

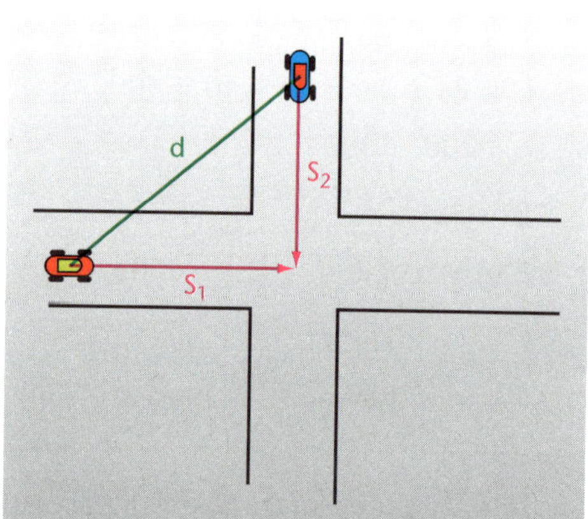

Bild 9.52

44. Zielfunktion: $t(h; b) = k \cdot b \cdot h^2$, wobei k die „Tragfähigkeitskonstante" ist.
Nebenbedingung: $\frac{b^2}{4} + \frac{h^2}{4} = r^2$
oder $4r^2 - b^2 = h^2$
Einsetzen: $t(b) = k \cdot b(4r^2 - b^2)$
$= k \cdot (900b - b^3)$
$t'(b) = k \cdot (900 - 3b^2)$ wird Null für $b = 10\sqrt{3} \approx 17{,}32$ cm.
$t''(b) = -6kb < 0$ wegen $b > 0$
Wir erhalten die maximale Tragfähigkeit bei $h = 24{,}49$ cm
und $b \approx 17{,}32$ cm.
Sie ist $t = k \cdot 10\,392{,}30$ cm³.

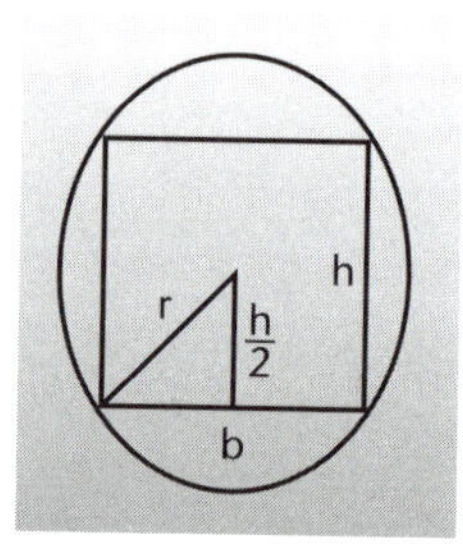

Bild 9.53

45. Einnahmen = Anzahl · Stückpreis
Zielfunktion: $E(x; y) = x \cdot y \Rightarrow \max$
Nebenbedingungen:
$x = 3000 + n \cdot 500$; $y = 36 - n \cdot 3$
Einsetzen:
$E(n) = (3000 + n \cdot 500)(36 - n \cdot 3)$
$= -1500n^2 + 9000n + 108\,000$
$E'(n) = -3000n + 9000 = 0$ für $n = 3$
$E''(n) = -3000 < 0$;
also Max(3|121 500)
Also ergeben sich die maximalen Einnahmen bei x = 4500 Stück zu je 27 DM.

10. Integral-rechnung

ÜBERSICHT

Bernhard Riemann, 1826–1866, ist durch seine Integrale, seine Theorien über komplexe Funktionen, Flächen und Primzahlen bekannt. Sein größtes Verdienst liegt aber in der Entwicklung eines neuen Naturbildes und einer neuen mathematischen Auffassung von Funktionen, die sowohl Grundlage der Relativitätstheorie als auch der Chaostheorie wurde.

10.1 Das bestimmte Integral

10.1.1 Ober- und Untersumme

Die Geometrie liefert uns zahlreiche Möglichkeiten, Flächen von ebenen Figuren zu berechnen. So können wir alle Polygone in Dreiecke und Rechtecke zerlegen, deren Flächeninhalte sich leicht berechnen lassen (Bild 10.1). Wir suchen nun nach einer Möglichkeit, den Inhalt einer beliebigen ebenen Fläche zu berechnen. Hierzu legen wir in die Figur ein Koordinatensystem derart, daß wir den Kurvenrand in Graphen mehrerer Funktionen zerlegen können (Bild 10.2). Die gesamte Fläche zerlegen wir in Flächenstücke, die oben und unten von den Funktionsgraphen und der x-Achse und links und rechts von Parallelen zur y-Achse eingeschlossen werden (Bild 10.3). In Bild 10.3 erhält man die gesamte Fläche A aus der Fläche A_1 (grün und gelb) und der Fläche A_2 (rot und gelb) durch $A = A_1 + A_2 - 2A_3 - 2A_4$, denn A_3 und A_4 sind sowohl in A_1 als auch in A_2 enthalten und müssen deshalb zweimal subtrahiert werden.

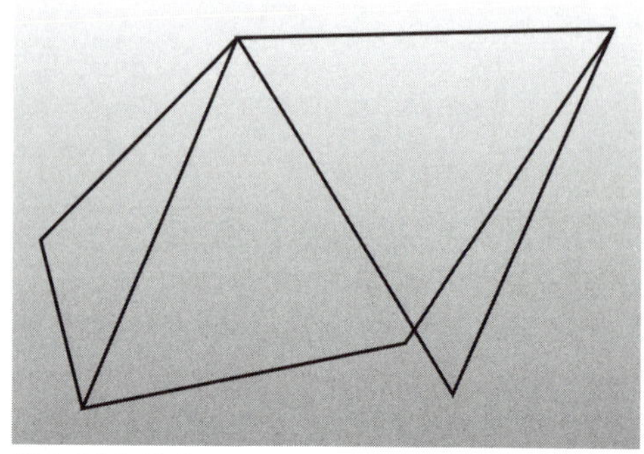

Bild 10.1 Polygon

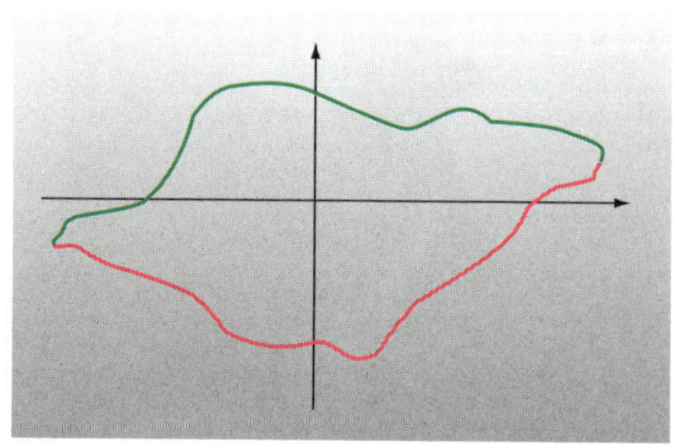

Bild 10.2 Geschlossene Kurve

Wie bestimmt man nun A_1 und A_2 bzw. A_3 und A_4? A_1 wird vom Graphen der Funktion f(x) und der x-Achse im Intervall von a bis b eingeschlossen. Wir zerlegen A_1 in kleine „Scheibchen“ mit zur y-Achse parallelen Seiten. Es entstehen trapezähnliche Figuren (Bild 10.4). Die Lage der y-Achse ist dabei unerheblich. Die Inhalte

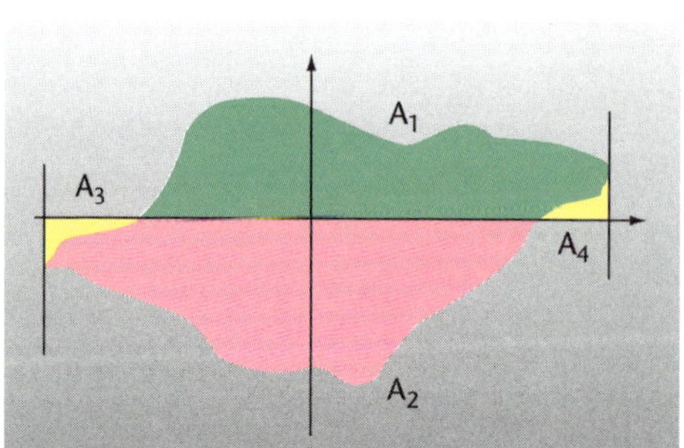

Bild 10.3 Flächenbestimmung

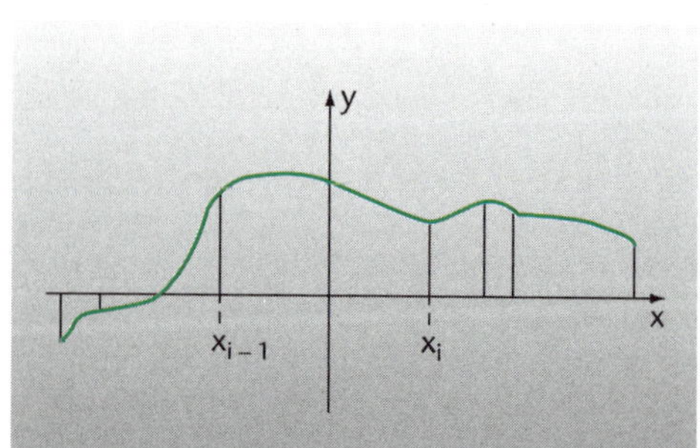

Bild 10.4 Zerlegung

der Teilflächen sind schwer zu bestimmen. Wir könnten sie durch Trapeze annähern, doch ist die Berechnung von Rechtecksinhalten einfacher.

Die Rechteckskanten treffen die x-Achse an den Stellen $a = x_0, x_1, x_2, x_3 \ldots x_{n-1}, b = x_n$. Eine endliche Folge reeller Zahlen mit $a < x_1 < x_2 < \ldots < b$ heißt ***Zerlegung Z*** des Intervalles [a; b], $Z = (a, x_1, x_2 \ldots b)$. Sind die Abstände je zweier aufeinanderfolgender Zahlen der Zerlegung gleich groß, nennt man die Zerlegung ***äquidistant.***

Es gibt zwei Möglichkeiten, die Rechteckflächen so zu wählen, daß sich eine Aussage über das Verhältnis ihrer Größe zur Größe der gesuchten Fläche machen läßt. Wir legen die Rechtecke so, daß ihre Höhen, das sind die zur y-Achse parallelen Rechteckseiten, entweder das relative Maximum oder das relative Minimum im jeweiligen Teilintervall annehmen. Im Falle einer geschlossenen Kurve wie in Bild 10.2 existieren immer in jedem Teilintervall solche Extrema.

Falls wir die Flächenberechnung auf beliebige Funktionen ausdehnen wollen, können wir nicht immer von der Existenz dieser Extrema ausgehen. Es gibt zwei Möglichkeiten: Entweder ist die Funktion unbeschränkt, dann läßt sich keine Fläche berechnen (Ausnahmen siehe Seite 616). Oder die Funktion ist beschränkt, dann existiert in jedem Teilintervall ein ***Supremum,*** eine kleinste obere Schranke, und ein ***Infimum,*** eine größte untere Schranke. Diese beiden Werte wählen wir für die Rechteckhöhen und legen fest:

D

Ist f eine reelle Funktion auf [a; b] und Z eine Zerlegung von [a; b], ist $\sup_i(f)$ bzw. $\inf_i(f)$ das Supremum bzw. das Infimum der Funktionswerte im Teilintervall $[x_{i-1}; x_i]$, so heißt die Summe

$\overline{A}(Z) := \sum_{i=1}^{n} \sup_i(f) \cdot (x_i - x_{i-1})$ *Obersumme* von f in [a; b],

$\underline{A}(Z) := \sum_{i=1}^{n} \inf_i(f) \cdot (x_i - x_{i-1})$ *Untersumme* von f in [a; b].

Im Bild 10.5 sind Obersumme (grün) und Untersumme (rot) einer beliebigen Zerlegung Z dargestellt. Man beachte, daß die Summanden der Ober- oder Untersumme auch negativ sein können im Gegensatz zum Flächeninhalt des entsprechenden Rechtecks.

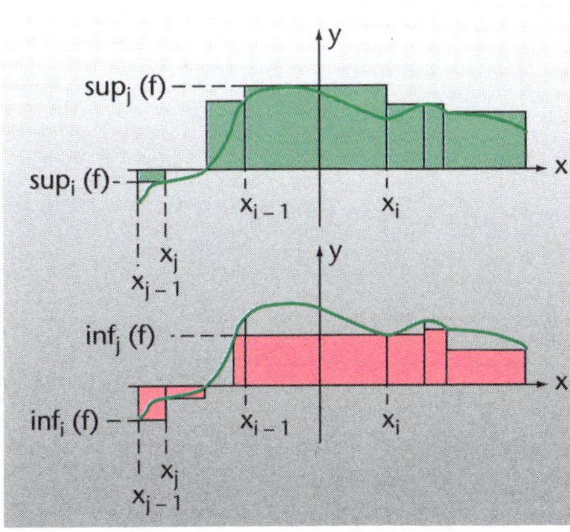

Bild 10.5 Obersumme (grün) und Untersumme (rot)

BEISPIEL

Sei $f(x) = x^2$, $[a; b] = [0; 2]$, $Z = \left(0; \frac{1}{4}; \frac{1}{2}; 1; 2\right)$.

Dann ist die Obersumme (Bild 10.6) $\overline{A}(Z) = \sup_1(f) \cdot (x_1 - a) + \sup_2(f) \cdot (x_x - x_1) + \sup_3(f) \cdot (x_3 - x_2) + \sup_4(f) \cdot (b - x_3)$. Da die Funktion streng monoton steigend ist, liegen die Suprema, die in diesem Fall gleich den lokalen Maxima sind, stets am rechten Teilintervallrand, woraus folgt:

$$\begin{aligned}\overline{A}(Z) &= f\left(\frac{1}{4}\right) \cdot \left(\frac{1}{4} - 0\right) + f\left(\frac{1}{2}\right) \cdot \left(\frac{1}{2} - \frac{1}{4}\right) + f(1) \cdot \left(1 - \frac{1}{2}\right) + f(2) \cdot (2 - 1)\\ &= \left(\frac{1}{4}\right)^2 \cdot \frac{1}{4} + \left(\frac{1}{2}\right)^2 \cdot \frac{1}{4} + 1^2 \cdot \frac{1}{2} + 2^2 \cdot 1\\ &= \frac{1}{64} + \frac{1}{16} + \frac{1}{2} + 4 = 4\frac{37}{64}\end{aligned}$$

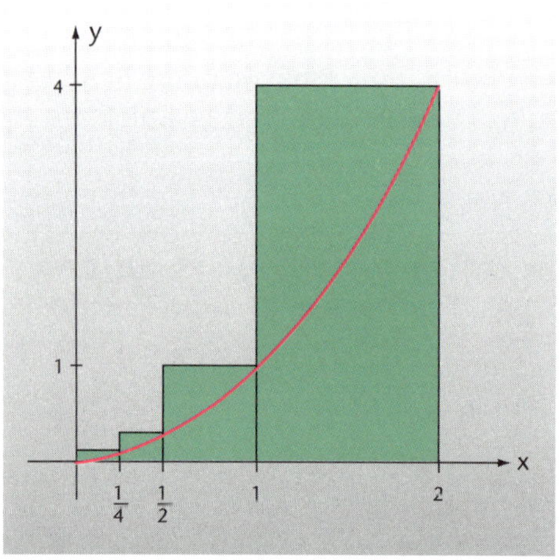

Bild 10.6 Obersumme

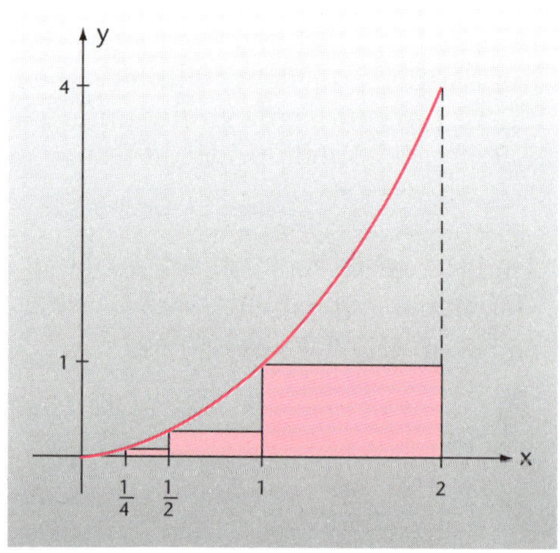

Bild 10.7 Untersumme

Die Infima, also die Minima, liegen jeweils am linken Intervallrand. Hieraus ergibt sich die Untersumme (Bild 10.7):

$$\begin{aligned}\underline{A}(Z) &= \inf_1(f) \cdot (x_1 - a) + \inf_2(f) \cdot (x_2 - x_1) + \inf_3(f) \cdot (x_3 - x_2) + \inf_4(f) \cdot (b - x_3)\\ &= f(0) \cdot \left(\frac{1}{4} - 0\right) + f\left(\frac{1}{4}\right) \cdot \left(\frac{1}{2} - \frac{1}{4}\right) + f\left(\frac{1}{2}\right) \cdot \left(1 - \frac{1}{2}\right) + f(1) \cdot (2 - 1)\\ &= 0 + \frac{1}{16} \cdot \frac{1}{4} + \frac{1}{4} \cdot \frac{1}{2} + 1 \cdot 1 = 1\frac{9}{64}\end{aligned}$$

10.1.2 Das bestimmte Integral

Beide Summen weichen stark voneinander und von der Fläche unter dem Graphen ab. Vergrößert man die Anzahl der Rechtecke, indem man die Intervallzerlegung verfeinert und die Rechtecke schmaler macht, nähern sich Ober- und Untersumme der Fläche an. Ist die Funktion wie in unserem Beispiel beschränkt, so existiert zu allen unendlich vielen Zerlegungen ein Infimum, eventuell sogar ein Minimum aller Obersummen und ein Supremum oder sogar Maximum aller Untersummen. Sind beide gleich, so geben sie unter bestimmten Umständen den Flächeninhalt wieder.

D

Eine in [a; b] definierte und beschränkte Funktion f heißt *integrierbar* in [a; b], wenn das Supremum aller Untersummen und das Infimum aller Obersummen gleich sind, $S = \sup(\underline{A}) = \inf(\overline{A})$. S heißt das *bestimmte Integral* von f in [a; b], geschrieben

$S = \int_a^b f(x)\,dx$ (lies: Integral von a bis b von f von x, dx).

Das Integralzeichen $\int$ soll ein stilisiertes S (für Summe) darstellen. dx deutet an, daß die Breite Δx eines Teilintervalles gegen Null konvergiert. Wir bilden nun eine Folge $\langle Z_n \rangle$ von Zerlegungen des Intervalles [a; b], wobei jede Zerlegung eine Verfeinerung der vorhergehenden Zerlegung ist. Darunter verstehen wir folgendes:

D

Eine Zerlegung Z* heißt *Verfeinerung* einer Zerlegung Z, wenn Z eine echte Teilmenge von Z* ist.

Z* enthält demnach alle Teilintervallgrenzen von Z, darüber hinaus aber noch weitere. Bilden wir nun äquidistante Zerlegungsfolgen und bestimmen zu jeder Zerlegung Ober- und Untersumme, erhalten wir eine Folge von Obersummen und eine Folge von Untersummen. Haben beide Summenfolgen denselben Grenzwert, dann ist die Funktion integrierbar, denn der Grenzwert muß dann gleich dem Supremum der Untersummen bzw. dem Infimum der Obersummen sein. Die Breite einer äquidistanten Zerlegung des Intervalls [a; b] in n gleiche Teile beträgt $\frac{b-a}{n}$. Wenn die Grenzwerte gleich sind, ist es unerheblich, ob man die Funktionswerte an den linken oder rechten Teilintervallrändern wählt oder irgendwo dazwischen. Man kann ohne Beschränkung der Allgemeinheit jeweils die Funktionswerte an den rechten Rändern wählen. Diese Ränder sind $a + 1 \cdot \frac{b-a}{n}, a + 2 \cdot \frac{b-a}{n} \ldots a + n \cdot \frac{b-a}{n} = b$.

Dies führt zu dem nachfolgenden Satz, der viel einfacher anzuwenden ist als die Definition des Integrals.

S

Ist f in [a; b] integrierbar, so gilt

$$\int_a^b f(x)dx = \lim_{x \to \infty} \left[\frac{b-a}{n} \cdot \sum_{i=1}^{n} f\left(a + i \cdot \frac{b-a}{n}\right)\right].$$

Die Integrierbarkeit muß vorausgesetzt werden, da sonst die Existenz des Grenzwertes nicht gesichert ist.

BEISPIEL

f: $x \mapsto x^2$ in [0; 2]

$$\int_0^2 x^2\,dx = \lim_{n \to \infty} \left[\frac{2-0}{n} \cdot \sum_{i-1}^{n} f\left(0 + i \cdot \frac{2-0}{n}\right)\right]$$

$$= \lim_{n \to \infty} \left[\frac{2}{n} \cdot \sum_{i=1}^{n} \left(i \cdot \frac{2}{n}\right)^2\right] = \lim_{x \to \infty} \left[\frac{2}{n} \cdot \sum_{i=1}^{n} \left(\frac{4i^2}{n^2}\right)\right]$$

$$= \lim_{n \to \infty} \left[\frac{2}{n} \cdot \frac{4}{n^2} \cdot \sum_{i=1}^{n} i^2\right]$$ (da $\frac{4}{n^2}$ als konstanter Faktor aus der Summe ausgeklammert werden kann)

$$= \lim_{n \to \infty} \frac{8 \cdot n \cdot (n+1) \cdot (2n+1)}{n^3 \cdot 6}$$ (nach der Summenformel für Quadratzahlen)

$$= \frac{8}{3}$$

Diese Zahl stellt den Grenzwert aller Obersummen- und aller Untersummenfolgen von Verfeinerungen dar. Da der Graph der Funktion im Intervall komplett oberhalb der x-Achse liegt, gibt diese Zahl auch den Inhalt der vom Graphen, der x-Achse und der Geraden x = 2 eingeschlossenen Fläche wieder (Bild 10.8).

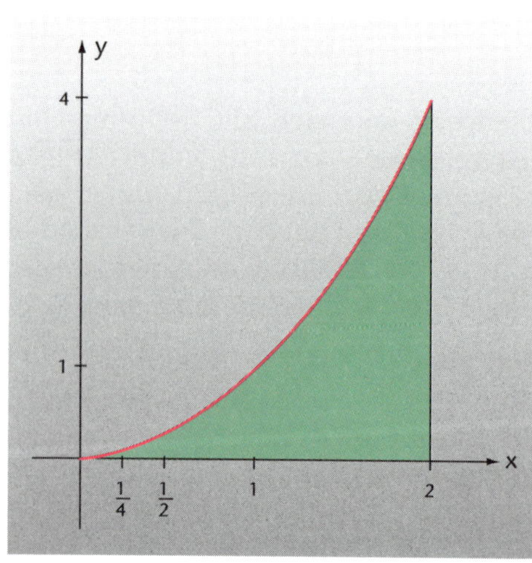

Bild 10.8 Fläche unter $y = x^2$

10.1.3 Eigenschaften des bestimmten Integrals

Um flexibler in den Anwendungsmöglichkeiten sein zu können, definieren wir zwei Sonderfälle des bestimmten Integrals:

D

$$\int_b^a f(x)\,dx := -\int_a^b f(x)\,dx \qquad \text{für } a < b$$

$$\int_a^a f(x)\,dx := 0$$

Aus den Grenzwertsätzen für das Produkt und die Summe von Grenzwerten lassen sich folgende Sätze ableiten:

S

Linearität des bestimmten Integrals: Sind f und g in [a; b] integrierbar und ist $k \in \mathbb{R}$ konstant, so sind auch die Funktionen $f + g$, $f - g$ und $k \cdot f$ integrierbar in [a; b], und es gilt:

$$\int_a^b (f \pm g)(x)\,dx = \int_a^b f(x)\,dx \pm \int_a^b g(x)\,dx,$$

$$\int_a^b k \cdot f(x)\,dx = k \cdot \int_a^b f(x)\,dx.$$

(Zum Beweis siehe Übung 3.)

Liegt der Graph einer Funktion g in [a; b] stets oberhalb des Graphen von f, so sind auch alle Ober- und Untersummen von g größer als die von f und es gilt:

S

Monotonieeigenschaft des Integrals: Sind f und g integrierbar in $J = [a; b]$ und ist $f(x) < g(x)$ für alle $x \in J$, so gilt:

$$\int_a^b f(x)\,dx < \int_a^b g(x)\,dx.$$

Schließlich ist noch die folgende Eigenschaft wichtig:

S

Integrierbarkeit im Teilintervall: Eine in J = [a; b] integrierbare Funktion f ist auch in jedem Teilintervall von J integrierbar. Insbesondere gilt für $a < c < b$:

$$\int_a^b f(x)\,dx = \int_a^c f(x)\,dx + \int_c^b f(x)\,dx.$$

Da die letzten Sätze logisch erscheinen, wird auf einen formalen Beweis verzichtet.

1. Gegeben ist die Funktion $f: x \mapsto x$. Berechnen Sie die Ober- und Untersumme im Intervall [0; 5] für äquidistante Zerlegungen in
a) $n = 5$, *b)* $n = 10$, *c)* $n = 20$ Teilintervalle.
d) Berechnen Sie die Mittelwerte von Ober- und Untersumme.
e) Berechnen Sie die Fläche, die der Graph von f mit der x-Achse und der Geraden $x = 5$ einschließt, mit elementaren Mitteln.

2. Gegeben ist die Funktion $f: x \mapsto x^2$. Berechnen Sie die Ober- und Untersummen im Intervall [0; 1] für äquidistante Zerlegungen in *a)* $n = 2$, *b)* $n = 5$ und *c)* $n = 10$ Teilintervalle, und berechnen Sie jeweils den Mittelwert aus Ober- und Untersumme.
d) Berechnen Sie $\int_0^1 x^2\,dx$.

3. Beweisen Sie die Linearitätseigenschaft des Integrals für die Addition.

4. Berechnen Sie die Fläche, die die Graphen von $f(x) = x^2$ und $g(x) = x$ in [–1; 2] miteinander einschließen.

10.2 Integralfunktion und Stammfunktion

10.2.1 Integrierbare Funktionen

Möglicherweise haben Sie sich schon beim Bearbeiten der Übungsaufgaben gefragt, ob es keine einfachere Möglichkeit der Integralberechnung gibt. Es ist mühsam, für verschiedene Integrale derselben Funktion immer wieder die Grenzwerte der Ober- und Untersummen berechnen zu müssen. Wir werden nun eine einfachere Methode kennenlernen, doch müssen wir dabei die Integrierbarkeit der Integrandenfunktion voraussetzen. Deshalb müssen wir zunächst Kriterien hierfür bereitstellen.

Zur Integration bilden wir Folgen von Ober- und Untersummen mit gleichen Grenzwerten. Ist die Funktion in [a; b] definiert, so ist sie in [a; b] auch beschränkt. Daß die Beschränktheit keine hinreichende Bedingung für die Integrierbarkeit ist, zeigt folgendes Beispiel einer „pathologischen" Funktion, einer Funktion also mit ungewöhnlichen Eigenschaften, f: $x \mapsto \left\{\begin{array}{l} 1 \text{ für } x \in \mathbb{Q} \\ 0 \text{ für } x \in \mathbb{R}\setminus\mathbb{Q} \end{array}\right\}$. Jeder rationalen Zahl wird der Wert 1, jeder irrationalen Zahl der Wert 0 zugeordnet. Da sowohl die rationalen als auch die irrationalen Zahlen beliebig dicht[1] liegen, besteht der Graph von f aus zwei zueinander parallelen „punktierten" Geraden (mit Lücken, die nicht darstellbar sind, Bild 10.9). Die Funktion ist beschränkt, aber nicht integrierbar. Da das Infimum von f(x) auf jedem beliebigen Teilintervall 0 ist, ist auch jede Untersumme 0. Das Supremum auf jedem Teilintervall ist hingegen 1, jede Obersumme hat den Wert $1 \cdot (b - a)$ im Intervall [a; b].

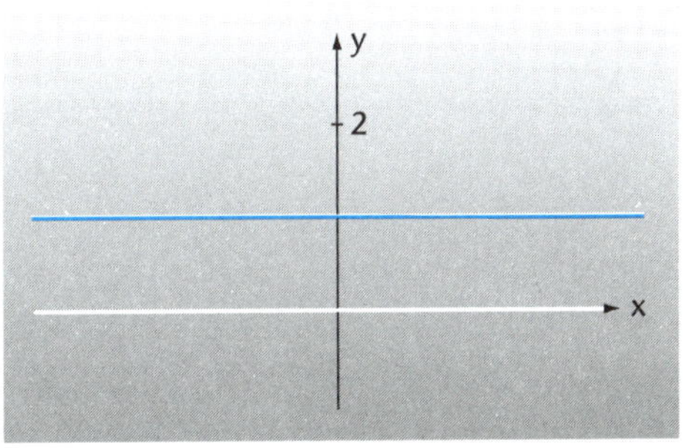

Bild 10.9 Graph von $f(x) = \left\{\begin{array}{l} 0 \text{ für } x \in \mathbb{Q} \\ 1 \text{ für } x \in \mathbb{R}\setminus\mathbb{Q} \end{array}\right\}$
(Dieser Graph ist eigentlich nicht darstellbar.)

Das Beispiel zeigt, daß die Beschränkheit nicht ausreicht, um die Integrierbarkeit zu gewährleisten. Die benutzte Funktion hat den Fehler, stets zwischen 0 und 1 zu springen, wenn man auf der x-Achse nach rechts geht. Dies kann bei einer monotonen Funktion nicht passieren.

S

Integrierbarkeit monotoner Funktionen: Jede in [a; b] definierte und monotone Funktion ist dort integrierbar.

[1] Eine geordnete Zahlenmenge heißt beliebig dicht, wenn zwischen zwei beliebigen Zahlen der Menge wieder eine Zahl der Menge liegt.

Beweis: Ohne Beschränkung der Allgemeinheit nehmen wir an, daß die Funktion monoton steigend sei. Dann enthält jede Obersumme die Funktionswerte an der rechten Teilintervallgrenze, die Untersumme die an der linken Grenze. Beide Summen unterscheiden sich nur durch den ersten und letzten Summanden (siehe Übungen 1. und 2.), und ihre Differenz ist $\frac{b-a}{n} \cdot (f(b) - f(a))$.
Für $n \to \infty$ geht diese Differenz gegen Null. Die Funktion ist integrierbar.

Was ist nun, wenn die Funktion im Intervall ihre Monotonie ändert? Dann zerlegen wir das Intervall [a; b] in endliche viele abgeschlossene Teilintervalle, in denen die Funktion monoton ist. Falls dies möglich ist, nennen wir die Funktion in [a; b] ***abschnittsweise monoton.*** Aus der Additivitätseigenschaft des Integrals (siehe Satz „Integrierbarkeit im Teilintervall“, Seite 592) folgt der Satz:

S

Integrierbarkeit abschnittsweise monotoner Funktionen: Ist f in [a; b] definiert, beschränkt und abschnittsweise monoton, so ist f in [a; b] integrierbar.

Daß man aus der Beschränktheit und der Stetigkeit nicht auf die abschnittsweise Monotonie schließen kann, zeigt folgendes Beispiel einer weiteren pathologischen Funktion:

$$g\colon x \mapsto \begin{cases} x \cdot \sin \frac{1}{x} & \text{für } x \neq 0 \\ 0 & \text{für } x = 0 \end{cases} \text{ (Bild 10.10).}$$

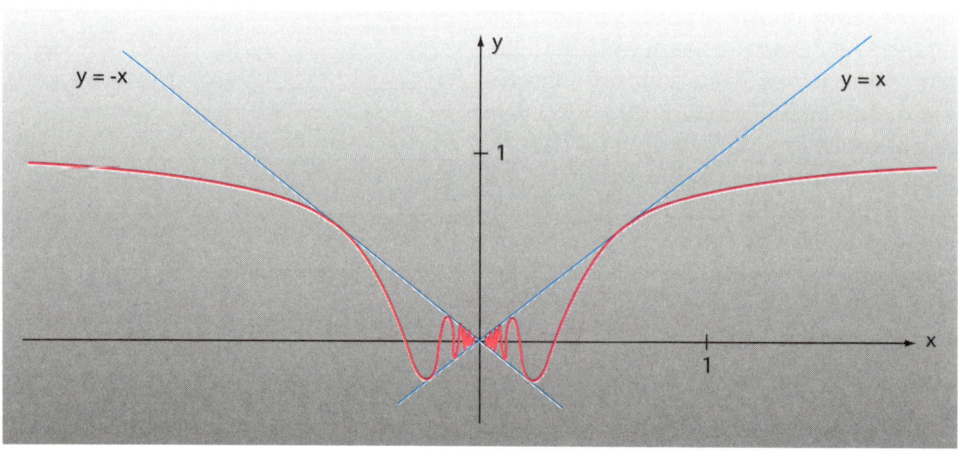

Bild 10.10 Graphen von
$g\colon x \mapsto x \cdot \sin \frac{1}{x}$ sowie von $y = x$ und $y = -x$

Jedes abgeschlossene Intervall, das die 0 nicht enthält, laßt sich in endlich viele monotone Teilintervalle zerlegen, was nicht möglich ist, wenn die 0 im Intervall enthalten ist.

Die Beschränktheit kann keineswegs durch die abschnittsweise Monotonie ersetzt werden, wie das Beispiel der folgenden modifizierten Tangensfunktion im abgeschlossenen Intervall [a; b] zeigt (Bild 10.11):

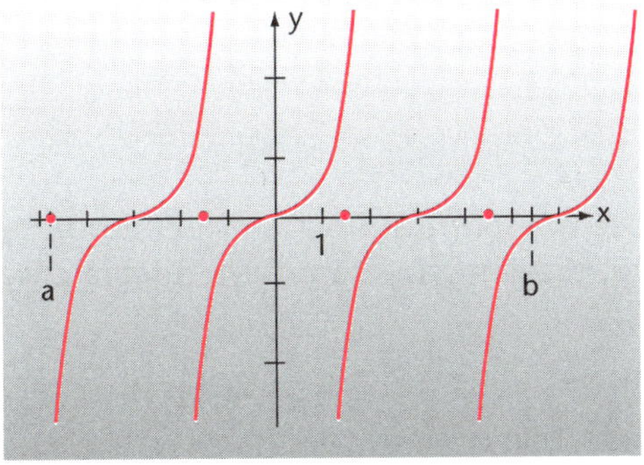

Bild 10.11

Graph von $t: x \mapsto \left\{ \begin{array}{l} 0 \text{ für } \frac{\pi}{2}(2n+1),\ n \in \mathbb{Z} \\ \tan x \text{ sonst} \end{array} \right\}$

$$t: x \in [a; b] \mapsto \left\{ \begin{array}{ll} 0 & \text{für alle ungeradzahligen Vielfachen von } \frac{\pi}{x} \\ \tan x & \text{sonst} \end{array} \right\}.$$

Die erstgenannte Bedingung ist erforderlich, da die Funktion keine Definitionslükken haben darf, wenn man die Integrierbarkeit anhand des letzten Satzes überprüfen will.

Betrachten wir abschließend noch stetige Funktionen. Macht man die Teilintervalle für Ober- und Untersumme klein genug, so existiert in jedem Teilintervall ein lokales Minimum und Maximum der Funktionswerte, ja, wegen der Stetigkeit liegen sie sogar noch sehr nahe beieinander, genauer: beliebig nahe beieinander, so daß der Grenzwert der Differenz von Ober- und Untersumme Null ist. Daraus folgt:

S

Integrierbarkeit stetiger Funktionen: Jede in [a; b] definierte und stetige Funktion ist dort integrierbar.

Fassen wir die Kriterien für die Integrierbarkeit zusammen: Ist f in [a; b] definiert, und ist f dort ***stetig*** oder ***monoton*** oder ***beschränkt und abschnittsweise monoton,*** dann ist f intergrierbar in [a; b].

10.2.2 Integralfunktion und Stammfunktion

Kommen wir nun zur angekündigten Vereinfachung des Integrierens derselben Funktion für verschiedene Grenzen. Wir betrachten zunächst die obere Intervallgrenze als variabel und bezeichnen sie mit x. Die unabhängige Variable der Funktion benennen wir in t um, die untere Intervallgrenze bleibt als Parameter a erhalten.

D

Ist f: $t \mapsto f(t)$ im Intervall J integrierbar, so heißt die Funktion F: $x \mapsto \int_a^x f(t)dt$ mit a, x ∈ J eine *Integralfunktion* von f.

Die ***Integralfunktion F*** ordnet der ***Integrandenfunktion f*** ein bestimmtes Integral zu. Berechnen wir nun das Integral zweier Funktionen mit Hilfe der Integralfunktion.

BEISPIELE

1. f: $t \mapsto t$ (lineare Funktion)

$$F: x \mapsto \int_a^x f(t)\,dt = \int_a^x t\,dt = \lim_{n\to\infty}\left(\frac{x-a}{n}\cdot\sum_{i=1}^{n} f\left(a+i\cdot\frac{x-a}{n}\right)\right)$$

$$= \lim_{n\to\infty}\left(\frac{x-a}{n}\cdot\sum_{i=1}^{n}\left(a+i\cdot\frac{x-a}{n}\right)\right)$$

$$= \lim_{n\to\infty}\left(\frac{x-a}{n}\cdot\left(n\cdot a+\sum_{i=1}^{n} i\cdot\frac{x-a}{n}\right)\right) = \lim_{n\to\infty}\left(\frac{x-a}{n}\cdot\left(n\cdot a+\frac{x-a}{n}\cdot\sum_{i=1}^{n} i\right)\right)$$

$$= \lim_{n\to\infty}\left(\frac{x-a}{n}\cdot\left(n\cdot a+\frac{x-a}{n}\cdot\frac{n\cdot(n+1)}{2}\right)\right) = \lim_{n\to\infty}\left(\frac{x-a}{n}\cdot\left(n\cdot a+\frac{(x-a)(n+1)}{2}\right)\right)$$

$$= \lim_{n\to\infty}\left((x-a)\cdot a+\frac{(x-a)^2}{2}\cdot\frac{n+1}{n}\right) = (x-a)\cdot a+\frac{(x-a)^2}{2}$$

$$= ax - a^2 + \frac{1}{2}x^2 - ax + \frac{1}{2}a^2 = \frac{1}{2}x^2 - \frac{1}{2}a^2$$

Ist speziell a = 0, so ist $F(x) = \frac{1}{2}x^2$.

2. Für g: $t \mapsto t^2$ erhalten wir G: $x \mapsto \int_a^x t^2\,dt = \frac{1}{3}x^3 - \frac{1}{3}a^3$.

Für a = 0 erhalten wir $G(x) = \frac{1}{3}x^3$ (siehe Übung 2.).

Im Falle x = a ist $F(a) = \int_a^a f(t)\,dt = 0$, das heißt, für jede Integrealfunktion ist die untere Integrationsgrenze eine Nullstelle. Weiterhin erkennt man an den Beispielen, daß $F'(x) = f(x)$ und $G'(x) = g(x)$ ist.

D

Eine in $\mathbb{D}$ differenzierbare Funktion F heißt Stammfunktion zu einer in $\mathbb{D}$ definierten Funktion, wenn $F' = f$ in $\mathbb{D}$ ist.

BEISPIEL

Die Funktionen $F_1(x) = x^2$, $F_2(x) = x^2 + 2$, $F_3(x) = x^2 - 5$ sind Stammfunktionen der Funktion $f(x) = 2x$.

Offenbar besitzt jede Funktion f unendlich viele Stammfunktionen, die sich allerdings nur durch eine additive Konstante unterscheiden.

S

Die Differenz $F_1 - F_2$ zweier Stammfunktionen zur Funktion f ist eine konstante Funktion.

BEISPIELE

1. Eine Stammfunktion zu f: $x \mapsto 3x^2$ ist $F_1(x) = x^3$, da $F_1' = f$ ist.
Auch $F_2(x) = x^3 - 19$ ist Stammfunktion von f, denn die Ableitung von 19 ist 0.
Wir schreiben, um alle Stammfunktionen von f zu erfassen, allgemein:
$F(x) = x^3 + c,\ c \in \mathbb{R}$.

2. Die Stammfunktionen von $f(x) = -x^4 + 5x^3 - \frac{2}{3}x^3$ sind die Funktionen
$F(x) = -\frac{1}{5}x^5 + \frac{5}{4}x^4 - \frac{1}{6}x^4 + c,\ c \in \mathbb{R}$.

10.2.3 Der Hauptsatz der Differential- und Integralrechnung (HDI)

Die Vermutung liegt nahe, daß eine Integralfunktion von f auch Stammfunktion von f ist. Genau dies sagt der folgende Satz aus, der damit einen Zusammenhang zwischen der ***Differentialrechnung*** und der ***Integralrechnung*** herstellt.

S

Hauptsatz der Differential- und Integralrechnung (HDI): Jede Integralfunktion einer stetigen Integrandenfunktion f ist differenzierbar, und ihre Ableitung ist die Integrandenfunktion: $F(x) = \int_a^x f(t)\,dt \Rightarrow F'(x) = f(x)$.

Beweis: Sei $F(x) = \int_c^x f(t)\,dt$, f stetig in [a; b], $c \in [a; b]$. Dann ist

$$F(x_0 + h) - F(x_0) = \int_c^{x_0+h} f(t)\,dt - \int_c^{x_0} f(t)\,dt = \int_c^{x_0} f(t)\,dt + \int_{x_0}^{x_0+h} f(t)\,dt - \int_c^{x_0} f(t)\,dt = \int_{x_0}^{x_0+h} f(t)\,dt.$$

Da f stetig ist, nimmt f in $[x_0; x_0 + h]$ einen kleinsten Wert $f(x_{min})$ und einen größten Wert $f(x_{max})$ an, woraus folgt:

$$h \cdot f(x_{min}) \leq \int_{x_0}^{x_0+h} f(t)\,dt \leq h \cdot f(x_{max})$$

$$\Leftrightarrow \quad f(x_{min}) \leq \frac{1}{h} \cdot \int_{x_0}^{x_0+h} f(t)\,dt \leq f(x_{max})$$

$$\Leftrightarrow \quad f(x_{min}) \leq \frac{1}{h} \cdot (F(x_0 + h) - F(x_0)) \leq f(x_{max})$$

Geht $h \mapsto 0$, so gehen alle x im Intervall gegen x_0, insbesondere x_{min} und x_{max}. Aus der Stetigkeit von f folgt dann aber, daß alle Funktionswerte im Intervall gegen $f(x_0)$ gehen und damit $F'(x_0) = \lim\limits_{h \to 0} \frac{F(x_0 + h) - F(x_0)}{h} = \lim\limits_{h \to 0} \frac{1}{h} \cdot \int_{x_0}^{x_0+h} f(t)\,dt = f(x_0)$.
Da das Intervall [a; b] beliebig gewählt wurde, gilt damit $F'(x) = f(x)$.

Ist F irgendeine Stammfunktion von f, so gilt $\int_a^x f(t)\,dt - F(x) = c$. Für x = b folgt daraus: $\int_a^b f(t)\,dt = F(b) + c$, für x = a folgt $\int_a^a f(t)\,dt = F(a) + c = 0$ und für die Differenz:

S

Berechnung des Integrals: Ist F irgendeine Stammfunktion von f, so gilt:
$\int_a^b f(x)\,dx = F(b) - F(a)$.

Dieser Satz bietet eine sehr einfache Möglichkeit, Integrale zu berechnen.

BEISPIELE

1. Um $\int_1^4 x^2\,dx$ zu berechnen, suchen wir zunächst eine beliebige Stammfunktion von f, z. B. $F(x) = \frac{1}{3}x^3$.

Nun ist $\int_1^4 x^2\,dx = F(4) - F(1) = \frac{1}{3}4^3 - \frac{1}{3}1^3 = \frac{64}{3} - \frac{1}{3} = 21$.

D

Festlegung der Schreibweise: Statt F(b) – F(a) schreiben wir $[F(x)]_a^b$.

2. $\int_{-5}^{2} 3x\,dx = \left[\frac{3}{2}x^2\right]_{-5}^{2} = \frac{3}{2} \cdot 4 - \frac{3}{2} \cdot 25 = -\frac{63}{2}$

ÜBUNGEN

5. Welche der folgenden Funktionen sind in jedem abgeschlossenen Teilintervall ihres Definitionsbereiches integrierbar? Begründen Sie Ihre Entscheidung.

a) $a(x) = 5x + 3$

b) $b(x) = e^x$

c) $c(x) = \ln x$

d) $d(x) = \frac{1}{x^2 + 1}$

e) $e(x) = [x]$ (*Gaußsche Klammerfunktion:* $[x]$ ist die größte ganze Zahl, die kleiner oder gleich x ist, z. B. $[2{,}5] = 2$, $[-0{,}1] = -1$, $[4] = 4$)

f) $f(x) = \text{sgn}(x) = \begin{cases} -1 \text{ für } x < 0 \\ 0 \text{ für } x = 0 \\ 1 \text{ für } x > 0 \end{cases}$ *(Signumfunktion)*

6. Bestimmen Sie eine Integralfunktion von $f(x) = x^2 + x$ und für $a = 4$.

7. Wie groß muß a sein, damit die Integralfunktion

$F\colon x \mapsto \int_a^x (5t + 3)\,dt$ für $x = 7$ den Wert 3,5 annimmt?

8. $F(x) = \frac{1}{4}x^2 + 8$ ist Stammfunktion von $f(x) = \frac{1}{2}x$.

Wieso ist F aber keine Integralfunktion von f?

9. Geben Sie alle Stammfunktionen zu folgenden Funktionen an:

a) $a(x) = 4x^3$

b) $b(x) = 3x$

c) $c(x) = \frac{5}{2}x - 2$

d) $d(x) = \sin x$

e) $e(x) = \frac{1}{x}$, $x \in \mathbb{R}^+$

f) $f(x) = -\frac{1}{2}e^x$

10. Berechnen Sie folgende Integrale:

a) $\int_0^2 x^2\,dx$

b) $\int_1^7 (5x - 4)\,dx$

c) $\int_0^\pi \sin x\,dx$

d) $\int_2^4 x^3\,dx$

e) $\int_{-1}^0 -x^4\,dx$

f) $\int_{-1}^0 e^x\,dx$

g) $\int_1^2 \sqrt{x}\,dx$

h) $\int_{-5}^{-4} (4x^3 - 2x^2 - x + 5)\,dx$

11. Bilden Sie die Ableitungen der folgenden Funktionen:

a) $F\colon x \mapsto \int_1^x (4t^2 + 5t)\,dt$

b) $G\colon x \mapsto \int_0^x 2\sin t\,dt$

12. Welchen Wert muß die Obergrenze b annehmen, damit

$\int_{-5}^b \left(\frac{1}{3}x^4 - 5x^2 + 6\right) dx = 30$ ist?

10.3 Integrationsregeln

10.3.1 Summen und konstante Faktoren

Auf Seite 591 haben wir bereits die Linearitätseigenschaften des bestimmten Integrals gezeigt. Damit können wir Integrale von Summen von Funktionen in Summen von Integralen der einzelnen Funktionen zerlegen (siehe Übungen 10. b und 10. h). Ebenso können wir konstante Faktoren vor das Integral ziehen, was die Bestimmung der Stammfunktion vereinfacht.

10.3.2 Produkte/partielle Integration

Um ein Produkt zweier Funktionen integrieren zu können, betrachten wir noch einmal die Produktregel der Differentialrechnung (siehe Seite 547). Sind f und g differenzierbar mit gemeinsamem Definitionsbereich, so ist die Ableitung:
$(f \cdot g)'(x) = f'(x) \cdot g(x) + f(x) \cdot g'(x)$
Wir lösen diese Gleichung nach $f'(x) \cdot g(x)$ auf:
$f'(x) \cdot g(x) = (f \cdot g)'(x) - f(x) \cdot g'(x)$
Nun integrieren wir die Gleichung:

$$\int_a^b f'(x) \cdot g(x)\,dx = \int_a^b (f \cdot g)'(x)\,dx - \int_a^b f(x) \cdot g'(x)\,dx$$

Da $\int (f \cdot g)'(x)\,dx$ die Stammfunktion der Ableitung des Produktes aus f und g ist, muß es sich hierbei um das Produkt $f \cdot g$ handeln. Wir erhalten die Regel für die ***partielle Integration:***

S

$$\int_a^b f'(x) \cdot g(x)\,dx = [f(x) \cdot g(x)]_a^b - \int_a^b f(x) \cdot g'(x)\,dx$$

Ist das Integral eines Produktes zweier Funktionen zu bilden, müssen wir eine Funktion des Produktes, deren Stammfunktion wir kennen, als Ableitung auffassen.

BEISPIELE

1. Gesucht ist die Stammfunktion von $h: x \mapsto x \cdot e^x$. Wir setzen:
$f(x) = e^x$; $f'(x) = e^x$;
$g(x) = x$; $g'(x) = 1$ und erhalten:

$$\int f'(x) \cdot g(x)\,dx = f(x) \cdot g(x) - \int f(x) \cdot g'(x)\,dx$$
$$\int e^x \cdot x\,dx = e^x \cdot x - \int e^x \cdot 1\,dx$$
$$= e^x \cdot x - e^x = e^x \cdot (x - 1)$$

Eine Stammfunktion von h ist also H: $x \mapsto e^x \cdot (x - 1)$.
Vertauschen wir hingegen die Funktionen, wählen also
$f(x) = \frac{1}{2}x^2$; $f'(x) = x$; $g(x) = e^x$; $g'(x) = e^x$, erhalten wir:

$$\int f'(x) \cdot g(x)\,dx = f(x) \cdot g(x) - \int f(x) \cdot g'(x)\,dx$$
$$\int x \cdot e^x dx = \frac{1}{2}x^2 \cdot e^x - \int \frac{1}{2}x^2 \cdot e^x dx$$

Das letzte Integral können wir nicht lösen. Es kommt also bei der partiellen Integration darauf an, welche Funktion man als Ableitung $f'(x)$ wählt.

2. Manchmal muß man die partielle Integration zweimal oder öfter hintereinander anwenden, wie dieses Beispiel zeigt:
$\int x^2 \cdot e^x dx$: Wir setzen fest: $f(x) = e^x$; $f'(x) = e^x$; $g(x) = x^2$; $g'(x) = 2x$.

$$\int_{-3}^{2} f'(x) \cdot g(x)\,dx = [f(x) \cdot g(x)]_{-3}^{2} - \int_{-3}^{2} f(x) \cdot g'(x)\,dx$$
$$\int_{-3}^{2} e^x \cdot x^2\,dx = [e^x \cdot x^2]_{-3}^{2} - \int_{-3}^{2} e^x \cdot 2x\,dx$$

Das letzte Integral lösen wir durch eine weitere partielle Integration:
$f(x) = e^x$; $f'(x) = e^x$; $g(x) = 2x$; $g'(x) = 2$

$$\int e^x \cdot 2x\,dx = e^x \cdot 2x - \int e^x \cdot 2\,dx = 2x\,e^x - 2e^x = 2e^x \cdot (x - 1)$$
$$\Rightarrow \int_{-3}^{2} e^x \cdot x^2\,dx = [e^x \cdot x^2]_{-3}^{2} - [2e^x \cdot (x - 1)]_{-3}^{2}$$
$$= e^2 \cdot 2^2 - e^{-3} \cdot (-3)^2 - (2 \cdot e^2 \cdot (2 - 1) - 2e^{-3} \cdot (-3 - 1))$$
$$= 4e^2 - 9e^{-3} - 2e^2 - 8e^{-3} = 2e^2 - 17\,e^{-3} \approx 13{,}93$$

Mit Hilfe der partiellen Integration lassen sich auch Stammfunktionen elementarer Funktionen bestimmen (siehe 10.4, Seite 607).

10.3.3 Verkettungen/Substitutionsregel

Wir wollen berechnen: $\int_0^1 4x \cos(2x^2)\,dx$. Man erkennt den Term 4x als „innere Ableitung" der Funktion $\cos(2x^2)$. Deshalb ist zu vermuten, daß der Integrand eine mittels Kettenregel gebildete Ableitungsfunktion darstellt. Um die Stammfunktion zu finden, muß die Kettenregel umgekehrt werden: Ist $F(x) = f(g(x))$, dann ist $F'(x) = f'(g(x)) \cdot g'(x)$.

In unserem Beispiel ist $g(x) = 2x^2$, $g'(x) = 4x$, $f'(g(x)) = \cos(2x^2)$. Unser Integral ist dann folgendermaßen darstellbar:

$$\int_0^1 4x \cdot \cos(2x^2)\,dx = \int_0^1 g'(x) \cdot f'(g(x))\,dx.$$

Die Verkettung hindert uns zunächst noch an der Integration, deshalb vereinfachen wir und ersetzen ***(substituieren)*** $g(x)$ durch t, im Beispiel ist dann $t = 2x^2$. Die Ableitung hiervon ist $\frac{dt}{dx} = 4x$, woraus nach Multiplikation mit dx folgt: $dt = 4x\,dx$. Nun ersetzen wir im gesuchten Integral $4x\,dx$ durch dt, $2x^2$ durch t und erhalten: $\int_0^1 4x \cdot \cos(2x^2)\,dx = \int_?^? \cos t\,dt$.

Die Stammfunktion ist leicht zu finden. Doch was ist mit den Integrationsgrenzen geschehen? Die alten Grenzen beziehen sich auf die Variable x, die neuen hingegen müssen sich auf die Variable $t = g(x)$ beziehen. Da im Beispiel $g(0) = 2 \cdot 0^2 = 0$ und $g(1) = 2 \cdot 1^2 = 2$ ist, werden die Grenzen 0 und 1 durch die neuen Grenzen 0 und 2 ersetzt:

$$\int_0^1 4x \cdot \cos(2x^2)\,dx = \int_0^2 \cos t\,dt = [\sin t]_0^2 = \sin 2 - \sin 0 = \sin 2.$$

Wir haben die erste Integrationsformel gefunden für eine Funktion, deren Stammfunktion eine Verkettung zweier Funktionen ist.

S

Substitutionsregel I: Ist g in [a; b] differenzierbar und sind f und g' in [a; b] stetig, so gilt: $\int_a^b g'(x) \cdot f(g(x))\,dx = \int_{g(a)}^{g(b)} f(t)\,dt$ mit $t = g(x)$ und $dt = g'(x)\,dx$.

BEISPIEL

$$\int_3^8 \sqrt{1 + x}\,dx = \int_3^8 1 \cdot \sqrt{1 + x}\,dx \qquad t = g(x) = 1 + x$$
$$dt = g'(x)\,dx = 1 \cdot dx = dx$$
$$= \int_4^9 \sqrt{t}\,dt \qquad g(3) = 1 + 3 = 4;\; g(8) = 1 + 8 = 9$$
$$= \left[\frac{2}{3} t^{\frac{3}{2}}\right]_4^9 = \frac{2}{3} \cdot (27 - 8) = \frac{38}{3}$$

Ersetzt man t wieder durch 1 + x, so erhält man als Stammfunktion

$F: x \mapsto \frac{2}{3} \cdot (1 + x)^{\frac{3}{2}}$.

Probe: $F': x \mapsto \frac{2}{3} \cdot \frac{3}{2} \cdot (1 + x)^{\frac{1}{2}} \cdot 1 = \sqrt{1 + x}$.

Nun ist nicht immer im Term der Integrandenfunktion eine innere Ableitung vorhanden, wie folgendes Beispiel zeigt:

$$\int_3^4 \frac{x}{\sqrt{6x-1}}\,dx.$$

Substitutionsregel I ist nicht anwendbar, doch wir können versuchen, uns ihr zu nähern. Da speziell die Wurzel Probleme bei der Integration bereitet, ersetzen wir den Term 6x − 1 durch t: t = 6x − 1. Dann ist $\frac{dt}{dx} = 6$ oder $dx = \frac{1}{6}dt$.

Leider fällt dabei nicht, wie bei Substitutionsregel I, die Variable x im Zähler weg.

Deshalb ersetzen wir x durch $\frac{1}{6}(t+1)$, da ja t = 6x − 1 ist.

Wir ersetzen jetzt den Integranden und dx. Für die neuen Integrationsgrenzen erhalten wir: $x = g(t) = 4 \Rightarrow t = 6 \cdot 4 - 1 = 23$ und für $x = 3 \Rightarrow t = 17$. Wir erhalten:

$$\int_3^4 \frac{x}{\sqrt{6x-1}}dx = \int_{17}^{23} \frac{\frac{1}{6}(t+1)}{\sqrt{t}} \cdot \frac{1}{6}dt = \frac{1}{36}\int_{17}^{23} \frac{t+1}{\sqrt{t}}dt = \frac{1}{36}\int_{17}^{23}\left(\sqrt{t} + \frac{1}{\sqrt{t}}\right)dt$$

$$= \frac{1}{36}\left[\frac{2}{3}\sqrt{t^3} + 2 \cdot \sqrt{t}\right]_{17}^{23} = \frac{1}{36} \cdot \left[\frac{2}{3}\sqrt{23^3} + 2\sqrt{23} - \frac{2}{3}\sqrt{17^3} - 2\sqrt{17}\right]$$

$$\approx 0{,}782$$

Fassen wir die Vorgehensweise zusammen:

1. Man wählt eine geeignete Substitution x = g(t) für x, indem man einen geeigneten Term der Integrandenfunktion durch t ersetzt.
2. Man bildet die Ableitung $g'(t) = \frac{dx}{dt}$.
3. Man berechnet die neuen Grenzen a und b aus den alten Grenzen g(a) und g(b).
4. Man ersetzt x durch g(t) in der Integrandenfunktion, dx durch g′(t) dt und die alten Grenzen g(a) und g(b) durch die neuen Grenzen a und b.

In kurzer Form wird dies durch die folgende allgemeine Fassung der Substitutionsregel ausgesagt:

S

Substitutionsregel II: Für jede in [a; b] integrierbare Funktion f gilt:

$$\int_{g(a)}^{g(b)} f(x)\,dx = \int_a^b f(g(t)) \cdot g'(t)\,dt \text{ mit } x = g(t).$$

BEISPIELE

1. $\int_0^1 e^{5x+3}dx$: 1. Schritt: Ersetzen von 5x + 3 durch t: t = 5x + 3

$$\Leftrightarrow x = g(t) = \frac{1}{5}(t-3)$$

2. Schritt: Ableitung $g'(t) = \frac{dx}{dt} = \frac{1}{5}$

3. Schritt: Grenzen berechnen:
$a = t(0) = 5 \cdot 0 + 3 = 3$; $b = t(1) = 5 \cdot 1 + 3 = 8$

4. Schritt: einsetzen:

$$\int_0^1 e^{5x+3}\,dx = \int_3^8 \frac{1}{5} e^t\,dt = \frac{1}{5}[e^t]_3^8 = \frac{1}{5}(e^8 - e^3) \approx 592{,}2$$

2. Gesucht ist die Stammfunktion von $x \cdot \ln(x^2)$.

1. Wir ersetzen: $t = x^2 \Rightarrow x = \sqrt{t} = g(t)$ (und $x = -\sqrt{t}$)
2. Wir leiten ab: $g'(t) = \frac{1}{2\sqrt{t}} \Leftrightarrow dx = \frac{1}{2\sqrt{t}}\,dt$
3. Da ein unbestimmtes Integral zu berechnen ist, entfällt dieser Schritt.
4. Wir ersetzen: $\int x \cdot \ln(x^2)\,dx = \int \sqrt{t} \cdot \ln t \,\frac{1}{2\sqrt{t}}\,dt = \int \frac{1}{2}\ln t\,dt = \frac{1}{2} t \cdot (\ln t - 1)$
   (siehe Aufgabe 13. b auf Seite 605)
   Nun ersetzen wir wieder t durch x^2: $\ldots = \frac{1}{2}x^2(\ln(x^2) - 1)$

Abschließend sei zur Substitution ein Sonderfall erwähnt. Gelegentlich trifft man auf eine Integrandenfunktion der Art $\frac{f'(x)}{f(x)}$. Mit der Substitution $t = f(x)$, $\frac{dt}{dx} = f'(x)$ erhält man: $\int \frac{f'(x)}{f(x)}\,dx = \int \frac{dt}{t} = \ln|t| = \ln|f(x)|$ und für das bestimmte Integral:

S

$$\int_a^b \frac{f'(x)}{f(x)}\,dx = [\ln|f(x)|]_a^b = \ln|f(b)| - \ln|f(a)|$$

BEISPIEL

$$\int \tan x\,dx = \int \frac{\sin x}{\cos x}\,dx = -\int \frac{-\sin x}{\cos x}\,dx \quad \text{mit } f(x) = \cos x$$

$$= -\int \frac{f'(x)}{f(x)}\,dx = -[\ln|\cos x|]$$

10.3.4 Quotienten/ Partialbruchzerlegung

Haben wir in der partiellen Integration eine Umkehrung der Produktregel und in der Substitutionsregel eine Umkehrung der Kettenregel gefunden, so liegt die Vermutung nahe, daß sich auch die Quotientenregel umkehren läßt. Doch leider gibt es keine derartige allgemeine Regel, die die Integration von Quotienten zuläßt. Es gelingt dennoch in Sonderfällen, einen Quotienten zu integrieren, und zwar mit der Methode der ***Partialbruchzerlegung.*** Das Ziel der Zerlegung besteht darin, einen Quotienten in eine Summe einfacherer Quotienten zu zerlegen, die – jeder für sich – leichter integrierbar sind. Ein Beispiel soll dies verdeutlichen.

BEISPIEL

Es soll die Funktion $f: x \mapsto \frac{2x-4}{x^2+x}$ integriert werden. Der Nenner läßt sich auch als $x \cdot (x+1)$ schreiben. Wir wollen den Bruch umschreiben als

$$\frac{2x-4}{x^2+x} = \frac{A}{x} + \frac{B}{x+1} = \frac{A \cdot (x+1) + B \cdot x}{x \cdot (x+1)} = \frac{Ax + A + Bx}{x \cdot (x+1)} = \frac{(A+B) \cdot x + A}{x \cdot (x+1)}.$$

Es muß demnach sein: $(A + B) \cdot x + A = 2 \cdot x - 4$. Durch Koeffizientenvergleich erhält man: $A = -4$, $A + B = 2 \Rightarrow B = 6$. Dann schreiben wir die Funktion f(x) um und integrieren sie:

$$\int \frac{2x-4}{x^2+x}\,dx = \int \frac{-4}{x}\,dx + \int \frac{6}{x+1}\,dx = -4 \cdot \ln|x| + 6 \cdot \ln|x+1|$$

Dieses Verfahren läßt sich nur anwenden, wenn das Zählerpolynom von kleinerem Grad ist als das Nennerpolynom. Ist dies nicht der Fall, kann man durch Polynomdivision die Funktion in einer Summe aus einem Polynom, das problemlos integrierbar ist, und einem Restglied darstellen, das man mittels Partialbruchzerlegung zu integrieren versucht. Es ist aber nicht sicher, daß der Weg zum Ziel führt.

ÜBUNGEN

13. Bestimmen Sie die Stammfunktionen mit Hilfe der partiellen Integration:

a) $f(x) = x \cdot \sin x$
b) $f(x) = \ln x$
c) $f(x) = x \cdot \ln x$
d) $f(x) = x^n \cdot \cos x$
e) $f(x) = \sin x \cdot \cos x$
f) $f(x) = \sin^2 x$
g) $f(x) = \cos^2 x$

14. Berechnen Sie die bestimmten Integrale mit Hilfe der partiellen Integration:

a) $\int_0^{2\pi} x \cdot \sin x\,dx$ *b)* $\int_0^1 x \cdot \cos x\,dx$ *c)* $\int_{-1}^0 x^2 \cdot \sin x\,dx$

15. Bestimmen Sie die Stammfunktionen mit Hilfe der Substitution:

a) $f(x) = \frac{1}{x + a}$

b) $g(x) = \frac{1}{6x - 7}$

c) $h(x) = \frac{x^2}{\sqrt{1 - x^6}}$

d) $i(x) = x \cdot \sin(x^2)$

e) $j(x) = \sqrt{a^2 - x^2}$ (Anleitung: $x = a \cdot \sin t$)

f) $k(x) = \frac{x}{\sqrt{1 - x^2}}$

16. Berechnen Sie die Integrale mit Hilfe der Substitution:

a) $\int_1^2 \frac{1}{x \cdot \sqrt{\ln x}} dx$

b) $\int_0^{\frac{\pi}{4}} (\sin x)^2 \cdot \cos x \, dx$

c) $\int_{-\frac{1}{2}}^0 \sqrt{1 - 4x^2} \, dx$

d) $\int_0^{\pi} 2\sin(5x^2 - 8x) \cdot \cos(5x^2 - 8x) \cdot (10x - 8) \, dx$

e) $\int_2^6 \frac{x}{\sqrt{2x - 3}} dx$

17. Bestimmen Sie die Stammfunktionen:

a) $f(x) = \frac{x^3 - 5x}{x^3}$

b) $g(x) = \frac{8x^3 - 30x^5}{2x^4 - 5x^6}$

c) $h(x) = x \cdot e^{2x-4}$

d) $i(x) = \frac{x + 1}{x^2 - 4}$

e) $j(x) = \arcsin x$

f) $k(x) = \arccos x$

10.4 Integrale spezieller Funktionen

Dieses Kapitel stellt eine Zusammenfassung der bisherigen Kenntnisse dar, die wir aus Beispielen und Übungen gewinnen konnten. Darüber hinaus werden noch einige bisher nicht behandelte Integrale bestimmt, die aber wichtig sind. Dieser Abschnitt kann deshalb zusätzlich als Formelsammlung für Integrale betrachtet werden.

10.4.1 Potenzfunktionen, Polynome

Monom: $\int ax^n \, dx = \frac{a}{n+1} x^{n+1} + C$, für alle $n \in \mathbb{R}$, $n \neq -1$

Polynom: $\int a_n x^n + a_{n-1}x^{n-1} + \ldots + a_0 x^0 \, dx$

$= \int a_n x^n dx + \int a_{n-1}x^{n-1} \, dx + \ldots + \int a_0 x^0 \, dx + C$

10.4.2 Trigonometrische Funktionen und Arcusfunktionen

$\int \sin x \, dx = -\cos x + C$

$\int \cos x \, dx = \sin x + C$

$\int \tan x \, dx = -\ln |\cos x| + C$

$\int \arcsin x \, dx = x \cdot \arcsin x + \sqrt{1 - x^2} + C$

$\int \arccos x \, dx = x \cdot \arccos x - \sqrt{1 - x^2} + C$

$\int \arctan x \, dx = x \cdot \arctan x - \frac{1}{2}\ln (1 + x^2) + C$

10.4.3 Funktionen, deren Stammfunktion eine Arcusfunktion enthält

$\int \frac{1}{\sqrt{1 - x^2}} \, dx = \arcsin x + C$ $\quad \int \frac{-1}{\sqrt{1 - x^2}} \, dx = \arccos x + C$ $\quad \int \frac{1}{1 + x^2} \, dx = \arctan x + C$

10.4.4 Exponential- und Logarithmusfunktionen

$\int e^x \, dx = e^x + C$

$\int 10^x \, dx = \frac{1}{\ln 10} \cdot 10^x + C$

$\int a^x \, dx = \frac{1}{\ln a} \cdot a^x + C$

$\int \ln x \, dx = x \cdot \ln x - x + C$

$\int \frac{1}{x} \, dx = \ln |x| + C$

$\int \log_a x \, dx = x \cdot \log_a x - \frac{x}{\ln a} + C$

10.4.5 Betragsfunktionen

Betragsfunktionen werden grundsätzlich integriert, nachdem der Betrag durch eine Fallunterscheidung aufgelöst wurde, beispielsweise:

$$\int |\sin(\sqrt{x} - 1)| \, dx = \begin{cases} \int \sin(\sqrt{x} - 1) \, dx \text{ für } n \cdot 2\pi \leq \sqrt{x} - 1 \leq (2n + 1) \cdot \pi, n \in \mathbb{Z} \\ -\int \sin(\sqrt{x} - 1) \, dx \text{ für } (2n - 1) \cdot \pi \leq \sqrt{x} - 1 \leq n \cdot 2\pi, n \in \mathbb{Z} \end{cases}$$

ÜBUNGEN

18. Bestimmen Sie die Stammfunktionen folgender Funktionen:

a) $f(x) = -\frac{39}{32} \cdot \sqrt[8]{\frac{4}{3}x^5}$

b) $g(x) = \tan x$

c) $h(x) = \tan^2 ax$

d) $i(x) = \arccos\left(-\frac{2}{5}x + 6\right)$

e) $j(x) = 2^x$

f) $k(x) = \log_2 x$

g) $m(x) = e^{|x|}$

19. Berechnen Sie folgende Integrale:

a) $\int_{0,5}^{2} |\ln x| \, dx$

b) $\int_{4}^{10} \log_3 (4x) \, dx$

10.5 Flächenberechnungen und andere Anwendungen

10.5.1 Flächen zwischen Kurve und x-Achse

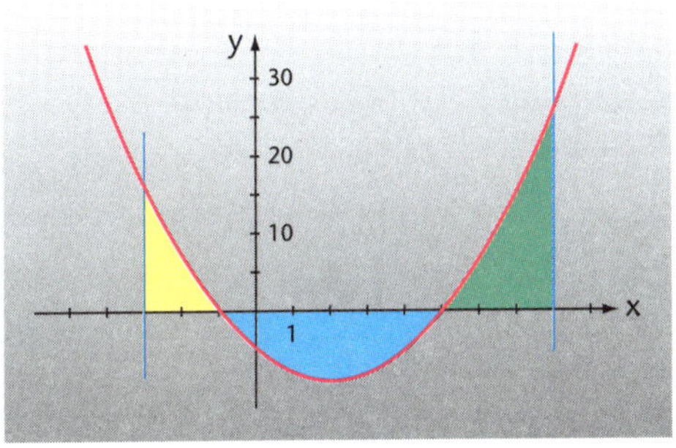

Bild 10.12 Graph von $f(x) = x^2 - 4x - 5$

In Bild 10.12 ist der Graph der Funktion $f: x \mapsto x^2 - 4x - 5$ dargestellt. Wir wollen die Fläche berechnen, die der Graph mit der x-Achse im Intervall [-3; 8] einschließt. Die Fläche läßt sich den Nullstellen entsprechend in drei Teilflächen zerlegen: A_1 ist die Fläche im Intervall [-3; -1] (in Bild 10.12 gelb gekennzeichnet), A_2 die Fläche in [-1; 5] (blau) und A_3 in [5; 8] (grün). Die Unterscheidung ist notwendig, weil der Flächeninhalt immer durch eine positive reelle Zahl angegeben wird, das bestimmte Integral aber auch negatives Vorzeichen haben kann. Wie bereits auf Seite 587 erwähnt, stimmt das bestimmte Integral nur dann mit dem Flächeninhalt überein, wenn die Fläche vollständig über der x-Achse liegt. Deshalb rechnen wir die Gesamtfläche A aus, indem wir die Beträge der Integrale berechnen:

$$A = A_1 + A_2 + A_3$$

$$= \left|\int_{-3}^{-1} f(x)\,dx\right| + \left|\int_{-1}^{5} f(x)\,dx\right| + \left|\int_{5}^{8} f(x)\,dx\right|$$

$$= \int_{-3}^{-1} f(x)\,dx - \int_{-1}^{5} f(x)\,dx + \int_{5}^{8} f(x)\,dx$$

$$= \int_{-3}^{-1} (x^2 - 4x - 5)\,dx + \int_{-1}^{5} (x^2 - 4x - 5)\,dx + \int_{5}^{8} (x^2 - 4x - 5)\,dx$$

$$= \left[\frac{1}{3}x^3 - 2x^2 - 5x\right]_{-3}^{-1} - \left[\frac{1}{3}x^3 - 2x^2 - 5x\right]_{-1}^{5} + \left[\frac{1}{3}x^3 - 2x^2 - 5x\right]_{5}^{8}$$

$$= \left(-\frac{1}{3} - 2 + 5\right) - (-9 - 18 + 15) - \left(\left(\frac{125}{3} - 50 - 25\right) - \left(-\frac{1}{3} - 2 + 5\right)\right)$$

$$+ \left(\frac{512}{3} - 128 - 40 - \left(\frac{125}{3} - 50 - 25\right)\right)$$

$$= 14\frac{2}{3} + 36 + 36 = 86\frac{2}{3}$$

S

Berechnung des Inhaltes der Fläche zwischen dem Graphen einer Funktion f(x), der x-Achse und den Geraden x = a und x = b

1. Man bestimmt alle Nullstellen von f(x) im Intervall [a; b], bei denen die Funktion ihr Vorzeichen wechselt.
2. Man bildet die Integrale der Funktion mit a, den Nullstellen und b als Grenzen.
3. Man addiert die Beträge der Integrale. Die Summe ist gleich dem gesamten Flächeninhalt.

Der Zusatz zu Punkt 1 ist insofern wichtig, als man keine Intervalltrennung benötigt, wenn der Graph der Funktion an einer Stelle x_0 eine Nullstelle hat, die eine Extremstelle ist. Dann verläuft der Graph ja sowohl links als auch rechts von x_0 auf derselben Seite der x-Achse.

10.5.2 Flächen zwischen zwei Kurven

Ist der Inhalt der Fläche zwischen den Graphen zweier Funktionen f und g zu bestimmen, kann man zunächst den Inhalt der Fläche zwischen dem Graphen von f und der x-Achse berechnen, anschließend den Inhalt der Fläche zwischen dem Graphen von g und der x-Achse, und dann beide Werte voneinander subtrahieren. In Bild 10.13 wird auf diese Weise der Inhalt der Flächen zwischen den Funktionen

$f: x \mapsto x^2 - 4x - 5$ und $g: x \mapsto -\frac{1}{2}x^2 + 7$

dargestellt. Die blaue und grüne Fläche ist die Fläche zwischen dem Graphen von f und der x-Achse, die gelbe und grüne Fläche die zwischen dem Graphen von g und der x-Achse, jeweils im Intervall zwischen beiden Schnittstellen. Wie man sieht, überlappen beide Flächen links und rechts (grün). Diese Methode ist sehr umständlich.

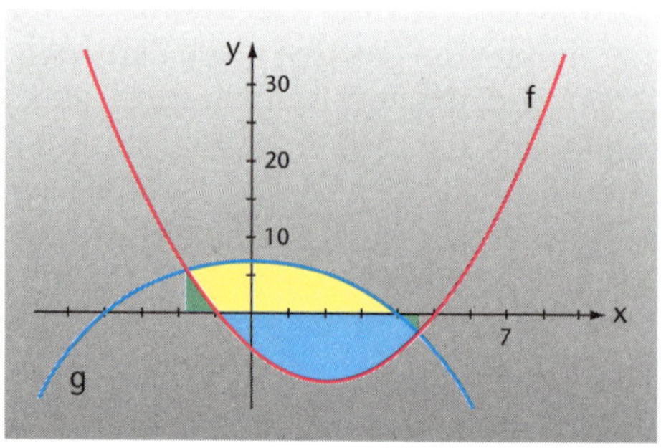

Bild 10.13 Fläche zwischen f und g

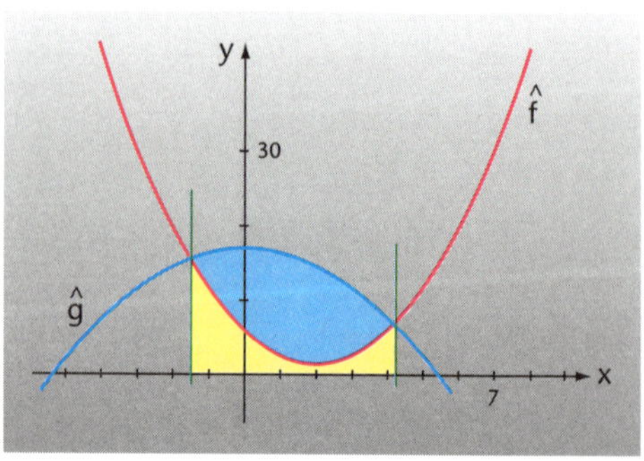

Bild 10.14

Verschieben wir beide Graphen parallel zur y-Achse, ändert sich zwar ihre Lage im Koordinatensystem, ebenso ihr Funktionsterm, doch nicht der Inhalt der Fläche zwischen beiden Graphen. Wir verschieben sie in Bild 10.14 um 10 Einheiten nach oben, also in Richtung positiver y-Achse. Die Funktionsterme lauten dann:

$\hat{f}: x \mapsto x^2 - 4x + 5$ und $\hat{g}: x \mapsto -\frac{1}{2}x^2 + 17$.

Wie man jetzt leicht erkennt, erhält man den gesuchten Flächeninhalt einfach dadurch, daß man den Inhalt der Fläche zwischen dem Graphen von $\hat{f}$ und der x-Achse im Intervall zwischen den beiden Schnittpunkten der Graphen (gelb) vom Inhalt der Fläche zwischen dem Graphen von $\hat{g}$ und der x-Achse (blau und gelb) subtrahiert. Hätten beide Graphen mehrere Schnittpunkte, müßte man auch hier in Etappen arbeiten und jeweils von einer zur nächsten Schnittstelle integrieren.

S

Berechnung des Inhaltes der Fläche zwischen den Graphen zweier Funktionen f(x) und g(x) und den Geraden x = a und x = b

1. Man bestimmt alle Schnittstellen von f(x) und g(x) im Intervall [a; b].
2. Man bildet die Integrale der Funktion (f – g) mit a, den Schnittstellen und b als Grenzen.
3. Man addiert die Beträge der Integrale. Die Summe ist gleich dem gesuchten Flächeninhalt.

BEISPIEL

Gesucht ist der Flächeninhalt zwischen den Graphen der Funktionen

$f: x \mapsto x^2 - 4x - 5$ und $g: x \mapsto -\frac{1}{2}x^2 + 7$

im Intervall [–5; 7] (Bild 10.15).

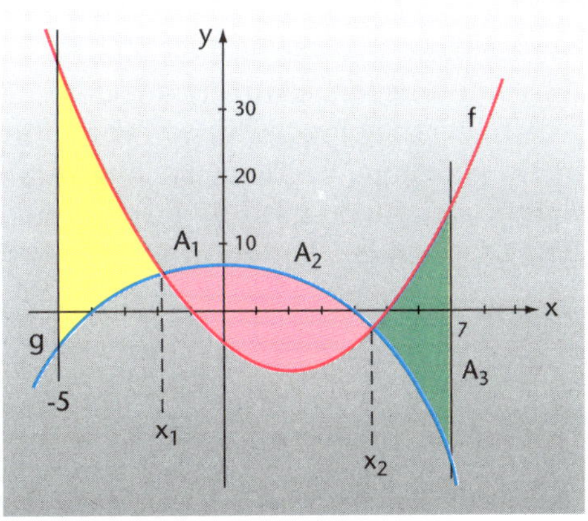

Bild 10.15 Fläche zwischen f und g

1. Bestimmung der Schnittstellen im Intervall:

$$f(x) = g(x) \Leftrightarrow x^2 - 4x - 5 = -\frac{1}{2}x^2 + 7$$

$$\Leftrightarrow \frac{3}{2}x^2 - 4x - 12 = 0$$

$$\Leftrightarrow x^2 - \frac{8}{3}x - 8 = 0$$

$$\Leftrightarrow x_{1,2} = \frac{4}{3} \pm \sqrt{\frac{16}{9} + 8}$$

$$\Leftrightarrow x_1 \approx -1{,}79; \quad x_2 \approx 4{,}46$$

2. Integration:

$$A_1 = \left|\int_a^{x_1} (f - g)(x)\,dx\right| = \left|\int_{-5}^{-1{,}79} \left(\frac{3}{2}x^2 - 4x - 12\right) dx\right| = \left|\left[\frac{1}{2}x^3 - 2x^2 - 12x\right]_{-5}^{-1{,}79}\right|$$

$$= \left|12{,}20 - (-52{,}5)\right| = 64{,}70 \text{ (in Bild 10.15 gelb)}$$

$$A_2 = \left|\int_{x_1}^{x_2}(f - g)(x)\,dx\right| = \left|\left[\frac{1}{2}x^3 - 2x^2 - 12x\right]_{-1,79}^{4,46}\right| = |-48,94 - 12,20|$$
$$= 61,14 \text{ (in Bild 10.15 rot)}$$

$$A_3 = \left|\int_{x_2}^{b}(f - g)(x)\,dx\right| = \left|\left[\frac{1}{2}x^3 - 2x^2 - 12x\right]_{4,46}^{7}\right| = |-10,5 - (48,94)|$$
$$= 38,44 \text{ (in Bild 10.15 grün)}$$

3. Als Gesamtfläche erhalten wir $A_1 + A_2 + A_3 = 164,28$ FE.

10.5.3 Anwendungen aus der Physik

Physikalische Arbeit

Die ***Arbeit W*** ist definiert als Produkt aus dem Weg s, den ein Körper zurücklegt, und der Kraft F, die in Richtung des Weges zur Bewegung aufgebracht werden muß. Dies gilt aber nur dann, wenn die Kraft konstant ist. Tragen wir die Beträge von Weg und Kraft graphisch in einem Koordinatensystem auf, wobei wir den Weg s auf die x-Achse und die Kraft F auf die y-Achse legen, kann ihr Produkt als Inhalt der Rechtecksfläche von Bild 10.16 gedeutet werden. Ist die Kraft nicht konstant, so gibt die Fläche unter dem Graphen der Funktion F(s) die verrichtete Arbeit an, es ist $W = \int_b^a F(s)\,ds$.

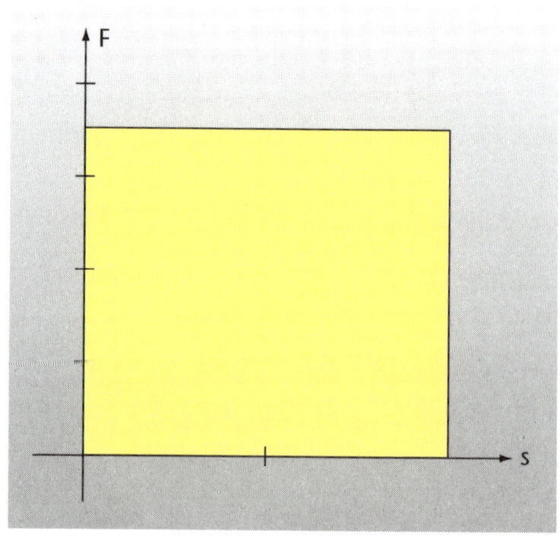

Bild 10.16 Arbeit als Fläche

BEISPIEL

Ein Satellit der Masse m = 4 t wird auf eine Umlaufbahn um die Erde geschossen. Dort soll er in H = 36 000 km Höhe geostationär, das heißt immer über demselben Punkt des Äquators, um die Erde kreisen. Er wird von der Gravitationskraft $F = \gamma\,\frac{M \cdot m}{r^2}$ zur Erde gezogen. Diese Kraft ist aufzubringen, um ihn zu entfernen. γ ist die Gravitationskonstante, M die Masse der Erde, m die Satellitenmasse und r der Abstand zwischen dem Erdmittelpunkt und dem Satelliten. Es sind

$\gamma = 6,670 \cdot 10^{-11}\,\frac{m^3}{kg \cdot s^2}$, $M = 5,98 \cdot 10^{24}$ kg.

Der Erdradius am Äquator beträgt R = 6 378 km. Die zu verrichtende Hubarbeit ist:

$$W = \int_R^{R+H} F(r)\,dr = \int_R^{R+H} \gamma\,\frac{Mm}{r^2}\,dr = \gamma \cdot M \cdot m \cdot \int_R^{R+H} \frac{1}{r^2}\,dr = \gamma \cdot M \cdot m \cdot \left[-\frac{1}{r}\right]_R^{R+H}$$

$$= 6{,}67 \cdot 10^{-11} \cdot 5{,}98 \cdot 10^{24} \cdot 4000 \cdot \left(-\frac{1}{6378 + 36\,000} + \frac{1}{6378}\right) \cdot 10^{-3}$$

$$= 2{,}125 \cdot 10^{11}\ [\mathrm{J}]\ (\text{Bild } 10.17)$$

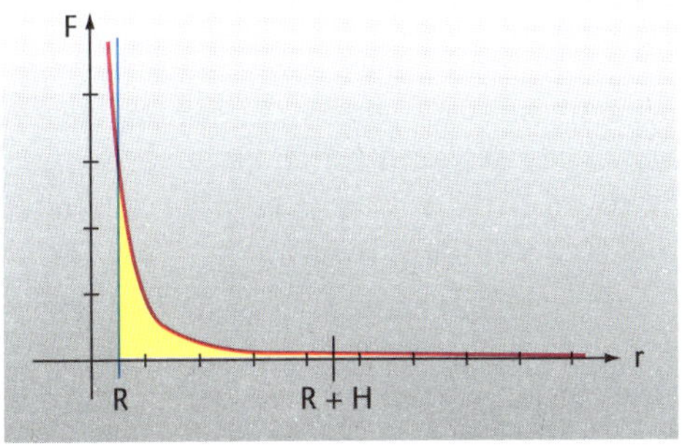

Bild 10.17 Hubarbeit im Gravitationsfeld

Bewegungsgrößen

Zwischen dem in der Zeit t zurückgelegten Weg s, der Geschwindigkeit v des Körpers und der Beschleunigung a bestehen folgende Zusammenhänge:

Weg-Zeit-Gesetz: $s(t)$ ist eine Funktion der Zeit t,

Geschwindigkeits-Zeit-Gesetz: $v(t) = \frac{ds(t)}{dt}$,

Beschleunigungs-Zeit-Gesetz: $a(t) = \frac{dv(t)}{dt} = \frac{d^2s(t)}{dt^2}$ (2. Ableitung von s(t)).

Umgekehrt erhält man durch Integration:

$\Delta s = \int_{t_1}^{t_2} v(t)\,dt$ für den in $[t_1; t_2]$ zurückgelegten Weg,

$\Delta v = \int_{t_1}^{t_2} a(t)\,dt$ für die Geschwindigkeitsänderung in $[t_1; t_2]$.

BEISPIEL

Ein Fahrzeug habe eine exponentiell wachsende Geschwindigkeit $v(t) = 0{,}01 \cdot e^{0{,}1 \cdot t}$. Welche Strecke Δs legt das Fahrzeug in der Zeit zwischen 5 s und 7 s nach dem Start zurück?

$$\Delta s = \int_5^7 0{,}01 \cdot e^{0{,}1 \cdot t}\,dt = 0{,}01 \cdot [e^{0{,}1 \cdot t}]_5^7 = 0{,}1 \cdot (e^{0{,}7} - e^{0{,}5}) = 0{,}0365\ \mathrm{m}$$

Das Fahrzeug legt in diesem Zeitraum nur 0,0365 m zurück.

10.5.4 Funktionsbestimmung

Zur Bestimmung der Koeffizienten ganzrationaler Funktionen lassen sich nicht nur Kurvenpunkte, Extrema, Steigungen, Wendepunkte und Krümmungen heranziehen, sondern auch Integrale bzw. Flächeninhalte.

BEISPIEL

Gesucht ist ein Polynom 3. Grades, dessen Graph durch den Punkt (3|–109) geht, bei –3 ein Extremum hat, die y-Achse im Wendepunkt schneidet und zwischen y-Achse und x = 3 (dort liegt keine weitere Nullstelle) mit der x-Achse eine Fläche von 205,5 FE einschließt.

Lösungsweg: Ein Polynom 3. Grades hat die allgemeine Darstellung:

$$f(x) = ax^3 + bx^2 + cx + d \text{ mit } a \neq 0$$

Die 1. Ableitung ist: $f'(x) = 3ax^2 + 2bx + c$

Die 2. Ableitung ist: $f''(x) = 6ax + 2b$

Eine Stammfunktion ist: $F(x) = \frac{1}{4}ax^4 + \frac{1}{3}bx^2 + \frac{1}{2}cx^2 + dx$

Dem Text entnehmen wir die folgenden Bedingungen, denen wir die nebenstehenden Gleichungen zuordnen können, indem wir den betreffenden Wert für x in die Gleichungen oben einsetzen.

(I) $f(3) = -109$: $27a + 9b + 3c + d = -109$

(II) $f'(-3) = 0$: $27a - 6b + c = 0$

(III) $f''(0) = 0$: $2b = 0$

(IV) $\left|\int_0^3 f(x)\,dx\right| = 205{,}5$: $\frac{81}{4}a + 9b + \frac{9}{2}c + 3d = -205{,}5$

Das Gleichungssystem hat die Lösungen: a = 2, b = 0, c = –54 und d = –1 (zur Lösung des Gleichungssystems siehe Seite 716, Übung 20).

Somit heißt die Funktion $f(x) = 2x^3 - 54x - 1$.

ÜBUNGEN

20. Welche Fläche schließt der Graph der Normalparabel $y = x^2$ zwischen 0 und 10 mit der x-Achse ein?

21. Bestimmen Sie die Fläche zwischen der x-Achse, den Geraden x = 2 und x = 4 und dem Graphen der Funktion ln x.

22. Welche Fläche schließt der Graph der Sinusfunktion in einem „Bogen" mit der x-Achse ein?

23. Berechnen Sie die Fläche eines Kreises mit dem Radius r mittels Integralrechnung. Die Funktion für den oberen Halbkreis lautet: $f(x) = \sqrt{r^2 - x^2}$.

24. Welche Fläche schließen die Graphen der Funktionen $f(x) = x^2 - 8$ und $g(x) = -6$ miteinander ein?

25. Welche Fläche schließen die Graphen der Funktionen $y = x^3$ und $y = 10x$ miteinander ein?

26. Gegeben ist eine Schar von Funktionen $f_a(x) = -ax + 2 + a^2$, $a > 0$. Für jede positive reelle Zahl a schließt der Graph von f_a mit der x-Achse und der y-Achse ein dreieckförmiges Flächenstück ein.

a) Berechnen Sie den Inhalt des Flächenstückes für beliebiges $a > 0$.

b) Für welche Zahl $a > 0$ wird der Flächeninhalt minimal? Wie groß ist er dann?

c) Wie groß wird der Flächeninhalt für $a \to 0$ und für $a \to \infty$?

27. Bestimmen Sie den Inhalt der Fläche, die die Graphen der drei Funktionen $f(x) = x^2 + 10x + 23$, $g(x) = x + 7$ und $h(x) = -x^3 - 9x^2 - 27x - 25$ miteinander einschließen.

10.6 Uneigentliche Integrale

10.6.1 Uneigentliche Integrale 1. Art

Der Graph der Funktion f: $x \mapsto \frac{1}{x}$ nähert sich nach rechts immer mehr der x-Achse an. Beginnen wir beispielsweise bei x = 1, so stellt sich die Frage, wie sich der Inhalt der Fläche zwischen x = 1, der x-Achse, dem Graphen von f und einer Geraden x = a, a > 1, verändert, wenn a größer wird (Bild 10.18). Natürlich wächst der Flächeninhalt. Ist er aber unbegrenzt?

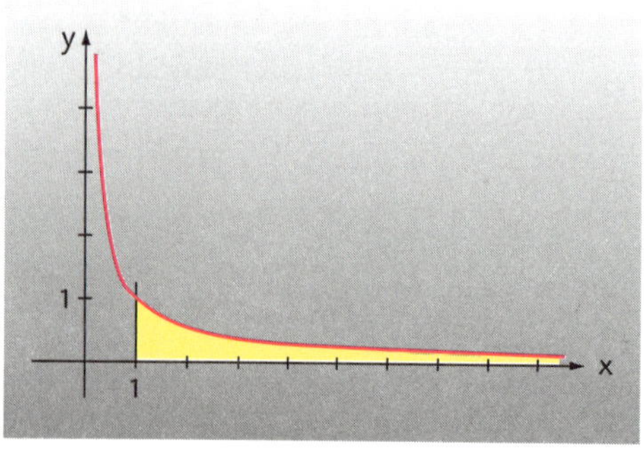

Bild 10.18 Graph von $f(x) = \frac{1}{x}$

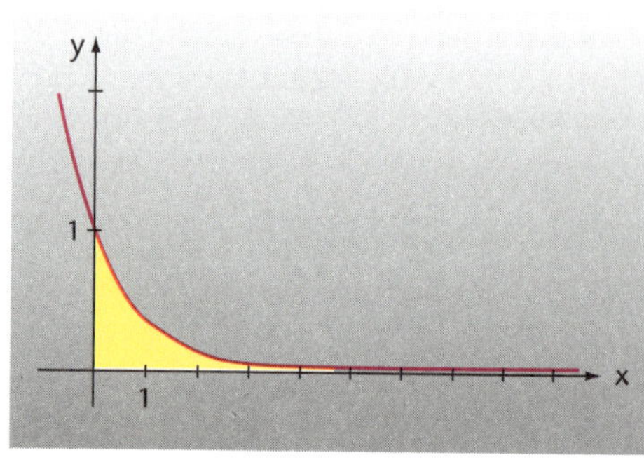

Bild 10.19 Graph von e^{-x}

Dieselbe Frage stellen wir bei der Funktion e: $x \mapsto e^{-x}$ (Bild 10.19) für die Fläche von x = 0 bis weit nach rechts.

Wie bekommen wir eine Antwort auf die Frage? Es ist naheliegend, erst einmal eine endliche Fläche in einem begrenzten Integrationsintervall zu berechnen, wobei wir aber die obere Grenze nicht konkretisieren.

$A = \int_1^b \frac{1}{x} dx = [\ln x]_1^b = \ln b - \ln 1 = \ln b.$

Jetzt erkennen wir: wächst die Obergrenze b über alle Grenzen, so wächst auch ln b unbegrenzt. Es ist $\lim\limits_{b \to \infty} \int_1^b \frac{1}{x} dx \to \infty$.

D

Unter einem *uneigentlichen Integral 1. Art* versteht man das bestimmte Integral einer im gesamten Integrationsintervall integrierbaren Funktion f mit unendlichem Integrationsintervall. Wir legen fest:

$$\int_0^\infty f(x)\,dx = \lim_{b \to \infty} \int_a^b f(x)\,dx \quad \text{und}$$

$$\int_{-\infty}^b f(x)\,dx = \lim_{a \to -\infty} \int_a^b f(x)\,dx.$$

BEISPIEL

$$\int_0^\infty e^{-x}\,dx = \lim_{b\to\infty}\int_0^b e^{-x}\,dx = \lim_{b\to\infty}\,[-e^{-x}]_0^b = \lim_{b\to\infty}\,[-e^{-b} - (-e^{-0})] = 0 - (-1) = 1$$

Obwohl der Graph der Funktion sich asymptotisch der x-Achse nähert und immer noch ein kleines Stückchen Fläche hinzukommt, je weiter man nach rechts schreitet, ist der Flächeninhalt insgesamt, also von Null bis ins Unendliche, beschränkt und beträgt nur 1 FE.

10.6.2 Uneigentliche Integrale 2. Art

Im Falle der uneigentlichen Integrale der 1. Art sind die Integranden definiert und beschränkt, die Integrationsgrenze(n) hingegen nicht. Es kann aber auch vorkommen, daß zwar das Integrationsintervall beschränkt ist, nicht aber die Integrandenfunktion. Aus der Definition des Integrals folgt hieraus die Nichtintegrierbarkeit des Integranden. Ist der Integrand nur am Rand des Integrationsintervalles unbeschränkt, kann man durch Grenzwertbildung versuchen, das Integral zu bilden. Die Funktion $f(x) = \frac{1}{x}$ nähert sich für $x \to 0$ der y-Achse asymptotisch an. Für $x = 0$ ist die Funktion nicht definiert. Wollen wir den Inhalt der Fläche zwischen der Kurve und der y-Achse berechnen, etwa für $x < 1$, so bilden wir das Integral $A = \int_0^1 \frac{1}{x}\,dx$, welches aber gar nicht definiert ist (Bild 10.20). Wir legen deshalb fest:

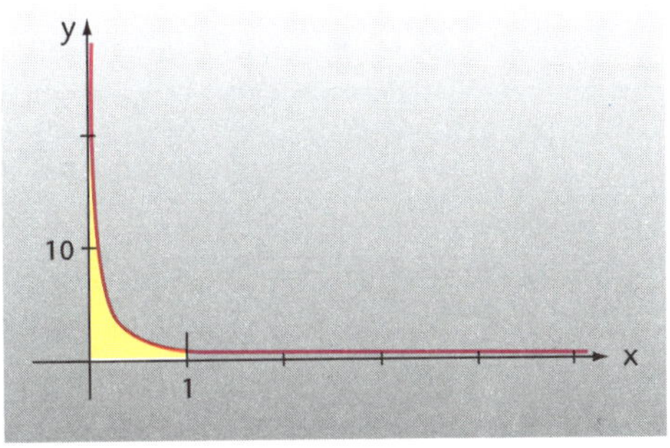

Bild 10.20 Graph von $\frac{1}{x}$

D

Unter einem *uneigentlichen Integral 2. Art* versteht man das bestimmte Integral einer im abgeschlossenen Integrationsintervall integrierbaren, im (halb-)offenen Intervall unbeschränkten Funktion f.

Ist f in]a; b] integrierbar und am linken Intervallrand unbeschränkt, so ist

$\int_a^b f(x)\,dx = \lim_{h\to a+0}\int_h^b f(x)\,dx$, wenn der Grenzwert existiert.

Ist f in [a; b[integrierbar und am rechten Intervallrand unbeschränkt, so ist, wenn der Grenzwert existiert,

$$\int_a^b f(x)\,dx = \lim_{h\to b-0}\int_a^h f(x)\,dx.$$

BEISPIEL

$$\int_0^1 \frac{1}{x}\,dx = \lim_{h \to 0+0} \int_h^1 \frac{1}{x}\,dx = \lim_{h \to 0+0} [\ln x]_h^1$$

$$= \lim_{h \to 0+0} [\ln 1 - \ln h] = 0 - \lim_{h \to 0+0} \ln h \to \infty$$

Die Fläche zwischen dem Graphen und der y-Achse ist also unbeschränkt.

ÜBUNGEN

28. Berechnen Sie die uneigentlichen Integrale 1. Art:

a) $\int_{-\infty}^{-5} e^x\,dx$ *b)* $\int_1^{\infty} \frac{1}{\sqrt{x}}\,dx$

29. Berechnen Sie die uneigentlichen Integrale 2. Art:

a) $\int_0^1 \frac{1}{x^3}\,dx$ *b)* $\int_0^4 \frac{1}{\sqrt{x}}\,dx$

30. Berechnen Sie $\int_0^{\infty} \frac{1}{\sqrt{x}}\,dx$.

10.7 Volumen von Körpern

10.7.1 Berechnung des Volumens von Rotationskörpern

Haben Sie auch schon einmal Zweifel gehabt, ob das von Ihnen bestellte Gläschen Sekt tatsächlich das Volumen besitzt, das auf der Karte oder auf dem Glas angegeben ist? Sektkelche haben mitunter sehr ungewöhnliche Formen. Nun läßt sich das Volumen natürlich mit Hilfe eines Meßbechers leicht feststellen. Der Glasbläser muß aber schon vor der Herstellung wissen, wie groß das Volumen sein soll. Betrachten wir ein Sektglas im Seitenriß (Bild 10.21). Das Volumen ändert sich nicht, wenn wir das Glas um einen rechten Winkel drehen. Wir legen nun ein Koordinatensystem durch das Glas derart, daß die x-Achse Symmetrieachse ist (Bild 10.22). Das Volumen des Glases können wir nun durch kleine zylinderförmige Scheibchen annähern (Bild 10.23). Ein solches Scheibchen hat die Dicke Δx und den Radius $r = y_i = f(x_i)$. Wie bei der Flächenberechnung können wir auch hier Scheibchen innerhalb des Begrenzungsrandes bilden sowie Scheibchen, die über den Rand hinausgehen (Bild 10.24). Machen wir sie sehr dünn, werden sie sich in ihrem Volumen dem des Glases annähern.

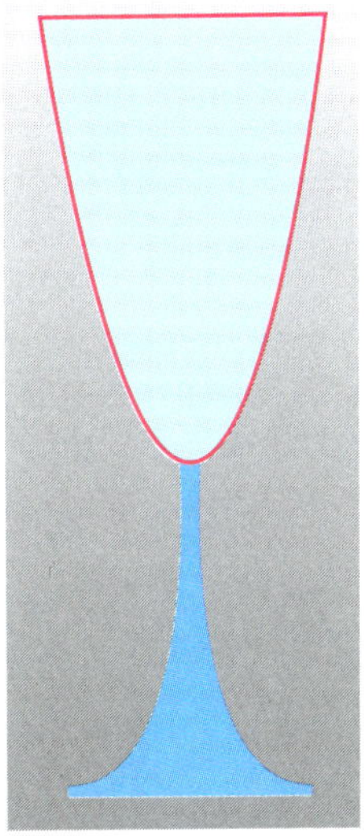

Bild 10.21 Sektglas

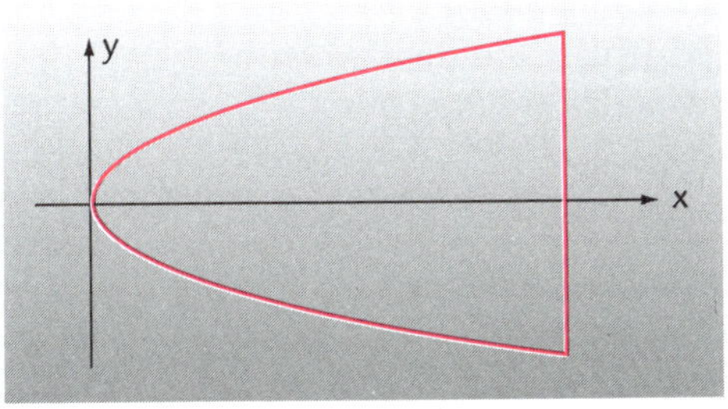

Bild 10.22 Sektglas im Koordinatensystem

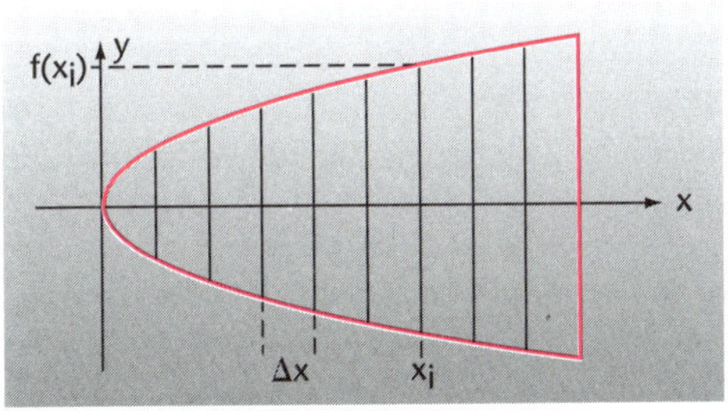

Bild 10.23 Zur Volumenbestimmung des Sektglases

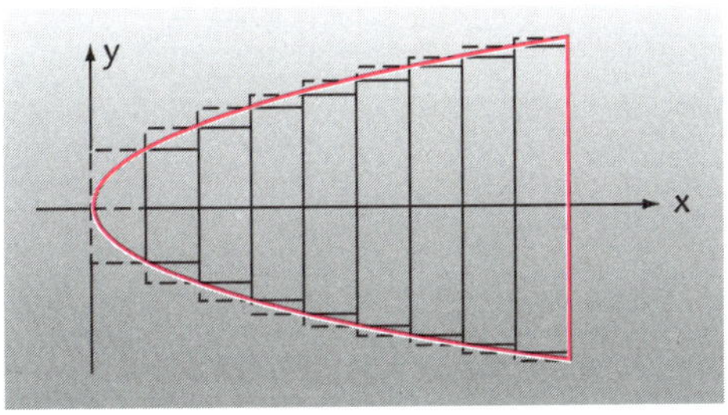

Bild 10.24 Zerlegung des Sektglases in Zylinderscheiben

Wird ihre Anzahl beliebig groß, wird ihr Gesamtvolumen mit dem des Glases übereinstimmen. Wir können das Volumen demnach berechnen:

Zerlegen wir das Intervall [a; b] in n Teilintervalle $[a = x_0; x_1]$, $[x_1; x_2]$ . . . $[x_{n-1}; x_n = b]$, so erhalten wir n Zylinderscheibchen und durch Rechnung

Volumen eines Zylinders: $V = \pi \cdot r^2 \cdot h = \pi \cdot f(x_i)^2 \cdot (x_i - x_{i-1})$,

Volumen aller Zylinder: $V = \sum_{i=1}^{n} \pi \cdot f(x_i)^2 \cdot (x_i - x_{i-1})$,

Volumen des Glases:

$$V = \lim_{n\to\infty} \sum_{i=1}^{n} \pi \cdot f(x_i)^2 \cdot (x_i - x_{i-1})$$

$$= \lim_{n\to\infty} \pi \cdot \frac{b-a}{n} \cdot \sum_{i=1}^{n} f(x_i)^2,$$

wenn man eine äquidistante Einteilung mit $x_i - x_{i-1} = \frac{b-a}{n}$ wählt.

Der letzte Term ist nach dem Satz zur Integralberechnung (siehe Seite 590) genau das Integral $V = \pi \cdot \int_a^b (f(x))^2 dx$.

Körper, die dadurch entstehen, daß man ein Flächenstück um eine Achse rotieren läßt, nennt man ***Rotationskörper.*** Lassen wir eine Strecke um die x-Achse rotieren, erhalten wir einen Zylinder, wenn die Strecke parallel zur x-Achse liegt (Bild 10.25), einen Kreis oder Kreisring, wenn die Strecke parallel zur y-Achse liegt (Bild 10.26) – es entstehen also nicht immer Körper – oder einen Kegel oder Kegelstumpf (Bild 10.28). Rotiert eine Ellipse um die x-Achse, die auch Symmetrieachse ist, erhalten wir ein Ellipsoid (Übung 33.). Lassen wir einen Kreis, der nicht von der x-Achse geschnitten wird, um die x-Achse rotieren, erhalten wir einen Torus (Bild 10.27).

Verallgemeinern wir nun unsere Erkenntnisse aus der Berechnung des Volumens des Sektkelches:

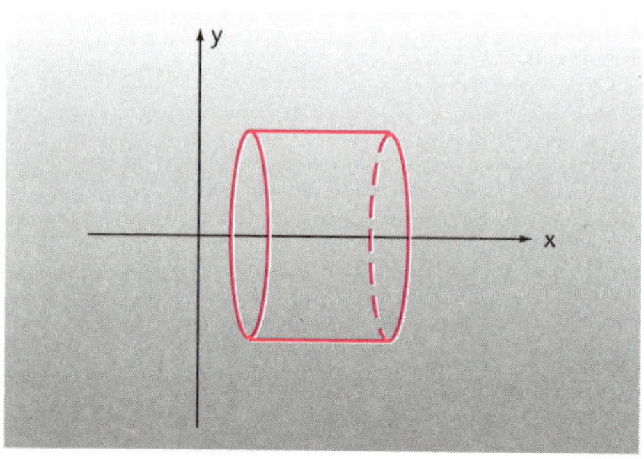

Bild 10.25 Zylinder als Rotationskörper

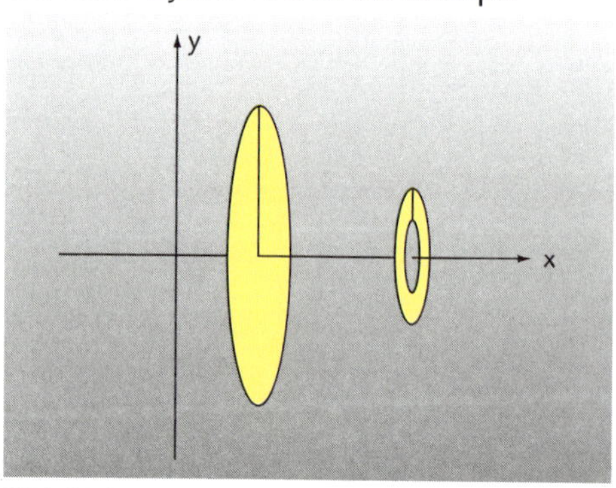

Bild 10.26 Kreis und Ring als Rotationskörper

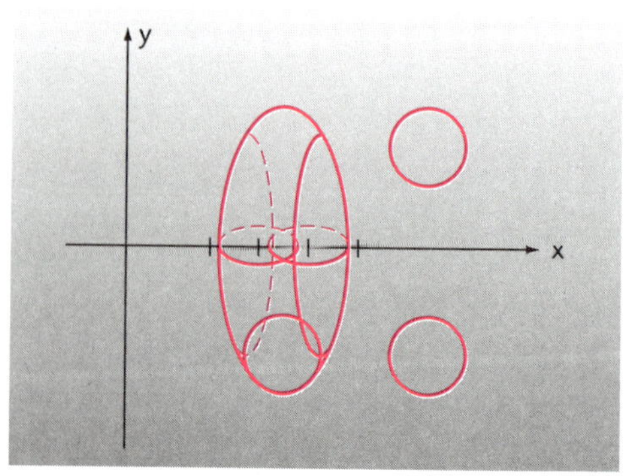

Bild 10.27 2 Kreise und Torus als Rotationskörper

S

Ist f: $x \mapsto f(x)$ eine in [a; b] definierte und stetige Funktion und rotiert das vom Graphen von f, von der x-Achse sowie von den Geraden x = a und x = b begrenzte Flächenstück um die x-Achse, entsteht ein *Rotationskörper,* für dessen Volumen gilt: $V = \pi \cdot \int_a^b (f(x))^2\,dx$.

BEISPIELE

1. Sei f(x) = x, a = 0 und b = 10. Der entstehende Rotationskörper ist ein Kegel mit der Höhe h = 10 und dem Grundflächenradius r = f(10) = 10 (Bild 10.28). Daraus ergibt sich das Kegelvolumen
$$V = \frac{1}{3}\pi \cdot r^2 \cdot h = \frac{1}{3}\pi \cdot 100 \cdot 10$$
$$= \frac{1000}{3}\pi \approx 1047{,}197 \text{ VE.}$$
Mit der Formel für Rotationskörper erhält man
$$V = \pi \cdot \int_0^{10} (f(x))^2\,dx = \pi \cdot \int_0^{10} x^2\,dx$$
$$= \pi \cdot \left[\frac{1}{3}x^3\right]_0^{10} = \pi \cdot \frac{1000}{3} \approx 1047{,}197 \text{ VE.}$$

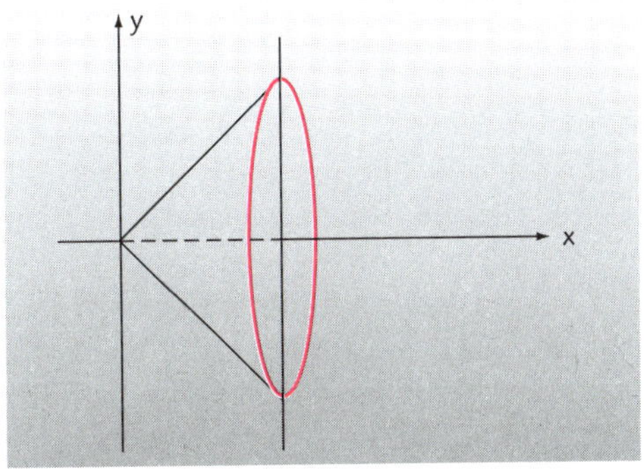

Bild 10.28 Kegel als Rotationskörper

2. Sei $f(x) = \sqrt{x}$ eine Parabel im Intervall [0; 1]. Das Volumen des entstehenden Rotationsparaboloids (Bild 10.29) ist dann
$$V = \pi \cdot \int_0^1 (\sqrt{x})^2\,dx = \pi \cdot \int_0^1 x\,dx$$
$$= \pi \cdot \left[\frac{1}{2}x^2\right]_0^1 = \frac{\pi}{2} \approx 1{,}57 \text{ VE.}$$
Allgemein ergibt sich daraus das ***Volumen eines Rotationsparaboloids,*** das durch Rotation einer Normalparabel der ***Höhe h*** um die y-Achse ensteht, als
$$V = \frac{\pi}{2} \cdot h^2.$$

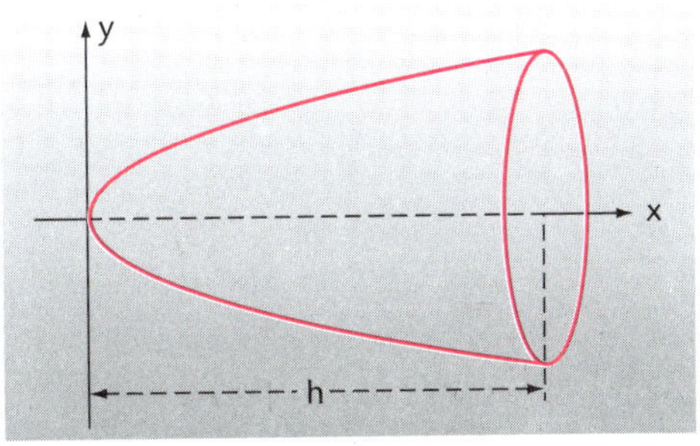

Bild 10.29 Rotationsparaboloid

3. Eine ***Kugel*** entsteht, wenn man einen Halbkreis mit dem Mittelpunkt auf der

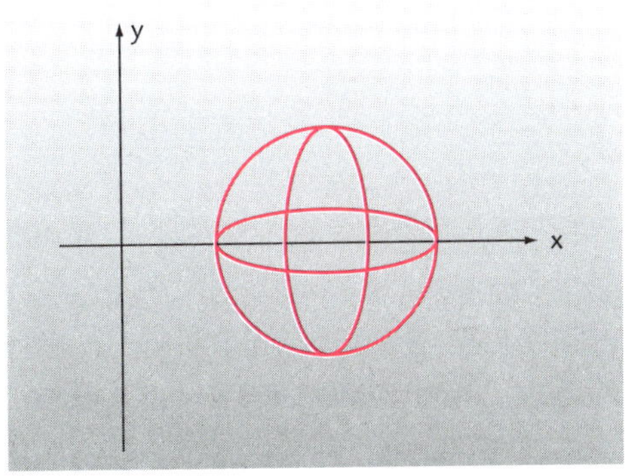

Bild 10.30 Kugel als Rotationskörper

x-Achse um die x-Achse rotieren läßt (Bild 10.30). Die Gleichung des Kreises mit dem Mittelpunkt M(0|0) und dem Radius r ist $x^2 + y^2 = r^2$. Für den oberen Halbkreis erhalten wir die Zuordnung $y = \sqrt{r^2 - x^2}$.
Für das Kugelvolumen erhalten wir:

$$V = \pi \cdot \int_{-r}^{r} (\sqrt{r^2 - x^2})\,dx = \pi \cdot \int_{-r}^{r} (r^2 - x^2)^2\,dx = \pi \cdot \left[r^2x - \frac{1}{3}x^3\right]_{-r}^{r} = \pi \cdot \left(2r^3 - \frac{2}{3}r^3\right) = \pi \cdot \frac{4}{3}r^3.$$

Dies ist die bekannte Formel zur Berechnung des Kugelvolumens.

10.7.2 Volumen von Körpern mit bekannter Querschnittsfunktion

Wird ein Körper von zwei zur x-Achse orthogonalen Ebenen begrenzt, schneidet jede zu den Ebenen parallele Ebene an der Stelle x eine Querschnittsfläche Q(x) aus. Ist Q(x) stetig und positiv, so können wir das Intervall [a; b] wieder in kleine Scheibchen zerlegen (in Bild 10.31 gelb). Für das Gesamtvolumen gilt dann:

$$V = \lim_{n \to \infty} \sum_{i=1}^{n} Q(x_i) \cdot \triangle x.$$

Dies ist das Integral von Q(x) im Intervall [a; b].

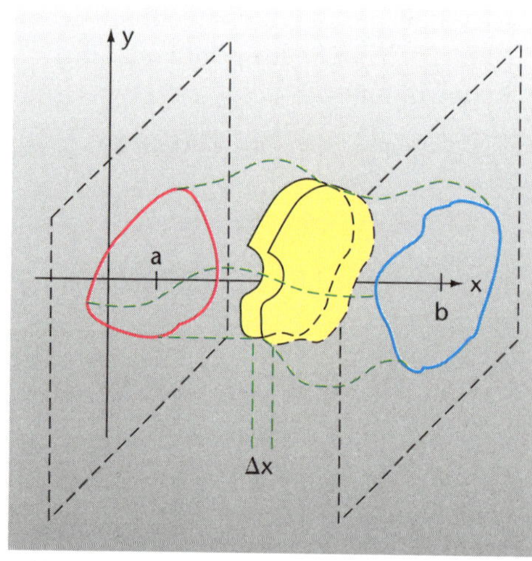

Bild 10.31 Körper mit bekannter Querschnittsfläche

S

Wird ein Körper von zwei zur x-Achse orthogonalen Ebenen begrenzt, die die x-Achse bei a und b schneiden, und ist an jeder Stelle x zwischen a und b die Querschnittsfläche Q(x) bekannt und ist Q(x) stetig, so ist das Volumen des Körpers $V = \int_{a}^{b} Q(x)\,dx$.

BEISPIEL

Ein Körper (Bild 10.32) habe in der x-y-Ebene die Randkurve $y^2 = 9x$, eine Parabel (rot). In der x-z-Ebene werde er von der Parabel $z = 4x - x^2$ begrenzt (grün). Die Sehnenendpunkte der ersten Parabel werden mit der zweiten Parabel in einer zur z-Achse parallelen Ebene verbunden. Dadurch entsteht als Querschnittsfläche ein gleichschenkliges Dreieck (gelb). Die Basis dieses Dreiecks ist an der Stelle x (blau):

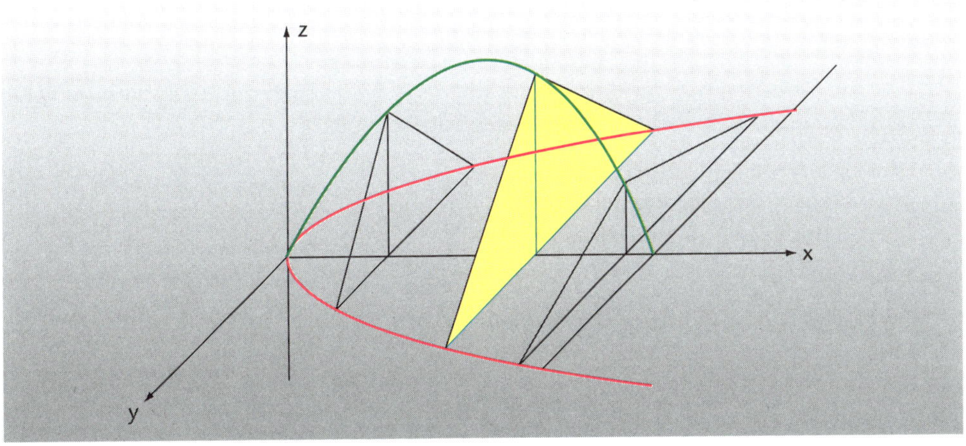

Bild 10.32 Dreieckskörper

$y = 2 \cdot \sqrt{9x} = 6\sqrt{x}$. Die Höhe des Dreiecks (blau) ist $h = 4x - x^2$. Daraus ergibt sich die Dreiecksfläche, also die Querschnittsfläche des Körpers

$Q(x) = \frac{1}{2} \cdot 6\sqrt{x} \cdot (4x - x^2) = 12x^{\frac{3}{2}} - 3x^{\frac{5}{2}}$.

Für das Volumen des Körpers im Intervall [0; 4] erhalten wir

$V = \int_0^4 Q(x)\,dx = \left[4{,}8 \cdot x^{\frac{5}{2}} - \frac{6}{7}x^{\frac{7}{2}}\right]_0^4 \approx 43{,}88$ VE.

ÜBUNGEN

31. Berechnen Sie das Volumen des Körpers, der durch Rotation der Geraden $y = 0{,}5x + 5$ im Intervall [0; 8] um die x-Achse entsteht.

32. Berechnen Sie das Volumen des Körpers, der durch Rotation der Sinuskurve zwischen zwei Nullstellen entsteht.

33. Eine Ellipse, deren beide Halbachsen a und b auf den Koordinatenachsen liegen, wird durch die allgemeine Gleichung $\frac{x^2}{a^2} + \frac{y^2}{b^2} = 1$ gegeben. Berechnen Sie das Volumen des Rotationsellipsoids bei Drehung um die x-Achse (Bild 10.33).

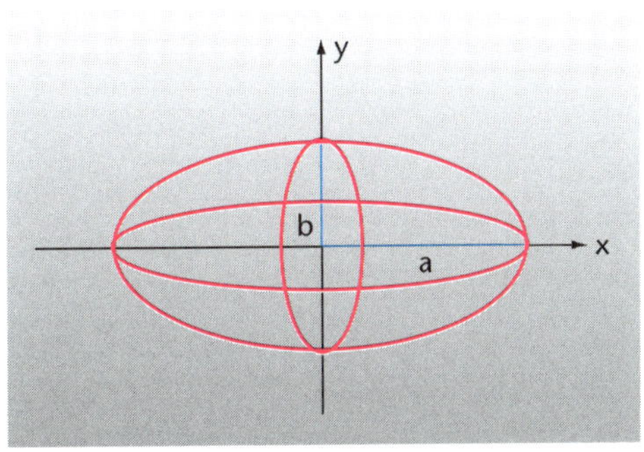

Bild 10.33 Rotationsellipsoid mit Halbachsen a und b

34. Wie berechnet man das Volumen eines Rotationskörpers bei Rotation um die y-Achse?

35. Welches Volumen hat der Körper, der entsteht, wenn man den Graphen der Funktion $f(x) = 2^{-x}$ für $x \geq 0$ um die x-Achse rotieren läßt?

36. Eine Fischreuse habe einen kreisförmigen Querschnitt. Der Radius des Kreises verändere sich nach der Parabel

$$r(x) = \frac{1}{800}x^2 + 5.$$

Die Fischreuse ist 4 m lang und in der Mitte 10 cm dick. Welches Volumen hat sie (Bild 10.34)?

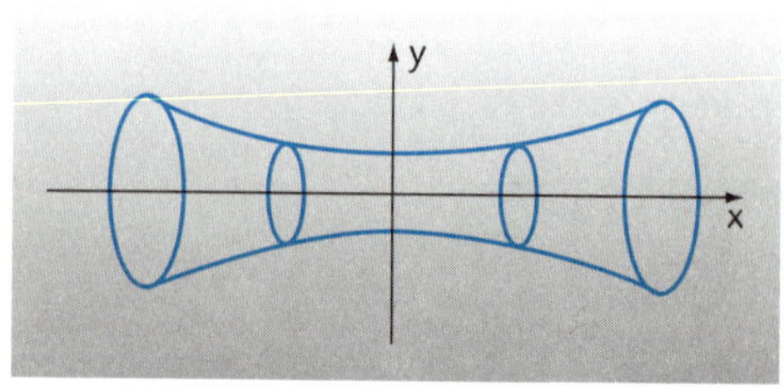

Bild 10.34 Fischreuse

LÖSUNGEN

1. a) $Z_5 = (0, 1, 2, 3, 4, 5)$;

$$\triangle x = \frac{5 - 0}{5} = 1$$

$$\overline{A}_5 = \triangle \cdot f(1) + \triangle x \cdot f(2) + \triangle x \cdot f(3) + \triangle x \cdot f(4) + \triangle x \cdot f(5)$$

$$= \triangle x \cdot (f(1) + f(2) + f(3) + f(4) + f(5))$$

$$= 1 \cdot (1 + 2 + 3 + 4 + 5) = 15$$

(Bild 10.35)

$$\underline{A}_5 = \triangle x \cdot (f(0) + f(1) + f(2) + f(3) + f(4)) = 10$$

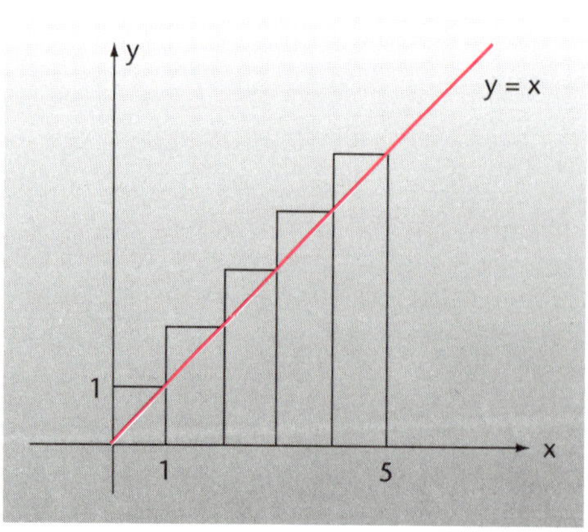

Bild 10.35

b) $Z_{10} = (0, \frac{1}{2}, 1, \frac{3}{2}, 2 \ldots 5)$; $\triangle x = \frac{1}{2}$

$$\overline{A}_{10} = \triangle x \cdot (f(0{,}5) + f(1) + \ldots + f(5))$$

$$= \frac{1}{2} \cdot (0{,}5 + 1 + 1{,}5 + 2 + 2{,}5 + 3 + 3{,}5 + 4 + 4{,}5 + 5)$$

$$= \frac{1}{2} \cdot \frac{1}{2} \cdot (1 + 2 + 3 + \ldots + 10)$$

$$= \frac{55}{4} = 13{,}75$$

$$\underline{A}_{10} = \frac{1}{2} \cdot (0 + 0{,}5 + 1 + \ldots + 4{,}5)$$

$$= \overline{A}_{10} + 0 - \frac{1}{2} \cdot 5 = 11{,}25$$

Ober- und Untersumme stimmen bis auf den ersten und letzten Summanden überein.

c) $Z_{20} = \left(0, \frac{1}{4}, \frac{2}{4}, \frac{3}{4}, 1 \ldots 5\right)$; $\triangle x = \frac{1}{4}$

$$\overline{A}_{20} = \frac{1}{4} \cdot (f(0{,}25) + f(0{,}5) + f(0{,}75) + f(1) + \ldots + f(5))$$

$$= \frac{1}{4} \cdot \frac{1}{4} \cdot (1 + 2 + 3 + \ldots + 20)$$

$$= \frac{1}{16} \cdot \frac{20 \cdot 21}{2} = 13{,}125$$

$$\underline{A}_{20} = 11{,}875$$

d) Mittelwerte: $\frac{1}{2} \cdot (\overline{A}_5 + \underline{A}_5) = 12{,}5$

$\frac{1}{2} \cdot (\overline{A}_{10} + \underline{A}_{10}) = 12{,}5$

$\frac{1}{2} \cdot (\overline{A}_{20} + \underline{A}_{20}) = 12{,}5$

Die Übereinstimmungen sind logisch, da die Flächenstücke zwischen den zur Untersumme gehörenden Rechtecken und der Geraden $y = x$ ebenso groß sind, wie die zur Obersumme gehörenden Rechtecke über die Gerade hinausgehen.

e) Dreiecksfläche $A = \frac{a \cdot h}{2} = \frac{25}{2}$

$= 12{,}5$ FE

2. *a)* $n = 2$; $Z_2 = (0;\ 0{,}5;\ 1)$; $\triangle x = 0{,}5$

Da die Funktion monoton steigt, sind für die Obersumme die Funktionswerte an der jeweils rechten Teilintervallgrenze, für die Untersumme die an der linken Teilintervallgrenze maßgeblich.

$$\overline{A}_2 = \frac{1}{2} \cdot \left(f\left(\frac{1}{2}\right) + f(1)\right)$$

$$= \frac{1}{2} \cdot \left(\left(\frac{1}{2}\right)^2 + 1^2\right) = \frac{1}{2} \cdot \left(\frac{1}{4} + 1\right)$$

$$= \frac{5}{8}$$

$$\underline{A}_2 = \frac{1}{2} \cdot \left(f(0) + f\left(\frac{1}{2}\right)\right) = \frac{1}{2} \cdot \left(0 + \frac{1}{4}\right)$$

$$= \frac{1}{8}$$

Mittelwert: $\frac{3}{8} = 0{,}375$

b) $n = 5$: $Z_5 = \{0, \frac{1}{5}, \frac{2}{5}, \frac{3}{5}, \frac{4}{5}, 1\}$,

$$\triangle x = \frac{1}{5}$$

$$\overline{A}_5 = \frac{1}{5} \cdot \left(\left(\frac{1}{5}\right)^2 + \left(\frac{2}{5}\right)^2 + \left(\frac{3}{5}\right)^2 + \left(\frac{4}{5}\right)^2 + 1^2\right)$$

$$= \frac{1}{5} \cdot \frac{1}{25} \cdot (1^2 + 2^2 + 3^2 + 4^2 + 5^2)$$

$$= \frac{1}{125} \cdot \frac{5 \cdot (5 + 1) \cdot (2 \cdot 5 + 1)}{6}$$

$$= \frac{11}{25}$$

$$\underline{A}_5 = \frac{6}{25}$$

Mittelwert: $\frac{17}{50} = 0{,}34$

c) $n = 10 : \overline{A}_{10} = \frac{1}{10} \cdot \sum_{i=1}^{10} \left(\frac{i}{10}\right)^2$

$$= \frac{77}{200};\ \underline{A}_{10} = \frac{57}{200}$$

Mittelwert: $\frac{67}{200} = 0{,}335$

d) $$\int_0^1 x^2\,dx = \lim_{n\to\infty} \left[\frac{1-0}{n} \cdot \sum_{i=1}^{n} f\left(0 + i \cdot \frac{1}{n}\right)\right]$$

$$= \lim_{n\to\infty} \left[\frac{1}{n} \cdot \sum_{i=1}^{n} f\left(\frac{i}{n}\right)\right]$$

$$= \lim_{n\to\infty} \left[\frac{1}{n} \cdot \sum_{i=1}^{n} \left(\frac{i}{n}\right)^2\right]$$

$$= \lim_{n\to\infty} \left[\frac{1}{n} \cdot \frac{1}{n^2} \cdot \sum_{i=1}^{n} i^2\right]$$

$$= \lim_{n\to\infty} \left[\frac{1}{n^3} \cdot \frac{1}{6} \cdot n \cdot (n + 1) \cdot (2n + 1)\right]$$

$$= \lim_{n\to\infty} \frac{2n^2 + 3n + 1}{6n^2} = \frac{1}{3}$$

3. Satz: Sind f und g integrierbar in [a; b], so ist

$\int (f + g)(x)\,dx = \int f(x)\,dx + \int g(x)\,dx.$

Beweis: $\int_a^b (f + g)(x)\,dx$

$$= \lim_{n\to\infty} \left[\frac{b-a}{n} \cdot \sum_{i=1}^{n} (f+g)\left(a + i \cdot \frac{b-a}{n}\right)\right]$$

$$= \lim_{n\to\infty} \left[\frac{b-a}{n} \cdot \sum_{i=1}^{n} \left(f\left(a + i \cdot \frac{b-a}{n}\right) + g\left(a + i \cdot \frac{b-a}{n}\right)\right)\right]$$

$$= \lim_{n\to\infty} \left[\frac{b-a}{n} \cdot \sum_{i=1}^{n} f\left(a + i \cdot \frac{b-a}{n}\right) + \frac{b-a}{n} \cdot \sum_{i=1}^{n} g\left(a + i \cdot \frac{b-a}{n}\right)\right]$$

$$= \lim_{n\to\infty} \left[\frac{b-a}{n} \cdot \sum_{i=1}^{n} f\left(a + i \cdot \frac{b-a}{n}\right)\right] + \lim_{n\to\infty} \left[\frac{b-a}{n} \cdot \sum_{i=1}^{n} g\left(a + i \cdot \frac{b-a}{n}\right)\right]$$

$$= \int_a^b f(x)\,dx + \int_a^b g(x)\,dx$$

Zum Beweis wurden benutzt: Integralsatz, Distributivgesetz, Grenzwertsatz.

4. Nach Bild 10.36 kann die gesuchte Fläche A in die Flächenteile A_1 (rot), A_2 (gelb) und A_3 zerlegt werden, A_3 wieder in die Teile A_{3f} (grün) und A_{3g} (blau). A_1 ist die Fläche, die beide Graphen in [1; 2] miteinander einschließen, also

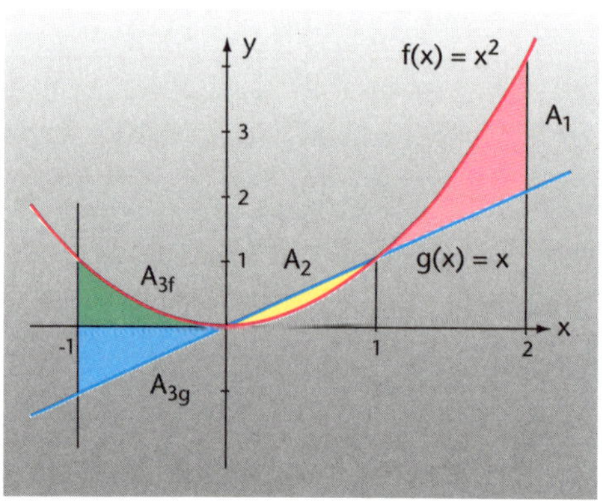

Bild 10.36

$$A_1 = \int_1^2 (f(x) - g(x))\,dx,$$

da dort $f(x) > g(x)$ ist. A_2 ist die eingeschlossene Fläche zwischen 0 und 1,

$$A_2 = \int_0^1 (g(x) - f(x))\,dx,$$

da dort $f(x) < g(x)$ ist.

$$A_{3f} = \int_{-1}^0 f(x)\,dx \text{ und } A_{3g} = -\int_{-1}^0 g(x)\,dx,$$

da die Fläche unter der x-Achse liegt. Daraus folgt:

$$A = \int_1^2 (x^2 - x)\,dx + \int_0^1 (x - x^2)\,dx + \int_{-1}^0 x^2 dx - \int_{-1}^0 x\,dx$$

$$= \int_1^2 x^2 dx - \int_0^1 x^2 dx + \int_{-1}^0 x^2 dx - \int_1^2 x\,dx$$

$$+ \int_0^1 x\,dx - \int_{-1}^0 x^2 dx \quad \int_1^2 x^2 dx$$

$$= \int_0^2 x^2\,dx - \int_0^1 x\,dx = \frac{8}{3} - \frac{1}{3} = \frac{7}{3}$$

(siehe Beispiel von Seite 590 und Übung 2.)

$$\int_{-1}^0 x^2\,dx = \int_0^1 x^2\,dx = \frac{1}{3}$$

aus Symmetriegründen

$$\int_1^2 x\,dx = \int_0^2 x\,dx - \int_0^1 x\,dx$$

$$= \frac{2 \cdot 2}{2} - \frac{1 \cdot 1}{2} = \frac{3}{2} \text{ (Dreiecksfläche)}$$

$$\int_{-1}^0 x\,dx = -\int_0^1 x\,dx = -\frac{1}{2}$$

aus Symmetriegründen

$$\Rightarrow A = \frac{7}{3} - \frac{1}{3} + \frac{1}{3} - \frac{3}{2} + \frac{1}{2} - \left(-\frac{1}{2}\right)$$

$$= \frac{11}{6} \text{ FE}$$

5. a(x), b(x) und d(x) sind in $\mathbb{R}$ definiert und stetig. Also sind sie integrierbar. c(x) ist in $\mathbb{R}^+$ definiert und dort stetig, also integrierbar. e(x) und f(x) sind monoton, also integrierbar.

6. $F(x) = \int_4^x (t^2 + t)\,dt$

$$= \frac{1}{3}x^3 + \frac{1}{2}x^2 - \frac{64}{3} - 8$$

7. $F(x) = \int_a^x (5t + 3)\,dt$

$$= \frac{5}{2}x^2 + 3x - \frac{5}{2}a^2 - 3a$$

Mit x = 7: $\frac{245}{2} + 21 - \frac{5}{2}a^2 - 3a = 3{,}5$

$\Leftrightarrow -\frac{5}{2}a^2 - 3a + \frac{280}{2} = 0$

$\Leftrightarrow a^2 + \frac{6}{5}a - \frac{280}{5} = 0$

$\Leftrightarrow a_{1,2} = -\frac{3}{5} \pm \sqrt{\frac{9}{25} + \frac{280}{5}}$

$a_1 \approx -8{,}1$; $a_2 \approx 6{,}9$

8. Integralfunktionen von f: $\hat{F}(x) = \int_a^x \frac{1}{2}x \, dx$

$= \frac{1}{4}x^2 - \frac{1}{4}a^2$

Da $-\frac{1}{4}a^2$ nie positiv, also auch nie 8 sein kann, ist F(x) keine Integralfunktion von f(x).

9. ***a)*** $A(x) = x^4 + c$

b) $B(x) = \frac{3}{2}x^2 + c$

c) $C(x) = \frac{5}{4}x^2 - 2x + c$

d) $D(x) = -\cos x + c$

e) $E(x) = \ln x + c$

f) $F(x) = -\frac{1}{2}e^x + c$

10. ***a)*** $\left[\frac{1}{3}x^3\right]_0^2 = \frac{1}{3} \cdot 2^3 - \frac{1}{3} \cdot 0^2 = \frac{8}{3}$

b) $\left[\frac{5}{2}x^2 - 4x\right]_1^7 = \frac{245}{2} - 28 - \left(\frac{5}{2} - 4\right)$

$= 96$

c) $[-\cos x]_0^{\pi} = -\cos \pi - (-\cos 0)$

$= 1 - (-1) = 2$

d) $\left[\frac{1}{4}x^4\right]_2^4 = 64 - 4 = 60$

e) $\left[-\frac{1}{5}x^5\right]_{-1}^0 = 0 - \left(\frac{1}{5}(-1)^5\right) = -\frac{1}{5}$

f) $[e^x]_{-1}^0 = e^0 - e^{-1} = 1 - \frac{1}{e} \approx 0{,}632$

g) $\int_1^2 x^{\frac{1}{2}} \, dx = \left[\frac{2}{3}x^{\frac{3}{2}}\right]_1^2$

$= \left[\frac{2}{3}\sqrt{x^3}\right]_1^2 = \frac{2}{3}\sqrt{8} - \frac{2}{3} \approx 1{,}22$

h) $\left[x^4 - \frac{2}{3}x^3 - \frac{1}{2}x^2 + 5x\right]_{-5}^{-4}$

$= 256 + \frac{128}{3} - 8 - 20$

$- \left(625 + \frac{250}{3} - \frac{25}{2} - 25\right)$

$= -372 - \frac{122}{3} + \frac{25}{2} = -400\frac{1}{6}$

11. ***a)*** $f(x) = 4x^2 + 5x$

b) $g(x) = 2\sin x$

12. $\left[\frac{1}{15}x^5 - \frac{5}{3}x^3 + 6x\right]_{-5}^{b} = \frac{1}{15}b^5 - \frac{5}{3}b^3$

$+ 6b - \left(-\frac{625}{3} + \frac{625}{3} - 30\right) = 30$

$\Rightarrow b^5 - 25b^3 + 90b = 0$

$\Leftrightarrow b \cdot (b^4 - 25b^2 + 90) = 0$

$b = 0 \quad \vee \quad b^4 - 25b^2 + 90 = 0$

(Substitution $t = b^2$)

$t^2 - 25t + 90 = 0$

$\Leftrightarrow t_{1,2} = \frac{25}{2} \pm \sqrt{\frac{625}{4} - 90}$

$t_1 \approx 20{,}6394$; $t_2 \approx 4{,}3606$

$\Rightarrow b_1 = 0$; $b_2 \approx -4{,}543$; $b_3 \approx -2{,}088$; $b_4 \approx 2{,}088$; $b_5 \approx 4{,}543$

13. ***a)*** $f(x) = -\cos x \qquad f(x) = \sin x$

$g(x) = x \qquad g'(x) = 1$

$\int x \cdot \sin x \, dx = -x \cdot \cos x - \int -\cos x \, dx$

$= -x \cdot \cos x + \sin x$

b) $f(x) = x \qquad f'(x) = 1$

$g(x) = \ln x \qquad g'(x) = \frac{1}{x}$

$\int \ln x \, dx = \int 1 \cdot \ln x \, dx = x \cdot \ln x$

$- \int x \cdot \frac{1}{x} \, dx = x \cdot \ln x - \int 1 \, dx$

$= x \cdot \ln x - x = x \cdot (\ln x - 1)$

c) $f(x) = \frac{1}{2}x^2$ $f'(x) = x$

$g(x) = \ln x$ $g'(x) = \frac{1}{x}$

$\int x \cdot \ln x\,dx = \frac{1}{2}x^2 \cdot \ln x - \int \frac{1}{2}x^2 \cdot \frac{1}{x}\,dx$

$= \frac{1}{2}x^2 \cdot \ln x - \frac{1}{2} \cdot \int x\,dx$

$= \frac{1}{2}x^2 \cdot \ln x - \frac{1}{4}x^2$

$= \frac{1}{4}x^2 \cdot (2 \ln x - 1)$

d) $f(x) = \sin x$ $f'(x) = \cos x$

$g(x) = x^n$ $g'(x) = n \cdot x^{n-1}$

$\int x^n \cos x\,dx = x^n \cdot \sin x$
$- \int n \cdot x^{n-1} \cdot \sin x\,dx = \ldots$

Jetzt ist: $f(x) = -\cos x$
$f'(x) = \sin x$
$g(x) = n \cdot x^{n-1}$
$g'(x) = n \cdot (n-1) \cdot x^{n-2}$

$\ldots = x^n \cdot \sin x - (n \cdot x^{n-1} \cdot (-\cos x)$
$- \int n \cdot (n-1) \cdot x^{n-2} \cdot (-\cos x)\,dx)$
$= x^n \cdot \sin x + n \cdot x^{n-1} \cdot \cos x$
$+ \int n \cdot (n-1) \cdot x^{n-2} \cdot \cos x\,dx = \ldots$

Jetzt ist: $f(x) = \sin x$
$f'(x) = \cos x$
$g(x) = n \cdot (n-1) \cdot x^{n-2}$
$g'(x) = n \cdot (n-1) \cdot (n-2) \cdot x^{n-3}$

$\ldots = x^n \cdot \sin x + n \cdot x^{n-1} \cdot \cos x$
$+ n \cdot (n-1) \cdot x^{n-2} \cdot \sin x$
$- \int n \cdot (n-1) \cdot (n-2) \cdot x^{n-3} \cdot \sin x\,dx$
$= \ldots$

Jetzt ist: $f(x) = -\cos x$
$f'(x) = \sin x$
$g(x) = n \cdot (n-1) \cdot (n-2) \cdot x^{n-3}$
$g'(x) = n \cdot (n-1) \cdot (n-2) \cdot (n-3) \cdot x^{n-4}$

$\ldots = x^n \cdot \sin x + n \cdot x^{n-1} \cdot \cos x$
$+ n \cdot (n-1) \cdot x^{n-2} \cdot \sin x$
$- (n \cdot (n-1) \cdot (n-2) \cdot x^{n-3} \cdot (-\cos x)$
$- \int n \cdot (n-1) \cdot (n-2) \cdot (n-3)$
$\cdot x^{n-4} \cdot (-\cos x)\,dx)$
$= x^n \cdot \sin x + n \cdot x^{n-1} \cdot \cos x$
$+ n \cdot (n-1) \cdot x^{n-2} \cdot \sin x$
$+ n \cdot (n-1) \cdot (n-2) \cdot x^{n-3} \cdot \cos x$
$+ \int n \cdot (n-1) \cdot (n-2) \cdot (n-3)$
$\cdot x^{n-4} \cdot \cos x\,dx = \ldots$

Wird das Verfahren n-mal durchgeführt, so ist der Exponent der letzten Potenz von x im Integral 0, das Integral ist lösbar. Ist n gerade, erhält man:

$\int x^n \cdot \cos x\,dx = \frac{n!}{n!} \cdot x^n \sin x$
$+ \frac{n!}{(n-1)!} \cdot x^{n-1} \cdot \cos x$
$+ \frac{n!}{(n-2)!} \cdot x^{n-2} \cdot \sin x$
$+ \frac{n!}{(n-3)!} \cdot x^{n-3} \cdot \cos x + \ldots$
$+ \frac{n!}{1!} \cdot x^1 \cdot \cos x + \int n! \cdot \cos x\,dx$

Ist n ungerade, heißt der letzte Summand $\int n! \cdot \sin x\,dx$.

e) $f(x) = -\cos x$ $f'(x) = \sin x$

$g(x) = \cos x$ $g'(x) = -\sin x$

$\int \sin x \cdot \cos x\,dx$
$= -\cos^2 x - \int (-\cos x) \cdot (-\sin x)\,dx$
$= -\cos^2 x - \int \sin x \cos x\,dx$

Durch Addition von $\int \sin x \cos x\,dx$ auf beiden Seiten erhalten wir:

$2 \cdot \int \sin x \cdot \cos x\,dx = -\cos^2 x$

$\Leftrightarrow \int \sin x \cdot \cos x\,dx = -\frac{1}{2}\cos^2 x$

f) $f(x) = -\cos x$ $f'(x) = \sin x$

$g(x) = \sin x$ $g'(x) = \cos x$ $\int \sin^2 x\,dx$
$= \int \sin x \cdot \sin x\,dx$
$= -\sin x \cdot \cos x - \int -\cos^2 x\,dx$
$= -\sin x \cdot \cos x + \int \cos^2 x\,dx$
$= -\sin x \cdot \cos x + \int (1 - \sin^2 x)\,dx$
$= -\sin x \cdot \cos x + x - \int \sin^2 x\,dx$

Wir addieren auf beiden Seiten das letzte Integral:

$2 \cdot \int \sin^2 x\,dx = -\sin x \cdot \cos x + x$

$\int \sin^2 x\,dx = -\frac{1}{2}\sin x \cdot \cos x + \frac{1}{2}x$

g) $f(x) = \sin x \qquad f'(x) = \cos x$
$g(x) = \cos x \qquad g'(x) = -\sin x$
$\int \cos^2 x\, dx = \int \cos x \cdot \cos x\, dx$
$= \sin x \cdot \cos x - \int -\sin^2 x\, dx$
$= \sin x \cdot \cos x - \frac{1}{2}\sin x \cdot \cos x + \frac{1}{2}x$
$= \frac{1}{2}\sin x \cdot \cos x + \frac{1}{2}x$

14. *a)* Nach Übung 13. a) erhält man:
$[-x \cdot \cos x + \sin x]_0^{2\pi}$
$= -2\pi \cdot \cos(2\pi)$
$+ \sin(2\pi) + 0 \cdot \cos 0 - \sin 0$
$= -2\pi$

b) $\int_0^1 x \cdot \cos x\, dx = [x \cdot \sin x]_0^1$
$-\int_0^1 1 \sin x\, dx$
$= 1 \cdot \sin 1 - [-\cos x]_0^1$
$= \sin 1 + \cos 1 - 1 \approx 0{,}382$

c) $\int_{-1}^0 x^2 \sin x\, dx = [x^2 \cdot (-\cos x)]_{-1}^0$
$= -\int_{-1}^0 2x \cdot (-\cos x)\, dx$
$= [-x^2 \cdot \cos x]_{-1}^0 + 2\int_{-1}^0 x \cdot \cos x\, dx$
$= [-x^2 \cdot \cos x]_{-1}^0 + 2 \cdot [x \cdot \sin x]_{-1}^0$
$+ 2 \cdot [\cos x]_{-1}^0$
$= 0 - (-1 \cdot \cos(-1)) + 0$
$- (-2 \cdot \sin(-1)) + 2 \cos 0$
$- (2 \cdot \cos(-1))$
$= -\cos(-1) + 2 \cdot \sin(-1) + 2 \cos 0$
$\approx -0{,}540 - 1{,}683 + 2 \approx -0{,}223$

15. *a)* $t = x + a \Leftrightarrow x = g(t) = t - a$
$\frac{dx}{dt} = g'(t) = 1 \Rightarrow dx = dt$
$\int \frac{1}{x+a}\, dx = \int \frac{1}{t}\, dt = \ln|t| + c$
$= \ln|x + a| + c$

b) $t = 6x - 7 \Leftrightarrow x = g(t)$
$= \frac{1}{6}t + \frac{7}{6} \Rightarrow dx = \frac{1}{6}\, dt$
$\int \frac{1}{6x - 7}\, dx = \int \frac{1}{6t}\, dt = \frac{1}{6} \ln|t| + c$
$= \frac{1}{6} \ln|6x - 7| + c$

c) $t = x^3 \Rightarrow x = t^{\frac{1}{3}} \Rightarrow dx = \frac{1}{3}t^{-\frac{2}{3}}\, dt$
$\int \frac{x^2}{\sqrt{1 - x^6}}\, dx = \frac{1}{3}\int \frac{t^{\frac{2}{3}} \cdot t^{-\frac{2}{3}}}{\sqrt{1 - t^2}}\, dt$
$= \frac{1}{3}\int \frac{1}{\sqrt{1 - t^2}}\, dt = \frac{1}{3} \arcsin t + c$
$= \frac{1}{3} \arcsin x^3 + c$

d) $t = x^2 \Rightarrow x = \sqrt{t} \Rightarrow dx = \frac{dt}{2 \cdot \sqrt{t}}$
$\int x \cdot \sin x^2\, dx$
$= \int \sqrt{t} \cdot \sin t \cdot \frac{1}{2 \cdot \sqrt{t}}\, dt = \frac{1}{2}\int \sin t\, dt$
$= -\frac{1}{2}\cos t + c = -\frac{1}{2} \cdot \cos x^2 + c$

e) $x = a \cdot \sin t \Rightarrow \sqrt{a^2 - x^2}$
$= \sqrt{a^2 - a^2 \cdot \sin^2 t} = a \cdot \sqrt{1 - \sin^2 t}$
$= a \cdot \cos t$ für $t \in \left[-\frac{\pi}{2}; \frac{\pi}{2}\right]$
$dx = a \cdot \cos t\, dt,\ t = \arcsin \frac{x}{a}$
$\int \sqrt{a^2 - x^2}\, dx = \int a^2 \cdot \cos^2 t\, dt + c$
$= a^2 \cdot \int \cos^2 t\, dt + c$
$= a^2 \cdot \left[\frac{1}{2}\sin t \cdot \cos t + \frac{1}{2}t\right] + c$
$= \frac{1}{2}a \cdot \sin t \cdot a \cdot \cos t + \frac{1}{2}a^2 t + c$
$= \frac{1}{2}x \cdot \sqrt{a^2 - x^2} + \frac{1}{2}a^2 \cdot \arcsin \frac{x}{a} + c$

f) $t = 1 - x^2;\ x = \sqrt{1 - t},$
$dx = \frac{-1}{2 \cdot \sqrt{1 - t}}\, dt$
$\int \frac{x}{\sqrt{1 - x^2}}\, dx = \int \frac{-1 \cdot \sqrt{1 - t}}{\sqrt{t} \cdot 2\sqrt{1 - t}}\, dt$
$= -\frac{1}{2}\int \frac{1}{\sqrt{t}}\, dt = -\sqrt{t} + x = -\sqrt{1 - x^2} + c$

16. a) $t = \ln x;\ x = e^t;\ dx = e^t\,dt$

$t(1) = \ln 1 = 0;\ t(2) = \ln 2$

$$\int_1^2 \frac{1}{x \cdot \sqrt{\ln x}}\,dx = \int_0^{\ln 2} \frac{e^t}{e^t \cdot \sqrt{t}}\,dt$$

$= [2 \cdot \sqrt{t}]_0^{\ln 2} \approx 1{,}6651$

oder $= [2 \cdot \sqrt{\ln x}]_1^2 \approx 1{,}6651$

b) $t = g(x) = \sin x;\ f(t) = t^2$

$g'(x) = \cos x \Rightarrow dt = \cos x\,dx$

$$\int_0^{\frac{\pi}{4}} \sin^2 x \cdot \cos \cdot dx = \int_0^{\frac{\pi}{4}} f(g(x)) \cdot g'(x)\,dx$$

$$= \int_{g(0)}^{g(\frac{\pi}{4})} f(t)\,dt = \left[\frac{1}{3}\,t^3\right]_{g(0)}^{g(\frac{\pi}{4})}$$

$$= \left[\frac{1}{3}\sin^3 x\right]_0^{\frac{\pi}{4}} \approx 0{,}11785$$

c) Mit $t = 2x$, $dt = 2dx$ und Übung 15. e) erhalten wir:

$$\int_{-0,5}^{0} \sqrt{1 - 4x^2}\,dx = 0{,}5 \cdot \int_{g(-0,5)}^{g(0)} \sqrt{1 - t^2}\,dt$$

$$= \left[\frac{1}{4} \cdot (t \cdot \sqrt{1 - t^2} + \arcsin t)\right]_{g(-0,5)}^{g(0)}$$

$$= \left[\frac{1}{4} \cdot (2x \cdot \sqrt{1 - 4x^2} + \arcsin 2x)\right]_{-0,5}^{0}$$

$$= 0 - \frac{1}{4} \cdot (-1 \cdot 0 + \arcsin(-1) = \frac{\pi}{8}$$

d) $t = 5x^2 - 8x;\ dt = (10x - 8)\,dx;$

$g^{-1}(0) = 0;\ g^{-1}(\pi) = 5\pi^2 - 8\pi$

$$\int_0^{\pi} 2 \sin(5x^2 - 8x) \cdot \cos(5x^2 - 8x)$$

$\cdot\ (10x - 8)\,dx$

$$= \int_0^{5\pi^2-8\pi} 2 \sin t \cdot \cos t\,dt = \left[\sin^2 t\right]_0^{5\pi^2-8\pi}$$

$= \sin^2(5\pi^2 - 8\pi) \approx 0{,}6305$

e) $t = 2x - 3;\ x = \frac{1}{2}t + \frac{3}{2};\ dt = 2\,dx;$

$g^{-1}(2) = 1;\ g^{-1}(6) = 9$

$$\int_2^6 \frac{x}{\sqrt{2x - 3}}\,dx = \int_1^9 \frac{0{,}5t + 1{,}5}{2\sqrt{t}}\,dt$$

$$= \int_1^9 \frac{1}{4}\sqrt{t}\,dt + \int_1^9 \frac{3}{4\sqrt{t}}\,dt$$

$$= \left[\frac{1}{6}t^{\frac{3}{2}}\right]_1^9 + \left[\frac{3}{2}\sqrt{t}\right]_1^9$$

$$= \frac{27}{6} - \frac{1}{6} + \frac{9}{2} - \frac{3}{2} = \frac{22}{3}$$

17. a) $f(x) = 1 - \frac{5}{x^2};\quad F(x) = x + \frac{5}{x} + c$

b) $g(x) = \frac{h'(x)}{h(x)} \Rightarrow F(x) = \ln|h(x)| + c$

$= \ln|2x^4 - 5x^6| + c$

c) $t = 2x - 4;\ \ x = 0{,}5t + 2;\ \ dt = 2dx$

$H(x) = 0{,}5 \cdot \int (0{,}5t + 2) \cdot e^t\,dt$

$= 0{,}25 \int t \cdot e^t\,dt + \int e^t\,dt$

$= 0{,}25 \cdot e^t \cdot (t - 1) + e^t + c$

$= \frac{1}{4}e^{2x-4} \cdot (2x - 5) + e^{2x-4} + c$

$= \frac{1}{4}e^{2x-4} \cdot (2x - 1) + c$

d) $$\frac{x + 1}{x^2 - 4} = \frac{x + 1}{(x + 2)(x - 2)}$$

$$= \frac{A}{x + 2} + \frac{B}{x - 2}$$

$$= \frac{A \cdot (x - 2) + B \cdot (x + 2)}{(x + 2) \cdot (x - 2)}$$

$$= \frac{(A + B) \cdot x + 2 \cdot (B - A)}{x^2 - 4}$$

$\Rightarrow A + B = 1\ \wedge\ 2 \cdot (B - A) = 1$

$\Rightarrow A = \frac{3}{4};\ B = \frac{1}{4}$

$$\int \frac{x + 1}{x^2 - 4}\,dx = \frac{3}{4}\int \frac{dx}{x + 2} + \frac{1}{4}\int \frac{dx}{x - 2}$$

$$= \frac{3}{4} \cdot \ln|x + 2| + \frac{1}{4} \cdot \ln|x - 2| + c$$

e) $f(x) = x;\ f'(x) = 1$

$g(x) = \arcsin x;\ g'(x) = \frac{1}{\sqrt{1 - x^2}}$

$\int 1 \cdot \arcsin x\,dx$

$= x \arcsin x - \int \frac{x}{\sqrt{1 - x^2}}\,dx + c$

$= x \cdot \arcsin x + \sqrt{1 - x^2} + c$

f) $\int \arccos x\,dx$

$= x \cdot \arccos x - \sqrt{1 - x^2} + c$

18. *a)* $\int -\frac{39}{32} \cdot \sqrt[8]{\frac{4}{3}x^5} = -\frac{24}{377} \cdot \sqrt[8]{\frac{4}{3}x^{13}}$

b) $\int \tan x\ dx = \int \frac{\sin x}{\cos x}\ dx = -\int_0^5 \frac{g'(x)}{g(x)}\ dx$
(mit $g(x) = \cos x$) $= -\ln |\cos x|$

c) $\int \tan^2 ax\ dx = \int \frac{\sin^2 ax}{\cos^2 ax}\ dx$
$= \int \frac{1 - \cos^2 ax}{\cos^2 ax}\ dx = \int \frac{1}{\cos^2 ax}\ dx$
$- \int 1\ dx = \frac{1}{a} \cdot \tan ax - x$

d) $t = -\frac{2}{5}x + 6;\ x = -\frac{5}{2}t + 15,\ dx$
$= -\frac{5}{2}dt\ \int \arccos\left(-\frac{2}{5}x + 6\right) dx$
$= -\frac{5}{2} \int \arccos t\ dt = -\frac{5}{2} \cdot \left(t \cdot \arccos t\right.$
$\left.- \sqrt{1 - t^2}\right) = (x - 15) \arccos\left(-\frac{2}{5}x + 6\right)$
$+ \frac{5}{2}\sqrt{-35 - \frac{4}{25}x^2 + \frac{24}{5}x}$

e) $\int 2^x\ dx = \int e^{\ln 2 \cdot x}\ dx;\quad t = x \cdot \ln 2$
usw.
$= \frac{1}{\ln 2} \int e^t\ dt = \frac{1}{\ln 2} \cdot 2^x$

f) Aus $\log_2 x = \frac{\ln x}{\ln 2}$ folgt: $\int \log_2 x\ dx$
$= \frac{1}{\ln 2} \int \ln x\ dx$
$= \frac{1}{\ln 2} \cdot (x \cdot \ln x - x)$
$= x \cdot \log_2 x - \frac{x}{\ln 2}$

g) $e^{|x|} = \begin{Bmatrix} e^x & \text{für } x \geq 0 \\ e^{-x} & \text{für } x < 0 \end{Bmatrix}$
$\Rightarrow \int e^{|x|}\ dx = \begin{Bmatrix} e^x & \text{für } x \geq 0 \\ -e^{-x} & \text{für } x < 0 \end{Bmatrix}$

19. *a)* $\int_{0,5}^{2} |\ln x|\ dx = -\int_{0,5}^{1} \ln x\ dx + \int_{1}^{2} \ln x\ dx$
$= [-x \cdot \ln x + x]_{0,5}^{1} + [x \cdot \ln x - x]_1^2$
$= 1 - (0,5 \cdot \ln 0,5 + 0,5) + 2 \cdot \ln 2 - 2 + 1$
$\approx 0,53972$

b) Stammfunktion mit $t = 4x$;
$x = 0,25t;\ dx = 0,25\ dt$
$\int_4^{10} \log_3 (4x)\ dx = \frac{1}{4 \cdot \ln 3} \int_{16}^{40} \ln t\ dt$
$= \frac{1}{4 \cdot \ln 3} \cdot [4x \cdot \ln 4x - 4x]_4^{10}$
$\approx 18,021$

20. $A = \int_0^{10} x^2\ dx = \left[\frac{1}{3}x^3\right]_0^{10} = \frac{1000}{3}$ [FE]

21. $A = \int_2^4 \ln x\ dx = [x \cdot \ln x - x]_2^4$
$\approx 1,5452 - (-0,6137) \approx 2,1589$ [FE]
(Bild 10.37)

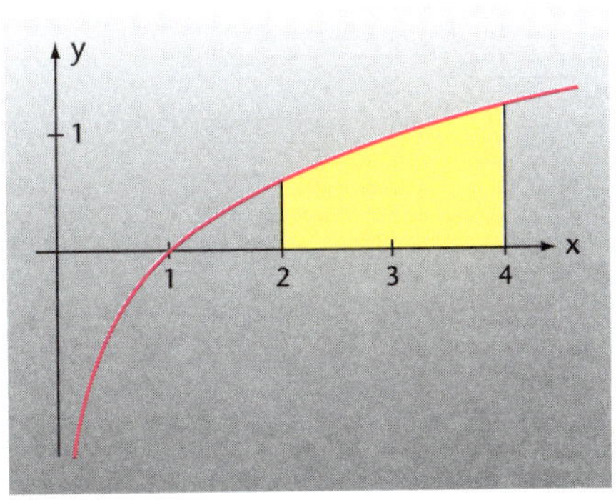

Bild 10.37

22. $A = \int_0^{\pi} \sin x\ dx = [-\cos x]_0^{\pi}$
$= -\cos \pi + \cos 0 = 1 + 1 = 2$ [FE]
(Bild 10.38)

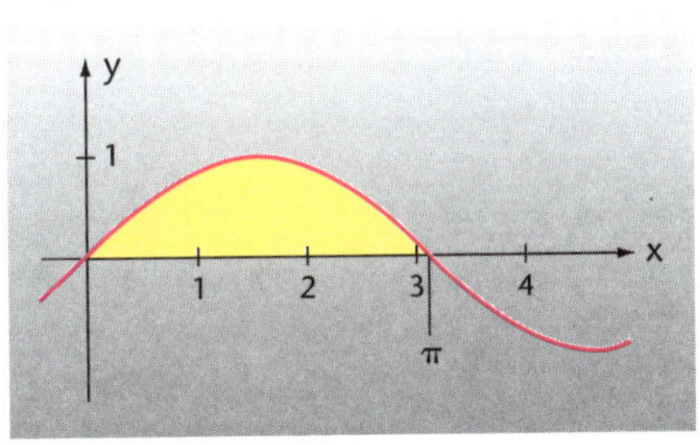

Bild 10.38

23. $A = \int_{-r}^{r} 2 \cdot \sqrt{r^2 - x^2}\, dx = \left[x \cdot \sqrt{r^2 - x^2} + r^2 \cdot \arcsin \frac{x}{r}\right]_{-r}^{r}$

$= r^2 \cdot \arcsin 1 - r^2 \cdot \arcsin(-1)$

$= r^2 \cdot \frac{\pi}{2} - r^2 \cdot \left(-\frac{\pi}{2}\right) = \pi r^2$ [FE]

24. Schnittpunkte: $x^2 - 8 = -6$

$\Leftrightarrow x_{1,2} = \pm \sqrt{2}$ (Bild 10.39)

$A = \left|\int_{-\sqrt{2}}^{\sqrt{2}} (x^2 - 8 + 6)\, dx\right| = \left|\left[\frac{1}{3}x^3 - 2x\right]_{-\sqrt{2}}^{\sqrt{2}}\right|$

$\approx 2 \cdot 1{,}8856 = 3{,}7712$ [FE]

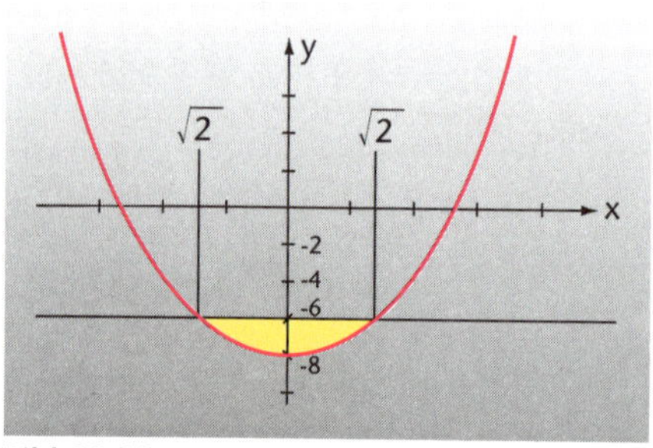

Bild 10.39

25. Schnittpunkte: $x^3 = 10x$

$\Leftrightarrow x = 0 \lor x = -\sqrt{10} \lor x = \sqrt{10}$

Aus Symmetriegründen ist die Fläche unterhalb der x-Achse gleich der Fläche oberhalb der x-Achse (Bild 10.40):

$A = \left|2 \cdot \int_{0}^{\sqrt{10}} (x^3 - 10x)\, dx\right|$

$= \left|2 \cdot \left[\frac{1}{4}x^4 - 5x^2\right]_0^{\sqrt{10}}\right|$

$= |2 \cdot (25 - 50)| = 50$ [FE]

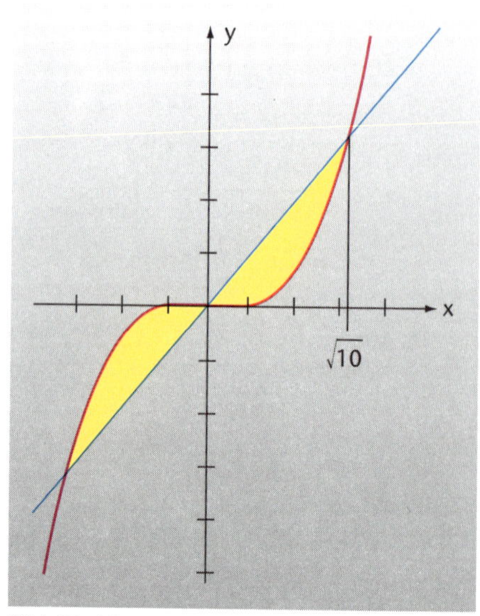

Bild 10.40

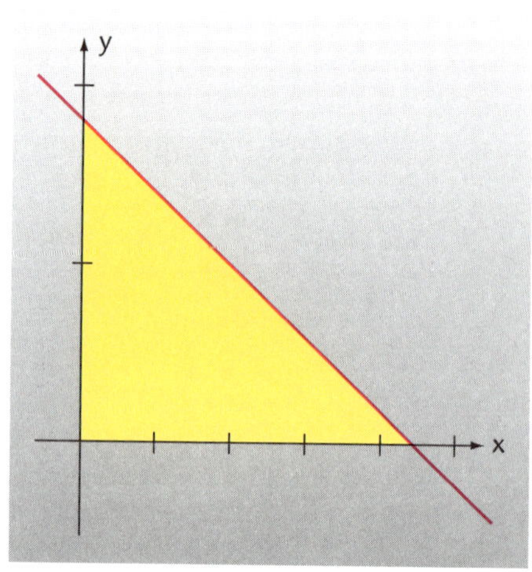

Bild 10.41

26. ***a)*** Nullstellen: $-ax + 2 + a^2 = 0$

$\Leftrightarrow x = a + \frac{2}{a}$ (Bild 10.41)

Fläche: $A = \int_{0}^{a+\frac{2}{a}} (-ax + 2 + a^2)\, dx$

$= \left[-\frac{a}{2}x^2 + 2x + a^2x\right]_0^{a+\frac{2}{a}}$

$= \frac{1}{2}a^3 + 2a + \frac{2}{a}$

b) $A'(a) = \frac{3}{2}a^2 + 2 - \frac{2}{a^2}$;

$A''(a) = 3a + \frac{4}{a^3}$

Extremum: $A'(a) = 0 \Leftrightarrow a_1 = \sqrt{\frac{2}{3}}$

(Die andere Lösung ist negativ.)

$A''(a_1) > 0 \Rightarrow$ Minimum,

$A = 4{,}3546$ [FE]

c) $\lim_{a\to 0} A(a) \to \infty;\ \lim_{a\to\infty} A(a) \to \infty$

27. Schnittpunkte: f und g: $x_1 = -2{,}438;$ $x_2 = -6{,}562$

f und h: $x_3 = -3$

g und h: $x_4 = -4$

$$A = \int_{x_4}^{x_3}(x + 7 + x^3 + 9x^2 + 27x + 25)\,dx$$

$$+ \int_{x_3}^{x_1}(x + 7 - x^2 - 10x - 23)\,dx$$

$\approx 1{,}25 + 0{,}59 = 1{,}84$ [FE]

(Bild 10.42)

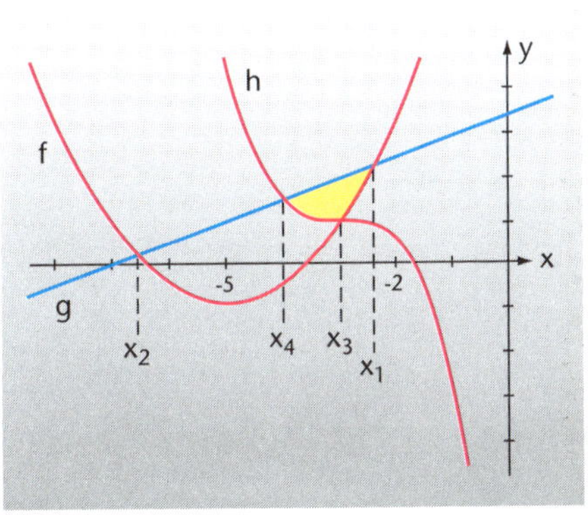

Bild 10.42

28. ***a)*** $\lim_{a\to-\infty} \int_a^{-5} e^x\,dx$

$= \lim_{a\to-\infty} (e^{-5} - e^a) = e^{-5} - 0 \approx 0{,}00674$

b) $\lim_{b\to-\infty} [2\sqrt{x}]_1^b \to \infty$

29. ***a)*** $\lim_{a\to 0+0} \left[-\frac{1}{2\cdot x^2}\right]_a^1 \to -\frac{1}{2} + \infty \to \infty$

b) $\lim_{a\to 0+0} [2\sqrt{x}]_a^4 = 4 - 0 = 4$

30. $\int_0^4 \frac{1}{\sqrt{x}}\,dx + \int_4^\infty \frac{1}{\sqrt{x}}\,dx = 4 + \lim_{b\to\infty} [2\sqrt{x}]_4^b \to \infty$

31. $V = \pi \int_0^8 (0{,}5x + 5)^2\,dx$

$= \pi \cdot \int_0^8 (0{,}25x^2 + 5x + 25)\,dx$

$= \pi \cdot \left[\frac{1}{12}x^3 + \frac{5}{2}x^2 + 25x\right]_0^8 \approx \pi \cdot 402{,}7$

≈ 1265 [VE]

32. $V = \pi \cdot \int_0^\pi \sin^2 x\,dx = \pi \cdot \left[\frac{1}{2}x - \frac{1}{2}\sin x \cdot \cos x\right]_0^\pi$

$= \pi \cdot \left[\frac{\pi}{2} - 0 - (0 - 0)\right] = \frac{\pi^2}{2}$

33. $y^2 = b^2 - \frac{b^2}{a^2}x^2$

$V = \pi \cdot \int_{-a}^a y^2\,dx = \left[\pi b^2 x - \frac{\pi b^2}{3a^2}x^3\right]_{-a}^a = \frac{4}{3}\pi ab^2$

34. Existiert eine Umkehrfunktion $f^{-1}(y)$ von $f(x)$, so gibt das Integral

$V = \pi \cdot \int_c^d (f^{-1}(y))^2\,dy$

das Volumen des Körpers an, der bei Rotation um die y-Achse zwischen den Geraden $y = c$ und $y = d$ entsteht.

35. $V = \pi \cdot \int_0^\infty 2^{-2x}\,dx$

$= \pi \cdot \left[-\frac{1}{2\cdot\ln 2}2^{-2x}\right]_0^\infty = 0 + \frac{\pi}{2\cdot\ln 2}$

$\approx 2{,}266$ [VE]

36. $Q(x) = \pi r(x)^2$

$= \pi \cdot \left(\frac{1}{640000}x^4 + \frac{1}{80}x^2 + 25\right)$

$V = \int_{-200}^{200} \pi \cdot \left(\frac{1}{640000}x^4 + \frac{1}{80}x^2 + 25\right)dx$

$= \pi \cdot \left[\frac{x^5}{3200000} + \frac{x^3}{240} + 25x\right]_{-200}^{200}$

$\approx \pi \cdot 2 \cdot 138333{,}3 \approx 869174\ \text{cm}^3$

11. Gewöhnliche Differentialgleichungen

ÜBERSICHT

Augustin Louis Cauchy (1789–1857)

Mit dem Buch Cours d'Analyse schuf er eine geschlossene Erläuterung der Fundamente der Analysis, ausgehend von einem präzise gefaßten Begriff des unendlich Kleinen. Er formulierte Folgen, Grenzwerte, Ableitung und Integral mit den immer noch gültigen Mitteln. Neben Arbeiten über Funktionen komplexer Variablen, verschiedener Gebiete der Algebra und Fragen der theoretischen Physik leistete er eine detaillierte Ausarbeitung der Theorie der Differentialgleichungen, insbesondere der Existenzbeweise für Lösungen.

11.1 Was ist eine Differentialgleichung?

In vielen Bereichen sind wir auf die Beobachtung angewiesen. Beobachten aber lassen sich keine Funktionen, sondern immer nur einzelne Situationen, die im günstigsten Fall eine Tendenz bzw. einen Zusammenhang zwischen den Werten einer wie auch immer gearteten, aber eben unbekannten Funktion und der Veränderung dieser Funktionswerte erkennen lassen. Da sich Veränderungen (siehe Kapitel 9) mit Hilfe von Ableitungen erfassen lassen, erhalten wir also eine Beziehung zwischen der (den) Ableitung(en) und der Funktion. Diese Beziehung bezeichnet man als ***Differentialgleichung***, da die Ableitungen auch geschrieben werden können
als $y' = \frac{dy}{dx}$, $y'' = \frac{d^2y}{dx^2}$ usw. und man dy, dx ... in Anlehnung an Leibniz als Differentiale, die mit ihrer Hilfe gebildeten Quotienten als Differentialquotienten bezeichnet. Speziell bezeichnet dabei ein über die Variable gesetzter Punkt die Ableitung nach der Zeit:
$\frac{dy}{dt} = \dot{y}$ usw. Insgesamt definiert man:

D

Gleichungen, in denen nicht nur die Funktion einer (oder mehrerer) Variablen, sondern auch Differentialquotienten dieser Funktion auftreten, heißen Differentialgleichungen (kurz: DGln).
Treten nur Funktionen einer Variablen auf, spricht man von gewöhnlichen, sonst von partiellen DGln.
Die höchste auftretende Ordnung unter den Differentialquotienten heißt gleichzeitig die Ordnung der DGl.
Läßt sich eine DGl als Polynom in der gesuchten Funktion und ihren Ableitungen schreiben, so nennt man die höchste auftretende Summe der Exponenten der Funktion und ihrer Differentialquotienten den Grad der Dgl. DGln 1. Grades heißen auch linear; in ihnen treten die Funktion und ihre Ableitungen nur in der ersten Potenz und nicht miteinander multipliziert auf.
Läßt sich eine DGl nach der höchsten vorhandenen Ableitung auflösen, so heißt sie explizit, sonst implizit.

BEISPIELE

1. In der Biologie hat man für das Wachstum etwa von Bakterienkulturen auf Nährstoffböden, aber auch von sonstigen Bevölkerungen in einem hinreichend ausgedehnten und wirtlichen Lebensraum das sogenannte Malthussche Wachstumsgesetz

$$\frac{dN}{dt} = r \cdot N \Leftrightarrow \dot{N}(t) - r \cdot N(t) = 0 \text{ oder kurz: } \dot{N} - rN = 0$$

gefunden. Es ist eine homogene lineare DGl 1. Ordnung.

2. Wird dieses Wachstum durch zwar von der Zeit, nicht aber der momentanen Bevölkerung abhängige Umstände zusätzlich beeinflußt (z. B. jahreszeitabhängige Bejagung), so erhalten wir die dazu passende inhomogene DGl
$$\frac{dN}{dt} = r \cdot N + m(t) \Leftrightarrow \dot{N} - rN = m(t).$$

3. In der Physik wird der Zusammenhang zwischen der Kraft, die eine Feder einer weiteren Ausdehnung entgegensetzt, und der schon vorhandenen Dehnung durch die Kraftgleichung $m \cdot \ddot{x} = -D \cdot x$ (das sogenannte Hookesche Gesetz) beschrieben. Dabei drückt die Federkonstante D die Straffheit der jeweils betrachteten Feder aus.

4. Die meisten Vorgänge sind nicht monokausal, sondern betreffen mehrere Größen, die sich gegenseitig beeinflussen. Als einen der einfachsten Fälle erhalten wir ein homogenes lineares System der Art:
$y_1' = a_{11}y_1 + a_{12}y_2$
$y_2' = a_{21}y_1 + a_{22}y_2$
Dieses beschreibt z. B. die Verteilung eines Medikaments zwischen Blutkreislauf und Gewebe.

5. Die Bewegung einer zwischen zwei Punkten $x_a = 0$ und $x_e = k$ eingespannten Saite hängt von Ort x und Zeit t ab gemäß $\frac{\delta^2 u(x; t)}{\delta t^2} = a^2 \frac{\delta^2 u(x; t)}{\delta x^2}$.
Dies ist eine partielle DGl.

Mit partiellen DGln werden wir uns nicht beschäftigen, da sie den Schulstoff deutlich übersteigende Integrationstechniken erfordern. Für alle übrigen Typen und die sie beschreibenden Gleichungen jedoch werden wir uns in diesem Kapitel um Lösungsstrategien bemühen.

11.2 Graphische Lösungsverfahren

11.2.1 Richtungsfeld und Anfangswertproblem

Wir gehen von einer naheliegenden geometrischen Interpretation einer Lösung y(x) der DGl $y' = f(x; y)$ aus. Verläuft ihr Graph durch den Punkt $(x_0|y_0)$, das heißt, ist $y(x_0) = y_0$, so ist die Steigung an dieser Stelle $y'(x_0) = f(x_0; y_0) = \tan(\alpha(x_0)) = m_t(x_0)$.

Diese Steigung zeichnen wir als Tangentenstückchen ein. Man spricht auch von einem Linien- oder Richtungselement. Die Gesamtheit aller dieser Richtungselemente heißt das Richtungsfeld der DGl (siehe Bild 11.1). Um möglichst schnell das Richtungsfeld komplett zu haben, versucht man, sogenannte ***Isoklinen,*** das heißt Kurven gleicher Steigung, zu finden. Denn für alle Punkte $(x|y)$ auf derselben Isokline gilt $f(x; y) = \tan(\alpha) = \text{const}$. Da nun die Steigung der Lösungskurve punktweise mit der Steigung der Tangentenstückchen identisch sein muß, findet man die Lösungskurve, indem man sich von einem Richtungselement zum nächsten sinnvollen Richtungselement usw. begibt.

BEISPIEL

Das Malthussche Wachstumsmodell gehorcht der DGl $\frac{dN}{dt} = r \cdot N = f(t; N)$, wobei r die Änderungssrate der Population (also Geburtenrate plus Einwanderungsrate – Sterberate plus Auswanderungsrate) ist. Für r = 1 und $N(0) = N_0$ ergibt sich nebenstehender Ausschnitt des Richtungsfelds.

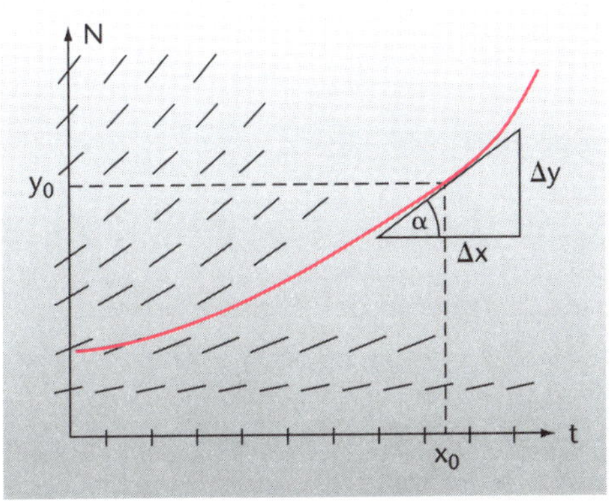

Bild 11.1 Zur Differentialgleichung $\dot{N} = r \cdot N$ (Malthusgesetz), wobei $y' \approx \frac{\Delta y}{\Delta x} = m = \tan\alpha$

Wegen der Eindeutigkeit der Richtungselemente ist offenbar auch schon die Art und Weise des Weiterzeichnens von jedem Punkt aus festgelegt. Damit liegt die Vermutung nahe, daß man sich schon auf eine spezielle Lösung festgelegt hat, wenn man in einem bestimmten Punkt $(x_0|y_0)$ startet. Das bedeutet gleichzeitig, daß durch jeden Punkt $(x|y)$ auch nur genau eine Lösung geht. Während also die DGl eine Lösungsschar liefert (die Stammfunktion ist nur bis auf eine Konstante eindeutig bestimmt), ist das sogenannte Anfangswertproblem (AWP) $y' = f(x; y)$ mit $y(x_0) = y_0$ durch eine Integralfunktion offenbar eindeutig lösbar. Wir erhalten allgemein:

$$\int_{x_0}^{x} \frac{dy(t)}{dt}\,dt = \int_{x_0}^{x} f(t; y(t))dt \Rightarrow y(x) = y(x_0) + \int_{x_0}^{x} f(t; y(t))dt$$

Diese Lösung kann man sich unter bestimmten Voraussetzungen iterativ über eine Funktionenfolge (sogenannter Satz von Picard-Lindelöf)

$y_n(x) = y(x_0) + \int_{x_0}^{x} f(t; y_{n-1}(t))dt$ mit $y_0 = y(x_0)$ besorgen.

11.2.2 Die Phasenebene

Diente das Richtungsfeld der graphischen Darstellung oder Gewinnung von Lösungen einer DGl 1. Ordnung, so kann man die Phasenebene in analoger Weise für Systeme von zwei DGln nutzen. Allerdings ist hier eine Einschränkung nötig. Denn für das System $y_1' = f_1(x; y_1; y_2)$; $y_2' = f_2(x; y_1; y_2)$ erhalten wir zunächst eine dreidimensionale Darstellung im $(x; y_1; y_2)$-Raum. Diese ist bis auf wenige Ausnahmen nur mit Hilfe von Computern zu erstellen und dennoch nicht immer übersichtlich. Handhabbarer wird das Ganze erst, wenn wir uns wieder auf eine zweidimensionale Darstellung zurückziehen können. Dies gelingt, wenn die Unabhängige x das Verhalten der DGl nicht prinzipiell beeinflußt, also etwa bei periodischen Vorgängen, bei denen der Start-(Zeit-)Punkt unwesentlich für das weitere Gesamtverhalten ist. Dann läßt sich das obige System umformulieren zu $y_1' = f_1(y_1; y_2)$; $y_2' = f_2(y_1; y_2)$.

Wir befinden uns dann in der $(y_1; y_2)$-Ebene. Um in ihr die Kurven, die sogenannten ***Trajektorien,*** zeichnen zu können, benötigen wir wiederum Richtungselemente. Diese erhalten wir nun aus

$$\frac{dy_2}{dx} : \frac{dy_1}{dx} = \frac{dy_2 \cdot dx}{dy_1 \cdot dx} = \frac{dy_2}{dy_1} = \frac{f_2(y_1; y_2)}{f_1(y_1; y_2)}.$$

BEISPIEL

Wir konstruieren das Phasenportrait des Systems $y_1' = -y_2$; $y_2' = y_1$ und stellen die Lösung für den Anfangswert $(y_1(0)|y_2(0)) = (1|0)$ dar (siehe Bild 11.2).

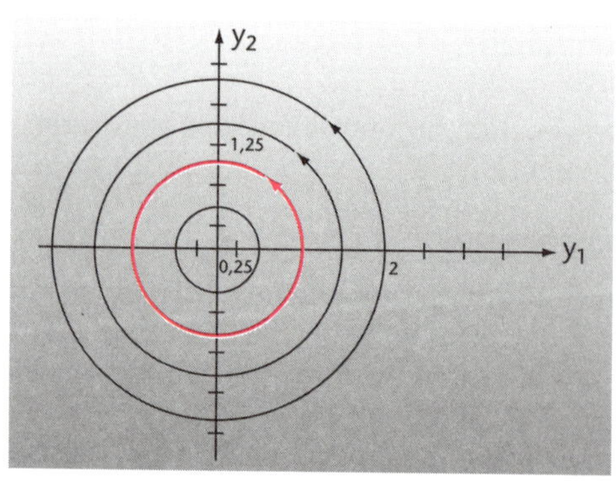

Bild 11.2 Phasenportrait von $y_1' = -y_2$; $y_2' = y_1$. Die Lösung des AWPs mit $(y_1(0); y_2(0)) = (1|0)$ ist rot.

11.3 Die Differentialgleichung $y' = f(x) \cdot g(y)$ und ihre Spezialfälle

Die explizite lineare DGl 1. Ordnung $y' = f(x; y)$ läßt sich zwar in jedem Fall formal durch Integration lösen: $y = \int y'dx = \int f(x; y)\, dx + c$.

Leider jedoch ist dieses Integral in der Regel nur dann mit Hilfe allgemeiner Formeln oder Regeln bestimmbar, wenn sich $f(x; y)$ in $f(x) \cdot g(y)$ zerlegen läßt. Deshalb wollen wir uns nun der DGl $y' = f(x) \cdot g(y)$ und ihren Spezialfällen im einzelnen zuwenden.

11.3.1 Die Differentialgleichung $y' = f(x)$

Dieser Fall betrifft die bekannten Integrationsaufgaben der Analysis (siehe Kapitel 10). Nach dem Hauptsatz der Differential- und Integralrechnung erhält man dabei für jedes Anfangswertproblem (AWP) $y' = f(x)$ mit $y(x_0) = y_0$ die eindeutige Lösung $y(x) = \int_{x_0}^{x} f(t)dt + y_0$.

Aus einer speziellen Lösung kann man alle übrigen Lösungen der DGl durch Parallelverschiebung in y-Richtung gewinnen. Dies erkennen wir auch im (von y unabhängigen) Richtungsfeld.

Die Integration erfolgt mit Hilfe der bekannten Regeln:

1. Potenzregel (siehe Seite 607),
2. partielle Integration (siehe Seite 600),
3. Integration durch Substitution (siehe Seite 601),
4. Integration durch Partialbruchzerlegung (siehe Seite 605).

BEISPIEL

Das AWP $y' = \frac{2}{x};\ y(1) = 0{,}5$

hat in $]0; \infty[$ die Lösung $y(x) = 0{,}5 + \int \frac{2dx}{x} = 2 \cdot \ln(x) + 0{,}5.$

Diese entnehmen wir auch dem Richtungsfeld (siehe Bild 11.3).

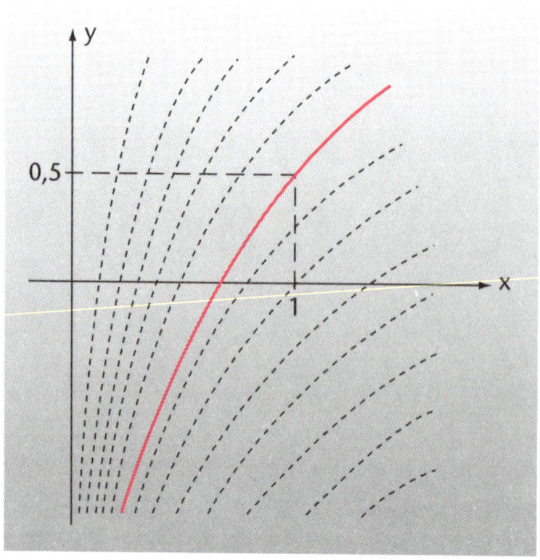

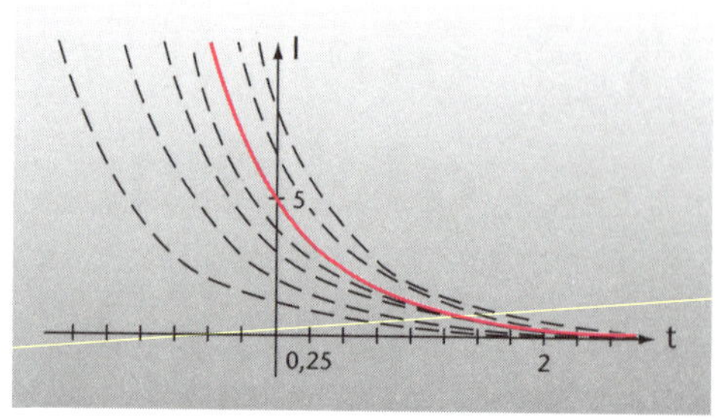

Bild 11.4 Das Richtungsfeld zu $\dot{I} = \frac{R}{L} \cdot I$

Bild 11.3 Richtungsfeld von $y' = \frac{2}{x}$.
Die Lösung $y = 2 \cdot \ln(x) + 0{,}5$ ist durchgezogen.

11.3.2 Die Differentialgleichung $y' = g(y)$

EINFÜHRUNGSBEISPIEL

Die in der Sekundärspule eines Transformators induzierte Spannung U_{ind} wird berechnet mit Hilfe von $U_{ind} = -L \cdot \frac{dI}{dt} = R \cdot I$, wobei R der Widerstand der Spule ist und L gewisse Eigenschaften der Spule beschreibt (siehe Bild 11.4).
Welche Stromfunktion I(t) löst das AWP mit I(t = 0) = 5 Ampere?

Hier versagen die elementaren Integrationsverfahren zunächst. Jedoch bringt uns ein Analogieschluß weiter. Das Richtungsfeld ist nämlich durchaus ähnlich zu dem im Beispiel von 11.3.1 (siehe oben); es scheint lediglich um die y-Achse gedreht, und dann scheinen x-Achse und y-Achse vertauscht worden zu sein. Dadurch kommt man auf die Idee, die Lösungskurven auch zunächst in der Form $x = x(y)$ zu schreiben. Dies gelingt für $g(y) = y' \neq 0$. Dann ist nämlich y streng monoton, und die Umkehrfunktion y^{-1} existiert eindeutig (siehe Seite 294).

Wir erhalten $\frac{dy}{dx} = g(y) \Leftrightarrow \frac{dy}{g(y)} = dx$ und somit $\int \frac{dy}{g(y)} = \int dx + c = x(y) + c$.
Durch Auflösen nach y erhält man die Lösung.

Die Lösung eines speziellen AWPs erhält man, indem man die Integrationskonstante c so wählt, daß $x(y_0) = x_0$ ist.

Mit dieser Strategie lösen wir nun das Einführungsbeispiel:

$$-L \cdot \frac{dI}{dt} = R \cdot I \Leftrightarrow \frac{dI}{dt} = -\frac{R}{L} \cdot I \Leftrightarrow \frac{dI}{I} = -\frac{R}{L}dt \Leftrightarrow \ln(I) = -\frac{R}{L} \cdot t + c$$

$$\Leftrightarrow I(t) = e^{\left(-\frac{R}{L} \cdot t + c\right)} = I_0 e^{-\frac{R}{L} \cdot t} \quad \text{mit } I_0 = I(t = 0) = e^c$$

I_0 ist so zu wählen, daß das AWP erfüllt wird: $I_0 = I(t = 0) = 5$ [Ampere].

Damit lautet die Lösung: $I(t) = 5 \cdot e^{-\frac{R}{L} \cdot t}$

11.3.3 Die vollständige Differentialgleichung $y' = f(x) \cdot g(y)$

Um die vollständige DGl zu lösen, wird die in 11.3.2 entwickelte Integrationsmethode zur Methode der „Separation der Variablen" verallgemeinert. Es gilt:

S

Sei f auf $]a; b[$ stetig, g auf $]c; d[$ stetig und $g(y) \neq 0$ für $y \in]c; d[$. Ist $x_0 \in]a; b[$ und $y_0 \in]c; d[$, dann existiert eine ganz in $]a; b[$ enthaltene Umgebung von x_0 und dort eine eindeutig bestimmte differenzierbare Funktion
$y: x \mapsto y(x)$ mit (*) $y'(x) = f(x) \cdot g(y)$ und $y(x_0) = y_0$.
Man bestimmt die Lösung durch Auflösen der Gleichung

$$G(y) = \int_{y_0}^{y} \frac{dz}{g(z)} = \int_{x_0}^{x} f(t)dt = F(x).$$

Kurz: Das AWP (*) ist in $]x_0 - \delta; x_0 + \delta[\times]c; d[$ eindeutig lösbar (siehe Bild 11.5).

Diese Lösung läßt sich allerdings oft recht einfach für größere Bereiche fortsetzen. Für den Fall $g(y_0) = 0$ gilt:

1. Eine Lösung (aber nicht unbedingt die einzige!) ist $y(x) = y_0$ für alle x.
2. Existiert zusätzlich $\frac{dg}{dy}$ an der Stelle y_0, so ist $y = y_0$ die einzige Lösung.

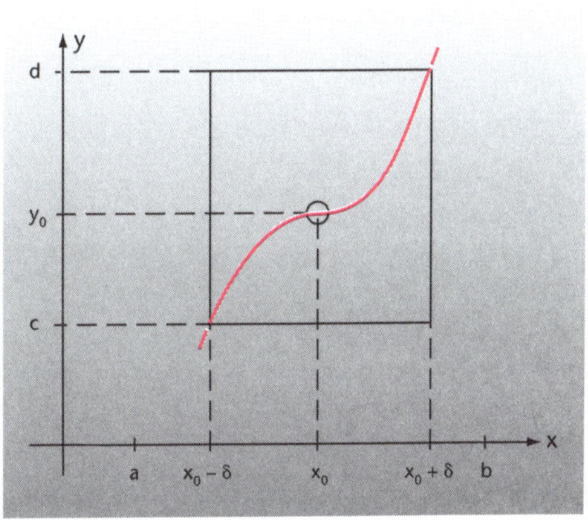

Bild 11.5

BEISPIEL

Wir lösen das AWP $\frac{dy}{dx} = y' = x \cdot \sqrt[3]{y}$; $y(1) = 1$.

$$\frac{dy}{\sqrt[3]{y}} = x\,dx \Leftrightarrow \frac{3}{2} \cdot y^{\frac{2}{3}} = \frac{1}{2}x^2 + c \quad \Leftrightarrow y^{\frac{2}{3}} = \frac{1}{3}x^2 + c^* \Leftrightarrow y = \left(\frac{1}{3}x^2 + c^*\right)^{\frac{3}{2}}$$

Wegen $y(1) = 1$ muß $c^* = \frac{2}{3}$ sein, und wir erhalten die Lösung $y(x) = \left(\frac{x^2 + 2}{3}\right)^{\frac{3}{2}}$.

11.4 Auf $y' = f(x) \cdot g(y)$ zurückführbare Fälle

Im Prinzip können alle DGln der Form $y' = f\left(\frac{ax + by + c}{dx + ey + f}\right)$ auf die DGl mit getrennten Variablen $y' = f(x;\ y)$ zurückgeführt werden. Die Lösungen sind jedoch im allgemeinen Fall nur schwer und oft sogar nur implizit zu gewinnen. Daher beschränken wir uns im folgenden auf zwei relativ gut handhabbare Varianten.

11.4.1 Die Differentialgleichung $y' = f(ax + by + c)$

EINFÜHRUNGSBEISPIEL

Wir betrachten das AWP $y' = (x + y)^2;\ y(0) = 1$.
Die zugehörige DGl hat die Form $y' = f(ax + by + c)$ mit $a = b = 1$ und $c = 0$ sowie $f(\ldots) = (\ldots)^2$.
Wir substituieren $x + y = z$ und erhalten
$z' = 1 + y' = 1 + (x + y)^2 = 1 + z^2$ ($= g(x) \cdot h(z)$ mit $g(x) = 1$ und $h(z) = 1 + z^2$).
Daraus ergibt sich:

$$\int \frac{dz}{1 + z^2} = \int dx + c$$

Mit der erneuten Substitution $z = \tan u$ (also $u = \arctan z$) und $\frac{dz}{du} = \frac{1}{\cos^2 u}$ ergibt sich:

$$\int \frac{dz}{1 + z^2} = x + c$$

$$\int \frac{1}{1 + \tan^2 u} \cdot \frac{du}{\cos^2 u} = x + c$$

$$\int \frac{du}{\sin^2 u + \cos^2 u} = x + c$$

Und wegen $\sin^2 u + \cos^2 u = 1$ erhalten wir schließlich:

$u = \int 1 \cdot du = x + c$

$\Leftrightarrow \arctan z = x + c$

$\Leftrightarrow \quad z = \tan(x + c)$

$\Leftrightarrow \quad y = \tan(x + c) - x$

Aus der Anfangsbedingung $y(0) = 1$ folgt noch: $\tan(c) = 1 \Rightarrow c = \frac{\pi}{4}$ und somit:

$$y(x) = \tan\left(x + \frac{\pi}{4}\right) - x.$$

Die Schlüsselidee im Einführungsbeispiel heißt also Substitution! Und nicht nur hier, denn wir dürfen folgendermaßen verallgemeinern:

S

**Ist $y' = f(ax + by + c)$ mit $y_0 = y(x_0)$, so erhält man die Lösung aus dem äquivalenten AWP $z' = a + b \cdot f(z)$, $z(x_0) = ax_0 + by_0 + c$.
Dieses erhält man durch die Substitution $z = ax + by + c$.**

Ist $f(\ldots)$ auf $]\alpha; \beta[$ stetig, so ist $\alpha < ax + by + c < \beta$ äquivalent zu

$$-\frac{a}{b} \cdot x + \frac{\alpha - c}{b} < y < -\frac{a}{b} \cdot x + \frac{\beta - c}{b} \quad \text{für } b > 0 \text{ bzw.}$$

$$-\frac{a}{b} \cdot x + \frac{\beta - c}{b} < y < -\frac{a}{b} \cdot x + \frac{\alpha - c}{b} \quad \text{für } b < 0,$$

wie man durch Auflösen nach y feststellt. In jedem Fall ist deshalb die Lösung $y(x)$ in einem Streifen der Ebene parallel zur Geraden $y = -\frac{a}{b} \cdot x$ definiert (siehe Bild 11.6).

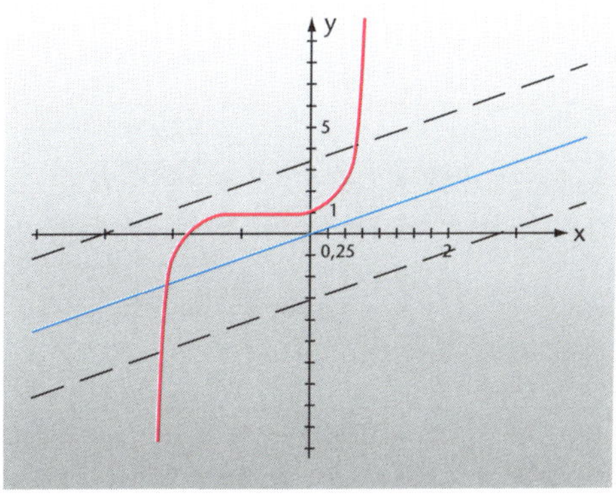

Bild 11.6 Die Funktion $y = \tan\left(x + \frac{\pi}{4}\right) - x$ existiert (mindestens) in einem Parallelstreifen zu $y = -x$.

11.4.2 Die Differentialgleichung $y' = f\left(\frac{y}{x}\right)$

EINFÜHRUNGSBEISPIEL

Betrachten wir das AWP $y' = \frac{y^2 - 2xy}{x^2}$ (mit $x \neq 0$); $y(1) = 1$.

Die zugehörige DGl läßt sich umformen zu $y' = \left(\frac{y}{x}\right)^2 - 2\left(\frac{y}{x}\right)$ und geht mittels der Substitution $z = \frac{y}{x}$, also $y' = f(z) = z^2 - 2z$, wegen der Quotientenregel über in die äquivalente DGl $z' = \frac{z^2 - 3z}{x}$ $\left(= \frac{f(z) - z}{x}\right) = g(x) \cdot h(z)$ mit $g(x) = \frac{1}{x}$ und $h(z) = f(z) - z$.

Wegen $z_0 = \frac{y_0}{x_0} = \frac{1}{1} = 1$ erhalten wir

$$\int_{z_0}^{z} \frac{du}{u^2 - 3u} = \int_{x_0}^{x} \frac{dt}{t}$$ und aus der linken Seite mit Partialbruchzerlegung

$$\int_{z_0}^{z} \left(\frac{1}{3(u-3)} - \frac{1}{3u}\right) du = \frac{1}{3} \left| \ln\frac{z-3}{z_0-3} - \ln\frac{z}{z_0} \right|$$

$$= \frac{1}{3} \ln\left|\frac{z-3}{z_0-3} \cdot \frac{z_0}{z}\right| = \ln\frac{x}{x_0}$$

$$\Rightarrow \frac{z-3}{z_0-3} \cdot \frac{z_0}{z} = \left(\frac{x}{x_0}\right)^3$$ und nach Einsetzen

$$\frac{y-3x}{-2y} = x^3 \Leftrightarrow y - 3x = -2x^3y$$
$$\Leftrightarrow y + 2x^3y = 3x$$
$$\Leftrightarrow y(1 + 2x^3) = 3x$$
$$\Leftrightarrow y(x) = \frac{3x}{1 + 2x^3}$$

Dem Beispiel können wir folgende Regel entnehmen:

S

Die (auch „homogen" genannte) DGl $y' = f\left(\frac{y}{x}\right)$ läßt sich mit Hilfe der Substitution $z = \frac{y}{x}$ in die äquivalente DGl $z' = (f(z) - z) \cdot \frac{1}{x}$ umformen. Diese ist wieder eine DGl mit getrennten Variablen.
Ist f auf]a; b[stetig und gilt dort $f(z) - z \neq 0$, so ist sie eindeutig lösbar für jedes AWP. Damit existiert dort auch genau eine Lösung der ursprünglichen DGl.

Die Lösung existiert mindestens in einem Winkelausschnitt der Ebene, denn es gilt:

$$a < \frac{y}{x} < b \Leftrightarrow ax < y < bx \text{ für } x > 0$$
$$bx < y < ax \text{ für } x < 0$$

Damit sind die beiden Geraden $g_1(x) = ax$ und $g_2(x) = bx$ gerade die Schenkel eines Winkels im (x; y)-Koordinatensystem mit Scheitel in (0|0), in dessen Fläche die Lösungskurve y = y(x) verlaufen muß (siehe Bild 11.7).

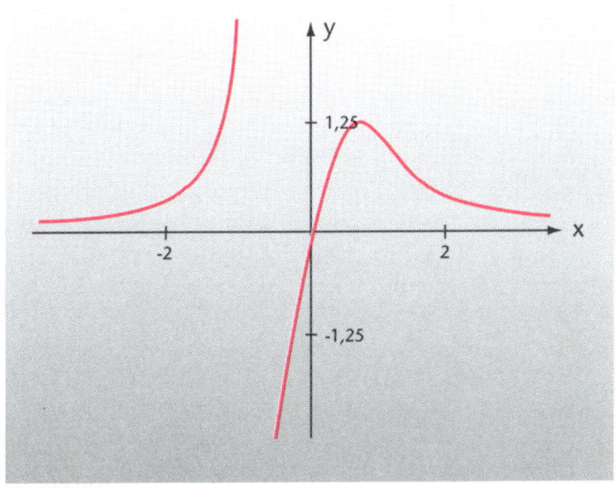

Bild 11.7 Die Funktion $y = \frac{3x}{1 + 2x^3}$ ist stetig sogar auf ganz ℝ.

11.4.3 Die inhomogene lineare Differentialgleichung 1. Ordnung

Die lineare DGl 1. Ordnung hat die allgemeine Form $y' + g(x) \cdot y = h(x)$. Ist $h(x) = 0$ für alle x, so heißt $y' + g(x) \cdot y = 0$ homogene lineare DGl 1. Ordnung. Sie ist dann ein Spezialfall der DGl mit getrennten Variablen. Ist $h(x) \neq 0$, so heißt $y' + g(x) \cdot y = h(x)$ inhomogene lineare DGl 1. Ordnung.

Sie beschreibt einfache Modelle von Situationen, in denen von Zeit zu Zeit Eingriffe in eine Entwicklung erfolgen, die vom jeweiligen Entwicklungsstand unabhängig sind, ihn aber doch beeinflussen. Beispiele in der Natur sind der Tag-Nacht-Rhythmus, der Wechsel von Trockenzeit zu Regen, eine im Rhythmus der Jahreszeit erfolgende Bejagung oder Ein- und Auswanderungswellen.

h(x) kann aber auch als „Störfunktion" betrachtet werden, die Fehler beschreibt, die sich in Experimenten einschleichen, wenn bestimmte Anfangsbedingungen nicht exakt reproduziert werden (können).

Ist der Ablauf prinzipiell stabil, so wird das ideale Verhalten (repräsentiert durch die homogene Gleichung) durch h(x) praktisch nicht beeinflußt. Können kleine Änderungen der Anfangsbedingungen dagegen große Auswirkungen haben, geraten wir in den Bereich der Chaostheorie.

Im ersten Fall aber darf die Störfunktion zunächst vernachlässigt werden. Deshalb betrachten wir als erstes die homogene Gleichung.

Aus $y' = -g(x) \cdot y$ folgt mit der Methode der Trennung der Variablen

$$\int \frac{dy}{y} = -\int g(x)dx \Rightarrow \ln \left|\frac{y(x)}{y(x_0)}\right| = \left(-\int_{x_0}^{x} g(t)dt\right)$$

$$\Rightarrow y(x) = c \cdot \exp\left(-\int_{x_0}^{x} g(t)dt\right) \text{ mit } c \in \mathbb{R}, \text{ oder kurz}$$

$$y(x) = c \cdot \exp(-G(x)) \text{ mit } c \in \mathbb{R} \text{ und } G(x) = \int_{x_0}^{x} g(t)\, dt.$$

Sämtliche Lösungen der inhomogenen Gleichung erhält man, indem man eine konkrete Lösung y^* der inhomogenen Gleichung ausrechnet und dann die Summe $y^*(x) + z(x)$ bildet, wobei $z(x)$ alle Lösungen der homogenen Gleichung durchläuft. Es gilt nämlich:

Sind y_1 und y_2 zwei Lösungen der inhomogenen Gleichung, so ist $z(x) = y_1(x) - y_2(x)$ eine Lösung der homogenen Gleichung. Denn: $y_1' + g(x) \cdot y_1 = h(x)$; $y_2' + g(x) \cdot y_2 = h(x)$, da y_1 und y_2 Lösungen der inhomogenen Gleichung sind. Dann gilt für die Differenz
$(y_1 - y_2)' = y_1' - y_2' = -g(x) \cdot y_1 + h(x) - (-g(x) \cdot y_2 + h(x)) = -g(x) \cdot (y_1 - y_2)$
oder $(y_1 - y_2)' + g(x) \cdot (y_1 - y_2) = 0$, was zu beweisen war.

Nun hat die linke Seite der DGl $y' + g(x) \cdot y = h(x)$ Ähnlichkeit mit der Ableitung eines Produkts. Deshalb betrachten wir das Produkt aus der Lösung der homogenen Gleichung und einer nur von x abhängigen Funktion; wir ersetzen also die Konstante c in der allgemeinen Lösung der homogenen Gleichung durch eine Funktion von x. Dies bezeichnet man als Methode der „Variation der Konstanten".

Durch Ableiten erhält man $c(x) = \int h(x) \cdot e^{G(x)} dx$ und durch anschließende Addition der allgemeinen homogenen Lösung schließlich folgendes Ergebnis:

Ist $y(x) = c \cdot \exp(-G(x))$ die allgemeine Lösung der homogenen Gleichung, so ist
$$y^*(x) = e^{-G(x)} \cdot \left[k + \int_{x_0}^{x} h(t) \cdot e^{G(t)} dt\right] \text{ mit } k \in \mathbb{R} \text{ und } G(x) = \int_{x_0}^{x} g(t)dt$$
die allgemeine Lösung der inhomogenen Gleichung.

BEISPIEL

Eine sich gemäß dem Malthusschen Gesetz entwickelnde Population wird durch periodische Eingriffe „gestört". Dies wird beschrieben durch die DGl $y' = k_1 y + \cos k_2 x$ mit reellen Konstanten k_1 und k_2. Der Einfachheit halber setzen wir $k_1 = k_2 = 1$ und zusätzlich $y(0)$ ebenfalls gleich 1 und erhalten das AWP $y' = y + \cos x$; $y(0) = 1$.
Das homogene Problem wird nach der Methode von 11.3.2 (siehe Seite 640) gelöst durch $y = e^x$. Dann erhalten wir für das inhomogene Problem die Lösung
$$y^*(x) = e^x \cdot \left(k + \int_0^x e^{-t} \cos t\, dt\right) = e^x \cdot \left(k + \frac{e^{-x}}{2} \cdot [-\cos x + \sin x] + \frac{1}{2}\right).$$
Aus $y(0) = 1$ folgt $k = 1$, und wir erhalten die Lösung $y(x) = 1{,}5e^x + \dfrac{\sin x - \operatorname{cox} x}{2}$.

Verwandt mit der inhomogenen linearen DGl 1. Ordnung ist die nach Johann Bernoulli (1667–1748) benannte DGl $y' + g(x) \cdot y = h(x) \cdot y^k$ mit $k \neq 1$.

Durch Multiplikation mit $(1 - k) \cdot y^{-k}$ erhält man nämlich
$(1 - k) \cdot y^{-k} \cdot y' + (1 - k) \cdot y^{-k} \cdot g(x) \cdot y = (y^{1-k})' + (1 - k)\, g(x) \cdot y^{1-k} = (1 - k)\, h(x)$
und mit Hilfe der Substition $z = y^{1-k}$ die äquivalente DGl
$z' + (1 - k)\, g(x) \cdot z = (1 - k) \cdot h(x)$.

Hat man eine Lösung $z(x)$ dieser DGl gefunden, so erhält man aus ihr die Lösung $y(x) = (z(x))^{\frac{1}{1-k}}$ der Bernoulli-DGl.

11.5 Systeme von Differentialgleichungen

Die bisher betrachteten DGln reichen nur zur Behandlung monokausaler Situationen aus. Wie wir aber inzwischen erkannt haben, ist dies eher die Ausnahme als die Regel. Sind jedoch mehrere Größen miteinander verknüpft, so benötigt man zu ihrer Beschreibung Gleichungssysteme, in unserem Fall Systeme von DGln. Daher legen wir fest:

D

Ein System von DGln 1. Ordnung hat die Gestalt
(S) $y'_1 = f_1 (x, y_1, y_2 \dots y_n) \dots y'_n = f_n(x, y_1, y_2 \dots y_n)$.
Die Funktionen $y_1(x)$ bis $y_n(x)$ bilden eine Lösung des Systems, wenn sie differenzierbar sind und die Gleichungen des Systems (S) erfüllen. Erfüllen die Funktionen y_1 bis y_n zusätzlich die Bedingungen $y_1(x_0) = y_{10}$ bis $y_n(x_0) = y_{n0}$, so bezeichnet man sie als Lösungen des zugehörigen AWPs.

Mit ihnen verwandt sind die DGln n-ter Ordnung $y^{(n)} = f(x; y; y' \dots y^{(n-1)})$, das heißt, die dort gewonnenen Erkenntnisse lassen sich auf Systeme von DGln übertragen (und umgekehrt). Man setzt nämlich
$y_1 = y; y_2 = y'; \dots; y_n = y^{(n-1)}$ und erhält so das System
$y_1' = y_2; y_2' = y_3; \dots; y_n' = f(x, y_1; \dots; y_n)$.
Wegen seiner Überschaubarkeit und weil hier das Prinzip bereits deutlich wird, werden wir uns auf den Fall n = 2 beschränken.

11.5.1 Differentialgleichungen 2. Ordnung

Eine DGl 2. Ordnung hat die Form $y'' = f(x; y; y')$. Mit $y_1 = y$ und $y_2 = y'$ ist sie äquivalent zu dem System $y_1' = y_2; y_2' = f(x; y_1; y_2)$.

Wir beschränken uns auf den homogenen linearen Fall. Hier gilt:

Die DGl $y''(x) + a_1(x) \cdot y'(x) + a_0(x) \cdot y(x) = 0$ hat genau dann zwei linear unabhängige Lösungen y_1 und y_2, wenn $a_1(x)$ und $a_0(x)$ auf $]a; b[$ stetig sind.

Dabei heißen die Funktionen y_1 und y_2 linear abhängig auf $]a; b[$ genau dann, wenn es Konstanten c_1 und c_2 gibt, die nicht beide Null sind, für die aber mit jedem $x \in]a; b[$ gilt: $c_1y_1(x) + c_2y_2(x) = 0$ (wenn also z. B. y_2 ein Vielfaches von y_1 ist).

Mit y_1 und y_2 ist auch jede Linearkombination $k_1y_1(x) + k_2y_2(x)$ Lösung der DGl $y'' + a_1y' + a_0y = 0$. Ist zusätzlich $y_1(x) \cdot y_2'(x) - y_1'(x) \cdot y_2(x) \neq 0$ für alle $x \in]a; b[$, so bezeichnet man $y(x) = k_1y_1(x) + k_2y_2(x)$ als die „allgemeine Lösung" der DGl.

Diese findet man besonders einfach im Fall konstanter Koeffizienten $a_1(x) = p$ und $a_0(x) = q$. Dann gilt nämlich:

Für die DGl $y'' + py' + qy = 0$ bilden eine allgemeine Lösung

1. im Fall $p^2 - 4q > 0$ die Funktionen $y_1(x) = e^{r_1x}$, $y_2(x) = e^{r_2x}$,

2. im Fall $p^2 - 4q = 0$ die Funktionen $y_1(x) = e^{r \cdot x}$, $y_2(x) = x \cdot e^{r \cdot x}$,

3. im Fall $p^2 - 4q < 0$ die Funktionen

$$y_1(x) = e^{-\frac{p}{2}x} \cdot \sin\left(\frac{1}{2}\sqrt{4q - p^2} \cdot x\right)$$

$$y_2(x) = e^{-\frac{p}{2}x} \cdot \cos\left(\frac{1}{2}\sqrt{4q - p^2} \cdot x\right).$$

Begründung: Es kommen nur Funktionen in Frage, die von ihrer 1. und 2. Ableitung linear abhängig sind. Von der DGl 1. Ordnung her wissen wir, daß dies bei der Exponentialfunktion der Fall ist. Mit dem Ansatz $y(x) = e^{rx}$ erhalten wir $y'(x) = r \cdot e^{rx}$; $y''(x) = r^2 \cdot e^{rx}$. Einsetzen ergibt $y'' + py' + qy = e^{rx} \cdot (r^2 + pr + q) = 0$.

Weil die Exponentialfunktion nie Null wird, führt dies auf die quadratische Gleichung $r^2 + pr + q = 0$ mit den Lösungen

$$r_{1,2} = -\frac{p}{2} \pm \sqrt{\left(\frac{p}{2}\right)^2 - q}.$$

Im 1. Fall ist $r_1 \neq r_2$. Deshalb ist $y_1y_2' - y_1'y_2 \neq 0$, und die Funktionen sind linear unabhängig.

Im 2. Fall ist $r_2 = r_1$. Man kann aber leicht nachprüfen, daß die zweite angegebene Lösung hiervon linear unabhängig ist.

Im 3. Fall gibt es keine Lösung der quadratischen Gleichung und deshalb auch keine reelle Lösung der Form e^{rx}.

Dann muß man durch Einsetzen die lineare Unabhängigkeit der gefundenen Lösungen nachprüfen.

BEISPIEL

Das Hookesche Gesetz $\ddot{y} + \frac{D}{m}y = 0$ beschreibt die Schwingung einer gespannten und dann losgelassenen Feder der Masse m und der Eigenschaftskonstante D.

Mathematisch ist es eine lineare DGl 2. Ordnung mit $p = 0$ und $q = \frac{D}{m}$. Sie repräsentiert den Fall 3.

Da sich sin (x) und cos (x) bei zweimaligem Differenzieren bis auf das Vorzeichen reproduzieren (siehe Seite 543), erhalten wir als Lösungen

$$y_1(x) = \sin\left(\sqrt{\frac{D}{m}} \cdot x\right);\ y_2(x) = \cos\left(\sqrt{\frac{D}{m}} \cdot x\right)$$

in Übereinstimmung mit Fall 3. Diese Funktionen sind linear unabhängig wegen $c_1y_1(0) + c_2y_2(0) = c_2 = 0$, also $c_2 = 0$ bzw.

$$c_1y_1\left(\frac{\pi}{2}\sqrt{\frac{m}{D}}\right) + c_2y_2\left(\frac{\pi}{2}\sqrt{\frac{m}{D}}\right) = c_1 = 0,$$

also $c_1 = 0$. Damit erhalten wir die allgemeine Lösung

$$y(x) = K_1 \sin\left(\sqrt{\frac{D}{m}} \cdot x\right) + K_2 \cos\left(\sqrt{\frac{D}{m}} \cdot x\right).$$

Für den Fall nicht konstanter Funktionen $a_1(x)$ und $a_0(x)$ gilt:

S

Sind $a_1(x)$ und $a_0(x)$ stetig auf $]a; b[$ und ist y_1 eine Lösung der DGl mit $y_1 \neq 0$ auf $]a; b[$, so lautet die allgemeine Lösung
$y(x) = c_1y_1 + c_2y_1 \int \frac{e^{-A(x)}}{y_1^2(x)}dx$ mit $c_1, c_2 \in \mathbb{R}$ und $A(x) = \int a_1(x)\,dx$.

11.5.2 Homogene lineare Systeme

Ein homogenes lineares System von zwei DGln 1. Ordnung hat die Form
(H) $y_1' = a_{11}(x)y_1 + a_{12}(x)y_2;\ y_2' = a_{21}(x)y_1 + a_{22}(x)y_2$.
Das zugehörige AWP besteht aus dem System (H) und den Anfangsbedingungen $y_1(x_0) = y_{10}$ und $y_2(x_0) = y_{20}$.

Im Fall von konstanten Koeffizienten liegt wie in 11.5.1 (siehe Seite 648) ein Ansatz mit Exponentialfunktionen nahe: $y_1(x) = K_1e^{\lambda x}$; $y_2(x) = K_2e^{\lambda x}$, wobei K_1 und K_2 allerdings komplexe Zahlen (siehe Seite 82) sein können. Wir erhalten:

$$K_1\lambda \cdot e^{\lambda x} = \frac{dy_1}{dx} = a_{11}y_1(x) + a_{12}y_2(x) = e^{\lambda x}(K_1a_{11} + K_2a_{12})$$

$$K_2\lambda \cdot e^{\lambda x} = \frac{dy_2}{dx} = a_{21}y_1(x) + a_{22}y_2(x) = e^{\lambda x}(K_1a_{21} + K_2a_{22})$$

oder $(a_{11} - \lambda) \cdot K_1 + a_{12}K_2 = 0;\ a_{21}K_1 + (a_{22} - \lambda)K_2 = 0$

Von der Lösung linearer Gleichungssysteme her wissen wir, daß es solche K_1 und K_2 mit $K_1^2 + K_2^2 \neq 0$ nur dann gibt, wenn $p(\lambda) = (a_{11} - \lambda) \cdot (a_{22} - \lambda) - a_{12}a_{21} = 0$ ist.

$p(\lambda)$ heißt charakteristisches Polynom, seine Nullstellen heißen charakteristische Exponenten oder Eigenwerte des Systems von DGln.

Wegen Grad $(p(\lambda)) = 2$ folgt aus dem Fundamentalsatz der Algebra, daß es genau zwei (möglicherweise komplexwertige) Nullstellen λ_1 und λ_2 gibt. Die (für $\lambda_1 \neq \lambda_2$) zu ihnen gehörenden Lösungspaare sind linear unabhängig, und wir erhalten die allgemeine Lösung

$y_1(x) = c_1K_1e^{\lambda_1 x} + c_2\overline{K_1}e^{\lambda_2 x} = c_1y_{11}(x) + c_2y_{12}(x)$

und $y_2(x) = c_1K_2e^{\lambda_1 x} + c_2\overline{K_2}e^{\lambda_2 x} = c_1y_{21}(x) + c_2y_{22}(x)$

mit den Lösungspaaren $(y_{11}; y_{12})$ zu λ_1 und $(y_{21}; y_{22})$ zu λ_2.

BEISPIEL

Ein intravenös injiziertes Medikament soll sich in der Blutbahn und im Gewebe verteilen können. Beschreiben c_1 und c_2 die jeweiligen Konzentrationen und sind a_{11}, a_{12} und a_{21} die Konstanten für die Übergänge zwischen Blutbahn und Gewebe und a_{22} die Abbaukonstante für das Medikament im Gewebe, so erhalten wir das System:

$\dot{c}_1 = a_{11}c_1(t) + a_{12}c_2(t)$

$\dot{c}_2 = a_{21}c_1(t) + a_{22}c_2(t)$

Sinnvolle Anfangswerte sind $c_1(0) = c_0$, $c_2(0) = 0$, das heißt, zum Zeitpunkt der Injektion befindet sich das gesamte Medikament im Blut.

Die charakterische Gleichung des Systems lautet:

$\lambda^2 - (a_{11} + a_{22})\,\lambda + (a_{11}a_{22} - a_{12}a_{21}) = 0$

Ihre Lösungen, die Eigenwerte des Systems, sind:

$$\lambda_{1;2} = \frac{a_{11} + a_{22}}{2} \pm \sqrt{\frac{(a_{11} + a_{22})^2}{4} - (a_{11}a_{22} - a_{12}a_{21})}$$

$$= \frac{a_{11} + a_{22}}{2} \pm \frac{1}{2}\sqrt{(a_{11} - a_{22})^2 + 4a_{12}a_{21}}$$

Da a_{21} und a_{12} Zuwachsraten des Medikamentenspiegels beschreiben, sind sie immer positiv. Daher ist der Wurzelinhalt positiv, und wir erhalten zwei reelle Eigenwerte λ_1 und λ_2. Mit ihnen erhalten wir als Ansatz für die allgemeine Lösung:

$c_1(x) = A_{11}e^{\lambda_1 t} + A_{12}e^{\lambda_2 t}$; $c_2(x) = A_{21}e^{\lambda_1 t} + A_{22}e^{\lambda_2 t}$

Um die A_{ik} (i; k = 1; 2) zu bestimmen, setzen wir die allgemeine Lösung (z. B.) in die erste Gleichung des Ausgangssystems ein:

$\lambda_1A_{11}e^{\lambda_1 x} + \lambda_2A_{12}e^{\lambda_2 x} = a_{11}(A_{11}e^{\lambda_1 x} + A_{12}e^{\lambda_2 x}) + a_{12}(A_{21}e^{\lambda_1 x} + A_{22}e^{\lambda_2 x})$

$\Leftrightarrow (\lambda_1A_{11} - a_{11}A_{11} - a_{12}A_{21})e^{\lambda_1 x} + (\lambda_2A_{12} - a_{11}A_{12} - a_{12}A_{22})e^{\lambda_2 x} = 0$

Da die Exponentialfunktionen verschieden sind und nie Null werden, läßt sich die Gleichung für *alle* x nur erfüllen, wenn die Klammern Null werden. Dann lassen sich A_{21} und A_{22} in Abhängigkeit von A_{11} und A_{12} darstellen als

$A_{21} = \frac{\lambda_1 - a_{11}}{a_{12}}A_{11}$; $A_{22} = \frac{\lambda_2 - a_{11}}{a_{12}}A_{12}$.

Mit Hilfe der Anfangsbedingungen erhalten wir schließlich:

$c_0 = A_{11} + A_{12}$; $0 = \frac{\lambda_1 - a_{11}}{a_{12}}A_{11} + \frac{\lambda_2 - a_{11}}{a_{12}}A_{12}$

$\Rightarrow A_{12} = \frac{a_{11} - \lambda_1}{\lambda_2 - \lambda_1}c_0$; $A_{11} = \frac{\lambda_2 - a_{11}}{\lambda_2 - \lambda_1}c_0$

Somit erhalten wir schließlich die Konzentrationen:

$$c_1(x) = \frac{c_0}{\lambda_2 - \lambda_1}\left[(\lambda_2 - a_{11})e^{\lambda_1 x} + (a_{11} - \lambda_1)e^{\lambda_2 x}\right]$$

$$c_2(x) = \frac{c_0}{\lambda_2 - \lambda_1} \cdot \frac{(\lambda_2 - a_{11})(\lambda_1 - a_{11})}{a_{12}}\left[e^{\lambda_1 x} - e^{\lambda_2 x}\right]$$

11.5.3 Autonome Systeme

Ist die unabhängige Variable x für das Verhalten der DGln nicht signifikant, so erhalten wir (A) $y_1' = f_1(y_1; y_2 \ldots y_n) \ldots y_n' = f_n(y_1; y_2 \ldots y_n)$.

Dies bezeichnet man als autonomes System.

Wir beschränken uns wiederum auf den Fall n = 2. Als Beispiel für ein lineares System der Form (A) können wir das Beispiel bei 11.5.2 (siehe Seite 650) ansehen. Ein schon klassisches Beispiel für den nichtlinearen Fall ist das Räuber-Beute-Modell, das auf den Biologen Umberto d'Ancona und den Mathematiker Vito Volterra (1860–1940) zurückgeht (siehe unten).

Leider lassen sich nichtlineare Systeme in der Regel nicht mehr explizit, sondern nur noch numerisch (siehe Seite 678) oder graphisch mit Hilfe eines Phasenportraits (siehe Seite 638) lösen.

BEISPIEL

Bezeichnen wir mit R die Anzahl der Räuber und mit B die Anzahl der Beutetiere, so vermehren sich die Beutetiere zunächst gemäß dem Malthusgesetz
$\dot{B}_1 = \alpha \cdot B$ mit $\alpha > 0$, werden aber reduziert durch das Zusammentreffen mit hungrigen Raubtieren: $\dot{B}_2 = -\beta \cdot B \cdot R$ mit $\beta > 0$.
Die Anzahl der Räuber nimmt ohne Nahrung ab: $R_1 = -\gamma \cdot R$. Sie erhöht sich, wenn sie Beute machen. Damit hängt das Wachstum ihres Bestandes von ihrer Anzahl, der Anzahl der Beutetiere und einem Faktor ab, der angibt, wie gut sie Beute in Nachwuchs umsetzen: $R_2 = \delta \cdot R \cdot B$.
Insgesamt erhalten wir
$\dot{B} = \alpha \cdot B - \beta \cdot B \cdot R$,
$\dot{R} = -\gamma \cdot R + \delta \cdot R \cdot B$.
Wir wollen das Phasenportrait konstruieren. Dabei stellen wir zunächst fest, daß das System zwei Gleichgewichtslösungen hat:

1. $B(t) \equiv 0$ und $R(t) \equiv 0$, d. h., es gibt überhaupt keine Tiere.

2. Für $\dot{B} = 0$ ist $B(t) = B_0$ für alle t und $\alpha \cdot B - \beta \cdot R \cdot B = 0$, also $R = \frac{\alpha}{\beta} = \text{const.}$

Dann aber ist auch $\dot{R} = 0$, $R(t) = R_0 = \frac{\alpha}{\beta}$ für alle t und damit $B = \frac{\gamma}{\delta}$.

Also ist die Gleichgewichtslösung: $B_0 = \frac{\gamma}{\delta}$; $R_0 = \frac{\alpha}{\beta}$.

Der linearisierte Fall (das heißt fehlende Interaktion) liefert die speziellen Lösungen $B(t) = B_0 \cdot e^{\alpha t}$, $R(t) = R_0 \cdot e^{-\gamma t}$.

Dies sind gerade die beiden positiven Halbachsen des (B; R)-Koordinatensystems. Überhaupt können wir uns auf den ersten Quadranten beschränken, da Populationszahlen nie negativ sind.

Die Steigung der Trajektorien berechnet man zu

$$\frac{\dot{R}}{\dot{B}} = \frac{dR}{dB} = \frac{-\gamma \cdot R + \delta \cdot R \cdot B}{\alpha \cdot B - \beta \cdot R \cdot B} = \frac{R \cdot (-\gamma + \delta \cdot B)}{B \cdot (\alpha - \beta \cdot R)}.$$

Daraus erhalten wir durch Separation der Variablen:

$$\frac{\alpha - \beta \cdot R}{R} \cdot dR = \frac{-\gamma + \delta \cdot B}{B} \cdot dB$$

$$\Rightarrow \alpha \cdot \ln(R) - \beta \cdot R = \delta \cdot B - \gamma \cdot \ln(B) + k$$

$$\Rightarrow \frac{R^\alpha}{e^{\beta R}} \cdot \frac{B^\gamma}{e^{\delta B}} = e^k = K$$

Wie verhalten sich die einzelnen Teile dieser Gleichung? Dazu definieren wir:

$$f(R) = \frac{R^\alpha}{e^{\beta R}} \text{ und } g(B) = \frac{B\gamma}{e^{\delta B}} \text{ für } R \geq 0 \text{ und } B \geq 0.$$

Es ist nun $f(0) = 0$, $\lim\limits_{R \to \infty} f(R) = 0$ und $f(R) > 0$ für $R \in]0; \infty[$.

Ferner ist:

$$\frac{df(R)}{dR} = \frac{\alpha \cdot R^{\alpha-1} - \beta \cdot R^\alpha}{e^{\beta R}} = \frac{R^{\alpha-1}(\alpha - \beta \cdot R)}{e^{\beta R}} = 0 \text{ nur für } R = \frac{\alpha}{\beta},$$ das heißt, f hat an dieser Stelle sein Maximum $M_R = \left(\frac{\alpha}{\beta}\right)^\alpha : e^\alpha = f\left(\frac{\alpha}{\beta}\right)$.

Analog hat g sein Maximum bei $B = \frac{\gamma}{\delta}$: $M_B = \left(\frac{\gamma}{\delta}\right)^\gamma : e^\gamma = g\left(\frac{\gamma}{\delta}\right)$.

Also gibt es keine Lösung für $K > M_R \cdot M_B$.

Die Gleichgewichtslage $(B_0|R_0)$ ist also ein isolierter Punkt in der Phasenebene, da nur dort $K = M_R \cdot M_B$ ist. Alle übrigen Trajektorien sind geschlossene Kurven, in deren Inneren dieser Punkt liegt.

Um den Umlaufsinn dieser Trajektorien zu erhalten, unterteilen wir schließlich den ersten Quadranten mit Hilfe der beiden Geraden ($\dot{B} = 0 \Rightarrow$) $R = \frac{\alpha}{\beta}$ und ($\dot{R} = 0 \Rightarrow$) $B = \frac{\gamma}{\delta}$ in vier Sektoren. In diesen berechnet man ?die zeitlichen Änderungen von R und B und erhält schließlich nebenstehendes Phasenportrait (siehe Bild 11.8).

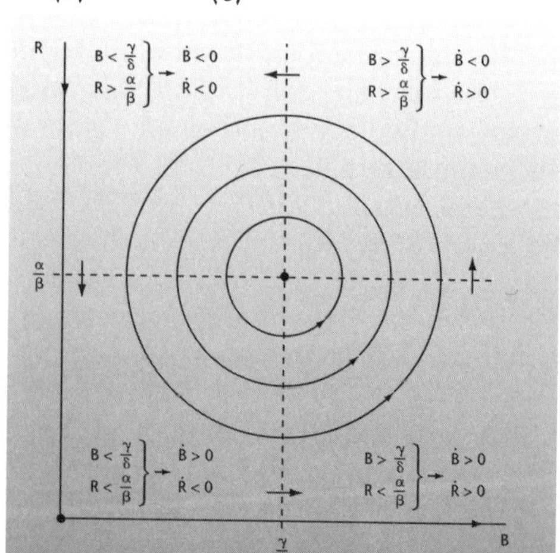

Bild 11.8 Phasenportrait des Räuber-Beute-Modells

11.5.4 Inhomogene lineare Systeme

Das System

(I) $y_1' = a_{11}(x)y_1 + \ldots + a_{1n}(x)y_n + b_1(x)$
$y_2' = a_{21}(x)y_1 + \ldots + a_{2n}(x)y_n + b_2(x)$
$\ldots$
$y_n' = a_{n1}(x)y_1 + \ldots + a_{nn}(x)y_n + b_n(x)$

heißt inhomogenes System von n DGln 1. Ordnung. Es geht für $b_1(x) = \ldots = b_n(x) = 0$ für alle x in das zugehörige homogene System über.

Für den Zusammenhang zwischen den Lösungen des homogenen und des inhomogenen Systems gilt wie im Fall $n = 1$: Die Lösungen des inhomogenen Systems erhält man aus einer Lösung des homogenen Systems mit Hilfe der Methode der Variation der Konstanten.

Da bei Systemen jedoch eine Lösung aus einer Linearkombination von n „Lösungsvektoren" (siehe 11.5.2 für den Fall $n = 2$) besteht, die jeweils die Form $y = (y_1; y_2 \ldots y_n)$ haben, ist für die Berechnung der Lösung die sogenannte Matrixinversion erforderlich. Wir erhalten für den Fall $n = 2$ folgende Regel:

S

Das AWP (*) $y' = A(x)y + b(x)$ mit

$A(t) = \begin{pmatrix} a_{11}(x) & a_{12}(x) \\ a_{21}(x) & a_{22}(x) \end{pmatrix}$; $y = \begin{pmatrix} y_1 \\ y_2 \end{pmatrix}$ und $b(t) = \begin{pmatrix} b_1(x) \\ b_2(x) \end{pmatrix}$

$y(x_0) = a$ für $y = (y_1; y_2)$ und $a = (a_1; a_2)$

hat die Lösung $y(x) = Z(t)\, Z^{-1}(x_0) \cdot a + \int_{x_0}^{x} Z(x) \cdot Z^{-1}(s) \cdot b(s)ds$,

wobei Z^{-1} die inverse Matrix zu Z und Z(x) eine Matrix ist, deren Spalten gerade aus n linear unabhängigen Lösungen des homogenen Systems gebildet werden. Die Matrixschreibweise in (*) bedeutet rechentechnisch dasselbe wie das System (I) für den Fall $n = 2$, und die Inversion einer Matrix funktioniert dabei nach der Regel $A = \begin{pmatrix} a_{11} & a_{12} \\ a_{21} & a_{22} \end{pmatrix} \Rightarrow A^{-1} = \frac{1}{a_{11}a_{22} - a_{12}a_{21}} \cdot \begin{pmatrix} a_{22} & -a_{12} \\ -a_{21} & a_{11} \end{pmatrix}$.

BEISPIEL

Das homogene System $y_1' = 2y_1 - 3y_2$; $y_2' = 3y_1 - 4y_2$ wird durch die Lösungspaare $(y_{11}; y_{21}) = (e^{-x}; e^{-x})$ und $(y_{12}; y_{22}) = \left(x \cdot e^{-x}; \frac{3x - 1}{3} \cdot e^{-x}\right)$ vollständig gelöst.

Wir bestimmen eine Lösung für das zugehörige inhomogene AWP

$y_1' = 2y_1 - 3y_2 + x$; $y_2' = 3y_1 - 4y_2 + x$ mit $(y_1(0); y_2(0)) = (0; 0)$.

Mit $Z(x) = \begin{pmatrix} e^{-x} & x \cdot e^{-x} \\ e^{-x} & \frac{3x - 1}{3} e^{-x} \end{pmatrix}$ und $b(x) = \begin{pmatrix} x \\ x \end{pmatrix}$ und der obigen Inversionsregel erhalten wir:

$$Z^{-1}(x) = \frac{1}{e^{-x} \cdot \frac{3x-1}{3} e^{-x} - xe^{-x}e^{-x}} \cdot \begin{pmatrix} \frac{3x-1}{3} \cdot e^{-x} & -x \cdot e^{-x} \\ -e^{-x} & -e^{-x} \end{pmatrix}$$

$$\Rightarrow Z^{-1}(x) \cdot b(x) = (-3)e^{2x} \cdot \begin{pmatrix} \frac{3x^2-x}{3} \cdot e^{-x} - x^2e^{-x} \\ -xe^{-x} + xe^{-x} \end{pmatrix}$$

$$= -3e^{2x} \cdot \begin{pmatrix} -\frac{x}{3} \cdot e^{-x} \\ 0 \end{pmatrix} = \begin{pmatrix} x \cdot e^{x} \\ 0 \end{pmatrix}$$

und damit $\int_0^x \begin{pmatrix} t \cdot e^t \\ 0 \end{pmatrix} dt = \begin{pmatrix} (x-1) \cdot e^x + 1 \\ 0 \end{pmatrix}$

$$\Rightarrow Z(x) \int Z^{-1}(t)b(t)dt = \begin{pmatrix} e^{-x} & xe^{-x} \\ e^{-x} & \frac{3x+1}{3} e^{-x} \end{pmatrix} \begin{pmatrix} 1 + (x-1)e^x \\ 0 \end{pmatrix}$$

$$= \begin{pmatrix} e^{-x}(1 + (x-1)e^x) \\ e^{-x}(1 + (x-1)e^x) \end{pmatrix}$$

Also lösen $y_1 = e^{-x} + x - 1$; $y_2(x) = y_1(x)$ das AWP (*).

Die allgemeine Lösung des inhomogenen Systems erhält man, indem man die allgemeine Lösung des homogenen Systems zu dieser speziellen Lösung des inhomogenen Systems addiert.

Die Lösung eines inhomogenen AWPs mit anderem Anfangswert $(a_1; a_2)$ kann man außer über die allgemeine Formel noch erhalten, indem man die spezielle Lösung des homogenen Systems für $(a_1; a_2)$ sucht und zu der oben gefundenen addiert.

ÜBUNGEN

1. Lösen Sie das AWP $y' = k \cdot y$; $y(0) = 5$ mit dem Verfahren von Picard-Lindelöf.

2. Ermitteln Sie die Lösung der DGl
a) $y' = e^{2x} \cos x$ durch partielle Integration,
b) $y' = x^x \cdot (1 + \ln(x))$ mit Substition,
c) $y' = \frac{2}{x^2 - 1}$ durch Partialbruchzerlegung.

3. Erstellen Sie das Richtungsfeld zu $y' = y^{-1}$, und lösen Sie graphisch und rechnerisch das zugehörige AWP mit $y(0) = 1$.

4. Die thermische Gewinnung von Silber aus Silberoxid gehorcht der DGl $y' = (k + ry)(A - y)$, wenn A die Ausgangsmenge, y die entstandene Silbermenge und k und r Reaktionskonstanten sind. Lösen Sie diese Gleichung für $k = 1$; $r = 0{,}1$; $A = 10$ und $y(0) = 0$.

5. Das Malthusgesetz (siehe Aufgabe 1.) gilt nur für den Beginn der Entwicklung einer Bevölkerung. Später werden aufgrund der sich verschlechternden Umweltbedingungen die Geburtenrate fallen und die Sterberate ansteigen. Beides geschieht im einfachsten Fall linear. Sind Geburten- und Sterberate gleich, bleibt die Population N konstant. Diesen Wert bezeichnet man als Kapazität K eines Biotops.
Wir erhalten die sogenannte logistische Wachstumsgleichung
$$\frac{dN}{dt} = r \cdot N \cdot \left(\frac{K - N}{K}\right) = r \cdot N - \frac{r}{K} \cdot N^2.$$
Zeichnen Sie das Richtungsfeld dieser gewöhnlichen DGl 1. Ordnung 2. Grades für $r = 1$ und $K = 5$, und bestimmen Sie anschließend die Lösung für die AWPe mit (AWP 1) $N(0) = 1$ und (AWP 2) $N(0) = 10$.

6. Lösen Sie folgende DGln durch Variablentrennung:
a) $y' = y^2 \cos x$
b) $y' = \frac{1}{x}\sqrt{1 - y^2}$
c) $y' = \frac{2xy^2}{1 + x^2}$

7. Zeichnen Sie zu $y' = e^y \cdot \sin x$ das Richtungsfeld, und lösen Sie graphisch und rechnerisch das AWP für $y(0) = 1$ bzw. $y(0) = -1{,}2$.

8. In einem Stromkreis mit Ohmschem Widerstand R und Spule der Induktivität L besteht zwischen Strom I und angelegter Spannung U die Beziehung
$$U = R \cdot I + L \cdot \frac{dI}{dt} \quad (*).$$
Lösen Sie das AWP (*) mit $I(0) = 0$.

9. Lösen Sie durch Zurückführen auf eine DGl mit getrennten Variablen:
a) $y' + x + y = 0$ *b)* $y'x + y - x = 0$
c) $y'x^2 - 2xy - y^2 = 0$ (für $x > 0$; $y < -x$)

10. Lösen Sie die inhomogenen DGln:
a) $x^2y' + 2xy = 1$ *b)* $xy' - y = x^2$ *c)* $y' + \alpha y = \beta \cdot \sin \omega x$

11. Lösen Sie die Bernoulli-DGl $y' - 0{,}5yx^{-1} - 5x^2y^5 = 0$.

12. Lösen Sie die DGl 2. Ordnung $y'' - y = 0$.

13. Im Schwerefeld der Erde wird die Anziehung eines Körpers durch die DGl $m\ddot{r} = -\gamma\frac{Mm}{r^2}$ beschrieben, wobei M die Erdmasse und m die Masse des „Probekörpers" ist. $\gamma = 6{,}67 \cdot 10^{-11}\ \mathrm{Nm^2kg^{-2}}$ ist die Gravitationskonstante.
Lösen Sie diese DGl für $r(0) = 6370$ km und $v(0) = 11{,}2$ km/s.

14. Wie lautet die Lösung der inhomogenen DGl 2. Ordnung $y'' + y = \sin x$?

15. Lösen Sie das homogene System $y_1' = y_1$; $y_2' = 2y_2 + y_1$ mit den Anfangsbedingungen $y_1(0) = 1$; $y_2(0) = -1$.

16. Lösen Sie das inhomogene AWP $y_1' = y_1 + x$; $y_2' = y_1 + 2y_2 - x$ mit $y_1(0) = y_2(0) = 0$.

17. Zeichnen Sie ein Phasenportrait für das System $y_1' = 2y_1 - 3y_2$; $y_2' = 3y_1 - 4y_2$, und bestimmen Sie anschließend zwei linear unabhängige Lösungspaare $(y_1; y_2)$.

LÖSUNGEN

1. $y_0 = 5$

$$y_1 = 5 + \int_0^x 5\,k\,dt = 5 + 5kx;$$

$$y_2 = 5 + \int_0^x k \cdot (5 + 5kt)dt = 5 + 5kx + \frac{5k^2x^2}{2}$$

$$y_3 = 5 + \int_0^x k \cdot \left(5 + 5kt + \frac{5k^2t^2}{2}\right)dt = 5 + 5kx + \frac{5k^2x^2}{2} + \frac{5k^3x^3}{6} \text{ usw.}$$

Dies ist gerade der Beginn der Taylor-Entwicklung (siehe Seite 671) für $5 \cdot e^{kx}$. Also ist $y(x) = \lim\limits_{n\to\infty} y_n = 5 \cdot e^{kx}$.

2. *a)* $\int e^{2x}\cos x\,dx$
$= e^{2x}\sin x - 2\int e^{2x}\sin x\,dx + c$
$= e^{2x}\sin x + 2e^{2x}\cos x - 4\int e^{2x}\cos x\,dx + c$
$\Rightarrow 5\int e^{2x}\text{cox } x\,dx = e^{2x}\sin x + 2e^{2x}\cos x + c$
$\Rightarrow y(x) = 0{,}2(e^{2x}\sin x + 2e^{2x}\cos x) + c$

b) $x^x \cdot (1 + \ln x) = e^{x\cdot\ln x}(1 + \ln x)$
Mit der Substitution $x \cdot \ln x = z$ wird $z' = \ln x + 1$ und damit
$\int x^x \cdot (1 + \ln x)dx = \int e^z dz = e^z + c$
$\Rightarrow y(x) = e^{x\cdot\ln x} + c = x^x + c.$

c) $y' = \frac{1}{x-1} - \frac{1}{x+1}$
$\Rightarrow y(x) = \ln|x-1| - \ln|x+1| + c = \ln\left|\frac{x-1}{x+1}\right| +$

3. $\int_{y_0}^{y} z\,dz = \int_{x_0}^{x} dt \Leftrightarrow \frac{y^2}{2} - \frac{1}{2} = x$
$\Leftrightarrow y(x) = \sqrt{2x+1}$

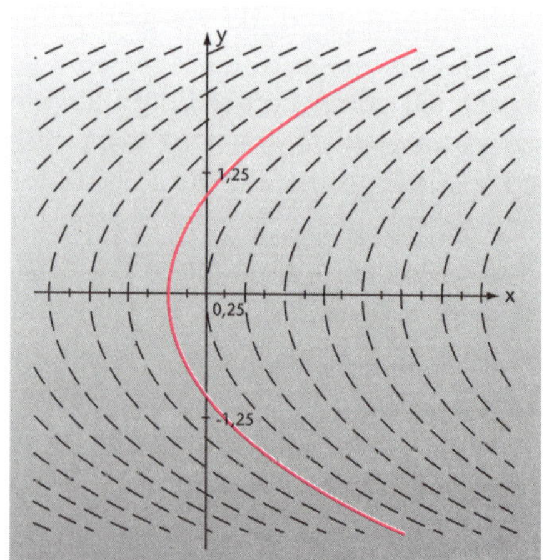

Bild 11.9 Das Richtungsfeld zu $y' = y^{-1}$. Die Lösung des AWPs mit $y(0) = 1$ ist rot durchgezogen.

4. Mit Variablentrennung entsteht:

$$t = \int_0^y \frac{dz}{(1 + 0{,}1z)(10 - z)}$$

Partialbruchzerlegung:

$$\frac{1}{(1+0{,}1z)(10-z)} = \frac{C}{1+0{,}1z} + \frac{D}{10-z}$$

$\Rightarrow C = 0{,}05;\ D = 0{,}5$

Damit wird das Integral der rechten Seite:

$$\int_0^y \frac{0{,}05dz}{1 + 0{,}1z} + \int_0^y \frac{0{,}5dz}{10 - z}$$

$$= 0{,}5 \cdot (\ln|1 + 0{,}1y| - \ln|10 - y| + \ln(10))$$

$$\Rightarrow \ln\left((1 + 0{,}1y) \cdot \frac{10}{10 - y}\right) = 2t$$

$$\Rightarrow 0{,}1e^{2t} = \frac{1 + 0{,}1y}{10 - y}$$

und daraus durch Auflösen nach y:

$$y(t) = \frac{10(e^{2t} - 1)}{1 + e^{2t}} = 10 - \frac{20}{1 + e^{2t}}$$

5. Wir können uns auf den Fall $\frac{dN}{dt} \neq 0$ beschränken, da sonst $N \equiv K$ oder $N \equiv 0$ folgt. Dann ist aber auch $N(t) > K$ für $N(0) = N_0 > K$ bzw. $N(t) < K$ für $N_0 < K$.

Mittels Variablentrennung erhalten wir:

$$\int_{N_0}^N \frac{dz}{r \cdot z - \frac{r}{K} \cdot z^2} = \int_{t_0}^t ds = t - t_0$$

Die linke Seite integrieren wir mittels Partialbruchzerlegung:

$$\frac{1}{r \cdot z - \frac{r}{K} \cdot z^2} = \frac{1}{z \cdot \left(r - \frac{r}{K} \cdot z\right)}$$

$$= \frac{A}{z} + \frac{B}{r - \frac{r}{K} \cdot z}$$

$$= \frac{A \cdot r + \left(B - \frac{r}{K} \cdot A\right) \cdot z}{z\left(r - \frac{r}{K} \cdot z\right)}$$

Koeffizientenvergleich liefert:

$$Ar = 1 \Leftrightarrow A = \frac{1}{r};\ B - \frac{r}{K}A = 0 \Leftrightarrow B = \frac{1}{K}$$

$$\Rightarrow \int_{N_0}^N \frac{dz}{r \cdot z - \frac{r}{K} \cdot z^2}$$

$$= \frac{1}{r} \int_{N_0}^N \left(\frac{1}{z} + \frac{1}{K - z}\right) dz$$

$$= \frac{1}{r}\left(\ln \frac{N}{N_0} + \ln \frac{K - N_0}{K - N}\right)$$

$$\Rightarrow r \cdot (t - t_0) = \ln\left(\frac{N}{N_0} \cdot \frac{K - N_0}{K - N}\right)$$

$$\Rightarrow e^{r(t - t_0)} = \frac{N(t)}{N_0} \cdot \frac{K - N_0}{K - N(t)}$$

Auflösen nach N(t) ergibt:

$$N(t) = \frac{N_0K}{N_0 + (K - N_0)e^{-r(t - t_0)}}$$

Damit erhalten wir die konkreten Lösungen der AWPe:

(1) $t_0 = 0;\ N_0 = 1 \Rightarrow N(t) = \frac{5}{1 + 4 \cdot e^{-t}}$

(2) $t_0 = 0;\ N_0 = 10 \Rightarrow N(t) = \frac{50}{10 - 5 \cdot e^{-t}}$

(siehe Bild 11.10 auf Seite 658)

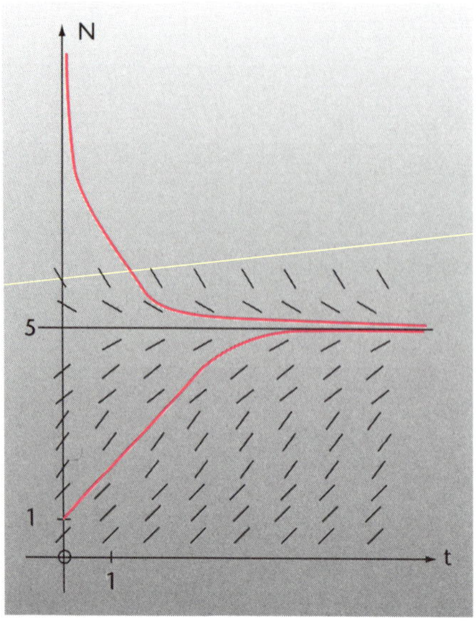

Bild 11.10 Richtungsfeld der logistischen Wachstumsgleichung
$\frac{dN}{dt} = r \cdot N \left(\frac{K - N}{K}\right)$ für r = 1 und K = 5
Die Lösungen für N(0) = 1 und N(0) = 10 sind durchgezogen.

6. ***a)*** Für $y \neq 0$ gilt:

$$\int \frac{dy}{y^2} = \int \cos x \, dx$$

$$-\frac{1}{y} = \sin x + c$$

$$y = -\frac{1}{\sin x + c}$$

b) Variablentrennung führt auf:

$$\int \frac{dx}{x} = \int \frac{dy}{\sqrt{1 - y^2}} \text{ für } y \neq \pm 1$$

Substitution $y = \sin z$:
$\ln |x| = \int dz = z + c = \arcsin y + c$
$\Rightarrow y(x) = \sin |\ln x - c|$

c) $\frac{dy}{y^2} = \frac{2x dx}{1 + x^2} \Leftrightarrow \int \frac{dy}{y^2} = \int \frac{2x dx}{1 + x^2}$

$$\Leftrightarrow -\frac{1}{y} = \ln (1 + x^2) + c$$

$$\Rightarrow y (x) = \frac{-1}{\ln (1 + x^2) + c}$$

7. Durch Variablentrennung erhält man:
$\int e^{-y} dy = \int \sin x \, dx \Leftrightarrow -e^{-y} = -\cos x + c$
$\Rightarrow y(x) = -\ln (\cos x - c)$
$y(0) = 1 \Rightarrow c = e^{-1} - 1;$
$y(0) = -1{,}2 \Rightarrow c = e^{1{,}2} - 1$

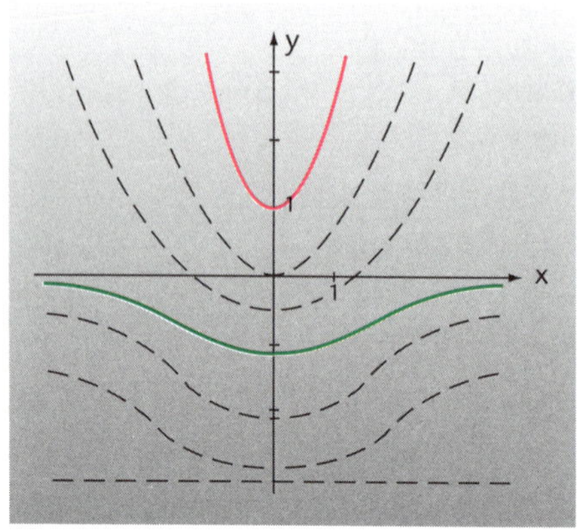

Bild 11.11 Rot gezeichnet AWP zu y(0) = 1 für $x \subset]-x_A; +x_A[$ . . . mit asymptotischer Annäherung an $x = x_A$ und $x = -x_A$, $x_A = 0{,}8865 = \arccos\left(1 - \frac{1}{c}\right)$,
grün gezeichnet AWP zu y(0) = –1,2

8. Durch Variablentrennung erhalten wir:

$$\frac{U - RI}{L} = \frac{dI}{dt}$$

$$\Rightarrow t = -\frac{L}{R} \cdot (\ln (U - RI) - \ln U)$$

$$\Rightarrow e^{-\frac{R}{L}t} = \frac{U - RI}{U} \Rightarrow I(t) = \frac{U}{R} \cdot (1 - e^{-\frac{R}{L}t})$$

9. ***a)*** Umformung:
$y' = -x - y = f(ax + by + c)$
mit a = b = –1 und c= 0
$\Rightarrow u = -x - y;\ f(u) = u;\ u' = -1 - u$
Variablentrennung:

$$-dx = \frac{du}{1 + u} \Rightarrow -x = \ln(1 + u)$$

für $u > -1$

$$e^{-x} = 1 + u = 1 - x - y$$

$$\Leftrightarrow y(x) = 1 - x - e^{-x}$$

b) Umformung: $y' = 1 - \frac{y}{x}$

Substitution $u = \frac{y}{x}$ führt auf:

$u' = \frac{1 - 2u}{x}$

Variablentrennung ergibt:

$\frac{du}{1 - 2u} = \frac{dx}{x}$

$\Rightarrow -0{,}5 \ln |1 - 2u| = \ln |x|$

$\Leftrightarrow \frac{1 \pm x^{-2}}{2} = u$

$\Rightarrow y(x) = \frac{x \pm x^{-1}}{2}$

c) $y' = \left(\frac{y}{x}\right)^2 + 2\left(\frac{y}{x}\right) = z^2 + 2z$

für $x \neq 0$ und $z = \frac{y}{x}$

$\Rightarrow z' = \frac{f(z) - z}{x} = \frac{z^2 + z}{x}$

$\Rightarrow \int \frac{dz}{z^2 + z} = \int \left(\frac{1}{z} - \frac{1}{1 + z}\right) dz$

$= \ln |z| - \ln |1 + z|$

$= \int \frac{dx}{x} = \ln x + c$ für $z > 0$

$\Rightarrow \ln \left|\frac{z}{z + 1}\right| = \ln \frac{z}{z + 1}$

$= \ln (k \cdot x)$ für $c = \ln k$

$\Rightarrow \frac{z}{z + 1} = \frac{y}{x + y} = k \cdot x$

$\Rightarrow y(x) = \frac{kx^2}{1 - kx}$

10. *a)* Umformung: $y' + \frac{2y}{x} = \frac{1}{x^2}$,

also $g(x) = \frac{2}{x}$

$\Rightarrow G(x) = \int g(x)dx = 2 \cdot \ln |x| + c$

$h(x) = x^{-2}$

$\Rightarrow y(x) = e^{-2 \cdot \ln|x|} \left(k + \int \frac{1}{x^2} e^{2\ln|x|} dx\right)$

$= \frac{1}{x^2} (k + x)$

b) Umformung: $y' - \frac{y}{x} = x$, also

$g(x) = -\frac{1}{x}$

$\Rightarrow G(x) = -\ln |x| + c$

$h(x) = x$

$\Rightarrow y(x) = e^{\ln|x|} (k + \int x \cdot e^{-\ln|x|} dx)$

$= k\,|x| + x^2$

c) $g(x) = \alpha \Rightarrow G(x) = \alpha x + c$;

$h(x) = \beta \cdot \sin \omega x$

$\Rightarrow y(x) = e^{-\alpha x} (k + \beta \int \sin \omega x \cdot e^{\alpha x} dx)$

$= k \cdot e^{-\alpha x} + \frac{\omega \cdot \cos \omega x}{\alpha} \cdot \left(\sin \omega x - \frac{\alpha\beta}{\omega^2 + \alpha^2}\right)$

durch partielle Integration

11. Mit der Substitution $z = y^{-4}$ erhalten wir $z' + \frac{z}{x} + 20x^2 = 0$.

Die zugehörige homogene Gleichung wird durch $z_h(x) = k \cdot x^{-2}$ gelöst. Durch Variation der Konstanten erhalten wir für die inhomogene Gleichung den Ansatz $z(x) = k(x) \cdot x^{-2}$, woraus sich durch Einsetzen in die DGl
$k(x) = -4x^5 + c$ und damit
$z(x) = cx^{-2} - 4x^3$ ergibt.

Die Rücksubstitution $y = z^{-\frac{1}{4}}$ schließlich

führt auf $y(x) = \frac{1}{\pm \sqrt[4]{cx^{-2} - 4x^3}}$.

12. Es sind $p(x) = 0$ und $q(x) = -1$. Zwei linear unabhängige Lösungen sind $y_1(x) = e^x$ und $y_2(x) = e^{-x}$. Damit lautet die allgemeine Lösung
$y(x) = k_1e^x + k_2e^{-x}$.

13. Multiplikation der DGl mit $2\frac{\dot{r}}{m}$ ergibt:

$$2\dot{r}\ddot{r} = -2\gamma\,\frac{M\dot{r}}{r^2} \Leftrightarrow \frac{d}{dt}\,(\dot{r})^2 = -2\gamma\,\frac{M\dot{r}}{r^2}$$

$$\Rightarrow (\dot{r})^2 = \frac{2\gamma M}{r} + c$$

Mit den Anfangsbedingungen
$\dot{r}(0) = 11{,}2$ km/s und $r(0) = 6370$ km
erhalten wir

$$\dot{r} = \sqrt{\frac{2\gamma M}{r}}$$ und daraus

$$r(t) = (6370^{1,5} + 1{,}5 \cdot \sqrt{2\gamma M} \cdot t)^{\frac{2}{3}}.$$

14. Analog zu Seite 649 ist
$y_h(x) = k_1 \sin x + k_2 \cos x$ die allgemeine Lösung der zugehörigen homogenen Gleichung. Für eine spezielle Lösung der inhomogenen Gleichung verwenden wir den Ansatz:

$y(x) = x \cdot y_h(x)$

$\Rightarrow y''(x) = 2k_1 \cos x - 2k_2 \sin x - y(x)$

$\Rightarrow y''(x) + y(x) = 2k_1 \cos x - 2k_2 \sin x$
$= \sin x$

Koeffizientenvergleich ergibt:

$k_1 = 0;\ k_2 = -\,0{,}5$

$\Rightarrow y(x) = -\,0{,}5x \cdot \cos x$

$\Rightarrow y_{allg}(x) = -0{,}5x \cdot \cos x$
$+ (k_1 \sin x + k_2 \cos x)$

15. $p(\lambda) = (1 - \lambda)(2 - \lambda) = 2 - 3\lambda + \lambda^2 = 0$ hat die Lösungen $\lambda_1 = 1$ und $\lambda_2 = 2$.
Damit erhalten wir:

$y_1(x) = k_{11}e^x + k_{12}e^{2x}$

$y_2(x) = k_{21}e^x + k_{22}e^{2x}$

Einsetzen in das DGl-System liefert:

$k_{12} = 0;\ k_{11} + 2k_{21} = k_{21} \Rightarrow k_{21} = -k_{11}$

Damit sind $(y_{11};\ y_{21}) = (k_{11}e^x;\ -k_{11}e^x)$ und $(y_{12};\ y_{22}) = (0;\ k_{22}e^{2x})$ zwei linear unabhängige Lösungspaare.

Aus den Anfangsbedingungen folgt:

$y_1(0) = 1 = k_{11};\ y_2(0) = -1 = -k_{11} + k_{22}$

$\Rightarrow k_{22} = 0$

Also ist $y_1(x) = e^x$ und $y_2(x) = -e^x$ die Lösung des AWPs.

16. Mit den Lösungspaaren zu Aufgabe 15. folgt:

$$Y = \begin{pmatrix} e^x & 0 \\ -e^x & e^{2x} \end{pmatrix};\ b = \begin{pmatrix} x \\ -x \end{pmatrix};\ Y^{-1} = \frac{1}{e^{3x}}\begin{pmatrix} e^{2x} & 0 \\ e^x & e^x \end{pmatrix}$$

$$Y^{-1} \cdot b = \frac{1}{e^{3x}} \cdot \begin{pmatrix} x \cdot e^{2x} \\ 0 \end{pmatrix} = \begin{pmatrix} xe^{-x} \\ 0 \end{pmatrix};$$

$$\int_0^x \begin{pmatrix} te^{-t} \\ 0 \end{pmatrix} dt = \begin{pmatrix} -(x+1)e^{-x} + 1 \\ 0 \end{pmatrix}$$

$$\Rightarrow Y(x) \cdot \int_0^x Y^{-1}(t)b(t)dt$$

$$= \begin{pmatrix} e^x & 0 \\ -e^x & e^{2x} \end{pmatrix} \cdot \begin{pmatrix} -(x+1)e^{-x} + 1 \\ 0 \end{pmatrix}$$

$$= \begin{pmatrix} -(x+1) + e^x \\ x + 1 - e^x \end{pmatrix}$$

Also lösen $y_1(x) = -x - 1 + e^x$;
$y_2(x) = x + 1 - e^x$ das AWP.

17. Das charakteristische Polynom
$p(\lambda) = (2 - \lambda)(-4 - \lambda) + 9 = 0$ hat nur die Lösung $\lambda = -1$. Deshalb erhalten wir nur den Lösungsvektor
$y(x) = (e^{-x};\ e^{-x})$.
Analog zum Fall $p^2 - 4q = 0$ bei der DGl 2. Ordnung wählt man den Ansatz $y_1(x) = x \cdot e^{-x}$ und erhält aus der 1. DGl $y_1' = 2xe^{-x} - 3y_2 = (1 - x)e^{-x}$, weshalb $y_2 - k(x) \cdot e^{-x}$ sein muß.
Der Koeffizientenvergleich liefert:

$$2x - 3k(x) = 1 - x \Leftrightarrow k(x) = \frac{3x - 1}{3}$$

Also ist $y^*(x) = \left(xe^{-x};\ \frac{3x - 1}{3} \cdot e^{-x}\right)$
ein zweiter Lösungsvektor.

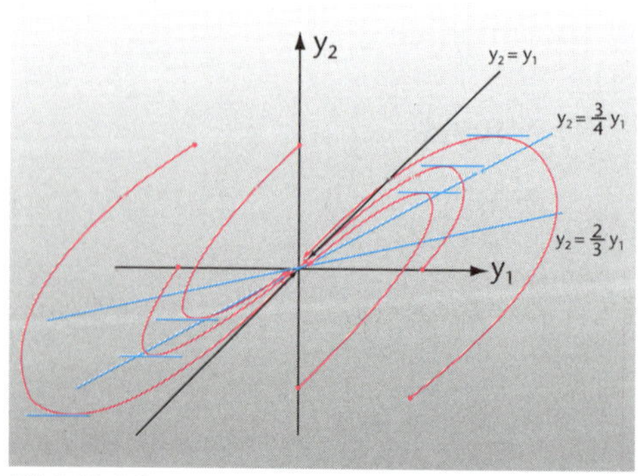

Bild 11.12

12. Numerische Verfahren in der Analysis

ÜBERSICHT

Konrad Zuse, geb. 1910, gelang es als erstem, funktionsfähige programmgesteuerte Rechenanlagen zu bauen. Arbeitete die Z1 von 1937 noch mit festem Programm und mechanischem Speicher, so war die Z2 von 1941 bereits lochstreifengesteuert und damit frei programmierbar. 1945 gelang es ihm mit der Z4 erstmals, das Prinzip mehrfach aufrufbarer Unterprogramme zu realisieren. Schon 1937 hatte er auch die Verwendung von (gegenüber den mechanisch funktionierenden Relais tausendmal schneller arbeitenden) Elektronenröhren ins Auge gefaßt.

12.1 Warum „numerische" statt „exakter" Verfahren?

Wenngleich die Methoden der Differential- und Integralrechnung prinzipiell zur Beschreibung funktionaler Zusammenhänge ausreichen, sind der Gewinnung konkreter Ergebnisse doch enge Grenzen gesetzt: Sei es, daß die gängigen Verfahren nur bestimmte Situationen beschreiben wie bei der Nullstellenbestimmung (quadratische und biquadratische Gleichungen, Polynomdivision); sei es, daß sie sehr zeitaufwendig sind wie bei der Bestimmung von Funktionstermen mit Hilfe eines Systems von (linearen) Gleichungen und teilweise bei der Flächen- und Volumenbestimmung (partielle Integration, Substitution) oder nicht mehr greifen (was etwa sind $\int \exp(-x^2)\,dx$ bzw. $\int \frac{\sin x}{x}\,dx$?); sei es, daß eine Funktion hauptsächlich über Tendenzen („Steigung", „Krümmung") bekannt ist und eine sinnvolle Fortschreibung gesucht wird.

Deshalb gibt man sich oft mit Näherungslösungen zufrieden, zumal ja reelle Zahlen wie etwa $\sqrt{2} = 1{,}41421356237\ldots$ ohnehin nur näherungsweise darstellbar sind. Dazu ersetzt man komplizierte Funktionen durch einfache(re) und wertet diese maschinell aus, wobei letztlich nur die Grundrechenarten benutzt werden. Und weil Maschinen dann besonders effektiv arbeiten, wenn sie immer wieder das gleiche tun müssen, bieten sich sogenannte ***Iterationsverfahren*** an, also Verfahren, bei denen ein gewonnenes (Zwischen-)Ergebnis Ausgangswert für den nächsten – strukturell gleichen – Rechenvorgang ist.

Dies wird im folgenden anhand charakteristischer Situationen dargestellt.

12.2 Verfahren zur Nullstellenbestimmung

12.2.1 Der Banachsche Fixpunktsatz

EINFÜHRUNGSBEISPIEL

Welches sind die Nullstellen von $y = x^4 - 3x + 1$? Wir sehen sofort, daß die gängigen Verfahren hier nicht greifen; weder die p-q-Formel, auch nicht nach biquadratischer Substitution, weil die Potenzen nicht im Verhältnis 2 : 1 stehen, noch das Abspalten von Linearfaktoren mit Hilfe der Polynomdivision, da keine ganzzahligen Nullstellen existieren. Deshalb bleibt nur die Suche nach einer Näherungslösung.

Nullstellen sind die Schnittpunkte mit der x-Achse; insgesamt ist die Nullstellensuche ein Sonderfall der Frage nach den Schnittpunkten zweier Funktionen (siehe Seite 248), da in den Schnittpunkten die Differenz ihrer y-Werte Null ist. Nimmt man als eine der beteiligten Funktionen die Identität $y = x$, so lautet die Fragestellung graphisch: Wann schneidet (in einem Koordinatensystem mit gleicher Achseneinteilung) der Graph einer gegebenen Funktion $g(x)$ die Winkelhalbierende? Und rechnerisch: Wann ist $g(\overline{x}) = \overline{x}$ bzw. $g(\overline{x}) - \overline{x} = 0$? Ein solches $\overline{x}$ heißt übrigens ***Fixpunkt.***

Die Suche nach einer Näherungslösung bedeutet dann die Konstruktion einer Folge (x_n) mit $\lim\limits_{n\to\infty} x_n = \overline{x}$, also auch $g(\lim\limits_{n\to\infty} x_n) = g(\overline{x}) = \overline{x}$ und damit $g(\lim\limits_{n\to\infty} x_n) - \overline{x} = 0$.

Die einfachste Möglichkeit, eine solche Folge zu konstruieren, ist die rekursive Definition $g(x_n) = x_{n+1}$, und in der Tat gilt:

S

Ist $g(x)$ stetig differenzierbar in $U_\delta =]\overline{x} - \delta; \overline{x} + \delta[$ mit $|g'(x)| < 1$, so konvergiert das Verfahren für einen Startwert $x_0 \in U_\delta$ geometrisch, das heißt

$$|x_n - \overline{x}| \leq \frac{q^n}{1 - q} \cdot |x_1 - x_0| \text{ für } 0 < q < 1.$$

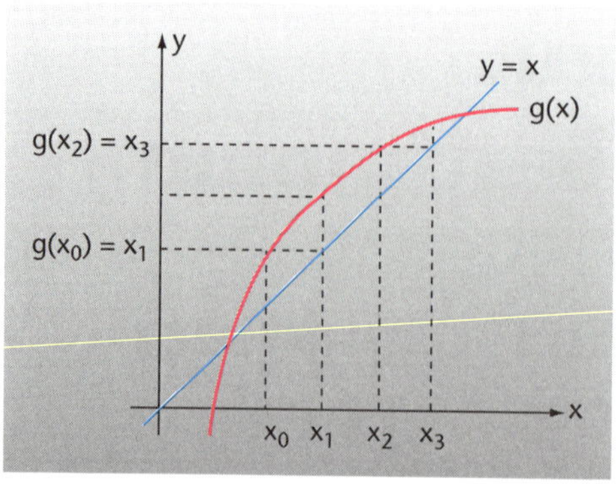

Bild12.1 Einseitige Annäherung an $\overline{x}$

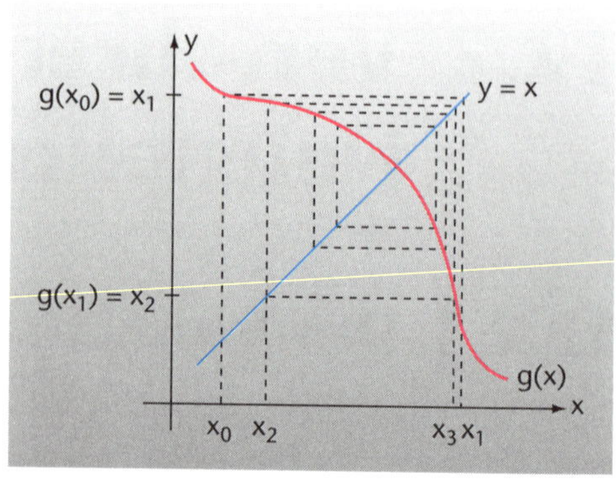

Bild12.2 Spiraliger Einschluß von $\overline{x}$

Dies bezeichnet man als den ***Banachschen Fixpunktsatz.*** Die Varianten der Annäherung sind – wie bei Folgen bekannt – Annäherung von unten bzw. oben oder eine Art Einschachtelung (Bilder 12.1–12.3).

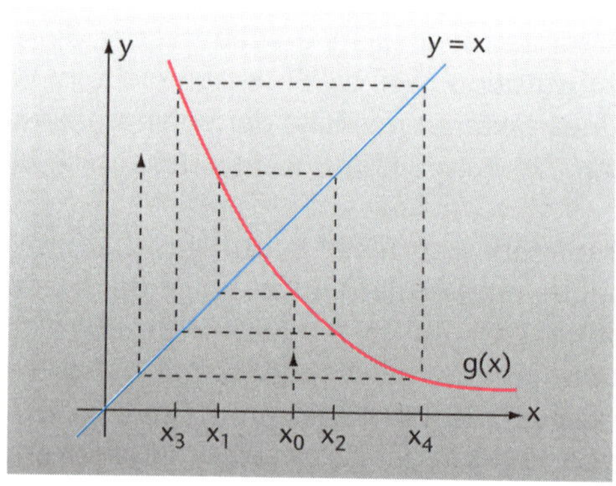

Bild12.3 Divergenz für $|g'(x)| > 1$

12.2.2 Das Sekantenverfahren

Dieses Verfahren schließt insofern an die Approximation zur Bestimmung der Ableitung in 9.2.1 (siehe Seite 533) an, als man nämlich Sekanten der Funktion f(x) in einem Intervall [a; b] betrachtet, in dem wegen $f(a) \cdot f(b) < 0$ (also $f(a) < 0$ und $f(b) > 0$ oder umgekehrt) eine Nullstelle liegen muß. Die Nullstellen der Sekanten liefern nun neue x-Werte, mit deren Hilfe das Intervall Zug um Zug verkleinert wird, bis die Nullstelle hinreichend gut angenähert worden ist.

Das Sekantenverfahren existiert in zwei Varianten.

Sekantenverfahren mit festem Hilfspunkt

Man nimmt als einen Punkt zur Berechnung der Sekante immer $(a|f(a))$, verkleinert das Intervall also nur von rechts. Dann ist:

$$\frac{f(b) - f(a)}{b - a} = \frac{f(b)}{b - x_1} = \frac{f(a)}{a - x_1} \text{ wegen } f(x_1) = 0$$

$$\Rightarrow f(a) \cdot (b - a) = (a - x_1) \cdot (f(b) - f(a))$$

$$\Rightarrow x_1 = a - \frac{f(a) \cdot (b - a)}{f(b) - f(a)}$$

S

Damit ergibt sich folgende Rekursionsformel

$$x_{n+1} = a - \frac{f(a) \cdot (a - x_n)}{f(a) - f(x_n)} = a - \frac{f(a)}{m_n} \text{ mit } m_n = \frac{f(a) - f(x_n)}{a - x_n}.$$

Sekantenverfahren mit vorletzter Näherung

Hier verkleinert man das Intervall von beiden Seiten, da man mit $a = x_0$, $b = x_1$ beginnt und mit den jeweils beiden letzten Näherungen den neuen x-Wert bestimmt.

S

Wir erhalten die Rekursionsformel

$$x_{n+1} = x_n - \frac{f(x_n) \cdot (x_n - x_{n-1})}{f(x_n) - f(x_{n-1})} = x_n - \frac{f(x_n)}{m_n} \text{ mit } m_n = \frac{f(x_n) - f(x_{n-1})}{x_n - x_{n-1}}.$$

Da man statt der – richtigen – Nullstelle von f(x) die – falsche – Nullstelle von Sekanten berechnet, bezeichnet man die beiden Sekantenverfahren auch als ***Regula falsi*** (lateinisch: Regel des Falschen).

Die Funktion g(x) aus dem Banachschen Fixpunktsatz ist dann jeweils $g_m(x) = x - \frac{f(x)}{m}$, wobei m die Steigung der Sekanten durch $(x|f(x))$ und einen weiteren Punkt des Graphen ist.

BEISPIEL

Wir berechnen die negative Nullstelle von $f(x) = x^4 - 3x - 1$

a) mit Hilfe des Sekantenverfahrens mit festem Hilfspunkt,

b) mit Hilfe des Sekantenverfahrens mit vorletzter Näherung jeweils auf vier Nachkommastellen.

Wegen $f(-1) \cdot f(0) = 3 \cdot (-1) = -3 < 0$ liegt in [–1; 0] mindestens eine Nullstelle.
Wir erhalten jeweils:

	im Fall a)	im Fall b)
x_0	0	-1
x_1	-0,25	0
x_2	-0,3069	-0,25
x_3	-0,3228	-0,3316
x_4	-0,3275	-0,3294
x_5	-0,3288	-0,3294
x_6	-0,3292	
x_7	-0,3293	
x_8	-0,3294	
x_9	-0,3294	

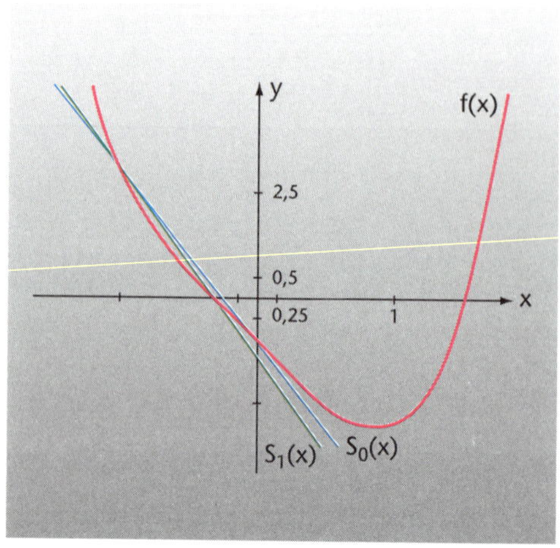

Bild12.4 $f(x) = x^4 - 3x - 1$ mit den beiden ersten Sekanten $s_0(x) = -4x - 1$ und $s_1(x) = -4{,}3281x - 1{,}3281$ beim ersten Verfahren mit festem Hilfspunkt

12.2.3 Das Newton-Verfahren

Statt der Sekanten kann man auch die Tangenten in $(x_n|f(x_n))$ als lineare Näherungen benutzen, wobei die Nullstelle x_{n+1} der Tangente t_n unter bestimmten Bedingungen dichter bei $\overline{x}$ liegt als die Nullstelle x_n von t_{n-1}.

Für hinreichend dicht bei $\overline{x}$ liegende Argumente x sind nämlich die Ableitungen von f in x und $\overline{x}$ nahezu identisch, und es gilt:

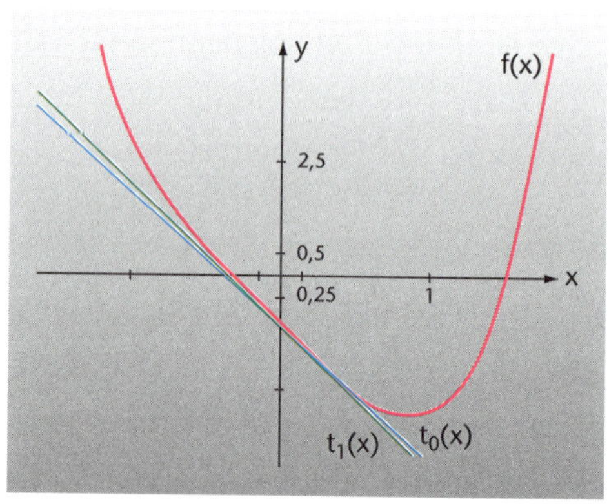

Bild 12.5 $f(x) = x^4 - 3x - 1$ mit den beiden Tangenten $t_0(x) = -3x - 1$ und $t_1(x) = -3{,}1481x - 1{,}0370$ beim Newton-Verfahren

$f'(x) \approx f(\overline{x}) = \lim\limits_{x \to \overline{x}} \frac{f(x) - f(\overline{x})}{x - \overline{x}} \approx \frac{f(x) - f(\overline{x})}{x - \overline{x}}$, woraus wegen $f(\overline{x}) = 0$ folgt:

$f'(x) \approx \frac{f(x)}{x - \overline{x}}$ bzw. $\overline{x} \approx x - \frac{f(x)}{f'(x)}$.

Die Tangentengleichung ergibt analog:

$$t(x) = f'(x_n) \cdot (x - x_n) + f(x_n)$$

$$\Rightarrow t(x_{n+1}) = f'(x_n) \cdot (x_{n+1} - x_n) + f(x_n) \approx 0$$

Daraus entsteht $x_{n+1} = x_n - \dfrac{f(x_n)}{f'(x_n)}$ (Rekursionsformel).

Dabei liegt x_{n+1} dichter bei $\bar{x}$ als x_n, wenn der Startwert x_0 dicht bei $\bar{x}$ liegt, $f'(\bar{x}) \neq 0$ ist und f in einer Umgebung von $\bar{x}$, die x_0 enthält, zweimal stetig differenzierbar ist (und manchmal sogar auch dann, wenn diese Voraussetzungen nicht erfüllt sind).

Die Funktion g(x) des Banachschen Fixpunktsatzes ist dann $g(x) = x - \dfrac{f(x)}{f'(x)}$.

Das ***Newton-Verfahren mit konstanter Ableitung*** ist eine vereinfachte Variante. Man ersetzt hierbei $f'(x_n)$ durch $f'(x_1)= m$. Dahinter steht die Idee, daß bei komplizierten Funktionen und entsprechend komplizierten Ableitungen die Berechnung jedes Funktionswertes viel Zeit kostet, während sich bei gutem Startwert $x_1 \approx \bar{x}$ alle Werte der Ableitung nur wenig voneinander unterscheiden.

S

Man erhält die Rekursionsformel

$$x_{n+1} = x_n - \frac{f(x_n)}{m}.$$

BEISPIEL

Wir bestimmen die negative Nullstelle von $y = x^4 - 3x - 1$

a) mit dem Newton-Verfahren,

b) mit dem Newton-Verfahren mit konstanter Ableitung auf jeweils vier Nachkommastellen.

Lösung: $f'(x) = 4x^3 - 3 \Rightarrow f'(0) = -3$ (für Variante b)

	Variante a)	Variante b)
x_0	0	0
x_1	–0,3333	–0,3333
x_2	–0,3294	–0,3292
x_3	–0,3294	–0,3294
x^4	...	–0,3294

Bemerkung: Mit Startwert $x_0 = 1$ konvergiert das Newton-Verfahren mit konstanter Ableitung erst nach 15 Schritten (bei vierstelliger Genauigkeit allerdings gegen –0,3295), das normale Newton-Verfahren dagegen nach 5 Schritten.

12.2.4 Zur Frage der Konvergenz

Beim Vergleich der Varianten des Sekantenverfahrens und des Newton-Verfahrens stellen wir fest, daß das (reine) Newton-Verfahren am schnellsten eine bestimmte Anzahl von gültigen Stellen liefert. Man sagt auch, es konvergiert besonders rasch gegen den gesuchten Wert $\bar{x}$.

Die Frage nach der Konvergenzgeschwindigkeit ist bei numerischen Verfahren sehr wichtig. Man definiert:

D

Ein Iterationsverfahren $x_{n+1} = g(x_n)$ heißt „konvergent von mindestens k-ter Ordnung“ gegen $\bar{x}$, wenn eine Konstante $c \geq 0$ existiert, so daß gilt $\lim\limits_{n \to \infty} \frac{|x_{n+1} - \bar{x}|}{|x_n - \bar{x}|^k} = c$.

Das Verfahren besitzt genau die Ordnung k, wenn $c \neq 0$ ist. Das bedeutet, daß der Fehler der $(n + 1)$-ten Näherung ungefähr c-mal der k-ten Potenz des Fehlers der vorhergehenden Näherung entspricht.

Bei $k = 1$ spricht man auch von ***linearer,*** bei $k = 2$ von ***quadratischer Konvergenz.*** Allgemein bezeichnet man die Konvergenz für $k > 1$ auch als ***superlinear.*** Es ist klar, daß für $k = 1$ Konvergenz nur vorliegen kann, wenn c nicht größer als 1 ist.

Konkret bedeutet quadratische Konvergenz: Hat man z. B. im 2. Schritt einen Fehler der Größenordnung 10^{-2} (das heißt ein auf Zehntel genaues Ergebnis), so ist der Fehler im 3. Schritt im Bereich von Hundertstel, im 4. Schritt nur noch von der Größenordnung $c \cdot (10^{-2})^2 \approx 10^{-4}$, also im Bereich von Zehntausendstel, wenn c nicht allzu groß ist.

Man kann nun zeigen, daß sowohl das Sekantenverfahren mit festem Hilfspunkt als auch das Newton-Verfahren mit konstanter Ableitung linear konvergieren, während das eigentliche Newton-Verfahren quadratisch konvergiert. Das Sekantenverfahren mit vorletzter Näherung dagegen konvergiert mindestens mit $k = 0{,}5 \cdot (1 + \sqrt{5}) \approx 1{,}618$.

Dennoch wird bei praktischen Rechnungen, wie oben erwähnt, vielfach das Newton-Verfahren mit konstanter Ableitung benutzt, da der Zeitgewinn bei jedem Rechenschritt die geringere Konvergenzgeschwindigkeit aufwiegt.

12.3 Numerische Interpolation und Extrapolation

12.3.1 Die Interpolationsverfahren nach Lagrange und Newton

Obwohl eigentlich zwischen Interpolation (Beschreibung des Funktionsverlaufs ***zwischen*** bekannten Punkten) und Extrapolation (Beschreibung des Verlaufs ***jenseits des letzten*** bekannten Punktes) unterschieden werden müßte, hat es sich eingebürgert, in beiden Fällen von einem Interpolationsproblem zu sprechen und seine Lösung wie folgt zu definieren:

D

Gegeben seien n + 1 Zahlen $x_0, x_1, x_2 \ldots x_n$, die sogenannten Stützstellen, und n + 1 Zahlen $y_0, y_1, y_2 \ldots y_n$, die sogenannten Stützwerte. Ein Polynom p vom Grad $m \leq n$ heißt Lösung des Interpolationsproblems, wenn $p(x_0) = y_0,\ p(x_1) = y_1,\ p(x_2) = y_2 \ldots p(x_n) = y_n$.

Wie erhält man ein solches (oder sogar „das“) Polynom p(x)?

BEISPIEL

Wir bestimmen eine Näherungsfunktion 2. Grades für f(x) = sin x in [0; π] mit Hilfe von (0|0); $\left(\frac{\pi}{2}\middle|1\right)$ und (π|0) (siehe Bild 12.6).

a) Als Lösung eines linearen Gleichungssystems erhält man $p(x) = -\frac{4}{\pi^2} \cdot x^2 + \frac{4}{\pi} \cdot x$.

b) Mit Hilfe von $L_0(x) = \frac{\left(x - \frac{\pi}{2}\right)(x - \pi)}{\left(0 - \frac{\pi}{2}\right)(0 - \pi)} = \frac{x^2 - 1{,}5\pi x + \frac{\pi^2}{2}}{\frac{\pi^2}{2}}$

$$L_1(x) = \frac{(x - 0) \cdot (x - \pi)}{\left(\frac{\pi}{2} - 0\right)\left(\frac{\pi}{2} - \pi\right)} = \frac{x^2 - \pi x}{-\frac{\pi^2}{4}}$$

$$L_2(x) = \frac{(x-0)\left(x-\frac{\pi}{2}\right)}{(\pi-0)\left(\pi-\frac{\pi}{2}\right)} = \frac{x^2-0{,}5\pi x}{\frac{\pi^2}{2}}$$

erhält man $p_L(x) = 0 \cdot L_0(x) + 1 \cdot L_1(x) + 0 \cdot L_2(x) = \frac{-4}{\pi^2}x^2 + \frac{4}{\pi}x$ wie oben.

c) $p_N(x) = 0 + \frac{2}{\pi}(x-0) - \frac{4}{\pi^2}\left(x-\frac{\pi}{2}\right)(x-0)$

wird ebenfalls zu $p_N(x) = \frac{-4}{\pi^2}x^2 + \frac{4}{\pi}x.$

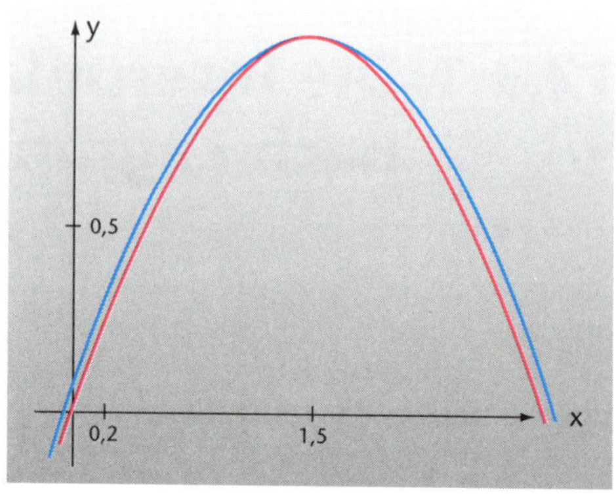

Bild 12.6 f(x) = sin x (rot) und $p(x) = \frac{-4}{\pi^2} \cdot x^2 + \frac{4}{\pi} \cdot x$

Das Beispiel läßt schon vermuten: Das Interpolationsproblem ist eindeutig lösbar. Die Polynome aus b) erhält man folgendermaßen: Ein Polynom (maximal) n-ten Grades soll so in Teilpolynome zerlegt werden, daß jedes Teilpolynom einen der Stützpunkte reproduziert und für alle anderen Stützstellen Null wird. Verwendet man die Stützwerte als Vorfaktoren, so entsteht für die durch die jeweiligen Stützwerte dividierten Teilpolynome die Bedingung $L_i(x_i) = 1$ für $i = 0, 1 \ldots n$ und $L_i(x_k) = 0$ für alle $k \neq i$. Im Beispiel muß dann jedes Teilpolynom $n = 2$ Nullstellen haben. Also müssen alle Teilpolynome (und damit $p_L(x)$) vom Grad ≤ 2 sein. All dies erhalten wir gerade für:

$L_0(x) = \frac{(x-x_1)(x-x_2)}{(x_0-x_1)(x_0-x_2)}$; $L_1(x) = \frac{(x-x_0)(x-x_2)}{(x_1-x_0)(x_1-x_2)}$; $L_2(x) = \frac{(x-x_0)(x-x_1)}{(x_2-x_0)(x_2-x_1)}$
sowie $p_L(x) = y_0 \cdot L_0(x) + y_1 \cdot L_1(x) + y_2 \cdot L_2(x)$. Dieses Polynom heißt ***Lagrange-Polynom.***

Wegen des schematischen Aufbaus der $L_i(x)$ lassen sich diese Polynome für ein beliebiges Interpolationsproblem mit drei gegebenen Punkten verwenden. Daher ist das Verfahren für Rechenmaschinen gut geeignet. Nachteilig ist jedoch, daß der Rechenaufwand mit steigender Zahl von Punkten rasch ansteigt, insbesondere aber, daß sich mit jeder hinzukommenden Stützstelle alle L_i ändern. So wird z. B. bei vier Stützstellen $x_0 \ldots x_3$:

$L_0(x) = \frac{(x-x_1)(x-x_2)(x-x_3)}{(x_0-x_1)(x_0-x_2)(x_0-x_3)}$; und es kommt $L_3(x)$ hinzu.

Bei dem Polynom $p_N(x)$ aus c) fällt auf: Es besteht aus drei Anteilen, deren Grad 0, 1 und 2 ist, hat also folgende Gestalt:

$p_N(x) = a + b(x - x_0) + c(x - x_0)(x - x_1)$. Dieses Polynom heißt ***Newtonsches Interpolationspolynom.*** Die Koeffizienten a, b und c erhält man über $a = y_0$; $b = \frac{y_1 - a}{x_1 - x_0}$; $c = \frac{y_2 - a - b(x_2 - x_0)}{(x_2 - x_0)(x_2 - x_1)}$.

Dies ist nichts anderes als die Lösung eines entsprechenden Gleichungssystems.

Hier bleiben bei einem hinzukommenden Stützpunkt alle bisherigen Koeffizienten erhalten. Neu entsteht lediglich

$$d = \frac{y_3 - a - b(x_3 - x_0) - c(x_3 - x_0)(x_3 - x_1)}{(x_3 - x_0)(x_3 - x_1)(x_3 - x_2)} \text{ (usw.).}$$

Sind die y_i alle Null, so erhält man die in der Regel wenig sinnvolle Lösung $p(x) \equiv 0$. Daher muß man sich für die Approximation einer Funktion f(x), für die nicht f(x) = 0 für alle x gilt, um mindestens einen von Null verschiedenen Stützwert bemühen.

12.3.2 Taylor-Entwicklung

Hat man nur einen Stützpunkt, ist die Interpolation nach Lagrange oder Newton sinnlos. Hier erweist sich eine Methode als überlegen, die außer dem Punkt $P\,(x_0|y_0)$ selbst noch Eigenschaften der Funktion wie Steigung und Krümmung an der Stelle x_0 miteinbezieht. Ein Näherungspolynom p(x) sollte nämlich auch in diesen Eigenschaften in der Gegend des Entwicklungspunktes P mit der Funktion f(x) hinreichend gut übereinstimmen.

BEISPIEL

Die Funktion f(x) = cos x soll im Punkt P (0|1) durch eine Funktion 2. Grades approximiert werden (siehe Bild 12.7). Gemäß den obigen Bemerkungen erhalten wir folgende Bedingungen:

$a \cdot 0^2 + b \cdot 0 + c = p(0)$
$= f(0) = \cos 0 = 1$, also $c = 1$
$2a \cdot 0 + b = p'(0) = f'(0)$
$= -\sin 0 = 0$, also $b = 0$
$2a = p''(0) = f''(0) = -\cos 0 = -1$,
also $a = -0{,}5$

Damit ist die gesuchte (Näherungs-)Funktion

$$p(x) = -0{,}5x^2 + 1 = \frac{f''(0)}{2} \cdot x^2 + f'(0) \cdot x + f(0).$$

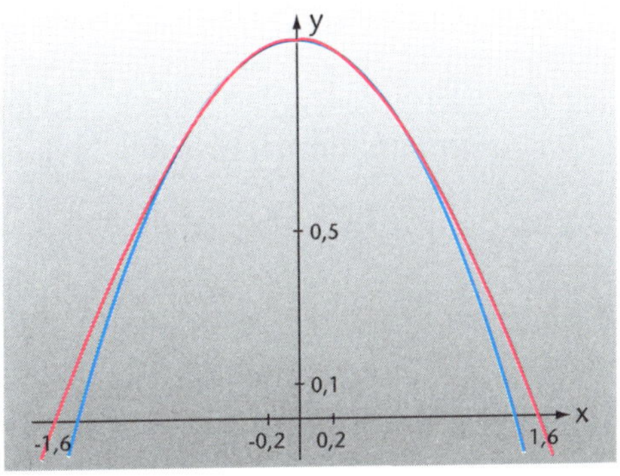

Bild 12.7 f(x) = cos x (rot) und das Taylor-Polynom $p(x) = -0{,}5x^2 + 1$

Polynome dieser Art bezeichnet man nach Brook Taylor (1685–1731) als ***Taylor-Polynome.*** Ihre allgemeine Form ist:

$$p(x) = f(x_0) + f'(x_0) \cdot (x - x_0) + f''(x_0) \cdot \frac{(x - x_0)^2}{2!} + \ldots + f^{(n)}(x_0) \cdot \frac{(x - x_0)^n}{n!}$$

($n! = 1 \cdot 2 \cdot \ldots \cdot n$; siehe auch Seite 774)

Ist die Funktion f(x) in einer Umgebung von x_0 mindestens (n + 1)-mal differenzierbar, so approximiert das Taylor-Polynom n-ten Grades diese Funktion f ***an der Stelle x_0*** besser als jedes andere Polynom n-ten Grades.

12.3.3 Zur Güte der Approximation

Wie gut ist nun die Darstellung von f(x) durch p(x) zwischen den Stützstellen bzw. abseits des Entwicklungspunktes?

Da in den Stützpunkten die ursprüngliche Funktion und das Approximationspolynom übereinstimmen, kann die Abweichung dazwischen nicht beliebig groß werden, wenn f(x) stetig ist. Gehen wir sogar davon aus, daß f(x) hinreichend oft differenzierbar ist, so gilt für den Fehler $R(x) = f(x) - p(x)$:

$$|R(x)| \leq \frac{1}{(n+1)!} \cdot \max_{x \in [a;b]} |f^{(n+1)}(x)| \cdot \max_{x \in [a;b]} |\omega(x)| \text{ mit } \omega(x) = \prod_{i=0}^{n} (x - x_i)$$

Dabei hängt max $|f^{(n+1)}(x)|$ nur von der zu interpolierenden Funktion ab, ist also letztlich nicht zu beeinflussen (und leider in der Regel nicht bekannt, da sonst die Interpolation vermutlich überflüssig wäre). Dagegen hängt max $|\omega(x)|$ nur von den Stützstellen ab, läßt sich also klein halten, falls es reicht, für die Interpolation eine Auswahl aus den verfügbaren Stützstellen zu treffen.

Diese Abschätzung ist übrigens vergleichsweise grob, denn für das Beispiel in 12.3.1 (siehe Seite 669) ergibt sich:
$\omega(x) = x^3 - 1{,}5\pi x^2 + 0{,}5\pi^2 x \Rightarrow \omega'(x) = 3x^2 - 3\pi x + 0{,}5\pi^2 = 0$ für $x = 0{,}6639$ oder $x = 2{,}4777$; $\max |\omega(x)| = |\min \omega(x)| = |-1{,}4918| = 1{,}4918$; $|f^{(2+1)}(x)| = \cos x$ hat in $[0; \pi]$ das Maximum 1. Also ist $|R(x)| \approx 0{,}4973$.

Der tatsächliche Fehler ist jedoch kleiner als 0,1, wie Bild 12.6 zeigt.

Der Approximationsfehler der Taylor-Entwicklung läßt sich angeben als:

$$R(x) = \frac{1}{n!} \cdot \int_{x_0}^{x} (x - t)^n \cdot f^{(n+1)}(t)\, dt \text{ bzw.}$$

$$|R(x)| \leq \frac{|x - x_0|^{n+1}}{(n+1)!} \cdot \max |f^{(n+1)}(t)| \quad \text{mit } t \in [x_0; x] \text{ bzw. } [x; x_0]$$

Also wird – vornehmlich wegen des jeweils ersten Terms – die Approximation mit zunehmender Entfernung von x_0 immer schlechter.

12.4 Numerische Differentiation und Integration

12.4.1 Numerische Differentiationsverfahren

Selbstverständlich ist die Differentiation deutlich einfacher als die Integration. Dennoch kann schon die Berechnung höherer Ableitungen von verketteten oder gebrochen rationalen Funktionen recht arbeitsaufwendig (und fehleranfällig) werden. Daher kann man Näherungen für f′(x), f″(x) . . . durch die Ableitungen eines Näherungspolynoms p′(x), p″(x) . . . ermitteln. Leider können sich die Ableitungen von f(x) und p(x) jedoch selbst dort deutlich voneinander unterscheiden, wo f(x) und p(x) übereinstimmen. Geometrisch bedeutet das, daß zwei Kurven relativ dicht nebeneinander verlaufen, obwohl die Steigungen stark voneinander abweichen (sie haben unterschiedliche „Trends“).

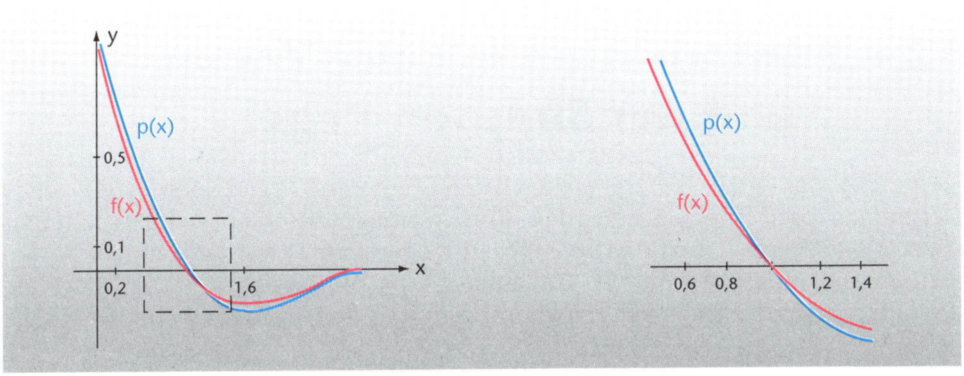

Bild 12.8 $f(x) = e^{-x} \cos \frac{\pi}{2}x$ mit dem Newtonpolynom $p(x) = -0{,}0992x^3 + 0{,}73x^2 - 1{,}6308x + 1$ und einer Ausschnittvergrößerung bei x = 1

Im einfachsten Fall kann man die Stützpunkte zu einer linearen Näherung durch Sekanten wie bei der Hinführung zur Ableitung (siehe Seite 533) verwenden:

$y'(x_i) \approx \frac{y(x_{i+1}) - y(x_i)}{x_{i+1} - x_i}$ bzw. $y'(x_i) \approx \frac{y(x_i) - y(x_{i-1})}{x_i - x_{i-1}}$ oder sogar

$$y'(x_i) \approx \frac{y(x_{i+1}) - y(x_{i-1})}{x_{i+1} - x_{i-1}}$$

sowie für die 2. Ableitung: $y''(x_i) \approx \frac{y(x_{i+1}) - 2y(x_i) + y(x_{i-1})}{(x_{i+1} - x_i) \cdot (x_i - x_{i-1})}$

Kompliziertere Formeln erhält man, wenn man nicht nur die linearen Differenzen der Stützwerte berücksichtigt. Darauf wollen wir hier aber verzichten.

Besonders einfach werden die Formeln, wenn $x_i - x_{i-1} = h = \text{const.}$ für alle $i = 1 \ldots n$ ist.

Probleme dagegen erhält man insbesondere an Extremalstellen sowie allgemein dann, wenn die Abstände zwischen den Stützstellen zu groß werden.

BEISPIEL

Näherungsweise sollen die 1. und 2. Ableitung an der Stelle $x = 1$ für $f(x) = \sqrt{x}$ mit Hilfe der obigen Formeln und $h = 0{,}05$ bestimmt werden.

Lösung:
Für $x_i = 1$ ist $x_{i-1} = 0{,}95$ und $x_{i+1} = 1{,}05$. Dann ergibt sich:

x	$\sqrt{x}$	y′ (Var. 1)	y′ (Var. 2)	y′ (Var. 3)	y′ (wahr)	y″	y″ (wahr)
1	1	0,4939	0,5064	0,5002	0,5	-0,2502	-0,25

12.4.2 Integration mit der Trapez- und der Simpson-Regel

Der numerischen Integration wird im Prinzip eine Interpolation vorgeschaltet, da die zu integrierende Funktion f(x) unbekannt oder nicht direkt bestimmbar ist. Mit dem Interpolationspolynom p(x) ist dann $f(x) = p(x) + R(x)$ für $x \in [a; b]$, wobei R(x) der „Rest", also die Differenz zwischen Näherung und wahrer Lösung ist. Damit ergibt sich:

$\int_a^b f(x)\,dx = \int_a^b (p(x) + R(x))\,dx = \int_a^b p(x)\,dx + \int_a^b R(x)\,dx$ mit dem Integrations- oder Quadraturfehler $\int_a^b R(x)\,dx$

Interessanterweise ist $\int_a^b p(x)\,dx = \sum_{i=0}^{n} k_i\, f(x_i)$, wobei die Vorfaktoren k_i $(i = 0, 1 \ldots n)$ nur vom Abstand der Stützstellen x_i, aber nicht von der betrachteten Funktion f(x) selbst abhängen und außerdem $k_0 + \ldots + k_n = b - a$ ist.

BEISPIEL

$f(x) = x \cdot e^x$ (siehe Bild 12.9) soll über [1; 3] integriert werden

a) mittels partieller Integration,

b) näherungsweise mit Hilfe der Geraden durch die Punkte $(1|f(1))$ und $(3|f(3))$,

c) näherungsweise mit Hilfe der Parabel durch $(1|f(1))$; $(2|f(2))$ und $(3|f(3))$.

Lösung:

a) $\int_1^3 e^x \cdot x\,dx = [x \cdot e^x]_1^3 - \int_1^3 e^x \cdot 1\,dx = [(x-1) \cdot e^x]_1^3 \approx 40{,}1711$

b) Mit Hilfe der Geraden $g(x) = 28{,}7692x - 26{,}0509$ erhalten wir

$$\int_1^3 g(x)\,dx = \frac{60{,}2566 + 2{,}7183}{2} \cdot 2 = 62{,}9749.$$

c) Mit Hilfe von $f(1) = e \approx 2{,}7183$; $f(2) = 2e^2 \approx 14{,}7781$ und $f(3) = 3e^3 \approx 60{,}2566$ erhalten wir die Koeffizienten der Newton-Approximation $a = 2{,}7183$; $b = 12{,}0598$ und $c = 16{,}7094$.

Dann ist:

$$p(x) = 16{,}7094x^2 - 38{,}0684x + 24{,}0773$$

$$= \frac{f(1) - 2f(2) + f(3)}{2}x^2 - \frac{5f(1) - 8f(2) + 3f(3)}{2}x + (3f(1) - 3f(2) + f(3))$$

$$\Rightarrow \int_1^3 p(x)dx = \left[\frac{f(1) - 2f(2) + f(3)}{6}x^3 - \frac{5f(1) - 8f(2) + 3f(3)}{4}x^2 + (3f(1) - 3f(2) + f(3))x\right]_1^3$$

$$= \frac{1}{3}[f(1) + 4f(2) + f(3)] \approx 40{,}6958$$

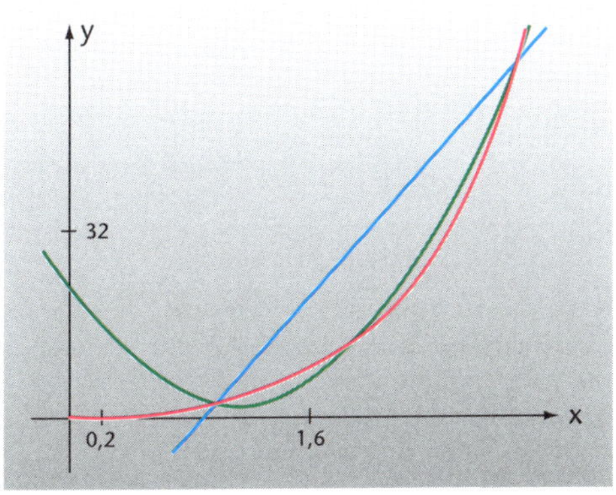

Bild 12.9 $f(x) = x \cdot e^x$ (rot) mit den linearen und quadratischen Approximationen $g(x) = 28{,}6792x - 25{,}781$ (blau) und $p(x) = 16{,}7094\,x^2 - 38{,}0684x + 24{,}0773$ (grün)

Wie das Ende der jeweiligen Rechnungen zeigt, läßt sich das Näherungsintegral bei b) auch einfach berechnen als:

$J_T = \frac{f(b) + f(a)}{2} \cdot (b - a)$. Dies bezeichnet man als ***Trapezregel***.

Auch das Integral bei c) erhält eine einfache Darstellung:

$J_S = \frac{b - a}{6} \left[f(a) + 4 \cdot f\left(\frac{(b - a)}{2}\right) + f(b)\right]$. Dies ist die sogenannte ***Simpson-Regel.***

Unterteilt man ein längeres Intervall gleichmäßig in n Teilintervalle der Länge $\frac{b - a}{n}$, so erhält man n + 1 Stützstellen

$x_0 = a$, $x_1 = a + \frac{b - a}{n}$, $x_2 = a + 2 \cdot \frac{b - a}{n}$, . . ., $x_n = b$mit den zugehörigen Funktionswerten $y_i = f(x_i)$. Auf jedes dieser Teilintervalle $[x_{k-1}; x_k]$ mit $k \in \{1 \ldots n\}$ kann man dann die Trapez- bzw. bei n Doppelintervallen, also 2n + 1 Stützstellen $x_0 = a, \ldots, x_{2n} = b$, die Simpson-Regel anwenden und erhält durch Aufsummieren der Teilintegrale die große Trapezregel bzw. die große Simpson-Regel.

Große Trapezregel: $J_T = \frac{b - a}{2n} [y_0 + 2y_1 + \ldots + 2y_{n-1} + y_n]$

Große Simpson-Regel: $J_S = \frac{b - a}{6n} [y_0 + 4y_1 + 2y_2 + 4y_3 + 2y_4 + \ldots + y_{2n}]$

Dazu betrachten wir als Erweiterung des Beispiels auf Seite 675 mit Hilfe der zusätzlichen Stützstellen $f(1{,}5) \approx 6{,}7225$ und $f(2{,}5) \approx 30{,}4562$:

a) die Trapezregel für n = 4 (also 5 Stützstellen)

$$J_T = \frac{1}{4} [f(1) + 2f(1{,}5) + 2f(2) + 2f(2{,}5) + f(3)] \approx 41{,}7221$$

b) die Simpson-Regel für n = 2 (also ebenfalls 5 Stützstellen)

$$J_S = \frac{1}{6} [f(1) + 4f(1{,}5) + 2f(2) + 4f(2{,}5) + f(3)] \approx 40{,}2077$$

12.4.3 Zum Quadraturfehler

Wie groß ist der Quadraturfehler $\int_a^b R(x)\,dx$?

Da der eigentlichen Integration eine Interpolationsaufgabe vorangestellt wurde, vermuten wir zu Recht, daß sich der Quadraturfehler aus dem Interpolationsfehler ergeben muß. In der Tat erhalten wir:

a) für die Trapezregel $\left|\int_a^b R(x)\,dx\right| \leq \frac{(b-a)^3}{12} \cdot \max\limits_{x \in [a;\,b]} |f'(x)|$,

b) für die Simpson-Regel $\left|\int_a^b R(x)\,dx\right| \leq \frac{(b-a)^5}{2880} \cdot \max\limits_{x \in [a;\,b]} |f^{(4)}(x)|$,

c) für die große Trapezregel $\left|\int_a^b R(x)\,dx\right| \leq \frac{(b-a)^3}{12n^2} \cdot \max\limits_{x \in [a;\,b]} |f''(x)|$,

d) für die große Simpson-Regel $\left|\int_a^b R(x)\,dx\right| \leq \frac{(b-a)^5}{2880n^4} \cdot \max\limits_{x \in [a;\,b]} |f^{(4)}(x)|$.

Für das Beispiel auf Seite 675 bzw. dessen Erweiterung erhalten wir so, da $f''(x)$ und $f^{(4)}(x)$ jeweils Randmaxima bei $x = 3$ haben:

a) $\frac{8}{12} \cdot 5e^3 \approx 66{,}9518$, ***b)*** $\frac{32}{2880} \cdot 7e^3 \approx 1{,}5622$,

c) $\frac{8}{12 \cdot 4^2} \cdot 5e^3 \approx 4{,}1845$, ***d)*** $\frac{32}{2880 \cdot 2^4} \cdot 7e^3 \approx 0{,}0976$.

Wir sehen:

1. Bei gleichem Rechenaufwand ist mit der Simpson-Regel ein wesentlich genaueres Ergebnis zu erzielen als mit der Trapezregel.

2. Die Qualität des Ergebnisses steigt mit der Stützstellenzahl steil an.

12.5 Numerische Lösung von Differentialgleichungen

12.5.1 Die Methode von Euler

Sehr viele Näherungsprobleme führen auf Differentialgleichungen (siehe Seite 634). Insgesamt können leider nur wenige von ihnen analytisch gelöst werden. Deshalb gehört das Lösen von Differentialgleichungen zu den wichtigsten Aufgaben der numerischen Analysis.

Eine der ältesten Lösungsmethoden wurde von Leonard Euler (1707–1783) entwickelt und baut auf einer Extrapolationsaufgabe auf. Sie benutzt nämlich folgende Differenzengleichung:

$$y_{k+1} \approx y_k + (x_{k+1} - x_k) \cdot f(x_k; y_k) \text{ mit } y_{k+1} = y(x_{k+1}) \text{ und } y_k = y(x_k)$$

BEISPIEL

Wir berechnen drei Schritte der Lösung von $y' = x \cdot \sqrt[3]{y} = f(x; y)$ für $y(1) = 1 = y_0$ und $h = 0{,}1$. In Klammern der wahre Wert aus der Lösung

$y(x) = \left(\frac{1}{3}x^2 + \frac{2}{3}\right)^{1,5}$ der Differentialgleichung (siehe Seite 641):

$y_1 \approx 1 + 0{,}1 \cdot 1 \cdot \sqrt[3]{1} = 1{,}1$ (1,1068)

$y_2 \approx 1{,}1 + 0{,}1 \cdot 1{,}1 \cdot \sqrt[3]{1{,}1} \approx 1{,}2136$ (1,2279)

$y_3 \approx 1{,}2136 + 0{,}1 \cdot 1{,}2 \cdot \sqrt[3]{1{,}2136} \approx 1{,}3416$ (1,3641)

Leider liefert die Euler-Methode nur bei kleiner Schrittweite h einigermaßen befriedigende Resultate. Bessere Ergebnisse erzielt man mit neueren Verfahren, jedoch immer um den Preis eines höheren Aufwandes. Dieser muß im Einzelfall gegen den Nutzen abgewogen werden.

Zwei anspruchsvollere Varianten werden im folgenden vorgestellt, die zugrunde liegende Theorie wird jedoch jeweils nur kurz skizziert.

12.5.2 Das Verfahren von Runge-Kutta

Um die Berechnung von Ableitungen hoher Ordnung zu vermeiden, werden weitere Werte von f(x; y) benutzt. Dadurch entsteht ein Verfahren, das sich wegen seiner (relativen) Einfachheit hoher Beliebtheit erfreut. Wir erhalten eine an die Trapezformel (siehe Seite 676) erinnernde Differenzengleichung:

$$y_{i+1} \approx y_i + \frac{1}{6}(k_1 + 2k_2 + 2k_3 + k_4) \text{ mit } k_1 = h \cdot f(x_i; y_i)$$

$$k_2 = h \cdot f\left(x_i + \frac{h}{2}; y_i + \frac{k_1}{2}\right)$$

$$k_3 = h \cdot f\left(x_i + \frac{h}{2}; y_i + \frac{k_2}{2}\right)$$

$$k_4 = h \cdot f(x_i + h; y_i + k_3)$$

BEISPIEL

Wir berechnen drei Schritte der Lösung von $y' = x \cdot \sqrt[3]{y} = f(x; y)$ für $y(x_0) = y(1) = 1 = y_0$ und $h = 0{,}1$. In Klammern der wahre Wert aus der Lösung der Differentialgleichung (siehe Seite 641):

1. Schritt

$k_1 = 0{,}1 \cdot 1 \cdot \sqrt[3]{1} = 0{,}1$ $\quad$ $k_2 = 0{,}1 \cdot 1{,}05 \cdot \sqrt[3]{1{,}05} \approx 0{,}1067$

$k_3 = 0{,}1 \cdot 1{,}05 \cdot \sqrt[3]{1{,}0534} \approx 0{,}1068$ $\quad$ $k_4 = 0{,}1 \cdot 1{,}1 \cdot \sqrt[3]{1{,}1068} \approx 0{,}1138$

$$\Rightarrow y_1 \approx 1 + \frac{1}{6} \cdot (0{,}1 + 2 \cdot 0{,}1067 + 2 \cdot 0{,}1068 + 0{,}1138) \approx 1{,}1068 \; (1{,}1068)$$

2. Schritt

$k_1 \approx 0{,}1138$ $\quad$ $k_2 \approx 0{,}1210$ $\quad$ $k_3 \approx 0{,}1211$ $\quad$ $k_4 \approx 0{,}1285$

$\Rightarrow y_2 \approx 1{,}2279$ $\quad$ $(1{,}2279)$

3. Schritt

$k_1 \approx 0{,}1285$ $\quad$ $k_2 \approx 0{,}1361$ $\quad$ $k_3 \approx 0{,}1363$ $\quad$ $k_4 \approx 0{,}1442$

$\Rightarrow y_3 \approx 1{,}3642$ $\quad$ $(1{,}3641)$

12.5.3 Das Prädiktor-Korrektor-Verfahren

Hierbei wird mit einer ersten Formel - dem Prädiktor - eine provisorische Näherung für y_{k+1} bestimmt. Diese wird dann mit Hilfe einer (komplexeren) Korrekturformel, die in der Regel mehrfach eingesetzt werden muß, bis zum gewünschten Genauigkeitsgrad verbessert. Die einfachste Variante ist:

$$y_{k+1;\,0} \approx y_k + h \cdot f(x_k;\, y_k) \qquad \text{[Prädiktor]}$$

$$y_{k+1;\,i+1} \approx y_k + \frac{h}{2} \cdot (f(x_k;\, y_k) + f(x_{k+1};\, y_{k+1;\,i})) \qquad \text{[Korrektor]}$$

für i = 0, 1 . . . n, wobei der n-te Schritt den gewünschten Genauigkeitsgrad liefert.

Also: $y_{k+1} = y_{k+1;\,n+1}$

BEISPIEL

Wir berechnen drei Schritte der Lösung von $y' = x \cdot \sqrt[3]{y} = f(x;\, y)$ für $y(1) = 1 = y_0$ und $h = 0{,}1$. Der zweite Index zählt die Durchläufe des Korrektors (0: Prädiktor). In Klammern zum Schluß der wahre Wert aus der Lösung der Differentialgleichung (siehe Seite 641):

Prädiktor: $y_{10} \approx 1 + 0{,}1 \cdot 1 \cdot \sqrt[3]{1} = 1{,}1$

Korrektor: $y_{11} \approx 1 + 0{,}05 \cdot (1 \cdot \sqrt[3]{1} + 1{,}1 \cdot \sqrt[3]{1{,}1}) \approx 1{,}1068$

$y_{12} \approx 1 + 0{,}05 \cdot (1 \cdot \sqrt[3]{1} + 1{,}1 \cdot \sqrt[3]{1{,}1068}) \approx 1{,}1069$

$y_{13} \approx 1 + 0{,}05 \cdot (1 \cdot \sqrt[3]{1} + 1{,}1 \cdot \sqrt[3]{1{,}1069}) \approx 1{,}1069 = y_1$ (1,1068)

Prädiktor: $y_{20} \approx 1{,}2207$

Korrektor: $y_{21} \approx 1{,}2279$ $y_{22} \approx 1{,}2280$

$y_{23} \approx 1{,}2281$ $y_{24} \approx 1{,}2281 = y_2$ (1,2279)

Prädiktor: $y_{30} \approx 1{,}3566$

Korrektor: $y_{31} \approx 1{,}3643$ $y_{32} \approx 1{,}3644$

$y_{33} \approx 1{,}3645$ $y_{34} \approx 1{,}3645 = y_3$ (1,3641)

12.5.4 Kurze Fehlerbetrachtung

Da alle Verfahren im Prinzip mit Reihenentwicklungen arbeiten, sind die Fehler im wesentlichen Abbruchfehler. Leider jedoch überlagern sich der in jedem Schritt begangene prinzipielle Fehler und der fortgeschriebene Fehler beim Weiterrechnen mit ungenauen Zwischenergebnissen in nicht allgemein zu klärender Art und Weise. Deshalb sind in der Regel leider nur grobe Fehlerabschätzungen bei vergleichsweise hohem theoretischen und rechnerischen Aufwand möglich. Aus diesem Grund verzichten wir im Rahmen dieses Buches auf ihre Darstellung.

ÜBUNGEN

1. Bestimmen Sie mit Hilfe beider Varianten des Sekantenverfahrens und beider Varianten des Newton-Verfahrens die Nullstellen von $y = x^3 - 7x + 3$ in [2; 3] auf vier Nachkommastellen. Bestimmen Sie anschließend mit dem Newton-Verfahren mit konstanter Ableitung die beiden übrigen Nullstellen. Grenzen Sie dazu das Intervall durch Vorzeichenbetrachtung jeweils gut ein.

2. Im Jahr 1225 ermittelte Leonardo von Pisa auf einem leider nicht überlieferten Weg für die Gleichung $x^3 + 2x^2 + 10x - 20 = 0$ die Lösung $x = 1{,}368808107$. Verifizieren Sie diese Lösung mit Hilfe des Newton-Verfahrens. Verwenden Sie $x_0 = 1$ als Startwert.

3. Bestimmen Sie mit Hilfe des Newton-Verfahrens die Lösung von $x^2 - 6x + 4 = 0$ in [0; 1] auf vier Nachkommastellen. Verwenden Sie einmal $x_0 = 0$, beim zweiten Mal $x_0^* = 1$ als Startwert.

4. Bestimmen Sie eine Näherungsfunktion für $f(x) = \sin x$ in $[0; \pi]$ unter Verwendung der Stützpunkte $(0|0)$; $\left(\frac{\pi}{6}\middle|0{,}5\right)$; $\left(\frac{\pi}{2}\middle|1\right)$; $(\pi|0)$ nach Lagrange und nach Newton. Verwenden Sie dabei soweit möglich die Rechnung des Beispiels auf Seite 669 f., und vergleichen Sie den (zusätzlichen) Rechenaufwand.

5. Approximieren Sie die Funktion $f(x) = e^{-x} \cos(0{,}5\pi x)$ durch ein Polynom 3. Grades mit Hilfe der Stützpunkte $(0|1)$; $(1|0)$; $(2|-e^{-2} \approx -0{,}135)$ und $(3|0)$.

6. Wie lautet das Polynom maximal 4. Grades, das die Funktion $f(x) = \frac{1}{1 + x^2}$ an den Stützstellen −2; −1; 0; 1; 2 interpoliert?

7. Approximieren Sie durch ein Taylor-Polynom 2. Grades die Funktion $f(x) = \sin x$ in $\left(\frac{\pi}{2}\middle|1\right)$.

8. Approximieren Sie durch ein Taylor-Polynom 2. Grades:
a) $f(x) = \ln x$ in $(1|0)$ *b)* $g(x) = e^x$ in $(0|1)$

9. Weisen Sie nach, daß ein Polynom 3. Grades $f(x) = x^3 + ax^2 + bx + c$ durch das zugehörige Taylor-Polynom exakt dargestellt wird.

10. Bestimmen Sie die Ableitung von $f(x) = \sin x$:
a) in $\left(\frac{\pi}{2}\middle|1\right)$ *b)* in $\left(\frac{\pi}{6}\middle|0{,}5\right)$
unter Verwendung der Stützpunkte aus Aufgabe 4. mit Hilfe aller drei Formeln, und interpretieren Sie das Ergebnis.

11. Bestimmen Sie die 1. und 2. Ableitung von $f(x) = e^{-x}\cos(0{,}5\pi x)$ in $(1|0)$ mit Hilfe der Stützpunkte aus Aufgabe 5.

12. Bestimmen Sie $\int_1^2 \frac{1}{x}\,dx$

a) direkt,

b) mit der großen Trapezregel für n = 4 Intervalle,

c) mit der großen Simpson-Regel für n = 2 Doppelintervalle,

und bestimmen Sie in den Fällen b) und c) den Fehler.

13. Bestimmen Sie mit Hilfe der Simpson-Regel für fünf äquidistante Stützpunkte die Integrale:

a) $\int_0^1 \frac{1}{1+x^2}\,dx$ *b)* $\int_0^1 \sqrt{1+x^2}\,dx$ *c)* $\int_0^1 e^{-x^2}\,dx$ *d)* $\int_0^1 \frac{\sin x}{x}\,dx$ (mit $f(0) := 1$)

14. Bestimmen Sie mit Hilfe der Verfahren von Euler, Runge-Kutta und des Prädiktor-Korrektor-Verfahrens die Lösung der Differentialgleichung $y' = y$ in $[0; 0{,}75]$ für $h = 0{,}25$ und $y(0) = 2$.

15. Lösen Sie die logistische Wachstumsgleichung (siehe Seite 655) mit Hilfe des Euler-Verfahrens und der folgenden Eingangsdaten: $N_0 = 10\,000$; $r = 4$; $K = 60\,000$; $\Delta t = 0{,}2$ (bzw. $\Delta t = 0{,}01$, wenn Sie über einen programmierbaren Taschenrechner oder einen Computer verfügen). Stellen Sie den so berechneten Werten die wahren Werte mit Hilfe der Funktion von Seite 657 gegenüber.

16. Wenden Sie das Euler-Verfahren auf das einfache Räuber-Beute-Modell an (siehe Seite 651).

Verwenden Sie als Startwerte $B_0 = 10\,000$; $R_0 = 2\,000$; $a = 4$; $b = 0{,}002$; $c = 1$; $d = \frac{1}{30\,000}$ sowie für die zeitliche Auflösung $\Delta t = 0{,}002$. Stellen Sie die Lösung für $t \in [0; 3]$ graphisch dar.

LÖSUNGEN

1. Zur Nullstelle in [2; 3]

	Sekantenverfahren mit festem Hilfspunkt bei a = 2	Sekantenverfahren mit vorletzter Näherung a = 2 (= x_{-1})	Newton-Verfahren $y' = 3x^2 - 7$	Newton-Verfahren mit konstanter Ableitung f'(3) = 20
$x_0 = b$	3	3	3	3
x_1	2,25	2,25	2,55	2,55
x_2	2,4571	2,3484	2,4116	2,4634
x_3	2,3772	2,4034	2,3978	2,4282
x_4	2,4051	2,3975	2,3977	2,4122
x_5	2,3950	2,3977	2,3977	2,4047
x_6	2,3986	2,3977		2,4011
x_7	2,3973			2,3993
x_8	2,3978			2,3985
x_9	2,3976			2,3981
x_{10}	2,3977			2,3979
x_{11}	2,3977			2,3978
x_{12}				2,3977
x_{13}				2,3977

Eine weitere Nullstelle liegt in [0,4; 0,6]. Wir benutzen 0,4 als Startwert und f'(0,4) = –6,52 und erhalten:

n	1	2	3
x_n	0,4405	0,4408	0,4408

Die dritte Nullstelle liegt in [–3; –2,8]. Wir benutzen als Startwert –2,8 und erhalten mit f'(–2,8) = 16,52:

n	1	2	3	4
x_n	–2,8392	–2,8384	–2,8385	–2,8385

2.

n	1	2	3	4
x_n	1,411764706	1,369336471	1,368808189	1,368808108

3.

n	0	1	2	3	4
x_n	0	0,6667	0,7619	0,7639	0,7639
x_n^*	1	0,75	0,7639	0,7639	

4. a) Da $y_0 = y_2 = 0$, ist nur $L_1(x)$ relevant und muß angepaßt werden. Wir erhalten:

$$L_1(x) = \frac{x(x-\pi)\left(x-\frac{\pi}{6}\right)}{\frac{\pi}{2}\cdot\left(-\frac{\pi}{2}\right)\left(\frac{\pi}{2}-\frac{\pi}{6}\right)} = -\frac{12}{\pi^3}x^3 + \frac{14}{\pi^2}x^2 - \frac{2}{\pi}x$$

Zusätzlich ist zu bestimmen:

$$L_3(x) = \frac{x\left(x-\frac{\pi}{2}\right)(x-\pi)}{\frac{\pi}{6}\cdot\left(\frac{\pi}{6}-\frac{\pi}{2}\right)\left(\frac{\pi}{6}-\pi\right)} = \frac{108}{5}\cdot\frac{x^3}{\pi^3} - \frac{162}{5}\cdot\frac{x^2}{\pi^2} + \frac{54}{5}\cdot\frac{x}{\pi}$$

Damit erhalten wir:

$$p_L(x) = 1\cdot L_1(x) + 0{,}5\cdot L_3\,(x) = -\frac{6}{5}\cdot\frac{x^3}{\pi^3} - \frac{11}{5}\cdot\frac{x^2}{\pi^2} + \frac{17}{5}\cdot\frac{x}{\pi}$$

b) Für die Interpolation nach Newton berechnen wir zusätzlich:

$$d = \frac{\frac{1}{2} - 0 - \frac{2}{\pi}\cdot\frac{\pi}{6} + \frac{4}{\pi^2}\cdot\frac{\pi}{6}\cdot\left(\frac{\pi}{6}-\frac{\pi}{2}\right)}{\frac{\pi}{6}\left(\frac{\pi}{6}-\frac{\pi}{2}\right)\left(\frac{\pi}{6}-\pi\right)} = -\frac{6}{5\pi^3}$$ und erhalten:

$$p_N(x) = -\frac{4}{\pi^2}x^2 + \frac{4}{\pi}x - \frac{6}{5\pi^3}\cdot(x-0)\left(x-\frac{\pi}{2}\right)(x-\pi)$$
$$= -\frac{6}{5}\cdot\frac{x^3}{\pi^3} - \frac{11}{5}\cdot\frac{x^2}{\pi^2} + \frac{17}{5}\cdot\frac{x}{\pi}$$

5. $a = 1;\ b = -1;\ c = 0{,}4325;\ d = -0{,}0992$
$\rightarrow p(x) = 1 - x + 0{,}4325\,x(x-1) - 0{,}0992\,x(x-1)\,(x-2)$
$\approx -0{,}0992\,x^3 + 0{,}73x^2 - 1{,}6308x + 1$

6. $p_3(x) = 0{,}2 + 0{,}3\cdot(x+2) + 0{,}1\cdot(x+2)\,(x+1) - 0{,}2\cdot(x+2)\,(x+1)x +$
$0{,}1\cdot(x+2)\,(x+1)x\,(x-1) = 1 - 0{,}6x^3 + 0{,}1x^4$

7. $p\left(\frac{\pi}{2}\right) = f\left(\frac{\pi}{2}\right) = 1 = a \cdot \left(\frac{\pi}{2}\right)^2 + b \cdot \frac{\pi}{2} + c$

$0 = \cos\frac{\pi}{2} = f'\left(\frac{\pi}{2}\right) = p'\left(\frac{\pi}{2}\right) = 2a \cdot \frac{\pi}{2} + b$

$-1 = -\sin\frac{\pi}{2} = f''\left(\frac{\pi}{2}\right) = p''\left(\frac{\pi}{2}\right) = 2\,a$

$\Rightarrow a = -\frac{1}{2}$

Damit wird $b = 0{,}5\pi$ und schließlich

$c = 1 - \frac{\pi^2}{8}.$

$\Rightarrow p(x) = -\frac{1}{2}x^2 + \frac{\pi}{2}x + 1 - \frac{\pi^2}{8}$

8. *a)* $f(1) = 0 = a + b + c$

$f'(1) = 1 = 2a + b$

$f''(1) = -1 = 2a$

$\Rightarrow a = -0{,}5;\ b = 2;\ c = -1{,}5$

$\Rightarrow p(x) = -0{,}5x^2 + 2x - 1{,}5$

b) $p(0) = f(0) = 1 = c;\ f'(0) = p(0) = 1 = b;$

$f''(0) = p''(0) = 2a = 1 \Rightarrow a = 0{,}5$

$\Rightarrow p(x) = 0{,}5x^2 + x + 1$

10. *a)* $y'\left(\frac{\pi}{2}\right) \approx \dfrac{0 - 1}{\pi - \frac{\pi}{2}} = -\frac{2}{\pi} \approx -0{,}637;$

$y'\left(\frac{\pi}{2}\right) \approx \dfrac{1 - 0{,}5}{\frac{\pi}{2} - \frac{\pi}{6}} = \frac{1{,}5}{\pi} \approx 0{,}477$

und die dritte Variante:

$y'\left(\frac{\pi}{2}\right) \approx \dfrac{0 - 0{,}5}{\pi - \frac{\pi}{2}} = -\frac{3}{5\pi} \approx -0{,}191$

Der echte Wert ist $\cos\left(\frac{\pi}{2}\right) = 0.$

b) $y'\left(\frac{\pi}{6}\right) \approx \dfrac{1 - 0{,}5}{\frac{\pi}{2} - \frac{\pi}{6}} = \frac{1{,}5}{\pi} \approx 0{,}4775;$

$y'\left(\frac{\pi}{6}\right) \approx \dfrac{0{,}5 - 0}{\frac{\pi}{6} - 0} = \frac{3}{\pi} \approx 0{,}9549$

sowie als dritte Variante:

$y'\left(\frac{\pi}{6}\right) \approx \dfrac{1 - 0}{\frac{\pi}{2} - 0} = \frac{2}{\pi} \approx 0{,}6366$

Der echte Wert ist

$\cos\left(\frac{\pi}{6}\right) = 0{,}5\sqrt{3} \approx 0{,}8660.$

Die Abstände der Stützstellen sind eindeutig zu groß; der berechnete Wert ist eher abhängig vom Verfahren. Häufig liefert das dritte Verfahren in solchen Fällen noch die brauchbarsten Werte.
Sein Nachteil ist jedoch, daß es eine stark „mittelnde" oder glättende Wirkung hat.

9. $p(x) = x_0^3 + ax_0^2 + bx_0 + c + (x - x_0)\,(3x_0^2 + 2ax_0 + b) + \frac{(x - x_0)^2}{2}(6x_0 + 2a) + \frac{(x - x_0)^3}{6} \cdot 6$

ist das zugehörige Taylor-Polynom 3. und höheren Grades; da $f^{(n)}(x) \equiv 0$ für $n \geq 4$.

$$\begin{aligned} p(x) &= x_0^3 + ax_0^2 + bx_0 + c + x\,(3x_0^2 + 2ax_0 + b) - x_0\,(3x_0^2 + 2ax_0 + b) \\ &\quad + (3x_0 + a)\,(x^2 + x_0^2 - 2xx_0) + (x^3 - 3x^2x_0 + 3xx_0^2 - x_0^3) \\ &= x^3 + x^2\,(3x_0 + a - 3x_0) + x\,(3x_0^2 + 2ax_0 + b - 6x_0^2 - 2ax_0 + 3x_0^2) \\ &\quad + (x_0^3 + ax_0^2 + bx_0 + c - 3x_0^3 - 2ax_0^2 - x_0b + 3x_0^3 + ax_0^2 - x_0^3) \\ &= x^3 + ax^2 + bx + c \end{aligned}$$

11. $f'(1) \approx \frac{-0{,}135 - 0}{2 - 1} \approx -0{,}135;$

$f'(1) \approx \frac{0 - 1}{1 - 0} = -1;$

$f'(1) \approx \frac{-0{,}135 - 1}{2 - 0} \approx -0{,}5675$

Wahrer Wert:

$f'(1) = -e^{-1} \cdot \frac{\pi}{2} \approx -0{,}5779$

Wieder liefert das dritte Verfahren den besten Wert.

$f''(1) \approx \frac{-0{,}135 - 2 \cdot 0 + 1}{(2 - 1) \cdot (1 - 0)} = 0{,}865$

Wahrer Wert: $f''(1) = 0$

Spätestens in der 2. Ableitung rächt sich also die große Distanz der Stützstellen.

12. *a)* $\int_1^2 \frac{dx}{x} = \ln(2) \approx 0{,}693147$

b) $J_T = \frac{1}{8}\left[1 + 2 \cdot \frac{4}{5} + 2 \cdot \frac{2}{3} + 2 \cdot \frac{4}{7} + \frac{1}{2}\right] \approx 0{,}697024$

Fehlerabschätzung: $f''(x) = 2 \cdot x^{-3}$

$\Rightarrow \max_{x \in [1;\, 2]} |f''(x)| = 2$

Damit wird der Quadraturfehler höchstens 0,010417.

c) $J_S = \frac{1}{12}\left[1 + 4 \cdot \frac{4}{5} + 2 \cdot \frac{2}{3} + 4 \cdot \frac{4}{7} + \frac{1}{2}\right] \approx 0{,}693254$

Fehlerabschätzung: Wegen $f^{(4)}(x) = 24 \cdot x^{-5}$ wird

$\max_{x \in [1;\, 2]} |f^{(4)}(x)| = 24$

und damit der Quadraturfehler höchstens 0,000521.

13.

	f(0)	f(0,25)	f(0,5)	f(0,75)	f(1)	J_S
a)	1	0,9412	0,8	0,64	0,5	0,7854
b)	1	1,0308	1,1180	1,25	1,4142	1,1478
c)	1	0,9394	0,7788	0,5698	0,3679	0,7469
d)	1	0,9896	0,9589	0,9089	0,8415	0,9461

14. Mit $x_1 = 0{,}25$; $x_2 = 0{,}5$; $x_3 = 0{,}75$ ergeben sich:

a) $y_1 \approx 2{,}5$ $\quad y_2 \approx 3{,}125$ $\quad y_3 \approx 3{,}9063$

b) $k_1 = 0{,}5$ $\quad k_2 = 0{,}5625$ $\quad k_3 = 0{,}5703$ $\quad k_4 = 0{,}6426$

$\Rightarrow y_1 \approx 2{,}5680$

$k_1 = 0{,}642$ $\quad k_2 = 0{,}7223$ $\quad k_3 = 0{,}7323$ $\quad k_4 = 0{,}8251$

$\Rightarrow y_2 \approx 3{,}2974$

$k_1 = 0{,}8244$ $\quad k_2 = 0{,}9274$ $\quad k_3 = 0{,}9403$ $\quad k_4 = 1{,}0594$

$\Rightarrow y_3 \approx 4{,}2340$

c) Prädiktor: $y_{10} \approx 2{,}5$

Korrektor: $y_{11} \approx 2{,}5625$ $\quad y_{12} \approx 2{,}5703$ $\quad y_{13} \approx 2{,}5713$

$y_{14} \approx 2{,}5714$ $\quad y_{15} \approx 2{,}5714 = y_1$

Prädiktor: $y_{20} \approx 3{,}2143$

Korrektor: $y_{21} \approx 3{,}2946$ $\quad y_{22} \approx 3{,}3047$ $\quad y_{23} \approx 3{,}3059$

$y_{24} \approx 3{,}3061$ $\quad y_{25} \approx 3{,}3061 = y_2$

Prädiktor: $y_{30} \approx 4{,}1326$

Korrektor: $y_{31} \approx 4{,}2355$ $\quad y_{32} \approx 4{,}2489$ $\quad y_{33} \approx 4{,}2505$

$y_{34} \approx 4{,}2507$ $\quad y_{35} \approx 4{,}2507 = y_3$

d) Wahre Werte: $y_1 = 2{,}5681$ $\quad y_2 = 3{,}2974$ $\quad y_3 = 4{,}2340$

15. Die Tabelle enthält die Werte für a) $\Delta t = 0{,}2$; b) $\Delta t = 0{,}01$; c) die exakte Lösung.

t	0,2	0,4	0,6	0,8	1,0	1,2	1,4	1,6
N(a)	16 667	26 296	38 113	49 236	56 302	59 078	59 804	59 960
N(b)	18 372	29 681	41 163	49 839	55 021	57 688	58 955	59 561
N(c)	18 481	29 858	41 277	49 842	54 966	57 629	58 911	59 505
t	1,8	2,0	2,2	2,4	3,0	4,0	5,0	∞
N(a)	59 992	59 998	60 000	60 000	60 000	60 000	60 000	60 000
N(b)	59 800	59 917	59 964	59 984	59 999	60 000	60 000	60 000
N(c)	59 777	59 900	59 955	59 980	59 998	60 000	60 000	60 000

16.

t	B	R
0	10 000	2 000
0,2	10 497	1 751
0,4	12 072	1 544
0,6	14 949	1 381
0,8	19 570	1 266
1,0	26 544	1 205
1,2	36 426	1 213
1,4	49 009	1 316
1,6	61 802	1 556
1,8	68 563	1 974
2,0	62 535	2 520
2,2	46 098	2 978
2,4	29 753	3 140
3,0	10 404	2 434

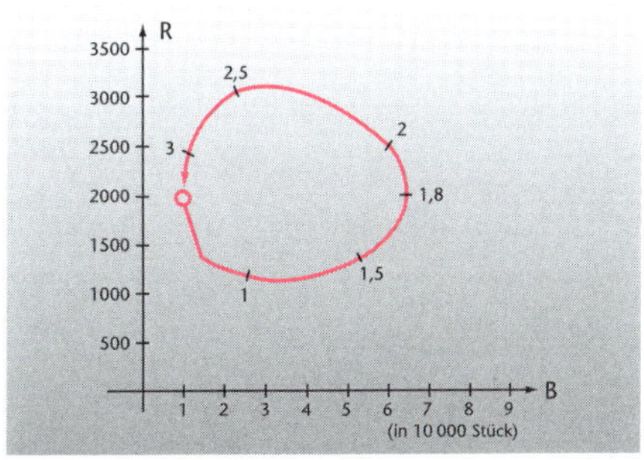

Bild 12.10

13. Lineare Algebra

ÜBERSICHT

Niels Henrik Abel, 1802–1829, gelangen trotz des kurzen Lebens im wissenschaftlich abseitigen Norwegen die hervorragendsten Theorien über algebraische Gleichungen und deren Lösungen. Die Theorie der Gruppen wurde von ihm neu erdacht. Seine Versuche, mit den bedeutenden Mathematikern seiner Zeit Kontakt aufzunehmen, scheiterten an der Ignoranz von Cauchy und Legendre.

13.1 Gruppen

13.1.1 Gruppen

Im Umgang mit Zahlen benutzen wir eine Reihe von Gesetzen und Regeln, die uns das Rechnen erleichtern. So können wir beispielsweise Summanden in beliebiger Reihenfolge addieren. Auch bei der Behandlung von Termen haben wir zahlreiche Regeln kennengelernt, die uns das Vereinfachen komplexer Terme ermöglichen. Derartige Regeln oder Gesetze legen auf der zugrunde liegenden Menge eine Struktur fest. Eine sehr wichtige Struktur bildet die ***Gruppe:***

D

In einer Menge M mit Elementen a, b, c . . . ∈ M sei zwischen den Elementen eine Verknüpfung $a \circ b$ definiert. Die Menge M heißt *Gruppe (M, o)* wenn folgende Axiome (Voraussetzungen) erfüllt sind:

(G1) *Abgeschlossenheit:* $a \circ b \in M$
(Die Verknüpfung zweier Elemente aus M ergibt wieder ein Element aus M.)

(G2) *Assoziativität:* $a \circ (b \circ c) = (a \circ b) \circ c$

(G3) *Neutrales Element:* Es existiert ein Element $e \in M$, so daß für alle $a \in M$ gilt:
$a \circ e = a$. e heißt das *neutrale Element von M.*

(G4) *Inverses Element:* Zu jedem $a \in M$ existiert ein $a' \in M$, so daß gilt:
$a \circ a' = e$. a' heißt das *zu a inverse Element.*

Die Gruppe heißt *kommutativ* oder *abelsch* (nach dem norwegischen *Mathematiker Niels Henrik Abel*; 1802–1829), wenn weiterhin gilt:

(G5) *Kommutativgesetz:* Für alle $a, b \in M$ gilt: $a \circ b = b \circ a$.

Ohne uns dessen vielleicht bewußt zu sein, haben wir schon einige Gruppen kennengelernt.

BEISPIELE

1. Die ganzen Zahlen $\mathbb{Z}$, die rationalen Zahlen $\mathbb{Q}$, die reellen Zahlen $\mathbb{R}$ und die komplexen Zahlen $\mathbb{C}$ bilden eine Gruppe bezüglich der Addition. Wir zeigen dies am Beispiel der ganzen Zahlen:

(G1) Die Summe zweier ganzen Zahlen ist wieder eine ganze Zahl.
(G2) Das Assoziativgesetz haben wir bereits im 1. Kapitel behandelt.
(G3) Neutrales Element ist die 0. Es gilt $a + 0 = a$ für alle ganzen Zahlen a.
(G4) (–a) ist Inverses von a, denn $a + (-a) = 0$ für alle $a \in \mathbb{Z}$.
(G5) Die Menge $(\mathbb{Z}, +)$ ist kommutativ: $a + b = b + a$.

2. Die Menge der natürlichen Zahlen $\mathbb{N}_0$ ist bezüglich der Addition keine Gruppe. Es sind alle Axiome außer G4 erfüllt: Es gibt zu einer natürlichen Zahl kein inverses Element. Zu 3 wäre dies ja –3. –3 liegt aber nicht in $\mathbb{N}$.

3. Da $\frac{1}{0}$ nicht definiert ist, kann es zur 0 kein Inverses bezüglich der Multiplikation geben. Man muß bei Zahlenmengen die 0 demnach ausschließen, wenn man eine Gruppenstruktur bezüglich der Multiplikation erwartet. $\mathbb{Q}\setminus\{0\}$, $\mathbb{R}\setminus\{0\}$ und $\mathbb{C}\setminus\{0\}$ sind Gruppen bezüglich der Multiplikation, $\mathbb{N}$ und $\mathbb{Z}\setminus\{0\}$ hingegen nicht. Alle Mengen sind zwar abgeschlossen bezüglich der Multiplikation, es gilt das Assoziativgesetz $a \cdot (b \cdot c) = (a \cdot b) \cdot c$, es existiert das neutrale Element 1, alle Mengen sind auch kommutativ, aber in $\mathbb{N}$ und $\mathbb{Z}\setminus\{0\}$ existieren außer zu 1 keine inversen Elemente. Zu 2 wäre dies $\frac{1}{2}$, da $2 \cdot \frac{1}{2} = 1$ ist.

4. Die Menge aller Verschiebungen $\mathcal{V}$ bildet mit der Hintereinanderausführung als Verknüpfung eine Gruppe. Wir legen fest: $(V_2 \circ V_1)(A) = V_2(V_1(A))$ soll die Figur erst mit der Verschiebung V_1 abbilden, das Bild A′ dann mit der Verschiebung V_2. Es entsteht ein Bild A″, das wir auch durch eine Verschiebung V_{12} ersetzen können (siehe Bild 13.1).

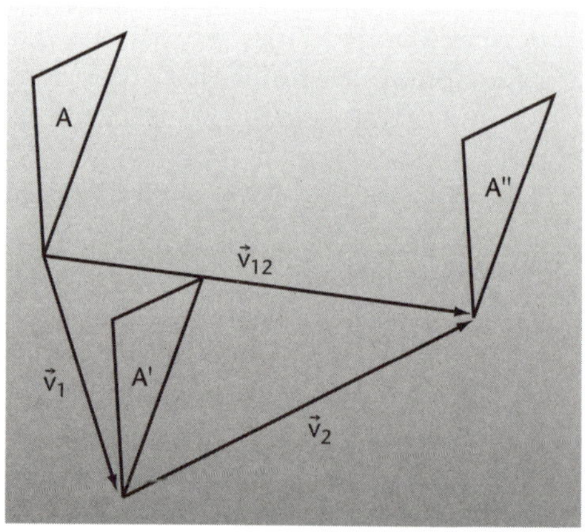

Bild 13.1 Verkettung zweier Verschiebungen

Damit ist die Menge abgeschlossen. Hintereinanderausführungen sind immer assoziativ: Seien $U, V, W \in \mathcal{V}$. Dann ist:

$$[(U \circ V) \circ W](A) = (U \circ V)(W(A)) = U(V(W(A))) = U((V \circ W)(A)) = [U \circ (V \circ W)](A)$$

Das neutrale Element ist die Nullverschiebung, die eine Figur nicht verschiebt. Zu jeder Verschiebung gibt es eine entgegengesetzte Verschiebung als inverses Element. Zudem ist die Verknüpfung kommutativ, denn es entsteht dasselbe Bild, unabhängig davon, in welcher Reihenfolge man die Verschiebungen durchführt.

Die in den Beispielen behandelten Gruppen haben alle zwei Eigenschaften: Sie haben unendlich viele Elemente, und sie sind kommutativ. Ein Beispiel für eine endliche Gruppe läßt sich in der Geometrie finden. Wir denken uns ein Quadrat Q mit dem Mittelpunkt M und den Eckpunkten A, B, C und D. Alle Drehungen um den Mittelpunkt, die das Quadrat auf sich selbst abbilden, bilden die Gruppe der ***Deckdrehungen*** $\mathbb{D}_4$. Sie besteht aus den vier Drehungen D_0 als neutrales Element, D_{90}, die A auf B, B auf C, C auf D und D auf A abbildet, D_{180} und D_{270} (siehe Bild 13.2).

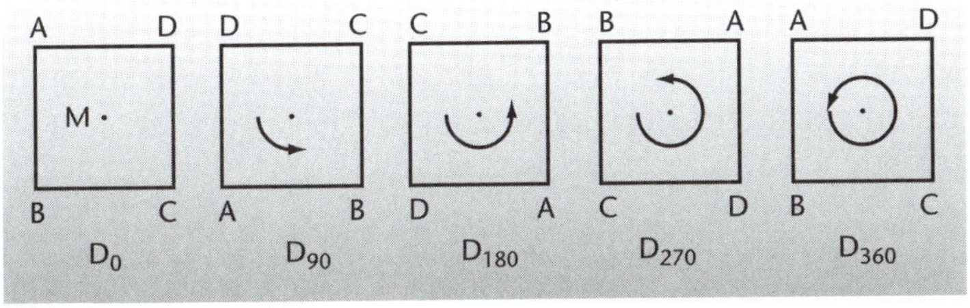

Bild 13.2 Deckdrehungen eines Quadrates

Als Verknüpfung wird die Hintereinanderausführung oder ***Verkettung*** gewählt: $D_{270} \circ D_{180}\,(Q) = D_{270}(D_{180}(Q))$, das heißt, zuerst wird die hinten stehende Abbildung ausgeführt, dann die vorne stehende.

Man kann dies in einer ***Verknüpfungstafel*** oder ***Gruppentafel*** anschaulich darstellen. Oben schreibt man die hinten stehende, links die vorne stehende Abbildung auf. So erhält man in der Zelle, in der sich die Spalte D_{180} und die Zeile D_{270} kreuzen, das Ergebnis der Verknüpfung $D_{270} \circ D_{180} = D_{90}$ (siehe Bild 13.3).

	D_0	D_{90}	D_{180}	D_{270}
D_0	D_0	D_{90}	D_{180}	D_{270}
D_{90}	D_{90}	D_{180}	D_{270}	D_0
D_{180}	D_{180}	D_{270}	D_0	D_{90}
D_{270}	D_{270}	D_0	D_{90}	D_{180}

Bild 13.3 Gruppentafel für die Deckdrehungen des Quadrates

An einer Gruppentafel kann man sofort erkennen, ob die Gruppe kommutativ ist oder nicht. Ist sie kommutativ, sind die Elemente in der Tafel symmetrisch zur Hauptdiagonalen (von links oben nach rechts unten) angeordnet, wenn sie oben und links in derselben Reihenfolge stehen. Bild 13.4 zeigt die Verknüpfungstafel einer kommutativen Gruppe mit fünf Elementen.

	e	a	b	c	d
e	e	a	b	c	d
a	a	b	c	d	e
b	b	c	d	e	a
c	c	d	e	a	b
d	d	e	a	b	c

Bild 13.4 Verknüpfungstafel einer Gruppe mit fünf Elementen

Man kann sehr viele Gruppentafeln konstruieren, wenn man darauf achtet, daß jedes Element in jeder Zeile und Spalte genau einmal vorkommt und daß ein neutrales Element existiert. Doch wird man nicht immer schnell eine Antwort auf die Frage finden, ob es zu der Tafel auch eine reale Menge gibt. Der Tafel von Bild 13.4 kann man z. B. die Menge der Deckdrehungen eines regulären Fünfecks analog der oben beschriebenen Deckdrehungen eines Quadrates zuordnen. Eine wichtige Klasse endlicher Gruppen finden Sie auf der Sonderseite „Die Restklassengruppen modulo n" (siehe Seite 694).

Der Gruppe zur Tafel von Bild 13.4 läßt sich noch eine interessante Eigenschaft zuordnen. Verknüpft man das Element a mit sich selbst, erhält man b. Verknüpft man dieses Ergebnis wieder mit a, erhält man c. Auf diese Weise kann man alle Elemente der Gruppe durch ein einziges erzeugen. Eine solche Gruppe heißt ***zyklische Gruppe.*** Zyklische Gruppen sind immer kommutativ.

13.1.2 Untergruppen

Betrachten wir noch einmal die Gruppe $\mathbb{D}_4$. In der Gruppentafel sehen wir, daß alle Verknüpfungen zwischen D_0 und D_{180} wieder auf D_0 und D_{180} führen. Diese beiden Elemente bilden demnach selbst eine Gruppe, die in $\mathbb{D}_4$ enthalten ist.

D

Eine Teilmenge N einer Gruppe (M, o) heißt *Untergruppe* von M, wenn (N, o) selbst eine Gruppe ist.

BEISPIEL

1. Die Menge (G, +) der geraden ganzen Zahlen ist eine Untergruppe von ($\mathbb{Z}$, +). G1 ist erfüllt, denn jede Summe von geraden Zahlen ergibt wieder eine gerade Zahl. G2 ist in G erfüllt, weil es ja schon in $\mathbb{Z}$ erfüllt ist (ein Gesetz, das in einer Menge für alle Elemente gilt, gilt erst recht für jede Teilmenge). G3 ist erfüllt, da die Null als neutrales Element eine gerade Zahl ist. (Hieraus erkennt man, daß die Menge der ungeraden Zahlen keine Gruppe bildet.) G4 ist erfüllt, da die Gegenzahl einer geraden Zahl gerade ist. G5 gilt trivialerweise.

2. Die Menge (V_n, +) aller Vielfachen einer ganzen Zahl n ist eine Untergruppe von ($\mathbb{Z}$, +), von ($\mathbb{Q}$, +), von ($\mathbb{R}$, +) und von ($\mathbb{C}$, +).

ÜBUNGEN

1. Zeigen Sie, daß die Menge der Primzahlen (P, +) keine Gruppe bildet.

2. Prüfen Sie, ob die Menge der ganzen Zahlen mit der Verknüpfung

$a \circ b = \max(a, b) = \begin{Bmatrix} a, \text{ wenn } a \geq b \\ b, \text{ wenn } a < b \end{Bmatrix}$ eine Gruppe bildet.

3. Prüfen Sie, ob die Menge der natürlichen Zahlen mit der Verknüpfung $a \circ b = \text{ggT}(a, b)$ eine Gruppe bildet.

4. Zeigen Sie, daß die Menge $\mathbb{L}$ der linearen Funktionen f: $x \mapsto mx + n$, $m, n, x \in \mathbb{R}$, mit der Addition eine kommutative Gruppe bildet.

5. Zeigen Sie, daß die Menge $\mathbb{L}$ der linearen Funktionen $f\colon x \mapsto mx + n$, $m, n \in \mathbb{R}$, mit der durch $(f \circ g)(x) := f(g(x))$ definierten Verkettung eine nichtkommutative Gruppe bildet.

6. Am gleichseitigen Dreieck ABC (siehe Bild 13.5) mit dem Mittelpunkt Z werden folgende Deckabbildungen erklärt:

e: Identische Abbildung
d_1: Drehung um Z um 120° (links)
d_2: Drehung um Z um 240° (links)
s_a: Spiegelung an der Geraden a
s_b: Spiegelung an der Geraden b
s_c: Spiegelung an der Geraden c

Zwischen zwei Abbildungen wird die Hintereinanderausführung (Verkettung) als Verknüpfung definiert. Wie bei Verkettungen üblich, wird die hintere Abbildung zuerst ausgeführt.
Beispiel: $d_1 \circ s_a := d_1(s_a(ABC)) = d_1(ACB) = BAC = s_c(ABC)$ (Bild 13.6).
Die Menge M der Abbildungen bildet mit dieser Verknüpfung eine Gruppe.

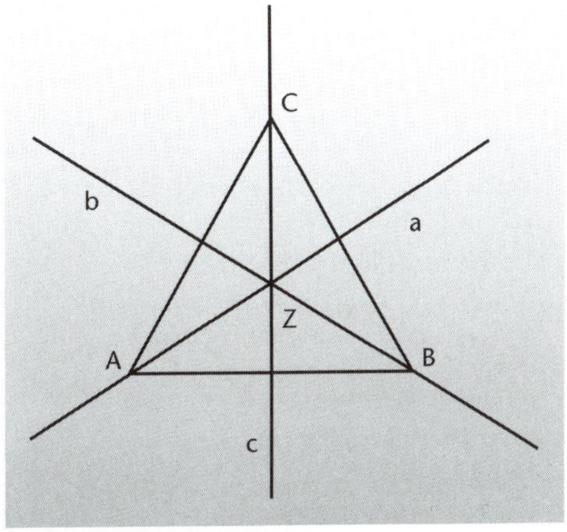

Bild 13.5 Deckabbildungen am gleichseitigen Dreieck

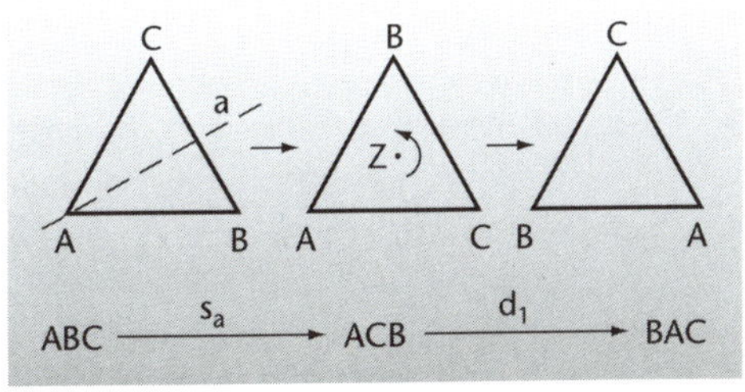

Bild 13.6 Hintereinanderausführung $d_1 \circ s_a$

a) Vervollständigen Sie die Verknüpfungstafel nach Bild 13.7. (Beginnen Sie am besten mit den Inversen, verknüpfen Sie dann nur die Drehungen, dann nur die Spiegelungen, dann den Rest.)

b) Prüfen Sie, ob die Gruppe kommutativ ist.

c) Bilden Sie sämtliche Untergruppen.

0	e	d_1	d_2	s_a	s_b	s_c
e						
d_1				s_c		
d_2				s_b		
s_a						
s_b						
s_c					d_2	

Bild 13.7 Verknüpfungstafel der Deckabbildungen am Dreieck

Die Restklassengruppen modulo n

Wenn Sie 23 durch 7 teilen, erhalten Sie 3 und den Rest 2. Teilen Sie 51 durch 7, erhalten Sie 7 und den Rest 2. Auch bei der Division 135 : 7 bleibt der Rest 2, denn es ist $135 = 19 \cdot 7 + \mathit{2}$. Teilen Sie –12 durch 7, so erhalten Sie 2 und ebenfalls einen Rest von *+2:* $-12 = -2 \cdot 7 + \mathit{2}$ (der Rest muß stets positiv oder 0 sein).

D

Zwei ganze Zahlen a und b heißen *äquvalent modulo n*, in Zeichen $a \equiv b \bmod n$, wenn sie bei Division durch die natürliche Zahl n denselben Rest lassen. Mathematisch formuliert heißt das:
Seien $a, b \in \mathbb{Z}$, $n \in \mathbb{N}$: $a \equiv b \bmod n \Leftrightarrow$ es existieren $p, q \in \mathbb{Z}$: $a = p \cdot n + r$, $b = q \cdot n + r$ mit $r < n$, $r \in \mathbb{N}_0$.

BEISPIELE

1. $7 \equiv 14 \bmod 7$, da 7 : 7 = 1 Rest 0 und 14 : 7 = 2 Rest 0 ist.

2. $2 \equiv 6 \equiv 10 \equiv 14 \equiv \ldots \bmod 4$, da diese Zahlen bei Division durch 4 alle den Rest 2 haben.

3. $37 \equiv 53 \bmod x$, $x \in \{1, 2, 4, 8, 16\}$

4. $15 \equiv x \bmod 16$, $x \in \{\ldots -17, -1, 15, 31, 47 \ldots\}$

D

Ist $b \in \mathbb{Z}$, so bilden alle Zahlen a mit $a \equiv b \bmod n$ eine Klasse, die *Restklasse modulo n*. Jede Zahl aus dieser Klasse heißt *Repräsentant* der Restklasse. Ist a Repräsentant einer Restklasse, so gibt man die Restklasse in der Form [a] (lies: Restklasse von a) an. $[a] := \{b \in \mathbb{Z}: b \equiv a \bmod n\}$

Anmerkung: Als Restklassenrepräsentant wählt man meistens die kleinste natürliche Zahl der Restklasse aus, für die Restklasse der Zahlen . . . –4, 3, 10, 17 . . . modulo 7 schreibt man [3] mod 7.

BEISPIELE

1. Es gibt nur eine Restklasse mod 1: [0], da jede Zahl bei Division durch 1 den Rest 0 läßt.

2. Die Restklassen mod 2 sind: [0] und [1].

3. Die Restklassen mod 3 sind: [0], [1], [2].

Nun nehmen wir die Restklassen als Elemente der Menge aller Restklassen modulo n und definieren auf ihnen eine Verknüpfung:

D

Durch [a] + [b] := [a + b] ist eine Addition auf der Menge der Restklassen modulo n festgelegt.
Die Menge aller Restklassen modulo n wird mit $\mathbb{Z}_n$ bezeichnet.

S

Die Menge $\mathbb{Z}_n$ bildet mit der Addition + eine kommutative Gruppe ($\mathbb{Z}_n$, +).

Das neutrale Element ist immer [0]. Das inverse Element zur [a] ist die Restklasse [b] mit [a + b] = [0]. Die anderen Gruppenaxiome sind trivialerweise erfüllt.

BEISPIELE

Die Bilder 13.8 bis 13.11 zeigen die Verknüpfungstafeln für die Restklassen modulo 2, 3, 4 und 5.

	[0]	[1]
[0]	[0]	[1]
[1]	[1]	[0]

Bild 13.8 Verknüpfungstafel für $\mathbb{Z}_2$

	[0]	[1]	[2]
[0]	[0]	[1]	[2]
[1]	[1]	[2]	[0]
[2]	[2]	[0]	[1]

Bild 13.9 Verknüpfungstafel für $\mathbb{Z}_3$

	[0]	[1]	[2]	[3]
[0]	[0]	[1]	[2]	[3]
[1]	[1]	[2]	[3]	[0]
[2]	[2]	[3]	[0]	[1]
[3]	[3]	[0]	[1]	[2]

Bild 13.10 Verknüpfungstafel für $\mathbb{Z}_4$

	[0]	[1]	[2]	[3]	[4]
[0]	[0]	[1]	[2]	[3]	[4]
[1]	[1]	[2]	[3]	[4]	[0]
[2]	[2]	[3]	[4]	[0]	[1]
[3]	[3]	[4]	[0]	[1]	[2]
[4]	[4]	[0]	[1]	[2]	[3]

Bild 13.11 Verknüpfungstafel für $\mathbb{Z}_5$

13.2 Vektorräume

13.2.1 Vektoren: Addition, Subtraktion und S-Multiplikation

Vektoren kennen wir bereits von den Verschiebungen (siehe Seite 416). Ein Vektor hat eine Richtung und eine Länge. Parallel verlaufende Vektoren gleicher Länge unterscheiden wir nicht voneinander, da ihre Lage für die Mathematik keine interessante Rolle spielt (im Gegensatz zu einigen physikalischen Problemen). Wir kennzeichnen Vektoren geometrisch durch einen Pfeil und bezeichnen sie durch kleine lateinische Buchstaben, über die wir einen kleinen Pfeil setzen, z. B. $\vec{a}$, $\vec{b}$, $\vec{c}$.

Zwischen den Vektoren definieren wir folgende Verknüpfung:

D Unter der Summe zweier Vektoren $\vec{a} + \vec{b}$ verstehen wir den Vektor $\vec{c}$, der vom Anfangspunkt von $\vec{a}$ bis zur Pfeilspitze von $\vec{b}$ geht, wenn wir $\vec{b}$ mit seinem Anfangspunkt an die Spitze von $\vec{a}$ setzen (siehe Bild 13.12).

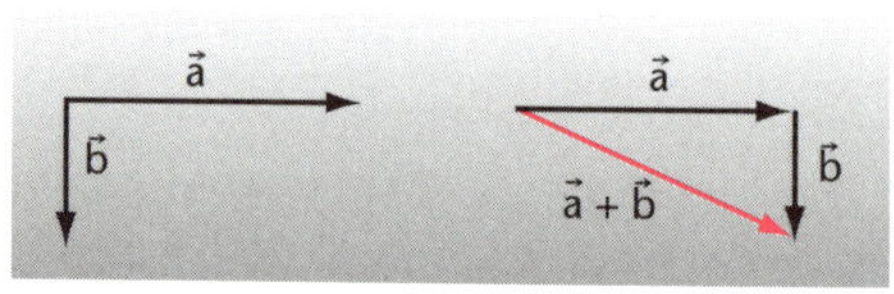

Bild 13.12 Zur Addition zweier Vektoren

Auf diese Art lassen sich auch mehrere Vektoren addieren, indem man sie hintereinander setzt, wie Bild 13.13 zeigt. Vertauschen wir die Reihenfolge der addierten Vektoren, erkennen wir, daß die gleiche Summe herauskommt (siehe Bild 13.14). Die Addition der Vektoren ist also kommutativ.

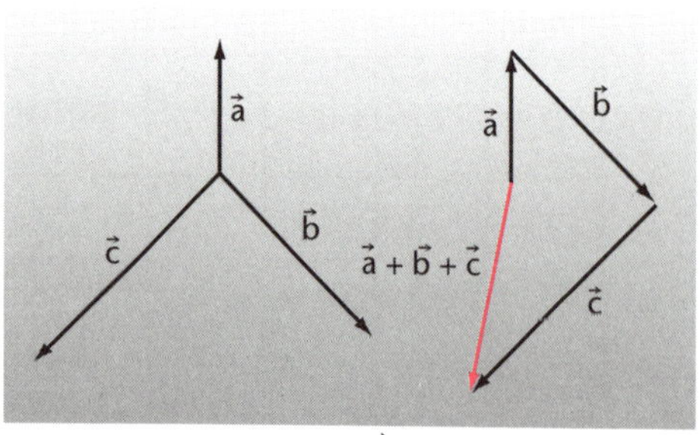

Bild 13.13 Addition $\vec{a} + \vec{b} + \vec{c}$

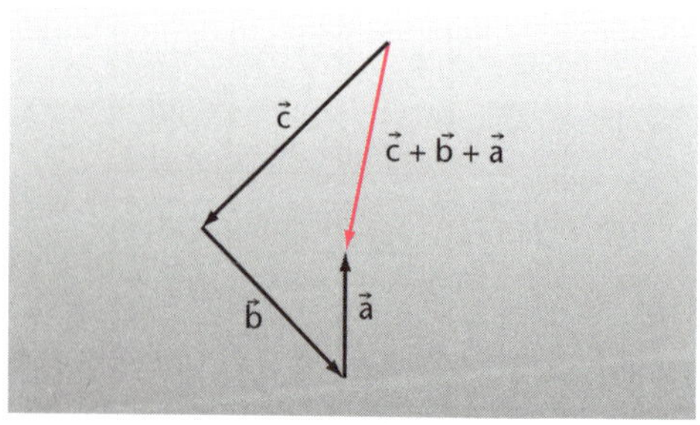

Bild 13.14 Addition $\vec{c} + \vec{b} + \vec{a}$

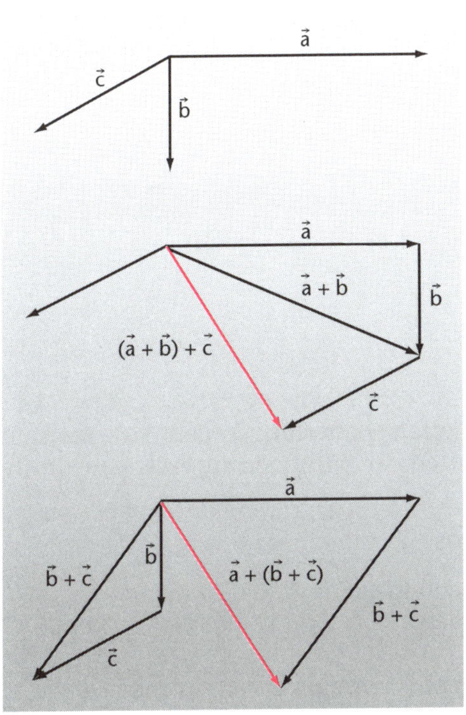

Bild 13.15 Zum Assoziativgesetz

Sie ist auch assoziativ. In Bild 13.15 sind die Summen $(\vec{a} + \vec{b}) + \vec{c}$ und $\vec{a} + (\vec{b} + \vec{c})$ dargestellt.

Einen Vektor, der die gleiche Länge wie der Vektor $\vec{a}$, aber entgegengesetzte Richtung hat, bezeichnen wir mit $-\vec{a}$. Addieren wir $\vec{a}$ und $-\vec{a}$, so heben sie sich auf. Damit sich formal aber wieder ein Vektor ergibt, führen wir einen Vektor der Länge 0, den ***Nullvektor*** $\vec{0}$ ein (man beachte den Pfeil über der Null!).

Damit sind alle Gruppenaxiome erfüllt.

S

Die Menge der Vektoren bildet mit der Vektoraddition als Verknüpfung eine kommutative Gruppe (V, +).

Nun kann man natürlich auch eine Subtraktion von Vektoren definieren, indem man sie als Addition mit dem Gegenvektor auffaßt, also $\vec{a} - \vec{b} := \vec{a} + (-\vec{b})$. Setzt man $\vec{a}$ und $\vec{b}$ an ihrem Anfang zusammen, so ist $\vec{a} - \vec{b}$ der Vektor, der von der Spitze von $\vec{b}$ zur Spitze von $\vec{a}$ zeigt (siehe Bild 13.16).

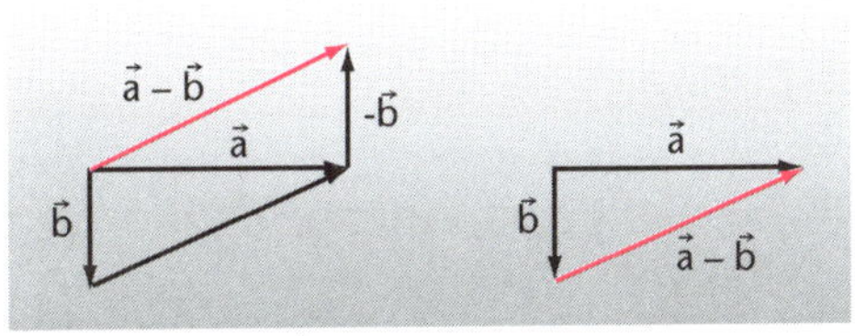

Bild 13.16 $\vec{a} - \vec{b}$

Schließlich läßt sich noch eine weitere Operation auf Vektoren definieren. Um die Länge eines Vektors zu verdoppeln, können wir ihn mit 2 multiplizieren. Um seine Länge zu halbieren, multiplizieren wir den Vektor mit $\frac{1}{2}$. Wir definieren hiermit eine Verknüpfung zwischen Vektoren und reellen Zahlen, deren Ergebnis wieder ein Vektor ist.

D

Unter dem *skalaren Produkt* oder der *S-Multiplikation* (für *skalare Multiplikation*) $r \cdot \vec{a}$ mit $r \in \mathbb{R}$ und $\vec{a} \in V$ (Vektoren) verstehen wir denjenigen Vektor, der die Richtung von $\vec{a}$ hat, aber die r-fache Länge von $\vec{a}$ besitzt.

Bild 13.17 zeigt einige Beispiele des skalaren Produktes. Verwechseln Sie nicht den Begriff skalares Produkt mit dem Begriff Skalarprodukt. Auch wenn beide sehr ähnlich klingen, stellen sie völlig verschiedene Sachverhalte dar (siehe Seite 731).

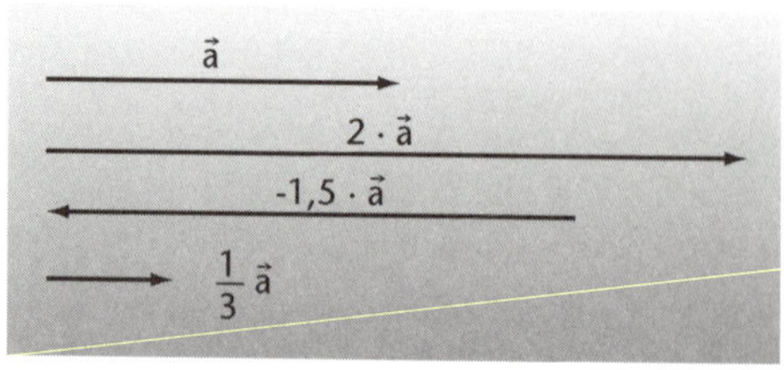

Bild 13.17 Skalares Produkt

13.2.2 Vektorräume

Auf der Menge V der Vektoren haben wir zwei Verknüpfungen definiert. Besitzen diese Verknüpfungen bestimmte Eigenschaften, so definieren sie eine neue Struktur, einen ***Vektorraum:***

D

Die Menge V heißt Vektorraum über $\mathbb{R}$, wenn folgende Axiome erfüllt sind:
(G): Auf V ist eine Addition definiert, so daß (V, +) eine kommutative Gruppe ist.
Weiterhin sei zwischen V und $\mathbb{R}$ eine skalare Multiplikation erklärt, so daß $r \cdot \vec{a} \in V$ ist, wenn $r \in \mathbb{R}$ und $\vec{a} \in V$. Für alle $\vec{a}$, $\vec{b} \in V$ und alle $r, s \in \mathbb{R}$ gelten die Axiome:
(V1): $r \cdot (\vec{a} + \vec{b}) = r \cdot \vec{a} + r \cdot \vec{b}$ (Distributivgesetz bezüglich der Vektoraddition)
(V2): $(r + s) \cdot \vec{a} = r \cdot \vec{a} + s \cdot \vec{a}$ (Distributivgesetz bezüglich der Skalaraddition)
(V3): $r \cdot (s \cdot \vec{a}) = (r \cdot s) \cdot \vec{a}$ (Assoziativgesetz)
(V4): $1 \cdot \vec{a} = \vec{a}$ (Einsmultiplikation)

Die Elemente von V nennen wir dann ***Vektoren.***

BEISPIELE

1. Die geometrischen Vektoren bilden mit den oben definierten Verknüpfungen einen Vektorraum.

2. Die Menge der reellen Zahlen ist ein Vektorraum über sich selbst.

3. Die Menge der *n-Tupel*, also die Menge $T = \{(a_1 \mid a_2 \mid a_3 \mid \ldots \mid a_n)\}$ mit $a_i \in \mathbb{R}$, ist ein Vektorraum über $\mathbb{R}$:
Die Addition erklären wir komponentenweise:
$(a_1 \mid a_2 \mid \ldots \mid a_n) + (b_1 \mid b_2 \mid \ldots \mid b_n) = (a_1 + b_1 \mid a_2 + b_2 \mid \ldots \mid a_n + b_n)$.
Das neutrale Element ist das Tupel, dessen Komponenten alle Null sind. Ein inverses Tupel erhalten wir, wenn wir a_i durch $-a_i$ ersetzen. Damit sind die Gruppenaxiome bereits erfüllt.

Die S-Multiplikation erklären wir durch
$r \cdot (a_1 \mid a_2 \mid \ldots \mid a_n) = (r \cdot a_1 \mid r \cdot a_2 \mid \ldots \mid r \cdot a_n)$, also ebenfalls komponentenweise. Die Axiome V1 bis V4 sind dann auch erfüllt.
Da dieser Vektorraum nur aus Tupeln reeller Zahlen besteht, heißt er auch *arithmetischer Vektorraum* $\mathbb{R}^n$, wenn n die Anzahl der Komponenten eines Tupels angibt. Somit ist
$\mathbb{R}^1 = \mathbb{R}$ die Menge der reellen Zahlen,
$\mathbb{R}^2 = \mathbb{R} \times \mathbb{R}$ die Menge der reellen Paare $(x \mid y)$,
$\mathbb{R}^3 = \mathbb{R} \times \mathbb{R} \times \mathbb{R}$ die Menge der reellen Tripel $(x \mid y \mid z)$, jeweils mit den o. a. Verknüpfungen.

4. Die Polynome höchstens n-ten Grades bilden einen Vektorraum. Addition und S-Multiplikation erklären sich von selbst. Das Nullpolynom ist das neutrale Element. Die anderen Axiome ergeben sich aus den Gesetzen für reelle Zahlen.

5. Die Menge der rationalen Zahlen ist *kein* Vektorraum über $\mathbb{R}$, da *nicht* für jede rationale Zahl $\vec{q}$ und reelle Zahl r gilt: $r \cdot \vec{q} \in \mathbb{Q}$.

Aus den Axiomen lassen sich einige Eigenschaften ableiten:

S

Ist V ein Vektorraum über $\mathbb{R}$, $\vec{a} \in V$, $r \in \mathbb{R}$, so gilt:
(E1): $0 \cdot \vec{a} = \vec{0}$
(E2): $r \cdot \vec{0} = \vec{0}$
(E3): $-r \cdot \vec{a} = -(r \cdot \vec{a})$
(E4): $r \cdot \vec{a} = 0 \Leftrightarrow r = 0$ oder $\vec{a} = \vec{0}$

Auf Beweise wird verzichtet, da sie sehr einfach sind.
Analog zum Begriff der Untergruppe kann man auch einen Untervektorraum definieren:

D

Ist V ein Vektorraum über $\mathbb{R}$ und ist U eine Untergruppe von V, so heißt U *Untervektorraum* von V, wenn U selbst Vektorraum über $\mathbb{R}$ ist.

BEISPIELE

1. Alle Vektoren mit derselben Orientierung im Raum bilden einen Untervektorraum des Vektorraumes aller Vektoren.

2. Alle Polynome vom Grade $n \leq 2$ bilden einen Untervektorraum des Vektorraumes aller Polynome vom Grade $m > n$.

3. Die Menge der Tripel (a | b | 0) mit a, b $\in \mathbb{R}$ bildet einen Untervektorraum der Menge aller Tripel.

13.2.3 Linearkombination, lineare Unabhängigkeit, Basis und Dimension

Da wir nun Vektoren addieren und mit reellen Zahlen multiplizieren dürfen, können wir auch beides miteinander verbinden. Wenn wir zwei Vektoren $\vec{a}$ und $\vec{b}$ mit zwei reellen Zahlen r und s multiplizieren und anschließend addieren, erhalten wir einen neuen Vektor $\vec{c} = r \cdot \vec{a} + s \cdot \vec{b}$.

D

Sind $\vec{a}_1, \vec{a}_2, \vec{a}_3 \ldots \vec{a}_n \in V$, $r_1, r_2, r_3 \ldots r_n \in \mathbb{R}$, so heißt der Vektor

$$r_1 \cdot \vec{a}_1 + r_2 \cdot \vec{a}_2 + r_3 \cdot \vec{a}_3 + \ldots + r_n \cdot \vec{a}_n = \sum_{i=1}^{n} r_i \cdot \vec{a}_i$$

Linearkombination der Vektoren $\vec{a}_i$.

BEISPIELE

1. Seien $\vec{a}$ und $\vec{b}$ Vektoren der Ebene, wie in Bild 13.18 dargestellt. Aus r = 2 und s = 3 ergibt sich der Vektor $\vec{c} = 2 \cdot \vec{a} + 3 \cdot \vec{b}$.

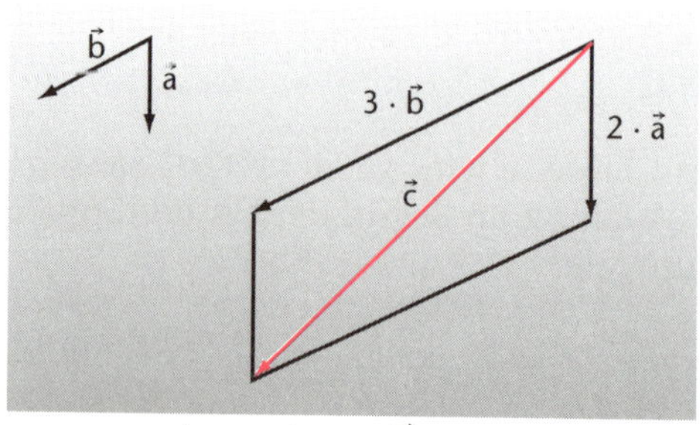

Bild 13.18 $\vec{c} = 2 \cdot \vec{a} + 3 \cdot \vec{b}$

2. Sind $\vec{a} = \begin{pmatrix} 1 \\ -2 \\ 4 \end{pmatrix}$, $\vec{b} = \begin{pmatrix} -7 \\ 0 \\ -3 \end{pmatrix}$, $\vec{c} = \begin{pmatrix} 2{,}3 \\ -3 \\ 0{,}8 \end{pmatrix}$, r = 5, s = 2 und t = –3, so erhalten wir

$$5 \cdot \vec{a} + 2 \cdot \vec{b} + (-3) \cdot \vec{c} = 5 \cdot \begin{pmatrix} 1 \\ -2 \\ 4 \end{pmatrix} + 2 \cdot \begin{pmatrix} -7 \\ 0 \\ -3 \end{pmatrix} - 3 \cdot \begin{pmatrix} 2{,}3 \\ -3 \\ 0{,}8 \end{pmatrix}$$

$$= \begin{pmatrix} 5 \\ -10 \\ 20 \end{pmatrix} + \begin{pmatrix} -14 \\ 0 \\ -6 \end{pmatrix} + \begin{pmatrix} -6{,}9 \\ 9 \\ -2{,}4 \end{pmatrix} = \begin{pmatrix} -15{,}9 \\ -1 \\ 11{,}6 \end{pmatrix}$$

3. Ist p^2 der Vektorraum der Polynome von höchstens 2. Grad und ist $\vec{a} = f(x) = 3x^2 - 7x + 9$, $\vec{b} = g(x) = -x^2 - 5$, $\vec{c} = h(x) = 8x + 1$, so entsteht als Linearkombination mit r = 2, s = –9 und t = –5 das Polynom
$z(x) = 6x^2 - 14x + 18 + 9x^2 + 45 - 40x - 5 = 15x^2 - 54x + 58$.

Nun kann es vorkommen, daß die Linearkombination mehrerer Vektoren den Nullvektor, man sagt auch die ***Nullsumme,*** ergibt. Im $\mathbb{R}^3$ erhalten wir:

$$3 \cdot \begin{pmatrix} 7 \\ -1 \\ 0 \end{pmatrix} + 2 \cdot \begin{pmatrix} -5 \\ 0 \\ 1 \end{pmatrix} + 1 \cdot \begin{pmatrix} -11 \\ 3 \\ -2 \end{pmatrix} = \begin{pmatrix} 21 \\ -3 \\ 0 \end{pmatrix} + \begin{pmatrix} -10 \\ 0 \\ 2 \end{pmatrix} + \begin{pmatrix} -11 \\ 3 \\ -2 \end{pmatrix} = \begin{pmatrix} 0 \\ 0 \\ 0 \end{pmatrix} = \vec{0}$$

In diesem Fall läßt sich jeder der drei Vektoren als Linearkombination der beiden anderen darstellen, das heißt, den dritten Vektor erhält man bereits aus den beiden anderen Vektoren. Man sagt dann, die Vektoren sind ***linear abhängig.*** Kann man hingegen keinen der Vektoren als Linearkombination der anderen darstellen, so kann eine Linearkombination aller Vektoren auch nicht den Nullvektor ergeben, es sei denn, man multipliziert jeden Vektor mit Null. Diese Kombination nennt man die ***triviale Nullsumme,*** also $0 \cdot \vec{a} + 0 \cdot \vec{b} + \ldots + 0 \cdot \vec{z} = \vec{0}$.

D

n Vektoren $\vec{a}_1, \vec{a}_2 \ldots \vec{a}_n$ heißen linear unabhängig, wenn man mit ihnen nur die triviale Nullsumme bilden kann. Existiert eine nicht-triviale Nullsumme, heißen die Vektoren *linear abhängig.*

Wir wollen uns mit dieser Definition näher befassen. Bei linear unabhängigen Vektoren existiert ***nur*** die triviale Nullsumme $0 \cdot \vec{a}_1 + 0 \cdot \vec{a}_2 + \ldots + 0 \cdot \vec{a}_n = \vec{0}$. Das bedeutet: Existiert für linear unabhängige Vektoren eine Nullsumme, so müssen die zu multiplizierenden reellen Zahlen alle Null sein. Das sagt der folgende, für die Praxis wichtige Satz aus:

S

Die Vektoren $\vec{a}_1, \vec{a}_2 \ldots \vec{a}_n$ sind genau dann linear unabhängig, wenn aus der Linearkombination $r_1 \cdot \vec{a}_1 + r_2 \cdot \vec{a}_2 + \ldots + r_n \cdot \vec{a}_n = \vec{0}$ folgt, daß $r_1 = r_2 = \ldots = r_n = 0$ sind. In Kurzform:

$$\{\vec{a}_1, \vec{a}_2 \ldots \vec{a}_n\} \text{ linear unabhängig} \Leftrightarrow \left(\sum_{i=1}^{n} r_i \cdot \vec{a}_i = \vec{0} \Rightarrow r_i = 0 \text{ für alle } r_i \in \mathbb{R} \right)$$

Eine Menge von Vektoren, die den Nullvektor enthält, ist immer linear abhängig, denn es läßt sich die nicht-triviale Nullsumme bilden, bei der der Koeffizient des Nullvektors von Null verschieden ist und alle anderen Koeffizienten Null sind.

Wie findet man nun in der Praxis heraus, ob Vektoren linear unabhängig sind? Dies soll am folgenden Beispiel gezeigt werden.

BEISPIEL

Im $\mathbb{R}^3$ seien die drei Vektoren $\vec{a} = \begin{pmatrix} 2 \\ -4 \\ 1 \end{pmatrix}$, $\vec{b} = \begin{pmatrix} 5 \\ 3 \\ 2 \end{pmatrix}$, $\vec{c} = \begin{pmatrix} -4 \\ 0 \\ 1 \end{pmatrix}$ gegeben.

Gesucht werden drei Koeffizienten r, s und t $\in \mathbb{R}$ mit der Eigenschaft:
$r \cdot \vec{a} + s \cdot \vec{b} + t \cdot \vec{c} = \vec{0}$, also

$$r \cdot \begin{pmatrix} 2 \\ -4 \\ 1 \end{pmatrix} + s \cdot \begin{pmatrix} 5 \\ 3 \\ 2 \end{pmatrix} + t \cdot \begin{pmatrix} -4 \\ 0 \\ 1 \end{pmatrix} = \begin{pmatrix} 0 \\ 0 \\ 0 \end{pmatrix}.$$

Da bei einem Vektor eine Komponente keinerlei Einfluß auf eine andere Komponente hat (wir können im dreidimensionalen Raum auch sagen, keine Koordinate beeinflußt eine der anderen Koordinaten), kann diese Kombination nur dann Null sein, wenn die Kombination jeder einzelnen Komponente bereits Null ergibt! Daraus und aus der S-Multiplikation erhält man drei *lineare Gleichungen:*

(I) $2r + 5s - 4t = 0$
(II) $-4r + 3s = 0$
(III) $r + 2s + t = 0$

Die Prüfung der linearen Unabhängigkeit läuft immer auf ein lineares Gleichungssystem hinaus. Der Behandlung von linearen Gleichungssystemen ist das nächste Teilkapitel gewidmet. Auf Seite 706 wird die Lösung unseres Systems erläutert. Wir erhalten die Lösungen $r = 0$, $s = 0$, $t = 0$, also das Lösungstripel $(0 \mid 0 \mid 0)$. Dies ist die einzige Lösung. Die drei Vektoren sind linear unabhängig.

Nun kann es sein, daß wenige Vektoren ausreichen, um den Vektorraum zu „erzeugen". Dies soll heißen, daß man jeden Vektor des Vektorraumes durch eine Linearkombination einiger weniger Vektoren erhalten kann. Betrachten wir etwa die Menge aller zueinander parallelen Vektoren des Raumes. Suchen wir uns einen beliebigen vom Nullvektor verschiedenen Vektor daraus aus, nennen wir ihn $\vec{a}$, so läßt sich jeder zu ihm parallele Vektor als Produkt $r \cdot \vec{a}$ darstellen.

D

Eine Menge $E = \{\vec{a}_1, \vec{a}_2 \ldots \vec{a}_n\}$ von Vektoren eines Vektorraumes V heißt *Erzeugendensystem* von V, wenn jeder Vektor aus V als Linearkombination aus den Vektoren von E darstellbar ist.

BEISPIELE

1. Die Paare $\vec{a} = (2 \mid 3)$ und $\vec{b} = (1 \mid -1)$ erzeugen alle Paare im $\mathbb{R}^2$. Sei $\vec{c}$ irgendein Paar $(x \mid y)$, so sind reelle Zahlen r und s zu finden mit der Eigenschaft
$r \cdot \vec{a} + s \cdot \vec{b} = \vec{c}$, also:

$$r \cdot (2 \mid 3) + s \cdot (1 \mid -1) = (x \mid y) \Leftrightarrow \left| \begin{array}{l} 2r + s = x \\ 3r - s = y \end{array} \right| \Rightarrow 5r = x + y \Leftrightarrow r = \frac{1}{5}(x + y)$$

Daraus folgt weiter $2 \cdot \frac{1}{5}(x + y) + s = x \Leftrightarrow s = \frac{3}{5}x - \frac{2}{5}y$.

Es existieren demnach zu jedem beliebigen Paar solche reellen Zahlen r und s, die die angegebene Bedingung erfüllen.

2. Die Polynome $\vec{a} = x^2$, $\vec{b} = x$ und $\vec{c} = 1$ erzeugen alle Polynome höchstens 2. Grades, die ja einen Vektorraum bilden. Jede quadratische Funktion hat die Form $ax^2 + bx + c = a \cdot \vec{a} + b \cdot \vec{b} + c \cdot \vec{c}$.

3. Die Polynome $\vec{a} = 5x^2 - 6x + 2$, $\vec{b} = -4x^2 + x$, $\vec{c} = x^2$, $\vec{d} = x - 5$, $\vec{e} = -7$, $\vec{f} = 9x^2 + 2$ erzeugen ebenfalls alle quadratischen Funktionen.

Die Beispiele 2. und 3. zeigen, daß nicht nur verschiedene Mengen denselben Vektorraum erzeugen können, sondern daß auch ihre Anzahl von Vektoren unterschiedlich sein kann. Natürlich bereitet es viel mehr Mühe, den Nachweis des Erzeugendensystems zu erbringen, wenn die Anzahl der erzeugenden Vektoren sehr groß ist. Es ist demzufolge wünschenswert, die Minimalzahl der zu einem Erzeugendensystem gehörenden Vektoren herauszufinden.

Im Fall von Beispiel 3. läßt sich leicht zeigen, daß der Vektor $\vec{a}$ sich aus der Linearkombination $\vec{a} = 5 \cdot \vec{c} - 6 \cdot \vec{d} + 4 \cdot \vec{e}$ herstellen läßt. Er ist demnach gar nicht nötig zum Erzeugen anderer Vektoren. Offenbar können wir im Erzeugendensystem auf alle Vektoren verzichten, die sich selbst als Linearkombination anderer Vektoren dieses Systems darstellen lassen. Wir benötigen nur eine Menge linear unabhängiger Vektoren.

D

Eine Teilmenge $B = \{\vec{b}_1, \vec{b}_2 \ldots \vec{b}_n\}$ eines Vektorraumes heißt *Basis* des Vektorraumes V, wenn
1. die Vektoren von B ein Erzeugendensystem von V bilden,
2. die Vektoren von B linear unabhängig sind.
Die Anzahl der Basisvektoren n heißt *Dimension* des Vektorraumes: dim V = n.

Die Vektoren der Beispiele 1. und 2. bilden eine Basis. Es ist aber einzusehen, daß ein Vektorraum verschiedene Basen haben kann. Sie stimmen aber in der Anzahl ihrer Vektoren überein.

BEISPIELE

1. Der arithmetische Vektorraum $\mathbb{R}^1$ ist eindimensional. Jede reelle Zahl außer 0 ist Basis.

2. Der Vektorraum $\mathbb{R}^2$ ist zweidimensional. Zwei beliebige Zahlenpaare, von denen keines ein Vielfaches des anderen ist, bilden eine Basis, z. B. $\vec{a} = (1 \mid -3)$ und $\vec{b} = (-2{,}74 \mid 5)$. Aber $\vec{c} = (7 \mid -4)$ und $\vec{d} = (63 \mid -36)$ sind keine Basis, da $\vec{d} = 9 \cdot \vec{c}$ ist.

Wir werden später im Zusammenhang mit euklidischen Räumen noch auf besondere Basen eingehen (siehe Seite 735)

ÜBUNGEN

7. Im Raster des Bildes 13.19 sind vier Vektoren eingezeichnet. Konstruieren Sie folgende Vektoren:

a) $\vec{a} + \vec{b}$
b) $\vec{c} + \vec{d}$
c) $\vec{a} - \vec{c}$
d) $\vec{a} + \vec{c} + \vec{d}$
e) $\vec{a} + \vec{b} + \vec{c} + \vec{d}$
f) $\vec{b} - \vec{c} - \vec{a}$
g) $\vec{d} - \vec{a} + \vec{c}$
h) $\vec{c} - \vec{b} - \vec{d} + \vec{a}$
i) $(\vec{a} - \vec{d}) - (\vec{a} - \vec{c})$

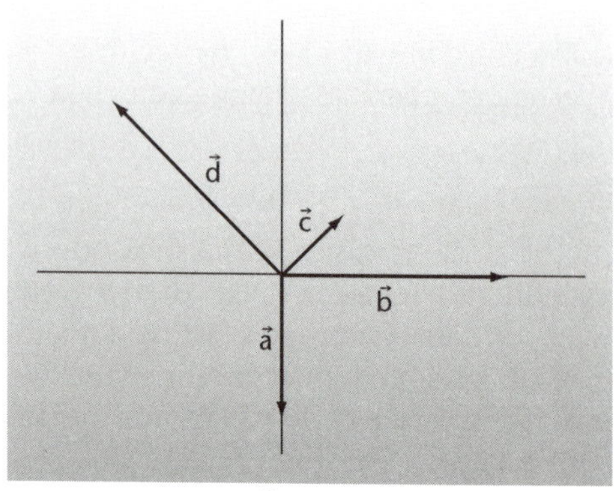

Bild 13.19 Zu den Übungen 7. und 8.

8. Konstruieren Sie aus denselben Vektoren die neuen Vektoren

a) $2 \cdot \vec{a}$
b) $-2 \cdot \vec{b}$
c) $4 \cdot \vec{c} - \vec{d}$
d) $\frac{1}{2}\vec{b} + 2\vec{a}$
e) $\vec{b} - 3 \cdot \vec{c}$
f) $-6 \cdot \vec{c}$

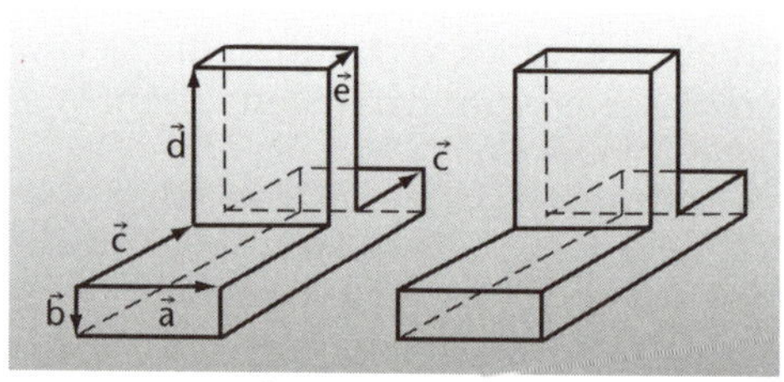

Bild 13.20 Zu Übung 9. a)

9. Die in Bild 13.20 abgebildete Figur ähnelt einem auf dem Kopf liegenden „T". Sie wird aufgespannt von den Vektoren $\vec{a}$, $\vec{b}$, $\vec{c}$, $\vec{d}$ und $\vec{e}$.

a) Zeichnen Sie folgende Vektoren:

$\vec{f} = \vec{b} + \vec{a}$ $\qquad$ $\vec{g} = \vec{a} - \vec{b}$
$\vec{h} = \vec{a} + \vec{c} + \vec{d}$ $\qquad$ $\vec{i} = \vec{c} + \vec{d} + \vec{e}$
$\vec{j} = \vec{e} - \vec{a}$ $\qquad$ $\vec{k} = \vec{a} - \vec{c} + \vec{b} - \vec{e}$

b) Stellen Sie die in Bild 13.21 eingezeichneten Vektoren $\vec{r}$, $\vec{s}$ und $\vec{t}$ als Summen oder Differenzen der Vektoren $\vec{a}$, $\vec{b}$, $\vec{c}$, $\vec{d}$ und $\vec{e}$ dar.

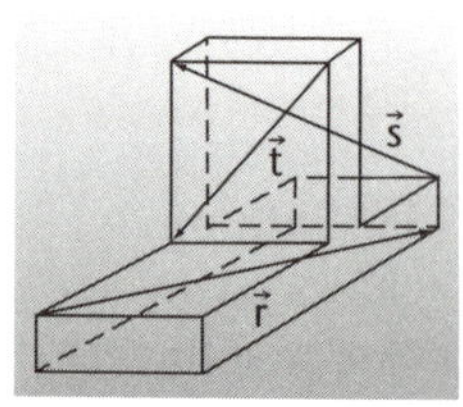

Bild 13.21
Zu Übung 9. b)

10. Alle Kräfte, die an einem Körper im selben Punkt angreifen, bilden einen Vektorraum. Man stellt sie als Vektoren dar, deren Länge proportional zur Größe der Kraft in Newton ist und deren Richtung mit der der Kraft übereinstimmt.
Die vektorielle Summe aller gleichzeitig angreifenden Kräfte nennt man die *resultierende Kraft*.

An einem Pfahl ziehen drei Personen mittels Seilen. Person A zieht mit einer Kraft von 300 N nach Norden, Person B mit 200 N nach Osten, Person C mit 250 N nach Südwesten. Welchen Betrag und welche Richtung hat die resultierende Kraft?

11. Ein Fluß fließe mit einer Strömungsgeschwindigkeit von $u = 4\frac{m}{s}$.
Am Ufer setzt sich ein Mann in ein Boot, dreht das Boot so, daß der Bug orthogonal auf das gegenüberliegende Ufer zielt, und fährt mit der Geschwindigkeit $w = 3\frac{m}{s}$ relativ zum Wasser los. Mit welcher Geschwindigkeit fährt er relativ zum Ufer? Stellen Sie die Geschwindigkeiten als Vektoren dar.

12. Sei $\mathcal{P}$ die Menge aller Polynome höchstens 3. Grades.
a) Zeigen Sie: $(\mathcal{P}; +)$ ist ein Vektorraum über $\mathbb{R}$. Weisen Sie auch die Gruppenaxiome nach.
b) Bestimmen Sie die Dimension von $\mathcal{P}$.
c) Geben Sie eine Basis von $\mathcal{P}$ an.
d) Zeigen Sie, daß die Menge $\mathcal{Q}$ der Polynome höchstens 2. Grades ein Untervektorraum von $\mathcal{P}$ ist.

13. Sei V ein Vektorraum über $\mathbb{R}$, $\vec{a}, \vec{b} \in V$. Zeigen Sie: Sind $\vec{a}$ und $\vec{b}$ linear unabhängig, dann sind auch $\vec{a} + \vec{b}$ und $\vec{a} - \vec{b}$ linear unabhängig.

14. Es sind die Vektoren $\vec{a} = \begin{pmatrix} 1 \\ 2 \\ -2 \end{pmatrix}$, $\vec{b} = \begin{pmatrix} 2 \\ 10 \\ 11 \end{pmatrix}$, $\vec{c} = \begin{pmatrix} 14 \\ -5 \\ 2 \end{pmatrix}$ und $\vec{g} = \begin{pmatrix} 4 \\ 14 \\ 7 \end{pmatrix}$ des $\mathbb{R}^3$ gegeben.
a) Zeigen Sie, daß $\vec{a}$, $\vec{b}$ und $\vec{c}$ eine Basis des $\mathbb{R}^3$ bilden. Geben Sie hierzu die Bedingungen an, und stellen Sie das Gleichungssystem auf.
b) Der Vektor $\vec{g}$ soll als Linearkombination von $\vec{a}$, $\vec{b}$ und $\vec{c}$ dargestellt werden.

15. Prüfen Sie, ob die folgenden Vektoren des $\mathbb{R}^3$ linear unabhängig sind:
$\vec{a} = \begin{pmatrix} 2 \\ 0 \\ 2 \end{pmatrix}$, $\vec{b} = \begin{pmatrix} -3 \\ 1 \\ 1 \end{pmatrix}$, $\vec{c} = \begin{pmatrix} 8 \\ -2 \\ 0 \end{pmatrix}$

16. Im $\mathbb{R}^3$ sind die folgenden Vektoren gegeben:
$\vec{a} = \begin{pmatrix} 2 \\ 4 \\ 3 \end{pmatrix}$, $\vec{b} = \begin{pmatrix} 1-x \\ 2 \\ 1 \end{pmatrix}$, $\vec{c} = \begin{pmatrix} 8 \\ -2 \\ x \end{pmatrix}$, wobei $x \in \mathbb{R}$ ist, sowie $\vec{d} = \begin{pmatrix} 4 \\ 0 \\ 2 \end{pmatrix}$.
a) Wie muß x gewählt werden, damit die drei Vektoren linear unabhängig sind?
b) Für $x = -3$ erzeugen $\vec{a}$, $\vec{b}$ und $\vec{c}$ einen Untervektorraum U. Geben Sie eine Basis von U an, und untersuchen Sie, ob der Vektor $\vec{d}$ in U liegt.

17. Beweisen Sie die Eigenschaften E1 und E4 von Seite 699.

13.3 Lineare Gleichungssysteme

In diesem Unterkapitel geht es um Verfahren zur Lösung von linearen Gleichungssystemen, von denen bereits in Kapitel 2.7 einige behandelt wurden. Wir werden uns nun vorwiegend mit Systemen beschäftigen, die mehr als zwei Variable haben. Dieser Abschnitt müßte nicht unbedingt an dieser Stelle stehen, er ist aber für die weitergehende Behandlung der Vektorräume äußerst hilfreich.

13.3.1 Matrizen

Betrachten wir das Gleichungssystem von Seite 702:

$$\begin{array}{l|rcl|} \text{(I)} & 2r + 5s - 4t &=& 0 \\ \text{(II)} & -4r + 3s &=& 0 \\ \text{(III)} & r + 2s + t &=& 0 \end{array}$$

Es kam zustande durch Linearkombination dreier Vektoren $\vec{a}$, $\vec{b}$ und $\vec{c}$. Gesucht sind reelle Zahlen r, s und t, die das System lösen. Wir können demnach die Koeffizienten einer Spalte des Gleichungssystems als Komponenten eines Vektors auffassen.

S

Ein lineares Gleichungssystem aus n Gleichungen mit m Unbekannten kann als Linearkombination von m Spaltenvektoren mit je n Komponenten aufgefaßt werden. Dabei gehört zu jeder Spalte eine Unbekannte.

Aufgrund der letzten Aussage kann man das Gleichungssystem auch in rein schematischer Form aufschreiben, indem man keine Unbekannten und keine Rechenzeichen oder Relationszeichen aufschreibt, sondern nur die Komponenten der Vektoren. Das sieht dann wie folgt aus:

$$\mathfrak{A} = \begin{pmatrix} 2 & 5 & -4 & 0 \\ -4 & 3 & 0 & 0 \\ 1 & 2 & 1 & 0 \end{pmatrix}$$

Ein solches Schema nennt man eine ***Matrix.*** Wir bezeichnen Matrizen mit großen deutschen Buchstaben. Da diese Matrix aus 3 Zeilen und 4 Spalten besteht, nennt man sie eine (3, 4)-Matrix oder eine 3×4-Matrix.

Wir wollen nun überlegen, wie wir der Lösung des Gleichungssystems näher kommen können. Dabei vergleichen wir Gleichungssystem und Matrix.

Das Gleichungssystem verändert seine Lösungsmenge nicht, wenn wir
1. Zeilen vertauschen,
2. Zeilen mit einer reellen Zahl $\neq 0$ multiplizieren,
3. eine Zeile durch die Summe aus ihr und einer anderen Zeile ersetzen. Wenn wir Spalten vertauschen, ändern wir die Zuordnung zu den gesuchten Unbekannten.

Diese Umformungen sind für Gleichungen und für Matrizen erlaubt. Ziel der Umformungen ist es, in jeder Zeile und jeder Spalte nur noch eine Zahl $\neq 0$ stehen zu haben, vom Lösungsvektor in der rechten Spalte abgesehen. Wegen der Reihenfolge der Unbekannten versucht man hierzu eine ***Diagonalmatrix*** zu erzeugen, bei der die von Null verschiedenen Zahlen in der Hauptdiagonalen - von links oben nach rechts unten - stehen. Wir werden nun die Matrix umformen und die Schritte rechts neben jede Zeile schreiben.

$$\begin{pmatrix} 2 & 5 & -4 & 0 \\ -4 & 3 & 0 & 0 \\ 1 & 2 & 1 & 0 \end{pmatrix} \begin{matrix} \cdot 2 \\ \\ \cdot (-4) \end{matrix} \quad \rightarrow \begin{pmatrix} 4 & 10 & -8 & 0 \\ -4 & 3 & 0 & 0 \\ -4 & -8 & -4 & 0 \end{pmatrix} \begin{matrix} \\ + (I) \\ + (I) \end{matrix}$$

$$\rightarrow \begin{pmatrix} 4 & 10 & -8 & 0 \\ 0 & 13 & -8 & 0 \\ 0 & 2 & -12 & 0 \end{pmatrix} \begin{matrix} \\ \cdot 2 \\ \cdot (-13) \end{matrix} \quad \rightarrow \begin{pmatrix} 4 & 10 & -8 & 0 \\ 0 & 26 & -16 & 0 \\ 0 & -26 & 156 & 0 \end{pmatrix} \begin{matrix} \\ \\ + (II) \end{matrix}$$

$$\rightarrow \begin{pmatrix} 4 & 10 & -8 & 0 \\ 0 & 26 & -16 & 0 \\ 0 & 0 & 140 & 0 \end{pmatrix} \begin{matrix} \\ \\ : 140 \end{matrix}$$

Diese Matrix heißt ***Dreiecksmatrix,*** da alle Zahlen unterhalb der Hauptdiagonalen Null sind.

$$\rightarrow \begin{pmatrix} 4 & 10 & -8 & 0 \\ 0 & 26 & -16 & 0 \\ 0 & 0 & 10 & 0 \end{pmatrix}$$

Als Gleichung lautet die letzte Zeile: $1 \cdot t = 0$, woraus $t = 0$ folgt.

Nun könnten wir $t = 0$ in die oberen Gleichungen einsetzen und s und r berechnen. Die Matrix liefert uns aber die Lösungen auf elegantere Weise:

$$\rightarrow \begin{pmatrix} 4 & 10 & -8 & 0 \\ 0 & 26 & -16 & 0 \\ 0 & 0 & 1 & 0 \end{pmatrix} \begin{matrix} + 8 \cdot (III) \\ + 16 \cdot (III) \\ \end{matrix} \quad \rightarrow \begin{pmatrix} 4 & 10 & 0 & 0 \\ 0 & 26 & 0 & 0 \\ 0 & 0 & 1 & 0 \end{pmatrix} \begin{matrix} \\ : 26 \\ \end{matrix}$$

$$\rightarrow \begin{pmatrix} 4 & 10 & 0 & 0 \\ 0 & 1 & 0 & 0 \\ 0 & 0 & 1 & 0 \end{pmatrix} \begin{matrix} - 10 \cdot (II) \\ \\ \end{matrix} \quad \rightarrow \begin{pmatrix} 4 & 0 & 0 & 0 \\ 0 & 1 & 0 & 0 \\ 0 & 0 & 1 & 0 \end{pmatrix} \begin{matrix} : 4 \\ \\ \end{matrix}$$

Dies ist bereits eine ***Diagonalmatrix.*** Teilen wir die erste Zeile durch 4, erhalten wir die ***Einheitsmatrix:***

$$\rightarrow \begin{pmatrix} 1 & 0 & 0 & 0 \\ 0 & 1 & 0 & 0 \\ 0 & 0 & 1 & 0 \end{pmatrix}$$

Ins Gleichungssystem umgesetzt erhalten wir:

$1 \cdot r + 0 \cdot s + 0 \cdot t = 0 \Leftrightarrow r = 0$

$0 \cdot r + 1 \cdot s + 0 \cdot t = 0 \Leftrightarrow s = 0$

$0 \cdot r + 0 \cdot s + 1 \cdot t = 0 \Leftrightarrow t = 0$

In der Einheitsmatrix erkennen wir sofort die Lösung des Systems, falls es genau eine Lösung hat:

Ergibt sich aus Äquivalenzumformungen eines Gleichungssystems die Einheitsmatrix

$$\begin{pmatrix} \mathbf{1} & 0 & 0 & x \\ 0 & \mathbf{1} & 0 & y \\ 0 & 0 & \mathbf{1} & z \end{pmatrix},$$

so ist x die Lösung der zur ersten Spalte, y die Lösung der zur zweiten Spalte, z die Lösung der zur dritten Spalte gehörenden Unbekannten. Dies läßt sich analog auf Systeme mit anderer Anzahl von Gleichungen und Unbekannten übertragen. Das Verfahren, das wir benutzt haben, heißt ***Gaußsches Eliminationsverfahren*** oder ***Additionsverfahren***, da das Gleichungssystem durch Addition von Zeilen gelöst wird. Es ist dabei unerheblich, ob man stets das gesamte Gleichungssystem oder nur die Matrizen benutzt.

13.3.2 Rang einer Matrix und Anzahl der Lösungen

Beim betrachteten Gleichungssystem erhalten wir nach den Umformungen aus den Spaltenvektoren

$\begin{pmatrix} 2 \\ -4 \\ 1 \end{pmatrix}$, $\begin{pmatrix} 5 \\ 3 \\ 2 \end{pmatrix}$ und $\begin{pmatrix} -4 \\ 0 \\ 1 \end{pmatrix}$ die Vektoren $\begin{pmatrix} 1 \\ 0 \\ 0 \end{pmatrix}$, $\begin{pmatrix} 0 \\ 1 \\ 0 \end{pmatrix}$ und $\begin{pmatrix} 0 \\ 0 \\ 1 \end{pmatrix}$. Sie sind linear unabhängig. Es existiert genau eine Lösung des Gleichungssystems.

Betrachten wir ein anderes System:

(I) $5r - 7s + 3t = 0$
(II) $-r + 3s + t = 0$
(III) $4r - 12s - 4t = 0$

$$\begin{pmatrix} 5 & -7 & 3 & 0 \\ -1 & 3 & 1 & 0 \\ 4 & -12 & -4 & 0 \end{pmatrix} \cdot 4 \quad \to \begin{pmatrix} 5 & -7 & 3 & 0 \\ -4 & 12 & 4 & 0 \\ 4 & -12 & -4 & 0 \end{pmatrix} + \text{(II)}$$

$$\to \begin{pmatrix} 5 & -7 & 3 & 0 \\ -4 & 12 & 4 & 0 \\ 0 & 0 & 0 & 0 \end{pmatrix} \cdot \frac{5}{4} \quad \to \begin{pmatrix} 5 & -7 & 3 & 0 \\ -5 & 15 & 5 & 0 \\ 0 & 0 & 0 & 0 \end{pmatrix} + \text{(I)}$$

$$\to \begin{pmatrix} 5 & -7 & 3 & 0 \\ 0 & 8 & 8 & 0 \\ 0 & 0 & 0 & 0 \end{pmatrix} : 8 \quad \to \begin{pmatrix} 5 & -7 & 3 & 0 \\ 0 & 1 & 1 & 0 \\ 0 & 0 & 0 & 0 \end{pmatrix} \begin{matrix} -3 \cdot \text{(II)} \\ \\ \\ \end{matrix}$$

$$\to \begin{pmatrix} 5 & -10 & 0 & 0 \\ 0 & 1 & 1 & 0 \\ 0 & 0 & 0 & 0 \end{pmatrix} \begin{matrix} :5 \\ \\ \\ \end{matrix} \quad \to \begin{pmatrix} 1 & -2 & 0 & 0 \\ 0 & 1 & 1 & 0 \\ 0 & 0 & 0 & 0 \end{pmatrix} = \mathscr{L}$$

In diesem Falle sind die drei Spaltenvektoren nicht linear unabhängig. Der zweite läßt sich z. B. aus dem ersten und dritten durch Linearkombination herstellen.

D

Unter dem *Rang* einer Matrix $\mathcal{A}$, *Rg* $\mathcal{A}$, versteht man die Maximalzahl linear unabhängiger Spaltenvektoren.

Der Rang der letzten Matrix ist demnach 2. Der Rang der Matrix des ersten Systems ist 3. Wir unterscheiden weiterhin zwischen zwei Matrizenarten:

$$\begin{pmatrix} 5 & -7 & 3 \\ -1 & 3 & 1 \\ 4 & -12 & -4 \end{pmatrix}$$

Die Matrix aus den Koeffizienten des Gleichungssystems heißt ***Koeffizientenmatrix*** $\mathcal{A}$.

$$\begin{pmatrix} 5 & -7 & 3 & 0 \\ -1 & 3 & 1 & 0 \\ 4 & -12 & -4 & 0 \end{pmatrix}$$

Die Matrix aus Koeffizienten und Ergebnisvektor heißt ***erweiterte Matrix*** $\tilde{\mathcal{A}}$.

Da der Ergebnisvektor der Nullvektor ist, kann sich hier der Rang der Koeffizientenmatrix nicht vom Rang der erweiterten Matrix unterscheiden.

Betrachten wir wieder die umgeformte Matrix $\mathcal{L}$: Die dritte Zeile ist immer erfüllt, ganz gleich, welchen Wert die Unbekannte t hat. Wir können sie frei wählen. Aus der zweiten Zeile erhalten wir die Gleichung: $1 \cdot s + 1 \cdot t = 0 \Leftrightarrow s = -t$. s ist also nicht auch unabhängig, das heißt frei wählbar, sondern hängt von der Wahl von t ab. Die erste Zeile führt uns auf den Zusammenhang $1 \cdot r - 2 \cdot s = 0 \Leftrightarrow r = 2s = -2t$. Auch r hängt von der Wahl von t ab. Wir können also eine Unbekannte frei wählen, die beiden anderen hängen von der Wahl der ersten ab. Es ergibt sich die Lösungsmenge $L = \{(-2t \mid -t \mid t), t \in \mathbb{R}\}$. Wir sprechen von ***einem Freiheitsgrad,*** da wir ***eine*** Variable beliebig wählen können. Für $t = 1$ erhalten wir die Lösung $(-2 \mid -1 \mid 1)$, für $t = -9$ muß $r = 18$ und $s = 9$ sein.

Nehmen wir uns ein neues System vor:

(I) $5r - 15s - 5t = 0$
(II) $-r + 3s + t = 0$
(III) $4r - 12s - 4t = 0$

$$\begin{pmatrix} 5 & -15 & -5 & 0 \\ -1 & 3 & 1 & 0 \\ 4 & -12 & -4 & 0 \end{pmatrix} \begin{matrix} \\ \cdot 4 \\ \\ \end{matrix} \rightarrow \begin{pmatrix} 5 & -15 & -5 & 0 \\ -4 & 12 & 4 & 0 \\ 4 & -12 & -4 & 0 \end{pmatrix} \begin{matrix} :5 \\ \\ +(\text{II}) \end{matrix}$$

$$\rightarrow \begin{pmatrix} 1 & -3 & -1 & 0 \\ -4 & 12 & 4 & 0 \\ 0 & 0 & 0 & 0 \end{pmatrix} \begin{matrix} \\ :4 \\ \\ \end{matrix} \rightarrow \begin{pmatrix} 1 & -3 & -1 & 0 \\ -1 & 3 & 1 & 0 \\ 0 & 0 & 0 & 0 \end{pmatrix} \begin{matrix} \\ +(\text{I}) \\ \\ \end{matrix}$$

$$\rightarrow \begin{pmatrix} 1 & -3 & -1 & 0 \\ 0 & 0 & 0 & 0 \\ 0 & 0 & 0 & 0 \end{pmatrix}$$

Hier ist der Rang der Matrix nur 1. Für die Lösungen bedeutet dies, daß wir jetzt zwei Unbekannte frei wählen können, also ***zwei Freiheitsgrade*** haben. Aus der einzigen verbliebenen Gleichung, die von 0 verschiedene Koeffizienten enthält, formen wir den Zusammenhang $r - 3s - t = 0 \Leftrightarrow r = 3s + t$. Die Lösungsmenge heißt $\mathbb{L} = \{(3s + t \mid s \mid t), s, t \in \mathbb{R}\}$.

Drei Freiheitsgrade sind bei einem Gleichungsystem mit drei Unbekannten nur möglich, wenn alle Koeffizienten 0 sind, das System also lautet:

$$\left| \begin{array}{l} 0 \cdot r + 0 \cdot s + 0 \cdot t = 0 \\ 0 \cdot r + 0 \cdot s + 0 \cdot t = 0 \\ 0 \cdot r + 0 \cdot s + 0 \cdot t = 0 \end{array} \right|$$

Nun betrachten wir Systeme, bei denen der Ergebnisvektor nicht der Nullvektor ist. Dann kann die erweiterte Matrix denselben Rang haben wie die Koeffizientenmatrix, er kann aber auch größer sein, allerdings nicht größer als die Anzahl der Zeilen.

Sind die Ränge verschieden, so bedeutet dies, daß die erweiterte Matrix mehr linear unabhängige Spaltenvektoren hat als die Koeffizientenmatrix. Da sie aber nur einen Vektor mehr besitzt, muß dieser linear unabhängig von den anderen sein, er kann nicht als Linearkombination dieser Spaltenvektoren dargestellt werden. Genau hierfür suchen wir aber Lösungen. Daraus folgt:

S

Ist Rg $\mathfrak{A} \neq$ Rg $\tilde{\mathfrak{A}}$, so hat das Gleichungssystem keine Lösung.

In den Fällen gleicher Ränge können wir spezifizieren:

S

Ist Rg $\mathfrak{A}$ = Rg $\tilde{\mathfrak{A}}$, so ist das Gleichungssystem immer lösbar. Dabei gilt für eine n x n-Koeffizientenmatrix:
Die Differenz n – Rg $\mathfrak{A}$ ergibt die Zahl der Freiheitsgrade. Ist sie 0, existiert genau eine Lösung. Ansonsten ist die Lösungsmenge unendlich, und es sind n – Rg $\mathfrak{A}$ Variablen frei wählbar.

13.3.3 Determinanten

Zweireihige Determinanten, Cramersche Regel

Wir betrachten ein Gleichungssystem mit zwei Gleichungen und zwei Unbekannten in allgemeiner Form:

$$\left| \begin{array}{l} a_{11}x_1 + a_{12}x_2 = b_1 \\ a_{21}x_1 + a_{22}x_2 = b_2 \end{array} \right|$$

Aus systematischen Gründen verwenden wir für die Koeffizienten den Buchstaben a mit einem Doppelindex: Die erste Ziffer des Indexes gibt die Zeilennummer an, die zweite Ziffer die Spaltennummer. Die Komponenten des Ergebnisvektors bezeichnen wir mit b. Hier reicht der Zeilenindex als Merkmal. Der Vorteil dieser Bezeichnungen liegt auf der Hand: Auch bei größeren Systemen kann man sofort feststellen, wohin der Koeffizient gehört. Wir lösen das Gleichungssystem:

$$\begin{pmatrix} a_{11} & a_{12} & b_1 \\ a_{21} & a_{22} & b_2 \end{pmatrix} \begin{matrix} \cdot a_{21} \\ \cdot (-a_{11}) \end{matrix} \rightarrow \begin{pmatrix} a_{11}a_{21} & a_{12}a_{21} & b_1a_{21} \\ -a_{11}a_{21} & -a_{11}a_{22} & -b_2a_{11} \end{pmatrix} + (I)$$

$$\rightarrow \begin{pmatrix} a_{11}a_{21} & a_{12}a_{21} & b_1a_{21} \\ 0 & -a_{11}a_{22} + a_{12}a_{21} & b_1a_{21} - b_2a_{11} \end{pmatrix} : (-a_{11}a_{22} + a_{12}a_{21})$$

$$\rightarrow \begin{pmatrix} a_{11}a_{21} & a_{12}a_{21} & b_1a_{21} \\ 0 & 1 & \dfrac{b_1a_{21} - b_2a_{11}}{-a_{11}a_{22} + a_{12}a_{21}} \end{pmatrix} - (II) \cdot a_{12}a_{21}$$

$$\rightarrow \begin{pmatrix} a_{11}a_{21} & 0 & b_1a_{21} - \dfrac{b_1a_{21} - b_2a_{11}}{-a_{11}a_{22} + a_{12}a_{21}} \cdot a_{12}a_{21} \\ 0 & 1 & \dfrac{b_1a_{21} - b_2a_{11}}{-a_{11}a_{22} + a_{12}a_{21}} \end{pmatrix} : a_{11}a_{21}$$

$$\rightarrow \begin{pmatrix} 1 & 0 & \dfrac{b_1a_{21}}{a_{11}a_{21}} - \dfrac{b_1a_{21} - b_2a_{11}}{-a_{11}a_{22} + a_{12}a_{21}} \cdot \dfrac{a_{12}a_{21}}{a_{11}a_{21}} \\ 0 & 1 & \dfrac{b_1a_{21} - b_2a_{11}}{-a_{11}a_{22} + a_{12}a_{21}} \end{pmatrix}$$

Rechts stehen die Lösungen für x und y. Der obere Term läßt sich noch vereinfachen, so daß wir schließlich erhalten:

$$x_1 = \frac{b_1a_{22} - b_2a_{12}}{a_{11}a_{22} - a_{12}a_{21}} \text{ und } x_2 = \frac{b_2a_{11} - b_1a_{21}}{a_{11}a_{22} - a_{12}a_{21}}$$

Vergleichen wir den Nenner mit der Koeffizientenmatrix, so sehen wir, daß der erste Term $a_{11}a_{22}$ das Produkt der Koeffizienten entlang der Hauptdiagonalen ist, der zweite Term das Produkt entlang der Nebendiagonalen:

$$\begin{pmatrix} \boldsymbol{a_{11}} & a_{12} \\ a_{21} & \boldsymbol{a_{22}} \end{pmatrix}, \begin{pmatrix} a_{11} & \boldsymbol{a_{12}} \\ \boldsymbol{a_{21}} & a_{22} \end{pmatrix}$$

D

Der Term $a_{11}a_{22} - a_{12}a_{21}$ heißt *Determinante* der Matrix

$$\mathcal{A} = \begin{pmatrix} a_{11} & a_{12} \\ a_{21} & a_{22} \end{pmatrix}, D = \begin{vmatrix} a_{11} & a_{12} \\ a_{21} & a_{22} \end{vmatrix} = \det \mathcal{A}.$$

Ersetzen wir in dieser Koeffizientenmatrix die erste Spalte durch den Ergebnisvektor, so erhalten wir die Matrix

$\begin{pmatrix} b_1 & a_{12} \\ b_2 & a_{22} \end{pmatrix}$ und die Determinante $D_1 = b_1a_{22} - b_2a_{12}$. Dies entspricht exakt dem Zähler der Lösung von x_1. Analog erhalten wir den Zähler von x_2, wenn wir in der Koeffizientenmatrix die zweite Spalte durch den Ergebnisvektor ersetzen:

$$\det \begin{pmatrix} a_{11} & b_1 \\ a_{21} & b_2 \end{pmatrix} = b_2a_{11} - b_1a_{21} = D_2$$

S

Cramersche Regel (nach dem Schweizer Mathematiker Gabriel Cramer; 1704–1752):
Gegeben sei ein lineares Gleichungssystem mit zwei Gleichungen und zwei Unbekannten. Die Koeffizientenmatrix sei $\mathcal{A}$, der Ergebnisvektor $\mathcal{B}$. Weiterhin sei Rg $\mathcal{A} = 2$. Ist $\mathcal{A}_i$ die Matrix, die wir erhalten, wenn wir den i-ten Spaltenvektor durch den Ergebnisvektor $\mathcal{B}$ ersetzen, so erhalten wir die Lösungen

$$x_1 = \frac{\det \mathcal{A}_1}{\det \mathcal{A}} \text{ und } x_2 = \frac{\det \mathcal{A}_2}{\det \mathcal{A}}.$$

BEISPIEL

$$\left| \begin{array}{r} 2x - 8y = 7 \\ -3x + 4y = 2 \end{array} \right| \Rightarrow \det \mathcal{A} = 2 \cdot 4 - (-3) \cdot (-8) = 8 - 24 = -16$$

Weiterhin erhalten wir $\det \mathcal{A}_1 = 7 \cdot 4 - 2 \cdot (-8) = 28 + 16 = 44$
und $\det \mathcal{A}_2 = 2 \cdot 2 - (-3) \cdot 7 = 4 + 21 = 25$.

Daraus ergeben sich die Lösungen $x = -\frac{44}{16} = -\frac{11}{4}$ und $y = -\frac{25}{16}$.

Auf Seite 729 werden wir noch eine geometrische Deutung der Determinante finden. Doch nun wollen wir uns mit höheren Gleichungssystemen befassen.

Dreireihige Determinanten, Cramersche Regel

Auch für Matrizen mit mehr als zwei Zeilen und Spalten lassen sich Determinanten definieren. Anstelle einer Definition benutzen wir einen Satz, der uns gleichzeitig eine Berechnungsmöglichkeit der Determinanten liefert.

S

Laplacescher Entwicklungssatz:
Sei $\mathcal{A}$ eine n x n-Matrix. Die Matrix S_{ij} sei diejenige Matrix, die entsteht, wenn man aus $\mathcal{A}$ die i-te Zeile und die j-te Spalte streicht. Dann ist

$$\det \mathcal{A} = \sum_{j=1}^{n} (-1)^{i+j} a_{ij} \cdot \det S_{ij}.$$

BEISPIEL

$$\left| \begin{array}{r} x - 7y + 3z = 4 \\ 2x + 4y - 5z = 0 \\ -3x - y + z = 1 \end{array} \right| \text{ hat die Koeffizientenmatrix } \mathcal{A} = \begin{pmatrix} 1 & -7 & 3 \\ 2 & 4 & -5 \\ -3 & -1 & 1 \end{pmatrix}$$

Streichen wir die erste Zeile und die erste Spalte, erhalten wir die *Streichungsmatrix* $S_{11} = \begin{pmatrix} 4 & -5 \\ -1 & 1 \end{pmatrix}$. Bei Streichung der zweiten Spalte ist $S_{12} = \begin{pmatrix} 2 & -5 \\ -3 & 1 \end{pmatrix}$ und bei der 3. Spalte $S_{13} = \begin{pmatrix} 2 & 4 \\ -3 & -1 \end{pmatrix}$, denn der Zählindex in der Formel ist der zweite, also der der Spalten, während der Zeilenindex konstant bleibt. Wir entwickeln die Determinante also nach der ersten Zeile (man kann sie nach jeder Zeile entwickeln).

Die Determinanten dieser Streichungsmatrizen sind nun mit dem Koeffizienten der i-ten (also hier der ersten) Zeile und der j-ten Spalte zu multiplizieren und mit wechselnden Vorzeichen zu addieren. Das Vorzeichen ist positiv, wenn i + j eine gerade Zahl ergibt, sonst negativ. So erhalten wir:

$\det \mathcal{A} = 1 \cdot (4 \cdot 1 - (-1) \cdot (-5)) - (-7) \cdot (2 \cdot 1 - (-3) \cdot (-5)) + 3 \cdot (2 \cdot (-1) - (-3) \cdot 4)$

$= 1 \cdot (4 - 5) + 7 \cdot (2 - 15) + 3 \cdot (-2 + 12) = -1 - 91 + 30 = -62$

Allgemein erhalten wir aus der Matrix $\begin{pmatrix} a_{11} & a_{12} & a_{13} \\ a_{21} & a_{22} & a_{23} \\ a_{31} & a_{32} & a_{33} \end{pmatrix}$ die

Determinate $\det \mathcal{A} = a_{11} \cdot \begin{vmatrix} a_{22} & a_{23} \\ a_{32} & a_{33} \end{vmatrix} - a_{12} \cdot \begin{vmatrix} a_{21} & a_{23} \\ a_{31} & a_{33} \end{vmatrix} + a_{13} \cdot \begin{vmatrix} a_{21} & a_{22} \\ a_{31} & a_{32} \end{vmatrix}$

$= a_{11}a_{22}a_{33} - a_{11}a_{23}a_{32} - a_{12}a_{21}a_{33} + a_{12}a_{23}a_{31} + a_{13}a_{21}a_{32} - a_{13}a_{22}a_{31}$. Diesen Term nennen wir ***dreireihige Determinate*** von $\mathcal{A}$.

Wir schreiben die Matrix noch einmal, fügen aber die ersten beiden Spalten an die dritte an:

$$\begin{pmatrix} a_{11} & a_{12} & a_{13} & a_{11} & a_{12} \\ a_{21} & a_{22} & a_{23} & a_{21} & a_{22} \\ a_{31} & a_{32} & a_{33} & a_{31} & a_{32} \end{pmatrix}$$

Links oben beginnen wir, das Produkt der Diagonalen zu bilden, und wiederholen dies zweimal für die benachbarten Diagonalen:

$$\begin{pmatrix} \boldsymbol{a_{11}} & a_{12} & a_{13} & a_{11} & a_{12} \\ a_{21} & \boldsymbol{a_{22}} & a_{23} & a_{21} & a_{22} \\ a_{31} & a_{32} & \boldsymbol{a_{33}} & a_{31} & a_{32} \end{pmatrix} \begin{pmatrix} a_{11} & \boldsymbol{a_{12}} & a_{13} & a_{11} & a_{12} \\ a_{21} & a_{22} & \boldsymbol{a_{23}} & a_{21} & a_{22} \\ a_{31} & a_{32} & a_{33} & \boldsymbol{a_{31}} & a_{32} \end{pmatrix} \begin{pmatrix} a_{11} & a_{12} & \boldsymbol{a_{13}} & a_{11} & a_{12} \\ a_{21} & a_{22} & a_{23} & \boldsymbol{a_{21}} & a_{22} \\ a_{31} & a_{32} & a_{33} & a_{31} & \boldsymbol{a_{32}} \end{pmatrix}$$

Wir erhalten genau die Produkte, die oben positives Vorzeichen haben.

$$\begin{pmatrix} a_{11} & a_{12} & a_{13} & a_{11} & \boldsymbol{a_{12}} \\ a_{21} & a_{22} & a_{23} & \boldsymbol{a_{21}} & a_{22} \\ a_{31} & a_{32} & \boldsymbol{a_{33}} & a_{31} & a_{32} \end{pmatrix} \begin{pmatrix} a_{11} & a_{12} & a_{13} & \boldsymbol{a_{11}} & a_{12} \\ a_{21} & a_{22} & \boldsymbol{a_{23}} & a_{21} & a_{22} \\ a_{31} & \boldsymbol{a_{32}} & a_{33} & a_{31} & a_{32} \end{pmatrix} \begin{pmatrix} a_{11} & a_{12} & \boldsymbol{a_{13}} & a_{11} & a_{12} \\ a_{21} & \boldsymbol{a_{22}} & a_{23} & a_{21} & a_{22} \\ \boldsymbol{a_{31}} & a_{32} & a_{33} & a_{31} & a_{32} \end{pmatrix}$$

Wir erhalten die Produkte, die oben negatives Vorzeichen haben. Damit haben wir ein einfaches Verfahren zur Berechnung einer dreireihigen Determinante, die Regel von ***Sarrus***, gefunden:

S

Wir schreiben die ersten beiden Spaltenvektoren noch einmal hinter die Matrix. Wir addieren die drei Produkte der Hauptdiagonalen und subtrahieren die drei Produkte der Nebendiagonalen.

Für die Lösung eines Gleichungssystems mit drei Variablen läßt sich die ***Cramersche Regel*** entsprechend umformen:

S

Gegeben sei ein lineares Gleichungssystem mit drei Gleichungen und drei Unbekannten. Die Koeffizientenmatrix sei $\mathcal{A}$, der Ergebnisvektor $\mathcal{L}$. Weiterhin sei Rg $\mathcal{A} = 3$. Ist $\mathcal{A}_i$ die Matrix, die wir erhalten, wenn wir den i-ten Spaltenvektor von $\mathcal{A}$ durch den Ergebnisvektor $\mathcal{L}$ ersetzen, so erhalten wir die Lösungen

$$x_1 = \frac{\det \mathcal{A}_1}{\det \mathcal{A}},\ x_2 = \frac{\det \mathcal{A}_2}{\det \mathcal{A}},\ x_3 = \frac{\det \mathcal{A}_3}{\det \mathcal{A}}.$$

BEISPIEL

Gegeben sei folgendes Gleichungssystem:

$$\begin{aligned} 2x - y + 8z &= 0 \\ -3x + 4y - z &= 5 \\ x - 2y + 3z &= 8 \end{aligned}$$

Es ist $D = \det \mathcal{A} = 24 + 1 + 48 - (32 + 9 + 4) = 73 - 45 = 28$.
Es ist $D_1 = \det \mathcal{A}_1 = 0 + 8 - 80 - (256 - 15 + 0) = -313$.
Es ist $D_2 = \det \mathcal{A}_2 = 30 + 0 - 192 - (40 + 0 - 16) = -186$.
Es ist $D_3 = \det \mathcal{A}_3 = 64 - 5 + 0 - (0 + 24 - 20) = 55$.
Damit ergeben sich die Lösungen $x = -\frac{313}{28}$, $y = -\frac{186}{28}$, $z = \frac{55}{28}$.

Der Laplacesche Entwicklungssatz gilt für beliebige Determinanten. Die Cramersche Regel läßt sich auch auf Gleichungssysteme mit mehr als drei Variablen übertragen. Somit haben wir für fast alle linearen Gleichungssysteme einen einfachen Lösungsweg gefunden.

13.3.4 Besondere Gleichungssysteme

Homogene Gleichungssysteme

D

Ein Gleichungssystem mit dem Ergebnisvektor $\mathcal{L} = \vec{0}$ heißt *homogen*.

Da bei einem homogenen System immer Rg $\mathcal{A}$ = Rg $\tilde{\mathcal{A}}$ ist, gilt:

S

Ein homogenes lineares Gleichungssystem ist immer lösbar.

Es gibt nämlich immer mindestens die triviale Lösung. Andere Lösungen existieren nur, wenn Rg $\mathcal{A} < n$ für eine n x n-Matrix. Es gilt entsprechend das, was wir bereits auf Seite 710 bezüglich der Lösungen und Freiheitsgrade dargelegt haben.

Unterbestimmte Gleichungssysteme

Sind weniger lineare Gleichungen als Unbekannte vorhanden, nennen wir das System ***unterbestimmt.*** Die Gleichungen reichen nämlich für eine eindeutige Lösung nicht aus. Wir können dem System so viele Gleichungen der Form $0 \cdot x_1 + 0 \cdot x_2 + \ldots + 0 \cdot x_n = 0$ hinzufügen, bis die Gesamtzahl der Gleichungen mit der Gesamtzahl der Variablen übereinstimmt. Dies ändert nichts an der Lösungsmenge. Dann können wir die Untersuchung aber auf alte Erkenntnisse stützen. Ist Rg $\mathcal{A} \neq$ Rg $\tilde{\mathcal{A}}$, existiert keine Lösung. Ansonsten gibt es eine unendliche Lösungsmenge mit n - Rg $\mathcal{A}$ Freiheitsgraden.

BEISPIEL

Das System $3x + 4y = 12$ besteht aus einer Gleichung mit zwei Unbekannten. Es ist $n = 2$ und Rg $\mathcal{A} = 1$, also hat die Lösung einen Freiheitsgrad. Lösen wir nach y auf, erhalten wir $y = 3 - \frac{3}{4}x$. Die Lösungsmenge ist $\mathbb{L} = \left\{\left(3 - \frac{3}{4}x\right), x \in \mathbb{R}\right\}$.

Überbestimmte Gleichungssysteme

Sind mehr Gleichungen gegeben als Unbekannte, nennen wir das Gleichungssystem ***überbestimmt.*** Wir wählen dann, falls Rg $\mathcal{A}$ = Rg $\tilde{\mathcal{A}}$, so viele Gleichungen aus, wie Unbekannte gegeben sind. Wir lösen das System nach bekannten Verfahren. Anschließend müssen wir die Lösungen in ***alle Gleichungen einsetzen,*** die wir nicht benutzt haben, und prüfen, ob sie erfüllt sind. Nur wenn dies zutrifft, haben wir die Lösungsmenge gefunden.

BEISPIEL

Das System $\left|\begin{array}{rl} -x + 2y = & -2 \\ 2x - 3y = & 5 \\ 4x + \ \ y = & 0 \end{array}\right|$ ist überbestimmt. Wir wählen die beiden ersten Gleichungen aus und erhalten die Lösungen $x = \frac{\det \mathcal{A}_1}{\det \mathcal{A}} = \frac{6 - 10}{3 - 4} = 4$ und

$y = \frac{\det \mathcal{A}_2}{\det \mathcal{A}} = \frac{-5 + 4}{-1} = 1.$

Probe für Gleichung (I): $-4 + 2 \cdot 1 = -2$ ist korrekt.

Probe für Gleichung (II): $2 \cdot 4 - 3 \cdot 1 = 5$ ist korrekt.

Diese beiden Gleichungen werden natürlich von der Lösung erfüllt, denn wir haben sie ja zur Berechnung der Lösung benutzt.
Probe für Gleichung (III): $4 \cdot 4 + 1 = 0$ ist falsch. Diese Gleichung wird nicht erfüllt.
Das System besitzt keine Lösung: $\mathbb{L} = \{\ \}$.

ÜBUNGEN

18. Lösen Sie die linearen Gleichungssysteme nur mit Matrixumformungen. Geben Sie die Lösungsmenge in der Form $\mathbb{L} = \{\ldots\}$ an:

a) $\begin{aligned} 3x + 2y &= 0 \\ 2x - 5y &= 1 \end{aligned}$

b) $\begin{aligned} -4x + y &= 3 \\ x - 7y &= 4 \end{aligned}$

c) $\begin{aligned} x - 2y + 3z &= 1 \\ 2x + y + z &= 2 \\ -3x - 3y - 2z &= 0 \end{aligned}$

d) $\begin{aligned} -x \qquad - 3z &= -13 \\ -5y + 2z &= 18 \\ 7x + 3y \qquad &= 1 \end{aligned}$

e) $\begin{aligned} 4x + 5y \qquad &= 4 \\ 15y + 8z &= -3 \\ -3x \qquad + 2z &= 5 \end{aligned}$

f) $\begin{aligned} 4x + 5y \qquad &= 4 \\ 15y + 8z &= 32 \\ -3x \qquad + 2z &= 5 \end{aligned}$

19. Lösen Sie die Gleichungssysteme der Aufgabe 18. mit Hilfe der Cramerregel.

20. Lösen Sie das folgende Gleichungssystem (siehe auch Seite 614):

$$\left| \begin{aligned} 27a + 9b + 3c + d &= -109 \\ 27a - 6b + c \qquad &= 0 \\ 2b \qquad &= 0 \\ \frac{81}{4}a + 9b + \frac{9}{2}c + 3d &= -205{,}5 \end{aligned} \right|$$

21. Berechnen Sie folgende Determinanten:

a) $\begin{vmatrix} 2 & 3 & 4 \\ 2 & 3 & 5 \\ 2 & 3 & 6 \end{vmatrix}$

b) $\begin{vmatrix} -1 & -2 & -3 \\ 9 & 8 & 0 \\ 1 & 5 & 2 \end{vmatrix}$

c) $\begin{vmatrix} 120 & -35 & 86 \\ -48 & 19 & 11 \\ 251 & 25 & -52 \end{vmatrix}$

d) $\begin{vmatrix} 6 & 4 \\ -6 & 4 \end{vmatrix}$

e) $\begin{vmatrix} \frac{1}{2} & -2 & \frac{2}{3} \\ -\frac{4}{3} & 0 & \frac{1}{2} \\ -7 & 3 & 4 \end{vmatrix}$

22. Berechnen Sie die folgende Determinante nach dem Laplaceschen Entwicklungssatz:

$$\begin{vmatrix} 1 & 3 & 0 & -2 \\ -5 & 2 & -1 & -3 \\ 2 & 7 & 11 & 5 \\ 3 & -1 & 9 & 2 \end{vmatrix}$$

23. Gilt die Regel von Sarrus auch entsprechend für 4 x 4-Matrizen?

24. Zeigen Sie:

a) Die Determinante wechselt ihr Vorzeichen, wenn man zwei Zeilen oder Spalten vertauscht.

b) Die Determinante wird mit $r \in \mathbb{R}$ multipliziert, wenn man eine Zeile oder Spalte mit r multipliziert.

25. Lösen Sie das Gleichungsystem

$$\begin{array}{l|rcrcrcrcr|} \text{(I)} & & & 3s & + & 2t & - & u & = & 12 \\ \text{(II)} & 4r & + & 5s & - & 2t & - & 3u & = & 0 \\ \text{(III)} & r & & & + & t & + & 4u & = & -11 \\ \text{(IV)} & -2r & - & 3s & & & + & 2u & = & -5 \end{array}$$

a) mit Matrixumformungen,

b) mit Hilfe der Cramerschen Regel.

13.4 Der affine Raum (Punktraum)

In den Teilkapiteln 13.4 und 13.5 wird dargestellt, wie man geometrische Zusammenhänge mit Mitteln der linearen Algebra darstellen und analysieren kann. Man nennt diese Teile der linearen Algebra deshalb auch ***analytische Geometrie.*** Hierbei unterscheiden wir zwei Arten der geometrischen Anwendung. In Abschnitt 13.4 werden Zusammenhänge zwischen geometrischen Punkten und Vektoren erörtert. In Abschnitt 13.5 wird eine Metrik eingeführt, die die Bestimmung von Längen und Winkeln ermöglicht.

13.4.1 Der Punktraum

Punkte sind uns aus der elementaren Geometrie bekannt, denn dort bestehen alle Figuren aus Punkten. Durch die folgende Definition wird ein Zusammenhang zwischen den Punkten und Vektoren festgelegt.

D

Sei V ein Vektorraum über $\mathbb{R}$. Eine nichtleere Menge P heiße *Punktraum* und ihre Elemente *Punkte*, wenn zwischen P und V eine Zuordnung besteht, die jedem geordneten Paar (X | Y) von Punkten aus P eindeutig einen mit $\overrightarrow{XY}$ bezeichneten Vektor aus V zuordnet, so daß folgende Axiome erfüllt sind:

(P1): Zu jedem Punkt $P \in P$ und jedem Vektor $\vec{a} \in V$ gibt es genau einen Punkt $Q \in P$, so daß $\overrightarrow{PQ} = \vec{a}$ ist (siehe Bild 13.22).

(P2): Für alle Punkte $P, Q, R \in P$ gilt: $\overrightarrow{PQ} + \overrightarrow{QR} = \overrightarrow{PR}$ (siehe Bild 13.23).

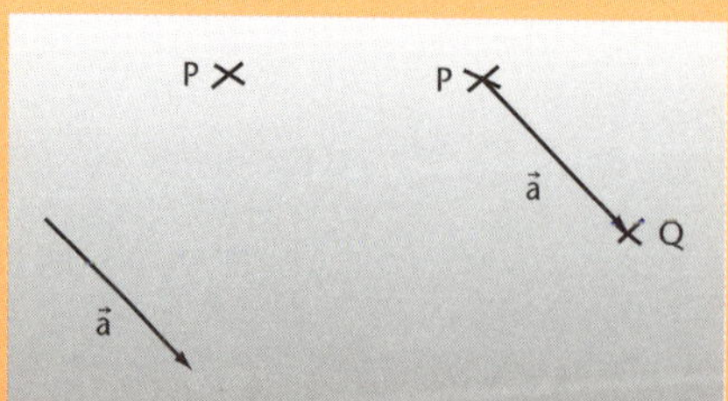

Bild 13.22 Zu P und $\vec{a}$ existiert Q

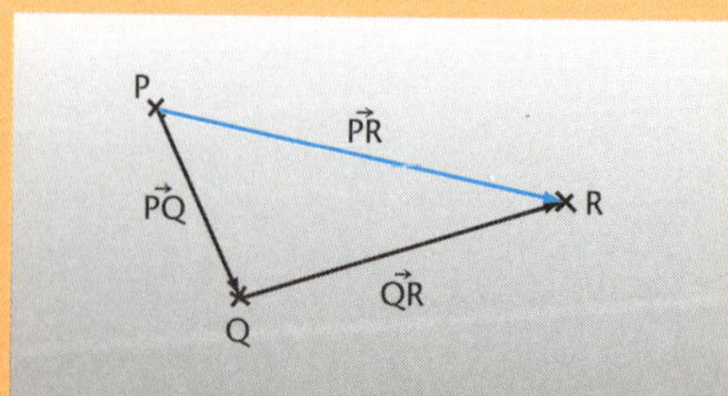

Bild 13.23 $\overrightarrow{PQ} + \overrightarrow{QR} = \overrightarrow{PR}$

P1 besagt, daß man den Punkt Q erhält, wenn man an P den Vektor $\vec{a}$ anträgt. P2 stellt die normale Vektoraddition dar.

D

Unter der *Dimension* des Punktraumes *P* über einem Vektorraum *V* verstehen wir die Dimension des Vektorraumes: dim *P* = dim *V*.

BEISPIELE

1. Die uns bekannte geometrische Ebene ist ein zweidimensionaler Punktraum. Der geometrische Raum, in dem wir Figuren darstellen, ist ein dreidimensionaler Punktraum.

2. Der $\mathbb{R}^n$ ist ein n-dimensionaler Punktraum. Jedes n-Tupel beschreibt im Koordinatensystem genau einen Punkt sowie einen Vektor, dessen Endpunkt dieser Punkt ist und dessen Anfangspunkt im Ursprung 0 liegt. Axiom 2 wird erfüllt, indem wir jedem Punktepaar (X | Y) den Vektor $\overrightarrow{0Y} - \overrightarrow{0X}$ zuordnen (siehe Bild 13.24). Im Falle n = 3 erhalten wir den uns bekannten geometrischen Raum, den wir auch mit $\mathbb{R}^3$ bezeichnen.

3. Jeder Vektorraum wird durch die Zuordnung $(\vec{a} \mid \vec{b}) \mapsto \vec{b} - \vec{a}$ zu einem Punktraum. Auch Axiom 2 ist dann erfüllt, denn es ist $\vec{b}-\vec{a} + \vec{c}-\vec{b} = \vec{c}-\vec{a}$, $(\vec{a} \mid \vec{c}) \mapsto \vec{c} - \vec{a}$ (siehe auch Aufgabe 26.; Seite 730).

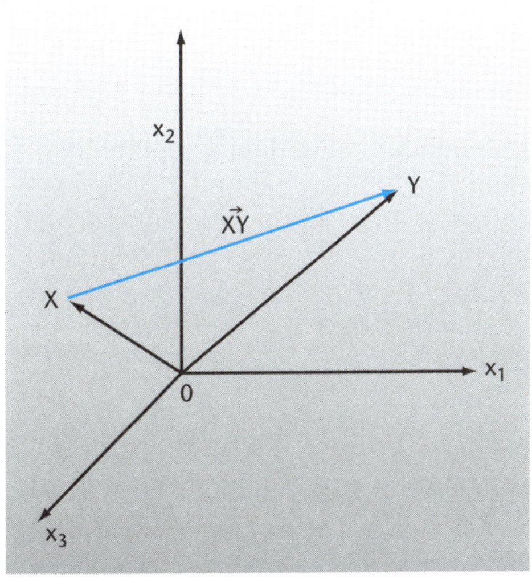

Bild 13.24 Zuordnung Punktepaar (X | Y) ⇒ Vektor $\overrightarrow{XY}$

Verschiedene Eigenschaften eines Vektorraumes übertragen sich auf den Punktraum:

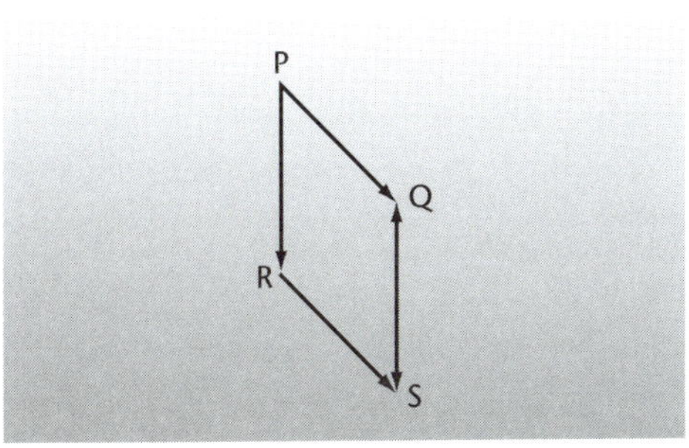

S

(E1): Für alle P ∈ *P* gilt: $\overrightarrow{PP} = \vec{0}$.
(E2): Für alle P, Q ∈ *P* gilt: $\overrightarrow{PQ} = -\overrightarrow{QP}$.
(E3): Für alle P, Q, R, S ∈ *P* gilt: $\overrightarrow{PQ} = \overrightarrow{RS} \Rightarrow \overrightarrow{PR} = \overrightarrow{QS}$ (siehe Bild 13.25).

Bild 13.25 $\overrightarrow{PQ} = \overrightarrow{RS} \Rightarrow \overrightarrow{PR} = \overrightarrow{QS}$

Die Beweise werden in Aufgabe 27. (Seite 730) behandelt.

Da zwei parallele Vektoren aus ***V*** gleicher Länge nicht unterschieden werden, wohl aber die Punkte, die an Anfang und Ende paralleler Vektoren liegen, ist die Zuordnung nicht eineindeutig. Legen wir dagegen den Anfangspunkt eines jeden Vektors für alle Zeit fest, wird die Zuordnung bijektiv (eineindeutig). Wir haben den Punktraum ***zentriert***. Ist 0 der Bezugspunkt, so heißt der Vektor $\overrightarrow{0P}$ ***Ortsvektor von P***.

D

Ist $0 \in P$ und $\{\overrightarrow{0E_1}, \overrightarrow{0E_2}, \overrightarrow{0E_3} \dots \overrightarrow{0E_n}\}$ eine Basis von *V*, so heißt die geordnete Punktmenge $\{0, E_1, E_2, E_3 \dots E_n\}$ *Koordinatensystem von P*.

Ist $\overrightarrow{0X} = x_1 \cdot \overrightarrow{0E_1} + x_2 \cdot \overrightarrow{0E_2} + \dots + x_n \cdot \overrightarrow{0E_n}$, so heißen $x_1, x_2 \dots x_n$ die *Koordinaten des Punktes X*. Wir schreiben kurz $X(x_1 \mid x_2 \mid \dots \mid x_n)$.

BEISPIEL

Sei *V* der zweidimensionale geometrische Raum (Ebene). Seien $\vec{e}$ und $\vec{f}$ Basisvektoren (siehe Bild 13.26). Dem Punkt R wird der Vektor $\vec{r} = \overrightarrow{0R}$ zugeordnet (und umgekehrt). Für $\vec{r}$ gilt hier: $\vec{r} = 3 \cdot \vec{e} + 2 \cdot \vec{f}$. Somit erhält der Punkt R die Koordinaten R(3 | 2).

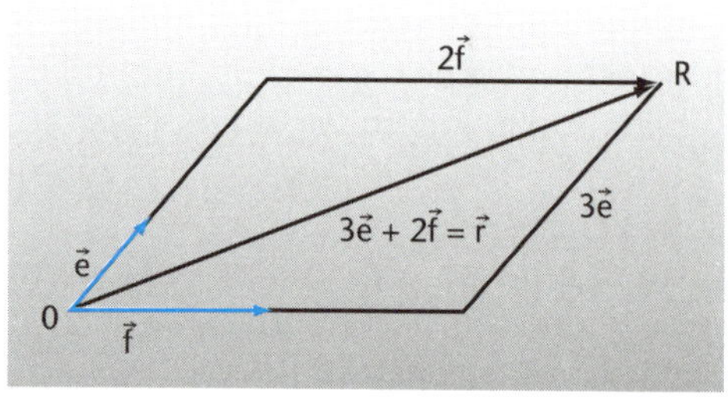

Bild 13.26 Koordinatensystem

13.4.2 Geraden im affinen Raum

Im folgenden nennen wir den festen Bezugspunkt des Koordinatensystems im Punktraum ***Ursprung*** oder ***Nullpunkt*** mit den Koordinaten (0 | 0 | 0) im $\mathbb{R}^3$. Sind P und Q Punkte und $\vec{p}$ und $\vec{q}$ die zugeordneten Ortsvektoren, so hat der Vektor $\overrightarrow{PQ}$ die Darstellung $\vec{q} - \vec{p}$ (siehe Bild 13.27). Legen wir durch P und Q eine Gerade g, so gibt $\vec{q} - \vec{p}$ die Richtung der Geraden an, aber auch jeder andere Vektor $\vec{a}$, der auf der Geraden bzw. parallel zu ihr liegt. Einen solchen Vektor $\vec{a}$ nennen wir ***Richtungsvektor der Geraden g.***

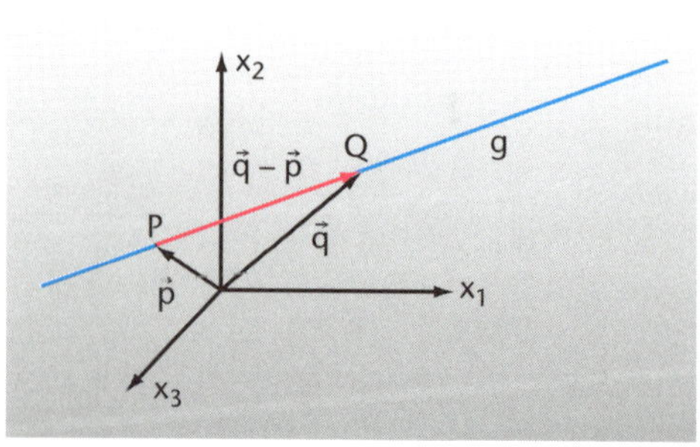

Bild 13.27 Gerade

Der Ortsvektor $\vec{p} + \vec{r} \cdot \vec{a}$ trifft auf alle Fälle einen Punkt der Geraden g. Durchläuft $\vec{r}$ alle reellen Zahlen, so wird jeder Punkt der Geraden getroffen.

D

Sei $P \in \mathcal{P}$ und $\vec{a} \in V$, so heißt die Teilmenge $g = \{X \in \mathcal{P} \mid \overrightarrow{PX} = r \cdot \vec{a}, r \in \mathbb{R}\}$ *Gerade* g.

Nun wissen wir aus der Elementargeometrie, daß eine Gerade bereits dann eindeutig bestimmt ist, wenn wir zwei ihrer Punkte oder wenn wir ihre Steigung und einen ihrer Punkte kennen. Letzteres drückt die ***Punkt-Richtungs-Form*** aus:

S

Ist $P \in g$, $r \in \mathbb{R}$ und $\vec{a}$ der Richtungsvektor von g, so wird die Gerade g dargestellt durch die Gleichung $\overrightarrow{0X} = \overrightarrow{0P} + r \cdot \vec{a}$.

Liegen die Punkte A und B auf der Geraden, so ist $\overrightarrow{0B} - \overrightarrow{0A}$ der Richtungsvektor der Geraden, deren Gleichung dann die ***Zwei-Punkte-Form*** hat:

S

Geht die Gerade g durch die Punkte A und B, so hat sie die Gleichung $\overrightarrow{0X} = \overrightarrow{0A} + r \cdot (\overrightarrow{0B} - \overrightarrow{0A})$.

BEISPIEL

Im $\mathbb{R}^2$ haben die Punkte A und B die Koordinaten a_1, a_2 und b_1, b_2, X die Koordinaten x_1, x_2. Dann ist $x_1 = a_1 + r\,(b_1 - a_1)$, $x_2 = a_2 + r \cdot (b_2 - a_2)$ und $\frac{x_2 - a_2}{x_1 - a_1} = \frac{b_2 - a_2}{b_1 - a_1} = m$ für $a_1 \neq b_1$, was mit unserem herkömmlichen Begriff der Steigung einer Geraden völlig übereinstimmt.

Wir wollen nun elementargeometrische Sachverhalte mit Hilfe von Vektoren beschreiben bzw. neu festlegen. Nach unserer Vorstellung von der Parallelität ist folgende Festlegung leicht einzusehen:

D

Zwei Geraden g: $\overrightarrow{0X} = \overrightarrow{0P} + r \cdot \vec{a}$ und h: $\overrightarrow{0X} = \overrightarrow{0Q} + s \cdot \vec{b}$; heißen parallel, $g \parallel h$, wenn ihre Richtungsvektoren $\vec{a}$ und $\vec{b}$ linear abhängig sind.

Dann sind $\vec{a}$ und $\vec{b}$ Basen desselben eindimensionalen Vektorraumes ***V***. Zur Unterscheidung, ob die Geraden zusammenfallen oder nicht, kann man den Vektor $\overrightarrow{PQ}$ zu Hilfe nehmen (siehe Bild 13.28).

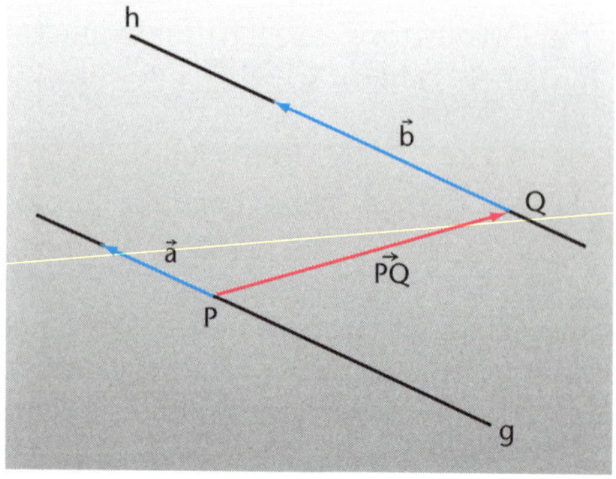

Bild 13.28 Zur Parallelität zweier Geraden

S

Zwei parallele Geraden g: $\overrightarrow{0X} = \overrightarrow{0P} + r \cdot \vec{a}$ und h: $\overrightarrow{0X} = \overrightarrow{0Q} + s \cdot \vec{b}$ fallen aufeinander, wenn $\vec{a}$ und $\overrightarrow{PQ}$ linear abhängig sind. Andernfalls haben sie keinen gemeinsamen Punkt.

BEISPIEL

Im $\mathbb{R}^2$ seien die Geraden

g: $\overrightarrow{0X} = \begin{pmatrix}5\\2\end{pmatrix} + r \cdot \begin{pmatrix}2\\4\end{pmatrix}$ und

h: $\overrightarrow{0X} = \begin{pmatrix}1\\3\end{pmatrix} + s \cdot \begin{pmatrix}4\\8\end{pmatrix}$ gegeben.

$\vec{a} = \begin{pmatrix}2\\4\end{pmatrix}$ und $\vec{b} = \begin{pmatrix}4\\8\end{pmatrix}$ sind linear abhängig (siehe Bild 13.29).

Da $\overrightarrow{PQ} = \overrightarrow{0Q} - \overrightarrow{0P} = \begin{pmatrix}1\\3\end{pmatrix} - \begin{pmatrix}5\\2\end{pmatrix} = \begin{pmatrix}-4\\1\end{pmatrix}$

nicht die Richtung von $\vec{a}$ oder $\vec{b}$ hat, sind $\vec{a}$ und $\overrightarrow{PQ}$ nicht linear abhängig. Die Geraden sind parallel, fallen aber nicht zusammen.

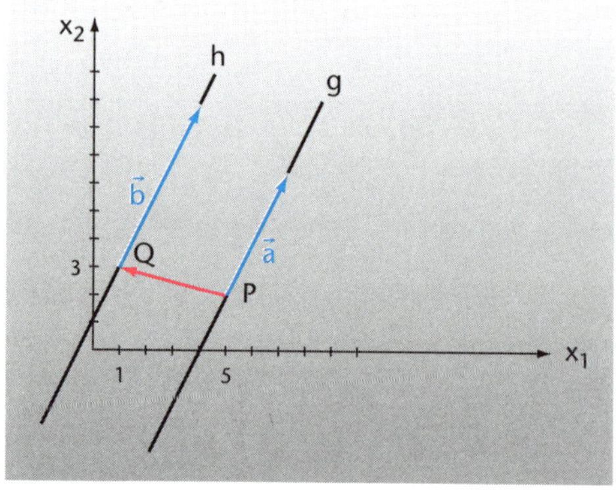

Bild 13.29 Parallele Geraden

Sind die beiden Vektoren hingegen linear unabhängig, müssen die Geraden im $\mathbb{R}^2$ einen Schnittpunkt haben. Im $\mathbb{R}^3$ können sie einen Schnittpunkt haben, sie können aber auch „aneinander vorbeilaufen". Man spricht im letzten Fall von ***windschiefen Geraden*** (siehe Bild 13.30). Man kann dies wie folgt unterscheiden:

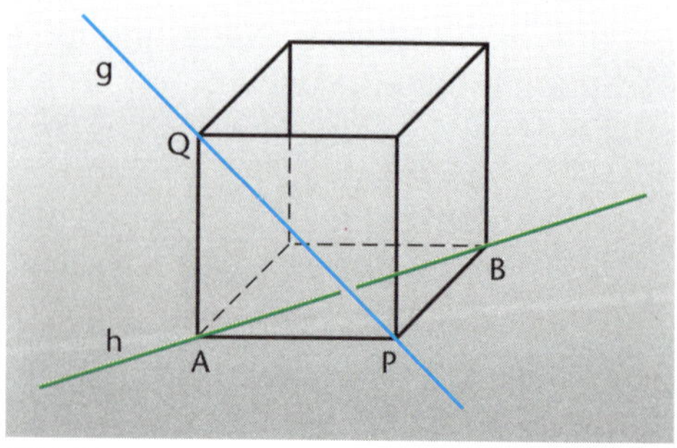

Bild 13.30 Windschiefe Geraden g (PQ) und h (AB)

S

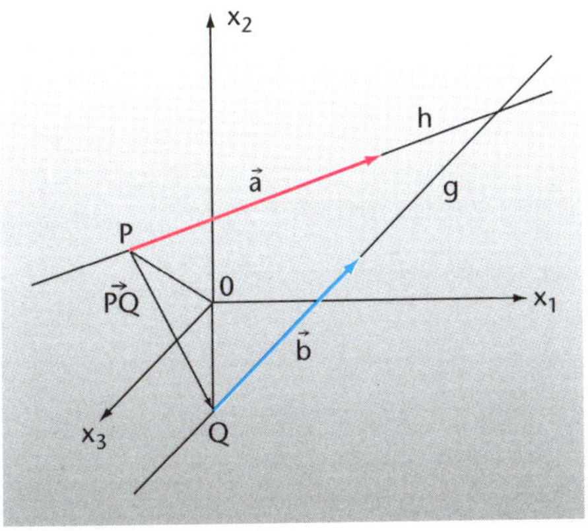

Zwei nichtparallele Geraden $g: \overrightarrow{0X} = \overrightarrow{0P} + r \cdot \vec{a}$ und $h: \overrightarrow{0X} = \overrightarrow{0Q} + s \cdot \vec{b}$ haben einen Schnittpunkt, wenn $\vec{a}$, $\vec{b}$ und $\overrightarrow{PQ}$ linear abhängig aber $\vec{a}$ und $\vec{b}$ linear unabhängig sind (siehe Bild 13.31).

Bild 13.31 Zur Lage zweier Geraden im $\mathbb{R}^3$

BEISPIEL

Die Geraden g und h seien bestimmt durch die Gleichungen

$$g: \overrightarrow{0X} = \begin{pmatrix} 2 \\ 0 \\ 0 \end{pmatrix} + r \cdot \begin{pmatrix} 0 \\ 3 \\ 2 \end{pmatrix} \text{ und } h: \overrightarrow{0X} = \begin{pmatrix} 0 \\ 1 \\ 1 \end{pmatrix} + s \cdot \begin{pmatrix} 2 \\ 1 \\ 1 \end{pmatrix}.$$

Falls sie sich schneiden, muß es einen Punkt X geben, den Schnittpunkt, für den beide Vektoren gleich sind:

$$\begin{pmatrix} 2 \\ 0 \\ 0 \end{pmatrix} + r \cdot \begin{pmatrix} 0 \\ 3 \\ 2 \end{pmatrix} = \begin{pmatrix} 0 \\ 1 \\ 1 \end{pmatrix} + s \cdot \begin{pmatrix} 2 \\ 1 \\ 1 \end{pmatrix}$$

Dies führt auf die Gleichungen:

$2 + 0 \cdot r = 0 + 2 \cdot s$

$0 + 3 \cdot r = 1 + 1 \cdot s$

$0 + 2 \cdot r = 1 + 1 \cdot s$

Aus der ersten Gleichung folgt $s = 1$. Setzt man dies in die zweite Gleichung ein, erhält man $r = \frac{2}{3}$. In die letzte Gleichung eingesetzt erhält man $\frac{4}{3} = 2$. Dies ist falsch. Es gibt also keine Lösung dieses überbestimmten Gleichungssystems. Die Geraden sind windschief.

13.4.3 Ebenen im affinen Raum

Zwei linear unabhängige Vektoren sind Basis eines zweidimensionalen Vektorraumes. Da eine Ebene einem zweidimensionalen Punktraum entspricht, muß durch alle möglichen Linearkombinationen der beiden Ortsvektoren jeder Punkt der Ebene getroffen werden (siehe Bild 13.32).

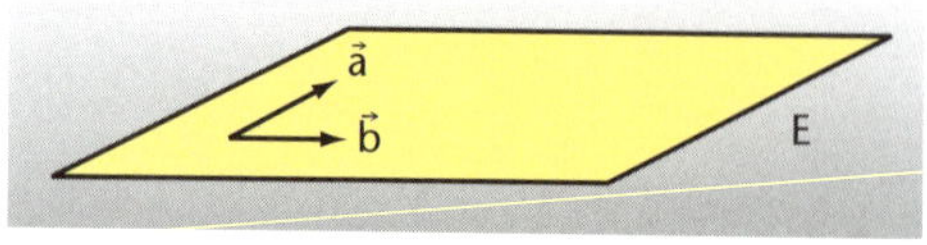

Bild 13.32 Ebene

D

Seien $P = \mathbb{R}^3$, $P \in \mathbb{R}^3$, $\vec{a}$ und $\vec{b}$ linear unabhängige Vektoren aus *V*, dann heißt die Menge $E = \{X \in P \mid \overrightarrow{PX} = r \cdot \vec{a} + s \cdot \vec{b},\ r, s \in \mathbb{R}\}$ *Ebene* in *P*.

Man kann auch schreiben $E = \{X \in P \mid \overrightarrow{0X} = \overrightarrow{0P} + r \cdot \vec{a} + s \cdot \vec{b}\}$, da $\overrightarrow{PX} = \overrightarrow{0X} - \overrightarrow{0P}$ ist. Diese Form nennt man ***Parameterform*** oder ***Punkt-Richtungs-Form*** der Ebenengleichung. Da eine Ebene aber nicht nur durch einen Punkt und zwei Ebenenvektoren, sondern auch durch drei Punkte eindeutig bestimmt ist, kann man die Ebene auch wie folgt in der ***Drei-Punkte-Form*** beschreiben:

S

Sind A, B und C drei verschiedene Punkte einer Ebene E, die nicht alle auf einer Geraden liegen, so ist die Ebene bestimmt durch die Gleichung E: $\overrightarrow{0X} = \overrightarrow{0A} + r \cdot \overrightarrow{AB} + s \cdot \overrightarrow{AC}$ (siehe Bild 13.33).

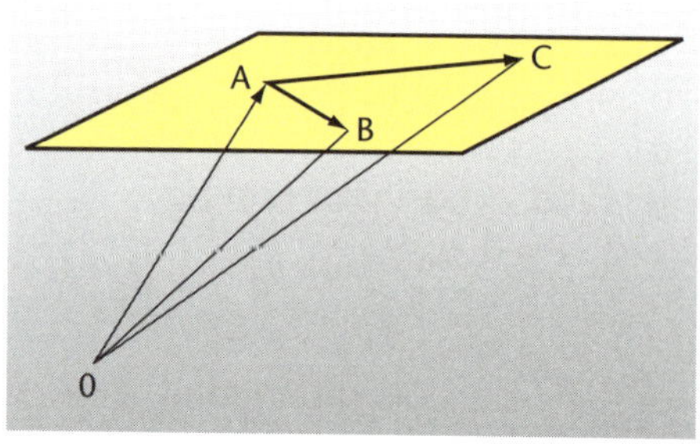

Bild 13.33 Drei Punkte bestimmen eine Ebene

Analog zu den Geraden kann man die Parallelität von Ebenen festlegen:

D

Zwei Ebenen E: $\overrightarrow{0X} = \overrightarrow{0P} + r \cdot \vec{a} + s \cdot \vec{b}$ und F: $\overrightarrow{0X} = \overrightarrow{0Q} + t \cdot \vec{c} + u \cdot \vec{d}$ mit $\vec{a}, \vec{b}, \vec{c}, \vec{d} \in V$ und $r, s, t, u \in \mathbb{R}$ heißen parallel, $E \parallel F$, wenn $\{\vec{a}, \vec{b}\}$ und $\{\vec{c}, \vec{d}\}$ Basen desselben Vektorraumes sind (siehe Bild 13.34).

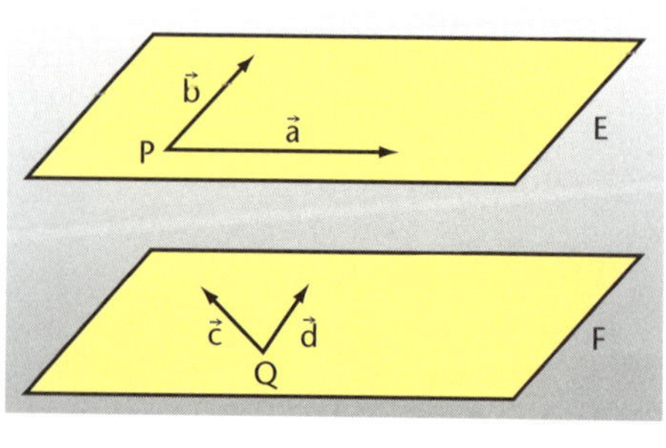

Bild 13.34 Zwei parallele Ebenen

Auch hier kann man unterscheiden, ob die Ebenen identisch oder verschieden sind. Im ersten Fall sind die Vektoren $\vec{a}$, $\vec{b}$ und $\overrightarrow{PQ}$ linear abhängig.

Schneiden sich zwei nicht parallele Ebenen, so ist ihre Schnittmenge stets eine Gerade.

BEISPIEL

Gegeben seien die beiden Ebenen

$$E: \overrightarrow{0X} = \begin{pmatrix} 1 \\ 0 \\ 3 \end{pmatrix} + r \cdot \begin{pmatrix} 0 \\ 2 \\ -1 \end{pmatrix} + s \cdot \begin{pmatrix} 2 \\ 3 \\ 0 \end{pmatrix}, \; F: \overrightarrow{0X} = \begin{pmatrix} -1 \\ 2 \\ 0 \end{pmatrix} + t \cdot \begin{pmatrix} 4 \\ 0 \\ 2 \end{pmatrix} + u \cdot \begin{pmatrix} 2 \\ -3 \\ -1 \end{pmatrix}.$$

Wir setzen die rechten Seiten gleich und formen um:

$$r \cdot \begin{pmatrix} 0 \\ 2 \\ -1 \end{pmatrix} + s \cdot \begin{pmatrix} 2 \\ 3 \\ 0 \end{pmatrix} - t \cdot \begin{pmatrix} 4 \\ 0 \\ 2 \end{pmatrix} = u \cdot \begin{pmatrix} 2 \\ -3 \\ -1 \end{pmatrix} + \begin{pmatrix} -2 \\ 2 \\ -3 \end{pmatrix}$$

Wir erhalten folgende Gleichungen:

$$\begin{aligned} 2s - 4t &= 2u - 2 \\ 2r + 3s \quad &= -3u + 2 \\ -r \quad - 2t &= -u - 3 \end{aligned}$$

Wir erhalten die Lösungen $r = 9u + 4$, $s = -7u - 2$, $t = -4u - 0{,}5$, die wir nun in die erste Ebenengleichung einsetzen (natürlich kann man auch die zweite Ebene benutzen):

$$\overrightarrow{0X} = \begin{pmatrix} 1 \\ 0 \\ 3 \end{pmatrix} + (9u + 4) \cdot \begin{pmatrix} 0 \\ 2 \\ -1 \end{pmatrix} + (-7u - 2) \cdot \begin{pmatrix} 2 \\ 3 \\ 0 \end{pmatrix}$$

$$= \begin{pmatrix} 1 \\ 0 \\ 3 \end{pmatrix} + u \cdot \begin{pmatrix} 0 \\ 18 \\ -9 \end{pmatrix} + \begin{pmatrix} 0 \\ 8 \\ -4 \end{pmatrix} + u \cdot \begin{pmatrix} -14 \\ -21 \\ 0 \end{pmatrix} + \begin{pmatrix} -4 \\ -6 \\ 0 \end{pmatrix}$$

$$= \begin{pmatrix} -3 \\ 2 \\ -1 \end{pmatrix} + u \cdot \begin{pmatrix} -14 \\ -3 \\ -9 \end{pmatrix}$$

Dies ist die Gleichung der Schnittgeraden.

13.4.4 Teilverhältnisse

Die analytische Geometrie liefert sehr einfache Beweise elementargeometrischer Erkenntnisse. Hierbei spielen häufig Teilstrecken und Seitenverhältnisse eine Rolle. Deshalb definieren wir zunächst:

D

Seien g eine Gerade im $\mathbb{R}^3$ und P, Q und M drei verschiedene Punkte von g. Dann heißt $r \in \mathbb{R}$ das *Teilverhältnis* der Punkte P, Q und M, wenn gilt: $\overrightarrow{PM} = r \cdot \overrightarrow{MQ}$.

Da die drei Punkte verschieden sein sollen, scheiden die Zahlen 0 und -1 für r aus. Ist r positiv, so liegt M zwischen P und Q (siehe Bild 13.35.) Ist r negativ, liegt für $r < -1$ Q zwischen P und M, für $-1 < r < 0$ P zwischen Q und M (siehe Bild 13.36).

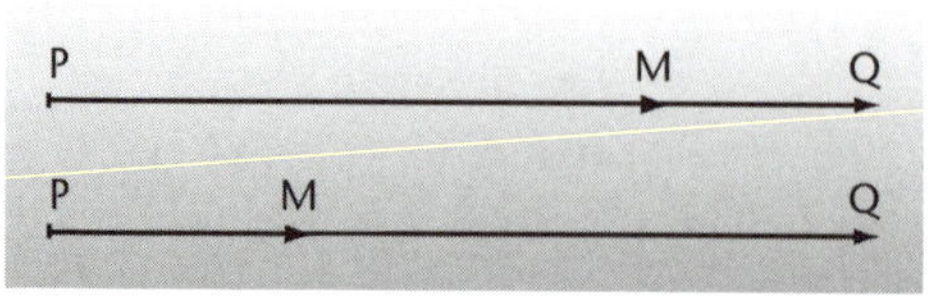

Bild 13.35 Teilverhältnisse für $r > 1$ und $0 < r < 1$

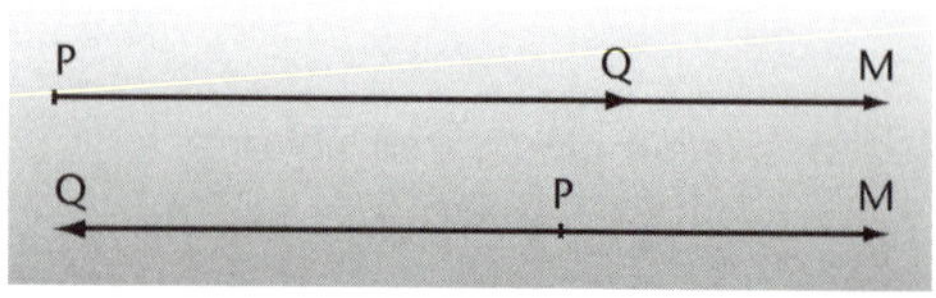

Bild 13.36 Teilverhältnisse für $r < -1$ und für $-1 < r < 0$

Da $\overrightarrow{PM} = \overrightarrow{0M} - \overrightarrow{0P}$ und $\overrightarrow{MQ} = \overrightarrow{0Q} - \overrightarrow{0M}$, gilt: $\overrightarrow{0M} - \overrightarrow{0P} = r \cdot (\overrightarrow{0Q} - \overrightarrow{0M})$. Aus der Koordinatengleichung $m_i - p_i = r \cdot (q_i - m_i)$, $i = 1 \ldots n$, kann man r oder M oder P oder Q berechnen, wenn die drei anderen Größen gegeben sind.

Dies hilft uns nun beim Beweis geometrischer Sätze.

BEISPIELE

1. *Schwerpunkt des Dreiecks* (siehe Bild 13.37)

Der Schwerpunkt im Dreieck ist der Schnittpunkt der Seitenhalbierenden. Das Dreieck ABC werde von den Ortsvektoren $\vec{a} = \overrightarrow{0A}$, $\vec{b}$ und $\vec{c}$ aufgespannt. Dann gilt für die Seitenmittelpunkte:

$$M_c\colon \overrightarrow{0M_c} = \frac{1}{2} \cdot (\vec{a} + \vec{b}),$$

$$M_b\colon \overrightarrow{0M_b} = \frac{1}{2} \cdot (\vec{c} + \vec{a}),$$

$$M_a\colon \overrightarrow{0M_a} = \frac{1}{2} \cdot (\vec{b} + \vec{c})$$

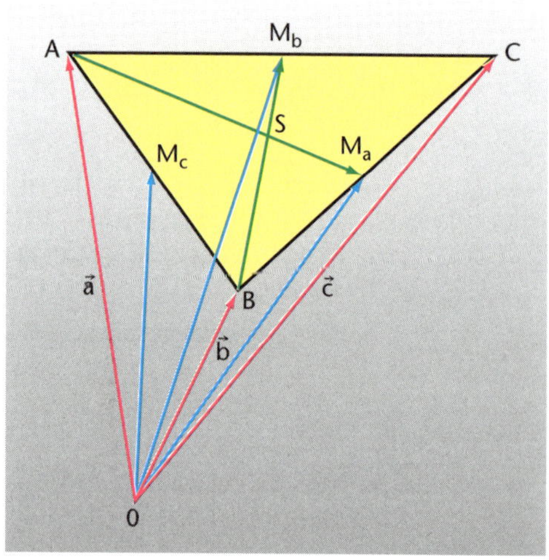

Bild 13.37 Zum Schwerpunkt S im Dreieck

Für zwei Seitenhalbierende erhält man:

$$\overrightarrow{AM_a}\colon \overrightarrow{0X} = \vec{a} + r \cdot \left(\frac{1}{2}\vec{b} + \frac{1}{2}\vec{c} - \vec{a}\right) = (1 - r) \cdot \vec{a} + \frac{r}{2}\vec{b} + \frac{r}{2}\vec{c}$$

$$\overrightarrow{BM_b}\colon \overrightarrow{0X} = \vec{b} + s \cdot \left(\frac{1}{2}\vec{c} + \frac{1}{2}\vec{a} - \vec{b}\right) = \frac{s}{2} \cdot \vec{a} + (1 - s)\vec{b} + \frac{s}{2}\vec{c}$$

In ihrem Schnittpunkt gilt $(1 - r) \cdot \vec{a} + \frac{r}{2}\vec{b} + \frac{r}{2}\vec{c} = \frac{s}{2} \cdot \vec{a} + (1 - s)\vec{b} + \frac{s}{2}\vec{c}$.

Nach Umformungen erhalten wir

$$\left(1 - r - \frac{s}{2}\right)\vec{a} + \left(\frac{r}{2} - 1 + s\right)\vec{b} + \left(\frac{r}{2} - \frac{s}{2}\right)\vec{c} = \vec{0}.$$

Da die drei Vektoren linear unabhängig sind, müssen die Koeffizienten alle 0 sein, woraus man $r = s = \frac{2}{3}$ erhält.

Dies ergibt den bekannten Satz: Im Dreieck teilen sich die Seitenhalbierenden im Verhältnis 2 : 1.

2. *Diagonalen im Parallelogramm*
(siehe Bild 13.38)
Behauptung: Im Parallelogramm halbieren sich die Diagonalen im Schnittpunkt.
Beweis: Sei $\overrightarrow{BM} = r \cdot \overrightarrow{BD}$, $\overrightarrow{MA} = s \cdot \overrightarrow{CA}$.
Es ist $\overrightarrow{AB} + r \cdot \overrightarrow{BD} + s \cdot \overrightarrow{CA} = \vec{0}$.
$\Leftrightarrow \overrightarrow{AB} + r \cdot (\overrightarrow{AD} - \overrightarrow{AB}) + s \cdot (-\overrightarrow{AB} - \overrightarrow{AD}) = \vec{0} \Leftrightarrow (1 - r - s) \cdot \overrightarrow{AB} + (r - s) \cdot \overrightarrow{AD} = \vec{0})$

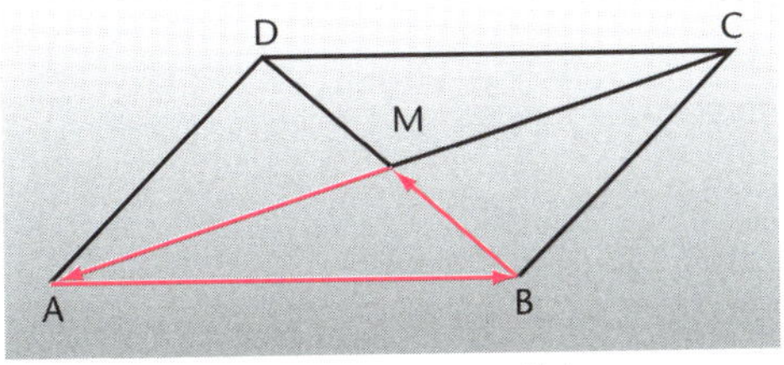

Bild 13.38 Diagonalen im Parallelogramm

Da $\overrightarrow{AB}$ und $\overrightarrow{AD}$ linear unabhängig sind, folgt $r = s = \frac{1}{2}$.

13.4.5 Flächeninhalt eines Parallelogrammes

Wir definieren für ein von zwei Vektoren $\vec{a}$ und $\vec{b}$ aufgespanntes Parallelogramm (siehe Bild 13.39) eine Flächeninhaltsfunktion $F(\vec{a}, \vec{b})$ in Anlehnung an unsere Erkenntnisse aus der Ähnlichkeitsgeometrie, die sich ja mit affinen Abbildungen beschäftigt. Dort ändert sich nach dem Prinzip der Scherung (siehe Seite 434) der Flächeninhalt eines Vielecks nicht, wenn die Grundseite und die Höhe unverändert bleiben. Ersetzen wir im von $\vec{a}$ und $\vec{b}$ aufgespannten Parallelogramm $\vec{b}$ durch $\vec{a} + \vec{b}$, so muß der Flächeninhalt der gleiche sein (siehe Bild 13.40).

Die zentrische Streckung (siehe auch Seite 426) ist eine affine Abbildung. Eine ihrer Eigenschaften ist die, daß sich der Flächeninhalt einer Figur um den Faktor k^2 verändert, wenn die Figur mit dem Faktor k gestreckt wird. Bei einer Parallelstreckung um den Faktor k wird auch der Flächeninhalt k-mal so groß (siehe Bild 13.41).

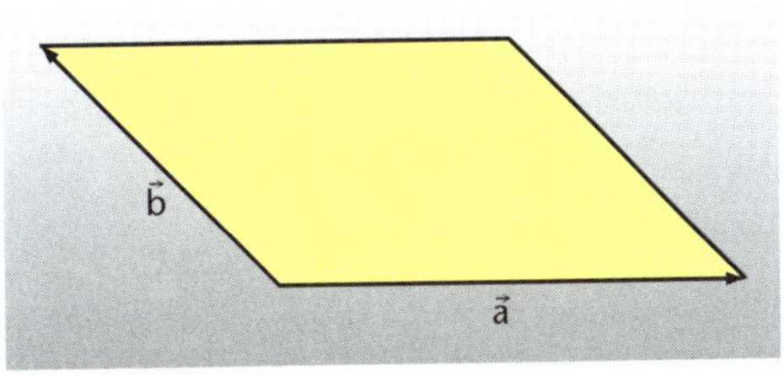

Bild 13.39 Von 2 Vektoren aufgespanntes Parallelogramm

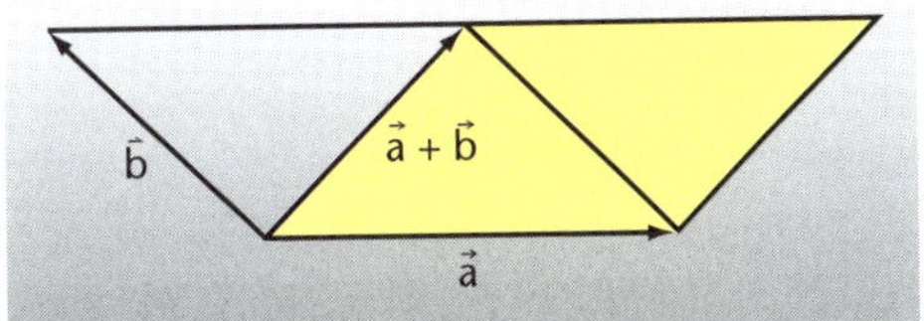

Bild 13.40 Von $\vec{a}$ und $\vec{a} + \vec{b}$ aufgespanntes Parallelogramm

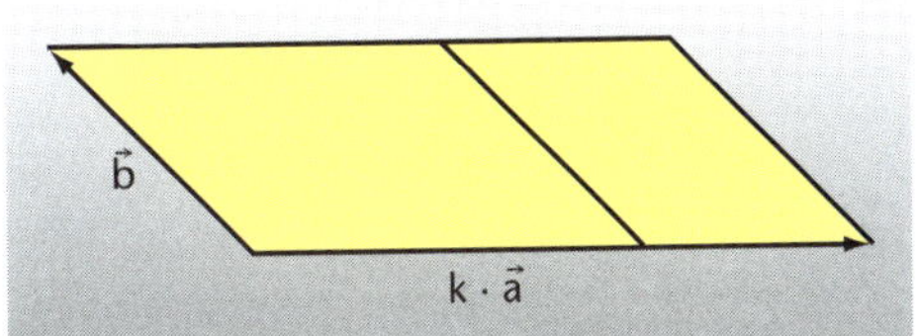

Bild 13.41 Von $k \cdot \vec{a}$ und $\vec{b}$ aufgespanntes Parallelogramm

Nun fehlt noch eine „Eichung“ oder Normierung des Flächeninhaltes, die wir mit Hilfe der Basisvektoren $\vec{e}$ und $\vec{f}$ des zweidimensionalen Punktraumes in Anlehnung an die Definition des Koordinatensystems (siehe Seite 720) vornehmen:

D

Eine Funktion F, die jedem von zwei Vektoren $\vec{a}, \vec{b} \in V$ aufgespannten Parallelogramm eine reelle Zahl zuordnet, heißt *Flächeninhalt* $F(\vec{a}, \vec{b})$, wenn gilt:

1. Sind $\vec{e}$ und $\vec{f}$ Basisvektoren, so ist $F(\vec{e}, \vec{f}) = 1$.
2. Für alle $r \in \mathbb{R}$ gilt: $F(r \cdot \vec{a}, \vec{b}) = F(\vec{a}, r \cdot \vec{b}) = r \cdot F(\vec{a}, \vec{b})$.
3. $F(\vec{a}, \vec{a} + \vec{b}) = F(\vec{a}, \vec{b}) = F(\vec{a} + \vec{b}, \vec{b})$.

Forderung 3 kann sogar noch erweitert werden. Statt einen der Vektoren durch die Summe der beiden zu ersetzen, darf man sogar zu einem Vektor ein beliebiges Vielfaches des anderen addieren: $F(\vec{a}, \vec{b}) = F(\vec{a}, \vec{a} + r \cdot \vec{b})$, $r \in \mathbb{R}$.

Da r auch negativ sein kann, besitzt der Flächeninhalt ein Vorzeichen, das positiv oder negativ sein kann. Es gibt die ***Richtung*** der Fläche an. Man spricht von einer ***orientierten Fläche.*** Der ***Richtungsvektor*** ist der Vektor $\vec{a} \times \vec{b}$ (siehe Sonderseite „Vektorprodukt“, Seite 737). Es ist $F(\vec{a}, \vec{b}) = -F(\vec{b}, \vec{a})$. Als Sonderfall ergibt sich hieraus noch die Eigenschaft $F(\vec{a}, \vec{a}) = 0$.

BEISPIEL

Die Vektoren $\vec{a} = \begin{pmatrix} -3 \\ 5 \end{pmatrix}$ und $\vec{b} = \begin{pmatrix} 4 \\ 1 \end{pmatrix}$ spannen ein Parallelogramm im $\mathbb{R}^2$ auf (siehe Bild 13.42). Nehmen wir als Basisvektoren $\vec{e} = \begin{pmatrix} 1 \\ 0 \end{pmatrix}$ und $\vec{f} = \begin{pmatrix} 0 \\ 1 \end{pmatrix}$, so ist $\vec{a} = -3 \cdot \vec{e} + 5 \cdot \vec{f}$ und $\vec{b} = 4 \cdot \vec{e} + 1 \cdot \vec{f}$.

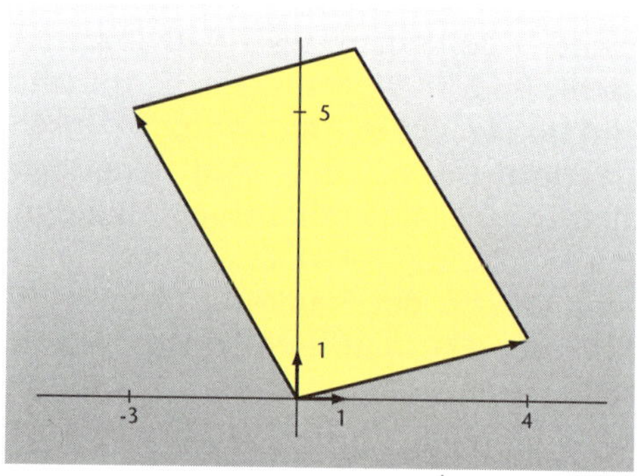

Bild 13.42 Von $\vec{a} = (-3|5)$ und $\vec{b} = (4|1)$ aufgespanntes Parallelogramm

Dann ist:

$$\begin{aligned} F(\vec{a}, \vec{b}) &= F(-3\vec{e} + 5\vec{f}, \vec{b}) = F(-3\vec{e}, \vec{b}) + F(5\vec{f}, \vec{b}) = -3 \cdot F(\vec{e}, \vec{b}) + 5 \cdot F(\vec{f}, \vec{b}) \\ &= -3F(\vec{e}, 4\vec{e} + \vec{f}) + 5F(\vec{f}, 4\vec{e} + \vec{f}) \\ &= -3F(\vec{e}, 4\vec{e}) - 3F(\vec{e}, \vec{f}) + 5F(\vec{f}, 4\vec{e}) + 5F(\vec{f}, \vec{f}) \\ &= -12 \cdot F(\vec{e}, \vec{e}) - 3 \cdot F(\vec{e}, \vec{f}) + 20 \cdot F(\vec{f}, \vec{e}) + 5 \cdot F(\vec{f}, \vec{f}) \\ &= 0 - 3 \cdot F(\vec{e}, \vec{f}) - 20 \cdot F(\vec{e}, \vec{f}) + 0 = -23 \end{aligned}$$

Betrachten wir die Matrix aus den Koeffizienten der Vektoren $\vec{a}$ und $\vec{b}$, so stellen wir fest, daß ihre Determinante das gleiche Ergebnis liefert:

$$\begin{vmatrix} -3 & 4 \\ 5 & 1 \end{vmatrix} = -3 \cdot 1 - 4 \cdot 5 = -23$$

S

Sind $\vec{a} = a_1 \cdot \vec{e} + a_2 \cdot \vec{f}$ und $\vec{b} = b_1 \cdot \vec{e} + b_2 \cdot \vec{f}$ Vektoren im $\mathbb{R}^2$ und $\vec{e}$ und $\vec{f}$ Basisvektoren im $\mathbb{R}^2$, so ist $F(\vec{a}, \vec{b}) = \begin{vmatrix} a_1 & b_1 \\ a_2 & b_2 \end{vmatrix}$.

13.4.6 Rauminhalt eines Spats

Unter einem Spat versteht man ein Prisma, dessen Seitenflächen alle Parallelogramme sind (siehe Bild 13.43). Für den Rauminhalt des Spats gelten die Überlegungen, die wir für den Flächeninhalt des Parallelogrammes angestellt haben, entsprechend.

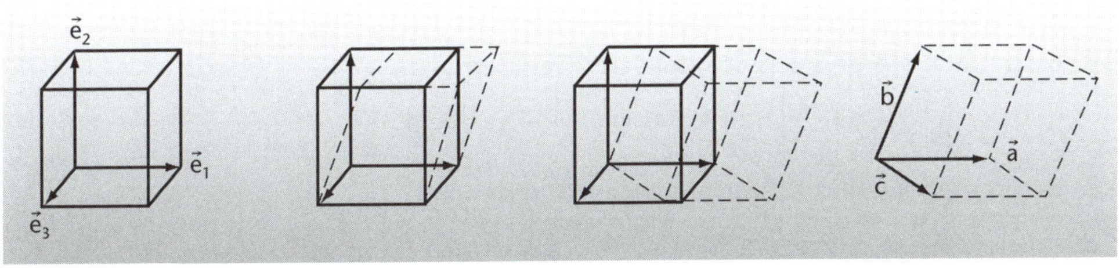

Bild 13.43 Vom Würfel zum Spat

D

Eine Funktion V, die jedem von drei Vektoren $\vec{a}, \vec{b}, \vec{c} \in V$ aufgespannten Spat eine reelle Zahl zuordnet, heißt *Volumen* $V(\vec{a}, \vec{b}, \vec{c})$, wenn gilt:

1. Sind $\vec{e_1}$, $\vec{e_2}$ und $\vec{e_3}$ Basisvektoren, so ist $V(\vec{e_1}, \vec{e_2}, \vec{e_3}) = 1$.

2. Für alle $r \in \mathbb{R}$ gilt: $V(r \cdot \vec{a}, \vec{b}, \vec{c}) = V(\vec{a}, r \cdot \vec{b}, \vec{c}) = V(\vec{a}, \vec{b}, r \cdot \vec{c}) = r \cdot V(\vec{a}, \vec{b}, \vec{c})$.

3. $V(\vec{a} + \vec{b}, \vec{b}, \vec{c}) = V(\vec{a}, \vec{b}, \vec{c}) = \ldots$

Die für $F(\vec{a}, \vec{b})$ aufgezeigten Eigenschaften gelten analog auch für $V(\vec{a}, \vec{b}, \vec{c})$. Zur Berechnung ist der folgende Satz nützlich:

S

Sind $\vec{e_1}, \vec{e_2}, \vec{e_3}$ Basisvektoren des $\mathbb{R}^3$ und sind $\vec{a} = a_1 \cdot \vec{e_1} + a_2 \cdot \vec{e_2} + a_3 \cdot \vec{e_3}$, $\vec{b} = b_1 \cdot \vec{e_1} + b_2 \cdot \vec{e_2} + b_3 \cdot \vec{e_3}$, $\vec{c} = c_1 \cdot \vec{e_1} + c_2 \cdot \vec{e_2} + c_3 \cdot \vec{e_3}$, so ist

$$V(\vec{a}, \vec{b}, \vec{c}) = \begin{vmatrix} a_1 & b_1 & c_1 \\ a_2 & b_2 & c_2 \\ a_3 & b_3 & c_3 \end{vmatrix}.$$

ÜBUNGEN

26. Zeigen Sie, daß der Vektorraum *V* kein Punktraum wird, wenn die Zuordnung $(\vec{a} \mid \vec{b}) \mapsto \vec{a} + \vec{b}$ mit $\vec{a}, \vec{b} \in V$ lautet.

27. Beweisen Sie die Eigenschaften E_1 bis E_3 von Seite 719.

28. Eine Gerade im $\mathbb{R}^2$ habe den Richtungsvektor $\vec{a} = \begin{pmatrix} 2 \\ 3 \end{pmatrix}$ und gehe durch den Punkt $P(-1 \mid 7)$. Wie lautet die Gleichung der Geraden?

29. Wie lautet die Gleichung der Geraden durch die beiden Punkte $A(3 \mid -5)$ und $B(0 \mid 2)$?

30. Welche Lage haben die beiden Geraden g: $\overrightarrow{0X} = \begin{pmatrix} 2 \\ 4 \end{pmatrix} + r \cdot \begin{pmatrix} -2 \\ 1 \end{pmatrix}$ und h: $\overrightarrow{0X} = \begin{pmatrix} 3 \\ 0 \end{pmatrix} + s \cdot \begin{pmatrix} 6 \\ -3 \end{pmatrix}$ im $\mathbb{R}^2$ zueinander?

31. Liegen die Punkte $P(0 \mid 0 \mid 1)$, $Q(-1 \mid -1 \mid 1)$ und $R(-2 \mid 8 \mid -10)$ auf der Geraden g: $\overrightarrow{0X} = \begin{pmatrix} 4 \\ 2 \\ -1 \end{pmatrix} + r \cdot \begin{pmatrix} 2 \\ -2 \\ 3 \end{pmatrix}$?

32. Bestimmen Sie den Schnittpunkt der Geraden g: $\overrightarrow{0X} = \begin{pmatrix} 4 \\ 6 \end{pmatrix} + r \begin{pmatrix} -2 \\ 0 \end{pmatrix}$ und h: $\overrightarrow{0X} = \begin{pmatrix} 0 \\ 2 \end{pmatrix} + s \cdot \begin{pmatrix} -4 \\ 1 \end{pmatrix}$.

33. Bestimmen Sie den Schnittpunkt der Geraden im $\mathbb{R}^3$ g: $\overrightarrow{0X} = \begin{pmatrix} 1 \\ 5 \\ -7 \end{pmatrix} + r \cdot \begin{pmatrix} 3 \\ 0 \\ 0 \end{pmatrix}$ und h: $\overrightarrow{0X} = \begin{pmatrix} 2 \\ 0 \\ 1 \end{pmatrix} + s \cdot \begin{pmatrix} -2 \\ 5 \\ 8 \end{pmatrix}$.

34. Liegen die Punkte aus Aufgabe 31. in der Ebene E: $\overrightarrow{0X} = \begin{pmatrix} 1 \\ 0 \\ 2 \end{pmatrix} + r \cdot \begin{pmatrix} 0 \\ 3 \\ -3 \end{pmatrix} + s \cdot \begin{pmatrix} 1 \\ 3 \\ 0 \end{pmatrix}$?

35. Welche Ebene spannen die drei Punkte aus Aufgabe 31. auf?

36. Bestimmen Sie die Schnittgerade der Ebenen E: $\overrightarrow{0X} = \begin{pmatrix} -4 \\ 0 \\ 2 \end{pmatrix} + r \cdot \begin{pmatrix} 0 \\ 0 \\ -1 \end{pmatrix} + s \begin{pmatrix} 1 \\ 3 \\ 0 \end{pmatrix}$ und F: $\overrightarrow{0X} = \begin{pmatrix} 0 \\ 0 \\ 2 \end{pmatrix} + t \cdot \begin{pmatrix} 3 \\ 4 \\ 5 \end{pmatrix} + u \cdot \begin{pmatrix} 0 \\ 2 \\ -3 \end{pmatrix}$.

37. Berechnen Sie den Schwerpunkt S des Dreiecks ABC mit $A(4 \mid -4 \mid 9)$, $B(2 \mid 1 \mid 3)$ und $C(3 \mid 0 \mid 0)$.

38. Die Vektoren $\vec{a} = \begin{pmatrix} -3 \\ 7 \end{pmatrix}$ und $\vec{b} = \begin{pmatrix} 2 \\ 1 \end{pmatrix}$ spannen ein Parallelogramm auf. Berechnen Sie dessen Flächeninhalt.

39. Die drei Vektoren $\vec{a} = \begin{pmatrix} 4 \\ 0 \\ 8 \end{pmatrix}$, $\vec{b} = \begin{pmatrix} 2 \\ 0 \\ -1 \end{pmatrix}$ und $\vec{c} = \begin{pmatrix} 1 \\ -5 \\ 1 \end{pmatrix}$ spannen ein Spat auf. Berechnen Sie den Rauminhalt des Spats.

13.5 Der euklidische (metrische) Raum

13.5.1 Das Skalarprodukt

Wir wollen nun eine Metrik auf dem Vektorraum oder Punktraum einführen, die es uns ermöglicht, die ***Längen*** von Vektoren sowie ***Winkel*** zu bestimmen. Eine Länge ist eine reelle Zahl, kein Vektor. Wir suchen nach einer Funktion von der Menge der Vektoren in die Menge der reellen Zahlen. Aus der Physik wissen wir, daß die von einer Kraft F verrichtete Arbeit W entlang eines Weges s genau dann $W = F \cdot s$ ist, wenn F und s parallel sind. Ansonsten muß für die Berechnung die zu s parallele Komponente von F, F_s, multipliziert werden. Kraft und Weg sind Vektoren, ihr Produkt soll eine reelle Zahl, einen Skalar ergeben.

D

Sei V ein Vektorraum, $\vec{a}, \vec{b} \in V$. Das Produkt $\vec{a} \circ \vec{b}$ heißt *Skalarprodukt*, wenn den Vektoren $\vec{a}$ und $\vec{b}$ eine reelle Zahl zugeordnet wird, so daß folgende Axiome gelten:
(S1): $\vec{a} \circ \vec{b} = \vec{b} \circ \vec{a}$ (Kommutativität)
(S2): $(\vec{a} + \vec{c}) \circ \vec{b} = \vec{a} \circ \vec{b} + \vec{c} \circ \vec{b}$ (Distributivität)
(S3): $r \cdot (\vec{a} \circ \vec{b}) = (r \cdot \vec{a}) \circ \vec{b}$ (gemischte Assoziativität)
(S4): $\vec{a} \circ \vec{a} > 0$ für $\vec{a} \neq \vec{0}$

S2 gilt auch mit der Summe im zweiten Faktor.
S3 gilt auch, wenn r auf den zweiten Vektor angewendet wird. Es genügt, das Skalarprodukt auf den Basisvektoren eines Vektorraumes zu definieren. Dann ist es für alle Vektoren festgelegt. Dies ist eine Folgerung aus den Axiomen, wie wir nun zeigen wollen. Wir wählen den dreidimensionalen Vektorraum ***V*** mit den Basisvektoren $\vec{e}_1, \vec{e}_2, \vec{e}_3$. Sei $\vec{a} = a_1\vec{e}_1 + a_2\vec{e}_2 + a_3\vec{e}_3$, $\vec{b} = b_1\vec{e}_1 + b_2\vec{e}_2 + b_3\vec{e}_3$. Dann ist:

$$\begin{aligned}
\vec{a} \circ \vec{b} &= (a_1\vec{e}_1 + a_2\vec{e}_2 + a_3\vec{e}_3) \circ (b_1\vec{e}_1 + b_2\vec{e}_2 + b_3\vec{e}_3) \\
&= a_1b_1\vec{e}_1 \circ \vec{e}_1 + a_1b_2\vec{e}_1 \circ \vec{e}_2 + a_1b_3\vec{e}_1 \circ \vec{e}_3 \\
&+ a_2b_1\vec{e}_2 \circ \vec{e}_1 + a_2b_2\vec{e}_2 \circ \vec{e}_2 + a_2b_3\vec{e}_2 \circ \vec{e}_3 \\
&+ a_3b_1\vec{e}_3 \circ \vec{e}_1 + a_3b_2\vec{e}_3 \circ \vec{e}_2 + a_3b_3\vec{e}_3 \circ \vec{e}_3 \\
&= a_1b_1\vec{e}_1 \circ \vec{e}_1 + (a_1b_2 + a_2b_1)\, \vec{e}_1 \circ \vec{e}_2 + (a_1b_3 + a_3b_1)\, \vec{e}_1 \circ \vec{e}_3 \\
&+ a_2b_2\vec{e}_2 \circ \vec{e}_2 + (a_2b_3 + a_3b_2)\, \vec{e}_2 \circ \vec{e}_3 + a_3b_3\vec{e}_3 \circ \vec{e}_3
\end{aligned}$$

Sind die Produkte der Basisvektoren untereinander festgelegt (sogenannte ***Strukturkonstanten***), so ist das Skalarprodukt eindeutig.

BEISPIEL

Im $\mathbb{R}^3$ wählen wir die Basisvektoren $\vec{e}_1 = (1 \mid 0 \mid 0)$[1], $\vec{e}_2 = (0 \mid 1 \mid 0)$ und $\vec{e}_3 = (0 \mid 0 \mid 1)$. Wir legen fest: $\vec{e}_i \circ \vec{e}_i = 1$, $\vec{e}_i \circ \vec{e}_j = 0$ für $i \neq j$. Dann ist $\vec{a} \circ \vec{b} = a_1b_1 + a_2b_2 + a_3b_3$. Dieses Skalarprodukt heißt *Standardskalarprodukt*. Für $\vec{a} = (5 \mid 4 \mid -2)$ und $\vec{b} = (0 \mid -3 \mid 2)$ erhalten wir $\vec{a} \circ \vec{b} = 5 \cdot 0 - 4 \cdot 3 - 2 \cdot 2 = -16$.

Tatsächlich gibt es unendlich viele Skalarprodukte in einem Vektorraum. Welches man auswählt, hängt davon ab, wozu man es benötigt.

13.5.2 Metrik

Wenn wir die Länge eines Vektors definieren wollen, so ist es naheliegend, dies in Anlehnung an die Abstandsdefinition zweier Punkte im $\mathbb{R}^3$ zu tun, die über den Satz des Pythagoras (siehe Seite 364) erfolgt.

D

Unter dem *Betrag* oder der *Länge* eines Vektors $\vec{a}$ versteht man die reelle Zahl $\sqrt{\vec{a} \circ \vec{a}}$. Wir schreiben auch $|\vec{a}| = \sqrt{\vec{a}^2} = \sqrt{\vec{a} \circ \vec{a}}$.

BEISPIEL

Im $\mathbb{R}^2$ erhalten wir mit dem Standardskalarprodukt für den Vektor $\vec{a} = (4 \mid 2)$ den Betrag $\sqrt{\vec{a} \circ \vec{a}} = \sqrt{(4\vec{e}_1 + 2\vec{e}_2) \circ (4\vec{e}_1 + 2\vec{e}_2)} = \sqrt{4 \cdot 4 + 2 \cdot 2} = \sqrt{20}$.
Im $\mathbb{R}^3$ hat der Vektor $\vec{b} = (3 \mid 8 \mid -2)$ die Länge $\sqrt{3 \cdot 3 + 8 \cdot 8 + 2 \cdot 2} = \sqrt{77}$.

Folgende Eigenschaften sind fast selbstverständlich:
Für alle Vektoren $\vec{a} \in V$ gilt:
(E_1) $|\vec{a}| \geq 0$
(E_2) $|\vec{a}| = 0 \Leftrightarrow \vec{a} = \vec{0}$
(E_3) $|r| \cdot |\vec{a}| = |r \cdot \vec{a}|$
Die Beweise ergeben sich aus der Definition des Betrags und den Eigenschaften des Skalarproduktes.

Drei weitere Eigenschaften seien noch aufgezählt:

[1] Wir benutzen nun auch diese Schreibweise für die Komponentendarstellung von Vektoren.

S

Für alle $\vec{a}, \vec{b} \in V$ gelten folgende Sätze:

Cauchy-Schwarzsche Ungleichung:

$|\vec{a} \circ \vec{b}| \leq |\vec{a}| \cdot |\vec{b}|$

Dreiecksungleichung:

$|\vec{a} + \vec{b}| \leq |\vec{a}| + |\vec{b}|$

Satz des Pythagoras:

$\vec{a} \perp \vec{b} \Rightarrow |\vec{a} + \vec{b}|^2 = |\vec{a}|^2 + |\vec{b}|^2$

Die Beweise ergeben sich aus den Axiomen des Skalarproduktes. Von besonderem Interesse sind Vektoren der Länge 1.

D

Ein Vektor heißt *normiert,* wenn er die Länge 1 hat.

BEISPIEL

Die oben benutzten Basisvektoren $\vec{e_1} = (1 \mid 0 \mid 0)$, $\vec{e_2}$ und $\vec{e_3}$ sind normiert, denn es ist $|\vec{e_i}| = \sqrt{1 + 0 + 0} = 1$, $i = 1, 2, 3$.

Man kann nun jeden Vektor ***normieren,*** indem man ihn durch seine Länge dividiert.

BEISPIEL

Sei $\vec{a} = (5 \mid -3 \mid 4)$. Dann ist $|\vec{a}| = \sqrt{25 + 9 + 16} = \sqrt{50}$. Der Vektor $\vec{a}^* = \frac{1}{\sqrt{50}} \cdot \vec{a}$ hat dann die Länge 1.

Bisher haben wir Vektoren behandelt. Doch ist es ohne Probleme möglich, die Festlegungen auf Punkte zu übertragen, indem wir jedem Paar $(X \mid Y)$ von Punkten des Punktraums ***P*** den Vektor $\overrightarrow{XY}$ zuordnen und die Metrik durch folgende Festlegung auf den Punktraum übertragen:

D

Seien P und Q zwei Punkte des Punktraumes *P*. Unter dem *Abstand* $|PQ|$ der Punkte P und Q versteht man den Betrag des zugeordneten Vektors $\overrightarrow{PQ} \in V$: $|PQ| = |\overrightarrow{PQ}| = \sqrt{\overrightarrow{PQ} \circ \overrightarrow{PQ}}$.

Der Punktraum heißt *euklidischer Vektorraum.*

BEISPIEL

Die Punkte P(2 | 5) und Q(-1 | 2) im $\mathbb{R}^2$ haben den Abstand

$|\overrightarrow{PQ}| = \left| \begin{pmatrix} -1 & -2 \\ 2 & -5 \end{pmatrix} \right| = \left| \begin{pmatrix} -3 \\ -3 \end{pmatrix} \right|$

$= \sqrt{9 + 9} = \sqrt{18}$ (siehe Bild 13.44).

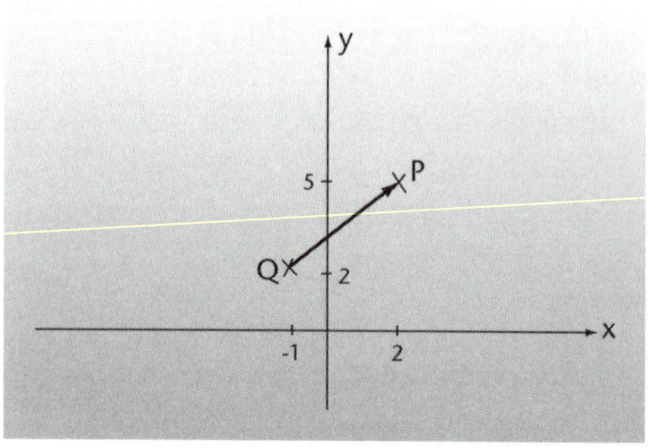

Bild 13.44 Abstand zwischen zwei Punkten

13.5.3 Orthogonalität und Winkel

Bilden wir einmal das Skalarprodukt der zwei Basisvektoren im $\mathbb{R}^2$

$$\vec{e}_1 \cdot \vec{e}_2 = \begin{pmatrix} 1 \\ 0 \end{pmatrix} \circ \begin{pmatrix} 0 \\ 1 \end{pmatrix} = 1 \cdot 0 + 0 \cdot 1 = 0.$$

Beide Vektoren stehen senkrecht aufeinander. Deshalb ist folgende Definition naheliegend:

D

Zwei Vektoren $\vec{a}$ und $\vec{b}$ heißen *orthogonal*, $\vec{a} \perp \vec{b}$, wenn $\vec{a} \circ \vec{b} = 0$ ist.

BEISPIEL

Die Vektoren $\vec{a} = (2 \mid 3 \mid 7)$ und $\vec{b} = (-4 \mid 12 \mid -4)$ sind orthogonal zueinander, denn es ist

$\vec{a} \circ \vec{b} = -8 + 36 - 28 = 0$

(siehe Bild 13.45).

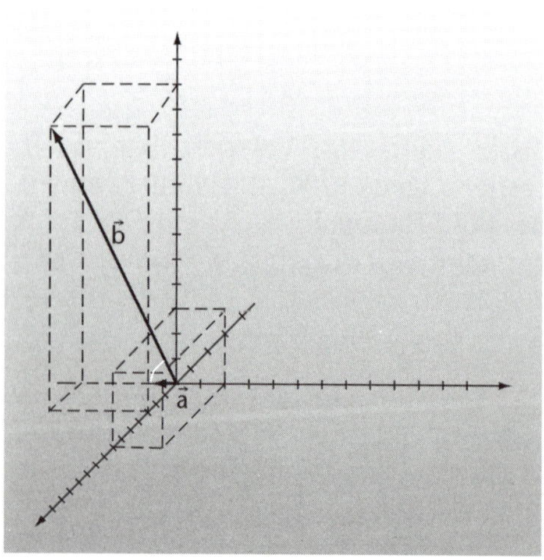

Bild 13.45 Zwei orthogonale Vektoren im $\mathbb{R}_3$

Sind $\vec{a}$ und $\vec{b}$ orthogonal und drehen wir $\vec{b}$ in Richtung $\vec{a}$, so muß der Betrag des Skalarproduktes allmählich wachsen, ohne daß die Beträge der Vektoren sich verändern. Er wird ein Maximum erreichen, wenn $\vec{b} \parallel \vec{a}$ ist. Demnach ist das Skalarprodukt ein Maß für den Winkel, den beide Vektoren einschließen.

D

Unter dem Winkel φ zwischen den Vektoren $\vec{a}$ und $\vec{b}$, $\vec{a} \neq \vec{0}$, $\vec{b} \neq \vec{0}$, versteht man die reelle Zahl $\varphi = \sphericalangle(\vec{a}, \vec{b})$ mit $\cos\varphi = \frac{\vec{a} \circ \vec{b}}{|\vec{a}| \cdot |\vec{b}|}$.

BEISPIELE

1. Sei $\vec{a} = (2 \mid 3 \mid 0)$ und $\vec{b} = (3 \mid -4 \mid 2)$, so ist

$$\cos\sphericalangle(\vec{a}, \vec{b}) = \frac{2 \cdot 3 - 3 \cdot 4 + 0}{\sqrt{13 \cdot 29}} \approx -0{,}309 \Rightarrow \varphi \approx 109^\circ.$$

2. Gesucht ist eine Zahl $r \in \mathbb{R}$, so daß $\vec{b}^* = \vec{a} + r \cdot \vec{b} \perp \vec{a}$ ist. Dann gilt:

$$(\vec{a} + r \cdot \vec{b}) \circ \vec{a} = 0 \Leftrightarrow \begin{pmatrix} 2 + 3r \\ 3 - 4r \\ 0 + 2r \end{pmatrix} \circ \begin{pmatrix} 2 \\ 3 \\ 0 \end{pmatrix} = 0$$

$$\Leftrightarrow 4 + 6r + 9 - 12r = 0 \Leftrightarrow 13 - 6r = 0 \Leftrightarrow r = \frac{13}{6}$$

Die Vektoren $\vec{a} = (2 \mid 3 \mid 0)$ und $\vec{b}^* = \left(8\frac{1}{2} \;\middle|\; -5\frac{2}{3} \;\middle|\; \frac{13}{3}\right)$ sind orthogonal. Auf diese Weise kann man aus einer Basis eines Vektorraumes eine Orthogonalbasis machen, die nur Vektoren enthält, die paarweise orthogonal sind. Das Verfahren heißt *Schmidtsches Orthogonalisierungsverfahren* (nach dem deutschen Mathematiker Erhard Schmidt; 1876–1959).

Besonders einfach gestaltet sich das Skalarprodukt, wenn die Basisvektoren orthogonal zueinander sind und ihre Länge 1 beträgt. Eine solche Basis heißt ***Orthonormalbasis.*** Im $\mathbb{R}^n$ ist z. B. $\{(1 \mid 0 \mid 0 \mid \ldots \mid 0), (0 \mid 1 \mid 0 \mid \ldots \mid 0) \ldots (0 \mid 0 \mid 0 \mid \ldots \mid 1)\}$ eine Orthonormalbasis.

D

Ist *V* ein Vektorraum mit Skalarprodukt und $\{\vec{e}_1 \ldots \vec{e}_n\}$ eine orthonormierte Basis, dann heißt das Skalarprodukt zweier Vektoren $\vec{a}$ und $\vec{b}$: $\vec{a} \circ \vec{b} = \sum_{i=1}^{n} a_i b_i$ *Standardskalarprodukt.*

ÜBUNGEN

40. Prüfen Sie, ob durch folgende Festlegung ein Skalarprodukt im $\mathbb{R}^2$ definiert wird: $\vec{x} \circ \vec{y} = 2x_1y_1 - 3 \cdot (x_1y_2 + x_2y_1) + 6x_2y_2$.

41. Berechnen Sie das Standardskalarprodukt der Vektoren $\vec{a} = (3 \mid -11 \mid 2)$, $\vec{b} = (-5 \mid 0 \mid 9)$, $\vec{c} = \left(\frac{1}{2} \mid -3 \mid 12\right)$ paarweise.

42. Berechnen Sie die Beträge der Vektoren aus Aufgabe 41.

43. Berechnen Sie den Betrag des Vektors $\vec{a} = (12 \mid -4 \mid -3 \mid 0 \mid 1 \mid 5 \mid -6 \mid 7)$ im $\mathbb{R}^8$.

44. Normieren Sie die Vektoren aus den Aufgaben 41. und 43.

45. Berechnen Sie die Winkel, die die Vektoren aus Aufgabe 41. paarweise einschließen.

46. Berechnen Sie die Winkel, die die Vektoren $\vec{a} = (9 \mid -17)$ und $\vec{b} = (-4 \mid 5)$ einschließen.

47. *a)* Zeigen Sie, daß sich die Raumdiagonalen im Würfel gegenseitig halbieren.
b) Berechnen Sie die Winkel, mit denen sich die Raumdiagonalen im Würfel schneiden.

48. Zeigen Sie, daß im Falle $|\vec{a}| = |\vec{b}|$, $\vec{a} \neq -\vec{b}$, der Vektor $\vec{a} + \vec{b}$ den Winkel zwischen $\vec{a}$ und $\vec{b}$ halbiert.

49. Berechnen Sie einen Innenwinkel im gleichseitigen Dreieck.

50. Ein Dreieck sei im $\mathbb{R}^3$ durch die Punkte $A(-1 \mid 0 \mid 5)$, $B(3 \mid -2 \mid -5)$ und $C(1 \mid -4 \mid 9)$ gegeben. Berechnen Sie die Seitenlängen und die Innenwinkel des Dreiecks.

Das Vektorprodukt (Kreuzprodukt)

Sind $\vec{a}$ und $\vec{b}$ linear unabhängige Vektoren im $\mathbb{R}^3$, so muß es (mindestens) einen Vektor geben, der zu beiden orthogonal ist. Da man diesen Vektor mit jeder reellen Zahl $\neq 0$ multiplizieren darf, erhält man unendliche viele zu $\vec{a}$ und $\vec{b}$ orthogonale Vektoren. Für jeden dieser Vektoren $\vec{c}$ muß gelten: $\vec{a} \circ \vec{c} = 0$ und $\vec{b} \circ \vec{c} = 0$. Benutzen wir das Standardskalarprodukt mit orthonormierter Basis $(1 \mid 0 \mid 0)$, $(0 \mid 1 \mid 0)$ und $(0 \mid 0 \mid 1)$, erhalten wir
$a_1c_1 + a_2c_2 + a_3c_3 = 0$ und $b_1c_1 + b_2c_2 + b_3c_3 = 0$.

Multiplizieren wir die erste Gleichung mit b_3 und die zweite mit $-a_3$ und addieren anschließend beide Gleichungen, erhalten wir
$a_1b_3c_1 + a_2b_3c_2 - a_3b_1c_1 - a_3b_2c_2 = 0$
$\Leftrightarrow (a_2b_3 - a_3b_2)c_2 + (a_1b_3 - a_3b_1)c_1 = 0.$

Die Gleichung wird erfüllt, wenn c_1 gleich dem positiven, c_2 gleich dem negativen Klammerterm des anderen Summanden ist. Durch Einsetzen in die Ausgangsgleichungen erhalten wir einen möglichen Lösungsvektor:

$$\vec{c} = \begin{pmatrix} a_2b_2 - a_3b_2 \\ a_3b_1 - a_1b_3 \\ a_1b_2 - a_2b_1 \end{pmatrix}$$

Die Komponenten sind die Determinanten von 2 x 2-Matrizen. Wir erhalten sie also aus einer besonderen „Verknüpfung" der Vektoren $\vec{a}$ und $\vec{b}$.

D

Unter dem *Vektorprodukt* oder *Kreuzprodukt* $\vec{a} \times \vec{b}$ (lies: „a Kreuz b") versteht man eine Verknüpfung auf $\mathbb{R}^3 \times \mathbb{R}^3$, die jedem geordneten Paar $(\vec{a}, \vec{b})$ von Vektoren des $\mathbb{R}^3$ einen Vektor $\vec{c}$ zu ordnet, für den gilt:

$$\vec{c} = \vec{a} \times \vec{b} = \begin{pmatrix} a_1 \\ a_2 \\ a_3 \end{pmatrix} \times \begin{pmatrix} b_1 \\ b_2 \\ b_3 \end{pmatrix} = \begin{pmatrix} \begin{vmatrix} a_2 & b_2 \\ a_3 & b_3 \end{vmatrix} \\ -\begin{vmatrix} a_1 & b_1 \\ a_3 & b_3 \end{vmatrix} \\ \begin{vmatrix} a_1 & b_1 \\ a_2 & b_2 \end{vmatrix} \end{pmatrix}$$

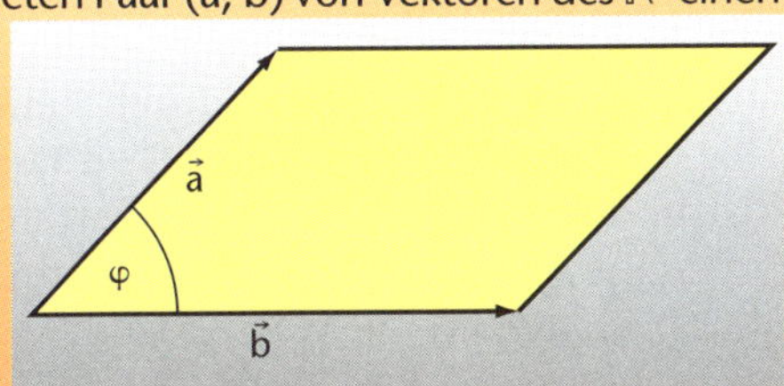

Bild 13.46 $|\vec{a} \times \vec{b}| = |\vec{a}| \cdot |\vec{b}| \cdot \sin \sphericalangle (\vec{a}, \vec{b})$

Bilden wir den Betrag von $\vec{a} \times \vec{b}$, so finden wir $|\vec{a} \times \vec{b}| = |\vec{a}| \cdot |\vec{b}| \cdot \sin \varphi$ mit $\varphi = \sphericalangle (\vec{a}, \vec{b})$. Dies ist der Flächeninhalt des von $\vec{a}$ und $\vec{b}$ aufgespannten Parallelogrammes (siehe Bild 13.46).

Die Richtung von $\vec{a} \times \vec{b}$ erhalten wir nach der ***Korkenzieherregel*** oder ***Dreifingerregel der rechten Hand:*** Spreizen wir Daumen, Zeigefinger und Mittelfinger der rechten Hand ab, so hat der Mittelfinger die Richtung von $\vec{a} \times \vec{b}$, wenn der Daumen die Richtung von $\vec{a}$ und der Zeigefinger die Richtung von $\vec{b}$ hat (siehe Bild 13.47).

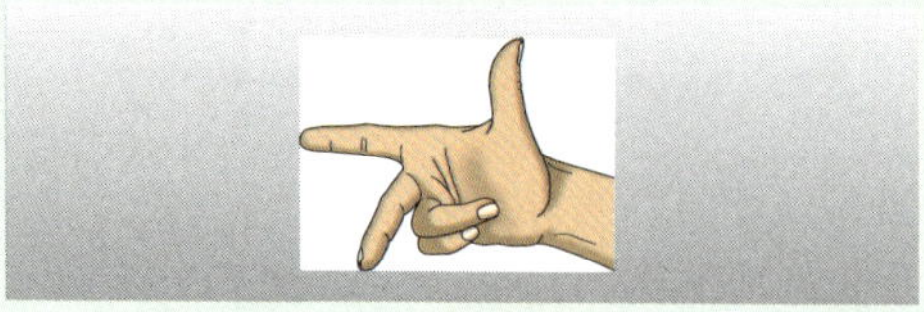

Bild 13.47 Dreifingerregel der rechten Hand

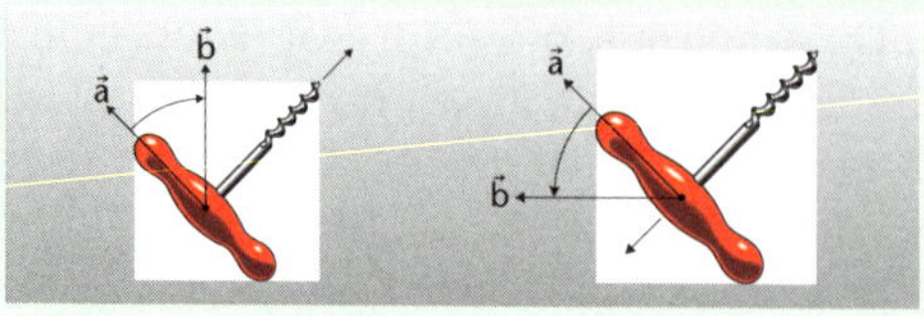

Bild 13.48 Korkenzieherregel
Korkenzieher bohrt sich hinein
Korkenzieher dreht sich heraus

Oder: Drehen wir den Griff des Korkenziehers, der den Vektor $\vec{a}$ darstellt, in Richtung des Vektors $\vec{b}$, so bewegt sich die Schraube des Korkenziehers in Richtung von $\vec{a} \times \vec{b}$ (siehe Bild 13.48).

Ein Beispiel aus der Mathematik: Für die Vektoren $\vec{a} = (1 \mid 2 \mid 0)$ und $\vec{b} = (-1 \mid 0 \mid 4)$ erhalten wir

$$\vec{a} \times \vec{b} = \begin{pmatrix} 2 \cdot 4 - 0 \\ -(1 \cdot 4 - 0) \\ 0 - 2 \cdot (-1) \end{pmatrix} = \begin{pmatrix} 8 \\ -4 \\ 2 \end{pmatrix}$$

(siehe Bild 13.49) und wegen

$\cos\varphi = \dfrac{-1}{\sqrt{5 \cdot 17}}$, $\varphi \approx 96{,}22^\circ \Rightarrow \sin\varphi = 0{,}9941$, $|\vec{a} \times \vec{b}| = \sqrt{85} \cdot \sin\varphi \approx 9{,}165$.

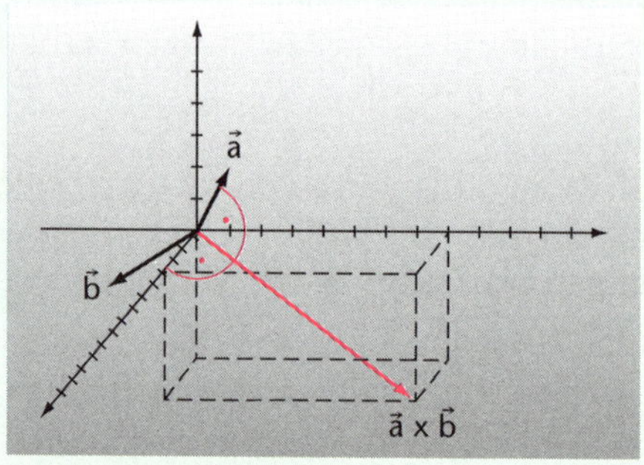

Bild 13.49 $\vec{a}$, $\vec{b}$ und $\vec{a} \times \vec{b}$

Dies ist auch der Inhalt der Fläche des von $\vec{a}$ und $\vec{b}$ aufgespannten Parallelogramms oder der doppelte Flächeninhalt des von $\vec{a}$ und $\vec{b}$ erzeugten Dreiecks.

Das Spatprodukt

Multiplizieren wir einen durch ein Kreuzprodukt erzeugten Vektor mittels Skalarprodukt mit einem Vektor, erhalten wir eine reelle Zahl, die den Rauminhalt des von den drei Vektoren erzeugten Spats angibt:

$$V = (\vec{a} \times \vec{b}) \circ \vec{c} = \begin{vmatrix} a_1 & b_1 & c_1 \\ a_2 & b_2 & c_2 \\ a_3 & b_3 & c_3 \end{vmatrix}$$

(siehe Bild 13.43 von Seite 729 und Aufgabe 39. von Seite 730 sowie Bild 13.50).

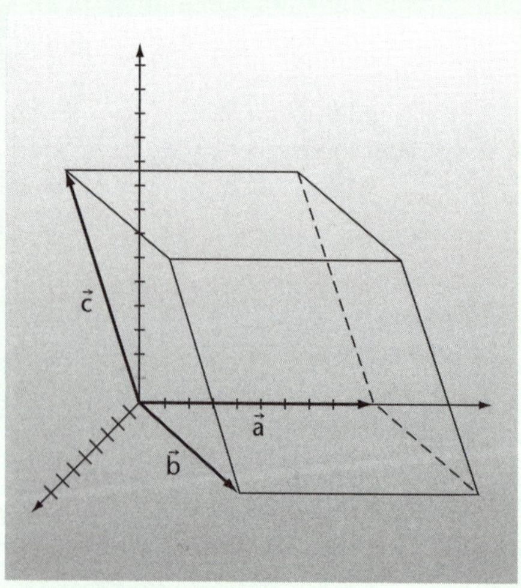

Bild 13.50 Spat

LÖSUNGEN

1. Die Summe zweier Primzahlen ergibt nicht immer eine Primzahl; deshalb ist G1 nicht erfüllt. G3 und G4 sind auch nicht erfüllt.

2. G1 ist erfüllt. G2: Sei $a < b < c$. Dann ist $(a \circ b) \circ c = \max(a, b) \circ c$
$= b \circ c$
$= \max(b, c) = c$. $a \circ (b \circ c)$
$= a \circ \max(b, c) = a \circ c = c$. G2 ist erfüllt. Um G3 erfüllen zu können, müßte das neutrale Element immer kleiner sein als jedes andere, mit dem es verknüpft wird. Es müßte also das kleinste Element sein. In $\mathbb{Z}$ gibt es aber kein kleinstes Element. Dann kann auch G4 nicht erfüllt werden. Die Menge bildet keine Gruppe.

3. G1, G2 und G5 lassen sich auf Eigenschaften in $\mathbb{N}$ zurückführen. Für G3 müßte $ggT(a, e) = a$ sein, a muß demnach ein Teiler des neutralen Elementes e sein. Da dies für alle $a \in \mathbb{N}$ gelten muß, muß e Vielfaches aller natürlichen Zahlen sein. Eine solche Zahl existiert aber nicht.

4. Sei $f(x) = ax + b$, $g(x) = mx + n$, $h(x) = px + q$ mit $a, b, m, n, p, q \in \mathbb{R}$, $x \in \mathbb{R}$.
G1: $(f + g)(x) = f(x) + g(x) = ax + b + mx + n = (a + m)x + (b + n) \in \mathbb{L}$. G2 und G5 lassen sich auf Eigenschaften der reellen Zahlen zurückführen.
G3: Das neutrale Element ist die Nullfunktion $e: x \mapsto 0$. Es ist
$e(x) + f(x) = 0 + ax + b$
$= ax + b = f(x)$.
G4: Invers zu f ist $-f$: $f(x) + (-f(x))$
$= ax + b + (-ax - b) = 0 = e(x)$.

5. G1: $(f \circ g)(x) = f(g(x)) = f(mx + n)$
$= a(mx + n) + b$
$= amx + (am + b) \in \mathbb{L}$.
G2: ist bei Verkettungen immer erfüllt.
G3: Neutrales Element ist die identische Funktion id:
$x \mapsto x$. $(f \circ id)(x) = f(id(x)) = f(x)$
G4: Ist $f^{-1}(x) = a'x + b'$ invers zu f, so muß gelten:
$f^{-1}(f(x)) = x$, also $f^{-1}(ax + b)$
$= a' \cdot (ax + b) + b' = a'ax + a'b + b'$
$= x$. Dies ist erfüllt, wenn
$a' = \frac{1}{a}$ und $b' = -\frac{b}{a}$ ist:
$a'ax + a'b + b' = \frac{1}{a} \cdot a \cdot x + \frac{1}{a} \cdot b - \frac{b}{a} = x.$
Beispielsweise ist $f^{-1}(x) = 0{,}5x + 2$ invers zu $f(x) = 2x - 4$, denn es ist
$f^{-1}(2x - 4) = 0{,}5 \cdot (2x - 4) + 2 = x$.
G5: $f(g(x)) = f(mx + n)$
$= a \cdot (mx + n) + b$
$= amx + an + b$
$g(f(x)) = g(ax + b)$
$= m \cdot (ax + b) + n$
$= amx + mb + n$
$\neq f(g(x))$

6. a)

$\circ$	e	d_1	d_2	s_a	s_b	s_c
e	e	d_1	d_2	s_a	s_b	s_c
d_1	d_1	d_2	e	s_c	s_a	s_b
d_2	d_2	e	d_1	s_b	s_c	s_a
s_a	s_a	s_c	s_b	e	d_1	d_2
s_b	s_b	s_a	s_c	d_2	e	d_1
s_c	s_c	s_b	s_a	d_1	d_2	e

Bild 13.51 Lösung zu Übung 6. a)

b) Die Gruppe ist nicht kommutativ.

c) $\{e\}$, $\{e, d_1, d_2\}$, $\{e, s_a\}$, $\{e, s_b\}$, $\{e, s_c\}$, M.

7.

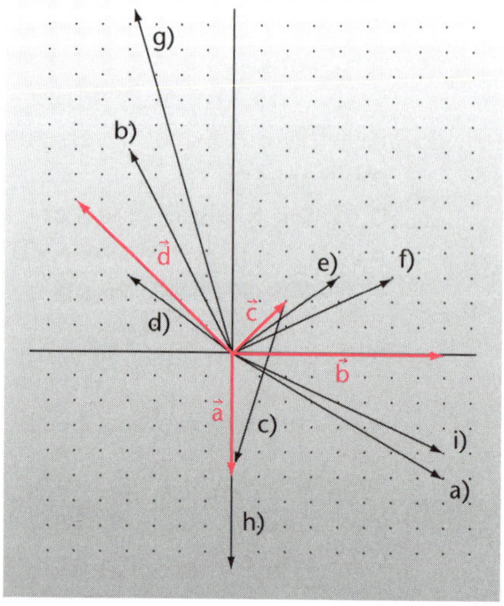

Bild 13.52 Zu Übung 7.

8.

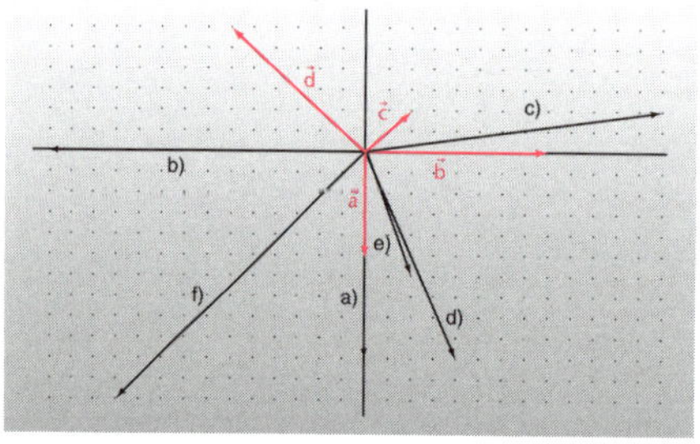

Bild 13.53 Zu Übung 8.

9. a)

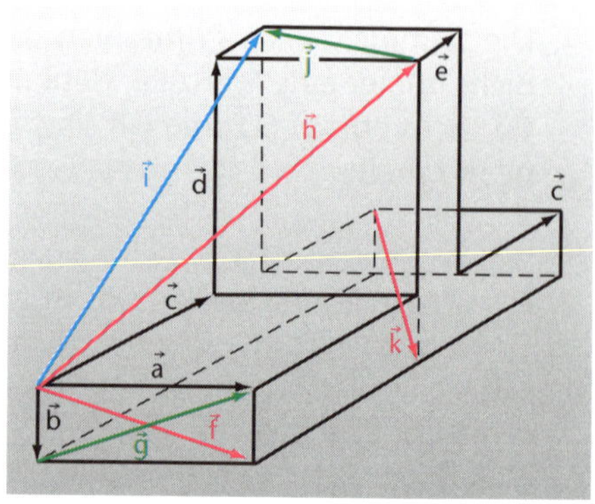

Bild 13.54 Zu Übung 9. a)

b)

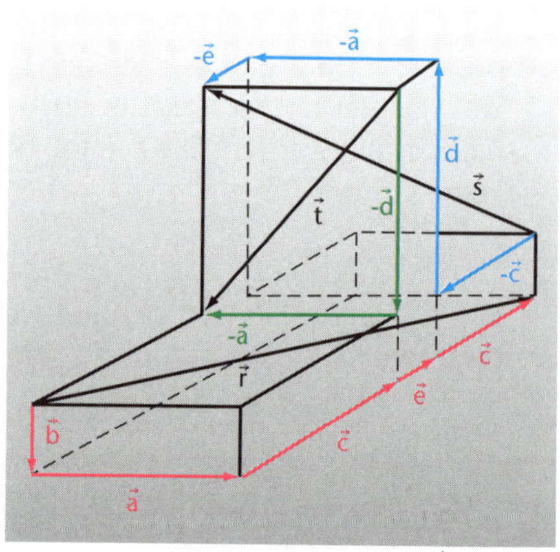

Bild 13.55 Zu Übung 9. b) $\vec{r} = \vec{a} + \vec{b} + 2\vec{c} + \vec{e}$
$\vec{s} = \vec{d} - \vec{a} - \vec{c} - \vec{e}$ $\vec{t} = -\vec{a} - \vec{d}$

10. Die resultierende Kraft beträgt $F \approx 125{,}4$ N, die Richtung ist $10{,}7^\circ$ NO.

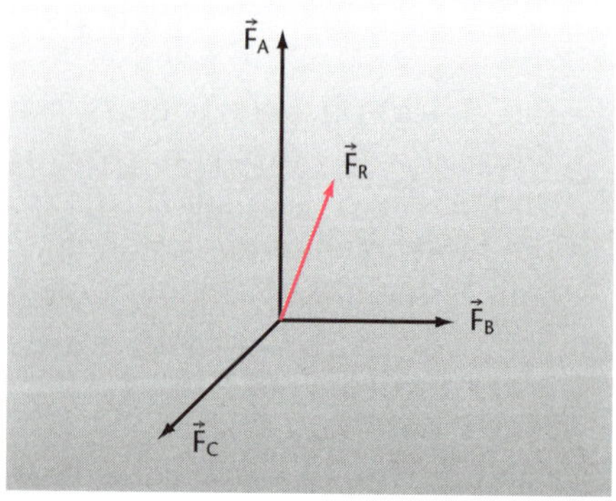

Bild 13.56 Resultierende Kraft zu Übung 10.

11. Da $\vec{u} \perp \vec{v}$, ergibt sich als resultierende Geschwindigkeit $w = 5\frac{m}{s}$ (siehe Bild 13.57).

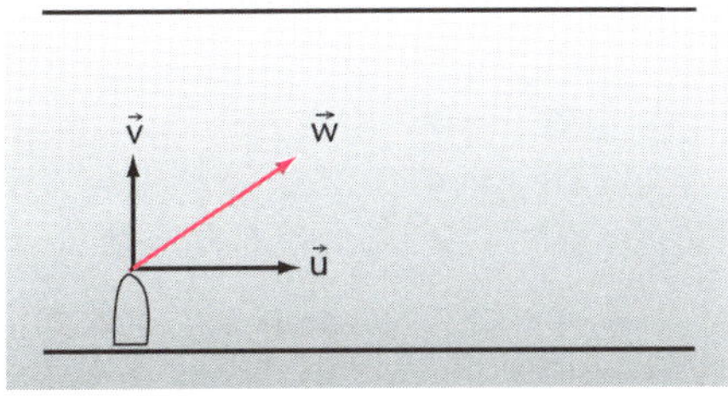

Bild 13.57 Zu Übung 11.

12. ***a)*** $p(x) = a_3x^3 + a_2x^2 + a_1x + a_0$, $q(x) = b_3x^3 + b_2x^2 + b_1x + b_0$,
$r(x) = c_3x^3 + c_2x^2 + c_1x + c_0$

G1: $p(x) + q(x) = (a_3 + b_3)x^3 + \ldots + (a_0 + b_0) \in p$

G2: $(p(x) + q(x)) + r(x) = [(a_3 + b_3)x^3 + \ldots + (a_0 + b_0)] + (c_3x^3 + c_2x^2 + c_1x + c_0)$
$= (a_3 + b_3 + c_3)x^3 + \ldots + (a_0 + b_0 + c_0)$
$= [a_3x^3 + a_2x^2 + a_1x + a_0] + [(b_3 + c_3)x^3 + \ldots + (b_0 + c_0)]$
$= p(x) + (q(x) + r(x))$

G3: $e(x) = 0$ ist neutrales Element.

G4: $-p(x)$ ist invers zu $p(x)$.

G5: $p(x) + q(x) = a_3x^3 + \ldots + a_0 + b_3x^3 + \ldots + b_0$
$= b_3x^3 + \ldots + b_0 + a_3x^3 + \ldots + a_0 = q(x) + p(x)$

$r \cdot p(x) = (r \cdot a_3)x^3 + \ldots + (r \cdot a_0) \in \mathcal{P}$ V1 bis V4 sind trivial, da sie in $\mathbb{R}$ gelten.

b) $\dim \mathcal{P} = 4$

c) z. B. $\{x^3, x^2, x, 1\}$

d) Zu zeigen ist nur die Abgeschlossenheit bezüglich der Addition und bezüglich der skalaren Multiplikation. Die Summe zweier quadratischer Funktionen ist wieder maximal eine quadratische Funktion. Sie bleibt auch bei Multiplikation mit einem Skalar maximal eine quadratische Funktion. Dies gilt auch für lineare und konstante Funktionen. Das neutrale Element ist enthalten.

13. $\vec{a}, \vec{b}$ linear unabhängig
$\Rightarrow (r \cdot \vec{a} + s \cdot \vec{b} = \vec{0} \Leftrightarrow r = s = 0)$
$x \cdot (\vec{a} + \vec{b}) + y \cdot (\vec{a} - \vec{b}) = \vec{0}$
$\Leftrightarrow x \cdot \vec{a} + x \cdot \vec{b} + y \cdot \vec{a} - y \cdot \vec{b} = \vec{0}$
$\Leftrightarrow (x + y) \cdot \vec{a} + (x - y) \cdot \vec{b} = \vec{0} \Rightarrow$ (wegen der linearen Unabhängigkeit von $\vec{a}$ und $\vec{b}$) $x + y = 0$ und $x - y = 0$
$\Leftrightarrow x = y = 0$. Somit existiert nur die triviale Nullsumme, $\vec{a} + \vec{b}$ und $\vec{a} - \vec{b}$ sind linear unabhängig.

14. ***a)*** $\vec{a}, \vec{b}, \vec{c}$ linear unabhängig
$\Leftrightarrow (x \cdot \vec{a} + y \cdot \vec{b} + z + \vec{c} = \vec{0}$
$\Leftrightarrow x = y = z = 0)$ Die zum Gleichungssystem gehörende Matrix

$$\begin{pmatrix} 1 & 2 & 14 & 0 \\ 2 & 10 & -5 & 0 \\ -2 & 11 & 2 & 0 \end{pmatrix}$$

führt zu den Lösungen $z = y = x = 0$. Die Vektoren sind linear unabhängig. Da Rg $\mathcal{A}$ = dim, $V = 3$ ist, muß es sich um eine Basis handeln.

b) In der Matrix aus Teil a) wird der Nullvektor durch $\vec{g}$ ersetzt.
$\vec{g} = 2 \cdot \vec{a} + \vec{b}$

15. Die Matrix läßt sich in $\begin{pmatrix} 2 & -3 & 8 & 0 \\ 0 & 1 & -2 & 0 \\ 0 & 0 & 0 & 0 \end{pmatrix}$ überführen. Die Vektoren sind linear abhängig.

16. *a)* Die Matrix kann durch Umformungen in die Matrix

$$\begin{pmatrix} 2 & 0 & 2x+2 & 0 \\ 0 & x & -9 & 0 \\ 0 & 0 & 2x^2+3x-9 & 0 \end{pmatrix}$$

überführt werden. Linear abhängig sind die Vektoren, wenn $2x^2 + 3x - 9 = 0$ ist. Dies ist der Fall für $x = 1{,}5$ und $x = -3$. Für alle anderen Werte sind die Vektoren linear unabhängig.

b) Basis z. B. $\{(1 \mid 0 \mid 0), (2 \mid 1 \mid 0)\}$ (x-y-Ebene). $\vec{d}$ liegt nicht in U. Das zugehörige Gleichungssystem hat keine Lösung.

18. *a)* $\mathbb{L} = \left\{\left(\frac{2}{19} \;\middle|\; -\frac{3}{19}\right)\right\}$

b) $\mathbb{L} = \left\{\left(-\frac{25}{27} \;\middle|\; -\frac{19}{27}\right)\right\}$

c) $\mathbb{L} = \left\{\left(\frac{5}{2} \;\middle|\; -\frac{3}{2} \;\middle|\; -\frac{3}{2}\right)\right\}$

d) $\mathbb{L} = \{(1 \mid -2 \mid 4)\}$

e) $\mathbb{L} = \{\ \}$

f) $\mathbb{L} = \left\{\left(x \;\middle|\; \frac{4}{5} - \frac{4}{5}x \;\middle|\; \frac{5}{2} + \frac{3}{2}x\right)\right\}$

$= \left\{\left(1 - \frac{5}{4}y \;\middle|\; y \;\middle|\; 4 - \frac{15}{8}y\right)\right\}$

$= \left\{\left(-\frac{5}{3} + \frac{2}{3}z \;\middle|\; \frac{32}{15} - \frac{8}{15}z \;\middle|\; z\right)\right\}$

17. E1: $0 \cdot \vec{a} = (0 + 0) \cdot \vec{a} = 0 \cdot \vec{a} + 0 \cdot \vec{a} \Leftrightarrow 0 \cdot \vec{a} - 0 \cdot \vec{a} = 0 \cdot \vec{a} \Leftrightarrow 0 = 0 \cdot \vec{a}$

E4: 1. Fall: $r = 0$ trivial

2. Fall: $r \neq 0$: $\vec{a} = 1 \cdot \vec{a} = \frac{1}{r} \cdot r \cdot \vec{a} = \frac{1}{r} \cdot \vec{0} = \vec{0}$

19. Bei *e)* und *f)* ist $\det \mathcal{A} = 0$.

20. Setzt man b = 0 in die verbleibenden Gleichungen ein und multipliziert die letzte Gleichung mit 4, erhält man die Matrix

$$\begin{pmatrix} 27 & 3 & 1 & -109 \\ 27 & 1 & 0 & 0 \\ 81 & 18 & 12 & -822 \end{pmatrix} \begin{matrix} \\ -(\text{I}) \\ -3 \cdot (\text{I}) \end{matrix} \rightarrow \begin{pmatrix} 27 & 3 & 1 & -109 \\ 0 & -2 & 1 & 109 \\ 0 & 9 & 9 & -495 \end{pmatrix} \begin{matrix} \\ :2 \\ :9 \end{matrix}$$

$$\begin{pmatrix} 27 & 3 & 1 & -109 \\ 0 & -1 & -0{,}5 & 54{,}5 \\ 0 & 1 & 1 & -55 \end{pmatrix} \begin{matrix} +3 \cdot (\text{II}) \\ \\ +(\text{II}) \end{matrix} \rightarrow \begin{pmatrix} 27 & 0 & -0{,}5 & 54{,}5 \\ 0 & -1 & -0{,}5 & 54{,}5 \\ 0 & 0 & 0{,}5 & -0{,}5 \end{pmatrix} \begin{matrix} +(\text{III}) \\ +(\text{III}) \\ \\ \end{matrix}$$

$$\begin{pmatrix} 27 & 0 & 0 & 54 \\ 0 & -1 & 0 & 54 \\ 0 & 0 & 0{,}5 & -0{,}5 \end{pmatrix} \begin{matrix} :27 \\ \cdot(-1) \\ \cdot 2 \end{matrix} \rightarrow \begin{pmatrix} 1 & 0 & 0 & 2 \\ 0 & 1 & 0 & -54 \\ 0 & 0 & 1 & -1 \end{pmatrix} \begin{matrix} a = 2 \\ b = 0 \\ c = -54 \\ d = -1 \end{matrix}$$

21. *a)* 0 *b)* −91 *c)* −674169 *d)* 48 *e)* $-7{,}08\overline{3} = -7\frac{1}{12}$

22. Entwicklung nach der ersten Spalte:

$$\det \mathcal{A} = 1 \cdot \begin{vmatrix} 2 & -1 & -3 \\ 7 & 11 & 5 \\ -1 & 9 & 2 \end{vmatrix} - (-5) \cdot \begin{vmatrix} 3 & 0 & -2 \\ 7 & 11 & 5 \\ -1 & 9 & 2 \end{vmatrix} + 2 \cdot \begin{vmatrix} 3 & 0 & -2 \\ 2 & -1 & -3 \\ -1 & 9 & 2 \end{vmatrix} - 3 \cdot \begin{vmatrix} 3 & 0 & -2 \\ 2 & -1 & -3 \\ 7 & 11 & 5 \end{vmatrix}$$

$= 1 \cdot (-249) + 5 \cdot (-217) + 2 \cdot 41 - 3 \cdot 26 = -1330$

23. Für die Matrix aus Aufgabe 22. ergäbe sich:

$$\begin{array}{rrrrrrr} 1 & 3 & 0 & -2 & 1 & 3 & 0 \\ -5 & 2 & -1 & -3 & -5 & 2 & -1 \\ 2 & 7 & 11 & 5 & 2 & 7 & 11 \\ 3 & -1 & 9 & 2 & 3 & -1 & 9 \end{array}$$

$\det \mathcal{A} = 1 \cdot 2 \cdot 11 \cdot 2 + 3 \cdot (-1) \cdot 5 \cdot 3 + 0 \cdot (-3) \cdot 2 \cdot (-1) + (-2) \cdot (-5) \cdot 7 \cdot 9 - [0 \cdot 2 \cdot 2 \cdot 2$
$+ 3 \cdot (-5) \cdot 5 \cdot 9 + 1 \cdot (-3) \cdot 11 \cdot (-1) + (-2) \cdot (-1) \cdot 7 \cdot 3] = 1229.$

Dies stimmt nicht mit dem korrekten Ergebnis überein.
Die Regel von Sarrus gilt nur für 3 x 3-Matrizen!

24. ***a)*** Es genügt, dies für eine 2 x 2-Matrix $\mathcal{A}$ zu zeigen.

$$\det \mathcal{A} = \begin{vmatrix} a & b \\ c & d \end{vmatrix} = ad - bc \qquad \det \mathcal{A}' = \begin{vmatrix} c & d \\ a & b \end{vmatrix} = bc - ad = -(ad - bc)$$

b) $\det \mathcal{A}'' = \begin{vmatrix} r \cdot a & r \cdot b \\ c & d \end{vmatrix} = rad - rbc = r(ad - bc) = r \cdot \det \mathcal{A}$

25. ***a)***

$$\begin{pmatrix} 0 & 3 & 2 & -1 & 12 \\ 4 & 5 & -2 & -3 & 0 \\ 1 & 0 & 1 & 4 & -11 \\ -2 & -3 & 0 & 2 & -5 \end{pmatrix}$$

$$\rightarrow \begin{pmatrix} 1 & 0 & 1 & 4 & -11 \\ 4 & 5 & -2 & -3 & 0 \\ 0 & 3 & 2 & -1 & 12 \\ -2 & -3 & 0 & 2 & -5 \end{pmatrix} \begin{array}{l} \\ -4 \cdot (I) \\ \\ +2 \cdot (I) \end{array} \rightarrow$$

$$\begin{pmatrix} 1 & 0 & 1 & 4 & -11 \\ 0 & 5 & -6 & -19 & 44 \\ 0 & 3 & 2 & -1 & 12 \\ 0 & -3 & 2 & 10 & -27 \end{pmatrix} \begin{array}{l} \\ \cdot 3 \\ \cdot 5 \\ + (III) \end{array} \rightarrow \begin{pmatrix} 1 & 0 & 1 & 4 & -11 \\ 0 & 15 & -18 & -57 & 132 \\ 0 & 15 & 10 & -5 & 60 \\ 0 & 0 & 4 & 9 & -15 \end{pmatrix} \begin{array}{l} \\ \\ - (II) \\ \cdot 7 \end{array} \rightarrow$$

$$\begin{pmatrix} 1 & 0 & 1 & 4 & -11 \\ 0 & 15 & -18 & -57 & 132 \\ 0 & 0 & 28 & 52 & -72 \\ 0 & 0 & 28 & 63 & -105 \end{pmatrix} \begin{array}{l} \\ :3 \\ :4 \\ - (III) \end{array} \rightarrow \begin{pmatrix} 1 & 0 & 1 & 4 & -11 \\ 0 & 5 & -6 & -19 & 44 \\ 0 & 0 & 7 & 13 & -18 \\ 0 & 0 & 0 & 11 & -33 \end{pmatrix} \begin{array}{l} \\ \\ \\ :11 \end{array} \rightarrow$$

$$\begin{pmatrix} 1 & 0 & 1 & 4 & -11 \\ 0 & 5 & -6 & -19 & 44 \\ 0 & 0 & 7 & 13 & -18 \\ 0 & 0 & 0 & 1 & -3 \end{pmatrix} \begin{array}{l} -4 \cdot (IV) \\ +19 \cdot (IV) \\ -13 \cdot (IV) \\ \\ \end{array} \rightarrow \begin{pmatrix} 1 & 0 & 1 & 0 & 1 \\ 0 & 5 & -6 & 0 & -13 \\ 0 & 0 & 7 & 0 & 21 \\ 0 & 0 & 0 & 1 & -3 \end{pmatrix} \begin{array}{l} \\ \\ :7 \\ \\ \end{array} \rightarrow$$

$$\begin{pmatrix} 1 & 0 & 1 & 0 & 1 \\ 0 & 5 & -6 & 0 & -13 \\ 0 & 0 & 1 & 0 & 3 \\ 0 & 0 & 0 & 1 & -3 \end{pmatrix} \begin{array}{l} - (III) \\ +6 \cdot (III) \\ \\ \\ \end{array} \rightarrow \begin{pmatrix} 1 & 0 & 0 & 0 & -2 \\ 0 & 5 & 0 & 0 & 5 \\ 0 & 0 & 1 & 0 & 3 \\ 0 & 0 & 0 & 1 & -3 \end{pmatrix} \begin{array}{l} \\ :5 \\ \\ \\ \end{array} \rightarrow$$

$$\begin{pmatrix} 1 & 0 & 0 & 0 & -2 \\ 0 & 1 & 0 & 0 & 1 \\ 0 & 0 & 1 & 0 & 3 \\ 0 & 0 & 0 & 1 & -3 \end{pmatrix} \Rightarrow \mathbb{L} = \{(-2 \mid 1 \mid 3 \mid -3)\}$$

b) Cramerregel: $r = \frac{\det \mathcal{A}_1}{\det \mathcal{A}} = \frac{880}{-440} = -2$ mit $\mathcal{A}_1 = \begin{pmatrix} 12 & 3 & 2 & -1 \\ 0 & 5 & -2 & -3 \\ -11 & 0 & 1 & 4 \\ -5 & -3 & 0 & 2 \end{pmatrix}$

$s = \frac{\det \mathcal{A}_2}{\det \mathcal{A}} = \frac{-440}{-440} = 1$, $t = \frac{\det \mathcal{A}_3}{\det \mathcal{A}} = \frac{-1320}{-440} = 3$, $u = \frac{\det \mathcal{A}_4}{\det \mathcal{A}} = -3$

26. Es ist dann $\vec{a}+\vec{b} + \vec{b}+\vec{c} \neq \vec{a}+\vec{c}$.

27. E_1: $\overrightarrow{PP} = \overrightarrow{PP} + \overrightarrow{PP} \Leftrightarrow \overrightarrow{PP} - \overrightarrow{PP} = \overrightarrow{PP} + \overrightarrow{PP} - \overrightarrow{PP} \Leftrightarrow \vec{0} = \overrightarrow{PP}$

E_2: $\overrightarrow{PQ} + \overrightarrow{QP} = \overrightarrow{PP} \Leftrightarrow \overrightarrow{PQ} + \overrightarrow{QP} = \vec{0} \Leftrightarrow \overrightarrow{PQ} = \vec{0} - \overrightarrow{QP} \Leftrightarrow \overrightarrow{PQ} = -\overrightarrow{QP}$

E_3: $\overrightarrow{PR} = \overrightarrow{PQ} + \overrightarrow{QR} = \overrightarrow{RS} + \overrightarrow{QR} = \overrightarrow{QR} + \overrightarrow{RS} = \overrightarrow{QS}$

28. g: $\overrightarrow{0X} = \begin{pmatrix} -1 \\ 7 \end{pmatrix} + r \cdot \begin{pmatrix} 2 \\ 3 \end{pmatrix}$

29. g: $\overrightarrow{0X} = \begin{pmatrix} 3 \\ -5 \end{pmatrix} + r \cdot \begin{pmatrix} -3 \\ 7 \end{pmatrix}$

30. Die Richtungsvektoren sind linear abhängig.

Schnittmenge: $\begin{pmatrix} 2 \\ 4 \end{pmatrix} + r \cdot \begin{pmatrix} -2 \\ 1 \end{pmatrix} = \begin{pmatrix} 3 \\ 0 \end{pmatrix} + s \cdot \begin{pmatrix} 6 \\ -3 \end{pmatrix}$

Gleichungssystem: $-2r - 6s = 1$ führt auf $0 = -7$

$r + 3s = -4$

Es gibt keine Lösung, die Geraden sind parallel.

31. Liegt P auf g, muß es ein $r \in \mathbb{R}$ geben, so daß gilt:

$$\begin{pmatrix} 4 \\ 2 \\ -1 \end{pmatrix} + r \cdot \begin{pmatrix} 2 \\ -2 \\ 3 \end{pmatrix} = \begin{pmatrix} 0 \\ 0 \\ 1 \end{pmatrix} \Leftrightarrow \begin{array}{l} 2r = -4 \Leftrightarrow r = -2 \\ -2r = -2 \Leftrightarrow r = 1 \\ 3r = 2 \Leftrightarrow r = \frac{2}{3} \end{array}$$

Da das überbestimmte Gleichungssystem keine Lösung hat, ist $P \notin g$. Für Q findet man ebenfalls keine Lösung. Für R erhält man $r = -3$, also $R \in g$.

32. $\begin{array}{r} -2r + 4s = -4 \\ -s = -4 \end{array} \Leftrightarrow s = 4$ und $r = 10$. Der Schnittpunkt ist $S \begin{pmatrix} -20 \\ 6 \end{pmatrix} = S \begin{pmatrix} -16 \\ 6 \end{pmatrix}$.

33. $\begin{array}{r} 3r + 2s = 1 \\ -5s = -5 \\ -8s = 8 \end{array} \Leftrightarrow s = -1$ und $s = 1$. Es gibt keinen Schnittpunkt.

34.
$$\begin{aligned} s &= 0 - 1 \Leftrightarrow s = -1 \\ 3r + 3s &= 0 - 0 \\ -3r \quad &= 1 - 2 \Leftrightarrow r = \frac{1}{3} \end{aligned}$$

$3\frac{1}{3} + 3 \cdot (-1) \neq 0,\ P \notin E.$

Für Q und R gibt es keine Lösung für das entsprechende Gleichungssystem, Q, R $\notin$ E.

35. $E: \overrightarrow{0X} = \begin{pmatrix} 0 \\ 0 \\ 1 \end{pmatrix} + r \cdot \begin{pmatrix} -1 \\ -1 \\ 0 \end{pmatrix} + s \cdot \begin{pmatrix} -2 \\ 8 \\ -11 \end{pmatrix}$

36. Gleichsetzen der Ebenengleichungen führt auf das Gleichungssystem

$$\left| \begin{aligned} s - 3t \quad &= 4 \\ 3s - 4t - 2u &= 0 \\ -r - 5t + 3u &= 0 \end{aligned} \right| \begin{aligned} &\Leftrightarrow s = 4 + 3t \\ &\Leftrightarrow 12 + 5t - 2u = 0 \\ & \end{aligned}$$

Gleichung der Geraden g:

$$\overrightarrow{0X} = \begin{pmatrix} -\frac{108}{5} \\ -\frac{264}{5} \\ 2 \end{pmatrix} + r \cdot \begin{pmatrix} \frac{6}{5} \\ \frac{18}{5} \\ -1 \end{pmatrix}$$

oder $g: \overrightarrow{0X} = \begin{pmatrix} 0 \\ 12 \\ -16 \end{pmatrix} + t \cdot \begin{pmatrix} 3 \\ 9 \\ -2{,}5 \end{pmatrix}$

37. $\overrightarrow{0S} = \frac{1}{3} \cdot (\overrightarrow{0A} + \overrightarrow{0B} + \overrightarrow{0C}),\ \overrightarrow{0S} = \frac{1}{3} \cdot \begin{pmatrix} 4 + 2 + 3 \\ -4 + 1 \\ 9 + 3 \end{pmatrix} = \begin{pmatrix} 3 \\ -1 \\ 4 \end{pmatrix}$

38. $F(\vec{a}, \vec{b}) = \begin{vmatrix} -3 & 2 \\ 7 & 1 \end{vmatrix} = -17.$ Der Flächeninhalt beträgt 17 FE.

39. $V = \begin{vmatrix} 4 & 2 & 1 \\ 0 & 0 & -5 \\ 8 & -1 & 1 \end{vmatrix} = -100.$ Das Volumen beträgt 100 VE.

40. Es sind die Axiome S1 bis S4 nachzuweisen.

S1: $\vec{y} \circ \vec{x} = 2y_1x_1 - 3(y_1x_2 + y_2x_1) + 6y_2x_2$
$= 2x_1y_1 - 3(x_1y_2 + x_2y_1) + 6x_2y_2 = \vec{x} \circ \vec{y}$

S2: $(\vec{x} + \vec{y}) \circ \vec{z} = 2(x_1 + y_1)z_1 - 3((x_1 + y_1)z_2 + (x_2 + y_2)z_1) + 6(x_2 + y_2)z_2$
$= 2x_1z_1 - 3(x_1z_2 + x_2z_1) + 6x_2z_2$
$+ 2y_1z_1 - 3(y_1z_2 + y_2z_1) + 6y_2z_2 = \vec{x} \circ \vec{z} + \vec{y} \circ \vec{z}$

S3: $r \cdot (\vec{x} \circ \vec{y}) = r \cdot (2x_1y_1 - 3(x_1y_2 + x_2y_1) + 6x_2y_2)$
$= 2(rx_1)y_1 - 3((rx_1)y_2 + (rx_2)y_1) + 6(rx_2)y_2 = (r \cdot \vec{x}) \circ \vec{y}$

S4: $\vec{x} \circ \vec{x} = 2x_1^2 - 3(x_1x_2 + x_2x_1) + 6x_2^2 = 2(x_1^2 - 3x_1x_2 + 3x_2^2)$

Setzt man den letzten Term 0, erhält man die Lösungen der quadratischen Gleichung: $x_1 = \frac{3}{2}x_2 + \sqrt{\frac{9}{4}x_2^2 - \frac{12}{4}x_2^2}$ Der Radikand ist für $x \neq 0$ negativ, die Gleichung hat keine Lösung. $\Rightarrow \vec{x} \circ \vec{x} > 0$ für $\vec{x} \neq \vec{0}$

Alle Axiome sind somit erfüllt.

41. $\vec{a} \circ \vec{b} = 3 \cdot (-5) + (-11) \cdot 0 + 2 \cdot 9 = 3,\ \vec{b} \circ \vec{c} = 105{,}5,\ \vec{a} \circ \vec{c} = 58{,}5$

42. $|\vec{a}| = \sqrt{3 \cdot 3 + (-11) \cdot (-11) + 2 \cdot 2} = \sqrt{134},\ |\vec{b}| = \sqrt{106},\ |\vec{c}| = \sqrt{153\frac{1}{4}}$

43. $|\vec{a}| = \sqrt{280}$

44. Man dividiert jeden Vektor durch seinen Betrag.

$$\vec{a}^* = \frac{1}{\sqrt{134}} \cdot \vec{a} = \left(\frac{3}{\sqrt{134}} \;\middle|\; -\frac{11}{\sqrt{134}} \;\middle|\; \frac{2}{\sqrt{134}}\right)$$

$$\vec{b}^* = \frac{1}{\sqrt{106}} \cdot \vec{b} = \left(-\frac{5}{\sqrt{106}} \;\middle|\; 0 \;\middle|\; \frac{9}{\sqrt{106}}\right)$$

$$\vec{c}^* = \frac{1}{\sqrt{153{,}25}} \cdot \vec{c} = \left(\frac{0{,}5}{\sqrt{153{,}25}} \;\middle|\; -\frac{3}{\sqrt{153{,}25}} \;\middle|\; \frac{12}{\sqrt{153{,}25}}\right)$$

und aus Lösung 43.:

$$\vec{a}^* = \left(\frac{12}{\sqrt{280}} \;\middle|\; -\frac{4}{\sqrt{280}} \;\middle|\; -\frac{3}{\sqrt{280}} \;\middle|\; 0 \;\middle|\; \frac{1}{\sqrt{280}} \;\middle|\; \frac{5}{\sqrt{280}} \;\middle|\; -\frac{6}{\sqrt{280}} \;\middle|\; \frac{7}{\sqrt{280}}\right)$$

45. $\sphericalangle(\vec{a}, \vec{b})$: $\cos\varphi = \dfrac{\vec{a} \circ \vec{b}}{|\vec{a}| \cdot |\vec{b}|} \approx 0{,}0252 \Rightarrow \varphi \approx 88{,}55^\circ$

$\sphericalangle(\vec{a}, \vec{c}) \approx 65{,}91^\circ$, $\sphericalangle(\vec{b}, \vec{c}) \approx 34{,}13^\circ$

46. $\cos\varphi = \dfrac{-36 - 85}{\sqrt{81 + 289} \cdot \sqrt{16 + 25}} \approx -0{,}9824$, $\varphi \approx 169{,}23^\circ$

47. *a)* Es ist nach Bild 13.58: $\vec{b} + \vec{e}_1 = \vec{a} + \vec{c}$ (1) und $\vec{c} + \vec{e}_2 = \vec{a} + \vec{b}$ (2).
Nun ist aber auch $r \cdot \vec{e}_1 + s \cdot \vec{e}_2 = \vec{a}$.
Mit (1) und (2) erhalten wir zwei Gleichungen:

$r \cdot \vec{e}_1 + s \cdot \vec{e}_2 = \vec{b} + \vec{e}_1 - \vec{c}$

$\Leftrightarrow (r - 1)\vec{e}_1 + s \cdot \vec{e}_2 = \vec{b} - \vec{c}$ (I)

$r \cdot \vec{e}_1 + s \cdot \vec{e}_2 = \vec{c} + \vec{e}_2 - \vec{b}$

$\Leftrightarrow r \cdot \vec{e}_1 + (s - 1) \cdot \vec{e}_2 = \vec{c} - \vec{b}$ (II)

Addieren wir beide Gleichungen (I) und (II), erhalten wir:

$(2r - 1)\vec{e}_1 + (2s - 1)\vec{e}_2 = \vec{0} \Leftrightarrow r = s = \frac{1}{2}$

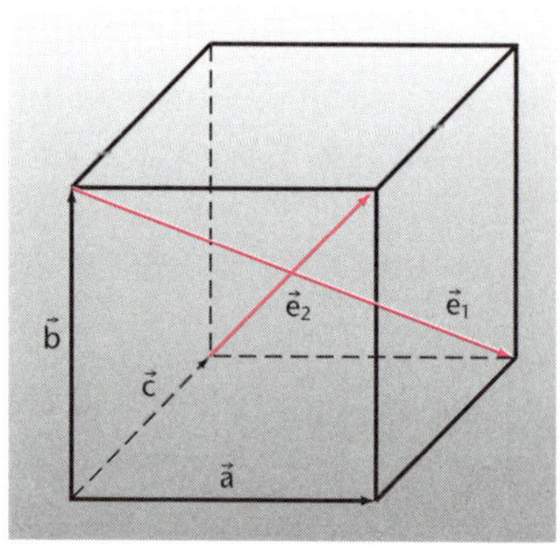

Bild 13.58 Raumdiagonalen im Würfel

b) Sei $\vec{a} = (1 \mid 0 \mid 0)$, $\vec{b} = (0 \mid 1 \mid 0)$ und $\vec{c} = (0 \mid 0 \mid 1)$. Dann ist

$\vec{e}_1 = \vec{a} + \vec{c} - \vec{b} = (1 \mid -1 \mid 1)$,

$\vec{e}_2 = \vec{a} + \vec{b} - \vec{c} = (1 \mid 1 \mid -1)$.

$\cos\sphericalangle(\vec{e}_1, \vec{e}_2) = \dfrac{\vec{e}_1 \circ \vec{e}_2}{|\vec{e}_1| \cdot |\vec{e}_2|} = \dfrac{-1}{\sqrt{3} \cdot \sqrt{3}} = -0{,}\overline{3}$

Dann schneiden sich die Diagonalen unter dem Winkel $\varphi \approx 70{,}53^\circ$.

48. $\cos\sphericalangle(\vec{a}, \vec{a} + \vec{b}) = \dfrac{\vec{a} \circ (\vec{a} + \vec{b})}{|\vec{a}| \cdot |\vec{a} + \vec{b}|} = \dfrac{\vec{a} \circ \vec{a} + \vec{a} \circ \vec{b}}{|\vec{a} + \vec{b}| \cdot |\vec{a}|} = \dfrac{|\vec{a}|^2 + \vec{b} \circ \vec{a}}{|\vec{a} + \vec{b}| \cdot |\vec{b}|} = \dfrac{|\vec{b}|^2 + \vec{b} \circ \vec{a}}{|\vec{a} + \vec{b}| \cdot |\vec{a}|}$

$= \dfrac{\vec{b} \circ \vec{b} + \vec{b} \circ \vec{a}}{|\vec{a} + \vec{b}| \cdot |\vec{a}|} = \dfrac{\vec{b} \circ (\vec{b} + \vec{a})}{|\vec{a} + \vec{b}| \cdot |\vec{b}|} = \dfrac{(\vec{b} + \vec{a}) \circ \vec{b}}{|\vec{b} + \vec{a}| \cdot |\vec{b}|} = \cos\sphericalangle(\vec{b} + \vec{a}, \vec{b})$

49. Im gleichseitigen Dreieck (siehe Bild 13.59) ist $|\vec{a}| = |\vec{b}| = |\vec{a} - \vec{b}|$.

Weiterhin ist

$|\vec{a} - \vec{b}|^2 = (a_1 - b_1)^2 + (a_2 - b_2)^2$

$= a_1^2 - 2a_1b_1 + b_1^2 + a_2^2 - 2a_2b_2 + b_2^2$

$= a_1^2 + a_2^2 + b_1^2 + b_2^2 - 2(a_1b_1 + a_2b_2)$

$\Leftrightarrow a_1b_1 + a_2b_2$

$= \frac{1}{2}(-|\vec{a} - \vec{b}|^2 + a_1^2 + a_2^2 + b_1^2 + b_2^2)$

$= \frac{1}{2}(-|\vec{a} - \vec{b}|^2 + |\vec{a}|^2 + |\vec{b}|^2) = \frac{1}{2}|\vec{a}|^2$

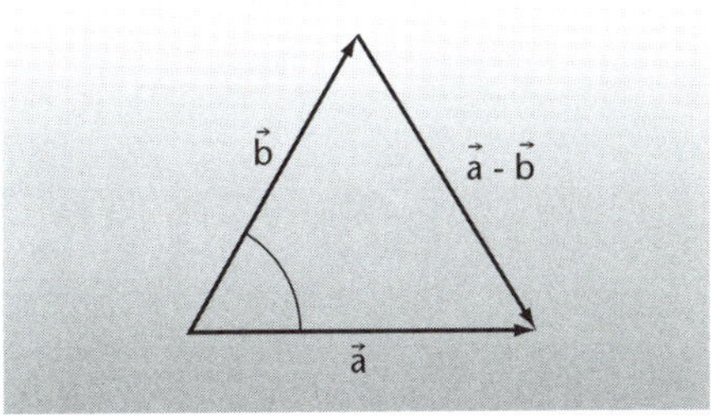

Bild 13.59 Gleichseitiges Dreieck, zu Übung 49.

Daraus folgt: $\cos \sphericalangle (\vec{a}, \vec{b}) = \frac{\vec{a} \circ \vec{b}}{|\vec{a}| \cdot |\vec{b}|} = \frac{a_1b_1 + a_2b_2}{|\vec{a}|^2} = \frac{1}{2}$

Dann ist $\varphi = 60^\circ$.

50. Seite $a = |\overrightarrow{BC}| = |\overrightarrow{0C} - \overrightarrow{0B}| = |(-2 \mid -2 \mid 14)| = \sqrt{204}$, $b = |AC| = 6$, $c = \sqrt{120}$

$\cos \sphericalangle (a, c) = \cos \sphericalangle (\overrightarrow{BC}, \overrightarrow{BA}) = \frac{(-2 \mid -2 \mid 14) \circ (-4 \mid 2 \mid 10)}{\sqrt{204} \cdot \sqrt{120}} \approx \frac{144}{156{,}46} \approx 0{,}92$

$\sphericalangle (a, c) \approx 23^\circ$

$\cos \sphericalangle (a, b) = \cos \sphericalangle (\overrightarrow{CA}, \overrightarrow{CB}) = \frac{(-2 \mid 4 \mid -4) \circ (2 \mid 2 \mid -14)}{6 \cdot \sqrt{204}} \approx 0{,}7$

$\sphericalangle (a, b) \approx 45{,}6^\circ$

Der dritte Winkel beträgt dann $180^\circ - 23^\circ - 45{,}6^\circ = 111{,}4^\circ$.

In den letzten beiden Kapiteln geht es um die Begriffe Statistik, Wahrscheinlichkeitsrechnung und Kombinatorik.

Die Statistik wertet Beobachtungen (Erhebungen) von Teilen einer Gesamtheit, sogenannte Stichproben, aus und versucht daraus Wahrscheinlichkeiten zu schätzen. Die Auswertung bezeichnet man als ***beschreibende Statistik,*** die Schätzung der Güte von Vorhersagen als ***beurteilende Statistik.*** Die ***Wahrscheinlichkeitstheorie*** versucht das Wesen der Wahrscheinlichkeiten herauszufinden und daraus neue Wahrscheinlichkeiten zu berechnen.

Man faßt heute beide Teilgebiete mit der ***Kombinatorik,*** die sich mit Ordnungen und Auswahlen von Mengen befaßt, unter dem Begriff ***Stochastik*** zusammen.

14. Beschreibende Statistik, Wahrscheinlichkeitsrechnung und Kombinatorik

ÜBERSICHT

Blaise Pascal, 1623–1662, erfand neben Pierre de Fermat die Wahrscheinlichkeitsrechnung durch ein Glücksspielproblem. Er baute die erste mechanische Rechenmaschine und erfand die erste Omnibuslinie. Später beschäftigte er sich nur noch mit theologischen Abhandlungen und verwarf seine eigenen Arbeiten.

14.1 Grundbegriffe der Statistik

14.1.1 Stichprobe, Merkmal, Ergebnis

Wir möchten gerne wissen, welche Zeit die Schülerinnen und Schüler einer weiterführenden Schule für ihren Schulweg benötigen. Ideal wäre eine Befragung ***aller*** Schülerinnen und Schüler der Schule. Sie stellen die ***Grundgesamtheit*** dar, also die gesamte zu untersuchende Menge, über die wir eine Aussage machen möchten. Leider wird es uns kaum möglich sein, die Grundgesamtheit zu befragen, eine ***Gesamterhebung*** durchzuführen. Deshalb suchen wir uns einige Schülerinnen und Schüler willkürlich aus und befragen sie. Sie stellen eine Teilmenge der Grundgesamtheit dar, eine ***Stichprobe.*** Wir machen eine ***Teilerhebung.*** Wir befragen sie nun nicht nach ihrem Alter oder ihrer Körpergröße, sondern nach der Dauer ihres täglichen Schulweges. Dies ist das ***Merkmal,*** für das wir uns interessieren. Die Schülerinnen und Schüler sind Eigner dieses Merkmals, die ***Merkmalsträger.*** Jede befragte Person sagt uns die Zeit für den Schulweg, das ***Ergebnis.*** Da sich Zeit als meßbare Größe angeben läßt, sprechen wir von einer ***metrischen*** oder ***quantitativen Merkmalsausprägung.*** Das Merkmal „Transportmittel zur Schule" hingegen läßt sich nicht messen, sondern nur in einer Bezeichnung angeben. Wir nennen das eine ***nominale*** oder ***qualitative Merkmalsausprägung.*** Hierzu gehören auch Merkmale, die sich zwar in Zahlen ausdrücken lassen, die aber trotzdem nur eine inhaltliche Deutung oder eine Rangfolge darstellen, beispielsweise Noten für die Leistungsbewertung (1 = sehr gut, 2 = gut usw.) oder Fußballtotozahlen (1 = Heimsieg, 0 = Unentschieden, 2 = Auswärtssieg).

14.1.2 Häufigkeiten

Wir notieren nun alle Zeiten, die uns von den befragten Schülerinnen und Schülern genannt werden, indem wir sie in der Reihenfolge der Befragung aufschreiben. Wir erhalten folgende ***Urliste*** 1:
12, 3, 26, 13, 8, 12, 20, 15, 32, 7, 8, 24, 4, 20, 10, 12, 12, 8, 15, 22, 8, 3, 8, 20, 7 [Minuten].

Die Gesamtzahl der genannten Werte beträgt 25. Wir haben eine ***Stichprobe vom Umfang*** 25. Wir suchen nun die kleinste und die größte Zahl, ordnen die Ergebnisse und schreiben in Form einer Strichliste, wie oft die jeweilige Zeit genannt wird (Bild 14.1).

D

Die Anzahl eines bestimmten Ergebnisses x_i einer Stichprobe heißt *absolute Häufigkeit $H(x_i)$* der Merkmalsausprägung.

3 ||
4 |
7 ||
8 ||||
10 |
12 ||||
13 |
15 ||
20 |||
22 |
24 |
26 |
32 |

Bild 14.1 Strichliste

Die Zahl 8 hat die absolute Häufigkeit 5, denn sie kommt fünfmal in der Urliste vor: $H(x_i = 8) = 5$.

Wir schicken nun ein anderes Team an einem anderen Tag zur Befragung in dieselbe Schule. Das Ergebnis dieser Befragung zeigt die folgende Urliste 2:

6, 11, 8, 9, 12, 20, 22, 27, 8, 3, 4, 10, 15, 12, 8, 4, 9, 13, 12, 8 [Minuten].

Das zweite Team war offenbar etwas fauler, denn es hat nur 20 Personen befragt, während das erste Team 25 Personen befragt hatte. Können wir unter diesen Umständen die Ergebnisse überhaupt vergleichen? Team 1 hat z. B. 5 Personen gefunden, deren Schulweg 8 Minuten dauert. Team 2 hat nur 4 Personen mit dieser Zeit gefunden. Da es aber weniger Personen befragt hatte als Team 1, hätte man wohl kaum dieselbe Anzahl, also dieselbe absolute Häufigkeit, erwarten können. Um die beiden Stichproben vergleichen zu können, rechnen wir sie so um, daß wir sie auf dieselbe Anzahl von Befragten beziehen können, z. B. auf 100. Team 1 hat die Zeit 8 Minuten bei 5 von 25 Personen erfragt. Bei 100 Personen wären dies bei gleichbleibendem Verhältnis $4 \cdot 5 = 20$ Personen, also 20 von Hundert oder 5 von 25 oder $\frac{5}{25}$ oder $\frac{20}{100}$ oder 0,20 oder 20%.

Bei Team 2 erhalten wir

$\frac{4}{20} = \frac{20}{100} = 0{,}20 = 20\%$.

Wir haben die ***Verhältnisse*** der absoluten Häufigkeit zur Gesamtzahl der Befragten gebildet.

D

Das Verhältnis der absoluten Häufigkeit $H(x_i)$ einer Merkmalsausprägung zum Stichprobenumfang n heißt *relative Häufigkeit $h(x_i)$* der Merkmalsausprägung:

$$h(x_i) = \frac{H(x_i)}{n}.$$

Wir stellen nun die absoluten und die relativen Häufigkeiten beider Stichproben in einer Tabelle gegenüber.

Merkmalsausprägung	Stichprobe A		Stichprobe B	
x_i	$H(x_i)$	$h(x_i)$	$H(x_i)$	$h(x_i)$
3	2	0,08	1	0,05
4	1	0,04	2	0,10
6	0	0	1	0,05
7	2	0,08	0	0
8	5	0,20	4	0,20
9	0	0	2	0,10
10	1	0,04	1	0,05
11	0	0	1	0,05
12	4	0,16	3	0,15
13	1	0,04	1	0,05
15	2	0,08	1	0,05
20	3	0,12	1	0,05
22	1	0,04	1	0,05
24	1	0,04	0	0
26	1	0,04	0	0
27	0	0	1	0,05
32	1	0,04	0	0
Gesamtzahl n:	25		20	

BEISPIEL

Augenzahl	Sabrina		Marco	
x_i	$H(x_i)$	$h(x_i)$	$H(x_i)$	$h(x_i)$
1	18	0,20	19	0,16
2	14	0,16	18	0,15
3	11	0,12	24	0,20
4	20	0,22	21	0,18
5	10	0,11	16	0,13
6	17	0,19	22	0,18
Summe:	90	1,00	120	1,00

Sabrina und Marco würfeln mit einem Würfel und notieren, wie oft jede Augenzahl fällt. Sabrina hat 90mal gewürfelt, Marco 120mal. Die Tabelle zeigt die Ergebnisse sowie die zum Teil auf zwei Dezimalstellen gerundeten Häufigkeiten:

Wir stellen fest:

S

Die relative Häufigkeit ist eine rationale Zahl zwischen 0 und 1. Die Summe der relativen Häufigkeiten aller Ergebnisse einer Erhebung ist 1.

Wir werden dieselbe Eigenschaft bei der Wahrscheinlichkeit wiederfinden.

Manchmal ist es sinnvoll, nicht die Häufigkeit der einzelnen Merkmalsausprägungen zu bestimmen, sondern mehrere Ergebnisse zu Klassen zusammenzufassen. Wir nennen dies ***Klasseneinteilung.***

BEISPIEL

Unserer Umfrage nach der Zeit für die Bewältigung des Schulweges entnehmen wir sehr viele verschiedene Zeiten zwischen 3 und 32 Minuten. Sicher spielt es keine Rolle, ob jemand 3 oder 4 Minuten benötigt. Wir fassen deshalb die Zeiten in Gruppen zusammen, die sich jeweils um 5 Minuten unterscheiden.

Merkmalsausprägung	Stichprobe A		Stichprobe B	
x [min]	H[x]	h[x]	H[x]	h[x]
1 bis 5	3	0,12	3	0,15
6 bis 10	8	0,32	8	0,40
11 bis 15	7	0,28	6	0,30
16 bis 20	3	0,12	1	0,05
21 bis 25	2	0,08	1	0,05
26 bis 30	1	0,04	1	0,05
über 30	1	0,04	0	0
Summe:	25	1,00	20	1,00

Bei Gruppenbildung ist darauf zu achten, daß keine Überschneidungen entstehen. So ist die Gruppenbildung mit den Gruppen 1 bis 5, 5 bis 10, 10 bis 15 usw. falsch, da die Zeiten 5, 10, 15 in zwei Gruppen enthalten sind und folglich doppelt gezählt werden.

14.1.3 Häufigkeitsdiagramme

Zahlen sind, und seien sie noch so übersichtlich angeordnet, abstrakte Größen, die sich unserem Verständnis erst erschließen, wenn wir über die Zusammenhänge nachdenken, die die Zahlen erläutern sollen. Um eine Statistik, also eine größenmäßige Aufstellung von Merkmalsausprägungen, schnell auffassen zu können, benutzt man sehr oft graphische Darstellungen.

Äußerst einfach ist das ***Stabdiagramm*** (Bild 14.2). Man trägt auf der y-Achse die absolute oder relative Häufigkeit auf und zeichnet einen entsprechend langen Stab für jede Merkmalsausprägung. Die Stäbe haben ihre Fußpunkte alle auf der x-Achse. In Bild 14.2 ist die relative Häufigkeit der im letzten Beispiel gebildeten Gruppen von Stichprobe A dargestellt.

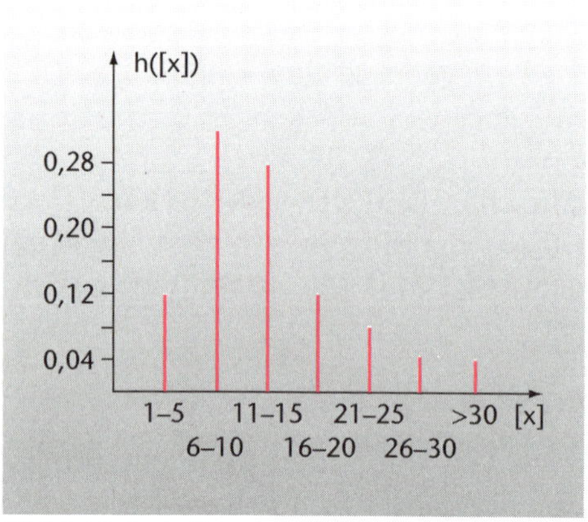

Bild 14.2 Stabdiagramm

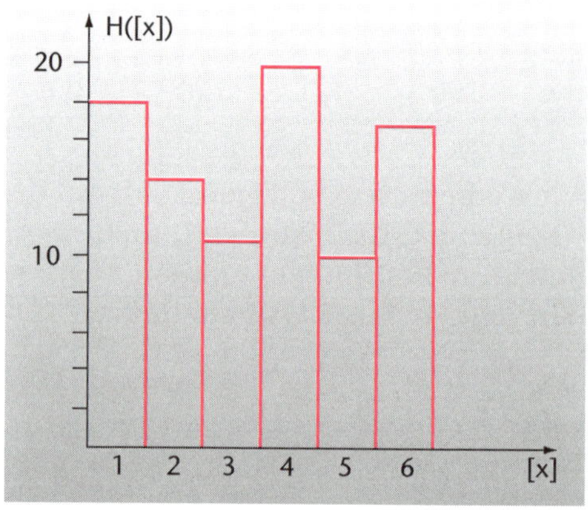

Bild 14.3 Säulendiagramm

Ähnlich einfach ist die Zeichnung eines ***Säulendiagrammes*** (Bild 14.3). Die Stäbe werden verbreitert und unmittelbar aneinandergesetzt, so daß Rechtecke mit gleich langen Grundseiten entstehen. In Bild 14.3 sind die absoluten Häufigkeiten von Sabrinas Würfen aus dem Würfelbeispiel von Seite 751 als Säulendiagramm dargestellt.

Derartige Diagramme, bei denen jeder Merkmalsausprägung die gleiche Streckenlänge auf der x-Achse zugeordnet wird und bei denen die Häufigkeit auf einer linearen Skala der y-Achse aufgetragen ist, nennt man auch ***Histogramme.***

Histogramme sind einfach zu erstellen und lassen den Betrachter schnell erfassen, wie sich die einzelnen Merkmalsausprägungen zueinander verhalten. Allerdings haben sie den Nachteil, das Verhältnis der einzelnen Merkmalsausprägung zum Stichprobenumfang nicht zu verdeutlichen. Dies leistet das ***Kreisdiagramm*** (Bild 14.4). Jeder Merkmalsausprägung wird ein Kreissektor zugeordnet, dessen Flächeninhalt proportional zur relativen Häufigkeit der Merkmalsausprägung ist. Da der Flächeninhalt eines Kreissektors proportional zum Mittelpunktswinkel ist (zum Kreissektor siehe Seite 390), reicht es, diesen Winkel zu berechnen. Zwischen dem Winkel α des Kreisausschnittes und der relativen Häufigkeit $h(x)$ der Merkmalsausprägung besteht der Zusammenhang: $\alpha = h(x) \cdot 360^\circ$, denn das Verhältnis h(x) der absoluten Häufigkeit H(x) zum Stichprobenumfang n muß genau so groß sein wie das Verhältnis des Winkels α zum Vollwinkel. Wir rechnen die Winkel für die in Klassen eingeteilten Schulwegzeiten aus Stichprobe A aus und erhalten in Bild 14.4 eine andere Darstellung des Zusammenhangs aus Bild 14.2.

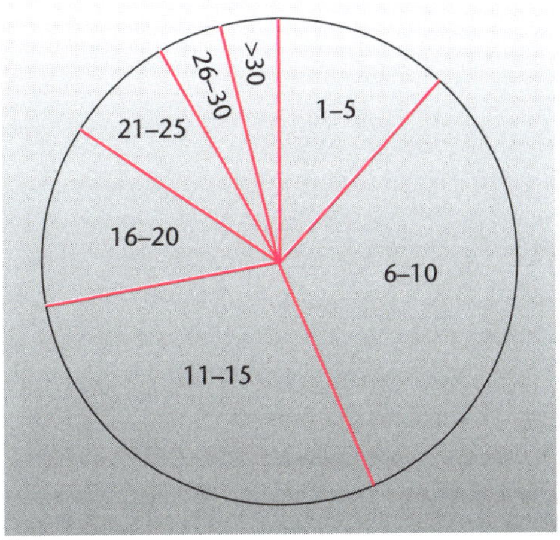

Bild 14.4 Kreisdiagramm

Merkmalsausprägung	Stichprobe A		
x	H[x]	h[x]	$\alpha = h[x] \cdot 360^\circ$
1 bis 5	3	0,12	43,2°
6 bis 10	8	0,32	115,2°
11 bis 15	7	0,28	100,8°
16 bis 20	3	0,12	43,2°
21 bis 25	2	0,08	28,8°
26 bis 30	1	0,04	14,4°
über 30	1	0,04	14,4°
Summe:	25	1,00	360,0°

Falls es wichtiger ist, eine Tendenz zu verdeutlichen, benutzt man auch Darstellungen in Form eines Funktionsgraphen. Man stellt die Häufigkeit jeder Merkmalsausprägung durch einen Punkt dar und verbindet die Punkte geradlinig miteinander. Diese Darstellung findet vor allem bei zeitlichen Verläufen Verwendung.

BEISPIEL

Die Tabelle gibt die durchschnittlichen Höchsttemperaturen in Alice Springs (Australien) wieder:

Monat	Jan	Feb	Mär	Apr	Mai	Jun	Jul	Aug	Sep	Okt	Nov	Dez
Temperatur in °C	33	32	30	25	21	18	17	21	26	28	31	33

Bild 14.5 zeigt das Diagramm.

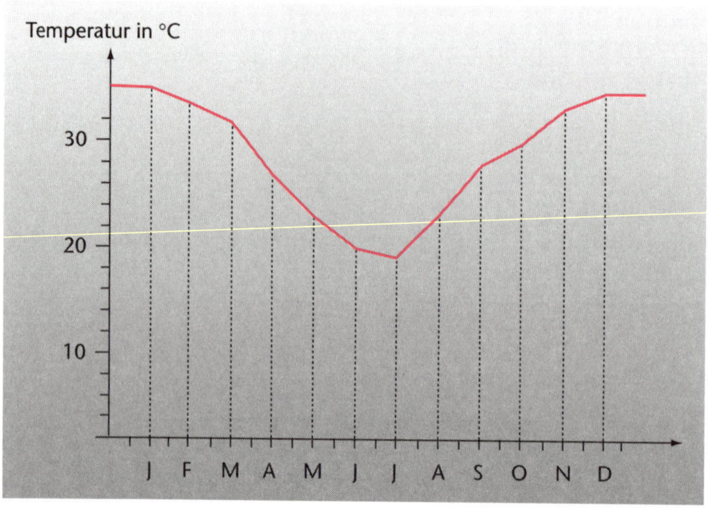

Bild 14.5
Durchschnittliche Höchsttemperaturen in Alice Springs

ÜBUNGEN

1. Schreiben Sie die Teiler der natürlichen Zahlen von 1 bis 20 auf. Bestimmen Sie in einer Tabelle die absoluten und die relativen Häufigkeiten aller Teiler.

2. Auf einer CD befinden sich 8 Songs. Die Längen betragen 3 : 20 (= 3 Minuten, 20 Sekunden); 4 : 17; 2 : 09; 3 : 45; 2 : 56; 6 : 27; 1 : 49; 5 : 11. Teilen Sie die Längen in Klassen ein, die sich in Zwei-Minuten-Schritten verändern, also 0 : 01 bis 2 : 00, 2 : 01 bis 4 : 00 usw. Bestimmen Sie die absoluten und relativen Klassenhäufigkeiten, und stellen Sie die relativen Häufigkeiten in einem Kreisdiagramm dar.

3. Stellen Sie die absoluten Häufigkeiten der Noten einer Klassenarbeit laut folgendem Notenspiegel in einem Säulendiagramm dar:

Note:	1	2	3	4	5	6
Anzahl:	4	8	9	5	3	1

14.2 Kennwerte von Stichproben

14.2.1 Lagemaße

Im allgemeinen sind Urlisten oder auch geordnete Urlisten viel zu umfangreich, als daß sich der Betrachter schnell ein Urteil über die Ergebnisse der Stichprobe bilden könnte. Es ist deshalb erforderlich, Kenngrößen zu definieren, die es ermöglichen, das wesentliche Ergebnis einer Stichprobe schnell zu erfassen. Es ist nicht verwunderlich, daß man durch diese verkürzte Wiedergabe andererseits auch derart stark vereinfachen kann, daß wichtige Eigenschaften der Stichprobe verlorengehen.

BEISPIEL

1. Wir haben vor dem Ausgang eines Großmarktes 20 Einkaufstaschen gewogen und erhalten folgende Urliste:
   9, 18, 11, 13, 9, 7, 25, 13, 11, 10, 8, 7, 19, 16, 23, 13, 9, 14, 8, 7 [kg].
   Zunächst ordnen wir die Zahlen der Größe nach und erhalten folgende geordnete Liste:
   7, 7, 7, 8, 8, 9, 9, 9, 10, 11, 11, 13, 13, 13, 14, 16, 18, 19, 23, 25.
   Die beiden mittleren Zahlen in der Liste heißen 11. Diese Zahl gibt also das „Zentrum" der Ergebnisse an. Wir nennen diese Zahl *Zentralwert* oder *Median*.

D

Ordnet man die Ergebnisse einer Urliste in einer aufsteigenden Folge an, so verstehen wir unter dem *Median* oder *Zentralwert* z
- den Wert in der Mitte der Folge, falls der Stichprobenumfang n ungerade ist,
- den Wert $\frac{a+b}{2}$, wenn a und b die beiden Werte in der Mitte der Folge sind, falls n gerade ist.

Die Angabe des Medians zeigt an, daß höchstens die Hälfte aller Werte kleiner ist als der Median, aber auch höchstens die Hälfte aller Werte größer ist als der Median. Falls n ungerade ist, ist der Median darüber hinaus ein in der Urliste tatsächlich vorkommender Wert. Er hat allerdings den Nachteil, daß er sehr ungleichmäßig verteilte Reihen verschleiert, wie folgendes Beispiel zeigt.

BEISPIEL

2. In einer neuen Siedlung befragen wir einige Einwohner nach der Anzahl der Personen in ihrem Haushalt und erhalten die (bereits geordnete) Urliste 1, 1, 1, 1, 1, 2, 5, 6, 6, 7, 8. Der Median ist 2. Ohne Kenntnis der Urliste bekommen wir den Eindruck, daß die Wohnungen nur mit wenigen Personen belegt sind.

Um derart krasse Verteilungen zu verdeutlichen, reicht der Median alleine nicht aus. Man benötigt eine weitere Angabe. Sehr häufig benutzt wird die ***Spannweite:***

D

Unter der *Spannweite u* einer Stichprobe versteht man die Differenz zwischen dem größten Wert x_{max} und dem kleinsten Wert x_{min} der Stichprobe: $u = x_{max} - x_{min}$.

Im Beispiel 1. auf Seite 755 ist die kleinste Zahl 7, die größte 25, die Spannweite u = 25 − 7 = 18 kg. Kennt man nur den Median 11 und die Spannweite 18, kann man bereits schließen, daß alle Werte in einem der Bereiche {0 . . . 18} oder {1 . . . 19} oder . . . {11 . . . 29} liegen, also nicht sonderlich stark streuen.

Im Beispiel 2. hingegen kann man aus der Spannweite 7 und dem Median 2 schließen, daß mindestens ein Wert bei 8 oder 9 liegen muß, es also ein starkes Gewicht nach oben geben muß.

14.2.2 Das arithmetische Mittel

Das bekannteste Maß der Stichprobencharakterisierung ist das ***arithmetische Mittel,*** häufig auch ***Durchschnitt*** oder – fälschlicherweise – nur Mittelwert genannt. Es gibt verschiedene Mittelwerte.

D

Unter dem *arithmetischen Mittel* $\bar{x}$ der Ergebnisse $x_1, x_2 \ldots x_n$ einer Stichprobe vom Umfang n versteht man die Zahl $\bar{x} = \frac{x_1 + x_2 + x_3 + \ldots + x_n}{n} = \frac{1}{n} \cdot \sum_{i=1}^{n} x_i$.

BEISPIELE

1. Für unser Beispiel 1. auf Seite 755 erhalten wir $\bar{x}$ = (7 + 7 + 7 + 8 + 8 + 9 + 9 + 9 + 10 + 11 + 11 + 13 + 13 + 13 + 14 + 16 + 18 + 19 + 23 + 25) : 20 = 250 : 20 = 12,5. Das bedeutet, daß die *durchschnittliche Warenmasse* 12,5 kg beträgt.

2. In Beispiel 2. auf Seite 756 erhalten wir die *durchschnittliche Personenzahl* pro Wohnung: $\overline{x} = 39 : 11 = 3{,}\overline{54}$ Personen.

3. Wir werfen dreimal auf eine Dartsscheibe und addieren die in den drei Würfen erzielten Punkte (Bild 14.6). Dies wiederholen wir 4mal: 40, 53, 46, 120, 22. Der Mittelwert ist 281 : 5 = 56,2.

Bild 14.6 Dartsscheibe mit $14 + 3 \cdot 3 + 2 \cdot 15 = 53$ Punkten

Gerade das letzte Beispiel zeigt, daß das arithmetische Mittel seinen Namen nicht unbedingt verdient. Alle Werte bis auf einen liegen unter dem „Mittelwert". ***Extreme Werte beeinflussen das arithmetische Mittel stark.***

Alle Beispiele verdeutlichen, daß das arithmetische Mittel keineswegs in der Urliste vertreten sein muß. Es handelt sich um einen künstlichen Wert, der hinterfragt werden muß. So könnte man aus dem arithmetischen Mittel der Wohnungsbelegung den völlig falschen Schluß ziehen, daß dort vorwiegend Wohnungen für 3 oder 4 Personen existieren.

Im ersten Beispiel sehen wir, daß das arithmetische Mittel einfacher berechnet werden kann, wenn Ergebnisse mehrfach vorkommen. Statt etwa 7 + 7 + 7 zu rechnen, kann man auch $3 \cdot 7$ schreiben, also den Wert x mit seiner absoluten Häufigkeit H(x) multiplizieren. Statt die Summe durch n zu teilen, können wir auch jeden Wert durch n teilen und dann aufsummieren. Wir können aber auch das Produkt $x_i \cdot H(x_i)$ durch n teilen. Wegen $H(x_i) : n = h(x_i)$ können wir auch x_i einfach mit seiner relativen Häufigkeit multiplizieren.

S

Hat die Stichprobe vom Umfang n genau k verschiedene Ergebnisse $x_1, x_2 \ldots x_k$ mit den absoluten Häufigkeiten $H(x_i)$ und den relativen Häufigkeiten $h(x_i)$, so ist $\overline{x} = \frac{1}{n} \cdot \sum_{i=1}^{k} x_i \cdot H(x_i) = \sum_{i=1}^{k} x_i \cdot h(x_i)$.

14.2.3 Streumaße

Varianz und Standardabweichung

Die Stichprobe A: 1, 2, 3, 4, 5 hat das arithmetische Mittel 3, ebenso die Stichprobe B: 3, 3, 3, 3, 3. Um die Streuung zu beschreiben, gibt es neben der Spannweite ein weiteres Maß, das beschreibt, wie weit Werte vom Mittelwert der Stichprobe entfernt sind. Hierzu müssen wir die Abweichung jedes einzelnen Ergebnisses vom arithmetischen Mittel berechnen. Will man jedoch Ergebnisse, die sehr stark vom Mittelwert abweichen, stärker berücksichtigen als Werte nahe am Mittelwert – die Statistiker nennen dies ***gewichten*** –, so kann man diese Werte entweder mit einem Gewichtungsfaktor versehen oder, was üblicher ist, alle Abweichungen quadrieren. Eine größere Abweichung, sofern sie größer als 1 ist, wird durch das Quadrieren in stärkerem Maße vergrößert als eine kleine Abweichung.

BEISPIEL

x_i	$H(x_i)$	$\lvert x_i - \bar{x} \rvert$	$\lvert \bar{x_i} - \bar{x} \rvert^2$	$H(x_i) \cdot \lvert x_i - \bar{x} \rvert^2$
7	3	5,5	30,25	90,75
8	2	4,5	20,25	40,5
9	3	3,5	12,25	36,75
10	1	2,5	6,25	6,25
11	2	1,5	2,25	4,5
13	3	0,5	0,25	0,75
14	1	1,5	2,25	2,25
16	1	3,5	12,25	12,25
18	1	5,5	30,25	30,25
19	1	6,5	42,25	42,25
23	1	10,5	110,25	110,25
25	1	12,5	156,25	156,25

Die Summe der quadratischen Abweichungen beträgt 533,00.

Das Quadrat einer linearen Abweichung nennt man ***quadratische Abweichung.*** Bildet man das arithmetische Mittel der quadratischen Abweichungen, erhält man die ***mittlere quadratische Abweichung*** oder ***Varianz,*** im Beispiel $533 : 20 = 26{,}65$.

Nun können wir diese Zahl aber schlecht mit den Einzelergebnissen vergleichen, denn wir haben ja Quadrate gebildet. Zur Bereinigung dieses „Fehlers" ziehen wir schließlich die Quadratwurzel aus der Varianz: $\sqrt{26{,}65} \approx 5{,}16$. Diese Zahl nennen wir ***Standardabweichung.*** Sie ist größer als die mittlere lineare Abweichung, was darauf schließen läßt, daß es Werte gibt, die recht stark vom Mittelwert abweichen.

D

Sind $x_1, x_2 \ldots x_n$ Ergebnisse einer Stichprobe mit dem arithmetischen Mittel $\overline{x}$, so heißt $\sigma^2 = \frac{1}{n} \cdot \sum_{i=1}^{n} |x_i - \overline{x}|^2$ *Varianz* der Stichprobe.
$\sigma = \sqrt{\sigma^2}$ heißt *Standardabweichung*.

ÜBUNGEN

4. In verschiedenen Lebensmittelgeschäften desselben Stadtviertels wird jeweils der Preis für 500 g Butter einer bestimmten Sorte ermittelt. Man erhält folgende Urliste: 2,55 DM; 2,75 DM; 2,49 DM; 2,38 DM; 2,59 DM; 2,69 DM; 2,76 DM; 2,85 DM; 2,59 DM; 2,45 DM.
Berechnen Sie arithmetisches Mittel, Median und Spannweite.

5. In 20 neuen Streichholzschachtein wird die Anzahl der Streichhölzer bestimmt:
39, 40, 37, 39, 36, 38, 38, 42, 41, 40, 36, 38, 39, 38, 40, 38, 37, 41, 37, 43.
a) Bestimmen Sie die relativen Häufigkeiten der verschiedenen Ergebnisse.
b) Bestimmen Sie Median und Spannweite.
c) Berechnen Sie das arithmetische Mittel.
d) Berechnen Sie die Standardabweichung.

6. Der Median einer Stichprobe ist 89, die Spannweite 15.
a) Welche Schlußfolgerung kann man daraus ziehen?
b) Zusätzlich ist das arithmetische Mittel $\overline{x} = 95$ bekannt. Lassen sich weitergehende Schlüsse ziehen?

7. In einem Wettbewerb müssen zwei Teilnehmer aus einer großen Tonne so viel Zucker in einen Topf füllen, bis sie glauben, möglichst genau 1 000 g erreicht zu haben. Die Füllmengen werden anschließend gewogen. Jeder Teilnehmer hat 10 Versuche, die registriert werden. Man erhält folgende Urlisten:
Teilnehmer A: 947 g, 1097 g, 872 g, 1125 g, 899 g, 1025 g, 1027 g, 843 g, 965 g, 1200 g
Teilnehmer B: 1026 g, 1018 g, 975 g, 1047 g, 1003 g, 948 g, 992 g, 1053 g, 967 g, 1008 g
a) Berechnen Sie für jede Testreihe das arithmetische Mittel und die Standardabweichung.
b) Wer gewinnt, wenn derjenige Sieger ist, dessen arithmetisches Mittel am nächsten bei 1000 g liegt?
c) Wer gewinnt, wenn derjenige Spieler siegt, der am besten schätzen kann?

8. Ein Flugzeug fliegt auf den 100 km langen Seiten eines Quadrates. Die erste Seite des Quadrates fliegt es mit einer Geschwindigkeit von 100 km/h, die zweite Seite mit 200 km/h, die dritte mit 300 km/h und die vierte mit 400 km/h.
a) Warum gibt das arithmetische Mittel der vier Geschwindigkeiten nicht die Durchschnittsgeschwindigkeit an?
b) Berechnen Sie die Durchschnittsgeschwindigkeit.

14.3 Grundbegriffe der Wahrscheinlichkeitsrechnung

14.3.1 Zufallsexperimente

Die Wahrscheinlichkeitsrechnung beruht im Gegensatz zur Statistik nicht auf empirischen, also durch Erfahrung oder Befragung gewonnenen Daten, sondern versucht aufgrund bestimmter Kenntnisse Ausgänge, also Ergebnisse von Experimenten, vorherzusagen.

D

Unter einem *Zufallsexperiment* versteht man ein Experiment, dessen Ausgang nur vom Zufall abhängt. Einen möglichen Ausgang des Zufallsexperimentes nennen wir *Ergebnis*. Die Menge aller Ergebnisse heißt *Ergebnisraum* Ω.

BEISPIELE

1. Das Werfen einer Münze ist ein Zufallsexperiment, wenn wir unterscheiden, welche Seite die Münze oben zeigt, nachdem sie zum Liegen gekommen ist. Es gibt zwei Ergebnisse: Wappen W (= Kopf) oder Zahl Z. Der Ergebnisraum ist $\Omega = \{W, Z\}$.

2. Das Werfen eines Würfels ist ein Zufallsexperiment, denn es gibt keine Gesetzmäßigkeit, nach der sich der Ausgang vorhersagen ließe. Der Ergebnisraum ist $\Omega = \{1, 2, 3, 4, 5, 6\}$.

3. Das zufällige Auswählen von Ziffern von Telefonnummern eines Telefonbuches ist nur dann ein Zufallsexperiment, wenn wir nicht die (beiden) ersten Ziffern wählen, da sie meistens bestimmten Ortsbereichen zugeordnet sind. Einige Ziffern kommen deshalb gar nicht am Anfang vor.

Wir führen folgendes Zufallsexperiment durch: Wir würfeln sehr oft mit einem Würfel und notieren die Anzahl, also die absolute Häufigkeit eines jeden Ergebnisses. Zunächst führen wir das Experiment 10mal durch, dann 100mal, dann 1 000mal. Die Tabelle zeigt die absoluten und die relativen Häufigkeiten der Ergebnisse x_i:

	n = 10		n = 100		n = 1000	
x_i	$H(x_i)$	$h(x_i)$	$H(x_i)$	$h(x_i)$	$H(x_i)$	$h(x_i)$
1	1	0,1	17	0,17	162	0,162
2	3	0,3	21	0,21	174	0,174
3	2	0,2	16	0,16	162	0,162
4	1	0,1	14	0,14	158	0,158
5	1	0,1	18	0,18	173	0,173
6	2	0,2	14	0,14	171	0,171

Wir erkennen, daß die relativen Häufigkeiten bei n = 10 Würfen stark streuen, bei n = 100 bereits weniger stark und bei n = 1000 nur noch geringfügig. Je größer die Zahl n der Durchführungen wird, desto mehr gleichen sich die relativen Häufigkeiten einander an – so scheint es jedenfalls. Im Idealfall sind sie gleich, nämlich genau $0,1\overline{6}$ oder $\frac{1}{6}$. Wir sagen, dies ist die ***Wahrscheinlichkeit*** dafür, eine 1 zu würfeln. Dasselbe gilt für 2, 3, 4, 5 und 6. Im Gegensatz zur relativen Häufigkeit ist die Wahrscheinlichkeit ein theoretischer Wert.

D

Unter der *Wahrscheinlichkeit p(x)* des Ergebnisses x eines Zufallsexperiments verstehen wir die Zahl, die als relative Häufigkeit h(x) zu erwarten ist, wenn das Experiment unendlich oft durchgeführt werden könnte.

Wenn Sie bereits mit dem Grenzwertbegriff (siehe Seite 514) vertraut sind, können Sie auch schreiben: $p(x) = \lim\limits_{n \to \infty} h(x)$.

D

Ein Zufallsexperiment heißt *Laplace-Experiment*, wenn allen Ergebnissen dieselbe Wahrscheinlichkeit zugeordnet ist.

BEISPIELE

1. Beim Münzwurf ist $p(W) = \frac{1}{2}$ und $p(Z) = \frac{1}{2}$, denn bei einer guten Münze ist zu erwarten, daß bei sehr großer Wurfzahl Wappen und Zahl gleich oft fallen. Es handelt sich demnach um ein Laplace-Experiment.

2. Das Werfen eines Würfels ist ein Laplace-Experiment, da
$p(1) = p(2) = p(3) = p(4) = p(5) = p(6) = \frac{1}{6}$ ist.

14.3.2 Ereignisse

Wie groß ist die Wahrscheinlichkeit dafür, daß wir beim Werfen eines Würfels eine Zahl größer als 2 werfen?

Wir müssen eine der Zahlen 3, 4, 5 oder 6 werfen, damit eintritt, was wir gefordert haben. Jetzt haben wir es aber nicht mehr mit nur einem einzigen Ausgang zu tun, sondern mit mehreren, die für unsere Fragestellung „günstig" sind. Wir sprechen nicht mehr von nur einem ***Ergebnis*** oder ***Ausgang,*** sondern von einem ***Ereignis*** des Zufallsexperiments.

D

Jede Teilmenge des Ergebnisraumes Ω heißt *Ereignis E.*
Eine einelementige Teilmenge von Ω heißt *Elementarereignis.*

In unserem Fall ist das Ereignis E = {3, 4, 5, 6}. Es enthält 4 Ergebnisse, die eintreten können, damit unsere Forderung erfüllt wird. Es sind aber überhaupt nur 6 verschiedene Ergebnisse möglich. Da alle dieselbe Wahrscheinlichkeit haben, tritt das Ereignis in 4 von 6 Fällen ein, seine Wahrscheinlichkeit beträgt $\frac{4}{6}$.

S

Ist E ein Ereignis eines Laplace-Experimentes, so ist

$$p(E) = \frac{\text{Anzahl aller für E günstigen Ergebnisse}}{\text{Anzahl aller möglichen Ergebnisse}}.$$

BEISPIELE

1. Ein Skatspiel besteht aus 32 Karten. Es enthält in den Farben Kreuz, Pik, Herz und Karo jeweils die Karten 7, 8, 9, 10, Bube, Dame, König, As (Bild 14.7). Wir ziehen eine Karte aus dem Spiel heraus und betrachten das Ereignis E_1: Die Karte ist eine Pik-Karte. Die Wahrscheinlichkeit hierfür ist

$p(E_1) = \frac{8}{32} = \frac{1}{4}$.

Betrachten wir das Ereignis E_2:
Die Karte ist ein As.
Die Wahrscheinlichkeit hierfür ist

$p(E_2) = \frac{4}{32} = \frac{1}{8}$.

Bild 14.7 Skatblatt

2. Wir treffen am 22. 2. eine uns unbekannte Person, der wir ein Geschenk überreichen möchten, wenn sie in diesem Jahr schon Geburtstag gehabt hat. Das Ereignis heißt E: „Die Person hat bis zum 22. 2. Geburtstag." Vom 1. 1. bis zum 22. 2. sind es 31 + 22 = 53 Tage, während das gesamte Jahr 365 Tage hat. Also beträgt die Wahrscheinlichkeit für die Geschenkübergabe $p(E) = \frac{53}{365} \approx \frac{1}{7}$.

Wir betrachten noch zwei besondere Ereignisse:

D

Das Ereignis $E = \Omega$ heißt *sicheres Ereignis*.
Das Ereignis $E = \{\ \}$ heißt *unmögliches Ereignis*.

Das sichere Ereignis tritt immer ein, denn es muß ja ein Ergebnis des Ergebnisraumes eintreten. Es ist $p(\Omega) = 1$.

Das unmögliche Ereignis tritt hingegen nie ein, es ist $p(\{\ \}) = 0$. Betrachten wir noch einmal das Werfen eines Würfels. Ist E das Ereignis „Werfen einer geraden Zahl" und $\bar{E}$ das Ereignis „Werfen einer ungeraden Zahl", so kann E genau dann nicht eintreten, wenn $\bar{E}$ eintritt. Beide Ereignisse zusammen ergeben das sichere Ereignis, andererseits haben sie aber keine gemeinsamen Elemente.

D

Das Ereignis $\bar{E} = \Omega \setminus E$ heißt *Gegenereignis* von E.

S

Es ist $p(\bar{E}) = 1 - p(E)$.

$\bar{E}$ ist die Komplementärmenge von E.

BEISPIELE

1. Besteht das Zufallsexperiment im Werfen eines Würfels und ist E: x ist eine Primzahl, also $E = \{2, 3, 5\}$, so ist $\bar{E} = \{1, 4, 6\}$ und $p(E) = p(\bar{E}) = \frac{1}{2}$.

2. Beim Roulette (siehe Seite 766) sei E das Ereignis „unteres Dutzend",
$E = \{25, 26, 27, 28, 29, 30, 31, 32, 33, 34, 35, 36\}$.
Es ist $p(E) = \frac{12}{37}$ und $p(\bar{E}) = \frac{25}{37}$.

In einer Urne befinden sich 4 gelbe, 3 rote und 2 blaue Kugeln (siehe Bild 14.8). Wir schütteln die Urne, ziehen blind eine Kugel heraus und definieren die Ereignisse: G: Ziehen einer gelben Kugel, R: Ziehen einer roten Kugel, B: Ziehen einer blauen Kugel. Es ist $G \cap R = \{ \}$, da wir nicht gleichzeitig eine gelbe und eine rote Kugel ziehen können. Hingegen ist $G \cup R$ nicht leer, sondern enthält 7 Elemente, nämlich 4 gelbe und 3 rote Kugeln.

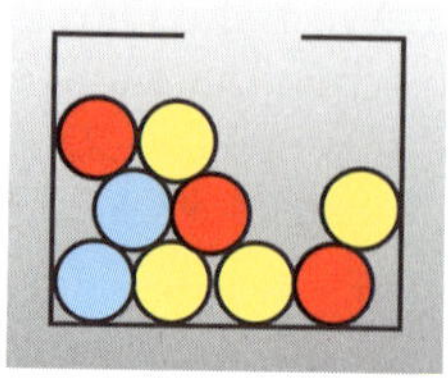

Bild 14.8 Urne mit 4 gelben, 3 roten und 2 blauen Kugeln

D

Sind A und B zwei Ereignisse desselben Zufallsexperiments, so heißt $A \cup B$ das *Oder-Ereignis*, $A \cap B$ das *Und-Ereignis* von A und B. Die beiden Ereignisse heißen *unvereinbar*, wenn $A \cap B = \{ \}$ ist.

BEISPIEL

Wir werfen einen Würfel und definieren zwei Ereignisse: A: Werfen einer geraden Zahl, B: Werfen einer Primzahl. Es ist $A = \{2, 4, 6\}$ und $B = \{2, 3, 5\}$. Es ist weiterhin $A \cap B = \{2\}$ und $A \cup B = \{2, 3, 4, 5, 6\}$. Für die Wahrscheinlichkeiten gilt:
$p(A) = \frac{3}{6}$, $p(B) = \frac{3}{6}$, $p(A \cap B) = \frac{1}{6}$, $p(A \cup B) = \frac{5}{6}$.

Wie man sieht, ist die Wahrscheinlichkeit für das Oder-Ereignis nicht einfach die Summe der Wahrscheinlichkeiten der beiden einzelnen Ereignisse, denn dann würde man Elemente, die in beiden Mengen vorkommen, ja doppelt berücksichtigen. Deshalb muß man die Wahrscheinlichkeiten für doppelt vorhandene Elemente wieder subtrahieren.

S

Wahrscheinlichkeit von Oder-Ereignissen: $p(A \cup B) = p(A) + p(B) - p(A \cap B)$

BEISPIEL

Wir ziehen eine Karte aus dem Skatspiel. Es ist A das Ereignis: die Karte ist ein Bild (Bube, Dame, König), B das Ereignis: die Karte ist eine Karokarte.
Es ist $p(A) = \frac{12}{32}$, $p(B) = \frac{8}{32}$ und $p(A \cup B) = \frac{3}{32}$ (siehe Bild 14.7).
Somit ziehen wir ein Bild oder eine Karokarte mit der Wahrscheinlichkeit
$p(A \cup B) = \frac{12}{32} + \frac{8}{32} - \frac{3}{32} = \frac{17}{32}$.

ÜBUNGEN

9. Welche der folgenden Experimente sind Zufallsexperimente?

a) Wir ziehen eine Karte aus einem gemischten Rommέspiel und schauen, welche Farbe wir gezogen haben.

b) Wir tippen einen Buchstaben in einem Text einer Tageszeitung mit einem Bleistift an.

c) Wir ziehen blind einen Tischtennisball aus einer Urne mit mehreren verschiedenfarbigen Tischtennisbällen und schauen nach der Farbe.

d) Aus einer Urne mit Kugeln, Tetraedern und Würfeln ziehen wir blind einen Körper.

e) Wir schlagen blind ein Buch auf, tippen auf eine Seitenzahl und schauen, ob sie gerade oder ungerade ist.

10. Geben Sie für folgende Zufallsexperimente einen Ergebnisraum Ω an:

a) Das Drehen des Glücksrades aus Bild 14.9.

b) Das Raten einer zweistelligen Primzahl, die die Ziffern 3 und 7 nicht enthält.

c) Das Setzen einer Figur auf ein beliebiges Feld eines Schachbretts.

d) Eine Glühbirne wird im Baumarkt auf Funktionsfähigkeit geprüft.

e) Zu einem zufällig gewählten Zeitpunkt wird die Anzeige einer Verkehrsampel betrachtet.

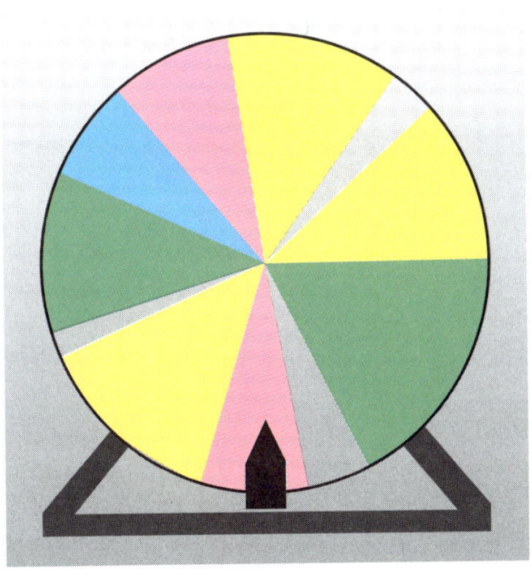

Bild 14.9 Glücksrad

11. Welche der Experimente von Aufgabe 10. sind Laplace-Experimente?

12. Welche Wahrscheinlichkeiten $p(x_i)$ sind für die einzelnen Sektoren eines Glücksrades zu erwarten, wenn die Sektoren die Mittelpunktswinkel 60° (blau), 90° (gelb), 45° (rot), 90° (grün) und 75° (weiß) haben (Bild 14.10)?

Bild 14.10 Glücksrad

13. In einer Lostrommel befinden sich 150 Nieten, 25 Kleingewinnlose, 17 Lose für mittlere Gewinne und ein Los für den Hauptgewinn. Wie groß ist die Wahrscheinlichkeit für einen Gewinn?

14. Beim *Roulette* wird eine Kugel in eine drehbare Schale (Roulette = Rädchen) geworfen, die sich eine Weile dreht (Bild 14.11). Nach dem Stillstand der Scheibe bleibt die Kugel in einem der numerierten Fächer 0 bis 36 liegen. Der Spielplan sieht folgende Ereignisse und Gewinne vor:

E_{11}: Rouge oder Noir (rot oder schwarz)	Gewinn: 1facher Einsatz (Bild 14.12)
E_{12}: Pair oder Impair (gerade oder ungerade)	Gewinn: 1facher Einsatz (Bild 14.12)
E_{13}: Manque oder Passe (1 bis 18 oder 19 bis 36)	Gewinn: 1facher Einsatz (Bild 14.12)
E_{21}: Kolonne (linke, mittlere oder rechte Spalte)	Gewinn: 2facher Einsatz (Bild 14.13, weißer Chip)
E_{22}: Dutzend (1 bis 12, 13 bis 24, 25 bis 36)	Gewinn: 2facher Einsatz (Bild 14.13, roter Chip)
E_3: Transversale simple (zwei Querreihen = 6 Felder)	Gewinn: 5facher Einsatz (Bild 14.13, gelber Chip)
E_4: Carré (Viererblock)	Gewinn: 8facher Einsatz (Bild 14.14, weißer Chip)
E_5: Transversale pleine (Querreihe = 3 Felder)	Gewinn: 11facher Einsatz (Bild 14.14, roter Chip)
E_6: à Cheval (zwei benachbarte Zahlen)	Gewinn: 17facher Einsatz (Bild 14.14, gelber Chip)
E_7: Plein (eine Zahl)	Gewinn: 35facher Einsatz (Bild 14.14, blauer Chip)

Bei den drei Ereignissen mit einfacher Gewinnchance bleibt der gesetzte Chip liegen, wenn die 0 fällt, in den anderen Fällen verfällt der Einsatz, sofern die 0 nicht mitgesetzt wurde. Der Ergebnisraum ist $\Omega = \{0, 1, 2 \ldots 36\}$. Im Gewinnfall erhält man nicht nur den Gewinn, sondern auch seinen Einsatz wieder. Bei einfacher

Bild 14.11 Roulette

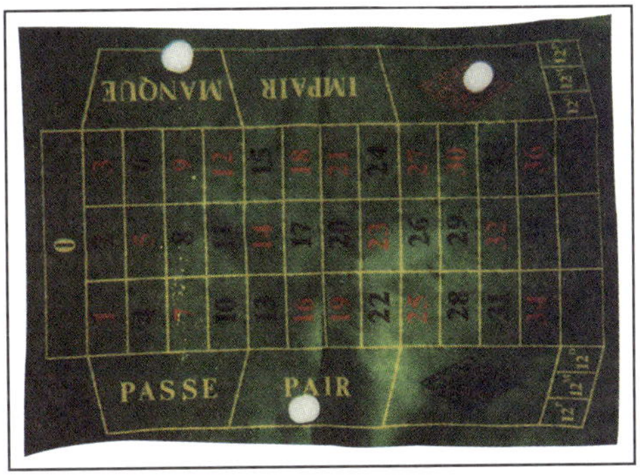

Bild 14.12 Spielplan beim Roulette

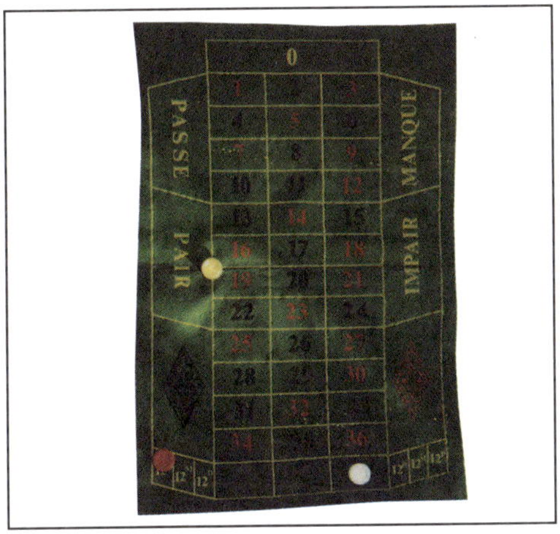

Bild 14.13 Kolonne (weißer Chip), Dutzend (roter Chip), Transverale simple (gelber Chip)

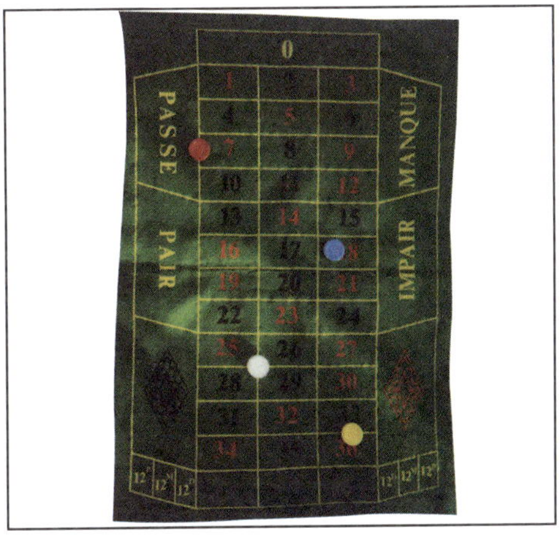

Bild 14.14 Carré (weißer Chip), Transversale pleine (roter Chip), à Cheval (gelber Chip), Plein (blauer Chip)

Chance erhält man den 2fachen Einsatz zurück. Man hat aber 18 günstige Ergebnisse. Es ist $2 \cdot 18 = 36$. Beim Carré setzt man auf 4 Zahlen und erhält den 9fachen Einsatz, und $4 \cdot 9 = 36$! Es gilt immer: *Anzahl der für das Ereignis günstigen Ergebnisse mal Rückzahlungsfaktor = 36.*
Berechnen Sie die Wahrscheinlichkeiten der Ereignisse E_{11} bis E_7.

15. Wir werfen einen Würfel und definieren folgende Ereignisse für die Augenzahl x:
A: x ist eine Primzahl.
B: x ist eine Quadratzahl.
C: x ist größer als 4.
D: x ist höchstens 3.
E: x ist eine Zweierpotenz.
a) Stellen Sie die Ereignisse in aufzählender Form dar.
b) Bestimmen Sie die Wahrscheinlichkeiten der Ereignisse
$A \cap B$, $A \cup C$, $B \cup E$, $C \cup D$, $B \cap E$, $D \cap E$.

14.4 Mehrstufige Zufallsexperimente

14.4.1 Ereignisse

Besteht bezüglich der Ergebnismenge ein Unterschied, ob wir einen Würfel zweimal hintereinander oder aber zwei Würfel gleichzeitig werfen? Es kommt darauf an, ob wir die beiden Würfel unterscheiden können. Werfen wir einen Würfel zweimal, so kann es sein, daß beim ersten Wurf eine Drei und beim zweiten eine Sechs fällt. Es kann aber auch umgekehrt sein. Beide Ausgänge sind zu unterscheiden. Den ersten kennzeichnen wir durch das Paar (3 | 6), den zweiten durch das Paar (6 | 3). Werfen wir mit zwei Würfeln, die wir unterscheiden können, gleichzeitig, so können wir einen der beiden Würfel als Würfel 1, den anderen als Würfel 2 bezeichnen. Auch dann sind die Würfe unterscheidbar, und wir erhalten denselben Ergebnisraum.

D

Werden n Zufallsexperimente hintereinander ausgeführt oder besteht kein Unterschied, ob man die n Experimente hintereinander oder gleichzeitig ausführt, so nennen wir dies ein *n-stufiges Zufallsexperiment.*

Besonders mit dem Zusatz, n Zufallsexperimente gleichzeitig auszuführen, sollte man vorsichtig umgehen und genau prüfen, ob man nicht im einen oder anderen Fall plötzlich auf veränderte Bedingungen stößt. Der Ergebnisraum eines n-stufigen Zufallsexperimentes besteht immer aus n-Tupeln.

BEISPIELE

1. Wir werfen den Würfel zweimal. Es ist Ω = {(1|1), (1|2), (1|3), (1|4), (1|5), (1|6), (2|1), (2|2), (2|3), (2|4), (2|5), (2|6), (3|1), (3|2), (3|3), (3|4), (3|5), (3|6), (4|1), (4|2), (4|3), (4|4), (4|5), (4|6), (5|1), (5|2), (5|3), (5|4), (5|5), (5|6), (6|1), (6|2), (6|3), (6|4), (6|5), (6|6)}.

2. Wir werfen eine Münze dreimal hintereinander.
Ω = {WWW, WWZ, WZW, WZZ, ZWW, ZWZ, ZZW, ZZZ}.

Wie berechnet man nun die Wahrscheinlichkeiten für Ereignisse bei mehrstufigen Zufallsexperimenten? Betrachten wir noch einmal Beispiel 2. Beim ersten Wurf hat W die Wahrscheinlichkeit $p(W) = \frac{1}{2}$.

Beim zweiten Wurf bleibt sie unverändert, beim dritten ebenso. Nun gibt es 8 verschiedene Ergebnisse, und alle sind gleich wahrscheinlich. Demnach hat WWW die Wahrscheinlichkeit $p(WWW) = \frac{1}{8}$.

Andererseits ist $\frac{1}{8} = \frac{1}{2} \cdot \frac{1}{2} \cdot \frac{1}{2}$, also das Produkt der Wahrscheinlichkeiten für jedes Ergebnis der einzelnen Stufe.

14.4.2 Pfadregeln, Baumdiagramme

Mit welcher Wahrscheinlichkeit werfen wir beim Werfen mit zwei Würfeln eine Augensumme größer als 9? Das Ereignis E tritt ein, wenn die Augensumme 10, 11 oder 12 ist. Dies ist möglich mit den Ergebnissen (4|6), (5|5), (6|4), (5|6), (6|5) und (6|6). Das sind 6 von 36 gleich wahrscheinlichen Ergebnissen. Demnach ist $p(E) = \frac{6}{36} = \frac{1}{6}$.

Wir zeichnen nun einen ***Wahrscheinlichkeitsbaum,*** der von oben nach unten wächst. An seine Spitze setzen wir eine Startmarke, von der aus Äste bis zur ersten Stufe des Zufallsexperimentes verlaufen, von jedem Ergebnis der ersten Stufe wieder Äste zur nächsten Stufe. Am Ende, an den Blättern, markieren wir die Ergebnisse. Außerdem schreiben wir an jeden Ast die Wahrscheinlichkeit, mit der das Ergebnis dieser Stufe eintritt.

In Bild 14.15 sind alle Ergebnisse markiert, die zum Ereignis „Augensumme größer als 9" gehören. Wir multiplizieren jetzt die Wahrscheinlichkeiten entlang eines jeden Pfades von der Spitze bis zum markierten Blatt und erhalten:

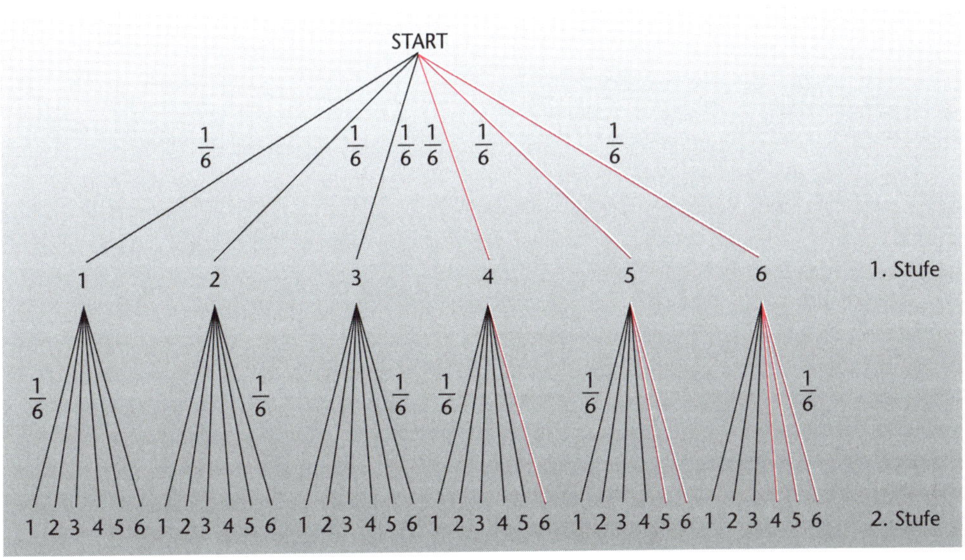

Bild 14.15 Würfeln in zwei Stufen „Augensumme größer 9" (rot)

$\frac{1}{6} \cdot \frac{1}{6}, \frac{1}{6} \cdot \frac{1}{6}, \frac{1}{6} \cdot \frac{1}{6}, \frac{1}{6} \cdot \frac{1}{6}, \frac{1}{6} \cdot \frac{1}{6}, \frac{1}{6} \cdot \frac{1}{6}$

Addieren wir alle Ergebnisse, erhalten wir $\frac{6}{36} = \frac{1}{6}$.

Wir formulieren die ***Pfadregeln:***

S

Produktregel: Die Wahrscheinlichkeit eines Ereignisses ist gleich dem Produkt der Wahrscheinlichkeiten entlang des Pfades, der vom Start zum Ereignis führt.
Summenregel: Die Wahrscheinlichkeit eines Ereignisses ist gleich der Summe der Wahrscheinlichkeiten aller zum Ereignis gehörenden Ergebnisse.

BEISPIELE

1. In einer Urne befinden sich 4 rote (R), 3 grüne (G) und 1 blaue Kugel (B). Wir ziehen blind 3 Kugeln hintereinander und legen sie jeweils beiseite. Mit welcher Wahrscheinlichkeit haben wir von jeder Farbe genau eine Kugel gezogen?
Das Ereignis ist E = {RGB, RBG, GRB, GBR, BRG, BGR}. Die Wahrscheinlichkeit für das Ziehen einer Kugel einer bestimmten Farbe ist jetzt nicht mehr konstant, sondern abhängig von der vorangegangenen Ziehung. Am Anfang beträgt die Wahrscheinlichkeit für das Ziehen einer roten Kugel $\frac{1}{2}$, denn von den 8 Kugeln sind 4 rot. In der zweiten Stufe beträgt die Wahrscheinlichkeit für eine rote Kugel aber entweder $\frac{3}{7}$, wenn wir bei der ersten Ziehung eine rote Kugel gezogen haben, oder $\frac{4}{7}$, wenn wir in der ersten Ziehung eine blaue oder grüne Kugel gezo-

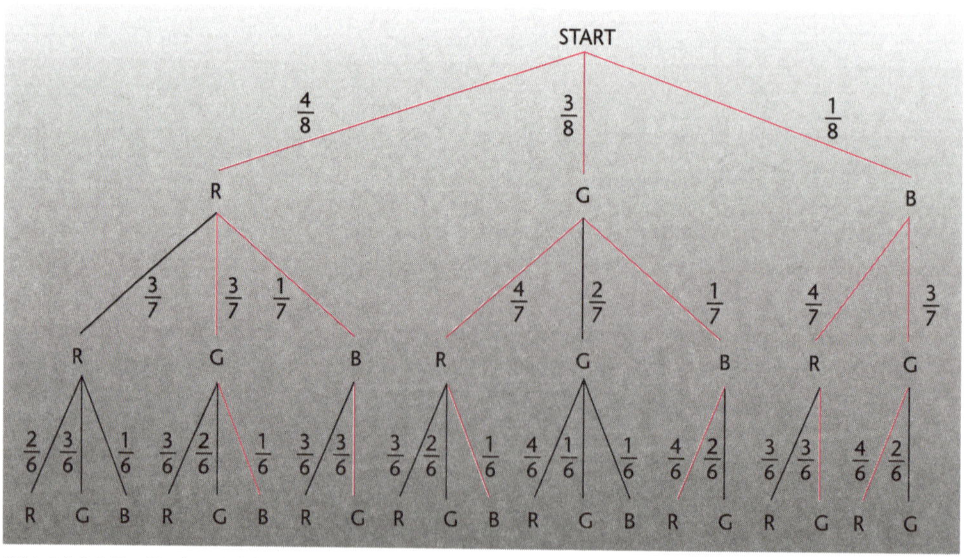

Bild 14.16 Dreifaches Ziehen einer Kugel

gen haben. In Bild 14.16 sind die Wahrscheinlichkeiten eingetragen. Die Pfade, die zum Ereignis E führen, sind rot markiert. Es ist

$$p(E) = \frac{4}{8} \cdot \frac{3}{7} \cdot \frac{1}{6} + \frac{4}{8} \cdot \frac{1}{7} \cdot \frac{3}{6} + \frac{3}{8} \cdot \frac{4}{7} \cdot \frac{1}{6} + \frac{3}{8} \cdot \frac{1}{7} \cdot \frac{4}{6} + \frac{1}{8} \cdot \frac{4}{7} \cdot \frac{3}{6} + \frac{1}{8} \cdot \frac{3}{7} \cdot \frac{4}{6}$$
$$= \frac{72}{336} = \frac{3}{14}$$

2. Wir ziehen aus einem Skatblatt 4 Karten hintereinander heraus, die wir beiseite legen. Mit welcher Wahrscheinlichkeit ziehen wir genau dreimal Herz?

Bild 14.17 zeigt den zugehörigen Baum, aus dem man erhält:

$$p(E) = \frac{8}{32} \cdot \frac{7}{31} \cdot \frac{6}{30} \cdot \frac{24}{29} + \frac{8}{32} \cdot \frac{7}{31} \cdot \frac{24}{30} \cdot \frac{6}{29} + \frac{8}{32} \cdot \frac{24}{31} \cdot \frac{7}{30} \cdot \frac{6}{29} + \frac{24}{32} \cdot \frac{8}{31} \cdot \frac{7}{30} \cdot \frac{6}{29} = \frac{168}{4495} \approx 0{,}037$$

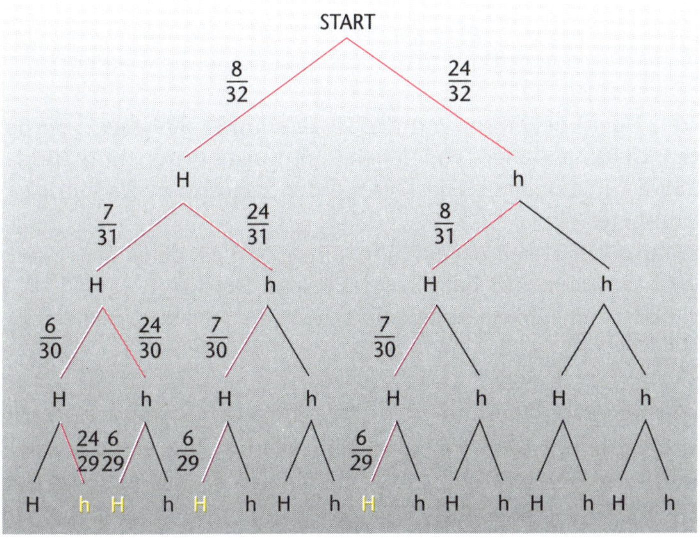

Bild 14.17
Dreimal Herz bei 4 Ziehungen

ÜBUNGEN

16. Wie groß sind die Wahrscheinlichkeiten für alle möglichen Augensummen beim Werfen mit zwei Würfeln?

17. Beim „Lügen-Max“ (im Schwäbischen auch „Mäxle“ genannt) spielt man mit zwei Würfeln, die man verdeckt weiterreicht. Die größere Augenzahl steht für die Zehner, die kleinere für die Einer der zu nennenden Zahl. Ein Pasch zählt mehr als die anderen Zahlen. Der höchste Wert wird durch 21 dargestellt. Ein Spieler erhält die verdeckten Würfel von seinem Nachbarn mit der Ansage „65“. Wie groß ist die Wahrscheinlichkeit für den Spieler, einen höheren Wert zu würfeln?

18. Beim Skatspiel erhält jeder der drei Mitspieler 10 Karten. 2 Karten bilden den Skat und werden verdeckt in die Mitte gelegt. Mit welcher Wahrscheinlichkeit enthält der Skat zwei Buben?

19. Mit welcher Wahrscheinlichkeit wirft man mit vier Würfeln mindestens eine Sechs?

20. Bei einer Umfrage in einer sehr großen Firma ergibt sich, daß 45 % der Betriebsangehörigen Frauen sind, 32 % Raucher sind und 25 % auswärts wohnen. Dabei hängt kein Merkmal von einem anderen ab. Nach Betriebsschluß wird zufällig eine Person angehalten und befragt.

a) Mit welcher Wahrscheinlichkeit ist die Person männlich?

b) Mit welcher Wahrscheinlichkeit handelt es sich um eine nichtrauchende, ortsansässige Person?

c) Mit welcher Wahrscheinlichkeit trifft man einen ortsansässigen, rauchenden Mann?

21. Boris gewinnt gegen Michael im Tennis mit der Wahrscheinlichkeit 0,64. Mit welcher Wahrscheinlichkeit gewinnt Boris drei aufeinanderfolgende Matches?

22. Der Autohersteller „Tiger" bekommt von drei Zulieferfirmen Anlasser, von denen 92 % funktionieren, Lichtmaschinen, von denen 96 % funktionieren, und Zündanlagen, von denen 89 % funktionieren. Die Teile werden zunächst in die Autos eingebaut und erst dann getestet.

a) Mit welcher Wahrscheinlichkeit hat ein Auto mindestens ein defektes Aggregat?

b) Mit welcher Wahrscheinlichkeit hat ein Auto keinen Defekt?

c) Mit welcher Wahrscheinlichkeit funktioniert zwar der Anlasser, nicht aber die Zündung?

23. Bei einer Multiple-choice-Aufgabe sind von fünf vorgegebenen Antworten mindestens eine, höchstens drei anzukreuzen. Für jede richtige angekreuzte und jede falsche nicht angekreuzte Antwort gibt es einen Punkt. Der Kandidat weiß mit einer Frage nichts anzufangen.

a) Welche Gewinnwahrscheinlichkeit hat er, wenn er rein zufällig zwei Antworten ankreuzt und wenn bei dieser Aufgabe genau zwei der fünf vorgegebenen Antworten richtig sind?

b) Sollte man ihm raten, lieber nur eine Antwort anzukreuzen?

24. Eine Münze wird mehrfach geworfen.

a) Mit welcher Wahrscheinlichkeit fällt bei zwei Würfen mindestens einmal Wappen (W)?

b) Mit welcher Wahrscheinlichkeit fällt bei drei Würfen mindestens einmal Wappen (W)?

c) Wie oft muß die Münze geworfen werden, damit mit mindestens 99prozentiger Wahrscheinlichkeit mindestens einmal W fällt?

25. Mit welcher Wahrscheinlichkeit haben von 25 Personen in einer Reisegruppe mindestens zwei am gleichen Tag im Jahr Geburtstag?

26. Nora wohnt Ecke Mozartstraße/Schubertallee, Peter wohnt Ecke Haydnstraße/Schumannallee (siehe Bild 14.18). Peter arbeitet in Noras Haus, Nora arbeitet in Peters Haus. Beide fahren zur gleichen Zeit mit dem Fahrrad zu Hause weg und entscheiden sich an jeder Abzweigung rein zufällig für eine Richtung. Allerdings machen sie keine Umwege. Mit welcher Wahrscheinlichkeit treffen sie sich an der Ecke Beethovenstraße/Brahmsallee?

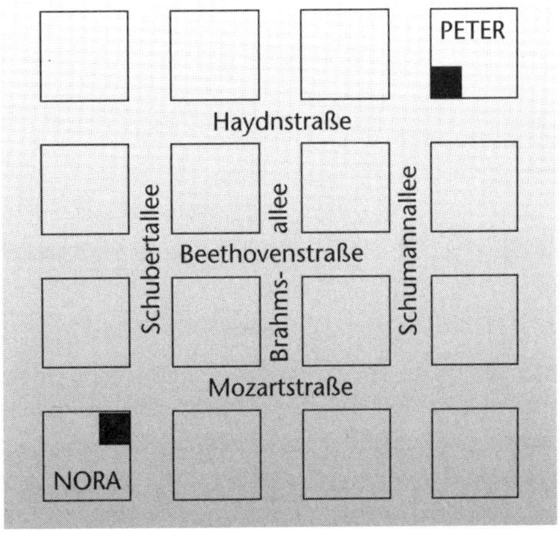

Bild 14.18

27. Im Jahre 1654 wandte sich der Philosoph und Literat am Hofe von Louis XIV., Chevalier de Méré, an den bekannten Mathematiker Blaise Pascal mit der Frage, ob es wahrscheinlicher sei, bei 4 Würfen eines Würfels mindestens eine Sechs zu haben als bei 24 Würfen mit zwei Würfeln eine Doppelsechs. Wie groß sind die beiden Wahrscheinlichkeiten?

14.5 Kombinatorik

14.5.1 Produktregel

Wir werfen eine Münze einmal. Dann besteht der Ergebnisraum aus 2 Ergebnissen, nämlich Zahl oder Wappen. Werfen wir die Münze zweimal, haben wir beim ersten Wurf 2 Möglichkeiten, beim zweiten aber wieder 2, und zwar unabhängig vom Ergebnis des ersten Wurfes. Zu jedem der beiden ersten Würfe gibt es zwei Möglichkeiten für den zweiten Wurf, wir haben insgesamt $2 \cdot 2 = 4$ Möglichkeiten. Werfen wir dreimal, so haben wir zu jedem der 4 Ergebnisse wieder zwei Möglichkeiten für den dritten Wurf. Wir erhalten $4 \cdot 2 = 8$ mögliche Ergebnisse. Die folgende Regel gibt die Anzahl aller Kombinationsmöglichkeiten an:

S

Produktregel: Besteht ein Experiment aus k Stufen, wobei der Ausgang einer Stufe keinen Einfluß auf den Ausgang einer nachfolgenden Stufe haben darf, und haben die einzelnen Stufen $n_1, n_2 \ldots n_k$ Ausgänge, so hat das Experiment $n_1 \cdot n_2 \cdot \ldots \cdot n_k$ mögliche Ergebnisse.

14.5.2 Permutationen

Unter einer ***Permutation*** versteht man eine Anordnung aller Elemente einer endlichen Menge. Wie viele Anordnungen gibt es? Betrachten wir eine zweielementige Menge mit den Elementen A und B. Es gibt 2 Anordnungen: AB und BA. Bei einer dreielementigen Menge mit den Zahlen 1, 2 und 3 gibt es 6 Anordnungen: 123, 132, 213, 231, 312, 321. Fügen wir noch ein Element hinzu, kann es bei jeder der 6 Anordnungen 4 verschiedene Plätze einnehmen: vor dem ersten, nach dem ersten, nach dem zweiten, nach dem dritten Element. Es gibt $6 \cdot 4 = 24$ Anordnungen. Wir schreiben $1 \cdot 2 \cdot 3 \cdot 4 = 4!$ und nennen dies 4 ***Fakultät.*** Fügen wir ein fünftes Element hinzu, gibt es zu jeder der 24 Anordnungen 5 weitere Plätze für das neue Element. Wir erhalten $24 \cdot 5 = 1 \cdot 2 \cdot 3 \cdot 4 \cdot 5 = 120 = 5!$ (5 Fakultät) Anordnungen. Hieraus ergibt sich folgender Satz:

S

In einer n-elementigen Menge gibt es $1 \cdot 2 \cdot \ldots \cdot n = n!$ Permutationen.

BEISPIELE

1. 5 Personen stellen sich an der Kasse an. Es gibt 5! = 120 verschiedene Reihenfolgen, in denen sie sich anstellen können.

2. Wie viele siebenstellige Zahlen aus den Ziffern 1 bis 7 gibt es, wenn die 2. Ziffer die 5 ist? Es bleiben noch 6 Ziffern anzuordnen. Hierfür gibt es 6! = 720 Möglichkeiten.

14.5.3 Stichproben

Unter einer ***Stichprobe*** versteht man die Auswahl von k Elementen einer n-elementigen Menge, $k \leq n$. Man unterscheidet die Auswahl nach zwei Kriterien:

1. Spielt die Anordnung der Elemente eine Rolle, sprechen wir von einer ***geordneten Stichprobe.*** Unterscheiden wir verschiedene Anordnungen der Elemente nicht, nennen wir dies eine ***ungeordnete Stichprobe.***
2. Bei mehrstufigen Zufallsexperimenten unterscheiden wir zwischen
   a) Stichproben, bei denen wir in jeder Stufe dieselben Ausgangsbedingungen vorfinden, so als ob wir herausgenommene Elemente wieder zurücklegen, und nennen sie ***Stichproben mit Zurücklegen*** oder ***mit Wiederholungen,***
   b) Stichproben, bei denen Elemente, die ausgewählt wurden, in den folgenden Stufen nicht mehr zur Verfügung stehen, und nennen sie ***Stichproben ohne Zurücklegen*** oder ***ohne Wiederholungen.***

Demzufolge haben wir vier Fälle zu unterscheiden.

Geordnete Stichproben mit Wiederholung

Haben wir eine Urne mit n unterscheidbaren Kugeln und wählen k davon aus, wobei wir jede gezogene Kugel wieder in die Urne zurücklegen, so entspricht dies der k-fachen Ausführung desselben Zufallsexperimentes. In jeder Stufe gibt es n Möglichkeiten. Also gibt es insgesamt $n \cdot n \cdot \ldots \cdot n = n^k$ Möglichkeiten.

S

Wird aus einer n-elementigen Menge k-mal ein Element ausgewählt, so gibt es n^k geordnete Stichproben mit Wiederholung.

BEISPIELE

1. Wir würfeln 8mal mit einem Würfel. In jeder Stufe haben wir 6 Möglichkeiten. Es gibt $6^8 = 1679616$ Ergebnisse.

2. Wie viele Teilmengen hat eine n-elementige Menge? Jedes Element kann ausgewählt werden oder nicht. Es handelt sich um ein n-stufiges Zufallsexperiment mit je 2 Möglichkeiten. Also gibt es 2^n Teilmengen.

3. Wir wollen m Kugeln auf k Urnen verteilen. Bei jeder Kugel haben wir k Möglichkeiten. Das Experiment wird m-mal durchgeführt. Es gibt k^m verschiedene Verteilungen.

Geordnete Stichproben ohne Wiederholung

Wir ziehen aus einer Urne 3 von 5 unterscheidbaren Kugeln, die wir nicht zurücklegen. Beim ersten Versuch haben wir 5 Möglichkeiten, beim zweiten nur noch 4, beim dritten 3, also insgesamt $60 = 5 \cdot 4 \cdot 3 = 5 \cdot (5 - 1) \cdot (5 - 2)$
$= \frac{5 \cdot (5 - 1) \cdot (5 - 2) \cdot (5 - 3) \cdot (5 - 4)}{(5 - 4) \cdot (5 - 3)} = \frac{5!}{2!} = \frac{5!}{(5 - 3)!}$ Möglichkeiten.

S

Einer n-elementigen Menge kann man $\frac{n!}{(n - k)!}$ geordnete Stichproben mit k Elementen entnehmen.

BEISPIELE

1. Wie viele fünfstellige Zahlen mit verschiedenen Ziffern gibt es? Es handelt sich um eine 10elementige Menge, von der wir eine Stichprobe mit 5 Elementen entnehmen. Hierfür gibt es $\frac{10!}{(10 - 5)!} = 6 \cdot 7 \cdot 8 \cdot 9 \cdot 10 = 30240$ Möglichkeiten. Nun müssen wir aber alle Möglichkeiten abziehen, bei denen eine 0 am Anfang steht. Da diese Zahlen aus 4 weiteren von 9 möglichen Ziffern bestehen, gibt es für deren Auswahl $\frac{9!}{(9 - 4)!} = 9 \cdot 8 \cdot 7 \cdot 6 = 3024$ Möglichkeiten. Somit gibt es 27216 fünfstellige Zahlen aus verschiedenen Ziffern.

2. Bei den Olympischen Spielen treten im Endkampf im Gewichtheben 8 Sportler an. Wie viele verschiedene Medaillenverteilungen sind möglich? Jede Auswahl der 3 Sportler, die Medaillen erhalten, ist eine geordnete Stichprobe ohne Wiederholungen aus einer 8elementigen Menge. Es gibt $\frac{8!}{(8 - 3)!} = 8 \cdot 7 \cdot 6 = 336$ verschiedene Medaillenverteilungen.

Ungeordnete Stichproben ohne Wiederholung

Wir ziehen aus einer Urne mit 6 unterscheidbaren Kugeln 2 heraus. Es gibt $\frac{6!}{(6-2)!} = 6 \cdot 5 = 30$ mögliche geordnete Stichproben. Wollen wir die Ordnungen nicht unterscheiden, müssen wir unser Ergebnis noch durch die Anzahl der Permutationen dividieren. Bei 2 Elementen gibt es $2! = 2$ Permutationen, so daß wir $\frac{6!}{(6-2)! \cdot 2!} = 15$ ungeordnete Stichproben bekommen. Den Rechenterm kürzen wir ab:

D

Die Zahl $\binom{n}{k}$ [lies: „n über k"] $= \frac{n!}{(n-k)! \cdot k!}$ heißt *Binomialkoeffizient.*

Die Binomialkoeffizienten sind für n = 1: $\binom{1}{0} = \frac{1!}{1! \cdot 0!} = 1$, $\binom{1}{1} = \frac{1!}{1! \cdot 1!} = 1$.

Für n = 2 erhalten wir: $\binom{2}{0} = 1$, $\binom{2}{1} = 2$, $\binom{2}{2} = 1$. Der Name Binomialkoeffizient rührt von der Potenzierung von Binomen her. Bekannt ist die erste binomische Formel (siehe Seite 134):

$$(a+b)^2 = a^2 + 2\,ab + b^2 = \boldsymbol{1} \cdot a^2 + \boldsymbol{2} \cdot ab + \boldsymbol{1} \cdot b^2 = \binom{2}{0} \cdot a^2 + \binom{2}{1} \cdot ab + \binom{2}{2} \cdot b^2.$$

Für n = 4 erhält man: $(a+b)^4 = \binom{4}{0} \cdot a^4 + \binom{4}{1} \cdot a^3b + \binom{4}{2} \cdot a^2b^2 + \binom{4}{3} \cdot ab^3 + \binom{4}{4} \cdot b^4$.

S

Binomischer Lehrsatz: Für alle a, b $\in \mathbb{R}$ und alle n, k $\in \mathbb{N}_0$ gilt:

$$(a+b)^n = \sum_{k=0}^{n} \binom{n}{k} a^{n-k} b^k.$$

Sehr nützlich zur Bestimmung der Binomialkoeffizienten ist das ***Pascalsche Dreieck*** (Bild 14.19). Man beginnt mit der Zahl $1 = \binom{0}{0}$.

Nun schreibt man versetzt darunter links eine 1 und rechts eine 1. Dies setzt man fort, wobei man in die Zwischenräume die Summe der beiden Nachbarzahlen der darüberliegenden Zeile schreibt (rotes Dreieck). Man findet nun einen Binomialkoeffizienten ganz leicht: Von oben nach unten zählt man die Zeilen ab, mit 0 beginnend. Die Zeilennummer ist n. In der Zeile zählt man von links nach rechts, mit 0 beginnend, k ab. Bild 14.21 zeigt die Position von $\binom{10}{7} = 120$.

0	1
1	1 1
2	1 2 1
3	1 3 3 1
4	1 4 6 4 1
5	1 5 10 10 5 1
6	1 6 15 20 15 6 1
7	1 7 21 35 35 21 7 1
8	1 8 28 56 70 56 28 8 1
9	1 9 36 84 126 126 84 36 9 1
10	1 10 45 120 210 252 210 120 45 10 1
k =	0 1 2 3 4 5 6 7 8 9 10

Bild 14.19 Pascalsches Dreieck 6 + 15 = 21

$\binom{10}{7} = 120$

Kommen wir nun auf das obige Beispiel zurück. Aus einer Urne mit 6 Kugeln ziehen wir 2 heraus. Dafür gibt es $\binom{6}{2} = 15$ Möglichkeiten.

S

Aus einer n-elementigen Menge lassen sich auf $\binom{n}{k}$ Arten k Elemente auswählen.

BEISPIELE

1. Ein Verein mit 18 Mitgliedern wählt einen Vorstand aus 5 Personen. Auf wie viele Arten ist das möglich, wenn jeder zur Verfügung steht? Da jeder nur einmal gewählt werden kann, die Reihenfolge aber keine Rolle spielt, handelt es sich um eine ungeordnete Stichprobe ohne Wiederholung.
Es gibt $\binom{18}{5} = \frac{18!}{13! \cdot 5!} = \frac{14 \cdot 15 \cdot 16 \cdot 17 \cdot 18}{1 \cdot 2 \cdot 3 \cdot 4 \cdot 5} = 8568$ Möglichkeiten.

2. Beim Skatspiel erhält jeder der drei Spieler 10 Karten, 2 Karten bilden den Skat. Wie viele Verteilungen gibt es? Der erste Spieler erhält 10 von 32 Karten. Hierfür gibt es $\binom{32}{10}$ Möglichkeiten. Der zweite Spieler bekommt 10 von 22, der dritte 10 von 12 Karten. Es gibt $\binom{32}{10} \cdot \binom{22}{10} \cdot \binom{12}{10} \cdot \binom{2}{2} = 64512240 \cdot 646646 \cdot 66 \cdot 1$
$\approx 2{,}75 \cdot 10^{15}$ Verteilungen.

Ungeordnete Stichproben mit Wiederholung

Wir verteilen 5 Stück Torte an 3 Personen. Auf wie viele Arten ist das möglich? Nennen wir die Personen A, B und C, so stellt AAABB eine Verteilung dar, bei der A 3 Stück Torte und B 2 Stücke erhält. Wir können dieses Ergebnis auch in der Form TTT|TT| darstellen. T steht für ein Stück Torte, die Trennstriche stehen für die Trennungen zwischen den Personen A, B und C. Eine andere Verteilung ist dann T|TT|TT oder ABBCC. Das Problem läßt sich auf die Frage reduzieren, wie viele Möglichkeiten es gibt, 5mal das Element T und 2mal das Element | oder 5 Regalfächer und zwei Trennwände zu verteilen. Dies wiederum läuft auf die Frage hinaus, wie viele Möglichkeiten existieren, um zwei der 7 Plätze für | oder 5 der 7 Plätze für T auszuwählen. Das sind aber $\binom{7}{2} = \binom{7}{5} = 21$.

S

Einer n-elementigen Menge lassen sich $\binom{n+k-1}{k}$ ungeordnete Stichproben mit Wiederholungen vom Umfang k entnehmen.

BEISPIELE

1. Auf wie viele Arten kann man k = 7 ununterscheidbare Mäuse auf n = 3 Käfige verteilen? Da die Reihenfolge der Mäuse unwichtig ist und die Mäuse nicht zu unterscheiden sind, handelt es sich um eine ungeordnete Stichprobe mit Wiederholungen. Es gibt $\binom{7+3-1}{3} = \binom{9}{3} = 84$ verschiedene Verteilungen.

2. Im Supermarkt werden 8 Tafeln Schokolade einer Marke für 5 DM angeboten. Es sind 5 Sorten vorrätig. Es sind $\binom{5+8-1}{8} = 415$ verschiedene Einkäufe möglich.

Es ist nicht immer leicht festzustellen, um welche Art von Stichprobe es sich handelt. Die Entscheidung, ob es sich um eine geordnete oder ungeordnete Stichprobe handelt, läßt sich nach Beantwortung der Frage treffen: ***Spielt die Reihenfolge der Auswahl oder der Anordnung eine Rolle?***

Die Frage ***„Kann ein Element mehrfach ausgewählt werden oder nur einmal?"*** führt zur Erkenntnis darüber, ob es sich um eine Stichprobe mit oder ohne Wiederholungen handelt. Hier noch einmal alle Formeln in der Übersicht:

Aus einer Menge mit n Elementen kann man

n^k	geordnete Stichproben mit Wiederholung,
$\frac{n!}{(n-k)!}$	geordnete Stichproben ohne Wiederholung,
$\binom{n}{k}$	ungeordnete Stichproben ohne Wiederholung,
$\binom{n+k-1}{k}$	ungeordnete Stichproben mit Wiederholung

vom Umfang k entnehmen.

ÜBUNGEN

28. Frau Neumeier hat 3 Hüte, 4 Kostüme und 5 Handtaschen. Auf wie viele Arten kann sie einen Hut mit einem Kostüm und einer Handtasche kombinieren?

29. Wie viele 7stellige Zahlen gibt es, von denen die erste Ziffer ungerade, die zweite eine Primzahl, die dritte gerade, die vierte größer als 7, die fünfte und sechste beliebig und die siebte durch 3 teilbar sein soll?

30. In Deutschland besteht ein Kfz-Kennzeichen außer den Ortsbuchstaben aus einer Kombination von einem oder zwei Buchstaben und einer Zahl $\neq 0$ mit höchstens 4 Ziffern. Wie viele Nummernschilder eines Zulassungsbereiches gäbe es, wenn alle Buchstaben und alle Kombinationsmöglichkeiten zugelassen wären?

31. Wie viele „Wörter", die nicht unbedingt einen Sinn ergeben müssen, kann man aus den Buchstaben ABZUG bilden?

32. Bei einem Formel-1-Rennen starten 12 Fahrzeuge. Wie viele Startaufstellungen gibt es, wenn die Fahrzeuge hintereinander starten müssen?

33. Herr Lehmann muß in der Stadt einen Satz Disketten, einen Kalender, Wurst, eine Bratpfanne, ein Brot, eine Hose und Briefmarken kaufen, wozu er jeweils in ein anderes Geschäft gehen muß. Wie viele Wege gibt es?

34. Beim Fußballtoto (11er-Wette) sind für 11 Spielpaarungen die Zahlen 0 (= unentschieden), 1 (= Heimsieg) oder 2 (= Auswärtssieg) einzutragen. Wie viele verschiedene Tips sind möglich?

35. Tristan und Isolde haben ein Theaterabonnement für 4 Vorstellungen gekauft. Jede Vorstellung wird an einem Wochentag von Dienstag bis Freitag sein. Wie viele Wochentagabfolgen sind möglich?

36. Wie viele sechsstellige Zahlen lassen sich aus den Ziffern 2, 3 und 7 erzeugen?

37. Herr Baumann hat den Stammbaum seiner Familie weit zurückverfolgt. Wie viele Ururgroßeltern hatten all seine Ururgroßeltern zusammen?

38. Die neue Flagge von Oktopan soll aus drei parallelen, verschiedenfarbigen Streifen bestehen. 10 Farben stehen zur Verfügung. Wie groß ist die Anzahl der möglichen Vorschläge?

39. Ein Turm kann auf einem Schachbrett (8×8 Felder) waagerecht oder senkrecht schlagen. Wie viele Türme kann man auf einem Schachbrett aufstellen, ohne daß sie einander schlagen können? Wie viele Aufstellungen gibt es? Die Türme sind nicht unterscheidbar, wohl aber die Felder.

40. Bei einem Turnier treten 8 Mannschaften an. Wie viele Paarungen sind in der ersten Runde möglich?

41. In einer Schulklasse sind 12 Schülerinnen und 16 Schüler. Es sollen daraus 4 Schülerinnen und 5 Schüler als Helfer für ein Schulfest ausgewählt werden. Auf wie viele Arten ist das möglich?

42. Wie viele Teiler hat die Zahl 1 000 000 000 000?

43. Frau Schnellfuß wohnt in einer Stadt mit rechteckigem Straßennetz. Sie will auf dem kürzesten Weg von ihrer Wohnung in (0|0) zu ihrer Freundin in (7|5) (siehe Bild 14.20).

a) Wie viele kürzeste Wege gibt es?

b) Wie viele kürzeste Wege gibt es, wenn sie noch im Supermarkt in (4|2) einkaufen möchte?

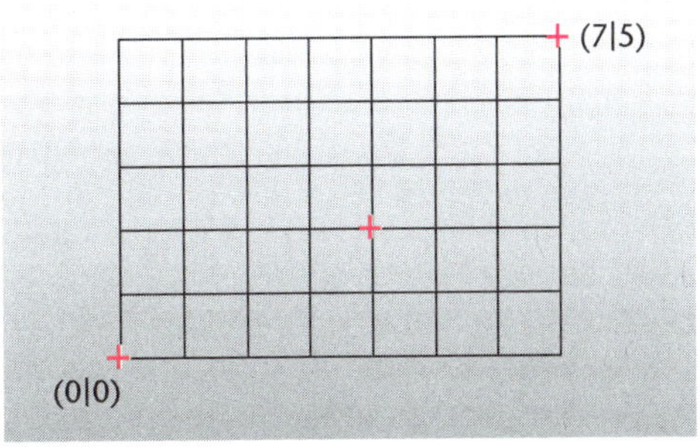

Bild 14.20 Straßennetz

44. Wie viele Wörter lassen sich aus MISSISSIPPI bilden?

45. Auf 3 Eierkartons sollen 8 Eier verteilt werden. Wie viele Möglichkeiten gibt es dafür, wenn

a) keine Einschränkung vorliegt?

b) wenn in einen Karton höchstens 6 Eier passen?

c) wenn kein Karton leer sein darf?

d) wenn kein Karton leer sein darf und in keinem Karton mehr als 6 Eier sein dürfen?

46. Zahlenlotto (6 aus 49): Beim Lotto müssen von den Zahlen 1 bis 49 sechs auf dem Tippschein angekreuzt werden (siehe Bild 14.21). Bei der folgenden Ziehung werden aus einer Trommel mit Kugeln, die die Zahlen 1 bis 49 tragen, zunächst 6 Kugeln ohne Zurücklegen gezogen. Anschließend wird eine weitere Kugel als Zusatzzahl gezogen. Man gewinnt, wenn man die ersten 6 Zahlen richtig hat (Gewinnklasse 1), wenn man 5 der ersten 6 und die Zusatzzahl richtig hat (Gewinnklasse 2), wenn man von den ersten 6 Zahlen 5 (Gewinnklasse 3), 4 (Gewinnklasse 4) oder 3 (Gewinnklasse 5) Zahlen richtig hat.

Bild 14.21 Lottoschein

a) Wie viele Tips sind möglich?

b) Mit welcher Wahrscheinlichkeit hat man 6 Richtige?

c) Mit welcher Wahrscheinlichkeit hat man 5 Richtige (ohne Zusatzzahl)?

d) Mit welcher Wahrscheinlichkeit hat man 4 Richtige?

e) Mit welcher Wahrscheinlichkeit hat man 3 Richtige?

f) Mit welcher Wahrscheinlichkeit hat man 5 Richtige plus Zusatzzahl?

47. Ein Elektriker findet nach einem Brand in einer Schalterdose 6 Kabelenden vor. Die anderen 6 Enden derselben Kabel findet er im Keller aus einem Kabelrohr herausragen. Er muß nun sowohl im Keller als auch an der Dose alle Kabelenden paarweise verbinden, so daß genau ein geschlossener Stromkreis entsteht (Bild 14.22). Welche Chance hat er?

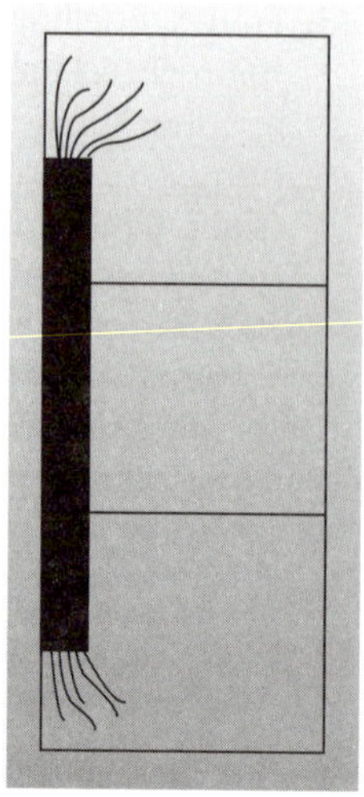

Bild 14.22

48. *a)* Mit welcher Wahrscheinlichkeit zieht man aus einer Urne mit 5 weißen, 3 roten und 2 gelben Kugeln mindestens eine weiße, wenn man 3 Kugeln gleichzeitig zieht?
b) Wie groß ist die Wahrscheinlichkeit, mindestens eine weiße Kugel zu ziehen, wenn man dreimal eine Kugel zieht und zurücklegt?

49. Ein gelber, ein roter, ein blauer und ein grüner Eimer gleicher Größe stehen am Rande eines Tennisplatzes. Marc schlägt solange Tennisbälle über den Platz in die Eimer, bis 12 Bälle in den Eimern sind.
a) Wie viele Verteilungen gibt es?
b) Mit welcher Wahrscheinlichkeit befinden sich alle Bälle im grünen Eimer?
c) Mit welcher Wahrscheinlichkeit befindet sich kein Ball im blauen Eimer?
d) Mit welcher Wahrscheinlichkeit befinden sich mindestens 2 Bälle im blauen Eimer?

LÖSUNGEN

1.

Teiler x	1	2	3	4	5	6	7, 8, 9, 10,	11 bis 20
H(x)	20	10	6	5	4	3	2	1
h(x)	$0,\overline{30}$	$0,\overline{15}$	$0,0\overline{90}$	$0,0\overline{75}$	$0,0\overline{60}$	$0,0\overline{45}$	$0,0\overline{30}$	$0,0\overline{15}$
Gesamtzahl der Teiler: 66								

2.

[x]	H[x]	h[x]	α
0 : 01 – 2 : 00	1	0,125	45°
2 : 01 – 4 : 00	4	0,5	180°
4 : 01 – 6 : 00	2	0,25	90°
6 : 01 – 8 : 00	1	0,125	45°

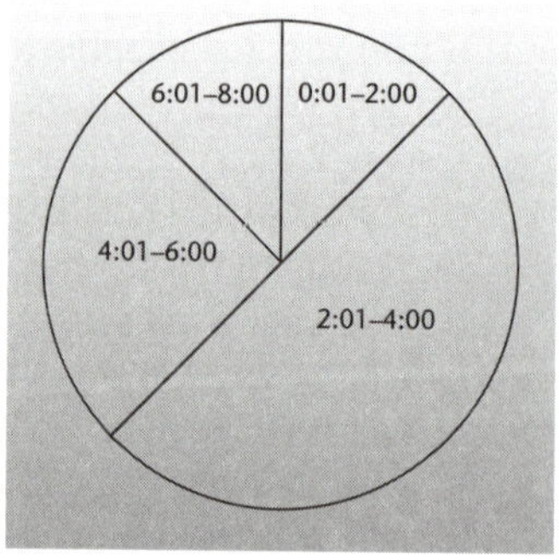

Bild 14.23

3.

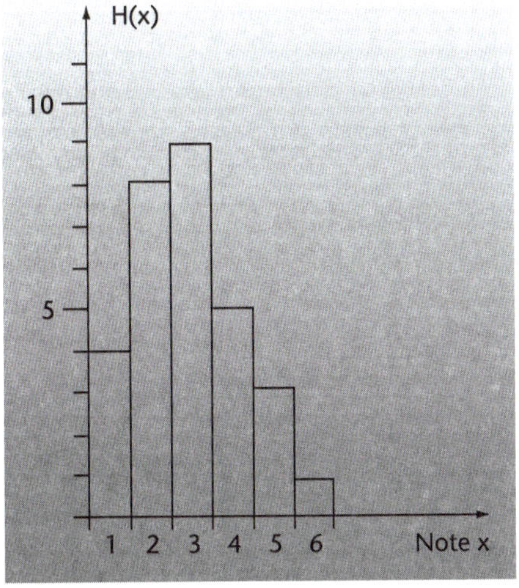

Bild 14.24

4. $\bar{x}$ = 2,61 DM, z = 2,59 DM,
u = 0,47 DM

5. a)

x	H(x)	h(x)
36	2	0,1
37	3	0,15
38	5	0,25
39	3	0,15
40	3	0,15
41	2	0,1
42	1	0,05
43	1	0,05

b) z = 38,5
u = 7
c) $\bar{x}$ = 38,85
d) σ = 1,88

6. a) Kein Wert ist kleiner als 74 oder größer als 104.
Mindestens die Hälfte der Werte ist $\leq$ 89, mindestens die Hälfte ist $\geq$ 89.
b) Da (89 + 104) : 2 = 96,5 ist, müssen die kleineren Werte sehr nah bei 89 liegen, die größeren sehr nah bei 104. (Beispielsweise erfüllt die Stichprobe 88 [4mal], 89 [2mal], 103 [5mal] die Angaben.)

7. a) Reihe A: $\bar{x}$ = 1000 g, σ = 32,30 g
Reihe B: $\bar{x}$ = 1003,7 g, σ = 32,52 g
b) A *c)* B

8. a) Die Zeiten sind verschieden.
b) $t_1 = \frac{s_1}{v_1} = \frac{100\text{ km}}{100\text{ km/h}} = 1\text{ h},$

$t_2 = \frac{1}{2}\text{h},\ t_3 = \frac{1}{3}\text{h},\ t_4 = \frac{1}{4}\text{h}$

$t = 2\frac{1}{12}\text{h}$

$\Rightarrow v = \frac{400}{2\frac{1}{12}} = 192\ [\text{km/h}]$

9. a) b) c)

10. a) Ω = {rot, gelb, weiß, grün, blau}
b) Ω = {11, 19, 29, 41, 59, 61, 89}
c) Ω = {a1, a2, a3 . . . a8; b1, b2 . . . b8; . . .; h1, h2 . . . h8}
d) Ω = {Lampe brennt, Lampe brennt nicht}
e) Ω = {grün, gelb, rot}
(Dann ist {rot, gelb} kein Ergebnis, sondern ein Ereignis.)

11. b) c)

12. $p(\text{blau}) = \frac{60^\circ}{360^\circ} = \frac{1}{6}$, $p(\text{gelb}) = \frac{1}{4}$,
$p(\text{rot}) = \frac{1}{8}$, $p(\text{grün}) = \frac{1}{4}$,
$p(\text{weiß}) = \frac{5}{24}$

13. $p(\text{Gewinn}) = \frac{25 + 17 + 1}{150 + 25 + 17 + 1} = \frac{43}{193}$

14. $p(E_{1i}) = \frac{18}{37}$, $p(E_{2i}) = \frac{12}{37}$, $p(E_3) = \frac{6}{37}$,
$p(E_4) = \frac{4}{37}$, $p(E_5) = \frac{3}{37}$,
$p(E_6) = \frac{2}{37}$, $p(E_7) = \frac{1}{37}$

15. *a)* $A = \{2, 3, 5\}$, $B = \{1, 4\}$,
$C = \{5, 6\}$,
$D = \{1, 2, 3\}$, $E = \{1, 2, 4\}$

b) $p(A \cap B) = 0$, $p(A \cup C) = \frac{5}{6}$
$p(B \cup E) = \frac{1}{2}$, $p(C \cup D) = \frac{1}{6}$
$p(B \cap E) = \frac{1}{3}$, $p(D \cap E) = \frac{1}{3}$

16. $p(2) = \frac{1}{36} = p(12)$, $p(3) = \frac{2}{36} = p(11)$,
$p(4) = \frac{3}{36} = p(10)$, $p(5) = \frac{4}{36} = p(9)$,
$p(6) = \frac{5}{36} = p(8)$, $p(7) = \frac{6}{36}$

17. $\Omega = \{31, 32, 41, 42, 43, 51, 52, 53, 54, 61, 62, 63, 64, 65, 11, 22, 33, 44, 55, 66, 21\}$. Jedes Ergebnis außer den Paschs kann auf zwei Arten zustande kommen.

Es ist $p(\text{Augenzahl} > 65) = \frac{8}{36} = \frac{2}{9}$.

18. 1. Stufe: $p(B) = \frac{4}{32}$
2. Stufe: $p(B) = \frac{3}{31}$, $p(BB) = \frac{3}{248}$

19. Sei E: „Es fällt mindestens eine Sechs", dann ist $\bar{E}$: „Es fällt keine Sechs".
$p(E) = 1 - p(\bar{E}) = 1 - \left(\frac{5}{6}\right)^4 \approx 0{,}518$

20. Ereignisse: F: Frau, R: Raucher, A: wohnt auswärts
a) $p(\bar{F}) = 0{,}55$
b) $p(\bar{R} \cap \bar{A}) = 0{,}45 \cdot 0{,}68 \cdot 0{,}75 + 0{,}55 \cdot 0{,}68 \cdot 0{,}75 = 0{,}51$
c) $p(\bar{F} \cap R \cap \bar{A}) = 0{,}55 \cdot 0{,}32 \cdot 0{,}75 = 0{,}132$ (siehe Bild 14.25)

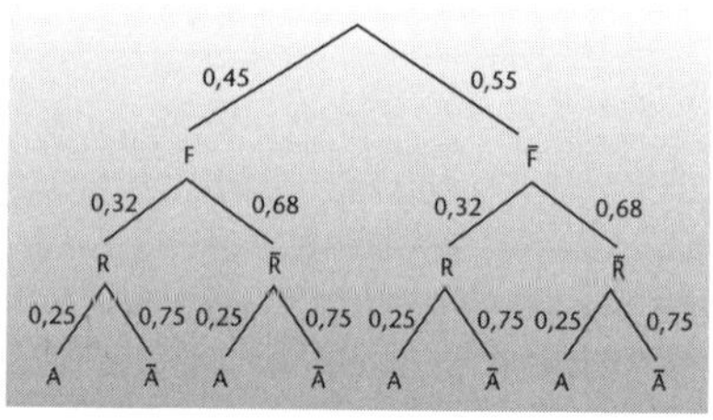

Bild 14.25

21. $p(BBB) = 0{,}64^3 \approx 0{,}26$

22. Sei A: Anlasser funktioniert, L: Lichtmaschine funktioniert, Z: Zündung funktioniert.
a) $p(A \cap L \cap Z) = 0{,}92 \cdot 0{,}96 \cdot 0{,}89 \approx 0{,}786$ ist die Wahrscheinlichkeit dafür, daß alles funktioniert. Mindestens ein defektes Aggregat gibt es mit der Wahrscheinlichkeit $1 - 0{,}786 = 0{,}214$.
b) 0,786
c) $p(A \cap \bar{Z}) = 0{,}92 \cdot 0{,}11 = 0{,}10$

23. *a)* p(2 Richtige) = $\frac{1}{10}$,
der Kandidat erhält 5 Punkte (siehe Bild 14.26).

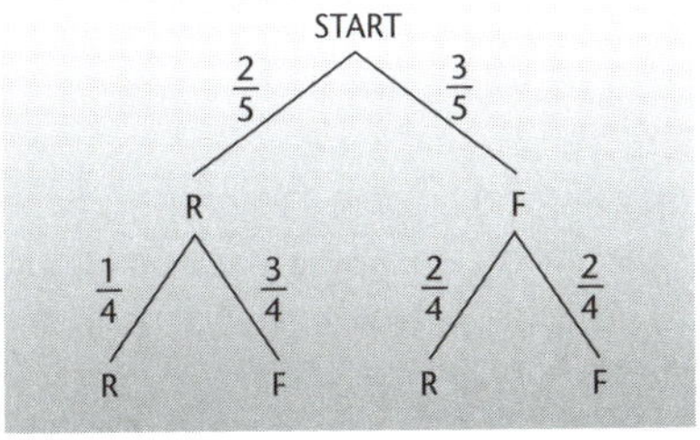

Bild 14.26

p(1 Richtige) = $\frac{6}{10}$,
der Kandidat erhält 3 Punkte.
p(0 Richtige) = $\frac{3}{10}$,
der Kandidat erhält 1 Punkt.
Er „gewinnt" mit Sicherheit mindestens einen Punkt.

b) p(1 Richtige) = $\frac{2}{5}$,
der Kandidat erhält 4 Punkte (siehe Bild 14.26).
p(0 Richtige) = $\frac{3}{5}$,
der Kandidat erhält 2 Punkte.
Er bekommt mindestens 2 Punkte.
Es ist besser, nur eine Antwort anzukreuzen.

24. *a)* $p(WW \cup WZ \cup ZW) = \frac{3}{4}$

b) $1 - p(ZZZ) = \frac{7}{8}$

c) $1 - p \geq 0{,}99 \Leftrightarrow 1 - \left(\frac{1}{2}\right)^n \geq 0{,}99$

bei n Würfen

$\Leftrightarrow 1 - 0{,}99 = 0{,}01 \geq \left(\frac{1}{2}\right)^n$

$\Leftrightarrow n = \log_{\frac{1}{2}} 0{,}01 = \frac{\lg 0{,}01}{\lg 0{,}5} \approx 6{,}64$

Die Münze muß mindestens 7mal geworfen werden.

25. Von 25 Personen haben keine zwei am selben Tag Geburtstag mit der Wahrscheinlichkeit

$p = \frac{365}{365} \cdot \frac{364}{365} \cdot \frac{363}{365} \cdot \ldots \cdot \frac{341}{365}$

$\approx 0{,}4313.$

Die Wahrscheinlichkeit dafür, daß mindestens zwei Personen aus der Gruppe am selben Tag Geburtstag haben, beträgt 0,5687.

26. Sei B das Ereignis: x kommt an der Kreuzung vorbei.
Für Nora ist $p(B) = \frac{1}{2} \cdot \frac{1}{2} + \frac{1}{2} \cdot \frac{1}{2} = \frac{1}{2}$,
für Peter ebenso.
Dann ist die Wahrscheinlichkeit für ein Treffen $\frac{1}{2} \cdot \frac{1}{2} = \frac{1}{4}$.

27. Nach Lösung 19. ist die Wahrscheinlichkeit dafür, bei 4 Würfen mindestens eine Sechs zu werfen, 0,518. Für das andere Ereignis berechnen wir die Gegenwahrscheinlichkeit:

$p(\overline{66}) = 1 - \frac{1}{6} \cdot \frac{1}{6} = \frac{35}{36}$

bei einem Wurf mit 2 Würfeln.
Für 24 Würfe erhalten wir die Wahrscheinlichkeit $1 - \left(\frac{35}{36}\right)^{24} \approx 0{,}491.$

28. $3 \cdot 4 \cdot 5 = 60$

29. 1. Ziffer: 5 Möglichkeiten, 2. Ziffer: 4 Möglichkeiten, 3. Ziffer: 5 Möglichkeiten, 4. Ziffer: 2 Möglichkeiten, 5. und 6. Ziffer: 10 Möglichkeiten, 7. Ziffer: 3 Möglichkeiten.
Wir haben $5 \cdot 4 \cdot 5 \cdot 2 \cdot 10 \cdot 10 \cdot 3$
$= 60000$ Möglichkeiten.

30. Es gibt $26 \cdot 26 \cdot 9999 = 6\,759\,324$ Nummernschilder.

31. Es gibt $5! = 120$ Wörter.

32. Es sind $12! \approx 479$ Millionen Aufstellungen möglich.

33. Es sind $7! = 840$ Wege möglich.

34. Da je Tip 0, 1 und 2 möglich sind, gibt es $3^{11} = 177147$ Tips.

35. Es sind $4^4 = 256$ Wochentagsfolgen möglich.

36. Es gibt $3^6 = 729$ Möglichkeiten.

37. Aus 8 Stufen mit je 2 Ausgängen folgt: Es sind $2^8 = 256$ Ururururururgroßeltern.

38. Geordnete Stichprobe ohne Wiederholung: $10 \cdot 9 \cdot 8 = 720$.

39. Man kann 8 Türme aufstellen, da es 8 waagerechte und 8 senkrechte Reihen gibt.
Beginnen wir bei Linie A. Dort gibt es 8 Plätze für den ersten Turm. Den zweiten Turm stellen wir auf Linie B, für ihn gibt es noch 7 Plätze. Für Turm 3 auf Linie C haben wir 6 freie Plätze usw. Für den achten Turm auf H gibt es nur noch einen Platz. Es gibt also
$8 \cdot 7 \cdot 6 \cdot 5 \cdot 4 \cdot 3 \cdot 2 \cdot 1 = 8!$
$= 40320$ Aufstellungen.

40. $\binom{8}{2} = \frac{8!}{6! \cdot 2!} = \frac{7 \cdot 8}{2} = 28$
Also sind 28 Paarungen möglich.

41. $\binom{12}{4} \cdot \binom{16}{5} = \frac{12! \cdot 16!}{8! \cdot 4! \cdot 11! \cdot 5!}$
$= \frac{9 \cdot 10 \cdot 11 \cdot 12}{1 \cdot 2 \cdot 3 \cdot 4}$
$\cdot \frac{12 \cdot 13 \cdot 14 \cdot 15 \cdot 16}{1 \cdot 2 \cdot 3 \cdot 4 \cdot 5}$
$= 495 \cdot 4368 = 2\,162\,160$

42. $1\,000\,000\,000\,000 = 10^{12} = 2^{12} \cdot 5^{12}$.
Teiler können nur Produkte aus Zweier- und Fünferpotenzen mit Exponenten von 0 bis 12 sein. Also gibt es $13 \cdot 13 = 169$ Teiler.

43. *a)* Sie muß 7 Wegestücke nach rechts und 5 nach oben gehen, also insgesamt 12. Davon wählt sie 5 oder 7 aus.
Das sind $\binom{12}{5} \cdot \binom{12}{7} = 792$ Wege.
b) Nun gibt es $\binom{6}{4} \cdot \binom{6}{3} = 15 \cdot 20$
$= 300$ Wege.

44. Für M gibt es einen von 11 Plätzen, für I noch 4 von 10, für S 4 von 6 und für P 2 von 2. Es gibt $\binom{11}{1} \cdot \binom{10}{4} \cdot \binom{6}{4} \cdot \binom{2}{2}$
$= 11 \cdot 210 \cdot 15 \cdot 1 = 34650$ Wörter.

45. *a)* Es handelt sich um eine ungeordnete Stichprobe mit Wiederholungen in 8 Stufen.
Es gibt $\binom{3+8-1}{8} = \binom{10}{8}$
$= 45$ Verteilungen.
b) Es scheiden die Möglichkeiten 8–0–0 (dreimal) und 7–1–0 (sechsmal) aus. Es bleiben 36 Verteilungen.

c) Wenn in jeden Karton ein Ei kommt, bleiben noch 5 Eier zu verteilen.

Dafür gibt es $\binom{3+5-1}{5} = \binom{7}{5}$ = 21 Verteilungen.

d) Wenn kein Karton leer sein darf, kann auch keiner mehr als 6 Eier enthalten. Es gibt ebenfalls 21 Möglichkeiten.

46. *a)* Es gibt $\binom{49}{6} = \frac{49!}{43! \cdot 6!}$
$= \frac{44 \cdot 45 \cdot 46 \cdot 47 \cdot 48 \cdot 49}{1 \cdot 2 \cdot 3 \cdot 4 \cdot 5 \cdot 6}$
= 13 983 816 mögliche Tips.

b) $\frac{1}{13\,983\,816}$

c) Da man 6 Zahlen ankreuzt, müssen 5 davon richtig sein.

Hierfür gibt es $\binom{6}{5} = 6$ Möglichkeiten.

Die 6. getippte Zahl darf weder eine der 6 richtigen Zahlen noch die Zusatzzahl sein. Es bleiben 42 Zahlen zur Auswahl.

Es gibt 6 · 42 = 252 mögliche Tips.

Die Wahrscheinlichkeit beträgt

$\frac{252}{13\,983\,816} \approx \frac{1}{55\,491}$.

d) $\frac{\binom{6}{4} \cdot \binom{43}{2}}{13\,983\,816} = \frac{13545}{13983816} \approx \frac{1}{1032}$

e) $\frac{\binom{6}{3} \cdot \binom{43}{3}}{13\,983\,816} = \frac{246820}{13983816} \approx \frac{1}{57}$

f) $\frac{\binom{6}{5} \cdot \binom{1}{1}}{13983816} = \frac{6}{13983816} = \frac{1}{2330636}$

47. Erst verbindet er die oberen Enden paarweise. Die Kombination ist unerheblich. Dann verbindet er ein Kabel unten mit einem anderen. Nur eines der 5 anderen Kabel ist ungünstig, 4 sind geeignet. Von den verbleibenden 4 Kabeln verbindet er eines mit einem anderen, wofür es jetzt 2 günstige Fälle gibt.

Somit ist die Wahrscheinlichkeit für einen Ring $p = \frac{4}{5} \cdot \frac{2}{3} = \frac{8}{15}$, was mehr als 50 % ist.

48. *a)* In der ersten Stufe ziehen wir keine weiße Kugel mit $p = \frac{1}{2}$, in der zweiten Stufe mit $p = \frac{4}{9}$, in der dritten Stufe mit $p = \frac{3}{8}$.

Die Wahrscheinlichkeit, mindestens eine weiße Kugel zu ziehen, beträgt $1 - \frac{1}{2} \cdot \frac{4}{9} \cdot \frac{3}{8} = \frac{11}{12}$.

b) Keine weiße Kugel zieht man mit $p = \left(\frac{1}{2}\right)^3 = \frac{1}{8}$.

Mindestens eine weiße zieht man dann mit $p = \frac{7}{8}$.

49. *a)* $\binom{4+12-1}{12} = \binom{15}{12} = 455$

b) $\frac{1}{455} \approx 0{,}0022$

c) Es müssen 12 Bälle auf 3 Eimer verteilt werden:

$\binom{3+12-1}{12} = \binom{14}{12} = 91$

$p = \frac{91}{455} = 0{,}2.$

d) Es sind noch 10 Bälle auf 4 Eimer zu verteilen:

$\binom{4+10-1}{10} = \binom{13}{10} = 286,$

$p = \frac{286}{455} \approx 0{,}629$

15. Wahrscheinlichkeitsrechnung und beurteilende Statistik

Pierre Simon Laplace, 1749–1827, systematisierte die Wahrscheinlichkeitstheorie unter dem Dogma des Newtonschen Materialismus: Es gibt keinen Zufall; statt dessen sind die Vorgänge nur zu kompliziert, um ihre Ausgänge vorherzusehen. Laplace war aber vorwiegend Physiker, wie seine hervorragenden Arbeiten zur Himmelsmechanik zeigen.

ÜBERSICHT

15.1 Zufallsgrößen (Zufallsvariablen)

15.1.1 Zufallsgröße und Wahrscheinlichkeitsverteilung

EINFÜHRUNGSBEISPIELE

1. Bei einem Würfelspiel wird beim zweifachen Wurf eines Würfels das Augenprodukt bestimmt. Das Ergebnis (4|2) hat das Produkt 8, das Ergebnis (3|5) das Produkt 15. Jedem Ergebnis wird auf diese Art eine reelle Zahl zugeordnet.

2. Ein Spieler wirft eine Münze dreimal. Er muß 1 DM Einsatz an die „Bank" leisten und gewinnt 1 DM, wenn er dreimal Zahl wirft. Er gewinnt 0,50 DM, wenn er genau zweimal Zahl wirft. Wirft er dreimal Wappen, gewinnt er 0,80 DM. In allen anderen Fällen gewinnt er nichts, er verliert seinen Einsatz. Es gibt also vier mögliche Gewinne: 1 DM, 0,80 DM, 0,50 DM und –1 DM.

In beiden Beispielen können wir jedem Ausgang eine reelle Zahl zuordnen. Welche Zahl nun im einzelnen Experiment eintritt, hängt vom Zufall ab. Wir nennen die zugeordnete Zahl deshalb ***Zufallsgröße***. Nun ist diese Größe aber für die Wahrscheinlichkeitsrechnung weniger interessant als die Wahrscheinlichkeit, mit der sie eintritt. Wir werden den Zufallsgrößen noch Wahrscheinlichkeiten zuordnen. Dadurch sind die Zufallsgrößen einmal Bilder einer Abbildung, andererseits Urbilder einer anderen Zuordnung. Sie definieren selbst eine Zuordnung vom Ergebnisraum zu den Wahrscheinlichkeiten. Deshalb benutzt man auch den Ausdruck ***Zufallsvariable*** für die Zufallsgrößen.

D

Eine Abbildung $X: \Omega \to \mathbb{R}, \omega \mapsto X(\omega)$, die jedem Ergebnis ω eines zu einem Zufallsexperiment gehörenden Ergebnisraumes eine reelle Zahl zuordnet, heißt *Zufallsvariable* oder *Zufallsgröße*.

Zufallsgrößen definieren Ereignisse. In unserem zweiten Einführungsbeispiel gehören zur Zufallsvariablen $X: \omega \mapsto$ Gewinn die Ereignisse $E_1 = \{ZZZ\}$ für $X(\omega) = 1$, $E_2 = \{WWW\}$ für $X(\omega) = 0{,}8$, $E_3 = \{ZZW, ZWZ, WZZ\}$ für $X(\omega) = 0{,}5$ und $E_4 = \{ZWW, WZW, WWZ\}$ für $X(\omega) = -1$. Für E_4 kann man auch schreiben: $E_4 = \{\omega | X(\omega) = -1\}$.

Da wir uns nun für die zu den Zufallsvariablen gehörenden Wahrscheinlichkeiten interessieren, legen wir zunächst den Begriff der Wahrscheinlichkeitsfunktion in Anlehnung an die Eigenschaften der relativen Häufigkeit fest.

D

Eine Funktion P: $\Omega \to \mathbb{R}$, die jedem Elementarereignis $E_1, E_2 \ldots E_n$ des endlichen Ergebnisraumes Ω eine reelle Zahl zuordnet, heißt *Wahrscheinlichkeitsfunktion*, wenn gilt

1. $P(E_i) \geq 0$ für alle $i = 1 \ldots n$,
2. $P(E_1) + P(E_2) + \ldots + P(E_n) = 1$.

Es ist wichtig, daß die Funktion nicht den Ergebnissen eines Ergebnisraumes, sondern den Elementarereignissen, also den als Mengen aufgefaßten Ergebnissen, Wahrscheinlichkeiten zuordnet. Andernfalls müßte man Wahrscheinlichkeiten von Ereignissen sehr umständlich beschreiben. Indem wir die Wahrscheinlichkeitsfunktionen mit dem Großbuchstaben P bezeichnen, unterscheiden wir sie von der elementaren Wahrscheinlichkeit p des Ausgangs eines Zufallsexperiments (wie in Kapitel 14, siehe Seite 761).

Wenden wir uns nun der Zuordnung Zufallsvariable → Wahrscheinlichkeit zu. Ist E das Ereignis $\{\omega \mid X(\omega) = x\}$, also das Ereignis, das aus allen Ergebnissen ω besteht, denen die Zufallsvariable X denselben Wert x zuordnet, so schreiben wir für die Wahrscheinlichkeit für das Eintreten dieses Ereignisses statt $P(\{\omega \mid X(\omega) = x\})$ kürzer $\boldsymbol{P(X = x)}$ und definieren:

D

Die Funktion W: $x \mapsto P(X = x)$, die jedem Wert der Zufallsvariablen X einen Wert einer Wahrscheinlichkeitsfunktion P zuordnet, heißt *Wahrscheinlichkeitsverteilung* oder *Wahrscheinlichkeitsfunktion der Zufallsvariablen X*.

BEISPIELE

1. Für die Zufallsvariable des zweiten Einführungsbeispiels ergibt sich folgende Wahrscheinlichkeitsverteilung, die wir in tabellarischer Form darstellen:

Ergebnisse ω	ZZZ	WWW	ZZW ZWZ WZZ	WWZ WZW ZWW
Zufallsvariable $x = X(\omega)$	1	0,8	0,5	–1
$P(X = x)$	$\frac{1}{8}$	$\frac{1}{8}$	$\frac{3}{8}$	$\frac{3}{8}$

2. In einer Bäckerei gibt es ab 15 Uhr immer ein Brötchensonderangebot: In einer Kiste befinden sich 15 frische und 10 alte Brötchen. Man darf ohne hinzuschauen und ohne Zurücklegen 5 Brötchen wählen, die dann nur 1 DM kosten.
Wir definieren die Zufallsvariable X: $\omega \mapsto$ „Anzahl der alten Brötchen" und bestimmen ihre Wahrscheinlichkeitsverteilung. In der Kiste befinden sich 25 Brötchen, davon 15 frische und 10 alte. Es gibt insgesamt $\binom{25}{5} = 53\,130$ Möglichkeiten, 5 Brötchen auszuwählen. In $\binom{15}{5} = 3003$ Fällen ziehen wir 5 frische, in $\binom{10}{5} = 252$ Fällen 5 alte Brötchen. 1 altes und 4 frische Brötchen ziehen wir in $\binom{10}{1} \cdot \binom{15}{4} = 13\,650$ Fällen, 2 alte und 3 frische in $\binom{10}{2} \cdot \binom{15}{3} = 45 \cdot 455 = 20475$ Fällen. Für 3 alte und 2 frische Brötchen gibt es $\binom{10}{3} \cdot \binom{15}{2} = 120 \cdot 105 = 12\,600$ Möglichkeiten, für 4 alte und 1 frisches $\binom{10}{4} \cdot \binom{15}{1} = 210 \cdot 15 = 3150$ Möglichkeiten. Die Tabelle zeigt die Wahrscheinlichkeitsverteilung.

x	0	1	2	3	4	5
P(X = x)	0,0565	0,2569	0,3854	0,2372	0,0593	0,0047

15.1.2 Erwartungswert

Der Spieler aus unserem zweiten Einführungsbeispiel möchte natürlich gerne wissen, ob sich das Münzwurfspiel für ihn lohnt. Wir stellen folgende Überlegung an. Das Zufallsexperiment besitzt 8 Elementarereignisse. Jedes tritt mit der Wahrscheinlichkeit $\frac{1}{8}$ ein. Wenn er sehr oft eine Serie von 8 Spielen macht, müßte er durchschnittlich jedes 8. Mal WWW, jedes 8. Mal WWZ usw. werfen. Er bekäme also in 8 Spielen die Gewinne 1 · 0,8 DM, 3 · (–1 DM), 3 · 0,5 DM und 1 · 1 DM, zusammen 0,8 – 3 + 1,5 + 1 = 0,3 DM. Er hätte demnach bei vielen Serien durchschnittlich 0,30 DM Gewinn pro Serie, also 0,30 : 8 = 0,025 DM pro Spiel zu erwarten. Wir nennen dies den ***Erwartungswert*** der Zufallsvariablen und legen fest:

D

Ist X eine Zufallsvariable, die die Werte $x_1, x_2 \ldots x_n$ annimmt, und P die Wahrscheinlichkeitsverteilung von X, so heißt

$$E(X) = x_1 \cdot P(X = x_1) + x_2 \cdot P(X = x_2) + \ldots + x_n \cdot P(X = x_n) = \sum_{i=1}^{n} x_i \cdot P(X = x_i)$$

der *Erwartungswert der Zufallsvariablen X.*

Statt E(X) findet sich auch häufig die Bezeichnung μ_x (lies: mü x) oder nur μ.

BEISPIEL

Ein Roulettespieler (siehe Seite 766) setzt 10 DM auf Rouge, 20 DM auf das erste Dutzend (1–12), 50 DM auf Carré (14, 15, 17, 18) und 80 DM auf Transversale simple (10–15; siehe Bild 15.1). Welche Gewinnerwartung hat er?
Fällt 0, verliert er 150 DM (der Einsatz auf Rouge bleibt liegen). Fällt 1, 3, 5, 7 oder 9, verliert er 80 DM, denn er gewinnt 10 DM für Rouge und 40 DM für das erste Dutzend, verliert hingegen 50 + 80 DM. Bei 2, 4, 6 und 8 verliert er 100 DM. Bei 10 und 11 gewinnt er 380 DM, bei 12 400 DM, bei 13 320 DM, bei 14 790 DM, bei 15 770 DM, bei 17 290 DM, bei 18 310 DM. Bei 20, 22, 24, 26, 28, 29, 31, 33 und 35 verliert er 160 DM, bei 16, 19, 21, 23, 25, 27, 30, 32, 34 und 36 verliert er 140 DM. Seine Gewinnerwartung ist E(X) = –150 : 37 = –4,054 DM.

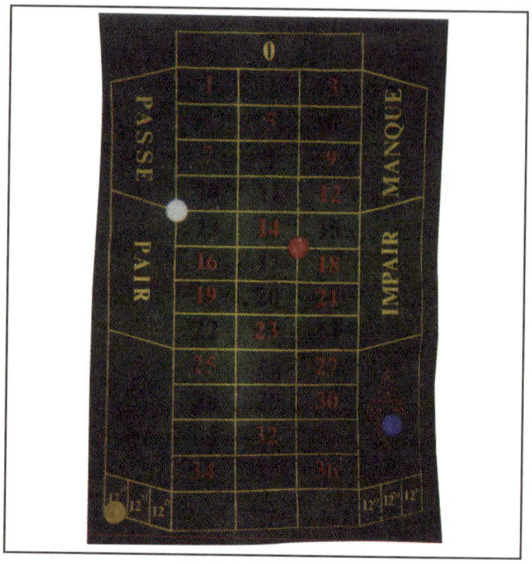

Bild 15.1 Setzen auf Rot, erstes Dutzend, Carré, Transversale simple

15.1.3 Varianz und Standardabweichung

Der Erwartungswert entspricht dem arithmetischen Mittel der Statistik (siehe Seite 756). Deshalb lassen sich auch analog Varianz und Standardabweichungen (Streumaß) definieren.

D

Ist X eine Zufallsvariable mit den Werten $x_1, x_2 \dots x_n$ und dem Erwartungswert μ, so heißt

$$V(X) = (x_1 - \mu)^2 \cdot P(X = x_1) + \dots + (x_n - \mu)^2 \cdot P(X = x_n) = \sum_{i=1}^{n}(x_i - \mu)^2 \cdot P(X = x_i)$$

Varianz der Zufallsvariablen X. $\sigma(X) = \sqrt{V(X)}$ heißt *Standardabweichung* von X.

BEISPIEL

Im letzten Beispiel des Roulettes erhalten wir für die Varianz

$V(X) = ((-160 + 4{,}054)^2 \cdot 9 + (-150 + 4{,}054)^2 + (-140 + 4{,}054)^2 \cdot 10$
$+ (-100 + 4{,}054)^2 \cdot 4 + (-80 + 4{,}054)^2 \cdot 5 + (290 + 4{,}054)^2 + (310 + 4{,}054)^2$
$+ (320 + 4{,}054)^2 + (380 + 4{,}054)^2 \cdot 2 + (400 + 4{,}054)^2 + (770 + 4{,}054)^2$
$+ (790 + 4{,}054)^2) : 37 = 66\,721{,}40\ \text{DM}^2$

Die Standardabweichung beträgt $\sigma = \sqrt{66\,721{,}40} = 258{,}30$ DM.

15.1.4 Indikator

Von besonderem Interesse sind Zufallsvariablen, die nur zwei Werte zulassen, 0 und 1.

D

Eine Zufallsvariable heißt *Indikator* eines Ereignisses E, wenn

$$X: \omega \mapsto \begin{cases} 1, \text{ wenn } \omega \in E, \\ 0, \text{ wenn } \omega \notin E. \end{cases}$$

Wie sein Name verrät, zeigt der Indikator an, ob das Ereignis E eintritt oder nicht.

BEISPIEL

Wir werfen eine Münze 10mal und definieren folgende 10 Indikatoren:

$$X_i: \omega \mapsto \begin{cases} 1, \text{ wenn der i-te Wurf Wappen zeigt,} \\ 0, \text{ wenn der i-te Wurf Zahl zeigt.} \end{cases}$$

Für jeden Indikator ist der Erwartungswert $E(X_i) = 1 \cdot \frac{1}{2} + 0 \cdot \frac{1}{2} = \frac{1}{2}$, die Varianz

$V(X) = \left(1 - \frac{1}{2}\right)^2 \cdot \frac{1}{2} + \left(0 - \frac{1}{2}\right)^2 \cdot \frac{1}{2} = \frac{1}{4}$ und die Standardabweichung $\sigma = \frac{1}{2}$.

Die Gesamtzahl S der Wappen ist $S = X_1 + \ldots + X_{10}$. Zu erwarten sind demnach

$E(S) = E(X_1) + \ldots + E(X_{10}) = 5$ Wappen mit der Varianz

$V(S) = V(X_1) + \ldots + V(X_{10}) = 2{,}5$ und der Standardabweichung $\sigma(S) = 1{,}58$.

Die Wahrscheinlichkeitsverteilung für Indikatoren ist immer sehr einfach: $P(X = 1) = p$ und $P(X = 0) = q$ mit $p + q = 1$. Daraus ergeben sich einfache Berechnungen für Erwartungswert, Varianz und Standardabweichung:

$\boldsymbol{E(X)} = 1 \cdot p + 0 \cdot q = \boldsymbol{p}$

$\boldsymbol{V(X)} = (1 - p)^2 \cdot p + (0 - p)^2 \cdot q = q^2 \cdot p + p^2 \cdot q = pq \cdot (q + p) = \boldsymbol{pq}$

$\boldsymbol{\sigma(X)} = \sqrt{\boldsymbol{pq}}$

15.1.5 Die Ungleichung von Tschebyschew

Ist μ der Erwartungswert der Zufallsvariablen X, wird man vermuten, daß ein großer Teil der Werte $X(\omega) = x_i$ in der Nähe von μ liegt und nur wenige weit entfernt liegen. Deshalb ist die Frage von Interesse, mit welcher Wahrscheinlichkeit Werte der Zufallsvariablen um den Betrag c vom Erwartungswert μ abweichen.

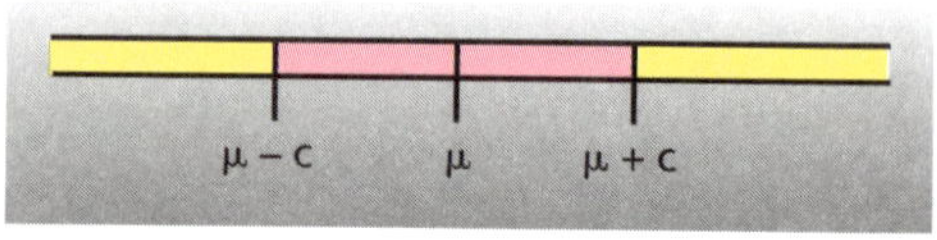

Bild 15.2 Das Intervall $]\mu - c; \mu + c[$

Seien $x_1, x_2 \ldots x_n$ die Werte der Zufallsvariablen X. A sei das offene Intervall $]\mu - c; \mu + c[$ (siehe Bild 15.2). Ist $x_i \in A$, so ist $|x_i - \mu| < c$. Ist $x_i \in \overline{A}$, so ist $|x_i - \mu| \geq c$. Für die Varianz von X folgt hieraus:

$$V(X) = \sum_{x_i \in A} (x_i - \mu)^2 \cdot P(X = x_i) + \sum_{x_i \in \overline{A}} (x_i - \mu)^2 \cdot P(X = x_i)$$

$$V(X) \geq \sum_{x_i \in \overline{A}} (x_i - \mu)^2 \cdot P(X = x_i)$$

$$V(X) \geq \sum_{x_i \in \overline{A}} c^2 \cdot P(X = x_i)$$

$$\frac{V(X)}{c^2} \geq \sum_{x_i \in \overline{A}} P(X = x_i)$$

Der Summenterm gibt nun die Wahrscheinlichkeit dafür an, daß x_i von μ um mindestens c abweicht. Ersetzt man V(X) durch $\sigma^2(X)$, erhält man die übliche Schreibweise:

s

Ungleichung von Tschebyschew[1)]

Ist X eine Zufallsvariable mit dem Erwartungswert μ und der Varianz σ^2, so ist die Wahrscheinlichkeit $P(|X - \mu| \geq c)$ dafür, daß ein Wert x_i um mindestens c vom Erwartungswert μ abweicht, höchstens $\frac{\sigma^2}{c^2}$:

$$P(|X - \mu| \geq c) \leq \frac{\sigma^2}{c^2}.$$

Die Ungleichung gibt nur eine Abschätzung, die mehr oder weniger grob sein kann. Nützlich sind noch die beiden folgenden Varianten des Satzes.

Ist $P(|X - \mu| \geq c)$ die Wahrscheinlichkeit dafür, daß ein Wert um mindestens c vom Erwartungswert abweicht, so ist $P(|X - \mu| < c)$ die Wahrscheinlichkeit dafür, daß ein Wert um weniger als c vom Erwartungswert abweicht. Da dies aber die Gegenwahrscheinlichkeit zur ersten ist, erhält man:

---

1) Pafnuti Lwowitsch Tschebyschew (1821–1894) lehrte viele Jahre an der Universität von St. Petersburg. Hauptforschungsgebiete waren Wahrscheinlichkeitstherorie, Zahlentheorie und Numerik. Ab ca. 1870 zählte er zu den bedeutendsten Mathematikern seiner Zeit und wurde Mitglied zahlreicher wissenschaftlicher Akademien.

S

$$P(|X - \mu| < c) \geq 1 - \frac{\sigma^2}{c^2}$$

Ersetzt man in der Tschebyschew-Ungleichung c durch $k \cdot \sigma$, erhält man:

S

$$P(|X - \mu| \geq k \cdot \sigma) \leq \frac{1}{k^2}$$

Der letzte Satz gibt an, mit welcher Wahrscheinlichkeit ein Wert um mehr als das k-fache der Standardabweichung vom Erwartungswert abweicht. Untersuchen wir dies für k = 1, 2, 3, 4 und 5.

Für k = 1 erhalten wir 1, eine nicht sehr nützliche Aussage. Für k = 2 bekommt man $P(|X - \mu| \geq 2 \cdot \sigma) \leq \frac{1}{4} = 0{,}25$, für k = 3 ist $P \leq 0{,}\overline{1}$, für k = 4 ist $P \leq 0{,}0625$, und für k = 5 wird $P \leq 0{,}04$. Wir formulieren die Ergebnisse für die Gegenwahrscheinlichkeiten:

S

Die Wahrscheinlichkeit dafür, daß ein Wert x einer Zufallsvariablen X in der offenen $k \cdot \sigma$-Umgebung um den Erwartungswert liegt, ist
- $\geq 75\%$ für die $2 \cdot \sigma$-Umgebung (siehe Bild 15.3),
- $\geq 88{,}8\%$ für die $3 \cdot \sigma$-Umgebung,
- $\geq 93{,}75\%$ für die $4 \cdot \sigma$-Umgebung,
- $\geq 96\%$ für die $5 \cdot \sigma$-Umgebung.

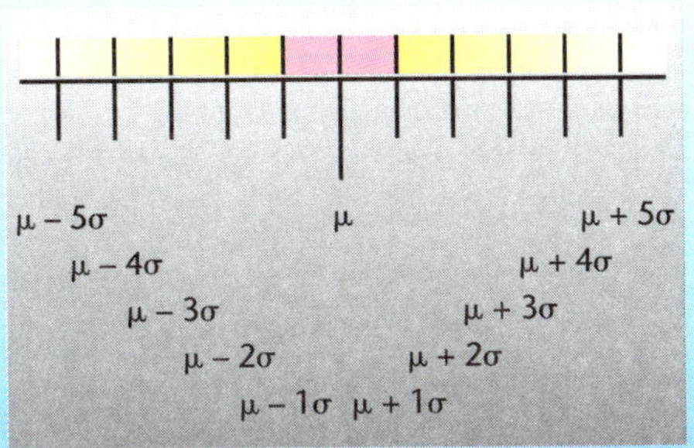

Bild 15.3 Umgebung von μ

BEISPIELE

1. Beim Werfen von zwei Würfeln werden folgende Augensummen ermittelt: 6, 7, 2, 10, 12, 3, 2, 9, 5, 10, 12, 2, 4, 7, 9, 11, 3, 12, 2, 5.
   Der Erwartungswert zweier guter Würfel ist bei diesem Experiment 7, die Standardabweichung $\sigma = 2{,}415$, $2 \cdot \sigma = 4{,}83$. Außerhalb der 2σ-Umgebung von 7 liegen die Summen 2 und 12. Sie dürfen nur zu höchstens 25% auftreten. In diesem Experiment treten sie aber in 7 von 20 Fällen, also zu 35% auf. Man sollte deshalb Zweifel an den Würfeln haben.

2. Ein Elektriker hat eine Schaltung gebaut, die 50 Laternen in einem Neubaugebiet aus Energiespargründen durch einen Zufallsgenerator mit der Wahrscheinlichkeit 0,5 einschaltet. Am Abend schickt er seinen Lehrling los, um aufzuschreiben, wel-

che Lampen brennen, wofür er eine 1 schreiben soll, und welche nicht (0). Der Lehrling hat überhaupt keine Lust, 2,5 km abzulaufen, geht statt dessen in die nahegelegene Gastwirtschaft und überlegt: „Wenn ich für jedes Zufallsexperiment ‚Zustand der i-ten Lampe' einen Indikator definiere mit

$$X: \omega \mapsto \left\{ \begin{matrix} 1, \text{ wenn die i-te Lampe brennt} \\ 0, \text{ wenn die i-te Lampe nicht brennt} \end{matrix} \right\},$$

so ist die Anzahl der brennenden Lampen gleich dem Erwartungswert der Summe S aller Indikatoren: $E(S) = 0{,}5 \cdot 50 = 25$. Na ja, 25 sieht zu künstlich aus, deshalb lasse ich 27 Lampen brennen und 23 nicht." Die Tschebyschew-Ungleichung ist glaubhaft erfüllt. Er schreibt auf einen Zettel die Folge: 10110 01010 11100 10110 10101 10001 01011 10101 01001 01101. Nachdem er glaubhaft lange in der Kneipe dem Bier zugesprochen hat, geht er zu seinem Meister und gibt ihm den Zettel. Der fängt an zu rechnen. Nach 10 Minuten sagt er seinem Lehrling auf den Kopf zu, daß die Reihe frei erfunden ist, und schickt ihn erneut auf Streife. Wie hat er die Mogelei festgestellt?

Der Meister hat gut in Stochastik aufgepaßt und den *Run-Test* gemacht. Run ist ein Block gleicher Ziffern. Teilen wir die Zahlenfolge so auf, daß zwischen Blöcken verschiedener Ziffern eine Leerstelle steht, so erhalten wir:

1 0 11 00 1 0 1 0 111 00 1 0 11 0 1 0 1 0 11 000 1 0 1 0 111 0 1 0 1 0 1 00 1 0 11 0 1, das sind 37 Blöcke. Doch wie viele Blöcke sind zu erwarten? Hierzu definieren wir eine Zufallsvariable, die die Blöcke zählt:

$$Y_i: \omega \mapsto \left\{ \begin{matrix} 1, \text{ wenn } x_i \neq x_{i-1} \\ 0, \text{ wenn } x_i = x_{i-1} \end{matrix} \right\} \text{ für } i = 2, 3, 4 \ldots 50,$$

wobei X die oben definierte Zufallsvariable ist.

Es ist $E(Y_i) = P(Y_i = 1) = P(\{01, 10\}) = \frac{1}{2} \cdot \frac{1}{2} + \frac{1}{2} \cdot \frac{1}{2} = \frac{1}{2}$.

Es gibt $Y = 1 + Y_2 + Y_3 + \ldots + Y_{50}$ Runs mit dem Erwartungswert

$$E(Y) = 1 + 49 \cdot \frac{1}{2} = 25{,}5.$$

Die Varianz beträgt $V(Y) = p_1q_1 + 49 \cdot p_iq_i = 1 \cdot 0 + 49 \cdot 0{,}25 = 12{,}25$, die Standardabweichung $\sigma(Y) = 3{,}5$. Da $E(Y) + 2\sigma = 32$ und $E(Y) + 3\sigma = 35{,}5$ ist, liegt die vom Lehrling gemogelte Anzahl der Runs außerhalb der 3σ-Umgebung des Erwartungswertes, was dem Meister nach der Tschebyschew-Ungleichung zu unwahrscheinlich erschien.

15.1.6 Mehrere Zufallsvariablen

Unabhängigkeit

Häufig trifft man auf Problemstellungen, die mit nur einer Zufallsvariablen nicht zu beschreiben sind. Dann ist es notwendig, für mehrere Zufallsvariablen eine gemeinsame Wahrscheinlichkeitsverteilung festzulegen, die sich aus den Einzelkomponenten ergibt.

D

Seien X und Y zwei Zufallsvariable, die zu demselben Zufallsexperiment gehören.
X nehme die Werte $x_1 \ldots x_m$ und Y die Werte $y_1 \ldots y_n$ an.
Die Funktion $(X,Y) \rightarrow P(X, Y),\ (x_i; y_j) \mapsto P(X = x_i \wedge Y = y_j)$
heißt *gemeinsame Wahrscheinlichkeitsverteilung* von X und Y.

BEISPIEL

In einer Urne befinden sich 4 rote Kugeln mit den Nummern 1 bis 4 und 2 gelbe Kugeln mit den Nummern 1 und 2. Eine Kugel wird gezogen. Es sei

$$X: \omega \mapsto \begin{cases} 1, \text{ wenn die gezogene Kugel rot ist,} \\ 0, \text{ wenn die gezogene Kugel gelb ist,} \end{cases}$$

$Y: \omega \mapsto n$, wenn die Nummer der Kugel n ist.
Es ergeben sich folgende Zuordnungen:

ω	R1	R2	R3	R4	G1	G2
X	1	1	1	1	0	0
Y	1	2	3	4	1	2

Daraus erhält man folgende Wahrscheinlichkeitsverteilungen:

$P(X = 0 \wedge Y = 1) = \frac{1}{6}$ $\qquad$ $P(X = 1 \wedge Y = 1) = \frac{1}{6}$

$P(X = 0 \wedge Y = 2) = \frac{1}{6}$ $\qquad$ $P(X = 1 \wedge Y = 2) = \frac{1}{6}$

$P(X = 0 \wedge Y = 3) = 0$ $\qquad$ $P(X = 1 \wedge Y = 3) = \frac{1}{6}$

$P(X = 0 \wedge Y = 4) = 0$ $\qquad$ $P(X = 1 \wedge Y = 4) = \frac{1}{6}$

Hingegen ist beispielsweise $P(X = 0) \cdot P(Y = 1) = \frac{1}{9} \neq P(X = 0 \wedge Y = 1)$.

Wählen wir dagegen die Zufallsvariablen

$$X: \omega \mapsto \begin{cases} 2, \text{ wenn die Nummer der Kugel gerade ist,} \\ 0 \text{ sonst,} \end{cases}$$

$$Y: \omega \mapsto \begin{cases} 1, \text{ wenn die Kugel gelb ist,} \\ 0 \text{ sonst,} \end{cases}$$

ergibt sich folgendes:

ω	R1	R2	R3	R4	G1	G2
X	0	2	0	2	0	2
Y	0	0	0	0	1	1

Es ist:

$P(X = 0 \wedge Y = 0) = \frac{1}{3}$ $\qquad P(X = 0) \cdot P(Y = 0) = \frac{1}{2} \cdot \frac{2}{3} = \frac{1}{3}$

$P(X = 2 \wedge Y = 0) = \frac{1}{3}$ $\qquad P(X = 2) \cdot P(Y = 0) = \frac{1}{3}$

$P(X = 0 \wedge Y = 1) = \frac{1}{6}$ $\qquad P(X = 0) \cdot P(Y = 1) = \frac{1}{6}$

$P(X = 2 \wedge Y = 1) = \frac{1}{6}$ $\qquad P(X = 2) \cdot P(Y = 1) = \frac{1}{6}$

D

Zwei Zufallsvariable X und Y mit den Werten $x_1 \ldots x_m$ und $y_1 \ldots y_n$ heißen *unabhängig*, wenn für alle x_i, y_j gilt:
$P(X = x_i \wedge Y = y_j) = P(X = x_i) \cdot P(Y = y_j)$.

Summen von Zufallsvariablen

Sind X und Y Zufallsvariablen mit den Werten $x_1 \ldots x_m$ und $y_1 \ldots y_n$, so verstehen wir unter der ***Summe S = X + Y*** die Zufallsvariable, die jedem Paar (x_i, y_j) die Summe $x_i + y_j$ zuordnet. Die Wahrscheinlichkeitsverteilung von S = X + Y ergibt sich durch Addition der Wahrscheinlichkeiten von X und Y, $P(S = s_k)$ ist also die Summe aller Wahrscheinlichkeiten $P(X = x_i \wedge Y = y_j)$ mit $x_i + y_j = s_k$.

Für Erwartungswert und Varianz folgt dann: $E(X + Y) = E(X) + E(Y)$. Sind X und Y unabhängige Zufallsvariable, dann ist $V(X + Y) = V(X) + V(Y)$.

ÜBUNGEN

1. In einer Urne liegen 5 rote, 4 gelbe und 2 blaue Kugeln. Ohne Zurücklegen werden 3 Kugeln gezogen. Die Zufallsvariable X gebe die Anzahl der gezogenen roten Kugeln an. Bestimmen Sie die Wahrscheinlichkeitsverteilung von X.

2. Eine ideale Münze wird solange geworfen, bis zweimal W gefallen ist. X sei die Anzahl der dafür benötigten Würfe. Bestimmen Sie P(X).

3. Beim *Knobelspiel* erhält jeder Spieler zu Beginn 3 Hölzchen, von denen er 0, 1, 2 oder 3 versteckt in die Faust nimmt, die er auf den Tisch liegt. Alle Spieler schätzen, wie viele Hölzchen insgesamt auf dem Tisch liegen. Der Spieler, der die Zahl genau errät, darf ein Hölzchen abgeben. Der Spieler, der zuerst alle Hölzchen abgegeben hat, hat gewonnen.

a) Sei X die Anzahl der Hölzchen in den Fäusten aller 3 Spieler in der ersten Runde. Bestimmen Sie die Wahrscheinlichkeitsverteilung von X.

b) Bestimmen Sie den Erwartungswert von X bei 3 Spielern.

4. Frau Kaiser ist Sekretärin. Sie hat 4 Briefe geschrieben, in Umschläge gesteckt, zugeklebt und ist dann kurz hinausgegangen. Als sie zurückkommt, klebt sie die Adressenaufkleber auf die Briefe, und zwar in der Reihenfolge, in der sie die Briefe aufeinandergelegt hat. Allerdings war in der Zwischenzeit ein neugieriger Mitarbeiter im Büro und hat die Briefe völlig durcheinandergebracht.
Sei X die Anzahl der korrekt adressierten Briefe.
Bestimmen Sie $P(X = k)$ für $k = 0 \ldots 4$ und $E(X)$.

5. *Petersburger Spiel:* Man wirft eine Münze so oft, bis entweder einmal Wappen oder n-mal Zahl erscheint (n muß vorher festgelegt werden). Wurde k-mal geworfen, erhält der Spieler 2^k DM Gewinn. Bestimmen Sie die Gewinnerwartung.

6. Bodo schießt auf eine Torwand. Er trifft zu 60% in eines der beiden Löcher. Heute wettet er mit Horst um 10 DM, daß er bei 6 Schüssen mindestens 4mal trifft. Hat er sich das gut überlegt? Welche Gewinnerwartung hat er?

7. Petra denkt an eine der Zahlen von 1 bis 16. Susanne soll mit möglichst wenig Fragen, die Petra nur mit ja oder nein beantworten darf, die richtige Zahl herausfinden. Sie beginnt: „Ist es die Zahl 1?" Als Petra verneint, fragt Susanne: „Ist es die 2?" usw. Carola hat eine andere Strategie. Sie beginnt mit der Frage: „Ist die Zahl größer als 8?" Nach Verneinung fährt sie fort mit der Frage: „Ist sie größer als 4?" usw. Sie halbiert mit jeder Frage die Anzahl der verbleibenden Zahlen. Berechnen Sie die durchschnittliche Anzahl der benötigten Fragen für Susannes und für Carolas Strategie.

8. In einer Bevölkerungsgruppe leiden 4% an einer Krankheit, die man durch einen Bluttest feststellen kann. Entweder wählt man Einzeltests, bei denen jeder aus einer n-Personen-Gruppe untersucht wird, oder man wählt Gruppentests, bei denen man die Blutproben der n Personen mischt und diese eine Probe untersucht. Bei positivem Ergebnis wird von jeder Person der Gruppe zusätzlich ein Einzeltest gemacht. Welche Methode ist günstiger?

9. Ein *System* (ein Fahrzeug, eine Maschine usw.) bestehe aus n *Komponenten.* Für jede Komponente gibt es zwei Zustände: 1 - die Komponente funktioniert, 0 - die Komponente funktioniert nicht. Man möchte die *Zuverlässigkeit* eines Systems aus der Zuverlässigkeit seiner Komponenten bestimmen. Hierbei unterscheidet man zwischen zwei Arten:

1. Reihensystem (Bild 15.4): Die Komponenten sind hintereinandergeschaltet. Das System funktioniert genau dann, wenn jede Komponente funktioniert.

Bild 15.4 Reihensystem

2. Parallelsystem (Bild 15.5): Die Komponenten sind parallelgeschaltet. Das System funktioniert genau dann nicht, wenn alle Komponenten nicht funktionieren.

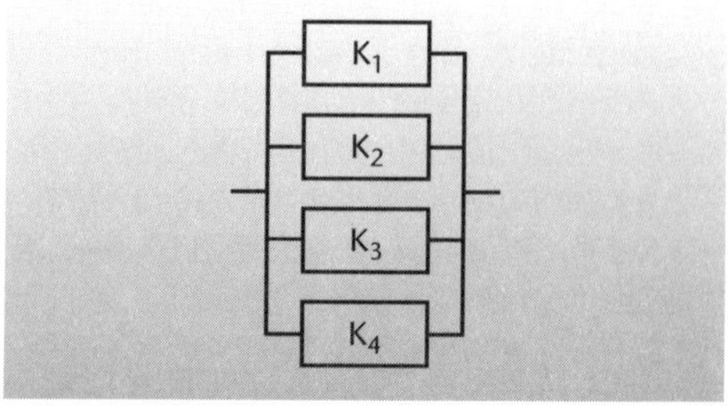

Bild 15.5 Parallelsystem

Das Reihensystem entspricht einer UND-Schaltung, das Parallelsystem einer ODER-Schaltung.

Seien nun $p_1, p_2 \dots p_n$ die Wahrscheinlichkeiten, daß die 1., 2. . . . n. Komponente funktioniert.

a) Bestimmen Sie die Wahrscheinlichkeit für das Funktionieren des Reihensystems von Bild 15.4.

b) Bestimmen Sie die Wahrscheinlichkeit für das Funktionieren des Parallelsystems von Bild 15.5.

c) Bestimmen Sie die Wahrscheinlichkeit für das Funktionieren des Systems von Bild 15.6, wenn $p_1 = 0{,}9$, $p_2 = 0{,}8$ und $p_3 = 0{,}7$ ist.

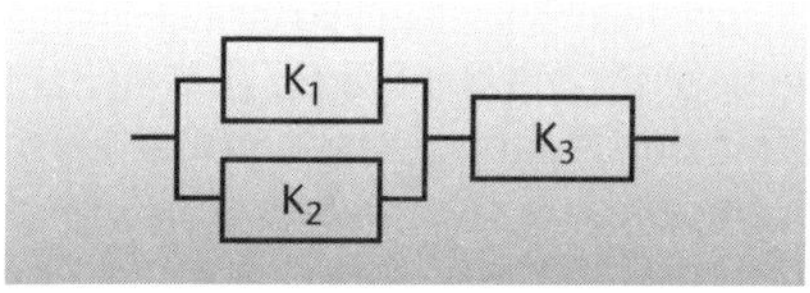

Bild 15.6

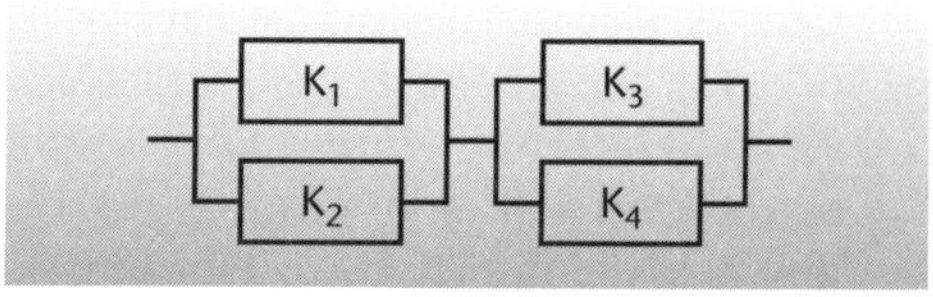

Bild 15.7

d) In Bild 15.7 sei $p_1 = 0{,}98$, $p_2 = 0{,}92$, $p_3 = 0{,}87$ und $p_4 = 0{,}90$. Mit welcher Wahrscheinlichkeit arbeitet das System?

10. Eine Münze wird 5mal geworfen. X sei die Anzahl der Wappen. Bestimmen Sie E(X), V(X) und $\sigma(X)$.

11. Herr Maurer kommt nach Hause und möchte die Wohnungstür aufschließen. Plötzlich fällt der Strom aus, es ist dunkel. Er hat an seinem Schlüsselbund 5 sehr ähnliche Schlüssel. Er probiert nun einen nach dem anderen. Paßt ein Schlüssel nicht, hält er ihn fest und probiert den nächsten. Wie viele Versuche hat er zu erwarten? Bestimmen Sie auch V(X) und $\sigma(X)$.

12. Mit welcher Wahrscheinlichkeit fällt

a) beim 6fachen Werfen eines Würfels mindestens 4mal eine Sechs?

b) beim 10fachen Werfen einer Münze mindestens 7mal Wappen?

c) beim 10fachen Werfen einer Münze mindestens 3mal und höchstens 7mal Wappen?

Berechnen Sie b) und c) nach der Tschebyschew-Ungleichung und exakt.

15.2 Die Binomialverteilung

15.2.1 Bernoulli-Experimente

Wir haben bereits zahlreiche Zufallsexperimente kennengelernt, die nur zwei Ergebnisse haben. Eine Münze zeigt Zahl oder Wappen, ein System funktioniert oder funktioniert nicht, eine Antwort ist ja oder nein, ein Medikament wirkt oder wirkt nicht.

D

Ein Zufallsexperiment, das genau zwei Ergebnisse besitzt, heißt *Bernoulli-Experiment.*[1]

Der ***Indikator*** (siehe Seite 793) ist eine besonders auf Bernoulli-Experimente anwendbare Zufallsvariable. Betrachten wir ein mehrstufiges Zufallsexperiment, dessen Stufen alle aus Bernoulli-Experimenten bestehen.

BEISPIEL

In einer kleinen Siedlung bekommt jeder der 10 Haushalte einen bestimmten Werbeprospekt mit der Wahrscheinlichkeit 0,7. Wir möchten wissen, mit welcher Wahrscheinlichkeit 0, 1, 2, 3 ... 10 Haushalte einen Prospekt herhalten.

Wir definieren folgende Zufallsvariablen:

$$X_i = \begin{cases} 1, & \text{wenn der i-te Haushalt einen Prospekt erhält,} \\ 0, & \text{wenn der i-te Haushalt keinen Prospekt erhält.} \end{cases}$$

Die Folge 0110000101 gibt an, daß die Haushalte 2, 3, 8 und 10 einen Prospekt bekommen haben, die anderen nicht. Es wurden 4 Prospekte verteilt. Die Wahrscheinlichkeit für diesen speziellen Ausgang ist

$P(X_1 = 0, X_2 = 1, X_3 = 1 \ldots X_{10} = 1)$
$= 0{,}3 \cdot 0{,}7 \cdot 0{,}7 \cdot 0{,}3 \cdot 0{,}3 \cdot 0{,}3 \cdot 0{,}3 \cdot 0{,}7 \cdot 0{,}3 \cdot 0{,}7$
$= 0{,}3^6 \cdot 0{,}7^4 \approx 0{,}000175.$

[1] Jakob Bernoulli (1654–1705) beschäftigte sich mit der neuen Leibnizschen Analysis, aber vor allem mit der Wahrscheinlichkeitsrechnung. Er war der Bruder des nicht minder bedeutenden Johann Bernoulli (1667–1748), dessen Hauptforschungsgebiet die Analysis, vor allem die Theorie der Differentialgleichungen und der Graphen war. Auch Johanns Söhne Daniel (1700–1782), Nicolaus (1695–1726) und Johann (1710–1790) sowie Jakobs und Johanns Neffe Nicolaus (1687–1759) waren alle Mathematiker. 105 Jahre hintereinander hatte die Universität Basel einen Professor Bernoulli.

Dies ist aber nicht die einzige Möglichkeit, 4 Prospekte zu verteilen, denn man kann ja auch eine andere Kombination von 4 Haushalten auswählen. Jede derartige Auswahl stellt eine ungeordnete Stichprobe ohne Wiederholung dar. Hierfür gibt es $\binom{10}{4}$ Möglichkeiten. Die Wahrscheinlichkeit dafür, daß 4 bestimmte Haushalte eine Sendung erhalten, beträgt demnach $\binom{10}{4} \cdot 0{,}7^4 \cdot 0{,}3^6 \approx 0{,}03676$.

D

Ein n-stufiges Zufallsexperiment, dessen Stufen unabhängig sind und alle aus demselben Bernoulli-Experiment mit derselben Eintrittswahrscheinlichkeit p bestehen, heißt *Bernoulli-Kette* der Länge n.

Das Beispiel der Prospektverteilung stellt eine Bernoulli-Kette der Länge 10 dar. Wir wissen nun, mit welcher Wahrscheinlichkeit k ***Treffer*** vorhanden sind, also k Indikatoren X_i den Wert 1 annehmen:

D

Bei einer Bernoulli-Kette der Länge n und der Trefferwahrscheinlichkeit p treten k Treffer ein mit der Wahrscheinlichkeit

$$\binom{n}{k} \cdot p^k \cdot (1-p)^{n-k}.$$

BEISPIEL

Jan gewinnt gegen Rainer im Schach mit der Wahrscheinlichkeit 0,6. Mit welcher Wahrscheinlichkeit gewinnt Rainer mindestens 4 von 12 Partien? (Remis wird nicht mitgezählt.)

Der Indikator X_i sei 1, wenn Jan die i-te Partie gewinnt, und 0, wenn Rainer die i-te Partie gewinnt. X sei die Summe der 12 Indikatoren.

$$P(X \leq 8) = 1 - P(X > 8) = 1 - [P(X=9) + P(X=10) + P(X=11) + P(X=12)]$$
$$= 1 - \left[\binom{12}{9} \cdot 0{,}6^9 \cdot 0{,}4^3 + \binom{12}{10} \cdot 0{,}6^{10} \cdot 0{,}4^2 + \binom{12}{11} \cdot 0{,}6^{11} \cdot 0{,}4^1 + \binom{12}{12} \cdot 0{,}6^{12} \cdot 0{,}4^0\right]$$
$$\approx 1 - [0{,}1419 + 0{,}0639 + 0{,}0174 + 0{,}0022] = 0{,}7746$$

Rainer gewinnt mindestens 4 Spiele mit ca. 77% Wahrscheinlichkeit.

15.2.2 Binomialverteilung

Da Bernoulli-Ketten häufig vorkommen, verallgemeinern wir:

D

Ist $X = \sum_{i=1}^{n} X_i$ eine Zufallsvariable mit den Werten 0, 1 , 2 . . . n und seien p die Wahrscheinlichkeit für $X_i = 1$, q die Wahrscheinlichkeit für $X_i = 0$, $P(X = k) = \binom{n}{k} \cdot p^k \cdot q^{n-k}$, so heißt X *binomialverteilt.*

Die Wahrscheinlichkeitsverteilung $B(n, p)\colon k \mapsto B(n, p)\,(k) = P(X = k) = \binom{n}{k} \cdot p^k \cdot q^{n-k}$ heißt *Binomialverteilung.*

Da die Binomialverteilung eine große Rolle spielt, benutzt man Tabellen, in denen für einige n und p bereits die Wahrscheinlichkeiten berechnet sind. Im Anhang (siehe Seite 843) sind derartige Tabellen zu finden.

BEISPIEL

Von den Bewohnern der Insel „Pacifica“ lügt jeder mit der Wahrscheinlichkeit p = 0,4. Der Segler Hein legt an der Insel an, weil er weiß, daß es im Norden oder im Süden der Insel einen großen Trinkwasservorrat gibt. Wegen des drohenden schlechten Wetters kann er nicht beide Stellen anlaufen. Er fragt nach dem Ort. Der Häuptling, der nie lügt, sagt einer Person seine Antwort. Die Person soll sie an eine weitere Person geben, diese wieder an jemand anderen usw. Die Nachricht gelangt zu Hein, nachdem sie 6 Personen (ohne Häuptling) weitergegeben haben. Mit welcher Wahrscheinlichkeit stimmt die Antwort?

Sie ist richtig, wenn 0, 2, 4 oder 6 Personen gelogen haben. Die Wahrscheinlichkeiten hierfür sind:

$$P(X = 0) = \binom{6}{0} \cdot 0{,}4^0 \cdot 0{,}6^6 = 0{,}0467$$

$$P(X = 2) = \binom{6}{2} \cdot 0{,}4^2 \cdot 0{,}6^4 = 0{,}3110$$

$$P(X = 4) = \binom{6}{4} \cdot 0{,}4^4 \cdot 0{,}6^2 = 0{,}1382$$

$$P(X = 6) = \binom{6}{6} \cdot 0{,}4^6 \cdot 0{,}6^0 = 0{,}0041$$

Die Summe der Wahrscheinlichkeiten ist 0,5! Er kann aus der Antwort keine Rückschlüsse ziehen.

15.2.3 Erwartungswert, Varianz und Standardabweichung

Eine binomialverteilte Zufallsvariable X läßt sich als Summe von n unabhängigen Indikatoren X_i auffassen, die den Wert 1 mit der Wahrscheinlichkeit p annehmen. Für jeden Indikator ist $E(X_i) = 1 \cdot p + 0 \cdot q = p$. Dann ist $E(X) = E(X_1) + E(X_2) + \ldots + E(X_n) = n \cdot p$. Die Varianz eines Indikators ist $V(X_i) = (1 + p)^2 \cdot p + (0 - p) \cdot q = pq$, woraus $V(X) = npq$ folgt.

S

Für eine binomialverteilte Zufallsvariable X gilt
$E(X) = n \cdot p$, $V(X) = npq$, $\sigma(X) = \sqrt{npq}$.

BEISPIEL

In einer Werkskantine werden jeden Tag zwei verschiedene Gerichte angeboten, ein Fleischgericht und ein vegetarisches Gericht. Unter den 50 Beschäftigten wählen durchschnittlich 70% das Fleischgericht.

a) Wie viele Fleischgerichte werden normalerweise verlangt?

b) Mit welcher Wahrscheinlichkeit weicht die Anzahl der verlangten Fleischgerichte um mehr als 3σ vom Erwartungswert ab?

a) Es ist zu erwarten, daß im Durchschnitt $E(X) = 50 \cdot 0{,}7 = 35$ Fleischgerichte verlangt werden.

b) $V(X) = 50 \cdot 0{,}7 \cdot 0{,}3 = 10{,}5$; $\sigma(X) = 3{,}24$; $3 \cdot \sigma(X) = 9{,}72$. Es ist $E(X) - 3\sigma = 25{,}28$; $E(X) + 3\sigma = 44{,}72$. Gesucht ist $P(X < 26)$ und $P(X > 44)$. Der Tabelle der Binomialverteilung (Seite 844) entnehmen wir für n = 50 und p = 0,7 die Wahrscheinlichkeiten für k = 0, 1 ... 25 und addieren sie:
$P(X < 26) = 0 + \ldots + 0 + 0{,}0001 + 0{,}0002 + 0{,}0006 + 0{,}0014 = 0{,}0023$.
$P(X > 44) = 0{,}0007$. Die Wahrscheinlichkeit für das Abweichen der Anzahl der verlangten Fleischgerichte um mehr als 3σ vom Erwartungswert ist mit 0,30% verschwindend klein.

15.2.4 Gesetz der großen Zahlen

Für die Statistik ist die Frage, ob die relative Häufigkeit h einer bestimmten Merkmalsausprägung in einer Stichprobe mit der Wahrscheinlichkeit p des entsprechenden Zufallsexperiments, also auch mit der relativen Häufigkeit in der Grundgesamtheit übereinstimmt, von elementarer Bedeutung. Zur Untersuchung benutzen wir eine Bernoulli-Kette der Länge n. Dann lautet die Tschebyschew-Ungleichung:

$P(|X - np| \geq a) \leq \frac{npq}{a^2}$.

Dividieren wir die erste Ungleichung durch n, verändern wir nicht das Ereignis, also auch nicht die Wahrscheinlichkeit:

$$P\left(\left|\frac{X}{n} - p\right| \geq \frac{a}{n}\right) \leq \frac{npq}{a^2}$$

$\frac{X}{n}$ ist nun aber genau die relative Häufigkeit h der Treffer in der Bernoulli-Kette der Länge n. Für große n wird $\frac{a}{n}$ sehr klein, bleibt aber für positives a stets positiv. Wir schreiben deshalb $\varepsilon = \frac{a}{n}$, woraus folgt: $P(|h - p| \geq \varepsilon) \leq \frac{npq}{n^2\varepsilon^2} = \frac{pq}{n\varepsilon^2}$.

Das bedeutet: Die Wahrscheinlichkeit dafür, daß die ***relative Häufigkeit h*** der Treffer in einer Bernoulli-Kette die Länge n von der Wahrscheinlichkeit p um mindestens ε abweicht, ist höchstens $\frac{pq}{n\varepsilon^2}$. Für wachsende n wird der Term kleiner, geht gegen 0. Das heißt, daß die relative Häufigkeit für große n sich mit großer Wahrscheinlichkeit der Wahrscheinlichkeit p nähert. Jakob Bernoulli hat dies als das schwache Gesetz der großen Zahlen formuliert.

S

Das schwache Gesetz der großen Zahlen
Die Wahrscheinlichkeit, daß sich die relative Häufigkeit h von der zugehörigen Wahrscheinlichkeit p um weniger als eine beliebig kleine positive Zahl ε unterscheidet, geht für große n gegen 1: $\lim_{n \to \infty} P(|h - p| < \varepsilon) = 1$.

Nun darf man nicht annehmen, daß sich, wie bei Grenzwerten üblich, die relative Häufigkeit ab einem gewissen n für immer innerhalb einer ε-Umgebung von p bewegt, denn das Gesetz macht nur eine Aussage über die Wahrscheinlichkeit dafür. Deutlicher ist das von Émile Borel (1871–1956) und seinem Zeitgenossen Francesco Paolo Cantelli gefundene folgende Gesetz:

S

Das starke Gesetz der großen Zahlen
Die relative Häufigkeit h konvergiert für sehr große n gegen die Wahrscheinlichkeit p: $P(\lim_{n \to \infty} h = p) = 1$.

15.2.5 Die Poisson-Verteilung

Die Berechnung der Binomialverteilung ist für große n sehr umständlich. Auch für seltene Ereignisse, die nur mit sehr kleinen Wahrscheinlichkeiten p auftreten, ist eine Beschreibung durch die Binomialverteilung nicht sinnvoll. Wir fragen deshalb nach einer Näherungsformel für die Binomialverteilung für sehr große n, genauer:

für $n \to \infty$. Setzt man im Term für B(n, p) $a = n \cdot p$ und $p = \frac{a}{n}$, erhält man:

$$B(n, p)(k) = \binom{n}{k} \cdot \left(\frac{a}{n}\right)^k \cdot \left(1 - \frac{a}{n}\right)^{n-k} = \frac{n}{n} \cdot \frac{n-1}{n} \cdot \ldots \cdot \frac{n-k+1}{n} \cdot \frac{a^k}{k!} \cdot \left(1 - \frac{a}{n}\right)^n \cdot \left(1 - \frac{a}{n}\right)^{-k}$$

Der Grenzwert für $n \to \infty$ ist dann $\frac{a^k}{k!} \cdot e^{-a}$.

S

Ist X eine binomialverteilte Zufallsvariable, so gilt für kleine Werte von p und große Werte von n die *Näherungsformel von Poisson:*

$$B(n, p)(k) \approx \frac{a^k}{k!} \cdot e^{-a} \text{ mit } a = n \cdot p.$$

D

Die Wahrscheinlichkeitsverteilung einer Zufallsvariablen X der Form $P(X = k) = \frac{a^k}{k!} \cdot e^{-a}$ mit $k \in \mathbb{N}_0$, $a \in \mathbb{R}^+$ heißt *Poisson-Verteilung.*

Der Erwartungwert einer Poisson-verteilten Zufallsvariablen ist $E(X) = a$. Für die Varianz findet man ebenfalls $V(X) = a$.

BEISPIEL

L. von Bortkewitsch untersuchte 1898 die pro Jahr und Kavallerieregiment aufgetretenen Todesfälle durch Hufschlag, ein seltenes Ereignis. Er stützte sich auf Daten aus 20 Jahren und 10 Regimentern. Es traten 109mal keine Todesfälle, 65mal 1 Todesfall, 22mal 2, 3mal 3 und einmal 4 Todesfälle auf. Gehen wir von einer Poisson-Verteilung aus, muß die relative Häufigkeit h der Todesfälle mit der Wahrscheinlichkeit p übereinstimmen, $n \cdot h$ muß dann gleich dem Erwartungswert a sein. Für a erhalten wir 0,61. Die Poisson-Verteilung liefert dann die Werte P(0) = 0,543, P(1) = 0,331; P(2) = 0,101; P(3) = 0,021; P(4) = 0,003 und damit für n = 200 die Zahlen 108,6; 66,2; 20,2; 4,2; 0,6, die gut mit den ermittelten Todesfällen übereinstimmen.

ÜBUNGEN

13. Suchen Sie möglichst viele Beispiele für Bernoulli-Experimente.

14. Bei welchen der hier folgenden Zufallsexperimente handelt es sich um Bernoulli-Ketten?

a) Eine Münze wird 7mal geworfen, Zahl und Wappen werden gezählt.
b) Aus einer Urne mit 3 roten und 8 schwarzen Kugeln wird dreimal eine Kugel ohne Zurücklegen gezogen, und die Farbe wird registriert.
c) Wie b), jedoch mit Zurücklegen.

d) In einer Reihenschaltung von 5 Glühbirnen wird die Anzahl der leuchtenden Lampen registriert.
e) In einer Parallelschaltung von 5 Glühbirnen wird die Anzahl der leuchtenden Lampen registriert.
f) Ein Medikament wird an einer Gruppe von n Personen getestet. Die Anzahl der Personen mit positiver Wirkung wird bestimmt.

15. Mit welcher Wahrscheinlichkeit fällt beim Münzwurf mit 5 idealen Münzen 4mal Wappen?

16. Mit welcher Wahrscheinlichkeit fallen bei 8 Würfen eines Würfels
a) genau 4 Sechsen?
b) mindestens 4 Sechsen?

17. Stellen Sie die Binomialverteilung B(n, p) als Stabdiagramm graphisch dar für folgende Parameter:
a) $p = 0{,}5$; $n = 10$
b) $p = 0{,}5$; $n = 20$
c) $p = 0{,}5$; $n = 50$
d) $p = 0{,}4$; $n = 20$
e) $p = 0{,}3$; $n = 20$

18. Ein Beobachter an der Elbe stellt fest, daß 20% der einlaufenden Schiffe Privatboote und 80% Berufsschiffe sind. Mit welcher Wahrscheinlichkeit kommen zu einem beliebigen Zeitpunkt erst drei Berufsschiffe und dann ein Privatboot?

19. Auf einem *Galton-Brett* fallen durch einen Trichter Kugeln auf ein Nagelgitter. An jedem Nagel werden sie mit der Wahrscheinlichkeit 0,5 nach rechts oder links abgelenkt, bis sie unten in Fächer fallen.
a) Zeigen Sie, daß das Gerät eine Binomialverteilung simuliert.
b) Ein Galton-Brett habe 10 Stufen (Bild 15.8). 200 Kugeln werden gestartet. Wie viele Kugeln sind in den Fächern 0, 4 und 5 zu erwarten?

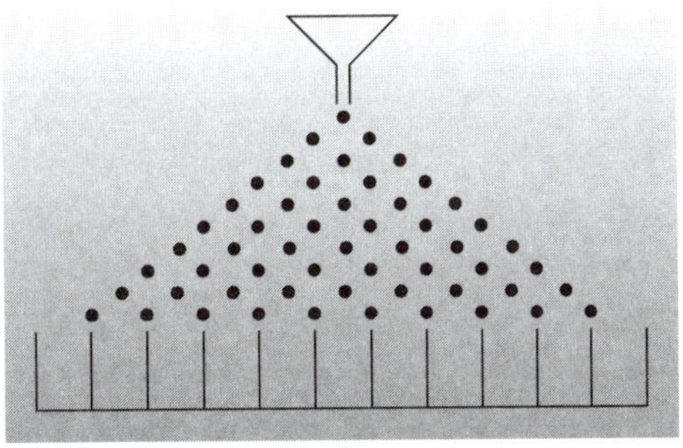

Bild 15.8

20. 30 Wanderer kommen an eine Kreuzung. Da sie den Weg nicht wissen, entscheidet jeder rein zufällig, wohin er geht, nach links, geradeaus oder nach rechts.
a) Wie viele Wanderer erwartet der Gastwirt am linken Weg?
b) Mit welcher Wahrscheinlichkeit erscheinen alle auf dem Gipfel des Berges rechts?

21. Ein Gemüsehändler kauft jeden Morgen Salatköpfe auf dem Großmarkt ein. In einer Steige befinden sich 20 Salatköpfe. Der Verkäufer versichert, daß nur 5 % der Köpfe faul seien. Der Käufer testet dies, indem er in einer der Steigen die Anzahl der faulen Köpfe bestimmt.

a) Mit welcher Wahrscheinlichkeit findet er, wenn die Angabe des Verkäufers stimmt, 0, 1, 2 oder 3 faule Köpfe?

b) Wie viele faule Köpfe darf er in einer Steige höchstens finden, wenn er die Angabe des Verkäufers glaubt und zu mindestens 90 % sicher sein will?

22. Vor einer Wahl werden 1 000 Bürger befragt, welche Partei sie wählen werden. 392 Wähler nennen Partei A. Bestimmen Sie ein Intervall $]h - \varepsilon, h + \varepsilon[$, das die Wahrscheinlichkeit p dafür, daß ein Wähler Partei A wählt, mit mindestens 95 % Wahrscheinlichkeit enthält.

23. Ein Mathematikbuch mit 848 Seiten enthält 24 Rechenfehler. Mit welcher Wahrscheinlichkeit enthält eine Seite mehr als einen Rechenfehler?

15.3 Normalverteilung

15.3.1 Gauß-Funktion und Gaußsche Summenfunktion

Wir definieren zunächst zwei Funktionen, die wir in diesem Kapitel benötigen.

D

Die Funktion $\varphi: x \mapsto \frac{1}{\sqrt{2\pi}} \cdot e^{-\frac{1}{2}x^2}$ heißt *Gauß-Funktion*[1].

Die Integralfunktion $\Phi: x \mapsto \int_{-\infty}^{x} \varphi(t)\,dt$ heißt *Gaußsche Summenfunktion.*

Im Anhang auf der Seite 841 finden sich Tabellen mit den Funktionswerten der beiden Funktionen.

Bild 15.9 zeigt den Graph der Gauß-Funktion, Bild 15.10 die Graphen beider Funktionen. Die Gaußsche Summenfunktion stellt den Flächeninhalt der Gauß-Funktion im Intervall $]-\infty; x[$ dar. Diese Funktion ist nicht elementar darstellbar, das heißt, $\Phi(x)$ läßt sich nur numerisch oder mittels Reihenentwicklung berechnen. Beide Funktionen benötigen wir im folgenden.

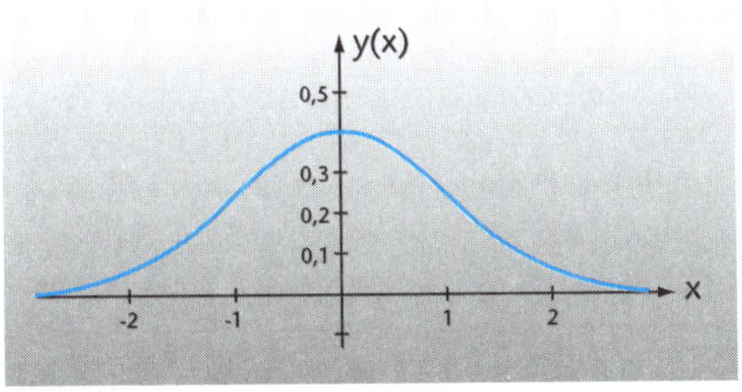

Bild 15.9 Graph der Gauß-Funktion

$$\varphi: x \mapsto \frac{1}{\sqrt{2\pi}} \cdot e^{-\frac{1}{2}x^2}$$

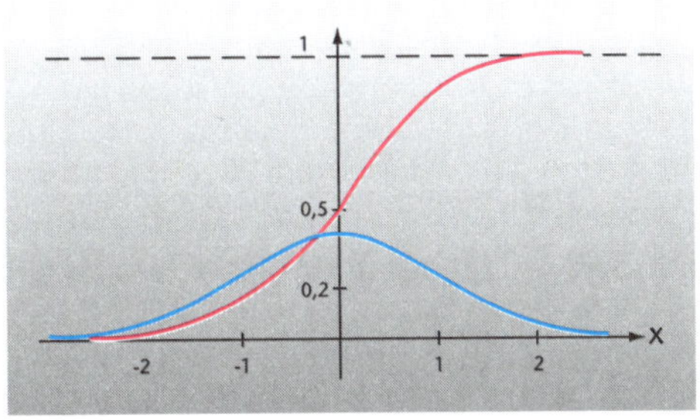

Bild 15.10 Graphen von φ (blau) und Φ (rot)

[1] Carl Friedrich Gauß (1777–1855) zählt zu den bedeutendsten Mathematikern aller Zeiten. Er forschte auf nahezu allen mathematischen Gebieten und entdeckte dabei immer wieder neue Zusammenhänge und stellte neue Theorien auf. Er beschäftigte sich intensiv mit Zahlentheorie, mit Astronomie und Geodäsie. Er gilt als Erfinder der nichteuklidischen Geometrie, der Reihenentwicklung, der Berechnung von Planetenbahnen und der Landvermessungslehre. Mit dem Physiker Wilhelm Weber (1804–1891) erfand er den Telegraphen und forschte in vielen Gebieten der Physik.

15.3.2 Der lokale Grenzwertsatz von de Moivre und Laplace

Betrachten wir die graphischen Darstellungen der Binomialverteilungen (Bild 15.29–15.33 im Lösungsteil, Seite 832) fällt auf, daß alle Graphen von einer Art „Glockenkurve" umrandet werden. Die Graphen sind aber unterschiedlich breit und unterschiedlich hoch, weswegen sie schwer zu vergleichen sind. Durch ein Standardisierungsverfahren werden sie einander ähnlicher.

D

Eine Zufallsvariable heißt *standardisiert*, wenn ihr Erwartungswert 0 und ihre Standardabweichung 1 ist.

Man kann jede Zufallsvariable standardisieren. Hat X den Erwartungswert μ, so hat die Zufallsvariable $X - \mu$ den Erwartungswert 0. Die Standardabweichung ändert sich hierdurch nicht, bleibt also $\sigma(X)$. Folglich müssen wir nur durch $\sigma(X)$ dividieren.

S

Die Zufallsvariable $\hat{X} = \dfrac{X - E(X)}{\sigma(X)}$ ist für jede Zufallsvariable X mit dem Erwartungswert E(X) und der Standardabweichung $\sigma(X)$ standardisiert.

BEISPIEL

Sei X die Anzahl der Sechsen bei 5 Würfen mit einem Würfel. Da X binomialverteilt ist, ist $E(X) = n \cdot p = 5 \cdot \frac{1}{6} = \frac{5}{6}$, $\sigma(X) = \sqrt{n \cdot p \cdot q} = \frac{5}{6}$.

Für $\hat{X} = \dfrac{X - \frac{5}{6}}{\frac{5}{6}}$ erhalten wir aus der untenstehenden Tabelle $E(\hat{X}) = -0{,}0015 \approx 0$ und $\sigma \approx 1$. Die geringen Abweichungen beruhen auf Rundungsfehlern.

$X = x_i$	0	1	2	3	4	5
$\hat{X} = \hat{x}_i$	-1	0,2	1,4	2,6	3,8	5
$P(X = x_i) = P(\hat{X} = \hat{x}_i)$	0,402	0,402	0,161	0,032	0,003	0,0001
$\hat{x}_i \cdot P(\hat{X} = \hat{x}_i)$	-0,402	0,0804	0,225	0,0832	0,0114	0,0005

In den Bildern 15.11, 15.13 und 15.15 sind eine binomialverteilte Zufallsvariable X und in den Bildern 15.12, 15.14 und 15.16 ihre standardisierte Zufallsvariable $\hat{X}$ graphisch dargestellt.

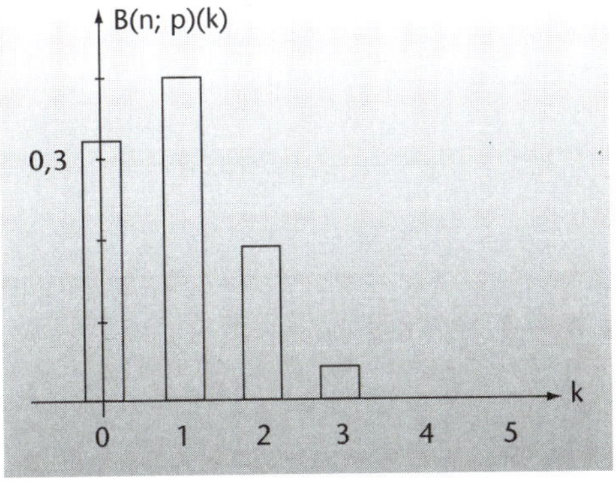

Bild 15.11 B(5; 0,2)

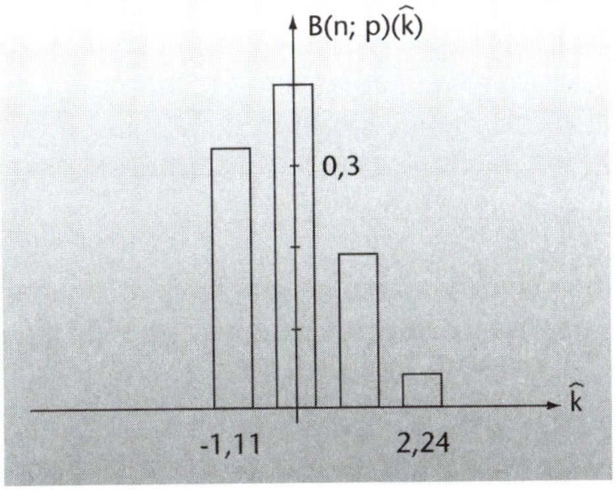

Bild 15.12 B(5; 0,2) mit standardisierter Zufallsvariabler

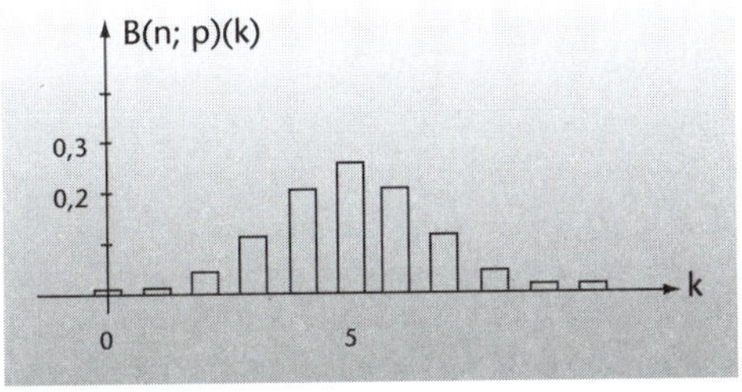

Bild 15.13 B(10; 0,5)

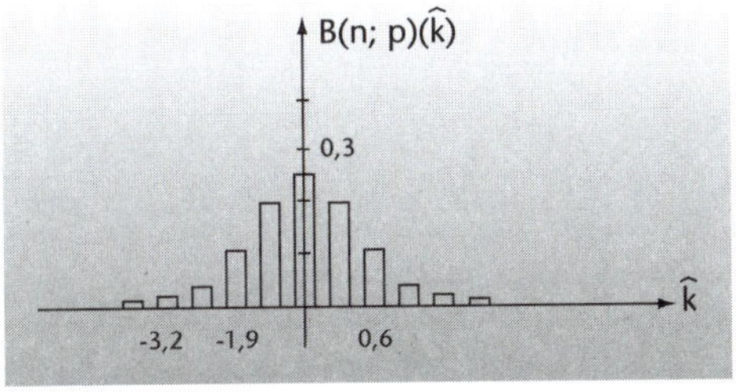

Bild 15.14 B(10; 0,5) mit standardisierter Zufallsvariabler

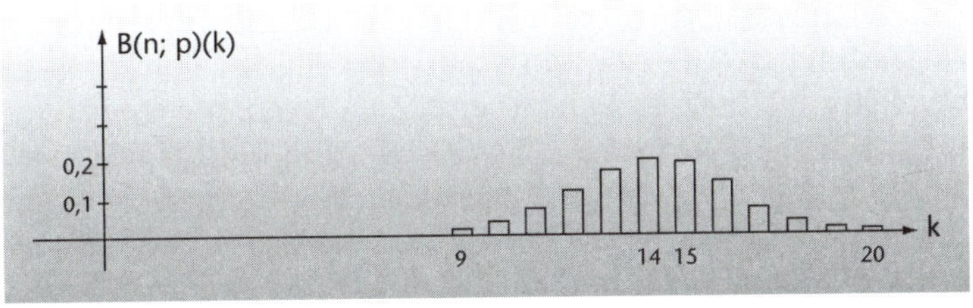

Bild 15.15 B(20; 0,7)

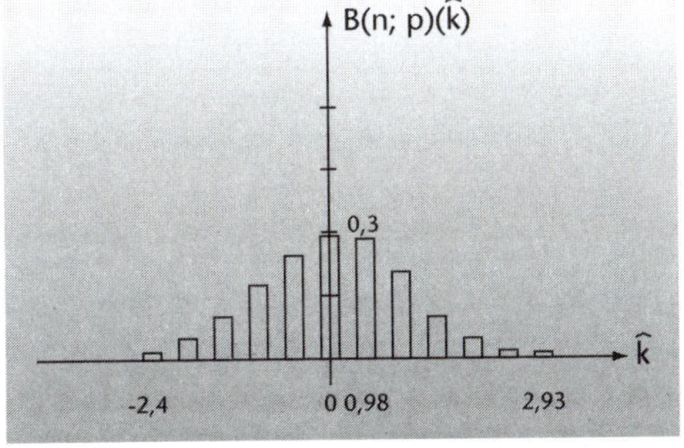

Bild 15.16 B(20; 0,7) mit standardisierter Zufallsvariabler

Es fällt auf, daß die Graphen der standardisierten Variablen sich schon recht nah an eine Glockenkurve annähern. Dabei scheint die Annäherung um so besser zu sein, je größer n ist. Eine solche Glockenkurve kennen wir bereits. Es ist die Gauß-Funktion $\varphi(x)$. Dividieren wir sie noch durch σ, passen wir sie an die „Einhüllenden" der standardisierten Zufallsvariablen an. Diese Näherung beschreibt die lokale Näherungsformel von de Moivre und Laplace.[1]

S

Lokale Näherungsformel von de Moivre und Laplace
Für die Binomialverteilung B(n, p) mit $\mu = E(X) = n \cdot p$ und $\sigma(X) = \sqrt{n \cdot p \cdot q}$ gilt:

$$B(n, p)(k) \approx \frac{1}{\sigma} \cdot \varphi(x) \text{ mit } x = \frac{k - \mu}{\sigma}.$$

Die Näherungswerte sind um so besser, je größer n wird. In Aufgabe 25 (Seite 834) werden Binomialverteilung und Näherungen gegenübergestellt.

15.3.3 Die globale Näherungsformel von de Moivre und Laplace

Für große n ist es meistens uninteressant, die Wahrscheinlichkeit für bestimmte X = k zu berechnen, da sie ohnehin äußerst gering sein wird. Stärker von Interesse ist dann die Frage, mit welcher Wahrscheinlichkeit eine Zufallsvariable einen Wert aus einem Intervall [a; b], a, b $\in \mathbb{R}$, annimmt. Die Berechnung hierfür wäre sehr mühsam, wenn wir die Binomialverteilung oder die lokale Näherungsformel verwenden müßten. Bei der Frage, mit welcher Wahrscheinlichkeit von 300 Flaschen Frischmilch einen Tag vor Ablauf des Haltbarkeitsdatums höchstens 15 Flaschen bereits nicht mehr trinkbar sind, müßte man die Wahrscheinlichkeiten für k = 0 bis k = 15 berechnen und addieren, ein erheblicher Aufwand.

D

Ist P eine Wahrscheinlichkeitsfunktion der Zufallsvariablen X, so heißt $P^*: x \mapsto P(X \leq x)$ *kumulative Wahrscheinlichkeitsverteilung* von X.

---

[1] Abraham de Moivre (1667–1754) emigrierte als Protestant nach England, wo er als Mathematiker auf den Gebieten Wahrscheinlichkeitsrechnung und Analysis arbeitete. Pierre Simon Laplace (1749–1827) bewies 1812 den von de Moivre aufgeschriebenen Satz. Er gilt als einer der bedeutendsten Wahrscheinlichkeitstheoretiker, beschäftigte sich aber vorwiegend mit Mechanik und Astronomie.

Ist P eine Wahrscheinlichkeitsfunktion der Zufallsvariablen X, die die Werte $X = x_1, x_2 \ldots x_n$ annehmen kann, so ist $P^*(k) = \sum_{i=1}^{k} P(X = x_i)$.

BEISPIEL

Am Tag des angegebenen Haltbarkeitsdatums von Flaschenfrischmilch sind 5 % der Proben nicht mehr trinkbar. Mit welcher Wahrscheinlichkeit sind höchstens X = 1 (2, 3 usw.) Proben von 100 ausgewählten nicht mehr trinkbar?
Der Tabelle der Binomialverteilung für n = 100, p = 0,05 im Anhang (Seite 845) entnehmen wir: P(X = 0) = 0,0059, P(X = 1) = 0,0312 usw. Durch Addition erhalten wir $P^*(1) = P(X \leq 1) = 0{,}0371$, $P^*(2) = P(X \leq 2) = 0{,}1183$, $P^*(3) = P(X \leq 3) = 0{,}2579$ usw.
Bild 15.17 zeigt B(100; 0,05) (k) und P*(k).

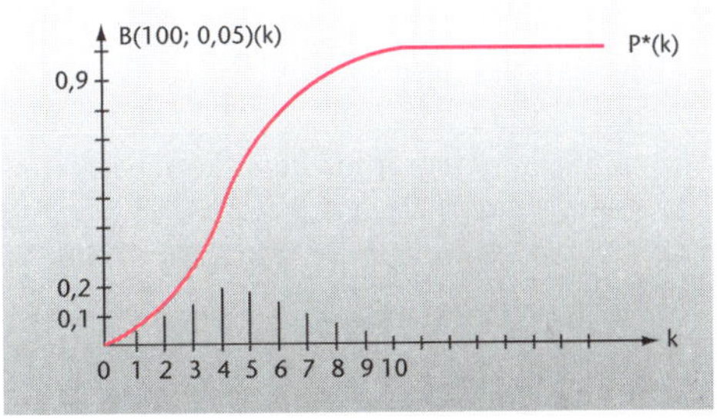

Bild 15.17 Stabdiagramm von B(100; 0,05) (k) und Graph von P*(k) (rot)

Stellt man P(X = x) in Form eines Rechtecks der Breite 1 dar, läßt sich der Flächeninhalt als Wahrscheinlichkeit P(X = x) deuten. Dann muß P*(k) als Summe der Flächeninhalte aller Rechtecke von ganz links bis zum k-ten Rechteck verstanden werden. Da die Summe aller Wahrscheinlichkeiten von P(X = x) genau 1 sein muß, definieren wir:

D

Ist f eine reelle Funktion auf der Definitionsmenge $\mathbb{R}$ mit den Eigenschaften
(D1) $f(x) \geq 0$ für alle $x \in \mathbb{R}$,
(D2) der Flächeninhalt zwischen dem Graphen von f und der x-Achse ist 1,

also $\int_{-\infty}^{\infty} f(x)\,dx = 1$, so heißt f *Dichtefunktion*.

Durch das Standardisieren der Zufallsvariablen verändert sich die Breite der Rechtecke, sie nimmt auf $\frac{1}{\sigma}$ der ursprünglichen Breite ab. Damit der Flächeninhalt sich nicht ändert, müssen wir die Wahrscheinlichkeit P(X = x) wieder mit σ multiplizieren.

Die lokale Näherungsformel von de Moivre und Laplace sagt aus, daß die „einhüllende" Kurve dieser Rechtecke der Wahrscheinlichkeitsfunktion P sich der durch die Gaußsche Funktion φ gegebenen Glockenkurve annähert, wenn P standardisiert ist und n sehr groß wird (Bild 15.18). Dann stimmt aber auch die Summe der Flächeninhalte aller Rechtecke ungefähr mit dem Inhalt der Fläche zwischen Gauß-

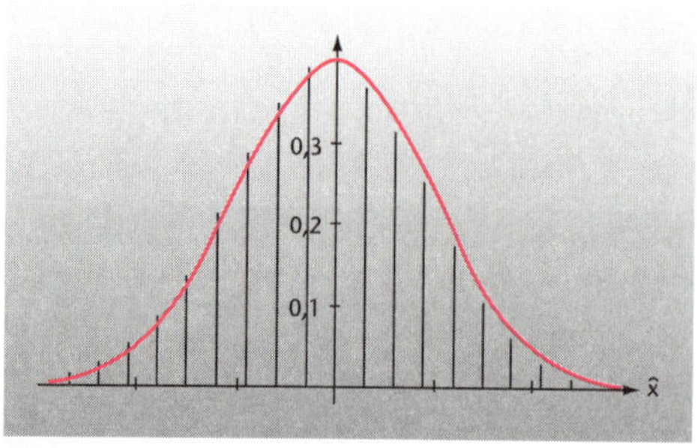

Bild 15.18 Stabdiagramm der standardisierten Binomialverteilung für n = 50, p = 0,3
σ · B(50; 0,3) mit σ = 3,24 und Graph von φ(x) (rot)

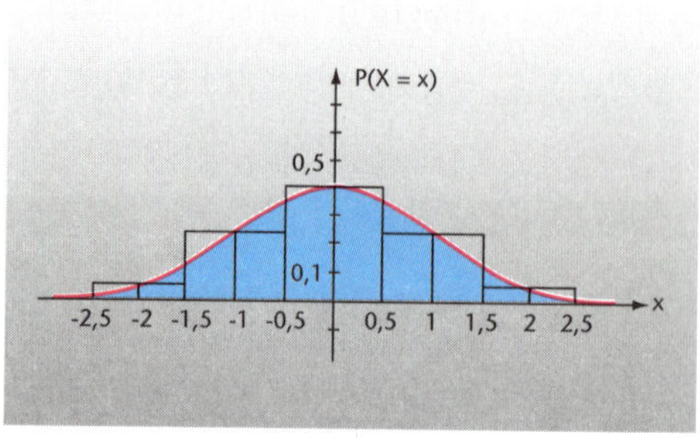

Bild 15.19 Rechtecksflächen als Maß für die Wahrscheinlichkeit

Kurve und x-Achse überein. Dieser Inhalt wird durch das Integral der Gauß-Funktion φ(x) beschrieben, welches wir auf Seite 809 als Gaußsche Summenfunktion Φ(x) definiert haben. Doch bevor wir die Näherungsformel angeben können, müssen wir die Grenzen des entsprechenden Intervalles ändern, für das wir die Wahrscheinlichkeit berechnen wollen. In Bild 15.19 sehen wir, daß die jeweilige Höhe der zu P(X = x) gehörenden Rechtecke dem Wert in der Mitte der unteren Rechtecksseite zugeordnet ist. Die Wahrscheinlichkeit P(X = 2) wird durch das Rechteck dargestellt, dessen Höhe P(X = 2) und dessen Breite 1 ist. Die untere Rechtecksseite reicht von 1,5 bis 2,5. Die Summe der Rechtecksflächen im Intervall [-2; 1] erhalten wir demnach durch Berechnung der Fläche zwischen dem Graphen von φ(x) (in Bild 15.19 rot) und der x-Achse im Intervall [-2,5; 1,5] (blau). Nun können wir die gewünschte Näherungsformel formulieren:

S

Globale Näherungsformel von de Moivre und Laplace
Ist X eine binomialverteilte Zufallsvariable mit dem Erwartungswert μ und der Standardabweichung σ, so gilt:

$$P(a \leq X \leq b) \approx \Phi\left(\frac{b + 0{,}5 - \mu}{\sigma}\right) - \Phi\left(\frac{a - 0{,}5 - \mu}{\sigma}\right)$$

Verwenden wir die standardisierte Zufallsvariable $\hat{X}$, so gilt

$$P(a \leq X \leq b) = P\left(\frac{a - \mu}{\sigma} \leq \frac{X - \mu}{\sigma} \leq \frac{b - \mu}{\sigma}\right) = P(\hat{a} \leq \hat{X} \leq \hat{b})$$

$$\approx \Phi\left(\frac{b + 0{,}5 - \mu}{\sigma}\right) - \Phi\left(\frac{a - 0{,}5 - \mu}{\sigma}\right) = \Phi\left(\hat{b} + \frac{0{,}5}{\sigma}\right) - \Phi\left(\hat{a} - \frac{0{,}5}{\sigma}\right).$$

BEISPIEL

Eine Münze wird 50mal geworfen. Mit welcher Wahrscheinlichkeit fällt mindestens 10mal, aber höchstens 20mal Zahl?
Ist X die Anzahl der geworfenen Zahlen, so ist
$p = 0{,}5$, $n = 50$, $\mu = E(X) = n \cdot p = 25$, $\sigma(X) = \sqrt{n \cdot p \cdot q} = 3{,}5355$. Dann ist

$$P(10 \leq X \leq 20) = \Phi\left(\frac{20{,}5 - 25}{3{,}5355}\right) - \Phi\left(\frac{9{,}5 - 25}{3{,}5355}\right) = \Phi(-1{,}27) - \Phi(-4{,}38)$$
$$= 0{,}102 - 0{,}000 = 0{,}102 \text{ (siehe Seite 841).}$$

Addiert man die Wahrscheinlichkeiten der Binomialverteilung $B(50, 0{,}5)(k)$ für $k = 10 \ldots 20$, erhält man den exakten Wert 0,1012. Die Näherung ist offenbar ausgezeichnet.

Geht man von der Zufallsvariablen X zur standardisierten Zufallsvariabeln $\hat{X}$ über, muß man auch die Intervallgrenzen a und b folgendermaßen verändern:

a wird ersetzt durch $\hat{a} = \dfrac{a - \mu}{\sigma}$,

$a - 0{,}5$ wird ersetzt durch $\hat{\hat{a}} = \dfrac{a - 0{,}5 - \mu}{\sigma} = \hat{a} - \dfrac{1}{2\sigma}$,

b wird ersetzt durch $\hat{b} = \dfrac{b - \mu}{\sigma}$,

$b + 0{,}5$ wird ersetzt durch $\hat{\hat{b}} = \dfrac{b + 0{,}5 - \mu}{\sigma} = \hat{b} + \dfrac{1}{2\sigma}$,

Da nicht immer nach der Wahrscheinlichkeit dafür gefragt ist, daß X Werte im Intervall [a; b] annimmt, geben wir noch einige Sonderfälle der globalen Näherungsformel an.

Da der Graph von $\Phi(x)$ punktsymmetrisch zu $(0|0{,}5)$ ist, folgt:

S

$$\Phi(-x) = 1 - \Phi(x)$$

Für ein um 0 symmetrisch liegendes Intervall $[-x; x]$ folgt hieraus:

S

$$\Phi(x) - \Phi(-x) = 2 \cdot \Phi(x) - 1$$

Für große n ist $P(X = 0) \approx 0$, also auch $\Phi\left(\dfrac{0 - \mu}{\sigma}\right) \approx 0$. Daraus folgt:

S

$$P(X \leq k) \approx \Phi\left(\frac{k - \mu}{\sigma}\right)$$

Von Interesse ist häufig die Frage, mit welcher Wahrscheinlichkeit ein Wert der Zufallsvariablen um mehr oder weniger als ein Vielfaches der Standardabweichung vom Erwartungswert abweicht. Mit $a = \mu - k \cdot \sigma$ und $b = \mu + k \cdot \sigma$ erhält man:

S

$$P(|X - \mu| \le k \cdot \sigma) \approx 2 \cdot \Phi\left(k + \frac{1}{2\sigma}\right) - 1 \approx 2\Phi(k) - 1 \quad \text{für großes } \sigma$$

$$P(|X - \mu| \ge k \cdot \sigma) \approx 2 - 2\Phi\left(k + \frac{1}{2\sigma}\right) \approx 2 - 2\Phi(k) \quad \text{für großes } \sigma$$

$$P(X - \mu \le k \cdot \sigma) \approx \Phi\left(k + \frac{1}{2\sigma}\right) \approx \Phi(k) \quad \text{für großes } \sigma$$

$$P(X - \mu \ge k \cdot \sigma) \approx 1 - \Phi\left(k + \frac{1}{2\sigma}\right) \approx 1 - \Phi(k) \quad \text{für großes } \sigma$$

BEISPIELE

1. Ein Würfel wird 500mal geworfen. Mit welcher Wahrscheinlichkeit fallen mindestens 100 Sechsen? X sei die Anzahl der Sechsen. Es sind $p = \frac{1}{6}$, $n = 500$,
$\mu = n \cdot p = 83,\overline{3}$, $\sigma = \sqrt{n \cdot p \cdot q} = 8,\overline{3}$.
Aus $X - \mu \ge 100 - 83,\overline{3} = 16,\overline{6} = k \cdot \sigma$ folgt $k = 2$ und damit
$P(X - \mu \ge 16,\overline{6}) \approx 1 - \Phi(2) = 1 - 0,9772 = 0,0228$.
Die Wahrscheinlichkeit ist sehr gering.

2. Ein Würfel wird 500mal geworfen. Wie viele Sechsen dürfen mit 95prozentiger Wahrscheinlichkeit fallen? X sei die Anzahl der Sechsen. Nun ist $P(|X - 83,\overline{3}| \le k \cdot 8,\overline{3}) = 0,95$ gegeben; gesucht ist X, das heißt, gesucht ist X_{min} und X_{max}. Wegen $P(|X - \mu| \le k \cdot \sigma) \approx 2\Phi(k) - 1$ ist $2\Phi(k) - 1 = 0,95 \Leftrightarrow 2\Phi(k) = 1,95 \Leftrightarrow \Phi(k) = 0,975$. Wir schauen in der Tabelle für $\Phi(x)$ nach, für welchen Wert von x die Funktion den Wert 0,975 annimmt, und lesen ab: $x = 1,96$. X darf demnach höchstens um das 1,96fache von $8,\overline{3}$ vom Erwartungswert $83,\overline{3}$ abweichen. Da $1,96 \cdot 8,\overline{3} = 16,\overline{3}$, darf $X \ge 83,\overline{3} - 16,\overline{3} = 67$ oder $X \le 83,\overline{3} + 16,\overline{3} = 99,\overline{6}$ sein. Ergebnis: Bei 500 Würfen dürfen $67 \le X \le 99$ Sechsen fallen.

3. Von einer Bevölkerungsgruppe sind p% farbenblind. Man will p mit Hilfe einer Stichprobe bestimmen. Da die Stichprobe mit Kosten verbunden ist, möchte man ihren Umfang möglichst klein halten. Wie groß muß sie sein? Dabei muß man wissen, wie genau p bestimmt werden soll und wie sicher die Genauigkeit sein soll. Wir möchten p auf 0,01 genau bestimmen und 90prozentige Sicherheit haben. Wir benutzen die Formel $P(|X - \mu| \le k \cdot \sigma) \approx 2\Phi(k) - 1$ und bestimmen zunächst k. Da $2\Phi(k) - 1 = 0,90$ sein soll, lesen wir wie im Beispiel 2. in der Tabelle von $\Phi(x)$ den x-Wert ab, der zum Funktionswert $\Phi(k) = 0,95$ gehört. Es ist $x = k = 1,645$. Die Ungleichung lautet nun: $|X - n \cdot p| \le 1,645 \cdot \sqrt{n \cdot p \cdot q}$. Wir dividieren durch n: $\left|\frac{X}{n} - p\right| \le 1,645 \cdot \sqrt{\frac{pq}{n}}$, wobei p der gesuchte Anteil der Farbenblinden ist. Da wir eine Genauigkeit von 0,01 haben möchten, muß

$1{,}645 \cdot \sqrt{\frac{pq}{n}} \leq 0{,}01$ sein. Lösen wir diese Ungleichung nach n auf, erhalten wir:

$pq \leq 0{,}00003696 \cdot n \Leftrightarrow p(1 - p) \leq 0{,}00003696 \cdot n$

Wir kennen p nicht, doch wir können den Term auf der linken Seite mittels quadratischer Ergänzung abschätzen:

$$p \cdot (1-p) = p - p^2 = \frac{1}{4} - \left(p^2 - p + \frac{1}{4}\right) = \frac{1}{4} - \left(p - \frac{1}{2}\right)^2 \leq \frac{1}{4}$$

Da $0 < p < 1$ ist, erreicht die Klammer rechts das Minimum 0 für $p = \frac{1}{2}$.

Dann ist $p \cdot (1 - p) = \frac{1}{4}$. Das Maximum der rechten Klammer wird erreicht für $p = 0$ oder $p = 1$. Dann ist $p \cdot (1 - p) = 0$.

Hieraus erhalten wir $0{,}00003696 \cdot n \geq 0{,}25 \Leftrightarrow n \geq 6765{,}06$. Die Stichprobe muß mindestens 6766 Personen umfassen.

4. Wir berechnen die Wahrscheinlichkeit für das Abweichen eines Wertes x der Zufallsvariablen X vom Erwartungswert μ um das höchstens k-fache der Standardabweichung σ für verschiedene k:

$P(|X - \mu| \leq 1 \cdot \sigma) \approx 0{,}6826$

$P(|X - \mu| \leq 2 \cdot \sigma) \approx 0{,}9545$

$P(|X - \mu| \leq 3 \cdot \sigma) \approx 0{,}9974$

Es ist wenig wahrscheinlich, daß ein Wert um mehr als 2σ vom Erwartungswert abweicht.

Es ist sehr unwahrscheinlich, daß ein Wert um mehr als 3σ vom Erwartungswert abweicht.

15.3.4 Der zentrale Grenzwertsatz und die Normalverteilung

Bislang haben wir die Gauß-Funktion nur für binomialverteilte Zufallsvariablen benutzt. Ihre Anwendung ist jedoch viel weitreichender. Wir werfen ein Tetraeder mit den Zahlen 1 bis 4 auf den Seitenflächen und notieren diejenige Zahl x, die auf dem Boden zu liegen kommt. Es ist $P(X = x) = 0{,}25$ für jede Zahl. In Bild 15.20 ist die Wahrscheinlichkeitsverteilung graphisch dargestellt. Nun werfen wir mit zwei Tetraedern und bestimmen die Augensumme $X = X_1 + X_2$. Die Wahrscheinlichkeitsverteilung von X ist in Bild 15.21 dargestellt. Jetzt werfen wir drei Tetraeder und bestimmen die Wahrscheinlichkeitsverteilung der Augensumme $X = X_1 + X_2 + X_3$ (Bild 15.22). Schließlich werfen wir vier Tetraeder. $P(X_1 + X_2 + X_3 + X_4 = x)$ ist in Bild 15.23 dargestellt. Wie man erkennt, ändert sich die Verteilung und nähert sich mit wachsendem n der bekannten Glockenkurve an, obwohl die Zufallsvariablen X

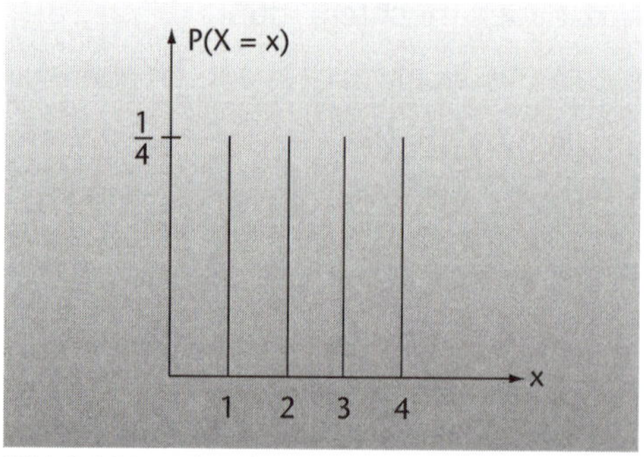

Bild 15.20 Wahrscheinlichkeitsverteilung der Augenzahl beim Wurf mit einem Tetraeder

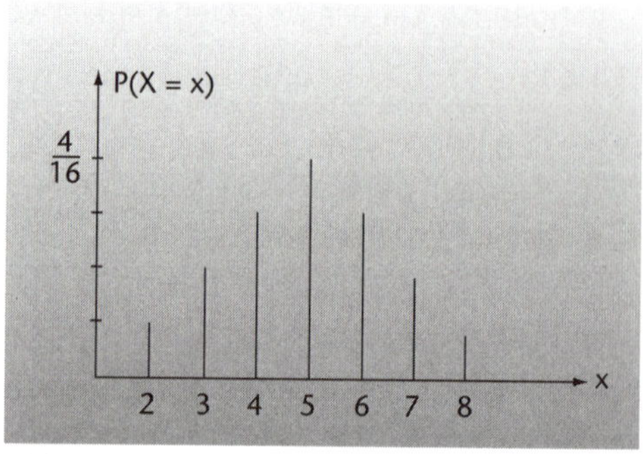

Bild 15.21 Wahrscheinlichkeitsverteilung der Augensummen beim Wurf mit zwei Tetraedern

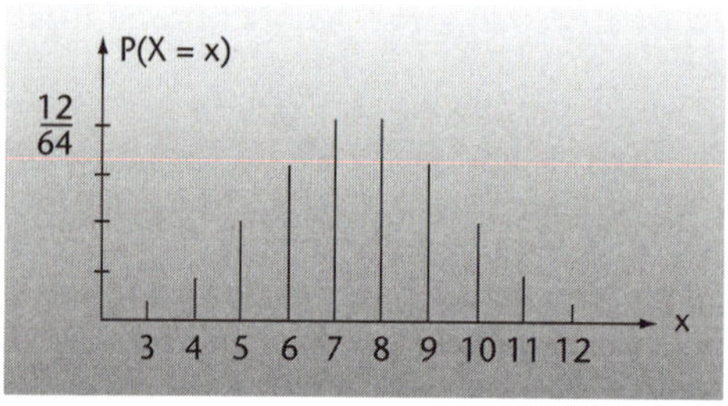

Bild 15.22 Wahrscheinlichkeitsverteilung der Augensummen beim Wurf mit drei Tetraedern

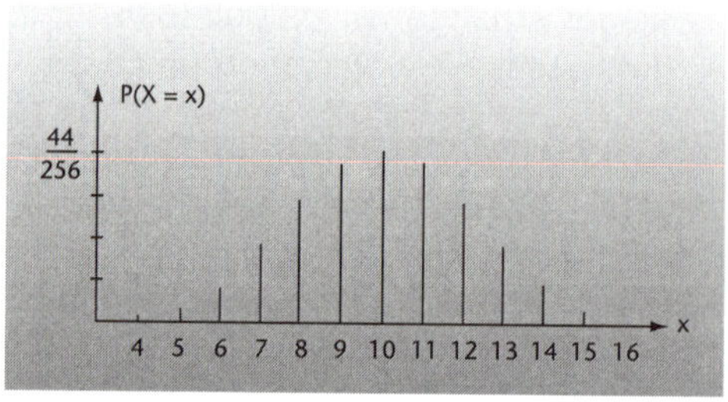

Bild 15.23 Wahrscheinlichkeitsverteilung der Augensummen beim Wurf mit vier Tetraedern

keineswegs binomialverteilt sind. Allerdings sind die Summanden X_i unabhängig voneinander. Alexander Michailowitsch Ljapunow (1857–1918) konnte 1901 die für die beurteilende Statistik sensationelle Entdeckung machen, daß ***die globale Näherungsformel nicht nur für binomialverteilte Zufallsvariablen, sondern für jede Zufallsvariable gilt, die sich aus Summanden unabhängiger Zufallsvariablen zusammensetzt***. Die Näherung ist dabei um so besser, je größer die Anzahl der Summanden ist.

Zentraler Grenzwertsatz

Ist die Zufallsvariable $X = X_1 + X_2 + \ldots + X_n$ Summe von n unabhängigen Zufallsvariablen, ist $\mu = E(X)$ und $\sigma = \sigma(X)$, so gilt für große n:

$$P(X \leq x) \approx \Phi\left(\frac{x - \mu}{\sigma}\right)$$

Zunächst setzte Ljapunow voraus, daß die Zufallsvariablen identisch verteilt sein müßten. Es zeigte sich jedoch bald, daß diese Voraussetzung nicht notwendig war. Es gibt nur eine Voraussetzung, die zu erfüllen ist: ***Keine der Zufallsvariablen in der Summe darf einen starken Einfluß auf die Summe haben.***

D

Eine Zufallsvariable X, für die gilt: $P(X \leq x) = \Phi\left(\frac{x - \mu}{\sigma}\right)$, heißt *normalverteilte Zufallsvariable.* Die Wahrscheinlichkeitsverteilung heißt *Normalverteilung.*

Die Bedeutung der Normalverteilung liegt darin, daß sie in sehr vielen Bereichen Anwendung findet, das heißt, die meisten Zufallsvariablen können als normalverteilt angesehen werden.

ÜBUNGEN

24. Berechnen Sie die Funktionswerte der Gauß-Funktion für folgende x:
−3,72; −2,005; −1; 0; 0,628; 5,91; 24

25. Ein Glücksrad bestehe aus drei Sektoren gleicher Größe mit den Farben Blau, Gelb und Grün. Es wird n-mal gedreht. X sei die Zufallsvariable, die die Anzahl der erhaltenen blauen Sektoren zählt. Berechnen Sie Wahrscheinlichkeiten $P(X = k)$ jeweils nach der Binomialverteilung und nach der lokalen Näherungsformel von de Moivre und Laplace für:
a) $n = 2$, $k = 0, 1, 2$
b) $n = 5$, $k = 0, 1, 2$
c) $n = 20$, $k = 0, 5, 10, 18$

26. Es sei X die Anzahl der Einsen beim 8fachen Werfen eines Würfels. Standardisieren Sie X.

27. Es sei X die Anzahl von „Rouge" beim 4fachen Drehen des Roulettes. Standardisieren Sie die Zufallsvariable.

28. *a)* Berechnen Sie die Werte der kumulativen Wahrscheinlichkeitsverteilung P^* der nicht standardisierten Zufallsvariablen X aus Aufgabe 26.
b) Stellen Sie $P(X = x)$ und $P^*(x)$ graphisch dar.

29. Beim Skatspiel erhält jeder Spieler 10 Karten. X sei die Anzahl der Karten von Spieler A, die er sowohl in diesem als auch im vorangegangenen Spiel auf der Hand hatte.
a) Berechnen Sie die Wahrscheinlichkeitsverteilung von X.
b) Berechnen Sie die kumulative Wahrscheinlichkeitsverteilung von X.
c) Mit wie vielen Wiederholungskarten muß ein Spieler durchschnittlich rechnen?

30. Wie oft muß ein Spieler einen guten Würfel mindestens werfen, um mit mindestens 95,45prozentiger Wahrscheinlichkeit mindestens 5 Sechsen zu werfen?

31. Bei 20 Würfen eines Würfels fällt keine Sechs. Ist der Würfel gut?

32. In einer bestimmten bayerischen Kleinstadt können nach präzisen Ermittlungen 22% der Einwohner jodeln, was nicht nur bayerischer, sondern internationaler Rekord ist. Der berühmte Chorleiter Günter Frischer möchte im Münchener Olympiastadion ein großes Jodelspektakel veranstalten. Hierzu benötigt er 100 Jodler. Um Kosten zu sparen, wählt er Einwohner der Kleinstadt rein zufällig aus.

a) Er wählt 500 Personen aus. Mit welcher Wahrscheinlichkeit befinden sich mindestens 100 Jodler darunter?

b) Wie viele Personen muß er mindestens auswählen, damit mit 95,45prozentiger Sicherheit mindestens 100 Jodler dabei sind?

33. Der Schatzmeister des Fußballvereins Eintracht Frankfurt kalkuliert für die Saison mit einer durchschnittlichen Zuschauerzahl von 15 300. Das Waldstadion verfügt über 61 146 Plätze.

a) Mit welcher Wahrscheinlichkeit kommen höchstens 10 000 Zuschauer zu einem Spiel?

b) Mit welcher Wahrscheinlichkeit kommen mehr als 30 000 Zuschauer zu einem Spiel?

c) Wie viele Zuschauer sind mindestens, wie viele höchstens zu erwarten, wenn man dies mit mindestens 95,45prozentiger Sicherheit vorhersagen möchte? Es soll dabei ein zum Erwartungswert symmetrisches Intervall gewählt werden.

d) Zu einem Spiel kommen 60 000 Zuschauer. Wie kann man dieses Ereignis statistisch werten?

34. Die Wahrscheinlichkeit für eine Knabengeburt liegt weltweit bei ca. 0,514, auf 17 Mädchengeburten kommen also 18 Knabengeburten. Wir betrachten eine Geburt im folgenden als Zufallsexperiment.

a) Mit welcher Wahrscheinlichkeit hat ein Paar mit 5 Kindern keinen Sohn?

b) Sei X die Anzahl der Söhne einer Familie mit 8 Kindern. Bestimmen Sie E(X).

c) Bestimmen Sie die kumulative Wahrscheinlichkeitsverteilung $P^*(x)$ für $n = 8$, und stellen Sie sie graphisch dar.

d) Wie viele Kinder muß ein Paar mindestens haben, wenn es mit mindestens 99prozentiger Sicherheit mindestens eine Tochter haben möchte?

e) In einem Jahr werden in einem Land 390 600 Jungen und 309 400 Mädchen geboren. Ist dies statistisch zu erwarten, oder muß es hierfür andere Gründe als rein statistische Schwankungen geben?

35. Eine Abfüllmaschine einer Winzergenossenschaft muß so genau arbeiten, daß die Füllmenge von 0,75 l nur in höchstens 2% der Fälle um 1,5% des Volumens oder mehr unterschritten wird.
Welche Forderungen ergeben sich hieraus für die Genauigkeit der Maschine, wie groß müssen also p und σ sein, wenn

a) $\mu = 0{,}75$ l ist?

b) $\mu = 0{,}77$ l ist?

36. Für eine Pumpe werden Dichtungen mit einem Durchmesser von $\mu = 44$ mm hergestellt. Die Fertigungsmaschine arbeitet mit der Standardabweichung $\sigma = 0{,}088$ mm.

a) Für den Pumpentyp A sind die Dichtungen nur brauchbar, wenn ihr Durchmesser mindestens 43,868 mm beträgt. Wieviel Ausschuß ist zu erwarten?

b) Der Ausschuß soll nur noch 3% betragen. Ein Umstellen der Fertigungsmaschine ist nicht möglich. Statt dessen will man die Gehäusetoleranz vergrößern. Welcher kleinste Dichtungsdurchmesser sollte nun möglich sein?

15.4 Testen von Hypothesen

15.4.1 Testverfahren

Zu den wichtigsten Aufgaben der beurteilenden Statistik gehört es zu prüfen, ob eine Stichprobe ***repräsentativ*** für die Gesamtmenge ist, das heißt, ob sie hinreichend genaue Angaben über die Gesamtmenge zuläßt. Es ist einsichtig, daß die durch eine Stichprobe gewonnene Wahrscheinlichkeitsverteilung einer Zufallsvariablen mit ihrer wahren Verteilung in der Grundgesamtheit um so besser übereinstimmt, je größer der Umfang der Stichprobe ist. Um über den ***Grad der Übereinstimmung der Wahrscheinlichkeitsverteilung einer Zufallsvariablen*** eine Aussage machen zu können, ***testet*** man eine Vermutung, die man ***Hypothese*** nennt. Dabei muß das ***Testverfahren*** festgelegt sein.

BEISPIEL

Eine Fluggesellschaft behauptet, 95 % ihrer Abflüge von Mallorca erfolgen pünktlich.

Testverfahren

1. Ermittlung der Stichprobe
Wir führen ein Zufallsexperiment durch, indem wir $n = 50$ Abflüge der Fluggesellschaft von Mallorca daraufhin untersuchen, ob sie pünktlich erfolgen oder nicht. Ist der i-te Abflug pünktlich, setzen wir $x_i = 1$, anderenfalls 0. X ist die Summe aller X_i.

2. Aufstellen der Hypothese
Wir vermuten: H_0: $p = 0{,}95$. Unsere Hypothese geht davon aus, daß die Angabe der Gesellschaft korrekt ist.

3. Bestimmen des Fehlers
Unsere Hypothese kann richtig oder falsch sein, und wir können uns für oder gegen sie entscheiden. In zwei dieser vier Fälle machen wir einen Fehler. Die folgende Tabelle gibt Aufschluß über die Möglichkeiten und legt die Begriffe fest.

Wahrheitsgehalt der Hypothese	Unsere Entscheidung	ist	Dies ist ein	Wahrscheinlichkeit hierfür
H_0 ist richtig	Annahme	richtig		$1-\alpha$
	Ablehnung	falsch	Fehler 1. Art	α
H_0 ist falsch	Annahme	falsch	Fehler 2. Art	β
	Ablehnung	richtig		$1-\beta$

α heißt ***Irrtumswahrscheinlichkeit,*** $1 - \alpha$ ***statistische Sicherheit.***

4. Festlegen der Entscheidungsregel

Wir legen für unsere Hypothese $\alpha = 3\%$ fest. Wir gehen von einer Normalverteilung der Zufallsvariablen X aus. Dann ist $\mu(X) = 0{,}95 \cdot 50 = 47{,}5$ und $\sigma(X) = 1{,}54$.
Aus $P(X \leq k) = \Phi\left(\frac{k - 47{,}5}{1{,}54}\right) \leq 0{,}03$ folgt $\frac{k - 47{,}5}{1{,}54} \leq -1{,}88$ und daraus $k \leq 44{,}6$.
Es müssen also mindestens 45 Starts pünktlich erfolgen.
Wir lehnen die Hypothese ab, wenn die Zahl der pünktlichen Starts kleiner als 45 ist, anderenfalls nehmen wir sie an.
Ablehnungsbereich: {0, 1, 2 . . . 44}
Annahmebereich: {45, 46, 47, 48, 49, 50}

5. Durchführen des Experiments und Entscheidungsfindung

Wir beobachten 50 Starts. 6 davon sind unpünktlich, 44 pünktlich. Wir lehnen die Hypothese H_0: $p = 0{,}95$ ab mit der Begründung: Die Wahrscheinlichkeit, daß unter der Voraussetzung, daß 95% der Flüge pünktlich starten, weniger als 45 Starts pünktlich sind, beträgt nur 3%. Bei einer Versuchsreihe ist aber genau dieser Fall eingetreten. Wir halten die Angabe der Fluggesellschaft deshalb für unglaubwürdig.

Dabei kalkulieren wir ein Irrtumsrisiko von 3% ein.

Nachdem wir nun die Vorgehensweise beim Test erläutert haben, wollen wir noch überlegen, ob ein Fehler 1. Art oder der Fehler 2. Art gravierender ist.

Im Falle des Beispiels bedeutet der Fehler 1. Art: Wir glauben der Fluggesellschaft nicht, obwohl ihre Angaben richtig war. Was hat das für Konsequenzen? Möglicherweise gehen die Buchungen zurück, die Gesellschaft kommt in finanzielle Bedrängnis. Der Fehler 2. Art hingegen bedeutet: Wir glauben der Fluggesellschaft, obwohl ihre Angabe falsch war. Dann wächst die Zahl der verärgerten Passagiere. Hier ist schwer abzuwägen, welcher Fehler die schlimmeren Folgen hat.

Betrachten wir ein anderes Beispiel. Ein Koch behauptet, den japanischen, nur bei richtiger Zubereitung ungiftigen Kugelfisch zu 99,9% richtig zubereiten zu können. Ein Fehler 1. Art würde die Karriere des Kochs beeinträchtigen, ein Fehler 2. Art aber das Leben zahlreicher Gäste beenden.

15.4.2 Der Alternativtest

BEISPIEL

Eine Druckerei hat 5000 Grußkarten gedruckt, von denen leider 30 % verschmutzt sind. Deshalb druckt sie die Karten noch einmal. Da die Maschine einen Defekt hat, sind jetzt 10 % verschmutzt. Die Stapel sind voneinander getrennt, aber nicht gekennzeichnet. Ein Mitarbeiter hat die Aufgabe herauszufinden, welcher Stapel der mit den geringeren Verschmutzungen ist.

1. Ermitteln der Stichprobe

Er nimmt von einem Stapel 100 Karten heraus und zählt die Anzahl X der verschmutzten Karten. X ist normalverteilt.

2. Aufstellen der Hypothese

Er kann jetzt ***zwei*** Hypothesen aufstellen:
H_0: p = 0,3
H_1: p = 0,1
Da es genau zwei mögliche Wahrscheinlichkeiten gibt, sprechen wir von einem ***Alternativtest.***

3. Bestimmen des Fehlers

Die Irrtumswahrscheinlichkeit soll 5 % betragen.

4. Festlegen der Entscheidungsregel

Für H_0 gilt: $\mu = 100 \cdot 0{,}3 = 30$, $\sigma = 4{,}5826$.
Der Mitarbeiter wird die Hypothese akzeptieren, wenn die Anzahl X der verschmutzten Karten bei 30 liegt. Aber auch 29 oder 31 verschmutzte Karten wird er als Hinweis auf die Richtigkeit von H_0 werten. Es muß ein Intervall um den Erwartungswert gewählt werden, das symmetrisch zu ihm liegt:
$[k_1 = \mu - \Delta x; \mu + \Delta x = k_2]$.
$P(X \leq k_1) = \Phi\left(\frac{k_1 - 30}{4{,}5826}\right) \leq 0{,}025 \Leftrightarrow k_1 \leq 4{,}5826 \cdot (-1{,}96) + 30 = 21{,}02$
$P(X > k_2) = 1 - P(X \leq k_2) \leq 0{,}025 \Leftrightarrow P(X \leq k_2) \geq 0{,}975 \Leftrightarrow k_2 > 38{,}98$
Annahmebereich: $\{22, 23 \ldots 38\}$
Ablehnungsbereich: $\{0, 1 \ldots 21\} \cup \{39 \ldots 100\}$

5. Durchführung des Experiments und Entscheidungsfindung

Von den 100 Karten, die von einem Stapel wegnimmt, sind 11 verschmutzt. Er verwirft die Hypothese H_0. Damit gilt automatisch die Hypothese H_1. Er hat den Stapel untersucht, der 10 % verschmutzte Karten aufweist.

Im ersten Beispiel von Seite 821 haben wir getestet, ob ***mindestens*** 45 Flugzeuge pünktlich starten bzw. ob ***höchstens*** 5 Flugzeuge unpünktlich starten. Wir haben nur auf einer Seite des Erwartungswertes getestet. Man spricht von einem ***einseitigen Test.*** Im letzten Beispiel hingegen haben wir zu beiden Seiten des Erwartungswertes getestet, nämlich ob die Anzahl der verschmutzten Karten ***zwischen*** 27 ***und*** 33 Karten (je einschließlich) liegt oder nicht. Dies nennt man einen ***zweiseitigen Test.***

15.4.3 Der Signifikanztest

Meistens hat man es nicht mit einem Alternativtest zu tun, bei dem man die Wahl zwischen zwei Hypothesen mit diskreten Wahrscheinlichkeitswerten hat. Viel häufiger tritt der Fall ein, daß man Wahrscheinlichkeitsbereiche testet. Die sogenannte ***Nullhypothese*** legt fest, welche Wahrscheinlichkeit p man erwartet oder vermutet. Diese Annahme gründet sich meistens auf Beobachtungen einer Stichprobe. Ist p eine diskrete Wahrscheinlichkeit, also eine ganz bestimmte Zahl, spricht man von einer ***einfachen Nullhypothese.*** Besteht p aus einem Intervall, nennt man die Nullhypothese ***zusammengesetzt.*** Die Gegenhypothese besteht immer aus einem oder zwei Wahrscheinlichkeitsintervallen. Man nennt den Test dann ***einseitig*** oder ***zweiseitig,*** je nachdem, ob der Ablehungsbereich aus einem oder zwei Intervallen besteht.

Wie wir bereits erläutert haben, kann man sich bei der Entscheidung, die Nullhypothese anzunehmen oder abzulehnen, irren. Lehnt man sie ab, entscheidet man sich definitiv gegen sie, wobei man sich mit der Irrtumswahrscheinlichkeit α irren kann. α heißt ***Signifikanzniveau*** des Tests. Tritt beim Test ein Ergebnis des Ablehnungsbereiches ein, muß man die Nullhypothese verwerfen. Man sagt, das ***Ergebnis ist signifikant auf dem Niveau*** $\boldsymbol{\alpha}$. Ein Test, der ein Signifikanzniveau zugrunde legt, heißt ***Signifikanztest.*** Meistens legt man $\alpha = 5\%$ oder 1% fest. Es ergeben sich folgende Möglichkeiten für einen Test:

D

Ist H_0: $p = p_0$ und H_1: $p = p_1$, heißt der Test *Alternativtest.*
Ist H_0: $p = p_1$ und H_1: $p \neq p_1$, heißt der Test *zweiseitiger Test einer einfachen Nullhypothese.*
Ist H_0: $p_1 \leq p \leq p_2$ und H_1: $0 < p < p_1$ oder $p_2 < p < 1$, heißt der Test *zweiseitiger Test einer zusammengesetzten Nullhypothese.*
Ist H_0: $p = p_1$ und H_1: $0 < p < p_1$ (bzw. $p_1 < p < 1$), heißt der Test *einseitiger Test einer einfachen Nullhypothese.*
Ist H_0: $p_1 \leq p \leq p_2$ und H_1: $0 < p < p_1$ (bzw. $p_2 < p < 1$), heißt der Test *einseitiger Test einer zusammengesetzten Nullhypothese.*

Die Bilder 15.24–15.28 veranschaulichen den Sachverhalt. Wir werden die Testverfahren nun anhand von Beispielen erläutern.

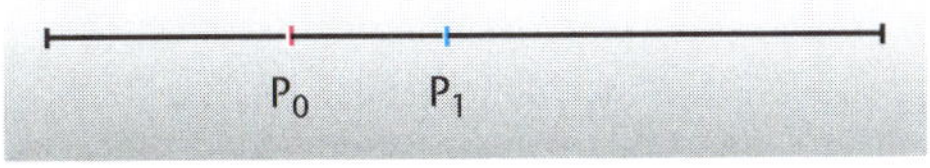

Bild 15.24 Alternative

Bild 15.25 Zweiseitig, einfach

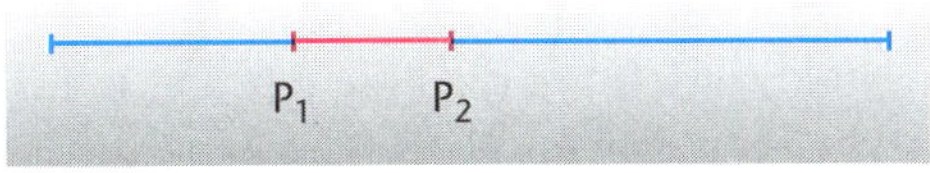

Bild 15.26 Zweiseitig, zusammengesetzt

Bild 15.27 Einseitig, einfach

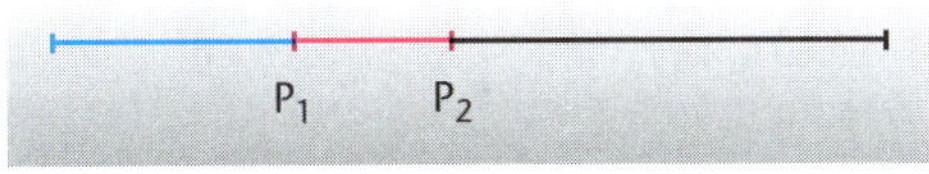

Bild 15.28 Einseitig, zusammengesetzt

BEISPIELE

1. *Zweiseitiger Signifikanztest einer einfachen Nullhypothese*
Tobias hat 10 Zuchtratten dressiert und behauptet, daß sie zu 70% auf ein bestimmtes Klingelsignal hin durch einen Tunnel rennen. Wir glauben ihm und stellen
die *Nullhypothese* H_0: $p = 0{,}7$ auf.
Die *Gegenhypothese* ist H_1: $p \neq 0{,}7$.
Die Zufallsvariable X zählte die gelungenen Versuche. X soll binomialverteilt sein, wenn die einzelnen Experimente entweder in zeitlichem Abstand oder so erfolgen, daß keine Ratte wahrnehmen kann, wie sich die anderen verhalten. Wir legen das *Signifikanzniveau* $\alpha = 10\%$ fest, das heißt, wir wollen Tobias recht großzügig glauben. Diese Irrtumswahrscheinlichkeit teilen wir *je zur Hälfte* auf beide Teilintervalle des Ablehnungsbereiches auf. Sei $[k_1; k_2]$ der Annahmebereich, dann soll $P(X < k_1) \leq 0{,}05$ und $P(X > k_2) \leq 0{,}05$ sein. Mit Hilfe des zentralen Grenzwertsatzes erhalten wir:

$$P(X < k_1) = P(X \leq k_1 - 1 = a) \approx \Phi\left(\frac{a - 0{,}7 \cdot 10}{\sqrt{10 \cdot 0{,}7 \cdot 0{,}3}}\right) = \Phi\left(\frac{a-7}{1{,}45}\right) \leq 0{,}05$$

In der Tabelle der Gaußschen Summenfunktion finden wir $\frac{a-7}{1{,}45} \leq -1{,}645$ und daraus $a \leq 4{,}6$ und $k_1 = 5$.

$$P(X > k_2) = 1 - P(X \leq k_2) \approx 1 - \Phi\left(\frac{k_2 - 7}{1{,}45}\right) \leq 0{,}05 \Rightarrow \Phi\left(\frac{k_2 - 7}{1{,}45}\right) \geq 0{,}95$$

$$\Leftrightarrow \frac{k_2 - 7}{1{,}45} \geq 1{,}645 \Leftrightarrow k_2 \geq 9{,}385 \Leftrightarrow k_2 = 10$$

Der *Ablehnungsbereich* besteht aus den beiden Intervallen [0; 5] und [10; 10] bzw. aus der Menge {0, 1, 2, 3, 4, 5, 10}. Der *Annahmebereich* besteht aus dem Intervall [6; 9] bzw. aus der Menge {6, 7, 8, 9}.

Nun findet das Experiment statt. 5 Ratten laufen nach dem Signal durch den Tunnel. Wir lehnen die Nullhypothese auf dem 10%-Niveau ab und empfehlen Tobias, seine Ratten noch eine Weile zu trainieren.

2. *Zweiseitiger Signifikanztest einer zusammengesetzten Nullhypothese*
   Wir möchten den Anteil p der Wähler einer Partei bei der unmittelbar bevorstehenden Wahl *schätzen*. Hierzu suchen wir 500 Wähler aus und befragen sie. 220 Wähler geben an, die Partei wählen zu wollen. Wir bestimmen p auf dem 5%-Niveau. Die beste Schätzung ist $p = \frac{220}{500} = 44\%$. Wir suchen zwei Zahlen p_1 und p_2 mit $p_1 \leq p \leq p_2$ mit 95prozentiger Sicherheit. Das Intervall $[p_1; p_2]$ heißt *Vertrauensintervall.*
   H_0: $p_1 \leq p \leq p_2$
   $P(|X - \mu| \leq k \cdot \sigma = 2 \cdot \Phi(k) - 1$ mit $\mu = n \cdot p$ und $\sigma = \sqrt{n \cdot p \cdot q}$
   Aus $2 \cdot \Phi(k) - 1 \geq 0{,}95$ erhalten wir $\Phi(k) \geq 0{,}975$ und $k \geq 1{,}96$.
   Dann ist $|220 - 500 \cdot p| \leq 1{,}96 \cdot \sqrt{500 \cdot p \cdot (1 - p)}$ und
   $(220 - 500p)^2 \leq 1920{,}8 \cdot (p - p^2)$.
   $\Leftrightarrow 48\,400 - 220\,000p + 250\,000p^2 \leq 1920{,}8p - 1920{,}8p^2$
   $\Leftrightarrow 251\,920{,}8p^2 - 221\,920{,}8p + 48\,400 \leq 0$
   $\Leftrightarrow p^2 - 0{,}880915p + 0{,}192124 \leq 0$
   $\Leftrightarrow p_1 \geq 0{,}397,\ p_2 \leq 0{,}484$
   Mit 95prozentiger Sicherheit erhält die Partei zwischen 39,7% und 48,4% der Stimmen.

3. *Einseitiger Signifikanztest einer einfachen Nullhypothese*
   Ein Losverkäufer behauptet, mindestens 40% Gewinnlose im Eimer zu haben. Wir kaufen 15 Lose, von denen 10 Nieten sind. Wir testen die *Nullhypothese* H_0: $p = 0{,}4$ auf dem 8%-Niveau. Die Gegenhypothese ist H_1: $p \neq 0{,}4$. X sei die Anzahl der Gewinnlose.
   $$P(X > k) = 1 - P(X \leq k) = 1 - \Phi\left(\frac{k - 6}{1{,}897}\right) \geq 0{,}08 \Leftrightarrow \Phi\left(\frac{k - 6}{1{,}897}\right) \leq 0{,}92$$
   $$\Rightarrow \frac{k - 6}{1{,}897} \leq 1{,}405 \Leftrightarrow k \leq 8{,}665, \text{ also } k = 9$$
   Damit ist der *Annahmebereich* [9; 15], der *Ablehnungsbereich* [0; 8]. Da wir nur 5 Gewinnlose gezogen haben, lehnen wir die Nullhypothese ab.

15.4.4 Der χ^2-Test (Chi-Quadrat)

Will man eine Stichprobe nicht nur auf ein Ereignis, sondern auf mehrere Ereignisse mit verschiedenen Wahrscheinlichkeiten hin testen, muß man mehrere Signifikanztests hintereinander durchführen. Dies ist mühsam. Der ***Chi-Quadrat-Test*** läßt eine Prüfung aller Parameter in einem Test zu.

Testen wir, ob die Ereignisse $E_1 \ldots E_k$ die Wahrscheinlichkeiten $p_1 \ldots p_k$ haben – dies behauptet die Nullhypothese –, so sind bei n Experimenten die Erwartungswerte $n \cdot p_1 \ldots n \cdot p_k$ zu erwarten. Die Zufallsvariablen $X_1 \ldots X_k$ zählen die in den Versuchen aufgetretenen Ereignisse E_i. Die Abweichung eines Wertes vom Erwartungswert beträgt $X_i - n \cdot p_i$. Der Test wird schärfer, wenn man die Abweichung quadriert und in Relation zum Erwartungswert setzt. Die Größe Chi-Quadrat $\chi^2 = \sum_{i=1}^{k} \frac{(X_i - n \cdot p_i)^2}{n \cdot p_i}$ soll dabei möglichst klein bleiben.

Für den Erwartungswert $E(\chi^2)$ und die Varianz $V(\chi^2)$ erhält man $E(\chi^2) = k - 1 = f$, $V(\chi^2) \approx 2 \cdot (k - 1) = 2f$. $k - 1$ nennt man auch Zahl der ***Freiheitsgrade f.*** Dann ist $\sigma(\chi^2) = \sqrt{2f}$.

Man wird die Nullhypothese verwerfen, wenn die Abweichung von χ^2 vom Erwartungswert $E(\chi^2)$ zu groß ist. Doch wann ist sie zu groß? Die Wahrscheinlichkeit für die Abweichung um σ ist bereits gering. Die Wahrscheinlichkeit für die Abweichung um mehr als 2σ liegt bereits unter 5% und kann daher als Ablehnungsgrenze genommen werden. Für genauere Berechnung muß man entsprechende Tabellen benutzen (siehe Anhang, Seite 846).

BEISPIEL

Zwei Würfel werden 360mal geworfen, die Augensumme s wird bestimmt. In der folgenden Tabelle sind s, die Wahrscheinlichkeit p_s für das Eintreten von s, die erwartete Häufigkeit $360 \cdot p_s$ und die Anzahl X_s des tatsächlichen Eintretens von s bei 360 Würfen dargestellt. Außerdem schreiben wir in die letzte Zeile die Werte für

$\frac{(X_i - n \cdot p_i)^2}{n \cdot p_i} = t_i$ zur Berechnung von χ^2.

Es ist $E(\chi^2) = k - 1 = f = 10$ und $V(\chi^2) = 2f = 20$, $\sigma(\chi^2) = 4{,}472$.

s	2	3	4	5	6	7	8	9	10	11	12
p_s	$\frac{1}{36}$	$\frac{2}{36}$	$\frac{3}{36}$	$\frac{4}{36}$	$\frac{5}{36}$	$\frac{6}{36}$	$\frac{5}{36}$	$\frac{4}{36}$	$\frac{3}{36}$	$\frac{2}{36}$	$\frac{1}{36}$
$360 \cdot p_s$	10	20	30	40	50	60	50	40	30	20	10
X_s	9	17	33	42	57	58	46	45	26	19	8
t_s	0,1	0,45	0,3	0,1	0,98	0,07	0,32	0,63	0,53	0,05	0,4

Es ist $\chi^2 = 3{,}93$. Da $E(\chi^2) - \sigma(\chi^2) = 5{,}528$ und $E(\chi^2) - 2\sigma = 1{,}06$, liegt χ^2 zwischen einfacher und doppelter Standardabweichung und ist akzeptabel. Die beiden Würfel können als gut angesehen werden.

Der Chi-Quadrat-Test ist sehr scharf und deckt irreguläre Verhältnisse auf.

ÜBUNGEN

37. In einer Werkstatt werden Nägel produziert und in Päckchen zu 200 Stück verpackt. Ein Päckchen Nägel 1. Wahl enthält nur 4% Ausschuß, ein Päckchen 2. Wahl 12%. Von jeder Sorte steht eine Palette mit 500 Päckchen im Lagerraum, jedoch hat man die Beschriftung vergessen.
a) Beschreiben Sie ein Testverfahren, durch das sich mit 95prozentiger Sicherheit bei der Untersuchung eines Päckchen die Sorte bestimmen läßt.
b) Berechnen Sie den Annahme- und Ablehnungsbereich.
c) Unter 200 Nägeln werden beim Test 14 schlechte Nägel gefunden. Um welche Sorte handelt es sich vermutlich?

38. Eine Münze wird 1 000mal geworfen, und es fällt 450mal Zahl. Testen Sie, ob die Münze gut ist. Erläutern Sie den Fehler 1. und 2. Art.

39. Jemand behauptet, mit 80prozentiger Sicherheit an der Stimme einer ihm unbekannten Frau erkennen zu können, ob sie blondes Haar habe oder nicht (25% der Frauen haben blondes Haar). Beim Test mit 20 Frauen stimmt seine Vorhersage 14mal. Testen Sie, ob er ein Blender ist, also nur durch bloßes Raten zu diesem Ergebnis gekommen sein kann. Legen Sie dabei 5% Irrtumswahrscheinlichkeit zugrunde. Unterscheiden Sie die folgenden Ratestrategien:
a) Er tippt mit $p = 0{,}5$ auf „blond“.
b) Er tippt mit $p = 0{,}25$ auf „blond“.

40. Erläutern Sie die Fehler 1. und 2. Art an folgenden Meldungen:
a) Neues Medikament gegen HIV entwickelt!
b) Arzt diagnostiziert Darmkrebs als Blinddarmentzündung!
c) Anwalt behauptet: Minister lügt!

41. Ein Würfel wird 100mal geworfen und zeigt dabei 24mal eine Vier. Ist der Würfel gut? Testen Sie bei $\alpha = 7\%$.

42. Ein Hersteller von Elektronikteilen versichert seinem Käufer, daß nur 3% der Teile fehlerhaft seien. Es wird ein Festpreis ausgemacht. Bei jeder Lieferung von 1000 Chips werden 40 getestet. Sind mehr als 3 fehlerhaft, wird ein Preisnachlaß gewährt. Ist keiner fehlerhaft, wird ein Preisaufschlag fällig.
a) Wie groß ist das Risiko für den Käufer, zuviel bezahlen zu müssen?
b) Wie groß ist das Risiko für den Verkäufer, zuwenig Geld zu bekommen?

43. Eine Firma stellt zwei Haushaltsentkalker her, „Kalknix“ und „Kalklos“, und behauptet, „Kalknix“ wirke besser. In einem Versuch an 30 verkalkten Kesseln wirkt „Kalknix“ 20mal besser. Kann man die Nullhypothese „beide Entkalker sind gleich gut“ auf dem 10%-Niveau ablehnen?

44. In einem Betrieb geben von 50 befragten Mitarbeitern 36 an, mit dem PKW zu kommen. Bestimmen Sie ein Vertrauensintervall für p mit 95prozentiger Sicherheit.

LÖSUNGEN

1. Für X = 0 rote Kugeln gibt es $\binom{6}{3}$ = 20 Möglichkeiten.

Für X = 1 rote Kugel gibt es $\binom{6}{2} \cdot \binom{5}{1}$ = 75 Möglichkeiten.

Für X = 2 rote Kugeln gibt es $\binom{6}{1} \cdot \binom{5}{2}$ = 60 Möglichkeiten.

Für X = 3 rote Kugeln gibt es $\binom{6}{0} \cdot \binom{5}{3}$ = 10 Möglichkeiten.

Insgesamt gibt es $\binom{11}{3}$ = 162 Möglichkeiten.

x	0	1	2	3
P(X = x)	0,12	0,45	0,36	0,06

2. Für X = 2 gibt es nur die Möglichkeit WW. Für X = 3 gibt es die beiden Möglichkeiten ZWW, WZW usw.

X	2	3	4	5	6	7	...	X
P	$\frac{1}{4}$	$\frac{1}{4}$	$\frac{3}{16}$	$\frac{1}{8}$	$\frac{5}{64}$	$\frac{3}{64}$	...	$\frac{X-1}{2^x}$

3. *a)* Jeder Spieler nimmt 0, 1, 2 oder 3 Hölzchen mit jeweils $p = \frac{1}{4}$.

Für 4 Hölzchen beispielsweise gibt es 6 Kombinationen 3 + 1+ 0, 3 Kombinationen 2 + 2 + 0, 3 Kombinationen 2 + 1 + 1, also 12 von 4 · 4 · 4 = 64 Möglichkeiten.

X	0	1	2	3	4	5	6	7	8	9
P(X)	$\frac{1}{64}$	$\frac{3}{64}$	$\frac{6}{64}$	$\frac{10}{64}$	$\frac{12}{64}$	$\frac{12}{64}$	$\frac{10}{64}$	$\frac{6}{64}$	$\frac{3}{64}$	$\frac{1}{64}$

b) $E(X) = 0 \cdot \frac{1}{64} + 1 \cdot \frac{3}{64} + \ldots + 9 \cdot \frac{1}{64} = 4{,}5$

4. Es gibt 4! = 24 Permutationen. In einem Fall sind alle Briefe richtig einsortiert. In $\binom{4}{2}$ = 6 Fällen sind 2 Briefe richtig, in $\binom{4}{1} \cdot 2$ = 8 Fällen ist nur ein Brief im richtigen Umschlag und in 9 Fällen keiner.

X	0	1	2	3	4
P(X)	$\frac{9}{24}$	$\frac{8}{24}$	$\frac{6}{24}$	0	$\frac{1}{24}$

E(X) = 1

5.

n	Ergebnis	Gewinn X	P(X)	E(X)
1	W	2	$\frac{1}{2}$	
	Z	2	$\frac{1}{2}$	2
2	W	2	$\frac{1}{2}$	
	ZW	2^2	$\frac{1}{4}$	
	ZZ	2^2	$\frac{1}{4}$	3
3	W	2	$\frac{1}{2}$	
	ZW	2^2	$\frac{1}{4}$	
	ZZW	2^3	$\frac{1}{8}$	
	ZZZ	2^3	$\frac{1}{8}$	4

Bei n Würfen ist die Gewinnerwartung $E(X) = n + 1$ DM.

6. Er trifft 6mal mit $P(X = 6) = 0{,}6^6 = 0{,}046656$, 5mal mit $\binom{6}{5} \cdot 0{,}6^5 \cdot 0{,}4 = 0{,}186624$ und 4mal mit $\binom{6}{4} \cdot 0{,}6^4 \cdot 0{,}4^2 = 0{,}31104$.
In allen Fällen gewinnt er 10 DM. Die Gegenwahrscheinlichkeit ist $P(X < 4) = 0{,}45568$.
$E(X) = 0{,}45568 \cdot (-10) + 0{,}54432 \cdot 10 = 0{,}88$ DM. Bei vielen Serien werden durchschnittlich 0,88 DM pro Serie gewonnen.

7. X sei die Anzahl der Fragen bei Susannes Strategie. Dann gilt:

Zahl	1	2	3	4	5	6	7	8	9	10	11	12	13	14	15	16
x	1	2	3	4	5	6	7	8	9	10	11	12	13	14	15	16
P(X = x)	$\frac{1}{16}$	$\frac{1}{16}$	$\frac{1}{16}$	$\frac{1}{16}$	$\frac{1}{16}$	$\frac{1}{16}$	$\frac{1}{16}$	$\frac{1}{16}$	$\frac{1}{16}$	$\frac{1}{16}$	$\frac{1}{16}$	$\frac{1}{16}$	$\frac{1}{16}$	$\frac{1}{16}$	$\frac{1}{16}$	$\frac{1}{16}$

Der Erwartungswert ist $\frac{1}{16} \cdot (1 + 2 + \ldots 16) = 8{,}5$.

Sei Y die Anzahl der Fragen bei Carolas Strategie. Dann gilt:

Zahl	1	2	3	4	5	6	7	8	9	10	11	12	13	14	15	16
y	4	4	4	4	4	4	4	4	4	4	4	4	4	4	4	4
P(Y = y)	$\frac{1}{16}$	$\frac{1}{16}$	$\frac{1}{16}$	$\frac{1}{16}$	$\frac{1}{16}$	$\frac{1}{16}$	$\frac{1}{16}$	$\frac{1}{16}$	$\frac{1}{16}$	$\frac{1}{16}$	$\frac{1}{16}$	$\frac{1}{16}$	$\frac{1}{16}$	$\frac{1}{16}$	$\frac{1}{16}$	$\frac{1}{16}$

Der Erwartungswert ist $E(Y) = 4$. Carolas Strategie ist günstiger.

8. *a)* Einzeltest: Man benötigt n Tests für n Personen.

b) Gruppentest: Man faßt n Personen zusammen. Alle sind gesund mit der Wahrscheinlichkeit $0{,}96^n$, mindestens einer ist krank mit der Wahrscheinlichkeit $1 - 0{,}96^n$. Im letzten Fall benötigt man n + 1 Tests. Der Erwartungswert bei n Personen ist demnach
$E(K) = 1 \cdot 0{,}96^n + (n + 1) \cdot (1 - 0{,}96^n) = n + 1 - n \cdot 0{,}96^n$.
Die Ersparnis des Gruppentests gegenüber Einzeltests ist
$n - (n + 1 - n \cdot 0{,}96^n) = n \cdot 0{,}96^n - 1$, pro Person $0{,}96^n - \frac{1}{n}$.

Die Funktion f: $n \mapsto 0{,}96^n - \frac{1}{n}$ hat folgende Werte:

n	2	3	4	5	6	7	8
f(n)	0,422	0,551	0,599	0,615	0,616	0,609	0,596

Ihr Maximum erreicht sie für n = 6 Personen. Für $n \geq 117$ ist $f(n) < 0$. Der Gruppentest ist also bis zu 116 Personen günstiger als Einzeltests.

9. Im folgenden sei I_k der Indikator der k-ten Komponente, I der Indikator des gesamten Systems, $q_i = 1 - p_i$.

a) $I = I_1 \cdot I_2$, $P(I = 1) = p_1 \cdot p_2$

b) $I = 1 - (1 - I_1) \cdot (1 - I_2)$
$P(I = 1) = 1 - (1 - p_1) \cdot (1 - p_2)$
$= 1 - q_1 \cdot q_2$

c) $I = (1 - (1 - I_1) \cdot (1 - I_2)) \cdot I_3$
$P(I = 1) = (1 - q_1 \cdot q_2) \cdot p_3$
$P(I = 1) = 0{,}686$

d) $I = (1 - (1 - I_1) \cdot (1 - I_2))$
$\cdot (1 - (1 - I_3) \cdot (1 - I_4))$
$P(I = 1)$
$= (1 - q_1 \cdot q_2) \cdot (1 - q_3 \cdot q_4)$
$P(I = 1) = 0{,}9854208$

10.

X	0	1	2	3	4	5
P(X)	$\frac{1}{32}$	$\frac{5}{32}$	$\frac{10}{32}$	$\frac{10}{32}$	$\frac{5}{32}$	$\frac{1}{32}$

$E(X) = 2{,}5$, $V(X) = 1{,}25$, $\sigma(X) = 1{,}118$

11. Da es jeder Schlüssel sein kann, beträgt die Wahrscheinlichkeit für 1, 2, 3, 4 oder 5 Versuche je 0,2.
$E(X) = 3$, $V(X) = 2$, $\sigma(X) \approx 1{,}41$

12. *a)* Sei X die Anzahl der geworfenen Sechsen.

$$P(X \geq 4) = P(X = 4) + P(X = 5) + P(X = 6)$$
$$= 15 \cdot \frac{1}{6} \cdot \frac{1}{6} \cdot \frac{1}{6} \cdot \frac{1}{6} \cdot \frac{5}{6} \cdot \frac{5}{6} + 5 \cdot \frac{1}{6} \cdot \frac{1}{6} \cdot \frac{1}{6} \cdot \frac{1}{6} \cdot \frac{1}{6} \cdot \frac{5}{6}$$
$$+ 1 \cdot \frac{1}{6} \cdot \frac{1}{6} \cdot \frac{1}{6} \cdot \frac{1}{6} \cdot \frac{1}{6} \cdot \frac{1}{6} \approx 0{,}0086$$

b) Sei X die Anzahl der geworfenen Wappen. Bei 10 Würfen ist

$$E(X) = \frac{1}{1024} \cdot (1 \cdot 0 + 10 \cdot 1 + 45 \cdot 2 + 120 \cdot 3 + 210 \cdot 4 + 252 \cdot 5$$
$$+ 210 \cdot 6 + 120 \cdot 7 + 45 \cdot 8 + 10 \cdot 9 + 1 \cdot 10) = 5$$

$\sigma^2(X) = 2{,}5$

$P(|X - 5| \geq 2) \leq \frac{2{,}5}{4} = 0{,}625$ nach Tschebyschew
0,1719 korrekt

c) $P(|X - 5| < 3) > 1 - \frac{2{,}5}{9} = 0{,}772$ nach Tschebyschew
0,6230 korrekt

13. Münzwurf (Zahl, Wappen), Schalterzustand (ein, aus); Medikamententest (wirkt, wirkt nicht); Wurf, Schuß (Treffer, kein Treffer) usw.

14. *a), c), e)*. Bei *b)* ändert sich p in jeder Stufe. Bei *d)* brennt keine Birne, wenn auch nur eine defekt ist. Bei *f)* kann man nicht von derselben Wirkungswahrscheinlichkeit bei allen Personen ausgehen.

15. $\binom{5}{4} \cdot 0{,}5^5 = 0{,}15625$

16. *a)* $\binom{8}{4} \cdot \left(\frac{1}{6}\right)^4 \cdot \left(\frac{5}{6}\right)^4 = 0{,}026$

b) $1 - P(X \leq 3) = 1 - P(X = 0) - P(X = 1) - P(X = 2) - P(X = 3)$
$= 1 - 0{,}2326 - 0{,}3721 - 0{,}2605 - 0{,}1042$
$= 0{,}0306$

17.

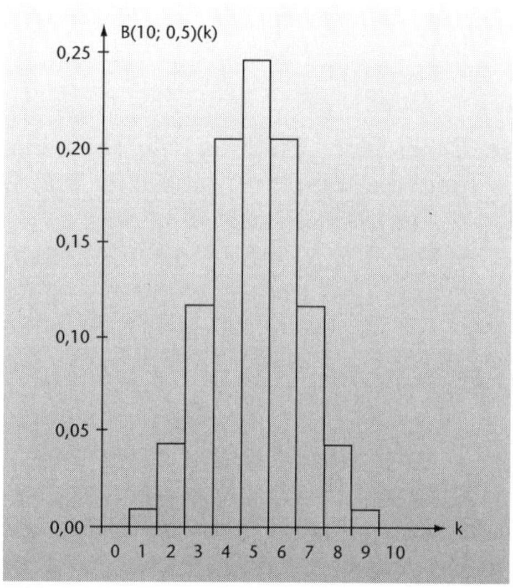

Bild 15.29 B(10; 0,5)

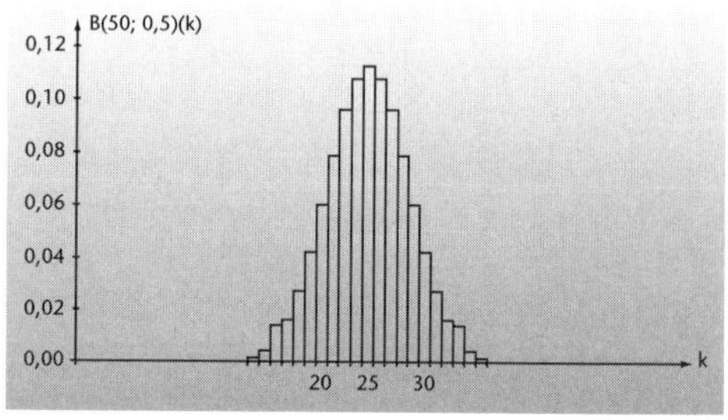

Bild 15.31 B(50; 0,5)

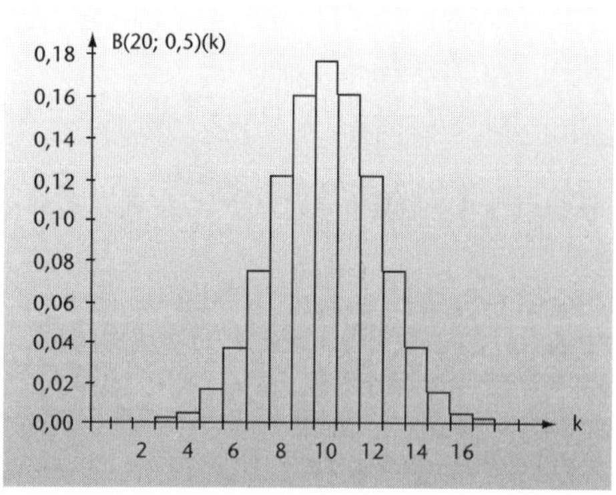

Bild 15.30 B(20; 0,5)

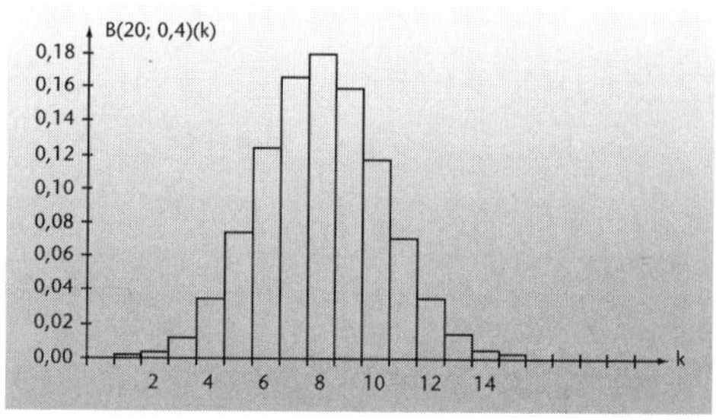

Bild 15.32 B(20; 0,4)

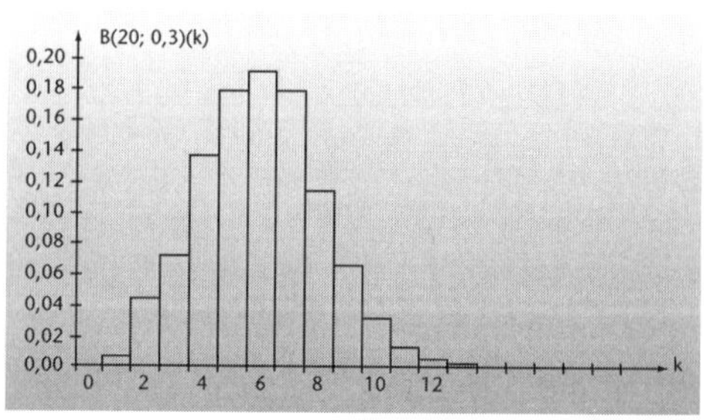

Bild 15.33 B(20; 0,3)

18. $0{,}8 \cdot 0{,}8 \cdot 0{,}8 \cdot 0{,}2 = 0{,}1024$

19. *a)* Das Zufallsexperiment besteht aus 10 Stufen. In jeder Stufe gibt es für eine Kugel 2 Ausgänge, deren Wahrscheinlichkeiten in allen Stufen gleich bleiben.

b) Es gibt für eine Kugel $2^{10} = 1024$ Wege. Schreiben wir eine 0, wenn die Kugel nach links fällt, und eine 1, wenn die Kugel nach rechts fällt, so gibt die Anzahl X der Einsen die Nummer des Faches an, in dem die Kugel landet. $P(X = x)$ ist die Wahrscheinlichkeit dafür, daß eine Kugel in das Fach x fällt. Multiplizieren wir $P(X = x)$ mit 200, so haben wir den gesuchten Erwartungswert.
Für das 0. Fach gibt es nur einen möglichen Weg.
Es ist $200 \cdot P(X = 0) = 0{,}1953 \approx 0$.
Für das 4. Fach ist $200 \cdot P(X = 4)$
$= \binom{10}{4} \cdot \left(\frac{1}{2}\right)^4 \cdot \left(\frac{1}{2}\right)^6 \cdot 200$
$= 0{,}205 \cdot 200 = 41$.
Für das 5. Fach erhält man entsprechend $200 \cdot P(X = 5) = 49$.

20. *a)* Sei X die Anzahl der Wanderer, die links abbiegen.
$p(\text{links}) = \frac{1}{3}$, $E(X) = 30 \cdot \frac{1}{3} = 10$

b) Sei X die Anzahl der Wanderer, die nach rechts abbiegen.
$P(X = 30) = \binom{30}{30} \cdot \left(\frac{1}{3}\right)^{30}$
$= 4{,}8 \cdot 10^{-15} \approx 0$

21. *a)* $P(X=0)=\binom{20}{0}\cdot 0{,}05^0 \cdot 0{,}95^{20}=0{,}3585$
$P(X = 1) = 0{,}3774$;
$P(X = 2) = 0{,}1887$;
$P(X = 3) = 0{,}0596$

b) $P(X \leq 2) = 0{,}9246 > 90\,\%$. Er darf höchstens 2 faule Köpfe finden.

22. Aus $P(|h - p| \geq \varepsilon) \leq \frac{pq}{n \cdot \varepsilon^2}$ folgt $P(|h - p| < \varepsilon) = 1 - P(|h - p| \geq \varepsilon)$
$\geq 1 - \frac{pq}{n \cdot \varepsilon^2} = 1 - \frac{0{,}238}{1000 \cdot \varepsilon^2} \geq 0{,}95 \Rightarrow 209{,}79 \geq \frac{1}{\varepsilon^2} \Leftrightarrow \varepsilon \geq \frac{1}{\sqrt{209{,}79}} \approx 0{,}069.$
Es ist $]0{,}392 - 0{,}069; 0{,}392 + 0{,}069[=]0{,}323; 0{,}461[$.

23. Ein bestimmter Fehler kommt mit der Wahrscheinlichkeit $p = \frac{1}{848}$ auf eine bestimmte Seite. Die Seite enthält keinen Fehler mit der Wahrscheinlichkeit $P(X = 0) = \left(\frac{847}{848}\right)^{24} = 0{,}97208$.
Sie enthält genau einen Fehler mit der Wahrscheinlichkeit
$P(X = 1) = \binom{24}{1} \cdot \left(\frac{1}{848}\right)^1 \cdot \left(\frac{847}{849}\right)^{23}$
$= 0{,}027544$. Mehr als einen Fehler hat eine Seite mit $P(X > 1)$
$= 1 - 0{,}97208 - 0{,}027544 = 0{,}000376$.

24. $f(-3{,}27) = 0{,}001900975$
$f(-2{,}005) = 0{,}0534533$
$f(-1) = 0{,}24197$
$f(0) = 0{,}398942$
$f(0{,}628) = 0{,}327545$
$f(5{,}91) = 1{,}0384 \cdot 10^{-8}$
$f(24) \approx 0$

25. *a)* $P(X = 0) = \binom{2}{0} \cdot \left(\frac{1}{3}\right)^0 \cdot \left(\frac{2}{3}\right)^2 = \frac{4}{9}$; $\frac{3}{2} \cdot \varphi\left(\frac{0 - \frac{2}{3}}{\frac{2}{3}}\right) \approx 0{,}363$

$P(X = 1) = \frac{4}{9}$; 0,528

$P(X = 2) = \frac{1}{9}$; 0,0810

b) $P(X = 0) = 0{,}1317$; $\frac{3}{\sqrt{10}} \cdot \varphi\left(-\frac{5}{\sqrt{10}}\right) \approx 0{,}108$

$P(X = 1) = 0{,}3292$; 0,309

$P(X = 2) = 0{,}3292$; 0,36

c) $P(X = 0) = 0{,}0003$; $\frac{3}{2 \cdot \varphi\sqrt{10}} \cdot \varphi\,(-\sqrt{10}) \approx 0{,}00127$

$P(X = 5) = 0{,}1457$; 0,1384

$P(X = 10) = 0{,}0543$; 0,0542

$P(X = 18) = 2{,}18 \cdot 10^{-7}$; $1{,}0 \cdot 10^{-7}$

26. 8stufige Bernoulli-Kette mit

$p = \frac{1}{6}$; $E(X) = \frac{4}{3}$, $\sigma(X) = \frac{\sqrt{10}}{3}$

$$\Rightarrow \hat{X} = \frac{X - \frac{4}{3}}{\frac{\sqrt{10}}{3}} = \left(X - \frac{4}{3}\right) \cdot \frac{3}{\sqrt{10}}$$

$$= \frac{\sqrt{10}}{10}X - \frac{2}{5}\sqrt{10}$$

27. $p = \frac{18}{37}$, $E(X) = \frac{72}{37}$, $\sigma(X) = \frac{6}{37} \cdot \sqrt{38}$

$$\Rightarrow \hat{X} = \left(X - \frac{72}{37}\right) \cdot \frac{37}{6 \cdot \sqrt{38}}$$

28. *a)*

x	P(X = x)	P*(X ≤ x)
0	0,232568	0,232568
1	0,372109	0,604677
2	0,260476	0,865153
3	0,104190	0,969343
4	0,026048	0,995391
5	0,004168	0,999559
6	0,000417	0,999976
7	0,000024	0,999999
8	0,000001	1,000000

b)

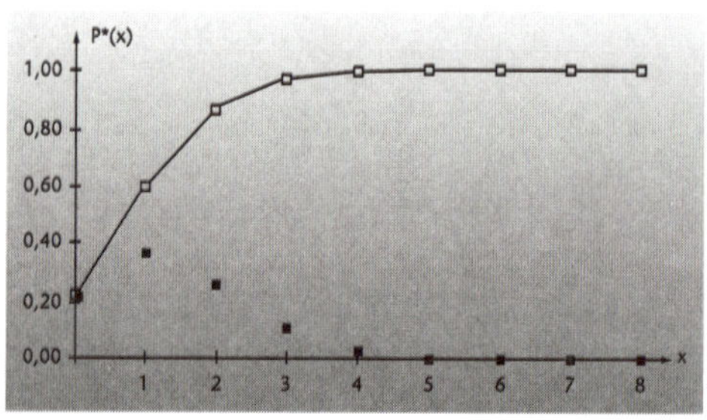

Bild 15.34 P(X = x) (■) und P*(x) (□)

29. $P(X = 0) = \frac{\binom{22}{10}}{\binom{32}{10}} = 0{,}0100236$

$$P(X=1) = \frac{\binom{22}{9} \cdot \binom{10}{1}}{\binom{32}{10}} = 0{,}0771047$$

	a)	*b)*
x	P(X = x)	P(X ≤ x)
0	0,0100236	0,0100236
1	0,0771047	0,0871283
2	0,2230530	0,3101813
3	0,3172310	0,6274123
4	0,2428800	0,8702923
5	0,1028668	0,9731591
6	0,0238118	0,9969709
7	0,0028646	0,9998355
8	0,0001611	0,9999966
9	0,0000034	1,0000000
10	0,0000000	1,0000000

c) Der Erwartungswert ist 3,125. Ein Spieler kann demnach damit rechnen, beim Skatspiel durchschnittlich etwa 3 Karten zu bekommen, die er im vorangegangenen Spiel schon hatte.

30. $P(X > x) = 1 - P(X \leq x)$. Es muß $x = 4$ sein und $P(X < x) \geq 0{,}9545$.

$$\mu = \frac{n}{6},\ \sigma = \frac{1}{6} \cdot \sqrt{5n}$$

$$\Rightarrow P(X \leq 4) \leq 0{,}0454$$

$$= \Phi\left(\frac{x-\mu}{\sigma}\right) \Rightarrow \frac{x-\mu}{\sigma} \geq -1{,}69$$

$$\Rightarrow 4 - \frac{n}{6} \geq -1{,}69 \cdot \frac{1}{6} \cdot \sqrt{5n}$$

$$\Leftrightarrow n - 24 \leq 1{,}69 \cdot \sqrt{5n}$$

$$\Leftrightarrow 576 - 48n + n^2$$

$$\leq 14{,}28n \text{ für } n > 24$$

$$\Leftrightarrow n^2 - 62{,}28n + 576 \leq 0$$

$$\Leftrightarrow n > 50{,}98\ (\vee\ n < 11{,}298)$$

Der Würfel muß mindestens 51mal geworfen werden. (Wenn man mit der Binomialverteilung rechnet, erhält man 54 Würfe als Minimum.)

31. Bei 20 Würfen ist die Wahrscheinlichkeit dafür, keine Sechs zu werfen:

$$P(X=0) = \left(\frac{5}{6}\right)^{20} \approx 0{,}026.$$

Man sollte den Würfel nicht akzeptieren.

32. *a)* $\mu(X) = 0{,}22 \cdot 500 = 110$, $\sigma(X) = 9{,}263$

$$P(X \geq 100) = 1 - P(X \leq 99) = 1 - \Phi\left(\frac{99-110}{9{,}263}\right) = 1 - \Phi(-1{,}1875)$$

$$= 1 - 0{,}1175 = 0{,}8825$$

Mit 88,25prozentiger Wahrscheinlichkeit sind mindestens 100 Jodler unter den 500 Ausgewählten.

b) $1 - \Phi\left(\frac{99 - 0{,}22n}{\sqrt{0{,}22 \cdot 0{,}78n}}\right) \geq 0{,}9545 \Leftrightarrow \Phi\left(\frac{99 - 0{,}22n}{\sqrt{0{,}22 \cdot 0{,}78n}}\right) \leq 0{,}0455$

$$\Leftrightarrow \frac{99 - 0{,}22n}{\sqrt{0{,}22 \cdot 0{,}78n}} = \frac{99 - 0{,}22n}{0{,}4142 \cdot \sqrt{n}} \leq -1{,}69$$

Die Ungleichung führt auf die Lösung $n \geq 522{,}748$. Er muß mindestens 523 Personen auswählen.

33. *a)* Es ist $p = \frac{15\,300}{61\,146} = 0{,}25$, $\mu = 15\,300$, $\sigma = 107{,}07$.

$$P(X \leq 10000) = \Phi\left(\frac{10000 - 15300}{107{,}07}\right) = \Phi(-49{,}5) = 0$$

Der Schatzmeister braucht nicht zu befürchten, daß weniger als 10 000 Zuschauer kommen.

b) $P(X > 30\,000) = 1 - P(X \leq 29\,999) = 1 - \Phi\left(\frac{29\,999 - 15\,300}{107{,}07}\right) = 1 - 1 = 0$

Auch hiermit kann der Schatzmeister (leider) nicht rechnen.

c) Gesucht sind x und y mit $P(x \leq X \leq y) \geq 0{,}9545$ und $|x - \mu| = |y - \mu|$.
Wegen $P(|X - \mu| < k \cdot \sigma) = 2 \cdot \Phi(k) - 1$ folgt:
$2 \cdot \Phi(k) - 1 = 0{,}9545 \Leftrightarrow \Phi(k) = 0{,}97725 \Leftrightarrow k = 2$
$\Rightarrow |X - 15\,300| < 214{,}14 \Leftrightarrow 15\,086 \leq X \leq 15\,514$
Es sind mindestens 15 086, höchstens 15 514 Zuschauer zu erwarten.

d) Die Aufgaben a) bis c) betrachten rein statistische Schwankungen. Die berechneten Zahlen beruhen darauf, daß ein Platz rein statistisch mit der Wahrscheinlichkeit 0,25 besetzt wird. Das Zuschauerverhalten hängt aber auch von anderen Bedingungen ab, vom Gegner, vom Wetter usw. Diese Bedingungen werden in den Rechnungen nicht erfaßt.

34. a) Sei X die Anzahl der Söhne. $P(X = 0) = 0{,}027$

b) $E(X) = 4{,}112$

c)

x	P(X = x)	P(X ≤ x)
0	0,0031	0,0031
1	0,0263	0,0294
2	0,0975	0,1269
3	0,2062	0,3331
4	0,2726	0,6057
5	0,2306	0,8363
6	0,1220	0,9583
7	0,0369	0,9951
8	0,0049	1,0000

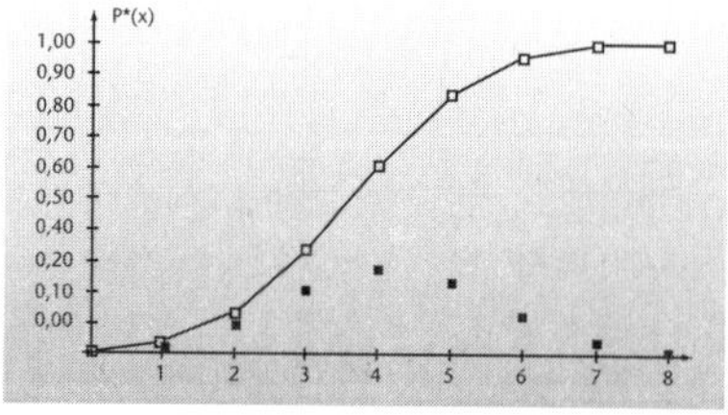

Bild 15.35 P*(x)

d) Sei Y die Anzahl der Töchter.
$P(Y \geq 1) = P(Y > 0) = 1 - P(Y = 0)$
$= 1 - 0{,}514^n \geq 0{,}99$
$\Leftrightarrow 0{,}514^n \leq 0{,}01$
$\Leftrightarrow n \cdot \lg 0{,}514 \leq \lg 0{,}01$
$\Leftrightarrow n \geq \frac{-2}{\lg 0{,}514} \approx 6{,}92$
Das Paar muß mindestens 7 Kinder haben.

e) Sei X die Anzahl der Jungen.
$\mu(X) = 0{,}514 \cdot 700\,000 = 359\,800$,
$\sigma(X) = 418{,}17$
$P(X > 390\,599)$
$= 1 - P(X \leq 390\,599)$
$= 1 - \Phi\left(\frac{390\,599 - 359\,800}{418{,}17}\right)$
$= 1 - \Phi(73{,}6) = 0$
Rein statistisch ist dieses Ereignis nahezu unmöglich.

35. a) 1,5% von 0,75 l sind 0,01125 l.
Aus $\mu = n \cdot p$ und $\sigma = \sqrt{n \cdot p \cdot (1 - p)}$ findet man $p = 1 - \frac{\sigma^2}{\mu}$.
$P(X \leq 0{,}73875)$
$= \Phi\left(\frac{0{,}73875 - 0{,}75}{\sigma}\right) \leq 0{,}02$

$\Rightarrow \frac{-0{,}01125}{\sigma} \leq -2{,}054$

$\Leftrightarrow \sigma \leq 0{,}005477 \Leftrightarrow p = 0{,}99996$

Eine derart große Genauigkeit ist unrealistisch.

b) Aus $\Phi\left(\frac{0{,}73875 - 0{,}77}{\sigma}\right) \leq 0{,}02$

folgt jetzt $\sigma = 0{,}0152$ und $p = 0{,}9997$.

Auch diese Genauigkeit dürfte kaum erreichbar sein.

36. a) $P(X \leq 43{,}868)$

$= \Phi\left(\frac{43{,}868 - 44}{0{,}088}\right)$

$= \Phi(-1{,}5) = 0{,}0668$

Es sind 6,68 % Ausschuß zu erwarten.

b) $P(X \leq k) = \Phi\left(\frac{k - 44}{\sigma}\right) \leq 0{,}03$

$\Leftrightarrow \frac{k - 44}{\sigma} \leq -1{,}88$

$\Leftrightarrow k \leq 43{,}83456$ mm

$\approx 43{,}835$ mm

Der kleinstmögliche Dichtungsdurchmesser sollte 43,835 mm betragen.

37. a) Alternativtest mit H_0: $p = 0{,}04$ und H_1: $p = 0{,}12$. Man wählt ein Päckchen Nägel von einer Palette und zählt von den 200 Nägeln den Ausschuß. Es ist $\mu = 200 \cdot 0{,}04 = 8$, $\sigma = 2{,}771$, $\alpha = 0{,}05$.

b) $P(|X - \mu| \leq k \cdot \sigma)$

$= 2 \cdot \Phi(k) - 1 \geq 0{,}95$

$\Leftrightarrow \Phi(k) \leq 0{,}975$

$\Leftrightarrow k \leq 1{,}96$

$|X - 8| \leq 5{,}43$

Annahmebereich [3; 13], Ablehnungsbereich: $[0; 2] \cup [14; 200]$

c) H_0 wird abgelehnt. Es handelt sich vermutlich um die 2. Wahl.

38. $n = 1000$, $p = 0{,}5$, $\mu = 500$, $\sigma = 15{,}8$

$P(X \leq 450) = \Phi\left(\frac{450 - 500}{15{,}8}\right)$

$= \Phi(-3{,}16) = 0{,}0008$

Die Münze ist schlecht auf dem 0,08 %-Niveau.

Fehler 1. Art: Wir lehnen die Münze ab, obwohl sie gut ist.

Fehler 2. Art: Wir akzeptieren die Münze, obwohl sie schlecht ist.

39. a) Es ist P(Treffer)

$= 0{,}25 \cdot 0{,}5 + 0{,}75 \cdot 0{,}5 = 0{,}5$.

$\mu = 10$, $\sigma = 1{,}58$. $P(|X - 10| \geq 4)$

$= P(|X - 10| \geq 2{,}53 \cdot 1{,}58)$

$= 2 - 2\Phi(2{,}53) = 0{,}011$.

Die Wahrscheinlichkeit, allein durch Raten 14 Treffer zu landen, ist sehr gering. Man wird ihm glauben müssen.

b) Es ist P(Treffer)

$= 0{,}25 \cdot 0{,}25 + 0{,}75 \cdot 0{,}75$

$= 0{,}625$. Dann ist $\mu = 12{,}5$,

$\sigma = 2{,}17$. $P(|X - 12{,}5| \geq 1{,}5)$

$= P(|X - 12{,}5| \geq 0{,}69 \cdot 2{,}17)$

$= 2 - 2\Phi(0{,}69) = 0{,}49$.

In diesem Fall kann man annehmen, daß er nur geraten hat.

40. a) Fehler 1. Art: Man glaubt die Meldung nicht, obwohl sie richtig ist. Die Kranken bleiben pessimistisch.

Fehler 2. Art: Man glaubt die Meldung, obwohl sie falsch ist. In diesem Fall werden viele Erkrankte Enttäuschungen erleben.

b) Fehler 1. Art wäre besser gewesen, da der Patient dann genauer untersucht worden wäre.

Fehler 2. Art ist hier passiert. Es kann für den Patienten gefährlich werden.

c) Fehler 1. Art: Man glaubt dem Anwalt nicht. Ein unehrenhaftes Verhalten (des Ministers) bleibt ohne Konsequenzen.
Fehler 2. Art: Der Ruf des Ministers wäre geschädigt.

41. $p = \frac{1}{6}$, $n = 100$, $\mu = 16{,}7$, $\sigma = 3{,}73$
X sei die Anzahl der Vieren.
$P(|X - 16{,}7| \leq k\sigma)$
$= 2\Phi(k) - 1 \geq 0{,}93$
$\Leftrightarrow \Phi(k) \geq 0{,}965 \Leftrightarrow k \geq 1{,}181$
$|X - 16{,}7| \leq 4{,}4$.
Annahmebereich: [13; 21],
Ablehnungsbereich:
$[0; 12] \cup [22; 100]$
Der Würfel muß als nicht gut angesehen werden.

42. Einseitiger Test. X sei die Anzahl der defekten Chips.
a) H_0: $p = 0{,}03$, $n = 40$,
$\mu = 1{,}2$, $\sigma = 1{,}08$
$P(X = 0) = \binom{40}{0} \cdot 0{,}03^0 \cdot 0{,}97^{40}$
$= 0{,}296$
Obwohl 3% der Chips defekt sind, wird in mehr als einem Viertel der Proben kein defekter Chip zu finden sein, und der Käufer hat einen Aufpreis zu zahlen. Dies ist ein großes Risiko.

b) $P(X > 3)$
$= 1 - P(X \leq 3) = 1 - \Phi\left(\frac{3 - 1{,}2}{1{,}08}\right)$
$= 1 - \Phi(1{,}7) = 0{,}0445$
In knapp 5% der Untersuchungen (Risiko) sind mehr als 3 Chips defekt, obwohl der Anteil der defekten Chips an der Gesamtliefermenge 3% beträgt. Dann muß der Verkäufer Preisnachlaß gewähren.

43. H_0: $p = 0{,}5$, $\mu = 15$,
$\sigma = 2{,}74$, $5 = 1{,}83\sigma$
$P(|X - 10| \geq 5) = 2 - 2\Phi(1{,}83)$
$= 0{,}0672 < 10\%$
Man kann die Nullhypothese nicht ablehnen.

44. $p = 0{,}72$. Gesucht: p_1, p_2 mit $p \in [p_1, p_2]$ mit 95prozentiger Wahrscheinlichkeit $P(|X - \mu| \leq k \cdot \sigma)$
$= 2 \cdot \Phi(k) - 1 \geq 0{,}95 \Leftrightarrow k = 1{,}96$
$|36 - n \cdot p| \leq 1{,}96 \cdot \sqrt{50p(1 - p)}$
$2692{,}08p^2 - 3792{,}08p + 1296 \leq 0$
$p_1 = 0{,}583$, $p_2 = 0{,}825$
Mit 95prozentiger Wahrscheinlichkeit ist $p \in [0{,}583; 0{,}825]$.

Anhang

Das deutsche und das griechische Alphabet

A	a
B	b
C	c
D	d
E	e
F	f
G	g
H	h
I	i
J	j
K	k
L	l
M	m

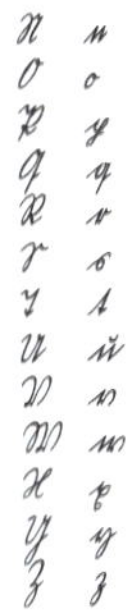

N	n
O	o
P	p
Q	q
R	r
S	s
T	t
U	u
V	v
W	w
X	x
Y	y
Z	z

Α	α	Alpha
Β	β	Beta
Γ	γ	Gamma
Δ	δ	Delta
Ε	ε	Epsilon
Ζ	ζ	Zeta
Η	η	Eta
Θ	ϑ	Theta
Ι	ι	Iota
Κ	κ	Kappa
Λ	λ	Lambda
Μ	μ	My
Ν	ν	Ny
Ξ	ξ	Xi
Ο	ο	Omikron
Π	π	Pi
Ρ	ρ	Rho
Σ	σ	Sigma
Τ	τ	Tau
Υ	υ	Ypsilon
Φ	φ	Phi
Χ	χ	Chi
Ψ	ψ	Psi
Ω	ω	Omega

Mathematische Zeichen

$=$	gleich
$\neq$	ungleich
$<$	kleiner als
$>$	größer als
$\leqq$	kleiner oder gleich
$\geqq$	größer oder gleich
$\ll$	sehr klein gegen
$\gg$	sehr groß gegen
$\approx$	ungefähr gleich
$\sim$	proportional, ähnlich
$\cong$	kongruent
$\triangleq$	entspricht
$\equiv$	identisch
$\parallel$	parallel
$\nparallel$	nicht parallel
$\perp$	senkrecht auf
$a \mid b$	a ist Teiler von b, a teilt b
ggT (a; b)	größter gemeinsamer Teiler
kgV (a; b)	kleinstes gemeinsames Vielfaches
$\sphericalangle$	Winkel
$\sphericalangle$ (g; h)	Winkel zwischen den Geraden g und h
$\overline{AB}$	Strecke von A nach B
$\overrightarrow{AB}$	gerichtete Strecke von A nach B, Vektor
$\overset{\frown}{AB}$	Bogen
$\lvert a \rvert$	absoluter Betrag von a
i	imaginäre Einheit
e	Eulerzahl = 2,7182818. . .
π	Pi = 3,1415. . .
$\rightarrow$	strebt nach, konvergiert gegen
∞	unendlich
f(x)	Funktion von x (lies: f von x)
f′(x)	1. Ableitung von f(x)
$x \rightarrow f(x)$	x wird abgebildet auf f(x)
h(x)	h als Funktion von x
lim	Limes, Grenzwert

$\sqrt{x}$	Quadratwurzel aus x
$\sqrt[n]{x}$	n-te Wurzel aus x
$\log_a$	Logarithmus zur Basis a
lg	Logarithmus zur Basis 10, dekadischer Logarithmus
ln	Logarithmus zur Basis e, natürlicher Logarithmus
$\mathbb{C}$	komplexe Zahlen
$\mathbb{R}$	reelle Zahlen
$\mathbb{Q}$	rationale Zahlen
$\mathbb{Z}$	ganze Zahlen
$\mathbb{N}_0$	nichtnegative ganze Zahlen
$\mathbb{N}$	natürliche Zahlen
$\mathbb{D}$	Definitionsbereich
$\mathbb{W}$	Wertebereich
$\mathbb{L}$	Lösungsmenge
n!	n-Fakultät $n! = 1 \cdot 2 \cdot 3 \cdot 4 \ldots n$
$\binom{n}{p} = \frac{n!}{p!(n-p)!}$	Binominalkoeffizient (lies: n über p)
]a; b[	offenes Intervall von a bis b $= \{x \mid a < x < b\}$
[a; b]	geschlossenes Intervall von a bis b $= \{x \mid a \leqq x \leqq b\}$
]a; b]	linksoffenes Intervall $= \{x \mid a < x \leqq b\}$
[a; b[	rechtsoffenes Intervall $= \{x \mid a \leqq x < b\}$
Σ	Summenzeichen (Sigma)
Π	Produktzeichen (Pi)
$\int$	Integralzeichen
$\wedge$	und
$\vee$	oder
$\neg$	nicht
%	Prozent
‰	Promille

Gauß-Funktion φ

$$\varphi(x) = \frac{1}{\sqrt{2\pi}} \cdot e^{-\frac{1}{2}x^2} = 0,\ldots$$

x	0	1	2	3	4	5	6	7	8	9
0,0	3989	3989	3989	3988	3986	3984	3982	3980	3977	3973
0,1	3970	3965	3961	3956	3951	3945	3939	3932	3925	3918
0,2	3910	3902	3894	3885	3976	3867	3857	3847	3836	3825
0,3	3814	3802	3790	3778	3765	3752	3739	3726	3712	3697
0,4	3683	3668	3653	3637	3621	3605	3589	3572	3555	3538
0,5	3521	3503	3485	3467	3448	3429	3410	3391	3372	3352
0,6	3332	3312	3292	3271	3251	3230	3209	3187	3166	3144
0,7	3123	3101	3079	3056	3034	3011	2989	2966	2943	2920
0,8	2897	2874	2850	2827	2803	2780	2756	2732	2709	2685
0,9	2661	2637	2613	2589	2565	2541	2516	2492	2468	2444
1,0	2420	2396	2371	2347	2323	2299	2275	2251	2227	2203
1,1	2179	2155	2131	2107	2083	2059	2036	2012	1989	1965
1,2	1942	1919	1985	1872	1849	1826	1804	1781	1758	1736
1,3	1714	1691	1669	1647	1626	1604	1582	1561	1539	1518
1,4	1497	1476	1456	1435	1415	1394	1374	1354	1334	1315
1,5	1295	1276	1257	1238	1219	1200	1182	1163	1145	1127
1,6	1109	1092	1074	1057	1040	1023	1006	0989	0973	0957
1,7	0940	0925	0909	0893	0878	0863	0848	0833	0818	0804
1,8	0790	0775	0761	0748	0734	0721	0707	0694	0681	0669
1,9	0656	0644	0632	0620	0608	0596	0584	0573	0562	0551
2,0	0540	0529	0519	0508	0498	0488	0478	0468	0459	0449
2,1	0440	0431	0422	0413	0404	0396	0387	0379	0371	0363
2,2	0355	0347	0339	0332	0325	0317	0310	0303	0297	0290
2,3	0383	0277	0270	0264	0258	0252	0246	0241	0235	0229
2,4	0224	0219	0213	0203	0203	0198	0194	0189	0184	0180
2,5	0175	0171	0167	0163	0158	0154	0151	0147	0143	0139
2,6	0136	0132	0129	0126	0122	0119	0116	0113	0110	0107
2,7	0104	0101	0099	0096	0093	0091	0088	0086	0084	0081
2,8	0079	0077	0075	0073	0071	0069	0067	0065	0063	0061
2,9	0060	0058	0056	0055	0053	0051	0050	0048	0047	0046
3,0	0044	0043	0042	0040	0039	0038	0037	0036	0035	0034
3,1	0033	0032	0031	0030	0029	0028	0027	0026	0025	0025
3,2	0024	0023	0022	0022	0021	0020	0020	0019	0018	0018
3,3	0017	0017	0016	0016	0015	0015	0014	0014	0013	0013
3,4	0012	0012	0012	0011	0011	0010	0010	0010	0009	0009
3,5	0009	0008	0008	0008	0008	0007	0007	0007	0007	0006
3,6	0006	0006	0006	0005	0005	0005	0005	0005	0005	0004
3,7	0004	0004	0004	0004	0004	0004	0003	0003	0003	0003
3,8	0003	0003	0003	0003	0003	0002	0002	0002	0002	0002
3,9	0002	0002	0002	0002	0002	0002	0002	0002	0001	0001

Beispiele: φ (1,61) = 0,1092; φ (3,36) = φ (–3,36) = 0,0014

Gaußsche Summenfunktion Φ

$$\Phi(x) = 0,\ldots$$
$$\Phi(-x) = 1 - \Phi(x)$$

x	0	1	2	3	4	5	6	7	8	9
0,0	5000	5040	5080	5120	5160	5199	5239	5279	5319	5359
0,1	5398	5438	5478	5517	5557	5396	5636	5675	5714	5753
0,2	5793	5832	5871	5910	5948	5987	6026	6064	6103	6141
0,3	6179	6217	6255	6293	6331	6368	6406	6443	6480	6517
0,4	6554	6591	6628	6664	6700	6736	6772	6808	6844	6879
0,5	6915	6950	6985	7019	7054	7088	7123	7157	7190	7224
0,6	7257	7291	7324	7357	7389	7422	7454	7486	7517	7549
0,7	7580	7611	7642	7673	7703	7734	7764	7794	7823	7852
0,8	7881	7910	7939	7967	7995	8023	8051	8078	8106	8133
0,9	8159	8186	8212	8238	8264	8289	8315	8340	8365	8389

x	0	1	2	3	4	5	6	7	8	9
1,0	8413	8438	8461	8485	8508	8531	8554	8577	8599	8621
1,1	8643	8665	8686	8708	8729	8749	8770	8790	8810	8830
1,2	8849	8869	8888	8907	8925	8944	8962	8980	8997	9015
1,3	9032	9049	9066	9082	9099	9115	9131	9147	9162	9177
1,4	9192	9207	9222	9236	9251	9265	9279	9292	9306	9319
1,5	9332	9345	9357	9370	9382	9394	9406	9418	9429	9441
1,6	9452	9463	9474	9484	9495	9505	9515	9525	9535	9545
1,7	9554	9564	9573	9582	9591	9599	9608	9616	9625	9633
1,8	9641	9649	9656	9664	9671	9678	9686	9693	9699	9706
1,9	9713	9719	9726	9732	9738	9744	9750	9756	9761	9767
2,0	9772	9778	9783	9788	9793	9798	9803	9808	9812	9817
2,1	9821	9826	9830	9334	9838	9842	9846	9850	9854	9857
2,2	9861	9864	9868	9871	9875	9878	9881	9884	9887	9890
2,3	9893	9896	9898	9901	9904	9906	9909	9911	9913	9916
2,4	9918	9920	9922	9925	9927	9929	9931	9932	9934	9936
2,5	9938	9940	9941	9943	9945	9946	9948	9949	9951	9952
2,6	9953	9955	9956	9957	9959	9960	9961	9962	9963	9964
2,7	9965	9966	9967	9968	9969	9970	9971	9972	9973	9974
2,8	9974	9975	9976	9977	9977	9978	9979	9979	9980	9981
2,9	9981	9982	9982	9983	9984	9984	9985	9985	9986	9986
3,0	9987	9987	9987	9988	9988	9989	9989	9989	9990	9990
3,1	9990	9991	9991	9991	9992	9992	9992	9992	9993	9993
3,2	9993	9993	9994	9994	9994	9994	9994	9995	9995	9995
3,3	9995	9995	9996	9996	9996	9996	9996	9996	9996	9997
3,4	9997	9997	9997	9997	9997	9997	9997	9997	9997	9998

Beispiel: $\Phi(1{,}31) = 0{,}9049$ $\quad \Phi(-1{,}31) = 1 - 0{,}9049 = 0{,}0951$
$\Phi(x) = 0{,}9484 \Rightarrow x = 1{,}63$ $\quad \Phi(x) = 0{,}1492 = 1 - 0{,}8508 \Rightarrow -1{,}04$

Binominalverteilung

Wahrscheinlichkeitsfunktion $B_{n;p}(k) = \binom{n}{k} \cdot p^k \cdot (1 - p)^{n-k}$

						p							
n	k	0,02	0,03	0,04	0,05	0,10	1/6	0,20	0,30	1/3	0,40	0,50		n
2	0	0,9604	9409	9216	9025	8100	6944	6400	4900	4444	3600	2500	2	2
	1	0392	0582	0768	0950	1800	2778	3200	4200	4444	4800	5000	1	
	2	0004	0009	0016	0025	0100	0278	0400	0900	1111	1600	2500	0	
3	0	0,9412	9127	8847	8574	7290	5787	5120	3430	2963	2160	1250	3	3
	1	0576	0847	1106	1354	2430	3472	3840	4410	4444	4320	3750	2	
	2	0012	0026	0046	0071	0270	0694	0960	1890	2222	2880	3750	1	
	3			0001	0001	0010	0046	0080	0270	0370	0640	1250	0	
4	0	0,9224	8853	8493	8145	6561	4823	4096	2401	1975	1296	0625	4	4
	1	0753	1095	1416	1715	2916	3858	4096	4116	3951	3456	2500	3	
	2	0023	0051	0088	0135	0486	1157	1536	2646	2963	3456	3750	2	
	3		0001	0002	0005	0036	0154	0256	0756	0988	1536	2500	1	
	4					0001	0008	0016	0081	0123	0256	0625	0	
5	0	0,9039	8587	8154	7738	5905	4019	3277	1681	1317	0778	0313	5	5
	1	0922	1328	1699	2036	3281	4019	4096	3602	3292	2592	1563	4	
	2	0038	0082	0142	0214	0729	1608	2048	3087	3292	3456	3125	3	
	3	0001	0003	0006	0011	0081	0322	0512	1323	1646	2304	3125	2	
	4					0005	0032	0064	0284	0412	0768	1563	1	
	5						0001	003	0024	0041	0102	0313	0	
6	0	0,8858	8330	7828	7351	5314	3349	2621	1176	0878	0467	0156	6	6
	1	1085	1546	1957	2321	3543	4019	3932	3025	2634	1866	0938	5	
	2	0055	0120	0204	0305	0984	2009	2458	3241	3292	3110	2344	4	
	3	0002	0005	0011	0021	0146	0536	0819	1852	2195	2765	3125	3	
	4				0001	0012	0080	0154	0595	0823	1382	2344	2	
	5					0001	0006	0015	0102	0165	0369	0938	1	
	6							0001	0007	0014	0041	0156	0	
n		0,98	0,97	0,96	0,95	0,90	5/6	0,80	0,70	2/3	0,60	0,50	k	n
							p							

		p												
n	k	0,02	0,03	0,04	0,05	0,10	1/6	0,20	0,30	1/3	0,40	0,50		n
7	0	0,8681	8080	7514	6983	4783	2771	2097	0824	0585	0280	0079	7	7
	1	1240	1749	2192	2573	3720	3907	3670	2471	2048	1306	0547	6	
	2	0076	0162	0274	0406	1240	2344	2753	3177	3073	2613	1641	5	
	3	0003	0008	0019	0036	0230	0781	1147	2269	2561	2903	2734	4	
	4			0001	0002	0026	0156	0287	0972	1280	1935	2734	3	
	5					0002	0019	0043	0250	0384	0774	1641	2	
	6						0001	0004	0036	0064	0172	0547	1	
	7								0002	0005	0016	0078	0	
8	0	0,8508	7837	7214	6634	4305	2326	1678	0576	0390	0168	0039	8	8
	1	1389	1939	2405	2793	3826	3721	3355	1977	1561	0896	0313	7	
	2	0099	0210	0351	0515	1488	2605	2936	2965	2731	2090	1094	6	
	3	0004	0013	0029	0054	0331	1042	1468	2541	2731	2787	2188	5	
	4		0001	0002	0004	0046	0260	0459	1361	1707	2322	2734	4	
	5					0004	0042	0092	0467	0683	1239	2188	3	
	6						0004	0011	0100	0171	0413	1094	2	
	7							0001	0012	0024	0079	0313	1	
	8								0001	0002	0007	0039	0	
9	0	0,8337	7602	6925	6302	3874	1938	1342	0404	0260	0101	0020	9	9
	1	1531	2116	2597	2985	3874	3489	3020	1556	1171	0605	0176	8	
	2	0125	0262	0433	0629	1722	2791	3020	2668	2341	1612	0703	7	
	3	0006	0019	0042	0077	0446	1302	1762	2668	2731	2508	1641	6	
	4		0001	0003	0006	0074	0391	0661	1715	2048	2508	2461	5	
	5					0008	0078	0165	0735	1024	1672	2461	4	
	6					0001	0010	0028	0210	0341	0743	1641	3	
	7						0001	0003	0039	0073	0212	0703	2	
	8								0004	0009	0035	0176	1	
	9									0001	0003	0020	0	
10	0	0,8171	7374	6648	5987	3487	1615	1074	0282	0173	0060	0010	10	10
	1	1667	2281	2770	3151	3874	3230	2684	1211	0867	0403	0098	9	
	2	0153	0317	0519	0746	1937	2907	3020	2335	1951	1209	0439	8	
	3	0008	0026	0058	0105	0574	1550	2013	2668	2601	2150	1172	7	
	4		0001	0004	0010	0112	0543	0881	2001	2276	2508	2051	6	
	5				0001	0015	0130	0264	1029	1366	2007	2461	5	
	6					0001	0022	0055	0368	0569	1115	2051	4	
	7						0002	0008	0090	0163	0425	1172	3	
	8							0001	0014	0030	0106	0439	2	
	9								0001	0003	0016	0098	1	
	10										0001	0010	0	
15	0	0,7386	6333	5421	4633	2059	0649	0352	0047	0023	0005	0000	15	15
	1	2261	2938	3388	3658	3432	1947	1319	0305	0171	0047	0005	14	
	2	0323	0636	0988	1348	2669	2726	2309	0916	0599	0219	0032	13	
	3	0029	0085	0178	0307	1285	2363	2501	1700	1299	0634	0139	12	
	4	0002	0008	0022	0049	0428	1418	1876	2186	1948	1268	0417	11	
	5		0001	0002	0006	0105	0624	1032	2061	2143	1859	0916	10	
	6					0019	0208	0430	1472	1786	2066	1527	9	
	7					0003	0053	0138	0811	1148	1171	1964	8	
	8						0011	0035	0348	0574	1181	1964	7	
	9						0002	0007	0116	0223	0612	1527	6	
	10							0001	0030	0067	0245	0916	5	
	11								0006	0015	0074	0417	4	
	12								0001	0003	0016	0139	3	
	13										0003	0032	2	
	14											0005	1	
	15												0	
20	0	0,6676	5438	4420	3585	1216	0261	0115	0008	0003	0000	0000	20	20
	1	2725	3364	3683	3774	2702	1043	0576	0068	0030	0005	0000	19	
	2	0528	0988	1458	1887	2852	1982	1369	0279	0143	0031	0002	18	
	3	0065	0183	0364	0596	1901	2379	2054	0716	0429	0123	0011	17	
	4	0006	0024	0065	0133	0898	2022	2182	1304	0911	0350	0046	16	
	5		0002	0009	0022	0319	1294	1746	1789	1457	0746	0148	15	
	6			0001	0003	0089	0647	1091	1916	1821	1244	0370	14	
	7					0020	0259	0545	1643	1821	1659	0739	13	
	8					0004	0084	0222	1144	1480	1797	1201	12	
	9					0001	0022	0074	0654	0987	1597	1602	11	
n		0,98	0,97	0,96	0,95	0,90	5/6	0,80	0,70	2/3	0,60	0,50	k	n
		p												

n	k	0,02	0,03	0,04	0,05	0,10	1/6	0,20	0,30	1/3	0,40	0,50		n
20	10						0005	0020	0308	0543	1171	1762	10	20
	11						0001	0005	0120	0247	0710	1602	9	
	12							0001	0039	0092	0355	1201	8	
	13								0010	0028	0146	0739	7	
	14								0002	0007	0049	0370	6	
	15									0001	0013	0148	5	
	16										0003	0046	4	
	17											0011	3	
	18											0002	2	
	19												1	
n		0,98	0,97	0,96	0,95	0,90	5/6	0,80	0,70	2/3	0,60	0,50	k	n

p (above and below the table)

n	k	0,05	0,10	0,15	0,20	0,25	0,30	0,35	0,40	0,45	0,50		n
50	0	0769	0052	0003	0000							50	50
	1	2025	0286	0026	0002	0000						49	
	2	2611	0779	0113	0011	0001						48	
	3	2199	1386	0319	0044	0004	0000					47	
	4	1360	1809	0661	0128	0016	0001					46	
	5	0658	1849	1072	0295	0049	0006	0000				45	
	6	0260	1541	1419	0554	0123	0018	0002				44	
	7	0086	1076	1575	0870	0259	0048	0006	0000			43	
	8	0024	0643	1493	1169	0463	0110	0017	0002			42	
	9	0006	0333	1230	1364	0721	0220	0042	0005	0000		41	
	10	0001	0152	0890	1398	0985	0386	0093	0014	0001		40	
	11	0000	0061	0571	1271	1194	0602	0182	0035	0004	0000	39	
	12		0022	0328	1033	1294	0838	0319	0076	0011	0001	38	
	13		0007	0169	0755	1261	1050	0502	0147	0027	0003	37	
	14		0002	0079	0499	1110	1190	0714	0260	0059	0008	36	
	15		0001	0033	0299	0888	1223	0923	0415	0116	0020	35	
	16		0000	0013	0164	0648	1147	1088	0606	0207	0044	34	
	17			0005	0082	0432	0983	1171	0808	0339	0087	33	
	18			0001	0037	0264	0772	1156	0987	0508	0160	32	
	19			0000	0016	0148	0558	1048	1109	0700	0270	31	
	20				0006	0077	0370	0875	1146	0888	0419	30	
	21				0002	0036	0227	0673	1091	1038	0598	29	
	22				0001	0016	0128	0478	0959	1119	0788	28	
	23				0000	0006	0067	0313	0778	1115	0960	27	
	24					0002	0032	0190	0584	1026	1080	26	
50	25					0001	0014	0106	0405	0873	1123	25	50
	26					0000	0006	0055	0259	0687	1080	24	
	27						0002	0026	0154	0500	0960	23	
	28						0001	0012	0084	0336	0788	22	
	29						0000	0005	0043	0208	0598	21	
	30							0002	0020	0119	0419	20	
	31							0001	0009	0063	0270	19	
	32							0000	0003	0031	0160	18	
	33								0001	0014	0087	17	
	34								0000	0006	0044	16	
	35									0002	0020	15	
	36									0001	0008	14	
	37									0000	0003	13	
	38										0001	12	
	39										0000	11	
n		0,95	0,90	0,85	0,80	0,75	0.70	0,65	0,60	0,55	0,50	k	n

p (above and below the table)

n	k	0,05	0,10	0,15	0,20	0,25	0,30	0,35	0,40	0,45	0,50		n
		p											
100	0	0059	0000									100	100
	1	0312	0003									99	
	2	0812	0016	0000								98	
	3	1396	0059	0001								97	
	4	1781	0159	0003								96	
	5	1800	0339	0011	0000							95	
	6	1500	0596	0031	0001							94	
	7	1060	0889	0075	0002							93	
	8	0649	1148	0153	0006							92	
	9	0349	1304	0276	0015	0000						91	
	10	0167	1319	0444	0034	0001						90	
	11	0072	1199	0640	0069	0003						89	
	12	0028	0988	0838	0128	0006						88	
	13	0010	0743	1001	0216	0014	0000					87	
	14	0003	0513	1098	0335	0030	0001					86	
	15	0001	0327	1111	0481	0057	0002					85	
	16	0000	0193	1041	0638	0100	0006					84	
	17		0106	0908	0789	0165	0012	0000				83	
	18		0054	0739	0909	0254	0024	0001				82	
	19		0026	0563	0981	0365	0044	0002				81	
	20		0012	0402	0993	0493	0076	0004				80	
	21		0005	0270	0946	0626	0124	0009	0000			79	
	22		0002	0171	0849	0749	0190	0017	0001			78	
	23		0001	0103	0720	0847	0277	0032	0001			77	
	24		0000	0058	0577	0906	0380	0055	0003			76	
	25			0031	0439	0918	0496	0090	0006			75	
	26			0016	0316	0883	0613	0140	0012	0000		74	
	27			0008	0217	0806	0720	0207	0022	0001		73	
	28			0004	0141	0701	0804	0290	0038	0002		72	
	29			0002	0088	0580	0856	0388	0063	0004		71	
	30			0001	0052	0458	0868	0494	0100	0008	0000	70	
	31			0000	0029	0344	0840	0601	0151	0014	0001	69	
	32				0016	0248	0776	0698	0217	0025	0001	68	
	33				0008	0170	0685	0774	0297	0043	0002	67	
	34				0004	0112	0579	0821	0391	0069	0005	66	
	35				0002	0070	0468	0834	0491	0106	0009	65	
	36				0001	0042	0362	0811	0591	0157	0016	64	
	37				0000	0024	0268	0755	0682	0222	0027	63	
	38					0013	0191	0674	0754	0301	0045	62	
	39					0007	0130	0577	0799	0391	0071	61	
	40					0004	0085	0474	0812	0488	0108	60	
	41					0002	0053	0373	0792	0584	0159	59	
	42					0001	0032	0282	0742	0672	0223	58	
	43					0000	0019	0205	0667	0741	0301	57	
	44						0010	0143	0576	0786	0390	56	
	45						0005	0096	0478	0800	0485	55	
	46						0003	0062	0381	0782	0580	54	
	47						0001	0038	0292	0736	0666	53	
	48						0001	0023	0215	0665	0735	52	
	49						0000	0013	0152	0577	0780	51	
	50							0007	0103	0482	0796	50	
	51							0004	0068	0386	0780	49	
	52							0002	0042	0298	0735	48	
	53							0001	0026	0221	0666	47	
	54							0000	0015	0157	0580	46	
n		0,95	0,90	0,85	0,80	0,75	0.70	0,65	0,60	0,55	0,50	k	n
		p											

n	k	p: 0,05	0,10	0,15	0,20	0,25	0,30	0,35	0,40	0,45	0,50		n
100	55								0008	0108	0485	45	100
	56								0004	0071	0390	44	
	57								0002	0045	0301	43	
	58								0001	0027	0223	42	
	59								0001	0016	0159	41	
	60								0000	0009	0108	40	
	61									0005	0071	39	
	62									0002	0045	38	
	63									0001	0027	37	
	64									0001	0016	36	
	⋮										⋮	⋮	
	100											0	
n		0,95	0,90	0,85	0,80	0,75	0,70	0,65	0,60	0,55	0,50	k	n
		p											

Schranken für χ^2 bei f Freiheitsgraden

f \ P	0,99	0,975	0,95	0,90	0,10	0,05	0,025	0,01
1	0,00016	0,00098	0,00393	0,01579	2,70554	3,84146	5,02389	6,63490
2	0,00201	0,00506	0,10259	0,21072	4,60517	5,99147	7,37776	9,21034
3	0,11483	0,21580	0,35185	0,58438	6,25139	7,81473	9,34840	11,3449
4	0,29711	0,48442	0,71072	1,06362	7,77944	9,48773	11,1433	13,2767
5	0,55430	0,83121	1,14548	1,61031	9,23635	11,0705	12,8325	15,0863
6	0,87209	1,23735	1,63539	2,20413	10,6446	12,5916	14,4494	16,8119
7	1,23904	1,68987	2,16735	2,83311	12,0170	14,0671	16,0128	18,4753
8	1,64648	2,17973	2,73264	3,48954	13,3616	15,5073	17,5346	20,0902
9	2,08781	2,70039	3,32511	4,16816	14,6837	16,9190	19,0228	21,6660
10	2,55821	3,24697	3,94030	4,86518	15,9871	18,3070	20,4831	23,2093
11	3,0535	3,8158	4,5748	5,5778	17,275	19,675	21,920	24,725
12	3,5706	4,4038	5,2260	6,3038	18,549	21,026	23,337	26,217
13	4,1069	5,0087	5,8919	7,0415	19,812	22,362	26,119	29,143
14	4,6604	5,6287	6,5706	7,7895	21,064	23,685	26,119	29,143
15	5,2294	6,2621	7,2604	8,5468	22,307	24,996	27,488	30,578
16	5,812	6,908	7,962	9,312	23,54	26,30	28,95	32,00
17	6,408	7,564	8,672	10,09	24,77	27,59	30,19	33,14
18	7,015	8,231	9,390	10,86	25,99	28,87	31,53	34,81
19	7,633	8,907	10,12	11,65	27,20	30,14	32,85	36,19
20	8,260	9,591	10,85	12,44	28,41	31,41	34,17	37,57
21	8,897	10,28	11,59	13,24	29,62	32,67	35,48	38,93
22	9,542	10,98	12,34	14,04	30,81	33,92	36,78	40,29
23	10,20	11,69	13,09	14,85	32,00	35,17	38,08	41,64
24	10,86	12,40	13,85	15,66	33,20	36,42	39,36	42,98
25	11,52	13,12	14,61	16,47	34,38	37,65	40,65	44,31
26	12,20	13,84	15,38	17,29	35,56	38,89	41,92	45,64
27	12,88	14,57	16,15	18,11	36,74	40,11	43,19	46,96
28	13,56	15,31	16,93	18,94	37,92	41,34	44,46	48,28
29	14,26	16,05	17,71	19,77	39,09	42,56	45,72	49,59
30	14,95	16,79	18,49	20,60	40,26	43,77	46,98	50,89

(Erläuterung der Tafel) Die 6. Zeile der Tafel bedeutet z. B.: Bei 6 Freiheitsgraden ist $P(\chi^2 \geq 0{,}87209) = 0{,}99$; $P(\chi^2 \geq 1{,}63539) = 0{,}95$; $P(\chi^2 \geq 16{,}8119) = 0{,}01$.

Die wichtigsten Formeln und Regeln

Bruchrechnung

$\frac{a}{b} \pm \frac{c}{d} = \frac{ad \pm cb}{bd}$ $\frac{a}{b} \cdot \frac{c}{d} = \frac{ac}{bd}$ $\frac{a}{b} : \frac{c}{d} = \frac{a}{b} \cdot \frac{d}{c}$

Prozent- und Zinsrechnung

G: Grundwert P: Prozentwert p: Prozentsatz
K: Kapital Z: Zinsen

$G \cdot \frac{p}{100} = P$ $K \cdot \frac{p}{100} = Z$ (Jahreszinsen) $K \cdot \frac{p}{100} \cdot \frac{n}{360} = Z$ (Tageszinsen)

$K_0 \left(1 + \frac{p}{100}\right)^n = K_n$ (Kapital nach n Jahren einschließlich Zinseszinsen)

Binomische Formeln

$(a \pm b)^2 = a^2 \pm 2ab + b^2$ $(a + b)(a - b) = a^2 - b^2$

Lineare Gleichung

Allgemeine Geradengleichung: $y = mx + b$ mit m: Steigung b: y-Achsen-Abschnitt

$m = \frac{y_2 - y_1}{x_2 - x_1}$ $b = y_0 - m \cdot x_0$

Quadratische Gleichung

Normalform $x^2 + px + q = 0$ $\Rightarrow x = -\frac{p}{2} \pm \sqrt{\left(\frac{p}{2}\right)^2 - q}$

Potenzrechnung

$a^0 = 1$ $a^1 = a$ $a^{-n} = \frac{1}{a^n}$ $a^{\frac{n}{m}} = \sqrt[m]{a^n}$

$a^n \cdot a^m = a^{n+m}$ $a^n : a^m = a^{n-m}$

$a^n \cdot b^n = (a \cdot b)^n$ $a^n : b^n = \left(\frac{a}{b}\right)^n$ $(a^n)^m = a^{n \cdot m}$

Exponentialfunktion und Logarithmus

$a^x = e^{x \cdot \ln(a)}$ $e^{\ln(x)} = \ln(e^x) = x$ $(a > 0)$

Für dieselbe Basis gilt:

$\log (A \cdot B) = \log (A) + \log (B)$ $\log \left(\frac{A}{B}\right) = \log (A) - \log (B)$ $\log \left(A^z\right) = z \cdot \log (A)$

Die Umrechnung in eine andere Basis erfolgt mittels:

$\log_a(x) = \frac{\log_b(x)}{\log_b(a)}$, speziell: $\log_a(x) = \frac{\ln(x)}{\ln(a)} = \frac{\lg(x)}{\lg(a)}$

Die Satzgruppe des Pythagoras

Satz des Pythagoras	Höhensatz	Kathetensatz
$a^2 + b^2 = c^2$	$h_c^2 = p \cdot q$	$a^2 = c \cdot p$ $b^2 = c \cdot q$

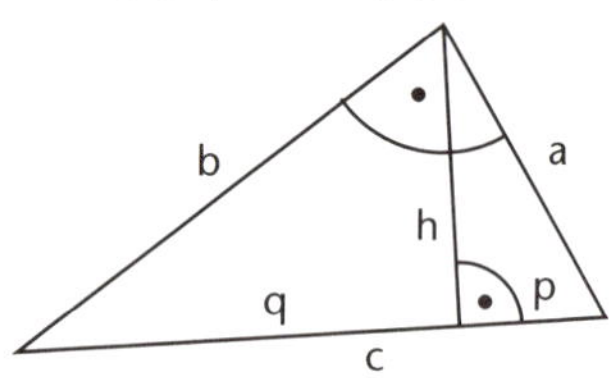

Die Strahlensätze

Werden von einem Punkt ausgehende Geraden von parallelen Strahlen geschnitten, so verhalten sich

(1) die (vom Zentrum aus gemessenen) Abschnitte auf den Strahlen wie die Abschnitte auf den Geraden: $\frac{a + b}{a} = \frac{c + d}{c} = \frac{f}{e}$

(2) die Abschnitte auf der einen Gerade wie die Abschnitte auf der anderen Gerade: $\frac{a}{b} = \frac{c}{d}$

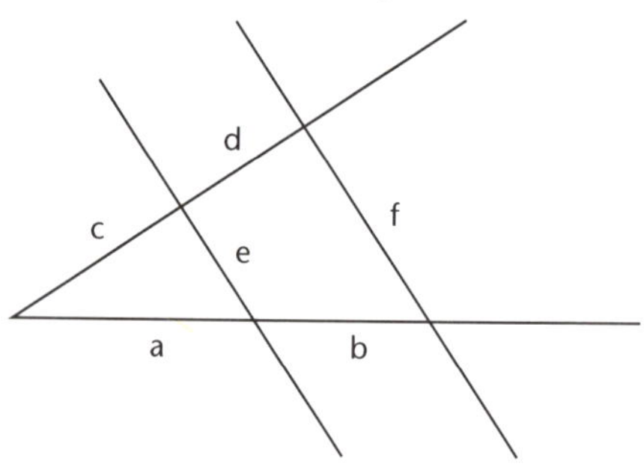

Register

Weitere Begriffe entnehmen Sie bitte dem ausführlichen Inhaltsverzeichnis